원소의 주기율표

금속 준금속 비금속

전이 금속

1	2	3	4	5	6	7	8	9
1 **H** 1.008								
3 **Li** 6.941	4 **Be** 9.012							
11 **Na** 22.99	12 **Mg** 24.30							
19 **K** 39.10	20 **Ca** 40.08	21 **Sc** 44.96	22 **Ti** 47.87	23 **V** 50.94	24 **Cr** 52.00	25 **Mn** 54.94	26 **Fe** 55.85	27 **Co** 58.93
37 **Rb** 85.47	38 **Sr** 87.62	39 **Y** 88.91	40 **Zr** 91.22	41 **Nb** 92.91	42 **Mo** 95.94	43 **Tc** (98)	44 **Ru** 101.1	45 **Rh** 102.9
55 **Cs** 132.9	56 **Ba** 137.3		72 **Hf** 178.5	73 **Ta** 180.9	74 **W** 183.8	75 **Re** 186.2	76 **Os** 190.2	77 **Ir** 192.2
87 **Fr** (223.0)	88 **Ra** (226.0)		104 **Rf** (265)	105 **Db** (268)	106 **Sg** (271)	107 **Bh** (270)	108 **Hs** (277)	109 **Mt** (276)

란타넘족

57 **La** 138.9	58 **Ce** 140.1	59 **Pr** 140.9	60 **Nd** 144.2	61 **Pm** (145)	62 **Sm** 150.4

악티늄족

89 **Ac** (227.0)	90 **Th** 232.0	91 **Pa** 231.0	92 **U** 238.0	93 **Np** (237.0)	94 **Pu** (244)

주의: 여기에 나타낸 원자 질량은 2013년 3월에 IUPAC에서 발표한 것으로서 유효 숫자 4자리로 반올림을 하였다.

10	11	12	13	14	15	16	17	18
							1 **H** 1.008	2 **He** 4.003
			5 **B** 10.81	6 **C** 12.01	7 **N** 14.01	8 **O** 16.00	9 **F** 19.00	10 **Ne** 20.18
			13 **Al** 26.98	14 **Si** 28.09	15 **P** 30.97	16 **S** 32.07	17 **Cl** 35.45	18 **Ar** 39.95
28 **Ni** 58.69	29 **Cu** 63.55	30 **Zn** 65.39	31 **Ga** 69.72	32 **Ge** 72.61	33 **As** 74.92	34 **Se** 78.96	35 **Br** 79.90	36 **Kr** 83.80
46 **Pd** 106.4	47 **Ag** 107.9	48 **Cd** 112.4	49 **In** 114.8	50 **Sn** 118.7	51 **Sb** 121.8	52 **Te** 127.6	53 **I** 126.9	54 **Xe** 131.3
78 **Pt** 195.1	79 **Au** 197.0	80 **Hg** 200.6	81 **Tl** 204.4	82 **Pb** 207.2	83 **Bi** 209.0	84 **Po** (209.0)	85 **At** (210.0)	86 **Rn** (222.0)
110 **Ds** (281)	111 **Rg** (280)	112 **Cn** (285)	113 **Nh** (284)	114 **Fl** (289)	115 **Mc** (288)	116 **Lv** (293)	117 **Ts** (294)	118 **Og** (294)

63 **Eu** 152.0	64 **Gd** 157.2	65 **Tb** 158.9	66 **Dy** 162.5	67 **Ho** 164.9	68 **Er** 167.3	69 **Tm** 168.9	70 **Yb** 173.0	71 **Lu** 175.0

95 **Am** (243)	96 **Cm** (247)	97 **Bk** (247)	98 **Cf** (251)	99 **Es** (252)	100 **Fm** (257)	101 **Md** (258)	102 **No** (259)	103 **Lr** (262)

*113번, 115번, 116번, 117번, 118번 원소들은 2016년 11월에 IUPAC가 공표하였다.
( )는 가장 긴 반감기를 갖는 동위원소의 질량수이다.

마스터톤의

8e

일반화학

수정판

Chemistry

Principles and Reactions

Cengage

Chemistry: Principles and Reactions, **Eighth Edition**

William L. Masterton, Cecile N. Hurley

Original edition © 2016 Brooks Cole, a part of Cengage Learning.
Chemistry: Principles and Reactions, Eighth Edition by William L. Masterton, Cecile N. Hurley
ISBN: 9781305079373

ISBN-13: 978-89-6218-576-8

Cengage Learning Korea Ltd.
14F YTN Newsquare 76 Sangamsan-ro
Mapo-gu Seoul 03926 Korea

Cengage is a leading provider of customized learning solutions with employees residing in nearly 40 different countries and sales in more than 125 countries around the world. Find your local representative at: **www.cengage.com**

To learn more about Cengage Solutions, visit **www.cengageasia.com**

Printed in Korea
Print Number: 02 Print Year: 2026

8e

마스터톤의

일반화학

수정판

| 화학교재연구회 옮김 |

Chemistry

Principles and Reactions

Cengage

Australia • Brazil • Canada • Mexico • Singapore • United Kingdom • United States

옮긴이 소개

경희대학교 • 이영식
고려대학교 • 손호진
공주대학교 • 이석우, 이규철
광운대학교 • 김양래, 장홍제
대진대학교 • 박성호, 채원석, 한만소, 홍승택
동아대학교 • 김재연, 김종식, 김효준, 손종우, 송현민, 이승훈
부산대학교 • 김석, 김재혁, 박현
선문대학교 • 김정희
순천대학교 • 송재희, 신은주, 심상덕, 안삼영, 장효원, 최대옥, 최원호
연세대학교 • 이보경
울산대학교 • 김범진, 류광선, 이동호, 이민형, 이승구, 이영일, 이형일, 정재훈, 하지원
조선대학교 • 신현재, 이중헌, 조훈
한밭대학교 • 박주일
호서대학교 • 임수아
홍익대학교 • 김진구

총괄 감수 • 이석우

마스터톤의 **일반화학** 8e 수정판 Chemistry *Principles and Reactions*

제8판 수정판 1쇄 발행 | 2025년 2월 10일
제8판 수정판 2쇄 발행 | 2026년 2월 10일

지은이 | William L. Masterton, Cecile N. Hurley
옮긴이 | 화학교재연구회
발행인 | 탄록민, 마이클조셉케이힐
발행처 | 센게이지러닝코리아㈜
등록번호 | 제313-2007-000074호(2007.3.19.)
주　소 | 서울시 마포구 상암산로 76 YTN 뉴스퀘어 14층
이메일 | asia.infokorea@cengage.com
홈페이지 | www.cengage.co.kr

ISBN-13: 978-89-6218-576-8

공급처 | 사이플러스
주　소 | 서울시 영등포구 양평로 30길 14, 세종앤까뮤스퀘어 1106호
도서안내 및 주문 | 02) 332-6171 FAX 02) 332-6185
이메일 | sciplus@sciplus.co.kr

정가 48,000원

연습 문제(짝수)의 해답은 본사의 홈페이지 **www.cengage.co.kr**의 자료실을 참조하기 바랍니다.
(전체 문제에 대한 해답은 제공하지 않습니다)

옮긴이 머리말

일반 화학은 자연 과학을 공부하는 모든 분야, 예컨대, 자연 과학 대학, 공과 대학, 농과 대학, 약학 대학, 의과 대학 및 수의과 대학, 기타 과학 관련 학문을 전공하는 학생들에게 화학의 기초가 되는 과목이다.

일반 화학에 대한 교재로는 많은 종류가 출판되고 있다. 그러나 나날이 발전해 가는 화학과 이를 바탕으로 하는 응용 화학의 다양성 때문에 일반 화학에서 다루어야 할 내용과 그의 정도 및 범위도 끊임없이 변천되고 있다. 나날이 새로운 화합물이 합성되거나 발견되고 있고, 이들의 새로운 용용 분야나 성질도 끊임없이 알려지고 있다.

화학이란, 영감에 의한 통찰력으로부터 얻어진 것이 아니다. 화학은 수많은 관찰과 도전으로부터 얻은 결과이다. 논리와 시행착오를 사용하여 이러한 관찰들을 설명한 결과인 것이다. 이 책은 자연스러운 방법으로 화학의 개념들을 전개하고 있다. 즉, 관찰 결과를 먼저 제시하고, 관찰된 경향을 모형(또는 화학 이론)을 만들어 설명함으로써 학생들이 기계적으로 암기하기보다는 과학적인 사고의 과정을 더 잘 이해하고 인식할 수 있도록 도와준다.

또한, 삽화 프로그램을 도입하여 학생들이 미시적 세계와 거시적 세계의 관계를 시각화하는 데 도움을 줄 수 있도록 분자 수준의 상호작용을 강조하고 있다. 이 책의 장점 중의 하나는 많은 예제와 연습 문제를 포함하고 있다는 점이다. 이러한 많은 연습 문제는 본문의 내용을 심화 발전시키기에 더없이 좋은 기회가 될 것이다. 연습 문제의 궁극적인 목적은 단순히 그 연습 문제의 정확한 답을 얻는 데 있는 것이 아니라, 그 답을 얻는 과정을 이해하는 데 있다. 즉, 시험을 치르기 위해 특정 문제의 풀이를 암기하는 것은 좋은 학습 방법이 못 된다. 문제의 유형이 너무나 많기 때문이다. 문제 내에서 풀이를 찾도록 해야 한다. 체계적이고 논리적인 접근법에 따라 배운 개념을 사용하여 답을 얻어야 한다. 때로는 실수를 할 수도 있다. 그러나 중요한 것은 이들 실수로부터 더 많은 것을 배운다는 것이다. 자신감을 갖는 유일한 방법은 문제를 많이 풀어 보는 것으로서 본인의 취약점을 진단할 수 있게 된다. 제8판에서는 생명 과학에 응용되는 생화학 관련 문제를 추가하여 의학이나 약학을 공부하려는 학생들에게 도움이 되도록 하였다. 또한, 각 장의 끝에 통합적이고 복합적인 개념들을 증가시킬 수 있는 많은 문제들을 제공하고 있다. 특히 도전 문제는 학생들이 한 단계 더 나아가고 도전할 수 있도록 해주며, 종합 문제나 개념 문제는 여러 장의 개념을 통합함으로서 화학의 전반적인 지식을 통합하는 데 많은 도움을 줄 것이다.

이 책의 용어와 화합물 이름은 대한화학회 유기 화합물 명명법 I · II와 무기 화합물 명명법, 화학 술어집 개정 5판 및 교육과학기술부의 "화합물 명명법 편수 자료"에 따라 번역하였고, 이해를 돕기 위해 화합물 이름은 가능한 한 우리말과 원어를 함께 표기하였다. 역자들이 모든 성의를 다하여 번역을 하였지만 틀린 곳, 미숙한 점도 많으리라 생각된다. 이 점에 대해서는 앞으로 많은 의견을 보내 주시면 새로 증쇄할 때에 반드시 반영하여 수정하도록 할 것이다. 끝으로 이 책의 번역과 출판의 기회를 주신 센게이지러닝코리아(주) 송성헌 대표님과 편집 담당 여러분께 감사의 말씀을 전합니다.

2018년 12월
옮긴이 적음

지은이 머리말

지은이가 자신이 쓴 책의 장점을 칭찬하는 것은 항상 어렵다. 나는 이 책이 아주 잘 되어 있어서 교수는 거의 노력을 하지 않고도 혹은 별다른 노력이 없이도 학생들이 화학에 집중할 수 있도록 되어 있다고 말하고 싶다. 여러분이 그걸 믿을지 모르겠다. 나는 또한 이 책을 매우 명확하게 썼기 때문에 21세기의 학생들에게 잘 맞추어져 있어서 학생들이 별다른 노력을 거의 하지 않고도 화학을 배우게 될 것이라고 말하고 싶다. 여러분은 확실히 내 말을 믿지 않을 것이다. 나는 제8판을 쓴 두 가지 목적이 책을 가능한 한 명확하고, 흥미롭게 만드는 것이었다는 점을 말하고 싶다. 그것이 사실이기 때문에 여러분은 그 사실을 믿기 바란다.

오늘날의 신입생들은 수년 전의 학생들과는 아주 다르다고 생각한다. 문자의 전송과 트위터(Twitter™)는 문장의 길이와 구조에 크게 영향을 주고 있다. 오늘날에 쓰기와 대화는 짧은 문장이나 토막 문장으로 곧바로 정보가 전달된다. 멀티미디어 프레젠테이션(multi-media presentation)은 삶의 한 방편이 되었다. 제7판과 마찬가지로 제8판은 요즈음 세대의 기술(technology)과 말(speech)에 완전히 부합하도록 작성하였다.

우리가 분량이 적은 책을 쓰는 이유는 무엇인가?

오르는 수업료, 고갈되는 숲, 그리고 무거운 가방으로 인해 생기는 고통 등을 감안할 때, 질문에 대한 답은 명백하다. 우리의 확고부동한 신념은 두 학기 동안에 책을 완전히(또는 *거의* 전부에 가깝게) 가르쳐야 한다는 것이다. 학생들(과 그의 부모들)은 과목에서 다루지도 못할 내용을 1000쪽의 책에 담아 책값에 반영하는 것을 원하지 않기 때문이다.

흔히 두께가 두껍지 않은 책은 수준이 낮다는 선입관이 있다. 그러나 우리는 내용의 깊이, 엄밀성과 명확성을 희생하지 않는 범위에서 일반적인 개념을 간결하게 설명하면 된다는 믿음을 가지고 있다. 자료 선정 기준은 난이도가 아니라 학생들에게 중요하고 꼭 필요한 정보만을 제공한다는 신념하에 이루어졌다. 이것들을 달성하기 위해 우리가 결정한 지침은 다음과 같다.

1. 반복과 중복을 가능한 한 제거하였다. 전판에서와 같이,
   - 산화-환원(redox) 반응의 균형을 맞추는 방법은 제17장에 소개한 반쪽-반응식(half-equation) 방법뿐이다.
   - 기체-법칙 문제를 푸는 방법은 모든 경우에 이상 기체 법칙만을 이용하였다(제5장).
   - ΔH를 계산하는 방법(제8장)은 생성 엔탈피만을 사용하였다.
   - 기체 상태 반응에서의 평형 상수(제12장)는 흔히 K_p로 나타내는 열역학 상수 K만을 사용하였다. 이렇게 함으로써 기체 평형뿐만 아니라 반응의 자발성(제16장)과 전기화학(제17장)에 대한 논의를 간결하게 할 수 있었다.
2. 책의 두께가 두꺼운 일반 화학에서나 다루는 주제는 부록이나 생활 속의 화학 이야기에서 다루었다. 이 범주에 해당하는 내용들은 다음과 같다.
   - MO(분자 오비탈) 이론(부록 4). 우리의 경험에 의하면, 이 이론은 화학 결합을 이해하는 데 중요한 요소이지만, 일반 화학을 배우는 학생들은 잘 이해하지 못하고 암기하는 데 그치는 경향이 있다.

- 유기 화합물의 명명법. 이 부분은 일반 화학의 시작 부분에 놓을 필요는 없고 유기 화학 부분에서 다루는 것이 더 좋다고 생각하고 있다.
- 정성 분석. 정성 분석은 제15장의 생활 속의 화학 이야기에 요약 설명하였다. 정성 분석에 대한 자세한 논의는 실험 책에서 다루도록 하였다.
- 생화학. 생화학은 전통적으로 일반 화학 책의 마지막 부분에서 다룬다. 제19장에서 heme, 제6장에서 carotenoids에 대한 설명을 포함시켰다. 유기 화학의 기본 지식이 없는 일학년 학생에게 생화학에 한 장(chapter)을 할애할 필요성을 느끼지 않아 다루지 않았다.

3. 불필요한 부분, 실생활에서의 응용, 원리에 관한 과학자들의 이야기 등을 제외시켰다. 응용 분야와 원리의 전개 등을 연습 문제에 포함시켰다. 일반적으로 가장 기본적인 접근 방법을 고수하였다. 개념을 이해하기도 어려운 학생들에게 자세한 설명은 본문에서 의도하는 바를 벗어나게 할 수도 있다. 실제 생활에서의 응용과 과학자에 대한 이야기는 "생활 속의 화학 이야기"와 "화학자의 삶 속에서"에서 다루었다. 학생들이 말하기를 이 책에서 가장 재미있게 읽은 부분은 이 두 부분이라고 한다. 또한 책의 여백에 실은 노트도 즐겁게 읽은 부분이라고 말한다.

제8판은 어떤 변화가 이루어졌는가?

제8판은 제7판만큼 근본적으로 바뀌지 않았다. 학생, 교수, 조교들과 이야기를 했고 제안과 불만을 경청하였다. 제7판에 대한 모든 변경 사항은 열띤 반응을 보였지만, 작은 변경으로 더 나아지는 부분들이 있었다. 제8판은 다음과 같은 변경이 이루어졌다.

- 예제 형식을 수정하여 예제의 각 부분이 전략, 분석 및 풀이의 순으로 변경되었다. 가장 일반적인 의견은 "(b)에 관해 묻기 전에 (a)를 하는 방법을 먼저 보여달라."는 것이었다.
- 더 많은 순서도가 추가되었다. 이들 순서도에 대하여 더 많은 사람들을 위한 만장일치의 지지와 요청이 있었다. 우리는 기존의 몇 개를 수정하고 몇 개를 더 추가했다.
- 산화-환원 반응식의 균형 맞추는 것에 대한 논의는 제4장에서 제17장으로 옮겼다. 교수들은 제17장에서 산화-환원 반응식을 다시 도입하고 새로운 강의 재료처럼 다루어야 한다고 말했다. 학생과 조교 모두 제4장이 무겁고 어려운 장이라는 데 동의하였다. 따라서 산화-환원 반응은 화학량론적 계산이 포함된 경우에만 제4장에서 다룬다. 이들 반응에서는 균형 맞춘 반응식이 주어진다.

학생들에게

여러분은 이미 일반 화학에 대하여 많이 들어서 알겠지만, 다른 과목에 비하여 어렵다는 생각에 이견은 없을 것이다. 화학은 특별한 화학 용어를 가지고 있다는 것 이외에, 정량적인 (quantitative) 과학임을 알아야 한다. 즉 화학적 개념을 이해하는 데 수학이 필요하다. 이러한 이유로 교수, 조교, 동료 학생들로부터 화학을 어떻게 공부할 것인가에 대한 다양한 조언을 받게 된다. 저자의 입장에서 조언을 덧붙이자면, 가르치는 사람으로 또는 부모의 입장에서 그동안의 경험을 통해 볼 때, 이러한 충고 없이도 학생들은 놀라울 정도로 잘 해결해 나간다. 이 책에서 여러 가지 학습 보조 자료를 잘 이용하기 바라며, 그것을 아래에 설명하고자 한다.

마스터톤의 학습 도구, 제8판

예제

여러분은 각 장(chapter)에서 특정한 원리를 설명하도록 고안된 열 개 또는 그 이상의 예제를 만나게 된다. 이들 예는 일반적인 것(주황색 띠), 고급 문제(보라색 띠) 혹은 개념 문제(푸른색 띠) 중의 하나로 되어 있다. 이들 예제는 색깔로 구분하여 풀이 과정을 밝혀 놓았다. 예제는 두 개의 열로 나누어 나타내었다. 대부분의 예제는 다음과 같이 세 부분으로 구성되어 있다.

- **분석**은 다음을 수록하고 있다.
  1. 주어진 정보.
  2. 정보가 알려주는 내용—정보는 프로그램으로 직접 설명하지는 않지만 어디서나 찾을 수 있는 자료들이다.
  3. 알고자 하는 것.
- **전략**

  이 부분은 문제를 해결하는 계획을 제공한다. 도식적인 풀이 경로를 알려주거나 고려해야 할 변환 인자를 상기시키거나 유용한 반응식을 제공한다.
- **풀이**

  이 부분은 주어진 전략의 수행 과정을 단계적으로 보여준다.
- 많은 예제들은 **마무리 정리**라는 부분으로 끝난다. 마무리 정리는 문제에서 얻은 관련 정보나 최종 답이 합당한지를 점검한다. 여러분은 모든 문제를 해결할 때 마무리 정리를 하는 습관을 갖는 것이 문제를 해결하는 데 도움이 될 것이다.

예제

n = 4에서 **n** = 2로 전이가 일어날 때, Balmer 계열 선의 파장을 나노미터(nm)의 단위로 계산하라.

분석

주어진 정보:	n = 2; n = 4

(계속)

정보가 알려주는 내용: 빛의 속도(2.998×10^8 m/s)
Rydberg 상수(2.180×10^{-18} J)
Planck 상수(6.626×10^{-34} J · s)

알고자 하는 것: nm 단위의 파장

전 략

1. 전이에 따른 진동수를 구하기 위해 식 6.4에 대입한다.

$$\nu = \frac{R_H}{h}\left(\frac{1}{\mathbf{n}_{낮은}{}^2} - \frac{1}{\mathbf{n}_{높은}{}^2}\right)$$

n에 대하여 $\mathbf{n}_{낮은}$은 낮은 준위의 값을, $\mathbf{n}_{높은}$은 높은 준위의 값을 사용한다.

2. 식 6.1을 사용하여 미터 단위의 파장을 구한 다음, 나노미터 단위로 변환시킨다.

풀 이

1. 진동수 $$\nu = \frac{2.180 \times 10^{-18}\ \text{J}}{6.626 \times 10^{-34}\ \text{J} \cdot \text{s}}\left(\frac{1}{(2)^2} - \frac{1}{(4)^2}\right) = 6.169 \times 10^{14}\ \text{s}^{-1}$$

2. 파장 $$\lambda = \frac{2.998 \times 10^8\ \text{m/s}}{6.169 \times 10^{14}\ \text{s}^{-1}} \times \frac{1\ \text{nm}}{1 \times 10^{-9}\ \text{m}} = 486.0\ \text{nm}$$

마무리 정리

이 값을 Balmer 계열의 두 번째 선(표 6.2)의 값과 비교한다.

주요 문제

이 책 전체에서 특별한 주요 문제의 예를 접하게 된다. 보라색 띠로 나타낸 문제들이다. 일반적인 주요 문제는 다음과 같다.

예제 **주요 문제**

다음 반응을 살펴보자.

$$A + 2B \rightarrow C$$

다음을 계산하라.

(a) 5.0 mol의 B와 반응하는 데 필요한 A의 몰수.

(b) 5.0 g의 B와 반응하는 데 필요한 A의 g 수.

(c) 5.0 g의 B와 반응하는 데 필요한 0.50 *M* A 용액의 부피.

(d) B 용액은 질량 백분율이 32%이고, 밀도는 1.2 g/mL이다. B 용액 25 mL와 반응하는 데 필요한 0.50 *M* A 용액의 부피.

주요 문제의 예제는 두 가지 장점이 있다.

1. (a)에서 (d)까지 연속적으로 풀어 보면 화학 반응에서 질량 관계에 대한 질문 방법이 여러 가지가 있음을 알 수 있다. 시험문제에서 (d)와 같은 문제를 보았을 때 느끼는 막막함이 없어질 것이다.
2. 주요 문제 예제는 쉬운 질량 관계 문제에서 보다 어려운 문제로 진행하는 것은 아니다. 주요 문제 예제의 중요한 특징은 최종 문제를 푸는 상황은 *바로 앞에 있는 문제는 완전히 풀 수 있는 능력이 있다고 가정*한 것이다. 여러분은 약간의 지식을 가지면 (a)와 (b)의 문제를 풀 수 있지만 (d)를 풀려면 내용을 완전히 알고 있어야 한다.

시험 공부를 할 때 주요 문제를 복습하라. 앞부분[이 경우에 (a)번, (b)번, (c)번)]의 문제는 가능한 생략하고, 마지막 (d)번으로 가도록 노력하라. (d)번 문제를 풀 수 있다면 (a)번, (b)번, (c)번의 문제는 풀려고 하지 말라. 즉 그 문제들은 이미 푸는 방법을 알고 있기 때문이다. (d)번 문제를 풀 수 없으면 (c)번을 풀어보라. (c)번도 풀 수 없다면 (b)를 풀어보라. 도저히 안된다면 마지막 수단으로 (a)에서 시작하여 (d)까지 풀도록 노력하라.

여백 노트

이 책에서는 가장자리 여백에 여러 가지 정보를 제공한다. "자, 이곳에 귀를 기울이시오."라든가, 기억력 향상을 돕기 위한 정보, 책을 쓰면서 빠트린 부분(학생들로부터의 지적) 등이 담겨 있다. 극히 일부는 유머러스한 것도 있다.

화학자의 삶 속에서

이 책 전체에 걸쳐서 일부 화학의 선구자들에 대한 간단한 일대기를 제목과 관련된 절에 소개하였다. 그들이 이룩한 업적과 인간적인 면도 강조하였다.

생활 속의 화학 이야기

각 장에는 생활 속의 화학 이야기에 대한 내용을 수록하고 있다. 생활 속의 화학 이야기는 세상에서 사용되는 화학의 현재 사례나 화학의 연구 분야를 보여주는 독립적인 에세이이다. 내용은 개념을 설명하는 것에는 연결시키지 않아서 여러분을 혼란스럽게 하지는 않을 것이다. 만일 생활 속의 화학 이야기를 읽는다면 그 내용들이 여러분을 더 과학적으로 교양이 있는 사람이 되도록 해 줄 것이다.

개념정리와 복습

각 장의 맨 뒤에 그 장에 나온 개념에 대한 간단한 복습이 있다. 복습은 항상 지나간 장에서 공부한 내용을 새롭게 해줄 뿐 아니라 시험 준비를 할 때 정리를 하거나 시험 계획을 짜는 데 도움을 준다. 개념 정리와 복습은 다음과 같다.

- 각 장의 ***주요 용어***. 익숙하지 않은 용어는 책 뒤의 찾아보기를 이용해 용어 설명을 볼 수도 있고, (추가적인 설명이 필요한 경우에는) 그 용어가 수록된 관련 쪽을 참고해 볼 수도 있다.
- 각 장에 도입된 ***주요 개념***과 ***주요 식***. 각 장의 예제 문제와 맨 뒤에 있는 연습 문제를 분류해 놓았다. 각 장의 연습 문제는 OWLv2에서도 교차하여 참고할 수 있다. 문제를 푸는 데 어려움이 있다면 같은 개념을 다루고 있는 예제로 다시 돌아가서 다시 읽고 풀어보면 도움이 될 것이다.

요약 문제

다단계 요약 문제에서는 요점을 잘 정리해서 보여준다. 문제를 풀어 보고 자신의 실력을 점검할 수도 있다. 요약 문제의 가장 큰 장점은 다양한 아이디어를 하나로 묶어서 서로 어떻게 연관되는지를 보여주는 것이다. 이 책으로 가르치고 있는 경험 많은 일반 화학 교수는 학생에게 이렇게 말하곤 한다. "요약 문제를 아무런 도움 없이 푼다면, 여러분은 시험 준비가 다 되었다고 본다."

연습 문제

각 장의 마지막 부분에는 담당 교수가 여러분에게 숙제로 부과할 수 있는 연습문제들을 수록하고 있다. 이 문제들은 그 장의 내용에 대한 지식의 깊이를 점검해 보는 데 도움을 줄 것이다. 이들 문제는 다음의 특징을 가지고 있다.

- 개념 문제는 화학의 원리 이해에 관한 문제들이다. 이 문제들을 풀 때는 계산기가 필요 없으며, 계산기를 사용하지 말아야 한다.

- 화학자가 사용하는 전문 용어(예컨대, 화학식의 이름 쓰기, 설명하는 반응에 대한 화학 반응식 쓰기)에 대한 지식을 점검하는 문제.
- 정량에 관련된 문제는 계산기와 간단한 수학적 조작을 필요로 한다.

분류된 문제는 각 장에서 다루는 주제별로 묶어서 제시되고, 비슷한 문제 유형이 짝을 이루는데 두 번째 문제는 첫 번째 문제와 같은 원리를 기반으로 하고 있다. 이러한 방법은 학생 스스로 문제를 해결하는 기회를 많이 주기 위함이다. 짝수 번호의 문제는 색으로 구별해 놓았고 부록 5에 해답을 실었다. 만약 홀수 번호의 문제가 숙제로 주어진다면, 먼저 짝수 번호의 문제를 풀이의 도움을 받아 풀어보고 홀수 번호의 문제를 해결할 수 있을 것이다.

각 장에 **종합 문제**가 약간씩 실려 있는데, 이 문제들은 이전의 장에서 논의된 개념을 포함하여 한 가지 이상의 개념이 연관된 문제들이다.

도전 문제는 고도의 이해와 통찰력을 비롯한 노력이 요구되는 문제로, 이들 문제의 답이 부록 5에 실려 있다.

부록

이 책의 끝부분에 수록한 부록에는 학생들에게 유용한 참고 자료를 실었다.

- 부록 1은 SI 단위에 대한 설명과 평형 상수와 열역학적 실험 자료를 실었다.
- 부록 3은 일반 화학에서 필요로 하는 모든 수학에 관한 내용을 수록하였다. 지수 표기법, 일반로그와 자연로그의 계산법 등에 관련된 것을 강조하였다.

요약 차례

차례

물질과 측정

Matter and Measurements

제 1 장

Museum of the History of Science in Oxford, England

◀ 이 그림은 중세 시대에 사용하던 기구로 측정을 하고 있는 것을 보여주고 있다. 그 당시에 사용하던 기구들을 오늘날에도 많이 사용하고 있다.

모든 것에는 척도가 있다.
—HORACE

이 장의 차례 _Chapter Outline

거의 확실하게, 이 책은 대학에서 공부하는 첫 화학 과정이다. 아마도 모든 단계에서 화학을 처음 접하게 될 것이다. 화학 전공이 아닌 이상 왜 이 과정을 수강하고 있는지, 그리고 이 과정에서 얻을 수 있는 것이 무엇인지 궁금해 할 것이다. 이 질문에 답하기 위해 화학이 다른 분야에 기여하는 몇 가지 방법을 살펴보는 것이 도움이 된다.

엔지니어가 될 계획이라면 엔지니어들이 다루는 많은 물질들은 화학자가 합성한 것들임을 알게 될 것이다. 이 물질들 중 일부는 유기 물질(탄소를 포함하고 있는)이다. 폴리에틸렌과 같은 친숙한 플라스틱일 수도 있고(제23장), 깨지지 않는 창문과 불에 타지 않는 의류에 사용되는 더 중요한 플라스틱일 수도 있다. 금속과 반도체를 포함한 기타 재료(제20장)는 본질적으로 무기 물질이다.

여러분은 의학이나 약학 분야를 전공하는 학생일 수 있다. 그렇다면 혈액 및 기타 체액을 포함하는 수용액(제4, 10, 14, 16장)의 성질을 잘 알아야 할 필요가 있다. 오늘날 화학자들은 다양한 생명을 구하는 제품의 합성에 관여하고 있다. 화학 요법(제19장)에서 사용되는 약물부터 내성 미생물에 대한 새로운 항생제까지 다양하다.

직업 준비를 넘어, 대학 교육의 목적은 여러분에게 정보를 갖춘 시민이 되도록 하는 것이다. 이 책에서 새롭게 보완한 화학 관련 주제의 몇 가지는 다음과 같다.

- 오존층의 파괴(제11장).
- 대체 연료(제17장).
- 원자력에 대한 찬반양론(제18장).

이 책의 또 다른 목표는 다음과 같은 최근의 기술적 진보 뒤에 숨어 있는 화학적 원리를 설명함으로써 학생의 지적인 호기심을 자극하는 데 있다.

- “자동 세척” 창문(제1장).
- “불타는 얼음”(제3장).
- “유지보수가 필요 없는” 축전지(제17장).
- “카이랄” 약품(제22장).

이 일반화학 과정을 마치게 되면, 학생들은 오늘날의 세계에서 화학의 중요성을 확신하게 될 것이라 기대한다. 그러나 학생들은 한 가지 면에 있어서 주의해야 한다. 비록 이 책에서 화학의 많은 응용 분야에 대해서 언급을 하겠지만, *중요한 관심은 화학 반응을 지배하는 원리*(principle)*에 있다.* 단지 이러한 원리들을 습득함으로써 앞에서 언급한 응용에 대한 기초를 이해하게 될 것이다.

화학은 물질의 성질과 반응을 취급한다.

이 장에서는 다음과 같은 화학에 대한 공부를 시작할 것이다.

- 물질의 유형에 대한 고찰. 순물질과 혼합물, 원소와 화합물(1-1절).
- 화학에서 사용되는 측정의 종류, 측정에 관련된 불확실성 및 한 단위에서 다른 단위로 측정된 양을 변환시키는 방법에 대한 고찰(1-2절).
- 물질을 확인하기 위해 사용할 수 있는 밀도 및 물에 대한 용해도를 포함하는 물리적 성질에 대한 고찰(1-3절).

1-1 물질과 물질의 분류

물질(matter)은 질량을 가지고 공간을 차지하는 것을 말한다. 물질은 물리적인 상(phase) 또는 물질의 조성에 따라 분류할 수 있다(그림 1.1).

물질은 고체, 액체, 기체의 세 가지 상으로 존재한다. **고체**(solid)는 정해진 모양과 부피를 가지고 있다. **액체**(liquid)는 정해진 부피를 가지고 있지만 정해진 모양을 가지고 있지 않으며, 용기의 모양을 따른다. **기체**(gas)는정해진 부피나 모양을 가지고 있지 않으며, 용기의 부피와 모양을 따른다.

물질은 또한 조성에 따라 다음과 같은 두 가지 범주로 구분될 수 있다:

- 순물질(pure substance)은 고정된 조성과 독특한 성질을 갖는다.
- 혼합물(mixture)은 두 개 이상의 물질로 구성된다.

순물질은 원소(element)나 화합물(compound, 그림 1.1)이며, 혼합물은 균일 혼합물(homogeneous mixture)이거나 불균일 혼합물(heterogeneous mixture)이다.

원소

원소(element)는 둘 이상의 순물질로 분해될 수 없는 물질의 한 가지 종류이다. 지금까지 알려져 있는 원소는 118개이고, 이 중에서 91개는 자연에 존재한다.

많은 원소들은 우리에게 친숙하다. 야외 그릴에 사용되는 숯은 거의 순수한 탄소이다. 전선, 보석, 장신구, 수도관은 금속 원소인 구리로 만들어진다. 알루미늄과 같은 다른 금속 원소는 많은 가정용품에 사용되고 있다.

어떤 원소들은 유행을 타기도 한다. 60년 전에 규소 원소는 화학적인 호기심의 대상이었다. 오늘날 초고순도 규소는 수십억 달러의 반도체 산업의 기초가 되었다. 반면에 납은 규소와는 반대 방향으로 유행을 탄 원소이다. 한 세대 전에 납은 페인트 안료, 배관 연결선, 휘발유 첨가제를 만드는 데 폭넓게 사용되었다. 그러나 오늘날 납 화합물은 그 독성 때문에 미국에서는 사용을 금지하고 있다.

화학에서는 원소를 **기호**(symbol)로 나타낸다. 이 기호는 한 개 또는 두 개의 문자로 구성되어 있는데, 일반적으로 그 원소의 이름에서 따온 것이다. 그러므로 탄소(carbon)를 나타내는 기호는 C, 알루미늄(aluminum)에 대해서는 Al이다. 때때로 기호는 그 원소의 라틴어 이름이나 그 원소의 화합물로부터 유래한 것도 있다. 고대로부터 알려진 두 가지 원소인 구리와 수은의 기호는 각각 Cu (*cuprum*)와 Hg (*hydrargyrum*)이다.

표 1.1에 친숙한 여러 종류 원소들의 이름과 기호를 수록하였다. 원소가 홀로 있든지 또는 결합된 형태로 있든지, 원소들은 일반적 실험실 또는 상업적 생산품에서 흔히 볼 수 있다. 표에 나타낸 존재비는 지구의 지각, 대기, 해양에 있는 각 원소의 상대적인 양을 의미한다.

가장 친숙한 원소들 가운데 여러 원소들은 실제적으로 존재비가 아주 작다. 예를 들어 적어도 기원전 500년부터 알려져 온 수은은 그 존재비가 단지 0.00005%에 불과하다. 수

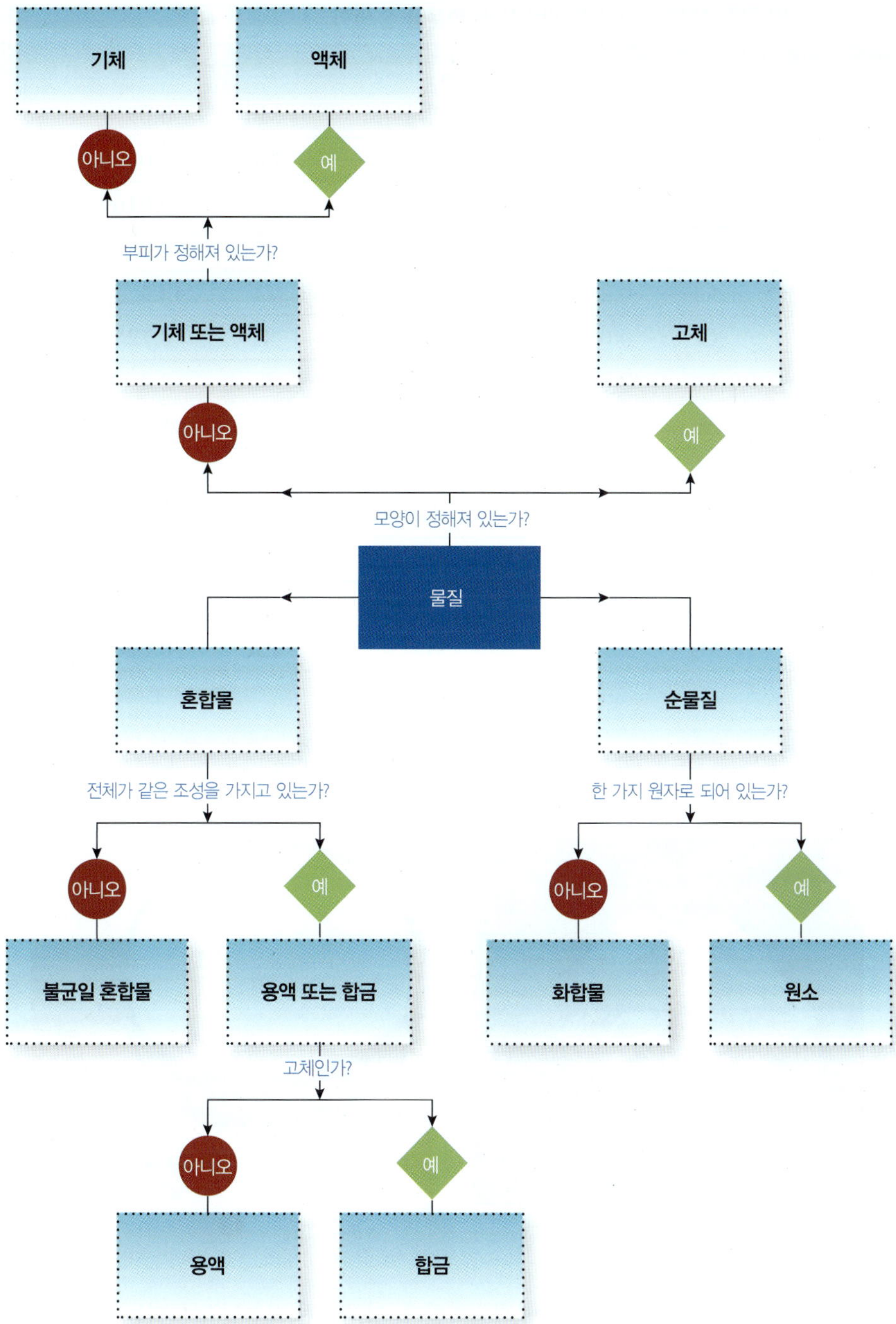

그림 1.1 ▸ **물질을 고체, 액체, 기체로 분류.**

은은 적색 광물인 진사(cinnabar, 그림 1.2)를 가열하여 쉽게 얻을 수 있다.

수은은 실온에서 액체인 유일한 금속이다. 또한 수은은 가장 밀도가 큰 금속 중의 하나이다. 수은은 큰 밀도 때문에 온도계와 압력계에서 광범위하게 사용되는 액체이다. 1990년대에 들어와서는 환경에 대한 관심이 높아짐에 따라 모든 기구들에 수은을 사용하는 것이 금지되었다.◂ⓘ 수은의 다른 유용한 특성은 많은 금속들을 녹여서 용액(아말감, amalgam)을 만드는 것이다. 은-수은-주석 아말감은 아직까지도 충치 충진제로 사용되고 있다. 그러나 최근에는 많은 치과의사들이 치아와 같은 색깔을 나타내는 복합재료(composite)를 사용한다. 그 이유는 복합재료가 심미안적으로 더 만족스럽고, 더 잘 부착되기 때문이다.

ⓘ 실험실과 병실에서 사용했던 수은 온도계는 디지털 온도계로 대체되었다.

이에 반하여, 알루미늄(존재비 = 7.5%)은 유용성에도 불구하고 1세기 전까지만 해도 화학적 호기심을 별로 끌지 못했다. 알루미늄은 점토나 암석에 결합된 형태로 존재하고 있으며, 그것들로부터 쉽게 추출되지 않는다. 1886년에 두 젊은 화학자인 미국의 Charles Hall과 프랑스의 Paul Héroult가 상대적으로 희귀 광석인 보크사이트(bauxite)로부터 알

표 1.1 ▸ 몇 가지 잘 알려져 있는 원소들과 백분율 존재비

원소	기호	백분율 존재비	원소	기호	백분율 존재비
알루미늄	Al	7.5	망가니즈	Mn	0.09
브로민	Br	0.00025	수은	Hg	0.00005
칼슘	Ca	3.4	니켈	Ni	0.010
탄소	C	0.08	질소	N	0.03
염소	Cl	0.2	산소	O	49.4
크로뮴	Cr	0.018	인	P	0.12
구리	Cu	0.007	포타슘	K	2.4
금	Au	0.0000005	규소	Si	25.8
수소	H	0.9	은	Ag	0.00001
아이오딘	I	0.00003	소듐	Na	2.6
철	Fe	4.7	황	S	0.06
납	Pb	0.0016	타이타늄	Ti	0.56
마그네슘	Mg	1.9	아연	Zn	0.008

그림 1.2 ▸ 진사와 수은.

루미늄을 추출하는 공정을 독립적으로 확립하였다. 이 공정은 오늘날 알루미늄 원소를 생산하는 데 여전히 사용되고 있다. 우연의 일치로 Hall과 Héroult는 같은 해(1863년)에 출생해서 같은 해(1914년)에 사망하였다.

▶ 화합물

화합물(compound)은 둘 이상의 원소를 포함하고 있는 순물질이다. 물은 수소와 산소의 화합물이다. 메테인, 아세틸렌 및 나프탈렌 화합물은 원소인 탄소와 수소를 서로 다른 비율로 포함하고 있다.

화합물들은 고정된 조성을 가지고 있다. 즉, 주어진 화합물은 항상 같은 질량 백분율로 같은 원소를 포함하고 있다. 한 예로 순수한 물의 시료는 정확하게 11.19%의 수소와 88.81%의 산소를 포함하고 있다. 대조적으로, 혼합물들은 조성이 다를 수 있다. 예를 들면, 수소와 산소로 된 혼합물에서 수소의 비율이 5, 10, 25, 60%일 때 산소는 95, 90, 75, 40%의 비율을 가지게 된다.

화합물의 특성은 화합물에 포함된 원소의 특성과 매우 다르다. 보통의 소금인 염화 소

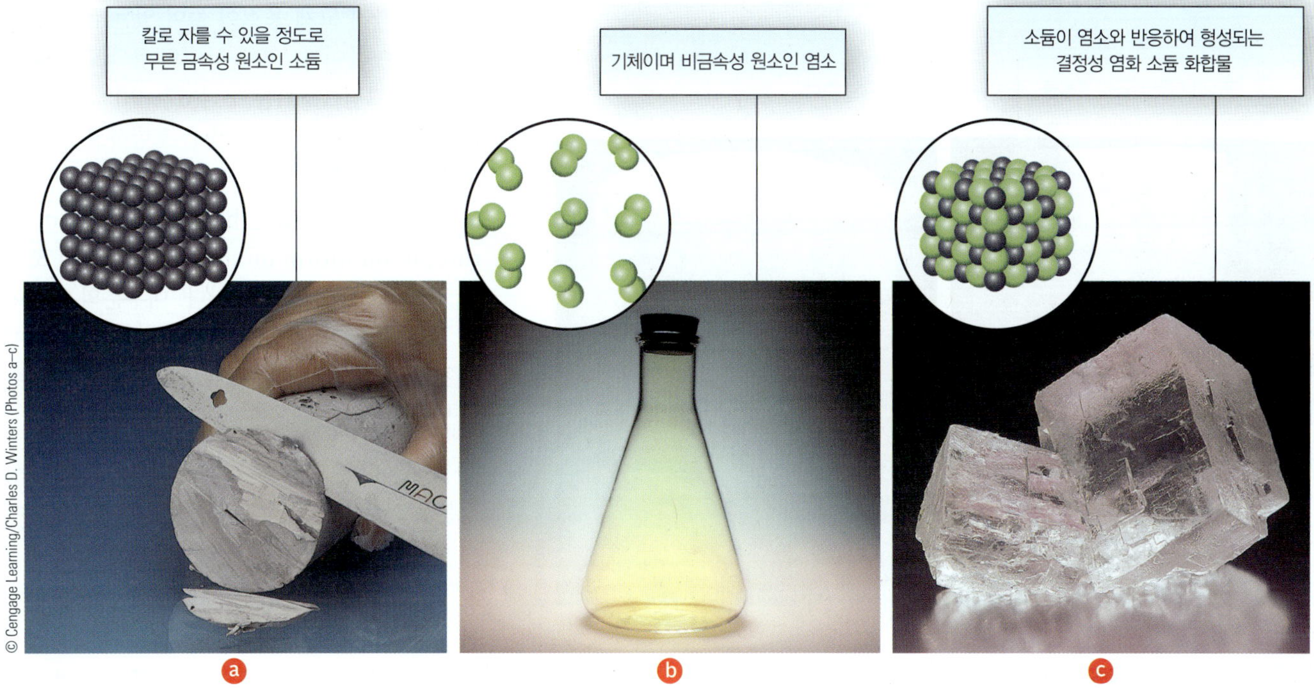

그림 1.3 ▸ 소듐, 염소 및 염화 소듐.

듐(NaCl)은 백색의 반응성이 없는 고체이다. 그 이름에서 알 수 있듯이 염화 소듐은 소듐과 염소라는 두 가지 원소를 포함하고 있다. 소듐(Na)은 광택을 내며, 매우 반응성이 큰 금속이다. 염소(Cl)는 독성이 강하고 녹황색을 띤 기체이다. 이 두 원소가 결합해서 염화 소듐을 형성할 때 근원적인 변화가 일어난다(그림 1.3).

여러 가지 다른 방법을 사용하여 화합물을 해당 원소로 분해할 수 있다. 때로는 열만으로도 충분하다. 수은과 산소의 화합물인 산화 수은(II)은 600°C로 가열하면 그 원소로 분해된다. 영국의 화학자인 Joseph Priestley는 약 200년 전에 강력한 렌즈를 통해 뜨거운 햇빛을 산화 수은(II) 시료에 쪼여 줌으로써 이 반응을 수행하여 산소를 발견하였다. 생성된 수은 증기는 치명적인 독극물이다. 그의 실험실에서 많은 양의 수은을 증류하였던 Isaac Newton 경은 생의 후반기에 이 영향으로 고통을 당했다.

화합물을 원소로 분해하는 또 다른 방법은 흔히 액체 상태에 있는 화합물에 전류를 통해 주는 *전기분해*(electrolysis)이다. 전기분해에 의해 물은 기체 상태의 수소와 산소의 원소로 분리할 수 있다. 수십 년 전, 전기분해로 생성된 수소 기체를 사용하여 해저에 잠겨 있는 *타이타닉*(Titanic) 호를 캐나다의 뉴펀들랜드 연안으로 끌어 올리자는 제안이 있었다. 그 작업은 이루어지지 않았다.

그림 1.4 ▸ 황산 구리 결정(푸른색)과 모래의 불균일 혼합물.

▶ 혼합물

혼합물(mixture)은 ⓘ 각 물질이 화학적 본질을 유지하면서 두 개 이상의 물질이 포함된 것을 말한다. 황산 구리를 모래와 흔들어서 혼합하면(그림 1.4) 두 물질은 서로 반응하지 않는다. 반면에 소듐을 염소 기체에 노출시키면 새로운 화합물인 염화 소듐이 형성된다.

ⓘ 우리가 접하는 대부분의 물질들은 혼합물이다.

혼합물은 두 가지 종류가 있다.

1. 균일 혼합물(homogeneous mixture, uniform mixture)은 혼합물의 조성이 전체에 걸쳐서 일정하다. 균일 혼합물은 **용액**(solution)이라 한다. 용액은 가장 많은 양으로 존재하는 물질인 **용매**(solvent)와 하나 이상의 용질로 이루어진다. 아주 흔하게 용매는 액체이고, 반면에 **용질**(solute)은 고체, 액체, 또는 기체일 수도 있다. 소다수는 물(용매)에 이산화 탄소(용질)가 녹아 있는 용액이다. 바닷물은 보다 복잡한 용액으로, 염화 소듐을 비롯하

그림 1.5 ▸ 두 가지 혼합물.

여 여러 가지 고체 용질이 들어 있는데, 바닷물의 용매는 물이다. 고체 상태의 용액도 가능하다. 놋쇠(그림 1.5a)는 구리(67~90%)와 아연(10~33%)의 두 가지 금속을 포함하고 있는 고체 용액이다.

공기를 포함한 모든 기체 혼합물은 용액이다.

2. 불균일 혼합물(heterogeneous mixture, nonuniform mixture)은 혼합물의 조성이 전체적으로 일정하지 않다. 대부분의 암석이 이 부류에 속한다. 화강암(그림 1.5b) 한 조각에서 색깔이 각각 다른 몇 종류의 성분을 구별할 수 가 있다.

많은 다른 방법을 사용하면 혼합물의 구성 성분을 서로 분리할 수 있다. 이 가운데 실험실에서 수행할 수 있는 두 가지 방법은 다음과 같다.

- **여과**(filtration)는 고체와 액체로 이루어진 불균일 혼합물을 분리하는 데 사용되는 방법이다. 이 방법은 혼합물을 미세한 구멍을 가지고 있는 여과지에 통과시켜서 분리하는 방법이다. 물에 녹는 황산 구리는 물을 넣어서 흔들어주면 모래에서 분리된다. 모래를 여과하면 여과지 위에 모래가 남고, 황산 구리 용액은 여과지를 통과하게 된다.
- *증류*(distillation)는 고체와 액체로 이루어진 균일 혼합물을 분리하는 데 사용되는 방법이다. 증류 플라스크 안에 고체 잔류물을 남기면서 액체가 기화되고, 기화된 증기는 다시 액화되면서 순수한 액체가 얻어지게 된다. 증류는 황산 구리 수용액의 성분들을 분리하는 데 사용될 수 있다(그림 1.6).

더 복잡하지만 다양한 용도의 분리 방법은 모든 종류의 혼합물을 분리하기 위해 교육, 연구, 산업계 실험실에서 널리 사용되는 기술인 *크로마토그래피*(chromatography)이다. 이 방법은 용해도의 차이 또는 고체 표면에 흡착되는 정도의 차이를 이용한다. *기체-액체 크로마토그래피*(gas-liquid chromatography)에서는 휘발성 액체와 기체의 혼합물을 가열된 유리관의 한쪽 끝 속에 주입한다. 겨우 1 마이크로리터(10^{-6} L) 정도의 아주 적은 양의 시료를 사용할 수 있다. 그 관은 점성이 큰 액체로 피복된 표면을 가진 비활성 고체로 채워져 있다. 반응하지 않는 "운반 기체(carrier gas)"인 헬륨이 그 관을 통과한다. 시료의 성분은 헬륨 속으로 기화되거나 점성이 큰 액체에 응축됨에 따라 점차적으로 분리된다. 일반적으로, 휘발성이 큰 물질일수록 더욱 빨리 이동하여 먼저 관 밖으로 빠져 나온다. 차례대로 빠져 나온 성분들이 검출되고 기록된다.

기체-액체 크로마토그래피(gas-liquid chromatography, GLC) (그림 1.7)는 화학 실험실이 아닌 곳에서도 많이 이용되고 있다. 만약 여러분들이 차의 배기 계통의 배기 가스 검사를 받아본 경험이 있다면, 이때 사용된 분석 방법은 틀림없이 GLC였을 것이다. 일산화 탄소와 불연소 탄화수소와 같은 오염 물질은 그래프의 봉우리로 나타난다. 컴퓨터는 각 오염 물질들의 농도에 비례하는 이러한 봉우리의 면적을 결정하고, 자동차가 검사에 통과하였는지 또는 통과하지 못했는지를 알려주는 일련의 숫자를 기록한다. 마약(마리화나, 코카인 및 기타)이나 알코올 검사에 사용되는 많은 기술들도 기체-액체 크로마토그래피를 사용한다.

GLC는 TV 드라마의 법의학 연구소에서 가장 많이 사용되는 기술이다.

냄새 센서가 부착된 초고속 기체 크로마토그래피(gas chromatography, GC)는 폭발물이나 기타 화학 무기 또는 생물학 무기에서 생성되는 화합물 증기를 분석하는 강력한 도구이다.

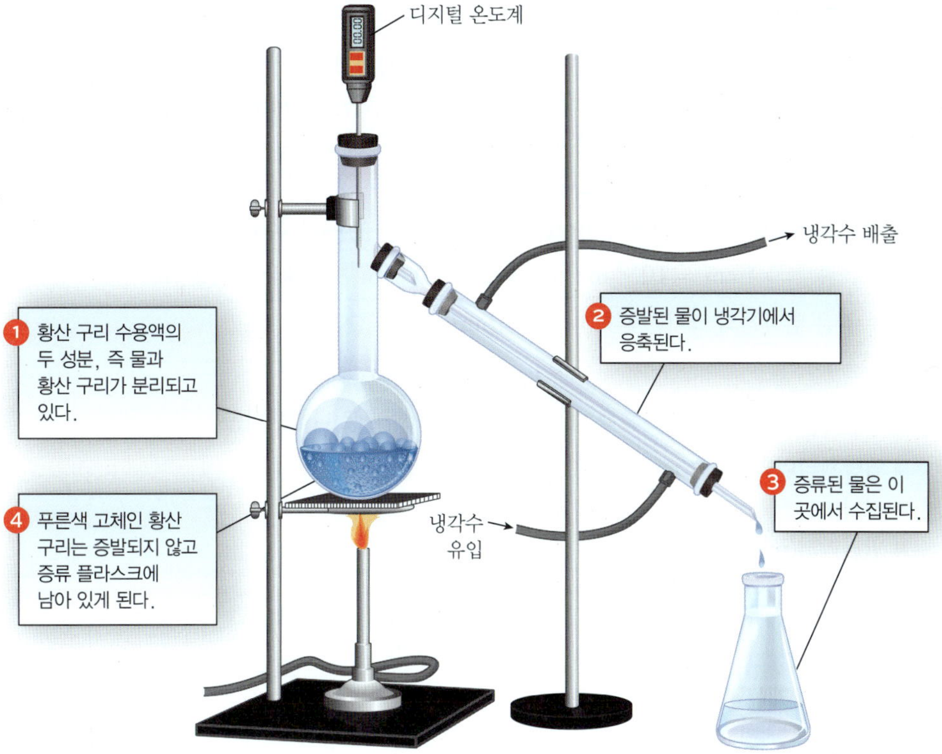

그림 1.6 ▸ **단순 증류 장치.**

이 절에서는 길이, 부피, 질량 및 온도와 같이 실험실에서 항상 측정하는 네 가지 친숙한 성질을 살펴볼 것이다. 기타 물리, 화학적 성질은 나중의 장에서 필요할 때 소개될 것이다.

1-2 측정

화학은 정량적 과학이다. 실험실에서 수행한 실험과 항상 수행하는 계산은 특정한 수치적 값을 가지고 있는 측정량을 포함하고 있다. 예를 들어 아스피린의 합성에 대한 다음과 같은 방법을 살펴보자(측정량은 이탤릭으로 표시하였다).

> 살리실산 *2.0 g*, 무수 아세트산 *5.0 mL*, *85%* H_3PO_4 *5 방울*을 50-mL 삼각 플라스크에 넣는다. 이 혼합물을 *75°C* 물중탕에서 *15분* 동안 가열한다. 조심스럽게 물 *20 mL*를 넣고 *0°C* 얼음 수조로 삼각 플라스크를 옮겨 놓는다. 결정이 생성되도록 하기 위하여 유리 막대를 사용하여 플라스크의 안쪽을 긁는다. 지름 *10 cm*인 뷰흐너 깔때기로 여과하여 고체-액체 혼합물로부터 아스피린을 분리한다.

과학적 측정은 **미터법**(metric system)으로 나타낸다. 이것은 십진법에 기초한 체계로, 특별한 양의 모든 단위들은 서로 10의 지수(factor)에 의해서 관계된다는 것을 나타낸 것이다. 이와 같은 지수를 나타내기 위해 흔히 사용되는 접두사들을 표 1.2에 정리하였다.

Vernier

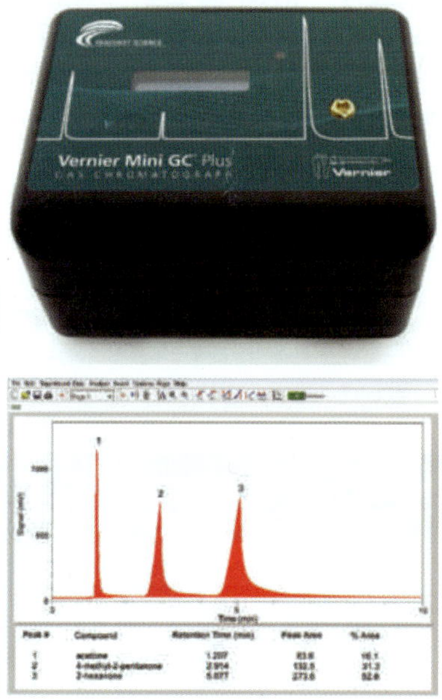

Vernier

그림 1.7 ▸ **질량분석법과 기체 크로마토그래피.** 공항의 보안 검색에는 혼합물을 분리하고(크로마토그래프) 질소를 포함하는 폭발물(질량분석기)의 존재를 탐지하기 위해 이 장비들을 사용한다. 이 계측기를 더 크게 만든 장비는 위탁 수하물을 스캔하는 데 사용된다.

표 1.2 ▸ **미터법 접두사**

지수	접두사	약어	지수	접두사	약어
10^6	mega	M	10^{-3}	**milli**	m
10^3	**kilo**	k	10^{-6}	micro	μ
10^{-1}	deci	d	10^{-9}	**nano**	n
10^{-2}	**centi**	c	10^{-12}	pico	p

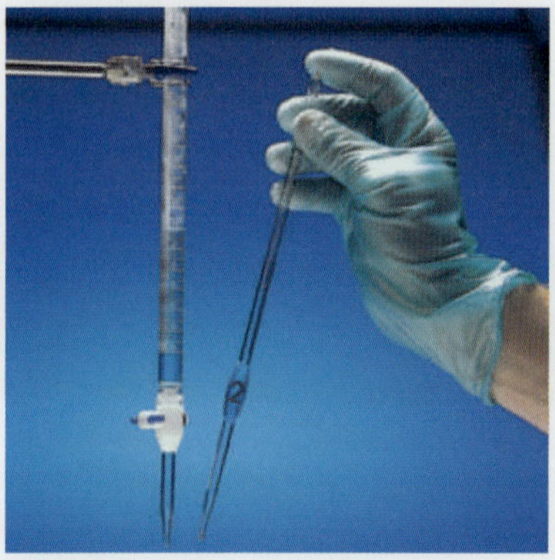

그림 1.8 ▸ **부피 측정**. 뷰렛(*왼쪽*)은 정확하게 측정된 다양한 부피의 액체를 옮길 때 사용한다. 피펫(오른쪽)은 일정한 부피의 액체(예로 25.00 mL)를 옮길 때 사용한다.

그림 1.9 ▸ **고체의 질량 측정**. 고체 시료와 그 위에 놓여 있는 종이의 질량의 합은 144.998 g이다. 그림 속의 저울은 단일 팬 분석용 저울이다.

▶ 기구와 단위

미터법에서 *길이*(length)의 표준 단위는 미터(meter)이고, 이것은 야드(yard)보다 조금 더 길다. 미터는 본래 프랑스 파리를 지나가는 지구의 자오선의 1/40,000,000로 정의되었다. 그러나 오늘날 미터는 1/299,792,458초 동안에 빛이 이동하는 거리로 정의한다.

길이의 다른 단위들은 표 1.2에 수록된 접두사를 사용하여 미터 단위로 표시된다. 학생들은 센티미터(cm), 밀리미터(mm), 킬로미터(km)에 익숙해 있다.

$$1\ \text{cm} = 10^{-2}\ \text{m} \qquad 1\ \text{mm} = 10^{-3}\ \text{m} \qquad 1\ \text{km} = 10^{3}\ \text{m}$$

아주 작은 입자들의 크기는 흔히 나노미터(nm)로 표시한다.

$$1\ \text{nm} = 10^{-9}\ \text{m}$$

부피(volume)는 아주 흔히 다음의 세 가지 중 하나로 나타낸다.

- 입방센티미터 $1\ \text{cm}^3 = (10^{-2}\ \text{m})^3 = 10^{-6}\ \text{m}^3$
- 리터(L) $1\ \text{L} = 10^{-3}\ \text{m}^3 = 10^3\ \text{cm}^3$
- 밀리리터(mL) $1\ \text{mL} = 10^{-3}\ \text{L} = 10^{-6}\ \text{m}^3$

1밀리리터는 1입방센티미터와 같음에 유의하라.

$$1\ \text{mL} = 1\ \text{cm}^3$$

부피를 재는 기구로 일반화학에서 가장 흔하게 쓰이는 것은 눈금 실린더이다. 보다 정확하게 측정할 필요가 있을 때에는 피펫이나 뷰렛을 사용한다(그림 1.8). 피펫은 표시된 데까지 액체를 채웠다가 아래로 빠지면서 액체의 일정한 양(예를 들어 25.00 mL)을 옮기는 데 사용된다. 뷰렛은 다양한 양의 부피를 ±0.01 mL까지 정확하게 옮길 수 있다.

미터법에서 *질량*(mass)은 통상적으로 그램(g), 킬로그램(kg), 밀리그램(mg)으로 나타낸다.

$$1\ \text{g} = 10^{-3}\ \text{kg} \qquad 1\ \text{mg} = 10^{-3}\ \text{g}$$

이 책은 1.5 kg 정도의 질량을 가지고 있다. *미터계*에서 자주 사용되는 메가그램(Mg)은 다음과 같은 관계를 갖는다.

$$1\ \text{Mg} = 10^6\ \text{g} = 10^3\ \text{kg}$$

ⓘ "m"을 쓸 때 대문자 또는 소문자에 따라 큰 차이가 있다.

일반적으로 질량과 무게는 다르다. *질량*(mass)은 물체에 있는 물질의 양에 대한 척도이고, *무게*(weight)는 물체에 작용하는 중력의 척도를 말한다. 화학자들은 흔히 이와 같은 용어들을 서로 혼용하여 사용하기도 한다. 물체의 질량은 분석용 저울(그림 1.9) 위에 물체를 올려놓고 "질량을 측정하여" 결정한다.

온도(temperature)는 열흐름의 방향을 결정짓는 인자(factor)다. 서로 다른 온도의 두 물체가 서로 접촉하면 높은 온도의 물체에서 낮은 온도의 물체로 열이 흐른다.

화학에서 사용하는 온도계는 **섭씨**(Celsius) 눈금으로 표시되어 있는데 이 척도는 스웨덴의 천문학자 Anders Celsius(1701~1744)의 이름을 딴 것이다. 이 눈금법에서는 물의 어는점을 0°C로 잡았으며, 물의 정상 끓는점은 100°C이다. 미국 가정에서는 흔히 *화씨*(Fahrenheit) 눈금의 온도계를 사용하고 있다. Daniel Fahrenheit(1686~1736)는 독일의 기기 제작 기술자였는데 최초로 수은이 내장된 유리 온도계를 사용한 사람이었다. 이 눈금법에서는 물의 정상 어는점과 정상 끓는점이 각각 32°F와 212°F(그림 1.10)이다. 그러므로 (212°F − 32°F) = 180°F는 (100°C − 0°C) = 100°C와 같은 온도 간격을 유지한다. 이 두 가지 눈금으로 표시된 온도 사이에 일반적인 관계는 다음과 같다.

ⓘ 대부분의 국가에서는 섭씨 온도를 사용하고 있다.

그림 1.10 ▸ **화씨와 섭씨 온도 눈금 사이의 관계**. 이 그림은 화씨 온도와 섭씨 온도 눈금 사이의 관계를 보여주고 있다. 섭씨 눈금의 100°C 간격에 대하여 화씨 눈금은 180°F (1.8F/C) 간격이며, 0°C = 32°F이다.

$$t_{°F} = 1.8\, t_{°C} + 32° \tag{1.1}$$

식 1.1에서 쉽게 알 수 있는 바와 같이, 이 두 눈금은 −40°C에서 일치하게 된다.

$$-40°C에서: \quad t_{°F} = 1.8(-40°) + 32° = -72° + 32° = -40°$$

화학에서 많은 목적을 위해 가장 편리하게 사용하는 온도의 단위는 **kelvin** (K)이다. 이 단위는 온도 표시가 없음을 유의하여야 한다. Kelvin 눈금은 가장 낮게 도달할 수 있는 온도(0 K)와 물의 삼중점(0.01°C)* 사이의 차이를 1/273.16로 나누어 준 값으로 정의된다. K와 °C로 표시된 온도 사이에는 다음과 같은 관계가 성립한다.

$$T_K = t_{°C} + 273.15 \tag{1.2}$$

이 척도는 영국의 과학자 Kelvin 경(1824~1907)의 이름을 딴 것이다. 그는 1848년 24살의 나이에 0 K보다 낮은 온도에 도달하는 것은 불가능하다는 사실을 보여주었다.

예제 1.1

수은 온도계는 수은 증기의 독성 때문에 그 사용이 점차 줄어들고 있다. 수은의 대체 물질은 일반적으로 끓는점이 262°C인 유기 액체 벤조산 아이소아밀(isoamyl benzoate)이다. 이 물질의 끓는점을 (a) °F와 (b) K로 나타내라.

분석

주어진 정보:	끓는점(262°C)
알고자 하는 것:	°F와 K 단위의 끓는점

전략

1. (a)에 대하여, 식 1.1에 대입한다.
2. (b)에 대하여, 식 1.2에 대입한다.

풀이

(a) °F	°F = 1.8(°C) + 32 = 1.8(262°C) + 32 = **504°F**
(b) K	K = 273.15 + 262°C = **535 K**

지금까지의 논의에서 알 수 있듯이, 미터법에서 측정된 양을 나타내는 데 다양한 단위를 사용할 수 있다. 이러한 단위의 확산은 오랫동안 과학자들의 관심사였다. 1960년에 합리적인 미터법 단위들이 제시되었다. 국제 단위계(International System of Units, SI)라고 부르는 이것은, 부록 1에 수록하였다. 여기서 다룬 네 가지 양에 대한 SI 단위는 다음과 같다.

길이:	미터(m)	*질량*:	킬로그램(kg)
부피:	입방미터(m^3)	온도:	켈빈(K)

측정의 불확실성: 유효 숫자

모든 측정에는 불확실성이 따르게 마련이다. 그 크기는 측정 기구의 특성과 작업자의 숙련도에 따라 다르다. 예를 들어 그림 1.11과 같이 100-mL 눈금 실린더를 사용하여 8 mL의 액체를 측정한다고 가정해 보자. 여기서 그 액체의 부피는 아마도 ±1 mL 범위 내에서 불확실하다. 이와 같이 정확성이 떨어지는 측정 기구를 사용하면 7~9 mL 사이의 부피를 얻을 수 있다. 좀 더 정확한 부피를 얻으려면 작은 눈금으로 나눠는 좁은 10-mL 실린더를 사용해야 한다. 이 실린더를 사용하면 7.9~8.1 mL 범위에서 0.1 mL 이내의 부피를 측정할 수 있다. 만약 뷰렛을 사용하면 불확실성을 ±0.01 mL로 줄일 수 있다.

*물의 삼중점(제9장)은 얼음, 물, 수증기가 서로 공존하면서 존재할 수 있는 고유한 온도와 압력이다.

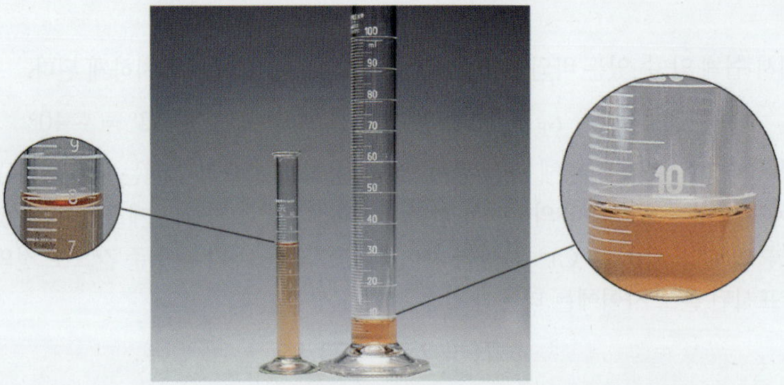

그림 1.11 ▸ **부피 측정에서의 불확실성.** 불확실성은 측정 기구의 특성에 따라 달라진다. 100-mL 눈금 실린더보다 10-mL 눈금 실린더에서 액체 8 mL는 더 작은 불확실성으로 측정될 수 있다.

측정을 하는 사람은 측정과 관련된 불확실성을 반드시 표시해 주어야 한다. 그러한 정보는 실험을 다시 해보거나 실험의 정밀도를 판단하고자 하는 사람에게 아주 중요하기 때문이다. 위에서 언급한 세 가지의 부피 측정은 다음과 같이 표시해 주는 것이 좋다.

8 ± 1 mL	(대용량의 눈금 실린더)
8.0 ± 0.1 mL	(적은 용량의 눈금 실린더)
8.00 ± 0.01 mL	(뷰렛)

이 책에서는 ± 기호를 빼고 단순히 다음과 같이 기록할 것이다.

8 mL 8.0 mL 8.00 mL

8 mL와 8.00 mL 사이에는 0.5 mL 정도 만큼 큰 차이가 있다.

이렇게 기록할 때, ***마지막 자리의 수에 적어도 1단위의 불확실성이 있다는 것***으로 이해한다. 다시 말하면 1 mL, 0.1 mL, 0.01 mL의 불확실성이 있다. 측정의 신뢰도를 나타내는 이 방법은 흔히 **유효 숫자**(significant figures)라는 용어로 나타낸다. 유효 숫자는 측정에서 얻어지는 의미 있는 자리를 갖는 수를 말한다. 8.00 mL에는 세 개의 유효 숫자가 있는데, 세 숫자 모두 실험적으로 의미가 있다. 마찬가지로 8.0 mL에는 두 개의 유효 숫자가 있고, 8 mL에는 1개의 유효 숫자가 있다.

흔히, 다른 사람이 보고한 측정값에서 유효 숫자의 개수를 파악하는 것이 필요하다(예제 1.2).

예제 1.2

세 학생이 똑같은 물체를 각각 다른 저울을 써서 질량을 측정했는데 그 결과는 다음과 같았다.

(a) 1.611 g (b) 1.60 g (c) 0.001611 kg

각 측정값은 몇 개의 유효 숫자를 가지고 있는가?

전략

각 학생이 보고한 측정값에서 마지막 숫자는 불확실성을 가진다고 가정한다.

풀이

(a) 1.611g	4자리	
(b) 1.60 g	3자리	소수점 오른쪽에 있는 0은 유효하다. 이 0은 물체의 질량을 0.01 g까지 측정하였다는 것을 알려준다.
(c) 0.001611 kg	4자리	숫자의 왼쪽에 있는 0들은 유효하지 않다. 그런데도 쓰여 있는 까닭은 질량이 그램으로 표시되어 있지 않고 킬로그램으로 되어 있기 때문일 뿐이다. 주목할 것은 1.611 g과 0.001611 kg은 같은 질량을 나타낸다.

마무리 정리

이와 같은 질량들을 1.611×10^0 g, 1.60×10^0 g, 1.611×10^{-3} kg과 같은 지수 표시법으로 나타낸다면 유효 숫자의 개수는 분명하게 된다.

때때로 보고된 측정값의 유효 숫자의 개수가 분명하지 않을 때도 있다. 예를 들어 금속 한 조각의 질량을 측정하여 500 g이라고 보고했다고 하자. 이것만 가지고는 몇 개의 숫자가 의미를 지닌 것인지 확신할 수가 없다. 아마도 1그램 단위까지 측정되었을 것으로 예상된다 (500 ± 1 g). 그렇다면 5와 두 개의 0은 유효 숫자이다. 따라서 세 개의 유효 숫자가 있다. 또 어쩌면 이 금속의 질량이 10그램 단위까지 대강 측정되었을지도 모른다(500 ± 10 g). 이 경우에는 5와 하나의 0만이 정확하게 측정된 숫자이다. 따라서 이 경우에는 단지 두 개의 유효 숫자가 있을 뿐이다. 이와 같이 상황이 분명치 않을 때마다 할 수 있는 일은 오직 한 가지, '이것을 측정한 사람이 지수 표시법을 사용했더라면 얼마나 좋았을까' 하고 마음속으로 아쉬워 하는 것뿐이다. 금속의 질량은 반드시 다음과 같이 기록되어야 했을 것이다.

> 유감스럽게도, 여기서의 불확실성은 불확실하다.

$$5.00 \times 10^2\ \text{g} \qquad \text{(3개의 유효 숫자)}$$

또는

$$5.0 \times 10^2\ \text{g} \qquad \text{(2개의 유효 숫자)}$$

또는

$$5 \times 10^2\ \text{g} \qquad \text{(1개의 유효 숫자)}$$

일반적으로 *어떤 측정에서 유효 숫자의 개수에 대한 불확실한 점은* 부록 3에서 설명한 *지수 표시법* (종종 "유효 숫자 표시법"으로 표기)*을 사용하여 해결할 수 있다.*

> 유효 숫자의 개수는 어떤 양을 지수 표시법으로 나타낼 때 숫자의 자리수이다.

대부분의 경우에 측정된 양이 곧 최종 결과가 되는 것은 아니다. 오히려 다른 양들을 계산할 때 이용되는 경우가 많은데, 이와 같은 경우에는 종종 곱하기와 나누기를 해야 한다. 이렇게 해서 이차적으로 얻은 결과의 정밀도는 그 정밀도를 기반으로 하는 측정의 결과에 의해서 제한된다. ***측정된 양을 곱하거나 나눌 때, 결과로 나타나는 유효 숫자의 개수는 가장 적은 개수의 유효 숫자를 가지고 있는 값의 개수와 같다.***

> 이 규칙은 근사적이기는 하지만 화학 실험에서는 충분하다.

예제 1.3

어떤 환자에게 정맥주사로 항생제를 투여하고자 한다. 환자에게 분 당 1.15 mg의 항생제가 주입되도록 주입 속도를 조정하려고 한다. 35분간의 정맥주사를 투여한다면 이 환자에게 몇 mg의 항생제가 투여되겠는가?

분석

주어진 정보:	주입 속도(1.15 mg/min) 경과 시간(35 min)
알고자 하는 것:	주입한 항생제의 양

전략

1. 식에 대입한다.

$$\text{속도} = \frac{\text{주입한 양}}{\text{시간}}$$

2. 유효 숫자 규칙을 고려한다.

풀이

주입한 양	주입한 양 = 속도 × 시간 = (1.15 mg/min)(35 min) = 40.25 mg
유효 숫자	속도: 3; 시간: 2 답은 2개의 유효 숫자를 가져야 한다.
주입한 양	4.0×10^1 mg

예제 1.3에 적용된 측정의 "반올림"에 대한 규칙은 다음과 같다:

1. *버려야 할 숫자가 - - 500 . . . , 보다 작으면 마지막 자리의 숫자는 그대로 둔다.* 두 자리의 유효 숫자로 나타낼 때 23.315 g과 23.487 g의 질량은 모두 23 g으로 반올림된다.
2. *버려야 할 숫자가 - - 500 . . . , 보다 크면 마지막 자리의 숫자에 1을 더한다.* 23.692 g과 23.514 g의 질량은 24 g으로 반올림된다.
3. *버려야 할 숫자가 - - 500 . . . , 이면(또는 그 자체가 - - 5이면) 반올림해서 마지막 자리의 숫자가 짝수가 되게 한다.* 23.500 g과 24.5 g의 질량은 모두 24 g(두 개의 유효 숫자)으로 반올림된다.

이러한 방법으로 버림과 올림을 하는 횟수는 거의 같다.

측정된 양을 더하거나 뺄 때, 그 결과의 불확실성은 곱셈과 나눗셈에서 행한 방법과 전혀 다른 방법으로 얻어진다. 이것은 각 측정된 양에 대한 소수점의 오른쪽에 있는 숫자의 수, 즉 소수점 아래 자리의 수를 세서 결정한다. ***측정된 양을 서로 더하거나 뺄 때, 결과의 소수점 자릿수는 가장 큰 불확실성을 갖는 자릿수와 같아지며, 따라서 가장 적은 소수 자리의 수로 나타낸다.***

여러 단계의 계산을 해야 하는 경우에는 최종 단계에서만 반올림한다.

이 규칙에 대한 예로서 2잔의 에스프레소(1잔 = 46.1 mL)와 301 mL의 우유, 2 찻숟가락의 바닐라 시럽(1 찻숟가락 = 14.787 mL)으로 만든 바닐라 라떼의 전체 부피를 알고자 한다고 가정하자.

	부피	불확실성	
에스프레소 커피	92.2 mL	±0.1 mL	소수점 1자리
우유	301 mL	±1 mL	소수점 0자리
바닐라 시럽	29.574 mL	±0.001 mL	소수점 3자리
전체 부피	423 mL		

우유의 부피는 소수점 아래의 수가 없기 때문에 전체 부피도 소수점 아래의 수가 없어야 된다. 달리 말하면, 전체 부피, 423 mL는 가장 큰 불확실성을 갖는 우유의 부피 만큼인 ± 1 mL의 불확실성을 가지고 있다.

유효 숫자의 사용에 관한 규칙을 적용하는 데 있어서 계산 과정에 포함되는 어떤 수는 근사값이 아니라 정확한 값(완전수)이라는 것을 명심해야 한다. 이 상황을 설명하기 위해, 다음과 같은 화씨나 섭씨 온도 간의 관계를 나타내는 방정식을 살펴보자.

$$t_{°F} = 1.8t_{°C} + 32°$$

여기서 1.8과 32는 정확한 완전수이다. 그러므로 이와 같은 완전수는 온도 변환에 있어서 유효 숫자의 개수에 아무런 영향을 미치지 않는다. 이러한 영향은 온도를 측정하는 데 사용된 온도계의 정밀도에 의해서만 결정된다.

또 다른 유형의 완전수를 다루는 계산도 있다. 예를 들어 *일 킬로그램*의 석탄이 탈 때 어느 정도의 열이 방출되는가 하는 질문을 받았다고 하자. 이 질문에서 "일" 킬로그램은 글자로 나타냈기 때문에 *정확하게* 일 킬로그램의 석탄을 의미한다. 이 질문에 대한 답의 불확실성은 석탄의 양과는 무관하다.

글자(일, 이, ...)로 쓴 숫자는 유효 숫자의 개수에 영향을 미치지 않는다.

▶ 단위 변환

측정값의 단위를 같은 단위계의 다른 단위로 변환하거나 영국 단위계의 단위를 미터계의 단위로 변환해야 할 경우가 있다. 이때에는 **변환 인자**(conversion factor) 방법이나 차원 분석(dimensional analysis) 방법을 사용한다. 예를 들어 536 cm^3의 부피를 리터로 변환하고자 한다면 다음의 관계식을 사용한다.

$$1\ L = 1000\ cm^3$$

정확하게 1 L는 정확히 1000 cm^3이다.

이 식의 양변을 1000 cm^3로 나누면 그 나눈 몫은 다음과 같이 1이 된다.

$$\frac{1\ \text{L}}{1000\ \text{cm}^3} = \frac{1000\ \text{cm}^3}{1000\ \text{cm}^3} = 1$$

변환 인자라고 하는 나눈 몫 1 L/1000 cm^3를 536 cm^3에 곱한다. 변환 인자가 1과 같으므로 실제 부피에 아무런 변화를 주지 않는다. 그러나 이렇게 함으로써 단위의 변환이 이루어진다. 분자와 분모에 있는 cm^3를 제거하면 원하는 단위인 리터가 얻어진다.

$$536\ \text{cm}^3 \times \frac{1\ \text{L}}{1000\ \text{cm}^3} = 0.536\ \text{L}$$

예를 들어 1.28 L로 나타낸 부피를 cm^3로 변환할 때는 다른 형태의 변환 인자를 사용한다. 단위를 계산의 길잡이로 사용하라.

$$1.28\ \text{L} \times \frac{1000\ \text{cm}^3}{1\ \text{L}} = 1280\ \text{cm}^3 = 1.28 \times 10^3\ \text{cm}^3$$

한 개의 관계식(1 L = 1000 cm^3)에서 다음과 같이 두 개의 변환 인자가 가능함을 주목하라.

$$\frac{1\ \text{L}}{1000\ \text{cm}^3} \quad \text{와} \quad \frac{1000\ \text{cm}^3}{1\ \text{L}}$$

항상 최종 답의 단위를 점검하여야 한다. 만일 실수로 잘못된 변환 인자를 사용하면 원하는 단위가 얻어지지 않는다. 예를 들면, 1.28 L를 cm^3 단위로 변환시키고자 할 때 1 L/1000 cm^3의 변환 인자를 사용하면 다음의 값이 얻어진다.

$$1.28\ \text{L} \times \frac{1\ \text{L}}{1000\ \text{cm}^3} = 1.28 \times 10^{-3}\ \frac{\text{L}^2}{\text{cm}^3}$$

일반적으로 다음과 같이 *처음의 단위가 제거되는 변환 인자를 사용*하면 단위 변환이 이루어진다.

$$\text{처음의 단위} \times \frac{\text{원하는 단위}}{\text{처음의 단위}} = \text{원하는 단위}$$

표 1.3의 자료를 이용하면 영국계 단위와 미터계 단위 사이의 변환이 이루어진다. 이러한 관계식을 "연결 변환식(bridge conversion)"이라고 한다. 이 방법은 한 계의 단위를 다른 계의 단위로 변환할 수 있게 해 준다.

표 1.3 ▸ 길이, 부피 및 질량 단위 사이의 관계

미터계		영국계		미터계–영국계	
길이					
1 km	= 10^3 m	1 ft	= 12 in	1 in	= 2.54 cm*
1 cm	= 10^{-2} m	1 yd	= 3 ft	1 m	= 39.37 in
1 mm	= 10^{-3} m	1 mi	= 5280 ft	1 mi	= 1.609 km
1 nm	= 10^{-9} m = 10 Å				
부피					
1 m^3	= 10^6 cm^3 = 10^3 L	1 gal	= 4 qt = 8 pt	1 ft^3	= 28.32 L
1 cm^3	= 1 mL = 10^{-3} L	1 qt (U.S. liq)	= 57.75 in^3	1 L	= 1.057 qt (U.S. liq)
질량					
1 kg	= 10^3 g	1 lb	= 16 oz	1 lb	= 453.6 g
1 mg	= 10^{-3} g	1 short ton	= 2000 lb	1 g	= 0.03527 oz
1 metric ton	= 10^3 kg			1 metric ton	= 1.102 short ton

*이 변환 인자는 완전수이다. 1인치는 정확히 2.54 cm로 정의되어 있다. 이 표에 나타나 있는 인자는 모두 근사값이며, 4개의 유효 숫자로 표시하였다. 아주 정확한 계산에서 필요할 경우 추가적인 숫자도 구할 수 있다. 예를 들어 1파운드는 453.59237 g으로 정의되어 있다.

예제 1.4

적혈구 세포의 지름은 7.5 μm (micrometer)이다. 이 세포의 지름은 몇 in인가?
(1 in = 2.54 cm)

분석

주어진 정보:	세포의 지름(7.5 μm) 연결 변환식(1 in = 2.54 cm)
정보가 알려주는 내용:	마이크로미터와 센티미터 사이의 관계
알고자 하는 것:	7.5 μm를 인치로 변환

전략

계획대로 따라하기: $\mu\text{m} \longrightarrow \text{cm} \longrightarrow \text{in}$

풀이

7.5 μm를 in로 변환

$$7.5\ \mu\text{m} \times \frac{1 \times 10^{-6}\ \text{m}}{1\ \mu\text{m}} \times \frac{100\ \text{cm}}{1\ \text{m}} \times \frac{1\ \text{in}}{2.54\ \text{cm}} = 3.0 \times 10^{-4}\ \text{in}$$

때로는 거듭제곱한 단위를 필요로 할 수 있다. 원하는 단위를 얻으려면, 단위와 수치 값을 *함께* 거듭제곱의 형태로 나타내야 한다. 예제 1.5는 이러한 단위 변환의 관계를 보여준다.

예제 1.5

기숙사의 침대에는 특대형 매트리스가 놓여 있다. 이 매트리스는 길이가 80인치(2개의 유효 숫자)이고 너비는 39인치이다. (보통의 트윈 침대의 길이는 72인치이다.)
매트리스 맨 윗면의 넓이를 m^2로 나타내면? (1 in = 2.54 cm)

분석

주어진 정보:	매트리스 길이(80 in)와 너비(39 in) 연결 변환식(1 in = 2.54 cm)
정보가 알려주는 내용:	센티미터를 미터로 변환
알고자 하는 것:	m^2 단위의 넓이

전략

1. 직사각형의 넓이를 구하는 식을 기억한다: 넓이 = 길이 × 너비

2. 계획 수립한다: $\text{in}^2 \longrightarrow \text{cm}^2 \longrightarrow \text{m}^2$

풀이

in^2 단위의 넓이

$80\ \text{in} \times 39\ \text{in} = 3.12 \times 10^3\ \text{in}^2$ (정확한 유효 숫자로 반올림하는 것은 최종 계산에서 한다.)

m^2 단위의 넓이

$$3.12 \times 10^3\ \text{in}^2 \times \frac{(2.54)^2\ \text{cm}^2}{(1)^2\ \text{in}^2} \times \frac{(1)^2\ \text{m}^2}{(100)^2\ \text{cm}^2} = 2.0\ \text{m}^2$$

마무리 정리

1 yd는 36인치이다. 따라서 매트리스의 치수는 대략 너비가 1 yd이고 길이는 2 yd이므로 넓이는 2 yd^2이다. 1미터는 거의 1 yd이다(표 1.3 참조). 따라서 계산한 값은 엇비슷하다.

화학자의 삶 속에서 | CHEMISTRY THE HUMAN SIDE

1-2절에 있는 내용은 정확한 수치 측정을 수행하는 것에 대한 중요성을 강조하고 있다. 화학은 항상 정량적이지는 않았다. 철학자의 돌(philosopher's stone)을 찾기 위한 다음과 같은 처방은 300년 전쯤에 기록되었다.

> 자연에 존재하는 모든 무기산염들과 동물과 식물에 근원을 둔 모든 염들을 취하라. 하나도 빠짐없이 모든 금속과 무기물을 넣는다. 이때 염 2에 대해 금속과 무기물 1의 비율로 취해 갈아서 부스러뜨린다. 이것을 도가니 속에서 녹여 모든 세상의 본질을 반영하는 덩어리로 만든다. 이 덩어리를 가루로 만들고, 그 위에 식초를 붓는다. 적색 액체로 영국 포도주병의 반을 채운다. 이 병들을 소의 방광(돼지의 방광은 *안 됨*)으로 봉인한 후 굵은 바늘로 꼭대기에 하나의 구멍을 뚫는다. 병들을 무거운 모래 속에 3개월 동안 넣어 둔다. 증기가 꼭대기에 있는 구멍을 통해서 빠져나가면서 적색 가루가 남는다. . .

어느 누구보다도 화학을 예술로부터 과학으로 변환시키는 데 공헌을 한 사람은 Antoine Lavoisier이다. 그는 파리에서 태어났고, 프랑스 혁명 중에 단두대 위에서 죽었다(Lavoisier는 세금 징수원이었기 때문에 처형된 것이다. 처형당한 것과 화학은 아무 관계가 없다). 무엇보다도 Lavoisier는 용의주도하게 통제된 정량적인 실험의 중요성을 이해하였다. 이와 같은 실험들이 그의 책인 *화학의 원소*(*Elements of Chemistry*)에 기록되어 있다. 1789년에 출판된 이 책에서 그는 그의 아내가 그린 도표들을 사용하여 내용을 설명하고 있다 [E. I. DuPont(1772~1834)은 Lavoisier의 학생이었다].

Science Photo Library/Custom Medical Stock

Antoine Lavoisier
(1743~1794)

Lavoisier의 정량적 실험들 가운데 하나의 실험 결과를 표 A에 나타내었다. 자료는 Lavoisier가 직접 얻은 것이다. 반응물과 생성물의 질량을 더하면(임의의 단위로 나타냄), 그 합이 510으로 서로 같다는 사실을 발견하게 된다. Lavoisier는 이와 같은 결과를 다음과 같이 설명하였다. "인간과 자연의 모든 작용에 있어서 창조되는 것은 아무것도 없다. 물질의 모든 양은 실험 전과 실험 후에 항상 같은 것이다."

이것은 19세기 화학의 발전에 초석이 되었던 질량 보존 법칙(제2장)의 첫 번째 명확한 설명이었다. 다시 말하여 Lavoisier의 말을 인용하면 "실험을 하는 모든 작업이 이 원리를 기초로 한다."

표 A ▸ 포도주 발효에 관한 정량적 실험(Lavoisier)

반응물	질량(상댓값)	생성물	질량(상댓값)
물	400	이산화 탄소	35
설탕	100	알코올	58
누룩	10	아세트산	3
		물	409
		설탕(반응하지 않은 것)	4
		누룩(반응하지 않은 것)	1

1-3 물질의 성질

모든 순수한 물질은 다른 물질과 구별할 수 있는 고유한 성질을 가지고 있다. 화학자는 미지의 물질을 확인할 때 가장 흔히 하는 방법으로 물질의 성질을 측정하고, 물질에 대한 알려진 화학 문헌에 기록된 특성과 비교한다.

물질을 확인하는 데 사용되는 성질은 **세기 성질**(intensive properties)이 있다. 즉 세기 성질은 물질의 양과 무관하다. 시료의 질량이 4.02 g이거나 또는 229 mL의 부피를 가졌다는 사실은 그 시료의 확인에 아무런 도움이 되지 못한다. 질량과 부피는 **크기 성질**(extensive properties)이다. 즉 이 성질은 양에 의존한다. 이와 같은 성질 외에 물질은 다음과 같은 두 가지 성질에 기초를 하여 식별될 수 있다.

- **화학적 성질**(chemical properties)은 물질이 화학 반응(chemical reaction)을 통해서 새로운 물질로 전환될 때 관찰된다. 예를 들면 산화 수은(II)을 600°C로 가열하면 수은과 산소로 분해된다는 사실로부터 산화 수은(II)을 확인할 수 있다. 또한 헬륨의 비활성은 수소나 산소와 같은 반응성이 있는 기체와 헬륨을 구별하는 데 도움을 준다.
- **물리적 성질**(physical properties)은 어떤 물질의 화학적 본질을 변화시키지 않고 관찰

맛은 물리적인 성질이지만, 실험실에서는 절대 맛보아서는 안 된다.

© Cengage Learning/Charles D. Winters

그림 1.12 ▸ **금의 성질.** 금의 색깔은 *세기* 성질이다. 시료에 있는 금의 양은 *크기* 성질이다. 금이 공기 중의 산소와 화학적 반응을 일으키지 않고 공기 중에 저장될 수 있는 것은 *화학적* 성질이다. 반면에 금이 녹는 온도(1063°C)는 *물리적* 성질이다.

되는 것이다. 물질을 확인하는 데 특별히 유용한 두 가지 성질은 다음과 같다.

- **녹는점**(melting point)은 어떤 물질이 고체 상태에서 액체 상태로 변화하는 온도이다.
- **끓는점**(boiling point)은 증기로 채워진 기포가 그 액체의 내부에 형성되는 온도이다. 만약 물질이 0°C에서 녹고 100°C에서 끓는다면 그 물질은 물일지도 모른다고 생각한다.

그림 1.12는 금을 보여주고 금의 다른 성질을 설명해 준다. 이 절의 나머지 부분에서는, 물질의 본질을 바꾸지 않고 측정할 수 있는 몇 가지 다른 물리적 특성을 논의할 것이다.

▶ 밀도

어떤 물질의 **밀도**(density)는 부피에 대한 질량의 비이다.

$$\text{밀도} = \frac{\text{질량}}{\text{부피}} \qquad d = \frac{\text{질량}}{V} \tag{1.3}$$

질량과 부피는 크기 성질이지만 부피에 대한 질량의 비는 세기 성질이라는 것을 주목하기 바란다. 1.00 g, 10.5 g, 264 g, . . . 등의 구리의 시료는 모두 25°C에서 8.94 g/mL의 동일한 밀도를 갖는다.

액체와 기체의 밀도는 시료의 질량(저울을 사용)과 부피(피펫이나 눈금 실린더를 사용)를 각각 따로 측정하여 곧바로 알아낼 수가 있다(이 과정은 예제 1.6에서 설명한다).

예제 1.6

글리세롤(glycerol)은 제약, 식품 산업에서 감미료, 증점제 및 안정제로 사용되는 점성이 있는 액체이다. 글리세롤의 밀도를 구하기 위하여 한 학생이 15.0 mL의 글리세롤 시료를 피펫으로 측정하여 질량이 28.45 g인 플라스크에 넣었다. 플라스크 및 글리세롤의 질량은 47.37 g이었다. 글리세롤의 밀도는 얼마인가?

분석

주어진 정보:	빈 플라스크의 질량(28.45 g)
	(플라스크의 질량 + 시료의 질량)(47.37 g)
	시료의 부피(15.0 mL)
알고자 하는 것:	시료의 밀도

전략

1. 시료만의 질량을 구한다.

시료의 질량 = (플라스크의 질량 + 시료의 질량) − (플라스크의 질량)

2. 밀도에 대한 식을 기억한다.

$$\text{밀도} = \frac{\text{질량}}{\text{부피}}$$

풀이

1. 시료의 질량

시료의 질량 = (플라스크의 질량 + 시료의 질량) − (플라스크의 질량)
= 47.37 g − 28.45 g = 18.92 g

2. 밀도

$$d = \frac{\text{질량}}{V} = \frac{18.92\ \text{g}}{15.0\ \text{mL}} = 1.26\ \text{g/mL}$$

마무리 정리

부피의 유효 숫자가 3개이므로 밀도도 3개의 유효 숫자로 나타낸다.

고체의 경우, 시료의 질량은 직접 저울로 측정한다. 입방체와 같은 규칙적인 고체의 부피는 시료의 주어진 치수를 사용하여 계산할 수 있다. 암석과 같은 불규칙한 고체의 부피는 예제 1.7과 같이 물을 치환하여 측정한다.

예제 1.7

자동차 촉매 변환기에 사용되는 원소인 팔라듐(Pd)의 두 개의 시료가 있다. 시료 A는 97.36 g의 질량을 가진 원기둥 모양의 막대이다. 이 막대는 높이가 10.7 cm이고 반지름은 4.91 mm이다. 시료 B는 49.20 g의 질량을 가진 불규칙한 고체이다. 눈금 실린더에 10.00 mL의 물이 들어 있다. 시료 B를 눈금 실린더에 넣었을 때, 물과 고체의 부피는 14.09 mL로 나타났다. 각 시료의 밀도를 계산하라.

시료 A:

분석

주어진 정보:	질량(97.36 g), 반지름, r (4.91 mm), 높이 h (10.7 cm)
알고자 하는 것:	Pd의 밀도

전략

1. 원기둥의 부피를 구하는 식을 기억한다.

$$V = \pi r^2 h$$

2. 밀도의 정의 식에 수치값 대입한다.

$$d = \frac{\text{질량}}{V}$$

풀이

V $$V = \pi r^2 h = \pi \left(4.91\ \text{mm} \times \frac{1\ \text{cm}}{10\ \text{mm}}\right)^2 \times 10.7\ \text{cm} = 8.10\ \text{cm}^3$$

d $$d = \frac{\text{질량}}{V} = \frac{97.36\ \text{g}}{8.10\ \text{cm}^3} = 12.0\ \text{g/cm}^3$$

시료 B:

분석

주어진 정보:	질량(49.2 g) Pd를 넣기 전 물의 부피(10.00 mL) 물과 Pd의 부피(14.09 mL)
알고자 하는 것:	Pd의 밀도

전략

1. Pd의 부피는 물과 Pd의 부피에서 물의 부피만을 뺀 부피이다.

2. 밀도의 정의 식에 수치 값을 대입한다.

$$d = \frac{\text{질량}}{V}$$

풀이

V $$V = V_{H_2O + Pd} - V_{H_2O} = 14.09\ \text{mL} - 10.00\ \text{mL} = 4.09\ \text{mL}$$

d $$d = \frac{\text{질량}}{V} = \frac{49.02\ \text{g}}{4.09\ \text{mL}} = 12.0\ \text{g/mL}$$

마무리 정리

밀도의 단위는 g/cm^3 및 g/mL이다. 1 cm^3 = 1 mL이므로, 이 두 단위는 서로 바꿔서 사용할 수 있다.

그림 1.13 ▸ **밀도**. 나무 토막은 물보다 밀도가 작아서 뜬다. 반지는 물보다 밀도가 커서 가라앉는다.

그림 1.13은 물의 밀도(1.0 g/mL)보다 더 큰 물질과 물의 밀도보다 더 작은 물질 사이의 관계를 보여준다.

실제적으로 밀도는 질량 및 부피와 관련된 하나의 변환 인자로 취급될 수 있다. 수은은 밀도가 13.6 g/mL이므로 수은 2.6 mL의 질량을 계산할 수가 있다.

$$2.6\ \cancel{\text{mL}} \times 13.6\ \frac{\text{g}}{\cancel{\text{mL}}} = 35\ \text{g}$$

또는 수은 1 kg이 차지하는 부피는 다음과 같이 계산할 수 있다.

$$1.000\ \cancel{\text{kg}} \times \frac{10^3\ \cancel{\text{g}}}{1\ \cancel{\text{kg}}} \times \frac{1\ \text{mL}}{13.6\ \cancel{\text{g}}} = 73.5\ \text{mL}$$

▶ 용해도

용해도(solubility)는 용질이 용매에 용해되는 과정으로 화학적 변화가 아니라 물리적인 변화이다. 물질이 특정한 용매에 용해되는 정도는 다양한 방법으로 나타낼 수 있다. 일반적인 방법은 주어진 온도에서 용매 100 g에 용해되는 물질의 그램 수로 나타내는 것이다.

예제 1.8 주요 문제

수크로스(sucrose)는 설탕(sugar)의 화학적인 이름이다. 20°C에서 수크로스의 용해도는 물 100 g에 204 g이 녹는다. 또한 100°C에서는 물 100 g당 487 g의 수크로스가 녹는다. 100°C에서 33.0 g의 물에 139 g의 수크로스를 혼합하여 용액을 만들었다.

a 100°C에서 139 g의 수크로스를 녹이는 데 필요한 최소한의 물의 양은 얼마인가?

분석

주어진 정보:	100°C에서 수크로스의 용해도(487 g/100 g 물)
	용액의 조성: 수크로스(139 g), 물(33.0 g)
알고자 하는 것:	100°C에서 139 g의 수크로스를 녹이는 데 필요한 최소한의 H_2O의 양

전략

100°C에서의 용해도를 변환 인자로 사용하여 100°C에서 용해될 수크로스의 질량에 대하여 필요한 H_2O의 질량을 구한다.

풀이

필요한 H_2O의 질량　$139\ \text{g 수크로스} \times \dfrac{100\ \text{g}\ H_2O}{487\ \text{g 수크로스}} = 28.5\ \text{g}\ H_2O$

b 100°C에서 33.0 g의 물에 녹을 수 있는 수크로스의 최대량은 얼마인가?

분석

주어진 정보:	100°C에서 수크로스의 용해도(487 g/100 g 물)
알고자 하는 것:	100°C에서 33.0 g의 H_2O에 녹을 수 있는 수크로스의 최대량

전략

100°C에서의 용해도를 변환 인자로 사용하여 100°C에서 용해될 수크로스의 질량을 구한다.

풀이

수크로스의 질량:　$33.0\ \text{g}\ H_2O \times \dfrac{487\ \text{g 수크로스}}{100\ \text{g}\ H_2O} = 161\ \text{g 수크로스}$

(계속)

c 용액을 20°C로 냉각할 때, 결정으로 석출하는 수크로스의 질량은 얼마인가?

분석

주어진 정보:	20°C에서 수크로스의 용해도(204 g/100 g 물)
	용액의 조성: 수크로스(139 g), 물(33.0 g)
알고자 하는 것:	20°C의 용액에서 녹지 않은 수크로스의 질량

전략

1. 실제의 질문: 20°C에서 33.0 g의 물에 녹을 수 있는 수크로스의 양은 얼마인가? 20°C에서의 용해도를 변환 인자로 사용하여 20°C에서 33.0 g의 물에 녹을 수 있는 수크로스의 질량을 구한다.

2. 100°C의 용액에 들어 있는 수크로스의 양에서 녹을 수 있는 양의 계산값을 뺀다.

풀이

1. 수크로스의 질량	$33.0\text{ g H}_2\text{O} \times \dfrac{204\text{ g 수크로스}}{100\text{ g H}_2\text{O}} = 67.3\text{ g}$. 20°C에서 67.3 g의 수크로스가 녹는다.
2. 녹지 않은 수크로스	용액에 들어 있는 139 g − 녹은 67.3 g = 72 g이 녹지 않음

그림 1.14는 온도의 함수로 물에 대한 설탕의 용해도를 보여준다. 다시 말하면, 여러 온도에서 **포화 용액**(saturated solution)에 들어 있는 설탕의 농도를 나타내고 있다. 예를 들면, 20°C에서 "설탕의 용해도는 물 100 g에 대하여 204 g" 또는 "설탕의 포화 용액은 물 100 g에 설탕 204 g을 포함하고 있다."고 말할 수 있다.

i 용해도 식에서 "100 g의 물"은 정확한 양이다.

그림 1.14에서 곡선 아래 영역의 어느 점에서든 **불포화 용액**(unsaturated solution) 용액으로 간주된다. 예를 들어, 점 A (20°C에서 물 100 g 당 설탕 150 g)를 살펴보자. 이 용액은 불포화되어 있다. 만약 54 g의 설탕을 더 넣어서 녹이면 포화 용액이 된다(20°C에서 물 100 g당 설탕 204 g).

곡선 위 영역의 어느 지점에서든 설탕 용액은 **과포화 용액**(supersaturated solution)이다. 점 B(20°C에서 물 100 g 당 설탕 300 g)의 경우이다. 이러한 용액은 60°C의 포화 용액을 20°C로 조심스럽게 냉각시키면 형성될 수 있다. 여기서 포화 용액은 물 100 g 당 204 g의 설탕을 포함하고 있다. 과량의 설탕은 설탕의 작은 씨앗 결정을 넣기 전까지는 용액에 남아 있다. 씨앗 결정을 용액 안에 넣으면 재결정이 빠른 속도로 일어난다. 그 시점에서 과량의 설탕이 용액에서 석출된다. 석출되는 과량의 설탕의 질량은 다음과 같다.

i 온도가 변하면 용액에 녹아 있는 용질의 양은 변하지만, 물의 질량은 변하지 않는다.

$$300\text{ g} - 204\text{ g} = 96\text{ g}$$

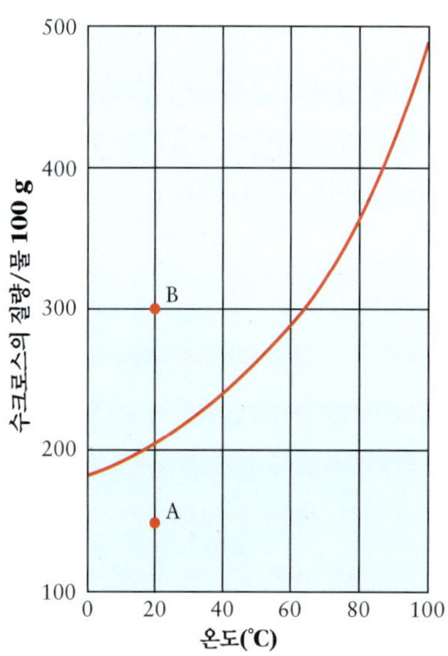

그림 1.14 ▸ **설탕(수크로스)의 용해도.** 설탕($C_{12}H_{22}O_{11}$)의 물에 대한 용해도는 온도에 따라 지수적으로 증가한다.

비소

거의 대부분의 사람들은 원소 기호가 As인 비소에 대하여 들어 본 적은 있지만 보지는 못했을 것이다. 비소는 816°C에서 녹고, 밀도가 5.78 g/mL이며 약간의 금속성을 가진 회색의 고체이다. 원소들 중에서 비소는 자연에서 51번째로 풍부하게 존재하며, 주석이나 베릴륨과 비슷한 존재량을 나타낸다. 고대인들은 비소의 두 가지 황 화합물인 밝은 색깔을 나타내는 계관석(realgar)과 웅황석(orpiment)(그림 A)을 알고 있었다. 비소는 13세기에 Albertus Magnus에 의해 처음으로 분리되었을 것으로 추측되고 있다. 그는 웅황석을 비누와 함께 가열하여 얻었다. 연금술사들은 비소(실제로는 비소의 산화물이었다)라고 생각한 물질에 대하여 화학 기호(그림 B)를 부여하였으며, 여인들은 얼굴을 희게 보이기 위하여 비소를 얼굴에 발랐다.

비소 원소의 주요 용도는 납과 함께 합금을 만드는 데 쓰인다. "납"축전지에는 3%의 안티모니와 함께 소량의 비소가 포함되어 있다. 공기 속에서 녹은 납을 방울로 떨어뜨려 만든 산탄(lead shot)은 0.5~2.0%의 비소가 포함되어 있다. 비소가 존재하면 액체의 표면장력이 증가하여 산탄이 구형으로 더 잘 만들어진다.

20세기 초에 수천 개의 유기 화합물이 합성되었고, 의약품의 용도로 시험되었는데 주로 매독 치료제였다. 이들 화합물 가운데 하나인 살바르산(salvarsan)이 매우 효과적인 것으로 알려졌었다. 비소 화합물은 치료에 필요한 만큼의 투여량에 대하여 심각한 부작용이 나타났으므로 20세기 중반에 이르러 사용이 중단되었다. 1970년대에 중국의 의학자들은 부작용이 없도록 매우 작은 양을 투여할 목적으로 비소의 산화물을 고도로 정제하였다. 이 물질은 몇 가지의 백혈병의 치료에 효과적인 것으로 나타났다. 서양의 의사들도 이 결과를 확인하였다. 분자적 연구와 임상 실험이 진행되고 있으며 비소의 산화물이 악성 질병의 치료에 대한 큰 희망을 안겨줄 것이라고 믿고 있다.

산업과 농업에서도 비소 화합물이 사용되어 왔다. 그러나 큰 독성과 우물이나 강물에 녹아들어갈 수 있기 때문에 미국에서는 더 이상 생산하지 않고 다른 나라에서 수입하고 있다. 1940년대에는 비소의 화합물이 농업용 살충제로 사용되었다. 오늘날, 미국에서는 비소를 농업용으로 사용하는 것을 대부분 금지하였으며, 고압 처리한 목재의 방부제로서의 용도도 크게 줄어들었다.

범죄 드라마에서 나타나는 "비소 독극물"은 실제로는 비소 원소 자체가 아니라 비소의 산화물이다. 이 희고 물에 약간 녹는 가루는 0.1 g 이하라도 치명적일 수 있다. 비소 중독의 고전적인 증상은 여러 가지의 불쾌한 위장 장애, 심한 복부 통증, 입과 식도가 타는 등의 증상을 나타낸다.

현대의 과학수사 실험실에서 비소는 머리카락 시료를 분석하여 검출해낸다. 단 한 가닥의 머리카락만으로도 원소가 존재하는지 존재하지 않는지를 알아낼 수 있다. 가장 흔히 사용되는 기술은 제18장에서 기술한 중성자 방사화 분석법(neutron activation analysis)이다. 농도가 약 0.0003% 이상이면 독성이 있는 것으로 나타난다.

이 기술은 1960년대 초반에 세인트 헬레나 섬에 유배되었던 나폴레옹[Napoleon Bonaparte(1769~1821)]에게서 취한 한 줌의 머리카락의 분석에 적용되었다. 분석 결과는 나폴레옹이 정상인보다 50배 정도 더 높게 나왔으며, 이것은 아마도 프랑스 왕가의 명령에 의해 독살되었을 것이라는 것을 암시해준다. 더 최근(1991년)에는 노예제도를 확대하는 것에 반대하던 미국의 대통령인 Zachary Taylor(1785~1850)에 대하여 남부의 지지자들이 독살했을 것이라는 믿기 어려운 주장 때문에 그의 무덤이 발굴되기도 했다. 분석 결과는 정상적인 비소 농도가 포함되어 있는 것으로 나타났다. 명백하게 그는 씻지 않은 너무 익은 과일을 먹어서 발병한 콜레라에 의해 사망하였다.

Gary Cook, Inc/Visuals Unlimited/Encyclopedia/Corbis

© Cengage Learning/Charles D. Winters

그림 A ▸ **계관석과 웅황석.**

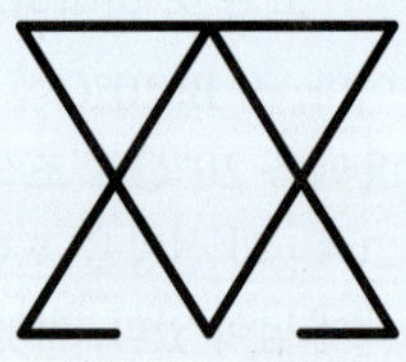

그림 B ▸ **연금술사들이 사용한 비소의 기호.**

과량의 용질 결정화는 사탕의 제조와 잼과 꿀의 저장에 있어서 공통적인 문제이다. 이러한 과포화 용액에서 설탕은 작은 결정으로 분리되어 부드러운 사탕에 "알갱이가 있게" 만들거나 꿀 안에 종종 나타나는 큰 결정으로 오랫동안 유지된다(그림 1.15).

Marna G. Clarke

그림 1.15 ▸ **결정형 캔디.** 캔디는 서서히 냉각되는 포화 용액에서 설탕의 재결정에 의해서 형성된다.

주요 개념

1. °F, °C와 K 사이의 변환.
   (예제 1.1; 문제 13~16)
2. 측정된 양에 있어서 유효 숫자 개수의 결정.
   (예제 1.2; 문제 17, 18, 25, 26)
3. 계산된 양에 대한 유효 숫자 개수의 결정.
   (예제 1.3; 문제 27~30)
4. 변환 인자를 사용하여 측정한 양의 단위 변환
   (예제 1.4; 문제 31~44, 60)
5. 질량과 부피에 대한 밀도의 관계.
   (예제 1.5; 문제 45~52, 61, 63)
6. 주어진 용해도에 대해 용매의 질량에 대한 용질의 질량의 관계.
   (예제 1.6; 문제 53~56, 57)

주요 식

화씨 온도 $t_{°F} = 1.8\, t_{°C} + 32°$

켈빈 온도 $T_K = t_{°C} + 273.15$

밀도 $\dfrac{\text{질량}}{V}$

주요 용어

나노(nano)
물리적 성질(physical properties)
밀도(density)
밀리(milli)
변환 인자(conversion factor)
세기 성질(intensive properties)
센티(centi)
용액(solution)
—포화 용액(saturated solution)
—과포화 용액(supersaturated solution)
—불포화 용액(unsaturated solution)
원소(element)
유효 숫자(significant figures)
크기 성질(extensive properties)
킬로(kilo)
혼합물(mixture)
—불균일(heterogeneous)
—균일(homogeneous)
화합물(compound)
화학적 성질(chemical properties)

요약 문제

자주색 결정인 과망가니즈산 포타슘은 베이거나 찰과상의 감염을 막기 위해 사용되는 살균제로 사용할 수 있다. 과망가니즈산 포타슘은 포타슘, 산소 및 망가니즈의 세 원소로 이루어져 있다. 과망가니즈산 포타슘에 관한 다음의 정보를 살펴보자.

- 20°C에서 밀도: 2.703 g/cm^3
- 녹는점: 2.40 × 10^2°C
- 20°C에서 용해도: 6.38 g/100 g 물
- 60°C에서 용해도: 25 g/100 g 물

(a) 과망가니즈산 포타슘에서 세 원소의 기호를 써라.

(b) 위에 기술해 놓은 과망가니즈산 포타슘의 물리적 성질을 나열하라.

(c) 48.7 cm^{3}의 부피를 갖는 과망가니즈산 포타슘 시료의 질량은 얼마인가?

(d) lb/ft^{3}의 단위로 밀도를 계산하라.

(e) °F와 K의 단위로 과망가니즈산 포타슘의 녹는점을 써라.

(f) 20°C에서 38.5 g의 물에 녹을 수 있는 과망가니즈산 포타슘의 그램 수를 계산하라.

(g) 60°C에서 65.0 g의 물에 15.0 g의 과망가니즈산 포타슘을 녹여서 과망가니즈산 포타슘 수용액을 만들었다. 이 용액을 조심스럽게 20°C로 냉각하였다. 균일한 용액이 얻어졌다. 60°C에서 이 용액은 포화되었는가 아니면 불포화 또는 과포화되었는가? 이 용액은 20°C에서 어떤 상태의 용액인가?

(h) 60°C에서 55.0 g의 물에 10.0 g의 과망가니즈산 포타슘을 녹여 용액을 만들었다. 모든 용질이 녹겠는가? 이 용액을 20°C로 급속히 냉각시켰을 때 용액에 석출되는 용질의 그램 수를 계산하라.

답을 정확한 유효 숫자로 나타내라. 전체 풀이 과정에 변환 인자를 사용하라.

해답

(a) K, Mn, O
(b) 밀도, 녹는점, 용해도, 색
(c) 132 g
(d) 168.7 lb/ft^3
(e) 464°F; 513 K
(f) 2.46 g
(g) 60°C에서: 불포화; 20°C에서: 과포화
(h) 예; 6.5 g.

연습 문제

짝수 번호의 문제와 도전 문제의 해답은 센게이지 홈페이지 자료실에서 다운로드 받을 수 있다(www.cengage.co.kr).

아래에 나열된 문제들은 각 장의 끝에 있는 주요한 문제들이다. 어떤 문제는 개념적이지만, 대부분의 문제는 계산이나 정량적인 작업을 필요로 한다. 각 문제에서 강조되는 주제는 "기호와 화학식" 또는 "유효 숫자"와 같이 앞에 안내되어 있다. "종합 문제"의 범주에 속하는 문제는 한 가지 이상의 개념을 포함하거나 또는 앞 장의 주제를 포함할 수 있다. 끝 부분의 "도전 문제"는 한 단계 높은 숙련과 노력을 필요로 한다. "분류된" 연습 문제들(이 장의 세트는 문제 1~56)은 한 쌍으로 배열되어 있는데, 한 문제는 다른 문제 바로 아래에 있으며 동일한 개념을 설명한다. 예를 들면 문제 1과 2는 성격이 거의 동일하며, 문제 3과 4의 경우도 그러하다.

1-1 물질과 물질의 분류

물질의 유형

1. 다음을 원소, 화합물 또는 혼합물로 분류하라.
(a) 공기 (b) 철
(c) 간장 (d) 식용 소금
2. 다음을 원소, 화합물 또는 혼합물로 분류하라.
(a) 금 (b) 우유
(c) 설탕
(d) 식초에 갖가지 허브를 넣어 만든 샐러드용 드레싱
3. 다음을 용액 또는 불균일 혼합물로 분류하라.
(a) 정상적인 오줌
(b) 휘발유
(c) 초콜릿 칩 쿠키를 만들기 위한 반죽
4. 다음을 용액 또는불균일 혼합물로 분류하라.
(a) 철광석
(b) 닭고기 국수 수프
(c) 눈물
5. 다음을 성분 물질로 분리할 수 있는 방법은?
(a) 식용 소금이 물에 녹아 있는 균일 용액
(b) 휘발유에서 모래를 분리
(c) 뷰테인 기체로부터 이산화 탄소 기체의 분리
6. 다음을 성분 물질로 분리할 수 있는 방법은?
(a) 휘발성 기체인 프로페인, 뷰테인, 아이소프로페인의 혼합물
(b) 아이소프로판올과 물로 만든 소독용 알코올 용액
7. 다음 원소들의 기호를 써라.
(a) 타이타늄 (b) 인
(c) 포타슘 (d) 마그네슘
8. 다음 원소들의 기호를 써라.
(a) 구리 (b) 탄소
(c) 브로민 (d) 알루미늄
9. 다음 기호로 나타낸 원소의 이름을 써라.
(a) Hg (b) Si (c) Na (d) I
10. 다음 기호로 나타내는 원소의 이름을 써라.
(a) Mn (b) Au (c) Pb (d) Ag

1-2 측정

측정

11. 다음을 측정하기 위해 어떤 기기를 사용하겠는가?
(a) 상추 1개의 질량
(b) 냉장고가 10°C로 물을 냉각할 수 있는지 여부
(c) 오렌지 주스 한 컵의 부피
12. 다음을 측정하기 위해 어떤 기기를 사용하겠는가?
(a) 침대의 길이
(b) 비커로 옮긴 산의 양
(c) 몸에 열이 있는지 여부
13. 미지근한 우유 한 컵이 잠을 잘 수 없는 사람들을 위해서 좋다고 한다. 52°C의 우유는 미지근한 것으로 특정지을 수 있다. 미지근한 우유의 온도를 화씨 온도(°F)와 절대 온도(K)로 나타내라.
14. 사과 파이에 대한 조리법은 예열된 350°F(세 자리 유효 숫자)의 오븐을 필요로 한다. 이 온도를 섭씨 온도(°C)와 절대 온도(K)로 나타내라.
15. 갈륨은 실온에서 녹는 몇 가지 금속 중의 하나이다. 갈륨의 녹는점은 29.76°C이다. 이른 여름날 아침에 바깥 온도는 75.0°F이었다. 자동차 속에 갈륨을 놓아 두었다. 한참 후에 자동차로 돌아왔을 때 자동차 속에 있는 갈륨의 물리적 상태는 무엇인가? 자동차 내부의 온도는 85.0°F이었다.
16. 컴퓨터는 매우 따뜻한 방 안에는 놓지 않는 것이 좋다. 최대 허용된 온도는 308 K이다. 이 온도를 °C와 °F로 나타내라.

유효 숫자

17. 다음의 각 숫자에는 몇 개의 유효 숫자가 있는가?
(a) 0.890 cm (b) 210°C
(c) 2.189×10^6 nm (d) 2.54 cm = 1 in
(e) 140.00 g
18. 다음의 각 숫자에는 몇 개의 유효 숫자가 있는가?
(a) 0.136 m (b) 0.0001050 g
(c) 2.700×10^3 nm (d) 6×10^{-4} L
(e) 56003 cm^3
19. 다음의 양을 제시된 유효 숫자 개수로 반올림하라.
(a) 7.4855 g (3개의 유효 숫자)
(b) 298.693 cm (5개의 유효 숫자)
(c) 11.698 lb (1개의 유효 숫자)
(d) 12.05 oz (3개의 유효 숫자)
20. 다음의 양을 제시된 유효 숫자 개수로 반올림하라.
(a) 17.2509 cm (4개의 유효 숫자)
(b) 168.51 lb (3개의 유효 숫자)
(c) 500.22°C (3개의 유효 숫자)
(d) 198.500 oz (3개의 유효 숫자)
21. 다음 측정값을 지수 표시법으로 나타내라.
(a) 132.5 cm
(b) 0.000883 km
(c) 6,432,000,000 nm
22. 다음 측정값을 지수 표시법으로 나타내라.
(a) 4020.6 mL (b) 1.006 g (c) 100.1°C
23. 다음의 설명 중 완전수만을 사용하고 있는 것은?
(a) 어린이의 몸 무게는 74.3 lb이다.
(b) 에탄올의 끓는점은 78°C이다.
(c) 우편배달부는 3개의 편지, 2개의 엽서 및 1개의 잡지를 배달하였다.
24. 다음의 설명 중 완전수만을 사용하고 있는 것은?
(a) 우리의 기숙사 방의 온도는 72°F로 유지되고 있다.
(b) 나는 농장의 가게에서 6개의 계란과 2개의 쿠키 및 5개의 토마토를 샀다.
(c) 1미터는 1×10^9 나노미터이다.

25. Connecticut의 Gampel Pavilion 대학의 농구 경기에 10,000명이 모였다. 빌딩 내부의 바닥 면적은 1.71×10^5 ft^2이다. 게임 티켓은 22.00 달러이다. 노약자에게는 20% 할인을 해준다. 각각 유효 숫자는 몇 개인가? (답에는 *분명하지 않음*과 *정확함*이라는 단어가 포함될 수 있다.)

26. 침실 5개, 4000 ft^2의 주거 면적, 17×18.5 ft의 거실을 가진 집을 판매하고 있다. 각각 유효 숫자는 몇 개인가? (답에는 *분명하지 않음*과 *정확함*이라는 단어가 포함될 수 있다.)

27. 다음을 정확한 유효 숫자의 개수로 계산하라. 이들 값은 모두 측정값이라고 가정하라.

(a) $x = 17.2 + 65.18 - 2.4$

(b) $x = \dfrac{13.0217}{17.10}$

(c) $x = (0.0061020)(2.0092)(1200.00)$

(d) $x = 0.0034 + \dfrac{\sqrt{(0.0034)^2 + 4(1.000)(6.3 \times 10^{-4})}}{(2)(1.000)}$

(e) $x = \dfrac{(2.998 \times 10^8)(3.1 \times 10^{-7})}{6.022 \times 10^{23}}$

28. 지시한 대로 다음 계산을 수행하라. 정확한 유효 숫자의 개수로 계산하라.

(a) $\dfrac{13.01\ \text{g}}{1.23\ \text{L}}$

(b) 17.2 lb + 65.18 lb − 2.3 lb

(c) $(0.003240\ \text{cm})(1.25\ \text{cm})(1.0 \times 10^2\ \text{cm})$

(d) $\dfrac{0.024 + \sqrt{(0.024)^2 + 4(6.3 \times 10^{-3})}}{2}$

여기서 4와 2는 완전수이며, 다른 모든 양은 측정값이다.

(e) $\dfrac{(4.63 \times 10^4)(1.8 \times 10^{-6})}{(6.022 \times 10^{23})}$

모든 양은 측정값이라고 가정하라.

29. 구의 부피는 $4\pi r^3/3$이다. 여기서 r은 반지름을 나타낸다. 한 학생이 반지름을 4.30 cm로 측정하였다. 다른 학생은 반지름을 4.33 cm로 측정하였다. 두 측정 사이의 부피 차이는 얼마인가?

30. 사각뿔의 부피는 (1/3)Bh이다. 여기서 B는 밑면인 사각형의 넓이이고 h는 높이이다. 한 학생이 어떤 사각뿔에 대하여 측정을 하였더니, B = 1.33 m^2, h = 2.79 m로 나타났다. 같은 사각뿔에 대하여 다른 학생이 측정을 하였더니 B = 1.31 m^2, h = 2.81 m로 나타났다. 두 학생이 계산한 사각뿔의 부피 차이는 얼마인가?

▶ 변환 인자

31. 빈칸에 적절한 기호를 써라(>, < 또는 =).

(a) 303 m _______ 303×10^3 km

(b) 500 g _______ 0.500 kg

(c) 1.50 cm^3 _______ 1.50×10^3 nm^3

32. 빈칸에 적절한 기호를 써라(>, < 또는 =).

(a) 37.12 g _______ 0.3712 kg

(b) 28 m^3 _______ 28×10^2 cm^3

(c) 525 mm _______ 525×10^6 nm

33. 22.3 mL를 다음 단위로 바꿔라

(a) 리터 (b) in^3 (c) 쿼트(quarts)

34. 0.2156 L를 다음 단위로 바꿔라.

(a) mL (b) in^3 (c) 쿼트(quarts)

35. 말의 키는 보통 핸드(hand)로 측정한다. 1핸드는 정확하게 1/3피트이다.

(a) 19.2핸드의 말의 키는 몇 피트인가?

(b) 17.8핸드의 말의 키는 몇 미터인가?

(c) 20.5핸드의 말을 트레일러로 운송시키려고 한다. 트레일러의지붕에는 3.0피트의 수직 공간이 있어야 한다. 트레일러의 최소 높이는 피트 단위로 얼마인가?

36. 바다에서 거리는 해리(nautical mile)로, 속력은 노트(knot)로 나타낸다.

1해리 = 6076.12 ft
1노트 = 1해리/h(정확한 값)

(a) 1해리는 몇 마일인가?

(b) 1해리는 몇 미터인가?

(c) 어떤 배가 22노트의 속력으로 운항을 하고 있다. 배의 속력을 마일/h 단위로 나타내라.

37. 미터법으로 넓이의 단위는 헥타르(hectare)이지만 영국계 단위에서는 에이커(acre)를 쓴다. 1에이커는 4.356×10^4 ft^2이다. 1 헥타르는 10,000 m^2이다. 한 마을에서 한 가족이 살기 위해서 최소한 2.0 에이커의 땅이 필요하다. 이것은 몇 헥타르인가?

38. 필리핀 마닐라의 주유소에서는 무연 휘발유를 1 L 당 38.46 페소에 판매한다. 미화 1달러는 47.15페소이다. 어떤 자동차의 휘발유 탱크는 14갤런(미국 단위)의 용량을 가지고 있으며 이 자동차는 1갤런으로 24 마일을 달린다.

(a) 마닐라의 무연 휘발유의 가격을 갤런 당 미국 달러 단위로 나타내면 얼마인가?

(b) 자동차에 무연 휘발유를 탱크에 가득 채우는 데 미국 달러로 얼마가 필요하겠는가?

(c) 만일 1255 필리핀 페소만(초등학교 교사의 하루 임금에 해당하는 금액)을 가지고 있고, 자동차의 탱크는 거의 비어 있다고 가정하자. 모든 돈을 휘발유를 사는데 다 썼다면 몇 마일을 갈 수 있겠는가?

39. 미국에서는 트랙의 한 바퀴가 대부분 0.25 mi(영국의 한 바퀴)이다. 미터계를 사용하는 대부분의 국가에서 미터 단위의 한 바퀴는 0.40 km이다. 마라톤의 우승자들은 1마일을 대략 5.0분에 달린다. 마라톤 선수가 영국의 한 바퀴를 달리려면 몇 분이 걸리겠는가? 미터 단위로 한 바퀴를 달리려면 몇 분이 걸리겠는가?

40. 혈액 속의 콜레스테롤은 혈액 dL 당 콜레스테롤 몇 mg이 있는가로 측정된다. 만약 측정 단위를 혈액 mL 당 g 콜레스테롤로 바꾼다면, 185 mg/dL의 콜레스테롤 수치는 얼마가 되겠는가?

41. 어떤 주들은 음주 운전에 대한 법적인 제한을 혈장 안 알코올 농도를 부피로 0.10%에서 0.080%로 낮추었다.

(a) 음주 운전에 대해 낮은 농도로 법적인 제한을 지키는 주에서 3.0 qt의 혈장 안에 허용되는 알코올은 몇 mL인가?

(b) 음주 운전에 대해 높은 농도로 법적인 제한을 지키는 주에서 3.0 qt의 혈장 안에 허용되는 알코올은 몇 mL인가?

(c) 알코올 농도가 낮아지면 3.0 qt의 혈장 안에 얼마만큼의 알코올이 줄어들 것인가?

42. 인접하고 있는 48개 주의 면적은 3.02×10^6 mi^2 이다. 이들 주는 완전히 평평하다고(산도 없고 계곡도 없다) 가정하라. 이 주들에 강수량 2인치의 비가 내렸을 때, 리터 단위로 빗물의 부피를 계산하라.

43. 유럽에서는 영양에 대한 정보를 영양 칼로리(1영양 칼로리 = 1 kcal)가 아닌 킬로 주울(kJ)로 표시한다. 수프 한 팩은 다음의 영양 정보를 가진다.

250 mL의 수프 = 235 kJ

만약 정보를 한 컵 당 영양 칼로리로 표시한다면 미국에서는 같은 수프 한 팩을 어떻게 표시해야 하는가?(1 cal는 4.18 J이고, 1파인트(0.473 L)는 2컵이다).

44. 옛날에는 약의 질량을 그레인(grain)으로 표시했다. 1 lb는 5.760×10^3 그레인이다. 오래된 아스피린 한 병은 한 알 당 5.000그레인에 해당하는 유효 성분이 포함되어 있다고 할 때, 한 알 당 몇 밀리그램(mg)의 유효 성분이 포함되어 있는가?

1-3 물질의 성질

물리적, 화학적 성질

45. "컵"은 요리책에서 널리 사용되는 부피의 측정 기구이다. 한 컵은 225 mL이다. 만약 한 컵의 3/4의 벌꿀의 질량이 252 g이라면, 벌꿀의 밀도(g/mL)는 얼마인가?

46. 4개의 "큰" 계란에서 모은 계란 흰자의 부피는 112 mL이다. 이들 4개의 계란 흰자의 질량은 1.20×10^2 g이다. 1개의 "큰" 계란에서 얻은 계란 흰자의 평균 밀도는 얼마인가?

47. 25.17g의 질량을 가지는 하나의 금속 덩어리를 59.7 mL의 부피를 가지고 있는 플라스크에 넣는다. 플라스크를 채우기 위해 금속에 43.7g의 메탄올(d = 0.791 g/mL)을 넣어야만 한다. 금속의 밀도는 얼마인가?

48. 형태가 일정치 않은 11.33 g의 질량을 가진 고체를 35.0 mL로 수위가 표시된 물(d = 1.00 g/mL)로 채워져 있는 눈금 실린더에 넣는다. 고체가 바닥으로 가라앉은 다음 물의 수위는 42.3 mL를 나타내고 있다. 고체의 밀도는 얼마인가?

49. 물로 채워진 물침대의 크기는 8.0 ft × 7.0 ft × 0.75 ft이다. 물의 밀도가 1.00 g/cm^{3}이면 물침대를 채우기 위해 몇 kg의 물이 필요한가?

50. 금속선은 선의 게이지 번호에 따라 1파운드를 롤 형태로 감은 선(pound spool) 으로 판매한다. 게이지 번호는 선의 지름을 나타낸다. 12-게이지 알루미늄 선 10파운드는 몇 m인가? 12-게이지 선의 지름은 0.0808 in이고, 알루미늄의 밀도는 2.70 g/cm^{3}이다. ($V = \pi r^2 l$)

51. 공기는 부피로 21% 산소를 포함하고 있다. 산소의 밀도는 1.31 g/L이다. 55 kg의 산소를 포함하는 공기로 채워진 방의 부피는 리터 단위로 얼마인가?

52. 많은 표에서 밀도의 단위는 kg/m^{3}로 나타나 있다. 어떤 온도에서 자동차의 연료통에 넣은 휘발유의 밀도를 측정하였더니 732.22 kg/m^{3}로 나타났다. 자동차 연료통의 부피가 14.0갤런이면, 연료통을 가득 채웠을 때 휘발유의 질량은 몇 g인가? 몇 파운드인가?

53. 30°C에서 황산 마그네슘($MgSO_4$)의 용해도는 38.9 g/ 100 g H_2O이다. 40°C에서 물 25.0 g에 9.50 g의 $MgSO_4$를 넣어 용액을 만들었다. 균일한 혼합물이 얻어졌다. 이 용액은 포화, 불포화, 과포화 상태 중 어떤 상태인가? 1 g의 황산 마그네슘을 용액에 넣은 다음 30°C로 냉각시켰다. 황산 마그네슘의 일부분이 침전이 일어나겠는가? 만일 침전이 일어난다면 몇 그램의 침전이 생기겠는가? 만일 침전이 일어나지 않는다면 몇 그램의 $MgSO_4$을 더 넣으면 침전이 일어나겠는가?

54. 40°C에서 황산 포타슘의 물에 대한 용해도는 15 g/물 100 g이다. 황산 포타슘 39.0 g과 물 225 g을 섞고 조심스럽게 가열한 다음, 40°C로 냉각하였더니 균일한 용액이 얻어졌다. 이 용액은 포화, 불포화, 과포화 상태 중 어떤 상태인가? 이 비커를 흔들자 침전이 생겼다. 몇 g의 황산 포타슘이 석출되겠는가?

55. 탄산수소 소듐(베이킹 소다)은 흔히 냄새를 흡수하는 데 사용한다. 30°C에서 베이킹 소다의 용해도는 9.6 g/물 100 g이고, 60°C에서 베이킹 소다의 용해도는 16 g/물 100 g이다. 60°C에서 9.2 g의 베이킹 소다를 46 g의 물에 가하였다.
   (a) 60°C에서 위 혼합물은 균일하겠는가? 균일하지 않다면 몇 그램의 베이킹 소다가 녹지 않고 있겠는가?
   (b) 혼합물을 30°C로 냉각시켰다. 포화 용액으로 만드는 데 몇 그램의 물을 더 가해야 하겠는가?

56. 염화 마그네슘은 콩국물에서 두부를 만들 때 사용되는 중요한 응고제이다. 20°C의 물에서 염화 마그네슘의 용해도는 54.6 g/물 100 g이다. 80°C에서의 용해도는 66.1 g/물 100 g이다. 20°C에서 38.2 g의 물과 16.2 g의 염화 마그네슘으로 이루어진 혼합물을 만들었다.
   (a) 위 혼합물은 균일하겠는가? 만일 균일하다면 포화 용액으로 만드는 데 몇 그램의 염화 마그네슘이 필요한가? 만일 균일하지 않다면 몇 그램의 염화 마그네슘이 녹지 않고 있겠는가?
   (b) 80°C에서 포화 용액을 만들려면 몇 그램의 염화 마그네슘이 필요한가?

종합 문제

57. 질산 납의 용해도는 100°C에서 140.0 g/물 100 g이다. 어떤 질산 납 용액은 100°C 물 64.0 g에 57.0 g의 질산 납을 포함하고 있다. 이 용액을 10°C로 냉각시키면 25.0 g의 질산 납이 석출된다. 10°C에서 질산 납의 용해도(g/물 100 g)는 얼마인가?

58. 인체에 대한 방사선 노출은 보통 rem (radiation equivalent for man)으로 나타낸다. SI 단위계에서, 노출은 시버트(sieverts, Sv)로 측정한다. 1 rem = 0.0100 Sv이다. 한때 일본의 원자로로 인한 피폭량은 8217 mSv/h로 측정되었다. 35분 동안 방사선에 노출된 사람이 흡수한 노출량은 몇 rem인가? 한 번의 유방 X-선 촬영으로 노출되는 양이 0.30 rem이라면, 그만큼의 노출량은 몇 번의 유방 X-선 촬영에 해당하는가?

59. 다음 자료는 원소 인과 관계되는 것이다. 다음 각각을 물리적 또는화학적 성질로 분류하라.
   (a) 인은 백린, 흑린, 적린처럼 여러 가지 형태로 존재한다.
   (b) 인은 25°C, 1 atm에서 고체이다.
   (c) 인은 물에 녹지 않는다.
   (d) 인은 염소와 연소 반응을 일으켜 삼염화 인을 형성한다.

60. "결정형 캔디"를 만들려면 먼저 과포화된 설탕 용액(150.0 g의 물에 650.0 g의 설탕이 녹아 있다)을 만든다. 이 용액을 25°C로 유지한다. 이 온도에서 설탕의 용해도는 220.0 g/물 100 g이다. 이 용액에 실을 담그고, 시간이 지나면 커다란 설탕 결정("결정형 캔디")이 형성된다. 용액이 막 포화에 도달할 때 몇 그램의 고체가 얻어지겠는가?

61. 바람에 의해 다져진 눈의 밀도는 0.35 g/cm^{3}로 추정된다. 가로가 35 ft, 세로가 43 ft인 평평한 지붕에 28 in의 눈이 쌓였다. 지붕 위에 쌓인 눈의 질량은 몇 파운드인가?

62. 슈퍼마켓에서 박스로 판매하는 알루미늄 호일의 치수는 폭이 12인치이고 길이가 66과 2/3야드이다. 호일의 질량은 0.83 kg이다. 호일의 밀도가 2.70 g/cm^{3}라면, 호일의 두께는 몇 인치인가?

63. Kohinoor 다이아몬드(d = 3.51 g/cm^3)는 108캐럿이다. 만약 1캐럿의 질량이 2.00×10^2 mg이라면 Kohinoor 다이아몬드의 질량은 몇 파운드인가? 다이아몬드의 부피는 몇 입방인치인가?

64. 비중계는 밀도를 결정하는 데 사용되는 기기이다. 이 비중계는 20.455 g이고 물(d = 1.00 g/cm^3)을 채웠을 때 31.486 g이다. 한 조각의 합금을 빈 비중계에 넣은 후 질량을 측정하였더니 28.695 g이었다. 이 비중계를 완전히 물로 채운 후 물, 합금, 비중계의 질량을 측정하였더니 38.689 g이었다. 이 합금의 밀도는 얼마인가?

65. 타이타늄은 강하고 가볍기 때문에 비행기 동체에 사용한다. 밀도는 4.55 g/cm^{3}이다. 길이 7.75 cm, 질량 153.2 g인 타이타늄 원기둥의 지름을 계산하라($V = \pi r^2 h$, 여기서 V는 원기둥의 부피, r은 반지름, h는 높이이다).

개념 문제

66. 아이오딘의 각 성질을 세기 성질(I) 또는 크기 성질(E)로 분류하라.
   (a) 아이오딘의 밀도는 4.93 g/mL이다.
   (b) 아이오딘은 자주색이다.
   (c) 아이오딘의 녹는점은 114°C이다.
   (d) 녹은 아이오딘 100 그램의 부피는 122 mL이다.
   (e) 일부 아이오딘의 결정은 크다.

67. 다음을 어떻게 구별하겠는가?
   (a) 화학적 성질과 물리적 성질
   (b) 여과와 증류
   (c) 용액과 용질

68. 다음 용어의 차이점은 무엇인가?

(a) 질량과 밀도

(b) 크기 성질과 세기 성질

(c) 용액과 용매

69. 수은, 에틸 알코올, 납을 하나의 실린더에 부으면 세 개의 층이 형성된다. 세 물질의 밀도는 다음과 같다.

$$\text{수은} = 13.55\ \text{g/cm}^3$$
$$\text{에틸 알코올} = 0.78\ \text{g/cm}^3$$
$$\text{납} = 11.4\ \text{g/cm}^3$$

세 개의 층을 가지고 있는 실린더를 대략적으로 그려라. 각 층에 있는 물질이 어떤 물질인지 확인하라.

70. 이 선의 길이에서 유효 숫자는 몇 개인가?

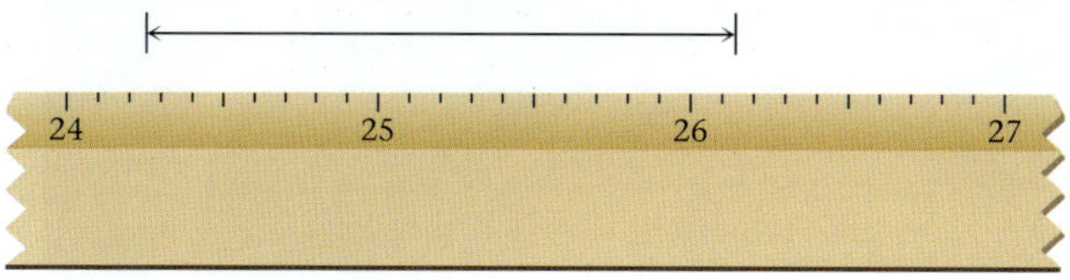

71. 아래의 용해도 곡선을 살펴보자.

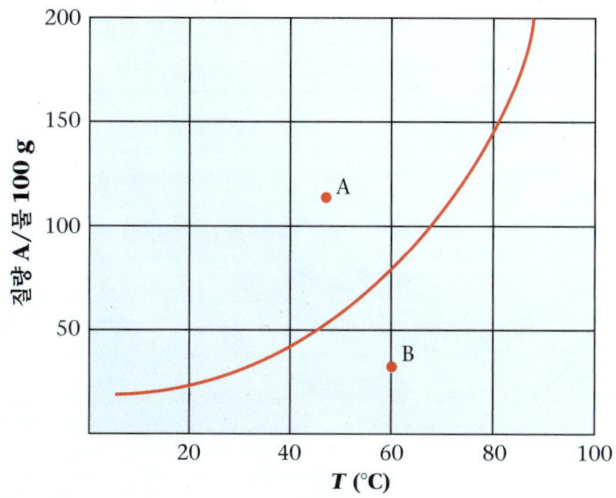

(a) 점 A에서, 물 100 g에 몇 그램의 화합물이 녹아 있는가? 이 용액은 포화, 불포화, 과포화 중 어떤 상태인가?

(b) 점 B에서, 물 100 g에 몇 g의 화합물이 녹아 있는가? 이 용액은 포화, 불포화, 과포화 중 어떤 상태인가?

(c) 30°C에서 포화 용액을 얻으려면 어떻게 해야 하는가?

72. 그림의 용해도 곡선을 보고 다음 물음에 답하라.

(a) 온도가 내려갈 때 두 화합물 중에 어떤 것이 같은 양의 물에 더 많은 양의 용질이 녹을 수 있는가?

(b) 두 화합물의 용해도가 같을 때의 온도는 얼마인가?

(c) 화합물의 용해도는 온도가 증가함에 따라 항상 증가할 것인가? 설명하라.

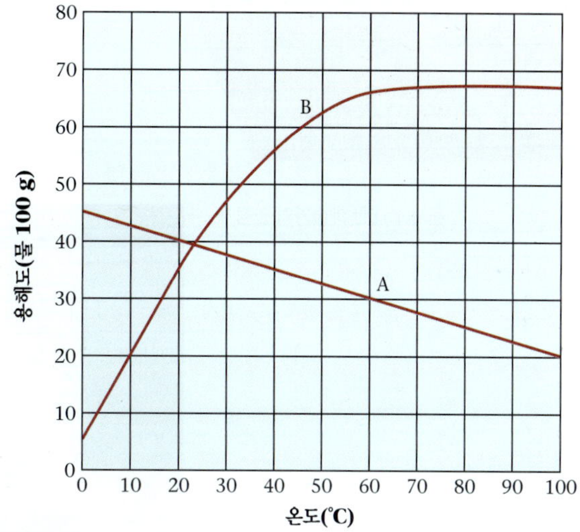

도전 문제

73. 먼 행성에 있는 다른 문명 사회에서 에틸 알코올을 기반으로 하는 새로운 온도 척도를 만들었다. 에틸 알코올의 어는점(−117°C)을 0°J로, 끓는점(78°C)을 100°J로 나타내었다. °C와 °J 사이는 선형 관계라고 가정하고 다음 물음에 답하라.

(a) 위의 자료를 사용하여 직선의 그래프를 그려라.

(b) 직선의 기울기는 얼마인가?

(c) 직선의 y-절편은 얼마인가?

(d) °J를 °C로 변환시키는 식을 써라.

74. °F가 정확히 °C의 두 배가 되는 온도는 얼마인가?

75. 기름은 물 위에 퍼지면서 약 100 nm(유효 숫자 2개) 두께의 얇은 막을 만든다. 1배럴의 기름이 바다에 쏟아지면 몇 km^2의 바다가 기름으로 뒤덮이겠는가?(1배럴 = 31.5 U.S. 갤런)

76. 어떤 실험에서 12.0 g의 알루미늄 선(d = 2.70 g/cm^3)이 필요하다. 이 알루미늄 선의 지름은 0.200 in이다. 이 실험에서 사용되는 알루미늄 선의 길이를 cm로 나타내라. 원기둥의 부피는 $\pi r^2 l$이고, 여기서 r은 반지름, l은 길이이다.

77. 보통의 성인은 하루에 8.50×10^3 L의 공기를 호흡한다. 매우 오염된 도시의 대기 중에 납의 농도는 공기 1 m^3 당 7.0×10^{-6} g이다. 납의 75%는 지름이 1.0×10^{-6} m 미만인 입자이고, 그 크기보다 작은 입자 중 50%는 허파에 축적된다. 이러한 환경에서 살고 있는 성인이 1년 동안 흡수하는 납의 양은 얼마인가?

78. 어떤 학생이 같은 질량과 부피를 갖는 두 개의 실린더를 취하여 금속의 밀도를 측정하였다. 실린더 A는 금속과 수은으로 채워져 있다. 수은과 금속 전체의 질량은 92.60 g이었다. 실린더 B는 수은으로만 채워져 있다. 실린더 B에 들어있는 수은의 질량은 실린더 A에 들어있는 수은과 금속의 질량보다 52.6 g이 더 크다. 금속의 밀도는 얼마인가? 수은의 밀도는 13.6 g/cm^{3}이다.

제 2 장

원자, 분자와 이온

Atoms, Molecules, and Ions

원자에 대한 예술가의 관점 ▶

Courtesy RochVanh

원자와 원자 사이의 거리는 달과 지구 사이의 거리 또는 별과 별 사이의 거리만큼 떨어져 있다.
— RALPH WALDO EMERSON
Atoms

이 장의 차례 _Chapter Outline

화학을 배우려면 화학자들이 물질의 구조를 설명하는 데 사용하는 구성 요소에 익숙해져야 한다. 여기에는 다음이 포함된다.

- *원자*(atom, 2-1절)는 전자, 양성자 및 중성자(2-2절)로 되어 있다. 원자의 정량적인 성질—원자의 질량과 원자 번호(2-3절).
- *분자*(molecule)는 몇 가지 원소들의 집합체이며, 많은 화합물의 단위체이다. 분자성 물질들은 구조식(2-5절)이나 그들의 이름(2-7절)으로 확인할 수 있다.
- *이온*(ion)은 모든 이온성 화합물에서 발견되는 반대 전하를 갖는 화학종이다. 비교적 간단한 원리를 이용하여 이온성 화합물의 화학식(2-6절)과 이름(2-7절)을 예상할 수 있다.

이 장의 앞부분(2-4절)에서는 *주기율표*(periodic table)로 잘 알려진 원소들의 분류 체계를 소개하도록 하겠다. 이것은 이 장에서뿐만 아니라 이 책의 전 과정을 통해 유용하게 사용될 것이다.

2-1 원자와 원자론

1808년 영국의 과학자이며 교사인 John Dalton은 현대 화학의 기초가 되는 물질의 원자 모형을 고안하였다. Dalton이 제안한 현대 **원자론**(atomic theory)의 중요한 가설 중 세 가지는 아래와 같이 약간 다른 말로 정의할 수 있으며, 그림 2.1에 예시되어 있다.

1. *원소(element)는 원자라고 부르는 작은 입자로 구성되어 있다.* 주어진 원소의 모든 원자는 동일한 화학적 성질을 갖는다. 다른 원소의 모든 원자는 서로 다른 화학적 성질을 갖는다.
2. *일반적인 화학 반응에서 원자는 한 물질에서 다른 물질로 이동하지만, 어떤 원자도 없어지지 않으며, 다른 원자로 바뀌지도 않는다.*
3. *둘 또는 그 이상의 원소의 원자가 결합되면 화합물이 형성된다.* 한 화합물에서 각 원자들의 비율은 정수비로 되어 있으며, 일정하다. 일반적으로 이 비율은 정수나 간단한 분수로 표시할 수 있다.

Dalton의 이론에 근거하여, **원자**(atom)란 화학 반응을 일으킬 수 있는 원소의 가장 작은 입자로 정의할 수 있다.

그림 2.1 ▸ **Dalton의 원자설의 몇 가지 특징.**

i 원자는 정말 작다(이들의 지름은 약 10^{-10} m 이다).

2-2 원자의 구성 요소

다른 유용한 과학 이론과 마찬가지로, 원자론은 그 이론이 해답을 준 것보다 더 많은 의문을 제기했다. 과학자들은 작은 원자들이 그보다 훨씬 더 작은 입자로 쪼개질 수 있는지 궁금해 했다. 더 작은 입자의 존재를 실험을 통해 확인하기까지는 거의 100년이 걸렸다. 미래의 노벨상 수상자 두 명이 이 영역에서 선구적인 연구를 하고 있었다. J. J. Thomson은 Cambridge에 있는 Cavendish 연구소에서 일하는 영국의 물리학자였고, 한때 Thomson의 제자였던 Ernest Rutherford는 뉴질랜드 태생의 물리학자였다(그림 2.2). Rutherford는 Montreal에 있는 McGill 대학과 영국의 Manchester와 Cambridge에서 연구를 수행하였다. 그는 분명히 그 시대의 가장 위대한 실험 물리학자였으며, 그 후로도 가장 위대한 학자 중 한 사람으로 손꼽히고 있다.

그림 2.2 ▸ **J. J Thomson과 Ernest Rutherford(*오른쪽*).** 두 사람이 이야기를 나누고 있다. 핵 물리학에 대해 이야기하고 있을 수도 있으나, 아마도 어제의 크리켓 경기에 대해 말하고 있을 것이다.

▶ 전자

원자구성 입자(subatomic particle)의 존재에 대한 첫 번째 증거는 저압의 기체 상태에서 전기 전도도 실험을 통한 연구에서 확인되었다. 그림 2.3의 유리관을 부분적으로 진공 상태로 만든 후 점화 코일에 연결하면 전류가 흐른다. 전류의 흐름과 함께 *음극선*(cathode ray)이라 부르는 색깔을 띤 광선이 나오는데, 이것은 전기장(electric field)과 자기장에서 휘어진다. 이 굴절 연구를 통하여 1897년에 J. J. Thomson은 이 광선이 **전자**(electron)라고 하는 음전하를 띤 입자들의 흐름이라는 사실을 증명하였다. 전자는 모든 원자에 있어 공통적인 기본 입자이며, 단위 음전하(−1)를 띠고 있고, 가장 가벼운 원자 질량의 약 1/2000밖에

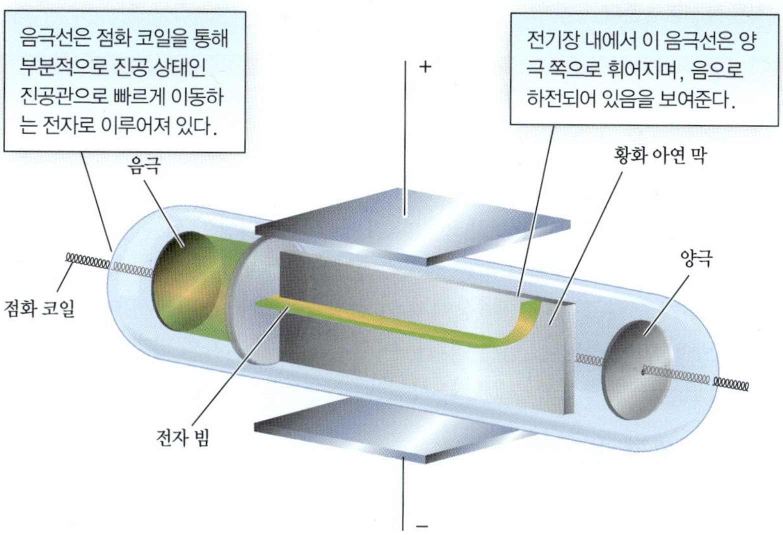

그림 2.3 ▸ **전기장을 통과하는 음극선.**

화학자의 삶 속에서 | CHEMISTRY THE **HUMAN** SIDE

John Dalton은 조용하고, 겸손하며, 헌신적인 퀘이커교도(Quaker)였다. 영국의 왕인 William 4세를 배알할 때, Dalton은 그의 종교적 믿음 때문에 화려한 궁중 예복 입기를 거절하였다. 그의 친구들은 그가 박사 학위를 받았던 Oxford 대학의 예복을 입을 것을 설득하였는데, 이 예복은 빨간색이었다. 그러나 Dalton은 색맹이었기 때문에 자신이 회색 옷을 입은 것으로만 생각하였다.

Dalton은 화학뿐 아니라 생물과 물리에도 기여를 한 다재다능한 과학자였다. 영국의 Manchester에 있는 대학에서 연구에 열중하면서도 수학과 물리를 일주일에 20시간씩이나 강의하였다. 그는 결혼을 하지 않았는데, 그는 "나의 머릿속에는 화학 성질, 전기 실험, 삼각형들로 가득 차 있어서 결혼을 생각할 틈이 없다"라고 말하고는 하였다.

Dalton의 원자론은 세 가지의 화학의 기본 법칙을 설명하였다.

질량 보존 법칙(law of conservation of mass): 이 법칙은 *보통의 화학 반응에서 질량 변화가 감지되지 않음을 나타낸다*. 반응에서 원자가 보존된다면(원자론의 가정 2) 질량 역시 보존될 것이다.

일정 성분비 법칙(law of constant composition): 이 법칙은 *같은 화합물에는 언제나 같은 원소를 같은 질량비로 갖고 있다는* 것이다. 어떤 화합물 안에 있는 원소의 원자비가 일정하다면(가정 3) 이들의 질량비 역시 일정해야 한다.

The Edgar Fahs Smith Memorial Collection in the History of Chemistry, Department of Special Collections, Van Pelt-Dietrich Library, University of Pennsylvania

John Dalton (1766~1844)

배수 비례 법칙(law of multiple proportions): Dalton 자신이 공식화했던 이 법칙은 원자론을 확정짓는 데 가장 중요한 것이었다. 이 법칙은 두 종류의 원소가 두 가지 이상의 화합물을 만드는 상황에 적용된다. 이 법칙은 이렇게 만들어진 여러 화합물에서 *어느 한 원소의 일정한 질량과 결합하는 다른 원소의 질량들 사이에는 작은 정수비가 있다*는 것이다.

이 법칙의 타당성은 원자들이 간단한 정수비로 결합되어 있다는 사실에 달려 있다(가정 3). 이 법칙과 원자론과의 연관성을 그림 A에 더 설명하였다.

Marna G. Clarke

그림 A ▸ **크로뮴-산소 화합물과 배수 비례 법칙**. 크로뮴은 서로 다른 색깔이 보여 주는 것처럼, 산소와 두 가지 다른 화합물을 형성한다. 녹색 화합물은 세 개의 산소 원자와 두 개의 크로뮴이 결합되어 있으며(2Cr:3O) 산소 1 g에 대하여 크로뮴 2.167 g이 결합되어 있다. 붉은색 화합물은 세 개의 산소 원자와 한 개의 크로뮴이 결합하여(1Cr:3O), 산소 1 g당 1.083 g의 크로뮴이 결합되어 있다. 이 두 크로뮴의 질량비는 2.167:1.083 = 2:1이다. 이것은 배수 비례 법칙을 잘 설명해 준다.

안 될 정도로 매우 작은 질량을 갖고 있다.

모든 원자는 일정한 수의 전자를 갖고 있다. 1에서 100 이상이 되는 이 수는 중성 원자의 독특한 성질을 나타낸다. 수소의 모든 원자는 한 개의 전자를 갖고 있고, 우라늄의 모든 원자는 92개의 전자를 갖고 있다. 제6장에서 이 전자들을 원자에 따라서 어떻게 배치시킬 것인가를 더 공부하게 될 것이다. 현재 여러분은 이 전자들이 원자의 바깥쪽 영역에서 발견되며, 음전하를 띤 구름을 형성하고 있다는 사실을 아는 것만으로 충분하다.

▶ 양성자와 중성자: 원자핵

J. J. Thomson이 원자에서 음전하를 띤 입자(전자)를 발견한 이후, 그는 원자의 구조가 양전하의 구형 구름에 음전하를 띤 전자가 박혀 있는 것이라고 생각했다. 그 당시에는 영국에

서 식사 후에 먹는 "플럼 푸딩(plum pudding) 모형"이라고 불렀다. 오늘날이라면 빵(양으로 하전된 핵)에 건포도(전자)가 여기 저기 박힌 모형과 같으므로 "건포도 빵 모형"이라고 불렀을 것이다(그림 2.4).

원자의 본질에 관한 우리의 생각을 완전하게 해주는 일련의 실험이 1911년 Ernest Rutherford의 지도하에 수행되었다. 그와 그의 학생들은 금으로 된 얇은 막(그림 2.5)에 α-입자(전자가 제거된 헬륨 원자)를 충돌시켰다. 그들은 형광 막을 사용하여 α-입자들이 얼마나 산란되는지를 관찰하였다. 대부분의 입자들은 방향을 바꾸지 않고 곧장 금박을 통과해 나갔다. 그런데 몇 개는 예각으로 반사되었다. 이것은 전혀 예상 밖의 일이었고, 그 당시 유행하던 원자 모형과는 맞지 않는 것이었다. Rutherford는 "그것은 마치 15인치의 포탄을 장전하고 얇은 종잇장을 향해 쏘았는데 그것이 종이를 맞고 튀어 되돌아와 당신을 맞힌 격이다."라고 말했다. Rutherford는 이와 관련된 힘에 대한 수학적 분석을 통해 산란이 금 원자의 중심에서 양전하를 띤 작은 **핵**(nucleus) 때문에 일어난다는 것을 보여주었다. 원자의 대부분은 빈 공간이며, ⓘ 대부분의 충돌 입자가 휘지 않고 금박을 통과하는 것이 이것을 잘 설명해 준다.

Rutherford 시대 이후로 과학자들은 원자핵의 성질에 관하여 많은 것을 알아내었다. 화학에서 우리의 목적을 위해 원자핵은 두 개의 다른 유형의 입자로 이루어져 있다고 생각할 수 있다(표 2.1):

그림 2.4 ▸ **원자에 대한 Thomson 모형.** Thomson의 모형에 의하면 건포도는 분산되어 있는 전자를 나타낸다.

ⓘ 만약 핵이 사람 머리 크기라면 전자는 5마일 바깥에 존재한다.

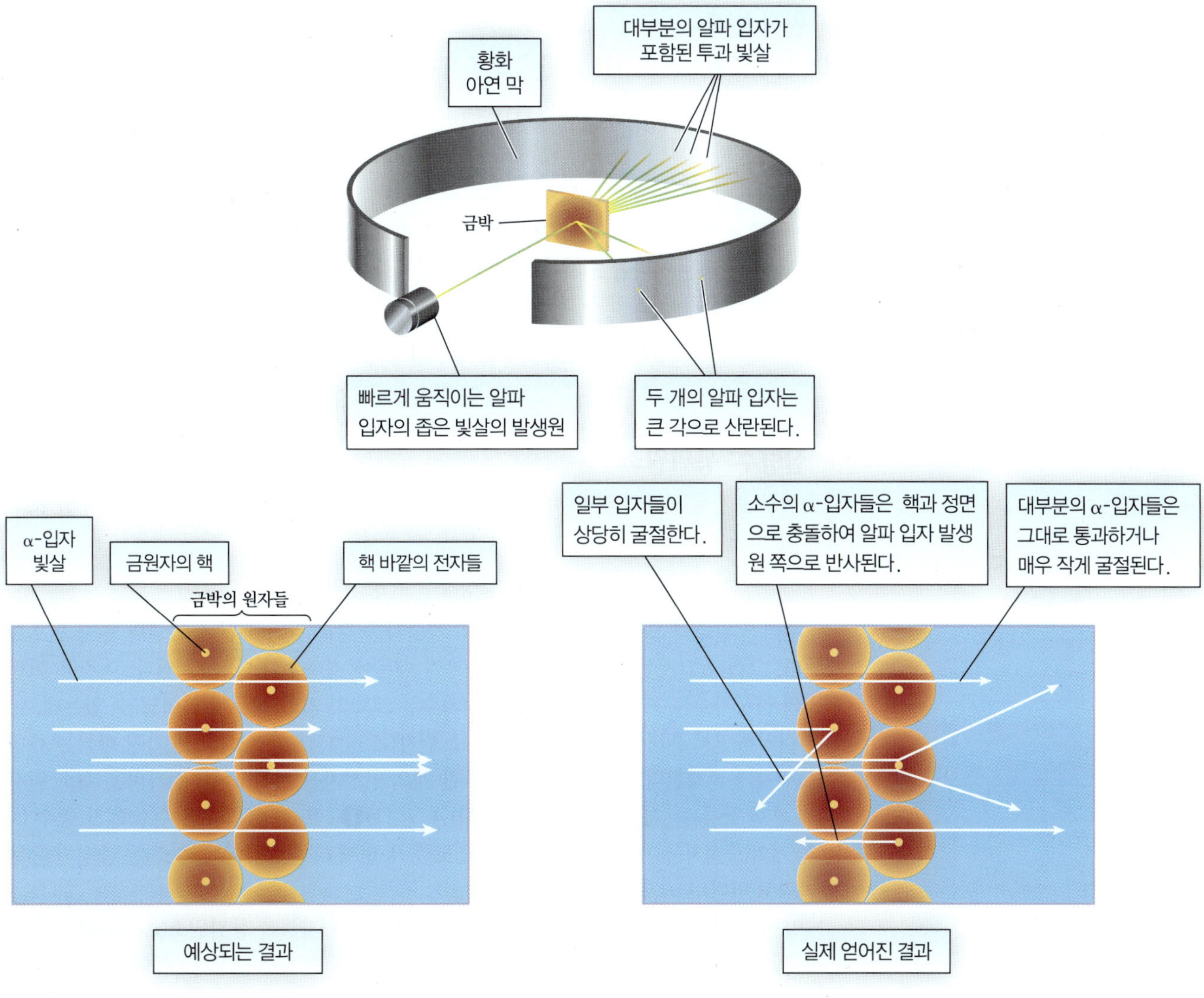

그림 2.5 ▸ **Rutherford의 α-입자 산란 실험.**

표 2.1 ▸ **원자 구성 입자의 특성**

입자	위치	상대적인 전하	상대적인 질량*
양성자	핵	+1	1.00728
중성자	핵	0	1.00867
전자	핵 외부	−1	0.00055

*이들은 원자 질량 단위로 나타내었다.

1. **양성자**(proton)는 보통의 수소 원자와 거의 같은 질량을 가지고 있다. 양성자는 단위 양전하(+1)를 띠고 있으며, 전자의 단위 전하(−1)와 같은 크기이다.
2. **중성자**(neutron)는 양성자의 질량보다 약간 더 큰 질량을 가지며, 전하를 띠지 않은 입자이다.

양성자와 중성자는 전자보다 훨씬 무겁기 때문에, 핵의 부피가 원자 부피에 비해서 매우 작지만 원자 질량의 대부분(> 99.9%)은 핵에 집중되어 있다.

원자의 지름은 핵 지름의 10,000배이다.

2-3 원자의 정량적인 성질

원자 번호

어떤 특정한 원소의 원자는 핵 안에 모두 똑같은 개수의 양성자를 가지고 있다. 이 수를 **원자 번호**(atomic number)라고 하며 원소의 기본 성질을 결정하고 기호 Z로 나타낸다.

$$Z = \text{양성자수}$$

중성 원자에서, 핵 속에 있는 양성자 수는 핵 바깥에 있는 전자의 수와 정확히 같다. 예를 들어 수소($Z = 1$)와 우라늄($Z = 92$) 원자를 살펴보자. 모든 수소 원자는 핵에 한 개의 양성자를 가지고, 모든 우라늄 원자는 92개의 양성자를 가지고 있다. 중성 수소 원자는 핵 바깥에 한 개의 전자가 있고, 중성 우라늄 원자는 92개의 전자가 있다.

H 원자:	1 양성자, 1 전자	$Z = 1$
U 원자:	92 양성자, 92 전자	$Z = 92$

질량수: 동위원소

기호 A로 표시된 원자의 **질량수**(mass number)는 핵에 있는 양성자와 중성자의 수를 모두 합한 값이다:

$$A = \text{양성자수} + \text{중성자수}$$

주어진 원소의 모든 원자는 같은 수의 양성자를 갖고 있기 때문에 동일한 원자 번호를 갖는다. 그러나 그것들은 질량이 서로 다르기 때문에 질량수가 다를 수 있다. 이것은 어떤 원소의 양성자수는 고정되어 있지만 중성자수는 그렇지 않기 때문에 일어날 수 있는데, 이 일은 다양하면서 흔히 일어날 수 있다. 수소 원자($Z = 1$)를 살펴보자. 세 가지 다른 종류의 수소 원자가 존재한다. 이들 모두가 핵에 한 개의 양성자를 가지고 있다. 가벼운 수소 원자(가장 흔한 종류)는 핵 속에 중성자가 없다($A = 1$). 또 다른 종류의 수소 원자(중수소)는 한 개의 중성자를 가지고 있다($A = 2$). 또한 세 번째 다른 종류(삼중수소)는 중성자를 두 개 가지고 있다($A = 3$).

중성자의 수 = $A - Z$

양성자수는 같으나 다른 수의 중성자를 갖고 있는 원자들을 **동위원소**(isotope)라고 부른다. 앞에서 기술한 세 가지 종류의 수소 원자들은 모두 수소의 동위원소들이다. 그들의 질량비는 거의 1:2:3이다. 우라늄 원소의 동위원소들 가운데는 다음과 같은 것들이 있다.

동위원소	Z	A	양성자수	중성자수
우라늄-235	92	235	92	143
우라늄-238	92	238	92	146

핵의 조성은 **핵 기호**(nuclear symbol)로 나타낸다. 여기서 원자 번호는 원소 기호 왼쪽 밑에 아래 첨자로 표시하고, 질량수는 왼쪽 위에 위 첨자로 표시한다.

$$\begin{array}{l} \text{질량수} \longrightarrow A \\ \text{원자 번호} \longrightarrow Z \end{array}\!\!\text{X} \longleftarrow \text{원소 기호}$$

위에서 언급한 수소와 우라늄 동위원소들의 핵 기호는 다음과 같이 쓸 수 있다.

$$^{1}_{1}\text{H},\ ^{2}_{1}\text{H},\ ^{3}_{1}\text{H} \qquad ^{235}_{92}\text{U},\ ^{238}_{92}\text{U}$$

원소 기호에 하이픈을 붙이고 질량수를 써서 원소의 동위원소들을 서로 구별하는 방식이 아주 흔하게 사용되고 있다. 즉 흔히 우라늄의 동위원소는 U-235와 U-238로 쓰고 있다.

© Cengage Learning/Charles D. Winters

$^{2}_{1}H_2O$ 얼음과 $^{1}_{1}H_2O$ 얼음. 고체 산화 중수소(*아래쪽*)는 액체인 물보다 밀도가 커서 가라앉지만, 보통의 물의 얼음(*위쪽*)은 액체 상태인 물보다 밀도가 작아서 뜬다.

예제 2.1

a 안티모니(Sb, $Z = 51$)의 동위원소는 송유관에서 기름이 새는 것을 찾기 위한 추적자로 이용된다. 이 동위원소의 핵은 73개의 중성자를 가지고 있다. 핵 기호는 무엇인가?

분석

주어진 정보:	Z (51); 중성자의 수, n (73)
알고자 하는 것:	핵 기호

전략

1. Z는 원자 번호 또는 양성자수(p^+)를 나타냄을 유의하라.
2. 핵 기호는 $^{A}_{Z}X$로 쓰며, 여기서 A는 중성자의 수(n)와 양성자수(p^+)를 더한 것임을 상기하라.
3. (b)와 (c)도 이 전략을 사용하라.

풀이

핵 기호	$Z = p^+ = 51;\ A = p^+ + n = 51 + 73 = 124;\ ^{A}_{Z}\text{Sb} = {}^{124}_{51}\text{Sb}$

b 가장 위험한 핵 폐기물 가운데 하나는 스트론튬의 방사성 동위원소인 $^{90}_{38}$Sr인데, 이것이 칼슘과 치환되면 뼈 속에 축적될 수 있다. Sr-90의 핵에는 몇 개의 양성자와 몇 개의 중성자가 있는가?

분석

주어진 정보:	핵 기호: $^{90}_{38}\text{Sr}$
알고자 하는 것:	$p^+;\ n$

풀이

양성자	$Z = p^+ = 38$
중성자	$A = p^+ + n = 90;\ 90 = 38 + n;\ n = 90 - 38 = 52$

c 폐 스캔(lung scan) 진단에 사용되는 원소의 핵 기호를 써라. 이 원자는 양성자 54개, 중성자 79개를 가지고 있다.

분석

주어진 정보:	$p^+ = 54;\ n = 79$
정보가 알려주는 내용:	어떤 원소인지를 알려줌
알고자 하는 것:	핵 기호

(계속)

풀 이	
핵 기호	$Z = p^+ = 54$ (원소의 왼쪽 아래에 놓음)
	$A = p^+ + n = 54 + 79 = 133$
	원소(X)는 원자 번호 Z에 의해 제논이라는 것을 알려준다.
	핵 기호는 다음과 같다: ${}^{A}_{Z}X = {}^{133}_{54}Xe$

원자 질량

개개의 원자는 너무 작아서 질량을 측정할 수 없다. 그러나 조만간 알게 되겠지만 서로 다른 원자와 분자의 상대 질량은 아주 정확하게 측정할 수 있다. 게다가, 한 단계 더 나아가서 이 조그만 물질의 기본단위의 실제 질량을 계산하는 것도 가능하다.

다른 원소의 원자들에 대한 상대적인 질량은 *원자 질량*[atomic mass, 흔히 *원자량*(atomic weight)이라고 함]으로 나타낸다. 어떤 원소의 **원자 질량**(atomic mass)은 그 원소의 원자가 평균적으로 다른 원소의 원자에 비해 얼마나 무거운가를 나타낸다.

원자 질량의 척도를 세우기 위하여, 하나의 특별한 원자에 대한 표준 값을 확립하는 것이 필요하다. 현대의 원자 질량 척도[**탄소-12 척도**(Carbon-12 scale)]는 가장 흔한 동위원소인 ${}^{12}_{6}C$에 근거하고 있다. 이 동위원소는 정확하게 12의 **원자 질량 단위**(atomic mass unit, amu)의 질량을 가지게 된다.

1 amu = 탄소 원자 질량의 1/12 ≈ 수소 원자의 질량

$$\text{C-12의 원자 질량} = 12\ \text{amu (정확히)}$$

따라서 C-12 원자의 절반의 질량을 가지는 원자는 6 amu의 질량을 가지고, C-12 원자의 두 배의 질량을 가지는 원자는 24 amu의 질량을 가진다.

원소의 존재비

각각의 원자들의 상대적인 질량은 질량 분석기(그림 2.6)를 이용하여 결정할 수 있다. 낮은 압력하에서 기체 상태의 원자 또는 분자들은 하나 또는 그 이상의 전자를 잃음으로써 이온화 된다. 형성된 양이온들은 500~2000 V의 전압에 의해 자기장 쪽으로 가속되는데, 이때 자기장은 이온들의 직선 경로를 휘어지게 만든다. 휘어지는 정도는 이온의 질량에 반비례하게 된다. 서로 다른 질량을 가진 두 개의 이온들을 검출기 위의 특정 지점에 도달하도록 하

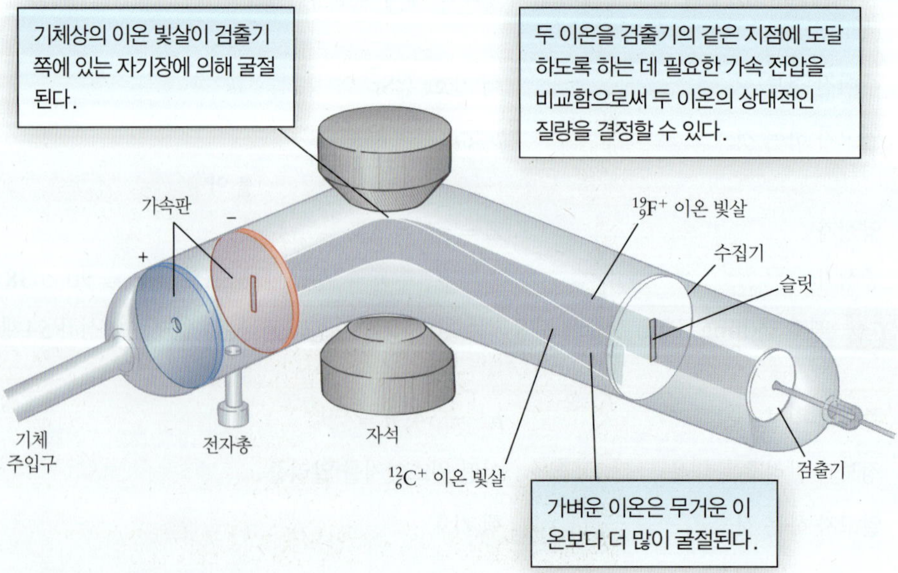

그림 2.6 ▸ 질량 분석기.

기 위한 가속 전압을 측정함으로써 이온들의 상대적인 질량을 결정할 수가 있다. 예를 들어, 질량 분석기를 사용하면 ${}^{19}_{9}F$ 원자가 ${}^{12}_{6}C$ 원자 질량보다 1.583배 더 무겁다는 것을 알게 되기 때문에 F 원자의 질량은 다음과 같이 구할 수 있다.

$$1.583 \times 12.00 \text{ amu} = 19.00 \text{ amu}$$

우연히도 자연에 존재하는 플루오린은 하나의 동위원소인 ${}^{19}_{9}F$로 구성되어 있다. 따라서 플루오린의 원자 질량은 F-19의 원자 질량인 19.00 amu와 같아야 한다. 대부분의 다른 원소에 대해서는 상황이 좀 더 복잡하다. 왜냐하면 대부분의 원소는 자연 상태에서 둘 또는 그 이상의 동위원소와 혼합하여 존재하기 때문이다. 이러한 원소의 원자 질량을 결정하기 위해서는 개개의 동위원소에 대한 질량뿐만 아니라 자연에서의 원자 백분율인 *동위원소 존재비*(istopic abundance)를 알아야 한다.

다행스럽게도 동위원소의 질량뿐만 아니라 동위원소의 존재비도 질량 분석법을 이용하여 결정할 수 있다. 두 개의 안정한 동위원소인 Cl-35와 Cl-37을 가지고 있는 염소에 대한 존재비가 그림 2.7에 나타나 있다. 이들 두 동위원소에 대한 원자 질량은 보통의 방법으로 결정된다. 이들 두 동위원소의 상대적인 존재비는 기록계에 기록된 봉우리의 높이, 더 정확하게 말하면, 봉우리 아래의 면적에 비례한다. 염소에 대하여 질량 분석기로부터 얻은 자료는 다음과 같다.

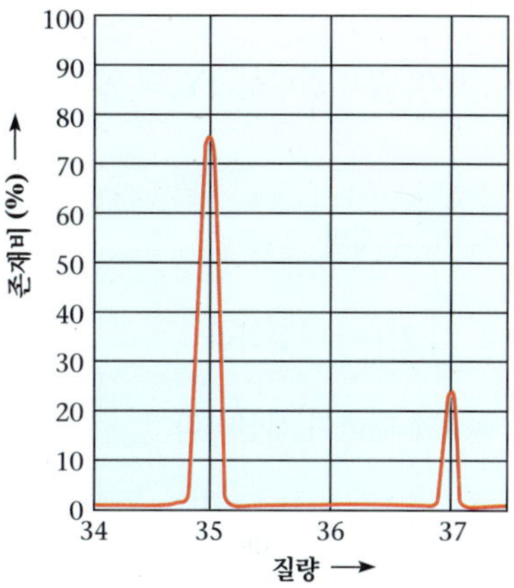

그림 2.7 ▸ **염소의 질량 스펙트럼.** 원소 상태의 염소(Cl_2)는 34.97 amu (75.53%) 및 36.97 amu (24.47%)의 두 개의 동위원소만 있다.

	원자 질량	존재비
Cl-35	34.97 amu	75.53%
Cl-37	36.97 amu	24.47%

이것은 염소 원소에서 34.97 amu의 질량을 가진 원자가 75.53%, 36.97 amu의 질량을 가진 원자가 24.47%로 이루어져 있음을 의미한다. 이와 같은 자료와 아래와 같은 일반적인 식을 이용하면 염소의 원자 질량을 쉽게 계산할 수가 있다.

Y의 원자 질량 =

$$(Y_1\text{의 원자 질량}) \times \frac{\%\ Y_1}{100\%} + (Y_2\text{의 원자 질량}) \times \frac{\%\ Y_2}{100\%} + \ldots \qquad (2.1)$$

여기서 $Y_1, Y_2, \ldots$ 는 원소 Y의 동위원소를 나타낸다.

$$\text{Cl의 원자 질량} = 34.97 \text{ amu} \times \frac{75.53}{100.0} + 36.97 \text{ amu} \times \frac{24.47}{100.0} = 35.46 \text{ amu}$$

질량 분석기를 통해 얻은 자료를 사용하여 이와 같이 계산을 하면 유효 숫자 7~8개까지 정확한 값을 얻을 수 있다. 표에 나타낸 원자 질량의 정확성은 대부분 자연에 존재하는 존재비의 변화에 따라 제한된다. 이러한 점에서 황은 흥미로운 예이다. 황은 주로 ${}^{32}_{16}S$와 ${}^{34}_{16}S$의 두 가지 동위원소로 이루어져 있다. 황-34의 존재비는 Texas와 Louisiana 주의 황 매장층에서는 대략 4.18%을 나타내고 있으나 이탈리아의 화산 황에는 4.34%를 나타내고 있다. 이것 때문에 황의 원자 질량은 0.006 amu의 불확실성을 가진다.

원소의 원자 질량을 알고, 그 원소가 두 가지 안정한 동위원소만을 갖는다면 그 존재비는 위에서 보인 일반적인 식을 이용하여 계산할 수 있다.

예제 2.2

브로민은 원자 질량 79.90 amu의 적황색 액체이다. 그 이름은 악취라는 의미를 가진 그리스어 *bromos* ($\beta\rho o\mu o s$)에서 유래하였다. 자연에는 Br-79(78.92 amu)와 Br-81(80.92 amu)의 두 가지 브로민 동위원소가 존재한다. 두 동위원소 중에서 보다 무거운 동위원소의 존재비는 얼마인가?

(계속)

분석	
주어진 정보:	Br-81 질량(80.92 amu); Br-79 질량(78.92 amu) 평균 원자 질량(79.90)
알고자 하는 것:	Br-81의 존재비

전략

1. 모든 존재비를 더하면 100%가 되어야 한다.
2. 존재비와 원자 질량과 관련되는 식을 생각한다(식 2.1).

$$Y의\ 원자\ 질량 = (Y_1의\ 원자\ 질량 \times \frac{\%\ Y_1}{100\%}) + (Y_2의\ 원자\ 질량 \times \frac{\%\ Y_2}{100\%}) + \ldots$$

풀이	
1. % 존재비	Br-81: x; Br-79: $100 - x$
2. 식 2.1에 대입하라.	$79.90\ \text{amu} = 78.92\ \text{amu}\ (\frac{100 - x}{100}) + 80.92\ \text{amu}\ (\frac{x}{100})$
3. x에 대하여 계산하라.	$79.90 = 0.7892\ (100 - x) + 0.8092\ x$
	$79.90 = 78.92 - 0.7892\ x + 0.8092\ x$
	$x = 49\%$

마무리 정리

Br의 원자 질량 79.90은 두 가지 동위원소 질량 78.92와 80.92의 대략적인 중간 값이다. 따라서 두 가지 동위원소가 거의 같은 양이 존재하는 것이 합리적이다.

이 책 앞표지의 안쪽에 모든 원소의 기호를 특별한 방법으로 배열해 놓았다. 이것을 **주기율표**(periodic table)라고 한다. 다음 2-4절에서 이 주기율표에 대하여 더 자세하게 다루게 된다. 주기율표를 이용하면 원소의 평균 원자 질량 (4자리로 반올림하여 원소 기호 아래에 표시하여 놓았다)을 알 수 있다. 원소의 원자 번호(Z)는 원소 기호 위에 표시되어 있다.

주기율표에 나타낸 평균 원자 질량은 질량수와 같지 않다.

원자 한 개의 질량: 아보가드로 수

화학에서 대부분의 목적을 위하여 서로 다른 원자들의 상대적인 질량을 아는 것으로 충분하다. 그러나, 때로는 한 걸음 더 나아가 원자 한 개의 질량을 그램 단위로 산출하는 것이 필요하다. 이것이 어떻게 가능한지 살펴보자.

먼저 헬륨과 수소 원소를 살펴보자. 헬륨 원자는 수소 원자보다 네 배 정도 무겁다(He = 4.003 amu, H = 1.008 amu). 따라서 100개의 헬륨 원자를 포함하고 있는 어떤 시료의 질량은 100개의 수소 원자를 포함하는 시료보다 네 배 정도 무겁다. 또한 각각 백만 개의 원자를 포함하고 있는 이 두 원소의 시료를 비교해 보아도 그 질량은 4:1의 비가 될 것이다(헬륨 대 수소). 바꾸어 생각해 보면, 4 g의 헬륨 시료에 들어 있는 원자의 개수와 1 g의 수소 시료에 들어 있는 원자의 개수는 같아야 한다는 결론에 도달한다. 좀 더 엄밀하게 말하면 다음과 같다.

5센트 동전의 질량이 10센트 동전의 질량의 2배라면, 1000 g의 5센트 동전과 500 g의 10센트 동전에 있는 동전의 수는 같다.

헬륨 4.003 g 속에 들어 있는 He 원자수 = 수소 1.008 g 속에 들어 있는 H 원자수

이러한 논리는 다른 원소에도 쉽게 확장될 수 있다. 원자 질량만큼의 그램 단위의 질량을 가진 어떤 원소 시료에는 그 원소의 종류와 관계없이 같은 개수, 즉 N_A만큼의 원자가 들어 있다.

이제는 N_A의 값은 무엇일까 하는 문제가 제기된다. 즉 4.003 g의 헬륨, 1.008 g의 수소, 32.07 g의 황 등에는 얼마나 많은 원자가 들어 있을까 하는 것이다. 이 문제가 바로 적

어도 1세기 이상 연구의 대상이 되었던 과제였다. **아보가드로 수**(Avogadro's number)로 알려진 이 수를 결정하기 위한 몇 가지 정교한 실험이 고안되었다. 상상해 볼 수 있는 바와 같이 이것은 엄청난 수이다(원자는 극히 미세한 입자라는 점을 기억하면 4.003 g의 He, 1.008 g의 H 등에는 많은 수의 원자가 있을 것이다). 네 개의 유효 숫자로 나타내면 아보가드로 수는 다음과 같다.

$$N_A = 6.022 \times 10^{23}$$

이 수가 얼마나 큰 것인지 알아보기 위해 전 세계 인구가 모두 4.003 g의 헬륨에 포함되어 있는 원자를 세어 보는 임무를 부여받았다고 가정하자. 모든 사람이 매초마다 원자 한 개씩 세는 작업을 하면서 매주 48시간꼴로 일을 한다 해도 천만 년 이상이 지나야 겨우 이 작업이 끝날 것이다. *i*

i 대부분의 사람들은 해야 할 더 나은 일이 있다.

화학에서 아보가드로 수의 중요성을 명확히 할 필요가 있다. ***그램 단위로 나타낸 어떤 원소 시료의 질량이 원소의 원자 질량과 같을 때, 그 시료에 들어 있는 원자의 개수가 아보가드로 수이다.*** 따라서 다음과 같은 관계가 성립한다.

H 1.008 g에는 H 원자가 6.022×10^{23}개 있으며	H의 원자 질량 = 1.008 amu
He 4.003 g에는 He 원자가 6.022×10^{23}개 있으며	He의 원자 질량 = 4.003 amu
S 32.07 g에는 S 원자가 6.022×10^{23}개 있으며	S의 원자 질량 = 32.07 amu

아보가드로 수와 어떤 원소의 원자 질량을 알면 원자 한 개의 질량을 계산해낼 수 있다(예제 2.3a). 질량을 알고 있는 어떤 원소의 시료에 포함되어 있는 원자의 개수 역시 결정할 수 있다(예제 2.3b).

아보가드로의 수는 특별한 이름인 몰(mole)로 나타낸다. 몰에 관해서는 3-1절에서 더 자세히 다룰 것이다.

예제 2.3

범죄 이야기에서 자주 사용되는 독극물인 비소(As)를 살펴보자. 이 원소는 제1장의 끝에 생활 속의 화학 이야기에서 논의되었다. 아보가드로 수는 6.022×10^{23}이다.

a 비소 원자 1개의 질량은 얼마인가?

분석

주어진 정보:	아보가드로 수(6.022×10^{23})
정보가 알려주는 내용:	원자 질량
알고자 하는 것:	비소 원자의 질량

전략

변환 인자를 사용하여 원자수를 g으로 바꾸어라(원자 → g).

$$\frac{6.022 \times 10^{23}\ \text{원자}}{\text{원자 질량}}$$

풀이

As 원자 1개의 질량 $\quad 1\text{원자 As} \times \dfrac{74.92\ \text{g As}}{6.022 \times 10^{23}\ \text{원자 As}} = 1.244 \times 10^{-22}\ \text{g}$

b 10.00-g의 비소에 들어 있는 원자의 수는 얼마인가?

분석

주어진 정보:	시료의 질량(10.00 g)
	(a)에서 구한 한 개의 As 원자 질량(1.244×10^{-22} g/원자)

(계속)

알고자 하는 것:	10-g 시료에 들어 있는 원자의 수

전략

변환 인자를 사용하여 g을 원자수로 바꾼다($g \rightarrow$ 원자).

$$\frac{1 \text{ 원자}}{1.244 \times 10^{-22} \text{ g}}$$

풀이

As 원자수 $\quad 10.00 \text{ g As} \times \frac{1 \text{ 원자 As}}{1.244 \times 10^{-22} \text{ g As}} = 8.038 \times 10^{22} \text{ 원자 As}$

C 0.1500 lb의 비소에는 얼마나 많은 수의 양성자가 존재하는가?

분석

주어진 정보:	시료의 질량(0.1500 lb)
	(a)에서 구한 한 개의 As 원자 1개의 질량(1.244×10^{-22} g/원자)
정보가 알려주는 내용:	원자 번호
	파운드를 그램으로 변환시키는 변환 인자
알고자 하는 것:	0.1500 lb의 비소에 들어 있는 양성자의 수

전략

변환 인자를 사용하여 파운드를 그램으로, 그램을 원자수로, 원자수를 양성자수로 변환시킨다.

$$\frac{453.6 \text{ g}}{1 \text{ lb}} \qquad \frac{\text{양성자의 수}(Z)}{1 \text{ 원자}} \qquad \frac{1 \text{ 원자}}{1.244 \times 10^{-22} \text{ g}}$$

따라서 다음과 같이 변환시키면 된다.

lb $\rightarrow$ g $\rightarrow$ 원자수 $\rightarrow$ 양성자수

풀이

양성자의 수 $\quad 0.1500 \text{ lb} \times \frac{453.6 \text{ g}}{1 \text{ lb}} \times \frac{1 \text{ 원자}}{1.244 \times 10^{-22} \text{ g}} \times \frac{33 \text{ 양성자}}{1 \text{ 원자 As}} = 1.805 \times 10^{25} \text{ 양성자}$

마무리 정리

원자는 매우 작기 때문에 그 질량도 매우 작을 것으로 예상된다. 즉 1.244×10^{-22} g은 합당해 보인다. 반대로 10 g의 질량을 재기 위해서는 많은 원자를 취해야 하는데 이 경우에는 8.038×10^{22}개의 원자에 해당된다.

2-4 주기율표의 소개

미시적인 관점에서, 한 원소는 양성자수가 같은 즉, 같은 원자 번호를 가지는 원자들의 물질이다. 원소의 화학적 성질은 원자 번호에 의존하는데, 이는 주기율표에서 읽을 수 있다. 원소 기호, 원자 번호와 원자 질량을 기재한 완전한 주기율표가 이 책의 앞표지 안쪽이나 속표지에 있다. 이 장의 내용을 공부하는 데는 그림 2.8에 표시한 약식 표만으로도 충분하다.

주기와 족

표의 가로 행을 **주기**(period)라고 한다. 첫 번째 주기는 두 개의 원소인 수소(H)와 헬륨(He)으로 구성되어 있고, 두 번째 주기는 리튬(Li)으로 시작해서 네온(Ne)으로 끝난다.

세로 열은 **족**(group)이라 한다. 역사적으로 서로 다른 족을 표시하기 위하여 여러 가지 방법이 사용되어 왔는데, 아라비아와 로마 숫자 모두에 문자 A와 B를 결합하여 사용해 왔

	1	2	3	4	5	6	7	8	9	10	11	12	13	14	15	16	17	18
1	1 H																1 H	2 He
2	3 Li	4 Be											5 B	6 C	7 N	8 O	9 F	10 Ne
3	11 Na	12 Mg											13 Al	14 Si	15 P	16 S	17 Cl	18 Ar
4	19 K	20 Ca	21 Sc	22 Ti	23 V	24 Cr	25 Mn	26 Fe	27 Co	28 Ni	29 Cu	30 Zn	31 Ga	32 Ge	33 As	34 Se	35 Br	36 Kr
5	37 Rb	38 Sr	39 Y	40 Zr	41 Nb	42 Mo	43 Tc	44 Ru	45 Rh	46 Pd	47 Ag	48 Cd	49 In	50 Sn	51 Sb	52 Te	53 I	54 Xe
6	55 Cs	56 Ba	71 Lu	72 Hf	73 Ta	74 W	75 Re	76 Os	77 Ir	78 Pt	79 Au	80 Hg	81 Tl	82 Pb	83 Bi	84 Po	85 At	86 Rn

금속　준금속　비금속

그림 2.8 ▸ **주기율표**. 족 번호는 세로 열의 맨 위에 적혀 있다. 주기율표 맨 왼쪽의 숫자는 주기의 번호이다. 검은 선은 금속과 비금속을 구분한다. (*참조*: 완전한 주기율표는 앞표지 안쪽에 있다.)

다.◂ⓘ 이 책에서 사용한 방법은 국제 순수 응용 화학 연맹(International Union of Pure and Applied Chemistry, IUPAC)에서 1985년에 제정된 것이다. 족은 왼쪽부터 시작해 1에서 18까지 숫자를 매겼다.

ⓘ 다른 주기율표에서는 족 표시를 다르게 하지만 원소들은 같은 위치에 놓여 있다.

족 번호 1, 2, 13,◂ⓘ **14, 15, 16, 17, 18***에 해당되는 원소들을 **주족 원소**(main-group element)라 하며, 4~6주기의 가운데에 있는 10개의 원소들(3족에서 12족 사이의 원소들)을 **전이 금속**(transition metal)이라고 한다. 첫 번째 전이 금속 계열(4주기)은 Sc (3족)으로 시작하여 Zn (12족)으로 끝난다.

ⓘ 몇몇 족 번호의 1의 자리 숫자를 굵게 표시하는 이유는 제7장에서 배우게 된다.

전이 금속 오른쪽에 놓여있는 **13, 14, 15**족에 있는 금속들(Ga, In, Tl, Sn, Pb, Bi)은 흔히 **후전이 금속**(post-transition metal)이라 부른다.

어떤 주족 원소들은 특별한 이름을 갖고 있다. 주기율표의 제일 왼쪽에 위치한 1족 원소들은 **알카리 금속**(alkali metal)이라 하며, 2족 원소들을 **알카리 토금속**(alkaline earth metal)이라 한다. 오른쪽으로 가서 **17**족에 있는 원소들을 **할로젠**(halogen)이라 하며, 제일 오른쪽에 있는 **18**족 원소들을 **불활성 기체**(비반응성 기체라고도 부름)라 한다.

같은 주족 원소들은 매우 비슷한 화학적 성질을 보여 준다. 예를 들면

- 1족에 있는 리튬(Li), 소듐(Na), 포타슘(K)은 모두 물과 격렬하게 반응하여 수소 기체를 발생한다.
- **18**족에 있는 헬륨(He), 네온(Ne)(그림 2.9), 아르곤(Ar)은 어떤 다른 물질과도 반응하지 않는다.

이와 같은 관찰에 근거하여, ***주기율표는 화학적 성질이 비슷한 원소들을 세로 열인 족의 아래로 배열을 하고, 가로 행으로는 원자 번호가 증가하는 순서로 원소를 배열한 것***이라고 할 수 있다.

주기율표와 가장 밀접하게 관계있는 사람은 러시아의 화학자인 Dmitri Mendeleev(1834~1907)이다. Mendeleev는 일반 화학 교과서에서 알카리 금속, 알칼리 토금속, 할로젠과 같이 비슷한 성질을 갖고 있는 각각의 원소 무리들을 별개의 단원으로 구성하였다. 그는 이들과 다른 원소들의 성질을 관련시켜 1869년에 원시적인 형태의 오늘날 주기

그림 2.9 ▸ **불활성 기체**. 네온은 광고판에 사용한다. 이 관 속의 기체는 빛과 색을 모두 낸다. 사진 속의 시험 키트는 가정집 지하실의 라돈을 검출하는 데 사용한다.

*미국에서 1985년 이전에는 **13**족~**18**족의 번호는 보통 3족~8족 또는 3A~8A로 붙였다.

율표를 제안하였다. Mendeleev는 주도면밀하게 아직 발견되지 않은 새로운 원소들을 위해 표에 빈 공간을 남겨 놓았다. 사실 그는 세 가지 원소들(스칸듐, 갈륨, 저마늄)의 구체적인 성질까지도 예상하였다. 1886년까지 이 모든 원소들이 발견되었고, 그가 예상했던 성질과 매우 비슷하다는 것을 알게 되었다.

금속과 비금속

주기율표(그림 2.8)에서 붕소의 왼쪽부터 시작하여 대각선 내지 계단은 금속과 비금속을 구분한다. 표에서 파란색으로 표시된 이 선 왼쪽 아래에 놓인 80개 이상 되는 원소들은 **금속**(metal, 그림 2.10a 참조)의 성질을 가지며 특히 이들은 높은 전기 전도도를 갖고 있다. 그림 2.8의 계단 오른쪽 위에 놓인 원소들은 **비금속**(nonmetal, 노란색)(그림 2.10b 참조)이며, 대략 18개의 원소들이 이 영역에 속한다.

주기율표의 계단을 따라 놓인(지그재그로) 몇 가지 원소들은 금속과 비금속으로 완전하게 분류하기 어려운 원소들이다. 이들은 위 두 부류 원소들의 중간적인 성질을 갖고 있다. 특히 이들의 전기 전도도는 금속과 비금속의 중간 정도이다. 이 여섯 개의 원소는 아래와 같은데, 이들을 **준금속**(metalloid, 그림 2.10c)이라 한다. ⓘ 그림 2.8에서 녹색으로 나타낸 원소들이다.

ⓘ 이 원소들, 특히 Si는 반도체에 사용된다.

B	Si	Ge	As	Sb	Te
붕소	규소	저마늄	비소	안티모니	텔루륨

그림 2.11은 생물학적으로 중요한 원소를 보여주고 있다. 생명에 필수적인 "좋은 원소들"에는 전체 몸무게의 99.9%를 차지하는 주요한 원소들(노란색)과 매우 적은 양만이 필요한 미량 원소들(녹색)이 포함된다. 일반적으로 몸 안에 있는 원소의 양은 주위 세상에 있는 원소의 양에 비례하지만 몇 가지 중요한 예외가 있다. 알루미늄과 규소는 자연에 널리 퍼져 있지만 인체에는 없다. 이와는 반대의 경우가 탄소인데, 이것은 지각 분포량은 0.08%밖에 안 되지만 인체에는 18%가 탄소이다. 탄소는 단백질, 탄수화물, 지방을 포함한 다양한 유기 화합물에 존재한다.

그림 2.11에 분홍색으로 표시한 "나쁜 원소(맹독성 원소)들"은 독성이 있어 때로는 적은 양으로도 치사량에 이른다. 몇몇 필수 미량 원소들도 몸 안에 그 농도가 너무 높을 때에는 독성이 생기게 된다. 셀레늄이 적절한 예인데, 건강을 유지하기 위해서는 하루에 0.00005 g이 필요하지만 하루에 0.001 g을 섭취하면 사망하게 된다. 셀레늄을 복용할 때에는 이 점을 명심해야 한다.

그림 2.10 ▸ **세 가지 원소.** 은(11족)은 금속이다. 황(16족)은 비금속이다; 안티모니(15족)는 준금속이다.

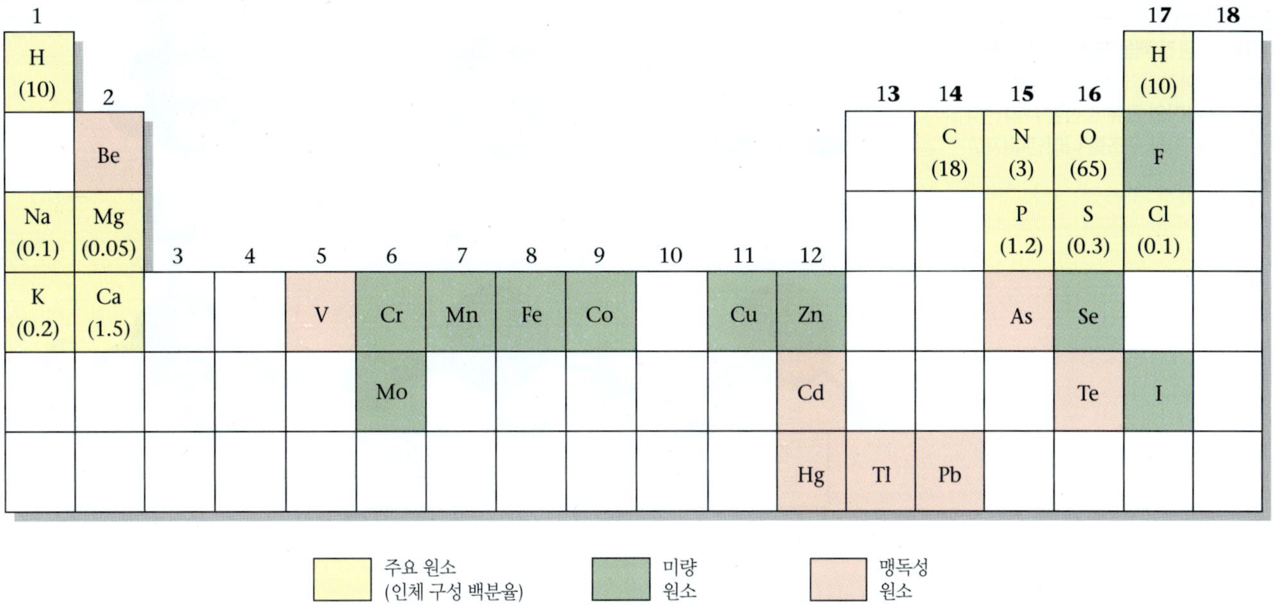

그림 2.11 ▸ **생물학적으로 중요한 원소와 맹독성 원소들.** 인체의 주요 구성 원소들에 대해 그 존재 백분율을 원소 기호 밑에 표시하였다.

2-5 분자와 이온

자연계에서 원자가 고립되어 존재하고 있는 경우는 거의 없다. 단지 불활성 기체(He, Ne, Ar, . . .)만이 개별 원자로 존재하는 반응성이 없는 원소이다. 원자들은 여러 가지 방법으로 서로 결합하여 좀 더 복잡한 구조의 단위 물질을 만들려는 경향이 있다. 여러 개의 원소들과 화합물들을 구성하는 두 개의 단위 물질을 분자와 이온이라 한다.

분자

두 개 또는 그 이상의 원자들은 서로 결합하여 전하를 띠지 않는 **분자**(molecule)를 만들 수 있다. 이에 해당되는 원자들은 일반적으로 비금속 원소의 원자들이다. 분자 내에서 원자들은 전자쌍을 공유한 *공유 결합*(covalent bond)◂ⓘ이라는 강한 힘으로 서로 붙잡고 있다(제7장). 그러나 이웃 분자들 간의 힘은 매우 약하다.

ⓘ 초강력 접착제(Super Glue™)도 공유 결합에 비해서는 약하다.

분자성 물질(molecular substance)은 흔히 **분자식**(molecular formula)으로 나타내는데, 분자식에서 각 원소의 원자수를 원소 기호 다음에 아래 첨자로 표기한다. 따라서 물(H_2O), 암모니아(NH_3), 메테인(CH_4)의 분자식은 다음과 같이 설명할 수 있다.

- 물 분자에는 두 개의 수소 원자와 한 개의 산소 원자가 있다.
- 암모니아 분자에는 한 개의 질소 원자와 세 개의 수소 원자가 있다.
- 메테인 분자에는 한 개의 탄소 원자와 네 개의 수소 원자가 있다.

분자의 구조는 때때로 분자 내의 결합 모양을 보여 주는 **구조식**(structural formula)◂ⓘ으로 나타낼 수 있다. 물, 암모니아, 메테인의 구조식은 다음과 같다.

ⓘ 구조식은 화학적 성질을 예상하는 데 도움을 준다.

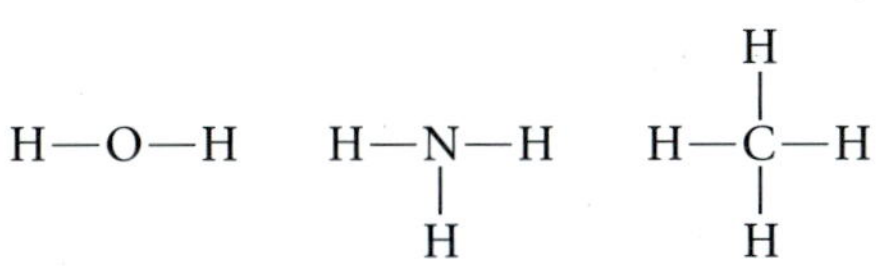

선(—)은 공유 결합을 나타낸다. 이들 분자의 기하 구조를 그림 2.12에 나타내었다.

때로는 분자성 물질을 구조식과 분자식의 중간 형태로 나타내도 한다. **축약 구조식**(condensed structural formula)은 분자의 결합 형태를 보여 주며, 분자 내 원자의 반응기의 존재에 초점을 맞추었다. 예를 들어, 메틸 알코올과 메틸아민으로 잘 알려진 유기 화합물

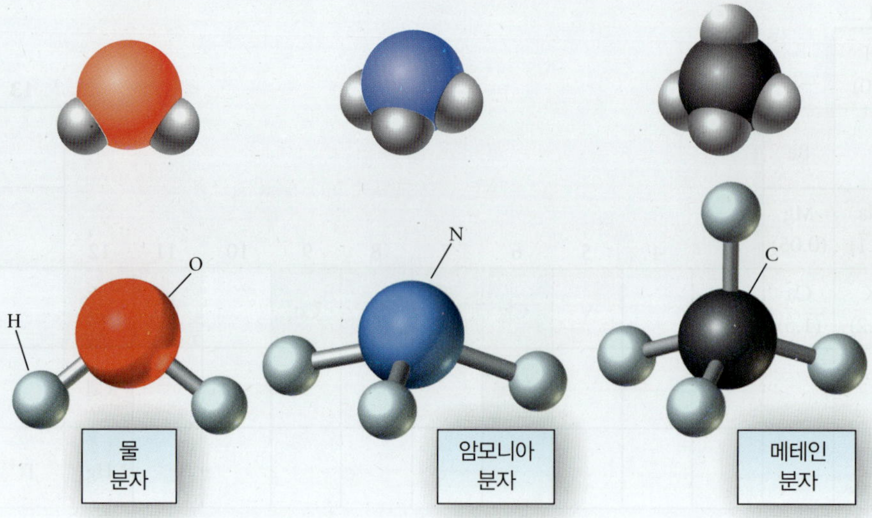

그림 2.12 ▸ **물(H_2O)과 암모니아(NH_3), 메테인(CH_4)의 공간 채움 모형(*위*) 및 공-막대 모형(*아래*)**. 여기서 "막대"는 H 원자와 O, N 또는 C 원자 사이의 공유 결합을 나타낸다. 이 모형은 분자의 기하 구조를 나타낸다(제7장에서 논의함).

을 살펴보자. 이들의 구조식은 아래와 같다.

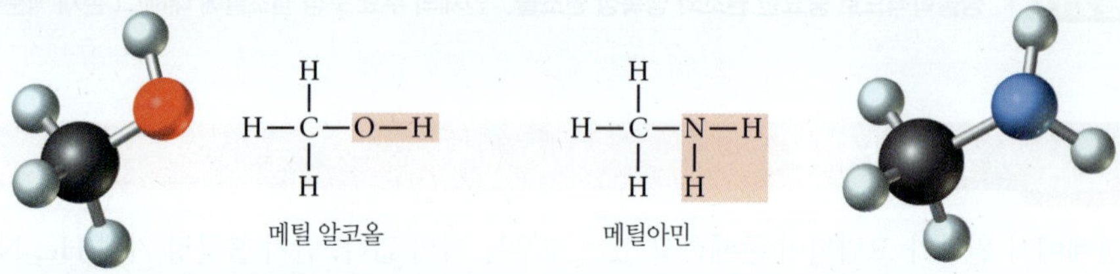

이 화합물들의 축약 구조식은 다음과 같다.

$$CH_3OH \qquad CH_3NH_2$$

이들 구조식은 작은 공간을 차지하며, 분자에 있는 다음의 존재를 강조한다.

- OH 기는 에틸 알코올, CH_3CH_2OH와 같은 *알코올*(alcohol)에서 발견할 수 있다. 에틸 알코올은 맥주나 포도주와 같은 주류에 들어 있다.
- NH_2 기는 에틸아민, $CH_3CH_2NH_2$와 같은 *아민*(amine)류에서 발견할 수 있다.

예제 2.4

에틸 알코올(CH_3CH_2OH)과 에틸아민($CH_3CH_2NH_2$)의 분자식을 써라.

분석

주어진 정보:	구조식
알고자 하는 것:	분자식

전략

각 원소의 원자를 더하고 그 합을 원소에 대한 아래 첨자로 사용한다.

풀이

에틸 알코올	C: 1 + 1 = 2; H: 3 + 2 + 1 = 6; O: 1
	분자식 : C_2H_6O
에틸아민	C: 1 + 1 = 2; H: 3 + 2 + 2 = 7; N: 1
	분자식: C_2H_7N

마무리 정리

분자식이 분자의 조성을 나타낸다고 할지라도 원자들이 어떻게 연결되어 있는지는 알려주지 못한다. 그러한 점에서 분자식은 구조식보다는 유용하지 못하다.

화합물뿐만 아니라 원소들도 자연에서 분자로 존재할 수 있다. 수소 기체는 기본 구성 물질인 두 개의 수소 원자가 공유 결합을 통하여 결합된 분자이다.

$$\mathrm{H{-}H}$$

다른 분자성 원소(molecular element)들은 그림 2.13에 나타내었다.

15족	16족	17족
		$H_2\,(g)$
$N_2\,(g)$	$O_2\,(g)$	$F_2\,(g)$
$P_4\,(s)$	$S_8\,(s)$	$Cl_2\,(g)$
		$Br_2\,(l)$
		$I_2\,(s)$

그림 2.13 ▸ **분자성 원소와 실온에서 그들의 물리적 상태: 기체(g), 액체(l) 또는 고체(s).**

이온

원자가 전자를 얻거나 잃어버리면 **이온**(ion)이라 하는 전하를 띤 입자가 만들어진다. 전형적으로 금속 원자들은 전자를 잃고 **양이온**(cation, cát-ahy-uhn이라고 발음)이라고 하는 양전하를 띤 이온을 형성한다. 예를 들면 Na^+와 Ca^{2+} 이온들은 소듐 금속과 칼슘 금속 원자로부터 만들어진다.

$$\underset{(11\,p^+,\,11\,e^-)}{\text{Na 원자}} \longrightarrow \underset{(11\,p^+,\,10\,e^-)}{\text{Na}^+\text{ 이온}} + e^-$$

$$\underset{(20\,p^+,\,20\,e^-)}{\text{Ca 원자}} \longrightarrow \underset{(20\,p^+,\,18\,e^-)}{\text{Ca}^{2+}\text{ 이온}} + 2\,e^-$$

[화살표는 *반응물*(reactant)인 Na 원자와 Ca 원자와 *생성물*(product)인 양이온과 전자를 구분한다.]

비금속 원자들은 전자들을 받아들여 **음이온**(anion)을 생성한다. 예를 들어 비금속 원자인 염소와 산소가 전자들을 받아들일 때 어떻게 되는가를 살펴보자.

$$\underset{(17\,p^+,\,17\,e^-)}{\text{Cl 원자}} + e^- \longrightarrow \underset{(17\,p^+,\,18\,e^-)}{\text{Cl}^-\text{ 이온}}$$

$$\underset{(8\,p^+,\,8\,e^-)}{\text{O 원자}} + 2\,e^- \longrightarrow \underset{(8\,p^+,\,10\,e^-)}{\text{O}^{2-}\text{ 이온}}$$

*이온이 형성될 때 핵에 있는 양성자의 수에는 변함이 없다*는 사실에 유의하자. 증가하거나 감소하는 것은 전자의 수이다. ◂ *i*

i C, P, 준금속은 일원자 이온을 만들지 않는다.

예제 2.5

a 스칸듐은 알루미늄 배트나 자전거 프레임과 같은 스포츠 용구에 사용하는 합금을 만들기 위해 알루미늄에 첨가하는 전이 금속이다. 스칸듐 이온, ${}^{45}_{21}Sc^{3+}$에 존재하는 양성자의 수, 중성자의 수, 전자의 수는 얼마인가?

분 석

주어진 정보:	핵 기호와 전하
정보가 알려주는 내용:	A, Z
알고자 하는 것:	p^+, n, e^-

전 략(모든 부분에 적용)

1. 핵 기호에서 Z와 A의 위치를 기억하라.
2. $Z = p^+$; $A = p^+ + n$; $e^- = p^+ -$ 전하

풀 이

p^+, e^-	${}^{45}_{21}Sc^{3+}$: $Z = p^+ = 21$; $e^- = p^+ -$ (전하) $= 21 - (+3) = 18$;
n	$A = n + p^+$; $45 = n + 21$; $n = 24$

b 황은 휘동광이라고 부르는 광석에 존재한다. 이 광석내의 이온은 16개의 중성자와 18개의 전자를 가지고 있다. 이 이온에 대한 핵 기호를 써라.

분 석

주어진 정보:	e^-, n

(계속)

정보가 알려주는 내용:	Z
알고자 하는 것:	S에 대한 핵 기호

풀 이

Z	주기율표에서, 황의 원자 번호는 16이다. 따라서 $Z = 16 = p^+$.
A와 전하	$A = p^+ + n = 16 + 16 = 32$; 전하 $= p^+ - e^- = 16 - 18 = -2$
핵 기호	${}^{32}_{16}S^{2-}$

c 어떤 희토류 금속은 슈퍼컴퓨터에서 암 치료에까지 다양하게 이용되고 있다. 그 원소의 이온은 +2의 전하를 가지며, 37개의 전자와 51개의 중성자를 가지고 있다. 이 이온의 핵 기호를 써라.

분 석

주어진 정보:	e^-, n, 전하
알고자 하는 것:	핵 기호

풀 이

Z, 원소의 확인	$Z = p^+ = e^- +$ 전하 $= 37 + 2 = 39$; 원소는 Y(이트륨)이다.
A	$A = p^+ + n = 39 + 51 = 90$
	핵 기호: ${}^{A}_{Z}X = {}^{90}_{39}Y^{2+}$

마무리 정리

항상 양이온은 전자보다 더 많은 양성자를 포함한다. 음이온은 그 반대다.

그림 2.14는 이 예제에서 설명한 화학종을 나타낸다.

지금까지 다루었던 이온들(예, Na^+, Cl^-)은 *일원자 이온*(monatomic ion)으로, 원자 하나가 전자를 얻거나 잃어버려 만들어진다.ⓘ 화학에서 매우 중요한 이온들 가운데는 두 개 이상의 원자들로 구성된 *다원자 이온*(polyatomic ion)이 많다. 한 가지 예로 수산화 이온(OH^-)과 암모늄 이온(NH_4^+)이 있다. 다음의 예에서와 같이 다원자 이온의 원자들은 공유 결합으로 서로 붙잡고 있다.

ⓘ 전하를 표시할 때는 +2를 쓰지만 이온의 화학식에서 위 첨자로 나타낼 때에는 2+로 쓴다.

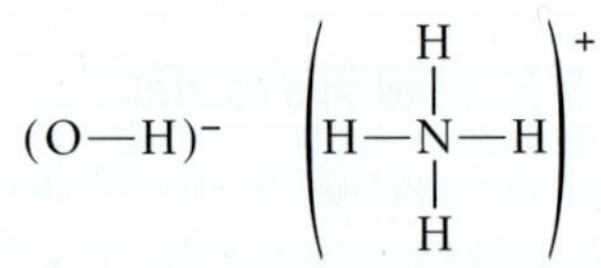

실제로 다원자 이온을 "전하를 띤 분자"로 생각해도 좋다.

그림 2.14 ▸ 그림에 나타낸 원소의 이온들은 (a) Sc^{3+}, (b) S^{2-}, (c) Y^{2+}이다.

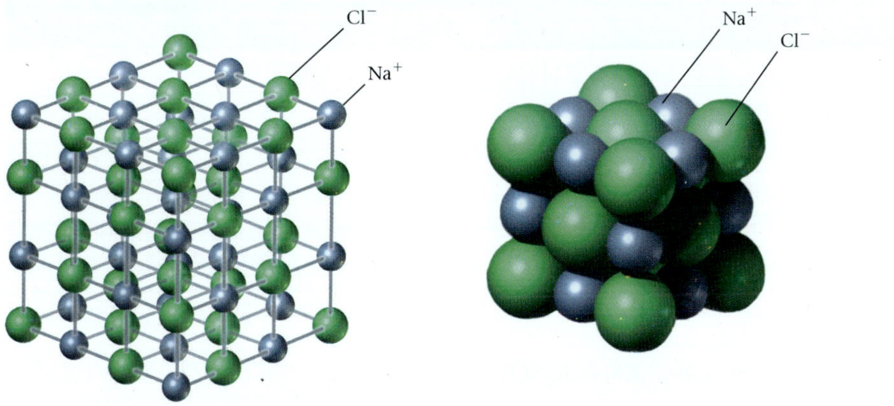

그림 2.15 ▸ **염화 소듐의 구조.** 염화 소듐의 구조를 두 가지 방법으로 나타내고 있다. 이들 두 가지 방법에서 조그만 구는 Na^+ 이온을, 큰 구는 Cl^- 이온을 나타낸다. 어떤 염화 소듐 시료에서나 Na^+ 이온과 Cl^- 이온의 수는 같다. 그러나 NaCl 분자는 존재하지 않는다는 점을 주목하라.

물질들의 시료 덩어리는 전기적으로 중성이어야 하므로 **이온성 화합물**(ionic compound)은 항상 양이온(양으로 하전된 입자)과 음이온(음으로 하전된 입자) 두 가지 모두를 포함하고 있다. 보통의 식염(염화 소듐)은 같은 수의 Na^+ 이온과 Cl^- 이온으로 이루어져 있다. 염화 소듐의 구조를 그림 2.15에 나타내었다. 이 구조에서 주목해야 할 것은 다음과 같다.

- NaCl 구조는 두 가지 단위, 즉 Na^+ 이온과 Cl^- 이온으로 구성된다.
- 별도의 분자는 존재하지 않으며 Na^+ 이온과 Cl^- 이온이 연속적인 그물(network) 구조 안에서 서로 결합하고 있다.

이온성 화합물은 서로 반대로 하전된 이온(예, Na^+, Cl^-) 사이의 강한 전기적 힘에 의하여 결합되어 있다. 이러한 힘을 **이온 결합**(ionic bond)이라 한다.

일반적으로, 이온성 화합물은 실온에서 고체이고, 비교적 높은 녹는점(mp NaCl = 801°C, $CaCl_2$ = 772°C)을 갖는다. 이온성 화합물을 녹이기 위해서는 반대로 하전된 이온들을 분리, 즉 이온 결합을 끊어야만 한다.

NaCl과 같은 이온성 고체를 물에 녹이면 이 용액에는 Na^+ 이온과 Cl^- 이온이 생기게 된다. 이온은 전하를 띤 입자이므로 이 용액은 전기를 전도한다(그림 2.16). 이 때문에 NaCl을 *센전해질*(strong electrolyte)이라고 한다. 이와는 반대로, 분자성 고체인 설탕의 수용액은 전기를 통하지 않는다. 설탕이나 다른 분자 형태의 용질을 *비전해질*(nonelectrolyte)이라고 한다. ⓘ

ⓘ 약전해질(weak electrolyte)은 대부분이 분자 상태로 녹고, 매우 적은 양만 이온으로 녹는 물질이다.

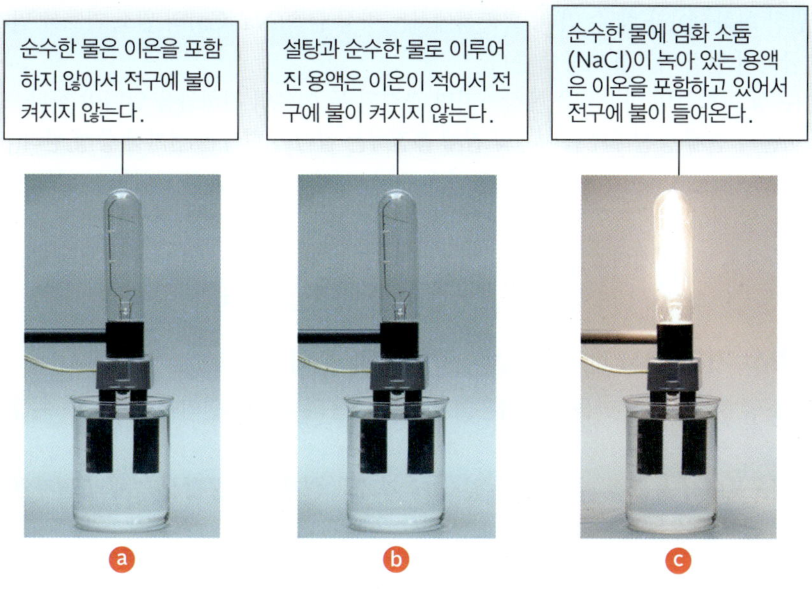

그림 2.16 ▸ **전기 전도도 시험.** 전류가 흐르고 전구에 불이 들어오려면 전극이 담겨 있는 용액에 전하를 운반하는 이온이 있어야 한다.

예제 2.6 개념 문제

같은 수의 K^+ 이온과 NO_3^- 이온을 포함하고 있는 KNO_3 수용액의 구조를 다음과 같이 나타낼 수 있다.

(H_2O 분자는 나타내지 않음.) 비슷한 방법으로 비커를 그려서 황산 포타슘(K_2SO_4) 수용액의 구조를 그려라. 황 원자를 나타낼 때는 ●를 사용하라.

전략

이온성 화합물의 화학식을 예상하기만 하면 풀기는 쉬워진다. 그러나 양이온과 음이온의 상대적인 수를 나타내어야 한다는 것을 기억해야 한다.

풀이

2-6 이온성 화합물의 화학식

소듐(Na)이나 칼슘(Ca)과 같은 금속이 염소(Cl_2)와 같은 비금속과 반응하면 일반적으로 이온성 화합물이 생성물로 얻어진다. 이온성 화합물의 화학식(예를 들면 NaCl과 $CaCl_2$)은 양이온과 음이온(한 개의 Cl^- 이온에 대하여 한 개의 Na^+, 두 개의 Cl^- 이온에 대하여 한 개의 Ca^{2+})의 가장 간단한 비를 나타낸다. 이런 의미에서 이온성 화합물의 화학식은 가장 간단한 화학식이라 할 수 있다. 화학식에서는 항상 금속(Na, Ca)의 원소 기호를 먼저 쓰고, 비금속의 원소 기호를 나중에 쓴다.

이온성 화합물의 화학식을 예상하려면 관련된 두 이온의 전하들을 알아야 한다. 그 다음, *양이온의 전체 양전하와 음이온의 전체 음전하는 같아야 한다*는 **전기적 중성 원리**(principle of electrical neutrality)를 적용하면 된다. 예를 들어 이온성 화합물인 염화 칼슘을 살펴보자. 존재하는 이온은 Ca^{2+}와 Cl^-이다. 화합물이 전기적으로 중성이 되기 위해서는 각 Ca^{2+} 이온 당 두 개의 Cl^- 이온이 있어야 한다. 따라서 염화 칼슘의 화학식은 $CaCl_2$이고, 이것은 Cl^-과 Ca^{2+} 이온들의 가장 간단한 비가 2:1임을 의미한다.

▶ 불활성 기체 전자 배치를 갖는 양이온과 음이온

주족 원소의 원자로부터 만들어진 이온의 전하는 다음의 간단한 원리를 적용하여 예상할 수 있다.

> *주기율표에서 불활성 기체*(18족 원소)*에 가까운 원자들은 불활성 기체의 원자와 같은 수의 전자를 갖는 이온을 형성한다.*

불활성 기체 원자들은 반응성이 거의 없기 때문에, 대단히 안정한 전자 배치를 가지고 있는 것이 틀림없다는 점에서 이 원리는 합리적이다. 다른 원자들은 전자를 잃거나 얻음으로써 불활성 기체의 전자 배치를 갖는다는 것을 예상할 수 있다.

이 원리를 적용하면 주족 원자들이 형성하는 이온의 전하를 예상할 수 있다.

족	원자에서 전자수	형성된 이온의 전하	예
1	불활성 기체 원자보다 1개 많음	+1	Na^+, K^+
2	불활성 기체 원자보다 2개 많음	+2	Mg^{2+}, Ca^{2+}
16	불활성 기체 원자보다 2개 적음	−2	O^{2-}, S^{2-}
17	불활성 기체 원자보다 1개 적음	−1	F^-, Cl^-

불활성 기체 전자 배치를 갖는 다른 두 가지 이온들은 다음과 같다.

Al^{3+} (Al은 앞의 불활성 기체인 Ne보다 3개 많은 e^-를 갖고 있다)

N^{3-} (N은 뒤의 불활성 기체인 Ne보다 3개 적은 e^-를 갖고 있다)

전이 금속과 후전이 금속의 양이온

주기율표에서 불활성 기체로부터 멀리 떨어져 있는 금속들도 양이온을 만든다. 3족에서부터 12족 사이에 있는 전이 금속과 13족에서 15족 사이에 있는 후전이 금속이 여기에 속한다. 이 금속들로부터 만들어지는 양이온들은 일반적으로 +1, +2, 또는 +3의 전하를 갖는데, 대개 불활성 기체 전자 배치를 갖지는 않는다. 이 금속들이 만드는 양이온의 특정 전하에 관한 일반적인 논의는 제4장에서 더 하기로 한다.

많은 전이 금속과 후전이 금속들은 한 개 이상의 양이온을 형성한다. 예를 들어 8족에 있는 철을 살펴보자. 이 금속은 비금속과 결합하여 두 종류의 다른 화합물 계열을 만든다. 그 한 가지 종류는 다음과 같이 철이 +2 양이온으로 존재한다.

$$Fe^{2+}: \quad FeCl_2, FeBr_2, \ldots$$

또 다른 종류는 아래와 같이 철이 +3 양이온으로 존재한다.

$$Fe^{3+}: \quad FeCl_3, FeBr_3, \ldots$$

다원자 이온

표 2.2에 알아야 할 몇 가지 다원자 이온들의 이름과 전하를 함께 나타내었다. 그림 2.17은 다원자 이온을 갖는 몇 가지 화합물을 나타내고 있다. 다음을 주목하라.

표 2.2 ▸ 몇 가지 흔히 볼 수 있는 다원자 이온들

+1	−1	−2	−3
NH_4^+ (암모늄)	OH^- (수산화)	CO_3^{2-} (탄산)	PO_4^{3-} (인산)
Hg_2^{2+} [수은(I)]	NO_3^- (질산)	SO_4^{2-} (황산)	
	ClO_3^- (염소산)	CrO_4^{2-} (크로뮴산)	
	ClO_4^- (과염소산)	$Cr_2O_7^{2-}$ (다이크로뮴산)	
	CN^- (사이안화)	HPO_4^{2-} (인산수소)	
	$C_2H_3O_2^-$ (아세트산)		
	MnO_4^- (과망가니즈산)		
	HCO_3^- (탄산수소)		
	$H_2PO_4^-$ (인산이수소)		

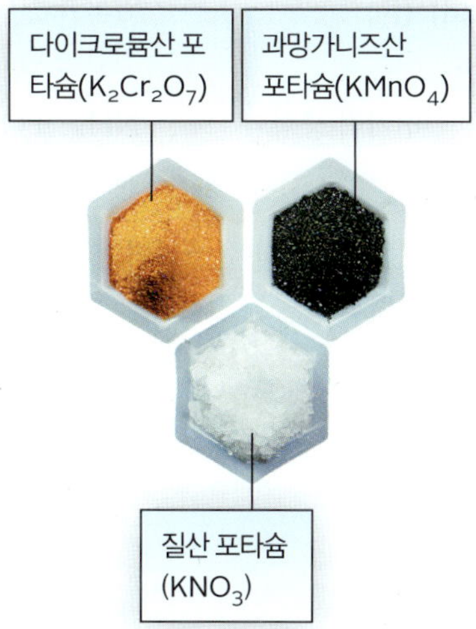

그림 2.17 ▸ **다원자 이온을 포함하고 있는 이온성 화합물들.** 다이크로뮴산 포타슘($K_2Cr_2O_7$), 과망가니즈산 포타슘($KMnO_4$), 질산 포타슘(KNO_3).

- 보통 다원자 양이온은 NH_4^+와 Hg_2^{2+} 등 두 가지만 존재한다. ***이 책에서 다루는 다른 모든 양이온들은 각각의 금속 원자로부터 만들어진다***(예를 들어 Na로부터 Na^+, Ca로부터 Ca^{2+}, . . .)
- 대부분의 다원자 음이온들은 하나 또는 그 이상의 산소 원자들을 포함하는데, 이들을 **산소산 음이온**(oxoanion)이라 한다.

예제 2.7

다음 이온성 화합물의 화학식을 예상하라.

(a) 바륨과 아이오딘으로부터 만들어진 화합물

(b) 4주기, 11족의 +1 전하를 갖는 전이 금속과 산화 이온을 포함하는 화합물

(c) 5주기의 알칼리 토금속과 질소를 포함하는 화합물

(d) 암모늄 이온과 인산 이온을 포함하는 화합물

전략

1. 금속의 전하를 상기하라: 1족 (+1); 2족 (+2); Al (+3)
2. 비금속의 전하를 상기하라: **16**족 (−2); **17**족 (−1); N: −3
3. 화학식은 전기적으로 중성이 되어야 한다.
4. 다원자 이온에 대해서는 표 2.2를 이용한다.

풀이

(a) 전하	바륨은 2족에 있기 때문에 전하는 +2이다. I는 **17**족에 있어서 전하는 −1이다.
전기적 중성	$Ba^{2+}I^{1-}$; $2I^-$가 필요하다. 화학식은 BaI_2 이다.
(b) 전하	Cu는 4주기 11족에 있으며, +1의 전하를 가진다. O는 **16**족에 있고 산소의 전하는 −2이다.
전기적 중성	$Cu^{1+}O^{2-}$; 2 Cu^{1+}가 필요하다. 화학식은 Cu_2O 이다.
(c) 전하	5주기의 알칼리 토금속(2족)은 Sr이다; 따라서 전하는 +2이다. 이온성 화합물에서 N의 전하는 항상 −3이다.
전기적 중성	$Sr^{2+}N^{3-}$; 3 Sr^{2+}와 2 N^{3-}가 필요하다. 화학식은 Sr_3N_2 이다.
(d) 전하	암모늄은 다원자 이온이다: NH_4^+ (표 2.2) 인산은 다원자 이온이다: PO_4^{3-} (표 2.2).
전기적 중성	NH_4^+ PO_4^{3-}; 3 NH_4^+가 필요하다. 화학식은 $(NH_4)_3PO_4$ 이다.

마무리 정리

화합물의 화학식을 쓰려면 원소 기호를 알아야 한다. 그리고 표 2.2에 수록해 놓은 다원자 이온의 전하와 원소 기호를 알아야 한다. 빨리 그들을 익혀라!

2-7 화합물의 명명법

화합물은 그 화학식(예, NaCl)이나 그 이름(예, 염화 소듐)을 통해서 확인할 수 있다. 이 절에서는 이온성 화합물과 간단한 분자성 화합물의 명명법에 관해서 공부하고자 한다. 우선 이온성 화합물에 있는 각각의 이온들의 명명법을 알 필요가 있다.

화합물을 명명하기 위해서는 그 화합물이 분자성인지 이온성인지를 알아야 한다. 그 규칙이 각각 다르다.

이온

단원자 양이온은 그것이 형성된 원래의 금속 이름을 따른다. 예를 들면

Na^+ 소듐(sodium)　　K^+ 포타슘(potassium)

한 가지 복잡한 것이 있다. 앞에서 언급한 바와 같이, 전이 금속과 후전이 금속에 속하는 어떤 금속은 두 가지 이상의 양이온을 형성한다. 예를 들어 철의 경우에는 Fe^{2+}와 Fe^{3+} 이온이 존재한다. 이 양이온들을 구별하기 위해서 전하를 반드시 표시하여야 한다. 금속의 이름 뒤에 다음과 같이 괄호를 만들어 로마 숫자로 전하를 표시한다.

Fe^{2+} 철(II) [iron(II)]　　Fe^{3+} 철(III) [iron(III)]

(옛날 체계는 영어 이름의 경우, 높은 전하의 이온에 접미사 *-ic*, 낮은 전하의 이온에는 접미사 *-ous*를 사용하였다. 이 접미사는 금속의 라틴어 이름 어간에 덧붙여졌는데, Fe^{3+} 이온의 경우 ferric으로, Fe^{2+} 이온은 ferrous로 불렀다.)

단원자 음이온들은 그것이 만들어진 비금속의 이름 어간에 접미사 *화(-ide)*를 붙여서 명명한다.

				H^-	수소화(hydride)
N^{3-}	질소화(nitride)	O^{2-}	산화(oxide)	F^-	플루오린화(fluoride)
		S^{2-}	황화(sulfide)	Cl^-	염화(chloride)
		Se^{2-}	셀레늄화(selenide)	Br^-	브로민화(bromide)
		Te^{2-}	텔루륨화(telluride)	I^-	아이오딘화(iodide)

표 2.2에서 보는 바와 같이 다원자 이온은 특별한 이름을 붙인다. 주기율표의 **15**족에서 **17**족에 있는 어떤 비금속들은 하나 이상의 산소를 포함하는 다원자 이온(산소산 음이온)을 형성한다. 표 2.3에 그러한 산소산 음이온들의 몇몇 이름을 열거하였다. 표에 있는 이름들로부터 아래의 규칙을 예상할 수 있을 것이다.

1. 비금속이 두 개의 산소산 음이온을 만들 때에는, 산소 수가 많은 음이온에 접미사 *-ate*(-산 이온)을 붙이고, 산소 수가 적은 음이온에 접미사 *-ite*(아-산 이온)을 붙인다.
2. 비금속이 세 개 이상의 산소산 음이온을 형성할 때에는, 가장 많은 수의 산소 원자를 포함하는 이온에 접두사 *per-*(과-산 이온-)를, 가장 적은 수의 산소 원자를 포함하는 이온에 *hypo-*(하이포-산 이온)를 사용한다.

표 2.3 ▸ 질소, 황 및 염소의 산소산 음이온 ⓘ

질소	황	염소 ⓘ
		ClO_4^- *과염소산*(*per*chlor*ate*)
NO_3^- 질산(nitr*ate*)	SO_4^{2-} 황산(sulf*ate*)	ClO_3^- 염소산(chlor*ate*)
NO_2^- *아*질산(nitr*ite*)	SO_3^{2-} *아*황산(sulf*ite*)	ClO_2^- *아*염소산(chlor*ite*)
		ClO^- *하이포*염소산(*hypo*chlor*ite*)

ⓘ Cl, Br, I는 두 가지 이상의 산소산 음이온을 형성한다.

ⓘ 브로민과 아이오딘의 산소산 음이온은 염소의 산소산 음이온과 같은 방법으로 명명한다.

이온성 화합물

이온성 화합물의 이름은 두 단어로 구성되어 있다. 첫 번째 단어는 음이온(anion)을 말하며, 두 번째 단어는 양이온(cation)을 지칭한다(영어 이름에서는 순서가 반대). 물론 이것은 이온이 화학식에 나타난 순서와 반대이다.

전이 금속과 후전이 금속 화합물의 명명법에서는 일반적으로 금속 양이온의 전하를 로마 숫자로 나타낸다.

$Cr(NO_3)_3$ 질산 크로뮴(III) [chromium(III) nitrate]

$SnCl_2$ 염화 주석(II) [tin(II) chloride]

반면에 1족이나 2족 금속의 화합물에서는 로마 숫자를 사용하면 안 된다. 왜냐하면 이들은 각각 +1과 +2의 전하만을 갖는 양이온을 형성하기 때문이다.

예제 2.8

다음 이온성 화합물을 명명하라.

(a) CaS (b) $Al(NO_3)_3$ (c) $FeCl_2$

전략

원소 기호, 다원자 이온(표 2.2)의 기호 및 비금속에 대한 접미사를 상기하라.

풀이

(a) CaS Ca = 칼슘; S = 황(sulfur) → 황화(sulfide); 황화 칼슘

(b) $Al(NO_3)_3$ Al^{3+} = 알루미늄; NO_3^- = 질산(nitrate); 질산 알루미늄

(c) $FeCl_2$ Fe^{2+} = 철은 전이 금속이므로 금속 이름 다음에 (II)를 써야 한다. Cl^- = 염소(chlorine) → 염화(chloride); 염화 철(II)

이성분 분자성 화합물

두 개의 비금속이 결합을 할 때, 그 생성물은 거의 이성분 분자성 화합물이다. 이런 화합물의 화학식을 유추하기란 그리 간단하지 않다. 분자성 화합물을 명명하는 체계적인 명명법이 있는데, 이는 이온성 화합물에서 사용한 방법과는 매우 다르다.

두 가지 서로 다른 비금속을 포함하는 이성분 분자성 화합물의 체계적인 이름은 두 개의 단어로 구성된다.

1. 첫 번째 단어는 화학식에서 뒤에 놓인 원소의 이름 어간에 접미사-*화*(*ide*)를 붙여서 이 원소의 이름을 먼저 부른다(영어 명명법에서는 반대이다). 각 원소의 원자수를 표시할 때에는 일, 이, 삼, 사, 오, 육, 칠, 팔 등을 원소 이름 앞에 붙여 원자수를 표시한다(영어 명명법에서는 그리스어 접두사를 사용하여 원자수를 표시한다. 표 2.4 참조).
2. 두 번째 단어는 화학식에서 처음 나오는 원소의 이름을 써 주고 원소의 원자수를 일, 이, 삼 등으로 이름 앞에 붙여 원자수를 표시한다(영어 명명법에서는 그리스어 접두사를 사용하여 원자수를 표시한다).

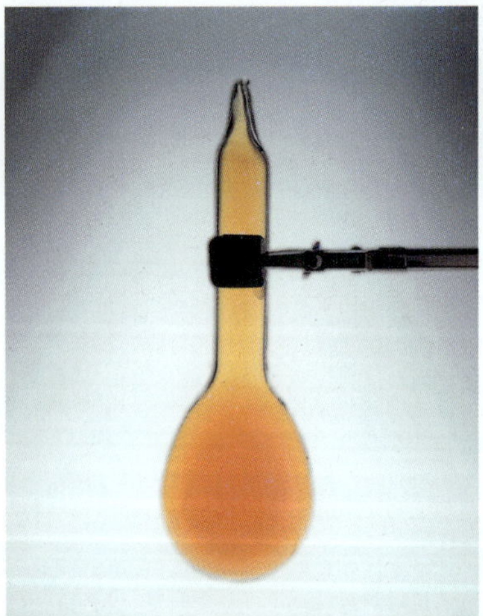

이성분 분자성 화합물인 이산화 질소(NO_2). 25°C, 1 atm에서 적갈색의 기체이다.

이와 같은 규칙에 따른 여러 가지 질소 산화물의 이름은 다음과 같다.

N_2O_5 *오산화 이*질소 (di*nitrogen* *penta*oxide) N_2O_3 *삼산화 이*질소 (di*nitrogen* *tri*oxide)

N_2O_4 *사산화 이*질소 (di*nitrogen* *tetra*oxide) NO *일산화* 질소 (nitrogen *mono*xide)

표 2.4 ▸ 명명법에서 사용되는 그리스 접두사

수*	접두사	수	접두사	수	접두사
2	다이(di)	5	펜타(penta)	8	옥타(octa)
3	트라이(tri)	6	헥사(hexa)	9	노나(nona)
4	테트라(tetra)	7	헵타(hepta)	10	데카(deca)

*접두사 모노(mono, 1)는 거의 사용하지 않는다.

NO_2	*이산화* 질소 (nitrogen *di*ox*ide*)	N_2O	산화 *이*질소 (*di*nitrogen ox*ide*)

영어 이름으로 표시할 경우에는 접두사인 tetr*a*, pent*a*, hex*a*, . . . 다음에 "o"가 올 때에는 흔히 접두사의 끝 글자인 *a*를 생략하기도 한다. 예를 들어 N_2O_5의 경우, 영어 이름은 dinitrogen pentaoxide에서 pent*a*oxide의 "*a*"를 생략하고 pentoxide라고 쓴다.

잘 알려진 비금속의 이성분 화합물 중 상당수는 관용명(common name)을 가지고 있다. 이 이름이 광범위하게 사용되며, 때로는 이 이름만 사용된다. 그 예들은 다음과 같다.

H_2O	물(water)	PH_3	포스핀(phosphine)
H_2O_2	과산화 수소(hydrogen peroxide)	AsH_3	아르신(arsine)
NH_3	암모니아(ammonia)	NO	일산화 질소(nitric oxide)
N_2H_4	하이드라진(hydrazine)	N_2O	아산화 질소(nitrous oxide)
C_2H_2	아세틸렌(acetylene)	CH_4	메테인(methane)

예제 2.9

다음 분자들을 명명하라.

(a) SF_4 (b) PCl_3 (c) N_2O_3 (d) Cl_2O_7

전략

첫 번째 원소: 아래 첨자 → 접두사(표 2.4) + 원소 이름

두 번째 원소: 아래 첨자 → 접두사 + 원소 이름 끝에 "*-화*"(-ide)

풀이

(a) SF_4

S: 아래 첨자 = 1; 접두사 없음 = 황(sulfur)

F: 아래 첨자 = 4 = 사(tetra); F = 플루오린 → 플루오린화(fluoride); 사플루오린화 황(sulfur tetrafluoride)

(b) PCl_3

P: 아래 첨자 = 1; 접두사 없음 = 인(phosphorus)

Cl: 아래 첨자 = 3 = 삼(tri); Cl = 염소 → 염화(chloride); 삼염화 인(phosphorus trichloride)

(c) N_2O_3

N: 아래 첨자 = 2 = 이(di); 이질소(dinitrogen)

O: 아래 첨자 = 3 = 삼(tri); O = 산소 → 산화(oxide); 삼산화 이질소(dinitrogen trioxide)

(d) Cl_2O_7

Cl: 아래 첨자 = 2 = 이(di); 이염소(dichlorine)

O: 아래 첨자 = 7 = 칠(hepta); O = 산소 → 산화(oxide); 칠산화 이염소(dichlorine heptaoxide)

산(acid)

수소 원자를 포함하는 몇몇 이성분 분자성 화합물들은 물에서 이온화하여 H^+ 이온을 생성한다. 이것을 *산*(acid)이라 한다. 이러한 화합물 중 하나가 염화 수소(HCl)이며, 이것은 수용액에서 $H^+(aq)$와 $Cl^-(aq)$ 이온으로 존재한다. 염화 수소의 수용액은 특별한 이름이 주어지는데, *염화 수소산*((염산, hydrochloric acid)이라 한다. HBr과 HI도 비슷하게 적용된다.

순수한 물질		수용액	
$HCl(g)$	염화 수소	$H^+(aq), Cl^-(aq)$	염화 수소산(염산)
$HBr(g)$	브로민화 수소	$H^+(aq), Br^-(aq)$	브로민화 수소산
$HI(g)$	아이오딘화 수소	$H^+(aq), I^-(aq)$	아이오딘화 수소산

대부분의 산들은 수소 원자뿐 아니라 산소를 포함하는데, 이러한 화학종을 **산소산**(oxoacid)이라 한다. 일반 화학 실험실에서 자주 사용되는 두 가지 산소산으로 질산(nitric acid, HNO_3)과 황산(sulfuric acid, H_2SO_4)이 있다.

HNO_3 질산(nitric acid) H_2SO_4 황산(sulfuric acid)

산소산의 이름은 해당 산소산 음이온의 이름과 쉽게 관련지을 수 있다. 음이온의 *-ate* 어미를 산에서는 *-ic*로 바꾸고, 이와 비슷하게 어미 *-ite*는 어미 *-ous*로 바꾼다. 음이온의 이름에 있는 접두사 *per-*와 *hypo-*는 산의 이름에서는 그대로 둔다(우리말 명명법으로는 기본 산소산보다 산소수가 많은 산소산의 음이온 어근에 과-를, 산소수가 적은 산소산에 아-를, 가장 적은 산소를 갖는 산에 하이포-를 붙여서 만든다).

ClO_4^-	*과*염소산 이온 (*per*chlor*ate* ion)	$HClO_4$	*과*염소산 (*per*chlor*ic* acid)
ClO_3^-	염소*산* 이온 (chlor*ate* ion)	$HClO_3$	염소*산*(chlor*ic* acid)
ClO_2^-	*아*염소산 이온 (chlor*ite* ion)	$HClO_2$	*아*염소산 (chlor*ous* acid)
ClO^-	*하이포*염소산 이온 (*hypo*chlor*ite* ion)	$HClO$	*하이포*염소산 (*hypo*chlor*ous* acid)

그림 2.18와 2.19에는 화합물의 명명에 대한 규칙을 요약해 놓았다.

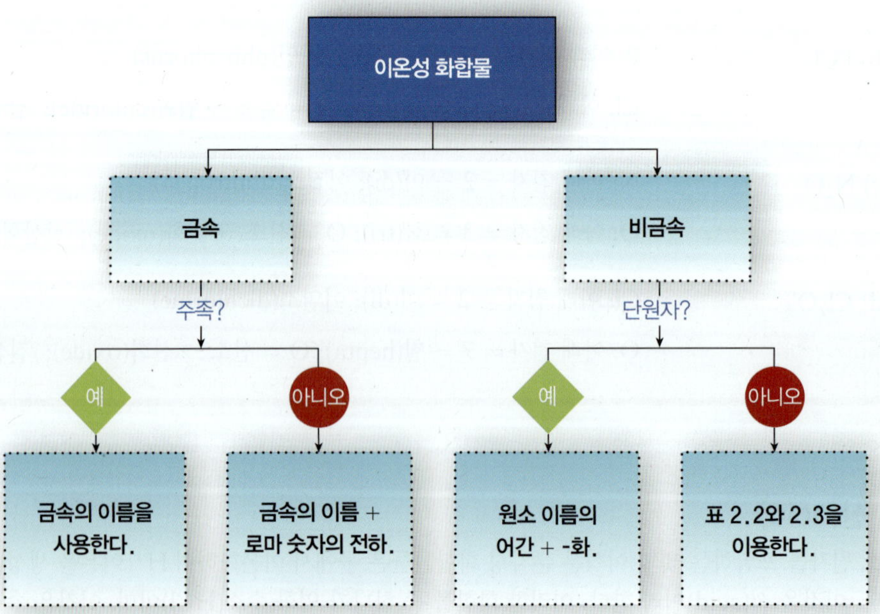

그림 2.18 ▸ 이성분 이온성 화합물을 명명하는 순서도.

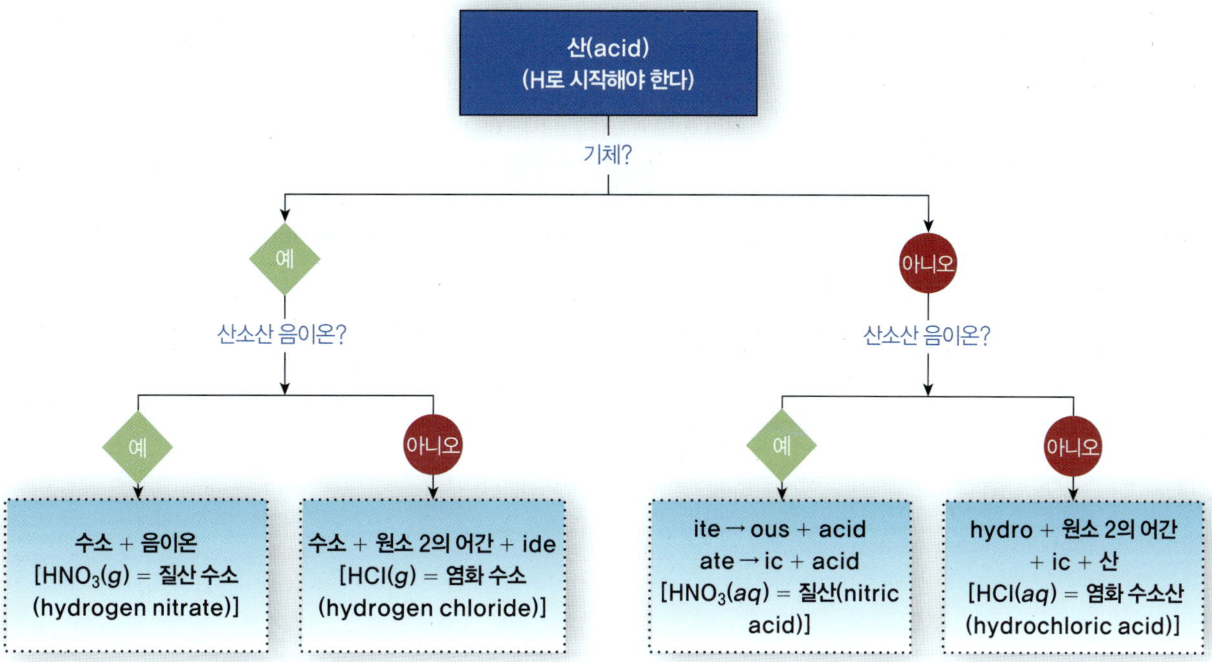

그림 2.19 ▸ 산(acid)의 이름을 결정하는 순서도.

예제 2.10

다음을 명명하라.

a HBr(*g*)

전략

기체는 이성분 분자의 명명에 대한 규칙을 따른다.

풀이

HBr(*g*) 두 원소 모두 접두사는 없다(두 원소 모두 아래 첨자가 1이다).

H = 수소; Br = 브로민 → 브로민화(bromide; 브로민화 수소(hydrogen bromide)

b $HClO_2(aq)$

전략

산소산 음이온 이름(표 2.3)(*ite*를 *ous*로 바꾼다.) + "산"

풀이

$HClO_2(aq)$ ClO_2^- = chlorite → chlorous(아염소) + 산(acid); 아염소산(chlorous acid)

c $H_2SO_4(aq)$

전략

산소산 음이온 이름(표 2.3)(*ate*를 *ic*로 바꾼다.) + "산"

풀이

$H_2SO_4(aq)$ SO_4^{2-} = sulfate : sulfuric + acid; 황산(sulfuric acid)

(계속)

d HIO(*aq*)

전략

산소산 음이온 이름 (표 2.3) (*ite*를 *ous*로 바꾼다.) + "산". 산소산 음이온의 이름은 염소의 산소산 음이온의 명명과 비슷하다.

풀이

HIO(*aq*)　IO^- = hypoiodite → hypoiodous + 산; 하이포아이오딘산(hypoiodous acid)
하이포아이오딘은 ClO^-에 대한 이름인 하이포염소와 비슷하다.

마무리 정리

표 2.3에 나타낸 산소산 음이온의 이름을 배워둘 필요가 있다.

생활 속의 화학 이야기 | CHEMISTRY BEYOND THE CLASSROOM

주기율표 숙달하기

고대 로마신화에서 메르쿠리우스(Mercury)는 신들 사이의 심부름꾼이었다. 당시에 로마인들은 실온에서 매우 빨리 흐르는 독성이 있는 금속 원소에 대한 이름이 필요했었는데 메르쿠리우스가 매우 빠르게 전달하는 것에 착안하여 "수은(Mercury)"이라고 명명하였다(그림 A).

실제로 원소의 이름을 명명할 때, 그리스와 로마의 신들은 거의 대부분 주기율표에 있는 원소에 사용되었다.

예를 들어, 영국의 천문학자 William Herschel은 1781년에 새로운 행성을 발견하였는데 그는 로마의 하늘의 신의 이름을 따서 "천왕성(Uranus)"이라고 명명하였다. 7년 후 독일 화학자 Martin Klaproth가 새로운 방사성 원소를 발견했을 때, "우라늄(uranium)"이라고 명명하였는데 그 당시는 새로운 행성의 이름을 따서 명명하는 것이 유행이었다(그림 B).

그리고 1791년에 영국의 성직자 William Gregor가 또 하나의 새로운 금속 원소를 발견하자, Klaproth는 다시 같은 방식으로 명명하기를 원했다. 즉, 그는 새로운 원소를 우라노스(Uranus)의 아이라고 명명하고 싶어서 "우라노스, 주니어"라고 명명하기를 원했으나 잘되지 않았다.

그래서 그는 "티탄 신족(the Titans)"으로 알려진 거인 종족인 우라노스의 모든 아이들을 위해 그 원소의 이름을 짓고자 하였다. 따라서 "타이타늄(titanium)"이 탄생했다.

7년 후, Klaproth는 또 다른 새로운 원소의 이름을 로마의 대지(지구)의 여신인 텔루스[Tellus, 일명 "테라(Terra)"]를 위해 "텔루륨(tellurium)"으로 불렀다.

1801년 시칠리아의 천문학자 Giuseppi Piazzi는 화성과 목성 사이의 태양을 도는 이상하고 조그마한 작은 행성으로 보이는 것을 발견했다. 로마의 곡물(농업)의 여신인 케레스(Ceres)는 Piazzi의

Source: By permission of Rob Kyff and Creators Syndicate, Inc

Left, © Rob Wilson/Shutterstock.com; right, © Cengage Learning/Charles D. Winters.com

그림 A ▸ (왼쪽) 독일 Stuttgart에 있는 Old Chancellery Building 꼭대기에 있는 독일의 조각가 Ludwig von Hofer가 만든 로마의 신(god)인 메르쿠리우스의 조각상. (오른쪽) 수은(mercury) 원소.

Left, NASA/JPL/STScI; right, TED KINSMAN/SCIENCE PHOTO LIBRARY

그림 B ▸ (왼쪽) 허블 우주 망원경으로 관찰한 행성 천왕성의 가색상 이미지. (오른쪽) 우라늄 광석 역암(피치 블렌드라고도 함). 커다란 석영 조각 사이의 어두운 부분이 우라늄이다.

출생지인 시칠리아의 수호자로 여겨졌기 때문에 지금은 소행성으로 알고 있는 새로운 별을 "세레스(Ceres)"라고 명명했다.

Piazzi의 발견 이후 2년 만에 또 다른 새로운 원소의 존재가 확인되었다. 다음에 무슨 일이 일어났는지 추측할 수 있다. 천문학자들이 신의 이름을 따서 별의 이름을 짓는 것을 항상 모방하고 싶어 했던 Klaproth는 새로운 원소를 "세륨(Cerium)"이라고 불렀다.

1868년 Klaproth가 사망했지만 그의 명명법은 계속되었다. 영국의 천문학자인 Norman Lockyer는 태양 스펙트럼에서 한 원소를 발견하였는데 지구에서 발견된 원소와 상관관계가 없다는 것을 확인하였다. 따라서 그는 태양에서 만들어진 이 새로운 원소를 그리스의 태양의 신인 "헬리오스(Helios)"에서 따서 "헬륨(helium)"이라고 명명하였다.

제우스(Zeus)의 필멸의 아들인 탄탈로스(Tantalus)가 아버지의 비밀을 평범한 인간들에게 누설했을 때, 그의 아버지는 그를 깨끗한 물에 턱까지 담그고 그의 머리 위에 달콤한 과일을 매달아 그를 처벌하였다. 처벌이 그렇게 나쁜 것 같지는 않지? 그러나 탄탈로스가 목을 축이기 위해 몸을 굽힐 때마다 물이 빠져나갔고, 그가 과일을 잡으려고 손을 뻗었을 때, 과일은 그의 손에 닿을 수 없을 정도로 위로 올라갔다. 이 고통스러운 고문에서 영감을 얻어 영어 단어 "tantalize(애타게 하다)"가 만들어졌다.

1814년 스웨덴의 화학자인 Anders Eckeberg는 센산을 "마시지" 않고도, 즉 센산과 반응하지 않고도 센산에 넣을 수 있는 새로운 금속을 발견하였다. 따라서 끊임없이 목마른 탄탈로스(Tantalus)를 기억하는 그의 동료인 스웨덴의 화학자 Jöns Berzelius는 새로운 원소를 "탄탈럼(tantalum)"으로 불렀다.

비슷한 시기에, 영국의 화학자 Charles Hatchett는 코네티컷에서 새로운 금속을 발견하였다. 그는 미국을 지칭하는 말인 "컬럼비아"의 이름을 따서 "콜럼븀(columbium)"이라고 불렀다. 그러나 다른 과학자들은 콜럼븀이 탄탈륨과 동일하며 전혀 새로운 것이 아니라고 주장하였다.

이 논쟁은 1846년에 독일 화학자인 Heinrich Rose가 콜럼븀이 실제로 새로운 원소라고 확인했을 때 해결되었다. 그러나 탄탈륨과 매우 흡사하기 때문에 Heinrich Rose는 탄탈로스의 우는 딸 니오베(Niobe)의 이름을 따서 "나이오븀(niobium)"이라고 불렀다. 미국 과학자들은 한동안 "콜럼븀"으로 부르기를 집착하였다. 그러나 결국 "나이오븀"으로 결정되었다.

또 다른 그리스 신화의 딸 이름도 한 원소에 부여되었다. 히페리온(Hyperion)의 딸인 셀레네(Selene)는 그리스의 달의 여신이었다.

1818년에 앞에서 언급한 Berzelius는 텔루륨과 매우 유사한 새로운 원소를 발견하였다. Berzelius는 로마의 대지(지구)의 여신인 텔루스(Tellus)의 이름을 따서 텔루륨의 이름을 붙였기 때문에 균형을 맞추기 위해 자매 원소로서 달의 여신을 뜻하는 "셀레늄(selenium)"으로 명명하였다.

마지막으로, 1940년 캘리포니아 대학교의 화학자들은 우라늄[로마의 하늘의 신인 우라노스(행성 천왕성)를 위해 1788년에 명명된]에서 파생된 두 개의 새로운 방사성 원소를 만들어 냈다. 따라서 행성의 순서에 따라, 그들은 새로운 원소들을 "넵투늄(neptunium)"(로마의 바다의 신인 넵투누스(Neptune, 행성 해왕성)를 위해)과 "플루토늄(plutonium)"(그리스의 지하 세계(명계)의 신인 플루토(Pluto, 행성 명왕성)를 위해)으로 명명하였다.

명왕성(Pluto)은 더 이상 행성으로 간주되지 않지만, 그 이름을 딴 원소는 존재하고 있다.

주요 개념

1. 핵 기호를 핵 속의 양성자수 및 중성자수와 연관시키기.
   (예제 2.1; 문제 7~16)
2. 원자 질량, 동위원소 존재비, 원소의 평균 질량을 연관시키기.
   (예제 2.2; 문제 17~30)
3. 원자 질량을 아보가드로 수와 연관시키기.
   (예제 2.3; 문제 31~38)
4. 주기율표와 원소를 연관시키기.
   (연습 문제 39~46)
5. 구조식, 축약 구조식, 분자식을 연관시키기.
   (예제 2.4; 문제 47, 48)
6. 전자수와 이온의 전하 관계.
   (예제 2.5; 문제 49~52)
7. 이온의 전하로부터 이온성 화합물의 화학식 예상하기.
   (예제 2.7; 문제 59, 60)
8. 다음 화합물에 대해 이름과 화학식 연관시키기.
   - 이온성 화합물
     (예제 2.8; 문제 61~64)
   - 이성분 분자성 화합물
     (예제 2.9; 문제 55~57)
   - 산소산 및 산소산 음이온
     (예제 2.10; 문제 65, 66)

주요 식

$$\text{원자 질량 Y} = (\text{원자 질량 }Y_1) \times \frac{\%\ Y_1}{100\%} + (\text{원자 질량 }Y_2) \times \frac{\%\ Y_2}{100\%} + \ldots$$

주요 용어

금속(metal)
동위원소(isotope)
분자(molecule)
비금속(nonmetal)
산소산(oxoacid)
산소산 음이온(oxoanion)
아보가드로 수(Avogadro's number)
양성자(proton)
원자(atom)
원자 번호(atomic number)
원자 질량(atomic mass)
원자 질량 단위(atomic mass unit)
이온(ion)
—양이온(cation)
—음이온(anion)
전이 금속(transition metal)
전자(electron)
주기율표(periodic table)
—족(group)
—주기(period)
주족 원소(main-group element)
준금속(metalloid)
중성자(neutron)
질량수(mass number)
핵 기호(nuclear symbol)
핵(nucleus)
화학식(formula)
—구조식(structural formula)
—분자식(molecular formula)
—축약 구조식(condensed structural formula)

요약 문제

황은 실온에서 밝은 노란색 고체이다. 황은 화약, 성냥 및 폭죽의 성분 중 하나이다. 황은 고무에 첨가하여 고무를 단단하게(가황) 만드는 데 사용하며 피부질환을 치료하는 연고에도 첨가된다.

(a) 황의 분자식은 무엇인가?

(b) 황 원자에는 몇 개의 양성자와 전자가 있는가?

(c) 알루미늄 이온이 황화 이온과 결합하여 만들어진 화합물은 분자인가? 화합물의 이름과 화학식은 무엇인가?

(d) (c)에서 기술한 화합물은 전해질인가?

(e) 2개의 황 원자는 2개의 염소 원자와 결합한다. 이 화합물은 분자인가? 화합물의 이름과 화학식은 무엇인가?

(f) 16개의 전자와 18개의 중성자로 되어 있는 황 원자의 핵 기호를 써라.

(g) 주기율표에서 황이 속해 있는 주기율표의 족과 주기는 무엇인가?

(h) 동위원소 S-36에는 몇 개의 중성자가 있는가?

(i) 자연에 존재하는 황의 동위원소와 그들의 원자 질량, 존재비는 다음과 같다.
S-32: 31.97207 amu - 94.93%
S-33: 32.97146 amu - 0.76%
S-34: 33.96787 amu - 4.29%
S-36: 35.96708 amu - 0.02%
황의 평균 원자 질량은 얼마인가?

(j) 12.55 g의 원소 황(S)에는 몇 개의 원자가 들어 있는가?

(k) 10억 개의(1×10^9) 황 원자의 질량은 얼마인가?

(l) 황은 여러 다른 방법으로 산소와 결합을 할 수 있다. 다음 화합물과 이온들의 이름을 써라: SO_3, $H_2SO_3(aq)$, SO_4^{2-}, Na_2SO_3.

해답

(a) S_8
(b) 양성자 16개, 전자 16개
(c) 아니오; Al_2S_3 - 황화 알루미늄(aluminum sulfide)
(d) 예
(e) 예; S_2Cl_2 - 이염화 이황(disulfur dichloride)
(f) $^{34}_{16}S$
(g) 16족, 3주기
(h) 중성자 20개
(i) 32.07 amu
(j) 2.357×10^{23}개의 원자
(k) 5.325×10^{-14} g
(l) SO_3: 삼산화 황(sulfur trioxide)
H_2SO_3: 아황산(sulfurous acid)
SO_4^{2-}: 황산 이온(sulfate ion)
Na_2SO_3: 아황산 소듐(sodium sulfite)

연습 문제

짝수 번호의 문제와 도전 문제의 해답은 센게이지 홈페이지 자료실에서 다운로드 받을 수 있다(www.cengage.co.kr).

2-1 원자와 원자론

▶ 원자론과 법칙

1. 질량 보존 법칙을 여러분 스스로 정의하라. 이 법칙을 현대적 형태로 설명하라.

2. 일정 성분비 법칙을 여러분 스스로 정의하라.

3. 두 가지 기본적인 화학 법칙은 질량 보존 법칙과 일정 성분비 법칙이다. 다음에서 설명하는 것은 이 법칙 중 어떤 것인가?
(a) Lavoisier는 산화 수은(II) (HgO)이 분해될 때, 생성된 수은(Hg)의 질량과 산소의 질량의 합은 분해된 산화 수은의 질량과 같음을 발견하였다.
(b) 이탈리아의 Carrara 지방에서 채취한 돌과 뉴멕시코 Carlsbad 동굴의 종유석의 탄산 칼슘을 분석한 결과 탄산 칼슘 내의 칼슘의 비율이 일정했다.
(c) 수소는 두 동위원소의 혼합물로 존재하는데, 그중 하나는 다른 하나보다 두 배 무겁다.

4. 화학의 두 기본적인 법칙은 질량 보존 법칙과 일정 성분비 법칙이다. 이들 법칙 중 어느 것으로 다음 내용을 설명할 수 있는가?
(a) 인(P)은 수소(H) 1 그램과 결합하여 매우 독성이 강한 기체인 포스핀(PH_3)을 만든다. 또한 질소(N)는 수소 1 그램과 결합하여 암모니아(NH_3)를 만든다. PH_3의 질량은 암모니아의 질량의 두 배보다 약간 작다.
(b) 냉각 팩은 밀봉되어 분리되어 있던 두 반응물 사이의 밀봉이 해제되면서 반응이 일어나고, 반응 전과 후의 질량은 같다.
(c) 로스앤젤레스에서 발견된 이산화 탄소의 화학식이 $C_{1.2}O_{1.1}$이라는 것은 거의 불가능하다.

2-2 원자의 구성 요소

5. 누가 전자를 발견하였는가? 전자가 음으로 하전된 입자라는 것을 추론해 낸 실험을 설명하라.
6. 핵을 발견한 사람은 누구인가? 이 발견을 이끌어 낸 실험을 설명하라.
7. 셀레늄은 건강 보조제로 널리 팔리는데, 이것이 여성의 유방암을 "막아준다"고 광고를 한다. 자연에서 생성되는 셀레늄의 핵 기호를 써라. 셀레늄은 34개의 양성자와 46개의 중성자를 가지고 있다.
8. 라돈은 폐암을 일으키는 방사성 기체이다. 라돈은 일부 가정의 지하실에서 검출되고 있다. Rn-220의 원자에는,
   (a) 몇 개의 양성자가 있는가?
   (b) 몇 개의 중성자가 있는가?

2-3 원자의 정량적인 성질

▶ 핵 기호와 동위원소

9. 아르곤의 세 가지 동위원소, Ar-36, Ar-38, Ar-40은 각각 어떻게 다른가? 이들 세 개의 동위원소에 대한 핵 기호를 써라.
10. 두 동위원소, Fe-54와 Fe-56에 대해 다음 물음에 답하라.
   (a) 두 동위원소에 대한 핵 기호를 써라.
   (b) 서로 어떻게 다른가?
11. 우라늄-235는 핵 발전소에서 흔히 사용되는 우라늄의 동위원소이다. 다음에 답하라.
   (a) 핵에 있는 양성자수
   (b) 핵에 있는 중성자수
   (c) 우라늄 원자에 있는 전자수
12. 146개의 중성자를 가지고 있는 아메리슘(Am)의 동위원소는 화재 경보기에 사용된다.
   (a) 아메리슘 원자는 몇 개의 전자를 가지고 있는가?
   (b) 동위원소의 질량수 *A*는 얼마인가?
   (c) 이 동위원소의 핵 기호를 써라.
13. 아래 핵 기호에 대하여 각 원소가 가지고 있는 양성자, 중성자, 전자는 각각 몇 개인가? R, T, X로 나타낸 원소는 무엇인가?
   (a) ${}^{30}_{14}R$ (b) ${}^{89}_{39}T$ (c) ${}^{133}_{55}X$
14. 다음의 핵 기호로 나타낸 각 원소가 갖는 양성자, 중성자, 전자의 수는 몇 개인가? A, L, Z는 어떤 원소를 나타내는가?
   (a) ${}^{75}_{33}A$ (b) ${}^{51}_{23}L$ (c) ${}^{131}_{54}Z$
15. 질량수가 같고 원자 번호가 다른 원자핵을 *동중원소*(isobar)라 한다. Ca-40, Ca-41, K-41, Ar-41에 관해 다음을 답하라.
   (a) 이들 중 어느 것이 동중원소인가? 어느 것이 동위원소인가?
   (b) Ca-40과 Ca-41이 공통으로 갖고 있는 것은 무엇인가?
   (c) (틀린 것이 있다면) 다음 문장을 수정하라. Ca-41, K-41, Ar-41 원자들은 같은 수의 중성자를 갖고 있다.
16. 연습문제 15번의 동중원소에 대한 정의를 보고, Cr-54, Fe-54, Fe-58, Ni-58에 대하여 다음 질문에 답하라.
   (a) 이들 중 어느 것이 동중원소인가? 어느 것이 동위원소인가?
   (b) Fe-54와 Fe-58이 공통으로 갖고 있는 것은 무엇인가?
   (c) 같은 수의 중성자를 갖는 것은 어느 것인가?

▶ 원자 질량과 동위원소 존재비

17. 다음 원자에 대한 브로민 원자의 질량비를 계산하라.
   (a) 네온 (b) 칼슘 (c) 헬륨
18. 다음의 화학종을 질량수가 증가하는 순서로 나열하라.
   (a) 포타슘 이온, K^+
   (b) 인 분자, P_4
   (c) 포타슘 원자
   (d) 백금 원자
19. 세륨은 가장 풍부한 희토류 금속(rare earth metal)이다. 순수한 세륨은 부드러운 물체로 긁기만 해도 발화된다. 세륨은 다음과 같은 4개의 동위원소가 알려져 있다. ^{136}Ce(원자 질량 = 135.907 amu), ^{138}Ce(원자 질량 = 137.905 amu), ^{140}Ce(원자 질량 = 139.905 amu), ^{142}Ce(원자 질량 = 141.909 amu). Ce-140과 Ce-142는 상당히 많이 존재한다. 더 많이 존재하는 동위원소는 어느 것인가?
20. 산소는 다음과 같은 3개의 안정한 동위원소를 가지고 있다. 괄호 안은 각각의 원자 질량이다. O-16(15.9949 amu), O-17(16.9993 amu), O-18(17.9992 amu). 가장 많이 존재하는 동위원소는 어느 것인가?
21. 브로민은 자연에 다음과 같은 2가지의 동위원소, 즉 원자 질량이 78.9183인 ^{79}Br과 원자 질량이 80.9163인 ^{81}Br이 있다. 계산기를 사용하지 않고 Br-79의 존재비를 % 단위로 예상하라.
22. 루비듐은 자연에 존재하는 다음과 같은 두 개의 동위원소가 있다: ^{85}Rb(원자 질량 = 84.9118 amu)과 ^{87}Rb(원자 질량 = 86.9092 amu). ^{87}Rb의 존재 백분율은 다음 중 어느 것이라고 추측할 수 있겠는가?
   (a) 0% (b) 25% (c) 50% (d) 75%
23. 스트론튬은 각각 83.9134 amu (0.56%), 85.9094 amu (9.86%), 86.9089 amu (7.00%), 87.9056 amu (82.58%)와 같은 4개의 동위원소들로 구성되어 있다. 스트론튬의 평균 원자 질량을 계산하라.
24. 네온은 3개의 안정한 동위원소를 갖는 불활성 기체이다. 네온은 광고용 네온사인이나 기체 레이저로 사용되고 있다. 네온의 동위원소와 존재비는 다음과 같다.

Ne-20	19.9924 amu	90.51%
Ne-21	20.9938 amu	0.27%
Ne-22	21.9914 amu	9.22%

네온의 평균 원자 질량은 얼마인가?
25. 자연에 존재하는 은(Ag)은 두 개의 동위원소로 구성되어 있다. 그 중 한 동위원소는 106.90509 amu이고 존재비는 51.84%이다. 다른 동위원소의 원자 질량은 얼마인가?
26. 구리는 자연에 두 개의 동위원소가 존재한다. 그중 하나는 Cu-63으로 원자 질량이 62.9296 amu이고 존재비는 69.17%이다. 두 번째 동위원소의 원자 질량은 얼마인가? 이 화학종의 핵 기호는 무엇인가?
27. 규소(평균 원자 질량 = 28.0855 amu)는 세 가지의 동위원소가 존재한다. 그들의 질량은 각각 27.9769 amu, 28.9765 amu, 29.9738 amu이다. 가장 무거운 동위원소의 존재비는 2.96%이다. 처음 두 동위원소 각각의 존재비를 구하라.
28. 마그네슘(평균 원자 질량 = 24.305 amu)은 3개의 동위원소로 구성되어 있으며 각 동위원소의 원자 질량은 다음과 같다; 23.9850 amu, 24.9858 amu, 25.9826 amu. 원자 질량이 두번째로 큰 동위원소의 존재비는 10.00%이다. 다른 동위원소의 존재비를 예상하라.
29. 아연은 Zn-64, Zn-66, Zn-67, Zn-68의 네 가지의 안정한 동위원소가 존재한다. 자연에서 그들의 존재비는 각각 48.6%, 27.9%, 4.1%, 18.8%이다. 아연의 질량 스펙트럼을 그려라.
30. 염소는 Cl-35와 Cl-37의 두 가지 동위원소를 가지고 있다. 이들의 존재비는 각각 75.53%와 24.47%이다. 수소의 동위원소가 H-1밖에는 없다고 가정했을 때,
   (a) HCl 분자는 몇 가지 형태가 가능한가?
   (b) 각각의 분자에서 두 원자의 질량수의 합은 얼마인가?
   (c) HCl 분자에서 전자 한 개가 제거되어 모든 양이온이 얻어진다고 가정하고, HCl에 대한 질량 스펙트럼을 그려라.
31. 납(Pb)은 중금속으로 혈액 속에 잔류하여 어린이의 정신 발달에 지장을 준다. 혈액 1.00 mL에 3×10^{-7} g의 납이 포함된 경우 건강에 해가 된다고 알려져 있다. 어린이의 혈액 1 mL 속에는 몇 개의 납 원자가 있는가?
32. 은 세공사는 일주일에 40시간을 일할 경우, 1 L의 공기 속에 1×10^{-8} g 이상의 은에 대한 노출을 피해야 한다. 다음의 단위로 은 원자의 허용된 노출량을 계산하라. Ag/L/주.
33. 다음을 계산하라.
   (a) 0.185 g의 팔라듐(Pd)에 들어 있는 원자수
   (b) 127개의 팔라듐 양성자의 질량

34. 비스무트(Bi)에 대하여 다음을 계산하라.
(a) 0.243 g에 들어 있는 원자의 수
(b) 139개의 양성자에 대한 질량

35. 동위원소 Si-28은 질량이 27.977 amu이다. Si-28의 10 g에 대해 다음을 계산하라.
(a) 원자수
(b) 양성자수, 중성자수, 전자수의 합

36. 심근 관류 영상(myocardial perfusion imaging, MPI)은 관상동맥 질환을 검출하는데 사용되는 최신 기기이다. 이 장치는 염화 탈륨-201을 사용한다. 다음에서 중성자의 수는 얼마인가?
(a) 70개의 탈륨-201 원자
(b) 1피코그램(1×10^{-12} g)의 탈륨-201

37. 소듐 입방체의 한 변의 길이는 1.25 in이다. 이 입방체 1개에는 몇 개의 원자가 들어 있는가? ($d_{Na} = 0.968\ g/cm^3$임을 기억하라.)

38. 순수한 구리($d = 8.92\ g/cm^3$) 원기둥의 지름은 1.09 cm이고 높이는 4.00인치이다. 이 원기둥에는 몇 개의 원자가 들어 있는가? (반지름 r, 높이 h 인 원기둥의 부피 $V = \pi r^2 h$임을 기억하라.)

2-4 주기율표의 소개

▶ 원소와 주기율표

39. 다음의 기호를 써라.
(a) 포타슘
(b) 카드뮴
(c) 알루미늄
(d) 안티모니
(e) 인

40. 다음 원소 기호로 나타낸 원소의 이름을 말하라.
(a) S (b) Sc (c) Se (d) Si (e) Sr

41. 연습 문제 39에 있는 원소들을 금속(주족, 전이 금속, 후전이 금속), 비금속, 준금속으로 분류하라.

42. 연습 문제 40에 있는 원소들을 금속(주족, 전이 금속, 후전이 금속), 비금속, 준금속으로 분류하라.

43. 다음에 열거한 각각의 족에는 몇 개의 금속이 있는가?
(a) 1족 (b) 13족 (c) 17족

44. 다음에 열거한 각 주기에는 몇 개의 비금속이 있는가?
(a) 2주기 (b) 4주기 (c) 6주기

45. 다음은 주기율표에서 어느 족인가?
(a) 한 개의 준금속을 가지고 있으며 비금속이 없는 족은?
(b) 비금속은 없고 전이 금속은 가지고 있는 족은?
(c) 금속은 없고 준금속을 가지고 있는 족은?

46. 다음은 주기율표에서 어느 주기인가?
(a) 금속이 없는 주기는?
(b) 비금속이 없는 주기는?
(c) 한 개의 후전이 금속과 두 개의 준금속이 있는 주기는?

2-5 분자와 이온

47. 다음 분자의 주어진 축약 구조식으로부터 분자식을 써라.
(a) 다이메틸아민, $(CH_3)_2NH$
(b) 프로필 알코올, $CH_3(CH_2)_2OH$

48. 아래 분자의 축약 구조식과 분자식을 써라. 반응 기(reactive group)는 적색으로 표시하였다.

(a) 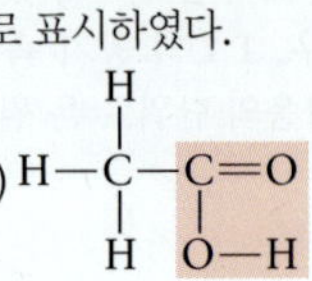 (아세트산, acetic acid)

(b) 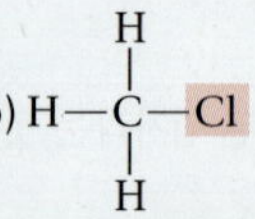 (염화 메틸, methyl chloride)

49. 다음의 양성자와 전자의 수를 써라.
(a) N_2 분자(1772년 밝혀짐)
(b) N_3^- 한 단위(1890년 합성됨)
(c) N_5^+ 한 단위(1999년 합성됨)
(d) N_5N_5 염(미국 공군 연구팀의 합성 과제)

50. 다음에 존재하는 양성자와 전자의 수를 써라.
(a) S_8 분자 (b) SO_4^{2-} 이온
(c) H_2S 분자 (d) S^{2-} 이온

51. 필요하다면 주기율표를 사용하여 다음의 표를 완성하라.

핵 기호	전하	양성자수	중성자수	전자수
_____	0	9	10	_____
^{31}P	0	_____	16	_____
_____	+3	27	30	_____
_____	_____	16	16	18

52. 필요하다면 주기율표를 사용하여 다음의 표를 완성하라.

핵 기호	금속, 비금속, 준금속	족	주기	중성자수
_____	_____	13	3	14
_____	준금속	16	_____	76
Xe-134	_____	_____	_____	_____
_____	비금속	14	_____	8

53. 아래 화합물들을 전해질과 비전해질로 구분하라.
(a) 염화 포타슘(potassium chloride), KCl
(b) 과산화 수소(hydrogen peroxide), H_2O_2
(c) 메테인(methane), CH_4
(d) 질산 바륨(barium nitrate), $Ba(NO_3)_2$

54. 다음 화합물 중 비전해질인 것은?
(a) 시트르산(citric acid), $(C_6H_8O_7)$
(b) 질산 칼슘(calcium nitrate), $Ca(NO_3)_2$
(c) 탄산 암모늄(ammonium carbonate), $(NH_4)_2CO_3$
(d) 삼브로민화 아이오딘(iodine tribromide), (IBr_3)

2-6 이온성 화합물의 화학식

2-7 화합물의 명명법

▶ 이온성 화합물과 분자성 화합물의 이름과 화학식

55. 다음 분자의 화학식을 써라.
(a) 메테인(methane)
(b) 사아이오딘화 탄소(carbon tetraiodide)
(c) 과산화 수소(hydrogen peroxide)
(d) 일산화 질소(nitrogen monoxide)
(e) 이산화 규소(silicon dioxide)

56. 다음 분자의 화학식을 써라.
(a) 이황화 규소(silicon disulfide)
(b) 포스핀(phosphine)
(c) 오산화 이인(diphosphorus pentoxide)
(d) 사플루오린화 라돈(radon tetrafluoride)
(e) 삼염화 질소(nitrogen trichloride)

57. 다음 분자의 이름을 써라.
(a) ICl_3 (b) N_2O_5 (c) PH_3 (d) CBr_4 (e) SO_3

58. 다음 분자의 이름을 써라.
(a) $TeCl_2$ (b) I_4O_9 (c) XeO_3 (d) S_4N_4

59. K^+, Ca^{2+}, Cl^-, S^{2-} 이외의 어떠한 이온도 포함하지 않는 모든 화합물의 화학식들을 써라.

60. 다음 화합물의 화학식을 써라.
(a) 양이온은 Ba^{2+}이고, 음이온은 I^- 또는 N^{3-}
(b) 음이온은 O^{2-}이고, 양이온은 Fe^{2+} 또는 Fe^{3+}

61. 다음 이온성 화합물의 화학식을 써라.
(a) 아세트산 철(III)[iron(III) acetate]
(b) 질산 칼슘(calcium nitrate)
(c) 산화 포타슘(potassium oxide)
(d) 염화 금(III)[gold(III) chloride]
(e) 질소화 바륨(barium nitride)

62. 다음 화합물의 화학식을 써라.
(a) 인산수소 포타슘(potassium hydrogen phosphate)
(b) 질소화 마그네슘(magnesium nitride)
(c) 브로민화 납(IV)[lead(IV) bromide]
(d) 염화 스칸듐(III)[scandium(III) chloride]
(e) 아세트산 바륨(barium acetate)

63. 다음 이온성 화합물의 이름을 써라.
(a) $K_2Cr_2O_7$ (b) $Cu_3(PO_4)_2$ (c) $Ba(C_2H_3O_2)_2$
(d) AlN (e) $Co(NO_3)_2$

64. 다음 이온성 화합물의 이름을 써라.
(a) $Pb(C_2H_3O_2)_2$
(b) $Al(OH)_3$
(c) $Sr(HCO_3)_2$
(d) $Cu_3(PO_4)_2$
(e) Rb_2O

65. 다음 화합물의 이름을 써라.
(a) $HCl(aq)$ (b) $HClO_3(aq)$ (c) $Fe_2(SO_3)_3$
(d) $Ba(NO_2)_2$ (e) NaClO

66. 다음 화합물의 화학식을 써라.
(a) 질산(nitric acid) (b) 황산 포타슘(potassium sulfate)
(c) 과염소산 철(III)[iron(III) perchlorate]
(d) 아이오딘산 알루미늄(aluminum iodate)
(e) 아황산(sulfurous acid)

67. 다음 표를 완성하라.

이름	화학식
아질산(nitrous acid)	______
______	$Ni(IO_3)_2$
황화 금(III)[gold(III) sulfide]	______
______	$H_2SO_3(aq)$
삼플루오린화 질소 (nitrogen trifluoride)	______

68. 다음 표를 완성하라.

이름	화학식
아브로민산(bromous acid)	______
______	$Co(IO_4)_3$
염화 백금(IV) [platinum(IV) chloride]	______
______	$HNO_2(aq)$
삼산화 이질소 (dinitrogen trioxide)	______

(계속)

종합 문제

69. 다음 화합물의 화학식과 이름을 써라.
(a) 양이온이 25개의 양성자와 22개의 전자를 가진 전이 금속이고, 그 음이온은 2개의 산소 원자를 가지고 있는 질소의 산소산 음이온인 이온성 화합물.
(b) 13족의 준금속 원자 1개와 2주기의 할로젠 원자 3개로 이루어진 분자.
(c) 20개의 양성자를 갖는 알칼리 토금속과 1개의 수소 원자와 1개의 탄소 원자와 3개의 산소 원자로 이루어진 음이온으로 구성된 이온성 화합물.

70. 다음 각각의 원소는 무엇인가?
(a) 셀레늄과 같은 주기이고 셀레늄보다 양성자가 두 개 적은 원소.
(b) 6족, 6주기의 전이 금속.
(c) 38개의 양성자를 가진 알칼리 토금속.
(d) 15족의 후전이 금속.

71. 다음 각각의 원소는 무엇인가?
(a) 텔루륨과 같은 주기에 있고, 텔루륨보다 3개의 양성자가 적은 원소.
(b) 14족에 있는 후전이 금속.
(c) 19개의 양성자를 갖는 알칼리 금속 원소.
(d) 40개 이상의 양성자를 갖는 15족의 준금속 원소.

72. 에틸아민 분자는 2개의 탄소 원자, 7개의 수소 원자, 1개의 질소 원자로 구성되어 있다.
(a) 에틸아민의 분자식을 써라.
(b) 에틸아민의 반응기는 NH_2이다. 이것의 축약 구조식을 써라.

73. 다음에 기술된 내용에서 옳지 않은 부분을 지적하라.
(a) Rutherford의 실험은 원자에 들어 있는 전자의 존재를 확인하였다.
(b) 주기율표에서 주기는 비슷한 화학적 성질을 갖는 원소들을 배열한 것이다.
(c) 동위원소들은 같은 질량수를 갖는다.
(d) Be_3N_2 분자는 이질소화 삼베릴륨(triberylium dinitride)이다.

74. 다음에 기술된 내용 중에서 항상 참인 것은 어느 것인가? 절대로 참이 아닌 것은 어느 것인가? 일반적으로 참인 것은 어느 것인가?
(a) 염소를 포함하고 있는 화합물은 분자성 화합물이거나 이온성 화합물이다.
(b) 이온성 화합물은 항상 최소한 1개의 금속 원자를 가지고 있다.
(c) 분자내의 원소가 "이(di)"라는 접두사를 가지고 있을 때 그 원소는 +2의 전하를 가지고 있음을 의미한다.

75. 일부 살라미 소시지 상품에는 방부제로 0.090%의 벤조산 소듐($NaC_7H_5O_2$)이 포함되어 있다. 만일 이 살라미 소시지 6.00온스를 먹었다면 몇 개의 소듐 원자를 먹었겠는가? 이 소시지에는 방부제 이외에는 소듐 함유 화합물이 첨가되지 않았다고 가정한다.

76. 사염화 탄소(CCl_4)는 발암성 물질로 밝혀지기 전까지는 드라이 클리닝제로 널리 사용되었다. 이 물질의 밀도는 1.589 g/cm^3이다. 6.00×10^{25}개의 CCl_4 분자가 들어 있는 사염화 탄소의 부피는 얼마인가?

개념 문제

77. 다음 설명 중 참인 것은?
(a) 중성자는 질량도 없고 전하도 없다.
(b) 각 원소의 동위원소는 같은 수의 양성자를 갖는다.
(c) C-14와 N-14는 같은 중성자/양성자(n/p^+) 비를 갖는다.
(d) 주기율표의 세로열은 "족"이라 한다.
(e) 원자가 전자 하나를 잃으면 양전하를 띤다.

78. 한 학생이 다음의 미지의 원소가 $^{23}_{11}X$의 핵 기호를 가진다는 것을 알았다. X와 $^{23}_{11}X$에 대한 설명 중 참인 것은?

(a) X는 소듐이다.
(b) X는 바나듐이다.
(c) X는 중성자 23개를 가진다.
(d) X^{2+}는 전자 13개를 가진다.
(e) $^{23}_{11}X$의 양성자/중성자 비는 약 1.1이다.

79. 일정 성분비 법칙과 질량 보존 법칙을 사용하여 수소 분자(○—○)와 염소 분자(□—□)가 반응하여 염화 수소 분자(○—□)가 만들어지는 분자 그림을 완성하라.

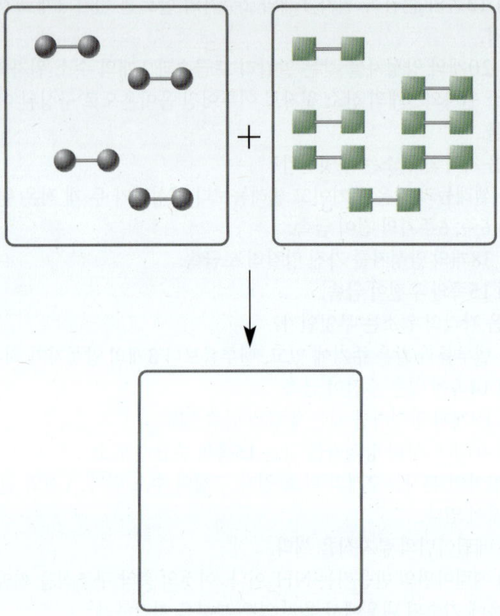

80. 질량 보존 법칙을 사용하여, 다음의 상자 안 물질들의 반응으로 만들어지는 혼합 생성물은 어느 상자에 해당하는지 번호를 말하라.

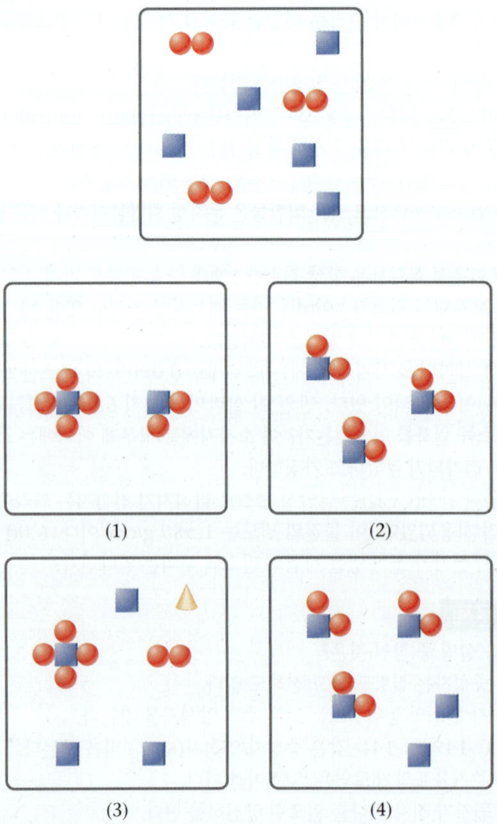

81. 탄소를 사각형으로, 염소를 원으로 표시한다면, 액체 CCl_4는 어떻게 표시해야 할까?

82. 황 원자를 사각형으로, 소듐 원자를 원으로 표시한다면 황화 소듐 결정은 어떻게 표시해야 하겠는가?

83. 과학자들은 양성자수가 114보다 큰 원소들을 118번까지 합성하였고, 그 이상의 원소를 합성하고자 한다. 다음의 예상되는 원자 번호를 말하라.

(a) 새로운 불활성 기체
(b) 알칼리 토금속과 비슷한 성질을 갖고 있는 새로운 원소
(c) 할로젠과 비슷하게 거동하는 새로운 원소
(d) 양이온이 +2 전하를 갖는 새로운(전이 금속이 아닌) 금속
(e) 8주기를 시작하는 새로운 원소

84. 질량수가 234이고, 중성자가 양성자보다 60% 더 많은 원소에 대한 핵 기호를 써라.

85. 붉은색 가루인 산화 수은(II)은 가열하면 액체 수은과 산소 기체로 분해될 수 있다. 첫 번째 실험에서 일정량의 산화 수은이 분해되어 3.87 g의 산소와 48.43 g의 수은이 생성되었다. 두 번째 실험에서는 15.68 g의 수은이 과량의 산소와 반응하여 16.93 g의 붉은 산화 수은(II)이 생성되었다. 위의 실험 결과가 일정 성분비 법칙과 어떻게 부합되는지 설명하라.

86. −2의 전하를 가진 어떤 이온은 질량수가 126이고, 전자보다 중성자가 20개 더 많다. 이 원소의 원소 기호는 무엇인가?

87. 산소, 플루오린, 아르곤, 황, 포타슘, 스트론튬 원소에 대하여 물음에 답하라. 각 설명에 부합되는 원소는 어느 것인가?

(a) 금속인 두 원소
(b) 비금속인 네 원소
(c) 실온에서 고체인 세 원소
(d) 자연에서 X_8로 발견되는 원소
(e) 분자성 화합물을 형성할 수 있는 원소 한 쌍
(f) AX의 화학식을 갖는 이온성 화합물을 형성하는 원소 한 쌍
(g) AX_2의 화학식을 갖는 이온성 화합물을 형성하는 원소 한 쌍
(h) A_2X의 화학식을 갖는 이온성 화합물을 형성하는 원소 한 쌍
(i) 화합물을 형성하지 않는 원소
(j) 실온에서 기체인 원소 세 개

도전 문제

88. 탄소와 수소만으로 이루어진 세 가지 화합물을 분석하였다. 처음 두 화합물의 분석 결과는 아래와 같다.

화합물	탄소의 질량(g)	수소의 질량(g)
A	28.5	2.39
B	34.7	11.6
C	16.2	—

배수 비례 법칙을 따르는 화합물 C에 있는 수소의 질량은 다음 중 어느 것인가?

(a) 5.84 g (b) 3.47 g (c) 2.72 g

89. 에테인과 에틸렌은 수소와 탄소 원자만으로 이루어진 기체이다. 어떤 에테인 시료 중에 4.53 g의 수소가 18.0 g의 탄소와 결합하고 있고, 에틸렌 시료 중에 7.25 g의 수소가 43.20 g의 탄소와 결합하고 있다고 하자.

(a) 위의 자료를 이용하여 배수 비례 법칙을 어떻게 설명할 수 있는지 보여라.
(b) 두 화합물의 합리적인 화학식을 제시하라.

90. Al-27 원자 한 개의 평균 밀도를 반지름이 0.143 nm로 된 구라고 가정하여 계산하라. 양성자, 전자, 중성자의 질량은 각각 1.6726×10^{-24} g, 9.1094×10^{-28} g, 1.6749×10^{-24} g이다. 구의 부피는 $4\pi r^3/3$이며, 여기서 r은 반지름이다. 답을 g/cm^3 단위로 표시하라. 알루미늄의 밀도는 실험적으로 2.70 g/cm^3로 관측되었다. 이것은 금속에서 알루미늄 원자들의 쌓임(packing)에 대해 어떤 제안을 하는가?

91. N-14 원자의 질량은 2.3440×10^{-23} g이다. 이 사실과 이 장에 있는 다른 정보들을 사용하여 $N\text{-}14^{3-}$ 이온의 질량을 구하라.

92. 인간이 호흡할 때 한 번에 들이마시는 공기의 양은 약 500 mL(두 개의 유효 숫자)가 되고 1 mL의 공기에는 대략 2.5×10^{19} 개의 분자가 들어 있다. Abraham Lincoln은 Gettysburg의 연설에서 200번 정도 공기를 들이마셨다고 추산된다.

(a) Lincoln이 들이마신 분자수는 몇 개나 되겠는가?

(b) 전체 대기 중에는 약 1.1×10^{44}개의 공기 분자가 있다. Gettysburg에서 Lincoln이 들이마신 공기 분자수는 총 대기 분자수에 대해서 분율이 얼마나 되겠는가?

(c) 지금 여러분이 공기를 들이마실 때 Gettysburg에서 Lincoln이 호흡한 분자 몇 개가 들어 있을까 계산하라.

93. 실험실에서 수소 기체를 만들었다. 이 실험에서, 18.00 g의 알루미늄 금속을 25 mL의 HCl (d = 1.025 g/cm^3)과 혼합하였다. 실험 후에 12.00 g의 알루미늄과 알루미늄 이온, 염소 이온 및 물이 들어 있는 30.95 g의 용액이 남았다. 생성물의 손실이 없다고 가정하고 얻어진 H_2 기체의 부피(리터 단위로)는 얼마인가? 실험한 온도와 압력에서 수소 기체의 밀도는 0.0824 g/L이다.

제 3 장

화학에서의 질량 관계: 화학량론

Mass Relations in Chemistry; Stoichiometry

균형 맞춘 화학 반응식은 ▶ 반응물과 생성물의 질량 관계를 설명할 수 있게 해준다. 저울은 주로 질량을 측정하는 데 사용된다.

그림자와 상징에서부터 진실에 이르기까지!
—JOHN HENRY CARDINAL NEWMAN

이 장의 차례 _Chapter Outline

지금까지는 계산이 거의 필요하지 않은 주로 정성적인 화학에 대해서 공부하였다. 그러나 화학은 정량적인 과학이다. 제2장에서 원자는 조성(양성자의 수, 전자의 수, 중성자의 수)뿐 아니라 질량도 서로 다르다는 것을 알았다. 앞 장에서 공부한 화합물의 화학식은 존재하는 원소들 사이의 원자비 뿐만 아니라 질량비에 대한 정보도 제공한다.

이 장의 일반적인 주제는 **화학량론**(stoichiometry, stoy-key-OM-e-tree라고 읽음)인데, 이것은 화학에서 질량 관계에 대한 공부인 것이다. 이 장에 있는 몰질량(3-1절), 화학식(3-2절) 또는 화학 반응(3-3절)에서 어떤 것을 취급하더라도 "그 양이 얼마나 되는지 또는 그 수가 얼마인지"와 같은 실질적인 질문을 자주 접하게 될 것이다. 예를 들면 다음과 같은 것들이다.

- 실험에 필요한 용액을 만드는 데 몇 그램의 산이 필요한가?(3-1절)
- 1톤의 철광석으로부터 얻어지는 철의 양은 얼마인가?(3-2절)
- 1 kg의 암모니아를 만드는 데 필요한 질소 기체의 양은 얼마인가?(3-3절)

3-1 몰(mole)

서로 다른 직업을 가진 사람들은 흔히 특별한 셈 단위(counting unit)를 사용한다. 여러분이나 나는 하루에 한개의 계란을 먹지만 농부는 판 단위로 계란을 판매한다. 우리는 한 번에 한개의 지폐를 소비하지만 국회는 10억 단위로 예산을 분배한다. 화학자들은 아보가드로 수라고 하는 자신들의 셈 단위를 가지고 있다(2-3절).

아보가드로 수에 의해서 표시되는 양은 매우 중요해서 **몰**(mole)이라는 특별한 이름이 주어져 있다. 1 mol은 무엇이든 간에 6.022×10^{23}개만큼의 품목을 의미한다(그림 3.1).

H 원자 1 mol = 6.022×10^{23}개의 H 원자

O 원자 1 mol = 6.022×10^{23}개의 O 원자

H_2 분자 1 mol = 6.022×10^{23}개의 H_2 분자

H_2O 분자 1 mol = 6.022×10^{23}개의 H_2O 분자

전자 1 mol = 6.022×10^{23}개의 전자

1페니 동전 1 mol = 6.022×10^{23}개의 1페니 동전

(1페니 동전 1 mol은 대단한 금액이다. 그만한 돈이라면 인플레이션이 없다면 미국에서 앞으로 10억 년 이상 쓰고도 남을 만한 액수이다.)

1 mol은 입자의 정해진 개수뿐만 아니라 화학식(O, O_2, H_2O, NaCl, . . .)으로 나타낸 물질의 정해진 질량을 나타내고 있다. 일반적으로 ***몰 당 그램수(g/mol)로 표시되는 몰질량(molar mass, MM)의 값은 화학식 내 원자 질량(amu 단위)의 합과 같다.***

화학식	원자 질량의 합	몰질량, MM
O	16.00 amu	16.00 g/mol
O_2	2(16.00 amu) = 32.00 amu	32.00 g/mol
H_2O	2(1.008 amu) + 16.00 amu = 18.02 amu	18.02 g/mol
NaCl	22.99 amu + 35.45 amu = 58.44 amu	58.44 g/mol

물질의 몰질량을 얻으려면 그 물질의 화학식을 알아야 한다는 점을 주목하라. 그냥 "수소의 몰질량"이라고 말하는 것은 아주 애매모호한 것이다. H라는 기호로 나타낼 수 있는 수소 원자 1 mol은 그 질량이 1.008 g이며, H의 몰질량은 1.008 g/mol이다. H_2라는 화학식으로 표시되는 수소 분자 1 mol은 질량이 2.016 g이고, H_2의 몰질량은 2.016 g/mol이다.

몰-그램 변환

이 장의 뒤에서 설명하겠지만, 물질의 몰(mol)을 그램 단위의 질량으로, 또는 그 역으로 종종 변환시켜야 할 경우가 있다. 이러한 변환은 다음과 같은 일반적인 관계식을 이용함으로써 쉽게 해결된다.

$$\textit{질량} = \text{MM} \times n \quad (3.1)$$

여기서 질량은 그램 단위이고, MM은 몰질량(g/mol)이며, n은 몰수를 의미한다. 실제에 있어서는 몰질량, MM은 *질량*으로부터 몰수 또는 몰수로부터 질량을 계산하도록 하는 변환 인자이다.

그림 3.1 ▸ 설탕($C_{12}H_{22}O_{11}$), 베이킹소다($NaHCO_3$), 구리 못(Cu) 1 mol의 양.

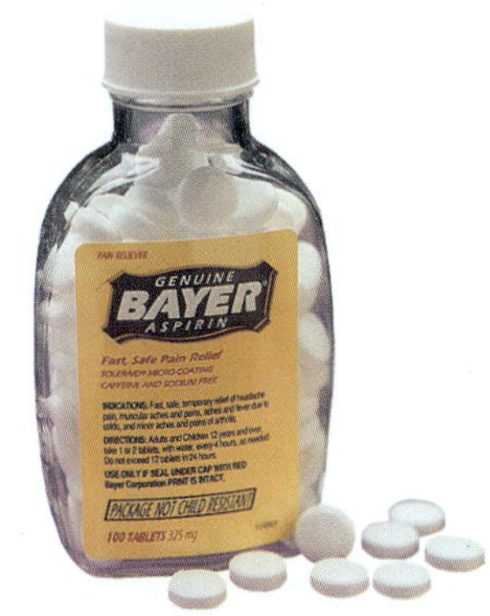

그림 3.2 ▸ 아스피린(아세틸살리실산), $C_9H_8O_4$.

예제 3.1

아세틸살리실산, $C_9H_8O_4$은 아스피린의 주요 성분이다(그림 3.2).

a 0.509 mol의 아세틸살리실산(ASA, acetylsalicylic acid)은 몇 그램인가?

(계속)

분석	
주어진 정보:	아세틸살리실산의 몰수(0.509)
	아세틸살리실산의 화학식($C_9H_8O_4$)
정보가 알려주는 내용:	아세틸살리실산의 몰질량(MM)
알고자 하는 것:	아세틸살리실산의 질량

전략

식 3.1에 대입

질량 = MM × n

풀이

$C_9H_8O_4$의 MM	$9(12.01) + 8(1.008) + 4(16.00) = 180.15$ g/mol
질량	질량 $= \text{MM} \times n = 0.509 \text{ mol} \times \dfrac{180.15 \text{ g}}{1\text{mol}} = 91.7 \text{ g}$

b 28.00 g의 $C_9H_8O_4$에는 아세틸살리실산 몇 몰이 들어 있는가?

분석	
주어진 정보:	ASA의 질량(28.00 g)
	아세틸살리실산의 화학식($C_9H_8O_4$)
정보가 알려주는 내용:	아세틸살리실산의 몰질량(MM)
알고자 하는 것:	시료에 들어 있는 ASA의 몰수

전략

식 3.1에 대입한다.

질량 = MM × n

풀이

ASA의 몰수	$n = \dfrac{\text{질량}}{\text{MM}} = \dfrac{28.00 \text{ g}}{180.15 \text{ g/mole}} = 0.1554 \text{ mol ASA}$

c 12.00 g의 아세틸살리실산에는 몇 개의 $C_9H_8O_4$ 분자가 들어 있는가? 또한 탄소의 개수는?

분석	
주어진 정보:	ASA의 질량(12.00 g)
	아세틸살리실산의 화학식($C_9H_8O_4$)
정보가 알려주는 내용:	아세틸살리실산의 몰질량(MM)
	아보가드로 수(N_A)
알고자 하는 것:	ASA 분자의 수
	탄소 원자의 수

전략

그림 3.3에 요약한 순서도를 따른다.

$$\text{질량} \xrightarrow{\text{MM}} \text{몰수} \xrightarrow{N_A} \text{분자} \xrightarrow{\text{9 C 원자}} \text{C 원자}$$

풀이

분자의 수	$12.00 \text{ g ASA} \times \dfrac{6.022 \times 10^{23} \text{ 분자 ASA}}{180.15 \text{ g ASA}} = 4.011 \times 10^{22}$

(계속)

C 원자의 수	4.011×10^{22} 분자 ASA $\times \dfrac{9\text{ C 원자}}{1\text{ 분자}} = 3.610 \times 10^{23}$

마무리 정리

모든 알려진 물질의 몰질량이 1 g/mol보다 크므로, 시료의 그램수는 항상 몰수보다 크다.

이제까지 입자의 수, 몰수, 및 그램수와 관련되는 여러 유형의 변환을 공부하였다. 이들 관계는 그림 3.3에 요약해 놓았다. 이들 변환 과정은 이 책의 거의 모든 장에서 필요하게 될 것이다. 분명한 것은 몰이 무엇을 의미하는지를 알아야 한다는 점이다. 잊지 말아야 할 것은 1 mol은 언제나 어떤 품목의 규정된 개수인 6.022×10^{23}개를 의미한다는 것이다. H_2O 1 mol, 18.02 g은 H_2 1 mol, 2.016 g보다 질량이 크지만 포함되어 있는 분자의 개수는 똑같다. 이와 마찬가지로 12개의 볼링공은 12개의 계란보다 질량이 훨씬 크지만 개수는 똑같다.

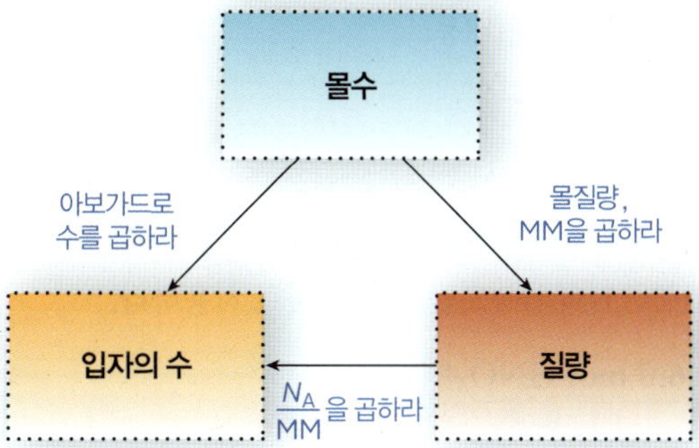

그림 3.3 ▸ 입자, 질량, 몰수의 상호변환에 대한 순서도.

▶ 용액의 몰: 몰농도

실험실에서 일정한 양의 순수한 고체를 얻으려면 저울로 측정하여야 한다. 그러나 고체가 물과 같은 용매 속에 녹아 있는 용질이라고 가정해보자. 이 경우에 보통 눈금 실린더를 사용하여 주어진 수용액의 제시된 부피를 측정한다. 이 방법으로 얻는 용질의 양은 용액의 부피뿐만 아니라 용질의 **농도**(concentration), 즉 주어진 양의 용액 속에 녹아 있는 용질의 양에도 의존한다. 용액에 녹아 있는 용질의 농도는 다음과 같이 **몰농도**(molarity, *M*)로 나타낸다.

> ⓘ 몰의 의미를 엄밀하게 알아야 이 장에서 다루는 거의 모든 계산을 할 수 있다.

$$\text{몰농도}(M) = \frac{\text{용질의 몰수}}{\text{용액의 부피(L)}} \qquad (3.2)$$

기호 [ ]는 보통 용액에 들어 있는 화학종의 몰농도를 나타내는 데 사용한다. 2.50 L의 용액에 1.20 mol의 물질 A가 포함되어 있는 용액의 농도는 다음과 같다.

> ⓘ $[NH_3]$는 "리터 당 몰수 단위의 암모니아 농도"를 의미한다.

$$[A] = \frac{1.20\text{ mol}}{2.50\text{ L}} = 0.480\text{ mol/L} = 0.480\ M$$

이 용액 1 L에는 0.480 mol의 A가 들어 있다. 또한 이 용액 100 mL에는 0.0480 mol의 A가 들어 있다고 말할 수 있다.

물에 녹는 용질의 몰농도는 넓은 범위로 존재할 수 있다. 예를 들어, 수산화 소듐으로 6 *M* 용액, 1 *M* 용액, 0.1 *M* 용액 등등을 만들 수 있다. 이들 용액을 설명할 때 정성적인 방법으로 "진한" 및 "묽은"이라는 말을 사용하기도 한다. 6 *M* NaOH 용액은 진한 용액이라고 하는데 이 용액에는 용액 1 L에 비교적 많은 양의 용질이 들어 있다. 0.1 *M* 용액은 묽은 용액이라고 하는데 1 *M* 또는 6 *M*에 비하여 비교적 적은 양의 용질이 들어 있다.

원하는 몰농도의 용액을 만들려면 먼저 필요한 용질의 양을 계산해야 한다. 그 다음 용질을 충분한 용매에 녹이고 필요한 용액의 부피까지 묽히면 된다. 예를 들어, 0.100 *M* K_2CrO_4 용액 1 L를 만든다고 하자(그림 3.4). 먼저 19.4 g의 K_2CrO_4(0.100 mol MM = 194.20 g/mol)을 저울로 측정한다. 그 다음 충분한 물로 잘 저어주면서 K_2CrO_4를 녹인 다음 1 L(1000 mL) 용액으로 만들면 된다.

용액의 몰농도는 다음을 계산하는 데 사용할 수 있다.

- 일정한 부피의 용액에 들어 있는 용질의 몰수.
- 일정한 몰수의 용질이 들어 있는 용액의 부피.

여기서는 많은 다른 경우에서와 같이, 변환 인자법을 사용한다(예제 3.2).

예제 3.2

질산(nitric acid), HNO_3는 비료의 제조에 광범위하게 사용되고 있다. 질산 용액 75.0 mL가 들어 있는 병에 6.0 *M* HNO_3이라는 표지가 붙어 있다.

a 병 속에는 몇 몰의 HNO_3이 들어 있는가?

분석

주어진 정보:	*V* (75.0 mL) 및 병 속에 들어 있는 6.0 *M* HNO_3
정보가 알려주는 내용:	HNO_3의 몰질량(MM)
알고자 하는 것:	병 속에 들어 있는 HNO_3의 몰수

전략

1. 주어진 부피 단위(mL)를 L로 바꾸는 것을 잊지 말라.
2. HNO_3의 몰농도를 변환 인자로 사용하라.

$$\frac{6.0\ \text{mol}\ HNO_3}{1\ \text{L 용액}}$$

풀이

HNO_3의 몰수

$$75.0\ \text{mL 용액} \times \frac{1\ \text{L}}{1000\ \text{mL}} \times \frac{6.0\ \text{mol}\ HNO_3}{1\ \text{L 용액}} = 0.45\ \text{mol}$$

b 어떤 반응은 5.00 g의 HNO_3이 필요하다. 이 용액 몇 mL가 필요한가?

분석

주어진 정보:	*V* (75.0 mL) 및 병 속에 들어 있는 HNO_3의 몰농도(6.0 *M*)
	필요한 HNO_3의 질량(5.00 g)
정보가 알려주는 내용:	HNO_3의 몰질량(MM)
알고자 하는 것:	필요한 HNO_3의 부피

전략

1. HNO_3의 몰질량과 몰농도를 변환 인자로 사용한다.

$$\frac{6.0\ \text{mol}\ HNO_3}{1\ \text{L 용액}} \qquad \frac{1\ \text{mol}\ HNO_3}{63.02\ \text{g}\ HNO_3}$$

2. 다음 변환 흐름을 따라 변환시킨다.

$$\text{질량} \xrightarrow{MM} \text{몰} \xrightarrow{M} \text{부피}$$

풀이

HNO_3의 부피

$$5.00\ \text{g}\ HNO_3 \times \frac{1\ \text{mol}\ HNO_3}{63.02\ \text{g}\ HNO_3} \times \frac{1\ \text{L 용액}}{6.0\ \text{mol}\ HNO_3} = 0.013\ \text{L} = 13\ \text{mL}$$

c 질산 용액에 물 10 mL를 가하였다. 만들어진 용액의 몰농도는 얼마인가? (부피는 더해진다고 가정한다.)

분석

주어진 정보:	*V* (75.0 mL) 및 병 속에 들어 있는 HNO_3의 몰농도(6.0 *M*)
	가한 물의 부피(10.00 mL)
	부피는 더해진다고 가정한다.
정보가 알려주는 내용:	HNO_3의 몰질량(MM)
알고자 하는 것:	묽혀진 용액의 몰농도(*M*)

(계속)

전 략

1. 물을 가하더라도 용질의 몰수는 변하지 않는다. 용액의 부피는 변한다.
2. 식 3.2에 대입한다. 용액의 총 부피로 (75.0 mL + 10.0 mL)을 사용한다.

풀 이

$$M = \frac{0.45\ \text{mol}}{0.0750\ \text{L} + 0.0100\ \text{L}} = 5.3\ \text{mol/L} = 5.3\ M$$

마무리 정리

용액에 물을 가하면 용액의 몰농도는 감소하지만 용액에 들어 있는 용질의 몰수는 변하지 않고 일정하다.

그림 3.4 ▸ **0.100 *M* 크로뮴산 포타슘 1 L를 만드는 과정.** 1 L의 0.100 *M* 크로뮴산 포타슘 용액은 19.4 g의 K_2CrO_4을 충분한 물에 녹여 만든다. 먼저 질량을 측정한 K_2CrO_4 (19.4 g)을 1000-mL 부피 플라스크에 넣는다. 모든 고체가 완전히 녹을 때까지 저어 주면서 충분한 물을 가한다. 마지막으로 균일한 용액이 될 때까지 플라스크를 반복적으로 흔든다.

용액의 몰농도를 알면 일정한 부피에 들어 있는 용질의 양을 쉽게 얻을 수 있다. 예제 3.2b에서와 같이 필요한 부피를 계산하면 된다. 부피를 측정하기만 하면 들어 있는 원하는 용질의 그램수나 몰수를 얻을 수 있다. 일반 화학 실험실에서 시약의 농도는 거의 대부분 몰농도로 나타낸다. 몰농도에 대하여 좀 더 논의하기로 한다. 제10장에서는 다른 농도 단위를 다루게 된다.

제2장에서 설명한 바와 같이, 이온성 고체가 물에 녹을 때, 양이온과 음이온은 서로 분리된다. 이 과정은 화학 반응식으로 나타낼 수 있다. 즉 반응물은 고체이고 생성물은 수용액에서 양이온과 음이온이다. $MgCl_2$가 물에 녹을 때 화학 반응식은 다음과 같이 쓸 수 있다.

$$MgCl_2(s) \longrightarrow Mg^{2+}(aq) + 2Cl^-(aq)$$

이 식은 1 mol의 $MgCl_2$이 물에 녹으면 용액에서 *1* mol의 Mg^{2+} 이온과 2 mol의 Cl^- 이온이 생성됨을 알려준다. 어떠한 염화 마그네슘 용액에서든지 다음의 관계가 성립한다.

$$Mg^{2+}\text{의 몰농도} = MgCl_2\text{의 몰농도} \qquad Cl^-\text{의 몰농도} = 2 \times MgCl_2\text{의 몰농도}$$

다원자 이온(표 2.2)이나 전이 금속 양이온(그림 3.5)을 포함하고 있는 이온성 고체에 대해서도 비슷한 관계식이 성립한다.◂ⓘ

ⓘ [이온] = 이온의 아래 첨자 × [모체 화합물]

그림 3.5 ▸ **수용액에서 흔히 볼 수 있는 전이 금속 양이온의 전하.**

3	4	5	6	7	8	9	10	11	12
			Cr^{3+}	Mn^{2+}	Fe^{2+} Fe^{3+}	Co^{2+} Co^{3+}	Ni^{2+}	Cu^{2+}	Zn^{2+}
								Ag^{+}	Cd^{2+}
									Hg^{2+}

$$(NH_4)_3PO_4(s) \longrightarrow 3NH_4^{+}(aq) + PO_4^{3-}(aq)$$

$$NH_4^{+}\text{의 몰농도} = 3 \times (NH_4)_3PO_4\text{의 몰농도}$$

$$PO_4^{3-}\text{의 몰농도} = (NH_4)_3PO_4\text{의 몰농도}$$

$$Cr_2(SO_4)_3(s) \longrightarrow 2Cr^{3+}(aq) + 3SO_4^{2-}(aq)$$

$$Cr^{3+}\text{의 몰농도} = 2 \times Cr_2(SO_4)_3\text{의 몰농도}$$

$$SO_4^{2-}\text{의 몰농도} = 3 \times Cr_2(SO_4)_3\text{의 몰농도}$$

황산 알루미늄의 농도 관계: $[Al^{3+}] = 2[Al_2(SO_4)_3]$, $[SO_4^{2-}] = 3[Al_2(SO_4)_3]$.

예제 3.3

다이크로뮴산 포타슘, $K_2Cr_2O_7$은 가죽을 무두질(부드럽게 만드는 일)하는 데 사용한다. 이 용액 125 mL가 들어 있는 플라스크에 0.145 M $K_2Cr_2O_7$이라는 표지가 붙어 있다.

a 용액에서 각 이온의 몰농도는 얼마인가?

분석

주어진 정보:	부피, V (125 mL), 용액의 몰농도, M (0.145 M)
정보가 알려주는 내용:	모체 화합물에 들어 있는 각 이온의 수
알고자 하는 것:	용액에 들어 있는 각 이온의 몰농도

전략

1. 모체 화합물과 이온을 구별한다.
2. 모체 화합물에 들어 있는 이온의 수를 계산한다(이온의 아래 첨자가 이온의 수이다). 그리고 이 수를 변환 인자로 사용한다.

$$\frac{2\text{ mol } K^+}{1\text{ mol } K_2Cr_2O_7} \qquad \frac{1\text{ mol } Cr_2O_7^{2-}}{1\text{ mol } K_2Cr_2O_7}$$

풀이

$[K^+]$ $$\frac{0.145\text{ mol } K_2Cr_2O_7}{1\text{ L}} \times \frac{2\text{ mol } K^+}{1\text{ mol } K_2Cr_2O_7} = 0.290\text{ mol/L} = 0.290\ M$$

$[Cr_2O_7^{2-}]$ $$\frac{0.145\text{ mol } K_2Cr_2O_7}{1\text{ L}} \times \frac{1\text{ mol } Cr_2O_7^{2-}}{1\text{ mol } K_2Cr_2O_7} = 0.145\text{ mol/L} = 0.145\ M$$

b 0.200 mol K^+를 포함하고 있는 시료를 위의 $K_2Cr_2O_7$ 용액에 첨가하였다. 부피가 변하지 않는다고 가정하고, 새로운 용액의 몰농도를 구하라.

분석

주어진 정보:	부피, V (125 mL), 용액의 몰농도, M (0.145 M)
	가한 K^+의 몰수(0.200 mol)

(계속)

정보가 알려주는 내용:	모체 화합물에 들어 있는 각 이온의 수
알고자 하는 것:	K^+ 이온을 첨가한 후 $K_2Cr_2O_7$의 몰농도

전 략

1. (a)에서 구한 K^+의 몰농도를 사용한다. 그리고 식 3.2에 대입하면 K^+의 초기 몰수가 얻어진다.
2. 첨가한 후의 K^+의 몰수를 구한다.
3. 식 3.2에 대입하여 다시 $[K^+]$를 구한다.
4. $[K^+]$와 $K_2Cr_2O_7$의 관계로부터 $[K_2Cr_2O_7]$를 구한다.
5. 전체 계산의 순서도는 다음과 같다.

$$[K^+{}_{\text{초기}}] \xrightarrow{V} (\text{mol } K^+)_{\text{초기}} \xrightarrow{+\ 0.200 \text{ mol } K^+} (\text{mol } K^+)_{\text{최종}} \xrightarrow{V} [K^+]_{\text{최종}} \xrightarrow{2\ K^+/K_2Cr_2O_7} [K_2Cr_2O_7]_{\text{최종}}$$

풀 이

1. $(\text{mol } K^+)_{\text{초기}}$	$0.125 \text{ L} \times \dfrac{0.290 \text{ mol } K^+}{1 \text{ L}} = 0.03625 \text{ mol}$
2. $(\text{mol } K^+)_{\text{최종}}$	$0.03625 \text{ mol} + 0.200 \text{ mol} = 0.236 \text{ mol}$
3. $[K^+]_{\text{최종}}$	$\dfrac{0.236 \text{ mol } K^+}{0.125 \text{ L}} = 1.89 \text{ mol/L} = 1.89\ M$
4. $[K_2Cr_2O_7]_{\text{최종}}$	$\dfrac{1.89 \text{ mol } K^+}{1 \text{ L}} \times \dfrac{1 \text{ mol } K_2Cr_2O_7}{2 \text{ mol } K^+} = 0.945 \text{ mol/L} = 0.945\ M$

마무리 정리

K^+의 농도는 두 용액 모두 $Cr_2O_7{}^{2-}$ 농도의 두 배가 되어야 한다. 실제 그렇다!

3-2 화학식에서의 질량 관계

한 화합물의 화학식이 주어지면 존재하는 원소의 질량 백분율을 계산할 수 있다. 반대로, 원소의 질량 백분율이 주어지게 되면 화합물의 가장 간단한 화학식을 구할 수 있다. 한 단계 더 나아가서 화합물의 몰질량을 알고 있다면 분자식을 구하는 것은 그리 어려운 일이 아니다. 이 절에서는 위에서 언급한 세 가지 유형의 계산을 어떻게 수행하는지에 대해서 살펴보고자 한다.

▶ 화학식으로부터 조성 백분율

화합물의 **조성 백분율**(percent composition)은 존재하는 각종 원소들의 질량 백분율을 의미한다. 예를 들면 100-g의 H_2O 시료에는 11.19 g의 H와 88.81 g의 O가 존재하고 있다. 따라서 두 원소의 백분율은 다음과 같다.

$$\frac{11.19 \text{ g H}}{100.00 \text{ g}} \times 100\% = 11.19\% \text{ H} \qquad \frac{88.81 \text{ g O}}{100.00 \text{ g}} \times 100\% = 88.81\% \text{ O}$$

물(H_2O)의 조성 백분율은 11.19% H와 88.81%의 O라고 말할 수 있다.

Fe_2O_3 화합물의 화학식을 알고 있기 때문에 화합물을 구성하고 있는 원소의 질량 백분율은 쉽게 구할 수가 있다. 어떤 화합물 1 mol을 가지고 이와 같은 과정을 시작하는 것이 이해하기가 쉽다(예제 3.4a). 화합물의 화학식은 이미 알고 있는 화합물의 질량으로부터 원소의 질량을 알아내는 데도 사용된다(예제 3.4b).

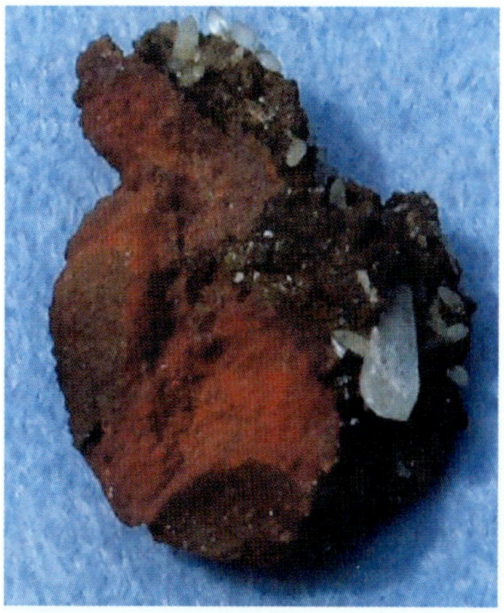

Jo Edkins, 2007. Used with permission.

그림 3.6 ▸ 적철광 광석.

예제 3.4 주요 문제

금속인 철은 대개 적철광 광석(그림 3.6)으로부터 얻어지는데, 이 광석에는 산화 철(III)과 이산화 규소(SiO_2)와 같은 불순물이 혼합되어 있다.

a 산화 철(III)에서 철과 산소의 질량 백분율은 얼마인가?

분석

주어진 정보:	산화 철의 화학식(Fe_2O_3)
정보가 알려주는 내용:	Fe_2O_3의 몰질량(MM)
알고자 하는 것:	Fe_2O_3에서 Fe와 O의 질량 백분율

전략

1. Fe의 질량 백분율을 구하려면 이래에 요약한 과정을 따른다. 1 mol의 Fe_2O_3로 시작한다.

$$n_{Fe_2O_3} \xrightarrow{\text{아래 첨자}} n_{Fe} \xrightarrow{\text{MM Fe}} \text{Fe의 질량} \xrightarrow{\text{MM Fe}_2\text{O}_3} \%\ \text{원소}$$

2. 100에서 Fe의 질량 백분율을 뺀 값으로 산소의 질량 백분율을 구한다. 화합물은 단지 두 종류의 원소인 Fe와 O로 되어 있음을 기억하라.

풀이

Fe의 질량 백분율

$$1\ \text{mol Fe}_2\text{O}_3 \times \frac{2\ \text{mol Fe}}{1\ \text{mol Fe}_2\text{O}_3} \times \frac{55.85\ \text{g}}{1\ \text{mol Fe}} = 111.7\ \text{g Fe}$$

$$\frac{111.7\ \text{g Fe}}{159.7\ \text{g Fe}_2\text{O}_3} \times 100 = 69.94\%$$

O의 질량 백분율

$$\text{질량}\ \%\ \text{O} = 100\% - \text{질량}\ \%\ \text{Fe} = 100.00\% - 69.94\% = 30.06\%$$

b 1.000 kg의 Fe_2O_3로부터 몇 그램의 철을 추출할 수 있는가?

분석

주어진 정보:	Fe_2O_3의 질량(1.000 kg = 1.000×10^3 g)
정보가 알려주는 내용:	(a)로부터: Fe_2O_3에서 Fe의 질량 백분율(69.94% = 69.94 g Fe/100.00 g Fe_2O_3)
알고자 하는 것:	1.000 kg의 Fe_2O_3에서 얻어진 Fe의 질량

전략

Fe의 질량 = (Fe_2O_3의 질량 × Fe의 질량/100 g Fe_2O_3)

풀이

Fe의 질량

$$1.000 \times 10^3\ \text{g Fe}_2\text{O}_3 \times \frac{69.94\ \text{g Fe}}{100\ \text{g Fe}_2\text{O}_3} = 699.4\ \text{g Fe}$$

c 1.000 kg의 철을 얻어내기 위해 66.4%의 Fe_2O_3가 포함된 적철광 광석 몇 톤이 필요한가?

분석

주어진 정보:	광석에 들어 있는 Fe_2O_3의 질량 백분율(66.4% = 66.4 g Fe_2O_3/100.0 g 광석)
	필요한 Fe의 질량(1.000 kg)
정보가 알려주는 내용:	(a)로부터: Fe_2O_3에서 Fe의 질량 백분율(69.94% = 69.94 g Fe/100.00 g Fe_2O_3)
	톤 단위를 그램 단위로 변환시키는 변환 인자
알고자 하는 것:	1.000 kg의 Fe을 얻는 데 필요한 적철광 광석의 질량

전략

1. 광석에 들어 있는 Fe_2O_3의 질량 백분율(66.4%)과 Fe_2O_3에 들어 있는 Fe의 질량 백분율(69.94%)을 구별할 줄 알아야 한다.
2. 1000 g의 Fe로 시작한다. 그리고 Fe의 질량을 광석의 질량으로 변환시키는 변환 인자로 질량 백분율을 사용한다.

(계속)

$$\frac{69.94\text{ g Fe}}{100.00\text{ g Fe}_2\text{O}_3} \qquad \frac{66.4\text{ g Fe}_2\text{O}_3}{100.00\text{ g 광석}}$$

3. 그램수를 톤수로 변환시킨다.

$$1\text{톤} = 1 \times 10^6\text{ g}$$

풀 이

필요한 적철광의 질량 $1000\text{ g Fe} \times \frac{100\text{ g Fe}_2\text{O}_3}{69.94\text{ g Fe}} \times \frac{100\text{ g 광석}}{66.4\text{ g Fe}_2\text{O}_3} \times \frac{1\text{톤}}{1 \times 10^6\text{ g}} = 2.15 \times 10^{-3}\text{ 톤}$

예제 3.4의 계산은 화학식의 중요한 특성을 보여 주고 있다. 1 mol의 Fe_2O_3에는 2 mol의 Fe (111.7 g)와 3 mol의 O (48.00 g)가 있다. 이것은 Fe_2O_3에서의 원자 비율, 2원자 Fe:3원자 O와 같다. 일반적으로 ***화학식의 아래첨자는 서로 다른 원소들이 결합할 때의 원자 비율뿐 아니라 몰비도 나타낸다.*** ◂ⓘ

ⓘ 몰비가 반드시 원자 비율과 같아야 하는 이유를 설명할 수 있는가?

화학 분석으로부터 실험식

화학 분석의 주요 목적은 화합물의 화학식을 결정하는 일이다. 여기서 접근하고자 하는 식은 구성 원자수의 가장 간단한 정수비로 나타내는 **실험식**(simplest formula)이다. 이온성 화합물의 실험식은 보통 하나이다(예를 들어, $CaCl_2$, Cr_2O_3). 분자성 화합물의 경우에는 실험식에 정수배를 해주어 분자식을 얻을 수 있다.

화합물	실험식	분자식	배수
물(water)	H_2O	H_2O	1
과산화 수소(hydrogen peroxide)	HO	H_2O_2	2
프로필렌(propylene)	CH_2	C_3H_6	3

실험식을 구하기 위해 얻은 분석 자료는 여러 가지 방법으로 표시될 수 있다. 이 자료로부터 다음을 알 수 있다.

- 질량을 알고 있는 화합물에 포함된 원소들의 질량
- 화합물에 포함된 원소들의 질량 백분율
- 질량을 알고 있는 화합물의 반응에 의해 얻어진 생성물의 질량

실험식을 구하기 위해 사용되는 풀이법은 어느 정도 주어진 정보의 유형에 의존한다. 각 경우에 있어서 기본 목표는 먼저 각 원소의 몰수를 구하고, 그러고 나서 가장 간단한 몰비를 구한 다음, 마지막으로 실험식을 구하는 것이다.

그림 3.7은 이 과정에 대한 체계적인 경로를 보여주고 있다. 예제 3.5는 화합물에 들어 있는 원소의 질량이 주어졌을 때 실험식을 얻는 방법의 예를 보여준다. 또한, 원소의 질량은 연소 실험(그림 3.8)의 결과가 주어지면 계산할 수 있다.

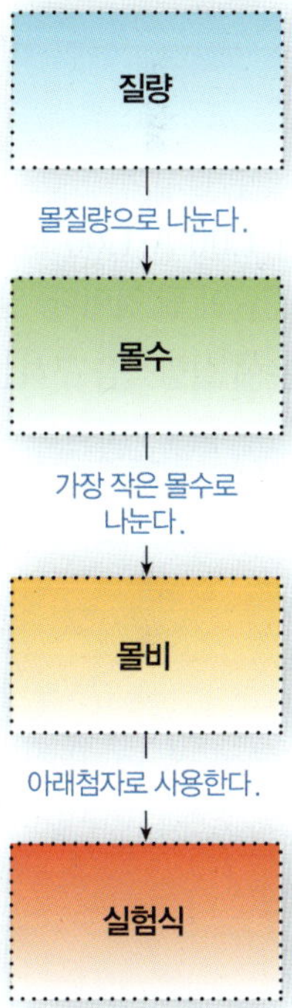

그림 3.7 ▸ **화합물의 실험식을 구하는 순서도.**

예제 3.5

물을 정수하는 데 사용하는 30.00-g 흰색 결정 시료에는 4.731 g의 알루미늄과 8.436 g의 황, 16.83 g의 산소가 포함되어 있다. 이 화합물의 실험식을 구하라.

분 석

주어진 정보: 시료의 질량(30.00 g)

화합물에 들어 있는 각 원소의 질량: Al (4.731 g); S (8.436 g); O (16.83 g)

(계속)

정보가 알려주는 내용:	원소의 원자 질량
알고자 하는 것:	화합물의 실험식

전략

그림 3.7의 도식적인 순서도를 따른다.

풀이

각 원소의 몰수

$$\text{Al: } \frac{4.731 \text{ g Al}}{26.98 \text{ g/mol}} = 0.1753 \text{ mol}$$

$$\text{S: } \frac{8.436 \text{ g S}}{32.07 \text{ g/mol}} = 0.2630 \text{ mol}$$

$$\text{O: } \frac{16.83 \text{ g O}}{16.00 \text{ g/mol}} = 1.052 \text{ mol}$$

원소의 비

$$\text{Al: } \frac{0.1753 \text{ mol}}{0.1753 \text{ mol}} = 1; \quad \text{S: } \frac{0.2630 \text{ mol}}{0.1753 \text{ mol}} = 1.5 \quad \text{O: } \frac{1.052 \text{ mol}}{0.1753 \text{ mol}} = 6.0$$

가장 간단한 *정수비*를 구해야 하므로 모든 원소의 비에 2를 곱한다.

2 Al : 3 S : 12 O

실험식 $Al_2S_3O_{12}$

마무리 정리

1. 몰비가 1.00 A:1.00 B:3.33 C이면, 화학식은 $A_3B_3C_{10}$임을 의미한다. 만일 몰비가 1.00 A:2.50 B:5.50 C였다면 화학식은 $A_2B_5C_{11}$이 될 것이다. 일반적으로 모든 원자수를 정수로 만들 수 있는 가장 작은 수를 곱한다.
2. 이 경우에 실험식을 구하는 데 시료의 질량은 사용되지 않았음을 주목하라.

때때로 화합물에 들어 있는 원소의 질량 백분율이 주어지기도 한다. 이 경우에는 추가적인 계산 과정이 필요하다. ***100-g의 시료가 있다고 가정하고, 그 시료에 포함되어 있는 각 원소의 질량을 계산하라.***

예를 들어, 어떤 화합물에 K, Cr, O의 백분율이 각각 26.6%, 35.4%, 38.0%라고 가정하면 100.0-g의 시료에는 각 원소가 다음과 같은 질량을 갖게 된다.

26.6 g K, 35.4 g Cr, 38.0 g O

이와 같은 질량값을 가지고 예제 3.5에서 수행한 방법에 따라 풀면 같은 답을 얻게 된다(시도해 보라!).

이와 같은 유형에서 가장 복잡한 문제는 실험적으로 화합물의 분석을 통해서 바로 얻어진 자료를 가지고 화합물의 실험식을 구하는 것이다. 이 경우에는 좀 더 추가적인 계산 과정이 요구된다. 즉 실험에서 얻어진 새로운 화합물의 질량으로부터 원소의 질량을 구해야 한다.

헥세인(hexane, C와 H만 포함) 또는 에틸 알코올(C, H, O를 포함)과 같은 간단한 유기 화합물은 그림 3.8에 나타낸 장치를 사용하여 분석할 수 있다. 질량을 측정한 화합물 시료를 *연소*(combustion)라고 부르는 과정으로 산소의 존재하에서 태운다. 연소 과정에서 화합물에 들어 있는 C는 CO_2로 전환되고 H는 H_2O가 된다. CO_2와 H_2O의 질량은 흡수제의 질량 증가를 측정함으로써 구할 수 있다. 만일 화합물 시료에 본래부터 산소가 존재하고 있었다면 산소의 질량은 시료의 질량에서 탄소의 질량과 수소의 질량을 빼주면 얻어진다.

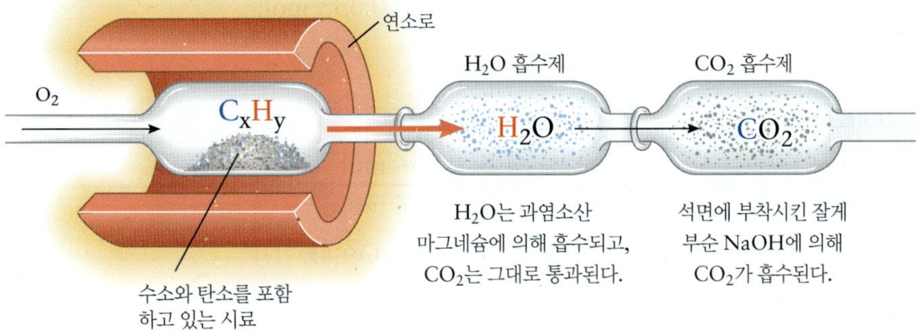

그림 3.8 ▸ **탄소-수소 분석을 위한 연소관.** 물의 흡수제는 $Mg(ClO_4)_2$이다. 이산화 탄소는 잘게 부순 NaOH에 의해 흡수된다. 이러한 방법 대신에 H_2O와 CO_2의 분석을 기체상 크로마토그래피로 정량할 수 있다.

$$\text{O의 질량} = \text{시료의 질량} - (\text{C의 질량} + \text{H의 질량})$$

CO_2 (44.01 g/mol) 한 분자에는 한 개의 C 원자(12.01 g/mol)가 있고, 한 분자의 H_2O (18.02 g/mol)에는 두 개의 H 원자(2 × 1.008 g/mol)가 있다는 사실을 이용하여 C (CO_2에 있는)와 H (H_2O에 있는)의 질량을 구한다. 따라서 다음의 변환 인자가 성립한다.

$$\text{C에 대한 변환 인자: } \frac{12.01 \text{ g C}}{44.01 \text{ g CO}_2} \qquad \text{H에 대한 변환 인자: } \frac{2(1.008) \text{ g H}}{18.02 \text{ g H}_2\text{O}}$$

예제 3.6

신맛을 내게 하는 식초의 화합물은 아세트산이다. 이 화합물은 C, H 및 O 원소를 포함하고 있다. 아세트산 5.00 g을 공기 중에서 연소시켰더니, 7.33 g의 CO_2, 3.00 g의 물이 얻어졌다. 아세트산의 실험식을 구하라.

분석

주어진 정보:	아세트산에 들어 있는 원소(C, H, O)
	아세트산의 질량(5.00 g)
	연소 분석의 결과(7.33 g CO_2, 3.00 g H_2O)
정보가 알려주는 내용:	CO_2와 H_2O의 몰질량(MM)
알고자 하는 것:	아세트산의 실험식

전략

1. 변환 인자를 사용하여 C와 H의 질량을 구한다.

$$\frac{12.01 \text{ g C}}{44.01 \text{ g CO}_2} \qquad \frac{2(1.008) \text{ g H}}{18.02 \text{ g H}_2\text{O}}$$

2. 시료의 질량에서 C의 질량과 H의 질량을 빼서 O의 질량을 구한다.

$$\text{시료의 질량} = \text{C의 질량} + \text{H의 질량} + \text{O의 질량}$$

3. 그림 3.7에 나타낸 도식적인 경로를 따른다.

풀이

1. C의 질량 $$7.33 \text{ g CO}_2 \times \frac{12.01 \text{ g C}}{44.01 \text{ g CO}_2} = 2.00 \text{ g C}$$

H의 질량 $$3.00 \text{ g H}_2\text{O} \times \frac{2(1.008) \text{ g H}}{18.02 \text{ g H}_2\text{O}} = 0.336 \text{ g H}$$

2. O의 질량 $$\begin{aligned}\text{O의 질량} &= \text{시료의 질량} - (\text{C의 질량} + \text{H의 질량}) \\ &= 5.00 \text{ g} - (2.00 \text{ g} + 0.336 \text{ g}) = 2.66 \text{ g}\end{aligned}$$

(계속)

3. 각 원소의 몰수	C: $\frac{2.00\text{ g C}}{12.01\text{ g/mol}} = 0.167\text{ mol}$; H: $\frac{0.336\text{ g H}}{1.008\text{ g/mol}} = 0.333\text{ mol}$; O: $\frac{2.66\text{ g O}}{16.00\text{ g/mol}} = 0.166\text{ mol}$
원소의 정수비	C: $\frac{0.167\text{ mol}}{0.166\text{ mol}} = 1$; H: $\frac{0.333\text{ mol}}{0.166\text{ mol}} = 2$; O: $\frac{0.166\text{ mol}}{0.166\text{ mol}} = 1$
실험식	원소의 정수비를 이용하여 실험식을 구하면 실험식은 CH_2O이다.

실험식으로부터 분자식

화학 연소 분석은 각 원소의 가장 간단한 원자비만을 알려주기 때문에 화학 연소 분석을 하면 항상 어떤 화합물의 실험식이 얻어진다. 이미 지적한 바와 같이 분자식은 실험식의 정수배이다. 배수는 H_2O에서와 같이 1일 수도 있고, H_2O_2에서와 같이 2, C_3H_6에서와 같이 3 또는 다른 정수일 수 있다.

때때로 원자비를 실험식으로 바꾸는 것이 쉽지 않을 수도 있다. (이 장의 맨 뒤에 있는 문제 42 참조)

예제 3.7

채소나 대부분의 과일류, 특히 감귤에는 비타민 C가 들어 있다. 비타민 C의 실험식은 $C_3H_4O_3$이며, 질량분석기로 측정한 비타민 C의 몰질량은 176 g/mol이다. 비타민 C의 분자식은 무엇인가?

분석

주어진 정보:	실험식($C_3H_4O_3$) MM_a: 실제의 몰질량(176 g/mol)
알고자 하는 것:	분자식

전략

1. 실험식의 몰질량, MM_s을 구한다.

2. 다음의 비를 구한다.

$$\frac{\text{실제의 몰질량}}{\text{실험식의 몰질량}} = \frac{MM_a}{MM_s}$$

3. 분자식을 구하기 위하여 위에서 구한 비를 실험식의 모든 아래 첨자에 곱한다.

풀이

1. MM_s	$3(12.01)\text{ g C} + 4(1.008)\text{ g H} + 3(16.00)\text{ g O} = 88.06\text{ g } C_3H_4O_3\text{ g/mol}$
2. 비	$\frac{MM_a}{MM_s} = \frac{176}{88.06} = 2$
3. 분자식	$C_{3\times2}H_{4\times2}O_{3\times2}$ 비타민 C의 분자식은 $C_6H_8O_6$이다.

3-3 화학 반응에서의 질량 관계

실험실에서 반응을 수행하는 화학자는 주어진 출발물질(**반응물**, reactant)로부터 얼마나 많은 **생성물**(product)이 얻어질 수 있는지를 알아야 할 필요성이 있다. 이와 같은 일을 하기 위해서는 먼저 균형 맞춘 **화학 반응식**(chemical equation)을 쓸 수 있어야 한다.

화학 반응식 쓰기와 균형 맞추기

화학 반응은 반응물과 생성물로 이루어지는 화학 반응식에 의해 표시된다. 반응물의 화학식은 반응식의 왼쪽에 나타내고, 생성물의 화학식은 반응식의 오른쪽에 나타낸다. 균형 맞춘 화학 반응식에서 양쪽에 주어진 원소의 원자수는 같다. 실험실에서 수행하는 화학 반응에 대해서도 상황은 달라지는 것이 없다. 원자는 보존되는 것이다. 이와 같은 이유 때문에 ***반응과 관련된 모든 계산은 그 반응에 대한 균형 맞춘 반응식에 기초를 두어야만 한다.***

처음 시작하는 학생들은 화학 반응식을 쓴다는 것이 간단하고 기계적이라 생각할 수도 있다. 그것은 사실이다. 그러나 명백해 보이는 부분들을 간과하기가 쉽다. ***제시된 반응에서 어떤 일이 일어나는지를 모르고서는 화학 반응식을 쓸 수 없다.*** 화학 반응식은 모든 반응물과 모든 생성물을 나타내어야 한다. 또한, 반응물과 생성물의 화학식과 물리적 상태를 알아야 한다.

어떻게 균형 맞춘 반응식을 얻을 수 있는지를 설명하기 위하여 비교적 간단한 반응식을 나타내는 액체 하이드라진(N_2H_4, hydrazine)을 살펴보자. 하이드라진은 화성 탐사선 큐리오시티의 로켓 엔진의 연료로 사용되었다. 이 탐사선은 2012년 8월에 화성에 착륙하였다. 이 탐사선은 아직도 화성에 있다(그림 3.9). 하이드라진은 액체인 사산화 이질소와 반응하여 질소 기체 N_2와 수증기를 생성한다. 이 반응의 균형 맞춘 반응식을 쓰기 위하여 다음과 같은 절차를 따른다.

그림 3.9 ▸ **화성 탐사선 큐리오시티 (Mars rover Curiosity).**

1. ***반응물의 화학식은 왼쪽에, 생성물의 화학식은 오른쪽에 있는 "골격" 반응식(skeleton equation)을 쓴다. 이것을 적용한 반응식은 다음과 같다.***

$$N_2H_4 + N_2O_4 \longrightarrow N_2 + H_2O$$

2. ***다음과 같은 기호를 화학식 다음에 써서 각 반응물과 생성물의 물리적 상태를 표시한다.***

(*g*) 기체 물질에 대해
(*l*) 순수 액체에 대해
(*s*) 고체에 대해
(*aq*) 물(수용액)에 있는 이온이나 분자에 대해

이것을 적용한 반응식은 다음과 같다. ◂ *i*

i (*g*), (*l*), (*s*), (*aq*)의 기호를 사용하여 반응식에서 화합물들의 물리적 상태를 알려준다.

$$N_2H_4(l) + N_2O_4(l) \longrightarrow N_2(g) + H_2O(g)$$

3. ***반응식의 균형을 맞춘다.*** 이를 수행하기 위해 먼저 H_2O 앞에 계수 4를 붙이면 양쪽에 네개의 산소 원자가 균형을 이룬다.

$$N_2H_4(l) + N_2O_4(l) \longrightarrow N_2(g) + 4H_2O(g)$$

다음에는 수소 원자를 고려한다. 오른쪽에는 $4 \times 2 = 8$ H 원자가 있다. 왼쪽에서도 8 H 원자가 있도록 하려면 N_2H_4에 계수 2를 붙인다.

$$2N_2H_4(l) + N_2O_4(l) \longrightarrow N_2(g) + 4H_2O(g)$$

마지막으로 질소를 고려한다. 왼쪽에 총 $(2 \times 2) + 2 = 6$ N 원자가 있다. 질소의 균형을 위해 N_2에 계수 3을 붙인다.

$$2N_2H_4(l) + N_2O_4(l) \longrightarrow 3N_2(g) + 4H_2O(g)$$

이것이 하이드라진과 사산화 이질소의 반응에 대한 최종 균형 맞춘 반응식이다.

균형을 맞추는 과정과 관련하여 강조해야 할 세 가지 점이 있다.

1. 반응식은 화학식 앞의 계수를 조절함으로써 균형이 맞춰지며, 결코 화학식에 있는 아래 첨자를 바꾸어서는 안 된다. 단순히 생각하면 N_6를 써서 오른쪽에 여섯 개의 질소 원자를 맞출 수 있다고 할지 모르나, 그것은 옳지 않은 생각이다. 질소 원소는 이원자 분자인 N_2로 존재한다. N_6 분자는 존재하지 않는다. ◂ *i*

i 6N으로 쓰는 것도 옳지 않다.

2. 반응식의 균형을 맞추기 위하여 반응식 양쪽에서 단지 하나의 화학종에서만 나타나는 원소를 가지고 시작하는 것이 최선이다. 이 경우에는 산소나 수소를 가지고 시작할 수 있을 것이다. 그러나 질소는 좋은 선택이 되지 못한다. 왜냐하면 두 반응물 분자 N_2H_4와 N_2O_4 모두에 질소 원자가 포함되어 있기 때문이다.

3. 원칙적으로 어떤 반응에 대해서 쓸 수 있는 무한한 수의 균형 맞춘 반응식이 있을 수 있다. 다음과 같은 반응식은 양쪽에 있는 각 원소의 원자가 같게 균형 맞추어져 있다.

$$4N_2H_4(l) + 2N_2O_4(l) \longrightarrow 6N_2(g) + 8H_2O(g)$$
$$N_2H_4(l) + \tfrac{1}{2}N_2O_4(l) \longrightarrow \tfrac{3}{2}N_2(g) + 2H_2O(g)$$

그러나 보통 가장 간단한 정수 계수를 갖는 반응식을 선호한다.

$$2N_2H_4(l) + N_2O_4(l) \longrightarrow 3N_2(g) + 4H_2O(g)$$

종종 화학 반응식의 균형을 맞추라고 요구할 때는 반응물과 생성물의 화학식이 주어진다. ◀ⓘ 그러나 때때로 이름만 주면서 화학식을 유도해야 하는 경우도 있다(예제 3.8).

ⓘ 표 2.2를 복습하라.

예제 3.8

수산화 소듐의 결정(그림 3.10)은 공기 중에 있는 이산화 탄소와 반응하여 백색 분말인 탄산 소듐과 무색 액체인 물을 생성한다. 이 화학 반응에 대한 균형 맞춘 반응식을 써라. 탄산 소듐은 흔히 연화제로 세제에 첨가된다.

전략

1. 화합물의 이름을 화학식으로 바꾸고 "골격" 반응식을 쓴다. 2-6절과 2-7절의 논의를 다시 복습하라.
2. 물리적 상태를 쓴다.
3. 반응식의 양쪽에서 한 번씩만 나타나는 원소부터 시작하여 균형을 맞춘다.
4. 반응식의 양쪽에 각 원소의 원자수가 같은지를 검토하라.

풀이

1. 골격 반응식	$NaOH + CO_2 \rightarrow Na_2CO_3 + H_2O$	
2. 물리적 상태	$NaOH(s) + CO_2(g) \rightarrow Na_2CO_3(s) + H_2O(l)$	
3. 균형 맞추기	$2NaOH(s) + CO_2(g) \rightarrow Na_2CO_3(s) + H_2O(l)$	
4. H를 검토한다.	왼쪽에 2	오른쪽에 2
C를 검토한다.	왼쪽에 1	오른쪽에 1
Na를 검토한다.	왼쪽에 2	오른쪽에 2
O를 검토한다.	왼쪽은 2 + 2 = 4	오른쪽은 3 + 1 = 4

균형 맞춘 반응식은 다음과 같다.

$$2NaOH(s) + CO_2(g) \rightarrow Na_2CO_3(s) + H_2O(l)$$

Martin Walker

그림 3.10 ▸ 수산화 소듐 알갱이.

▶ 반응식에서의 질량 관계

반응식을 쓰고 균형을 맞추는 주된 이유는 이 균형 맞춘 반응식을 이용하여 반응물과 생성물의 질량을 연관시킬 수 있다는 것이다. 이와 같은 종류의 계산은 하나의 아주 중요한 원칙에 근거하고 있다.

균형 맞춘 반응식의 계수는 반응물과 생성물들의 몰수를 나타낸다.

이 설명이 타당하다는 것을 보여주기 위해 다음 반응식을 다시 검토해 보자.

$$2N_2H_4(l) + N_2O_4(l) \longrightarrow 3N_2(g) + 4H_2O(g)$$

이 반응식에 있는 계수들은 분자들의 개수를 나타낸다. 즉

2개의 N_2H_4 분자 + 1개의 N_2O_4 분자 $\longrightarrow$ 3개의 N_2 분자 + 4개의 H_2O 분자

아보가드로 수 N_A를 포함해서 각 계수에 같은 수를 곱해도 균형 맞춘 반응식은 그대로 성립된다.

$2N_A$개의 N_2H_4 분자 + $1N_A$개의 N_2O_4 분자 $\longrightarrow$ 3NA개의 N_2 분자 + $4N_A$개의 H_2O 분자

3-1절에서 본 바와 같이 1 mol은 아보가드로 수 N_A에 해당되므로 위의 반응식은 다음과 같이 쓸 수 있다.

$$2 \text{ mol } N_2H_4 + 1 \text{ mol } N_2O_4 \longrightarrow 3 \text{ mol } N_2 + 4 \text{ mol } H_2O$$

2 mol N_2H_4, 1 mol N_2O_4, 3 mol N_2 그리고 4 mol H_2O의 양은 이 반응식에서 화학적으로 서로 동등하다. 따라서 이들은 다음과 같은 변환 인자로 사용될 수 있다.

$$\frac{2 \text{ mol } N_2H_4}{3 \text{ mol } N_2}, \frac{3 \text{ mol } N_2}{1 \text{ mol } N_2O_4}, \text{또는 여러 가지 다른 조합}$$

이들 관계를 *화학양론비*(stoichiometric ratio)라 한다. 이 비는 균형 맞춘 반응식의 계수로부터 얻어진다.

만약 1.80 mol의 N_2를 생성시키기 위하여 요구되는 N_2H_4의 몰수를 구하려고 한다면 변환은 다음과 같이 될 것이다.

$$n_{N_2H_4} = 1.80 \text{ mol } N_2 \times \frac{2 \text{ mol } N_2H_4}{3 \text{ mol } N_2} = 1.20 \text{ mol } N_2H_4$$

2.60 mol의 N_2O_4로부터 생성되는 N_2의 몰수를 구하는 식은 다음과 같다.

$$n_{N_2} = 2.60 \text{ mol } N_2O_4 \times \frac{3 \text{ mol } N_2}{1 \text{ mol } N_2O_4} = 7.80 \text{ mol } N_2$$

위에서 언급된 간단한 몰 관계는 한 물질의 몰수를 다른 물질의 질량(g)에 연관시킬 때 또는 한 물질의 질량(g)을 다른 물질의 몰수나 분자수에 연관시킬 때에도 쉽게 확장된다(예제 3.9). 풀이 과정의 도식적인 순서도를 그림 3.11에 나타내었다.

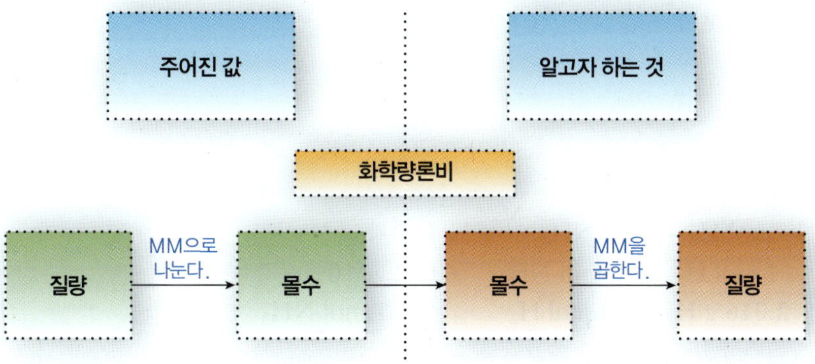

그림 3.11 ▸ 몰-질량 변환을 위한 순서도.

예제 3.9

잔디밭과 정원에 쓰이는 비료(그림 3.12)를 만드는 데 이용되는 암모니아는 질소 기체를 수소 기체와 반응시켜 제조한다. 균형 맞춘 반응식은 다음과 같다.

$$N_2(g) + 3H_2(g) \rightarrow 2 NH_3(g)$$

(계속)

전략

이 예제의 모든 부분에서 그림 3.11에 나타낸 도식적인 순서도를 따른다.

a 1.34 mol의 N_2가 반응할 때 생성되는 암모니아(NH_3)의 몰수

분석

주어진 정보:	균형 맞춘 반응식: $[N_2(g) + 3H_2(g) \rightarrow 2NH_3(g)]$
	N_2의 몰수(1.34)
알고자 하는 것:	생성된 NH_3의 몰수

풀이

NH_3의 몰수

$$\text{mol } H_2 \rightarrow \text{mol } NH_3$$

$$1.34 \text{ mol } H_2 \times \frac{2 \text{ mol } NH_3}{1 \text{ mol } N_2} = \boxed{2.68 \text{ mol } NH_3}$$

b 2.75×10^3 g의 암모니아를 생산하는 데 필요한 수소는 몇 그램인가?

분석

주어진 정보:	암모니아의 질량(2.75×10^3 g)
	균형 맞춘 반응식: $[N_2(g) + 3H_2(g) \rightarrow 2NH_3(g)]$
정보가 알려주는 내용:	NH_3와 H_2의 몰질량
알고자 하는 것:	필요한 H_2의 질량

풀이

H_2의 질량

$$NH_3\text{의 질량} \rightarrow \text{mol } NH_3 \rightarrow \text{mol } H_2 \rightarrow H_2\text{의 질량}$$

$$2.75 \times 10^3 \text{ g } NH_3 \times \frac{1 \text{ mol } NH_3}{17.03 \text{ g } NH_3} \times \frac{3 \text{ mol } H_2}{2 \text{ mol } NH_3} \times \frac{2.016 \text{ g } H_2}{1 \text{ mol } H_2} = \boxed{488 \text{ g } H_2}$$

c 2.92 g의 수소가 반응할 때 생성되는 암모니아 분자는 몇 개인가?

분석

주어진 정보:	H_2의 질량(2.92 g)
	균형 맞춘 반응식: $[N_2(g) + 3H_2(g) \rightarrow 2\ NH_3(g)]$
정보가 알려주는 내용:	H_2의 몰질량
	아보가드로 수(N_A)
알고자 하는 것:	생성된 NH_3의 몰수

풀이

NH_3의 분자수

$$H_2\text{의 질량} \rightarrow \text{mol } H_2 \rightarrow \text{mol } NH_3 \xrightarrow{N_A} NH_3 \text{ 분자}$$

$$2.92 \text{ g } H_2 \times \frac{1 \text{ mol } H_2}{2.016 \text{ g } H_2} \times \frac{2 \text{ mol } NH_3}{3 \text{ mol } H_2} \times \frac{6.022 \times 10^{23} \text{ 분자}}{1 \text{ mol } NH_3} = \boxed{5.81 \times 10^{23}}$$

d 15.0 L의 공기(부피 기준 질소 79%)가 과량의 수소와 반응할 때, 생성된 암모니아는 몇 그램인가? 이 반응 조건에서 질소의 밀도는 1.25 g/L이다.

분석

주어진 정보:	균형 맞춘 반응식: $[N_2(g) + 3H_2(g) \rightarrow 2NH_3(g)]$
	$V_{공기}$(15.0 L); 공기 속의 N_2의 부피 백분율(79%); N_2의 밀도(d = 1.25 g/L)
정보가 알려주는 내용:	N_2와 NH_3의 몰질량
알고자 하는 것:	생성된 NH_3의 질량

(계속)

풀이

NH_3의 질량

$$V_{공기} \xrightarrow{\%\ N_2} V_{N_2} \xrightarrow{밀도} N_2의\ 질량 \rightarrow mol\ N_2 \rightarrow mol\ NH_3 \rightarrow NH_3의\ 질량$$

$$15.0\ L공기 \times \frac{79\ L\ N_2}{100\ L공기} \times \frac{1.25\ g\ N_2}{1\ L\ N_2} \times \frac{1\ mol\ N_2}{28.02\ g\ N_2} \times \frac{2\ mol\ NH_3}{1\ mol\ N_2}$$

$$\times \frac{17.03\ g\ NH_3}{1\ mol\ NH_3} = 18\ g\ NH_3$$

한계 반응물과 이론적 수득량

두 원소인 안티모니와 아이오딘을 서로 접촉시켜 가열하면, 두 원소들이 반응하여 아이오딘화 안티모니(III)를 형성한다(그림 3.13).

$$2Sb(s) + 3I_2(s) \longrightarrow 2SbI_3(s)$$

이 반응식의 계수는 2 mol의 Sb (243.6 g)가 정확히 3 mol의 I_2 (761.4 g)와 반응하여 2 mol의 SbI_3 (1005.0 g)를 생성한다는 것을 말해 주고 있다. 바꾸어 말해서, 반응이 완전히 일어나고 생성물의 손실이 없다고 가정하면 이와 같은 조건에서 SbI_3는 최대 1005.0 g까지 얻을 수 있다. 이 양을 SbI_3의 **이론적 수득량**(theoretical yield)이라 한다.

보통 실험실에서는 반응물들을 반응에 필요한 비율대로 정확하게 혼합하지는 않는다. 오히려 한 반응물을, 즉 일반적으로 더 싼 것을 과량 사용한다. 예를 들면 3.00 mol의 Sb와 3.00 mol의 I_2를 혼합한다. 이러한 경우에 반응이 끝나면 1.00 mol의 Sb가 남아 있게 된다.

$$\begin{aligned} 과량의\ Sb &= 초기의\ 3.00\ mol\ Sb - 소비된\ 2.00\ mol\ Sb \\ &= 1.00\ mol\ Sb \end{aligned}$$

3.00 mol의 I_2는 2.00 mol의 SbI_3를 생성하는 데 완전히 소비되어야만 한다.

$$생성된\ n_{SbI_3} = 3.00\ mol\ I_2 \times \frac{2\ mol\ SbI_3}{3\ mol\ I_2} = 2.00\ mol\ SbI_3$$

반응이 끝나고, 얻어지는 고체는 생성물인 2.00 mol SbI_3(1005.0 g)와 반응하지 않은 1.00 mol Sb (121.8 g)의 혼합물일 것이다.

그림 3.12 ▸ **비료.** 포대의 표지에 표시된 5-10-5는 비료가 5% 질소, 10% 인, 5% 포타슘의 성분을 가지고 있음을 나타낸다.

그림 3.13 ▸ **안티모니와 아이오딘의 반응.**

이러한 상황에서는 *과량 반응물*(excess reactant), Sb와 **한계 반응물**(limiting reactant), I_2는 구별된다. 생성된 생성물의 양은 한계 반응물의 양에 의해 제한된다. 3.00 mol의 I_2를 가지고는 아무리 과량의 Sb를 쓴다 하더라도 2.00 mol보다 더 많은 양의 SbI_3를 얻을 수 없다.

이와 같은 조건하에서 생성물의 이론적 수득량은 한계 반응물이 완전히 소모되었다고 가정할 때 생성된 양을 의미한다. 따라서 위의 경우 SbI_3의 이론적 수득량은 한계 반응물, 즉 I_2로부터 생성된 양인 2.00 mol이 되는 것이다.

때때로 두 가지 다른 반응물의 양이 주어지고 어느 것이 한계 반응물인지 결정하라는 질문과, 생성물의 이론적 수득량을 계산하라는 질문을 받게 된다. 이를 위해서는 체계적인 과정 즉 다음과 같은 4단계를 따르는 것이 도움이 된다.

1. *만약 첫 번째 시약이 완전히 소모된다고 할 때 얻어질 수 있는 생성물의 양을 계산하라.*
2. *똑같은 계산을 두 번째 반응물에 대해서도 반복하라. 즉 만약 모든 반응물들이 소모된다고 할 때 생성될 생성물이 얼마나 될지 계산하라.*
3. *(1)과 (2)에서 계산된 두 가지 양 중에서 적은 것을 택하라. 이것이 생성물의 이론적 수득량이다. 더 적은 양을 생성하는 반응물이 한계 반응물이다. 다른 반응물은 과량으로서 단지 일부만 소모된다.*
4. *생성물의 이론적 수득량으로부터 과량 반응물이 얼마만큼 반응에 소비되었는지를 결정한다. 이 양을 초기 양에서 빼서 남아 있는 양을 알아낸다.*

이 과정의 실례를 들기 위해 6장의 치즈와 18조각의 빵으로 치즈 샌드위치를 만든다고 가정하자. ◀ⓘ 지금 가진 치즈로는 6개의 치즈 샌드위치를 만들 수 있고, 빵으로는 9개의 치즈 샌드위치를 만들 수 있다. 여기서는 명백하게 치즈가 한계 반응물이다. 그리고 빵은 과량이다. 그리고 이론적 수득량은 6개의 샌드위치이다. 구운 치즈 샌드위치 여섯 개는 12조각의 빵을 사용한다. 18조각이 있었으므로, 6조각의 빵이 남게 된다.

ⓘ 구운 치즈 샌드위치는 WLM (William L. Masterton)과 CNH가 선호하는 간편 음식이다.

예제 3.10

다음 반응에 대한 물음에 답하라.

$$2Sb(s) + 3I_2(s) \longrightarrow 2\,SbI_3(s)$$

a 1.20 mol의 Sb와 2.40 mol의 I_2를 혼합하였을 때, 한계 반응물과 이론적 수득량을 결정하라.

분석

주어진 정보:	각각의 반응물의 몰수: Sb (1.20), I_2 (2.40)
	균형 맞춘 반응식: [$2Sb(s) + 3I_2(s) \rightarrow 2\,SbI_3(s)$]
알고자 하는 것:	한계 반응물
	이론적 수득량

전략

1. 먼저 Sb가 한계 반응물이라고 가정하고 생성된 SbI_3의 몰수를 구한다. 그 다음, I_2가 한계 반응물이라고 가정하고 생성된 SbI_3의 몰수를 계산한다.

mol Sb $\rightarrow$ mol SbI_3 mol I_2 $\rightarrow$ mol SbI_3

2. 더 적은 양의 SbI_3를 생성하는 반응물이 한계 반응물이다. 그리고 더 적은 양의 SbI_3가 이론적 수득량이다.

풀이

1. SbI_3의 몰수

$$1.20 \text{ mol Sb} \times \frac{2 \text{ mol SbI}_3}{2 \text{ mol Sb}} = 1.20 \text{ mol} \qquad 2.40 \text{ mol I}_2 \times \frac{2 \text{ mol SbI}_3}{3 \text{ mol I}_2} = 1.60 \text{ mol}$$

2. 한계 반응물

1.20 mol (Sb 한계) < 1.60 mol (I_2 한계)   한계 반응물은 Sb 이다.

(계속)

이론적 수득량	1.20 mol < 1.60 mol 이론적 수득량은 **1.20 mol SbI_3** 이다.

b 1.20 g의 Sb와 2.40 g의 I_2를 혼합하였다. 반응이 완전히 끝난 후, 남아 있는 과량 반응물의 질량은 얼마인가?

분석

주어진 정보:	각 반응물의 질량: Sb (1.20 g), I_2 (2.40 g)
	균형 맞춘 반응식: [$2Sb(s) + 3I_2(s) \rightarrow 2SbI_3(s)$]
정보가 알려주는 내용:	SbI_3와 I_2의 몰질량(MM)
알고자 하는 것:	한계 반응물
	이론적 수득량
	반응하지 않은 과량 반응물의 질량

전략

1. 그림 3.11에 요약한 과정을 따른다. Sb의 질량과 I_2의 질량을 SbI_3의 몰수로 변환시킨다.
2. 더 적게 얻어진 SbI_3의 몰수가 이론적 수득량이다. 더 적은 양을 생성하는 반응물이 한계 반응물이다.
3. 한계 반응물의 몰수를 과량 반응물의 질량으로 변환시킨다. 그것이 반응에서 소모된 과량 반응물의 질량이다.
4. 반응하지 않은 과량 반응물의 질량 = 초기의 과량 반응물의 질량 − 소모된 과량 반응물의 질량

풀이

1. SbI_3의 몰수

$$1.20 \text{ g Sb} \times \frac{1 \text{ mol Sb}}{121.8 \text{ g Sb}} \times \frac{2 \text{ mol SbI}_3}{2 \text{ mol Sb}} = 0.00985 \text{ mol SbI}_3$$

$$2.40 \text{ g I}_2 \times \frac{1 \text{ mol I}_2}{253.8 \text{ g I}_2} \times \frac{2 \text{ mol SbI}_3}{3 \text{ mol I}_2} = 0.006304 \text{ mol SbI}_3$$

2. 한계 반응물: 0.006304 mol (I_2 한계) < 0.00985 mol (Sb 한계). 따라서 **I_2** 가 한계 반응물이다.

   이론적 수득량: 0.006304 mol < 0.00985 mol 이론적 수득량은 **0.006304 mol (3.17 g) SbI_3** 이다. 과량 반응물은 Sb이다.

3. 소모된 Sb의 질량

$$2.40 \text{ g I}_2 \times \frac{1 \text{ mol I}_2}{253.8 \text{ g I}_2} \times \frac{2 \text{ mol Sb}}{3 \text{ mol I}_2} \times \frac{121.8 \text{ g Sb}}{1 \text{ mol Sb}} = 0.768 \text{ g Sb}$$

4. 반응하지 않은 반응물의 질량: 반응하지 않은 반응물의 질량 = 초기의 질량 − 소모된 질량 = 1.20 g − 0.768 g = **0.43 g**

생성물의 이론적 수득량을 결정할 때는 ***두 계산된 양 중에서 적은 것을 선택해야 함***을 기억해야 한다. 왜 그런가 알아보기 위해 예제 3.10b로 돌아가서 살펴보자. 예제에서 1.20 g의 Sb와 2.40 g의 I_2를 가지고 시작했으며, SbI_3의 이론적 수득량은 3.17 g이었고, 0.43 g의 Sb가 남았다. 따라서 다음의 관계가 성립한다.

$$1.20 \text{ g Sb} + 2.40 \text{ g I}_2 \longrightarrow 3.17 \text{ g SbI}_3 + 0.43 \text{ g Sb}$$

즉, 3.60 g의 반응물에서 반응하지 않은 안티모니를 포함하여 총 3.60 g의 생성물이 얻어졌으므로 이는 맞는 말이다. 그러나 이론적 수득량으로서 4.95 g(Sb가 한계 반응물일 때, 생성물의 질량)의 SbI_3를 선택했다고 가정하자. 이로 인해 다음과 같은 비상식적인 상황이 발생한다.

$$1.20 \text{ g Sb} + 2.40 \text{ g I}_2 \longrightarrow 4.95 \text{ g SbI}_3$$

이것은 질량 보존 법칙을 위배한다. 즉 3.60 g의 반응물에서 4.95 g의 생성물을 생성할 수 없다.

그림 3.14 ▸ **퍼센트 수득률(percent yield)**. 20개의 팝콘 낟알 중에서 16개만 튀겨졌다면, 이 "반응"에서의 팝콘의 퍼센트 수득률은 16/20 × 100% = 80%이다.

실제 수득량, 퍼센트 수득률

이론적 수득량은 얻기를 희망하는 생성물의 최대량이다. 이론적 수득량을 계산할 때 한계 반응물은 완전히(즉 100%) 생성물로 전환되었다고 가정한다. 그러나 실제로는 이와 같이 되지는 않는다. 한계 반응물의 일부는 경쟁 반응에서 소모될지도 모르고 생성물의 일부는 반응 혼합물로부터 분리 과정 중에 손실될 수도 있다. ◀ⓘ 이러한 이유 또는 다른 이유 때문에 반응에서 **실제 수득량**(experimental yield)은 일반적으로 이론적 수득량보다 적다. 다시 말해서 다음에 나타낸 **퍼센트 수득률**(percent yield)은 100%보다 작을 것으로 예상된다.◀ⓘ

ⓘ 여러분은 결코 여러분이 바라는 만큼 잘 하지 못하기 때문에, 결코 100%를 얻을 수 없다.

ⓘ 앞에서 언급되었던 6개의 구운 치즈 샌드위치를 기억하는가? 만약 여러분의 개가 당신이 보지 않는 사이에 그중 하나를 먹었다면 수득률은 83%이다.

$$\text{퍼센트 수득률} = \frac{\text{실제 수득량}}{\text{이론적 수득량}} \times 100\% \qquad (3.3)$$

예제 3.11

마그네슘과 아이오딘이 반응하여 아이오딘화 마그네슘이 생성되는 반응을 살펴보자. 어떤 학생이 계산을 해본 결과, 본인이 가지고 있는 시약의 양으로는 1.71 mol의 MgI_2가 얻어지는 것으로 나타났다. 반응이 완료된 후에, 그는 조교에게 84.5%의 수득률을 얻었다고 보고하였다. 그는 몇 그램의 MgI_2를 얻었는가?

분 석

주어진 정보:	이론적 수득량(1.71 mol)
	퍼센트 수득률(84.5%)
알고자 하는 것:	실제로 얻어진 MgI_2의 질량

전 략

1. 식 3.3에 대입한다.

$$\% \text{ 수득률} = \frac{\text{실제 수득량}}{\text{이론적 수득량}} \times 100\%$$

2. 계산한 답은 몰수로 나타낸 이론적 수득량이 된다. 그램으로 변환시킨다.

풀 이

1. 실제 수득량

$$84.5\% = \frac{\text{실제 수득량}}{1.71 \text{ mol}} \times 100\%; \text{ 실제 수득량} = 1.44 \text{ mol } MgI_2$$

2. MgI_2의 질량

$$1.44 \text{ mol } MgI_2 \times \frac{278.1 \text{ g } MgI_2}{1 \text{ mol } MgI_2} = 402 \text{ g}$$

마무리 정리

실제 수득량이 이론적 수득량보다 더 크다면 무엇인가 잘못된 것이다!

생활 속의 화학 이야기 | CHEMISTRY BEYOND THE CLASSROOM

수화물

이온성 화합물은 종종 수용액에서 분리되어 물 분자와 함께 고체가 된다. 그러한 화합물을 **수화물**(hydrate)이라 한다. 예를 들면 황산구리 수화물의 경우, $CuSO_4$ 1 mol마다 H_2O가 5 mol씩 함유되어 있다. 이것의 화학식은 $CuSO_4 \cdot 5H_2O$이며, '·'은 두 종류의 화학식 $CuSO_4$와 H_2O를 구분하기 위해 사용된다. 분자 앞에 사용된 그리스어 접두사(이 예에서 penta)는 물 분자의 몰수를 나타내기 위해 사용된다. $CuSO_4 \cdot 5H_2O$의 체계적인 이름은 황산 구리(II) 오수화물(copper(II) sulfate · pentahydrate)이다.

어떤 수화물들은, 그중에서도 특히 $Na_2CO_3 \cdot 10H_2O$와 $FeSO_4 \cdot 7H_2O$는 건조 공기에 노출되면 수화물 속의 물 일부 또는 전체를 잃는다. 이 과정을 **풍화**(efflorescence)라 한다. 유리질의 투명한 수화물 결정은 가루가 된다. 종종 탈수는 색깔 변화와 함께 일어난다(그림 A). $CoCl_2 \cdot 6H_2O$가 건조 공기에 노출되거나 가열되면 물을 잃고 색깔이 붉은색에서 자주색 또는

그림 A ▸ 황산 구리(II)와 염화 코발트(II)의 수화물. $CuSO_4 \cdot 5H_2O$(*왼쪽 위*)는 푸른색; 무수물 고체(즉 물이 없는 황산 구리)는 흰색(*왼쪽 아래*). $CoCl_2 \cdot 5H_2O$(*오른쪽 위*)는 붉은 분홍색이다. $CoCl_2 \cdot 4H_2O$처럼 수화된 물의 양이 적은 코발트 수화물은 자주색(*오른쪽 아래*) 또는 푸른색이다.

푸른색으로 바뀐다. 이 화합물의 결정은 습도 표시기나 보이지 않는 잉크 성분으로 사용된다. 이 잉크를 사용하면 종이가 가열되었을 때에만 물이 날아가고 푸른색이 남아 눈으로 볼 수 있게 된다.

이온성 물질뿐 아니라 분자성 물질도 수화물을 만들 수 있으나 그 성질이 다르다. 분자성 물질의 결정인 경우 **클라쓰레이트**(clathrate)라고 부르기도 하는데, CH_4, $CHCl_3$와 같은 분자가 물 분자의 얼음과 같은 새장 구조에 붙잡힌 모양을 하고 있다. 분자성 수화물의 가장 잘 알려진 것은 염소 수화물인데, 그 조성은 대략 $Cl_2 \cdot 7.3H_2O$이다. 이 화합물은 영국의 위대한 물리학자이며 전기 화학자인 Michael Faraday에 의해 1823년에 발견되었다. 0°C에서 염화 칼슘 용액에 염소 기체를 방울방울 주입하여 이것을 만들 수 있다. 수화물이 가벼운 하얀색 결정으로 가라앉는다. 1914년의 겨울, 독일군은 화학전에서 염소를 사용하며 러시아 전선에서 러시아 황제의 병사들에 맞서 싸웠다. 그들은 왜 염소 기체가 아무런 효과가 없는지 의아해 했다. 그 이유는 유독한 염소 기체는 추운 온도에서는 수화물의 형태로 안정하고 봄이 되어서야 수화물에서 방출되었기 때문이었다.

1930년대에 고압 천연 가스(95% 메테인) 수송관이 미국에서 만들어지기 시작하였다. 매우 추운 날에는 이 관들이 종종 막혀 버리는 일들이 생겼는데, 관을 막는 물질은 물과 메테인(CH_4)으로 이루어진 흰색의 밀랍 같은 고체였다. 20년 후 Illinois 대학의 Walter Claussen 교수는 그것들이 메테인 수화물이라는 것을 밝혔다. 메테인 분자는 그림 B에서 보는 것과 같이 H_2O 분자로 이루어진 삼차원 새장에 가두어진 형태를 띠고 있다.

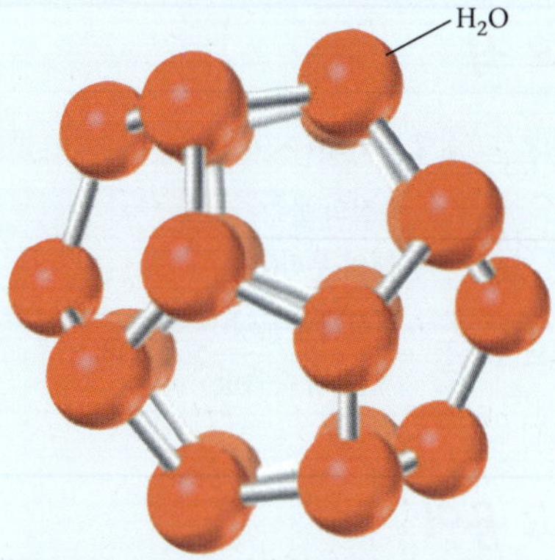

그림 B ▸ 메테인 수화물 내에 기체 분자를 가두고 있는 새장(cage)의 하나. 물 분자는 12개의 면이 오각형으로 이루어진 삼차원 구조인, 오각형 12면체를 형성한다.

1970년에는 North Carolina의 해안에서 330 km 떨어진 대서양의 해저에서 거대한 메테인 수화물 매장물이 발견되었다. 이 흰색 고체들은 고압과 0°C를 약간 상회하는 낮은 온도로 인해 대양의 밑바닥에 남을 수 있었다. 이것이 해수면으로 올라오게 되면 메테인 수화물 고체는 분해되어 매우 많은 양의 메테인 기체를 방출한다(그림 C).

메테인 수화물은 해양과 알래스카, 시베리아의 영구 동토층에 광범위하게 분포하고 있다. 이렇게 매장되어 있는 메테인이 연소하면 석유, 천연가스나 석탄과 같은 세상에 알려진 연료 자원보다 두 배의 에너지를 발생시킨다. 하지만 해저 퇴적물에서 메테인을 추출해 내는 방법은 아직 공학적으로 성공하지 못하였다. 우선 수화물들을 혼합되어 있는 진흙과 침적토, 돌로부터 분리해 내는 것은 분해를 조절하는 것만큼이나 어려운 일이며, 또한 적어도 100마일 넘게 떨어져 있는 해안으로 수송해야 하는 문제점을 가지고 있다.

John Pinkston and Laura Stern/Science News/U.S. Geological Survey

그림 C ▸ 메테인 수화물은 "불타는 얼음"이라고 부른다.

주요 개념

1. 몰질량을 사용하여 다음을 연관짓기.
   - 몰과 물질의 질량
     (예제 3.1; 문제 1~14)
   - 용액의 몰수; 몰농도
     (예제 3.2, 3.3; 문제 15~24)
   - 분자식과 실험식
     (예제 3.7; 문제 43, 44)
2. 조성 백분률과 그와 동등한 값을 구하기 위해 화합물의 화학식 사용하기.
   (예제 3.4; 문제 25~34)
3. 화학 분석에 의한 화합물의 실험식 구하기.
   (예제 3.5, 3.6; 문제 35~46)
4. 검사에 의한 화학 반응식의 균형 맞추기.
   (예제 3.8; 문제 47~52)
5. 균형 맞춘 반응식을 사용하여
   - 반응물과 생성물의 질량을 연관시키기
     (예제 3.9; 문제 53~64)
   - 한계 반응물, 이론적 수득량, 퍼센트 수득률 구하기
     (예제 3.10, 3.11; 문제 65~72)

주요 식

몰질량 질량 = MM × n

$$몰농도(M) = \frac{용질의\ 몰수}{용액의\ 부피(L)}$$

$$퍼센트\ 수득률 = \frac{실제\ 수득량}{이론적\ 수득량} \times 100\%$$

주요 용어

몰(mole)
몰농도(molarity)
몰질량(molar mass)
실험식(simplest formula)
이론적 수득량(theoretical yield)
조성 백분율(percent composition)
퍼센트 수득률(percent yield)
한계 반응물(limiting reactant)

요약 문제

인간의 생존에 필수인 산소 기체에 대한 물음에 답하라.

(a) 19.00 g의 산소 기체는 몇 몰인가?

(b) 0.138 mol의 산소 기체의 질량은 몇 그램인가?

(c) 철을 산소하에서 연소시키면(이 과정을 "배소"라고 부름) 산화 철(III)이 얻어진다. 이 반응에 대한 균형 맞춘 반응식을 써라.

(d) 0.384 g의 산화 철(III)과 물로 이루어진 용액이 485-mL가 있다. 이 용액의 몰농도는 얼마인가?

(e) 17.28 g의 철은 몇 그램의 산소와 반응하겠는가?

(f) 15.00 g의 철이 과량의 산소와 반응하면 몇 그램의 생성물이 얻어지는가?

(g) 0.744 M 산화 철(III) 용액 300.0 mL를 만들기 위해 필요한 산화 철(III)을 철과 산소의 반응으로 만들 때, 과량의 철과 반응하는 산소의 그램수는 얼마인가?

(h) 28.00 g의 철이 28.00 g의 산소와 반응하였을 때, 생성물은 몇 그램인가? 과량 반응물은 몇 그램이 남겠는가?

(i) 10.00 g의 산소를 철과 반응시켰다. 실제로 얻어진 산화 철(III)의 양은 28.14 g이었다. 퍼센트 수득률은 얼마인가?

(j) 폴리황화 소듐(sodium polysulfide) 용액에 산소 기체를 불어 넣으면 하이포가 생성된다. 사진 정착제인 "하이포"(hypo)는 소듐, 황, 산소로 구성되어 있으며 질량 백분율은 다음과 같다: 29.08% Na와 40.57% S. 실험식은 무엇인가?

해답

(a) **0.5938 mol**
(b) **4.42 g**
(c) $4\,Fe(s) + 3O_2(g) \longrightarrow 2Fe_2O_3(s)$
(d) **0.00496 M**
(e) **7.426 g**
(f) **21.45 g**
(g) **1.07 g**
(h) **40.04 g Fe_2O_3; 15.97 g O_2가 남음**
(i) **84.58%**
(j) $Na_2S_2O_3$

연습 문제

짝수 번호의 문제와 도전 문제의 해답은 센게이지 홈페이지 자료실에서 다운로드 받을 수 있다(www.cengage.co.kr).

3-1 몰(mole)

▶ 몰, 몰질량, 몰-그램 변환

1. 초콜릿 칩 쿠키를 만드는 데 쓰이는 초콜릿 칩은 그 질량이 0.324 g이다.
(a) 1 mol의 초콜릿 칩 속에는 몇 개의 초콜릿 칩이 있는가?
(b) 쿠키 하나가 15개의 초콜릿 칩을 필요로 할 때, 1×10^{-9} mol의 초콜릿 칩으로 몇 개의 쿠키를 만들 수 있는가? [10억분의 1 mol은 1 nmol이다.]

2. 하나의 헤이즐럿에서 나오는 알맹이는 0.985 g이다.
(a) 헤이즐럿 알맹이의 백만분의 1 mol의 질량을 구하라. [백만분의 1 mol은 1 μmol이다.]
(b) 1파운드의 헤이즐럿 알맹이는 몇 몰인가?

3. 다음을 계산하라.
(a) 0.429 mol의 금의 질량
(b) 0.715 g의 금 속에 있는 원자의 개수
(c) 0.336 g의 금 속에 있는 전자의 몰수

4. 다음에 있는 전자는 몇 개인가?
(a) 한개의 Sc^{3+} 이온
(b) 1 mol의 Sc^{3+}
(c) 1 g의 Sc^{3+}

5. 소듐 입방체의 한 변의 길이는 1.25 in이다. 이 입방체 1개에는 몇 개의 원자가 들어 있는가?($d_{Na} = 0.968\ g/cm^3$)

6. 순수한 백금($d = 21.45\ g/cm^3$)으로 구성되어 있는 어떤 고체 원뿔의 지름은 2.75 cm이고 높이는 3.00 in이다.
(a) 원뿔에는 몇 몰의 백금이 들어 있는가?
(b) 원뿔에는 몇 개의 전자가 들어 있는가?

7. 다음의 몰질량(g/mol)을 계산하라.

(a) 사탕수수로 만든 설탕($C_{12}H_{22}O_{11}$).
(b) 웃음 가스(N_2O).
(c) 비타민 A ($C_{20}H_{30}O$).

8. 다음의 몰질량(g/mol)을 계산하라.
(a) 자연에 존재하는 가장 밀도가 큰 원소인 오스뮴 금속.
(b) 베이킹 소다, $NaHCO_3$.
(c) 뼈와 이의 건강에 필요한 비타민 D, $C_{28}H_{44}O$.

9. 다음을 몰로 변환시켜라.
(a) 로켓 추진 연료인 하이드라진(N_2H_4) 4.00×10^3 g
(b) 불소 치약의 성분인 플루오린화 주석(II) 12.5 g
(c) 13 g의 카페인, $C_4H_5N_2O$

10. 다음을 몰로 변환시켜라.
(a) 128.3 g의 수크랄로스(sucralose, $C_{12}H_{19}O_8Cl_3$). 수크랄로스는 인공 감미료인 Splenda™의 주요 성분이다.
(b) 0.3066 g의 요산(uric acid), $C_5H_4N_4O_3$. 이 화합물은 통풍과 관절염을 일으킨다.
(c) 2.664 g의 텔루륨화 카드뮴(II). 이 화합물은 태양 전지판을 도포하는 데 사용한다.

11. 다음 각 물질 3.839 mol의 질량을 그램으로 계산하라.
(a) 로켓 추진체인 하이드라진(hydrazine).
(b) 카페인, $C_4H_5N_2O$.
(c) 초콜릿이나 코코아에 들어 있는 알칼로이드인 테오브로민(theobromine, $C_7H_8N_4O_2$).

12. 다음 물질 1.35 mol의 질량을 그램 단위로 계산하라.
(a) 페인트 안료로 사용되는 타이타늄 화이트(titanium white), TiO_2.
(b) 인공 감미료, Splenda™의 활성 성분인 수크랄로스(sucralose), $C_{12}H_{19}O_8Cl_3$.
(c) 쥐약에 들어 있는 스트리키닌(strychnine), $C_{21}H_{22}N_2O_2$.

13. TNT [trinitrotoluene, $C_7H_5(NO_2)_3$]에 대한 아래의 표를 완성하라.

	그램수	몰수	분자수	N 원자수
(a)	127.2	______	______	______
(b)	______	0.9254	______	______
(c)	______	______	1.24×10^{28}	______
(d)	______	______	______	7.5×10^{22}

14. 여러 가지 감귤류 과일에 든 시트르산($C_6H_8O_7$)에 대한 아래의 표를 완성하라.

	그램수	몰수	분자수	O 원자수
(a)	0.1364	______	______	______
(b)	______	1.248	______	______
(c)	______	______	4.32×10^{22}	______
(d)	______	______	______	5.55×10^{19}

▶ 용액의 몰수

15. 청소용으로 사용되는 가정용 암모니아는 용액 100 mL (2개의 유효숫자)에 대략 10 g의 NH_3가 들어 있다. 이 NH_3 용액의 몰농도는 얼마인가?

16. 가정용 표백제에는 물 100 g(2개의 유효숫자) 당 대략 5.2 g의 하이포염소산 소듐(sodium hypochlorite)이 들어 있다. 표백제에 들어 있는 하이포염소산 소듐의 몰농도는 얼마인가?(부피 변화는 없다고 가정하라.)

17. 다음 화합물 20.00 g을 물에 녹여서 전체 부피를 4.50 L로 만들었다. 이 수용액에 존재하는 각 이온의 몰농도는 얼마인가?
(a) 염화 코발트(III) [cobalt(III) chloride]
(b) 황산 니켈(III) [nickel(III) sulfate]
(c) 과망가니즈산 소듐(sodium permanganate)
(d) 브로민화 철(II) [iron(II) bromide]

18. 다음 각 화합물 28.0 g을 물에 녹여서 용액 785 mL의 4개의 용액을 만들었다. 각 화합물의 수용액에 존재하는 각 이온의 몰농도는 얼마인가?
(a) 산화 포타슘(potassium oxide)
(b) 탄산수소 소듐(sodium hydrogen carbonate)
(C) 아아이오딘산 스칸듐(III)[scandium(III) iodite, $Sc(IO_2)_3$]
(d) 인산 마그네슘(magnesium phosphate)

19. 순수한 물과 고체로부터 다음을 어떻게 만들겠는가?
(a) 0.400 L의 0.155 *M* $Sr(OH)_2$ 용액
(b) 1.75 L의 0.333 *M* $(NH_4)_2CO_3$ 용액

20. 다음의 고체에 물을 가하여 0.685 *M* 용액 2.00 L를 만들려고 한다. 어떻게 하면 되는가?
(a) $Ni(NO_3)_2$ (b) $CuCl_2$
(c) $C_6H_8O_6$ (비타민 C)

21. 0.8500 *M* 질산 알루미늄 용액을 만들라는 요구를 받았다. 가지고 있는 것은 고체 50.00 g밖에 없다.
(a) 만들 수 있는 용액의 최대 부피는 얼마인가?
(b) 0.5000 mol의 질산 알루미늄을 반응에 제공하려면 이 용액 몇 mL가 필요한가?
(c) 만일 만든 용액 2.500 L가 필요하다면, 질산 알루미늄은 얼마가 더 필요한가?
(d) 0.450 *M* 질산 알루미늄 용액 50 mL가 필요하다. (a)에서 만든 용액으로부터 필요한 용액을 어떻게 만들면 되겠는가?

22. 어떤 실험에 0.4500 *M*의 탄산 알루미늄 용액이 필요하다. 시약실에는 32.00 g의 고체만 있다.
(a) 이 시약으로 만들 수 있는 용액의 최대 부피는 얼마인가?
(b) 어떤 실험의 반응은 0.1450 mol의 탄산 이온이 필요하다. 0.1450 mol을 제공하려면 이 용액 몇 mL가 필요한가?

23. 어떤 학생이 두개의 KOH 용액을 혼합한 다음 만들어진 용액의 몰농도를 결정하였다. 그리고 그는 다음의 자료를 기록하였다.

용액 I:	0.125 *M* KOH 30.00 mL
용액 II:	KOH 40.00 mL
용액 I + 용액 II:	0.203 *M* KOH 70.00 mL

용액 II에서 KOH의 몰농도는 얼마인가?

24. 25 mL의 0.388 *M* Na_2SO_4 용액을 35.3 mL의 0.229 *M* Na_2SO_4 용액과 혼합하였다. 혼합 용액의 몰농도는 얼마인가? 부피는 더해진다고 가정한다.

3-2 화학식에서의 질량 관계

25. 터키석(turquoise)은 $CuAl_6(PO_4)_4(OH)_8 \cdot 4H_2O$의 화학식을 갖는다. 터키석의 각 원소의 질량 백분율을 계산하라.

26. 다이아제팜(diazepam)은 Valium®이라는 상품명으로 판매되는 중독성 신경안정제이다. 이 물질의 실험식은 $C_{16}H_{13}N_2OCl$이다. 이 화합물에서 각 원소의 질량 백분율을 계산하라.

27. 보통 강철의 강도와 경도를 높이기 위해 강철에 소량의 텅스텐(W)을 넣는다. 텅스텐 광석은 철중석[ferberite, $(FeWO_4)$], 회중석[scheelite, $(CaWO_4)$]의 두 가지가 있다. 725 g의 $CaWO_4$에 들어 있는 텅스텐의 질량과 같은 질량을 갖는 $FeWO_4$은 몇 그램인가?

28. 마늘의 독특한 냄새와 향은 알리신(allicin)이라는 물질과 관계가 있다. 이 물질의 분자식은 $C_6H_{10}O_2S$이다. 25.0 g의 알리신에는 몇 그램의 황(S)이 포함되어 있는가?

29. Pepto-Bismol®은 의사의 처방이 없이 구입할 수 있는 배탈 치료제이고, 활성 성분은 차살리실산 비스무트($C_7H_5BiO_4$)이다. 1.7500-g의 Pepto-Bismol 시료를 분석하였더니 346 mg의 비스무트가 들어 있음을 알았다. 시료 속에 들어 있는 차살리실산 비스무트의 질량 백분율은 얼마인가? (Pepto-Bismol에는 비스무트를 포함하는 다른 화합물은 없다고 가정하라.)

30. 땀 억제제의 활성 성분은 알루미늄 클로로하이드레이트[aluminum chlorohydrate, $Al_2(OH)_5Cl$]이다. 2.000-g의 땀 억제제 시료를 분석하였

더니 0.334 g의 알루미늄이 들어 있음을 알았다. 땀 억제제에 들어 있는 알루미늄 클로로하이드레이트의 질량 백분율은 얼마인가? (땀 억제제에는 알루미늄을 포함하는 다른 화합물은 없다고 가정하라.)

31. 남성의 성 호르몬인 테스토스테론 1.00 g을 연소 분석한 결과, 2.90 g의 CO_2, 0.875 g의 H_2O를 얻었다. 테스토스테론에 들어 있는 탄소, 수소, 산소의 질량 백분율은 얼마인가?

32. 탄소, 수소, 염소, 산소 원자로 이루어진 헥사클로로펜(hexachlorophene)은 살균 비누의 성분이다. 1.000-g의 시료를 연소시키면 1.407 g의 이산화 탄소, 0.134 g의 물, 0.523 g의 염소 기체가 생성된다. 헥사클로로펜에 있는 탄소, 수소, 염소, 산소의 질량 백분율은 얼마인가?

33. NiX_3 화합물은 19.67%(질량 기준)의 니켈을 가지고 있다. 이 화합물의 몰질량은 얼마인가? 화합물의 이름은 무엇인가?

34. 어떤 화합물 R_2O_3는 32.0% 산소를 포함하고 있다. R_2O_3의 몰질량은 얼마인가? R로 표시된 원소는 무엇인가?

35. 망가니즈는 플루오린과 반응하여 플루오린 화합물을 생성한다. 1.873 g의 망가니즈가 충분한 양의 플루오린과 반응하면 3.813 g의 플루오린화 망가니즈(manganese fluoride)를 생성한다. 플루오린화 망가니즈의 실험식은 무엇인가?

36. 니켈은 황과 반응하여 황화물을 만든다. 만약 2.986 g의 니켈과 충분한 양의 황이 반응하여 5.433 g 황화 니켈이 형성되었다. 이 황화물의 실험식은 무엇인가? 이 황화물을 명명하라.

37. 다음 화합물의 실험식을 결정하라.
 (a) 조미료인 글루탐산 소듐(MSG)의 조성은 다음과 같다. 35.51% C, 4.77% H, 37.85% O, 8.29% N, 13.60% Na.
 (b) 다이아몬드 유사 광물인 지르콘(zircon)의 조성은 다음과 같다. 34.91% O, 15.32% Si, 49.76% Zr
 (c) 니코틴의 조성은 다음과 같다. 74.0% C, 8.65% H, 17.4% N.

38. 다음 화합물의 실험식을 결정하라.
 (a) 사용이 금지된 자동차 휘발유의 노킹 방지제인 사에틸 납(tetraethyl lead)의 조성은 다음과 같다. 29.71% C, 6.234% H, 64.07% Pb.
 (b) 대부분의 신맛을 내는 과일에 포함되어 있는 시트르산(citric acid)의 조성은 다음과 같다. 37.51% C, 4.20% H, 58.29% O.
 (c) 화학요법에 사용되는 의약품인 시스플라틴(cisplatin)의 조성은 다음과 같다. 9.34% N, 2.02% H, 23.36% Cl, 65.50% Pt.

39. 니코틴은 담배의 잎에 들어 있으며, 흡연의 중독성을 일으키는 주요 물질이다. 니코틴은 탄소, 수소, 질소 원자로 이루어져 있다. 2.500-g의 니코틴 시료를 연소시켰더니 6.782 g의 CO_2와 1.944 g의 H_2O이 얻어졌다. 니코틴의 실험식은 무엇인가?

40. 살리실산 메틸(methyl salicylate)은 Ben-Gay™와 같은 연고의 "유효 성분"이다. 이 물질은 또한 윈터그린 오일로 알려져 있으며, C, H, O 원자로 이루어져 있다. 살리실산 메틸 5.287 g을 과량의 산소 속에서 연소시켰더니 12.24 g의 이산화 탄소와 2.505 g의 물이 생성되었다. 살리실산 메틸의 실험식은 무엇인가?

41. 베타차단제(beta-blocker)는 고혈압을 관리하는 데 널리 사용되는 약품의 일종이다. 베타차단제의 한 종류인 아테놀롤(atenolol)은 탄소, 수소, 산소, 질소 원자로 구성되어 있다. 5.000-g의 아테놀롤 시료를 산소하에서 연소시켰더니 11.57 g의 CO_2와 3.721 g의 H_2O이 얻어졌다. 5.000-g 아테놀롤 시료에 대해 별도로 수행한 실험으로 10.52%의 질소가 들어 있음을 알았다. 아테놀롤의 실험식은 무엇인가?

42. 사카린(saccharin)은 오늘날 많이 사용되는 감미료의 유효 성분이다. 사카린은 탄소, 수소, 산소, 황, 질소로 되어 있다. 7.500 g의 사카린을 산소 속에서 연소시켰더니, 12.6 g의 CO_2, 1.84 g의 H_2O, 2.62g의 SO_2가 얻어졌다. 같은 질량(7.500 g)의 시료를 사용한 다른 실험으로 사카린이 7.65% N를 가지고 있음을 알았다. 사카린의 실험식은 무엇인가?

43. 헥사메틸렌다이아민(MM = 116.2 g/mol)은 C, H, N 원자로 이루어져 있으며, 나일론 생산에 사용된다. 헥사메틸렌다이아민 6.315 g을 산소 중에서 연소시키면 이산화 탄소 14.36 g과 7.832 g의 물이 얻어진다. 이 화합물의 실험식과 분자식은 무엇인가?

44. 아폴로 달 탐사선에서 사용되었던 연료인 다이메틸하이드라진(dimethylhydrazine)의 몰질량은 60.10 g/mol이다. 이 물질은 C, H, N으로 이루어져 있다. 이 연료 2.859 g을 과량의 산소로 연소시켰더니 4.190 g의 CO_2와 3.428 g의 H_2O가 생성되었다. 다이메틸하이드라진의 실험식과 분자식은 무엇인가?

45. 엡솜 염(epsom salt)은 황산 마그네슘의 수화물 결정으로 화학식은 $MgSO_4 \cdot xH_2O$이다. 엡솜 염의 시료 6.499 g을 가열하였더니 물이 제거되고 3.173 g이 남았다. 이 수화된 시료에 들어 있는 물의 질량 백분율은 얼마인가? x는 얼마인가?

46. 붕산 소듐 십수화물(sodium borate decahydrate, $Na_2B_4O_7 \cdot 10H_2O$)은 흔히 붕사(borax)라고 한다. 이 물질은 탈취제와 곰팡이 억제제로 사용되고 있다. 붕사 시료 15.86 g을 가열하면 물이 모두 증발하고, 일정한 질량이 얻어진다.
 (a) $Na_2B_4O_7 \cdot 10H_2O$에서 물의 질량 백분율은 얼마인가?
 (b) 무수 붕산 소듐($Na_2B_4O_7$)의 질량은 얼마인가?

3-3 화학 반응에서의 질량 관계

반응식의 균형 맞추기

47. 다음 반응식의 균형을 맞추어라.
 (a) $CaC_2(s) + H_2O(l) \longrightarrow Ca(OH)_2(s) + C_2H_2(g)$
 (b) $(NH_4)_2Cr_2O_7(s) \longrightarrow Cr_2O_3(s) + N_2(g) + H_2O(g)$
 (c) $CH_3NH_2(g) + O_2(g) \longrightarrow CO_2(g) + N_2(g) + H_2O(g)$

48. 다음 반응식의 균형을 맞추어라.
 (a) $C_6H_{12}O_6(s) + O_2(g) \longrightarrow CO_2(g) + H_2O(l)$
 (b) $XeF_4(g) + H_2O(l) \longrightarrow Xe(g) + O_2(g) + HF(g)$
 (c) $NaCl(s) + H_2O(g) + SO_2(g) + O_2(g) \longrightarrow Na_2SO_4(s) + HCl(g)$

49. 황과 다음의 금속들의 반응에서 음이온이 S^{2-}일 때 이온성 화합물인 고체가 얻어진다. 이 반응의 균형 맞춘 반응식을 써라.
 (a) 포타슘 (b) 마그네슘
 (c) 알루미늄 (d) 칼슘
 (e) 철(Fe^{2+} 이온 생성)

50. 다음의 비금속들과 스칸듐 금속이 반응하여 스칸듐(III) 염을 생성하는 반응의 균형 맞춘 반응식을 써라.
 (a) 황 (b) 염소
 (c) 질소 (d) 산소(산화물 형성)

51. 다음 반응의 균형 맞춘 반응식을 써라.
 (a) 포도당($C_6H_{12}O_6$)이 연소(산소와의 반응)하여 이산화 탄소와 물이 생성되는 반응
 (b) 사플루오린화 제논 기체가 물과 반응하여 제논, 산소, 플루오린화 수소 기체가 생성되는 반응
 (c) 알루미늄과 산화 철(III)이 반응하여 산화 알루미늄과 철이 생성되는 반응
 (d) 원소로부터 암모니아 기체가 생성되는 반응
 (e) 염화 소듐과 이산화 황 기체, 수증기, 산소가 반응하여 황화 소듐과 염화 수소 기체가 생성되는 반응

52. 다음 반응의 균형 맞춘 반응식을 써라.
 (a) 황화 이수소와 이산화 황 기체가 반응하면 고체 황과 수증기가 생성된다.
 (b) 메테인, 암모니아, 산소 기체가 반응하면 사이안화 수소(hydrogen cyanide) 기체와 수증기가 생성된다.
 (c) 산화 철(III)과 수소 기체가 반응하면 용융 철과 수증기가 생성된다.
 (d) 산화 우라늄(IV)과 플루오린화 수소 기체가 반응하면 플루오린화 우라늄(IV)과 수증기가 생성된다.
 (e) 에틸 알코올(C_2H_5OH)을 연소시키면 이산화 탄소와 물이 생성된다.

반응에서의 몰-질량 관계

53. 사이아노젠 기체(cyanogen gas, C_2N_2)는 우주에 존재하는 기체 중에서 발견되었다. 이것은 플루오린과 다음과 같은 반응을 한다.

$$C_2N_2(g) + 7F_2(g) \longrightarrow 2CF_4(g) + 2NF_3(g)$$

(a) 1.37 mol의 사이아노젠은 몇 몰의 플루오린과 반응하는가?
(b) 13.75 mol의 플루오린으로부터 몇 몰의 CF_4가 생성되는가?
(c) 0.8974 mol의 NF_3를 만들기 위해서 몇 몰의 사이아노젠이 필요한가?
(d) 몇 몰의 플루오린이 있어야 4.981 mol의 NF_3를 만들 수 있는가?

54. 암모니아는 한계 반응물인 산소와 반응하는 다음 반응식과 같이 반응한다.

$$4NH_3(g) + 5O_2(g) \longrightarrow 4NO(g) + 6H_2O(l)$$

(a) 3.914 mol의 산소가 완전히 반응하였을 때, 생성되는 NO의 몰수는 얼마인가?
(b) 2.611 mol의 암모니아와 반응하는 데 필요한 산소의 몰수는 얼마인가?
(c) 0.8144 mol의 암모니아가 모두 반응하였을 때 얻어지는 물의 몰수는 얼마인가?
(d) 0.2179 mol의 물이 생성되려면 몇 몰의 산소가 필요한가?

55. 굴뚝 매연으로부터 일산화 질소(NO)를 제거하는 한 가지 방법은 암모니아와 반응시키는 것이다.

$$4NH_3(g) + 6NO(g) \longrightarrow 5N_2(g) + 6H_2O(l)$$

다음을 계산하라.
(a) 0.839 mol의 암모니아로부터 생성되는 물의 질량
(b) 3.402 mol의 암모니아와 반응하기 위해 필요한 NO의 질량
(c) 12.0 g의 질소를 만들기 위해 필요한 암모니아의 질량
(d) 115 g의 NO를 반응시키는 데 필요한 암모니아의 질량

56. 포스핀 기체와 산소의 반응식은 다음과 같다.

$$4PH_3(g) + 8O_2(g) \longrightarrow P_4O_{10}(s) + 6H_2O(g)$$

다음을 계산하라.
(a) 12.43 mol의 포스핀으로부터 생성되는 P_4O_{10} (tetraphosphorus decaoxide)의 질량
(b) 0.739 mol의 수증기를 만들기 위해 필요한 PH_3의 질량
(c) 1.000 g의 수증기를 만들기 위해 필요한 산소의 질량
(d) 20.50 g의 포스핀과 반응시키는 데 필요한 산소의 질량

57. 액체 클로로에틸렌(C_2H_3Cl)을 연소시키면 이산화 탄소와 수증기, 염화 수소 기체가 생성된다.
(a) 이 반응의 균형 맞춘 반응식을 써라.
(b) 35.00 g의 클로로에틸렌과 반응하는 데 필요한 산소의 몰수는 얼마인가?
(c) 25.00 g의 클로로에틸렌이 과량의 산소와 반응할 때 얻어지는 각 생성물의 질량은 몇 g인가?

58. 모래는 주로 이산화 규소로 되어 있다. 모래를 과량의 코크스(탄소)와 가열하면, 순수한 규소와 일산화 탄소가 생성된다.
(a) 이 반응의 완결된 반응식을 써라.
(b) 20.00 g의 규소를 얻으려면 몇 몰의 이산화 규소가 필요한가?
(c) 98.76 g의 규소를 얻었다면 일산화 탄소는 몇 그램이 생성되겠는가?

59. 산화 구리(II)를 수소 기체와 가열하면 다음의 반응이 일어난다.

$$CuO(s) + H_2(g) \longrightarrow Cu(s) + H_2O(g)$$

산화 구리(II)로 코팅되어 있는 구리 막대의 질량을 측정하였더니 38.72 g이었다. 이 막대를 5.67 L의 수소 기체와 가열하였다. 이 실험 조건에서 수소 기체의 밀도는 0.0519 g/L이다.
(a) 몇 그램의 CuO가 Cu로 변환되었겠는가?
(b) 모든 수소가 소모되었을 때 얻어진 구리의 질량은 얼마인가? (CuO는 Cu로만 변환된다고 가정하라.)

60. 주석이 공기 중 산소와 접촉하면 산화 주석(IV)(SnO_2)이 생성된다.

$$Sn(s) + O_2(g) \longrightarrow SnO_2(s)$$

얇은 주석판 한 조각(8.25 cm × 21.5 cm × 0.600 mm, d = 7.28 g/cm^3)이 산소에 노출되었다.
(a) 모든 주석이 반응했다면 산화된 주석판의 질량은 얼마인가?
(b) 공기는 부피로 약 21%의 산소를 포함한다(25°C, 1 atm에서 d = 1.309 g/L). 몇 L의 공기가 있어야 얇은 주석판이 모두 반응하겠는가?

61. 발전소에서 사용되는 원유는 질량으로 약 1.2%의 황을 포함하고 있다. 원유가 연소할 때 황은 이산화 황 기체를 생성한다.

$$S(s) + O_2(g) \longrightarrow SO_2(g)$$

같은 온도와 압력에서 1.00 × 10^4 kg의 원유가 연소할 때 SO_2 (d = 2.60 g/L)는 몇 L 생성되는가?

62. 옥수수를 발효시키면, 옥수수에 들어 있는 프럭토스(fructose)가 다음 반응식에 따라 알코올로 변환된다.

$$C_6H_{12}O_6(aq) \longrightarrow 2C_2H_5OH(l) + 2CO_2(g)$$

(a) 1파운드의 프럭토스로부터 만들어지는 알코올(d = 0.789 g/mL)의 부피는 얼마인가?
(b) 가소올(gasohol)은 10 mL의 에틸 알코올과 90 mL의 가솔린의 혼합물이다. 1갤런의 가소올 속에 들어 있는 에틸 알코올을 만드는 데 몇 그램의 프럭토스가 필요한가?

63. 다음과 같은 가상 반응에 대해

$$8A_2B_3(s) + 3X_4(g) \longrightarrow 4A_4X_3(s) + 12B_2(g)$$

10.0 g의 A_2B_3 (MM = 255 g/mol)가 과량의 X_4와 반응하여, 4.00 g의 A_4X_3를 생성한다.
(a) 몇 몰의 A_4X_3가 생성되는가?
(b) A_4X_3의 몰질량은 얼마인가?

64. 다음의 가상 반응에 대한 물음에 답하라.

$$2R_2X_5 + 2\,Z_8 \longrightarrow 5X_2 + 4RZ_4$$

25.00 g의 Z_8 (MM = 197.4 g/mol)를 R_2X_5와 반응시키면 21.72 g의 X_2가 생성된다.
(a) 몇 몰의 X_2가 생성되겠는가?
(b) X_2의 몰질량은 얼마인가?

65. 고체 인(P_4)을 산소 기체와 반응시키면 오산화 이인이 생성된다. 초기에 2.87 mol의 인과 3.86 mol의 산소를 반응시켰다. (수득률은 100%라고 가정하라.)
(a) 이 반응에 대한 균형 맞춘 반응식을 써라.
(b) 한계 반응물은 무엇인가?
(c) 반응이 완결되었을 때, 몇 몰의 과량 반응물이 남겠는가?

66. 염소와 플루오린이 반응하여 삼플루오린화 염소 기체를 생성한다. 초기에, 1.75 mol의 염소와 3.68 mol의 플루오린을 반응시켰다. (반응의 수득률은 100%라고 가정하라.)
(a) 반응에 대한 균형 맞춘 반응식을 써라.
(b) 한계 반응물은 무엇인가?
(c) 삼플루오린화 염소의 이론적 수득량은 얼마인가? (몰수 단위로)
(d) 반응이 완결된 후, 남아 있는 과량 반응물의 몰수는 얼마인가?

67. 염소산 포타슘(potassium chlorate)을 높은 온도로 가열하면 염화 포타슘(potassium chloride)과 산소로 분해된다.
(a) 분해 반응에 대한 균형 맞춘 반응식을 써라.
(b) 이 분해 반응에서 실제의 수득률은 83.2%이다. 198.5 g의 산소를 만들기 위해서는 몇 그램의 염소산 포타슘이 분해되어야 하는가?

68. 철이 수증기와 고온에서 반응하면 다음의 반응이 일어난다.

$$3Fe(s) + 4H_2O(g) \longrightarrow Fe_3O_4(s) + 4H_2(g)$$

만약 반응 수득률이 69%이면 897 g의 Fe_3O_4를 만들기 위해서 얼마의 철이 과량의 수증기와 반응해야 하는가?

69. 고체인 사염화 규소와 물이 반응하면, 고체인 이산화 규소와 염화 수소 기체가 생성된다.
(a) 이 반응에 대한 균형 맞춘 반응식을 써라.
(b) 한 실험에서, 45.00 g의 사염화 규소를 45.00 mL의 물(d = 1.00 g/mL)과 반응시켰다. HCl의 이론적 수득량은 몇 그램인가?
(c) 반응이 완전히 끝났을 때, 17.8 L의 HCl 기체(실험 조건에서 d = 1.49 g/L)가 얻어졌다. 퍼센트 수득률은 얼마인가?

(d) 사용되지 않고 남아 있는 과량 반응물은 몇 그램인가?

70. Ostwald 공정으로 질산을 제조하는 첫 번째 단계에서는 암모니아 기체와 산소가 반응하여 일산화 질소와 수증기가 생성된다. 반응 혼합물에는 7.60 g의 암모니아와 10.00 g의 산소가 포함되어 있다. 반응이 완결된 후에 6.22 g의 일산화 질소가 얻어졌다.

(a) 반응의 균형 맞춘 반응식을 써라.

(b) 이론적으로 산화 질소는 몇 그램이 얻어지겠는가?

(c) 이론적으로 과량 반응물 중에서 몇 그램이 반응하지 않고 남아 있겠는가?

(d) 반응의 퍼센트 수득률은 얼마인가?

71. 염화 주석(IV)은 강화 유리 용기의 외부 코팅제로 사용된다. 염화 주석(IV)은 주석을 염소 기체와 반응시켜 만든다.

$$Sn(s) + 2Cl_2(g) \longrightarrow SnCl_4(l)$$

이 반응 과정은 25.0% 과량의 주석을 필요로 하며 수득률은 73.7%이다. 0.500 L의 $SnCl_4$ (d = 2.226 g/mL)를 만드는 데 필요한 주석의 질량과 염소 기체의 부피(25°C, 1 atm에서 d = 2.898 g/L)를 계산하라.

72. 한 학생이 고체인 삼아이오딘화 인과 물을 반응시켜 인산(H_3PO_3)을 만들려고 한다.

$$PI_3(s) + 3H_2O(l) \longrightarrow H_3PO_3(s) + 3HI(g)$$

그 학생은 0.250 L의 H_3PO_3(d = 1.651 g/cm^3)를 만들려고 한다. 제조 과정을 보면 45.0% 과량의 물이 사용되고, 수득률은 75.0%이다. PI_3를 얼마나 준비해야 하겠는가? 사용해야 할 물(d = 1.00 g/cm^3)의 부피는 얼마인가?

종합 문제

73. 시스플라틴, $Pt(NH_3)_2Cl_2$는 DNA의 성장을 억제하는 화학 요법에 사용되는 약품이다. Pt의 시가가 $1118.0/troy ounce (1 troy ounce = 31.10 g)이라면, 3000달러의 백금을 가지고 몇 g의 시스플라틴을 만들 수 있는가? 이는 몇 파운드인가?

74. 마그네슘 리본은 산과 반응하여 수소 기체와 마그네슘 이온을 생성한다. 10 mL의 산에 질량이 다른 마그네슘 리본을 가한다. 얻어진 수소 기체의 부피를 측정하여 반응으로 생성된 수소의 몰수를 구한다. 다양한 측정값을 아래 표에 나타내었다.

실험	Mg 리본의 질량 (g)	사용된 산의 부피 (mL)	H_2기체의 부피 (mL)
1	0.020	10.0	21
2	0.040	10.0	42
3	0.080	10.0	82
4	0.120	10.0	122
5	0.160	10.0	122
6	0.200	10.0	122

(a) Mg의 질량과 수소 기체의 부피 사이에 얻어지는 결과를 그래프로 그려라.

(b) 실험 1에서 한계 반응물은 어느 것인가?

(c) 실험 3에서 한계 반응물은 어느 것인가?

(d) 실험 6에서 한계 반응물은 어느 것인가?

(e) 어느 실험이 각 반응물에 대해 화학량론적인 양을 사용하였는가?

(f) 0.300 g의 Mg 리본이 사용되었다면 얻어지는 기체의 부피는 얼마인가? 또 0.010 g을 사용하였다면 얻어지는 기체의 부피는?

75. 철은 산소와 반응한다. 질량이 다른 철을 일정한 양의 산소에서 연소시킨다. 생성물인 철 산화물의 질량을 측정한다. 얻은 생성물의 질량을 사용한 철의 질량에 대해 정리하면 다음과 같은 그래프를 얻는다.

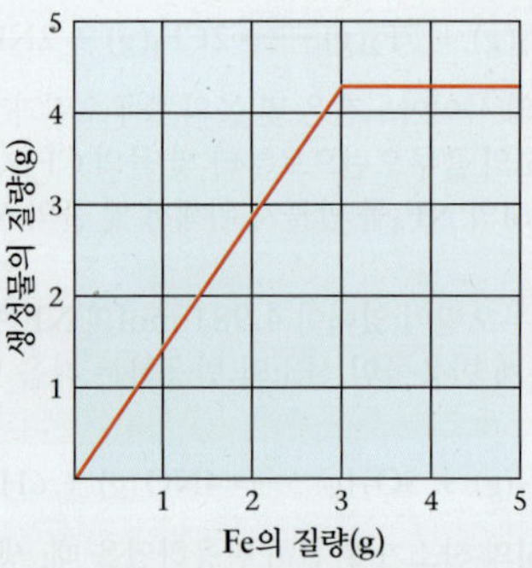

(a) 0.50 g의 철을 사용할 때, 생성물은 몇 그램 얻게 되는가?

(b) 2.00 g 철을 사용할 때, 한계 반응물은 어느 것인가?

(c) 5.00 g 철을 사용할 때, 한계 반응물은 어느 것인가?

(d) 공급한 산소의 양과 화학양론적으로 완전히 반응하는 철은 몇 그램인가?

(e) 생성물의 실험식은 무엇인가?

76. 아세트산($HC_2H_3O_2$)은 묽은 에탄올(C_2H_5OH)에 *아세토박터* 유기체(*acetobacter* organism)를 작용시켜 만든다. 이 반응의 반응식은 다음과 같다.

$$C_2H_5OH(aq) + O_2(g) \longrightarrow HC_2H_3O_2(aq) + H_2O$$

0.664 M 아세트산 175 mL를 만드는 데 12.5%(부피 단위) 에탄올 용액이 몇 mL가 필요한가? (순수한 에탄올의 밀도 = 0.789 g/mL.)

개념 문제

77. 주어진 원소와 질량 관계를 이용하여 다음 물음에 답하라.

(a) A 원자 4개의 질량 = B 원자 6개의 질량. 어느 원소의 몰질량이 작은가?

(b) C 원자 6개의 질량이 D 원소의 원자 3개의 질량보다 작다. 어느 원소의 원자 1개당 질량이 더 큰가?

(c) E 원자 6개의 질량이 F 원자 6개의 질량보다 크다. 어느 것이 원자 1개당 질량이 더 큰가?

(d) F 원자 6개가 G 원자 8개와 같은 질량을 가진다. 어느 것이 몰 당 원자수가 더 많은가?

78. A(정사각형), B(원), C(삼각형)으로 만들어진 화합물들 사이의 반응을 아래에 도시하였다. 가장 작은 정수 계수를 사용하여 균형 맞춘 반응식을 써라.

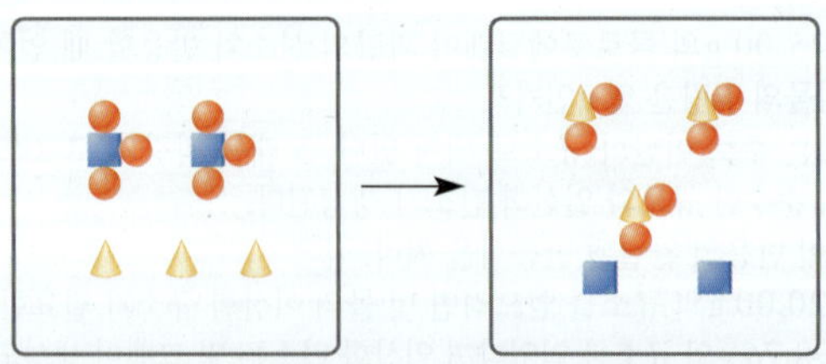

79. A를 정사각형, B를 원, C를 삼각형으로 표시해서 다음 반응을 그림으로 나타내어라(연습 문제 78 참조).

$$A_2B_3 + C_2 \longrightarrow C_2B_3 + A_2$$

반응식을 그림으로 "나타낸" 다음, 그 그림을 이용하여 반응식의 균형을 맞추어라.

80. 질소는 수소와 반응하여 암모니아를 생성한다. 각 질소 원자를 정사각형으로 나타내고, 각 수소 원자를 원으로 나타내라. 수소와 질소 모두 분자 다섯 개로 시작하라. 반응이 완전히 끝났을 때, 생성물이 어떻게 되는지를 그림으로 나타내어라.

81. 다음의 도표에서 원자 X는 정사각형으로, 원자 Y는 원으로 나타내었다.

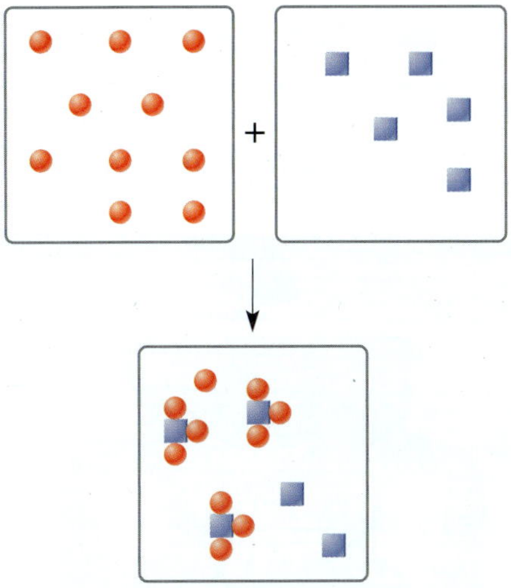

(a) 도표에서 나타낸 반응의 반응식을 써라.

(b) 각각의 원은 1 mol의 Y를 나타내고, 각각의 정사각형이 1 mol의 X를 나타낸다면, 몇 몰의 X로 시작하였는가? 또, 몇 몰의 Y로 시작하였는가?

(c) (b)에서의 표시를 따를 때, 생성물은 몇 몰 얻어지는가? 반응하지 않은 X와 Y는 몇 몰 남는가?

82. 상자 A에는 36개의 비소(As) 원자와 27개의 O_2 분자가 들어 있다. 상자 B에는 18개의 As_2O_3 분자가 들어 있다. 계산기를 사용하지 말고, 다음에 관하여 상자 A와 상자 B를 비교하라.

(a) 비소와 산소의 원자수

(b) 입자들의 수.

(c) 질량.

83. 1.00 mol의 암모니아를 1.00 mol의 산소와 반응하면 산화 질소와 물이 생성되며, 반응식은 다음과 같다.

$$4NH_3\,(g) + 5O_2\,(g) \longrightarrow 4NO\,(g) + 6H_2O\,(l)$$

반응에 대한 다음 설명 중 참인 것은 어느 것인가? 거짓인 것은 참이 되도록 수정하여라.

(a) 모든 산소가 소모된다.

(b) 4.00 mol의 NO가 생성된다.

(c) 1.50 mol의 H_2O가 생성된다.

(d) 실험의 설명에서 퍼센트 수득률을 구하는데 필요한 충분한 정보를 제공하지 않았다.

(e) 생성된 NO 2 mol 당 1 mol의 물이 생성된다.

84. C-12의 원자 질량을 5.000 amu로 정하고, 5.000 kg의 탄소-12의 원자수를 1 mol이라고 정의하였다고 가정하자. 이 조건에서 1 mol에는 몇 개의 원자가 들어 있는가? (*힌트*: 12.00 g의 C-12에는 6.022×10^{23} C 원자가 들어 있다.)

85. Si-28 ($^{28}_{14}Si$)을 원자 질량을 나타내는 표준으로 정하고, 원자 질량을 10.00 amu로 정했다고 가정하자. 질소화 소듐(sodium nitride)의 몰질량은 얼마인가?

86. LT(*보다 작다*), GT(*보다 크다*), EQ(*과(와) 같다*), MI(*정보가 더 필요하다*)를 사용해 밑줄 친 빈칸을 채워 다음의 문제에 답하라.

(a) Na 원자 6.022×10^{23}개의 질량(유효 숫자 3자리까지)은 23.0 g ________.

(b) 붕소는 B-10(10.01 amu)과 B-11(11.01 amu)의 두개의 동위원소가 있다. B-10의 존재비는 B-11의 존재비 _____ .

(c) 만약 S-32를 상대적인 원자량의 기준으로 사용하고, 원자량을 10.00 amu로 정의하였다면 H의 원자량은 1.00 amu _____ .

(d) 포스핀 기체(PH_3)를 산소하에서 연소시키면 P_4O_{10}과 수증기가 생성된다. 균형 맞춘 반응식(가장 작은 정수 계수 사용)에서 출발 물질의 계수의 합은 7 _____ .

(e) 브로민 분자 1 mol의 질량(g 단위로)은 79.90_____ .

87. 아래의 서술이 참인지 거짓인지 결정하라.

(a) 원자의 질량은 단위 몰을 가질 수 있다.

(b) N_2O_4에서 산소의 질량은 질소의 질량의 두 배이다.

(c) 염소 원자 1 mol은 35.45 g의 질량을 갖는다.

(d) 붕소는 평균 원자량이 10.81 amu이다. B-10(10.01 amu)과 B-11(11.01 amu)의 두개의 동위원소가 있는데, B-10이 B-11보다 자연에 더 많이 존재한다.

(e) 화합물 $C_6H_{12}O_2N$의 가장 간단한 실험식은 $C_3H_6ON_{1/2}$이다.

(f) 철 558.5-g은 크로뮴 0.5200 g의 10배에 해당하는 원자수를 가진다.

(g) 1.00 mol의 암모니아와 1.00 mol의 산소를 혼합하면 다음의 반응이 일어난다.

$$4NH_3(g) + 5O_2(g) \longrightarrow 4NO(g) + 6H_2O(l)$$

모든 산소가 소모된다.

(h) 반응의 균형을 맞추었을 때, 반응물의 전체 몰수는 생성물의 전체 몰수와 같아야 한다.

도전 문제

88. 나뭇잎의 초록빛을 띠게 하는 물질인 엽록소에는 엽록소 분자 당 한개의 마그네슘 원자가 들어 있으며, 이는 질량으로 2.72%에 해당된다. 엽록소의 몰질량은 얼마가 되겠는가?

89. X-선 회절법을 이용하면 원자 사이의 거리, 결정내에서 원자가 배열된 유형을 알아낼 수 있다. 은의 결정에서, 입방체의 공간을 4개의 원자가 효과적으로 점유하고 있으며 한 변의 길이는 0.409 nm이다. 은의 밀도는 10.5 g/cm^3이다. 1 mol의 은에 들어 있는 원자수를 계산하라.

90. 칼슘 5.025-g 시료가 공기 중에서 연소되면 산화 칼슘과 질소화 칼슘의 두 이온성 화합물이 생성된다. 이 혼합물에 물을 가하면 산화 칼슘과 물이 반응하여 수산화 칼슘 4.832 g이 형성된다. 몇 그램의 산화 칼슘이 생성되겠는가? 생성된 질소화 칼슘은 몇 그램인가?

91. 3.595 g의 염화 포타슘과 브로민화 포타슘의 혼합물을 염소와 가열하였더니 혼합물은 완전히 염화 포타슘으로 변환되었다. 반응 후의 염화 포타슘의 전체 질량은 3.129 g이었다. 원래의 혼합물에 들어 있던 브로민화 포타슘의 백분율(%)을 계산하라.

92. 바나듐 산화물 4.589 g 시료를 수소 기체와 함께 가열하면 물과 3.782 g의 또 다른 바나듐 산화물이 생성된다. 두 번째 산화물을 바나듐 금속만 2.573 g 남을 때까지 수소와 추가적으로 반응시켰다.

(a) 두 산화물의 실험식은 무엇인가?

(b) 연속된 두 반응에서 생성되는 물의 전체 질량은 얼마인가?

93. 코카인(cocaine, $C_{17}H_{21}O_4N$) 시료를 설탕($C_{12}H_{22}O_{11}$)과 고르게 혼합하였다. 이 혼합물 1.00-mg을 연소시켰더니, 1.00 mL의 이산화 탄소 (d = 1.80 g/L)가 생성되었다. 이 혼합물에 들어 있는 코카인의 백분율(%)를 구하라.

94. $NaClO_3$, Na_2CO_3, NaCl, $NaHCO_3$가 들어 있는 100.0-g의 혼합물을 가열하였더니, 5.95 g의 산소, 1.67 g의 물, 14.5 g의 이산화 탄소가 얻어졌다. 이 실험 조건에서 NaCl은 반응하지 않는다. 일어나는 반응의 반응식은 다음과 같다.

$$2\,NaClO_3\,(s) \longrightarrow 2\,NaCl\,(s) + 3O_2\,(g)$$

$$Na_2CO_3\,(s) \longrightarrow Na_2O\,(s) + CO_2\,(g)$$

$$2NaHCO_3\,(s) \longrightarrow Na_2O\,(s) + 2CO_2\,(g) + H_2O$$

$NaClO_3$, Na_2CO_3, $NaHCO_3$가 100% 분해가 일어났다고 가정하면, 혼합물의 조성(그램 단위로)은 무엇인가?

95. 철(52.6%), 니켈(38.0%), 코발트(8.06%), 몰리브데넘(1.34%)으로 만들어진 어떤 합금의 밀도를 측정하였더니 7.68 g/cm^3이었다. 사각기둥 모양의 합금의 크기는 13.0 cm × 22.0 cm × 17.5 cm이다. 이 합금 시료에 들어 있는 몰리브데넘의 원자수는 얼마인가?

제 4 장

수용액에서의 반응

Reactions in Aqueous Solution

고대 그리스의 도공들은 이 도자기를 만들기 위해 산화와 환원 과정을 모두 사용한 3단계 소성 과정을 거쳤다. ▶

Araldo de Luca/Fine Art/Corbis

그는 손으로 바닷물을 퍼 올린다. 소금은 남겨둔 채.
그는 그 소금을 허공의 안개 속으로 분산시킨다.
그는 소금을 다시 모아서 대지 위의 여섯 줄의 눈 덮인 별들에 곡식처럼 뿌린다. 그가 다시 그 결합을 녹일 때까지 거기에 놓여 있다.

—HENRY DAVID THOREAU
Journal (January 5, 1856)

이 장의 차례 _Chapter Outline

제3장에서 다루어진 반응들의 대부분은 순수한 물질 간의 화학 반응이었다. 그러나 실험실에서 수행되거나 강의실에서 듣게 되는 대부분의 반응들은 수용액에서 일어난다. 뿐만 아니라, 우리의 주변에서 일어나는 반응들의 대부분은 물에 녹아 있는 이온이나 분자 간의 반응이다. 따라서 여러 종류의 반응 중에서 중요한 몇 가지의 수용액 반응을 숙지할 필요가 있다. 이들 반응은 다음과 같다.

- 침전 반응(4-1절).
- 산-염기 반응(4-2절).
- 산화-환원 반응(4-3절).

이 반응들은 모두 용액 속의 이온을 포함하고 있다. 이에 해당하는 반응식에는 특별한 이름이 붙여진다(알짜 이온 반응식). 이 반응식은 제3장에서 논의한 것과 마찬가지로 화학량론적인 계산을 하는 데 사용할 수 있다.

용액 반응에서 이러한 계산들을 하기 위해서는 주어진 용액 부피 속에 몇 몰의 화학종이 들어 있는지를 알려주는 몰농도라는 단위(3-1절)를 기억할 필요가 있다.

4-1 침전 반응

두 개의 다른 이온 결합 화합물의 수용액을 혼합하였을 때, 흔히 불용성 고체가 침전하는 것을 보게 된다. 이러한 반응을 **침전 반응**(precipitation reaction)이라고 부른다. 이 고체를 확인하려면 어떤 이온 결합 화합물이 녹는지 또는 녹지 않는지를 알아야 한다.

이온 결합 화합물의 용해도

이온 결합 화합물이 물에 녹을 때 다음과 같은 두 개의 경쟁적인 힘이 작용하게 된다:

- 고체를 만드는 서로 반대로 하전된 이온들 사이에 작용하는 인력.
- 물과 고체 사이의 인력.

이 책(제7장)에서 논의하겠지만, 물은 부분적으로 양으로 하전된(δ^+) 두 개의 수소 원자(음이온에 끌림)와 부분적으로 음으로 하전된(δ^-) 산소 원자(양이온에 끌림)를 가지고 있다. 용액이 형성되는 정도는 두 힘 사이의 균형에 의존하며, 두 힘은 모두 다음과 같은 전기적인 것이다.

1. 물 분자와 고체 이온 사이에 작용하는 인력은 고체를 용액 속으로 끌어들이는 역할을 한다. 만일 이 요인이 우세하게 작용한다면 KCl의 경우에서와 같이 그 고체는 물에 매우 잘 녹을 것이다(그림 4.1).
2. 반대로 하전된 이온들 사이의 인력은 고체 상태를 유지하려고 한다. 만일 이 힘이 우세하다면, 물에 대한 용해도는 매우 작을 것이다. $SrSO_4$는 거의 물에 녹지 않는데, 이것은 Sr^{2+} 이온과 $SO_4{}^{2-}$ 이온 사이의 이온 간 힘이 우세하기 때문이다.

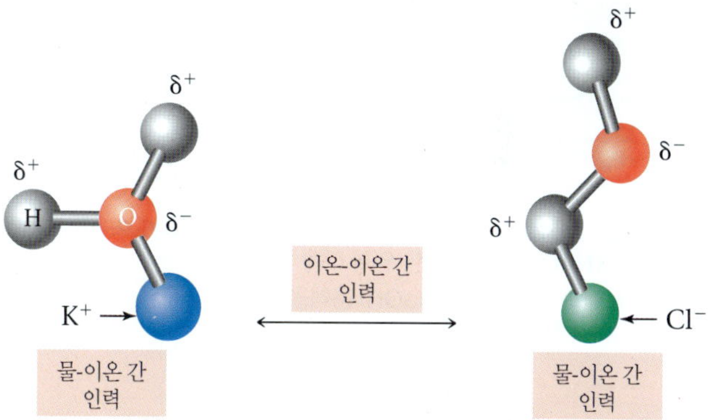

그림 4.1 ▸ **용질을 물에 넣었을 때 경쟁하는 힘.** KCl을 물에 넣으면 K^+ 이온, Cl^- 이온 및 물 분자 사이의 인력은 이온들 사이의 인력과 경쟁한다. 이 경우에 이온과 물 사이의 인력이 이온과 이온 사이의 인력보다 더 강하기 때문에 KCl은 물에 용해한다.

유감스럽게도, 첫 번째 원리로부터 주어진 고체에 대한 이들 두 힘의 상대적인 세기를 결정할 수 없다. 이러한 이유 때문에 많은 이온성 고체의 물에 대한 용해도를 미리 예상할 수 없다.

한 극단의 예로서 흰색의 염소산 리튬($LiClO_3$)은 실온에서 35 mol/L의 정도로 잘 녹는다. 천연에서 발견되는 붉은 황화 수은(II), HgS는 다른 극단의 예이다. 25°C에서 이 화합물의 계산된 용해도는 10^{-26} mol/L이다. 이것은 원리상 한 쌍의 Hg^{2+} 이온과 S^{2-} 이온을 녹이는 데 약 200 L의 HgS 용액이 필요함을 의미한다.

흔히 볼 수 있는 이온성 고체의 용해도에 대한 정보는 용해도 도표의 형태로 그림 4.2에 나타내었다.

이들 규칙은 해석하기가 아주 간단하다. 예를 들어 그림 4.2는 다음의 사실들을 분명하게 보여주고 있다.

- $Ni(NO_3)_2$은 가용성이다. (모든 질산염은 가용성이다.)
- $CoCl_2$는 가용성이다. (그림 4.2에 나열된 세 개의 불용성 염화물 중의 하나가 아니다.)
- $PbCO_3$은 불용성이다.

	NO_3^-	Cl^-	SO_4^{2-}	OH^-	CO_3^{2-}	PO_4^{3-}
1족 양이온 및 NH_4^+						
2족 양이온			$BaSO_4$	$Mg(OH)_2$		
전이 금속 양이온, Pb^{2+} 및 $Hg_2{}^{2+}$		$AgCl$* $PbCl_2$* Hg_2Cl_2*	$PbSO_4$ Ag_2SO_4			

* 이들 양이온의 브로민화물과 아이오딘화물도 역시 불용성이다.

그림 4.2 ▸ **대표적인 음이온과 양이온의 0.1 *M* 용액에 대한 용해도 도표.** 양이온의 행(가로)을 선택하고 음이온의 열(세로)을 읽는다. 만일 만나는 칸이 흰색이면 침전이 형성되지 않는다. 만일 해당하는 칸이 녹색이면 묽은 용액에서 침전이 생성된다. 화학식이 주어져 있는 경우에는 양이온-음이온 짝이 침전을 형성하는 경우이다.

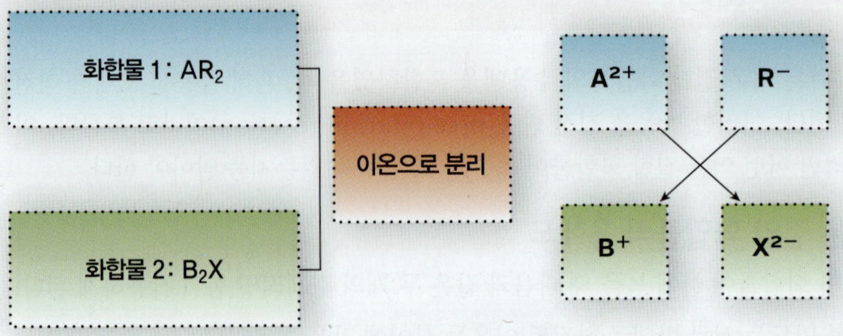

그림 4.3 ▸ **치환 반응.** 가용성 화합 물의 양이온이 다른 가용성 화합물의 음이온과 결합한다. 그 결과는 반응이 일어나지 않을 수도 있고, 한 개의 침전이 일어나거나 두 개의 침전이 일어날 수 있다. 이 그림에서 침전 형성이 가능한 경우는 AX와 BR 모두 침전되는 것과 AX나 BR 중 하나만 침전되는 것이다.

그림 4.4 ▸ **수산화 니켈(II) [nickel hydroxide ($Ni(OH)_2$)]의 침전.** 염화 니켈($NiCl_2$) 용액과 수산화 소듐(NaOH) 용액을 섞으면 침전이 일어난다.

가끔 두 종류의 다른 이온성 화합물의 수용액을 섞었을 때, 녹지 않는 고체가 용액에서 석출되는 때가 있다. 이렇게 형성되는 **침전**(precipitate, 줄여서 ppt)은 그 자체로는 이온성이다. 즉 한쪽 용액에서는 양이온이, 다른 쪽 용액에서는 음이온이 나오는 것이다. 이런 종류의 반응을 예상하기 위해서는 이온성 물질이 물에 녹는지 안 녹는지를 알아야 한다.

그림 4.2의 침전 도표와 도식적인 도표(그림 4.3)는 두 이온성 용질의 묽은 용액이 혼합되었을 때, 침전이 형성될지 또는 형성되지 않을지를 알 수 있게 해준다. 만약 용액 1의 양이온과 용액 2의 음이온이 섞여서 불용성 화합물(녹색 칸)을 형성할 때 그 화합물은 침전된다. 가용성 화합물(흰색 칸)이 형성되는 양이온-음이온 짝은 침전을 형성하지 않는다. 예를 들어 $NiCl_2$(Ni^{2+}, Cl^- 이온) 용액과 NaOH(Na^+, OH^- 이온) 용액이 섞였을 때에는 다음과 같은 일이 일어난다(그림 4.4).

- 불용성 화합물인 $Ni(OH)_2$ 침전이 생긴다.
- 가용성 화합물인 NaCl은 침전되지 않는다.

예제 4.1

다음의 두 묽은 수용액들을 섞을 때 어떤 일이 일어나는지 예상하라.

(a) $Cu(NO_3)_2$와 $(NH_4)_2SO_4$ (b) $FeCl_3$과 $AgNO_3$

전략

1. 그림 4.3의 도식적인 도표에 따른다.
2. 가능한 침전이 일어날지 또는 일어나지 않을지를 알기 위해 침전 도표(그림 4.2)를 사용한다.

풀이

(a) 용액의 이온	$Cu(NO_3)_2$로부터 Cu^{2+}와 NO_3^-; $(NH_4)_2SO_4$로부터 NH_4^+와 SO_4^{2-}
가능한 침전	$CuSO_4$와 NH_4NO_3
용해도	둘 다 가용성이다. 침전이 일어나지 않는다.
(b) 용액의 이온	$FeCl_3$로부터 Fe^{3+} 이온과 Cl^- 이온; $AgNO_3$로부터 Ag^+와 NO_3^-
가능한 침전	AgCl과 $Fe(NO_3)_3$
용해도	$Fe(NO_3)_3$는 가용성이나, AgCl은 불용성이다. AgCl은 침전한다.

▸ 일짜 이온 반응식

Na_2CO_3 용액과 $CaCl_2$ 용액을 섞을 때 일어나는 침전 반응(그림 4.5)은 간단한 식으로 표시할 수 있다. 이 식을 얻기 위해서는 반응물과 생성물이 무엇인지 고려해야 한다.◂ⓘ

ⓘ 알짜 이온 반응식을 쓰려면 먼저 이온이 어떤 것인지를 알아야 한다.

반응물: 물속에 있는 Na^+, CO_3^{2-}, Ca^{2+}, Cl^- 이온

$$2Na^+(aq) + CO_3^{2-}(aq) + Ca^{2+}(aq) + 2Cl^-(aq)$$

생성물: 고체 $CaCO_3$, 용액에 남아 있는 Na^+과 Cl^- 이온

$$2Na^+(aq) + 2Cl^-(aq) + CaCO_3(s)$$

반응에 대한 전체 이온 반응식은 다음과 같다.

$$2Na^+(aq) + CO_3^{2-}(aq) + Ca^{2+}(aq) + 2Cl^-(aq) \rightarrow 2Na^+(aq) + 2Cl^-(aq) + CaCO_3(s)$$

반응식의 양쪽에 모두 있는 이온들($2Na^+$, $2Cl^-$)을 제거하면 다음과 같은 최종 반응식을 얻게 된다.

$$Ca^{2+}(aq) + CO_3^{2-}(aq) \rightarrow CaCO_3(s)$$

반응에 참여하지 않은 **구경꾼 이온**(spectator ion)을 제외하고 표기한 이와 같은 반응식을 **알짜 이온 반응식**(net ionic equation)이라고 한다. ⓘ 이 장에서, 그리고 이 책 전체에서 수용액에서 일어나는 많은 반응을 쓸 때 알짜 이온 반응식으로 나타낼 것이다. 다른 반응식과 마찬가지로 알짜 이온 반응식은 다음과 같은 것들을 보여 주어야 한다.

- ***원자 균형.*** 반응식 양쪽에 각 원소의 원자 수가 같아야 한다. 앞의 식에서 양쪽에 Ca 원자 한 개, C 원자 한 개 그리고 세 개의 산소 원자가 있다.
- ***전하 균형.*** 반응식 양쪽의 총 전하수가 같아야 한다. 아래의 식에서 양쪽의 총 전하는 0이다.

$$Ca^{2+}(aq) + CO_3^{2-}(aq) \longrightarrow CaCO_3(s)$$

© Cengage Learning/Charles D. Winters

그림 4.5 ▸ 탄산 칼슘($CaCO_3$)의 침전. 탄산 소듐(Na_2CO_3) 용액과 염화 칼슘($CaCl_2$) 용액을 혼합하면 침전이 생성된다.

ⓘ 구경꾼 이온은 반응 전, 반응 중 그리고 반응 후에 모두 용액 속에 있다.

예제 4.2

다음의 이온성 화합물의 묽은 용액을 혼합할 때 일어나는 침전 반응의 알짜 이온 반응식을 써라.

(a) $NaOH$와 $Cu(NO_3)_2$　　(b) $Ba(OH)_2$와 $MgSO_4$　　(c) $(NH_4)_3PO_4$와 K_2CO_3

전략

1. 다음의 과정을 따른다.
   그림 4.3: 화합물 → 이온들 → 가능한 침전
   가능한 침전 → (그림 4.2) → 불용성 화합물 → 알짜 이온 반응식
2. 알짜 이온 반응식을 쓸 때에, 먼저 오른쪽에는 불용성 화합물을 쓴 다음 왼쪽에 성분 이온들을 쓴다. 물리적 상태를 표시한다. 이온(aq), 침전 생성물(s).

풀이

(a) 용액의 이온	$NaOH$에서 Na^+와 OH^-; $Cu(NO_3)_2$에서 Cu^{2+}와 NO_3^-
가능한 침전	$NaNO_3$와 $Cu(OH)_2$
용해도	$NaNO_3$는 가용성; $Cu(OH)_2$는 불용성.
알짜 이온 반응식	$Cu^{2+}(aq) + 2OH^-(aq) \rightarrow Cu(OH)_2(s)$.
(b) 용액의 이온	$Ba(OH)_2$에서 Ba^{2+}와 OH^-; $MgSO_4$에서 Mg^{2+}와 SO_4^{2-}
가능한 침전	$Mg(OH)_2$와 $BaSO_4$
용해도	$BaSO_4$와 $Mg(OH)_2$는 모두 불용성이다.
알짜 이온 반응식	$Mg^{2+}(aq) + 2OH^-(aq) \rightarrow Mg(OH)_2(s)$
	$Ba^{2+}(aq) + SO_4^{2-}(aq) \rightarrow BaSO_4(s)$

(계속)

(c) 용액의 이온	$(NH_4)_3PO_4$에서 NH_4^+와 PO_4^{3-}; K_2CO_3에서 K^+와 CO_3^{2-}
가능한 침전	$(NH_4)_2CO_3$와 K_3PO_4
용해도	$(NH_4)_2CO_3$와 K_3PO_4는 모두 가용성이다.
알짜 이온 반응식	반응 없음

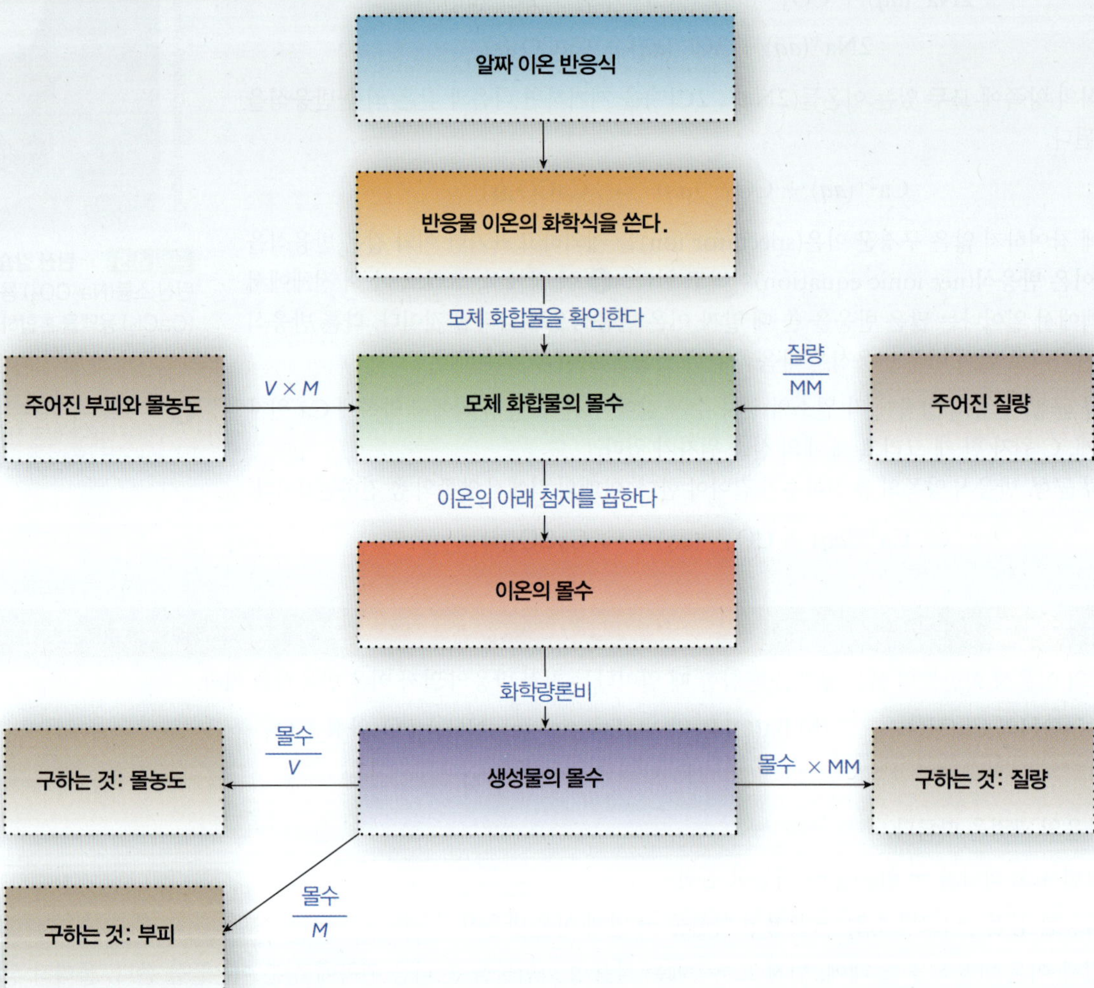

그림 4.6 ▸ **생성물의 양을 구하는 용액 화학량론에 대한 순서도.** 만일 반응물의 양을 구하고자 할 때는 화살표의 반대 방향으로 진행한다. V는 부피, M은 몰농도, MM은 몰질량이다.

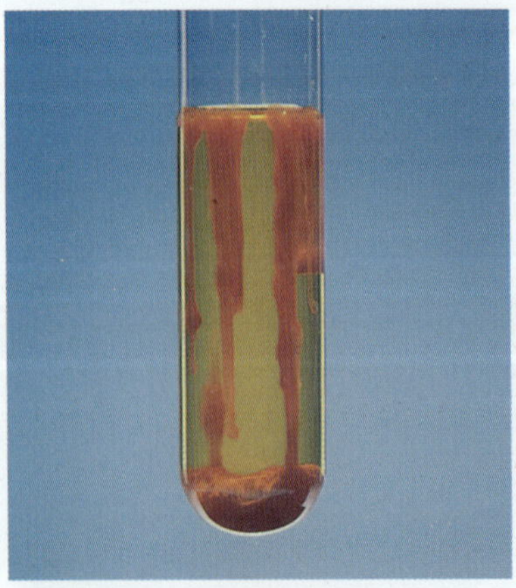

그림 4.7 ▸ **수산화 철(III)[$Fe(OH)_3$]의 침전.** 수산화 소듐(NaOH) 용액과 질산 철(III)[$Fe(NO_3)_3$] 용액을 혼합하면 붉은색의 젤라틴과 같은 침전이 형성된다.

침전 반응을 설명하기 위하여 알짜 이온 반응식을 소개했으나, 이 반응식은 훨씬 널리 응용된다. 사실 수용액에서의 모든 종류의 반응에 대해 알짜 이온 반응식을 사용할 것이다. 특히, *이 장에서 쓰는 모든 반응식은 알짜 이온 반응식이다.*

▶ 화학량론

제3장에서 사용했던 접근법을 약간 수정하면 알짜 이온 반응식으로 나타낸 용액 반응의 화학량론에도 쉽게 적용될 수 있다.

이들 문제를 풀 때 알짜 이온 반응식에서 특정 이온에 대해서가 아니라 모체 화합물에 대하여 자료가 주어져 있음을 아는 것이 중요하다. 결국 시약병의 표지에 $3M$ NaOH라고 써야 하며 $3M$ OH^-라고 쓰는 것은 잘못된 것이다. 그림 4.6은 용액 반응의 화학량론의 풀이 과정에 대한 순서도를 어떻게 변형해야 하는지를 보여주고 있다.

예제 4.3 주요 문제

수산화 소듐과 질산 철(III) 수용액을 혼합하면, 붉은색의 침전이 형성된다(그림 4.7 참조).

a 이 반응의 알짜 이온 반응식을 써라.

분 석

주어진 정보:	반응물 화합물[NaOH와 $Fe(NO_3)_3$]
알고자 하는 것:	알짜 이온 반응식

전 략

1. 가능한 침전을 구하기 위해 그림 4.3의 도식적 도표를 따른다.
2. 가능한 침전이 가용성인지, 아니면 불용성인지를 알기 위해 침전 도표(그림 4.2)을 사용한다.
3. 알짜 이온 반응식을 쓴다. 생성물부터 시작한다.

풀 이

1. 용액내의 이온	NaOH에서 Na^+와 OH^-; $Fe(NO_3)_3$에서 Fe^{3+}와 NO_3^-
가능한 침전	$Fe(OH)_3$와 $NaNO_3$
2. 용해도	$Fe(OH)_3$는 불용성이고, 침전을 형성한다.
3. 알짜 이온 반응식	$Fe^{3+}(aq) + 3OH^-(aq) \rightarrow Fe(OH)_3(s)$

b 0.886 g의 침전을 생성시키려고 한다. 몇 L의 0.136 *M* 질산 철(III) 용액이 필요한가?

분 석

주어진 정보:	(a)에서 알짜 이온 반응식: $[Fe^{3+}(aq) + 3\ OH^-(aq) \rightarrow Fe(OH)_3(s)]$
	침전의 질량(0.886 g); $Fe(NO_3)_3$의 몰농도(0.136 *M*)
정보가 알려주는 내용:	반응하는 이온인 Fe^{3+}의 몰농도
	침전의 몰질량
알고자 하는 것:	반응에 사용된 $Fe(NO_3)_3$의 부피

전 략

그림 4.6에 나타낸 과정을 거꾸로 진행한다.

$Fe(OH)_3$의 질량 → 침전의 몰수 → 이온의 몰수 → 모체 화합물의 몰수 → 모체 화합물의 *V*

풀 이

$Fe(NO_3)_3$의 몰수

$$0.886\ \text{g Fe(OH)}_3 \times \frac{1\ \text{mol Fe(OH)}_3}{106.87\ \text{g Fe(OH)}_3} \times \frac{1\ \text{mol Fe}^{3+}}{1\ \text{mol Fe(OH)}_3} \times \frac{1\ \text{mol Fe(NO}_3)_3}{1\ \text{mol Fe}^{3+}} = 0.00829\ \text{mol}$$

$V_{Fe(NO_3)_3}$

$$V = \frac{\text{mol}}{M} = \frac{0.00829\ \text{mol}}{0.136\ \text{mol/L}} = 0.0610\ \text{L}$$

c 50.00 mL의 0.200 *M* NaOH 용액과 30.00 mL의 0.125 *M* $Fe(NO_3)_3$ 용액을 혼합하면 몇 그램의 침전이 생성되겠는가?

분 석

주어진 정보:	(a)에서 알짜 이온 반응식: $[Fe^{3+}(aq) + 3OH^-(aq) \rightarrow Fe(OH)_3(s)]$
	NaOH의 부피(50.00 mL)와 몰농도(0.200 *M*)
	$Fe(NO_3)_3$의 부피(30.00 mL)와 몰농도(0.125 *M*)
정보가 알려주는 내용:	반응하는 이온, Fe^{3+}와 OH^-의 몰수
	한계 반응물의 문제를 해결하는 데 필요한 두 반응물의 몰수에 대한 자료가 주어져 있다.

(계속)

알고자 하는 것:	생성된 침전의 질량

전 략

1. 생성된 침전의 몰수를 구하기 위해 NaOH와 $Fe(NO_3)_3$에 대하여 그림 4.6의 과정을 따른다.

$$\text{mol NaOH } (V \times M) \rightarrow \text{mol OH}^- \rightarrow \text{침전의 몰수} \qquad \text{Fe(OH)}_3(V \times M) \rightarrow \text{mol Fe}^{3+} \rightarrow \text{침전의 몰수}$$

2. 더 작은 몰수를 선택하고, 몰수를 질량으로 변환시킨다.

풀 이

1. NaOH가 한계 반응물일 때 침전의 몰수

$$0.0500 \text{ L} \times 0.200 \frac{\text{mol NaOH}}{\text{L}} \times \frac{1 \text{ mol OH}^-}{1 \text{ mol NaOH}} \times \frac{1 \text{ mol Fe(OH)}_3}{3 \text{ mol OH}^-} = 0.00333 \text{ mol Fe(OH)}_3$$

2. $Fe(NO_3)_3$가 한계 반응물일 때 침전의 몰수

$$0.0300 \text{ L} \times 0.125 \frac{\text{mol Fe(NO}_3)_3}{\text{L}} \times \frac{1 \text{ mol Fe}^{3+}}{1 \text{ mol Fe(NO}_3)_3} \times \frac{1 \text{ mol Fe(OH)}_3}{1 \text{ mol Fe}^{3+}} = 0.00375 \text{ mol Fe(OH)}_3$$

3. 이론적 수득량

$0.00333 \text{ mol} < 0.00375 \text{ mol}$; $0.00333 \text{ mol Fe(OH)}_3$가 얻어진다.

$Fe(OH)_3$

$$0.00333 \text{ mol} \times \frac{106.87 \text{ g}}{1 \text{ mol}} = 0.356 \text{ g}$$

4-2 산-염기 반응

아마 여러분은 산성이나 염기성인 여러 수용액들(그림 4.8)을 잘 알고 있을 것이다. **산성 용액**(acidic solution)은 신맛이 나고 산-염기 지시약으로 알려진 유기 염료들의 색을 변화시킨다. 예를 들면 리트머스지는 산성 용액에서 푸른색에서 붉은색으로 변화한다. **염기성 용액**(basic solution)은 미끈거리는 느낌이 들고 지시약의 색을 변화시킨다(예, 리트머스지는 붉은색을 푸른색으로).

용액 상태에서 이러한 특징을 나타내는 화학종을 산과 염기라고 부른다. 이 장에서는 1세기 전에 Svante Arrhenius가 제안한 정의를 사용한다.

Arrhenius 산은 *수용액에서* H^+*를 내는 화학종이다.*
Arrhenius 염기는 *수용액에서* OH^-*를 내는 화학종이다.*

제13장에서는 더 일반적인 산과 염기의 정의에 대해 배우게 될 것이다.

© Cengage Learning/Charles D. Winters

그림 4.8 ▸ **가정에서 사용하는 산성과 염기성 용액.** 식초, 오렌지 주스, 콜라 음료를 포함하는 많은 가정용 식품들은 산성이다. 반면에, 베이킹소다, 대부분의 세탁제, 청소용품들은 염기성이다.

센산과 센염기, 약산과 약염기

산에는 센산과 약산의 두 종류가 있는데, 물에서 이온화되는 정도가 다르다. **센산**(strong acid)은 완전히 이온화되어 H^+ 이온과 음이온을 형성한다. 전형적인 센산은 HCl이다. 이것을 물에 넣으면 다음과 같이 반응이 진행된다.

$$\text{HCl}(aq) \longrightarrow \text{H}^+(aq) + \text{Cl}^-(aq)$$

0.1 mol HCl을 물에 넣어 만든 용액에는 0.1 mol H^+와 0.1 mol의 Cl^-이 있고 HCl 분자는 존재하지 않는다. 일반적인 센산 여섯 가지의 이름과 화학식을 표 4.1에 나타내었다.

표 4.1에 있는 것 이외의 모든 산은 약산으로 생각할 수 있다. **약산**(weak acid)은 물에서 부분적으로 이온화되어 H^+를 낸다. 이 장에서 다루는 모든 약산은 이온화될 수 있는 수소 원자를 포함하고 있는 분자이다. 이것을 일반적으로 HB로 표시하며, 물에서의 일반적인 이온화 과정은 다음과 같다.

$$\text{HB}(aq) \rightleftharpoons \text{H}^+(aq) + \text{B}^-(aq)$$

표 4.1 ▸ 일반적인 센산과 센염기

산	산의 이름	염기	염기의 이름
HCl	염산	$LiOH$	수산화 리튬
HBr	브로민화 수소산	$NaOH$	수산화 소듐
HI	아이오딘화 수소산	KOH	수산화 포타슘
HNO_3	질산	$Ca(OH)_2$	수산화 칼슘
$HClO_4$	과염소산	$Sr(OH)_2$	수산화 스트론튬
H_2SO_4	황산	$Ba(OH)_2$	수산화 바륨

황산의 이온화:
$H_2SO_4(aq) \longrightarrow H^+(aq) + HSO_4^-(aq)$.

두 개의 화살표가 있는 것은 이 반응이 완전히 진행되지 않는다는 것을 의미한다. 대신 상당한 양의 반응물과 생성물이 모두 존재하는 혼합물이 얻어진다. 약산인 플루오린화 수소산의 경우 평형 반응식은 다음과 같다.

HCl, HBr, HI와 마찬가지로 HF도 수소 원자와 결합한 할로젠을 가지고 있다. 세 개의 산과는 달리 HF는 약산이다. 다른 것들은 센산이다.

$$HF(aq) \rightleftharpoons H^+(aq) + F^-(aq)$$

0.1 mol HF를 1 L의 물에 넣어 만든 용액에는 대략 0.01 mol의 H^+, 0.01 mol의 F^-, 0.09 mol의 HF 분자가 존재한다.

염기 역시 산과 마찬가지로 센염기와 약염기로 나눌 수 있다. 수용액에서 **센염기**(strong base)는 OH^-와 양이온으로 완전히 이온화된다. 표 4.1에서처럼 센염기는 1족과 2족 금속들의 수산화물이다. 이들은 전형적인 이온성 고체로, 고체 상태 및 수용액에서 모두 완전히 이온 상태로 존재한다. NaOH와 $Ca(OH)_2$가 물에 녹는 과정을 나타내는 반응식은 다음과 같다.

$$NaOH(s) \longrightarrow Na^+(aq) + OH^-(aq)$$
$$Ca(OH)_2(s) \longrightarrow Ca^{2+}(aq) + 2OH^-(aq)$$

0.1 mol의 NaOH를 물에 넣어 만든 용액에는 0.1 mol Na^+ 이온, 0.1 mol의 OH^- 이온이 있고 NaOH는 존재하지 않는다.

약염기(weak base)는 매우 다른 방식으로 OH^-를 낸다. 약염기는 H_2O와 반응하여 H^+를 떼어내고 OH^-를 남긴다. 암모니아(NH_3)의 반응은 이와 같은 반응의 전형적인 반응이다.

$$NH_3(aq) + H_2O \rightleftharpoons NH_4^+(aq) + OH^-(aq)$$

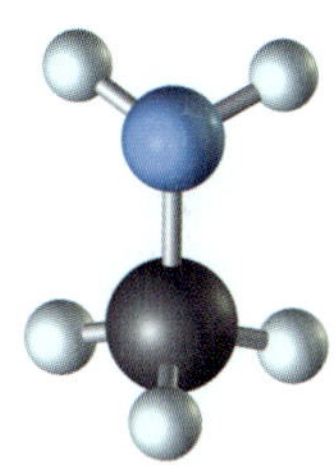

그림 4.9 ▸ 메틸아민, CH_3NH_2.

모든 약염기의 경우와 마찬가지로 이 반응도 완전히 진행되지 않는다. 1 L의 물에 0.1 mol의 암모니아를 넣어 만든 용액에는 대략 0.001 mol의 NH_4^+, 0.001 mol의 OH^- 그리고 대략 0.099 mol의 NH_3가 존재한다.

일반적인 약염기에는 *아민*이라는 유기 분자가 있다. **아민**(amine)은 암모니아의 한 개 또는 그 이상의 수소 원자가 탄화수소기로 치환된 유도체로 생각할 수 있다.

탄화수소기는 C와 H 원자들로 이루어져 있다.

가장 간단한 아민인 메틸아민의 경우(그림 4.9), 암모니아의 수소 원자 한 개가 $-CH_3$ 기로 치환되어 CH_3NH_2로 되며 다음과 같이 물에서 NH_3와 매우 비슷하게 반응한다.

$$CH_3NH_2(aq) + H_2O \rightleftharpoons CH_3NH_3^+(aq) + OH^-(aq)$$

이미 설명했듯이 센산과 센염기는 물에서 완전히 이온화된다. 그 결과 HCl이나 NaOH와 같은 화합물은 NaCl처럼 센전해질이다. 반면 약산과 약염기 분자는 그들의 용액 속에 이온이 상대적으로 적기 때문에 별로 좋지 않은 전도체이다. 플루오린화 수소산과 암모니아는 일반적으로 *약전해질*(weak electrolysis)이라고 부른다.

▶ 산-염기 반응의 반응식

산성 수용액과 염기성 수용액을 섞으면 산-염기 반응이 일어난다. 반응의 성격과 그 반응식은 산과 염기가 센 것인지 약한 것인지에 따라 결정된다.

산-염기 반응을 다루려면 센산과 센염기를 알아야 한다.

1. *센산-센염기.* HNO_3와 같은 센산 용액을 NaOH와 같은 센염기 용액에 넣을 때 어떤 일이 일어나는지 살펴보자. HNO_3는 센산이기 때문에 용액에서 완전히 H^+와 NO_3^-로 이온화한다. 마찬가지로 센염기인 NaOH 용액 속에 있는 화학종은 Na^+와 OH^- 이온이다. 두 용액을 섞으면 H^+와 OH^- 이온이 반응하여 H_2O 분자를 형성한다. **중화**(neutalization)라고 부르는 이 반응은 다음과 같은 알짜 이온 반응식으로 나타낼 수 있다.

$$H^+(aq) + OH^-(aq) \longrightarrow H_2O$$

Na^+ 이온과 NO_3^- 이온은 반응에 참여하지 않으며, 반응식에 나타나지 않는다. 다시 말하면 "구경꾼 이온(spectator ion)"이다.

센산과 센염기가 수용액에서 반응할 때 중화 반응이 일어난다는 것을 나타내는 증거는 많이 있다. 따라서 위에 쓴 중화 반응식은 어떠한 센산–센염기 반응에도 적용된다.

$HClO_4$가 $Ca(OH)_2$와 반응할 때의 알짜 이온 반응식은 $H^+(aq) + OH^-(aq) \longrightarrow H_2O$이다.

2. *약산-센염기.* NaOH와 같은 센염기를 약산인 HB 용액에 넣으면 두 단계의 반응이 일어난다. 첫 번째 단계는 HB 분자가 H^+와 B^-로 이온화되는 단계이며, 두 번째 단계는 첫 번째 단계에서 생성된 H^+ 이온과 NaOH 용액의 OH^- 이온과의 중화 반응이다.

$$(1)\ HB(aq) \rightleftharpoons H^+(aq) + B^-(aq)$$
$$(2)\ H^+(aq) + OH^-(aq) \longrightarrow H_2O$$

전체 반응식은 다음과 같이 두 반응식을 더하여 H^+를 상쇄하여 구한다.

$$HB(aq) + OH^-(aq) \longrightarrow B^-(aq) + H_2O$$

수산화 소듐 용액과 플루오린화 수소산 용액의 알짜 이온 반응식은 다음과 같다.

HF와 같은 약산은 알짜 이온 반응식에 약산의 화학식이 나타난다.

$$HF(aq) + OH^-(aq) \longrightarrow F^-(aq) + H_2O$$

여기서도 언제나처럼 구경꾼 이온인 Na^+는 알짜 이온 반응식에 나타나지 않는다.

3. *센산-약염기.* 센산과 약염기 반응의 예로서 HCl과 같은 센산 수용액을 암모니아(NH_3) 수용액에 넣었을 때 어떤 일이 일어나는지를 살펴보자. 다시 한 번, 두 단계로 일어나는 반응을 살펴보자. 첫 번째 단계는 NH_3가 H_2O과 반응하여 NH_4^+와 OH^- 이온을 생성한다. 그 다음 두 번째 단계에서는 센산의 H^+ 이온이 첫 번째 단계에서 만들어진 OH^-이온을 중화시킨다.

$$(1)\ NH_3(aq) + H_2O \rightleftharpoons NH_4^+(aq) + OH^-(aq)$$
$$(2)\ H^+(aq) + OH^-(aq) \longrightarrow H_2O$$

전체 반응식은 각 단계의 반응식을 더하여 얻는다. 양쪽에 모두 나타나는 화학종(OH^-, H_2O)을 상쇄시키면 알짜 이온 반응식이 얻어진다.

NH_3와 같은 약염기인 경우에는 알짜 이온 반응식에 그 화학식이 나타난다.

$$H^+(aq) + NH_3(aq) \longrightarrow NH_4^+(aq)$$

다른 예로, 질산(HNO_3)과 같은 센산과 메틸아민(CH_3NH_2)의 반응에 대한 알짜 이온 반응식은 다음과 같다.

$$H^+(aq) + CH_3NH_2(aq) \longrightarrow CH_3NH_3^+(aq)$$

표 4.2에 이제 막 논의한 세 가지 형태의 산-염기 반응의 반응식을 요약하였다. 그림 4.10은 화합물이 산(센산 또는 약산)인지 염기(센염기 또는 약염기)인지를 결정하는 과정과 **반응하는 화학종**(reacting species)의 성질을 시각적으로 설명하고 있다. 표 4.2와 그림 4.10은 예제 4.4에서 요구하는 반응식을 쓰는 데 유용하다.

표 4.2 ▸ 산-염기 반응의 형태

반응물	반응 화학종	알짜 이온 반응식
센산-센염기	$H^+ - OH^-$	$H^+(aq) + OH^-(aq) \longrightarrow H_2O$
약산-센염기	$HB - OH^-$	$HB(aq) + OH^-(aq) \longrightarrow H_2O + B^-(aq)$
센산-약염기	$H^+ - B$	$H^+(aq) + B(aq) \longrightarrow BH^+(aq)$

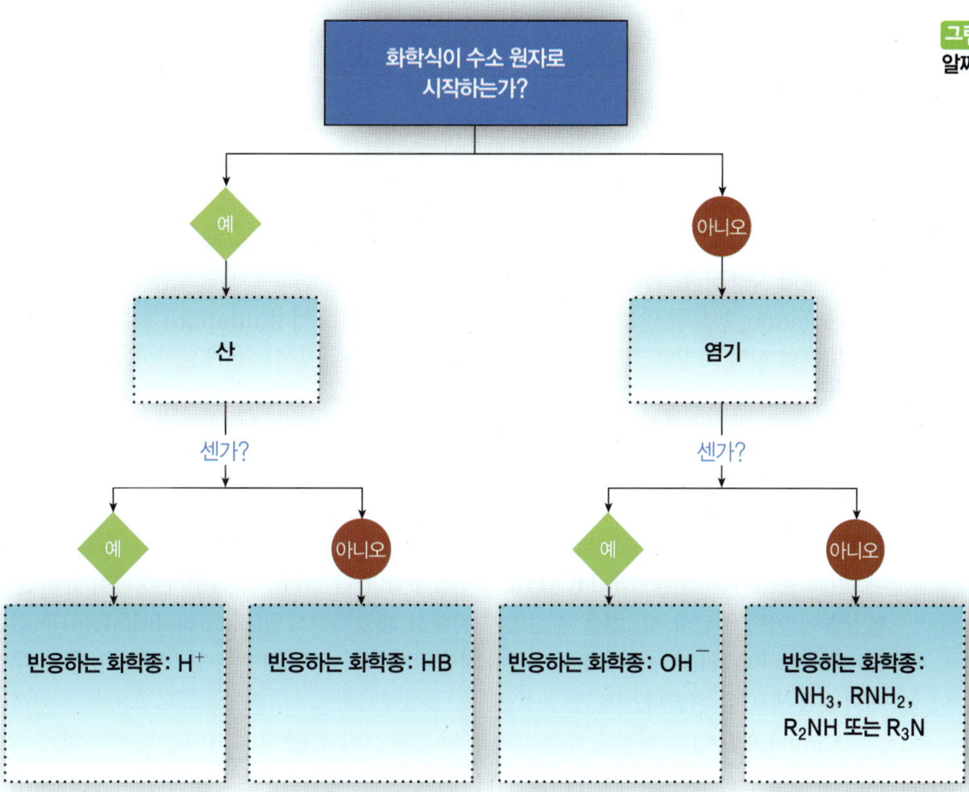

그림 4.10 ▸ 산과 염기 사이의 반응에 대한 알짜 이온 반응식을 결정하는 순서도.

예제 4.4

묽은 수용액에서 일어나는 다음 각 반응의 알짜 이온 반응식을 써라.

(a) 하이포염소산(HClO)과 수산화 바륨($Ba(OH)_2$).

(b) 암모니아와 황산(H_2SO_4).

(c) 브로민화 수소산(HBr)과 수산화 포타슘(KOH).

전략

1. 화합물의 성질(산 또는 염기; 센 또는 약한)과 반응 화학종을 결정한다. (표 4.1과 그림 4.10이 유용하다.)
2. 표 4.2를 기억한다. 그리고 산-염기 반응의 알짜 이온 반응식을 쓴다.

풀이

(a) 화합물의 성질	HClO: 약산; $Ba(OH)_2$: 센염기
반응하는 화학종	HClO에서: HClO; $Ca(OH)_2$에서; OH^-
알짜 이온 반응식	$HClO(aq) + OH^-(aq) \rightarrow ClO^-(aq) + H_2O$

(계속)

(b) 화합물의 성질	H_2SO_4: 센산; NH_3: 약염기
반응하는 화학종	H_2SO_4에서: H^+; NH_3에서: NH_3
알짜 이온 반응식	$H^+(aq) + NH_3(aq) \rightarrow NH_4^+(aq)$
(c) 화합물의 성질	HBr: 센산; KOH: 센염기
반응하는 화학종	HBr에서: H^+ ; KOH에서: OH^-
알짜 이온 반응식	$H^+(aq) + OH^-(aq) \rightarrow H_2O$

마무리 정리

$Ba(OH)_2$에는 $2OH^-$ 이온이, H_2SO_4에는 $2H^+$ 이온이 있음을 주목하자. 그러나 균형 맞춘 반응식에서는 단지 한 개의 H^+ 이온과 한 개의 OH^- 이온만 쓴다.

산-염기 적정

수용액에서의 산-염기 반응은 흔히 녹아 있는 화학종의 농도, 또는 고체 혼합물 중의 백분율을 알아내는데 사용된다. 이를 위해서는 시료의 일정량과 반응하는 데 필요한 *표준 용액*(standard solution, 농도를 알고 있는 용액)의 부피를 측정하는 **적정**(titration)을 수행한다.

적정의 실험 과정은 그림 4.11에 나타내었다. 플라스크에는 아세트산이라고 부르는 유기산(약산)의 수용액인 식초가 들어 있다. 농도를 알고 있는 수산화 소듐 용액을 뷰렛에서 떨어뜨린다. 이때 일어나는 산-염기의 알짜 이온 반응식은 다음과 같다.

$$HC_2H_3O_2(aq) + OH^-(aq) \longrightarrow C_2H_3O_2^-(aq) + H_2O$$

적정의 목표는 반응이 완결되는 지점, 이른바 **당량점**(equivalence point)을 결정하는 것이다. 원래 존재하는 아세트산, $HC_2H_3O_2$의 몰수와 가한 OH^-의 몰수가 정확히 같아질 때 당량점에 이르게 된다. 이 점을 결정하기 위해서 페놀프탈레인(phenolphthalein)과 같은 *산-염기 지시약*(acid-base indicator)이 사용된다. 페놀프탈레인은 당량점에서 색이 (무색에서 분홍색으로) 변한다.

NaOH와 HCl의 적정에 대한 분자적 관점을 그림 4.12에 나타내었다. 단순하게 나타내기 위하여 반응하는 화학종(H^+와 OH^-)만을 나타내었다. 용액 속에 들어 있는 구경꾼 이온들(Na^+와 Cl^-)과 물 분자는 나타내지 않았다.

그림 4.11 ▸ 수산화 소듐(NaOH)을 이용한 식초의 적정.

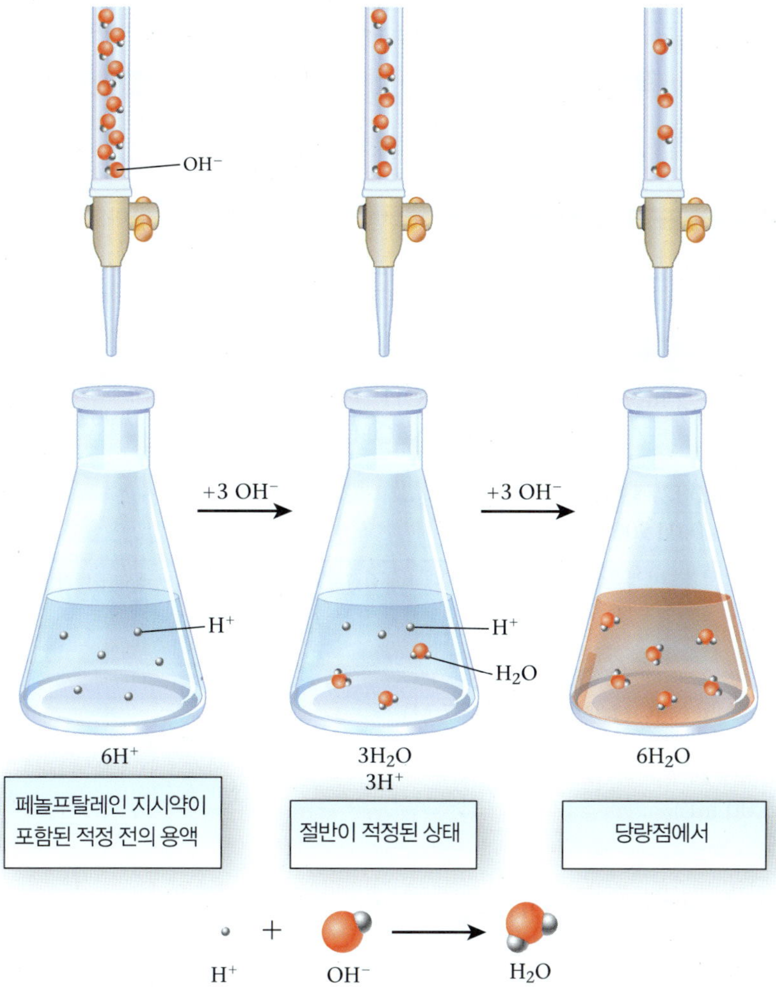

그림 4.12 ▸ **산-염기 적정의 분자적 관점.**

예제 4.5 주요 문제

약산 H_2X를 NaOH로 적정하는 과정에 대한 물음에 답하라.

a 반응의 알짜 이온 반응식을 써라.

전 략

1. 화합물의 성질(산 또는 염기; 센 또는 약한)과 반응하는 화학종을 결정한다. (표 4.1과 그림 4.10이 유용하다.)

2. 표 4.2를 참고하여 산-염기 반응의 알짜 이온 반응식을 쓴다.

풀 이

1. 화합물의 성질	H_2X—약산; NaOH—센염기
2. 반응하는 화학종	H_2X에서 H_2X; NaOH에서 OH^-
3. 알짜 이온 반응식	$H_2X(aq) + 2\ OH^-(aq) \rightarrow X^{2-}(aq) + 2H_2O$

b 15.00 mL의 H_2X를 중화시키는 데 0.187 *M* NaOH 29.45 mL가 소요되었다. H_2X의 몰농도는 얼마인가?

분 석

주어진 정보:	부피(29.45 mL) 및 NaOH의 몰농도(0.187 *M*)
	H_2X의 부피(15.00 mL)
정보가 알려주는 내용:	화학량론비; 반응하는 화학종
	알짜 이온 반응식 [$H_2X(aq) + 2\ OH^-(aq) \rightarrow 2H_2O + X^{2-}(aq)$]

(계속)

알고자 하는 것:	H_2X의 몰농도

전략

1. 화학량론비를 사용한다. 2 mol OH^-/1 mol H_2X
2. 그림 4.6에 있는 순서도를 따른다.

   H_2X는 이온으로 이온화되지 않는다. 모체 화합물의 몰수 → H_2X에 대한 이온 몰수로 변환시키는 단계는 생략한다.

$$\text{mol NaOH} \xrightarrow{V \times M} \text{mol OH}^- \xrightarrow{\text{화학량론비}} \text{mol H}_2\text{X} \xrightarrow{n \div V} \text{H}_2\text{X의 몰농도}$$

풀이

H_2X의 몰수 $$0.02945\ \text{L} \times 0.187\ \frac{\text{mol NaOH}}{\text{L}} \times \frac{1\ \text{mol OH}^-}{1\ \text{mol NaOH}} \times \frac{1\ \text{mol H}_2\text{X}}{2\ \text{mol OH}^-} = 0.002754\ \text{mol}$$

사용된 H_2X의 몰농도 $$M = n \div V = \frac{0.002754\ \text{mol}}{0.01500\ \text{L}} = 0.1836\ M$$

C 0.242 g의 H_2X에 물을 가하여 25.00 mL가 되도록 하였다. 이 용액을 중화하는 데 0.187 M NaOH 29.45 mL가 소요되었다. H_2X의 몰질량은 얼마인가?

분석

주어진 정보:	부피(29.45 mL) 및 NaOH의 몰농도(0.187 M)
	H_2X의 질량(0.242 g)
	물의 부피(25.00 mL)
정보가 알려주는 내용:	화학량론비
	알짜 이온 반응식; [$H_2X(aq) + 2\ OH^-(aq) \rightarrow 2H_2O + X^{2-}(aq)$]
알고자 하는 것:	H_2X의 몰질량

전략

1. 화학량론비를 이용한다. 2 mol OH^-/1 mol H_2X
2. 그림 4.6의 순서도를 따른다.

   H_2X는 이온으로 이온화되지 않는다. 모체 화합물의 몰수 → H_2X에 대한 이온 몰수로 변환시키는 단계는 생략한다.

$$\text{mol NaOH} \xrightarrow{V \times M} \text{mol OH}^- \rightarrow \text{mol NaOH} \xrightarrow{\text{화학량론비}} \text{mol H}_2\text{X} \xrightarrow{\text{질량} \div n} \text{H}_2\text{X의 몰질량}$$

풀이

H_2X의 몰수 $$0.02945\ \text{L} \times 0.187\ \frac{\text{mol NaOH}}{\text{L}} \times \frac{1\ \text{mol OH}^-}{1\ \text{mol NaOH}} \times \frac{1\ \text{mol H}_2\text{X}}{2\ \text{mol OH}^-} = 0.002754\ \text{mol}$$

H_2X의 몰질량 $$\text{MM} = \text{질량} \div n = \frac{0.242\ \text{g}}{0.002754\ \text{mol}} = 87.9\ \text{g/mol}$$

마무리 정리

1. 질량, 몰질량, 부피, 또는 몰농도를 계산하기 전에 몰수를 알아야 한다.
2. 고체 H_2X에 가한 물의 양은 문제 풀이와는 관련이 없다.

화학자의 삶 속에서 | CHEMISTRY THE **HUMAN** SIDE

이유는 분명하지 않지만 스웨덴은 18세기와 19세기에 뛰어난 화학자들을 매우 많이 배출했다. Jöns Jakob Berzelius(1779~1848)는 당시에 알려진 모든 원소들의 원자량을 놀랍도록 정확하게 측정하였으며, 여가 시간에 비커, 플라스크, 피펫, 고리 스탠드 등과 같은 현대적 실험기구들을 발명하였다.

Svante Arrhenius는 Berzelius처럼 스웨덴에서 태어나서 그의 전 연구 생활을 그곳에서 보냈다. Arrhenius는 1883년 5월 13일, 그가 24세가 되던 해에 센산과 약산, 센염기와 약염기의 개념을 알아냈다. 그는 덧붙여 "나는 모든 문제를 해결할 때까지 잠을 잘 수 없었다."라고 말하였다.

정확하게 1년 정도가 흐른 후에 Arrhenius는 그의 박사학위 논문을 Uppsala 대학에 제출하였다. 그는 염, 센산 및 센염기는 묽은 수용액에서는 완전히 이온화된다고 제안하였다. 오늘날에는 NaCl, HCl, NaOH 용액 속에는 각각 Na^+와 Cl^- 이온과 H^+와 Cl^- 이온 그리고 Na^+와 OH^- 이온이 들어 있다는 것을 당연하게 생각한다. 그러나 1884년의 Uppsala 대학의 교수들에게는 이 사실이 그리 분명해 보이지 않았다. Arrhenius의 논문은 가장 낮은 평가인 "뛰어난 점은 없으나 통과"를 받고 통과되었다.

Arrhenius는 그의 박사학위 논문의 복사본을 유럽과 미국의 유명한 화학자에게 보냈다. 그러나 대부분은 그의 생각을 무시했고, 어떤 사람들은 공개적으로 비판을 하였다. 그렇지만 네덜란드 Amsterdam의 Jacobus van't Hoff(당시 32세, 1852~1911)와 라트비아 Riga의 Wilhelm Ostwald(당시 32세, 1853~1932) 등 두 젊은 화학자가 긍정적인 답변을 보냈다.

courtesy of the Nobel Foundation

Svante August Arrhenius
(1859~1927)

이후 몇 년 동안 이들은 약간은 경멸적 의미로 "이온주의자"라고 불렸다. 하지만 시간이 지나면서 상황은 변화되어 갔다. 1901년에 화학 분야의 첫 번째 노벨상이 van't Hoff에게 주어졌고, 2년 후인 1903년에는 Arrhenius가 노벨상을 수상했다. 1909년에는 Ostwald가 그 뒤를 따랐다.

Arrhenius의 여러 업적 중에서도 가장 중요한 것은 아마 화학 반응 속도론(제11장)일 것이다. 1889년에 그는 반응 속도의 온도 의존성에 대한 관계를 밝혀냈다. 1896년에는 전혀 다른 분야에서 "대기 중의 이산화 탄소가 지구 온도에 미치는 영향에 대하여"라는 제목의 논문을 발표하였다. 그는 여기서 제16장에서 논의될 온실 효과의 기본적인 생각을 제시하고 있다.

말년에 Arrhenius는 그의 관심을 화학의 대중화 쪽으로 돌렸다. 그는 이해하기 쉬운 여러 종의 교과서들을 집필하였다. 1925년에는 원고를 독촉하는 출판업자의 성화에 못 이겨서 집필을 위해 새벽 4시에 일어나기 시작하였다. 예상할 수 있듯이, 그렇게 이른 시간에 일어나는 것은 그의 건강에 좋지 않은 영향을 가져왔다. Arrhenius는 1925년부터 육체적으로 쇠약해져서 다시는 회복하지 못하고 2년 후에 세상을 떠났다.

4-3 산화-환원 반응

수용액에서 일어나는 또 다른 일반적인 반응의 형태는 두 화학종 간의 전자 이동과 관련된 것이다. 이런 반응을 **산화-환원 반응**(redox reaction)이라고 부른다. 금속과 산의 반응을 포함한 많은 반응들이 이 범주에 속한다.

산화-환원 반응에서 한 화학종은 전자를 *잃는데*(즉 전자를 제공한다), 이를 *산화되었다*고 한다. 전자를 *얻은*(즉 받은) 다른 화학종은 *환원되었다*고 한다. 예를 들어 아연 조각을 염산에 넣었을 때 일어나는 산화-환원 반응(그림 4.13)을 살펴보자. 이 반응의 알짜 이온 반응식은 다음과 같다.

$$Zn(s) + 2H^+(aq) \longrightarrow Zn^{2+}(aq) + H_2(g)$$

이 반응식은 두 개의 **반쪽-반응식**(half-equation)으로 나눌 수 있는데, 하나는 산화 반응식이고 또 하나는 환원 반응식이다. 아연 원자는 전자를 잃고 Zn^{2+} 이온으로 산화된다. 산화 반쪽-반응식은 다음과 같다.

$$\textit{산화:} \quad Zn(s) \longrightarrow Zn^{2+}(aq) + 2e^-$$

동시에 H^+ 이온은 전자를 얻고 H_2 분자로 환원된다. 환원 반쪽-반응식은 다음과 같다.

$$\textit{환원:} \quad 2H^+(aq) + 2e^- \longrightarrow H_2(g)$$

이 예에서 다음과 같은 점을 명확히 알 수 있다.

- ***산화와 환원은 함께 일어난다.*** 둘 중 한쪽 반응만 일어나지는 않는다.
- ***산화-환원 반응에서 전자수의 알짜 변화는 없다.*** 산화 반쪽-반응에서 나온 전자는 환원 반쪽-반응에서 다른 화학종에 의해 흡수된다.

© Cengage Learning/Charles D. Winters

그림 4.13 ▸ **센산과 아연의 산화-환원 반응.** 용액에서 아연 원자는 Zn^{2+} 이온으로 산화되고, H^+ 이온은 H_2 분자로 환원된다.

$Na \rightarrow Na^+$

Na는 e^-를 잃는다
Na는 산화된다
Na는 환원제이다
Na의 산화수는 증가한다($0 \rightarrow +1$)

산화 반쪽-반응

$S \rightarrow S^{2-}$

S는 e^-를 얻는다
S는 환원된다
S는 산화제이다
S의 산화수는 감소한다($0 \rightarrow -2$)

환원 반쪽-반응

그림 4.14 ▸ **산화 반쪽-반응과 환원 반쪽-반응에서 일어나는 과정의 요약.**

이 장의 앞 절에서 침전 반응(4-1절)과 산-염기 반응(4-2절)의 반응식을 쓰고 균형을 맞추는 방법을 제시하였다. 산화-환원 반응식의 균형을 맞추는 방법은 제17장에서 공부하게 된다. 이 절에서는 산화된 화학종과 환원된 화학종, 산화제 또는 환원제, 산화 반쪽-반응과 환원 반쪽-반응을 공부하게 된다. 그림 4.14에 이 새로운 용어들을 요약해 놓았다. 이를 알기 위해서는 새로운 개념인 산화수를 도입하는 것이 편리하다.

▶ 산화수

산화수(oxidation number)의 개념은 산화-환원 반응에서 전자를 주고 받는 것을 쉽게 나타내기 위해 사용된다. 단원자 이온의 경우(Na^+, S^{2-} 등)에 산화수는 간단하게 이온의 전하수($+1$, -2)이다. 분자나 다원자 이온의 경우, 원소의 산화수는 결합 전자를 더 세게 잡아당기는 원자가 모두 가졌다고 여기고 계산한 "가전하(pseudo-charge)"이다.

실제로 모든 종류의 화학종의 산화수는 다음의 임의적인 규칙에 따라서 정할 수 있다.

1. *원소로 이루어진 물질에서 원소의 산화수는 0이다*(그림 4.15).
   예: Cl_2에서 염소나 P_4에서 인의 산화수는 0이다.
2. ***단원자 이온에서 원소의 산화수는 그 이온의 전하와 같다.***
   예: Cl^-에서 염소의 산화수는 -1이고, Na^+에서 소듐의 산화수는 $+1$이다.
3. ***어떤 원소들("주요 원소"라 부른다)은 모든 화합물에서 항상 같은 산화수를 갖는다.***
   1족 원소들은 항상 +1의 산화수를 갖는다.
   2족 원소들은 항상 +2의 산화수를 갖는다.
   플루오린(F)은 항상 −1의 산화수를 갖는다.
4. ***화합물에서 수소는 +1의 산화수를 갖는다. 그러나 수소가 금속과 결합하고 있을 경우에는 −1의 산화수를 갖는다.***
   예: HCl에서 수소의 산화수는 $+1$이며 NaH에서 수소의 산화수는 -1이다.
5. *중성 화학종에서 산화수의 합은 0이며, 다원자 이온에서 산화수의 합은 이온의 전하와 같다.*
   예:
   (a) PH_3에서 P의 산화수를 결정할 때, 수소의 산화수가 $+1$이므로(여기서는 수소가 비금속인 P와 결합하고 있으므로) 위의 규칙을 사용하여 수학적으로 풀면 된다. PH_3에서 3개의 수소 원자가 있으며 각 수소의 산화수는 $+1$이다. 따라서 P의 산화수를 x라 하면, 다음 식이 성립한다. $3(+1) + x = 0$; $x = -3$. PH_3에서 P의 산화수는 -3이다.
   (b) NH_4^+에서 N의 산화수를 결정할 때, 수소의 산화수가 $+1$이므로(여기서는 수소가 비금속인 N과 결합하고 있으므로) 위의 규칙을 사용하여 수학적으로 풀면 된다. NH_4^+에는 4개의 H 원자가 있으며 각 수소의 산화수는 $+1$이다. 따라서 N의 산화수를 y라 하면, 다음 식이 성립한다.
   $4(+1) + y = +1$; $y = -3$. NH_4^+에서 N의 산화수는 -3이다.

그림 4.15 ▸ **금속의 녹과 산화수.** 철이 녹슬면, 철의 산화수는 $Fe(s)$의 0에서 Fe^{3+}의 +3으로 변한다.

6. ***화합물에서 산소의 산화수는 1족 금속(금속의 산화수는 항상 +1) 또는 2족 금속(금속의 산화수는 항상 +2)과의 결합을 제외하고는 항상 −2의 산화수를 갖는다. 산소의 산화수는 다음의 예와 같이 수학적으로 풀어서 구한다.***

   예:

   (a) Na_2O에서 산소의 산화수는 다음과 같다.

   $$2(+1) + \text{O의 산화수} = 0; \text{O의 산화수} = -2$$

   (b) Na_2O_2에서 산소의 산화수는 다음과 같다.

   $$2(+1) + 2(\text{O의 산화수}) = 0; \text{O의 산화수} = -1$$

   (c) NaO_2에서 산소의 산화수는 다음과 같다.

   $$+1 + 2(\text{O의 산화수}) = 0; \text{O의 산화수} = -1/2$$

산화수는 실험적으로 결정되는 것이 아니라 계산하는 것이다.

그림 4.16은 이들 규칙을 순서도의 형태로 이용하는 방법을 나타내고 있다. 이 규칙을 응용한 예를 예제 4.6에 나타내었다.

예제 4.6

다음 화학종에서 각 원소의 산화수를 할당하라.

(a) N_2 (b) N^{3-} (c) NO_3^- (d) BaO (e) K_2O_2

풀이

(a) N_2는 원소 상태에 있다. (규칙 1)	N의 산화수 = 0
(b) N^{3-}는 단원자 이온이다. (규칙 2)	N의 산화수 = −3
(c) 1족이나 2족의 금속이 없다. (규칙 6)	O의 산화수 = −2
NO_3^-는 다원자 이온이다. (규칙 5)	$3(-2) + x = -1$; N의 산화수 = +5
(d) Ba는 2족 금속이다. (규칙 3)	Ba의 산화수 = +2
산화수의 합은 0이다. (규칙 5)	$+2 + x = 0$; O의 산화수 = −2
(e) K는 1족 금속이다. (규칙 3)	K의 산화수 = +1
산화수의 합은 0이다. (규칙 5)	$2(1) + 2x = 0$; O의 산화수 = −1

마무리 정리

산화수를 계산하기 전에 화합물에 "주요 원소"(1족과 2족 금속 및 F)가 있는지 항상 확인하라. 이들 원소는 화합물에 있는 다른 원소들의 산화수의 계산에서 중요하다. 만일 이들 주요 원소가 없으면 그 다음으로 H와 O가 있는지 확인한다(1족과 2족의 금속 이온이 없으면 H와 O는 각각 +1과 −2의 산화수를 갖는다).

산화수의 개념은 산화와 환원의 실용적인 개념을 바로 정의할 수 있게 해준다. **산화**(oxidation)는 ***산화수의 증가,*** ***환원***(reduction)은 ***산화수의 감소***로 정의한다. 센산과 아연의 반응을 다시 한 번 살펴보자.

$$Zn(s) + 2H^+(aq) \longrightarrow Zn^{2+}(aq) + H_2(g)$$

Zn은 산화된다(산화수: $0 \longrightarrow +2$)
H^+는 환원된다(산화수: $+1 \longrightarrow 0$)

이 정의는 물론 전자를 얻고 잃는 것으로 정의하는 것과 일치한다. 전자를 잃는 원소는 산화수가 증가하게 된다. 전자를 얻으면 항상 산화수가 감소한다.

산화-환원 반응을 알아보는 쉬운 방법은 다른 두 원소의 산화수 변화를 살펴보는 것이다. 예를 들어 다음 알짜 이온 반응식을 살펴보자.

$$2Al(s) + 3Cu^{2+}(aq) \longrightarrow 2Al^{3+}(aq) + 3Cu(s)$$

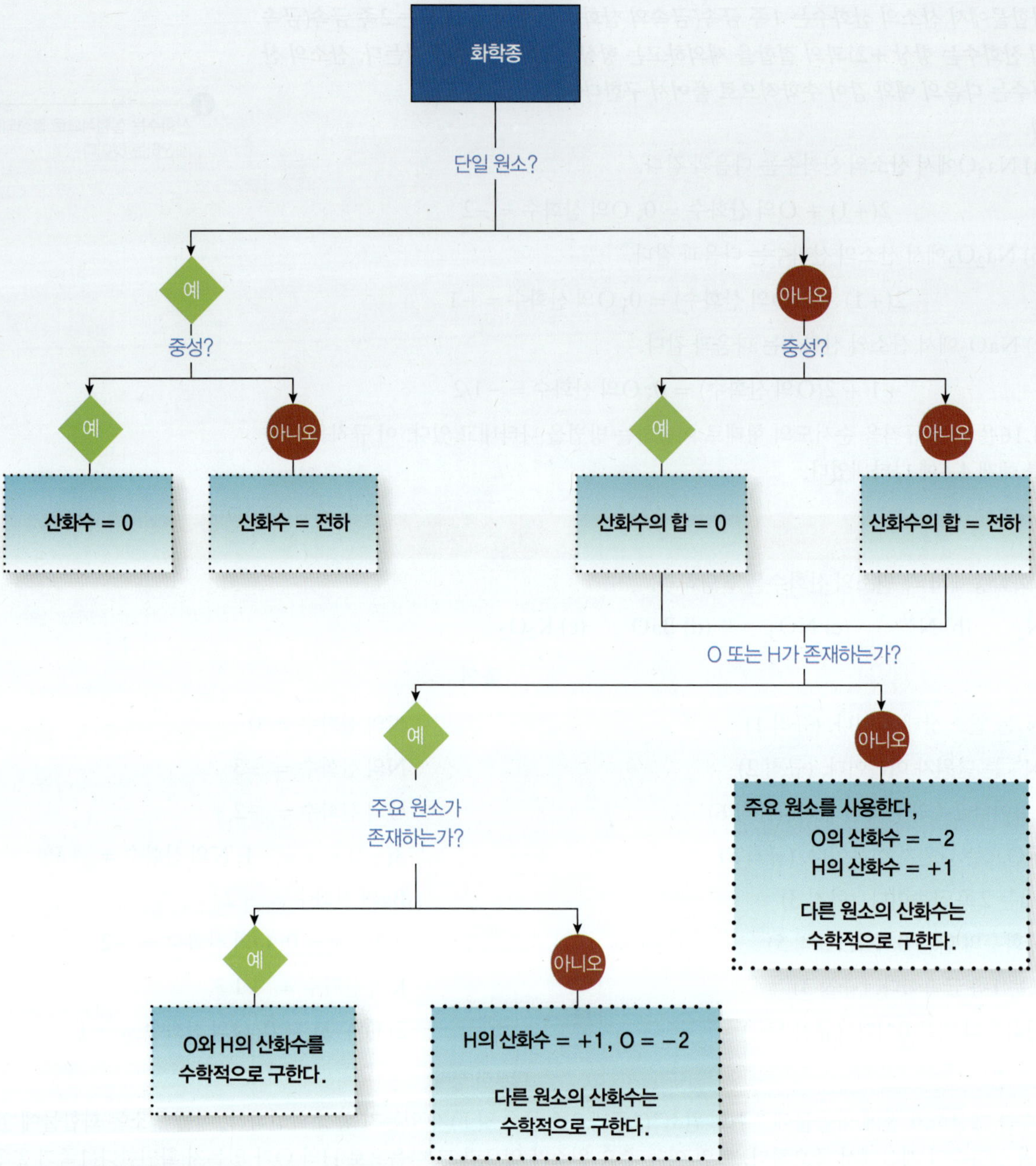

그림 4.16 ▸ **산화수를 결정하기 위한 순서도.** 주요 원소의 산화수는 다음과 같다. 1족의 원소 = +1, 2족의 원소 = +2, F = −1이다.

위의 반응식에서 알루미늄의 산화수는 0에서 +3으로 증가하였고, 구리의 산화수가 +2에서 0으로 감소하였기 때문에 산화-환원 반응식이다. 반면에 다음 반응식은 모든 원소들이 반응 전과 반응 후에 같은 산화수를 가지므로(O = −2, H = +1, C = +4) 산화-환원 반응이 아니다.

$$CO_3^{2-}(aq) + 2H^+(aq) \longrightarrow CO_2(g) + H_2O$$

산화-환원 반응에서 전자를 교환하는 두 화학종에는 특별한 이름을 붙인다. 전자를 받아들이는 이온이나 분자를 **산화제**(oxidizing agent)라고 부른다. 산화제는 다른 화학종이 산화될 때 내놓는 전자를 받아들인다. 반대로 전자를 제공하는 화학종을 **환원제**(reducing agent)라고 부르며, 환원제는 다른 화학종을 환원시킨다. ⓘ

ⓘ 산화제는 환원되고, 환원제는 산화된다.

이 개념을 확실히 하기 위하여 다음 반응을 살펴보자.

$$Zn(s) + 2H^+(aq) \longrightarrow Zn^{2+}(aq) + H_2(g)$$

H^+ 이온은 산화제이므로 아연을 산화시킨다. 같은 방식으로 아연은 환원제이며, H^+ 이온을 환원시키는 데 필요한 전자를 제공한다.

위 반응에서 아연과 같은 산화-환원 반응에 참여하는 금속 원소들은 보통 환원제로 작용한다. 즉 Zn^{2+}와 같은 양이온으로 산화된다. 이외에 다른 환원제로는 H^+로 산화될 수 있는 수소 기체가 있다.

$$H_2(g) \longrightarrow 2H^+(aq) + 2e^-$$

그리고 Fe^{2+}와 같은 몇몇 양이온은 더 큰 산화 상태로 산화될 수 있다.

$$Fe^{2+}(aq) \longrightarrow Fe^{3+}(aq) + e^-$$

비금속 원소는 보통 산화제로 사용되어 해당되는 음이온으로 환원된다.

$$Cl_2(g) + 2e^- \longrightarrow 2Cl^-(aq)$$
$$S(s) + 2e^- \longrightarrow S^{2-}(aq)$$

위에 나타낸 반응식을 반쪽-반응이라고 부른다. 반쪽-반응은 완전한 산화-환원 반응이 *아니다*.

예제 4.7

다음 산화-환원 반응에 대한 물음에 답하라.

$$Cr^{3+}(aq) + H_2O_2(aq) \rightarrow 2H_2O + Cr_2O_7^{2-}(aq)$$

(a) 산화된 원소와 환원된 원소를 찾아라.

(b) 산화제와 환원제는 어느 것인가?

전략

1. 각 원소의 산화수를 결정한다.
2. 산화수가 변하는 원소가 어느 것인지를 찾는다.

풀이

산화수	Cr: +3; H: +1; O: −1 → H: +1; O: −2; Cr: +6
변화	Cr: +3 → +6(증가)
	O: −1 → −2(감소)
환원된 원소	O (산화수의 감소)
산화된 원소	Cr (산화수의 증가)
산화제	H_2O_2 (환원되는 원소를 포함하고 있는 화학종)
환원제	Cr^{3+} (산화되는 원소를 포함하고 있는 화학종)

수용액에서 산화-환원 반응에 대한 화학량론적 계산은 침전 반응(예제 4.3) 또는 산-염기 반응(예제 4.5)에서의 화학량론적 계산과 같은 방법으로 수행하면 된다.

예제 4.8

산성 용액에서 철(II)과 과망가니즈산 이온 사이의 반응에 대한 다음의 균형 맞춘 반응식을 살펴보자.

$$MnO_4^-(aq) + 5Fe^{2+}(aq) + 8H^+(aq) \rightarrow 5Fe^{3+}(aq) + Mn^{2+}(aq) + 4H_2O$$

27.50 mL의 0.250 *M* $Fe(NO_3)_2$ 용액과 완전히 반응하려면 0.684 *M*의 $KMnO_4$ 용액이 몇 mL가 필요한가(그림 4.17 참조)?

(계속)

분석	
주어진 정보:	$Fe(NO_3)_2$의 V (27.50 mL)와 M (0.250)
	$KMnO_4$의 M (0.684)
정보가 알려주는 내용:	반응하는 화학종; 화학량론비
알고자 하는 것:	$KMnO_4$의 부피

전략

그림 4.6에 나타낸 순서도를 따른다.

$V \times M$ → 모체 화합물의 몰수 → 이온의 몰수 → 이온의 몰수 → 모체 화합물의 몰수 → $V \times M$

풀이

1. 모체 화합물 → 이온	$Fe(NO_3)_2$ (모체 화합물) → Fe^{2+}(이온)
	$KMnO_4$ (모체 화합물) → MnO_4^-(이온)
2. $Fe(NO_3)_2$의 몰수	$V \times M = (0.02750\ L)(0.250\ mol/L) = 0.00688\ mol$
3. Fe^{2+}의 몰수	$0.00688\ mol\ Fe(NO_3)_2 \times \frac{1\ mol\ Fe^{2+}}{1\ mol\ Fe(NO_3)_2} = 0.00688\ mol$
4. MnO_4^-의 몰수	$0.00688\ mol\ Fe^{2+} \times \frac{1\ mol\ MnO_4^-}{5\ mol\ Fe^{2+}} = 0.00138\ mol$
5. $KMnO_4$의 몰수	$0.00138\ mol\ MnO_4^- \times \frac{1\ mol\ KMnO_4}{1\ mol\ MnO_4^-} = 0.00138\ mol$
6. $KMnO_4$의 V	몰수 $= V \times M$; $V = \frac{0.00138\ mol}{0.684\ mol/L} = 0.00202\ L = 2.02\ mL$

그림 4.17 ▸ **산화-환원 적정.**

생활 속의 화학 이야기 | CHEMISTRY **BEYOND** THE CLASSROOM

제산제

저녁 식사를 할 때, 위 속 점막내의 작은 분비선은 음식을 소화시키는 것을 돕기 위해 염산을 배출한다. 만약 모든 것이 잘되면, 위 속의 HCl 농도는 약 0.1 *M* 정도까지 높아지고, 소화는 원활하게 일어나며, 여러분은 화학을 공부하는 기나 긴 밤을 보낼 준비가 된 것이다. 하지만 가끔 너무 많은 산이 방출되고 여러분은 "위산성 소화 불량" 또는 "위 쓰림"또는 "속 쓰림"으로 부르는 상태로 고통받을 수 있다. 이것은 특히 매운 음식이나 고지방 음식을 너무 많이 먹는 경우에 발생할 수 있다.

이러한 불편함을 완화시키는 한 가지 방법은 알약이나 물약 형태의 제산제(antacid)를 복용하는 것이다(그림 A). 제산제는 과량의 H^+ 이온을 소모하는 화학 반응으로 위산을 줄인다. 표 A에는 여러 제산제가 수록되어 있으며, 여기에는 이를 포함하는 상용 제품의 브랜드 이름도 포함되어 있다.

거의 모든 경우에, 제산제는 *불용성 탄산염* 또는 *수산화물*임을 주목하자. 과량의 H^+ 이온과 가진 이러한 화학종들의 전형적인 반응은 다음과 같이 나타낼 수 있다.

$$CaCO_3(s) + 2H^+(aq) \rightarrow Ca^{2+}(aq) + CO_2(g) + H_2O$$
$$Mg(OH)_2(s) + 2H^+(aq) \rightarrow Mg^{2+}(aq) + H_2O$$

이와 같은 반응식을 사용하면, 주어진 제산제 양에 의해 소비된 H^+ 이온의 양을 쉽게 결정할 수 있다. $CaCO_3$의 경우, 다음 식과 같이 계산한다.

$$1.00\text{ g }CaCO_3 \times \frac{1\text{ mol }CaCO_3}{100.0\text{ g }CaCO_3} \times \frac{2\text{ mol }H^+}{1\text{ mol }CaCO_3} = 0.0200\text{ mol }H^+$$

비슷하게 계산하면 다음과 같은 결과가 얻어진다.

0.0237 mol H^+/g $MgCO_3$, 0.0343 mol H^+/g $Mg(OH)_2$, 0.0385 mol H^+/g $Al(OH)_3$

이 네 가지 제산제 중에서 과량의 H^+ 이온을 제거하는 데 $Al(OH)_3$가 가장 "효율적"이라고 결론을 내릴 수 있다.

위산성 소화 불량으로 인한 문제를 해결할 수 있는 또 다른 방법이 있다. 그것은 과학적으로 H_2 수용체 길항제로 알려진 "H-2 차단제"라고 통칭되는 특정 약물을 사용하는 것이다. 그 약들은 위장에서 H^+ 이온의 방출을 억제한다. 이런 종류의 처방약은 위장과 식도의 질환 치료에 한 동안 사용되어 왔다. 1994년에 제약회사들은 이 약품들 중 일부를 처방전 없이 구입할 수 있는 약품으로 판매하기 시작하였다(그림 B).

양성자 펌프 억제제(proton pump inhibitor)라고 부르는 또 다른 형태의 약물이 H-2 차단제를 능가하고 있다. 그 약들은 더 오래 지속되며 위액에서 위산 분비를 보다 효과적으로 감소시킨다. 그 약들은 H-2 수용체 길항제와는 완전히 다른 메커니즘으로 위산 분비를 감소시킨다. 이러한 약들은 현재 처방전 없이 일반 의약품에서도 구입할 수 있으며, Prilosec, Prevacid 및 Zegerid라는 상표명으로 판매된다(그림 C). Omeprazole(일반명)도 구입 가능하다.

표 A ▸ 제산제

제품명	제산제의 성분	제품명	제산제의 성분
Brioschi	$NaHCO_3$	Phillips	$Mg(OH)_2$
Gaviscon	$MgCO_3$, $Al(OH)_3$	Rolaids	$CaCO_3$, $Mg(OH)_2$
Gelusil	$Mg(OH)_2$,, $Al(OH)_3$	Surpass	$CaCO_3$
Maalox	$Mg(OH)_2$,, $Al(OH)_3$	Top Care	$MgCO_3$, $Al(OH)_3$
Mylanta	$Mg(OH)_2$,, $Al(OH)_3$	Tums	$CaCO_3$

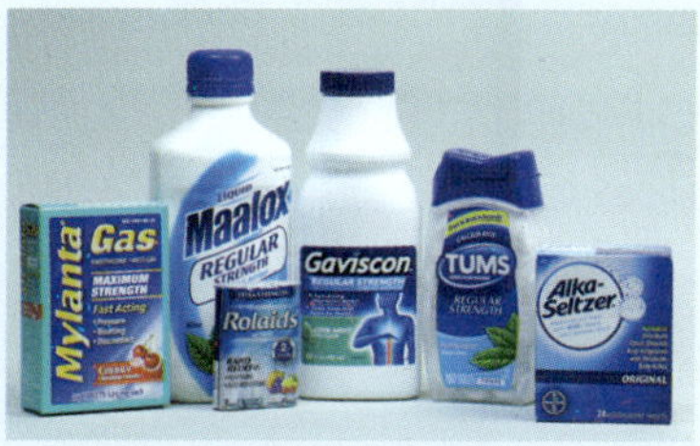

그림 A ▸ 약국에서 구입할 수 있는 몇 가지 제산제.

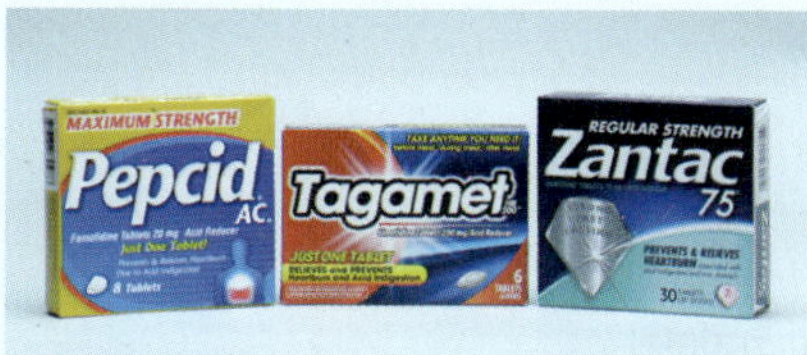

그림 B ▸ 처방전 없이 구입할 수 있는 "H-2 차단제".

그림 C ▸ 처방전 없이 구입할 수 있는 양성자 펌프 억제제.

주요 개념

1. 침전 도표(그림 4.2와 4.3)를 다음에 적용시키기.
   - 용해도와 침전 반응 예상
   (예제 4.1; 문제 1~10)
   - 침전 반응의 알짜 이온 반응식 쓰기
   (예제 4.2와 4.3; 문제 5~10)
2. 반응의 화학량론 계산하기.
   (예제 4.3, 4.5, 4.10; 문제 11~16, 27~38, 59~70)
3. 표 4.1과 4.2 및 그림 4.10을 이용하여 산-염기 반응의 알짜 이온 반응식 쓰기.
   (예제 4.4; 문제 19~26)
4. 산화수 결정하기.
   (예제 4.6, 4.7; 문제 39~42)

주요 용어

당량점(equivalence point)
반쪽-반응식(half-equation)
산화-환원 반응(redox reaction)
산화(oxidation)
산화수(oxidation number)
산화제(oxidizing agent)
센산(strong acid)
센염기(strong base)
아레니우스 산(Arrhenius acid)
아레니우스 염기(Arrhenius base)
아민(amine)
알짜 이온 반응식(net ionic equation)
약산(weak acid)
적정(titration)
중화(neutralization)
침전(precipitate)
환원(reduction)
환원제(reducing agent)

요약 문제

염화 수소의 수용액은 염산(그림 4.18)이라고 부른다. 염산은 공업적인 목적으로 많이 사용된다. 염산은 매우 다양한 화합물들과 반응한다.

(a) 염산 수용액과 다음 용액의 반응에 대한 알짜 이온 반응식을 써라.

(1) 수산화 스트론튬 수용액

(2) 질산 은(silver nitrate) 수용액

(3) 메틸아민(CH_3NH_2) 수용액

(4) 수산화 철(II) [염화 이온은 수산화 철(II)과 반응하여 금속 철을 형성한다. 염소산 이온도 형성한다.]

(b) 25.00 mL의 0.695 *M* HCl 용액이 과량의 질산 은과 반응하여 침전이 생성되었다. 이론적으로 몇 g의 침전이 얻어지겠는가?

(c) 75.00 mL의 0.07942 *M* HCl 용액과 완전히 반응하기 위하여 필요한 0.2500 *M* 수산화 스트론튬 수용액의 부피는 얼마인가?

(d) 37.5 mL의 0.439 *M* HCl 용액이 22.0 mL의 0.573 *M* 암모니아 용액과 반응하여 암모늄 이온이 형성되었다. 반응이 종료된 후에 용액 속에 있는 각 화학종의 농도는 얼마인가? (부피는 더해진다고 가정하라.)

(e) 알루미늄이 포함되어 있는 합금을 분석하였다. 2.500-g의 합금 시료 중의 모든 알루미늄이 212 mL의 0.493 *M* HCl 용액과 반응하였다.

$$2Al(s) + 6H^+(aq) \longrightarrow 2Al^{3+}(aq) + 3H_2(g)$$

1. 산화제는 무엇인가?

2. 산화되는 원소는 무엇인가?

3. 합금에 들어 있는 알루미늄의 질량 백분율을 계산하라. (합금에서 알루미늄만이 HCl과 반응하는 유일한 성분이라고 가정하라.)

해답

(a) 1. $H^+(aq) + OH^-(aq) \longrightarrow H_2O$
2. $Cl^-(aq) + Ag^+(aq) \longrightarrow AgCl(s)$
3. $CH_3NH_2(aq) + H^+(aq) \longrightarrow CH_3NH_3^+(aq)$
4. $3Fe(OH)_2(s) + Cl^-(aq) \longrightarrow 3Fe(s) + ClO_3^-(aq) + 3H_2O$

(b) 2.49 g

(c) 11.91 mL

(d) $NH_3 = 0$;
$H^+ = 0.0648\ M$;
$Cl^- = 0.277\ M$;
$NH_4^+ = 0.212\ M$

(e) 1. H^+
2. Al
3. 37.6%

그림 4.18 ▸ **염산은 muriatic acid라고 부르며 철물점에서 구입할 수 있다.** 이 센산은 금속과 석재의 표면을 세척하는 데 사용된다.

연습 문제

짝수 번호의 문제와 도전 문제의 해답은 센게이지 홈페이지 자료실에서 다운로드 받을 수 있다(www.cengage.co.kr).

4-1 침전 반응

1. 다음 화합물들의 화학식을 쓰고 물에 녹는지 아닌지를 결정하라.
(a) 황산 소듐 (b) 질산 철(III)
(c) 염화 은 (d) 수산화 크로뮴(III)

2. 다음 화합물에 대해 연습 문제 1과 같이 답하라.
(a) 염화 바륨
(b) 수산화 마그네슘
(c) 탄산 크로뮴(III)
(d) 인산 포타슘

3. 침전시키는 방법을 설명하라.
(a) 질산 아연 용액에서 탄산 아연
(b) 염화 구리(II) 용액에서 인산 구리(II)
(c) 수산화 바륨 용액에서 황산 바륨

4. 염화 철(III) 용액에 어떤 시약을 넣어야 다음의 침전이 일어날 것인가? 시약의 이름을 써라.
(a) 수산화 철(III).
(b) 탄산 철(III).
(c) 인산 철(III).

5. 다음 침전 형성의 알짜 이온 반응식을 써라.
(a) 질산 마그네슘 용액과 수산화 포타슘 용액을 혼합하였을 때 생성되는 침전
(b) 황산 은(I) 용액과 염화 바륨 용액을 혼합하였을 때 생성되는 두 종류의 다른 침전

6. 다음 침전이 생성되는 것을 설명하는 알짜 이온 반응식을 써라.
(a) 질산 철(III) 용액과 수산화 소듐 용액을 혼합할 때 생성되는 붉은색 침전
(b) 황산 마그네슘 용액과 수산화 바륨 용액을 혼합하였을 때 생성되는 두 종류의 다른 침전

7. 다음 용액을 섞었을 때 침전이 형성되겠는가? 만약 침전이 형성된다면 알짜 이온 반응식을 써라.
(a) 질산 포타슘과 황산 마그네슘
(b) 질산 은과 탄산 포타슘
(c) 탄산 암모늄과 염화 코발트(II)
(d) 인산 소듐과 수산화 바륨
(e) 질산 바륨과 수산화 포타슘

8. 다음 용액들에 대해 연습 문제 7과 같이 답하라.
(a) 질산 은과 염화 소듐
(b) 질산 코발트(II)와 수산화 소듐
(c) 인산 암모늄과 수산화 포타슘
(d) 황산 구리(II)와 탄산 소듐
(e) 황산 리튬과 수산화 바륨

9. 다음의 1 *M* 수용액들을 혼합하였을 때 침전이 형성된다면 그 반응의 알짜 이온 반응식을 써라.
(a) 황산 구리(II)와 염화 소듐
(b) 질산 마그네슘(II)과 수산화 암모늄
(c) 질산 은과 염산
(d) 황산 니켈(II)과 수산화 포타슘
(e) 탄산 암모늄과 질산 소듐

10. 다음 용액들에 대해 연습 문제 9와 같이 답하라.
(a) 인산 소듐과 염화 바륨
(b) 황산 아연과 수산화 포타슘
(c) 황산 암모늄과 염화 소듐
(d) 질산 코발트(III)와 인산 소듐

11. 다음 용액과 완전히 반응하기 위해 필요한 0.2500 *M* 황산 코발트(III) 용액의 부피는 얼마인가?
(a) 25.00 mL의 0.0315 *M* 수산화 칼슘 용액
(b) 5.00 g의 탄산 소듐 용액
(c) 12.50 mL의 0.1249 *M* 인산 포타슘 용액

12. 질산 철(III) 용액 25.00 mL가 다음에 주어지는 시약과 완전히 반응한다.(100% 수득률). 질산 철(III) 용액의 몰농도는 얼마인가?
(a) 0.1488 *M* 탄산 소듐 12.54 mL
(b) 7.58 g의 인산 포타슘
(c) 10.00 mL의 0.1573 *M* $Sr(OH)_2$

13. 0.0250 *M* 질산 은 용액 50.00-mL를 0.0400 *M*의 염화 크로뮴(III) 용액과 섞었다.
(a) 염화 은이 완전히 침전되기 위해서 필요한 염화 크로뮴(III) 용액의 최소 부피는 얼마인가?
(b) (a)에서 몇 그램의 염화 은이 생성되는가?

14. 알루미늄 이온과 탄산 이온이 반응하면 물에 녹지 않는 탄산 알루미늄이 생성된다.
(a) 이 반응의 알짜 이온 반응식을 써라.
(b) 0.137 *M* 탄산 소듐 용액 35.5 mL와 완전히 반응하기 위해 염화 알루미늄 용액 30.0 mL가 필요하다면 이 용액의 몰농도는 얼마인가?
(c) (b)에서 몇 그램의 탄산 알루미늄이 생성되었는가?

15. Na_3PO_4와 $Ca(NO_3)_2$을 혼합하였더니, 다음 반응이 일어났다.

$$2PO_4{}^{3-}(aq) + 3Ca^{2+}(aq) \longrightarrow Ca_3(PO_4)_2(s)$$

0.1386 *M* Na_3PO_4 15.00 mL와 0.2118 *M* $Ca(NO_3)_2$ 20.00 mL를 혼합하였을 때, 몇 그램의 $Ca_3(PO_4)_2(s)$ (MM = 310.18 g/mol)를 얻을 수 있는가?

16. 황산 알루미늄 용액과 수산화 소듐 용액을 혼합하면 흰색의 젤라틴 형태의 침전이 생성된다.
(a) 이 반응의 균형 맞춘 알짜 이온 반응식을 써라.
(b) 2.76 g의 황산 알루미늄이 들어 있는 용액 125 mL를 85.0 mL의 0.2500 *M* NaOH와 혼합하였다. 생성된 침전의 질량은 얼마인가?
(c) 과량으로 존재하는 이온의 몰농도는 얼마인가? (구경꾼 이온은 무시하고 부피는 더해진다고 가정하라.)

4-2 산-염기 반응

17. 다음 화합물들을 산인지 염기인지 구별하고, 센 산-염기인지 약한 산-염기인지 구별하라.
(a) 과염소산 (b) 수산화 세슘
(c) 탄산, H_2CO_3 (d) 에틸아민, $C_2H_5NH_2$

18. 연습 문제 17과 같이 답하라.
(a) 황화 수소 (b) 황산
(c) 피리딘, C_5H_5N (d) 수산화 알루미늄

19. 다음 산 중에서 산-염기 반응에서 반응이 일어나는 화학종, 즉 화학 반응식에 나타나는 이온 또는 분자는 무엇인가?
(a) 과염소산 (b) 아이오딘화 수소산
(c) 아질산 (d) 질산
(e) 락트산, $HC_3H_5O_3$

20. 다음 산에 대해 연습 문제 19와 같이 답하라.
(a) 하이포염소산 (b) 폼산, $HCHO_2$
(c) 아세트산, $HC_2O_3H_2$ (d) 브로민화 수소산
(e) 아황산

21. 다음 염기 중에서, 산-염기 반응에서 반응이 일어나는 화학종(화학 반

응식에 나타나는 이온 또는 분자)은 무엇인가?

(a) 수산화 바륨 (b) 트라이메틸아민, $(CH_3)_3N$

(c) 아닐린, $C_6H_5NH_2$ (d) 수산화 소듐

22. 다음 염기에 대해 연습 문제 21과 같이 답하라.

(a) 톨루이딘, C_7H_9N (b) 수산화 스트론튬

(c) 인돌, C_8H_6NH (d) 암모니아 수용액

23. 수용액에서 다음 각 산-염기 반응에 대한 알짜 이온 반응식을 써라.

(a) 아질산과 수산화 바륨

(b) 수산화 포타슘과 플루오린화 수소산

(c) 아닐린($C_6H_5NH_2$)과 과염소산

24. 수용액에서 다음 각 산-염기 반응에 대한 균형 맞춘 알짜 이온 반응식을 써라.

(a) 아세트산($HC_2H_3O_2$)과 수산화 스트론튬

(b) 다이에틸아민[$(C_2H_5)_2NH$]과 황산

(c) 플루오린화 수소산 수용액과 수산화 소듐

25. 다음과 같은 일반적인 반응식에 대한 물음에 답하라.

$$H^+(aq) + B^-(aq) \rightarrow HB(aq)$$

다음 중 어느 쌍이 용액에서 산-염기 반응에 대하여 위의 반응식에 정확하게 맞는 반응인가? 만약 맞지 않는다면, 이들 쌍 간에 적절한 산-염기 반응식을 써라.

(a) 질산과 수산화 칼슘

(b) 염산과 CH_3NH_2

(c) 브로민화 수소산과 암모니아 수용액

(d) 과염소산과 수산화 바륨

(e) 수산화 소듐과 아질산

26. 다음과 같은 일반적인 반응식에 대한 물음에 답하라.

$$OH^-(aq) + HB(aq) \longrightarrow B^-(aq) + H_2O$$

다음 중 어느 쌍이 용액에서 산-염기 반응에 대하여 위의 반응식에 정확하게 맞는 반응인가? 만약 맞지 않는다면, 이들 쌍 간에 적절한 산-염기 반응식을 써라.

(a) 염산과 피리딘(C_5H_5N)

(b) 황산과 수산화 루비듐

(c) 수산화 포타슘과 플루오린화 수소산

(d) 암모니아와 아이오딘화 수소산

(e) 수산화 스트론튬과 사이안화 수소산

27. 20.00 mL의 질산 용액을 중화시키기 위해 0.216 g의 수산화 바륨이 필요했다면 이 질산 용액의 몰농도는 얼마인가?

28. 38.00 mL의 0.189 *M* 암모니아를 중화시키려면 0.2315 *M* 황산이 몇 mL가 필요한가?

29. 다음 용액과 반응하기 위해 필요한 1.222 *M* 수산화 소듐 용액의 부피는 얼마인가?

(a) 0.569 *M*의 아황산 용액 32.5 mL (1 mol의 아황산은 2 mol의 수산화 이온과 반응한다.)

(b) 5.00 g의 옥살산($H_2C_2O_4$) (1 mol의 옥살산은 2 mol의 수산화 이온과 반응한다.)

(c) 15.0 g의 진한 아세트산($HC_2H_3O_2$) (순도: 질량으로 88%)

30. 과염소산(perchloric acid) 25.00-mL가 들어 있는 몇 개의 시료 용액이 있다. 각 산 용액을 다음의 조건으로 중화하였다면 각 산 용액의 몰농도는 얼마인가?

(a) 17.25 mL의 0.3471 *M* 에틸아민($C_2H_5NH_2$).

(b) 14.17 g의 수산화 스트론튬.

(c) 41.73 mL의 18% (질량으로) 암모니아 용액(d = 0.9295 g/mL).

31. H_2X (MM = 100.0 g/mol) 시료가 0.2000 *M* KOH 330.0 mL와 완전히 반응하였다.

$$H_2X(aq) + 2OH^-(aq) \longrightarrow X^{2-}(aq) + 2H_2O$$

이 시료의 부피는 얼마인가? (H_2X의 밀도 = 1.200 g/mL)

32. 어떤 학생이 아스피린(HAsp)의 몰질량을 실험으로 구하고자 한다. 1.00 g 의 아스피린을 물에 녹인 다음, 0.315 *M* KOH로 중화 적정을 하였더니 17.6 mL가 필요하였다.
아스피린의 중화 반응은 다음과 같다.

$$HAsp(aq) + OH^-(aq) \longrightarrow Asp^-(aq) + H_2O$$

아스피린의 몰질량은 얼마인가?

33. 납축전지가 작동하려면 황산이 필요하다. 작동하고 있는 축전지에 들어 있는 황산 시료를 25.00-mL 취하였다. 이 시료를 완전히 중화시키는 데 4.552 *M* NaOH 53.7 mL가 필요하였다. 축전지에 들어 있는 황산의 몰농도는 얼마인가?

34. 어떤 상품을 "식초"라고 부르려면 적어도 질량으로 5.0%의 아세트산($HC_2H_3O_2$)을 포함하고 있어야 한다. 10.00-g의 "딸기로 만든 식초"를 0.1250 *M* $Ba(OH)_2$으로 적정하였더니 완전히 중화되는 데 37.50 mL가 소요되었다. 이 상품을 "식초"라고 부를 수 있겠는가?

35. 위경련에 사용되는 분말에 들어 있는 탄산수소 소듐($NaHCO_3$)의 질량 백분율을 0.275 *M* 염산 용액으로 적정하여 알아보았다. 시료 0.500 g과 완전히 반응하기 위해 15.5 mL의 염산 용액이 필요했다면, 탄산수소 소듐의 질량 백분율은 얼마인가? 반응식은 다음과 같다.

$$NaHCO_3(s) + H^+(aq) \longrightarrow Na^+(aq) + CO_2(g) + H_2O$$

36. 약산인 비타민 C 캡슐을 0.450 *M* 수산화 포타슘으로 적정하여 분석하였다. 캡슐의 내용물과 반응하는 데 5.94 mL의 염기가 필요함을 알았다. 내용물의 질량은 0.634 g이었다. 캡슐에 들어 있는 비타민 C($C_6H_8O_6$)의 질량 백분율은 얼마인가? (1 mol의 비타민 C는 1 mol의 OH^-와 반응한다.)

37. 인공 과일 음료는 새콤한 맛을 내기 위해 12.0 g의 타타르산($H_2C_4H_4O_6$)이 포함되어 있다. 이 용액을 1.045 g/cm^{3}의 밀도를 가지고 질량으로 5.00%의 KOH를 포함하는 용액으로 적정하였다. 필요한 염기 용액의 부피는 얼마인가? (1 mol의 타타르산은 2 mol의 수산화 이온과 반응한다.)

38. 락트산($C_3H_6O_3$)은 신 우유 속에 들어 있는 산이다. 0.100-g의 순수한 락트산 시료를 중화하는 데 0.0857 *M*의 수산화 소듐 용액 12.95 mL가 필요하다. 1 mol의 락트산을 중화하기 위해서는 몇 몰의 수산화 이온이 필요한가?

4-3 산화–환원 반응

39. 각 원소의 산화수를 써라.

(a) 일산화 질소

(b) 암모니아

(c) 과산화 포타슘

(d) 염소산 이온(ClO_3^-)

40. 각 원소의 산화수를 써라.

(a) 메테인 (b) 탄산 이온(CO_3^{2-})

(c) 과아이오딘산 이온(IO_4^-) (d) 하이드라진(N_2H_4)

41. 각 원소의 산화수를 써라.

(a) ClO_3^- (b) H_2SO_3 (c) K_2O_2 (d) Na_3N

42. 각 원소의 산화수를 써라.

(a) HIO_3 (b) $NaMnO_4$ (c) SnO_2

(d) NOF (e) NaO_2

43. 다음의 반쪽-반응들이 산화 반응인지 환원 반응인지를 분류하라.

(a) $O_2(g) \longrightarrow O^{2-}(aq)$

(b) $MnO_4^-(aq) \longrightarrow MnO_2(s)$

(c) $Cr_2O_7^{2-}(aq) \longrightarrow Cr^{3+}(aq)$

(d) $Cl^-(aq) \longrightarrow Cl_2(g)$

44. 다음의 반쪽-반응들이 산화 반응인지 환원 반응인지를 분류하라.

(a) $CH_3OH(aq) \longrightarrow CO_2(g)$

(b) $NO_3^-(aq) \longrightarrow NH_4^+(aq)$

(c) $Fe^{3+}(aq) \longrightarrow Fe(s)$

(d) $V^{2+}(aq) \longrightarrow VO_3^-(aq)$

45. 다음의 반쪽-반응들이 산화 반응인지 환원 반응인지를 분류하라.

(a) $Mn^{2+}(aq) \longrightarrow MnO_4^-(aq)$
(b) $CrO_4^{2-}(aq) \longrightarrow Cr^{3+}(aq)$
(c) $PbO_2(s) \longrightarrow Pb^{2+}(aq)$
(d) $ClO_2^-(aq) \longrightarrow ClO^-(aq)$

46. 다음의 반쪽-반응들이 산화 반응인지 환원 반응인지를 분류하라.

(a) $TiO_2(s) \longrightarrow Ti^{3+}(aq)$
(b) $Zn^{2+}(aq) \longrightarrow Zn(s)$
(c) $NH_4^+(aq) \longrightarrow N_2(g)$
(d) $CH_3OH(aq) \longrightarrow CH_2O(aq)$

47. 아래의 주어진 균형을 맞추지 않은 각 반응식들에 대해

- 균형 맞추지 않은 반쪽-반응식을 써라.
- 산화되는 화학종과 환원되는 화학종을 말하라.
- 산화제와 환원제를 말하라.

(a) $Ag(s) + NO_3^-(aq) \longrightarrow Ag^+(aq) + NO(g)$
(b) $CO_2(g) + H_2O(l) \longrightarrow C_2H_4(g) + O_2(g)$

48. 아래의 주어진 균형을 맞추지 않은 각 반응식들에 대해 연습 문제 47과 같이 답하라.

(a) $As_2O_3(s) + MnO_4^-(aq) \longrightarrow H_3AsO_4(aq) + Mn^{2+}(aq)$
(b) $N_2H_4(l) + CO_3^{2-}(aq) \longrightarrow N_2(g) + CO(g)$

49. 과망가니즈산 포타슘 용액을 옥살산, $H_2C_2O_4$과 반응시키면 이산화탄소와 고체인 산화 망가니즈(IV), MnO_2가 생성된다. 이 반응의 반응식은 다음과 같다.

$$3H_2C_2O_4(aq) + 2MnO_4^-(aq) + 2H^+(aq) \longrightarrow 6CO_2(g) + 2MnO_2(s) + 4H_2O$$

(a) 13.7 mL의 옥살산과 반응하는 데 20.0 mL의 0.300 M 과망가니즈산 포타슘이 필요하였다. 옥살산의 몰농도는 얼마인가?
(b) 생성된 산화 망가니즈(IV)의 질량은 얼마인가?

50. 0.5000-g의 광석 시료에 들어 있는 바나듐(V) 이온을 VO^{2+} 이온으로 변환시켰다. $KMnO_4$의 산성 용액을 VO^{2+}와 반응시키면 용액에 들어 있는 VO^{2+}의 양을 알아낼 수 있다. 이 적정 반응에 대한 균형 맞춘 반응식은 다음과 같다.

$$5VO^{2+}(aq) + MnO_4^-(aq) + 11H_2O \longrightarrow Mn^{2+}(aq) + 5V(OH)_4^+(aq) + 2H^+(aq)$$

반응이 완전히 끝나는 데 26.45 mL의 0.02250 M 과망가니즈산 용액이 소모되었다. 광석에 들어 있는 바나듐의 질량 백분율은 얼마인가?

51. 황을 포함하고 있는 수산화 바륨 용액에 수소 기체를 불어넣었다. 이 과정에서 일어난 반응식은 다음과 같다.

$$H_2(g) + S(s) + 2OH^-(aq) \longrightarrow S^{2-}(aq) + 2H_2O$$

3.00 g의 황과 완전히 반응하기 위해서 필요한 0.349 M의 $Ba(OH)_2$ 용액의 부피는 얼마인가?

52. 은과 질산의 다음 반응에 대한 물음에 답하라.

$$Ag(s) + 2H^+(aq) + NO_3^-(aq) \longrightarrow Ag^+(aq) + NO_2(g) + H_2O$$

42.50 mL의 12.0 M 질산이 은과 반응하는 데 충분한 H^+를 제공한다면 몇 그램의 은이 반응하겠는가?

53. 아이오딘 용액의 몰농도는 아비산(H_3AsO_3)으로 적정하여 결정할 수 있다. 균형 맞추지 않은 반응식은 다음과 같다.

$$H_3AsO_3(aq) + I_2(aq) + H_2O \longrightarrow 2I^-(aq) + H_3AsO_4(aq) + 2H^+(aq)$$

물에 아이오딘 결정을 녹여서 243-mL의 아이오딘 수용액을 만들었다. 이 용액을 50-mL 취하여 0.134 M H_3AsO_3로 적정하였더니 적정의 종말점까지 15.42 mL가 소요되었다. 아이오딘 용액의 몰농도는 얼마인가? 용액에 아이오딘 몇 그램을 넣었겠는가?

54. 92.50% Fe이 포함되어 있는 철사의 질량을 측정하였더니 0.250 g이었다. 이 철사를 HCl에 녹였다. 철은 브로민 수(bromine water)에 의해 Fe^{3+} 이온으로 완전히 산화된다. 그 다음 이 용액을 염화 주석(II)과 반응시키면 다음의 반응이 일어난다.

$$Sn^{2+}(aq) + 2Fe^{3+}(aq) \longrightarrow 2Fe^{2+}(aq) + Sn^{4+}(aq) + H_2O$$

철 용액이 완전히 반응하는 데 22.0 mL의 염화 주석(II) 용액이 소요되었다. 염화 주석(II) 용액의 몰농도는 얼마인가?

55. 글리세롤($C_3H_8O_3$)은 흔히 보습제에 첨가물로 사용되고 있다. 첨가한 글리세롤의 양은 염기성 용액에서 과망가니즈산 포타슘으로 적정하여 정량할 수 있다.

$$14MnO_4^-(aq) + C_3H_8O_3(aq) + 20OH^-(aq) \longrightarrow 14MnO_4^{2-}(aq) + 3CO_3^{2-}(aq) + 14H_2O$$

7.25 mL의 글리세롤 수용액(d = 1.144 g/mL, 질량으로 51.6%)이 완전히 반응하는 데 필요한 6.15 M $KMnO_4$의 부피(mL)는 얼마인가?

56. 미국의 몇 개의 주에서 통과한 법률은 혈중 알코올 농도 수준이 질량으로 0.10% 또는 그 이상일 때 만취 운전자로 정의한다. 알코올의 수준은 혈장을 다이크로뮴산 포타슘으로 적정하여 결정한다. 적정 반응의 반응식은 다음과 같다.

$$16H^+(aq) + 2Cr_2O_7^{2-}(aq) + C_2H_5OH(aq) \longrightarrow 4Cr^{3+}(aq) + 2CO_2(g) + 11H_2O$$

혈장에서 다이크로뮴산과 반응하는 유일한 물질이 알코올이라고 가정하라. 어떤 사람의 50.0-g 시료의 혈장을 적정하는 데 0.0723 M 다이크로뮴산 포타슘이 38.94 mL가 소요되었다. 이 사람은 만취 운전자인가?

종합 문제

57. 1.005 g의 석회석 시료를 0.2500 M의 염산 용액 75.00 mL에 녹였더니 다음과 같은 반응이 일어났다.

$$CaCO_3(s) + 2H^+(aq) \longrightarrow Ca^{2+}(aq) + CO_2(g) + H_2O$$

석회석 시료와 반응이 끝난 후에 남아 있는 HCl을 적정하는 데 0.150 M의 NaOH 용액이 19.26 mL 필요하였다. 석회석에 들어 있는 $CaCO_3$의 질량 %는 얼마인가?

58. 헤모글로빈의 철 함량의 측정은 헤모글로빈 분자를 파괴시켜서 작은 수용성 이온과 분자를 만들어 정량한다. 수용액 속의 철은 철(II) 이온으로 환원되고, 이를 과망가니즈산 포타슘으로 적정한다. 적정 과정에서 철(II) 이온은 철(III) 이온으로 산화되고 과망가니즈산 이온은 망가니즈(II) 이온으로 환원된다. 5.00-g의 헤모글로빈 시료와 완전히 반응하는 데 0.002100 M 과망가니즈산 포타슘 용액 32.3 mL가 소모되었다. 과망가니즈산 이온과의 반응은 다음과 같다.

$$MnO_4^-(aq) + 8H^+(aq) + 5Fe^{2+}(aq) \longrightarrow Mn^{2+}(aq) + 5Fe^{3+}(aq) + 4H_2O$$

헤모글로빈에 들어 있는 철의 질량 %는 얼마인가?

59. 황산 암모늄의 순도를 결정하기 위하여 0.850 g의 시료를 KOH에 녹였다. 일어나는 반응의 반응식은 다음과 같다.

$$NH_4^+(aq) + OH^-(aq) \longrightarrow NH_3(aq) + H_2O$$

유리된 암모니아는 증류하여 50.00 mL의 0.250 M HCl이 들어 있는 플라스크에 넣었다. HCl은 모두 소모되지 않고 남았다. 남아 있는 HCl은 17.3 mL의 0.120 M NaOH와 완전히 반응하였다. 시료 속에 들어 있는 $(NH_4)_2SO_4$의 질량 백분율은 얼마인가?

60. 금 금속은 진한 염산과 진한 질산의 부피 비가 3:1의 혼합물인 *왕수*(aqua regia)에만 녹는다. 금과 진한 산 사이의 반응 생성물은 $AuCl_4^-(aq)$, $NO(g)$, H_2O이다. 이 반응에 대한 반응식은 다음과 같다. 여기서 HCl과 HNO_3은 센산이다.

$$Au(s) + 4Cl^-(aq) + 4H^+(aq) + NO_3^-(aq) \longrightarrow AuCl_4^-(aq) + NO(g) + 2H_2O$$

(a) 사용된 염산과 질산의 화학양론비는 얼마가 되어야 하는가?
(b) 25.0 g의 금을 반응시키려고 한다. 반응에 필요한 Cl^-와 NO_3^- 이온을 제공하려면 12 M HCl과 16 M HNO_3의 부피는 얼마가 되겠는가?

61. 시스플라틴, $Pt(NH_3)_2Cl_2$은 화학요법에 널리 사용되는 약품이다. 이 물질은 약염기인 피리딘, C_6H_5N과 반응한다. 3.11 g의 시스플라틴을 2.00 mL의 충분한 양의 피리딘(d = 0.980 g/mL)과 반응시켰다. 반응하지 않고 남아 있는 피리딘을 다음 반응식에 따라 HCl로 적정하였다:

$$C_6H_5N(l) + H^+(aq) \longrightarrow C_6H_5NH^+(aq)$$

이 반응이 완결되는 데는 31.2 mL의 0.0245 M HCl이 필요하다.

(a) 시스플라틴 반응에서 반응하지 않고 남아 있는 피리딘의 몰수는 얼마인가?

(b) 1 mol의 시스플라틴과 반응하는 피리딘의 몰수는 얼마인가?

62. 10 mL의 진한 H_3PO_4 (질량으로 91.7%, d = 1.69 g/mL)을 실수로 20.0 g의 NaOH가 들어 있는 비커에 부었다. 모든 NaOH가 소모되지는 않았다. 반응하지 않고 남아 있는 NaOH의 그램수를 계산하라. 이 반응에 대한 반응식은 다음과 같다.

$$H_3PO_4(aq) + 3OH^-(aq) \longrightarrow 3H_2O + PO_4^{3-}(aq)$$

개념 문제

63. 염기성 용액에서 다음과 같이 균형 맞춘 산화-환원 반응에 대한 물음에 답하라.

$$3Sn^{2+}(aq) + Cr_2O_7^{2-}(aq) + 4H_2O \longrightarrow 3Sn^{4+}(aq) + Cr_2O_3(s) + 8OH^-(aq)$$

(a) 산화제는 무엇인가?

(b) 산화수가 증가한 원소는 어떤 화학종인가?

(c) 산화수가 가장 큰 원소를 가진 화학종은 무엇인가?

(d) 만약 이 반응이 산성 조건에서 일어난다면 어떤 화학종이 이 반응식에 포함되지 않겠는가?

64. 다음 수용액에서의 반응들을 **PPT**(침전), **SA/SB**(센산-센염기), **SA/WB**(센산-약염기), **WA/SB**(약산-센염기) 및 **NR**(반응 안함)으로 구분하라.

(a) $CH_3CH_2NH_2$ + HCl

(b) $Ca(OH)_2$ + HF

(c) $Ca(OH)_2 + Na_3PO_4$

(d) $Ag_2SO_4 + BaCl_2$

(e) $Mg(NO_3)_2$ + NaCl

65. 양이온은 원으로, 음이온은 사각형으로 나타내어 다음 이온들의 수용액에서의 반응을 나타내라.

(a) Fe^{3+}와 OH^-

(b) Na^+와 PO_4^{3-}

66. 원은 양이온을 나타내고 사각형은 음이온을 나타낸다고 가정하고, 완성하지 않은 알짜 이온 반응식들을 적절히 나타낸 그림과 연결하라.

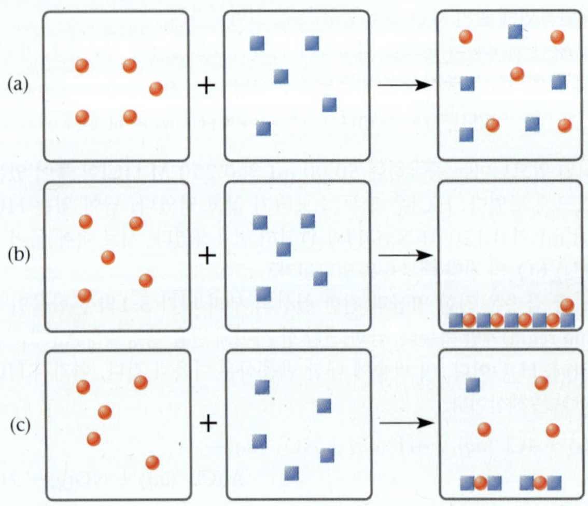

(1) $2Na^+ + SO_4^{2-} \longrightarrow$ ________

(2) $Mg^{2+} + 2OH^- \longrightarrow$ ________

(3) $Ba^{2+} + CO_3^{2-} \longrightarrow$ ________

67. 4개의 비커를 살펴보자. 비커 A에는 NaOH 수용액이 들어 있으며, 푸른색의 원은 OH^- 이온을 나타낸다. 비커 B에는 약산, HX(붉은색 원)가 들어 있다. 비커 C에는 약산, H_2X(초록색 원)가 들어 있다. 비커 D에는 약산, H_3X(노란색 원)가 들어 있다. X^-, X^{2-}, X^{3-} 이온은 모두 삼각형으로 나타내었다. 아래에 나타낸 반응과 그림을 짝지어라.

(a) $HX(aq) + OH^-(aq) \longrightarrow X^-(aq) + H_2O$

(b) $H_2X(aq) + 2OH^-(aq) \longrightarrow X^{2-}(aq) + 2H_2O$

(c) $H_3X(aq) + 3OH^-(aq) \longrightarrow X^{3-}(aq) + 3H_2O$

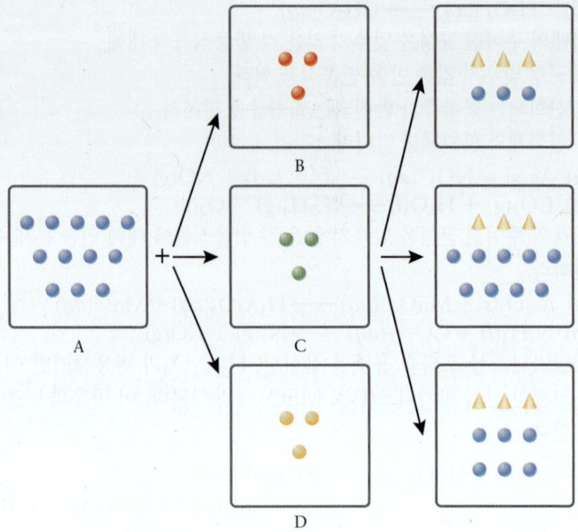

68. 다음 그림은 물에 녹기 전과 녹은 후를 나타낸 것이다. 각각을 센전해질, 약전해질 또는 전해질이 아닌 것으로 분류하라. 용액이 형성되는 동안 해리되는 화학종은 이온으로 된다고 생각하면 된다.

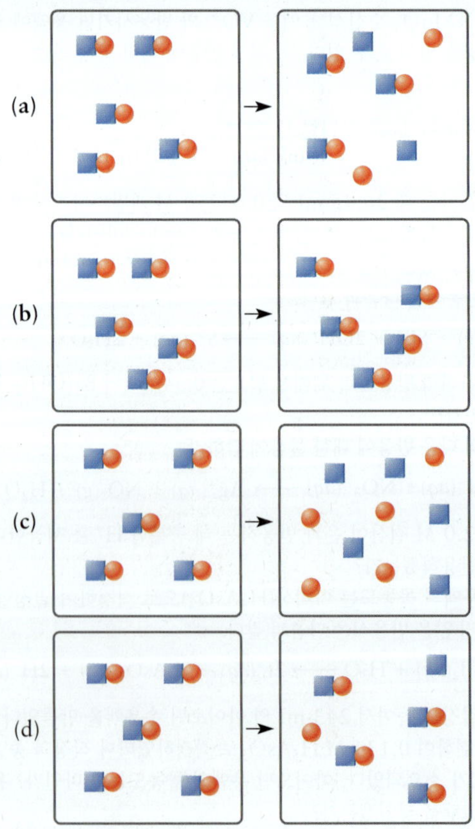

69. 한 학생에게 수용액 속의 금속 질산염이 어떤 것인지 알아보라고 부탁하였다. 이 용액의 양이온은 Na^+, Ba^{2+}, Ag^+, Ni^{2+} 중의 하나이다. 용해도 실험 결과는 다음과 같았다.

미지의 용액 + 염화 이온—침전이 생기지 않음
미지의 용액 + 탄산 이온—침전이 생김
미지의 용액 + 황산 이온—침전이 생김

이 용액에 들어 있는 양이온은 무엇인가?

70. 세 명의 학생이 몰농도를 구하기 위하여 동일한 HCl 용액의 시료들을 각각 적정하였다. 아래는 이 학생들의 실험 자료들이다.

학생 A: 20.00 mL HCl + 20.00 mL H_2O
0.100 *M* NaOH를 사용하여 당량점까지 적정하였다.
학생 B: 20.00 mL HCl + 40.00 mL H_2O
0.100 *M* NaOH를 사용하여 당량점까지 적정하였다.
학생 C: 20.00 mL HCl + 20.00 mL H_2O
0.100 *M* $Ba(OH)_2$를 사용하여 당량점까지 적정하였다.

학생들 모두 정확하게 몰농도를 구하였다. 그렇다면 다음 중 어느 것이 사실인가?

(a) A 학생이 계산한 몰농도는 B 학생의 계산 결과의 절반이다.
(b) A 학생이 계산한 몰농도는 C 학생의 계산 결과와 같다.
(c) B 학생이 계산한 몰농도는 C 학생의 계산 결과의 두 배이다.
(d) A 학생이 계산한 몰농도는 B 학생의 계산 결과의 두 배이다.
(e) A 학생이 계산한 몰농도는 B 학생의 계산 결과와 같다.

도전 문제

71. 혈액이나 소변 속에 있는 칼슘의 양은 옥살산 칼슘(CaC_2O_4)으로 침전시켜서 알아낼 수 있다. 침전을 센산에 녹인 후 과망가니즈산 포타슘 용액으로 적정한다. 적정 반응은 다음과 같다.

$$2MnO_4^-(aq) + 6H^+(aq) + 5H_2C_2O_4(aq) \longrightarrow 2Mn^{2+}(aq) + 10CO_2(g) + 8H_2O$$

24시간 동안 성인 환자의 소변 시료를 받은 후, 소량으로 줄여서 0.0946 *M*의 과망가니즈산 포타슘 용액 26.2 mL로 적정하였다. 시료 속에는 몇 g의 옥살산 칼슘이 들어 있는가? 어른의 Ca^{2+} 양은 일반적으로 24시간 당 100~300 mg이다. 이 시료는 정상적인 범위 안에 들어가는가?

72. 위산은 약 0.020 M의 염산이다. 41.0%의 $Mg(OH)_2$와 36.2%의 $NaHCO_3$, 22.8 %의 NaCl을 포함하고 있는 330 mg의 제산제 한 알로 중화시킬 수 있는 위산의 부피는 얼마인가? 반응식은 다음과 같다.

$$Mg(OH)_2(s) + 2H^+(aq) \longrightarrow Mg^{2+}(aq) + 2H_2O$$
$$HCO_3^-(aq) + H^+(aq) \longrightarrow CO_2(g) + H_2O$$

73. 구리 금속은 은 이온을 금속 은으로 환원시킨다. 구리는 다음 반응에 따라 구리 이온으로 산화된다.

$$2Ag^+(aq) + Cu(s) \longrightarrow Cu^{2+}(aq) + 2Ag(s)$$

2.00 g의 구리 조각을 $AgNO_3$ 용액에 담갔다. 어느 정도 시간이 흐른 후 구리 조각은 은으로 도금되었다. 조각을 용액에서 꺼낸 후 말려서 질량을 측정한 결과, 도금된 조각의 질량은 4.18 g이었다. 도금된 조각에서 구리 금속의 질량과 은 금속의 질량은 얼마인가? (*힌트*: 구리 금속은 은 금속이 생성됨에 따라 소모됨을 기억하라.)

74. 어떤 용액에 철(II) 이온과 철(III) 이온이 함께 들어 있다. 이 용액 시료 50.00-mL를 0.0280 *M* $KMnO_4$ 용액 35.0 mL로 적정하면, Fe^{2+}는 Fe^{3+}로 산화된다. 이때 과망가니즈산 이온은 망가니즈(II) 이온으로 환원된다. 이 반응에 대한 반응식은 다음과 같다.

$$MnO_4^-(aq) + 8H^+(aq) + 5Fe^{2+}(aq) \longrightarrow Mn^{2+}(aq) + 5Fe^{3+}(aq) + 4H_2O$$

이번에는 같은 시료 용액 50.00-mL를 아연과 반응시키면 모든 Fe^{3+}는 Fe^{2+}로 환원된다. 이 반응에 대한 반응식은 다음과 같다.

$$2Fe^{3+}(aq) + Zn(s) \longrightarrow 2Fe^{2+}(aq) + Zn^{2+}(aq)$$

그 다음 이 용액을 0.0280 *M* $KMnO_4$ 용액으로 적정하였더니, 이번에는 48.0 mL가 소모되었다. 이 용액 중의 Fe^{2+}와 Fe^{3+}의 농도는 각각 얼마인가?

75. 한 학생에게 0.930 g의 미지의 산을 주었다. 학생이 가진 산이 옥살산($H_2C_2O_4$)과 시트르산($H_3C_6H_5O_7$) 중에서 어느 것인지 결정하라. 학생은 0.615 *M* NaOH로 적정하였고, 33.6 mL의 NaOH를 가하였을 때 당량점이 나타났다. 미지의 산은 무엇인가?

76. 고체인 수산화 철(III)을 0.280 *M* HCl 625 mL에 가하였다. 그렇게 해서 만들어진 용액은 산성이 되었고, 0.113 *M* NaOH로 적정하였더니 238.2 mL가 소요되었다. HCl에 넣은 수산화 철(III)의 질량은 얼마인가?

77. 300.0-g의 고체 시료는 $NaNO_3$, $MgCl_2$, $BaCl_2$의 균일한 혼합물로 되어 있다. 100.0-g 시료 혼합물을 취하여 물에 녹이고 과량의 KOH를 넣었다. 이 반응에서 13.47 g의 침전이 생성되었다. 남아 있는 200.0-g의 시료를 역시 물에 녹이고, $AgNO_3$ 수용액과 반응시켰다. 생성된 침전의 질량은 195.8 g이었다. 300.0-g의 시료에 들어 있는 $NaNO_3$, $MgCl_2$, $BaCl_2$의 질량은 얼마인가?

78. 0.250 *M* $Ba(OH)_2$ 용액 85.0 mL를 0.250 *M* $Al(OH)_3$ 용액 85.00 mL에 가하였더니 흰색의 젤라틴 형태의 침전, $Al(OH)_3$가 생성되었다. 100%의 수득률로 반응이 일어난다고 가정하고 다음 물음에 답하라.

(a) 생성된 $Al(OH)_3$의 질량은 몇 그램인가?
(b) 최종 용액에 들어 있는 Ba^{2+}, OH^-, Al^{3+}, NO_3^- 이온의 몰농도는 얼마인가?

제 5 장

기체

Gases

풍선 속에 들어 있는 기체는 대부분 헬륨이다. 헬륨의 밀도가 공기의 밀도보다 작기 때문에 풍선이 뜨게 된다. ▸

Easter Market at the Moscow Kremlin, 1917 (oil on canvas), Kustodiev, Boris Mikhailovich (1878–1927)/State Art Museum, Nizhny Novgorod, Russia/Bridgeman Art Library

140만 atm에서 제논 기체는 금속이 된다.
—ROALD HOFFMANN
Giving In

이 장의 차례 _Chapter Outline

우리 모두에게 가장 익숙한 기체는 단연코 우리가 호흡하는 공기다. 그리스 사람들은 공기가 흙, 물, 불과 함께 자연의 네 가지 기본 원소의 하나라고 여겼다. 18세기 말에 Cavendish, Priestly, Lavoisier는 공기의 조성을 연구하여 공기는 근본적으로 질소와 산소, 소량의 아르곤, 이산화 탄소, 수증기의 혼합물이라는 사실을 밝혀냈다. 오늘날엔 대기의 일부 소량 성분들의 농도가 환경오염으로 인해 변하고 있는 것처럼 보인다. 오존층의 고갈과 “온실” 기체들의 양의 증가는 저녁 뉴스, 텔레비전 드라마 및 영화의 화제가 된다.

모든 기체들은 물리적 거동에서 서로 매우 비슷하다. 기체들의 부피는 압력, 온도, 기체의 양의 변화에 거의 정확하게 같은 방식으로 반응한다. 실제로 모든 기체에 대하여 들어맞는 이 네 변수들을 관련시키는 간단한 방정식을 쓸 수 있다. 이상 기체 방정식으로 알려진 이 방정식은 이 장의 중심 주제이며 5-2절에서 소개된다. 이 법칙은 다음 것들에 적용된다.

- 순수한 기체들(5-3절).
- 화학 반응의 기체들(5-4절).
- 기체 혼합물들(5-5절).

5-6절에서는 이상 기체 방정식의 기반이 되는 분자 모형인 기체의 운동론을 고찰한다. 마지막으로 5-7절에서 실제 기체들이 이 법칙에서 벗어나는 정도를 기술한다.

5-1 기체에 관한 측정

기체 물질의 상태를 완전하게 기술하려면 기체의 부피, 양, 온도, 압력이 명시되어야 한다. 부피, 양, 온도는 앞 장에서 논의하였으므로 이 절에서는 짧게 복습할 것이다. 다소 추상적인 양인 압력은 자세히 논의할 것이다.

부피, 양, 온도

기체가 어떤 그릇에 담기면 균일하게 팽창하여 그릇을 채운다. 이것은 기체의 부피는 기체를 담은 용기의 부피임을 뜻한다. 기체의 부피는 리터, 입방센티미터, 또는 입방미터로 나타낸다.

$$1\ \text{L} = 10^3\ \text{cm}^3 = 10^{-3}\ \text{m}^3$$

가장 흔하게 기체 시료에 들어 있는 물질의 양은 몰수(n)로 나타낸다. 어떤 경우에는 그램 단위의 질량을 사용한다. 이 두 양들은 다음 식에서와 같이 몰질량, MM과 관계가 있다.

$$n = \frac{\text{질량}}{\text{MM}}$$

기체의 온도는 보통 섭씨 온도로 표시한 온도계를 사용하여 측정한다. 그러나 5-2절에서 보게 되듯이 ***기체의 물리적 거동과 관련된 계산을 할 때, 온도는 항상 Kelvin 척도로 나타내어야 한다.*** °C와 K 사이의 상호 변환은 제1장에서 소개한 관계식을 사용한다.

$$T_{\text{K}} = t_{°\text{C}} + 273.15$$

전형적으로 기체 법칙 계산에서 온도는 1의 자리까지만 표시한다. 그 경우에 Kelvin 온도는 섭씨 온도에 단지 273을 더하면 된다.

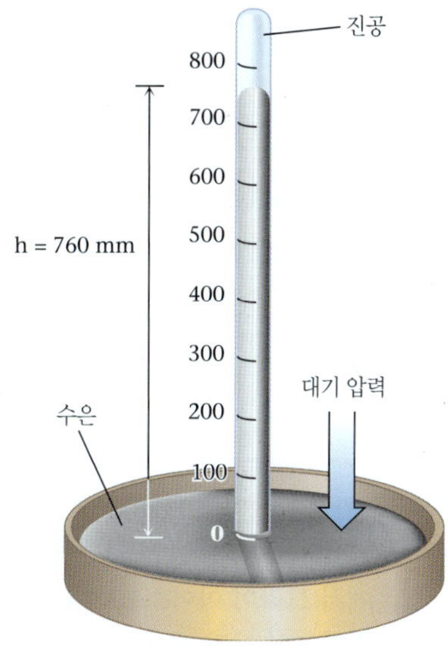

그림 5.1 ▸ **수은 기압계.** 이것은 Torricelli가 처음 만든 기압계의 형태이다. 대기의 압력이 접시 안에 있는 수은을 밀어 유리관 안으로 올라가게 한다. 수은 기둥의 높이가 측정된 대기압이다.

압력

압력(pressure)은 단위 면적 당 힘으로 정의된다. 많은 미국 사람들은 아마도 "제곱인치 당 파운드" 흔히 psi로 줄여 쓰는 영국계 단위에 익숙하다. 어떤 기체가 15 psi의 압력을 미친다고 말할 때, 그 기체를 담은 그릇의 벽에 대한 압력이 벽 넓이의 제곱인치 당 15 파운드(의 힘)임을 뜻한다.

대기압을 측정하는 데 보통 쓰이는 장치는 17세기에 Evangelista Torricelli가 처음으로 만든 수은 *기압계*(barometer)이다(그림 5.1). 이것은 한 쪽 끝이 막힌 유리관을 수은으로 채운 후 유리관을 수은이 채워진 용기에 거꾸로 세워 놓은 것이다. 수은 기둥이 미치는 압력은 대기의 압력과 정확히 같다. 그러므로 수은 기둥의 높이는 측정된 대기압이다. 해수면이나 그 부근에서는 날씨 조건에 따라 그 높이가 보통 740~760 mm로 변한다.

대부분의 기압계는 수은을 포함한다. 수은의 밀도가 크기 때문에 기압계를 편리한 크기로 제작할 수 있다. 물 기압계가 대기압을 표시하려면 높이가 10,340 mm나 되어야 한다!

용기 속에 들어 있는 기체의 압력은 그림 5.2에 나타낸 형태의 *압력계*(manometer)로 측정할 수 있다. 여기서 쓰이는 액체 또한 수은이다. 안쪽 관의 높이(A)가 바깥쪽 관의 높이(B)보다 낮으면 이 기체의 압력은 대기의 압력보다 크다. A가 B보다 높으면 이 기체의 압력은 대기압보다 작다.

측정하는 방법 때문에 기체 압력은 흔히 **밀리미터 수은**(millineters of mercury, mm Hg)으로 표시한다. 따라서 우리는 어떤 날의 대기압이 772 mm Hg라고 말할 수

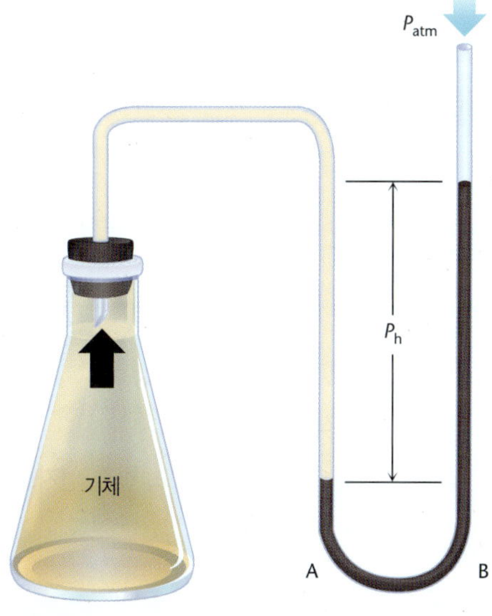

그림 5.2 ▸ **닫힌 계에서 기체 압력을 측정하는 데 사용되는 대기에 열린 압력계.** 기체의 압력은 $P_{\text{기체}} = P_{\text{대기압}} + P_{\text{h}}$가 된다. 이 그림에서 기체 압력은 대기압보다 크다.

있다. 이것은 공기의 압력이 772 mm 높이의 수은 기둥이 미치는 것과 같음을 뜻한다.

수은 기둥이 미치는 압력은 수은의 밀도에 따라 달라지는데, 밀도는 온도에 따라 약간 변한다. 이러한 모호함을 피하고자 어떤 특정한 조건, 특히 0°C에서 수은 1 mm에 의해 미치는 압력을 *torr*라고 정의하였다. 세월이 지나 torr 단위는 밀리미터 수은과 같은 말이 되었다. 이 책에서는 torr보다는 물리적 의미가 더 뚜렷한 밀리미터 수은을 쓸 것이다.

기체 압력을 나타내는 데 흔히 쓰이는 다른 단위는 표준 기압 또는 간단하게 **기압**(atmosphere, atm)이다. 이것은 수은이 0°C에 있을 때 760 mm 높이의 수은 기둥이 미치는 압력이다. 한 기체의 압력이 0.98 atm이라고 하는 것은 그 압력이 760 mm 높이의 수은 기둥이 미치는 압력의 98%임을 뜻한다.

국제 단위계(부록 1)에서 압력의 표준 단위는 **파스칼**(pascal, Pa)이다. 파스칼은 아주 작은 단위이다. 이것은 근사적으로 높이가 0.1 mm인 물의 막(film)이 그 밑에 있는 표면에 미치는 압력이다. 관련 단위는 **바**(bar, 10^5 Pa)이다. 바는 기압과 거의 같지만 동일하지는 않다.

$$1.013 \text{ bar} = 1 \text{ atm} = 760 \text{ mm Hg} = 14.7 \text{ psi} = 101.3 \text{ kPa}$$
$$1 \text{ bar} = 10^5 \text{ Pa}$$

예제 5.1

실온에서 드라이 아이스(고체 CO_2)는 기체로 된다. 77°F에서 드라이 아이스 13.6 온스(oz)를 부피 10.00 ft^3의 철 탱크에 넣었다. 이 탱크의 압력 계기는 11.2 psi를 나타내고 있다. 이 탱크의 부피(V)를 리터로, CO_2의 양을 그램 및 몰(n)로, 온도(T)를 °C 및 K로 그리고 압력(P)를 바(bar), mm Hg 및 atm으로 표시하라.

분석

주어진 정보:	부피(10.00 ft^3); 압력(11.2 psi); 온도(77°F); CO_2의 질량(13.6 oz)
정보가 알려주는 내용:	CO_2의 몰질량 표 1.3: 부피와 질량에 대한 변환 인자 °F를 °C로, °C를 K로 온도 변환을 위한 식
알고자 하는 것:	부피(L) 압력(atm, mm Hg 및 bar) 온도(°C 및 K) CO_2의 몰수

전략

1. 필요한 변환 인자를 구한다.
2. 온도 변환식을 사용한다.
3. oz를 그램으로 변환시키고, 변환 인자로 CO_2의 몰질량을 사용한다.

   oz → g → mol

(계속)

풀이	
부피(L)	$10.00\ ft^3 \times \dfrac{28.32\ L}{1\ ft^3} = 283.2\ L$
압력(atm)	$11.2\ psi \times \dfrac{1\ atm}{14.7\ psi} = 0.762\ atm$
압력(mm Hg)	$11.2\ psi \times \dfrac{1\ atm}{14.7\ psi} \times \dfrac{760\ mm\ Hg}{1\ atm} = 579\ mm\ Hg$
압력(bar)	$11.2\ psi \times \dfrac{1.013\ bar}{14.7\ psi} = 0.772\ bar$
온도(°C)	°F = 1.8(°C) + 32; 77° = 1.8(°C) + 32°C; °C = 25°C
온도(K)	K = (°C) + 273.15; K = 25°C + 273.15 = 298 K
CO_2의 몰수	$13.6\ oz \times \dfrac{1\ g}{0.03527\ oz} \times \dfrac{1\ mol}{44.01\ g} = 8.77\ mol$

5-2 이상 기체 법칙

모든 기체는 양, 온도, 압력과 부피의 의존성이 서로 매우 비슷하다.

1. ***부피는 양에 정비례한다.*** 그림 5.3a는 기체의 몰수(n)에 따른 부피(V)의 대표적인 도시를 보여 준다. 이 그래프는 원점을 지나는 직선임에 유의하라. 이것과 같은 도시에 대한 일반식은 다음과 같다.

$$V = k_1 n \qquad (\text{일정한 } T, P)$$

여기서 k_1은 상수다(그림 5.3a에서 직선의 기울기). 즉 이것은 k_1이 V와 n의 개별적인 값이나 기체의 종류에 무관하다는 것을 의미한다. 이 식은 정비례식이다.

2. ***부피는 절대 온도에 정비례한다.*** Kelvin 온도(T)에 따른 부피(V)의 의존성 관계는 그림 5.3b에 나타내었다. 이 그래프는 원점을 지나는 직선이다. 이 직선의 식은 다음과 같다.

$$V = k_2 T \qquad (\text{일정한 } n, P)$$

여기서 k_2는 그림 5.3b에서 직선의 기울기이다. 이 관계식은 두 프랑스 과학자인 Jacques Charles(1746~1823)과 Joseph Gay-Lussac(1778~1850)◀ⓘ이 다른 형태로 처음으로 제안하였는데, 두 사람 모두 기구를 타는 사람들이었다. 그러므로 이것은 **Charles과 Gay-Lussac 법칙**(Charles's and Gay-Lussac's law) 또는 간단하게 *Charles 법칙*

ⓘ Gay-Lussac은 붕소(boron)를 분리하였으며, HF를 처음으로 만들었다.

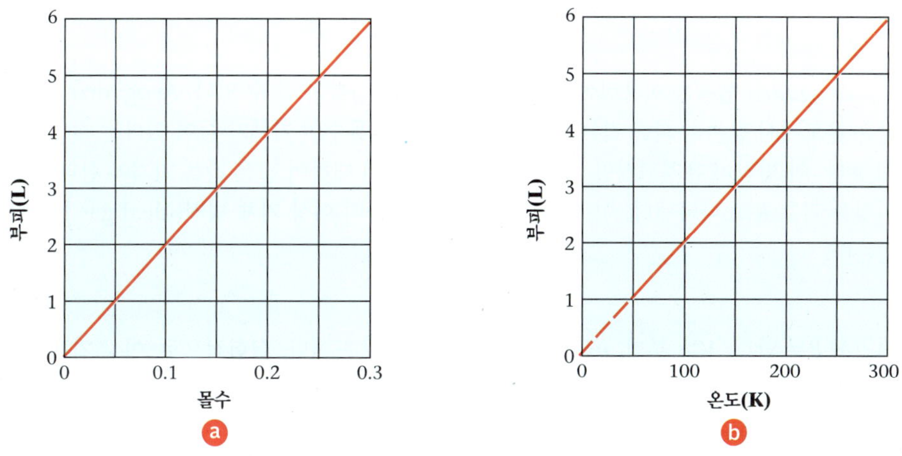

그림 5.3 ▸ **일정 압력(P)에서 기체 부피(V)의 몰수(n)와 온도(T)에 대한 관계.** 일정 압력에서 기체의 부피는 (a) 기체의 몰수와 (b) 절대 온도에 정비례한다. 대부분의 기체들이 0 K 이상의 낮은 온도에서 액화하기 때문에 부피-온도 도시를 영까지 이르도록 외삽해야 한다.

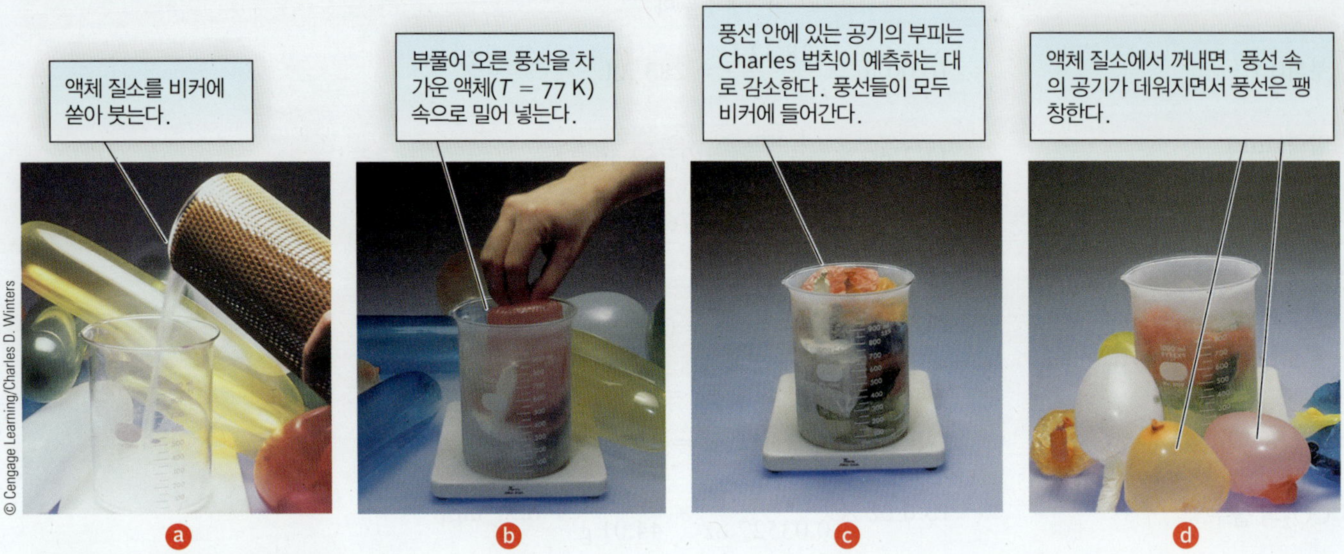

그림 5.4 ▸ **Charles 법칙의 설명.**

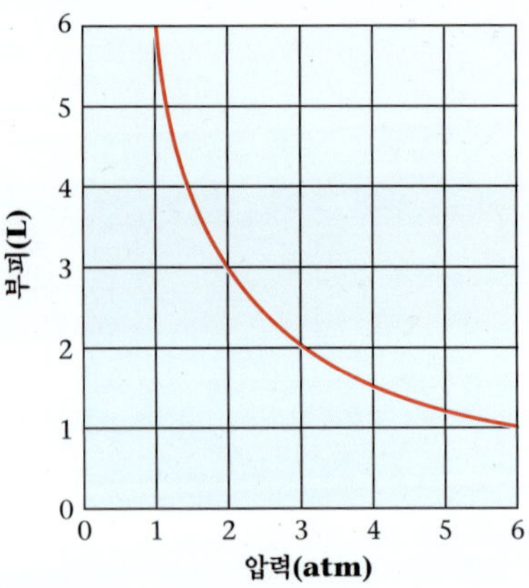

그림 5.5 ▸ **일정한 온도(T)에서 기체의 부피(V)와 압력(P)에 대한 관계.** 일정 온도에서 정해진 양의 기체의 부피는 압력에 반비례한다. 이 경우에 압력이 1 atm에서 6 atm으로 증가할 때 부피는 6 L에서 1 L로 감소한다.

(Charles's law)으로 부른다.

3. *부피는 압력에 반비례한다.* 그림 5.5는 압력(P)에 따른 부피(V)의 대표적인 도시를 보여 준다. P가 증가함에 따라 V는 감소함을 주목하라. 이 그래프는 반비례 곡선이다.

두 변수 사이의 일반적인 관계식은 다음과 같다.

$$V = \frac{k_3}{P} \qquad (\text{일정한 } n, T)$$

k_1 및 k_2와 같이 k_3도 상수이다. 이 식은 반비례식이다. 부피가 압력에 반비례한다는 사실은 1660년에 Irish의 실험학자인 Robert Boyle(1627~1691)이 처음으로 확립하였다. 위의 식은 **Boyle 법칙**(Boyle's law)의 한 형태다.

기체의 부피, 압력, 온도, 양을 관련시키는 세 개의 식을 한 개의 식으로 묶을 수 있다. V는 n과 T에 정비례하기 때문에 다음과 같은 관계가 성립한다.

$$V = k_1 n \qquad V = k_2 T$$

또한 V는 P에 반비례하므로 다음과 같이 쓸 수 있다.

$$V = \frac{k_3}{P}$$

따라서 위의 세 식은 다음의 관계를 갖는다.

$$V = \text{상수} \times \frac{n \times T}{P}$$

*Avogadro 법칙*을 이용하여 이 식의 상수($k_1k_2k_3$)를 구할 수 있다. Avogadro 법칙은 같은 온도에서 같은 부피를 갖는 모든 기체에는 같은 몰수의 기체가 들어 있다는 것을 설명해 준다. 이 법칙이 유지되려면 이 상수는 모든 기체에 대하여 같은 값을 가져야 한다. 보통 이것을 기호 R로 나타낸다. 이 식의 양쪽에 P를 곱하여 **이상 기체 법칙**(ideal gas law)을 얻는다.

$$PV = nRT \tag{5.1}$$

여기서 P는 압력, V는 부피, n은 몰수, T는 Kelvin 온도이다. 실험적으로, 이상 기체 법칙은 보통의 온도와 압력에서 실제 기체(예를 들면 H_2, N_2, O_2 . . .)의 실험적 거동을 놀랄 만큼 잘 예상한다.

표 5.1 ▸ **다른 단위로 나타낸 *R*의 값**

값	사용되는 곳	얻는 방법
$0.0821 \dfrac{\text{L} \cdot \text{atm}}{\text{mol} \cdot \text{K}}$	V (L), P (atm)이 포함된 기체 법칙 문제	알려진 P, V, T, n 값들로부터
$8.31 \dfrac{\text{J}}{\text{mol} \cdot \text{K}}$	J 단위로 된 에너지를 포함하는 식	$1\ \text{L} \cdot \text{atm} = 101.3\ \text{J}$
$8.31 \times 10^3 \dfrac{\text{g} \cdot \text{m}^2}{\text{s}^2 \cdot \text{mol} \cdot \text{K}}$	분자 속력의 계산(5-6절)	$1\ \text{J} = 10^3 \dfrac{\text{g} \cdot \text{m}^2}{\text{s}^2}$

*R*은 *P*, *V*, *n*, *T*에 무관한 상수지만, 그 값은 쓰이는 단위에 따라 달라진다.

기체 상수(gas constant) R의 값은 P, V, n, T의 실험값으로부터 계산할 수 있다. 예를 들어 0°C, 1 atm에서 적용되는 상황을 생각해 보자. 이 조건은 흔히 기체의 **표준 온도와 압력**(standard temperature and pressure, STP)이라고 부른다. STP에서 어떤 기체이든지 1 mol의 기체는 22.4 L의 부피를 차지한다(그림 5.6). 이상 기체 법칙을 R에 대하여 풀면 다음과 같이 된다.

$$R = \frac{PV}{nT}$$

이 식에 $P = 1.00$ atm, $V = 22.4$ L, $n = 1.00$ mol, $T = 0 + 273 = 273$ K을 대입하면 다음 값이 얻어진다.

$$R = \frac{1.00\ \text{atm} \times 22.4\ \text{L}}{1.00\ \text{mol} \times 273\ \text{K}} = 0.0821\ \text{L} \cdot \text{atm/(mol} \cdot \text{K)}$$

R 값의 단위가 atm, L, mol, K를 가지고 있음을 유의하라. 이 R 값이 사용되는 모든 문제에서 압력, 부피, 양, 온도에 대하여 이 단위들을 사용해야 한다.

이 장의 대부분에 걸쳐서 R 값은 0.0821 L · atm/(mol · K)를 사용하게 된다. 그렇지만 다른 목적으로 R을 사용할 때는 다른 단위로 나타내어야 한다(표 5.1).

그림 5.6 ▸ **몰부피.** 정육면체의 부피는 22.4 L인데, 이것은 STP에서 기체 1 mol의 부피다.

5-3 기체 법칙 계산

이상 기체 법칙은 여러 가지 문제를 풀이하는 데 쓰일 수 있다. 아래의 것들을 알아내고자 이 법칙을 어떻게 쓰는지 보여 줄 것이다.

- 초기 상태와 P, V, n, T에 생기는 변화를 알 때, 기체의 최종 상태.
- P, V, n, T의 네 변수 중에서 세 가지를 알 때, 나머지 변수.
- 기체의 몰질량 또는 밀도.

초기 상태와 최종 상태 문제

기체와 관련된 문제에서는 흔히 초기 상태에서 최종 상태로 변화를 시킨다. 보통 V, P, n, T에 미치는 하나 또는 그 이상의 변수들이 변할 때 변화에 대한 영향을 알고자 한다. 예를 들면 일정한 부피에서 25°C, 1.00 atm에 있는 시료를 95°C로 가열할 때 증가한 압력을 계산해야 할 때가 있다.

이와 같은 유형의 문제는 이상 기체 법칙에 쉽게 적용할 수 있다. 이상 기체 법칙과 관련된 변수들 사이의 관계식은 쉽게 유도할 수 있다. 이 경우에는 n과 V는 변하지 않고 압력과 온도가 변한다.

초기 상태: $P_1V = nRT_1$

최종 상태: $P_2V = nRT_2$

두 번째 식을 첫 번째 식으로 나누면 V, n, R이 소거되고 다음 식이 남는다.

$$\frac{P_2}{P_1} = \frac{T_2}{T_1} \qquad (\text{일정한 } n, V)$$

일반적인 관계식을 방금 설명한 문제에 적용하면

$$P_2 = P_1 \times \frac{T_2}{T_1} = 1.00 \text{ atm} \times \frac{368 \text{ K}}{298 \text{ K}} = 1.23 \text{ atm}$$

두-점 방정식을 얻으려면 기체 법칙을 두 번 쓰고 두 식을 나누어서 상수들을 소거하라.

이러한 유형의 문제를 푸는 데 필요한 비슷한 "두-점" 방정식(two-point equation)들은 이상 기체 법칙으로부터 유도할 수 있다.

예제 5.2

밀폐된 15.0-L 강철 가스통이 프로페인(C_3H_8) 가스를 배달하는 데 쓰인다. 이 가스통은 압력계와 밸브를 갖추고 있다. 가스통의 압력이 1.200 atm 이상이 되면 밸브가 자동적으로 열려서 기체를 방출한다. 이 가스통은 25°C에서 24.7 g의 프로페인으로 채워져 있다. 압력계는 0.915 atm을 가리키고 있다.

a 이 가스통을 55°C로 가열하면 프로페인을 방출하기 위해 밸브가 열릴 것인가? (온도 증가에 따른 강철 가스통의 팽창은 무시할 수 있다고 가정하라.)

분석

주어진 정보:	V (15.0 L); P (0.915 atm); T (25°C); 프로페인의 질량(24.7 g); T (55°C)
정보가 알려주는 내용:	두 가지 온도 조건
알고자 하는 것:	밸브가 열려서 기체를 방출할 것인가?

전략

1. 두 가지 조건이 주어져 있다. 초기 상태−최종 상태에 대한 식을 사용할 필요가 있다.
2. 밀폐된 강철 가스통이 사용되었으므로 몰수와 부피가 일정하게 유지된다.
3. 모든 온도는 K로 나타내었는지 확인한다.
4. P를 구하고 1.200 atm에서의 P와 비교한다.

풀이

P_2

$$\frac{V_1P_1}{n_1T_1} = \frac{V_2P_2}{n_2T_2} \rightarrow \frac{P_1}{T_1} = \frac{P_2}{T_2} \rightarrow \frac{0.915}{25 + 273} = \frac{P_2}{55 + 273} \rightarrow P_2 = 1.01 \text{ atm}$$

밸브가 열릴 것인가? 1.01 atm < 1.200 atm 그러므로 밸브는 열리지 않는다.

b 가스통의 온도를 200°C로 증가시켰더니, 밸브가 열리고 프로페인이 방출되었다. 방출된 프로페인은 몇 그램인가?

분석

주어진 정보:	T가 증가하기 전: V (15.0 L); P (0.915 atm); T (25°C); 프로페인의 질량(24.7 g) T가 증가한 후: V (15.0 L); P (1.200 atm); T (200°C); 프로페인의 질량(24.7 g)
정보가 알려주는 내용:	프로페인의 몰질량
알고자 하는 것:	방출된 프로페인의 질량

전략

1. 프로페인의 질량(그램)을 몰로, 온도는 °C를 K로 변환시킨다.
2. 두 가지 조건이 주어져 있다. 초기상태−최종 상태의 조건에 대한 식을 사용한다.
3. n_2를 구한다.
4. 200°C에서 n_2를 가스통 내의 프로페인의 질량으로 변환시킨다. 질량의 차이로부터 방출된 질량을 구한다.

(계속)

풀 이

1. T	°C → K; 25 + 273 = 298; 200 + 273 = 473 K
C_3H_8의 초기 몰수(n_1)	$24.7\text{ g} \times \dfrac{1\text{ mol}}{44.1\text{ g}} = 0.560\text{ mol}$
2. 초기 조건	$P_1 = 0.915$ atm; $T_1 = 298$ K; $n_1 = 0.560$ mol; $V_1 = 15.0$ L
최종 조건	$P_2 = 1.200$ atm; $T_2 = 473$ K; $n_2 = ?$; $V_2 = 15.0$ L
3. n_2	$\dfrac{V_1P_1}{n_1T_1} = \dfrac{V_2P_2}{n_2T_2} \rightarrow \dfrac{0.915}{0.560 \times 298} = \dfrac{1.200}{n_2 \times 473}$; $n_2 = 0.463$ mol
가스통 속의 C_3H_8의 질량	(0.463 mol)(44.1 g/mol) = 20.4 g
방출된 프로페인의 질량	24.7 − 20.4 = 4.3 g

마무리 정리

가스통의 부피는 어떠한 계산에서도 전혀 사용되지 않는다는 점을 주목하라. 문제를 주의 깊게 읽어야 될 뿐만 아니라 기체 용기의 모습을 생생하게 떠올리는 것이 중요하다. 만일 기체가 강철 가스통 대신에 풍선 속에 들어 있었다면 계산은 달라질 것이다.

▶ *P*, *V*, *n*, *T*의 계산

흔히 이 양들 가운데 세 개(아마도 V, n, T)의 값들은 알려져 있고, 다른 하나(P)를 계산한다. 이러한 문제들은 이상 기체 법칙에 직접 대입하여 쉽게 풀 수 있다.

예제 5.3

육플루오린화 황은 눈의 망막 박리를 치료할 때, 망막 열공을 장기간 동안 충전하는 데 사용하는 기체다. 이 화합물 2.50 g을 진공 상태의 500.0-mL 용기에 넣으면 83°C에서 압력은 몇 atm인가?

분 석

주어진 정보:	V (500.0 mL); T (83°C); SF_6의 질량(2.50 g)
정보가 알려주는 내용:	SF_6의 몰질량
	이상 기체 법칙(한 가지 상태)
	R의 값
알고자 하는 것:	압력(P)(atm 단위)

전 략

1. 주어진 단위를 바꾸어서 R의 단위를 확인한다(mL → L; °C → K).

2. 먼저 n를 구한 다음, 이상 기체 법칙을 사용하여 P를 구한다.

3. 이상 기체 법칙, $PV = nRT$에 대입한다.

풀 이

1. 단위 바꾸기	500.0 mL = 0.5000 L　　83°C + 273 K = 356 K
2. n 구하기	$2.50\text{ g} \times \dfrac{1\text{ mol}}{146.07\text{ g}} = 0.0171\text{ mol}$
3. P	$P = \dfrac{nRT}{V} = \dfrac{0.0171\text{ mol} \times 0.0821\text{ L}\cdot\text{atm/(mol}\cdot\text{K)} \times 356\text{ K}}{0.5000\text{ L}} = 1.00\text{ atm}$

몰질량과 밀도

이상 기체 법칙은 기체의 몰질량을 실험적으로 결정하는 간단한 접근 방법을 제공한다. 이 방법은 아세톤과 같은 휘발성 액체에도 적용할 수 있다(예제 5.4). 여러분은 특정한 온도와 압력에서 부피가 정해진 용기에 담겨 있는 시료의 질량만 알면 된다.

예제 5.4 주요 문제

95°C, 1.02 atm에서 아세톤의 밀도는 1.96 g/L이다.

a 이 조건하에서 1.00-L 플라스크에 들어 있는 아세톤의 몰수는 얼마인가?

분석

주어진 정보:	플라스크의 부피(1.00 L); $T = 95°C + 273 = 368$ K; 밀도 = 1.96 g/L
정보가 알려주는 내용:	아세톤의 질량(1.96 g)
알고자 하는 것:	아세톤의 몰수

전략

1. 플라스크는 기체로 가득 찬다. 아세톤의 부피 = 플라스크의 부피
2. 이상 기체 법칙을 사용하여 n을 구한다.

풀이

n

$$n = \frac{PV}{RT} = \frac{1.02 \times 1.00}{0.0821 \times 368} = 0.0338 \text{ mol}$$

b 아세톤의 몰질량은 얼마인가?

분석

주어진 정보:	(a)에서, $n = 0.0338$ mol
정보가 알려주는 내용:	아세톤의 질량(1.96 g)
알고자 하는 것:	몰질량

풀이

몰질량

$$\text{MM} = \frac{\text{질량}}{\text{몰}} = \frac{1.96 \text{ g}}{0.0338 \text{ mol}} = 58.0 \text{ g/mol}$$

c 아세톤은 세 원소 C, H, O를 포함한다. 1.000 g의 아세톤을 연소시켰더니 2.27 g의 CO_2와 0.932 g의 H_2O가 생성되었다. 아세톤의 분자식은 무엇인가?

분석

주어진 정보:	(b)에서 구한 아세톤의 몰질량(58.0 g/mol)
	1.00 g의 시료를 연소한 결과, 2.27 g의 CO_2와 0.932 g의 H_2O이 생성되었다.
정보가 알려주는 내용:	1.00-g의 시료에 들어 있는 C, H, O의 질량
알고자 하는 것:	아세톤의 분자식

전략

1. 3.2절에서 논의한 연소 생성물의 질량을 원소의 질량으로 변환시키는 방법을 기억한다.
2. 화합물의 실험식을 얻기 위해 그림 3.7를 따른다.
3. 실험식의 몰질량과 (b)에서 얻은 몰질량을 비교한다.

(계속)

풀이	
각 원소의 질량	C의 질량: $2.27\text{ g }CO_2 \times \dfrac{12.01\text{ g C}}{44.01\text{ g }CO_2} = 0.619\text{ g}$
	H의 질량: $0.932\text{ g }H_2O \times \dfrac{2(1.008)\text{ g H}}{18.02\text{ g }H_2O} = 0.104\text{ g}$
	O의 질량 = 시료의 질량 − (C의 질량 + H의 질량) = 1.000 g − (0.619 + 0.104) g = 0.277 g
각 원소의 몰수	C: $\dfrac{0.619\text{ g}}{12.01\text{ g/mol}} = 0.0515\text{ mol}$; H: $\dfrac{0.104\text{ g}}{1.008\text{ g/mol}} = 0.103\text{ mol}$;
	O: $\dfrac{0.277\text{ g}}{16.00\text{ g/mol}} = 0.0173\text{ mol}$
원자 비	C: $\dfrac{0.0515}{0.0173} = 3$; H: $\dfrac{0.103}{0.0173} = 6$; O: $\dfrac{0.0173}{0.0173} = 1$
실험식	C_3H_6O
실험식의 MM	3(12.01) + 6(1.008) + 16.00 = 58.08 g/mol
증기의 MM [(b)에서]	58.0 g/mol
분자식	C_3H_6O (실험식 = 분자식)

기체 밀도를 계산하는 한 가지 방법은 다음식과 같이 n을 $\dfrac{\text{질량}}{\text{MM}}$으로 바꾼 이상 기체 법칙을 사용하는 것이다.

$$PV = \frac{\text{질량}}{\text{MM}}RT$$

밀도 = $\dfrac{\text{질량}}{V}$이므로 다음과 같은 일반식이 얻어진다.

$$\text{밀도} = MM\left(\frac{P}{RT}\right) \tag{5.2}$$

이 식으로부터 기체의 밀도는 다음의 인자에 따라 달라지는 것을 알 수 있다(그림 5.7).

- *압력*. 기체를 압축하면 기체의 밀도는 증가한다.
- 온도. 기체의 온도가 증가하면 그 밀도가 작아지므로 뜨거운 공기는 올라간다. 뜨거운 기구는 대기보다 높은 온도의 공기로 차 있어 안쪽에 있는 공기의 밀도가 바깥쪽보다 더 작다. 18세기에 프랑스에서 처음으로 쓰인 기구는 이제는 기구 경기나 다른 스포츠 행사에서 볼 수 있다. 열은 필요에 따라 프로페인 버너로 공급된다.
- *몰질량*. 수소(MM = 2.016 g/mol)는 모든 기체 중에서 몰질량과 밀도가 가장 작다(주어진 P와 T에서). 그러므로 수소는 "공기보다 가벼운" 기구에서 들어 올리는 힘이 가장 크다. 그렇지만, 수소를 채운 비행선 *Hindenburg*가 폭발하여 타버린 1937년 이후로 수소는 승객을 태우는 기구에는 쓰이지 않는다. 헬륨(MM = 4.003 g/mol)은 수소보다 약간 효과가 작지만 불연성이기 때문에 다루기에 훨씬 더 안전하다. 헬륨은 파티에 쓰이는 작은 풍선부터 부피가 수십 억 리터인 기상 관측용 기구까지 여러 가지 기구에 쓰인다.

아주 가벼운 기체들, 그중에서도 수소와 헬륨은 특히 지구의 대기에서 달아나는 경향이 있다. 오늘 여러분이 실험실에서 만드는 수소는 내일 우주로 나가고 있을 것이다. 비슷한 상

그림 5.7 ▸ 기체의 밀도.

황이 헬륨에도 적용되는데 헬륨은 지표면 아래에 묻혀 있는 천연 가스에 아주 한정된 양으로 섞여 발견된다. 달아나게 놓아두면 헬륨은 영원히 지구를 빠져나가 아주 유용한 이 기체 원소가 고갈된다.

5-4 기체 반응의 화학량론

제3장에서 설명한 바와 같이 균형을 맞춘 반응식은 화학 반응에 참여하는 물질들의 몰이나 그램을 연관시키는 데 쓰일 수 있다. 기체들이 관여하는 반응에서는 이 관계식들이 부피가 포함되도록 확장될 수 있다. 이렇게 하려면 이상 기체 법칙과 그림 5.8에 나타낸 것과 같이 그림 3.11과 그림 4.6을 변형시켜야 한다. 이상 기체 법칙 방정식은 기체 반응물과 기체 생성물에서만 사용할 수 있음을 주의해야 한다.

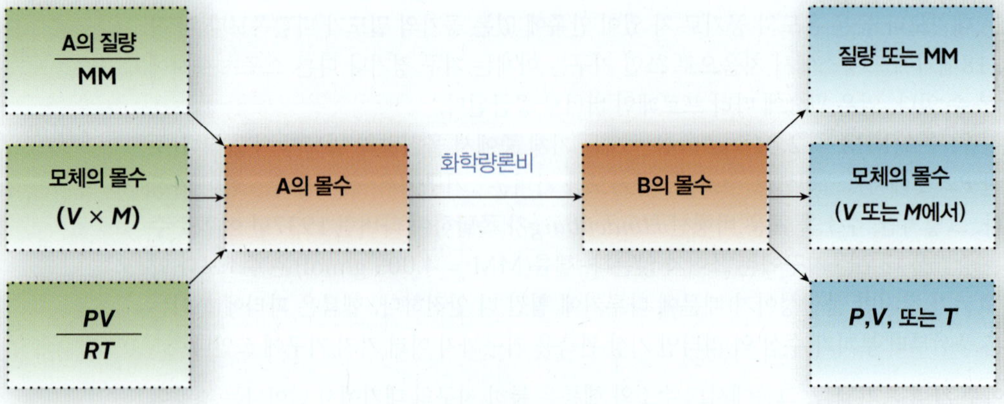

그림 5.8 ▸ 기체가 관여하는 반응에서 화학량론 계산의 순서도.

예제 5.5

과산화 수소(H_2O_2)는 흔히 사용하는 표백제이다. 과산화 수소는 높은 온도에서 물과 산소로 빠르게 분해한다.

$$2H_2O_2(l) \longrightarrow 2H_2O(l) + O_2(g)$$

1.27 L의 H_2O_2(d = 1.00 g/mL)가 분해할 때 78°C, 0.934 atm에서 몇 L의 산소가 생성되겠는가?

분석

주어진 정보:	온도(78°C); 압력(0.934 atm) H_2O_2: 부피(1.27 L); 밀도(1.00 g/mL)
정보가 알려주는 내용:	H_2O_2의 질량과 몰질량 H_2O_2에 대한 O_2의 화학량론비(2 H_2O_2/1 O_2)
알고자 하는 것:	산소의 부피

전략

1. °C를 K로, H_2O_2의 L를 mL로 바꾼다. (밀도는 g/mL로 주어져 있다.)
2. H_2O_2의 질량을 구한다. H_2O_2는 기체가 아니기 때문에 O_2의 부피를 계산하는 데 H_2O_2의 부피를 직접 사용할 수 없음을 주의하라.
3. 그림 5.8을 따른다.

$$H_2O_2\text{의 질량} \xrightarrow{\text{MM}} H_2O_2\text{의 몰수} \xrightarrow[\text{비}]{\text{화학량론}} O_2\text{의 몰수} \xrightarrow{nRT/P} \text{산소의 부피}$$

풀이

H_2O_2의 질량	질량 = (밀도)(부피) = (1.00 g/mL)(1.27×10^3 mL) = 1.27×10^3 g
O_2의 몰수	$1.27 \times 10^3 \text{ g} \times \dfrac{1 \text{ mol } H_2O_2}{34.02 \text{ g}} \times \dfrac{1 \text{ mol } O_2}{2 \text{ mol } H_2O_2} = 18.7 \text{ mol}$
O_2의 부피	$V = \dfrac{nRT}{P} = \dfrac{(18.7 \text{ mol})(0.0821 \text{ L} \cdot \text{atm/mol} \cdot \text{K})(78 + 273)\text{K}}{0.934 \text{ atm}} = 576 \text{ L}$

예제 5.6 주요 문제

탄산수소 소듐(베이킹 소다)은 냉장고 안의 냄새를 흡수하는 데 널리 쓰인다. 베이킹 소다에 산을 가하면 다음 반응이 일어난다.

$$NaHCO_3(s) + H^+(aq) \longrightarrow Na^+(aq) + CO_2(g) + H_2O(l)$$

여기서 모든 실험은 732 mm Hg와 38°C에서 2.45 M HCl과 12.75 g의 $NaHCO_3$를 사용하여 수행하였다.

a 과량의 HCl을 사용하였다면, 얻어진 CO_2의 부피는 얼마인가?

분석

주어진 정보:	압력(732 mm Hg); 온도(38°C); $NaHCO_3$의 질량(12.75 g)
정보가 알려주는 내용:	$NaHCO_3$의 몰질량 화학량론비: 1 $NaHCO_3$ /1 CO_2
알고자 하는 것:	생성된 CO_2의 부피

(계속)

전략

1. 그림 5.8의 순서도를 따른다.
2. 온도와 압력을 적당한 단위로 변환한다.

$$\text{질량}_{NaHCO_3} \xrightarrow{MM} n_{NaHCO_3} \xrightarrow[\text{비}]{\text{화학량론}} n_{CO_2} \xrightarrow{PV = nRT} V_{CO_2}$$

풀이

CO_2의 몰수(n) $\quad 12.75 \text{ g NaHCO}_3 \times \dfrac{1 \text{ mol}}{84.01 \text{ g}} \times \dfrac{1 \text{ mol CO}_2}{1 \text{ mol NaHCO}_3} = 0.1518 \text{ mol}$

CO_2의 부피(V) $\quad V = \dfrac{0.1518 \text{ mol} \times 0.0821 \text{ L} \cdot \text{atm/mol} \cdot \text{K} \times (273 + 38)\text{K}}{(732/760)\text{atm}} = 4.02 \text{ L}$

b $NaHCO_3$가 과량으로 있다면, 2.65 L의 CO_2를 생성하는 데 필요한 HCl의 부피는 얼마인가?

분석

주어진 정보: 압력(732 mm Hg); 온도(38°C);
생성된 CO_2의 부피(2.65 L);
HCl의 몰농도(2.45 M)

정보가 알려주는 내용: H^+는 반응 화학종이다. HCl은 모체 화합물이다.
화학량론비: 1 H^+/1 CO_2

전략

그림 5.8의 순서도를 따른다.

$$V_{CO_2} \xrightarrow{PV = nRT} n_{CO_2} \xrightarrow[\text{비}]{\text{화학량론}} n_{H^+} \xrightarrow[\text{비}]{\text{원자}} n_{HCl} \xrightarrow{M} V_{HCl}$$

풀이

CO_2의 몰수 $\quad n = \dfrac{2.65 \text{ L} \times (732/760)\text{atm}}{0.0821 \text{ L} \cdot \text{atm/mol} \cdot \text{K} \times (273 + 38)\text{K}} = 0.100 \text{ mol}$

HCl의 몰수 $\quad 0.100 \text{ mol CO}_2 \times \dfrac{1 \text{ mol H}^+}{1 \text{ mol CO}_2} \times \dfrac{1 \text{ mol HCl}}{1 \text{ mol H}^+} = 0.100 \text{ mol}$

HCl의 부피 $\quad \dfrac{0.100 \text{ mol HCl}}{2.45 \text{ mol/L}} = 0.0408 \text{ L} = 40.8 \text{ mL}$

c 모든 $NaHCO_3$가 50.0 mL의 HCl과 반응하게 하면 생성되는 CO_2의 부피는 얼마가 되겠는가?

분석

주어진 정보: HCl의 몰농도(2.45 M); HCl의 부피(50.0 mL);
압력(732 mm Hg); 온도(38°C)

정보가 알려주는 내용: H^+는 반응 화학종이다. HCl은 모체 화합물이다.
화학량론비: 1 H^+/1 CO_2; 1 $NaHCO_3$ /1 CO_2
(a)에서: $NaHCO_3$의 몰수

(계속)

전략

1. 각 반응물의 몰수를 계산하는 데 필요한 자료는 충분하다. (c)는 한계 반응물을 구하는 문제이다.
2. HCl이 한계 반응물일 때 얻어진 CO_2의 몰수는 그림 5.8의 순서도에 따라 구할 수 있다. (a)에서 $NaHCO_3$가 한계 반응물일 때에도 CO_2의 몰수를 구할 수 있다.
3. H^+를 한계 반응물로 사용하여 얻은 CO_2의 몰수를 $NaHCO_3$을 한계 반응물로 사용하여 얻은 CO_2의 몰수를 비교한다. CO_2의 몰수가 더 적은 것을 선택한다.
4. 이상 기체 법칙을 사용하여 CO_2의 몰수를 CO_2의 부피로 변환시킨다.

풀이

CO_2의 몰수: $NaHCO_3$이 한계 반응물

(a)에서: $0.1518 \text{ mol NaHCO}_3 \times \dfrac{1 \text{ mol CO}_2}{1 \text{ mol NaHCO}_3} = 0.1518 \text{ mol}$

CO_2의 몰수: HCl이 한계 반응물

$(0.0500 \text{ L} \times 2.45 \text{ mol/L}) \text{ mol HCl} \times \dfrac{1 \text{ mol H}^+}{1 \text{ mol HCl}} \times \dfrac{1 \text{ mol CO}_2}{1 \text{ mol H}^+} = 0.122 \text{ mol}$

CO_2의 이론적 수득량

$0.122 < 0.1518$; 0.122 mol의 CO_2가 얻어짐

CO_2의 부피

$$V = \frac{0.122 \text{ mol} \times 0.0821 \text{ L} \cdot \text{atm/mol} \cdot \text{K} \times (273 + 38)\text{K}}{(732/760)\text{atm}} = 3.25 \text{ L}$$

마무리 정리

1. 한 문제가 여러 부분으로 나누어질 때, 각 부분을 위해 주어진 정보를 모두 사용할 필요는 없다.
2. 다음 질문에 대한 풀이에서 앞의 질문에서 얻은 정보를 사용할지 말지를 검토해야 한다.

화학자의 삶 속에서 | CHEMISTRY THE HUMAN SIDE

Avogadro 법칙은 1811년에 Turin 대학교의, Lorenzo Romano Amadeo Carlo Avogadro di Quarequa e di Cerreto(1776~1856)라는 이름의 이탈리아 물리학자가 제안하였다.

Avogadro는 부피 결합 법칙을 설명하려고 이 관계를 제안하였다. 오늘날 이것은 분명히 옳다. 예를 들면 다음 반응에서

$$2H_2O(l) \longrightarrow 2H_2(g) + O_2(g)$$

수소의 부피는 몰수처럼 산소 부피의 두 배다. 그러므로 이 기체들의 같은 부피는 같은 수의 몰이나 분자들을 포함해야 한다. 이것은 Avogadro와 같은 시대의 사람들에게는 결코 분명해 보이지 않았다. 그 가운데서도 특히 Berzelius는 똑같은 원자로 이루어진 이원자 분자(H_2, O_2)가 존재할 수 있다고 믿지 않았기 때문에 Avogadro의 견해를 받아들이지 않았다. Dalton은 한 걸음 더 나아갔다. 그는 부피 결합 법칙이 원자들을 쪼개는 것을 의미한다고 생각했기 때문에 이것을 받아들이기를 거부하였다.

이와 같은 논쟁의 결과로 Avogadro의 견해는 거의 반세기 동안 잠자고 있었다. 이 견해는 다른 이탈리아 과학자인 Genoa 대학교의 화학 교수 Stanislao Cannizzaro에 의해 되살아났다. 1860년 Karlsruhe에서 열린 한 회의에서 그는 Avogadro의 법칙의 타당성에 관하여 화학계를 설득하였고 이것이 몰 또는 원자 질량을 결정하는 데 어떻게 쓰일 수 있는지 보였다.

Bettmann/Corbis

Amadeo Avogadro
(1776~1856)

지금 "Avogadro 수"(6.02 × 10^{23}/mol)라고 부르는 양은 Avogadro가 죽은 지 9년 뒤인 1865년에 처음으로 산정되었다. 이것은 20세기에 들어서서야 현재의 이름을 얻게 되었다. 화학 이론에 대한 Avogadro의 공헌을 기리는 것은 적절한 듯하다.

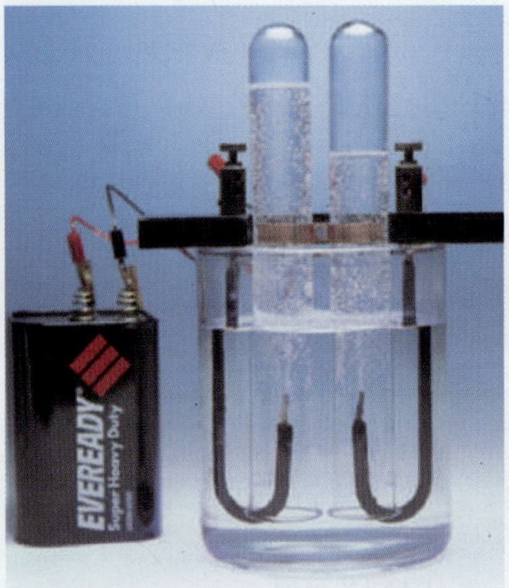

© Cengage Learning/Charles D. Winters

그림 5.9 ▸ **물(H_2O)의 전기분해.** 오른쪽의 시험관에 생성된 수소(H_2)의 부피는 왼쪽의 시험관에 생성된 산소(O_2)의 부피의 두 배가 된다. 이것은 다음의 화학 반응식과 일치한다. $2H_2O(l) \longrightarrow 2H_2(g) + O_2(g)$.

아마도 처음으로 발견된 화학량론적 관계는 1808년에 Gay-Lussac이 제안한 *부피 결합 법칙*(law of combining volume)이다. ***일정한 온도와 압력에서 일어나는 두 기체의 반응에서 기체의 부피 비는 반응하는 몰비와 같다.***

이 법칙을 설명하기 위해 다음 반응을 살펴보자.

$$2H_2O(l) \longrightarrow 2H_2(g) + O_2(g)$$

그림 5.9에서 보는 바와 같이 생성된 수소의 부피는 다른 기체 생성물인 산소의 두 배이다.

부피 결합 법칙은 기체를 포함하는 다른 많은 관계식들처럼 이상 기체 법칙으로 쉽게 설명된다. 일정한 온도와 압력에서 부피는 몰수에 정비례한다($V = k_1 n$). 따라서 반응에 참여하는 기체 화학종들에 대하여 부피 비는 균형을 맞춘 반응식의 계수로 주어진 몰비와 같아야만 한다.

예제 5.7 주요 문제

산소와 수소가 반응하여 물이 생성되는 다음 반응에 대한 물음에 답하라.

$$2H_2(g) + O_2(g) \longrightarrow 2H_2O(l)$$

1.00 L의 산소가 사용되었고, 반응물 기체는 25°C, 1.00 atm으로 유지되었다. 실험의 조건하에서 물의 밀도는 0.997g/mL이다.

a 25°C, 1.00 atm에서 1.00 L의 $O_2(g)$와 반응하는 데 필요한 $H_2(g)$의 부피는 같은 온도와 압력에서 얼마인가?

분석

주어진 정보:	O_2의 부피(1.00 L); 압력(1.00 atm); 온도(25°C)
정보가 알려주는 내용:	화학량론비: 1 mol O_2/2 mol H_2
	온도와 압력의 조건은 일정하다.
알고자 하는 것:	일정한 T와 P에서 O_2와 반응하는 H_2의 부피

전략

부피 결합 법칙을 이용한다(T와 P는 일정하다).

$$V_{O_2} \xrightarrow[\text{비}]{\text{화학량론}} V_{H_2}$$

풀이

H_2의 부피 $\quad 1.00\ \text{L}\ O_2 \times \dfrac{2\ \text{L}\ H_2}{1\ \text{L}\ O_2} = 2.00\ \text{L}\ H_2$

b 반응에서 생성된 $H_2O(l)$의 부피는 얼마인가?

분석

주어진 정보:	O_2의 부피(1.00 L); 압력(1.00 atm); 온도(25°C);
	물의 밀도(0.997 g/mL)
알고자 하는 것:	얻어진 물의 부피

(계속)

전략

1. 물은 액체이기 때문에 여기서는 부피 결합 법칙을 사용할 수 없다.
2. O_2의 몰수를 계산하는 데 이상 기체 법칙을 이용한다.
3. 얻어진 물의 부피 계산은 그림 5.8의 순서도를 이용한다.
4. 물의 부피 계산은 물의 밀도를 이용한다.

풀이

1. O_2의 몰수 $$n_{O_2} = \frac{PV}{RT} = \frac{(1.00\ \text{L})(1.00\ \text{atm})}{(0.0821\ \text{L}\cdot\text{atm/mol}\cdot\text{K})(273+25)\text{K}} = 0.0409\ \text{mol}$$
2. 물의 질량 $$0.0409\ \text{mol}\ O_2 \times \frac{2\ \text{mol}\ H_2O}{1\ \text{mol}\ O_2} \times \frac{18.02\ \text{g}\ H_2O}{1\ \text{mol}} = 1.47\ \text{g}$$
3. 물의 부피 $$V = \frac{질량}{밀도} = \frac{1.47\ \text{g}}{0.997\ \text{g/mL}} = 1.48\ \text{mL}$$

C 퍼센트 수득률이 85.2%이라고 가정하고, 생성되는 $H_2O(l)$의 질량은 얼마인가?

분석

주어진 정보:	% 수득률(85.2%)
정보가 알려주는 내용:	이론적 수득량
알고자 하는 것:	얻어진 물의 질량(실제 수득량)

전략

1. (b)에서 얻어진 질량이 이론적 수득량이다.
2. 퍼센트 수득률에서 실제 수득량을 계산한다.

$$퍼센트\ 수득률 = \frac{실제\ 수득량}{이론적\ 수득량} \times 100$$

풀이

실제적 수득량 $$실제\ 수득량 = \frac{\%\ 수득률}{100\%} \times 이론적\ 수득량 = \frac{85.2\%}{100\%} \times 1.47\ \text{g} = 1.25\ \text{g}$$

5-5 기체 혼합물: 부분압과 몰분율

이상 기체 법칙이 모든 기체에 적용되기 때문에 기체 혼합물에도 적용시킬 수 있을 것으로 기대할 수 있다. 실제로 그렇다. 두 기체 A와 B의 혼합물에 대하여 전체 압력은 다음 식으로 표현된다.

$$P_{전체} = n_{전체}\frac{RT}{V} = (n_A + n_B)\frac{RT}{V}$$

우변을 두 항으로 분리하면, 다음과 같이 된다.

$$P_{전체} = n_A\frac{RT}{V} + n_B\frac{RT}{V}$$

n_ART/V와 n_BRT/V 항은 이상 기체 법칙에 따라 기체 A와 B가 홀로 있을 때에 미치게 될 압력들이다. 이 압력을 **부분압**(partial pressure) P_A와 P_B라고 부른다.

$$P_A = 부분압\ A = n_ART/V$$
$$P_B = 부분압\ B = n_BRT/V$$

부분압은 기체가 홀로 전 부피를 차지할 때에 미치게 될 압력이다.

© Cengage Learning/Charles D. Winters

ⓐ ⓑ

그림 5.10 ▸ **수상 치환으로 기체 포집하기.** (a) 금속에 산 용액을 가하면 플라스크 안에서 수소 기체가 발생한다. (b) 수상 치환하여 기체를 포집하며, 포집된 기체에는 수증기가 포화되어 있다. 포집 플라스크 안의 $H_2O(g)$의 부분압은 그 계의 온도에서 나타나는 액체 물의 증기압과 같다.

$P_{전체}$에 관한 식에서 n_ART/V와 n_BRT/V를 P_A와 P_B로 치환하면,

$$P_{전체} = P_A + P_B \tag{5.3}$$

방금 유도한 관계식은 1801년에 John Dalton이 처음 제안하였다; 이것은 흔히 **Dalton의 부분압 법칙**(Dalton's law of partial pressure)이라고 부른다.

기체 혼합물의 전체 압력은 그 혼합물에 들어 있는 각 성분들의 부분압을 합한 것이다.

Dalton의 부분압 법칙을 설명하기 위해 다음과 같은 수소와 헬륨의 기체 혼합물을 살펴보자.

$$P_{H_2} = 2.46 \text{ atm} \qquad P_{He} = 3.69 \text{ atm}$$

Dalton의 부분압 법칙으로부터

$$P_{전체} = 2.46 \text{ atm} + 3.69 \text{ atm} = 6.15 \text{ atm}$$

▶ 수증기가 포함된 기체: 물의 부분압

수소와 같은 기체를 물속에서 포집하면(그림 5.10) 수증기가 포함된 수소 기체가 얻어진다. 즉 H_2O 분자들은 액체로부터 빠져 나와 기체상으로 들어간다. Dalton의 부분압 법칙은 그 결과로 생기는 기체 혼합물에 적용될 수 있다:

$$P_{전체} = P_{H_2O} + P_{H_2}$$

이 경우에 $P_{전체}$는 측정된 압력이다. 수증기의 부분압 P_{H_2O}는 액체 물의 **증기압**(vapor pressure)과 같다. 이것은 주어진 온도에서 정해진 값이다(부록 1 참조). 수소의 부분압 P_{H_2}는 뺄셈으로 계산할 수 있다. 수증기가 포함된 기체에 들어 있는 수소의 몰수, n_{H_2}는 이상 기체 법칙을 사용하여 계산할 수 있다.

예제 5.8

한 학생이 25°C에서 물을 전기 분해하여 수소 기체 시료를 만들려고 한다. 이 학생은 전체 압력 758 mm Hg에서 152 mL의 H_2를 포집하였다. 부록 1에서 25°C에서 물의 증기압을 찾아서 다음을 계산하라.

(a) 수소의 부분압

(b) 포집되는 수소의 몰수

분석

주어진 정보:	V_{H_2} (152 mL); 압력(758 mm Hg); 온도(25°C)
정보가 알려주는 내용:	25°C에서 물의 증기압(부록 1)
	부피와 온도는 일정하다.

(계속)

알고자 하는 것: (a) P_{H_2}

(b) n_{H_2}

전략

(a) H_2와 $H_2O(g)$는 전체 압력 $P_{전체}$에 기여함을 기억한다.

Dalton의 부분압 법칙을 사용한다. $P_{전체} = P_1 + P_2 + \ldots$

(b) 이상 기체 법칙을 사용하여 P_{H_2}에서 n_{H_2}을 계산한다.

풀이

(a) P_{H_2}

$$P_{전체} = P_{H_2} + P_{H_2O}$$

$$P_{H_2} = 758 \text{ mm Hg} - 23.76 \text{ mm Hg} = 734 \text{ mm Hg}$$

(b) n_{H_2}

$$n_{H_2} = \frac{P_{H_2}V}{RT} = \frac{[(734/760)\text{atm}](0.152 \text{ L})}{(298 \text{ K})(0.0821 \text{ L}\cdot\text{atm/mol}\cdot\text{K})} = 0.00600 \text{ mol}$$

증기압은 밀도나 용해도와 같이 물질의 물리적 특성인 세기 성질이다. 물의 증기압은 25°C에서 23.76 mm Hg이며, 부피나 다른 기체의 압력과 무관하다. 밀도와 용해도와 같이 증기압은 온도에 따라 변한다. 즉, 물의 증기압은 40°C에서 55.3 mm Hg, 70°C에서 233.7 mm Hg, 100°C에서 760.0 mm Hg이다. 증기압의 온도 의존성에 관하여는 제9장에서 더 논의할 것이다.

증기압은 제9장에서 더 논의한다.

부분압과 몰분율

앞에서 설명한 바와 같이 다음 관계는 기체 A(그리고 기체 B)를 포함하는 혼합물에 적용된다.

$$P_A = \frac{n_A RT}{V} \qquad P_{전체} = \frac{n_{전체}RT}{V}$$

P_A를 $P_{전체}$로 나누면 다음 식이 얻어진다.

$$\frac{P_A}{P_{전체}} = \frac{n_A}{n_{전체}}$$

분율 $n_A/n_{전체}$를 혼합물에 있는 A의 **몰분율**(mole fraction)이라고 부른다. 이것은 전체 몰수에 대한 기체 A의 분율이다. A의 몰분율을 X_A로 나타내면(즉 $X_A = n_A/n_{전체}$), 다음 식이 된다.

$$P_A = X_A P_{전체} \qquad (5.4)$$

바꿔 말하면 ***혼합물에 있는 기체의 부분압은 전체 압력에 기체의 몰분율을 곱한 것과 같다.*** 이 관계식은 흔히 전체 압력과 조성을 알고 있을 때 혼합물에 있는 기체들의 부분압을 계산하는 데 쓰인다(예제 5.9).

혼합물이 같은 수의 A와 B 분자들을 포함한다면 $X_A = X_B = 0.500$이고, $P_A = P_B = \frac{1}{2} P_{전체}$

예제 5.9

메테인(CH_4) 1.000 mol을 산소 4.000 mol과 함께 가열하면 다음의 반응이 일어난다.

$$CH_4(g) + 2O_2(g) \longrightarrow CO_2(g) + 2H_2O(g)$$

모든 메테인이 CO_2와 H_2O로 변환된다고 가정하면, 반응 후 혼합물에 들어 있는 O_2, CO_2, H_2O의 몰분율은 얼마인가? 혼합물의 전체 압력이 1.26 atm이라면 부분압은 얼마인가?

(계속)

분 석

주어진 정보:	$P_{전체}$(1.26 atm)
	반응물의 초기 양(1.000 mol CH_4와 4.000 mol O_2)
정보가 알려주는 내용:	화학량론비: 2 mol O_2/1 mol CH_4/1 mol CO_2/2 mol H_2O
	한계 반응물(CH_4); 과량 반응물(O_2)
알고자 하는 것:	반응 후 각 기체의 몰분율
	반응 후 각 기체의 부분압

전 략

1. 반응 후에 남아 있는 반응물의 몰수를 구한다. (CH_4가 한계 반응물이므로 완전히 소모되었음을 기억한다.)

$$n_{CH_4} \xrightarrow[\text{비}]{\text{화학량론}} n_{O_2}$$

반응 후의 n_{O_2} = 초기의 n_{O_2} − 사용한 n_{O_2}

2. 생성물의 몰수를 구한다.

$$n_{CH_4} \xrightarrow[\text{비}]{\text{화학량론}} n_{CO_2} \quad \text{및} \quad n_{CH_4} \xrightarrow[\text{비}]{\text{화학량론}} n_{H_2O}$$

3. $n_{전체}$를 구한다.

$$n_{전체} = n_{CH_4} + n_{O_2} + n_{CO_2} + n_{H_2O}$$

4. 각 기체의 몰분율을 구한다.

$$X_A = \frac{n_A}{n_{전체}}$$

5. 각 기체의 부분압을 구한다.

$$P_A = (X_A)(P_{전체})$$

풀 이

1. mol CH_4	mol CH_4 = 0(문제에서 CH_4는 완전히 소모된다고 가정하였다.)
mol O_2(반응한 양)	$1.000\ \text{mol CH}_4 \times \frac{2\ \text{mol O}_2}{1\ \text{mol CH}_4} = 2.000\ \text{mol}$
mol O_2(반응하지 않은 양)	4.000 mol O_2(초기) − 2.000 mol(반응한 양) = 2.000 mol
2. mol CO_2	$1.000\ \text{mol CH}_4 \times \frac{1\ \text{mol CO}_2}{1\ \text{mol CH}_4} = 1.000\ \text{mol CO}_2$가 생성됨
mol H_2O	$1.000\ \text{mol CH}_4 \times \frac{2\ \text{mol H}_2\text{O}}{1\ \text{mol CH}_4} = 2.000\ \text{mol H}_2\text{O}$가 생성됨
3. $n_{전체}$	$n_{전체} = n_{CH_4} + n_{O_2} + n_{CO_2} + n_{H_2O} = 0 + 2.000 + 1.000 + 2.000 = 5.000$
4. X_{CH_4}	$X_{CH_4} = \frac{n_{CH_4}}{n_{전체}} = \frac{0}{5.000} = 0$
X_{O_2}	$X_{O_2} = \frac{n_{O_2}}{n_{전체}} = \frac{2.000}{5.000} = 0.4000$
X_{CO_2}	$X_{CO_2} = \frac{n_{CO_2}}{n_{전체}} = \frac{1.000}{5.000} = 0.2000$
X_{H_2O}	$X_{H_2O} = \frac{n_{H_2O}}{n_{전체}} = \frac{2.000}{5.000} = 0.4000$

(계속)

5. P_{CH_4} $(X_{CH_4})(P_{전체}) = (0)(1.26) = 0$

P_{O_2} $(X_{O_2})(P_{전체}) = (0.4000)(1.26) = 0.504\ \text{atm}$

P_{CO_2} $(X_{CO_2})(P_{전체}) = (0.2000)(1.26) = 0.252\ \text{atm}$

P_{H_2O} $(X_{H_2O})(P_{전체}) = (0.4000)(1.26) = 0.504\ \text{atm}$

마무리 정리

모든 기체의 몰분율을 더하면 1이 되어야 한다. 모든 부분압을 더하면 1.26 am이 되어야 한다.

5-6 기체 운동론

이상 기체 법칙이 모든 기체에 적용된다는 사실은 분자의 관점에서 기체 상태가 비교적 간단한 것임을 가리킨다. 기체들은 같은 자연 법칙을 따르게 하는 어떤 공통적인 성질을 가지고 있어야만 한다. 1850년과 1880년 사이쯤에 James Maxwell(1831~1879), Rudolf Clausius(1822~1888), Ludwig Boltzmann(1844~1906)과 다른 과학자들은 **기체 운동론**(kinetic theory of gas)을 발전시켰다. 그들은 입자의 운동에 관한 한 모든 기체들이 비슷하게 거동한다는 생각에 이론의 근거를 두었다.

분자 모형

기체 운동론을 사용하여 기체의 실험적 거동을 설명하거나 식을 유도하기 위해 다음과 같은 간단한 분자 모형을 가정하자.

- ***기체는 대부분 빈 공간이다.*** 분자들의 전체 부피는 기체들이 갇혀 있는 용기의 부피에 비하여 무시할 수 있을 만큼 작다.
- ***기체 분자들은 끊임없는 무질서한 운동을 한다.*** 분자들은 분자들끼리 서로 충돌하거나 용기의 벽과 자주 충돌한다.ⓘ 그 결과 기체의 속도는 끊임없이 변한다.
- ***충돌은 탄성적이다.*** 분자들 간에 인력이나 용기의 벽에 자칫 "들러붙는" 인력은 없다.
- ***기체 압력은 분자들이 용기의 벽과 충돌함으로써 생긴다***(그림 5.11). 그 결과로 압력은 이 충돌 에너지와 횟수에 따라 증가한다.

ⓘ 공기 중에서 분자 하나는 1초에 약 100억 번의 충돌을 거친다.

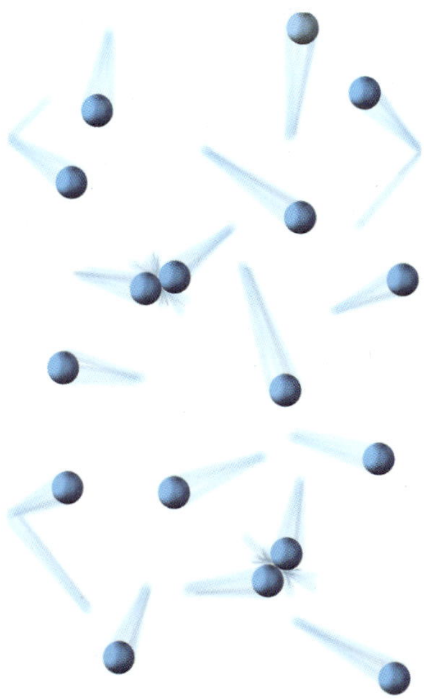

그림 5.11 ▸ **기체의 분자 운동 모형.** 기체 분자들은 끊임없이 움직이고 있고 분자들의 충돌은 탄성적이다. 벽과의 충돌이 기체 압력의 원인이 된다.

압력 P에 대한 표현

이 간단한 모형에 물리학의 법칙을 적용하면, 부피 V의 용기에 있는 기체가 미치는 압력(P)은 다음과 같이 나타낼 수 있다.

$$P = \frac{N(\text{질량})u^2}{3V}$$

여기서 N은 분자의 수이고 u는 평균 속력이다.* 여기서 이 식을 유도하지는 않겠지만 적어도 정성적으로는 이해할 수 있다. 특히 다음의 경우가 그렇다.

- N/V 비는 용기에 들어 있는 기체 분자들의 농도를 나타낸다. 일정한 부피에 있는 분자들이 많을수록 충돌 횟수는 커지고 따라서 압력이 커진다.
- (질량)(u^2)의 곱은 충돌 에너지의 척도다. (100 mi/h로 달리는 캐딜락 승용차가 벽과 충돌할 때, 전달되는 에너지는 5 mi/h의 자전거에서 얻어지는 에너지보다 훨씬 더 크다.) 그러므로 이 식에서 예상되듯이 압력은 (질량)(u^2)에 정비례한다.

* 더 엄밀하게는 u^2은 모든 분자들의 속력의 제곱의 평균이다.

▶ 병진 운동의 평균 운동 에너지 E_t

속력 u로 움직이는 일정한 질량을 갖는 기체 분자의 운동 에너지 E_t는 다음과 같다.

$$E_t = \frac{(\text{질량})u^2}{2}$$

위에서 P에 관하여 쓴 식으로부터 (질량)$u^2 = 3PV/N$임을 알 수 있다. 그러므로 다음 식이 성립한다.

$$E_t = \frac{3PV}{2N}$$

또한 이상 기체 법칙은 $PV = nRT$이므로, 위식은 다음과 같이 쓸 수 있다.

$$E_t = \frac{3nRT}{2N}$$

이 식은 기체 시료에 들어 있는 분자들의 수, N이 몰수 n에 Avogadro 수, N_A를 곱한 것, 즉 $N = n \times N_A$를 적용하면 간단하게 될 수 있다. 위 식에 이것을 치환하면 기체 분자의 평균 병진 운동 에너지(average translational kinetic energy)에 관한 마지막 식이 얻어진다.

$$E_t = \frac{3RT}{2N_A} \tag{5.5}$$

이 식은 세 개의 상수(3/2, R, N_A)와 오직 하나의 변수인 온도, T를 포함한다. 따라서 다음의 설명이 가능하다.

- ***주어진 온도에서, 서로 다른 기체 분자들(예, H_2, O_2, . . .)의 평균 병진 운동 에너지는 모두 같아야 한다.*** ⓘ
- ***기체 분자의 평균 병진 운동 에너지는 Kelvin 온도, T에 정비례한다.***

ⓘ 움직이는 야구공은 병진 에너지가 있다.

▶ 평균 속력, u

위에서 E_t에 관하여 쓴 처음 식과 마지막 식을 같게 놓으면 다음과 같다.

$$\frac{(\text{질량})u^2}{2} = \frac{3RT}{2N_A}$$

이 식을 u^2에 관하여 풀면 다음식이 된다.

$$u^2 = \frac{3RT}{(\text{질량})N_A}$$

그러나 (분자의 질량)과 N_A (1 mol에 들어 있는 분자들의 수)의 곱은 바로 몰질량 MM이므로 다음과 같이 쓸 수 있다.

$$u^2 = \frac{3RT}{\text{MM}}$$

이 식의 양변의 제곱근을 취하면 **기체 분자의 평균 속력,** u (average speed, u)ⓘ에 관한 최종식이 된다.

ⓘ E_t는 T에만, u는 T와 MM에 의존한다.

$$u = \left(\frac{3RT}{\text{MM}}\right)^{1/2} \tag{5.6}$$

이 관계식으로 부터 평균 속력 u에 대하여 다음을 알 수 있다.

- ***평균 속력, u는 절대 온도의 제곱근에 정비례한다.*** 두 다른 온도 T_2와 T_1에 있는 한 가지 기체에 대하여 MM은 같은 값이므로 다음과 같이 쓸 수 있다.

$$\frac{u_2}{u_1} = \left(\frac{T_2}{T_1}\right)^{1/2}$$

Marna G. Clark

그림 5.12 ▸ **분자 속력과 몰질량의 관계.** 왼쪽 유리관에 넣은 암모니아 기체가 오른쪽 유리관에 넣은 염화 수소와 만나면 이들이 반응하여 고체 염화 암모늄을 형성한다. $NH_3(g) + HCl(g) \longrightarrow NH_4Cl(s)$. NH_3 (MM = 17 g/mol)가 HCl (MM = 36.5 g/mol)보다 더 빨리 움직이므로 염화 암모늄이 유리관의 HCl이 있는 쪽에 더 가까이 생긴다.

- ***평균 속력, u는 몰질량(MM)의 제곱근에 반비례한다***(그림 5.12). 같은 온도에 있는(T는 일정) 두 다른 기체 A와 B에 대하여

$$\frac{u_B}{u_A} = \left(\frac{MM_A}{MM_B}\right)^{1/2} \tag{5.7}$$

예제 5.10

25°C에서 N_2 분자의 평균 속력, u를 계산하라.

분석

주어진 정보:	온도(25°C)
정보가 알려주는 내용:	$R = 8.31 \times 10^3\ g \cdot m^2/s^2 \cdot mol \cdot K$ N_2의 MM
알고자 하는 것:	25°C에서 N_2의 평균 속력, u

전략

1. T를 적당한 단위로 변환시킨다.
2. 상수 R의 단위를 주목한다.
3. 다음 식에 각 값을 대입한다.

$$u = \left(\frac{3RT}{MM}\right)^{1/2}$$

풀이

평균 속력

$$u = \left(\frac{3 \times 8.31 \times 10^3 \dfrac{g \cdot m^2}{s^2 \cdot mol \cdot K} \times 298\ K}{28.02 \dfrac{g}{mol}}\right)^{1/2} = 515\ m/s$$

(계속)

마무리 정리

위에서 얻어진 질소 분자의 속력을 시간 당 마일로 변환시키면 다음과 같이 된다:

$$515\ \frac{\text{m}}{\text{s}} \times \frac{1\ \text{mi}}{1.609 \times 10^3\ \text{m}} \times \frac{3600\ \text{s}}{1\ \text{h}} = 1.15 \times 10^3\ \text{mi/h}$$

보잉 777 비행기의 평균 비행 속력이 대략 580 mi/h이며 소리의 속력은 768 mi/h임을 참고하라.

기체의 분출: Graham 법칙

우리는 모두 기체 확산 과정에 익숙하다. 확산은 기체 분자들이 농도가 높은 곳에서 농도가 낮은 곳으로 공간을 통해 옮겨 가는 것이다. 교수가 강단에서 염소 기체가 든 통을 잠깐 연다면 강의실에서 특히 앞 자리에 앉은 학생들은 염소의 자극적인 냄새를 곧 느끼게 된다. 좀 더 기분 좋은 예를 들면 기체 확산을 통해 갓 구운 사과 파이 냄새를 확산을 통해 느끼는 것을 들 수 있다.

확산은 비교적 느린 과정이다. 한 곳에 있는 기체 시료가 방 전체에 고르게 분포되는 데에는 한 시간 또는 그 이상이 걸릴 수 있다. 얼핏 보면 이 사실은 이상하게 보일 수 있다. 그 이유는 예제 5.10에서 본 것처럼 기체 분자들은 아주 빠르게 움직이고 있는데 기체의 확산은 아주 느리기 때문이다. 기체 분자들은 끊임없이 서로 충돌한다. 즉 25°C, 1 atm에서 N_2 분자는 이웃 분자들과 초 당 10억 번 이상의 충돌을 겪는다. 기체 분자들 사이의 충돌이 어떤 한 방향에 대한 기체 분자의 알짜 이동을 늦춘다.

i 사람이 많은 오후 5시에 지하철을 타는 것이 사람이 적은 오전 5시에 지하철을 타는 것보다 느린 이유와 마찬가지로 확산이 분출보다 느리다.

앞에서 암시한 것처럼 확산은 분자 운동이 관련된 다소 복잡한 과정이다. 낮은 압력에서 작은 구멍을 통한 분자들의 흐름인 **분출**(effusion)은 운동론을 써서 좀 더 쉽게 해석할 수 있다.

서로 다른 기체들의 상대적 분출 속도(rate of effusion)는 두 인자에 의존하는데 이것은 기체들의 압력과 그 입자들의 상대적 속력이다. 두개의 다른 기체 A와 B를 같은 압력에서 비교하면 이들의 속력만이 중요하다.

$$\frac{\text{B의 분출 속도}}{\text{A의 분출 속도}} = \frac{u_B}{u_A}$$

여기서, u_A와 u_B는 평균 속력이다. 앞에서 설명한 바와 같이 주어진 온도에서 다음 식이 성립함을 보았다.

$$\frac{u_B}{u_A} = \left(\frac{MM_A}{MM_B}\right)^{1/2}$$

따라서 일정한 압력과 온도에서 다음의 식이 성립된다.

$$\frac{\text{B의 분출 속도}}{\text{A의 분출 속도}} = \left(\frac{MM_A}{MM_B}\right)^{1/2}$$

이 관계식은 약간 다른 형태로 1829년에 스코틀랜드 출신의 화학자 Thomas Graham (1748~1843)이 실험적으로 발견하였다. Graham은 여러 가지 화학 및 물리학 문제에 흥미를 느꼈는데 그 중에는 공기의 성분 분리도 있었다. **Graham 법칙**(Graham's law)은 다음과 같이 설명할 수 있다.

주어진 온도와 압력에서 단위 시간 당 몰로 나타낸 기체의 분출 속도는 몰질량의 제곱근에 반비례한다.

Graham 법칙은 정성적으로 가벼운 분자들이 무거운 분자들보다 더 빠르게 분출한다는 것을 말해 준다(그림 5.13). 정량적인 형태로 이 식을 이용하여 기체의 몰질량을 구할 수 있다(예제 5.11).

그림 5.13 ▸ **기체의 분출.** 몰질량이 큰 기체(붉은색 분자)는 몰질량이 작은 기체(회색 분자)보다 느리게 진공으로 분출한다.

예제 5.11

분출 실험에서, 아르곤 기체를 작은 구멍을 통해 부피가 120 mL인 진공 상태인 플라스크로 32.0초 동안 분출하게 했고, 이때 플라스크 안의 압력은 12.5 mm Hg였다. 이 실험을 몰질량이 알려지지 않은 기체 X로 같은 T와 P에서 반복하였다. 플라스크 안의 압력을 측정한 결과 48.0초 뒤에 12.5 mm Hg였다. X의 몰질량을 계산하라.

분석

주어진 정보:	두 플라스크의 부피(120 mL); 두 플라스크의 압력(12.5 mm Hg); Ar의 분출 시간(32.0초); 기체 (X)의 분출 시간(48.0초)
정보가 알려주는 내용:	온도, 압력, 부피는 두 플라스크 모두 같다. 각 기체의 분출 속도 아르곤의 MM
알고자 하는 것:	X의 MM

전략

1. 두 기체 모두 T, P, V는 같으므로, 두 플라스크에 들어 있는 기체의 몰수도 같다.

$$n_{Ar} = n_X = n$$

2. 분출 속도는 몰수/시간이다.

$$\text{속도} = \frac{n_{Ar}}{\text{시간}} = \frac{n_X}{\text{시간}} = \frac{n}{\text{시간}}$$

3. Graham 법칙에 대입한다. 여기서 A는 기체 X이고 B는 Ar이다.

$$\frac{\text{B의 속도}}{\text{A의 속도}} = \left(\frac{MM_A}{MM_B}\right)^{1/2} \longrightarrow \frac{\text{Ar의 속도}}{\text{X의 속도}} = \left(\frac{MM_X}{MM_{Ar}}\right)^{1/2}$$

풀이

속도

$$\text{X의 속도} = \frac{n}{48.0\text{ s}} \qquad \text{Ar의 속도} = \frac{n}{32.0\text{ s}}$$

MM_x

$$\frac{\dfrac{n}{32.0\text{ s}}}{\dfrac{n}{48.0\text{ s}}} = \left(\frac{MM_X}{39.95\text{ g/mol}}\right)^{1/2} \longrightarrow 1.50 = \left(\frac{MM_X}{39.95\text{ g/mol}}\right)^{1/2}$$

$$(1.50)^2 = \left(\left(\frac{MM_X}{39.95\text{ g/mol}}\right)^{1/2}\right)^2 \longrightarrow 2.25 = \frac{MM_X}{39.95\text{ g/mol}} \rightarrow MM_X = 89.9\text{ g/mol}$$

마무리 정리

미지의 기체가 분출되는 데 더 오래 걸리므로, 아르곤보다 몰질량이 커야 한다. 실제로 그렇다!

Graham 법칙의 실제적인 응용은 제2차 세계대전 중에 과학자들이 에너지원으로 우라늄 원자들의 핵분열을 연구하고 있을 때에 이루어졌다. 분열을 일으킬 수 있는 $^{235}_{92}U$을, 분열을 일으킬 수 없고 더 많이 존재하는 동위원소인 $^{238}_{92}U$로부터 분리하는 일이 필요해졌다. 이 두 동위원소들은 화학적 성질이 거의 똑같기 때문에 화학적 분리가 가능하지 않았다. 그 대신에 육플루오린화 우라늄(UF_6)을 사용하는 분출 공정이 이루어졌다. 이 화합물은 실온과 낮은 압력에서 기체로 존재한다. 예비 실험에서 분출에 의해 $^{235}_{92}UF_6$가 $^{238}_{92}UF_6$로부터 실제로 분리될 수 있음이 증명되었다. 이 두 화학종의 분출 속도가 거의 같기 때문에 분리 인자는 아주 작다.

$$\frac{{}^{235}_{92}UF_6 \text{ 의 분출 속도}}{{}^{238}_{92}UF_6 \text{ 의 분출 속도}} = \left(\frac{352.0}{349.0}\right)^{1/2} = 1.004$$

따라서 아주 많은 반복적인 분리가 필요하다. 이 목적으로 Tennessee주 Oak Ridge에 매우 큰 공장이 세워졌다. 이 공정에서 UF_6는 다공성 장벽을 통해 수천 번 분출한다. 가벼운 부분은 다음 단계로 옮겨가고 무거운 부분은 앞선 단계를 통해 순환되면서 결국은 두 동위원소를 거의 완전하게 분리하였다.

▶ 분자 속력의 분포

예제 5.10에서 보았듯이 25°C에서 N_2 분자의 평균 속력은 515 m/s다. H_2는 더욱 빨라서 1920 m/s이다. 그러나 이 기체들에서 모든 분자들이 이러한 속력을 갖지는 않는다. 기체에 들어 있는 입자들의 운동은 완전히 무질서하다. 1초 동안에 한 입자는 다른 입자들과 수백만 번의 충돌을 겪는다. 그 결과로 입자의 속력과 운동 방향은 끊임없이 변한다. 어떤 시간 동안에 속력은 거의 영부터 평균보다 훨씬 위인 아주 큰 값까지 변한다.

기체 시료에서 어떤 순간에 기체 분자들은 다양한 속력으로 움직이고 있다.

1860년에 스코틀랜드 물리학자이자 전 세계에서 가장 위대한 이론가 중 한 사람인 James Clerk Maxwell은 입자들이 가능한 다양한 속력으로 분포되어 있음을 수학적으로 보여주었다. 그는 입자 속력의 분포에 대한 수학식을 개발하였다[오늘날은 이것을 **Maxwell분포**(Maxwell distribution)라고 한다]. 그의 결과를 25°C와 1000°C의 O_2에 대하여 그림 5.14에 나타내었다. 이 그래프에서는 어떤 속력을 갖는 분자들의 상대적 수를 그 속력에 대하여 도시하였다. 25°C에서 상대적인 분자수는 속력에 따라 빠르게 증가하여 약 400 m/s에서 최댓값에 이른다. 이것이 25°C에서 산소 분자의 가장 확률이 큰 속력이다. 약 400 m/s 이상에서는 어떤 특정한 속력으로 움직이는 분자들의 수가 감소한다. 약 1600 m/s 이상의 속력에 대해서는 분자들의 분율이 거의 영으로 떨어진다. 일반적으로 대부분의 분자들은 평균 값에 매우 가까운 속력을 갖는다.

사람들과 유사하게 기체 분자들의 대부분은 무리를 따라 움직인다.

온도가 증가하면 분자들의 속력은 증가한다. 분자의 속력 분포 곡선(그림 5.14)은 오른쪽으로 옮겨가고 더 넓어진다. 분자가 매우 빠른 속력을 가질 가능성은 25°C보다 1000°C에서 훨씬 더 크다. 예를 들면 1000°C에서는 아주 많은 수의 분자들이 1600 m/s보다 더 큰 속력을 갖는다는 것을 주목하라. 이 일반적 원리는 제11장에서 반응 속도에 미치는 온도의 효과를 고찰할 때에 아주 유용하다.

그림 5.14 ▸ **25°C와 1000°C에서 산소 분자들이 나타내는 속력의 분포**. 높은 온도에서 매우 빠른 속력으로 움직이는 분자들의 분율이 더 크다.

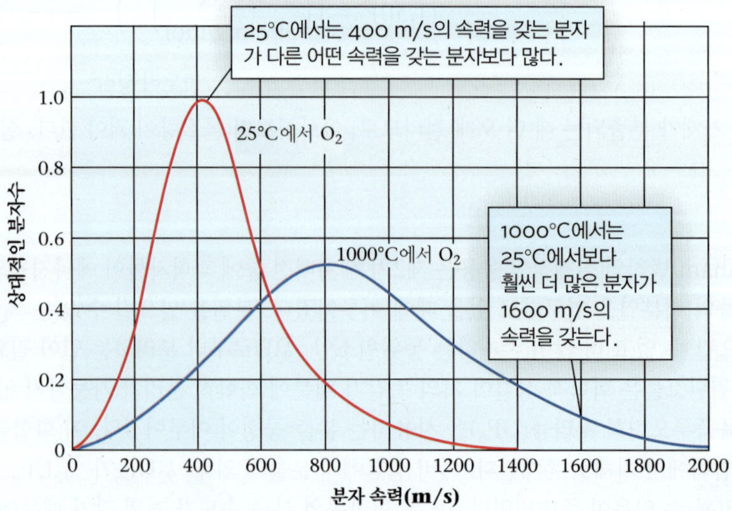

예제 5.12 개념 문제

아래에 나타낸 두 용기, A와 B를 살펴보자. 용기 B의 부피는 용기 A의 부피의 정확히 2배이다. 원 ●과 ●는 각각 HCl 1 mol과 He 1 mol을 나타낸다. 두 용기의 온도는 같다.

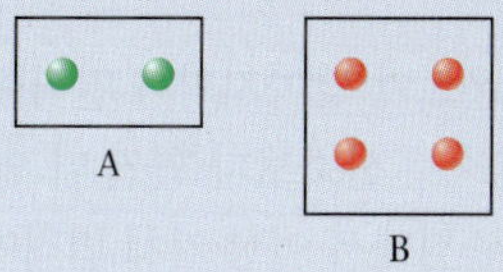

(a) 두 용기 안에 있는 기체들의 압력을 비교하라.

(b) 두 기체들의 밀도를 비교하라.

(c) 두 용기 안에 있는 원자들의 수를 비교하라.

(d) 용기 A에 있는 HCl을 용기 B로 옮긴다면 혼합물에서 HCl의 몰분율은 얼마가 되겠는가?

(e) 두 기체 중에서 어느 기체가 더 빨리 분출하겠는가?

풀 이

(a) 두 경우에 n/V와 T가 같기 때문에 두 기체에 대하여 $P = nRT/V$는 같다.

(b) HCl의 질량은 2(36.5 g) = 73.0 g이고 He의 질량은 4(4.00 g) = 16.0 g이다. 73.0 g/V > 16.0 g/2V이므로, HCl의 밀도가 더 크다.

(c) 2원자 분자인 HCl 2 mol에는 He 4 mol과 같은 수의 원자가 있다.

(d) $X_{HCl} = 2/6 = 1/3$

(e) HCl과 He이 같은 압력에 있으므로, 더 가벼운 기체인 He이 더 빨리 분출한다.

5-7 실제 기체

이 장에서, 이상 기체 법칙이 정확히 적용된다고 가정하고 이것을 모든 계산에서 사용하였다. 보통의 조건에서는 이 가정은 옳다. 그러나 실제의 모든 기체들은 적어도 조금은 이상 기체 법칙에서 벗어난다. 표 5.2는 두 기체 O_2와 CO_2가 다른 온도와 압력에서 이상 기체로부터 벗어나는 정도를 보여 준다. 이 자료는 실험적으로 관찰된 몰부피 V_m과 이상 기체 법칙에서 계산한 몰부피 V_m°를 비교해 놓았다.

$$\text{몰부피} = V_m = V/n$$

$$V_m^\circ = RT/P$$

ⓘ n = 1일 때 몰부피는 V이다.

표 5.2 ▸ 실제 기체 대 이상 기체, 몰부피의 백분율 편차*

	O_2			CO_2		
P (atm)	50°C	0°C	−50°C	50°C	0°C	−50°C
1	−0.0%	−0.1%	−0.2%	−0.4%	−0.7%	−1.4%
10	−0.4%	−1.0%	−2.1%	−4.0%	−7.1%	
40	−1.4%	−3.7%	−8.5%	−17.9%		
70	−2.2%	−6.0%	−14.4%	−34.2%	액체로 응축함	
100	−2.8%	−7.7%	−19.1%	−59.0%		

*백분율 편차 $= \dfrac{(V_m - V_m^\circ)}{V_m^\circ} \times 100\%$

표 5.2에서 보는 바와 같이 이상성(ideality)에서 벗어나는 정도는 높은 *압력과 낮은 온도*에서 더 크다. 더욱이 이 편차는 O_2보다 CO_2에 대하여 더 크다. 이 모든 효과는 간단한 상식적인 관찰과 연관시킬 수 있다.

일반적으로 기체가 액체 상태에 가까울수록 이상 기체 법칙에서 더 벗어난다.

기체는 온도가 낮아지거나 압력이 높아지면 액화한다. 더욱이 표 5.2에서 보는 바와 같이 이산화 탄소는 산소보다 훨씬 더 쉽게 액화한다.

분자적 관점에서 이상 기체 법칙에서 벗어나는 것은 다음 두 인자를 무시하기 때문이다.

1. 기체 입자들 사이의 인력
2. 기체 입자들의 정해진 부피

그러면 이제 실제 기체들의 몰부피에 대한 이 두 인자들의 영향을 차례로 살펴보자.

인력

표 5.2에서 모든 편차는 음이 되는 것에 주목하라. 관찰된 몰부피는 이상 기체 법칙에서 예상하는 것보다 작다. 이 효과는 기체 입자들 사이의 인력 때문이라고 할 수 있다. 이 힘은 입자들을 서로 가까이 끌어당겨 이들 사이의 공간을 줄인다. 그 결과로 외부 압력이 더 더해진 것처럼 입자들은 더 작은 부피로 모여들게 된다. 관찰된 몰부피, V_m은 V_m°보다 작아지고 이상성에서 벗어나는 편차는 음이 된다.

인력은 몰부피를 예상한 것보다 더 작게 한다.

$$\frac{V_m - V_m^\circ}{V_m^\circ} < 0$$

이 효과의 크기는 인력의 세기에, 그러므로 기체의 성질에 의존한다. 분자 간 인력은 O_2보다 CO_2에서 더 세다. 이것은 V_m이 이상성에서 벗어나는 정도가 이산화 탄소에서 더 크며 산소보다 이산화 탄소가 더 쉽게 응축하는 이유가 된다.

입자 부피

그림 5.15는 25°C에 있는 메테인에 관하여 V_m/V_m°의 압력에 대한 도시를 보여 준다. 인력을 근거로 예상할 수 있듯이 약 150 atm까지 메테인은 이상성으로부터 음의 편차가 일정하게 증가하는 것을 보여준다. 150 atm에서 V_m은 V_m°의 약 70%이다.

매우 높은 압력에서, 메테인은 아주 다르게 거동한다. 약 150 atm 위에서 V_m/V_m° 비는 *증가하며*, 약 350 atm에서 1이 된다. 350 atm 이상에서 메테인은 이상 기체 법칙에서 *양의* 편차를 보인다.

$$\frac{V_m - V_m^\circ}{V_m^\circ} > 0$$

이 효과는 결코 메테인에만 독특한 것이 아니다. 이것은 모든 기체에서 관찰된다. 표 5.2에 있는 자료가 매우 높은 압력까지 연장된다면 산소와 이산화 탄소는 메테인처럼 거동한다. 즉 V_m은 V_m°보다 더 커진다.

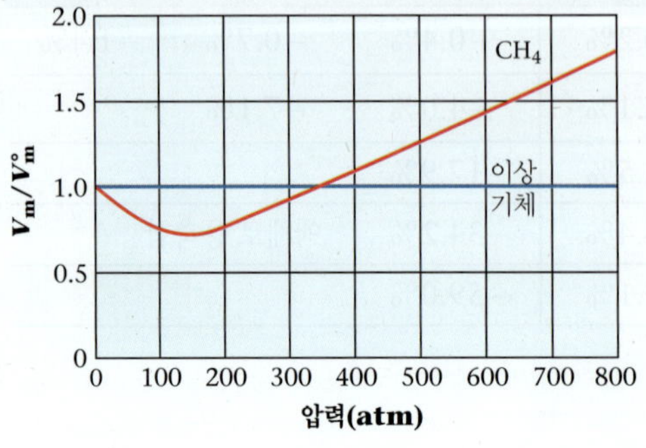

그림 5.15 ▶ **메테인 기체의 이상 기체 거동으로부터 벗어남.** 약 350 atm 이하에서는 메테인(CH_4) 분자들 사이의 인력이 25°C에서 관찰되는 몰부피가 이상 기체 법칙에서 계산되는 것보다 작아지게 한다. 350 atm에서는 인력의 효과가 CH_4 분자들의 정해진 부피와 균형을 이루어 기체가 이상적으로 거동한다. 350 atm 이상에서는 정해진 분자 부피의 효과가 우세하여 $V_m > V_m^\circ$이 된다.

이상 기체 법칙에서 예상되는 값 이상으로 몰부피가 증가하는 것은 기체 입자들의 정해진 부피와 관련이 있다. 이 입자들은 관찰되는 부피에 기여하여 V_m을 V°_m보다 더 크게 한다. 보통 이 효과는 입자들이 서로 아주 가까이 있게 되는 높은 압력에서 뚜렷해진다.

생활 속의 화학 이야기 | CHEMISTRY BEYOND THE CLASSROOM

혈압의 측정

병원에서 의사를 만나기 전 간호사가 처음으로 하는 일은 *혈압계*(sphygmomanometer)로 혈압을 측정하는 것이다. 높은 혈압 상태를 *고혈압*(hypertension)이라고 하며, 심장 발작과 뇌졸중의 주요 원인이 될 수 있다. 혈압계는 어떻게 작동하는가?

심장이 수축되거나 이완될 때 심장은 체내의 동맥을 통하여 혈액을 펌프질한다. 동맥의 벽에 혈액이 미치는 압력은 공기 기둥이나 물기둥의 압력을 측정하는 것과 같은 방법으로 측정할 수 있다.

혈압은 혈압계라고 부르는 특별한 종류의 압력계(manometer)로 측정한다. 혈압계는 가압대(cuff)와 가압대 내부의 공기주머니를 팽창시키는 장치 및 혈압을 표시하는 장치로 구성되어 있다. 가압대는 동맥을 흐르는 혈액의 흐름을 제한하는 역할을 한다. 보통 가압대는 팔꿈치 바로 위쪽의 심장 부근의 높이에 놓으며, 팔은 지지 탁자나 벤치에 올려놓고 긴장을 푼 상태로 유지한다. 가압대는 심장이 펌프질하는 혈액의 압력보다 더 높게 팽창시켜서 동맥을 흐르는 혈액의 흐름을 차단한다. 그 다음 가압대 내의 압력을 천천히 감소시킨다.

가압대의 공기가 빠질 때, 청진기를 사용하여 위 팔동맥(팔꿈치에서 어깨 사이의 동맥)을 누르면 "쉭"하는 소리(Korotkoff 소리라고 부른다)가 검출된다. 이 소리는 가압대를 압박하는 압력이 감소됨에 따라 동맥을 흐르는 혈액이 회복되어 나는 소리이다. 두 번의 연속적인 소리가 들리면 측정 장치에서 압력을 읽는다. 이것을 수축기 혈압이라고 부른다. 이 값은 전기적인 자극에 감응하여 심장이 수축하는 순환에 해당된다.

가압대의 공기가 더 빠지면 쉭하는 소리가 여러 번 더 나타나고, 결국, 가압대 내의 압력이 확장기 혈압 이하로 떨어지면 조용해진다. 소리가 사라지면 혈압 측정의 두 측정값 중 낮은 혈압인 확장기 혈압이 결정된다. 확장기 혈압은 심장이 수축한 후 확장되는 순환에 해당한다.

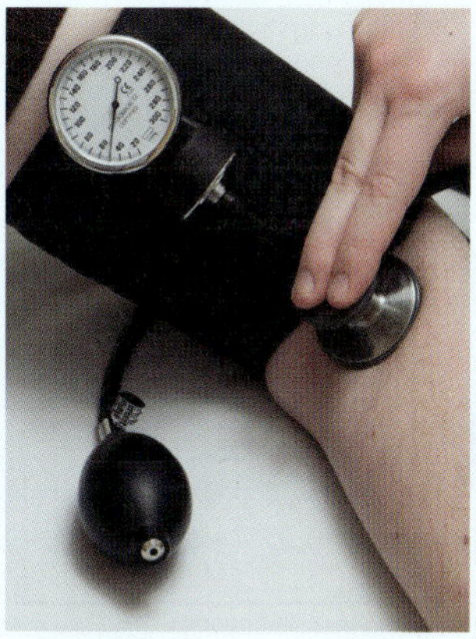

그림 A ▸ 아네로이드 혈압계.

혈압계의 표준은 수은 기압계와 마찬가지로 수은 기둥을 사용한다. 혈압계를 적절하게 작동하기 위해서는 별도의 청진기와 훈련받은 귀가 필요하다. 다른 유형의 장치는 아네로이드 혈압계라고 하며 이것은 수은 기둥에 대하여 보정을 해주는 아날로그 계기를 사용한다.

오늘날 더 흔하게는 쉭하는 소리를 듣는 외부 청취 장치가 없는 디지털 혈압계가 사용되고 있다. 가압대에는 마이크로프로세서에 연결된 마이크와 공기 펌프에 연결된 압력 센서가 부착된 자동 팽창기가 포함되어 있다. 버튼을 누르면 가압대는 컴퓨터의 통제하에 팽창하고 수축한다. 혈압 값은 컴퓨터 칩에 의해 처리되고 기록된다. 이들 장치는 평균 동맥의 혈압을 측정한 후, 수학적으로 처리하여 수축기 혈압과 확장기 혈압을 측정한다. 그 다음 이 값들은 디지털 패널에 표시된다. 혈압 수치는 일반적으로 mm Hg 단위의 짝수로 보고한다. 비록 디지털 혈압계는 사용하기가 편리하지만 모든 혈압의 측정에 적합한 것만은 아니다. 일부 조건에서는 측정값이 상당히 부정확할 수도 있다.

다른 종류의 혈압계는 손가락 둘레에 장치할 수 있는 것도 있다. 이들은 사용하기가 쉽지만 다른 종류의 혈압 측정 장치보다 정확도가 떨어진다.

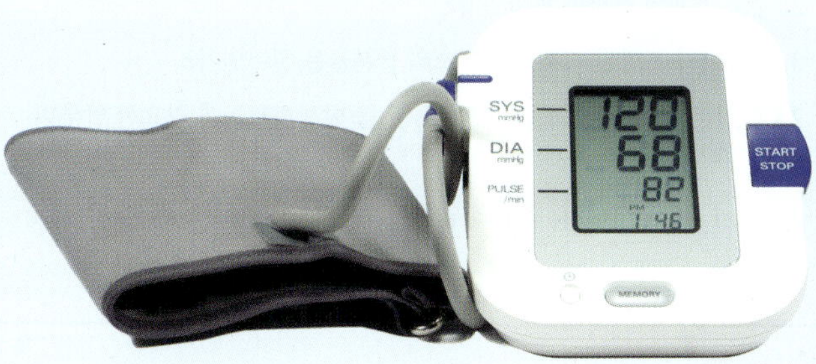

그림 B ▸ 디지털 혈압계.

주요 개념

1. 기체의 P, V, T, 양의 단위들 사이를 변환하기.
(예제 5.1; 문제 1~4)
2. 이상 기체 법칙을 써서
   - 초기 및 최종 상태 문제 풀기.
   (예제 5.2; 문제 5~14)
   - P, V, T, n 계산하기.
   (예제 5.3; 문제 15~20)
   - 밀도 또는 몰질량 계산하기.
   (예제 5.4; 문제 21~30)

- 반응에서 기체의 양과 부피를 연관시키기. **(예제 5.5~5.7; 문제 31~40)**

3. Dalton의 부분압 법칙 사용하기. **(예제 5.8, 5.9; 문제 41~52)**
4. 기체 분자의 속력 계산하기. **(예제 5.10; 문제 53~6, 61, 62)**
5. Graham 법칙을 사용하여 몰질량과 분출 속도를 연관시키기. **(예제 5.11; 문제 57~60)**

주요 식

이상 기체 법칙	$PV = nRT$	평균 병진 에너지	$E_t = 3RT/2N_A$
기체 밀도	$d = (MM) \times P/RT$	평균 속력	$u = (3RT/MM)^{1/2}$
Dalton의 부분압 법칙	$P_{전체} = P_A + P_B; P_A = X_A \times P_{전체}$	Graham 법칙	$속도_B/속도_A = (MM_A/MM_B)^{1/2}$

주요 용어

기압(atm, atmosphere)
기체 상수(gas constant)
몰분율(mole fraction)
밀리미터 수은(mm Hg, millimeter of mercury)
바(bar)
부분압(partial pressure)
분출(effusion)
운동론(kinetic theory)
증기압(vapor pressure)
표준 온도와 압력(STP)

요약 문제

염산 용액에 알루미늄 포일을 넣으면 다음과 같은 반응이 일어난다.

$$2Al(s) + 6H^+(aq) \longrightarrow 2Al^{3+}(aq) + 3H_2(g)$$

(a) 22°C, 745 mm Hg에서 250.0-mL에 건조 수소 기체를 포집하였다. 플라스크에 몇 그램의 수소가 포집되었겠는가?

(b) 같은 온도(22°C)에서 수소 기체를 250.0-mL 플라스크에서 100.0-mL 플라스크로 옮겼다. 작은 플라스크의 압력은 얼마인가?

(c) (a)에서 포집된 기체의 밀도(g/L 단위)는 얼마인가?

(d) 수소는 25°C에서 235-mL 플라스크에 수상 치환으로 포집된다고 가정하자. 플라스크의 전체 압력은 756 mm Hg이다.

1. 수소 기체의 부분압은 얼마인가?
2. 수소 기체의 질량은 얼마인가?
3. 수증기가 포함된 기체에서 수소의 몰분율은 얼마인가?

(e) 25°C, 1.00 atm에서 1.00 L의 $H_2(g)$를 발생시키는데 필요한 알루미늄의 질량은 얼마인가?

(f) 25°C, 1.00 atm에서, 과량의 알루미늄에 250.0 mL의 6.0 *M* HCl을 가하였다면 몇 L의 수소가 발생하겠는가?

(g) H_2의 분출 속도와 He의 분출 속도를 비교하라.

(h) 같은 몰수의 H_2와 CO_2가 동일한 작은 구멍을 분출하는 데 걸리는 시간을 비교하라.

(i) 25°C에서 수소 분자의 평균 속력은 1.92×10^3 m/s이다. 같은 온도에서 암모니아 분자의 평균 속력은 얼마인가?

해답

(a) **0.0204 g**
(b) **1.86×10^3 mm Hg**
(c) **0.0816 g/L**
(d) **(1) 732 mm Hg (2) 0.0187 g (3) 0.969**
(e) **0.735 g**
(f) **18 L**
(g) **1.41: 1**
(h) **H_2는 CO_2보다 4.7배 더 빨리 분출한다.**
(i) **661 m/s**

연습 문제

짝수 번호의 문제와 도전 문제의 해답은 센게이지 홈페이지 자료실에서 다운로드 받을 수 있다(www.cengage.co.kr).

5-1 기체에 관한 측정

1. 74°F에서 10갤런의 탱크에 메테인(CH_4)이 1.243 mol 들어 있다. 이 탱크의 부피를 리터로, 탱크 안에 있는 메테인의 양을 그램으로, 탱크의 온도를 Kelvin으로 나타내라.

2. 6.00-ft 실린더의 반지름이 26 in이다. 25°C에서 실린더에 189 lb의 헬륨이 들어 있다. 실린더의 부피를($V = \pi r^2 h$) 리터로, 헬륨의 양을 몰로, 온도를 Kelvin으로 나타내라.

3. 아래의 압력 변환 표를 완성하라.

	mm Hg	atm	kPa	bar
(a)	396	____	____	____
(b)	____	1.15	____	____
(c)	____	____	97.1	____
(d)	____	____	____	1.00

4. 아래의 압력 변환 표를 완성하라.

	mm Hg	atm	psi	bar
(a)	_____	_____	_____	42.7
(b)	_____	_____	29.1	_____
(c)	_____	0.788	_____	_____
(d)	1216	_____	_____	_____

5-2 이상 기체 법칙

5-3 기체 법칙 계산

5. 움직일 수 있는 피스톤이 달린 실린더에 3.0 mol의 산소를 가했더니 부피가 12.6 L가 되었다. 실린더 안의 기체 압력은 5.83 atm이다. 실린더에 새는 곳이 생겨 이제 기체의 부피는 같은 압력에서 12.1 L가 되었다. 손실된 산소는 몇 몰인가?

6. 25°C에서 탱크에 기체를 채웠더니 압력이 875 mm Hg가 되었다. 이 기체를 원래의 탱크보다 2배가 더 큰 탱크로 기체의 손실 없이 옮겼다. 압력이 일정하게 유지되려면 탱크의 온도를 몇 °C로 유지시켜야 하겠는가?

7. 22°C, 1.00 atm에 있는 CO_2 기체 시료의 부피는 2.00 L이다. 아래 조건에서 처음 부피의 나중 부피에 대한 비를 결정하라.

(a) 기체의 압력과 양이 변하지 않고 섭씨 온도가 두 배로 될 때

(b) 기체의 압력과 양이 변하지 않고 Kelvin 온도가 두 배로 될 때

8. 어떤 질소 기체 시료의 압력이 1.22 atm이었다. 만일 기체의 양과 온도를 일정하게 유지하고, 부피를 다음과 같이 변화시켰을 때 압력은 얼마이겠는가?

(a) 부피를 38% 감소시켰을 때

(b) 부피를 원래 부피의 38%로 감소시켰을 때

9. 자전거 사용자 설명서에 따르면 몸무게가 140 lb인 사람에게는 타이어 게이지 압력은 75°F에서 73.0 psi가 될 것을 권장하고 있다. 자전거는 타이어의 온도가 27°F인 차도에 밤새도록 놓아두었다. 타이어의 실제 압력은 얼마인가? 게이지의 압력은 얼마인가? 게이지 압력은 대기압(14.7 psi) 이상의 압력이다.

10. 타이어를 71°F에서 게이지 압력이 28.0 psi가 되도록 공기를 주입하였다. 게이지 압력은 14.7 psi인 대기압 이상의 압력이다. 몇 시간 운전한 뒤에 타이어 안의 공기의 온도는 115°F였다. 타이어 안의 공기의 게이지 압력은 얼마인가? 타이어 안의 공기의 실제 압력은 얼마인가? 타이어 부피의 변화는 무시할 만하다고 가정하라.

11. 35°C의 38.0-L 기체 탱크에 4.65 atm 압력의 질소가 들어 있다. 이 탱크의 내용물을 온도가 4°C인 차가운 방에서 진공 상태의 55.0-L 탱크에 손실 없이 옮겼다. 탱크의 압력은 얼마인가?

12. 실내 온도, 25°C의 밀폐 탱크에는 22.0 g의 CO_2가 들어 있다. 기체의 압력은 732 mm Hg이다. 탱크를 12°C로 유지하는 방으로 옮기고 추가로 10.0 g의 CO_2를 탱크에 첨가하였다. 탱크의 압력은 얼마인가? 이산화 탄소를 더 첨가할 때 기체의 손실은 없다고 가정하라.

13. 해수면에서 헬륨으로 채운 기구의 부피는 1.28×10^3 L이었다. 기구의 압력은 0.998 atm이고, 온도는 31°C이었다. 이 기구를 압력이 0.753 atm이고, 온도가 −25°C인 산 정상으로 가져갔다. 산 정상에서 기구의 부피는 얼마가 되겠는가?

14. 플라스크에 25°C, 1.05 atm에서 1.35 mol의 수소가 들어 있다. 같은 온도에서 이 플라스크의 압력이 1.64 atm으로 오를 때까지 질소 기체를 가하였다. 가한 질소 기체의 몰수는 얼마인가?

15. 2-L 플라스틱 병은 5 atm까지 견딜 수 있다. 실온에서 반 컵(약 125 mL)의 물(d = 1.00 g/mL)을 이 병에 넣었다. 물이 들어 있는 병을 101°C로 유지되는 수조에 넣었다. 이 음료수 병이 터질 것인가? (물이 차지한 부피는 무시하라.)

16. 원유를 운송하는 데 사용되는 드럼통의 부피는 162 L이다. 1.00 atm과 108°C에서 드럼통을 채우는 데 필요한 물(수증기 형태로)의 양(그램 단위)은 얼마인가? 드럼통 내부의 온도를 25°C로 감소시키면 모든 수증기는 응축된다. 모아진 물(d = 1.00 g/mL)의 부피는 몇 mL가 되겠는가?

17. 드라이 아이스[$CO_2(s)$] 조각의 질량이 22.50 g이다. 이것을 진공 상태의 2.50-L 플라스크에 넣었다. −4°C에서 플라스크 안의 압력은 얼마인가?

18. 4-L의 탱크가 프로페인(C_3H_8) 기체로 채워져 있다. 채워진 탱크의 질량은 1236 g이다. 탱크의 압력은 2.68 atm이다. 실내의 온도는 37°C이다. 탱크 안의 프로페인을 같은 온도와 압력하에서 모두 사용하였다. 빈 탱크의 질량은 얼마인가?

19. 사산화 이질소 기체에 관한 아래 표를 완성하라.

	압력	부피	온도	몰수	그램수
(a)	1.77 atm	4.98 L	43.1°C	_____	_____
(b)	673 mm Hg	488 mL	_____	0.783	_____
(c)	0.899 bar	_____	912°C	_____	6.25
(d)	_____	1.15 L	39°F	0.166	_____

20. 이상 기체 법칙을 써서 프로페인(C_3H_8) 기체에 관한 아래 표를 완성하라.

	압력	부피	온도	몰수	그램수
(a)	18.9 psi	0.886 L	22°C	_____	_____
(b)	633 mm Hg	1.993 L	_____	0.0844	_____
(c)	1.876 atm	_____	75°F	2.842	_____
(d)	_____	2244 mL	13°C	_____	47.25

21. 78°F, 1.36 psi에서 다음 기체들의 밀도(g/L 단위)를 계산하라.

(a) 제논 (b) 메테인(CH_4) (c) 아세틸렌(C_2H_2)

22. 97°C, 755 mm Hg에서 다음 기체들의 밀도(g/L 단위로)를 계산하라.

(a) 염화 수소 (b) 이산화 황 (c) 뷰테인(C_4H_{10})

23. 헬륨의 밀도가 공기보다 작기 때문에 헬륨으로 채운 기구는 공기 중으로 뜬다.

(a) 공기의 평균 몰질량이 29.0 g/mol이라면 25°C, 770 mm Hg에서 공기의 밀도는 얼마인가?

(b) 같은 온도와 압력에서 헬륨의 밀도는 얼마인가?

(c) 같은 온도와 압력에서 이산화 탄소로 채운 기구가 뜨겠는가?

24. 화성 탐사선의 우주 탐사침은 우주선 주위의 대기가 주로 이산화 탄소로 되어 있음을 밝혔다. 화성의 표면 평균 온도는 −55°C이고 압력은 0.00592 atm이었다. 화성 표면에서의 CO_2의 밀도와 25°C, 1 atm인 지구 표면에서의 CO_2의 밀도를 비교하라.

25. 사이클로프로페인은 적절한 비율로 산소와 섞으면 마취제로 쓰일 수 있다. 755 mm Hg, 25°C에서 사이클로프로페인의 밀도는 1.71 g/L이다.

(a) 사이클로프로페인의 몰질량은 얼마인가?

(b) 사이클로프로페인은 85.7% C와 14.3% H로 되어 있다. 사이클로프로페인의 분자식은 무엇인가?

26. 포스젠(phosgene)은 탄소, 산소, 염소 원자들로 이루어진 아주 유독한 기체다. 그 밀도는 1.05 atm, 25°C에서 4.24 g/L이다.

(a) 포스젠의 몰질량은 얼마인가?

(b) 포스젠은 12.1% C, 16.2% O, 71.7% Cl로 되어 있다. 포스젠의 분자식은 무엇인가?

27. 어떤 레이저의 방전관 안에 있는 기체가(몰 백분율로) 11% CO_2, 5.3% N_2, 84% He을 포함하고 있다.

(a) 이 혼합물의 몰질량은 얼마인가?

(b) 32°C, 758 mm Hg에서 이 기체 혼합물의 밀도를 계산하라.

(c) 같은 조건에서 이 기체의 밀도의 공기(MM = 29.0 g/mol)의 밀도에 대한 비는 얼마인가?

28. 숨으로 내쉬는 공기에는 74.5% N_2, 15.7% O_2, 3.6% CO_2, 6.2% H_2O를 포함하고 있다(몰 백분율).
   (a) 내쉬는 공기의 몰질량을 계산하라.
   (b) 37°C, 757 mm Hg에서 내쉬는 공기 밀도를 계산하고, 동일한 조건에서 보통의 공기(MM = 29.0 g/mol) 밀도와 비교하라.

29. $C_2H_3X_3(g)$ 시료 1.58-g의 부피가 769 mm Hg, 35°C에서 297 mL이다. 원소 X는 무엇인가?

30. 26°C, 1.00 atm에서 밀폐된 542-mL의 용기에 0.750-g의 PX_3 기체 시료가 들어 있다. 원소 X는 무엇인가? 기체의 이름은 무엇인가?

5-4 기체 반응의 화학량론

31. 일산화 질소는 굴뚝의 배출가스에서 흔히 발견되는 오염 물질이다. 이것을 제거하는 방법 중 하나는 일산화 질소를 암모니아와 반응시키는 것이다.

$$4NH_3(g) + 6NO(g) \longrightarrow 5N_2(g) + 6H_2O(l)$$

일산화 질소 12.8 L를 질소 기체로 바꾸는 데 암모니아 몇 리터가 필요한가? 수득률은 100%이고 모든 기체는 같은 온도와 압력에 있다고 가정하라.

32. 삼플루오린화 질소(nitrogen trifluoride)를 수증기와 반응시키면 HF, NO, NO_2 기체를 생성한다.
   (a) 이 반응에 대한 균형 맞춘 반응식을 써라.
   (b) 5.22 L의 삼플루오린화 질소를 5.22 L의 수증기와 반응시켰을 때 생성되는 일산화 질소의 부피는 얼마인가? 수득률은 100%이고, 반응이 일어나는 동안 온도와 압력은 일정하다고 가정한다.

33. 산화 이염소는 물을 정화하는 데 살균제로 쓰인다. 이것은 다음 반응식과 같이 이산화 황 기체의 염소화 반응으로 생성된다.

$$SO_2(g) + 2Cl_2(g) \longrightarrow SOCl_2(l) + Cl_2O(g)$$

SO_2 5.85 L와 Cl_2 9.00 L를 혼합하면 몇 리터의 Cl_2O가 생성되는가? 반응 후 남아 있는 과량 반응물은 몇 리터인가? 수득률이 100%이고 모든 기체는 같은 온도와 압력에서 측정한다고 가정하라.

34. 폴리에틸렌을 제조하는 데 염화 티타늄(III)이 사용된다. 염화 티타늄은 다음 반응식과 같이 높은 온도에서 $TiCl_4$ 기체와 H_2를 반응시켜 만든다.

$$2TiCl_4(g) + H_2(g) \longrightarrow 2TiCl_3(s) + 2HCl(g)$$

일정한 온도와 압력, 100% 수득률을 가정하라.
   (a) 3.72 L의 $TiCl_4$와 4.50 L의 H_2를 혼합한다면 몇 L의 HCl 기체가 생성되겠는가?
   (b) 반응이 완결된 후에, 과량 반응물은 몇 L가 남겠는가?

35. 오산화 이질소 기체를 물에 불어 넣어 질산을 만들 수 있다.

$$N_2O_5(g) + H_2O \rightarrow 2H^+(aq) + 2NO_3^-(aq)$$

   (a) 25°C, 1.00 atm에서 N_2O_5 1.50 L를 물에 불어 넣으면 몇 몰의 H^+가 얻어지는가?
   (b) 반응이 끝난 뒤에 (a)에서 얻는 용액의 부피는 437 mL다. 질산의 몰농도는 얼마인가?

36. 과산화 포타슘은 우주선 안에서 사람들에 의해 생산되는 이산화 탄소를 흡수하는 데 사용된다.

$$2K_2O_2(s) + 2CO_2(g) \longrightarrow 2K_2CO_3(s) + O_2(g)$$

휴식을 취하는 사람은 분 당 3.0 L의 공기를 배출하고, 내쉬는 공기의 3.4%(부피로)가 CO_2인 경우 5일간의 여행에 1인 당 몇 그램의 K_2O_2가 필요한가? 온도 25°C, 압력 728 mm Hg로 가정하라.

37. 사이안화 수소(HCN)는 독가스다. 이것은 다음의 반응식으로 형성된다.

$$H^+(aq) + NaCN(s) \longrightarrow HCN(g) + Na^+(aq)$$

과량의 NaCN과 반응하여 0.987 atm, 72°F에서 12 × 11 × 9 ft 크기의 방을 채울 충분한 HCN을 생성하는 데 필요한 6.00 *M* HCl의 부피는 얼마인가?

38. 과산화 수소가 분해하면 다음 반응식과 같이 산소가 생성된다.

$$2H_2O_2(aq) \longrightarrow 2H_2O + O_2(g)$$

25.00 mL의 30.0%(질량으로) 과산화 수소 용액(d = 1.05 g/mL)이 분해할 때, 25°C, 1.00 atm에서 생성되는 산소의 부피는 얼마인가?

39. 질산 암모늄은 여러 가지 기체 생성물로 분해되기 때문에 효과적인 폭발물로 사용될 수 있다. 충분히 높은 온도에서, 질산 암모늄은 질소, 산소, 수증기로 분해된다.
   (a) 질산 암모늄의 분해 반응에 대한 알짜 이온 반응식을 써라.
   (b) 50.0 L의 강철 드럼에 질산 암모늄 2.00 kg이 밀봉되어 745°C로 가열되는 경우, 분해 후 드럼 내 압력은 얼마가 되겠는가? (100%분해되는 것으로 가정한다.)

40. 과산화 아세톤[acetone peroxide, $C_9H_{18}O_6(s)$]은 질소를 포함하지 않은 매우 불안정한 강력한 폭발물이다. 이 물질은 TNT(trinitrotoluene, $C_7H_5N_3O_6$)나 질산 암모늄과 같은 폭발물에서 질소 존재를 탐지하도록 설계된 스캐너로는 검출되지 않고 통과할 수 있다.
   (a) 과산화 아세톤을 산소와 연소(산소에서 태움)시키면 수증기와 이산화 탄소가 생성된다. 이 반응의 균형 맞춘 반응식을 써라.
   (b) 과산화 아세톤 5.00 g을 555°C에서 점화하여 공기 중에서 연소시킬 때, 2.00-L 병에서 발생되는 압력은 얼마인가? 100% 연소를 가정한다.

5-5 기체 혼합물: 부분압과 몰분율

41. 어떤 기체 혼합물은 10.6 g의 사이클로프로페인(C_3H_6), 12.2 g의 클로로폼($CHCl_3$), 5.23 g의 메테인으로 이루어져 있다. 20°C에서 78.0 L 탱크에 있는 혼합물에 의해 가해지는 압력은 얼마인가(두 개의 유효숫자)? 가장 높은 부분압을 갖는 기체는 어느 것인가?

42. 어떤 레이저는 9.00 g HCl, 2.00 g H_2, 165.0 g의 Ne으로 이루어진 기체 혼합물을 사용한다. 22°C에서 75.0-L 탱크에 들어 있는 혼합물이 나타내는 압력은 얼마인가? 가장 작은 부분압을 나타내는 기체는 어느 것인가?

43. 공장 굴뚝의 배기 시료를 752 mm Hg에서 1.25-L 탱크에 수집하여 분석하였다. 분석 결과는 질량으로 92% CO_2, 3.6% NO, 1.2% SO_2, 4.1% H_2O이었다. 각 기체의 부분압은 얼마인가?

44. 1.20 atm에서 천연 가스가 들어 있는 탱크의 내용물을 분석하였다. 분석 결과는 몰 백분율로 88.6% CH_4, 8.9% C_2H_6, 2.5% C_3H_8이었다. 탱크 안의 각 기체의 부분압은 얼마인가?

45. 25°C에서 수상 치환으로 산소 시료(H_2O의 증기압 = 23.8 mm Hg)를 포집하였다. 수증기가 포함된 기체는 전체 압력 1.25 bar에서 7.28 L의 부피를 차지한다. 만약 모든 물을 제거한다면, 1.10 atm, 27°C의 온도에서 건조 산소가 차지하는 부피는 얼마인가?

46. 실험실에서 발생되는 수소 기체는 보통 수상 치환을 한다. 수소 기체를 이 방법으로 모으면 수증기가 포함되므로 "수증기가 포함된 기체"라고 부른다. 25°C에서 "수증기가 포함된" 수소 기체 시료를 125-mL 플라스크에 채웠더니 압력은 769 mm Hg이었다. 가열하여 모든 물을 제거하였다면 37°C의 온도와 722 mm Hg의 압력에서 건조 수소가 차지하는 부피는 얼마인가? (25°C에서 수증기압은 23.8 mm Hg이다.)

47. 밸브로 분리된 두 용기에 대한 물음에 답하라. 두 용기는 같은 온도로 유지된다. 두 용기의 사이에 있는 밸브가 잠겨있으면 기체들은 각 용기에 갇혀 있다고 가정한다. 밸브가 잠겨있을 때, 각 용기의 자료는 다음과 같다.

	용기 A	용기 B
기체	Ne	CO
V	2.50 L	2.00 L
P	1.09 atm	0.773 atm

온도가 변하지 않는다고 가정하고, 두 용기를 연결하는 밸브를 연 뒤 이 계의 최종 압력을 구하라. 두 용기를 연결하는 관의 부피는 무시한다.

48. 다음의 두 용기에 대하여 문제 47과 같이 답하라.

	용기 X	용기 Y
기체	CO_2	CH_4
V	3.00 L	6.00 L
P	1.25 atm	2.66 atm

49. 아세틸렌(C_2H_2)을 산소에서 태울 때, 이산화 탄소와 수증기가 생성된다. 부피 7.50 L, 압력 1.00 atm인 아세틸렌 시료를 225°C에서 과량의 산소 조건에서 태웠다. 생성물을 같은 온도에서 손실 없이 10.0-L 플라스크로 옮겼다.

(a) 이 반응에 대한 균형 맞춘 반응식을 써라.

(b) 10.0-L 플라스크 안에 있는 생성물들의 전체 압력은 얼마인가?

(c) 플라스크 안에 있는 각 생성물의 부분압은 얼마인가?

50. 722°C에서 질산 암모늄이 분해하면 질소, 산소, 수증기가 생성된다. 25.0-g의 질산 암모늄 시료를 분해시킨 후 생성물을 125°C에서 15.0 L의 부피를 가진 진공 상태의 플라스크에 모았다.

(a) 이 반응에 대한 균형 맞춘 반응식을 써라.

(b) 분해가 완전히 일어난 후 기체가 들어 있는 플라스크의 전체 압력은 얼마인가?

(c) 플라스크에서 각 생성물의 부분압은 얼마인가?

51. 산소 시료를 22°C, 752 mm Hg에서 수상 치환으로 125-mL 플라스크에 포집하였다. 물의 증기압은 22°C에서 19.8 mm Hg이다.

(a) 산소의 부분압은 얼마인가?

(b) 건조 기체 몇 몰이 포집되는가?

(c) 수증기가 포함된 기체 몇 몰이 플라스크 안에 있는가?

(d) 0.0250 g의 $N_2(g)$를 같은 온도에서 플라스크에 가하면 플라스크 안의 질소의 부분압은 얼마인가?

(e) 질소를 가한 후에 플라스크 안의 전체 압력은 얼마인가?

52. 질소 기체는 질산 암모늄을 높은 온도에서 분해하면 얻을 수 있다. 질소 기체는 19°C로 유지된 물에서 수상 치환으로 500-mL (3개의 유효숫자) 플라스크에 포집하였다. 주위 압력은 745 mm Hg이었다. (19°C에서 물의 증기압은 16.48 mm Hg이다.)

(a) 질소의 부분압은 얼마인가?

(b) 수증기가 포함된 기체에 몇 몰의 물이 있는가?

(c) 건조 기체는 몇 몰이 포집되었는가?

(d) 같은 온도에서 플라스크에 0.128 g의 Ne을 가할 경우, 플라스크 내에서 네온의 부분압은 얼마인가?

(e) Ne을 가한 후의 전체 압력은 얼마인가?

5-6 기체 운동론

53. 다음 기체들을 다음의 순서로 나열하라.

NO Ar N_2 N_2O_5

(a) 작은 구멍을 통한 분출 속도가 증가하는 순서.

(b) 분출 시간이 증가하는 순서.

54. 기체 Xe, CH_4, F_2, CH_2F_2를 다음의 순서로 나열하라.

(a) 작은 구멍을 통한 분출 속도가 증가하는 순서.

(b) 분출 시간이 증가하는 순서.

55. 가장 가벼운 기체인 수소와 가장 풍부한 기체인 질소의 분출 속도의 비는 얼마인가?

56. 질소 기체로 채운 풍선에 작은 구멍이 나 있다. 수소로 채운 다른 풍선에도 똑같은 구멍이 나 있다. 수소 풍선이 얼마나 더 빨리 줄어드는가?

57. 어떤 기체가 같은 온도와 압력에서 프로페인(C_3H_8)보다 1.55배 빨리 분출한다.

(a) 이 기체는 프로페인보다 더 무거울까 아니면 더 가벼울까?

(b) 이 기체의 몰질량은 얼마인가?

58. 어떤 기체가 작은 구멍을 통하여 분출되는 속도는 헬륨 기체가 같은 구멍을 통하여 분출되는 속도의 1/5이었다.

(a) 이 기체는 네온보다 더 무거울까?

(b) 이 기체의 몰질량은 얼마인가?

59. N_2O_4 0.0129 mol이 작은 구멍을 통해 정해진 시간 동안 분출한다면 같은 조건에서 같은 시간 동안에 NO는 얼마나 분출하겠는가?

60. 1.78×10^{-3} mol의 NH_3 기체가 어떤 온도에서 작은 구멍을 통해 분출하는 데 11.2초가 걸린다. 같은 조건에서 같은 양의 포스핀(PH_3)이 같은 작은 구멍을 통해 분출하는 데 얼마나 걸리겠는가?

61. 밀도가 가장 큰 기체로 알려진 육플루오린화 우라늄 분자의 평균 속력이 가장 가벼운 기체인 수소 분자가 37°C에서 갖는 평균 속력과 같아지려면 온도는 얼마인가?

62. 다음의 평균 속력은 얼마인가?

(a) −32°C에서 염소 분자.

(b) 실온에서 UF_6 분자(25°C).

5-7 실제 기체

63. 아세틸렌(C_2H_2)과 NO_2의 끓는점은 각각 −84°C와 21°C이다.

(a) 25°C, 1 atm에서, 몰부피가 이상적인 값에 가까운 기체는 어느 것인가?

(b) 이상 기체 거동에서 벗어남을 줄이려면 온도를 증가시켜야 하는가, 감소시켜야 하는가? 압력은?

64. 50°C, 20 atm에서 메테인 기체(CH_4) 시료가 있다. 다음의 조건에서 메테인 기체는 이상 기체 거동에 더 가까울 것인가, 이상 기체 거동에서 더 벗어날 것인가?

(a) 압력을 1 atm으로 감소시켰다.

(b) 온도를 −50°C로 감소시켰다.

65. 그림 5.15을 사용하여

(a) 200 atm에서 메테인 기체의 밀도를 추정하라.

(b) (a)에서 얻은 값을 이상 기체 법칙에서 계산한 값과 비교하라.

66. 그림 5.15을 사용하여

(a) 100 atm에서 메테인 기체의 밀도를 추정하라.

(b) (a)에서 얻은 값을 이상 기체 법칙에서 계산한 값과 비교하라

(c) 메테인의 계산한 밀도와 실제 밀도가 같아지는 압력을 구하라.

종합 문제

67. 공기 오염이 심할 때에는 오존(O_3)의 함량이 0.60 ppm까지 이른다 (즉 백만 mol의 공기 분자 당 0.60 mol 오존). 대기 압력이 755 mm Hg 이고 온도가 79°F이면 오염 공기 리터 당 몇 개의 오존 분자가 있는가?

68. 자동차가 옥테인, C_8H_{18} (d = 0.692 g/mL)을 연소시킨다고 가정하자.

(a) 옥테인이 연소되어 이산화 탄소와 물이 생성되는 반응의 균형 맞춘 반응식을 써라.

(b) 어떤 자동차는 옥테인 1갤런 당 22마일을 달리는 효율을 가지고 있다. 25°C, 1 atm에서 이 자동차가 75마일을 주행했을 때 연소에 의해 발생된 이산화 탄소의 부피는 얼마가 되겠는가?

69. 300 K에서 3.5 mol의 Kr과 3.9 mol의 He의 혼합물이 10.00-L 용기에 들어 있다. 다음의 양들에 대하여 어느 기체가 더 큰 값을 갖는가?

(a) 평균 병진 운동 에너지

(b) 부분압

(c) 몰분율

(d) 분출 속도

70. 1.00 mol의 네온과 1.00 mol의 염화 수소 기체가 같은 온도와 압력에서 분리된 용기에 들어 있다고 할 때, 다음 비들을 계산하라.

(a) Ne의 부피/HCl의 부피

(b) Ne의 밀도/HCl의 밀도

(c) Ne의 평균 병진 운동 에너지/HCl의 평균 병진 운동 에너지

(d) Ne 원자의 수/HCl 분자의 수

71. 질소를 포함하는 비료의 생산에 사용되는 중간 반응은 다음과 같은 암모니아와 산소 사이의 반응이다.

$$4NH_3(g) + 5O_2(g) \longrightarrow 4NO(g) + 6H_2O(g)$$

150.0-L 반응 용기를 500°C에서 다음의 부분압의 반응물들로 채웠다. $P_{NH_3} = 1.3$ atm, $P_{O_2} = 1.5$ atm. 한계 반응물은 어느 것인가?

72. 한 학생이 758 mm Hg의 압력과 22°C의 온도에서 118.9 mL의 CO_2를 만들었다. 이를 위해 0.1380 *M*의 센산(H^+) 용액 35.47 mL를 Na_2CO_3에 넣었다.

$$Na_2CO_3(s) + 2H^+(aq) \longrightarrow 2Na^+(aq) + CO_2(g) + H_2O$$

학생은 HCl 또는 H_2SO_4 중에서 어느 센산을 사용하였는가?

73. 25°C, 380 mm Hg에서 이산화 황의 밀도는 1.31 g/L이다. 어떤 구멍을 통한 이산화 황의 분출 속도는 4.48 mL/s다. 같은 조건에서 똑같은 구멍을 통하여 6.78 mL/s 속도로 분출하는 기체 시료의 밀도는 얼마인가? 이 기체의 몰질량은 얼마인가?

74. 글라이신(glycine)은 탄소, 수소, 산소, 질소 원자들로 이루어진 아미노산이다. 0.2036-g의 글라이신 시료를 연소시켰더니 25°C, 1.00 atm에서 CO_2 132.9 mL와 물 0.122 g이 생성되었다. 글라이신의 탄소와 수소의 백분율은 얼마인가? 다른 글라이신 시료 0.2500 g을 처리하여 모든 질소 원자를 $N_2(g)$로 변환시켰다. 얻어진 질소 기체의 부피는 25°C, 1.00 atm에서 40.8 mL이었다. 글라이신에 들어 있는 질소의 백분율은 얼마인가? 산소의 백분율은 얼마인가? 글라이신의 실험식은 무엇인가?

개념 문제

75. 25°C, 1.10 atm에서 질소 기체로 채워진 250.0-mL 플라스크를 차가운 아세톤 속에 거꾸로 세웠다. 기체가 수축함에 따라, 같은 질소 압력을 유지하기 위해서 아세톤이 플라스크 안으로 들어가게 된다. 이 과정에서 아세톤 88.7 mL를 필요로 했다. 질소의 최종 온도는 얼마인가?

76. 람보르기니 아벤타도르(Lamborghini Aventador) 엔진은 각각의 실린더가 542 cm^3의 부피를 가진 12실린더 엔진을 가지고 있다. 각 실린더에는 85°C, 1.00 atm의 공기로 채워져 있다.

(a) 각 실린더에 몇 몰의 산소가 있는가? (공기 중 O_2몰의 몰 백분율은 = 21.0)

(b) 휘발유에 들어 있는 탄화수소의 평균 몰질량 1.0×10^2 g/mol이고, 1:12 몰비로 산소와 반응한다고 가정한다. 산소와 반응하기 위해서는 실린더에 몇 그램의 휘발유를 주입해야 하는가?

77. 두 개의 부피가 같은 용기(A와 B)에 각각 기체가 들어있다. 용기 A에는 2.00 mol의 CH_4가 들어 있고, 용기 B에는 2.00 mol의 SO_2가 들어 있다. 두 개의 용기는 각각 밸브를 가지고 있고, 밸브의 한 쪽은 기체가 없는 진공 상태의 긴 관에 연결되어 있다. 각 용기에 연결된 관의 길이는 같다.

(a) 용기 A와 B에 연결되어 있는 두 밸브를 동시에 열면, 관 끝에 먼저 도달하는 기체는 무엇인가?

(b) 두 개의 기체가 관의 끝에 동시에 도달하게 하려면, 각 용기에 들어 있는 기체들을 어떻게 바꾸면 되겠는가? (용기나 관의 길이는 변경할 수 없다.)

78. 일정한 온도로 유지된 방에 두 개의 동일한 밀폐된 강철 탱크, A와 B가 있다. 탱크 A는 CO_2로 채워져 있고, 탱크 B는 H_2로 채워져 있다. 두 탱크의 압력 게이지는 같은 압력을 나타낸다.

(a) 몰수가 큰 것은 어느 탱크인가?

(b) 밀도(g/L)가 큰 것은 어느 기체인가?

(c) 어느 기체가 탱크 밖으로 분출하는 데 더 오래 걸리겠는가?

(d) 큰 평균 병진 운동 에너지를 갖는 것은 어느 기체인가?

(e) 헬륨 1 mol을 각 탱크에 가할 때, 더 큰 부분압을 갖는 기체(CO_2 또는 H_2)는 어느 것인가?

79. 같은 온도, 압력, 부피의 다음 세 개의 밀폐된 탱크에 대한 물음에 답하라.

탱크 A에는 SO_2 기체가 있다.
탱크 B에는 O_2 기체가 있다.
탱크 C에는 CH_4 기체가 있다.

LT(. . . *보다 작다*), GT(. . . *보다 크다*), EQ(. . . *과(와) 같다*), MI(*정보가 더 필요하다*)를 다음 빈 곳의 답으로 써라.

(a) 탱크 A의 SO_2 질량은 탱크 B의 O_2의 질량________.

(b) 탱크 C의 CH_4의 평균 병진 운동 에너지는 탱크 A의 SO_2의 평균 병진 운동 에너지________.

(c) 탱크 B의 O_2가 모두 이 탱크의 작은 구멍을 통해 분출해 나가는 데 20초 걸린다. 탱크 A의 SO_2가 모두 똑같은 작은 구멍을 통해 분출해 나가는 데 걸리는 시간은 40초________.

(d) 탱크 B의 O_2의 밀도는 탱크 C의 CH_4의 밀도________.

(e) 탱크 A의 온도를 150 K에서 300 K까지 올린다. 탱크 B의 온도는 150 K로 유지한다. 탱크 A의 압력은 탱크 B의 압력의 절반________.

80. 부피와 온도가 동일한 두 개의 용기 A와 B가 있다. 용기 A에는 1.0 mol의 N_2가 들어 있고, 용기 B에는 1.0 mol의 NH_3가 들어 있다. 두 용기는 닫힌 밸브가 있는 관으로 연결되어 있다.

(a) 압력이 더 높은 용기는 어느 것인가?

(b) 기체의 밀도가 더 큰 용기는 어느 것인가?

(c) 평균 운동 에너지가 더 높은 분자를 가지고 있는 용기는 어느 것인가?

(d) 분자가 더 빠른 분자 속력으로 움직이는 기체를 가진 용기는 어느 것인가?

(e) 두 용기 사이의 밸브가 열리면 압력이 어떻게 변하겠는가?

(f) 밸브가 열려 있는 동안 2.0 mol의 He를 첨가할 경우, 전체 압력 중 헬륨으로 인해 발생하는 압력의 분율은 얼마인가?

81. 헬륨(He) 기체 10분자가 들어 있는 실린더의 대략적인 모습을 그려라. 이 실린더는 움직일 수 있는 피스톤이 있다. 이 그림에 "*전*(before)"이라는 표지를 붙여라. 또한 다음의 변화가 일어났을 때를 나타내는 "*후*(after)"의 모습을 그려라.

(a) 일정한 압력에서 온도가 감소함.

(b) 일정한 온도에서 1000 mm Hg에서 500 mm Hg까지 압력이 감소함.

(c) 일정한 온도와 압력에서 5분자의 H_2를 더 가함.

82. 탱크 A에는 2 atm의 SO_2가 들어 있는 반면에 탱크 B에는 1 atm의 O_2가 들어있다. 탱크 A와 B의 부피는 같다. 다음의 조건에서 두 탱크의 온도(K)를 비교하라.

(a) 탱크 A의 SO_2의 몰수는 탱크 B의 O_2의 몰수의 두 배이다.

(b) 탱크 A의 SO_2의 몰수와 탱크 B의 O_2의 몰수는 같다.

(c) 탱크 A의 SO_2의 질량은 탱크 B의 O_2의 질량의 두 배이다.

83. 두 탱크(A와 B)가 같은 부피를 가지고 있다. 다음의 조건에서 두 탱크의 온도를 비교하라.

(a) 탱크 A에는 메테인 2.00 mol이, 탱크 B에는 네온 2.00 mol이 들어 있다.

(b) 탱크 A에는 메테인 2.00 g이, 탱크 B에는 네온 2.00 g이 들어 있다(계산기 없이 이 문제를 풀어 보라!).

84. 아래의 그래프는 같은 온도에서 헬륨과 이산화 탄소의 분자 속력의 분포를 보여 준다.

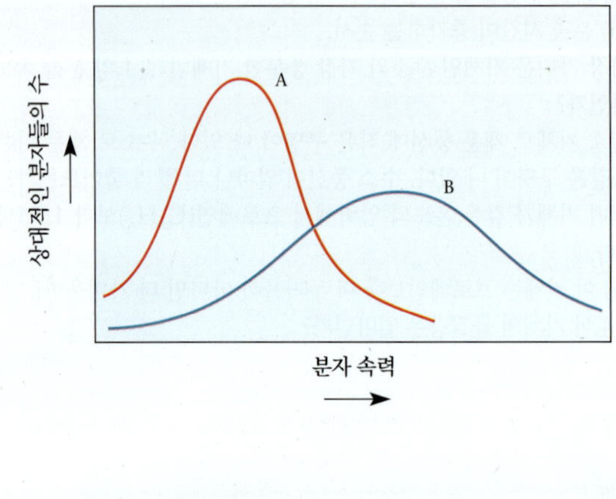

(a) 어느 곡선이 이산화 탄소의 거동을 나타내는가?
(b) 어느 곡선이 더 빨리 분출하는 기체를 나타내는가?
(c) 어느 곡선이 헬륨 기체의 거동을 나타낼 수 있는가?

85. 아래의 그림을 살펴보자. 구 A에 들어 있는 각각의 네모는 1 mol의 X 원자를 나타낸다. 구 B에 들어 있는 각각의 원은 1 mol의 Y 원자를 나타낸다. 두 구의 부피는 같고 온도는 일정하게 유지된다. 밸브를 열면 X 원자는 Y 원자와 다음 식에 따라 반응한다.

$$2X(g) + Y(g) \rightarrow X_2Y(g)$$

기체 생성물은 □○□로 나타내고, 각 □○□는 생성물 1 mol을 나타낸다.

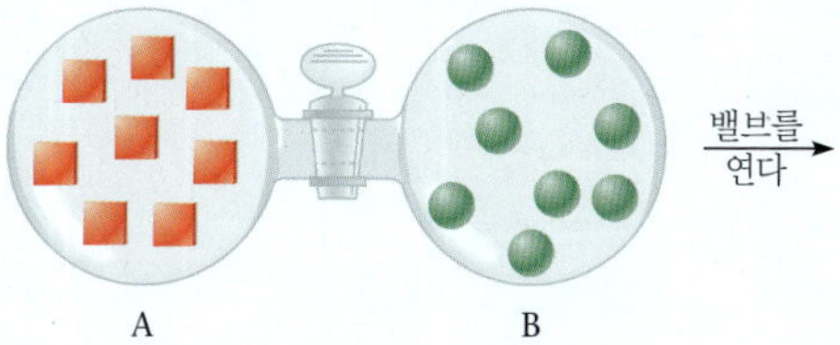

(a) 만약 $P_A = 2.0$ atm이면 밸브를 열어 반응이 일어나게 하기 전에 P_B는 얼마인가? $P_A + P_B$는 얼마인가?
(b) 밸브를 연 뒤에 어떤 변화가 일어나는지 나타내도록 위의 그림을 다시 그려라.
(c) P_A는 얼마인가? P_B는 얼마인가? $P_A + P_B$는 얼마인가? 이 답을 (a)의 답과 비교하라.

86. 다음 그림은 밸브로 연결된 세 개의 1.00-L 구를 보여 준다. 각 구에는 각 용기에 그림으로 나타낸 원자들의 수에 비례하는 양의 네온 기체가 들어 있다. 모든 구들은 같은 온도로 유지된다. 다른 말을 하지 않으면 용기들을 연결하는 밸브들은 닫혀 있어 기체들을 각 용기에 갇혀있다고 가정하라. 또한 용기들 사이의 연결관의 부피는 무시할 수 있다고 가정하라.

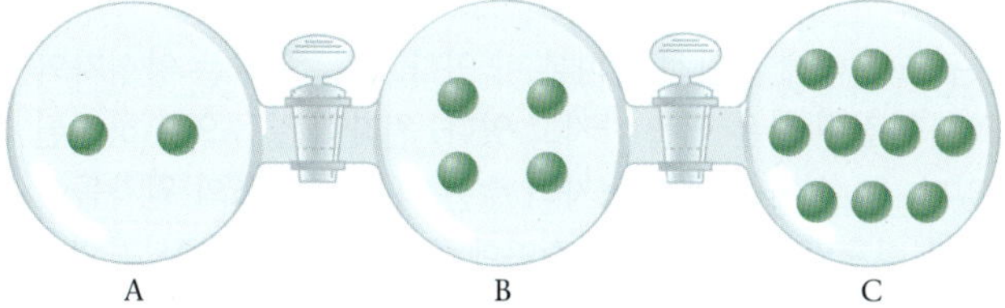

(a) 어느 구의 압력이 가장 높은가?
(b) 구 A의 압력이 0.500 atm이라면 구 C의 압력은 얼마인가?
(c) 구 A의 압력이 0.500 atm이라면 전체 압력(각 구의 압력의 합)은 얼마인가?
(d) 구 A의 압력이 0.500 atm이고, 구 A와 B 사이의 밸브를 열 때, 모든 구에 들어 있는 기체 원자들을 정확히 나타내도록 위의 그림을 다시 그려라. $P_A + P_B + P_C$는 얼마인가? 이 답을 (c)의 답과 비교하라.
(e) 이번에는 구 B와 C 사이의 밸브만을 열고, (d)와 같이 답하라.

87. X, Y, Z로 표지한 밀폐된 세 강철 탱크에 대한 물음에 답하라. 각 탱크는 부피가 같고 같은 온도에 있다. 각 탱크에는 CH_4 1 mol을 원으로, 산소 1 mol을 정사각형으로, SO_2 1 mol을 삼각형으로 나타내었다. 이 분자들 사이에는 반응이 일어나지 않는다고 가정하라.

(a) 어느 탱크에서 전체 압력이 가장 높은가?
(b) 어느 탱크에서 SO_2의 부분압이 가장 높은가?
(c) 어느 탱크에서 세 기체들의 질량이 모두 같은가?
(d) 어느 탱크에서 기체 전체의 질량이 가장 큰가?

도전 문제

88. 25°C에서 23.76 mm Hg의 압력을 미치는 이상 기체를 생각하라. n과 V를 일정하게 한다고 가정하면 40°C에서 그 압력은 얼마이겠는가? 70°C에서는? 100°C에서는? 방금 계산한 수들을 이 온도들에서의 물의 증기압과 비교하라. 이 두 세트의 숫자들이 다른 이유를 설명하라.

89. O_2, N_2, CO_2를 포함하는 기체 혼합물이 두 개의 750-mL(세 개의 유효 숫자) 탱크에 같은 양으로 들어 있다. 각 탱크는 압력이 1.38 atm이고 25°C로 유지되어 있다. 첫 번째 탱크에 들어 있는 기체는 CO_2를 흡수하는 장치에 통과시켰다. CO_2가 모두 흡수된 후 흡수 장치의 질량은 0.114 g 증가하였다. 두 번째 탱크에 있는 질소는 모두 제거시켰다. 25°C에서 질소가 없는 탱크의 압력은 1.11 atm이다. 탱크에 들어 있는 기체 혼합물의 조성(질량 백분율)은 무엇인가?

90. 5.0 ft 길이의 관을 진공으로 만들었다. 같은 온도와 압력에 있는 NH_3와 HCl 시료를 이 관의 양 끝에 있는 작은 구멍을 통해 동시에 넣는다. 이 두 기체가 만나면 $NH_4Cl(s)$의 흰 고리가 생긴다. 암모니아를 넣은 끝에서 얼마나 먼 곳에 이 고리가 생기는가?

91. 삼산화 황은 산소 속에서 황을 연소시켜서 만들 수 있다.

$$2S(s) + 3O_2(g) \longrightarrow 2SO_3(g)$$

25°C, 995 mm Hg에서 5.00 g의 황과 산소가 들어 있는 5.00-L 플라스크를 가열하였다. 반응이 완전히 끝난 후 플라스크 안의 온도는 138°C이었다.
(a) 플라스크 내 SO_3의 압력은 얼마인가?
(b) 플라스크의 전체 압력은 얼마인가?
(c) SO_3에 물을 가하면 H_2SO_4가 형성된다. 플라스크에 250.0 mL의 물을 가할 경우 H_2SO_4의 몰농도는 얼마인가? (모든 SO_3를 H_2SO_4로 변환할 수 있는 충분한 물이 있다고 가정한다.)

92. 0.2500-g의 Al-Zn 합금 시료가 HCl과 반응하여 수소 기체를 형성한다.

$$Al(s) + 3H^+(aq) \longrightarrow Al^{3+}(aq) + \tfrac{3}{2}H_2(g)$$
$$Zn(s) + 2H^+(aq) \longrightarrow Zn^{2+}(aq) + H_2(g)$$

생성된 수소는 25°C, 755 mm Hg에서 부피가 0.147 L이다. 이 합금 안의 아연의 백분율은 얼마인가?

93. 기구에 작용하는 부력은 이것이 밀어 내는 공기의 질량과 같다. 기구에 작용하는 중력은 기구, 기구에 들어 있는 기체, 기구를 타는 사람의 질량의 합과 같다. 기구와 기구를 타는 사람의 질량이 168 kg이라면 22°C, 758 mm Hg에서 이 장치가 뜨기 위해서는 수소를 채운 구형 기구의 지름은 몇 m이어야 하는가? ($MM_{공기} = 29.0$ g/mol을 사용하라.)

94. 수소와 산소의 몰비가 2:1인 혼합물이 다음 반응에 따라 물을 제조하는 데 쓰인다.

$$2H_2(g) + O_2(g) \rightarrow 2H_2O(g)$$

반응 전에 25°C에서 용기 안의 전체 압력은 0.950 atm이다. 수득률이 88.0%이고 부피의 변화가 없다고 가정하면 반응 후에 125°C에서 용기 안의 최종 압력은 얼마인가?

제 6 장

전자 구조와 주기율표

Electronic Structure and the Periodic Table

Dale Chihuly의 *유리 숲 #3*에 있는 유리관은 네온 기체로 채워져 있다. 네온 불빛은 유리관에 전기를 걸어주거나 유리관을 고에너지장 위에 올려놓으면 얻어진다. ▶

카오스처럼 찢어지거나 흠이 생기지 않지만
조화로우면서 혼란스러운 것.
바라보면 다양함이 질서를 이루지만
모든 것은 다르면서 같은 것.
—ALEXANDER POPE
Windsor Forest

이 장의 차례 _Chapter Outline

제2장에서 이미 원자의 구조에 대해 간단히 살펴본 바 있다. 모든 원자는 양성자와 중성자로 이루어진 양으로 하전된 작은 핵을 가지고 있다. 원자핵은 음으로 하전된 전자에 의해 둘러싸여 있다. 핵 속에 있는 양성자의 수는 특정한 원소의 원자들이 갖는 특성이며, 이것을 원소의 원자 번호라고 한다. 중성 원자에서 전자의 수는 양성자의 수와 같으므로 원소의 원자 번호와 같다.

이 장에서는 원자의 전자 배치에 중점을 두고, 서로 다른 전자의 상대적인 에너지(*에너지 준위*, energy level)와 전자의 공간적 위치(*오비탈*, orbital)에 특별히 집중하여 다룰 것이다. 구체적으로, 다음과 같은 전자(들)이 가질 수 있는 에너지 준위와 오비탈의 성질에 관하여 살펴보고자 한다.

- 수소 원자 내의 단일 전자(6-2절).
- 보다 복잡한 원자 내의 다전자(6-3, 6-4절).

이러한 배경을 바탕으로, 다전자 원자와 다전자 원자로부터 만들어진 단원자 이온의 전자 배열을 다음 두 개의 용어로 기술하는 방법을 설명할 것이다.

- 각 에너지 준위에 있는 전자수를 나타내는 ***전자 배치***(6-5, 6-7절).
- 오비탈 내의 전자 배치를 나타내는 ***오비탈 도표***(6-6, 6-7절).

한 원소에서 원자의 전자 배치 또는 오비탈 도표는 주기율표에서 그 원소의 위치에서 추론할 수 있다. 더 나아가서 주기율표 내의 위치를 알면 원자와 이온의 상대적 크기(*원자 반지름*, *이온 반지름*)와 원자가 전자를 잃거나, 얻는 상대적인 경향성(*이온화 에너지*, *전기 음성도*)을 예상할 수 있다(6-8절).

전자 구조를 다루기에 앞서, 그러한 전자 구조의 기반이 되는 실험 증거를 간략히 검토하는 것이 도움이 된다(6-1절). 특히 *원자 스펙트럼*(atomic spectrum) 현상을 살펴볼 필요가 있다.

6-1 빛, 광자 에너지, 원자 스펙트럼

불꽃놀이를 보는 것은 매우 매력적이다(그림 6.1). 네온 불빛과 소듐등(나트륨등)은 화려한 색으로 도시의 스카이 라인을 바꿀 수 있다. 북극 오로라의 신비한 현상은 처음 보는 이에게 잊을 수 없는 경험이다. 이러한 모든 현상들은 빛의 생성과 공간을 통한 빛의 전달과 관련이 있다.

그림 6.1 ▸ **불꽃놀이**. 다른 색상은 다른 원소의 원자 스펙트럼에 의해 생성된다.

빛의 파동성: 파장과 진동수

빛은 파동으로 공간을 이동한다. 파동은 중간의 기준선 위로 솟아오른 연속적인 봉우리와 아래로 가라앉은 연속적인 골로 이루어져 있다. 파동은 세 가지 중요한 특성을 지니고 있는데(그림 6.2), 이 시점에서 두 가지 특성이 특히 중요하다.

1. **파장**(λ), 두 개의 연속적인 봉우리 또는 골 사이의 거리를 의미하며, 미터나 나노미터(nanometer; 1 nm = 10^{-9} m)의 단위로 표시된다.
2. **진동수**(ν), 주어진 시간에 일정한 점을 지나는 파동(연속되는 봉우리나 골)의 수를 의미한다. 만일 특정한 점을 1초 동안 10^8회 지나가면 다음과 같이 된다.

$$\nu = 10^8/\text{s} = 10^8 \text{ Hz}$$

i λ는 그리스 문자로 람다(lambda)이며, ν는 그리스 문자로 뉴(nu)이다.

진동수 단위인 **헤르츠**(hertz, Hz)는 초 당 횟수를 나타낸다.

파동이 공간을 통해 이동하는 속력은 파동의 파장(λ)과 단위 시간에 한 점을 통과하는 진동수(ν)를 곱해서 구할 수 있다. 파동이 빛인 경우는 다음과 같다.

$$\lambda\nu = c \qquad (6.1)$$

여기서 진공 상태에서의 빛의 속력 c는 2.998×10^8 m/s이다. c의 값을 이용하여 위의 식을 사용하려면,

- λ는 미터로 표시하여야 한다.
- ν는 초의 역수(hertz)로 표시하여야 한다.

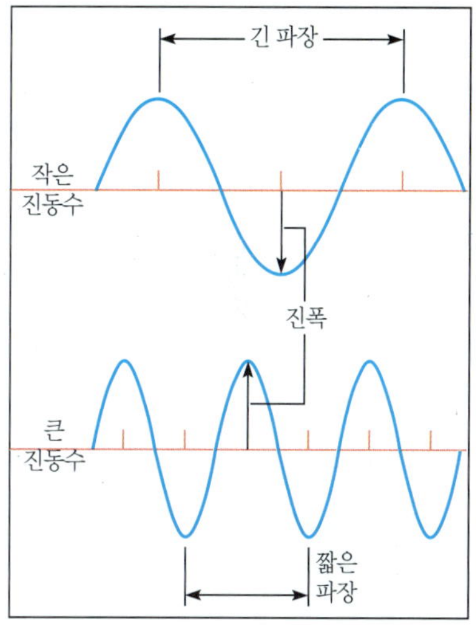

그림 6.2 ▸ **파동의 특성**. *진폭*(ψ)은 봉우리의 높이나 골이 깊이이며, *파장*(λ)은 연속되는 봉우리나 골 간의 거리이다. *진동수*(ν)는 주어진 시간에 일정한 점을 지나는 파동(연속되는 봉우리나 골)의 수이다.

예제 6.1

식료품점의 스캐너는 4.62×10^{14} s^{-1}의 진동수의 레이저를 사용하여 파워 드링크의 바코드를 스캔한다. 식료품 매장은 파장 286 cm의 FM 방송국에서 제공하는 음악을 내보내고 있다.

a FM 방송국의 진동수는 얼마인가?

분석

주어진 정보:	방송국의 파장(286 cm)
정보가 알려주는 내용:	빛의 속력(2.998×10^8 m/s)
	미터를 센티미터로 변환시키는 변환 인자
알고자 하는 것:	라디오 방송국의 진동수

전략

1. 진동수(ν)와 파장(λ)의 기호로 사용하는 그리스 문자를 기억해 둔다.
2. 식 6.1을 사용하여 진동수와 파장을 관련시킨다.
3. cm를 m로 변환시킨다.

(계속)

풀이

파장(미터)	$286\ \text{cm} \times \dfrac{1\ \text{m}}{100\ \text{cm}} = 2.86\ \text{m}$
진동수	$\nu = \dfrac{c}{\lambda} = \dfrac{2.998 \times 10^8\ \text{m/s}}{2.86\ \text{m}} = 1.05 \times 10^8\ \text{s}^{-1}$

b 레이저의 파장은 몇 nm인가?

분석

주어진 정보:	레이저의 진동수($4.62 \times 10^{14}\ \text{s}^{-1}$)
정보가 알려주는 내용:	빛의 속력(2.998×10^8 m/s) 미터를 나노미터로 변환시키는 변환 인자
알고자 하는 것:	레이저의 파장

전략

1. 식 6.1을 사용하여 진동수와 파장을 관련시킨다.
2. m를 nm로 변환시킨다.

풀이

파장	$\lambda = \dfrac{c}{\nu} = \dfrac{2.998 \times 10^8\ \text{m/s}}{4.62 \times 10^{14}\ \text{s}^{-1}} = 6.49 \times 10^{-7}\ \text{m}$
파장(nm)	$6.49 \times 10^{-7}\ \text{m} \times \dfrac{1\ \text{nm}}{1 \times 10^{-9}\ \text{m}} = 649\ \text{nm}$

눈으로 감지할 수 있는 빛은 좁은 파장 영역인 400~700 nm로 전체 전자기 스펙트럼(그림 6.3)의 극히 일부분이다. 어떤 물질이 색을 나타내기 위해서는 이 영역에 있는 빛을 흡수해야 한다. 대기의 상층에 있는 오존은 태양으로부터 오는 해로운 고에너지의 **자외선 복사선**[ultraviolet (UV) radiation]을 흡수한다. 이산화 탄소는 지구의 표면에서 방출되어 대기권 밖으로 빠져나가는 **적외선**[infrared (IR) radiation]을 흡수하여 지구 온난화의 한 가지 원인이 되고 있다. 마이크로파 오븐은 적외선보다 더 긴 파장의 복사선을 생성하며, X-선은 UV 복사선보다 더 짧은 파장을 가지고 있다(그림 6.3).

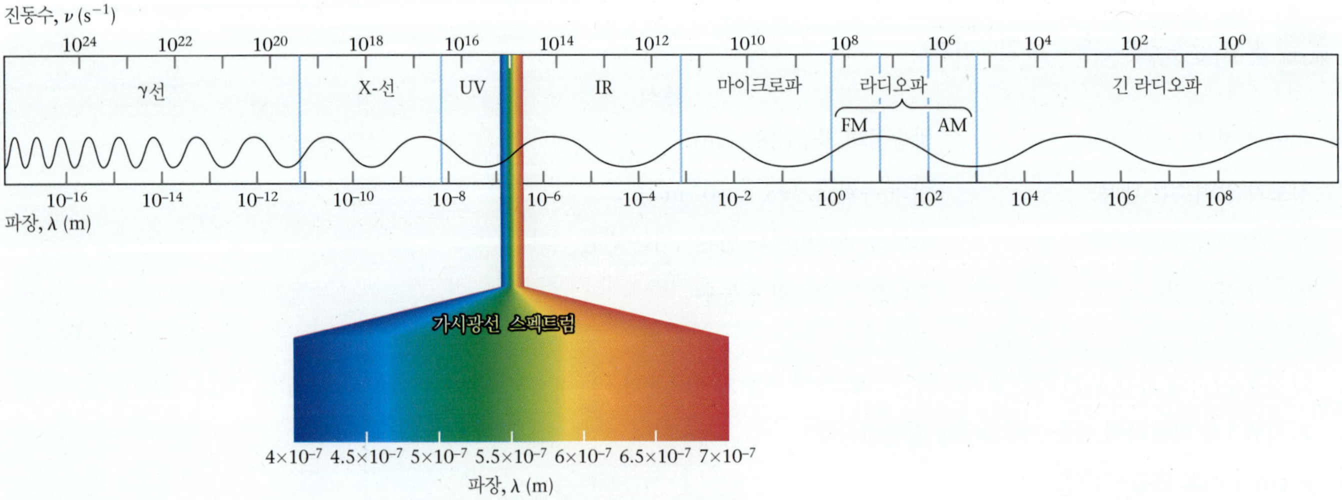

그림 6.3 ▸ **전자기 스펙트럼.** 사람의 눈으로 볼 수 있는 부분은 극히 일부분이다.

표 6.1 ▸ 색깔과 파장 사이의 관계

파장(나노미터)	흡수한 색	투과된 색
<400 nm	자외선	무색
400~450 nm	보라색	빨간색, 주황색, 노란색
450~500 nm	파란색	
500~550 nm	초록색	자주색
550~580 nm	노란색	
580~650 nm	주황색	파란색, 초록색
650~700 nm	빨간색	
>700 nm	적외선	무색

그림 6.4 ▸ 과망가니즈산 포타슘 결정이 물속으로 떨어지는 모습. 용액의 자주색은 대략 550 nm의 빛을 흡수해서 생긴 결과이다.

일반 화학에서 다루는 몇 가지 물질은 그 색을 이용하여 정성적으로 확인할 수 있다. 기체인 이산화 질소는 갈색을 띠고 있으며, 브로민과 아이오딘의 증기는 각각 붉은색과 보라색을 띤다. 황산 구리 수용액은 파란색이며 과망가니즈산 포타슘 용액은 자주색이다(그림 6.4).

기체나 액체의 색은 가시광선의 어떤 성분을 선택적으로 흡수하여 생기는 결과이다. 예를 들면, 브로민은 스펙트럼의 보라색과 파란색 영역을 흡수한다(표 6.1). 가시광선에서 이들 성분을 빼면 브로민 액체나 증기의 빨간색이 설명된다. 과망가니즈산 포타슘 용액의 자주색은 초록색 영역의 빛을 흡수한 결과이다(그림 6.5).

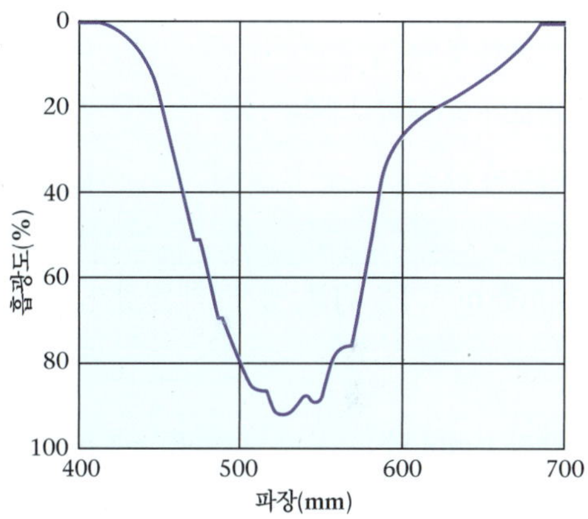

그림 6.5 ▸ 과망가니즈산 포타슘의 흡수 스펙트럼.

▶ 빛의 입자성: 광자 에너지

백 년 전에는 일반적으로 빛의 모든 특성이 파동성으로 설명될 수 있다고 생각하였다. 1900년에서 1910년 사이에 Max Planck(1858~1947; 흑체 복사, blackbody radiation)와 Albert Einstein(1879~1955; 광전 효과, photoelectric effect)에 의해 수행된 일련의 연구에서 이러한 개념이 부정되었다. 오늘날, 빛은 **광자**(photon)라 부르는 입자의 흐름이며, 그 입자의 에너지, E(그림 6.6)는 다음 식으로 계산된다.

$$E = h\nu = hc/\lambda \tag{6.2}$$

이 책에서는 에너지를 나타내는 SI 단위로 **주울**[(joule, J), 1 kg · m^2/s^2]을 사용한다. 1 J의 전기 에너지는 10-W짜리 전구를 단지 1/10초 동안 켤 수 있는 매우 작은 에너지이다. 이와 같은 이유 때문에 때때로 에너지를 나타낼 때 *킬로주울*(kilojule, kJ, 1 kJ = 10^3 J)로 표시한다. Planck 식에 나타나는 h는 *Planck 상수*(Planck's constant)라고 부르며, 다음의 값을 갖는다.

$$h = 6.626 \times 10^{-34}\ \text{J} \cdot \text{s}$$

이 식에서 주목할 사실은 에너지가 파장에 *반비례*한다는 것이다. 이러한 이유로 인하여 자외선(<400 nm)으로부터 자신을 보호하기 위해 자외선 차단제를 바르고, 또한 치과 X-선(<10 nm) 촬영을 할 때 "납조끼"를 입기도 한다. 이와 반대로 IR(>700 nm)과 마이크로파(>80,000 nm)는 상대적으로 에너지가 낮다(그렇다고 빨갛게 달구어진 석탄 위를 걷지는 말라).

그림 6.6 ▸ 에너지와 파장. 불 속에서 구리선은 불꽃을 녹색으로 물들인다. 이 빛에 해당하는 광자의 에너지는 빛의 파장으로부터 계산할 수 있다.

예제 6.2 주요 문제

소듐등은 589 nm의 강한 주황색 빛을 발하기 때문에 흔히 고속도로를 밝히는데 사용된다.

a 이 빛이 내는 광자 하나의 에너지는 몇 J인가?

분석

주어진 정보:	소듐등 빛의 파장(589 nm)
정보가 알려주는 내용:	빛의 속력(2.998×10^8 m/s); Planck 상수(6.626×10^{-34} J · s)
알고자 하는 것:	광자 한 개의 에너지(J)

전략

에너지와 파장의 관계식인 식 6.2를 사용한다.

$$E = \frac{hc}{\lambda}$$

풀이

광자 1개의 에너지

$$E = \frac{hc}{\lambda} = \frac{(6.626 \times 10^{-34}\ \text{J} \cdot \text{s})(2.998 \times 10^8\ \text{m/s})}{589 \times 10^{-9}\ \text{m}} = 3.37 \times 10^{-19}\ \text{J}$$

b 이 광자 1 mol의 에너지는 몇 kJ인가?

분석

주어진 정보:	(a)에서 계산한 광자 1개의 에너지(3.37×10^{-19} J)
정보가 알려주는 내용:	Avogadro 수(6.022×10^{23} 단위/mol)
알고자 하는 것:	kJ 단위의 광자 1 mol의 에너지

전략

nm를 m로, J을 kJ로, 광자 1개를 광자 1 mol로 변환시키는 적당한 변환 인자를 사용한다.

풀이

광자 1 mol 당 E

$$E = 1\ \text{mol 광자} \times \frac{3.37 \times 10^{-19}\ \text{J}}{1\ \text{광자}} \times \frac{6.022 \times 10^{23}\ \text{광자}}{1\ \text{mol 광자}} \times \frac{1\ \text{kJ}}{1000\ \text{J}} = 203\ \text{kJ}$$

c 가시광선을 감지하기 위해서, 시신경이 뇌에 도달하는 자극을 유발하기 위해 최소한 2.0×10^{-17} J의 에너지가 필요하다. 노란색 빛을 "보기" 위해 소듐등에서 방출되는 광자가 몇 개 필요한가?

분석

주어진 정보:	시신경이 필요한 에너지(2.0×10^{-17} J)
	(a)에서 계산한 광자 1개의 에너지(3.37×10^{-19} J)
알고자 하는 것:	노란빛을 "보기" 위해 필요한 광자의 수

전략

변환 인자로 (a)에서 계산한 노란색의 광자 당 에너지를 사용한다.

$$\frac{3.37 \times 10^{-19}\ \text{J}}{1\ \text{광자}}$$

풀이

필요한 광자수

$$2.0 \times 10^{-17}\ \text{J} \times \frac{1\ \text{광자}}{3.37 \times 10^{-19}\ \text{J}} = 59\ \text{광자}$$

(계속)

마무리 정리

1. (a)에서 계산한 3.37×10^{-19} J은 작은 양의 에너지처럼 보인다. 그러나 이 값은 단 1개의 광자 에너지임을 명심해야 한다.
2. (b)에서 광자 1 mol에 대하여 계산한 에너지, 203 kJ는 대략 화학 반응에서 나오는 에너지와 비슷하다. 수소 기체 1 mol이 연소할 때 방출되는 열이 약 240 kJ이다(제8장에서 이것에 대해 더 자세히 논의한다).
3. (c)에서, 빛을 감지하는 데는 많은 광자가 필요하지 않다는 것에 주목하자.

원자 스펙트럼

17세기에 Isaac Newton 경은 태양에서 방출되는 가시광선(백색광)을 프리즘을 이용하여 여러 색으로 나눌 수 있다는 것을 보였다. 얻어진 **원자 스펙트럼**(atomic spectrum)은 연속적이었으며, 실제적으로 400~700 nm까지의 모든 파장을 포함하고 있다.

높은 에너지를 갖는 기체 원소의 원자의 경우는 아주 다르다(그림 6.7). 이 경우에는 특정 파장들로 구성된 불연속적인 스펙트럼을 나타낸다. 각 원소들은 그들을 식별하는 데 사용할 수 있는 특징적인 스펙트럼을 갖는다. 소듐의 경우, 노란색 영역에서 두 개의 강한 선이 589.0 nm와 589.6 nm에서 나타난다. 고속도로를 밝히는 데 사용되는 소듐등이 노란색인 것은 이 선들 때문이다.

원자 스펙트럼을 구성하는 광자가 특정한 개별적 파장만을 갖는다는 사실은 광자가 특정한 개별적 에너지만 가질 수 있다는 것을 의미한다.

$$E = h\nu = hc/\lambda$$

이러한 광자는 원자에서 전자가 한 에너지 준위에서 다른 에너지 준위로 이동될 때 생성된다. 이것은 원자의 전자 에너지 준위들이 *양자화*(quantized)되어 있다는 것, 즉 특별한 값으로 제한된다는 것을 나타낸다. 더욱이, 전자 에너지 준위는 원소의 스펙트럼을 측정하면 알아낼 수 있다.ⓘ 이것은 실제로 가능하나, 쉽지 않다. 그 이유는 기체 상태의 원자는 일반적으로 수백, 때로는 수천 개의 스펙트럼선을 방출하기 때문이다.

ⓘ 원자 분광법은 10^{-7} mol/L와 같이 낮은 농도의 금속을 확인하는 데 사용된다.

원자 스펙트럼 중에서 가장 간단하며 이론적인 면에서 가장 중요한 것은 수소의 스펙트럼이다. 높은 전압의 방전을 이용하여 에너지를 공급하면, 기체 수소 원자는 여러 가지 계열로 분류될 수 있는 파장에서 복사선을 방출한다(표 6.2). 이 계열 중 첫 번째로 발견된 것은 부분적으로 가시광선 영역에 있는 Balmerⓘ 계열이며, 이 계열은 656.28 nm에 나타나는 강한 선과 그보다 낮은 파장 영역에서는 점점 더 가까워지는 약한 선들로 구성되어 있다.

ⓘ Balmer는 스위스의 고등학교 교사였다.

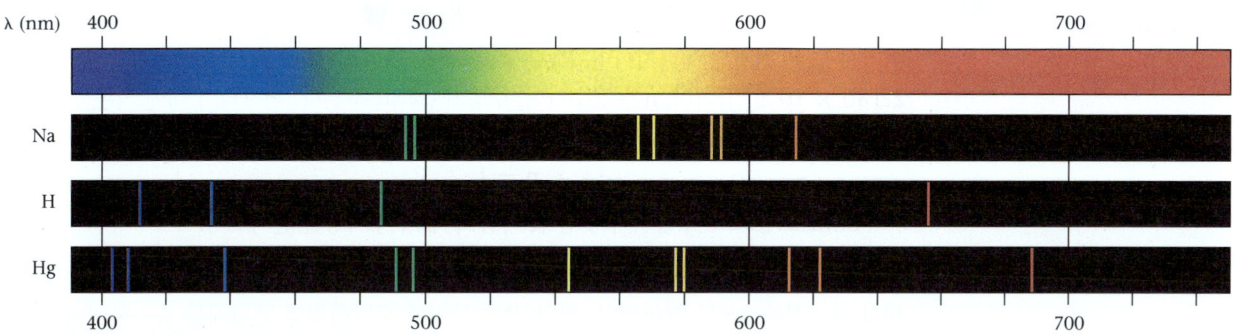

그림 6.7 ▸ **연속 방출 스펙트럼 및 선 방출 스펙트럼**. 맨 위는 연속적인 가시광선 스펙트럼이고, 두 번째, 세 번째, 네 번째는 소듐(Na), 수소(H), 수은(Hg)의 선 방출 스펙트럼이다.

표 6.2 ▸ 수소의 원자 스펙트럼에서 선들의 파장(nm)

자외선(Lyman 계열)	가시광선(Balmer 계열)	적외선(Paschen 계열)
121.53	656.28	1875.09
102.54	486.13	1281.80
97.23	434.05	1093.80
94.95	410.18	1004.93
93.75	397.01	
93.05		

6-2 수소 원자

하나의 전자만을 포함하는 수소 원자는 전자 구조의 모형을 세우는 데 가장 중요한 기여를 하였다. 1913년에 덴마크의 과학자인 Niels Bohr(1885~1962)는 주로 고전 역학에 근거를 두고 수소의 원자 스펙트럼에 대한 이론을 제시하였으며, 이 모형으로 그는 1922년 노벨 물리학상을 수상하였다. 그 무렵 Bohr는 Copenhagen의 이론 물리학 연구소의 소장이 되었다. 그곳에서 Bohr는 다른 과학자들이 수소 원자의 더 정교한 모형을 완성하기 위해 사용하는 새로운 양자 역학 분야를 개발하는 데 도움을 주었다.

20세기 물리학의 거장이었던 Bohr는 과학자들과 정치가들로부터 모두 존경을 받았다.

Bohr는 이 장에서 언급된 다른 모든 사람들과 같이 화학자가 아니었다. 그가 실제로 화학을 접한 것은 단지 Copenhagen 대학교의 학부생일 때뿐이었다. 그의 화학 선생이며 나중에 친한 친구이자 항해 동반자가 된 Niels Bjerrum에 의하면 Bohr는 유리 기구들을 깨뜨린 기록을 50년 동안 갖고 있었다고 한다.

Bohr 모형

Bohr 모형(Bohr model)은 수소 원자의 경우, 중심에 하나의 양성자와 그 주위를 원 궤도로 움직이는 하나의 전자로 이루어져 있다고 가정하였다. 그는 전자와 양성자 간의 정전기적인 인력을 전자의 원 운동에 의한 원심력과 연관시켰다. 이와 같은 방법으로 Bohr는 원자의 에너지를 전자 궤도의 반지름 항으로 표현할 수 있었다. 여기까지 그의 해석은 정전기적 인력에 관한 Coulomb 법칙과 Newton의 운동 법칙에 근거한 순수한 고전 역학적인 것이었다. 이와 같은 관점을 넘어서기 위하여 Bohr는 임의적으로 수소 원자 내의 전자는 어떤 특정한 에너지만을 가질 수 있다는 대담한 가정을 하였다. 여기서는 더 이상 다루지 않겠지만 Bohr는 특정한 논리를 통하여 수소 내 전자의 에너지에 대하여 다음과 같은 관계식을 얻었다.

$$E_n = -R_H/\mathbf{n}^2 \tag{6.3}$$

$E_n = -2.180 \times 10^{-18}\text{J}/\mathbf{n}^2$

여기서 E_n은 전자의 에너지이며, R_H는 *Rydberg 상수*(Rydberg constant, 오늘날의 값 = 2.180×10^{-18} J)이며, **n**은 정수이며, 주양자수라고 부른다. 전자의 상태에 의존하는 **n**은 다음과 같이 정수 값을 가진다.

$$\mathbf{n} = 1, 2, 3, \ldots$$

Bohr 모형으로 더 들어가기 전에, 다음의 세 가지 사항을 살펴보자.

1. Bohr는 그의 모형을 구성하는 과정에서 전자와 양성자가 완전히 분리되어 있는 상태의 에너지를 0으로 정하였다. 이와 같은 상태에 도달하려면 에너지를 흡수하여야 한다. 이는 원자 속의 모든 허용된 에너지 상태에서 전자는 0 이하의 에너지를 가져야 한다는 것을 의미한다. 즉, 에너지는 음수가 되어야 하고, 따라서 식에 음의 부호가 있다.

$$E_n = -R_H/\mathbf{n}^2$$

2. 정상적인 수소 원자에서, 전자는 **n** = 1에 해당되는 가장 낮은 에너지 상태인 **바닥 상태**(ground state)에 있다. 전자가 충분한 에너지를 흡수하면 전자는 더 높은 **들뜬 상태**

(excited state)로 이동한다. 수소 원자에서 첫 번째 들뜬 상태는 $\mathbf{n} = 2$이고, 두 번째 들뜬 상태는 $\mathbf{n} = 3$이며, 그런 식으로 계속된다.

3. 들뜬 전자가 빛의 형태로 에너지를 방출하면 전자는 낮은 에너지 상태로 돌아온다. 그 전자는 바닥 상태(예로서, $\mathbf{n} = 2$에서 $\mathbf{n} = 1$로)로 돌아오는 경우도 있고, 또는 보다 낮은 들뜬 에너지 상태($\mathbf{n} = 3$에서 $\mathbf{n} = 2$로)로 돌아오기도 한다. 모든 경우에 대하여 이 과정에서 형성된 광자의 에너지($h\nu$)는 두 준위 간의 에너지 차이에 해당한다.

$$\Delta E = h\nu = E_{\text{높은}} - E_{\text{낮은}}$$

여기서 $E_{\text{높은}}$은 높은 준위, $E_{\text{낮은}}$은 낮은 준위의 에너지들을 나타낸다.

ΔE에 관한 식과 $E_n = -R_H/\mathbf{n}^2$의 식을 이용하면 방출된 빛의 진동수와 두 에너지 준위의 양자수인 $\mathbf{n}_{\text{높은}}$과 $\mathbf{n}_{\text{낮은}}$에 대한 관계식을 세울 수 있다.

$$h\nu = -R_H\left[\frac{1}{(\mathbf{n}_{\text{높은}})^2} - \frac{1}{(\mathbf{n}_{\text{낮은}})^2}\right]$$

$$\nu = \frac{R_H}{h}\left[\frac{1}{(\mathbf{n}_{\text{낮은}})^2} - \frac{1}{(\mathbf{n}_{\text{높은}})^2}\right] \qquad (6.4)$$

마지막 식이 Bohr가 그의 모형을 수소 원자에 적용하는 과정에서 유도한 식이다. 위 식에서 다음의 R_H 값과 h 값을 사용하면, 수소 원자 스펙트럼에서 어떤 선들의 진동수 또는 파장을 구할 수 있다.

$$R_H = 2.180 \times 10^{-18}\ \text{J} \qquad h = 6.626 \times 10^{-34}\ \text{J} \cdot \text{s}$$

예제 6.3

$\mathbf{n} = 4$에서 $\mathbf{n} = 2$로의 전이 과정에서 형성된 Balmer 계열 선의 파장을 나노미터(nm)의 단위로 계산하라.

분석

주어진 정보:	$\mathbf{n} = 2;\ \mathbf{n} = 4$
정보가 알려주는 내용:	빛의 속력(2.998×10^8 m/s)
	Rydberg 상수(2.180×10^{-18} J)
	Planck 상수(6.626×10^{-34} J · s)
알고자 하는 것:	nm 단위의 파장

전략

1. 전이에 따른 진동수를 구하기 위해 식 6.4에 대입한다.

$$\nu = \frac{R_H}{h}\left(\frac{1}{\mathbf{n}_{\text{낮은}}{}^2} - \frac{1}{\mathbf{n}_{\text{높은}}{}^2}\right)$$

$\mathbf{n}$에서, $\mathbf{n}_{\text{낮은}}$은 낮은 준위의 값을, $\mathbf{n}_{\text{높은}}$은 높은 준위의 값을 사용한다.

2. 식 6.1을 사용하여 미터 단위의 파장을 구한 다음, 나노미터 단위로 변환시킨다.

풀이

1. 진동수

$$\nu = \frac{2.180 \times 10^{-18}\ \text{J}}{6.626 \times 10^{-34}\ \text{J} \cdot \text{s}}\left(\frac{1}{(2)^2} - \frac{1}{(4)^2}\right) = 6.169 \times 10^{14}\ \text{s}^{-1}$$

2. 파장

$$\lambda = \frac{2.998 \times 10^8\ \text{m/s}}{6.169 \times 10^{14}\ \text{s}^{-1}} \times \frac{1\ \text{nm}}{1 \times 10^{-9}\ \text{m}} = 486.0\ \text{nm}$$

마무리 정리

이 값을 Balmer 계열의 두 번째 선(표 6.2)의 값과 비교해 본다.

Balmer 계열(표 6.2)의 모든 선들(그림 6.8)은 높은 준위($n = 3, 4, 5, \ldots$)에서 $n = 2$인 준위로 전이함에 따라 나타난다. 마찬가지로, Lyman 계열의 선들은 전자가 $n = 1$보다 높은 준위 ($n = 2, 3, 4, \ldots$)에서 $n = 1$인 준위로 전이하여 생긴다. Paschen 계열은 적외선 영역에 해당하며 낮은 준위는 항상 $n = 3$이다.

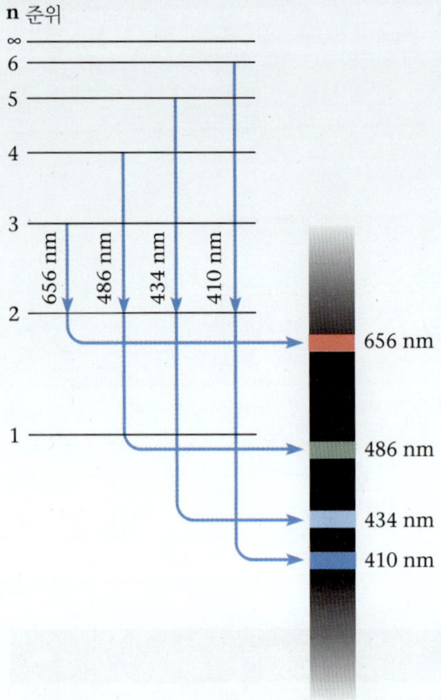

그림 6.8 ▸ **수소 원자의 몇 가지 Balmer 계열 선들.** 가시광선 영역의 선들은 n이 2보다 큰 값에서 n = 2인 준위로 전이함에 따라 나타나는 것이다.

▶ 양자 역학적 모형

수소 원자의 구조에 관한 Bohr의 이론은 매우 성공적이었다. 그 당시 과학자들은 모든 원자에 대해 원자 내에서 허용되는 에너지 준위를 예상할 수 있을 것이라고 생각하였다. 그러나 Bohr의 모형을 두 개 이상의 전자를 갖는 원자에 대해 적용시킨 결과, 실험으로부터 얻은 결과와 정성적으로만 일치하였다. 예를 들어 Bohr의 이론을 헬륨 원자에 적용시킨 결과를 살펴보자. 계산된 에너지와 파장의 오차는 수소의 경우 0.1%인 반면, 헬륨의 경우에는 5%이었다. 헬륨이나 다른 원자들에도 잘 맞도록 이론을 변형시킬 수 있는 방법이 없는 것이 분명하였다. 사실, Bohr의 이론에는 근본적 문제점이 있음이 곧 명확해졌다. 전자가 핵으로부터 고정된 거리의 일정한 궤도 안에서 핵 주위를 운동한다는 개념을 버려야만 했다.

이 문제에 대해 숙고하던 1920년대 과학자들은 원자와 분자 내의 전자를 취급하기 위해서는 전혀 새로운 접근 방법이 필요하다는 것을 깨닫게 되었다. 1924년에 프랑스의 젊은 과학자인 Louis de Broglie(1892~1987)는 Sorbonne 대학교의 박사 학위 논문에서 획기적인 제안을 하였다. 만일 빛이 파동은 물론 입자(광자)의 성질을 보인다면 Bohr가 입자로 취급한 전자도 아마 파동처럼 거동할 것으로 추론하였다. 몇 년이 지난 후 de Broglie의 가정은 실험적으로 확인되었다. 이것은 처음에는 파동 역학으로 불렸고, 오늘날에는 좀 더 일반적으로 *양자 역학*(quantum mechanics)으로 부르는 전혀 새로운 학문 분야로 발전하였다.

양자 역학적 원자는 Bohr의 모형과 몇 가지 측면에서 다르다. 특히 양자 역학에 따르면 다음과 같다.

- *전자의 운동 에너지는 전자가 제한되어 있는 영역의 부피와 반비례한다.* 이 현상은 고전 역학과는 유사점이 전혀 없으나, 수소 원자의 안정성을 설명하는 데는 도움이 된다. 전자가 원자핵으로 점점 더 가까이 움직일 때 어떤 일이 생길까를 생각해 보자. 정전기적 에너지가 감소하고, 따라서 절댓값이 더 큰 음의 값이 될 것이다. 만일 이와 같은 현상만이 영향을 미친다면 전자는 에너지를 방출하고 핵에 "달라붙을" 것이다. 그러나 전자가 더욱 더 작은 부피 안에서 움직이기 때문에 동시에 운동 에너지가 증가하게 된다. 이러한 두 가지 영향은 서로 반대가 되어 어떤 일정한 지점에서 균형을 이루게 되며, 따라서 원자는 안정하게 된다.
- *주어진 순간에 원자 속에서 전자의 정확한 위치를 지정하는 것은 불가능하다.* 전자가 원자핵 주위를 돌아다니는 경로를 자세히 설명하는 것도 불가능하다(결국 전자들이 있는 곳을 모르면 어떻게 그곳에 도달했는지는 알 수가 없다). 따라서 우리가 할 수 있는 최선의 방법은 특정 영역에서 전자를 발견할 *확률*(probability)을 추정하는 것이다.

1926년 오스트리아의 물리학자인 Erwin Schrödinger(1887~1961)는 양자 역학에 아주 큰 공헌을 하였다. 그는 원자 내의 전자에 대한 파동성을 설명하기 위하여 약간 복잡한 미분 방정식을 세웠다. 적어도 원리적으로는 이 방정식을 사용하면 공간의 여러 지점에서 전자의 파동에 대한 **진폭**(높이), ψ(psi)를 알아낼 수 있다. 이 ψ를 *파동 함수*(wave function)라 한다. 비록 어떤 계산에도 Schrödinger 파동 방정식을 사용하지 않을 것이지만, 전자 구조에 대한 많은 논의는 수소 원자의 전자에 대한 파동 방정식에 기초하고 있다는 것을 알아야 한다.◂ⓘ

ⓘ 이 방정식에 흥미가 있는 사람을 위하여 방정식을 기술해 보면 다음과 같다.

$$\frac{d^2\psi}{dx^2} + \frac{8\pi^2 m(E - V)}{h^2}\psi = 0$$

(1차원의 경우)

수소의 전자에 대한 파동 함수의 제곱 ψ^2은 특정한 지점에서 전자를 발견할 수 있는 확률을 나타낸다. 점 A에서의 ψ^2이 점 B에서보다 두 배만큼 크다면 A에서 전자를 발견할 수 있는 확률은 B에서의 확률의 두 배가 된다. 이것을 시간의 관점에서 생각하면, 전자는 점 B

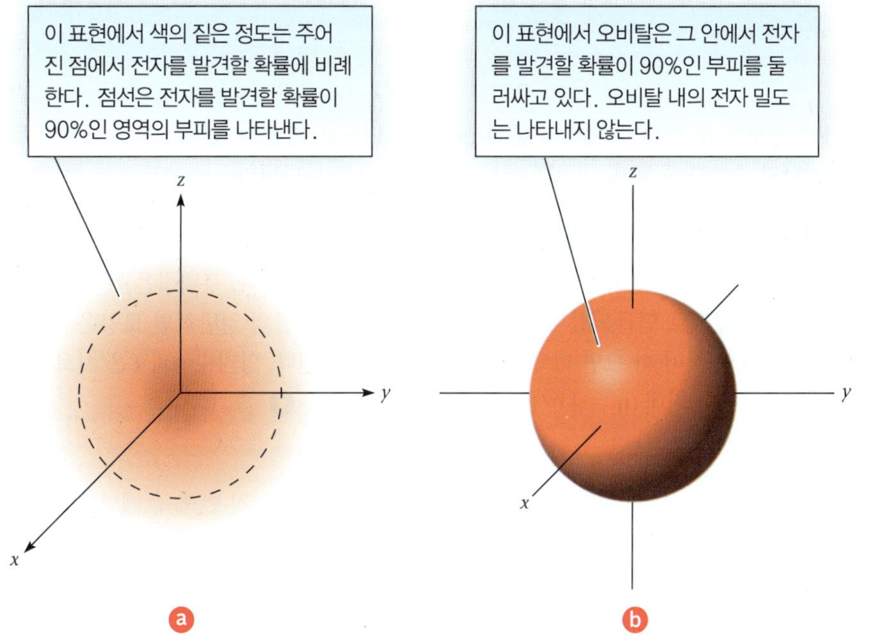

그림 6.9 ▸ **수소 원자의 바닥 상태에서 전자 분포를 나타내는 두 가지 방법.**

를 지나는 횟수의 두 배만큼 점 A을 지난다고 할 수 있다.

그림 6.9a는 바닥 상태(n = 1)의 수소 전자에 대한 ψ^2이 핵으로부터 멀어질 때 어떻게 변화하는지에 대한 *전자 구름*(electron cloud) 도표를 보여주고 있다. 색의 짙은 정도는 ψ^2과 비례하므로 결국 그 점에서 전자를 발견할 수 있는 확률과 비례하게 된다. 그림에서 볼 수 있는 것처럼 한 방향으로 핵으로부터 멀어질수록 색깔은 흐려지게 된다. 따라서 ψ^2 값도 감소하게 된다.◂ⓘ

ⓘ 이상하게 보일지 모르지만 전자는 다른 어느 점에서보다도 핵에서 발견될 확률이 높다.

바닥 상태의 수소 원자에서 전자 분포를 나타내는 좀 더 일반적인 다른 방법은 그 안에서 전자를 발견할 확률이 90%인 **오비탈**(orbital, 그림 6.9b)을 그리는 것이다. 오비탈은 구형이라는 점에 유의하라. 이는 곧 전자를 발견할 확률이 방향과 무관하고, 전자가 핵의 동서남북 사방에서 똑같은 정도로 발견된다는 것을 의미한다.

6-3 양자수

Schrödinger 방정식은 둘 또는 그 이상의 전자를 갖는 원자에 대하여도 근사적으로 풀 수 있다. 이 파동 함수, ψ에 대하여 많은 해가 존재하며, 각 해는 **양자수**(quantum number)라 부르는 일련의 숫자들의 조합으로 이루어져 있다. 이 세 가지 숫자들은 기호 **n**, **ℓ**, **m_ℓ**을 의미한다. 이러한 세 가지 양자수(예를 들어 **n** = 2, **ℓ** = 1, **m_ℓ** = 0)의 특별한 조합에 해당되는 파동 함수는 원자 오비탈(atomic orbital)을 차지하고 있는 하나의 전자와 관련되어 있다. ψ의 표현으로부터 오비탈들의 상대적인 에너지, 모양, 공간적인 배향을 설명할 수 있다.

나중에 논의할 이유들로, 다전자 원자에서 특정 전자를 완전히 기술하기 위해서는 네 번째 양자수가 필요하다. 네 번째 양자수를 **m_s**라는 기호로 나타낸다. 그러므로 한 원자에서 각각의 전자는 네 가지의 양자수의 조합, 즉 **n**, **ℓ**, **m_ℓ**, **m_s**를 갖게 된다. 지금부터 수소 이상의 다전자 원자에서 사용되는 전자의 양자수들을 설명하기로 한다.

▶ 첫 번째 양자수, n: 주 에너지 준위

기호 **n**으로 나타내는 첫 번째 양자수는 전자의 에너지를 결정하는 데 가장 중요하다. 수소 원자의 경우, 에너지는 **n**에만 의존한다(식 6.3 참조). 다른 원자에서, 각 전자의 에너지는 주로 **n**의 값에 따라 완전히는 아니지만 달라진다. n이 증가하면, 전자의 에너지는 증가하며, 평균적으로, 전자는 핵에서 멀리 떨어진 곳에서 발견된다. 양자수 **n**은 1 이상의 정수 값만을 가질 수 있다.

$$\mathbf{n} = 1, 2, 3, 4, \ldots \tag{6.5}$$

n = 1인 전자는 첫 번째 **주 에너지 준위**(principal level)에 있다고 하고, **n** = 2이면 두 번째 주 에너지 준위를 뜻하며, 이 이후에도 같은 방법으로 나타낸다.

두 번째 양자수, ℓ: 부껍질(s, p, d, f)

각 주 에너지 준위는 하나 이상의 **부껍질**(sublevel)들로 구성된다. 부껍질은 두 번째 양자수 ℓ로 표시한다. 앞으로 언급되겠지만 전자와 연관된 전자구름의 일반적인 모양은 ℓ에 의하여 결정된다. ℓ의 값이 더 크면 더욱 복잡한 모양을 갖게 된다. 양자수 **n**과 ℓ은 서로 연관되어 있다. ℓ은 0부터 최대 (**n** − 1) 사이의 정수값을 갖는다. 즉,

n과 ℓ 사이의 관계는 Schrödinger 방정식으로부터 나온다.

$$\ell = 0, 1, 2, \ldots, (\mathbf{n} - 1) \tag{6.6}$$

n = 1이라면 ℓ은 단 한 개의 값, 즉 0만을 가질 수 있다. 이것은 첫 번째 주 에너지 준위에는 ℓ = 0인 하나의 부껍질만이 존재한다는 것을 의미한다. **n** = 2라면 ℓ = 0과 1, 두 개의 값을 가질 수 있다. 즉 두 번째 주 에너지 준위에는 두 개의 부껍질(ℓ = 0과 ℓ = 1)이 존재한다. 마찬가지로

n = 3이면	ℓ = 0, 1, 2	(3개의 부껍질)
n = 4이면	ℓ = 0, 1, 2, 3	(4개의 부껍질)

일반적으로 **n*번째 주 준위에는* n*개의 서로 다른 부껍질이 존재한다.***

부껍질을 표시하는 또 다른 방법은 통상적으로 다음과 같은 방법이 사용된다. 양자수 ℓ을 나타내는 숫자 대신에 문자, s, p, d와 f*를 사용하며, 각각은 순서대로 ℓ = 0, 1, 2, 3을 나타낸다.

양자수, ℓ	0	1	2	3
부껍질의 형태	s	p	d	f

부껍질을 표시할 때에는 일반적으로 주 준위를 의미하는 숫자를 함께 나타낸다(표 6.3). 즉, 1s 부껍질(**n** = 1, ℓ = 0), 2s 부껍질(**n** = 2, ℓ = 0), 2p 부껍질(**n** = 2, ℓ = 1) 등으로 나타낸다.

한 개 이상의 전자를 갖는 다전자 원자의 경우에 전자의 에너지는 **n** 값뿐만 아니라 ℓ값에도 의존한다. 주어진 주 준위(**n** 값이 같음)에서 부껍질 에너지는 다음의 순서로 증가한다.

$$\mathbf{ns} < \mathbf{np} < \mathbf{nd} < \mathbf{nf}$$

따라서 2p 부껍질은 2s보다 에너지가 약간 높다. 마찬가지로 **n** = 3일 때 3s 부껍질이 가장 낮은 에너지를 갖고, 3p는 중간이며, 3d는 가장 높은 에너지를 갖는다.

4p와 3s 중 어느 것이 더 큰 에너지를 갖는가?

세 번째 양자수, m_ℓ: 오비탈

각 부껍질은 한 개 이상의 오비탈(orbital)을 가지며, 이들은 세 번째 양자수인 $\mathbf{m}_\ell$로 표시되는 값들이 서로 다르다. 이 양자수, $\mathbf{m}_\ell$은 핵을 둘러싸고 있는 전자 구름의 공간 배향을 결정한다. $\mathbf{m}_\ell$ 값은 ℓ 값과 연관되어 있다. 주어진 값에 대해 $\mathbf{m}_\ell$은 0을 포함하는 ℓ과 $-\ell$ 사이의 정수 값을 갖는다. 즉,

$$\mathbf{m}_\ell = \ell, \ldots, +1, 0, -1, \ldots -\ell \tag{6.7}$$

s 부껍질(ℓ = 0)을 예로 하여 위의 규칙이 어떻게 적용되는가를 살펴보자. 여기서 $\mathbf{m}_\ell$은 한 개의 값 0만을 갖는다. 이것은 s 부껍질이 한 개의 오비탈, 즉 s 오비탈만으로 이루어

*이들 문자는 분광학자들이 스펙트럼 선을 설명하기 위해 사용한 다음의 형용사들에서 나왔다. *s*harp, *p*rincipal, *d*iffuse, *f*undamental.

표 6.3 ▸ 처음 4개의 주 준위에 대한 부껍질 표기

n	1	2		3			4			
ℓ	0	0	1	0	1	2	0	1	2	3
부껍질	1s	2s	2p	3s	3p	3d	4s	4p	4d	4f

졌음을 의미한다. p 부껍질(ℓ = 1)은 m_ℓ = 1, 0, −1의 값을 가질 수 있다. 이것은 주어진 p 부껍질에 세 개의 서로 다른 오비탈이 있음을 의미한다. 이것들은 양자수 m_ℓ= 1, 0, −1로 표시되며, 이 세 개의 오비탈은 모두 같은 에너지를 갖는다.

전자는 주 에너지 준위의 부껍질에 해당하는 오비탈을 차지한다.

이와 같은 것을 d와 f 부껍질에도 적용시키면

d 부껍질: $\ell = 2$, $m_\ell = 2, 1, 0, -1, -2$ (5개의 오비탈)
f 부껍질: $\ell = 3$, $m_\ell = 3, 2, 1, 0, -1, -2, -3$ (7개의 오비탈)

주어진 d 또는 f 부껍질의 모든 오비탈들은 역시 같은 에너지를 갖는다.

네 번째 양자수, m_s: 전자 스핀

네 번째 양자수 m_s는 **전자 스핀**(electron spin)과 연관된 것이다. 축을 중심으로 회전하는 전하를 띤 입자는 자기적 성질을 가지는데 전자도 자기적 성질을 나타낸다. 시계 방향이나 시계 반대 방향의 두 가지 회전 중에서 하나가 가능하다(그림 6.10).

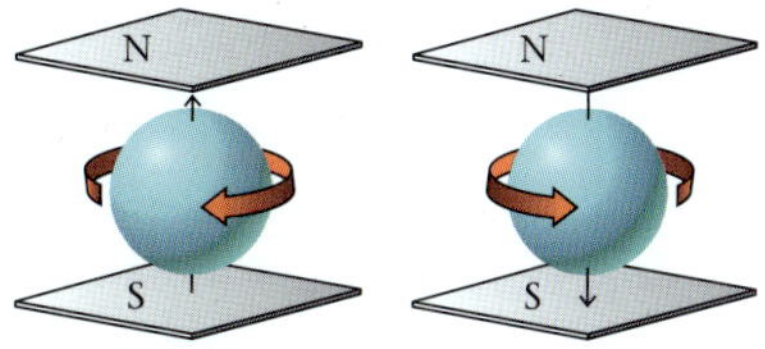

그림 6.10 ▸ **전자 스핀**. 스핀은 시계 방향과 시계 반대 방향으로 나타내며, 각각 m_s의 값은 다르며, $+\frac{1}{2}$과 $-\frac{1}{2}$로 표시된다.

양자수 m_s는 실험과 이론을 일치시키기 위해서 도입되었다. 따라서 m_s는 수소 원자에 대한 Schrödinger 파동 방정식의 해로부터 나온 처음 세 개의 양자수인 **n**, ℓ, m_ℓ과는 관련이 없다. 이것은 아래의 가능한 두 값 중 한 값만을 가질 수 있다.

$$m_s = +\tfrac{1}{2} \quad \text{또는} \quad -\tfrac{1}{2} \tag{6.8}$$

동일한 m_s 값(즉 둘 다 $+\frac{1}{2}$이거나 둘 다 $-\frac{1}{2}$)을 갖는 전자는 *평행*(parallel)한 스핀을 가졌다고 하며, 다른 m_s 값(즉 하나는 $+\frac{1}{2}$이고 다른 하나는 $-\frac{1}{2}$)을 갖는 전자는 *반대*(opposed) 스핀을 가졌다고 한다.

Pauli의 배타 원리

이제까지 원자 내의 전자를 기술하는 네 개의 양자수에 대해 살펴보았다. 이 양자수들과 관련된 중요한 규칙이 **Pauli 배타 원리**(Pauli exclusion principle)이다. 이 원리는 한 원자

표 6.4 ▸ n = 4까지 허용된 양자수의 값

n	ℓ	m_ℓ	m_s
1	0 (1s)	0	$+\frac{1}{2}, -\frac{1}{2}$
2	0 (2s)	0	$+\frac{1}{2}, -\frac{1}{2}$
	1 (2p)	−1, 0, +1	각 m_ℓ 값에 대하여 $\pm\frac{1}{2}$
3	0 (3s)	0	$+\frac{1}{2}, -\frac{1}{2}$
	1 (3p)	−1, 0, +1	각 m_ℓ 값에 대하여 $\pm\frac{1}{2}$
	2 (3d)	−2, −1, 0, +1, +2	각 m_ℓ 값에 대하여 $\pm\frac{1}{2}$
4	0 (4s)	0	$+\frac{1}{2}, -\frac{1}{2}$
	1 (4p)	−1, 0, +1	각 m_ℓ 값에 대하여 $\pm\frac{1}{2}$
	2 (4d)	−2, −1, 0, +1, +2	각 m_ℓ 값에 대하여 $\pm\frac{1}{2}$
	3 (4f)	−3, −2, −1, 0, +1, +2, +3	각 m_ℓ 값에 대하여 $\pm\frac{1}{2}$

내에서 ***4개의 양자수가 모두 같은 두 전자는 있을 수 없다***는 것이다. 이 원리는 원자의 성질과 부합되는 이론을 만들던 Bohr의 동료인 Wolfgang Pauli(1900~1958)가 1925년에 제안한 것이다.

전자 구조에 대한 모형은 이론과 실험이 실용적으로 혼합된 결과이다.

Pauli 배타 원리는 언뜻 보기에 명백하지 않은 함축적 의미를 가지고 있다. 이 원리에 의하면 m_s 값은 단지 두 가지만 있으므로 한 개의 오비탈에는 최대 두 개의 전자만이 채워질 수 있다. 또한 두 개의 전자가 같은 오비탈에 채워질 때 서로 반대 스핀을 가져야 한다. 그렇지 않으면 네 개의 양자수가 같은 조합을 가질 것이다.

양자수를 표시하는 규칙은 표 6.4에 요약하였고, 예제 6.4와 6.5에 응용하였다.

예제 6.4

다음에 나오는 양자수의 조합(n, ℓ, m_ℓ, m_s)에서 어떤 것이 가능하고, 어떤 것이 불가능한 것인가? 그리고 타당한 조합에 해당되는 오비탈은 무엇인가?

(a) $3, 1, 0, +\frac{1}{2}$ (b) $1, 1, 0, -\frac{1}{2}$ (c) $2, 0, 0, +\frac{1}{2}$

(d) $4, 3, 2, +\frac{1}{2}$ (e) $2, 1, 0, 0$

전략

1. 선택 규칙(selection rule)을 사용하여 타당하지 않은 양자수를 찾는다.

2. ℓ에 대한 수치 값과 문자를 기억해 낸다.

$\ell = 0 = s; \ell = 1 = p; \ell = 2 = d; \ell = 3 = f$

풀이

(a) $3, 1, 0, +\frac{1}{2}$	타당; $n = 3, \ell = 1 = p$; 3p
(b) $1, 1, 0, -\frac{1}{2}$	타당하지 않음; $n = 1, \ell = 1$, ℓ은 n과 같은 값을 가질 수 없다.
(c) $2, 0, 0, +\frac{1}{2}$	타당; $n = 2, \ell = 0 = s$; 2s
(d) $4, 3, 2, +\frac{1}{2}$	타당; $n = 4, \ell = 3 = f$; 4f
(e) $2, 1, 0, 0$	타당하지 않음; m_s는 $+\frac{1}{2}$ 또는 $-\frac{1}{2}$의 값을 가져야 한다.

예제 6.5

(a) s 부껍질, p 부껍질, d 부껍질, f 부껍질에 들어갈 수 있는 전자의 수는 몇 개인가?

(b) 네 번째 주 준위에 최대로 들어갈 수 전자는 몇 개인가?

분석

주어진 정보:	부껍질
정보가 알려주는 내용:	오비탈에 최대로 들어갈 수 있는 전자수($2e^-$)
	부껍질에 있는 오비탈의 수
알고자 하는 것:	(a) 각 부껍질의 전자의 수
	(b) $n = 4$의 전자의 수

전략

1. 부껍질을 나타내는 문자 표시에 해당하는 수 값을 기억한다.

2. 특정한 부껍질에 존재하는 오비탈의 수를 알려주는 규칙을 사용한다.

(계속)

풀이

(a) s 부껍질 $\ell = s = 0; m_\ell = 0;$ 1개의 오비탈 × $2e^-$/오비탈 = $2e^-$

p 부껍질 $\ell = p = 1; m_\ell = -1, 0, +1;$ 3개의 오비탈 × $2e^-$/오비탈 = $6e^-$

d 부껍질 $\ell = d = 2; m_\ell = -2, -1, 0, +1, +2;$ 5개의 오비탈 × $2e^-$/오비탈 = $10e^-$

f 부껍질 $\ell = f = 3; m_\ell = -3, -2, -1, 0, +1, +2, +3;$ 7개의 오비탈 × $2e^-$/오비탈 = $14e^-$

(b) $n = 4$에서 $n = 4; \ell = 0, 1, 2, 3$

e^-의 수 (a)에서: $(\ell = 0 = 2e^-) + (\ell = 1 = 6e^-) + (\ell = 2 = 10e^-) + (\ell = 3 = 14e^-) = 32e^-$

표 6.5 ▸ 원자의 전자 준위와 부껍질의 최대 전자수

준위 n	주 준위 n에서 전체 전자의 수: $2n^2$	부껍질의 최대 전자수: $2(2\ell + 1)$			
		$\ell = 0$	$\ell = 1$	$\ell = 2$	$\ell = 3$
		s	p	d	f
1	2	2	___	___	___
2	8	2	6	___	___
3	18	2	6	10	___
4	32	2	6	10	14

예제 6.5의 접근 방식을 사용하면, 주 준위나 부껍질의 최대 전자수를 쉽게 얻을 수 있다. 표 6.5에, 최대 전자수를 $n = 4$까지 수록해 놓았다.

- 주 양자수, n은 최대 $2n^2$개의 전자를 갖는다. 예를 들면, 4번째 주 에너지 준위에 최대로 들어갈 수 있는 전체 전자수는 $2(4)^2 = 32e^-$
- 양자수, ℓ의 부껍질은 최대 $2(2\ell + 1)$개의 전자를 갖는다. 예를 들면, 3d 부껍질($\ell = 2$)은 최대 $2(2 \times 2 + 1) = 10e^-$의 전자를 갖는다.

6-4 원자 오비탈의 모양과 크기

원자에서 전자가 차지하고 있는 오비탈은 전자가 발견될 확률이 90%인 공간의 영역을 물리적으로 나타낼 수 있다는 것을 기억할 것이다(6-2절 뒷부분). 오비탈은 보통 해당하는 부껍질로 표시한다. 따라서 1s, 2s, 2p, 3s, 3p, 3d, . . . 의 오비탈로 나타낸다.

모든 s 부껍질은 구형이며, 각각은 크기만 서로 다르다. n이 증가함에 따라 오비탈의 반지름은 커진다(그림 6.11). 이것은 2s 오비탈에 있는 전자가 1s 전자보다 핵에서 더 멀리 떨어진 곳에서 발견될 확률이 더 높다는 것을 의미한다.

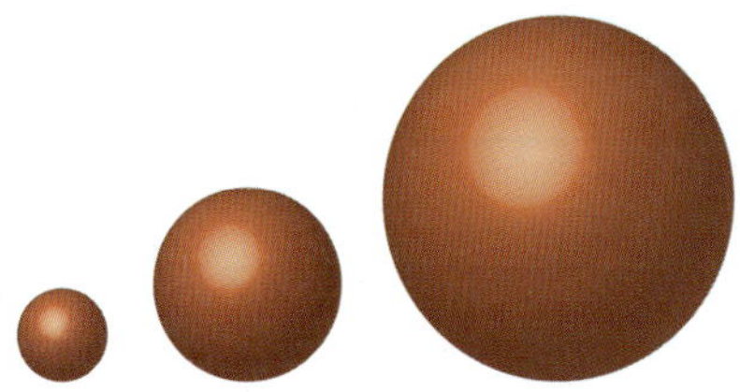

그림 6.11 ▸ **s 오비탈**. 1s, 2s, 3s 오비탈들에 대한 90% 윤곽선(그림 6.9b 참조)의 상대적인 크기를 나타내었다.

p 오비탈의 모양과 배향은 그림 6.12에 나타내었으며, 다음과 같은 특징이 있다.

- p 오비탈은 축(x, y, z)을 따라 두 개의 로브(lobe)로 이루어져 있다. 무엇보다도 이는 p 오비탈에서 원점인 원자핵에서 전자를 발견할 확률이 0이라는 것을 의미한다.
- 주어진 부껍질에서 세 개의 p 오비탈들은 x-, y-, z-축을 따라 서로 수직으로 배향되어 있다. 이와 같은 이유에서 세 개의 오비탈들은 흔히 p_x, p_y, p_z로 나타낸다.

그림 6.12에는 나타나지 않았지만, s 오비탈과 같이 p 오비탈은 주양자수 n이 증가함에 따라 크기가 증가한다. 또한 d와 f 오비탈의 모양과 크기도 그림으로는 나타내지 않았다. 이 오비탈의 특성은 제19장에서 더 자세히 설명할 것이다.

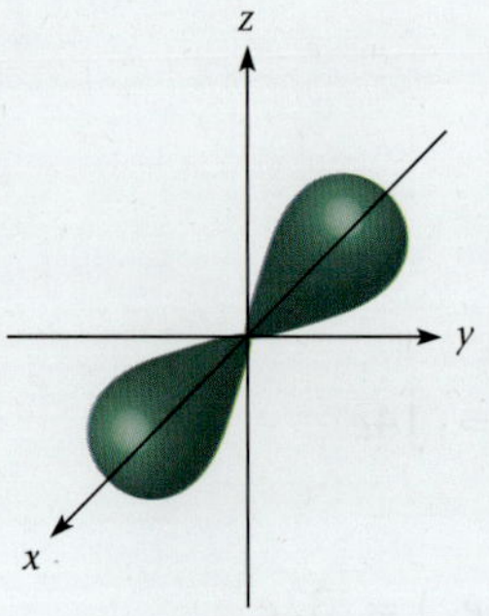

p_x 오비탈

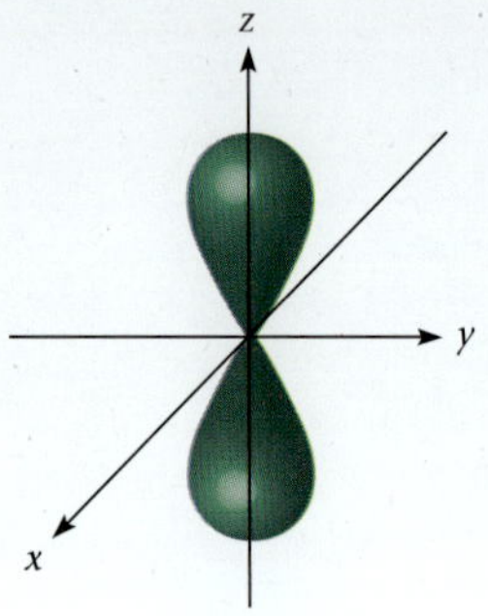

p_z 오비탈

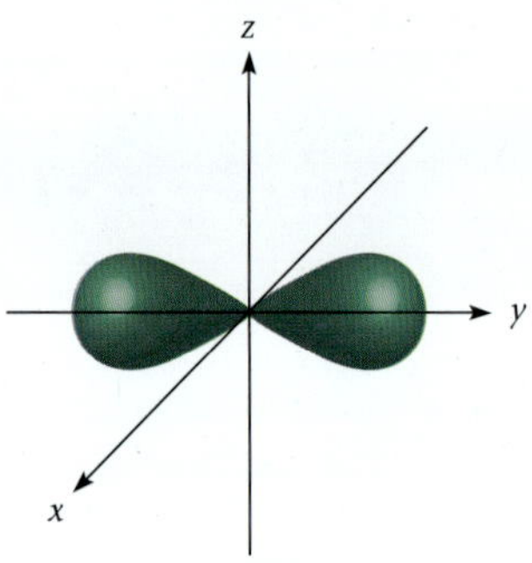

p_y 오비탈

그림 6.12 ▸ **p 오비탈들.** 3개의 p 오비탈의 전자 밀도는 *x*-, *y*-, *z*-축 방향을 따라 놓여 있다. 3개의 p 오비탈은 서로 90°의 각도로 놓여 있다.

6-5 원자의 전자 배치

6-3절에서 언급한 규칙들을 이용하면 원자 내 각 전자에 양자수를 표시할 수 있다. 또한 특정한 주 준위, 부껍질과 오비탈에 전자를 할당할 수도 있다. 이와 같은 방법에는 몇 가지가 있다. 원자 내 전자의 배열을 표현할 수 있는 가장 간단한 방법은 원자의 **전자 배치**(electron configuration)이다. 이 방법은 각 부껍질에 위 첨자로 전자의 숫자를 나타내는 것이다. 예를 들어 다음과 같은 전자 배치를 갖고 있는 원소를 고려해 보자.

$$1s^2\ 2s^2\ 2p^5$$ ◂ⓘ

이 원소는 1s 부껍질에 두 개의 전자, 2s 부껍질에 두 개의 전자, 2p 부껍질에 다섯 개의 전자가 있다.

이 절에서는 원소의 원자 내 전자 배치를 예상하는 것을 공부하고자 한다. 이러한 방법에는 두 가지가 있으며, 이들을 차례로 살펴보기로 한다. 앞으로 논의에서 *바닥 상태의 고립된 기체 원자에 대하여 언급한다*는 것을 강조한다(들뜬 상태에서는 하나 이상의 전자가 높은 에너지 준위로 올라가게 된다).

▶ 부껍질 에너지 순서에 따른 전자 배치

전자 배치는 전자가 채워지는 부껍질들의 순서를 알면 쉽게 구할 수 있다. 전자는 부껍질의 에너지가 증가하는 순서로 부껍질에 들어간다. 보통 최대로 부껍질에 들어갈 수 있는 만큼 전자가 채워진 후 다음 부껍질에 전자가 들어간다. 서로 다른 부껍질의 상대적인 에너지는 실험으로 얻을 수 있다. **n** = 4인 주 준위까지의 원자에서 이들 부껍질의 에너지를 그림 6.13에 나타내었다.

그림 6.13에서 원자 번호 1에서 36까지의 원소들에 대한 원자의 전자 배치를 예상할 수 있다. s 부껍질은 최대 두 개의 전자를 가질 수 있기 때문에 헬륨($1s^2$)에서 1s는 채워진다. 리튬(Z = 3)의 경우, 세 번째 전자는 새로운 부껍질에 들어가야 한다. 이것은 두 번째 주 에너지 준위에서 가장 낮은 부껍질인 2s이다($1s^22s^1$). ◂ⓘ 베릴륨(Z = 4)의 경우 2s 부껍질이 채워진다($1s^22s^2$). 다음 여섯 개의 원소(원자 번호 5~10)는 2p 부껍질을 채운다. 이들의 전자 배치는 다음과 같다.

$_5B$	$1s^22s^22p^1$ ◂ⓘ	$_8O$	$1s^22s^22p^4$
$_6C$	$1s^22s^22p^2$	$_9F$	$1s^22s^22p^5$
$_7N$	$1s^22s^22p^3$	$_{10}Ne$	$1s^22s^22p^6$

네온 이후의 원소에서는 세 번째 주 준위에 전자가 채워진다. 3s 부껍질은 마그네슘에서 채워진다.

$$_{12}Mg \qquad 1s^22s^22p^63s^2$$

아르곤에서 3p 부껍질을 채우는 데 여섯 개의 전자가 필요하다.

$$_{18}Ar \qquad 1s^22s^22p^63s^23p^6$$

아르곤 이후의 원소에서는 주 에너지 준위의 "겹침(overlap)"이 일어난다. 다음 전자는 세 번째 주 준위의 *가장 높은*(highest) 부껍질(3d)에 들어가지 않고 네 번째 주 준위의 *가장 낮은*(lowest) 부껍질(4s)에 들어간다. 포타슘(Z = 19)은 4s 부껍질에 1개의 전자를 갖는다. 칼슘(Z = 20)은 두 개의 전자가 4s 부껍질을 채운다.

$$_{20}Ca \qquad 1s^22s^22p^63s^23p^64s^2$$

3d 부껍질은 스칸듐(Z = 21)부터 채워지기 시작한다. d 부껍질은 10개의 전자를 채울 수 있으므로, 3d 부껍질은 아연(Z = 30)에서 완전히 채워진다.

$$_{30}Zn \qquad 1s^22s^22p^63s^23p^64s^23d^{10}$$

ⓘ

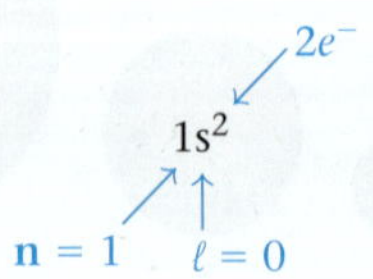

ⓘ 원s 제곱이 아니라 원s 투라고 말한다.

ⓘ 이들은 바닥 상태의 전자 배치이다. $1s^22s^12p^2$는 붕소의 들뜬 상태를 나타낸 것이다.

다음 부껍질인 4p는 크립톤(Z = 36)에서 완전히 채워진다.

$_{36}$Kr $1s^22s^22p^63s^23p^64s^23d^{10}4p^6$

Z = 36까지 전자가 채워지는 순서는 다음과 같다. 1s, 2s, 2p, 3s, 3p, 4s, 3d, 4p.

예제 6.6

황과 철 원자의 전자 배치를 써라.

분석

주어진 정보:	원자의 확인
정보가 알려주는 내용:	원자의 원자 번호 그림 6.13; 에너지 도표
알고자 하는 것:	(a) S와 (b) Fe의 전자 배치

전략

1. 주기율표에서 S와 Fe의 원자 번호를 알아낸다.
   S: 원자 번호 = 16; Fe: 원자 번호 = 26
2. 그림 6.13을 사용하여 적당한 부껍질을 채운다.
   3d 전에 4s를 채운다는 것을 기억해야 한다.

풀이

S	$1s^22s^22p^63s^23p^4$
Fe	$1s^22s^22p^63s^23p^64s^23d^6$

마무리 정리

주기율표를 사용하여 답을 검토한다. 그림 6.14와 이에 대한 설명을 참조한다.

표기하는 공간을 줄이기 위하여 흔히 전자 배치를 줄여 쓴다. 이러한 **축약 전자 배치**(abbreviated electron configuration)는 대상 원자 바로 전에 위치하는 불활성 기체로부터 시작된다. 황과 니켈의 경우 다음과 같다.

	전자 배치	축약 전자 배치
$_{16}$S	$1s^22s^22p^63s^23p^4$	[Ne]$3s^23p^4$
$_{28}$Ni	$1s^22s^22p^63s^23p^64s^23d^8$	[Ar]$4s^23d^8$

[Ne] 기호는 황 원자 내의 처음에서부터 10개의 전자가 네온의 전자 배치인 $1s^22s^22p^6$와 같다는 것을 의미하며 마찬가지로 [Ar]의 경우에는 니켈 원자에서 처음 18개의 전자가 아르곤의 전자 배치와 같다는 것을 나타낸다.

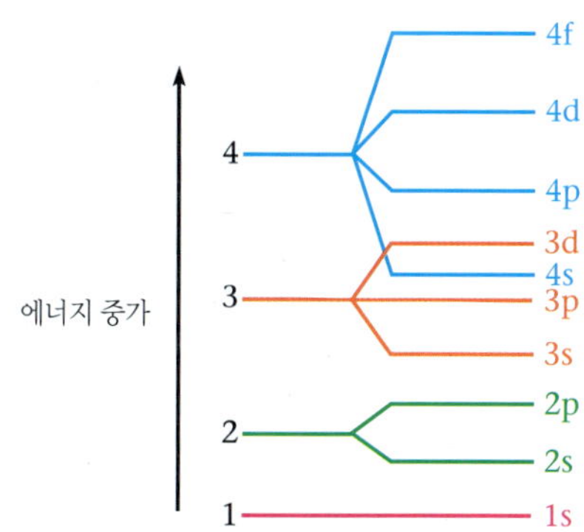

그림 6.13 ▸ **에너지가 증가하는 순서대로 배치된 전자 에너지 부껍질들.** 나타낸 순서는 맨 아래의 1s에서 시작하여 원자 번호가 증가함에 따라 부껍질에 전자가 채워지는 순서이다.

부껍질의 전자 채움과 주기율표

원칙적으로 그림 6.13과 같은 도표는 어떤 원소에서든 전자가 점유하는 모든 부껍질을 포함하도록 확장할 수 있다. 사실, 그것은 비교적 하기 쉬운 일이다. 그러한 도표는 실제로 제2장에 소개된 주기율표에 통합되어 있다.

주기율표상의 원소 위치와 전자가 부껍질에 채워지는 것의 관계를 이해하기 위하여 처음 두 족에 있는 금속 원자들을 살펴보자. 1족 원소의 원자들은 모두 최외각 주 에너지 준위에 한 개의 s 전자를 갖는다(표 6.6). 2족의 각 원자에서, 최외각 에너지 준위에 두 개의 s 전자들을 가지며, 이와 같은 관계는 다른 족의 원소들에도 적용된다.

원소의 화학적 성질이 최외각 전자수에 따라 다르기 때문에 주기율표는 그 효용성을 가진다.

표 6.6 ▸ 1족과 2족 원소에 대한 축약 전자 배치

1족		2족	
$_{3}$Li	[He] $2s^1$	$_{4}$Be	[He] $2s^2$
$_{11}$Na	[He] $3s^1$	$_{12}$Mg	[Ne] $3s^2$
$_{19}$K	[Ar] $4s^1$	$_{20}$Ca	[Ar] $4s^2$
$_{37}$Rb	[Kr] $5s^1$	$_{38}$Sr	[Kr] $5s^2$
$_{55}$Cs	[Xe] $6s^1$	$_{56}$Ba	[Xe] $6s^2$

주기율표에서 같은 족에 있는 원소의 원자들은 최외각 주 에너지 준위에서 같은 전자 배치를 가진다.

이것은 전자의 부껍질이 채워지는 순서는 주기율표상의 위치에 의해 결정된다는 것을 의미한다. 그림 6.14에 잘 설명이 되어 있으며, 다음의 사항들에 유의해야 한다.

1. ***1족과 2족의 원소들은 s 부껍질을 채운다.*** 2주기의 Li과 Be은 2s 부껍질을 채운다. 3주기 원소인 Na과 Mg은 3s 부껍질을 채우며 나머지도 마찬가지이다.

2. ***13~18족까지의 원소(각 주기에서 여섯 개의 원소)들은 여섯 개의 전자를 채울 수 있는 p 부껍질을 채운다.*** 2주기에서 2p 부껍질에는 B(Z = 5)에서 채워지기 시작하여

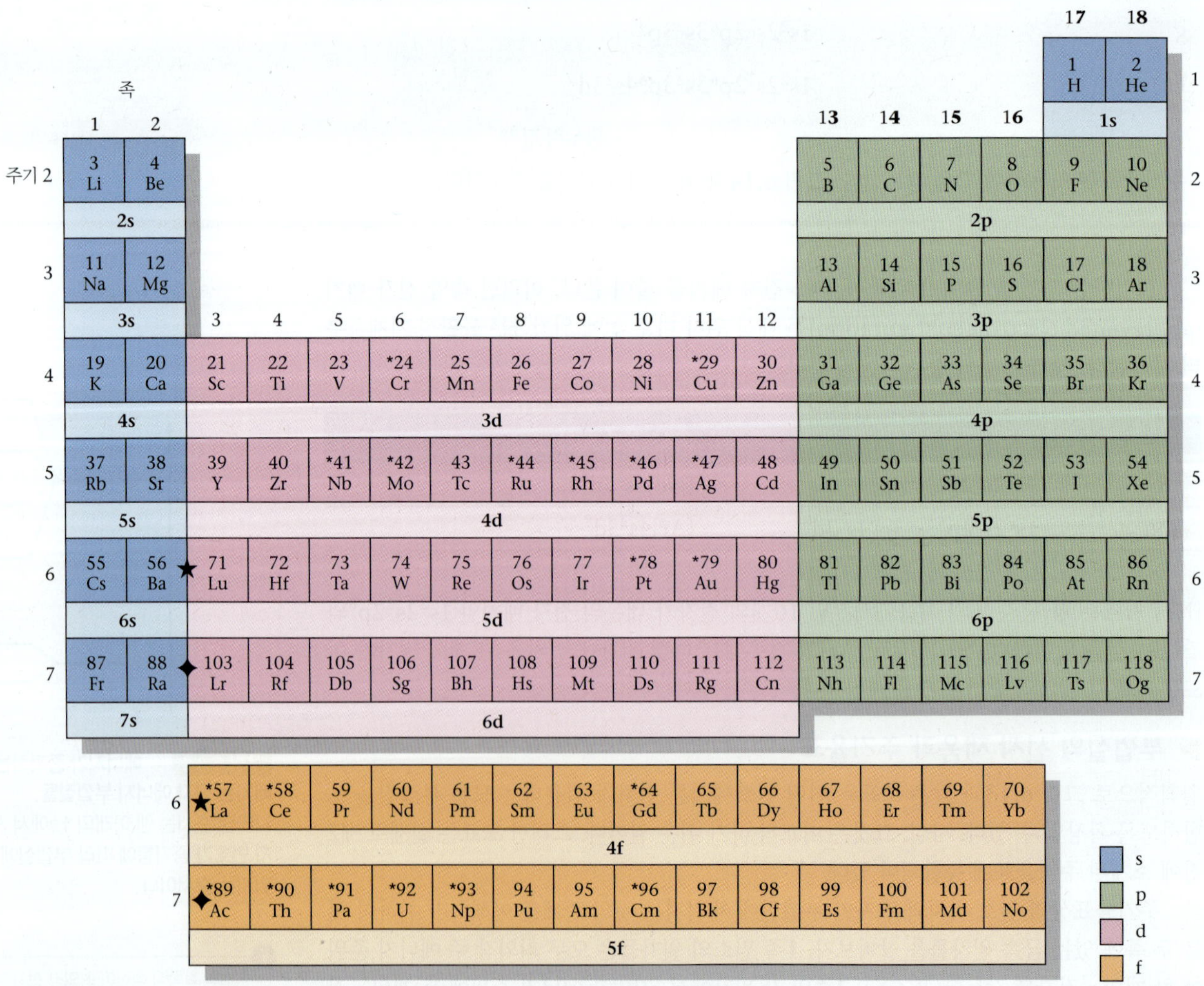

그림 6.14 ▸ 주기율표와 전자 배치. 주기율표를 이용하면 원자의 전자 배치를 추론할 수 있다. 그림에서 색상 코드는 각 주기에서 전자가 채워지는 에너지 부껍질을 나타낸다. 별표로 표시된 원소들은 주기율표로부터 예상된 전자 배치와는 약간 다른 전자 배치를 갖는다.

Ne(Z = 10)에서 완전히 채워진다. 3주기에서는 Al(Z = 13)에서 Ar(Z = 18)까지 3p 부껍질을 채운다.

3. *주기율표의 가운데 위치한 전이 금속들은 d 부껍질을 채운다.* d 부껍질에는 10개의 전자들이 채워질 수 있는데, 4주기의 Sc(Z = 21)에서 Zn(Z = 30)까지 10개의 원소들이 3d 부껍질을 채운다. 5주기에서는 Y(Z = 39)에서 Cd(Z = 48)까지의 원소들이 4d 부껍질에 전자를 채운다. 6주기 10개의 전이 금속들은 5d 부껍질을 채운다. 7주기에 있는 103~112번까지의 원소들은 6d 부껍질에 전자가 채워지는 것으로 여겨진다.

4. *주기율표의 아래쪽에 따로 나타낸 각각 14개 원소로 이루어진 두 계열은 f 부껍질에 전자가 채워지는데, 주 양자수는 주기수보다 2가 작다.* i 즉,

i Mendeleev는 양성자와 전자가 발견되기 전에 주기율표를 만들었다. 얼마나 놀라운 일인가!

- 6주기의 14개 원소(Z = 57~70)는 4f 부껍질에 전자가 채워진다. 이와 같은 원소들은 희토류(rare earths)라 부르기도 하였으나, 현재는 이 계열의 첫 번째 원소인 란타넘(La)의 이름을 따서 **란타넘족**(lanthanides)이라 한다. 현대의 분리 방법(주로 크로마토그래피 사용)은 이러한 원소를 포함하는 화합물의 이용 가능성을 매우 높여 주었다. 컬러 TV에 사용되는 우수한 적색 인광 물질(red phosphor)에는 소량의 산화 유로퓸(Eu_2O_3)이 포함되어 있으며, 여기에 산화 이트륨(Y_2O_3)이나 산화 가돌리늄(Gd_2O_3)이 첨가되어 있다. 산화 세륨(IV)은 "자동 세척" 오븐의 내부 표면을 코팅하는 데 사용되어 검댕이(타르) 침착물이 생기는 것을 방지한다.
- 7주기의 14개 원소(Z = 89~102)는 5f 부껍질에 전자가 채워진다. 이 계열의 첫 번째 원소는 악티늄(Ac)이므로 이 계열의 원소들을 **악티늄족**(actinides)이라 한다. 이들 모든 원소들은 방사성 물질이며, 자연계에서는 토륨(Th)과 우라늄(U)만이 발견된다. 다른 악티늄족 원소들은 실험실에서 핵반응에 의하여 합성되어 왔다. 원소들의 안전성은 원자 번호가 증가함에 따라 급격히 감소한다. 노벨륨($_{102}No$)의 동위원소 중 가장 수명이 긴 동위원소는 반감기가 약 3분으로, 이는 3분 안에 시료의 반이 분해됨을 의미한다. 노벨륨

화학자의 삶 속에서 | CHEMISTRY THE HUMAN SIDE

그 어느 누구보다도 악티늄족 원소와 연관되어 있는 사람은 Glenn Seaborg(1912~1999)이다. 1940년에서 1957년 사이에 미국 California Berkeley 대학의 Seaborg와 그의 팀은 최초로 아홉 개의 악티늄족 원소(원자 번호 94~102)를 만들었다. 더욱이 1945년 Seaborg는 란타넘족과 같이 악티늄족 원소들도 f 부껍질이 채워진다는 획기적인 제안을 하였다. 이와 같은 업적으로 그는 1951년 노벨 화학상을 수상하였다.

Glenn Seaborg는 미국 중부 Michigan 주의 Ishpeming이라는 조그만 마을에서 태어났다. UCLA 화학과에서 학사 학위를 마치고, 박사 과정 학생으로 시작하여 그 다음은 교수로, 과학자로서의 나머지 일생을 Berkeley에서 보냈다. 제2차 세계대전 동안 그는 맨하탄 프로젝트에 관계되어 일하였다. 다른 과학자들과 함께 그는 UN 참관인들이 보는 앞에서 불모의 섬에 원자 폭탄을 떨어뜨려 원자 폭탄의 파괴적인 위력을 보여주자고 제안하였다. 그 후 그는 케네디, 존슨, 닉슨 대통령 재직 동안 미국 원자력에너지위원회를 이끌었다.

때때로 "온화한 거인"(그의 키는 193 cm나 된다)으로 불릴 정도인 그는 매력적이며, 자조적인 유머 감각을 겸비하였다. 그의 친구들이 그의 과학자적 명성을 해치지 않게 하기 위하여 주기율표에서 악티늄족 원소의 위치에 대한 그의 이론을 발표*하지 말라*고 충고하였다고 그는 회상하였다. 그러나 Seaborg는 "나는 매우 유리한 입장에 있다. 나는 과학자로서 명성이 없기 때문에 그 이론의 발표를 강행할 것이다"라고 말하였다. 그의 생애 말년에는 초우라늄 원소의 이름을 그의 이름을 따서 지을 것인가에 대한 상당한 논쟁이 있었다. 이와 같은 영광은 언제나 사후에 바쳐 왔었다. Seaborg는 "내가 아직 살아 있고 그들이 그것을 증명할 수 있기 때문에 내 이름을 따서 명명하기를 원하지 않는다."라고 씁쓸하게 말하였다. 106번 원소는 1997년에 Seaborgium (Sg)으로 이름이 지어졌으며, Seaborg는 이것을 노벨상 수상보다도 더한 가장 영광스러운 것으로 생각하였다.

Lawrence Berkeley National Laboratory

Glenn Theodore Seaborg (1912~1999)

(No)과 그 앞에 있는 멘델레븀($_{101}Md$)은 1~3개의 No나 Md 원자가 포함되어 있는 시료로부터 확인되었다.

주기율표로부터의 전자 배치

주기율표로부터 전자 배치를 알려면 각 주기에서 오른쪽으로 가면서 어떤 부껍질에 전자가 채워지는지를 고려하라.

그림 6.14(또는 다른 형태의 주기율표)는 모든 원소의 전자 배치를 추론하는 데 사용될 수 있다. 아이오딘과 같은 무거운 원소일 경우에는 특히 유용하다(예제 6.7).

예제 6.7

아이오딘 원자에 대하여 전자 배치와 축약 전자 배치를 써라.

분석

주어진 정보:	원자의 확인(I)
정보가 알려주는 내용:	I의 원자 번호
	그림 6.14의 주기율표
알고자 하는 것:	(a) 전자 배치
	(b) 축약 전자 배치

전략

전자 배치를 쓰려면 그림 6.14 또는 주기율표를 사용한다. 각 주기를 연속적으로 부껍질을 채워나간다. 아이오딘에 도달할 때까지 계속한다. 축약 전자 배치를 쓰려면 바로 전의 불활성 기체인 크립톤(Kr)부터 시작한다.

풀이

주기 1	$1s^2$
주기 2	$2s^22p^6$
주기 3	$3s^23p^6$
주기 4	$4s^23d^{10}4p^6$
주기 5	$5s^24d^{10}5p^5$
전자 배치	$1s^22s^22p^63s^23p^64s^23d^{10}4p^65s^24d^{10}5p^5$
[$_{36}$Kr]	Kr은 1~4주기를 차지한다.
축약 전자 배치	[$_{36}$Kr] + 5주기 = [Kr]$5s^24d^{10}5p^5$

마무리 정리

전자 배치에 모든 전자(위 첨자)를 숫자로 나타내고 답을 점검한다. 답은 원자에 들어 있는 전자수인 원자 번호와 같아야 한다.

그림 6.14에서와 같이 *로 표시된 몇 가지 원소들의 전자 배치는 예상된 것과 약간 다르다. 모든 경우에, 그 차이는 한 개 또는 최대 두 개의 전자가 한 부껍질에서 비슷한 에너지의 다른 부껍질로 이동되는 것이다. 예를 들면 첫 번째 전이 원소 계열에 속하는 크로뮴과 구리는 4s 오비탈과 비교하여 3d 오비탈에 추가적인 전자가 있다.

	예상	측정
$_{24}Cr$	[Ar] $4s^23d^4$	[Ar] $4s^13d^5$
$_{29}Cu$	[Ar] $4s^23d^9$	[Ar] $4s^13d^{10}$

이러한 예외들은 3d와 4s 오비탈의 에너지가 매우 비슷하기 때문에 나타난다. 또한 3d 부껍질은 절반이 채워지거나(Cr), 또는 완전히 채워지면(Cu) 안정성이 약간 증가된다.

6-6 원자 오비탈 도표

여러 가지 목적에서 전자 배치는 원자에 있는 전자의 배열을 표현하기에 충분하다. 그러나 때로는 오비탈 내에 전자가 어떻게 분포되어 있는가를 알아야 할 경우가 있다. 이와 같은 경우에는 **오비탈 도표**(orbital diagram)를 이용해야 한다. 각 오비탈은 괄호 ( )로 표시되어 있으며, 전자들은 스핀 상태에 따라 ↑ 또는 ↓의 화살표로 나타나 있다.

붕소 원자($Z = 5$)를 예로 하여 전자 배치로부터 오비탈 도표를 어떻게 구하는지 알아보자. 붕소의 전자 배치는 $1s^22s^22p^1$이며, 1s 오비탈 내 두 개의 전자는 쌍을 이루고 있으며, 반대 스핀을 가져야 한다($+\frac{1}{2}$, $-\frac{1}{2}$ 또는 ↑↓). 이것은 2s 오비탈의 두 전자도 마찬가지이다. 2p 부껍질에는 세 개의 오비탈이 있다. 붕소에서 한 개의 2p 전자는 이 세 개의 오비탈 중 어느 하나에 들어가게 된다. 이 전자의 스핀은 "위" 또는 "아래"이다. 오비탈 도표는 일반적으로 다음과 같이 나타낸다.

	1s	2s	2p
$_5$B	(↑↓)	(↑↓)	(↑)( )( )

여기서 오비탈에 들어가는 첫 번째 전자는 임의로 위 화살표 ↑로 표시한다.

다음 원소인 탄소는 약간 복잡해진다. 여섯 번째 전자는 어디에 들어가야 하는가? 다른 2p 전자가 들어 있는 같은 오비탈에 들어갈 수 있다. 이 경우에 전자는 반대 스핀 ↓을 가져야 한다. 또한 전자는 다른 두 오비탈에 평행한 스핀 ↑이나 반대 스핀 ↓으로 들어갈 수 있다. 이 배열들 사이에는 에너지의 차이가 있다는 것이 실험 결과로부터 밝혀졌다. 가장 안정한 경우는 두 전자가 평행한 스핀으로 서로 다른 오비탈에 들어가는 것이다. 따라서 탄소의 오비탈 도표는 다음과 같다.

	1s	2s	2p
$_6$C	(↑↓)	(↑↓)	(↑)(↑)( )

이것은 다른 원자에서도 흔히 볼 수 있다. 이와 같이 모든 경우에 적용되는 일반적인 원칙이 있다. 이것을 **Hund 규칙**(Hund's rule; Fredrick Hund, 1896~1997) ⓘ 이라 하며, 다음과 같이 표현된다.

ⓘ Hund는 90대에도 여전히 다채롭고 일관성 있게 강의를 하였다.

같은 에너지 상태의 오비탈이 여러 개 있을 때 전자들은 평행한 스핀을 가지고, 한 오비탈에 하나씩 채워진다.

모든 오비탈에 전자가 한 개씩 채워졌을 때 전자들은 비로소 각각의 오비탈에 쌍을 이루며 채워진다.

위의 규칙에 따라 붕소에서 네온까지의 원소에 대한 오비탈 도표를 그림 6.15에 나타내었다. 다음을 유의하라.

- ***채워진 모든 오비탈의 두 전자는 항상 반대 스핀을 갖는다.*** 이와 같은 전자들을 *쌍을 이루었다*(paired)고 한다. B, C, N 원자에는 4개의 쌍을 이룬 전자가 있고, 산소 원자에는 6개, 플루오린에는 8개, 네온 원자에는 10개가 있다.
- ***Hund 규칙에 따라, 주어진 부껍질에서 한 개의 전자만 채워진 오비탈이 가능한 한 많이 존재한다.*** 이와 같은 오비탈 내의 전자는 *쌍을 이루지 않았다*(unpaired)고 한다. B와 F 원자에는 1개, C와 O 원자에는 2개, N 원자에는 3개의 쌍을 이루지 않은 전자(홀전자)가 있다. C, N, O 등과 같이 홀전자가 2개 이상인 경우, 이 전자들은 평행한 스핀을 갖는다.

Pauli의 배타 원리와 마찬가지로 Hund 규칙은 실험에 근거를 두고 있다. 원자 내에서 홀전자의 수를 실험적으로 결정할 수 있다. 고체의 경우, 자기장에서의 거동을 연구함으로써 이를 알아낼 수 있다. 홀전자가 있다면 고체는 자기장으로 끌릴 것이다. 이와 같은 물질을 **상자기성**(paramagnetic)이라 한다. 고체 속의 원자가 모두 쌍을 이룬 전자만을 갖는다

원자	오비탈 도표					전자 배치
	1s	2s	2p			
B	(↑↓)	(↑↓)	(↑)	( )	( )	$1s^22s^22p^1$
C	(↑↓)	(↑↓)	(↑)	(↑)	( )	$1s^22s^22p^2$
N	(↑↓)	(↑↓)	(↑)	(↑)	(↑)	$1s^22s^22p^3$
O	(↑↓)	(↑↓)	(↑↓)	(↑)	(↑)	$1s^22s^22p^4$
F	(↑↓)	(↑↓)	(↑↓)	(↑↓)	(↑)	$1s^22s^22p^5$
Ne	(↑↓)	(↑↓)	(↑↓)	(↑↓)	(↑↓)	$1s^22s^22p^6$

그림 6.15 ▸ **5~10개의 전자를 갖는 원자들의 오비탈 도표.** 에너지가 같은 오비탈에는 전자가 쌍을 이루기 전에 홀전자가 우선적으로 모두 채워진다.

면 자기장에 대해 약하게 반발할 것이다. 이와 같은 물질을 **반자기성**(diamagnetic)이라 한다. 기체 원자의 경우에는 원자 스펙트럼을 이용하여 홀전자의 존재와 홀전자수를 규명할 수도 있다.

예제 6.8

황과 철 원자의 오비탈 도표를 작성하라.

분석

주어진 정보:	원자의 확인(S와 Fe)
정보가 알려주는 내용:	주기율표
	ℓ에 대한 값
	각 부껍질의 오비탈 수
알고자 하는 것:	S와 Fe의 오비탈 도표

전략

1. S와 Fe의 전자 배치를 쓴다. 이들 원자의 전자 배치가 얻어지는 예제 6.6을 참조한다.
2. 부껍질 당 오비탈의 수와 각 오비탈에서 허용된 전자의 수를 기억해 낸다.

   $m_\ell = 2\ell + 1$; 오비탈 당 $2e^-$
3. Hund 규칙을 적용한다.

   여러 개의 같은 에너지를 갖는 오비탈이 있을 때 전자는 평행한 스핀을 가지고, 한 오비탈에 하나씩 채워진다.

풀이

S에 대해: **1.** 전자 배치 $1s^22s^22p^63s^23p^4$

2. 오비탈의 수

s = 0; 2(0) + 1 = 1; s 부껍질에 대해 1개의 오비탈

p = 1; 2(1) + 1 = 3; p 부껍질에 대해 3개의 오비탈

3. 오비탈 도표

1s	2s	2p			3s	3p		
(↑↓)	(↑↓)	(↑↓)	(↑↓)	(↑↓)	(↑↓)	(↑↓)	(↑)	(↑)

Fe에 대해: **1.** 전자 배치 $1s^22s^22p^63s^23p^64s^23d^6$

2. 오비탈의 수

s = 0; 2(0) + 1 = 1; s 부껍질에 대해 1개의 오비탈

p = 1; 2(1) + 1 = 3; p 부껍질에 대해 3개의 오비탈

d = 2; 2(2) + 1 = 5; d 부껍질에 대해 5개의 오비탈

(계속)

3. 오비탈 도표	1s	2s	2p	3s	3p	4s	3d
	(↑↓)	(↑↓)	(↑↓)(↑↓)(↑↓)	(↑↓)	(↑↓)(↑↓)(↑↓)	(↑↓)	(↑↓)(↑)(↑)(↑)(↑)

마무리 정리

오비탈 도표를 쓰려면 다음을 알아야 한다. (a) ℓ에 대한 값, (b) 각 부껍질에서 오비탈의 수, (c) 전자 배치, (d) Hund 규칙

6-7 단원자 이온의 전자 배치

지금까지 이 장에서는 중성 원자의 전자 배치와 오비탈 도표에 중점을 두고 논의하여 왔다. 전자를 잃거나 얻음으로써 형성된 단원자 이온의 전자 배치 역시 설명이 가능하다. 일반적으로 단원자 이온이 원자로부터 형성되었을 때, *가장 높은 주 에너지 준위 내의 부껍질에 전자가 더해지거나 부껍질에서 전자가 제거된다*.

▶ 불활성 기체 전자 구조를 갖는 이온

제2장에서 설명한 바와 같이, 주기율표의 불활성 기체(noble-gas)와 가까이 있는 원소들은 불활성 기체 원자와 같은 전자수를 갖는 이온을 형성한다.◀ⓘ 이것은 이들 이온이 불활성 기체의 전자 배치를 가지고 있음을 의미한다. 따라서 네온 앞에 있는 세 개의 원소들(N, O, F)과 네온 다음의 세 개 원소들(Na, Mg, Al)은 모두 네온의 전자 배치, $1s^22s^22p^6$를 갖는 이온들을 형성한다. 다음 세 개의 비금속 원자들은 전자를 얻음으로써 이와 같은 전자 구조를 갖고 음이온이 된다.

ⓘ 중요한 생각들은 반복할 가치가 있다.

$$_7\text{N}\ (1s^22s^22p^3) + 3e^- \longrightarrow {}_7\text{N}^{3-}\ (1s^22s^22p^6)$$
$$_8\text{O}\ (1s^22s^22p^4) + 2e^- \longrightarrow {}_8\text{O}^{2-}\ (1s^22s^22p^6)$$
$$_9\text{F}\ (1s^22s^22p^5) + e^- \longrightarrow {}_9\text{F}^{-}\ (1s^22s^22p^6)$$

다음 세 개의 금속 원자들은 전자를 잃음으로써 네온의 전자 구조를 갖게 되고, 양이온이 된다.

$$_{11}\text{Na}\ (1s^22s^22p^63s^1) \longrightarrow {}_{11}\text{Na}^{+}\ (1s^22s^22p^6) + e^-$$
$$_{12}\text{Mg}\ (1s^22s^22p^63s^2) \longrightarrow {}_{12}\text{Mg}^{2+}\ (1s^22s^22p^6) + 2e^-$$
$$_{13}\text{Al}\ (1s^22s^22p^63s^23p^1) \longrightarrow {}_{13}\text{Al}^{3+}\ (1s^22s^22p^6) + 3e^-$$

N^{3-}, O^{2-}, F^-, Ne, Na^+, Mg^{2+}, Al^{3+}등을 등전자(isoelectronic) 화학종이라고 한다. 즉, 이들은 모두 동일한 전자 배치를 갖는다.

불활성 기체의 전자 배치를 갖는 단원자 이온들은 상당히 많다. 그림 6.16에는 이와 같은 유형의 24개 이온들을 수록해 놓았다. 다시 한 번 말하지만, 주족의 이온들은 전하가 동

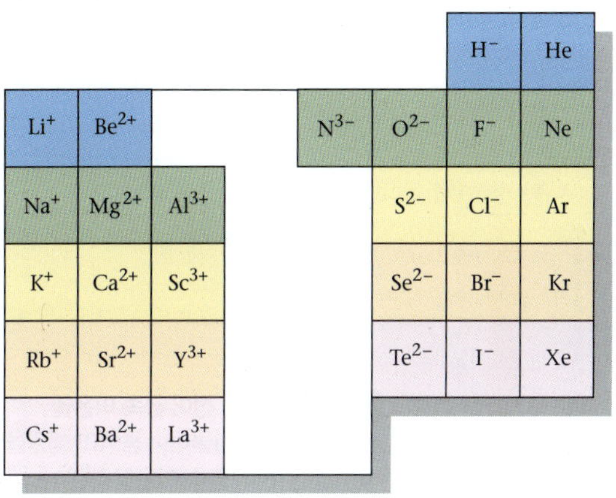

그림 6.16 ▸ **바닥 상태의 불활성 기체의 전자 배치를 갖는 양이온, 음이온, 원자들.** 같은 색으로 표시된 원자나 이온들은 *등전자* 화학종이며, 같은 전자 배치를 갖는다.

일하다(1족 이온의 전하는 +1, 2족 이온의 전하는 +2, 16족 이온의 전하는 −2, 17족 이온의 전하는 −1). 이러한 사실로부터 같은 주족의 원소들은 비슷한 화학적 성질을 가진다는 것을 알 수 있다. 특히 이러한 원소들이 만든 이온성 화합물들은 서로 비슷한 화학식을 가진다. 예를 들면,

- 알칼리 금속의 할로젠화물은 일반식 MX를 갖는다. 여기서 M은 Li, Na, K, . . . 등이며, X는 F, Cl, Br, . . . 등이다.
- 알칼리 토금속의 할로젠화물은 일반식 MX_2를 갖는다. 여기서 M은 Mg, Ca, Sr . . . 등이며 X는 F, Cl, Br . . . 등이다.
- 알칼리 토금속의 산화물은 일반식 MO를 갖는다. 여기서 M은 Mg, Ca, Sr...등이다.

전이 금속 양이온

스칸듐의 오른쪽에 있는 전이 금속들은 불활성 기체의 전자 배치를 갖는 이온을 형성하지 않는다. 불활성 기체의 전자 배치를 갖기 위해서는 네 개 이상의 전자를 잃어야 한다. 이러한 과정은 많은 에너지를 요구하므로 실제적으로는 잘 일어나지 않는다. 그러나 제2장에서 설명한 바와 같이 위의 금속들은 +1, +2, +3의 전하를 갖는 이온들을 형성한다. 양이온이 형성되는 과정에서 전자들은 가장 높은 **n** 값에 있는 부껍질에서 전자가 제거된다는 원칙에 따라 ***전이 금속 원자들이 양이온을 형성할 때 최외각의 s 전자들을 먼저 잃는다***는 것을 정확하게 예측할 수 있다. 예를 들어, Mn 원자로부터 Mn^{2+} 이온이 형성되는 과정을 살펴보자.

$$_{25}Mn \quad [Ar]4s^2 3d^5 \qquad _{25}Mn^{2+} \quad [Ar]3d^5$$

s 전자들은 원자에서는 "먼저 채워지고", 양이온에서는 "먼저 빠져 나오게" 된다.

여기서 4s 전자들이 3d 전자보다 먼저 제거된다. 이것은 Mn^{2+} 이온이 다섯 개의 홀전자(다섯 개의 3d 전자)를 갖는 것으로부터 알 수 있다. 만일 두 개의 3d 전자를 잃게 된다면 Mn^{2+} 이온은 단지 세 개의 홀전자를 갖게 된다.

모든 전이 금속들은(그림 6.17) 비슷한 과정, 즉 최외각의 s 전자를 먼저 잃음으로써 양이온이 형성된다. 최외각의 전자를 잃은 후에만 내부의 d 부껍질의 전자를 잃게 된다. 예를 들어 두 개의 다른 양이온을 형성하는 철을 살펴보자. 먼저 4s 전자를 잃고 Fe^{2+} 이온이 된다.

$$_{26}Fe([Ar]\ 4s^2 3d^6) \longrightarrow {}_{26}Fe^{2+}([Ar]\ 3d^6) + 2e^-$$

그런 다음에, 3d 부껍질에서 전자가 제거되어 Fe^{3+} 이온이 된다.

$$_{26}Fe^{2+}([Ar]\ 3d^6) \longrightarrow {}_{26}Fe^{3+}([Ar]\ 3d^5) + e^-$$

모든 전이 금속 이온에서와 같이, Fe^{2+} 이온과 Fe^{3+} 이온도 최외각의 s 전자는 존재하지 않는다.

그림 6.17 ▸ **전이 금속 이온들.** 전이 금속의 화합물이나 용액이 색깔을 띠는 것은 전이 금속 이온들 때문이다.

4주기 *원자*에서, 4s 준위는 3d 준위보다 먼저 채워짐을 기억할 것이다. 해당하는 *이온*에서, 전자들은 3d에서 제거되기 전에 4s에서 먼저 제거된다. 즉, 4s 부껍질이 3d보다 먼저 제거된다. 이것은 때때로 "먼저 들어온 것이 먼저 나간다(first in, first out)" 규칙(선입선출 규칙)으로 부른다.

선임 규칙(seniority rule, 후입선출 규칙)은 전자에는 적용되지 않는다.

예제 6.9

Fe^{2+} 이온과 Br^- 이온의 전자 배치를 써라.

분석

주어진 정보:	이온과 이온의 전하를 확인: (Fe^{2+}, Br^-)
정보가 알려주는 내용:	원자의 원자 번호; 원자의 전자 배치
알고자 하는 것:	이온의 전자 배치

전략

1. 각 원자의 전자 배치를 쓴다.
2. **n**이 가장 큰 부껍질에서 양이온에 대해서는 전자를 빼고, 음이온에 대해서는 전자를 더한다. 만일 **n**이 가장 큰 부껍질이 한 개 이상 존재한다면 그 **n**에서 가장 큰 ℓ을 갖는 부껍질에 전자를 더하거나 뺀다.

풀이

Fe의 전자 배치	$1s^22s^22p^63s^23p^64s^23d^6$
+2의 전하를 갖는 양이온	2개의 전자를 뺀다.
가장 큰 **n**	단지 1개의 부껍질을 갖는 4
Fe^{2+}의 전자 배치	$1s^22s^22p^63s^23p^64s^{2-2}3d^6 = 1s^22s^22p^63s^23p^63d^6$
Br의 전자 배치	$1s^22s^22p^63s^23p^64s^23d^{10}4p^5$
−1의 전하를 갖는 음이온	1개의 전자를 더한다.
가장 큰 **n**	2개의 부껍질(s와 p)을 갖는 4
n에서 가장 큰 ℓ	p
Br^-의 전자 배치	$1s^22s^22p^63s^23p^64s^23d^{10}4p^{5+1} = 1s^22s^22p^63s^23p^64s^23d^{10}4p^6$

마무리 정리

Br^-의 전자 배치는 Br과 가장 가까운 불활성 기체인 크립톤(Kr)의 전자 배치와 같다.

6-8 원자 성질의 주기적 경향

화학에서 가장 근본적인 원리 중의 하나가 주기율(periodic law)이며, 다음과 같이 표현된다.

원소들의 화학적, 물리적 성질은 원자 번호의 주기적인 함수이다.

물론 이것은 주기율표의 구조 뒤에 숨어 있는 원리이다. 세로로 같은 족에 있는 원소들은 화학적으로 서로 유사하며, 이것은 2, 8, 18, 32 원소들의 규칙적인 간격으로 화학적 성질이 반복되기 때문이다.

이 절에서는 주기율표를 사용하여 원자 수준에서 원자의 성질들을 서로 연관시키는 방법을 살펴볼 것이다. 특히, 원자 반지름, 이온 반지름, 이온화 에너지, 전기음성도가 주기율표의 같은 주기에서, 또는 같은 족에서 어떻게 변하는지 살펴볼 것이다.

원자 반지름 = $\frac{0.256\ \text{nm}}{2}$ = 0.128 nm

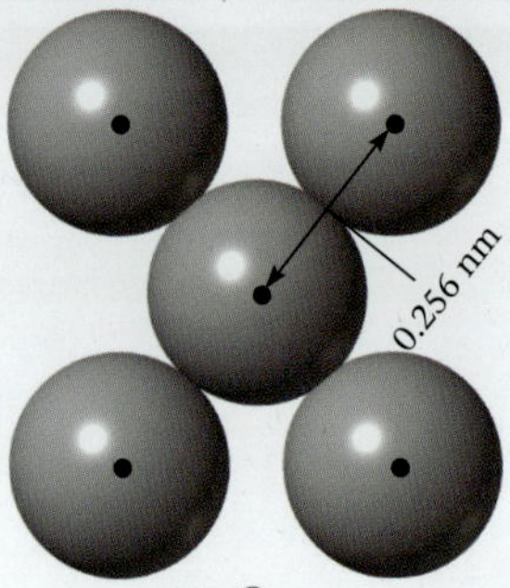

ⓐ

원자 반지름 = $\frac{0.198\ \text{nm}}{2}$ = 0.099 nm

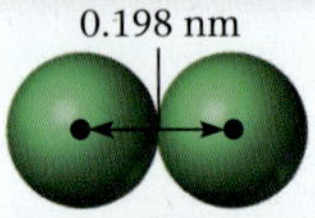

ⓑ

그림 6.18 ▸ **원자 반지름.** 원자 반지름은 같은 원소에서 가장 가까이에 있는 원자들이 서로 접하고 있다고 가정하고 결정된다. 원자 반지름은 가장 가까운 핵 간 거리의 $\frac{1}{2}$에 해당한다.

▶ 원자 반지름

엄밀하게 말해서 원자의 "크기"는 다소 애매모호한 개념이다. 핵 주위의 전자 구름은 뚜렷한 경계를 갖고 있지 않다. 그러나 원자를 구형으로 가정하면 **원자 반지름**(atomic radius)을 정의하고 측정할 수 있다. 일반적으로 원자 반지름은 한 가지 원소로 이루어진 물질에서 가장 가까운 원자 간의 거리를 측정하여 반으로 나눈 값을 의미한다(그림 6.18).

주족 원소의 원자 반지름을 그림 6.19의 윗부분에 나타내었다. 일반적으로 원자 반지름은 다음과 같은 경향을 나타낸다.

- 주기율표의 같은 주기에서는 왼쪽에서 오른쪽으로 갈수록 반지름은 작아진다.
- 주기율표의 같은 족에서는 아래쪽으로 갈수록 반지름은 커진다.

이러한 경향은 해당 원자의 전자 배치로 설명이 가능하다. 우선 알칼리 금속(1족)이 주기율표의 아래로 내려가면서 반지름이 증가하는 것에 대해서 살펴보자. 모든 알칼리 금속의 원소들은 채워진 p 부껍질의 바깥에 한 개의 s 전자를 가지고 있다. 이런 내부 껍질의 전자는 외각의 전자보다 원자핵에 훨씬 더 가깝기 때문에, 원자핵의 양전하로부터 전자를 효과적으로 차폐(shield)한다. 대략적으로, 각각의 내부 전자는 원자핵에서 1개의 양성자의 전하를 상쇄하므로 바깥의 s 전자는 +1의 알짜 양전하에 의해 끌린다. 이런 의미에서, 알칼리 금속의 원자는 수소 원자의 전자와 같은 성질을 가지고 있다. 수소 원자핵으로부터 전자의 평균 거리는 주양자수(**n**)가 증가함에 따라 증가하기 때문에, Li (2s 전자)에서 Na (3s 전자)로 내려감에 따라, 반지름은 증가한다. 계속해서 족의 아래로 내려감에 따라 반지름은 증가한다.

주기율표의 오른쪽으로 가면서 원자 반지름이 감소하는 것도 유사한 방법으로 설명할 수 있다. 예를 들어 전자가 세 번째 주 에너지 준위에 채워지는 3주기를 살펴보자. 추가되는 전자는 모두 원자핵으로부터 거의 같은 거리에 있기 때문에 서로에 대하여 차단하는 정도가 상대적으로 적게 된다. 내부에 채워진 준위(**n** = 1, **n** = 2)인 10개의 **핵심 전자**(core electron)만 외각 전자를 핵으로부터 차폐할 것으로 예상된다. 이는 **유효 핵전하**(effective nuclear charge)라고 부르는 외각 전자가 느끼는 전하(charge)는 원자 번호가 증가함에 따라(주기율표의 오른쪽으로 감에 따라) 꾸준히 증가하는 것을 의미한다. 유효 핵전하가 증가함에 따라 최외각 전자는 더 세게 끌어당겨지고, 원자 반지름은 감소한다.

▶ 이온 반지름

주족 원소의 원자에서 형성된 양이온과 음이온의 반지름은 그림 6.19의 아래 부분에 나타나 있다. 앞에서 원자 반지름에 대해 언급한 경향은 이온 반지름에서도 분명하게 보인다. 예를 들어, **이온 반지름**(ionic radius)은 주기율표에서 족의 아래로 내려감에 따라 증가된다는 것을 주목하자. 또한 양이온(그림의 왼쪽)과 음이온(그림의 오른쪽)의 반지름은 모두 주기율표의 왼쪽에서 오른쪽으로 갈수록 감소한다.

양이온과 음이온의 반지름을 그 이온을 생성한 원자의 반지름과 비교하면 다음과 같다.

- ***금속 원자에서 생성된 양이온은 금속 원자보다 작다***(그림 6.20). Na^+ 이온의 반지름은 0.095 nm로서, Na 원자의 반지름 0.186 nm의 절반보다 약간 크다.
- ***비금속 원자에서 생성된 음이온은 비금속 원자보다 크다***(그림 6.20). Cl^- 이온의 반지름은 0.181 nm로 Cl 원자의 반지름 0.099 nm의 거의 두 배이다.

이와 같은 효과로 인해 음이온들은 대체로 양이온들보다 크다. 예를 들면 Cl^- 이온(반지름 = 0.181 nm)은 Na^+ 이온(반지름 = 0.095 nm)보다 크다. 이는 염화 소듐과 실제로 대부분의 모든 이온성 화합물에서, 결정 격자의 대부분의 공간을 음이온이 차지한다는 것을 의미한다.

원자와 이온의 반지름 차이는 아주 쉽게 설명할 수 있다. 양이온에는 전자보다 양성자가 많아서 외각 전자를 핵에 더 가깝게 끌어당기기 때문에 양이온은 이온을 생성한 금속 원자보다 작다. 대조적으로, 음이온에는 추가된 전자로 인해 외각 전자들 사이의 반발이 커지기 때문에 음이온은 이온을 생성한 비금속 원자보다 크다.

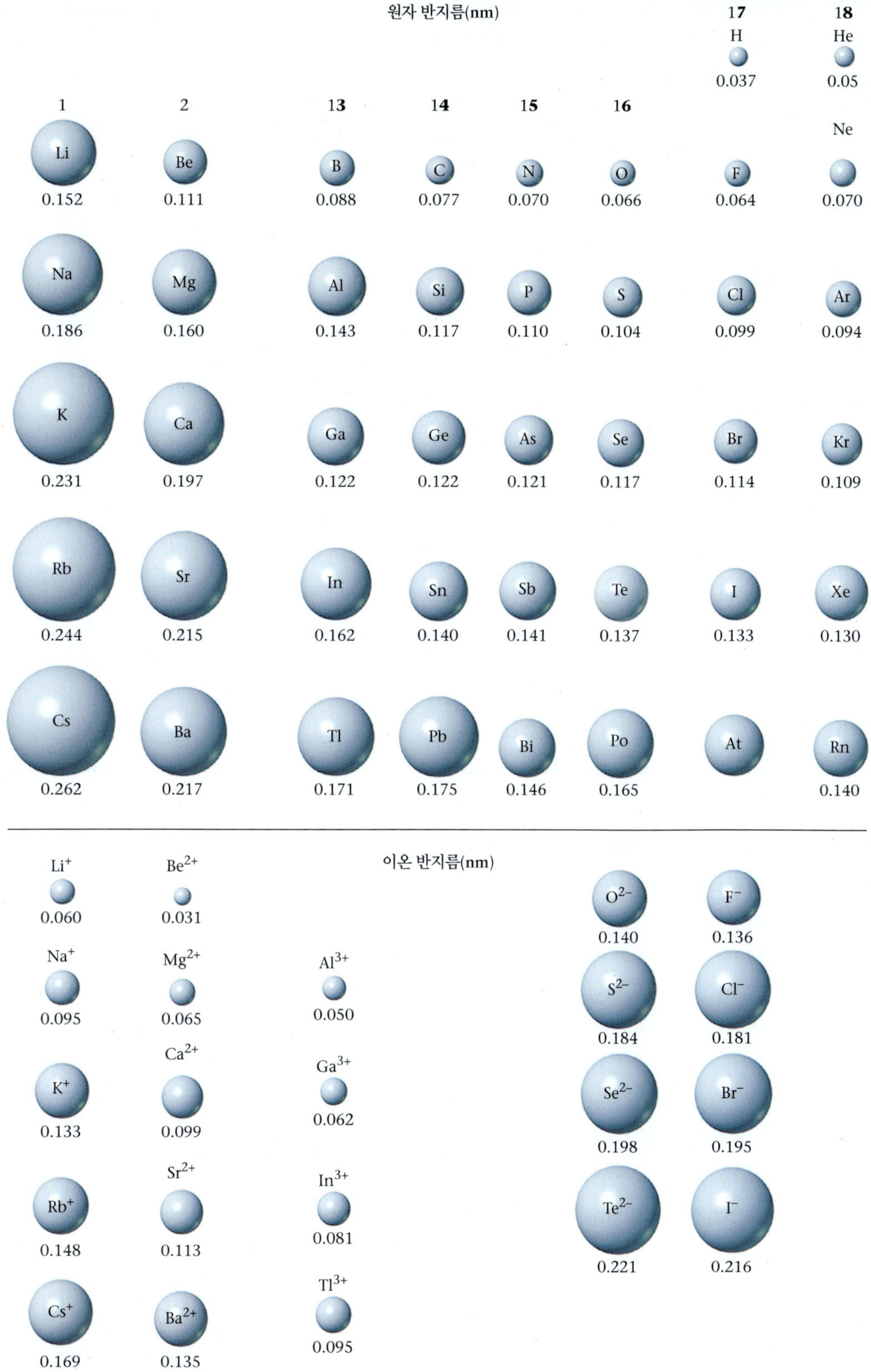

그림 6.19 ▸ **주족 원소들의 원자 반지름과 이온 반지름**. 음이온은 같은 원소의 원자보다 항상 더 크다. 반면에 양이온은 같은 원소의 원자보다 항상 더 작다.

예제 6.10

주기율표만을 이용하여, 다음 원자와 이온들의 크기가 증가하는 순서로 나열하라.

(a) Mg, Al, Ca (b) S, Cl, S^{2-} (c) Fe, Fe^{2+}, Fe^{3+}

전략

다음을 기억한다.

- 주기율표에서 주기와 족의 정의
- 반지름은 주기의 오른쪽으로 갈수록 감소하고, 족의 아래로 갈수록 증가한다.
- 원자는 양이온보다 크고, 음이온보다 작다.

풀이

(a) Mg, Al, Ca
Mg과 Al은 같은 주기에 속해 있다. Al < Mg
Mg과 Ca은 같은 족에 속해 있다. Mg < Ca
그러므로 Al < Mg < Ca

(b) S, Cl, S^{2-}
S와 Cl은 같은 주기에 속해 있다. Cl < S
원자는 음이온보다 작다. S < S^{2-}
그러므로 Cl < S < S^{2-}

(c) Fe, Fe^{2+}, Fe^{3+}
양이온은 원자보다 작다. Fe^{2+} < Fe, Fe^{3+} < Fe
동일한 원자에서 양이온의 전하가 증가하면 이온의 크기는 감소한다.
$Fe^{3+} < Fe^{2+}$
그러므로 $Fe^{3+} < Fe^{2+} <$ Fe (그림 6.21)

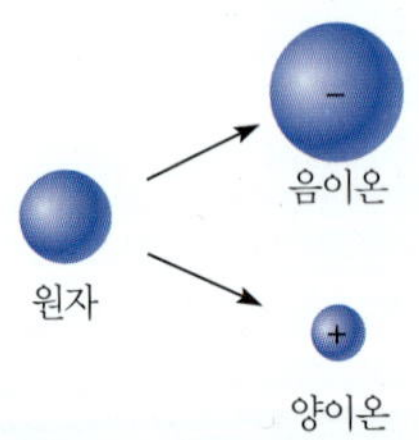

그림 6.20 ▸ 모체 원자와 그 원자에서 만들어진 이온의 상대적인 크기.

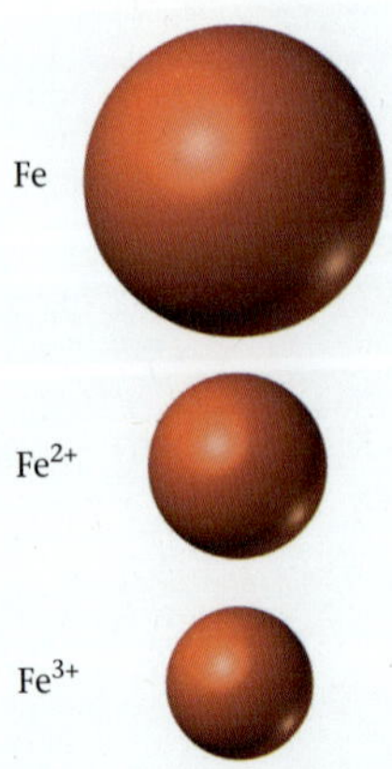

그림 6.21 ▸ 철 원자와 철 이온들의 상대적 크기.

이온화 에너지

이온화 에너지(ionization energy)는 기체 상태의 원자에서 한 개의 전자를 제거하기가 얼마나 어려운가를 나타내는 척도이다. 이온이 되기 위해서는 반드시 에너지를 흡수해야 한다. 따라서 이온화 에너지는 항상 양의 값을 갖는다.

1차 이온화 에너지는 기체 상태의 원자에서 최외각 전자 한 개를 제거하여 +1가 이온으로 만드는 데 필요한 에너지이다.

$$M(g) \longrightarrow M^+(g) + e^- \qquad \Delta E_1 = 1\text{차 이온화 에너지}$$

전자들을 제거하기가 힘들수록 더 큰 이온화 에너지가 요구된다.

주족 원소의 1차 이온화 에너지를 그림 6.22에 나타내었다. 이와 같은 이온화 에너지는 다음과 같은 경향을 나타낸다.

- 주기율표에서 왼쪽으로부터 오른쪽으로 갈수록 이온화 에너지는 증가한다.
- 주기율표의 위에서 아래로 갈수록 이온화 에너지는 감소한다.

그림 6.19와 그림 6.22를 비교해 보면 이온화 에너지와 원자 반지름 사이에는 반비례의 관계가 있음을 알 수 있다. 즉, 작은 원자일수록 핵이 전자들을 세게 붙잡고 있어서 전자를 제거하기가 어렵다. 반대로 1족 금속과 같은 커다란 원자에서는 전자가 핵에서 상대적으로 멀리 떨어져 있기 때문에 원자에서 전자를 제거하는 데 적은 에너지가 필요하다.

1	2	13	14	15	16	17	18
						H 1312	He 2372
Li 520	Be 900	B 801	C 1086	N 1402	O 1314	F 1681	Ne 2081
Na 496	Mg 738	Al 578	Si 786	P 1012	S 1000	Cl 1251	Ar 1520
K 419	Ca 590	Ga 579	Ge 762	As 944	Se 941	Br 1140	Kr 1351
Rb 403	Sr 550	In 558	Sn 709	Sb 832	Te 869	I 1009	Xe 1170
Cs 376	Ba 503	Tl 589	Pb 716	Bi 703	Po 812	At	Rn 1037

이온화 에너지 감소

이온화 에너지 증가

그림 6.22 ▸ **주족 원소의 1차 이온화 에너지(kJ/mol).** 몇 가지 예외는 있지만, 일반적으로 이온화 에너지는 주기율표에서 족의 아래로 갈수록 감소하고, 같은 주기에서 오른쪽으로 갈수록 증가한다.

예제 6.11

세 개의 원소, C, N, Si에 대한 질문이다. 주기율표만을 사용하여 세 개의 원소에 대하여 다음을 예상하라.

(a) 원자 반지름이 가장 큰 원소와 가장 작은 원소

(b) 이온화 에너지가 가장 큰 원소와 가장 작은 원소

전략

1. 세 원소는 주기율표에서 구역(N은 C 다음에, Si는 C 아래에)을 형성하기 때문에, 규소와 질소를 둘 다 탄소와 비교하는 것이 편리하다.
2. 원자 반지름과 이온화 에너지에 대한 경향을 기억해 둔다.

풀이

(a) 원자 반지름 $C > N; C < Si$

Si가 가장 큰 원자이고, N이 가장 작은 원자이다.

(b) 이온화 에너지 $C < N; C > Si$

Si는 제1차 이온화 에너지가 가장 작다.

N는 제1차 이온화 에너지가 가장 크다.

마무리 정리

그림 6.19와 6.22를 참고로 하여 답을 점검한다.

그림 6.22를 잘 살펴보면 위에서 언급한, 예제 6.11에서 나타난 일반적인 경향에 맞지 않는 몇 가지 예외를 찾을 수 있다. 예를 들면 B의 이온화 에너지(801 kJ/mol)는 Be의 이온화 에너지(900 kJ/mol)보다 *작다*. 이는 베릴륨에서 제거된 전자는 2s 부껍질에서 빠져나오는 반면, 붕소 원자에서 제거된 전자는 2p 부껍질에서 빠져나오기 때문이다. 2p의 에너지가 2s보다 높은 상태에 있으므로 2p에서 하나의 전자를 제거하는 데 상대적으로 적은 에너지가 필요하다는 것은 그다지 놀라운 일이 아니다.

▶ 전기음성도

원자의 이온화 에너지는 전자들을 잃는 경향에 대한 척도이다. 이온화 에너지가 클수록 전자를 제거하기 어렵다. 서로 다른 원자가 전자를 얻는 경향을 비교하기 위한 여러 가지 방법

표 6.7 ▸ 전기음성도 값

H 2.2							___*
Li 1.0	Be 1.6	B 2.0	C 2.5	N 3.0	O 3.5	F 4.0	___*
Na 0.9	Mg 1.3	Al 1.6	Si 1.9	P 2.2	S 2.6	Cl 3.2	___*
K 0.8	Ca 1.0	Sc 1.4	Ge 2.0	As 2.2	Se 2.5	Br 3.0	Kr 3.3
Rb 0.8	Sr 0.9	Y 1.2	Sn 1.9	Sb 2.0	Te 2.1	I 2.7	Xe 3.0
Cs 0.8	Ba 0.9						

* 기체(불활성 기체) 중 He, Ne, Ar은 안정된 화합물을 형성하지 못하므로 표에 나타내지 않았음.

이 있다. 그 중에서 우리 목적에 가장 유용한 것은 **전기음성도**(electronegativity)인데, 전기음성도는 원자가 공유 결합을 형성할 때 공유 전자쌍을 자기쪽으로 끌어당기는 능력에 대한 척도이다.

전기음성도는 양의 값을 가진다.

원자의 전기음성도가 클수록 전자에 대한 인력도 크다. 표 6.7에 Linus Pauling (1901~1994)이 최초로 제안한 전기음성도 값들을 나타내었다. 각 원소들은 전기음성도 값이 가장 큰 플루오린(4.0)부터 가장 작은 세슘(0.8)까지 숫자가 지정되어 있다. 주족 원소들의 전기음성도는 주기율표의 왼쪽에서 오른쪽으로 갈수록 증가하며 또한 일반적으로 같은 족에서 아래로 갈수록 감소한다. 제7장에서 공유 결합을 논의할 때 표 6.7은 대단히 유용하게 사용될 것이다.

생활 속의 화학 이야기 | CHEMISTRY BEYOND THE CLASSROOM

바닷가재는 익으면 왜 빨갛게 변하는가?

코네티컷 대학교, Harry A. Frank

많은 생명체들은 눈에 보이는 색깔을 나타낸다. 이는 특정한 분자가 생명체의 단백질이나 막에 결합되어 전자기 스펙트럼에서 가시광선 영역의 빛을 흡수할 때 생긴다. 이 장에서 설명한 것과 같이 흡수는 원자나 분자가 빛에 의해 바닥 상태에서 에너지가 높은 들뜬 상태로 될 때 일어난다. 흡수되지 않은 빛의 파장은 산란되거나 반사된다. 이로 인해 환경과 조화를 이루거나 눈에 띄는 색깔과 무늬가 나타날 수 있다. 동물들이 특정한 분자를 선택하여 그들의 색깔을 갖는 이유는 야생에서의 생존에 대한 압박과 깊은 관련이 있다. 그러나 모든 동물이 자신들의 이 목적을 이루기 위해 그들에게 필요한 것을 합성할 수 있는 것은 아니다. 많은 경우에 섭취하는 먹이가 중요한 역할을 한다.

동물들은 정상적인 섭취 과정에서 식물을 섭취하며, 식물 색소들은 생명체의 외피로 들어가 그곳에서 색깔로 나타난다. 섭취 후에 많은 복잡한 생화학적 과정과 대사 과정이 관여하여 궁극적으로 색소가 되는 분자를 변형하고 운반한다.

가장 좋은 사례는 미국 바닷가재인 *Homarus americanus*의 색깔이다. 바닷가재 껍질의 전형적인 녹갈색 외부층과 관련 있는 색소는 카르티노이드인 아스타잔틴(astaxanthin, 그림 A)이며, 이는 β-카로틴(β-carotene)의 산소화 유도체이며 당근이 주황색을 띠게 하는 분자이다.

아스타잔틴과 β-카로틴은 둘 다 카로티노이드로 알려져 있는 색소의 종류에 속한다. 카로티노이드는 어떤 동물도 합성할 수 없으며, 음식을 통해서만 얻어진다. 바닷가재의 먹이는 주로 물고기, 연체동물 및 다른 갑각류이다. 그러므로 살아 있는 바닷가재의 색깔은 먹을 수 있는 먹이의 종류와 환경 조건의 차이로 인해 달라질 수 있다. 이런 이유로 일부 바닷가재는 주황색, 얼룩무늬, 심지어 밝은 파란색일 수도 있다. 실제로 살아 있는 바닷가재의 다리, 꼬리 등의 관절 부위에 파란색이 자주 나타난다(그림 B). 바닷가재를 익히면 색이 빨갛게 변한다. 어떻게 이런 일이 일어날까?

섭취된 후에, 아스타잔틴 분자는 크루스타사이아닌(crustacyanin)이라 부르는 큰 단백질로 조립된 다음 바닷가재 껍질의 석회화된 외부층에 결합된다. 아스타잔틴 분자가 크루스타사이아닌 단백질에 결합되면 구조가 꼬여서 다른 아스타잔틴과 쌍을 이룬다. 아스타잔틴 분자들이 꼬이고 쌍을 이루는 것이 장파장의 가시광선을 흡수하는(그림 C) 색소-단백질 착물을 생성한다. 따라서 파란색으로 보인다. 메탄올과 같은 유기 용매에 녹은 자유 아스타잔틴은 짧은 파장의 청록색 빛을 흡수하므로(그림 C) 이 색의 보색인 빨간색으로 보인다.

바닷가재는 껍질에 단백질 결합 아스타잔틴(파란색)과 자유 아스타잔틴(빨간색)을 적절히 조화롭게 축적하기 때문에 살아 있을 때에는 녹갈색을 띠어 해저에 있는 포식 동물에 대하여 위장 역할을 하는 것으로 보인다. 익히면 고온에서 크루스타사이아닌 단백질이 변성되고 결합된 아스타잔틴을 방출하기 때문에 색깔 변화가 생긴다. 더 이상 단백질에 속박되어 있지 않은 온전한 아스타잔틴은 유기 용매에 있는 자유 분자가 나타내는 것과 같은 빨간색을 띠게 한다. 이런 풍부한 카로티노이드 색소에 의해 포유동물, 물고기, 파충류, 새 및 다른 살아 있는 생물체들이 색깔을 나타낸다.

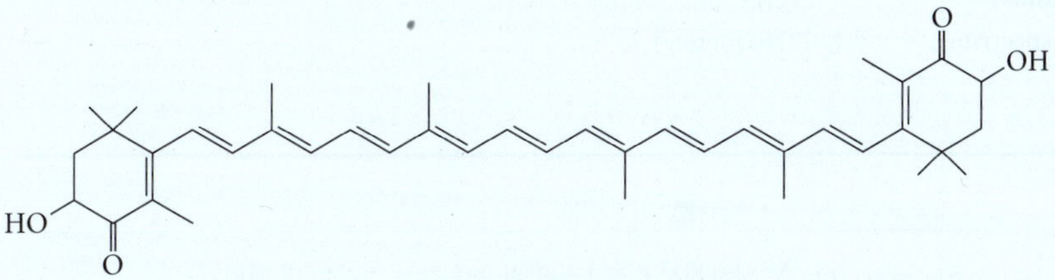

그림 A ▸ **아스타잔틴(astaxanthin)의 분자 구조.** β-카로틴은 =O와 —OH 기가 수소 원자로 치환된 것이다.

그림 B ▸ **미국 바닷가재(*Homarus americanus*)의 익기 전과 후의 모습.**

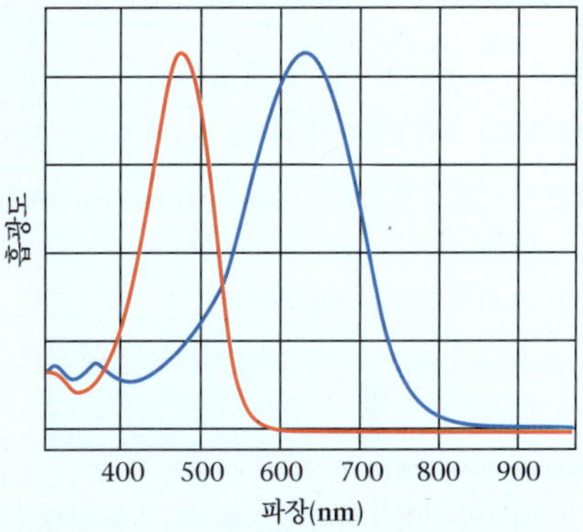

그림 C ▸ **메탄올에서 아스타잔틴(astaxanthin, 빨간선)의 흡수 스펙트럼과 크루스타사이아닌 단백질(crustacyanin protein, 파란선)에 결합된 아스타잔틴의 흡수 스펙트럼.**

주요 개념

1. 파장, 진동수와 에너지를 연관시키기.
   (예제 6.1, 6.2; 문제 1~8, 61~63)
2. 수소 스펙트럼의 선들을 규명하기 위해서 Bohr 모형 사용하기.
   (예제 6.3; 문제 9~16)
3. 전자들의 양자수 확인하기.
   (예제 6.4, 문제 17~22, 27, 28)
4. 에너지 준위에 채울 수 있는 최대 전자수 구하기.
   (예제 6.5; 문제 23~26)
5. 원자와 이온의 완전한 전자 배치 또는 축약 전자 배치 쓰기.
   (예제 6.6, 6.7, 6.9; 문제 29~38, 49, 50)
6. 원자와 이온의 오비탈 도표 그리기.
   (예제 6.8; 문제 39~52)
7. 반지름, 이온화 에너지, 전기음성도의 경향을 주기율표에서 규명하기.
   (예제 6.10, 6.11; 문제 53~60)

주요 식

진동수-파장 $\lambda\nu = c = 2.998 \times 10^8$ m/s

에너지-진동수 $E = h\nu = hc/\lambda$; $h = 6.626 \times 10^{-34}$ J · s

Bohr 모형 $E_\mathbf{n} = -R_H/\mathbf{n}^2$; $R_H = 2.180 \times 10^{-18}$ J

$$\nu = \frac{R_H}{h}\left[\frac{1}{(\mathbf{n}_{\text{낮은}})^2} - \frac{1}{(\mathbf{n}_{\text{높은}})^2}\right]$$

양자수

$\mathbf{n} = 1, 2, 3, 4, \ldots$

$\ell = 0, 1, 2, \ldots, (\mathbf{n} - 1)$

$\mathbf{m}_\ell = \ell, \ldots, +1, 0, -1, \ldots, -\ell$

$\mathbf{m}_s = +\frac{1}{2}, -\frac{1}{2}$

주요 용어

광자(photon)
전자 배치(electron configuration)
—축약(abbreviated)
들뜬 상태(excited state)
란타넘족(lanthanide)
바닥 상태(ground state)
부껍질(sublevel)
스펙트럼(spectrum)
악티늄족(actinide)
양자수(quantum number)
오비탈(orbital)
오비탈 도표(orbital diagram)
원자 반지름(atomic radius)
원자 스펙트럼(atomic spectrum)
이온 반지름(ionic radius)
이온화 에너지(ionization energy)
전기음성도(electronegativity)
전자 스핀(electron spin)
주 에너지 준위(principal energy level)
진동수(frequency)
파장(wavelength)
Hund 규칙(Hund's rule)
Pauli 배타 원리(Pauli exclusion principle)

요약 문제

바나듐($Z = 23$)에 대하여 다음에 답하라.

(a) 바나듐의 스펙트럼에서 318.5 nm에 하나의 선이 있다.

(1) 이 선은 스펙트럼의 어떤 영역(자외선, 가시광선, 적외선)에 나타나는가?

(2) 이 선의 진동수는 얼마인가?

(3) 이 선에 해당하는 두 준위 사이의 에너지 차는 kJ/mol의 단위로 얼마인가?

(4) 바닥 상태에서 바나듐의 이온화 에너지는 650.2 kJ/mol이다. (3)에서의 전이가 바닥 상태로부터 들뜬 상태로의 전이라고 가정하자. 이 경우에 들뜬 상태의 이온화 에너지를 계산하라.

(b) V 원자와 V^{3+} 이온의 전자 배치를 써라.

(c) V 원자와 V^{3+} 이온에 대한 오비탈 도표(Ar 이후의)를 써라.

(d) V 원자에서 홀전자는 몇 개인가? V^{3+} 이온에서 홀전자는 몇 개인가?

(e) V 원자에서 $\ell = 1$인 양자수를 갖는 전자는 몇 개인가?

(f) V^{3+}에서 $\ell = 2$인 양자수를 갖는 전자는 몇 개인가?

(g) V, V^{2+}, V^{3+}를 크기가 증가되는 순서로 나열하라.

해답

(a) **(1) 자외선; (2) $9.413 \times 10^{14}\ s^{-1}$; (3) 375.6 kJ/mol; (4) 274.6 kJ/mol**

(b) **$1s^22s^22p^63s^23p^64s^23d^3$; $1s^22s^22p^63s^23p^63d^2$**

(c)

	4s	3d
V:	(↑↓)	(↑)(↑)(↑)( )( )
V^{3+}:	( )	(↑)(↑)( )( )( )

(d) **3; 2**
(e) **12**
(f) **2**
(g) **$V^{3+} < V^{2+} < V$**

연습 문제

짝수 번호의 문제와 도전 문제의 해답은 센게이지 홈페이지 자료실에서 다운로드 받을 수 있다(www.cengage.co.kr).

6-1 빛, 광자 에너지, 원자 스펙트럼

1. 보라색 빛의 광자는 423 nm의 파장을 갖는다. 다음을 계산하라.
(a) 진동수
(b) 광자 당 주울 단위의 에너지(J/광자)
(c) 몰 당 킬로주울 단위의 에너지(kJ/mol)

2. 대부분의 망막 열공과 망막 박리는 레이저를 이용한 광응고술으로 치료한다. 흔히 사용되는 레이저는 514 nm의 파장을 가진 레이저이다. 다음을 계산하라.
(a) 진동수
(b) 광자 당 주울 단위의 에너지(J/광자)
(c) kJ/mol 단위의 에너지

3. 네온의 스펙트럼에서 한 선은 837.8 nm의 파장을 갖는다.
(a) 흡수가 일어나는 스펙트럼의 영역은 어떤 영역인가?
(b) 이 흡수에 대한 진동수를 계산하라.
(c) 에너지(kJ/mol)는 얼마인가?

4. 오존은 $1.29 \times 10^{15}\ s^{-1}$의 진동수의 에너지를 흡수한다.
(a) 흡수 파장(nm)은 얼마인가?
(b) 흡수가 일어나는 스펙트럼의 영역은 어떤 영역인가?
(c) 한 개의 광자에 의해 흡수되는 에너지는 얼마인가?

5. 루비듐의 이온화 에너지는 403 kJ/mol이다. 85 nm의 파장을 가진 X-선은 루비듐을 이온화시킬 수 있는 충분한 에너지를 가지고 있는가?

6. 복사선의 에너지는 화학 결합을 끊을 수가 있다. 질소 기체(N_2)에서 질소–질소 결합을 끊기 위하여 941 kJ/mol에 해당하는 에너지가 필요하다.
(a) 결합을 끊을 수 있는 복사선의 파장을 계산하라.
(b) 이 복사선이 발생되는 스펙트럼의 영역은 어떤 영역인가?

7. 레이저는 피부 문신을 전체 또는 부분적으로 제거하는 데 사용되고 있다. 파장이 755 nm인 레이저는 초록색 또는 푸른색 잉크를 제거하는 데 사용한다.
(a) 레이저가 방출하는 에너지(kJ/mol)는 얼마인가?
(b) (a)에서 얻은 에너지와 X-선($\lambda = 1 \times 10^{-9}$ m)에서 방출되는 에너지를 비교하라.

8. 교수가 강의를 하는 동안 레이저 포인터를 사용하고 있다. 레이저 포인터는 635 nm의 파장을 갖는 붉은 주황색 다이오드를 사용한다. 만일 포인터가 0.255 mol의 광자를 방출하였다면 포인터가 방출한 에너지(kJ)는 얼마인가?

6-2 수소 원자

9. 에너지 준위 $n = 5$에서 $n = 3$으로 전이할 때, 다음에 답하라.
(a) 이 전이에 해당하는 빛의 진동수는 얼마인가?
(b) 이 전이가 일어나는 스펙트럼의 영역은 어떤 영역인가?
(c) 에너지가 흡수되는가?

10. 에너지 준위 $n = 2$에서 $n = 5$로 전이할 때, 다음에 답하라.
(a) 이 전이에 해당하는 빛의 파장은 얼마인가?
(b) 이 전이가 일어나는 스펙트럼의 영역은 어떤 영역인가?
(c) 에너지가 흡수되는가?

11. Bohr 모형에 따르면 원궤도의 반지름은 다음의 식으로 주어진다.
$$r(\text{nm 단위}) = 0.0529\ \mathbf{n}^2$$
$n = 1, 2, 3, 4$인 수소 전자에 대한 4개의 궤도를 그려라. 다음 계열에서 선으로 나타나는 궤도 사이의 전이를 화살표로 표시하라.
(a) Lyman 계열($n_{낮은} = 1$)
(b) Balmer 계열($n_{낮은} = 2$)

12. $n = 1, 2, 3, 4$일 때 각각의 E_n을 계산하라($R_H = 2.180 \times 10^{-18}$ J). n 값에 따라 에너지가 세로 방향으로 증가하는 1차원 그래프를 그려라. 이 그래프에서 다음 계열의 전이를 세로 방향 화살표로 나타내라.
(a) Lyman 계열($n_{낮은} = 1$)
(b) Balmer 계열($n_{낮은} = 2$)

13. Pfund 계열의 경우에는 $n_{낮은} = 5$이다.
(a) $n = 7$에서 $n = 5$로 전이할 때의 파장(nm)을 계산하라.
(b) 이와 같은 선들이 형성되는 스펙트럼의 영역은 어떤 영역인가?

14. Brackett 계열에서 $n_{낮은} = 4$이다.
(a) $n = 6$에서 $n = 4$로 전이할 때의 파장(nm)을 계산하라.
(b) 이와 같은 선들이 형성되는 스펙트럼의 영역은 어떤 영역인가?

15. Lyman 계열($n_{낮은} = 1$)의 한 선이 97.23 nm에서 나타난다. 이 선에 해당하는 전이의 $n_{높은}$을 계산하라.

16. Pfund 계열에서는 $n_{낮은} = 5$이다. 이 계열의 가능한 전이 중에서 가장 긴 파장(nm)을 계산하라.

6-3 양자수

17. 다음에 대하여 가능한 m_ℓ 값을 구하라.
(a) d 부껍질
(b) s 부껍질
(c) $n = 2$인 모든 부껍질

18. 다음에 대하여 가능한 m_ℓ 값을 구하라.
(a) d 부껍질
(b) s 부껍질
(c) $n = 5$인 모든 부껍질

19. 다음 오비탈들의 짝 중에서 다전자 원자에서 에너지가 낮은 것은 어느 것인가?
(a) 3d 또는 4s
(b) 4f 또는 3d
(c) 2s 또는 2p
(d) 4f 또는 4d

20. 다음 오비탈들의 짝 중에서 다전자 원자에서 에너지가 높은 것은 어느 것인가?
(a) 3s 또는 2p
(b) 4s 또는 4d
(c) 4f 또는 6s
(d) 1s 또는 2s

21. 다음 양자수들로 표시되는 전자의 오비탈(즉 s, p, d, f)은 무엇인가?
(a) $n = 1, \ell = 0, m_\ell = 0$
(b) $n = 3, \ell = 2, m_\ell = -1$
(c) $n = 4, \ell = 3, m_\ell = 3$

22. 다음 양자수들로 표시되는 전자의 오비탈(즉 s, p, d, f)은 무엇인가?
(a) $n = 3, \ell = 1, m_\ell = 1$
(b) $n = 5, \ell = 0, m_\ell = 0$
(c) $n = 6, \ell = 4, m_\ell = -4$

23. 다음에 채워지는 최대 전자수는 얼마인가?
(a) $n = 3$
(b) 5s 오비탈
(c) f 부껍질
(d) 7p 오비탈

24. 다음에 있는 오비탈의 수는 얼마인가?
(a) $n = 3$
(b) 4p 부껍질
(c) f 부껍질
(d) d 오비탈

25. 한 원자에서 다음의 양자수를 갖는 전자의 수는 각각 얼마인가?
(a) $n = 2, \ell = 1, m_\ell = 0$
(b) $n = 2, \ell = 1, m_\ell = -1$
(c) $n = 3, \ell = 1, m_\ell = 0, m_s = +\frac{1}{2}$

26. 한 원자에서 다음의 양자수를 갖는 전자의 수는 각각 얼마인가?
(a) 1s
(b) 4d, $m_\ell = 0$
(c) $n = 5, \ell = 2$

27. 전자에 대한 네 개의 양자수가 다음과 같이 주어졌을 때, 가능하지 않은 것을 표시하고, 그 이유를 설명하라.
(a) $1, 2, 0, +\frac{1}{2}$
(b) $2, 1, 2, +\frac{1}{2}$
(c) $3, 0, 0, -\frac{1}{2}$
(d) $3, 2, 1, +\frac{1}{2}$
(e) $4, 2, -2, 0$

28. 전자에 대한 네 개의 양자수가 다음과 같이 주어졌을 때, 가능하지 않은 것을 표시하고, 그 이유를 설명하라.
(a) $1, 0, 0, -\frac{1}{2}$
(b) $1, 1, 0, +\frac{1}{2}$
(c) $3, 2, -2, +\frac{1}{2}$
(d) $2, 1, 2, +\frac{1}{2}$
(e) $4, 0, 2, +\frac{1}{2}$

29. 다음 각 원소에 대한 바닥 상태의 전자 배치를 써라.
(a) C (b) Cl (c) Co (d) Cs (e) Cd

30. 다음 각 원소에 대한 바닥 상태의 전자 배치를 써라.
(a) S (b) Sc (c) Si (d) Sr (e) Sb

31. 다음 각 원소에 대한 바닥 상태의 축약 전자 배치를 써라.
(a) N (b) Nb (c) Na (d) Ni (e) Nd

32. 다음 각 원소에 대한 바닥 상태의 축약 전자 배치를 써라.
(a) Mg (b) Os (c) Ge (d) V (e) At

33. 다음과 같은 바닥 상태를 갖는 원소 중에서 원자 번호가 가장 작은 원소의 기호를 써라.
(a) 완전히 채워진 f 부껍질
(b) 20개의 p 전자
(c) 2개의 4d 전자
(d) 5개의 5p 전자

34. 다음을 갖는 원소 중에서 원자 번호가 가장 작은 원소의 기호를 써라.
(a) 7개의 전자를 갖는 f 부껍질
(b) 12개의 d 전자
(c) 3개의 3p 전자
(d) 완전히 채워진 p 부껍질

35. 다음 원자의 전체 전자수에 대한 p 부껍질 전자수의 분율은 얼마인가?
(a) Al (b) Au (c) Ag

36. 다음 원자의 전체 전자수에 대한 p 부껍질 전자수의 분율은 얼마인가?
(a) Mg (b) Mn (c) Mo

37. 다음의 전자 배치(a~f)를 갖는 원자들 중에서, 바닥 상태에 있는 것, 들뜬 상태에 있는 것, 불가능한 것은 각각 어떤 것인가?
(a) $1s^2 2s^2 3s^2$
(b) $1s^2 2p^3$

(c) $1s^22s^32p^5$
(d) $1s^22s^22p^7$
(e) $1s^22s^22p^63s^1$
(f) $1s^22s^22p^63s^23d^1$

38. 다음의 전자 배치(a~e)를 갖는 원자들 중에서 바닥 상태에 있는 것, 들뜬 상태에 있는 것, 불가능한 것은 각각 어떤 것인가?
(a) $1s^22s^21d^1$
(b) $1s^22s^22p^63s^23p^4$
(c) $1s^22s^12p^73s^2$
(d) $1s^22s^23s^13p^4$
(e) $1s^22s^23s^23p^64s^2$

6-6 원자 오비탈 도표

39. 다음 각 원자에 대한 오비탈 도표를 써라.
(a) Li (b) P (c) F (d) Fe

40. 다음 각 원자에 대한 오비탈 도표를 써라.
(a) Na (b) O (c) Co (d) Cl

41. 다음의 오비탈 도표를 갖는 원자의 원소 기호를 써라.

	1s	2s	2p	3s	3p
(a)	(↑↓)	(↑↓)	(↑↓)(↑↓)(↑↓)	(↑↓)	( )( )( )
(b)	(↑↓)	(↑↓)	(↑↓)(↑↓)(↑↓)	(↑↓)	(↑)(↑)(↑)
(c)	(↑↓)	(↑↓)	(↑↓)(↑)(↑)	( )	( )( )( )

42. 다음의 오비탈 도표를 갖는 원자의 원소 기호를 써라.

	1s	2s	2p	3s	3p
(a)	(↑↓)	(↑)	( )( )( )	( )	( )( )( )
(b)	(↑↓)	(↑↓)	(↑↓)(↑↓)(↑↓)	(↑↓)	(↑↓)(↑↓)(↑)
(c)	(↑↓)	(↑↓)	(↑↓)(↑↓)(↑↓)	(↑)	( )( )( )

43. 다음 설명에 해당하는 원소 기호들을 써라.
(a) 모든 4d 오비탈에 전자가 1개씩 채워진 모든 원소
(b) 2개 이상의 홀전자를 갖는 2주기의 모든 비금속 원소
(c) 4p 부껍질이 채워진 2족의 모든 원소
(d) 5p에 홀전자를 갖는 모든 금속 원소

44. 다음 설명에 해당하는 원소 기호들을 써라.
(a) 적어도 두 개의 5p 오비탈에 1개씩 전자가 채워진 5주기의 모든 원소
(b) 완전히 채워진 3p 오비탈을 갖는 모든 1족 원소
(c) 쌍을 이룬 3p 전자를 갖는 모든 준금속 원소
(d) 완전히 채워진 3d 오비탈과 1개씩 채워진 3p 오비탈 3개를 갖는 모든 비금속 원소

45. 다음 각 원자에서 홀전자는 몇 개인가?
(a) 인
(b) 포타슘
(c) 플루토늄(Pu)

46. 다음 각 원자에서 홀전자는 몇 개인가?
(a) 알루미늄
(b) 아르곤
(c) 비소

47. 주기율표에서 최외각 주 에너지 준위에서 전자 1개가 채워진 p 오비탈 수가 다음과 같은 주족(들)은 어느 것인가?
(a) 0 (b) 1 (c) 2 (d) 3

48. 4주기의 주족 원소들(전이 금속 제외) 중에서 원자 당 홀전자수가 다음과 같은 주족 금속의 원소 기호는 무엇인가?
(a) 0 (b) 1 (c) 2 (d) 3

6-7 단원자 이온의 전자 배치

49. 다음 원자와 이온들에 대한 바닥 상태의 전자 배치를 써라.
(a) Mg, Mg^{2+}
(b) N, N^{3-}
(c) Ti, Ti^{4+}
(d) Sn^{2+}, Sn^{4+}

50. 다음 원자와 이온들에 대한 바닥 상태의 전자 배치를 써라.
(a) F, F^-
(b) Sc, Sc^{3+}
(c) Mn^{2+}, Mn^{5+}
(d) O^-, O^{2-}

51. 다음의 각 이온에서 홀전자의 수는?
(a) V^{3+} (b) Sn^{4+} (c) I^- (d) W^{4+}

52. 다음의 각 이온에서 홀전자의 수는?
(a) Al^{3+} (b) Cl^- (c) Sr^{2+} (d) Zr^{4+}

6-8 원자 성질의 주기적 경향

53. 원소 Na, Si, S를 다음 순서대로 배열하라.
(a) 원자 반지름 감소
(b) 1차 이온화 에너지 증가
(c) 전기음성도 감소

54. 원소 Mg, S, Cl을 다음 순서대로 배열하라.
(a) 원자 반지름 증가
(b) 1차 이온화 에너지 증가
(c) 전기음성도 감소

55. 네 원소 Rb, Sr, Sb, Cs 중에서 다음에 해당하는 것은?
(a) 가장 작은 원자 반지름을 갖는 것
(b) 가장 작은 이온화 에너지를 갖는 것
(c) 가장 작은 전기음성도를 갖는 것

56. 네 원소 Na, P, Cl, K 중에서 다음에 해당하는 것은?
(a) 가장 큰 원자 반지름을 갖는 것
(b) 가장 큰 이온화 에너지를 갖는 것
(c) 가장 큰 전기음성도를 갖는 것

57. 다음 각 쌍에서 크기가 더 큰 것은?
(a) Ca과 Ca^{2+}
(b) Sr과 Sr^{2+}
(c) F과 F^-
(d) Cu^+과 Cu^{2+}

58. 다음 각 쌍에서 크기가 더 작은 것은?
(a) P와 P^{3-}
(b) V^{2+}와 V^{4+}
(c) K와 K^+
(d) Co와 Co^{3+}

59. 다음 화학종을 반지름이 감소하는 순서대로 배열하라.
(a) C, Mg, Ca, Si
(b) Sr, Cl, Br, I

60. 다음 화학종을 반지름이 증가하는 순서대로 배열하라.
(a) Rb, K, Cs, Kr
(b) Ar, Cs, Si, Al

종합 문제

61. 백열 전구는 에너지의 8.5%를 가시광선으로 방출한다. 만약 이 가시광선의 파장이 565 nm라면 75-W (1W = 1 J/s)의 전구에서 초 당 몇 개의 광자가 방출되겠는가?

62. 컴퓨터 칩의 속도는 진동수로 측정한다. ADM (Advanced Micro Devices)은 마이크로프로세서, "The Piledriver"를 개발하였는데 이것은 8.429 GHz (1 GHz = 1×10^9 Hz)에서 작동한다.
(a) 진동수의 파장(nm 단위로)은 얼마인가?
(b) 어떤 스펙트럼 영역에 속하는가?
(c) 이 진동수에 해당하는 에너지(kJ/mol)는 얼마인가?

63. 이산화 탄소 레이저는 파장 10.6 μm (1 μm = 10^{-6} m)의 복사선을 낸다. 만약 이 레이저가 펄스 당 약 1 J의 에너지를 방출한다면, 펄스 당 몇 개의 광자가 방출되겠는가?

64. 다음과 같은 성질을 갖는 원소의 이름과 기호를 써라.
(a) 들뜬 상태의 전자 배치가 $1s^2 2s^2 2p^6 3s^1 3p^3$이다.
(b) 3주기에서 전기음성도가 가장 작다.
(c) 이 원소의 +3 이온은 $[_{36}Kr]$의 전자 배치를 갖는다.
(d) 이 원소는 가장 큰 원자 반지름을 갖는 할로젠이다.
(e) 16족에서 가장 큰 이온화 에너지를 갖는다.

개념 문제

65. 두 개의 광자가 각각 짧은 파장과 긴 파장을 가질 때, 두 광자의 에너지와 진동수를 비교하라.
66. 다음 전이에 대하여 답하라.
1. n = 3에서 n = 1로
2. n = 2에서 n = 3으로
3. n = 4에서 n = 3으로
4. n = 3에서 n = 5로
(a) 어떤 전이가 에너지를 흡수하는가?
(b) 어떤 전이가 에너지를 방출하는가?
(c) 바닥 상태를 포함하는 전이는 어느 것인가?
(d) 가장 큰 에너지를 흡수하는 전이는 어느 것인가?
(e) 가장 큰 에너지를 방출하는 전이는 어느 것인가?
67. 아래의 기술된 각 원소의 기호를 써라.
(a) 1족에서 가장 큰 원자 반지름을 가진 원소
(b) 3주기에서 가장 작은 원자 반지름을 가진 원소
(c) 2족에서 가장 큰 1차 이온화 에너지를 가진 원소
(d) 16족에서 전기음성도가 가장 큰 원소
(e) 2주기에서 p에 홀전자를 갖지 않은 원소(들)
(f) 축약 전자 배치가 $[Ar]\ 4s^2 3d^3$인 원소
(g) 축약 전자 배치가 $[Ar]\ 3d^5$이고, 전하가 +2인 이온
(h) 홀전자가 없고, 전하가 +2인 이온을 형성하는 4주기 전이 금속
68. 다음의 질문에 답하라.
(a) 양자수 m_s가 설명하는 원자 오비탈의 특징은 무엇인가?
(b) 진동수가 35.8 Hz인 광자는 진동수가 125 Hz인 광자보다 에너지가 큰가, 작은가?
(c) 양자수 조합이 n = 3, ℓ = 2라면 몇 개의 오비탈이 가능한가?
(d) Zn^{2+} 이온을 포함하는 $ZnCl_2$ 시료는 반자기성인가?
69. 다음이 의미하는 바를 본인 스스로의 생각으로 설명하라.
(a) Pauli 배타 원리
(b) Hund 규칙
(c) 원자 스펙트럼의 선
(d) 주양자수
70. 다음의 차이를 설명하라.
(a) 원자의 Bohr 모형과 양자 역학적 모형
(b) 파장과 진동수
(c) 세 가지의 다른 p 오비탈의 기하학적 모양
71. 다음 설명의 참, 거짓을 판단하라. 거짓이면 설명을 정정하라.
(a) 전자가 n = 3에서 n = 1로 전이할 때 에너지를 방출한다.
(b) n = 4에서 n = 2로의 전이에 의해 방출된 빛의 파장은 n = 5에서 n = 2로의 전이에 의한 빛의 파장보다 길다.
(c) ℓ = 3의 부껍질은 최고 10개의 전자를 채운다.
(d) 13족의 원자는 세 개의 홀전자를 갖는다.
72. 다음의 설명을 평가하고 비판하라.
(a) 광자의 에너지는 광자의 파장에 반비례한다.
(b) 수소 전자의 에너지는 양자수 ℓ에 반비례한다.
(c) 전자는 네 번째 주 준위를 채운 후에야 다섯 번째 주 준위를 채우기 시작한다.
73. 바닥 상태에서 g (ℓ = 4) 오비탈에 전자를 갖는 원소는 현재 알려져 있지 않다. 만약 g 오비탈에 전자를 갖는 원소가 발견된다면 g 오비탈이 존재할 수 있는 최소의 n 값은 얼마인가? 또한, 가능한 m_ℓ 값은 얼마이며, g 오비탈은 몇 개의 전자를 가질 수 있는가?
74. 다음의 각 설명에 대하여 참, 거짓을 판단하라.
(a) 유효 핵전하는 족의 아래로 감에 따라 대략적으로 같다.
(b) 17족 원소는 최외각에 일곱 개의 전자를 갖는다.
(c) 원자에서 전자가 제거될 때 에너지가 방출된다.
75. 다음의 이유를 설명하라.
(a) 음이온은 그 이온을 생성한 원자보다 크다.
(b) 전이 금속인 스칸듐은 불활성 기체의 전자 구조를 갖는 이온을 생성한다.
(c) 주기율표의 같은 족에서 아래로 갈수록 전기음성도는 감소한다.

도전 문제

76. n번째 상태(n = 주양자수)에 전자를 갖는 단일 전자 화학종의 에너지는 $E = -BZ^2/n^2$(단 Z는 핵의 전하, B는 2.180×10^{-18} J)으로 주어진다. 첫 번째 들뜬 상태에 있는 Li^{2+} 이온의 이온화 에너지를 kJ/mol 단위로 구하라.
77. 1885년 수학자인 Johann Balmer는 수소의 가시광선 스펙트럼에 나타나는 선들의 파장에 대해 다음과 같은 관계식을 유도하였다.

$$\lambda = \frac{364.5\ n^2}{(n^2 - 4)}$$

여기서, λ는 nm이고, n은 3, 4, 5, . . . 의 정수이다. 이 관계식을 Bohr의 식과 Rydberg 상수를 사용하는 식으로부터 유도하라. 단 Balmer 계열에서 전자는 n = 2 준위로 되돌아간다는 것을 유의하라.
78. 양자수를 다음과 같은 규칙에 따라 나타낸다고 하자.

$$n = 1, 2, 3, \ldots$$
$$\ell = 0, 1, 2, \ldots, n$$
$$m_\ell = 0, 1, 2, \ldots, \ell + 1$$
$$m_s = +\tfrac{1}{2} \text{ 또는 } -\tfrac{1}{2}$$

n = 1과 n = 2에 대하여 위의 규칙을 근거로 표 6.3과 유사한 표를 만들어라. 여덟 개의 전자를 갖는 원자의 전자 배치를 나타내라.
79. 스핀 양자수는 $\frac{1}{2}$, 0, $-\frac{1}{2}$의 값을 가질 수 있다고 가정하자. 다른 양자수들을 결정하는 규칙들과 전자가 부껍질을 채우는 순서는 변하지 않는다고 가정한다.
(a) s, p, d 부껍질 각각에 최대로 들어갈 수 있는 전자의 수는 얼마인가?
(b) n = 3의 준위에는 몇 개의 전자가 채워지는가?
(c) 원자 번호가 각각 8과 17인 원소의 전자 배치는 어떻게 되는가?
80. 광전 효과에 의하면 빛이 금속의 표면에 충돌하면 금속의 표면으로부터 전자가 방출된다. 전자가 방출되기 위해서는 특정 최소 에너지 $E_{최소}$가 필요하다. 최소 에너지 이상으로 흡수된 에너지는 방출되는 전자의 운동 에너지로 바뀐다. 세슘 표면에 파장 540 nm인 빛을 쪼였을 때 방출되는 전자의 운동 에너지는 2.60×10^{-20} J이었다. 파장이 400 nm일 때는 전자의 운동 에너지는 1.54×10^{-19} J이다.
(a) 세슘의 $E_{최소}$를 J 단위로 계산하라.
(b) 세슘으로부터 방출되는 전자의 가장 긴 파장을 nm 단위로 계산하라.

제 7 장

공유 결합

Covalent Bonding

고대 이집트의 피라미드들은 사면체처럼 보이지만 사실은 그렇지 않다. 사면체는 세 개의 삼각형의 면과 삼각형의 밑면을 가지고 있다. 이 피라미드들은 네 개의 삼각형의 면과 한 개의 정사각형 모양의 밑면을 가지고 있다.

The Pyramids at dusk (w/c on paper), Lamplough, Augustus Osborne (1877–1930) / Private Collection / © Christopher Wood Gallery, London, UK / The Bridgeman Art Library

어떤 불멸의 손 또는
눈이 그대의 무서운
대칭을 만드는가?
—WILLIAM BLAKE
The Tiger

이 장의 차례 _Chapter Outline

비금속 원자들을 서로 결합시키는 힘을 공유 결합(covalent bond)이라고 앞에서 언급한 바 있다. 공유 결합은 두 원자 사이에 공유되는 한 쌍의 전자로 이루어진다. H_2 분자에서 공유 결합을 나타낼 때 일반적으로 다음과 같이 표시한다.

H:H　　또는　　H—H

이들 구조가 두 개의 전자가 두 개의 핵 사이의 위치에 고정되어 있는 것으로 간주되는 경우 오해를 일으킬 수 있다. H_2의 전자 밀도를 보다 정확하게 그림 7.1에 나타내었다. 어떤 순간에 두 전자는 두 핵 주위의 어디에나 위치할 수 있다. 그러나 전자들은 분자의 양 끝에 있는 것보다 핵 사이에서 발견할 확률이 더 높다.

전자쌍 결합의 안정성을 이해하기 위해서, 거리의 함수로 두 수소 원자 사이의 에너지를 나타낸 그림 7.2의 그래프를 살펴보자. 두 수소 원자가 멀리 떨어져 있을 때(오른쪽 끝), 계는 서로 상호 작용하지 않는 두 개의 분리된 H 원자로 되어 있다. 두 수소 원자가 서로 접근함에 따라(그림 7.2의 왼쪽으로 이동), 수소 원자들은 점차 에너지 최소점에 이르는 인력을 느끼게 된다. 핵 간의 거리가 0.074 nm에 도달할 때, 인력은 436 kJ이며, 수소 원자들은 가장 안정한 상태에 있으며, 이를 H_2 분자라고 말한다. 만약 두 원자가 더 가까이 접근하면 반발력의 증가가 더 중요하게 되고, 에너지 곡선이 가파르게 올라간다.

그림 7.2에 나타낸 에너지 최소점의 존재는 H_2 분자의 안정성에 직접 영향을 미친다. 에너지 최소점을 가져오는 인력은 다음의 두 가지 요인에서 생긴다.

1. 두 개의 전자가 H_2 분자의 두 양성자 사이에 위치하면 계의 정전기 에너지가 낮아진다. 반대로 하전된 입자(전자-양성자) 사이에 끌어당기는 에너지는 전하가 같은 입자 사이의 반발 에너지(전자-전자, 양성자-양성자)를 약간 초과한다.

2. 두 개의 수소 원자가 결합하여 하나의 분자를 형성할 때, 전자는 특정한 원자에 제한되는 것이 아니라 분자 전체에 걸쳐 퍼진다. 제6장의 양자 역학에서 설명한 바와 같이, 전자가 위치할 수 있는 부피가 증가하게 되면 전자의 운동 에너지는 감소하게 된다. 흔히 이러한

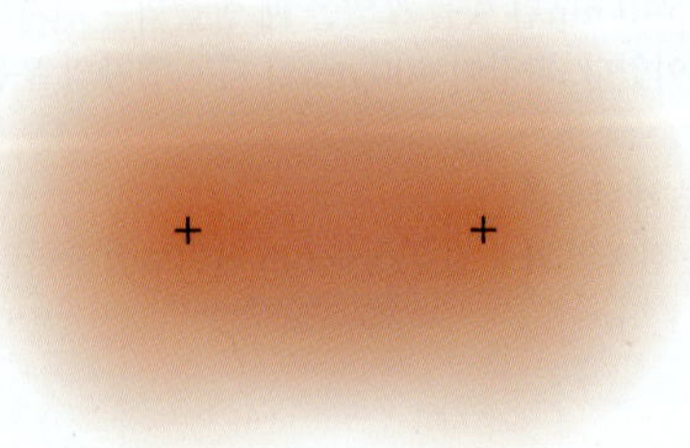

그림 7.1 ▸ **H_2의 전자 밀도.** 색의 진하기는 특정한 영역에서 전자를 발견할 확률에 비례한다.

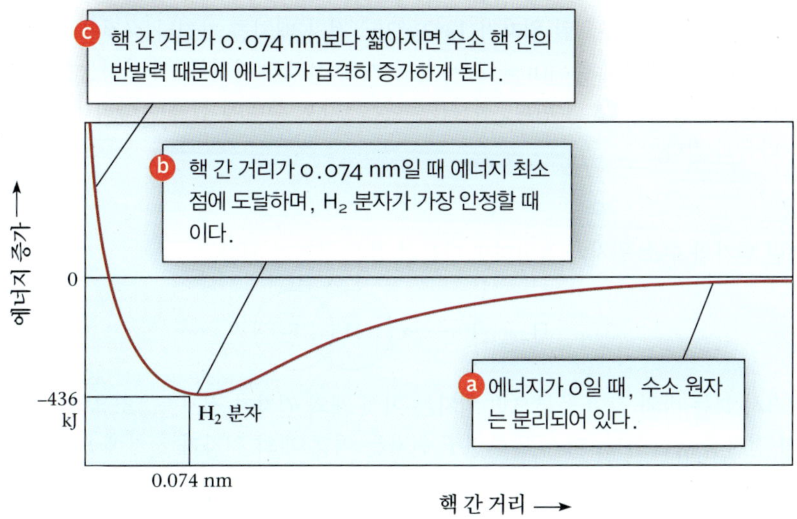

그림 7.2 ▸ **핵 간 거리 변화에 따른 두 수소 원자의 에너지.**

상황은 수소 원자의 두 개의 1s 오비탈이 "서로 겹쳐서" 새로운 결합 오비탈이 형성된다고 말한다. 어쨌든, 양자 역학적 계산을 통해, 이것이 H_2 분자의 안정성을 설명하는 주요 요인이라는 것을 알 수 있다.

이 장에서는 분자 또는 다원자 이온의 공유 결합을 논의하고자 한다.

- 원자들이 공유 결합으로 결합한 화학종에서 *원자가*(valence) 전자들의 분포. 이들 전자의 분포는 *Lewis 구조*(Lewis structure)로 단순하게 나타낼 수 있다(7-1절).
- 분자의 기하 구조. *VSEPR* 모형을 사용하여 중심 원자에 의하여 형성된 공유 결합들 사이의 결합각을 예상할 수 있다(7-2절).
- 공유 결합의 극성과 공유 결합으로 형성된 분자들의 극성(7-3절). 대부분의 결합과 많은 분자들은 양극(positive pole)과 음극(negative pole)을 가지고 있다는 점에서 극성을 띠고 있다.
- 원자가 결합 방법으로 *원자 오비탈*(atomic orbital) 사이의 원자가 전자들의 분포 설명(7-4절).

7-1 Lewis 구조: 팔전자 규칙

공유 결합의 개념은 1916년 미국의 물리화학자 G. N. Lewis(1875~1946)가 처음으로 제안하였다. 그는 불활성 기체의 전자 배치가 특히 안정한 것이라고 제안하였다. 불활성 기체들은 반응성이 거의 없다. 더욱이 제6장에서 설명한 것처럼 대다수의 단원자 이온은 불활성 기체와 같은 전자 구조를 갖는다. Lewis는 ***비금속 원자들이 전자를 공유하여 전자쌍 결합을 형성하면, 안정한 불활성 기체 전자 구조가 얻어진다***고 제안하였다. 예를 들어 각각 하나의 전자를 가진 두 수소 원자를 살펴보자. 그들이 결합하여 H_2 분자를 형성하는 과정은 다음 그림으로 나타낼 수 있다.

> 분자, 원자, 이온에서 불활성 기체의 전자 구조를 가지면 안정하다.

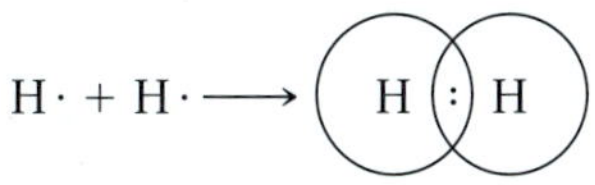

두 개의 점은 전자들을 나타낸다. 동그라미는 공유 결합하는 전자쌍이 한 수소 원자의 1s 오비탈을 차지할 수 있다는 것을 강조한다. 그런 의미에서 H_2 분자에 있는 각 원자는 전자 배치가 $1s^2$인 불활성 기체 헬륨의 전자 구조를 가진다.

이러한 개념은 비금속 원자를 포함하는 다른 간단한 분자들에도 쉽게 확장된다. HF 분자를 예로 들어보자. 플루오린 원자가 $1s^22s^22p^5$ 전자 배치를 가진다는 것을 기억할 것이다. 그것은 최외각 에너지 준위(**n** = 2)에 일곱 개의 전자를 가진다. 이 전자들을 **원자가 전자**(valence electron) 라 한다. 전자들을 원소 기호 주위에 점들로 나타내면 플루오린 원자는 다음과 같다.

> 원자가 전자는 결합에 참여하는 전자들이다.

플루오린 원자와 수소 원자가 결합하면 다음과 같은 구조가 된다.

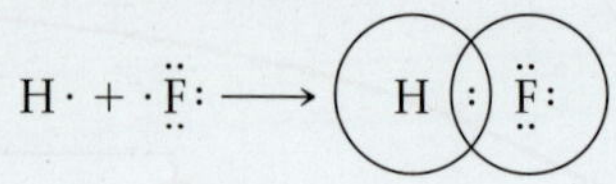

여기서 보는 바와 같이 플루오린 원자는 여섯 개의 원자가 전자를 "소유하고" 있으며, 두 개의 전자를 공유한다. 다시 말하면 F 원자는 여덟 개의 원자가 전자에 의해 둘러싸여 있다. F 원자는 불활성 기체인 네온의 전자 배치인 $1s^22s^22p^6$ 전자 배치를 갖게 된다. Lewis 구조는 왜 HF 분자는 안정한 반면에 H_2F, H_3F, . . .와 같은 화학종이 존재하지 않는지를 설명해 준다.

> 공유 전자는 두 원자 모두에 계산된다.

위의 구조식(동그라미 없이)을 **Lewis 구조**(Lewis structure)라고 한다. Lewis 구조를 쓸 때는 최외각 전자들만 나타내는데, 이 전자들이 공유 결합에 참여하기 때문이다. 우리가 여기서 다루고자 하는 원소들인 주족 원소(main group element)는 원자가 전자의 수가 주기율표에서의 족 번호의 1의 자리 숫자와 일치한다(표 7.1). 또한 같은 족의 주족 원소들은 같은 개수의 최외각 전자를 갖고 있음에 주목하라. 이러한 사실들은 같은 족의 원소들이 공유 결합으로 결합된 화학종을 형성할 때 비슷한 화학적 거동을 하는 이유를 설명해 준다.

> 족 번호의 1의 자리 숫자를 굵은 글자체로 쓴 이유는 족의 번호와 원자가 전자수가 같기 때문이다.

분자 또는 다원자 이온의 Lewis 구조식에서, 원자가 전자들은 보통 쌍을 이루고 있다. 두 가지 종류의 전자쌍이 있다.

1. 두 원자 사이에 공유된 전자쌍은 **공유 결합**(covalent bond)을 나타내며, 일반적으로 결합된 원자 사이에 직선으로 표시한다.
2. 한 원자에 완전히 속하는 **비공유 전자쌍**(unshared pair)은 한 쌍의 점으로 표시한다. [비공유 전자쌍(unshared pair)은 종종 고립 전자쌍(*lone pair*)이라고도 표현한다.]

화학종, OH^-, H_2O, NH_3, NH_4^+의 Lewis 구조는 다음과 같다.

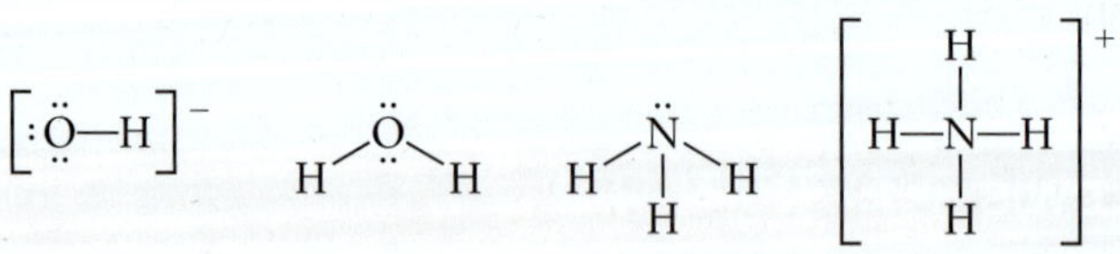

산소와 질소 원자는 각각 여덟 개의 원자가 전자에 의해 둘러싸여 있음을 주목하라. 각 화

표 7.1 ▸ **흔히 공유 결합을 형성하는 원자의 Lewis 구조**

족:	1	2	13	14	15	16	17	18
원자가 전자수: e^-	1	2	3	4	5	6	7	8
	H·							
		·Be·	·B·	·C·	·N·	·O·	:F·	
				·Si·	·P·	·S·	:Cl·	
				·Ge·	·As·	·Se·	:Br·	:Kr:
					·Sb·	·Te·	:I·	:Xe:

학종에서, 한 쌍의 전자는 결합된 두 원자 사이에 공유된다. 이들 결합을 **단일 결합**(single bond)이라 한다. OH^- 이온에는 한 개의 단일 결합, H_2O 분자에는 두 개, NH_3에는 세 개, NH_4^+에는 네 개의 단일 결합이 있다. 수산화 이온(OH^-)에는 세 개의 비공유 전자쌍이, 물 분자에는 두 개, 암모니아 분자에는 한 개가 있고, 암모늄 이온에는 비공유 전자쌍이 없다.

결합된 원자들은 한 쌍 이상의 전자를 공유할 수 있다. **이중 결합**(double bond)은 결합된 원자들이 두 개의 전자쌍을 공유할 때 형성되고, **삼중 결합**(triple bond)에서는 세 개의 전자쌍이 공유된다. 에틸렌(C_2H_4)과 아세틸렌(C_2H_2)에서 탄소 원자들은 각각 이중 결합과 삼중 결합으로 연결되어 있다. 이중 결합을 나타내기 위해 평행한 두 개의 선을 그리고, 삼중 결합에서는 세 개의 선을 사용하여 다음과 같이 이 분자들의 구조를 그린다.

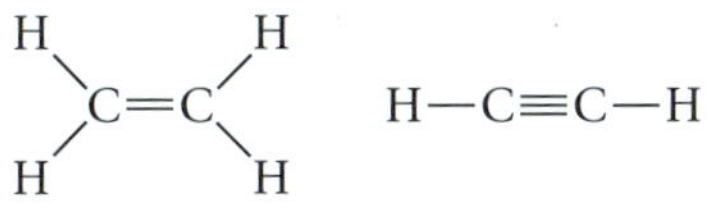

에틸렌, C_2H_4　　아세틸렌, C_2H_2

각 탄소 원자는 여덟 개의 원자가 전자, 수소는 각각 두 개의 전자로 둘러싸여 있는 것을 주목하라.

이 예들은 공유 결합된 화학종의 원자들이 불활성 기체 전자 구조를 가지려는 경향을 나타내는 것을 보여준다. 이 규칙을 **팔전자 규칙**(octet rule)이라 부른다. 수소를 제외한 비금속 원소는 전자를 공유함으로써 *팔전자*(여덟 개)의 불활성 기체 원소의 전자 구조를 이룬다. 안정한 분자나 다원자 이온에서 수소 원자들은 *두 개*의 전자에 의해 둘러싸여 있다.

Lewis 구조 쓰기

아주 간단한 화학종의 Lewis 구조는 통찰에 의해 그릴 수 있다. 다음 단계를 따라 하면 시간이 절약된다.

1. *원자들이 단일 결합으로 결합한 화학종에 대한 골격을 그린다.*
   이 장에 나오는 대부분의 화학종은 **중심 원자**(central atom)가 두 개 또는 그 이상의 *말단 원자*(terminal atoms)와 결합하고 있다.
   — 보통 중심 원자는 화학식에서 먼저 쓴다.
   — 흔히 대부분의 말단 원자는 수소, 산소, 할로젠들이다.
2. *원자가 전자(valence electron, VE)수를 계산한다.*
   — 한 분자에서, 존재하는 모든 원자들의 원자가 전자들을 합한다.
   — 다원자 음이온에서, 각 원자들의 원자가 전자수를 더하고, 각 음전하에 대하여 전자 한 개를 더한다(예, SO_4^{2-}에 대하여 2개의 전자를 더한다).
   — 다원자 양이온에서, 각 원자들의 원자가 전자수를 더하고, 각 양전하에 대하여 전자 한 개를 뺀다(예, NH_4^+에 대하여 한 개의 전자를 뺀다).
3. *분배할 수 있는 원자가 전자수(AE)를 결정한다.*
   AE = VE − 2(골격에 있는 결합의 수)
4. *골격의 각 원자에(H 원자는 예외) 팔전자를 채우는 데 필요한 전체 전자의 수(NE)를 결정한다.*

   공유된 전자들은 양쪽 원자 모두에 계산되는 것에 유의하라.
   (a) 만일 AE = NE이라면, 그 골격은 옳다. 이용 가능한 전자를 팔전자 규칙에 만족하도록 비공유 전자쌍으로 분배한다.
   (b) 만일 AE < NE이라면, 단일 결합을 이중 결합이나 삼중 결합으로 변경시켜 골격을 수정한다.
   — 2개의 전자가 부족하면; 한 개의 단일 결합을 한 개의 이중 결합으로 변환시킨다.

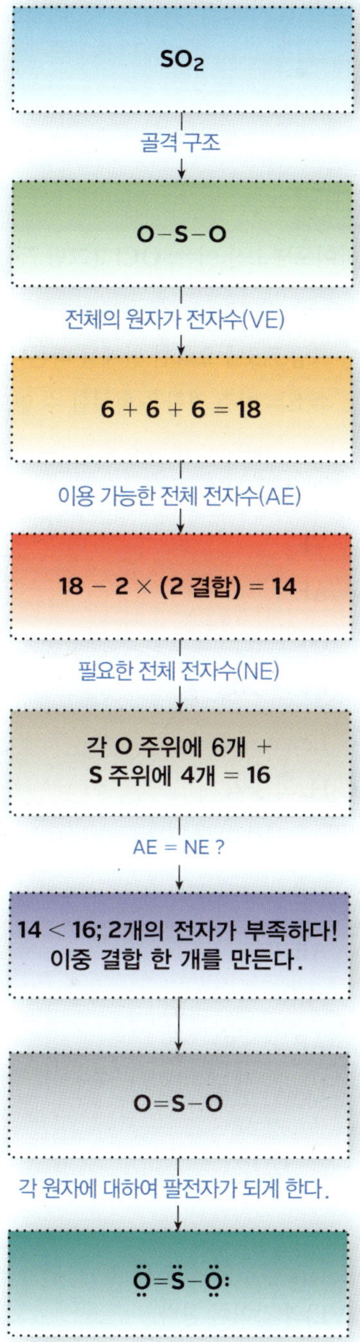

그림 7.3 ▸ Lewis 구조를 그리는 순서도.

다중 결합을 형성하면 결합 전자쌍들이 양쪽 원자에 모두 계산되기 때문에 "전자를 절약" 한다.

— 4개의 전자가 부족하면; 한 개의 단일 결합을 한 개의 삼중 결합으로 또는 두 개의 단일 결합을 이중 결합으로 변환시킨다.

수소와 할로젠은 이중 결합을 형성할 수 없다.

그림 7.3은 SO_2에 대하여 이들 단계를 어떻게 적용하는지를 보여주고 있다.

예제 7.1

하이포염소산 이온, OCl^-(그림 7.4)와 에테인(C_2H_6) 분자에 대한 Lewis 구조를 그려라.

전략

1. 그림 7.3에 요약한 단계를 따른다.

2. 수소는 이중 결합을 형성할 수 없으므로 에테인에서 수소는 말단 원소가 되어야 한다. 탄소는 보통 4개의 결합을 형성한다.

풀이

OCl^-의 골격	$[O-Cl]^-$
VE	6 (O에 대해) + 7 (Cl에 대해) + 1(−1 전하) = 14
AE	AE = VE − 2(결합) = 14 − 2(1 결합) = 12
NE	6 (O가 팔전자를 갖기 위해) + 6 (Cl이 팔전자를 갖기 위해) = 12
AE = NE?	그렇다. 전자를 분배한다.
Lewis 구조	$[:\ddot{O}-\ddot{Cl}:]^-$
C_2H_6의 골격	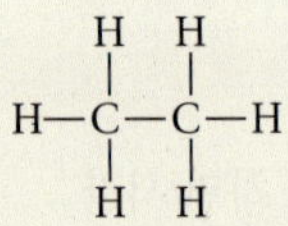
VE	2 × 4 (C에 대해) + 6 × 1 (H에 대해) = 14
AE	AE = VE − 2(결합) = 14 − 2(7 결합) = 0
NE	0: 모든 H 원자들은 두 개의 전자를, 두 C 원자들은 팔전자를 가져야 한다.
AE = NE?	그렇다. 전자를 분배한다.
Lewis 구조	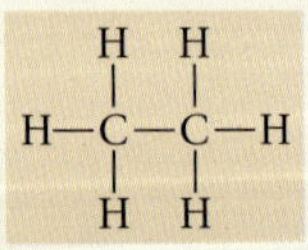

마무리 정리

Lewis 구조를 쓰고 난 후에, 결합 전자들과 비공유 전자쌍을 표시하는 것이 좋다. 표시한 모든 전자들의 합은 원자가 전자의 수(VE)와 같아야 한다.

예제 7.2

NO_2^-와 N_2에 대한 Lewis 구조를 그려라.

전략

그림 7.3에 요약한 단계를 따른다.

풀이

NO_2^-의 골격	$[O-N-O]^-$
VE	2[6 (O에 대해)] + 5 (N에 대해) + 1(−1 전하) = 18

(계속)

AE	AE = VE − 2(결합) = 18 − 2(2 결합) = 14
NE	2(각 O에 대하여 6개) + 4 (N에 대하여) = 16
AE = NE?	아니다; 2개의 전자가 부족하다.
	한 개의 단일 결합을 한 개의 이중 결합으로 변환시킨다.
Lewis 구조	$[:\ddot{\underset{..}{O}}-\ddot{N}=\ddot{O}:]^-$
N_2의 골격	N−N
VE	2(각 N에 대하여 5개) = 10
AE	AE = VE − 2(결합) = 10 − 2(1 결합) = 8
NE	2 × 6(각 N이 팔전자를 갖기 위해) = 12
AE = NE?	아니다. 4개의 전자가 부족하다.
	한 개의 단일 결합을 한 개의 삼중 결합으로 변환시킨다.
Lewis 구조	$:N\equiv N:$

마무리 정리

NO_2^-의 Lewis 구조식에서, 단일 결합을 이중 결합으로 변환시키는 것은 아무런 문제가 없다. 이러한 것은 공명 구조를 설명할 때 더 자세히 논의하게 될 것이다.

공명 구조

어떤 경우에는 Lewis 구조가 이온이나 분자의 성질을 적절하게 나타내지 못한다. 예를 들어 예제 7.3에서 논의한 SO_2의 구조를 살펴보자. 이 구조는 SO_2에서 두 종류의 다른 황-산소 결합이 존재함을 암시한다. 이들 중 하나는 단일 결합, 다른 하나는 이중 결합으로 나타난다. 그러나 실험에 의하면 이 분자에는 한 종류의 결합만이 존재하는 것으로 알려졌다.

이와 같은 상황을 설명할 수 있는 한 방법은 SO_2의 각 결합이 단일 결합과 이중 결합의 중간 상태로 가정하는 것이다. 이 개념을 설명하기 위해 다음과 같이 양쪽 머리 화살표를 사용하여 두 개의 구조로 구분할 수 있다.

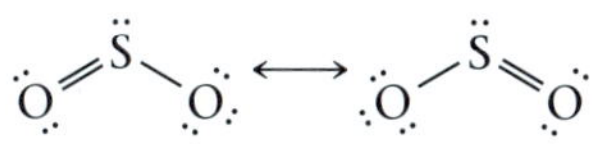

그리고 실제 구조는 이들 두 구조 사이의 중간 형태라고 이해할 수 있다. 이를 *공명 구조*(resonance form)라 한다. 실제의 구조는 두 공명 구조의 중간 형태로 *공명 혼성체*(resonance hybrid)라고 부른다. 공명 혼성체는 실제로 존재하는 유일한 구조이다(그림 7.5). 개개의 공명 구조는 존재하지 않지만 실제 구조를 단순하게 나타내기에는 편리한 방법이다. **공명**(resonance) 개념은 단일 Lewis 구조가 물질의 성질을 적절하게 묘사할 수 없는 경우에 적용된다.

공명에 대한 개념을 설명하기 위한 적합한 다른 화학종은 질산 이온이다. 질산 이온(NO_3^-)의 질소-산소 결합 세 개가 모든 측면에서 동일하다는 실험적 관찰을 설명하기 위해 세 개의 동등한 구조를 쓸 수 있다.

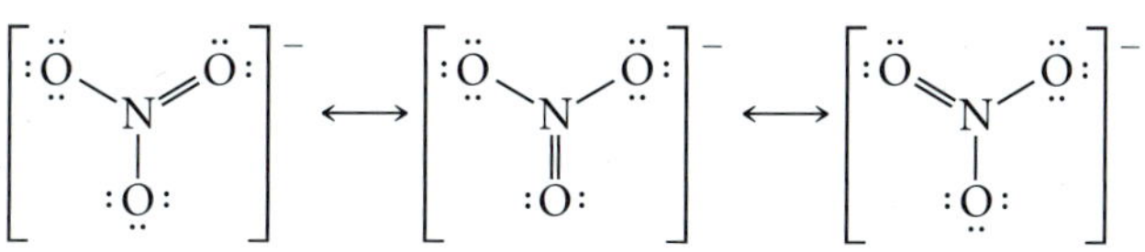

공명은 육각형 고리 구조를 가지는 벤젠(C_6H_6)을 포함한 많은 유기 화합물에서 나타난다(그림 7.6). 벤젠은 다음과 같은 두 형태의 공명 혼성체로 생각할 수 있다.

© Cengage Learning/Charles D. Winters

그림 7.4 ▸ **하이포염소산 이온의 표백작용.** 표백제로 사용되는 Clorox™에서 OCl^- 이온이 활성 성분이다(예제 7.1 참조).

ⓘ 양쪽 머리 화살표는 공명 구조들을 구분하는 데 사용된다.

그림 7.5 ▸ **래브라두들(c)은 부모인 래브라도(a)와 푸들(b)의 잡종이다.** 비슷한 방식으로 한 쌍의 sp 혼성 오비탈은 부모격인 하나의 s 오비탈과 하나의 p 오비탈로부터 형성된 것이다.

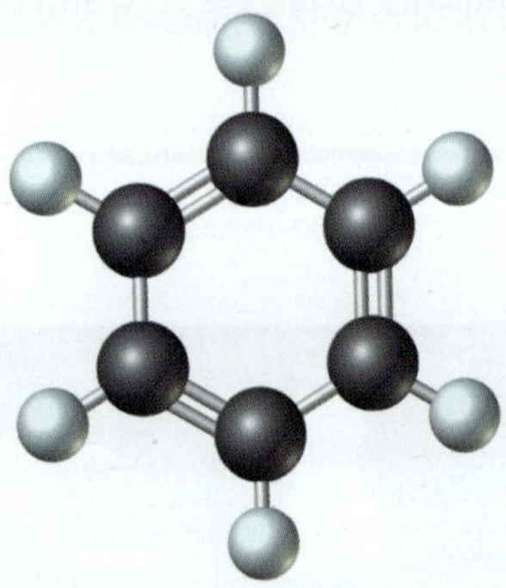

그림 7.6 ▸ **이중 결합을 보여주는 벤젠의 공-막대 모형.**

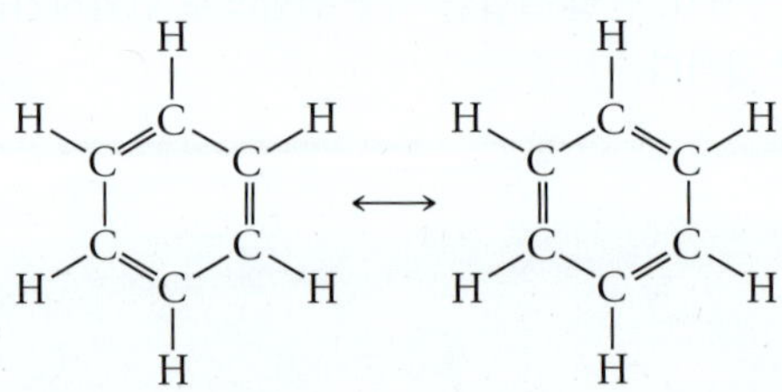

이들 구조는 일반적으로 아래와 같이 축약된 형태로 나타내며, 육각형의 각 꼭짓점에 있는 탄소 원자는 수소 원자와 결합하고 있다.

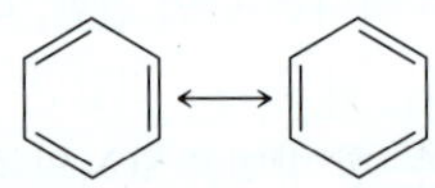

공명으로 성질을 설명할 수 있는 분자와 이온의 다른 예를 접하게 될 것이다.

1. 공명 구조는 전자들이 끊임없이 이동하여 생성되는 서로 다른 종류의 분자를 의미하지 않는다. 즉 SO_2 분자는 오직 한 형태의 분자만이 존재한다. 다시 말하면 SO_2의 구조는 위에 그려진 두 공명 구조 사이의 중간 형태인 것이다.

2. 공명 구조는 두 개 이상의 Lewis 구조가 거의 동등할 때 예상할 수 있다. 질산 이온의 경우, 그려진 세 개의 구조는 동등하다. 원칙적으로 많은 다른 구조를 그릴 수 있지만, 위의 세 가지 구조를 제외한 어떠한 구조도 각 원자 주위에 여덟 개의 전자를 위치시킬 수 없다.

3. 공명 구조는 전자의 분포만 다를 뿐 원자의 위치는 변하지 않는다. 다음 분자

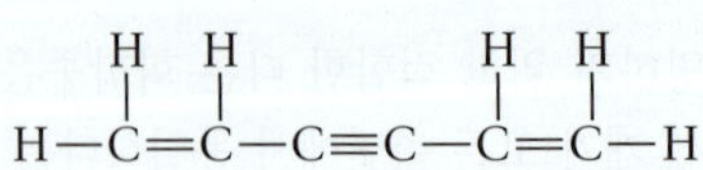

는 C_6H_6와 같은 분자식을 가지고 있지만 벤젠의 공명 구조는 아니다. 이 화합물은 화학적, 물리적 성질이 전혀 다른 물질이다.

예제 7.3

NO_2^- 이온의 두 가지 공명 구조를 써라.

전략

1. NO_2^- 이온의 Lewis 구조는 예제 7.2에서 유도하였다.

   $[:\ddot{O}-\ddot{N}=\ddot{O}:]^-$

2. 한 개의 비공유 전자쌍과 다중 결합의 위치를 바꾼다.

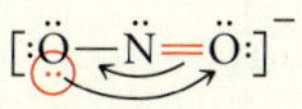

3. 골격은 바꾸지 않는다.

풀이

두 공명 형태의 Lewis 구조는 다음과 같다.

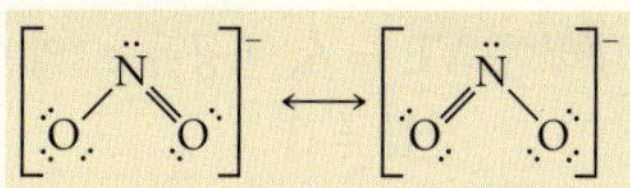

형식 전하

흔히 분자의 원자 배열을 변경하여 두 개의 서로 다른 Lewis 구조를 그리는 것이 가능하다.

A—A—B 또는 A—B—A

때때로 두 구조는 서로에게 *이성질체*(isomer)인 실제의 화합물들을 나타낸다. 자연에는 하나의 구조만 존재하는 경우가 더 많다. 예를 들면 메틸 알코올(CH_4O)은 다음과 같은 구조를 가지고 있다.

이성질체는 같은 화학식을 갖지만 성질이 다른 분자이다.

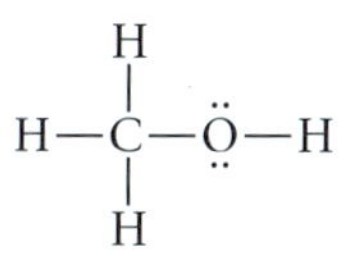

반면에, 다음의 구조는 팔전자 규칙에 만족하지만 실제 존재하는 화합물을 나타내지는 못한다.

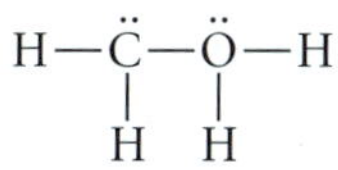

원자의 배치를 달리함으로써 두 개의 서로 다른 구조를 나타내는 것은 여러 방법이 가능하다. 예제 7.1에서 설명한 바와 같이, 탄소는 항상 네 개의 결합을 형성하며, 올바른 에테인의 구조를 그리는 데 기준 원자가 된다. 올바른 구조를 그리는 또 다른 방법 중에 하나는 **형식 전하**(formal charge)의 개념을 이용하는 것이다. 형식 전하는 Lewis 구조 안에 있는 어떤 원자에도 적용시킬 수 있다. 형식 전하는 자유 원자의 원자가 전자수에서 Lewis 구조에 있는 해당 원자에 할당된 원자가 전자수를 뺀 값으로 정의된다. 할당된 전자는 다음과 같은 전자를 포함한다.

형식 전하는 결합에서 원자가 전자가 균등하게 분포되었다고 가정했을 때, 각 원자가 갖는 전하이다.

- 그 원자가 소유한 모든 비공유 전자.
- 그 원자가 공유한 결합 전자의 1/2.

그러므로 형식 전하는 원자가 "소유한" 전자, 즉 원자가 전자(VE), 원자 주위에 있는 비공유 전자쌍 및 원자 주위의 결합 전자를 계산하여 결정한다. 이들을 고려하여 만든 식은 다음과 같다.

$$C_f = VE - \text{비공유 전자의 수} - \tfrac{1}{2}(\text{결합 전자의 수})$$

한 개의 결합은 항상 두 개의 전자로 이루어져 있으므로, 아래와 같은 수정된 식을 사용하여 형식 전하를 계산할 수 있다.

$$C_f = \text{VE} - \text{비공유 전자의 수} - \text{결합의 수}$$

이 계산을 어떻게 하는지를 보기 위해, 위의 메틸 알코올에 대한 두 구조의 탄소와 산소의 형식 전하를 계산해 보자.

(1) 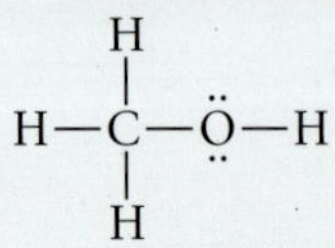

(2) 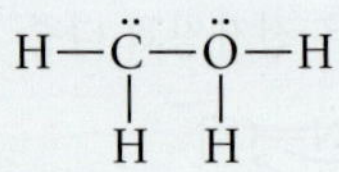

(1)	(2)
C에 대하여: VE = 4, 비공유 e^-의 수 = 0, 결합 = 4	*C에 대하여*: VE = 4, 비공유 e^-의 수 = 2, 결합 = 3
$C_f = 4 - 0 - 4 = 0$	$C_f = 4 - 2 - 3 = -1$
O에 대하여: VE = 6, 비공유 e^-의 수 = 4, 결합 = 2	*O에 대하여*: VE = 6, 비공유 e^-의 수 = 2, 결합 = 3
$C_f = 6 - 4 - 2 = 0$	$C_f = 6 - 2 - 3 = +1$

일반적으로 Lewis 구조에서 다음과 같은 사실을 쉽게 발견할 수 있다.

- 형식 전하는 가능한 한 0에 가깝다.
- 음의 형식 전하는 전기음성도가 가장 큰 원자에 위치한다.

위의 규칙을 적용하면, 메틸 알코올의 구조 (1)이 (2)보다 더 적합하다는 것을 알 수 있다. 구조 (1)은 탄소와 산소의 형식 전하가 모두 0이다. 그러나 구조 (2)는 산소보다 전기음성도가 작은(탄소의 전기음성도 = 2.5, 산소의 전기음성도 = 3.5) 탄소 원자가 음의 형식 전하를 가지고 있다.

> 형식 전하 개념은 Lewis 구조를 예상하는 데 필수적인 것은 아니다.

형식 전하의 개념은 여기서 간단하게 논의한 것에 비하여 훨씬 많은 응용성이 있다. 특히 팔전자 규칙에 맞게 쓴 Lewis 구조가 올바르지 않은지를 예상하는 데 사용할 수 있다(표 7.2).

팔전자 규칙의 예외: 전자 부족 분자

일반 화학에서 언급한 분자 및 다원자 이온의 대부분은 팔전자 규칙을 따르지만, 그렇지 않은 몇 가지 잘 알려진 화학종들이 있다. 이들 중에는 홀수의 원자가 전자를 포함하는 분자들이 있다. 일산화 질소(NO)와 이산화 질소(NO_2)가 이 범주에 속한다.

> 홀수 개의 원자가 전자를 가지고 모두 쌍을 이룰 수 있는 방법은 없다.

NO	원자가 전자수 = 5 + 6 = 11
NO_2	원자가 전자수 = 5 + 6(2) = 17

그러한 *홀수 전자*(odd electron)의 화학종(흔히 자유 라디칼이라 부름)은 각 원자가 팔전자 규칙을 만족하는 Lewis 구조를 그리는 것이 불가능하다. NO 분자에서 홀전자(unpaired electron)를 질소에 위치시키면 두 원자 모두 형식 전하가 0이 된다.

표 7.2 ▸ BeF_2와 BF_3의 가능한 구조

구조 I	C_f	구조 II	C_f
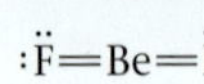	Be = −2 F = +1	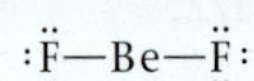	Be = 0 F = 0
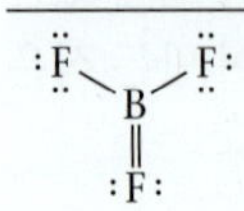	B = −1 F = +1,0,0	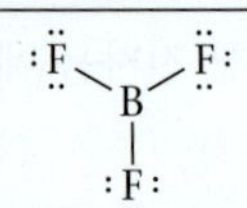	B = 0 F = 0

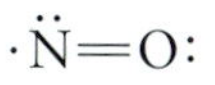

NO_2 분자(그림 7.7)의 가장 알맞은 구조는 홀전자를 질소에 위치시킨 다음과 같은 구조이다.

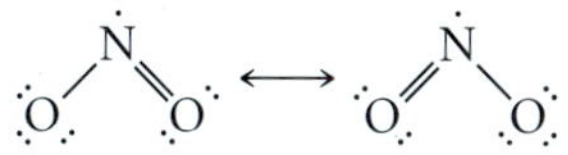

NO와 NO_2와 같이 원소 상태의 산소도 상자기성(paramagnetic)이다(그림 7.8). 실험적 증거는 O_2 분자가 두 개의 홀전자와 한 개의 이중 결합을 가지고 있는 것을 말해 주고 있다. O_2의 Lewis 구조로는 이와 같은 위의 두 가지 사실을 나타내는 것이 불가능하다. 산소의 이러한 특성을 설명하려면, 분자 오비탈(부록 4 참조)을 이용하는 더 정교한 결합 모형이 필요하다.

중심 원자에 네 개의 전자쌍이 아니라 두 개나 세 개의 전자쌍에 둘러싸여 팔전자 규칙을 만족하지 않는 화학종이 있다. 이러한 예로는 기체로 존재하는 BeF_2과 BF_3 분자인 베릴륨과 붕소의 플루오린화물이다. 팔전자 규칙에 따라 이들 분자들을 다중 결합을 갖는 구조로 그릴 수 있지만(표 7.2), 실험적 증거는 아래 구조를 제시한다.

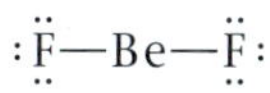 와 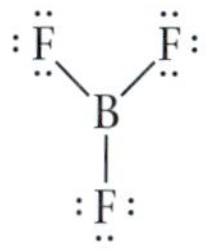

즉, 중심 원자가 여덟 개가 아닌 네 개와 여섯 개의 전자로 각각 둘러싸여 있다. 붕소 주위에 네 쌍의 전자가 아니라 세 쌍의 전자가 둘러싸여 있는 화합물로는 살충제와 살균제로 잘 알려진 붕산(H_3BO_3)이 있다.

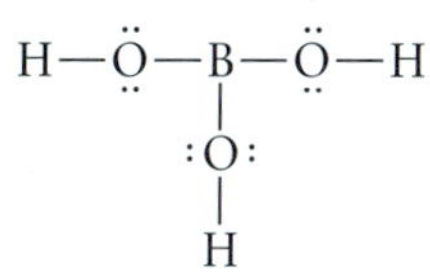

확장된 팔전자 규칙: 확장된 팔전자계

팔전자계를 따르지 않는 가장 커다란 종류의 분자는 중심 원자가 다섯 쌍 이상의 원자가 전자로 둘러싸인 화학종이다. 이러한 형태의 전형적인 분자는 오염화 인(PCl_5)과 육플루오린화 황(SF_6)이다. 이들의 Lewis 구조는 아래와 같다.

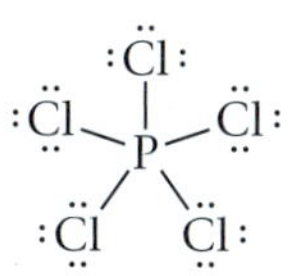 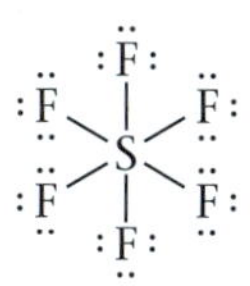

이들 분자에서 중심 원자들은 **확장된 팔전자계**(expanded octet)를 가진다. PCl_5에서는 인 원자가 10개의 원자가 전자(5개의 공유 전자쌍), SF_6에서는 황 원자 주위에 12개의 원자가 전자(6개의 공유 전자쌍)가 있다.

이러한 종류의 분자에서 말단 원자는 주로 할로젠(F, Cl, Br, I)이다. 몇몇 분자에서는 산소 원자가 말단 원자인 경우가 있다. 중심 원자는 주기율표의 3, 4, 5주기에 있는 비금속이다. 대부분 아래 원소들 중의 하나이다.

	15족	16족	17족	18족
3주기	P	S	Cl	
4주기	As	Se	Br	Kr
5주기	Sb	Te	I	Xe

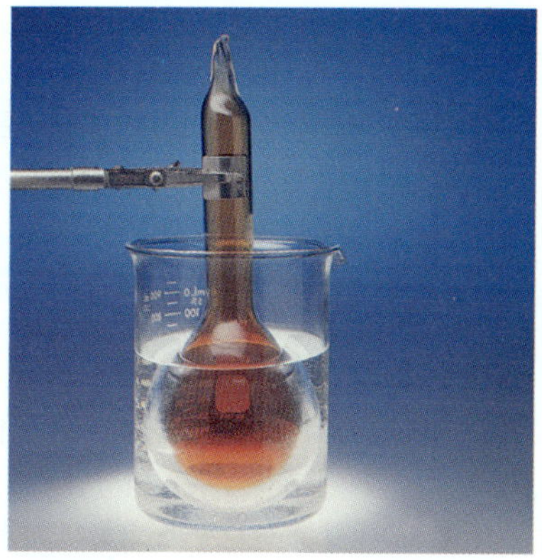

© Cengage Learning/Charles D. Winters

그림 7.7 ▸ **이산화 질소.** 적갈색 기체인 NO_2는 N 원자에 홀전자를 가지고 있다.

S. Ruven Smith

그림 7.8 ▸ **자기장에서의 산소(O_2).** 푸른색의 액체 산소는 전자석의 두 극 사이에 끌린다. 상자기성과 푸른색은 O_2 분자 내의 홀전자 때문이다.

i 대부분 분자의 중심 원자는 팔전자로 둘러싸여 있으며, 드물게 네 개의 전자(BeF_2) 또는 여섯 개 전자(BF_3)로 싸여 있다. 가끔 10개의 전자(PCl_5)와 12개 전자(SF_6)로 둘러싸여 있는 경우도 있다.

화학자의 삶 속에서 | CHEMISTRY THE HUMAN SIDE

G. N. Lewis는 Massachusetts에서 태어나 Nebraska에서 자란 후 다시 동부로 돌아와 Harvard 대학에서 학사 학위(B.S., 1896)와 박사 학위(Ph.D., 1899)를 취득하였다. 그는 몇 해 동안 Harvard 대학의 강사로 머물렀지만 그다지 행복하지 못했던 것 같다. 조숙한 학생이며, 반항적인 지식인이었던 그는 당시 그곳의 화학과에 팽배해 있던 전통적인 분위기에 의해 배척되었다. 오랜 시간이 흐른 후 그의 모교에서 명예 학위를 수여했지만 그는 거절하였다.

Lewis는 Harvard를 떠난 후 MIT에서 명성을 떨쳤고, 거기서 4년 후 정교수로 승진되었다. 1912년 그는 Berkeley의 California 대학 화학과장과 화학대학장으로 자리를 옮겼다. 그는 그의 나머지 생애를 거기서 보냈으며, 그의 지도력에 의해 Berkely의 화학과는 미국에서 가장 유명하게 되었다. 그에게 매료되었던 교수와 학생 중에서 노벨상 수상자가 5명이나 배출되었다. 그들은 1934년의 Harold Urey, 1949년의 William Giauque, 1951년의 Glenn Seaborg, 1960년의 Willard Libby, 1961년의 Melvin Calvin이었다.

Berkely에서 화학과를 운영하면서 그는 교수들에게 연구와 강의 양면에서 유능함을 요구하였다. 실제로 모든 교수들이 일반 화학 과정에 참여하였다. 한때는 여덟 명의 정교수가 1학년 과정을 가르치기도 했다.

화학 결합과 구조에 관한 Lewis의 관심은 1902년부터 시작되었다. Harvard의 한 강의에서 "원자가(valence)"를 설명하려고 그는 팔전자 규칙을 합리화시킬 수 있는 원자 모형을 고안하였다. 그의 모형은 여러 관점에서 결함이 있었다. 즉 한 예로서 Lewis는 꼭짓점에 전자가 위치한 입방체 원자를 상상하였다. 아마 이러한 결점이 그의 원자 구조에 대한 개념이 1916년까지 발표되지 않은 이유 중의 하나였다. 비로소 같은 해인 1916년 Lewis는 전자쌍 결합을 착안하여 화학 분야에 아주 위대한 공헌을 하였다. 그 당시 대부분의 화학자들이 모든 결합은 이온 결합이라고 믿고 있어서 Lewis의 생각은 많은 유기 화학자들에게 받아들여지지 않았다.

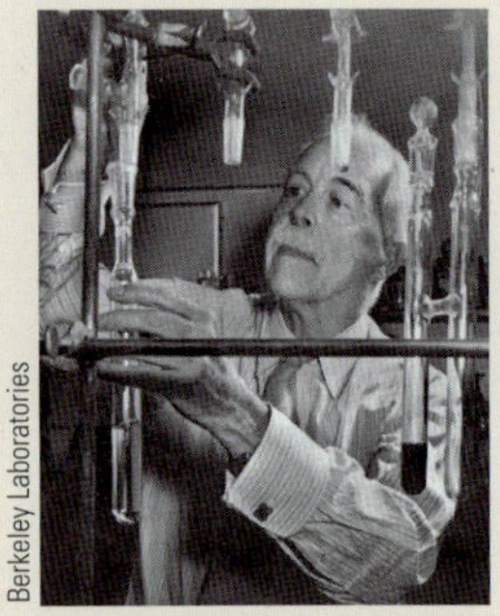

Dr. Glenn Seaborg, University of California, Lawrence Berkeley Laboratories

Gilbert Newton Lewis
(1875~1946)

1923년에 Lewis는 *원자와 분자의 원자가와 구조*(*Valence and the Structure of Atoms and Molecules*)라는 책(최근 Dover 출판사에 의해 재판 발행)을 출간하였다. 이 책에는 그의 유난히 명석한 방법의 (제7장에서 논의한) 공유 결합에 대한 많은 기초 원리가 수록되어 있다. 전자점 구조식, 팔전자 규칙, 전기음성도의 개념이 포함되어 있다. 또한 산과 염기에 대한 Lewis의 정의가 소개되어 있다(제13장 참조). 같은 해 Lewis는 Merle Randall과 함께 *화학 물질의 열역학과 자유 에너지*(Thermodynamics and the Free Energy of Chemical Substances)라는 책을 출간했다. 지금도 그 교과서의 개정판이 화학과 대학원 과정에서 사용되고 있다. (Lewis는 확실히 노벨상을 받을 자격이 있었지만 한번도 받지 못했다.)

Lewis의 경우, 1923년부터 1938년까지의 기간은 자신의 연구에 관한 한 상대적으로 비생산적인 시기였다. Lewis의 전자쌍 결합 개념은 유기 화학과 양자 화학의 영역에서 주로 이용되고, 이 분야 중 어느 분야에서도 Lewis는 마음이 편치 않았다. 1930년대 초반, 그는 중수소의 성질을 다루는 비교적 중요하지 않은 일련의 논문을 발표하였다. 그 후 1939년에는 광화학 분야에 대한 논문 발표를 시작하였다. 이 분야의 논문 약 20여 편 중에서 몇 편은 그의 초기 시절의 가장 훌륭한 업적과 질적인 면에서 비교될 만큼 상당히 중요한 논문이다. Lewis는 1945년에 공식적으로 은퇴하였고, 일 년 후 형광 실험을 진행하던 중 사망하였다.

이 원자들은 모두 결합에 참여 가능한 d 오비탈을 가진다(3d, 4d, 5d). 이들 d 오비탈이 PCl_5와 SF_6와 같은 화학종에서 여분의 전자쌍이 위치하는 오비탈이다. C, N, O는 2d 부준위를 가지지 않으므로 확장된 팔전자계를 형성하지 않는다.

PCl_5나 SF_6는 화학식에서 중심 원자가 확장된 팔전자계를 가지는 것이 확실한 예이다. 그러나 가끔 확장된 팔전자계가 확실하지 않을 때가 있다. 예를 들어 ClF_3나 XeF_4와 같은 화학식을 언뜻 보면 확장된 팔전자계가 아닌 것으로 생각하기 쉽다. 이러한 분자에 대한 Lewis 구조를 그려보면 확장된 팔전자계가 포함되어 있는 것이 확실하게 보인다. 즉 분자의 골격 구조를 그린 후 각 원자가 팔전자 규칙을 만족하기 위한 전자수보다 *더 많은* 전자가 있게 된다. 이러한 경우에는 ***여분의 전자(둘 또는 넷)를 비공유 전자쌍으로 중심 원자 주위에 배치한다.***

확장된 팔전자계가 존재하므로 그림 7.3에 명시한 과정을 수정해야 한다. 그림 7.9에 확장된 팔전자계에 적용이 될 수 있도록 수정한 순서도를 나타내었으며, ClF_3를 예로 사용하였다.

예제 7.4

XeF_4의 Lewis 구조를 그려라.

전략

만일 AE < NE라면, 그림 7.3에 설명한 과정을 따른다.

만일 AE = NE라면, 골격은 옳다; 원자 주위에 비공유 전자쌍을 추가하여 팔전자계를 만든다.

만일 AE > NE라면, 그림 7.9에 설명한 과정을 따른다.

풀이

골격	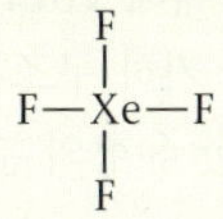
VE	4(7 (각 F에 대한)) + 8 (Xe에 대한) = 36
AE	AE = VE − 2(결합) = 36 − 2(4 결합) = 28
NE	4[6 (각 F가 팔전자를 갖기 위해)] + 0 (Xe는 팔전자계를 가짐) = 24
AE = NE?	아니오. AE > NE. 4개의 여분의 전자가 있다.
팔전자 규칙을 만족한다.	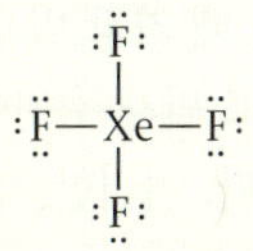
Lewis 구조	중심 원자에 여분의 전자(4개)를 추가한다. 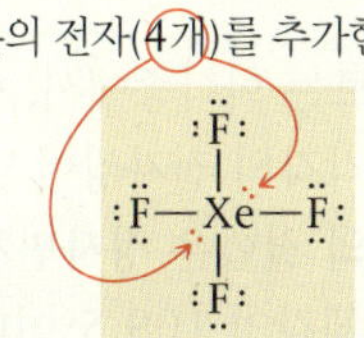

7-2 분자의 기하 구조

Cl_2 또는 HCl과 같은 이원자 분자의 구조는 매우 간단하게 나타낼 수 있다. 두 점은 한 직선을 형성하므로 이들 분자는 선형이다.

Cl—Cl　　H—Cl

세 개 이상의 원자를 포함하는 분자의 경우, 그 구조는 그렇게 명확하지 않다. 여기서 결합 사이의 각인 **결합각**(bond angle)에 관심을 가져야만 한다. 예를 들면, YX_2 유형의 분자를 고려해 보자. 여기서 Y는 중심 원자를 나타내고 X는 중심 원자에 결합된 원자이다.

- **선형 분자**(linear molecule), 180°의 결합각:　X—Y—X
- **굽은형 분자**(bent molecule), 결합각이 180°보다 작다: 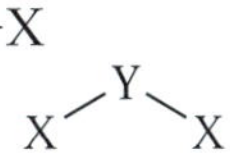

분자 기하 구조(molecular geometry)의 주요한 특징은 간단한 이론인 **전자쌍 반발**에 기초하여 예상한다. 이 이론이 *원자가 껍질 전자쌍 반발*(valence-shell electron-pair repulsion, VSEPR) *모형*이다. 이 이론은 1940년에 Sidgwick [N. V. Sidgwick(1873~1952)]과 Powell [H. M. Powell(1906~1991)]이 처음으로 제안하였으며, 그 후 Gillespie [R. J. Gillespie(1924~)]와 Nyholm [R. S. Nyholm(1917~1971)]이 발전시켰다. **VSEPR 모형**에 따르면, ***원자 주위의 원자가 전자쌍은 서로 반발한다. 따라서, 원자가 전자쌍을 포함하는 오비탈들은 가능한 멀리 떨어져 있도록 배열된다.***

이 장에서는 단순한 분자와 다원자 이온들의 기하 구조를 예상하는 데 이 모형을 적용한다. 모든 화학종에서, 중심 원자는 2~6개의 전자쌍으로 둘러싸인다.

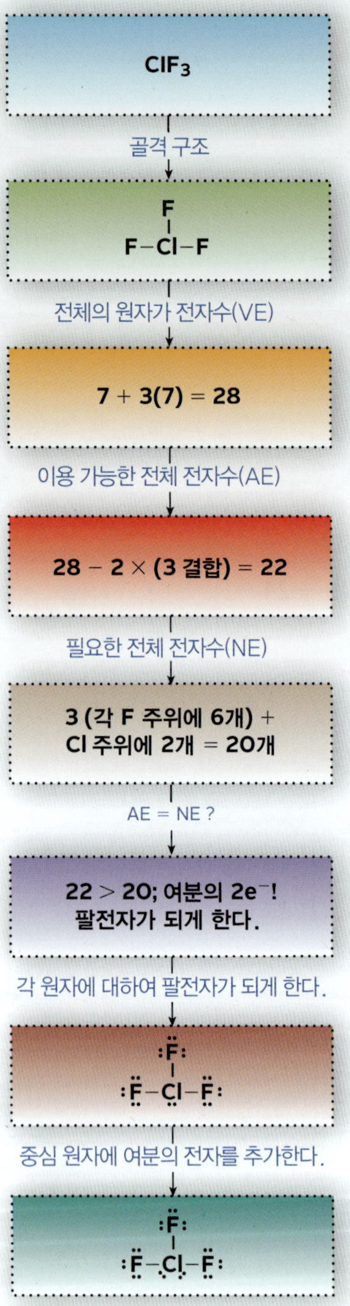

그림 7.9 ▸ **확장된 팔전자계를 갖는 Lewis 구조에 대한 순서도.**

▶ 2~6개의 전자쌍을 가진 분자의 이상적인 기하 구조 유형

우선, 중심 원자 A가 2~6개의 전자쌍으로 둘러싸인 분자의 분자 구조에 대해 살펴보자. 이들 전자쌍은 말단 원자 X와 단일 결합을 이루는 데 사용된다. 이 화학종들은 일반적인 화학식 AX_2, AX_3, . . . , AX_6를 가지고 있다. A 원자 주위에는 비공유 전자쌍이 없다.

중심 원자를 둘러싼 결합 오비탈이 서로 어떻게 배향하고 있는지를 알기 위해 그림 7.10을 살펴보자. 그림 7.10은 중심이 함께 묶인 2~6개의 풍선이 자연스럽게 취한 **이상적인 기하 구조**(ideal geometry)의 위치를 보여주고 있다. 풍선들은 그들이 나타내는 오비탈들처럼 가능한 한 서로 멀리 떨어져 있도록 배열된다.

그림 7.11은 AX_2~AX_6 유형의 분자에 대해 VSEPR 모형에 의하여 예상된 기하 구조를 보여준다. 두 개와 세 개의 전자쌍에 대한 기하 구조는 중심 원자가 여덟 개의 전자보다 적은 수의 전자를 가진 화학종들이다. 이러한 유형의 분자들은 BeF_2(기체 상태)와 BF_3가 있으며 아래에 Lewis 구조를 나타내었다.

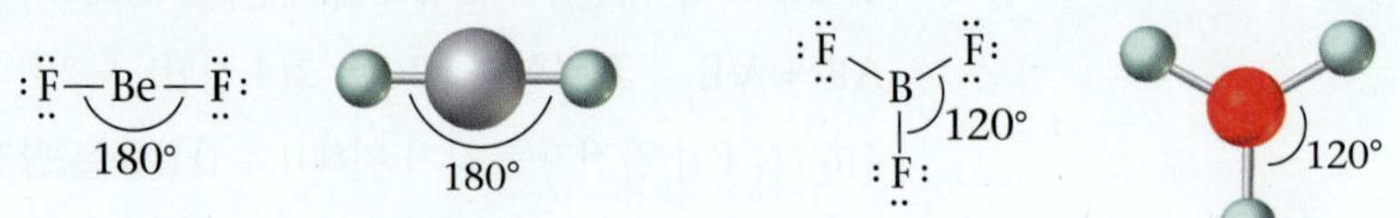

두 개의 전자쌍들은 서로 180°의 각을 가질 때 가장 멀리 떨어진다. 이 때문에 BeF_2는 **선형**(linear) 구조를 갖는다. BF_3 분자에서 붕소 원자 주위에 있는 세 개의 전자쌍들은 정삼각형의 꼭짓점에 배향되고, 결합각은 120°이다. 이러한 기하 구조를 **삼각 평면**(trigonal planar)이라고 말한다.

팔전자 규칙을 따르는 화학종에서, 중심 원자가 네 개의 전자쌍으로 둘러싸여 있는 것을 생각해 보자. 만약 각각의 전자쌍이 말단 원자와 단일 결합을 형성한다면, 분자 유형은 AX_4이다. 이들 네 개의 결합은 **정사면체**(tetrahedron)의 각 꼭짓점을 향하고 있다.◂ⓘ 모든 결합각은 정사면체각인 109.5°이다. 이러한 구조는 여러 가지 다원자 이온(NH_4^+, SO_4^{2-} 등)과 CH_4와 같은 유기 화합물에서 발견된다.

ⓘ 이것은 네 개의 전자쌍을 가능한 멀리 떨어뜨려 놓는 방법이다.

AX_5와 AX_6 유형의 분자의 중심 원자는 여덟 개 이상의 전자를 가지며, 이들 분자의 구조는 그림 7.11의 아래쪽에 나타내었다. PF_5에서, 다섯 개의 결합 전자쌍은 **삼각 쌍뿔**(trigonal bipyramid)의 각 꼭짓점에 위치하며, 이것은 두 개의 삼각뿔의 밑면이 서로 연결된 형태이다. 세 개의 플루오린 원자는 정삼각형의 꼭짓점에 위치하고 있으며, 다른 두 플루오린 원자는 중심 P 원자의 바로 위와 아래에 있다. SF_6에서는 여섯 개의 결합이 **정팔면체**(octahedron)의 꼭짓점을 향하여 배향되어 있다. 정팔면체는 8개의 면과 6개의 꼭짓점을 가지고 있다. 정팔면체는 두 **사각뿔**(square pyramid)의 밑면을 서로 붙여서 만들어진 것으로 생각할 수 있다. SF_6에서 네 개의 플루오린 원자는 중심에 황 원자를 가진 사각형의 꼭짓점에 위치해 있고, 다른 한 플루오린 원자는 S 원자 바로 위에, 또 다른 플루오린 원자는 바로 아래에 있다.

▶ 기하 구조에 미치는 비공유 전자쌍의 영향

많은 분자와 다원자 이온의 중심 원자 주위에는 한 개 이상의 비공유 전자쌍이 있다. VSE-

그림 7.10 ▸ **VSEPR 전자쌍 기하 구조.** 풍선은 가능한 한 멀리 떨어져 있으려고 한다. 2~6개의 전자쌍(*왼쪽에서 오른쪽으로*)에 대한 기하 구조를 나타내고 있다.

화학종의 유형	전자쌍 배향	예상되는 결합각	예	공-막대 모형
AX_2	선형	180°	BeF_2	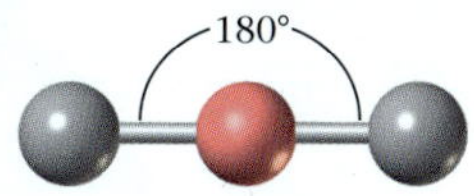
AX_3	삼각 평면	120°	BF_3	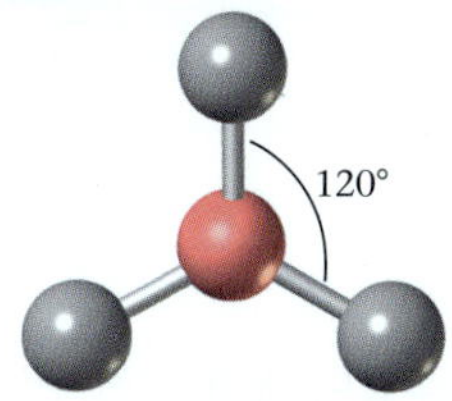
AX_4	정사면체	109.5°	CH_4	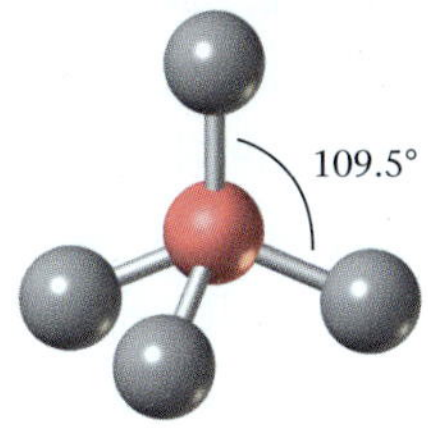
AX_5	삼각 쌍뿔	90° 120° 180°	PF_5	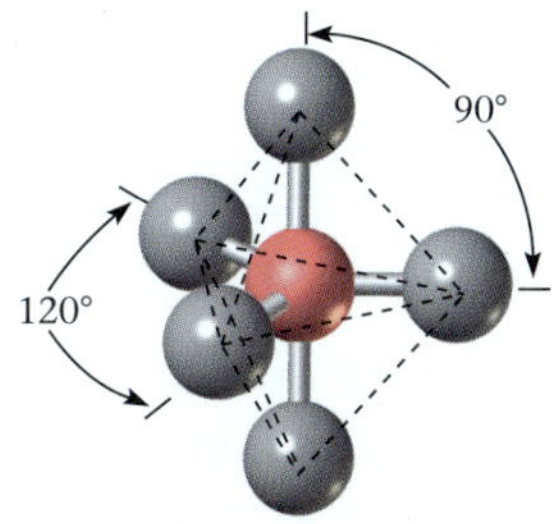
AX_6	정팔면체	90° 180°	SF_6	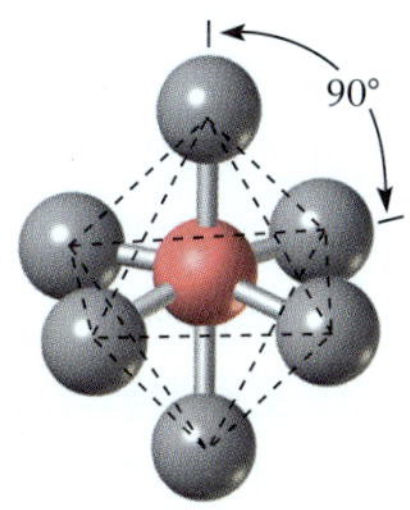

그림 7.11 ▸ **중심 원자(A) 주위에 2~6개의 전자쌍 결합이 있는 분자의 기하 구조.**

PR 모형은 이러한 종류의 기하 구조를 예상하는 데에 쉽게 응용된다. 일반적으로,

1. *전자쌍 기하 구조*(electron-pair geometry)는 단일 결합만 있을 때 관찰되는 것과 거의 같다. 결합각은 보통 그림 7.11에 수록해 놓은 이상적인 값보다 약간 작다.
2. *분자의 기하 구조*(molecular geometry)는 한 개 또는 여러 개의 비공유 전자쌍을 가지고 있을 때 상당히 다르다. 분자의 기하 구조를 설명할 때, 결합된 원자의 위치만을 고려한다. 결합된 원자의 위치는 실험적으로 측정할 수 있지만 비공유 전자쌍의 위치는 실험적으로 측정할 수 없다. 따라서 비공유 전자쌍의 위치는 분자 구조에 나타내지 않는다.

이 원리를 염두에 두고, NH_3 분자를 살펴보자.

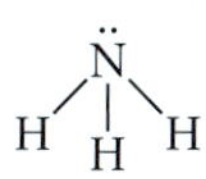

NH_3에서 N 원자 주위의 네 개 전자쌍의 위치는 그림 7.12의 왼쪽 그림에 나타내었다.

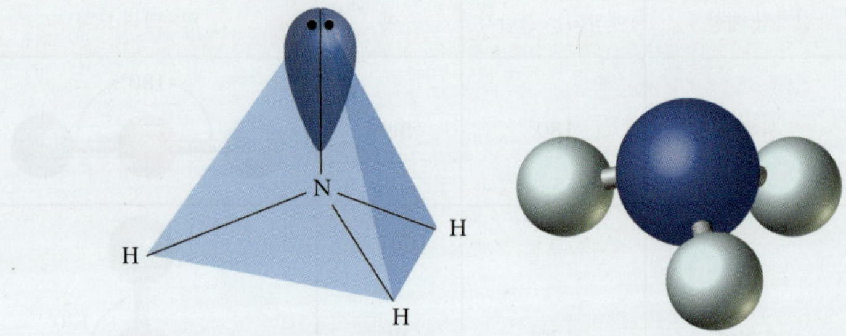

그림 7.12 ▸ NH_3 분자의 기하 구조를 나타내는 두 가지 방법. 비공유 전자쌍(검은점)과 전자쌍의 위치는 왼쪽 그림에 나타내었다. 원자의 위치는 오른쪽 그림에 나타내었다. 질소 원자는 세 개의 수소 원자로 만들어진 정삼각형 평면의 중심 바로 위쪽에 위치해 있다. NH_3 분자의 기하 구조는 삼각뿔이다.

CH_4와 같이 네 개의 전자쌍은 정사면체의 꼭짓점을 향해 있는 것을 주목하라. 그림 7.12의 오른쪽 도표에는 NH_3의 각 원자 위치가 나타나 있다. 질소 원자는 세 개의 수소 원자에 의해 형성된 정삼각형의 중심 위쪽에 위치하고 있다. NH_3 분자의 기하 구조는 **삼각뿔**(trigonal pyramid)이다. 질소 원자는 삼각뿔의 꼭짓점에 있으며 세 개의 수소 원자는 삼각형 밑면을 형성한다. 이 분자는 "각뿔(pyramid)"이라는 단어가 의미하듯이 삼차원이다.

이제까지 NH_3에 대해 설명한 방법은 물 분자, H_2O에도 적용된다. 물 분자의 Lewis 구조를 보면 중심의 산소 원자는 두 개의 단일 결합과 두 개의 비공유 전자쌍에 의해 둘러싸여 있다.

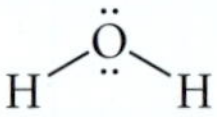

그림 7.13의 왼쪽에 나타낸 도표는 네 개의 전자쌍이 정사면체로 배향되어 있는 것을 강조하고 있다. 오른쪽 그림에 원자들의 위치를 나타내었다. 원자들이 직선상에 있지 않으며, 따라서 H_2O 분자는 **굽은형**(bent)이다.

실험적으로 NH_3와 H_2O의 결합각은 이상적인 값인 109.5°보다 약간 더 작다고 밝혀져 있다. 질소 원자 주위에 세 개의 단일 결합과 하나의 비공유 전자쌍을 갖는 NH_3의 결합각은 107°이고, 산소 원자 주위에 두 개의 단일 결합과 두 개의 비공유 전자쌍을 갖는 H_2O의 결합각은 약 105°이다.

i 비공유 전자쌍이 있으면 결합각은 이상적인 값보다 작아진다.

이러한 효과는 비교적 간단한 방법으로 설명할 수 있다. 비공유 전자쌍은 자신이 속한 원자 한 개의 핵에 의해 끌린다. 반면에 결합 전자쌍은 결합되어 있는 두 원자의 두 핵에 의해 끌린다. 따라서 비공유 전자쌍의 전자 구름은 결합 전자쌍보다 더 큰 부피에 걸쳐 퍼져 있을 것으로 예상된다. NH_3에서, 비공유 전자쌍은 결합 전자쌍들을 서로 가까워지도록 하여 결합각이 작아진다. 비공유 전자쌍이 두 개가 있는 H_2O의 경우에는 이러한 효과가 더욱 크다. 일반적으로, VSEPR 모형에 의하면 비공유 전자쌍은 결합 전자쌍보다 더 큰 공간을 차지할 것이 예상된다.

표 7.3은 중심 원자가 2~4개의 전자쌍에 의해 둘러싸인 분자 구조에 대하여 위에서 설명한 것을 요약해 놓았다. 표는 중심 원자 A를 둘러싸고 있는 말단 원자 X와 비공유 전자쌍 E에 따라 정리해 놓았다.

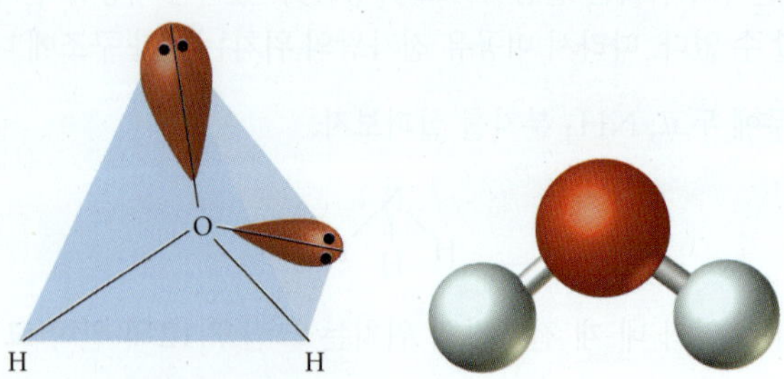

그림 7.13 ▸ H_2O 분자의 기하 구조를 나타내는 두 가지 방법. 왼쪽 그림에는 두 개의 비공유 전자쌍을 나타내었다. 오른쪽 그림에서 볼 수 있듯이 H_2O는 굽은형의 분자이다. 결합각(105°)은 정사면체의 각인 109.5°보다 조금 더 작다. 비공유 전자쌍이 차지하고 있는 부피는 결합 전자쌍이 차지하는 부피보다 더 크게 퍼져 있다.

표 7.3 ▸ **중심 원자 주위에 2~4개의 전자쌍을 가지는 분자의 기하 구조**

말단 원자 (X)의 수 + 비공유 전자쌍의 수(E)	화학종의 유형	이상적인 결합각*	분자의 기하 구조	예
2	AX_2	180°	선형	BeF_2, CO_2
3	AX_3 AX_2E	120° 120°*	삼각 평면 굽은형	BF_3, SO_3 GeF_2, SO_2
4	AX_4 AX_3E AX_2E_2	109.5° 109.5°* 109.5°*	정사면체 삼각뿔 굽은형	CH_4 NH_3 H_2O

* 이들 화학종에서, 측정된 결합각은 이상적인 결합각보다 약간 작다.

예제 7.5

NH_4^+, BF_3, PCl_3 분자의 기하 구조를 예상하라.

전략

1. 먼저 각 화학종의 Lewis 구조를 쓴다.
2. 중심 원자를 보고, 분자나 이온이 어떤 화학종의 유형(AX_2, AX_3, . . .)을 갖는지를 결정한다.
   A는 중심 원자를 나타낸다.
   X는 말단 원자를 나타낸다.
   E는 비공유 전자쌍을 나타낸다.
3. 표 7.3에서 화학종의 유형과 기하 구조 및 화학종의 결합각을 기억해 둔다.

풀이

NH_4^+의 Lewis 구조

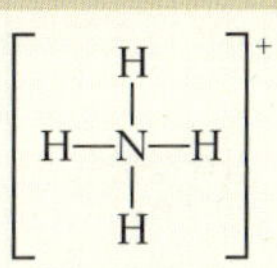

화학종의 유형 $A = N, X = H\ (4), E = 0 \rightarrow AX_4$

기하 구조 정사면체, 109.5° 결합각

BF_3의 Lewis 구조

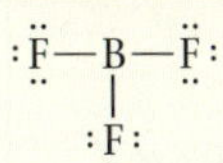

화학종의 유형 $A = B, X = F\ (3), E = 0 \rightarrow AX_3$

기하 구조 삼각 평면, 120° 결합각

PCl_3의 Lewis 구조

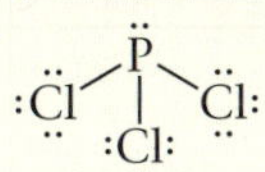

화학종의 유형 $A = P, X = Cl\ (3), E = 1 \rightarrow AX_3E$

기하 구조 삼각뿔(이상적인 결합각은 109.5°이나 실제로는 104°이다.)

확장된 팔전자계 분자에서, 하나 이상의 전자쌍이 중심 원자 주위에 비공유 전자쌍으로 있다. 사플루오린화 제논(xenon tetrafluoride), XeF_4의 Lewis 구조를 예를 들어 살펴보자(예제 7.4).

Lewis 구조가 항상 기하 구조를 알려주지는 않는다.

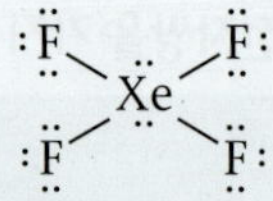

제논 원자 주위에는 여섯 개의 전자쌍이 있다. 그들 중 네 개는 플루오린 원자와 공유 결합을 하고, 다른 두 개는 비공유 전자쌍이다. 이 분자는 AX_4E_2로 분류된다(그림 7.14).

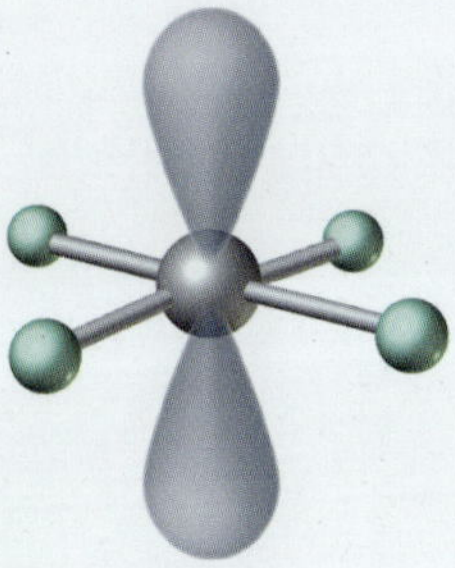

그림 7.14 ▸ **사플루오린화 제논(AX_4E_2) 분자.**

이들 분자와 같은 분자들의 기하 구조는 VSEPR 모형으로 예상할 수 있다. 그 결과는 그림 7.15에 나타내었다. 그림에 수록한 구조들은 중심 원자 주위에 5개 또는 6개의 전자쌍을 가진 모든 유형의 분자를 나타내었으며, 그중 1개 이상의 비공유 전자쌍이 있을 수 있다. 다음을 주목하자.

- AX_4E_2 유형의 분자에서, 2개의 비공유 전자쌍은 정팔면체의 인접한 꼭짓점에 위치하기보다는 반대쪽 꼭짓점에 위치한다.
- AX_4E, AX_3E_2, AX_2E_3 유형의 분자에서, 비공유 전자쌍은 삼각 쌍뿔의 중심 정삼각형의 꼭짓점에 위치한다.

다중 결합

VSEPR 모형은 이중 결합 또는 삼중 결합을 갖는 화학종에 쉽게 확장할 수 있다. 즉, ***분자의 기하구조와 관련하여 다중 결합은 단일 결합처럼 작용한다***는 간단한 원리를 적용한다. 단일 결합의 두 개의 전자처럼, 이중 결합에서 4개의 전자 또는 삼중 결합의 6개의 전자는 반드시 두 원자 사이에 위치해야 한다. 이것은 **다중 결합**(multiple bond)의 전자쌍이 단일 결합의 전자쌍이 차지하는 공간과 동일한 영역을 차지해야 한다는 것을 의미한다. 그러므로 다중 결합의 "여분"의 전자쌍은 기하 구조에는 아무런 영향을 미치지 못한다.

그림 7.15 ▸ **확장된 팔전자계와 비공유 전자쌍을 가진 분자의 분자 기하 구조.** 회색 구는 말단 원자(X)를 나타내며, 점선으로 표시된 타원은 비공유 전자쌍(E)을 나타낸다. 예를 들면 AX_4E는 네 개의 공유 결합과 한 개의 비공유 전자쌍을 나타낸다.

5개의 전자쌍

화학종의 유형	구조	모양	예	결합각
AX_5	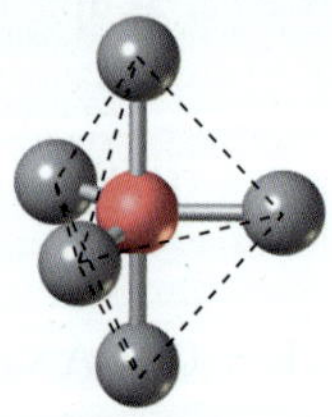	삼각 쌍뿔	PF_5	90°, 120°, 180°
AX_4E	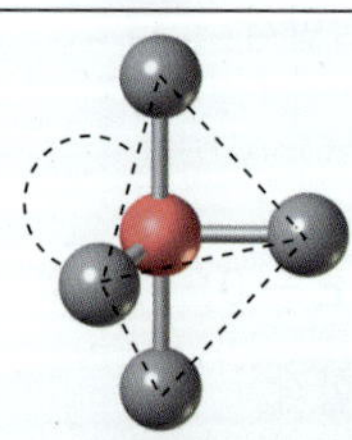	시소형	SF_4	90°, 120°, 180°
AX_3E_2	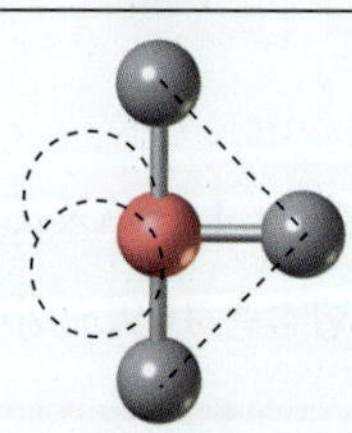	T-형	ClF_3	90°, 180°
AX_2E_3	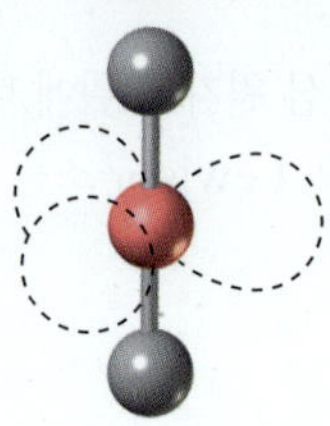	선형	XeF_2	180°

(계속)

그림 7.15 ▸ (계속)

6개의 전자쌍

AX_6	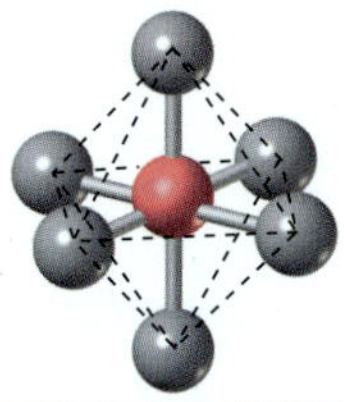	정팔면체	SF_6	90°, 180°
AX_5E	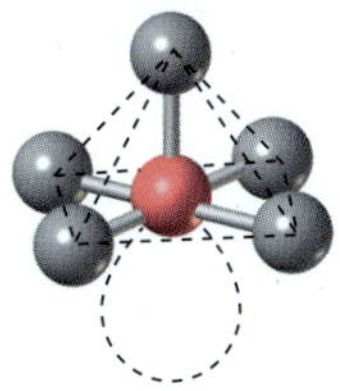	사각뿔	ClF_5	90°, 180°
AX_4E_2	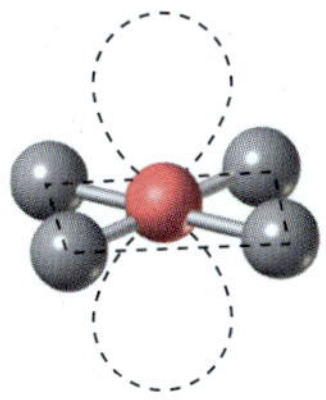	사각 평면	XeF_4	90°, 180°

이 원리를 설명하기 위해서 CO_2 분자를 살펴보자. 이것의 Lewis 구조는 다음과 같다.

$$:\ddot{O}=C=\ddot{O}:$$

중심 원자인 탄소는 두 개의 이중 결합을 가지며, 비공유 전자쌍은 없다. 분자의 기하 구조를 결정하기 위하여, 여분의 전자쌍은 무시하고 이중 결합을 단일 결합이라고 생각한다. 결합들을 가능한 서로 멀리 떨어져 있도록 배치하면, O—C—O의 결합각은 180°가 된다. BeF_2와 같이 CO_2는 선형이다.ⓘ

$$\underset{180°}{F—Be—F} \qquad \underset{180°}{O=C=O}$$

ⓘ CO_2는 BeF_2와 마찬가지로, 비공유 전자쌍을 가지지 않은 AX_2 유형의 분자이다.

이 원리는 한 개의 중심 원자가 있는 분자에 대해 조금 다른 방식으로 다시 설명할 수 있다. 그런 분자의 기하 구조는 오직 다음과 같은 요인에 따른다.

- ***중심 원자에 붙어 있는 말단 원자의 수, X (단일 결합, 이중 결합, 삼중 결합과 관계없이).***
- ***중심 원자 주위의 비공유 전자쌍의 수, E.***

이것은 표 7.3이 다중 결합을 갖는 화학종들의 기하 구조를 추측하는 유용한 방법으로 사용될 수 있다는 것을 의미한다.

예제 7.6

다음과 같은 Lewis 구조를 갖는 ClO_3^- 이온, NO_3^- 이온, N_2O 분자의 기하 구조를 예상하라.

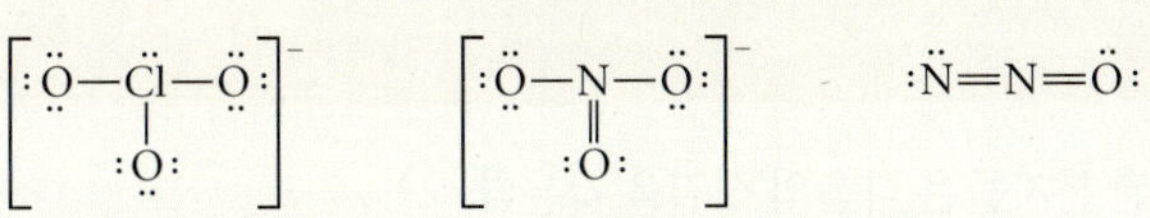

전략

1. 각 화학종을 AX_mE_n 유형으로 분류하고, 표 7.3을 이용한다.
2. 다중 결합은 단일 결합으로 센다. 결합의 수가 아니라 말단 원자(X)의 수를 센다.

(계속)

풀 이

ClO_3^-에 대하여;

화학종의 유형	A = Cl, X = O = 3, E = 1 → AX_3E
기하 구조	삼각 쌍뿔, 이상적인 결합각은 109.5°이다.

NO_3^-에 대하여;

화학종의 유형	A = N, X = O = 3, E = 0 → AX_3
기하 구조	삼각 평면, 이상적인 결합각은 120°이다.

N_2O에 대하여;

화학종의 유형	A = N, X = N 및 O = 2, E = 0 → AX_2
기하 구조	선형, 이상적인 결합각은 180°이다.

이 개념은 중심 원자가 한 개가 아닌 분자에 대해서도 확장시킬 수 있다. 예를 들어, 아세틸렌 분자, C_2H_2를 살펴보자. 이 분자는 두 개의 탄소가 한 개의 삼중 결합으로 결합되어 있다.

H—C≡C—H

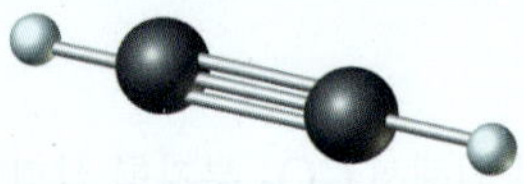

각 탄소 원자는 두 개의 전자쌍으로 둘러싸인 것처럼 거동한다. H—C≡C와 C≡C—H의 결합각은 모두 180°이다. 따라서 이 분자는 선형 구조를 갖는다. 즉, 네 개의 원자들은 일직선상에 놓이게 된다. 삼중 결합에서 여분의 두 전자쌍들은 분자의 전자 구조에 영향을 끼치지 못한다.

에틸렌(C_2H_4)에서는 두 개의 탄소 원자 사이에 하나의 이중 결합이 있으며, 각 탄소 원자가 세 개의 전자쌍에 둘러싸여 있는 것과 같은 기하 구조를 가지는 것으로 예상할 수 있다.

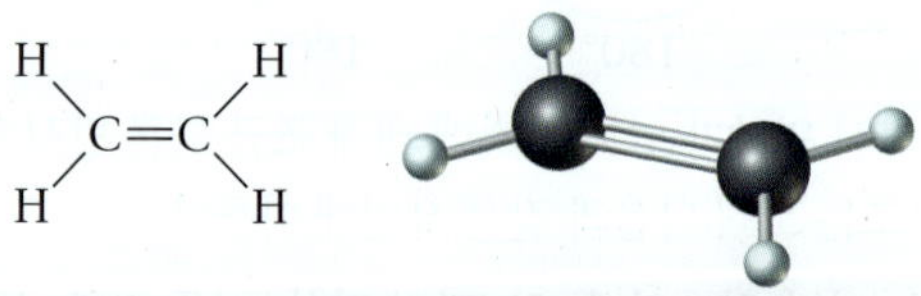

즉 여섯 개의 원자는 한 평면에 놓여 있으며, 약 120°의 결합각을 갖게 된다. 실제로 탄소 원자 간의 이중 결합은 탄소와 수소 간의 단일 결합보다 조금 큰 공간을 차지하게 되어 H—C═C의 결합각은 120°보다 약간 크며, H—C—H 결합각은 120°보다 약간 작다.

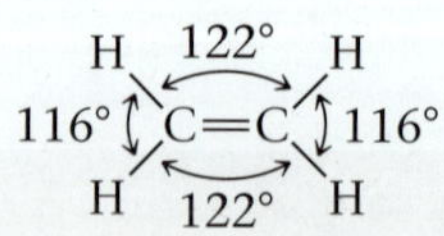

7-3 분자의 극성

공유 결합과 공유 결합으로 형성된 분자들은 다음의 성질을 갖는다.

- *극성*(polar)을 가질 수 있다. 전자가 비대칭적으로 분포된 결과로, 결합이나 분자는 양극(positive pole) 또는 음극(negative pole)을 갖게 된다. 이를 *쌍극자*(dipole)라 부른다.
- *비극성*(nonpolar)을 가질 수 있다. 전자들이 대칭적으로 분포되어 결합이나 분자는 양극과 음극을 나타내지 않는다.

극성 공유 결합과 비극성 공유 결합

H_2 분자에서 두 개의 전자는 두 핵 사이에 동등하게 공유되어 있다. 다시 말하면 결합에 참여한 전자가 한 핵 근처에서 발견된 확률은 다른 핵 근처에서 발견될 확률과 같다. **비극성 결합**(nonpolar bond)은 H_2나 F_2와 같이 결합된 두 개의 원자가 동일할 때 형성된다.

HF 분자에서 결합 전자의 분포는 H_2나 F_2와는 약간 다르다. HF에서 전자 구름(electron cloud)의 밀도는 F 원자 쪽이 더 크다. 결합 전자는 평균적으로 수소(그림 7.16의 원자 Y)에서 F 원자 쪽으로 이동한다. 전자 밀도가 비대칭인 결합을 **극성 결합**(polar bond)이라 한다.

두 개의 다른 원소의 원자는 전기음성도(electronegativity)가 적어도 약간은 다르다(표 6.7 참조). 따라서 다른 원자들 사이의 공유 결합은 항상 극성을 갖는다. 예를 들어 H—F 결합을 살펴보자. F의 전기음성도(4.0)가 H의 전기음성도(2.2)보다 크기 때문에 결합 전자 밀도가 F 원자 쪽으로 치우치게 된다. 따라서 F 원자는 부분적인 음전하(negative charge)를, H 원자는 부분적인 양전하(positive charge)를 띠게 되어, H-F 결합은 극성이다.

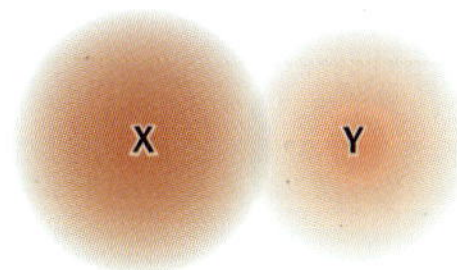

그림 7.16 ▸ **결합 극성**. 원자 X가 Y보다 전기음성도가 크면, 전자 밀도는 X 원자 주위에 집중된다. 따라서 결합은 극성이다.

i 같은 원소들로 된 분자를 제외하고, 모든 분자는 극성 결합을 가지고 있다.

공유 결합의 극성의 정도는 결합된 원자들 간의 전기음성도 차이와 관련이 있다. 원자 간의 전기음성도 차이가 크면 결합은 강한 극성이고(H—F의 경우 $\Delta EN = 1.8$), 전기음성도 차이가 작으면 결합의 극성은 약하다(H—C의 경우 $\Delta EN = 0.3$).

극성 분자와 비극성 분자

극성 분자(polar molecule)는 음극(negative pole)과 양극(positive pole)을 갖고 있다. 즉 분자의 한 부분은 부분적으로 양전하(양극)를 띠게 되며 다른 한 부분은 같은 크기의 음전하(음극)를 띠게 된다. 그림 7.17에 나타낸 것와 같이, 극성인 분자에 전기장을 걸어주면 분자의 양극은 외부 전기장의 음극 쪽으로, 분자의 음극은 외부 전기장의 양극 쪽으로 정렬된다. 반대로 **비극성 분자**(nonpolar molecule)에는 양극과 음극이 없다. 전기장에서, H_2와 같은 비극성 분자들은 선호하는 배향을 보여주지 않는다.

분자가 전기장에서 배향하려는 정도는 그 분자의 *쌍극자 모멘트*(dipole moment)의 척도이다. HF와 같은 극성 분자는 쌍극자 모멘트를 갖고 있고, H_2와 F_2 같은 비극성 분자는 쌍극자 모멘트가 0이다.

그림 7.17 ▸ **전기장에서 극성 분자의 배향**. 전기장이 없으면 극성 분자는 제멋대로 배향한다. 전기장에서 HF와 같은 극성 분자의 양극과 음극은 각각 전기장의 음극과 양극 쪽으로 정렬한다. 그러나 H_2와 같은 비극성 분자는 정렬하지 않는다.

이원자 분자의 경우, 분자가 극성인지 비극성인지를 쉽게 결정할 수 있다. 이원자 분자는 한 가지 결합만이 있어서, 분자의 극성은 결합의 극성과 같다. 수소와 플루오린(H_2, F_2)은 결합된 원자가 동일하고 결합이 비극성이기 때문에 비극성이다. 반면에, 플루오린화 수소(HF)는 극성 결합을 가지고 있어서, 분자도 극성이다. 결합 전자들은 F 원자 근처에서 더 많은 시간 동안 존재하므로 F 원자는 음극이고, H 원자는 양극이다. 때때로 다음과 같이 나타낸다.

$$H \;{+}\!\!\!\longrightarrow F$$

화살 머리는 극성 결합의 음극(F 원자)을 가리키고, + 기호는 양극(H 원자)에 놓인다. 따라서 HF 분자는 음극과 양극을 포함하는 일종의 **쌍극자**(dipole)이다.

만일 한 분자가 세 개 이상의 원자로 구성되어 있다면 이 분자가 극성인지 비극성인지를 결정하기 쉽지 않다. 이 경우에 결합 극성뿐만 아니라 분자의 기하 구조까지 고려해야만 한다. 어떤 것들이 연관되어 있는지를 설명하기 위하여 그림 7.18에 있는 분자들을 살펴보자.

1. BeF_2는 두 개의 Be—F 극성 결합을 갖고 있다. 이 두 결합에서 전자 밀도는 전기음성도가 더 큰 플루오린 원자 주위에 집중되어 있다. 그러나 BeF_2 분자는 선형이어서 두 개의 Be ⟶ F 쌍극자가 반대 방향으로 놓여 있어서 서로 상쇄된다. 따라서 BeF_2 분자는 알짜 쌍극자가 없으며, 비극성이다. 약간 다른 관점에서 보면, BeF_2 분자에서 양전하와 음전하의 중심은 둘 다 Be 원자로 같다. 따라서 BeF_2 분자는 전기장에서 일렬로 정렬하지 않는다.

2. 산소가 수소보다 전기음성도가 더 크기 때문에(3.5와 2.2) O—H 결합은 극성이며, 산소 원자 주위에 전자 밀도가 더 높다. 굽은형의 H_2O 분자에서 두 개의 H ⟶ O 쌍극자는 서로 상쇄되지 않으며 두 쌍극자를 더하면 H_2O 분자에 알짜 쌍극자가 남게 된다. 음전하의 중심은 산소 원자에 있고 이것이 분자의 음극(negative pole)이 된다. 양전하의 중심은 두 수소 원자 사이의 중간에 위치하고 있고 분자의 양극은 그 점에 있다. H_2O 분자는 극성이다. 물 분자는 전기장에서 일렬로 정렬되는데, 이때 산소 원자는 양극 쪽으로 배향된다.

3. 사염화 탄소(CCl_4)는 BeF_2와 같이 극성 결합을 가짐에도 불구하고 분자가 비극성을 갖는 또 다른 예이다. C ⟶ Cl로 나타나는 네 개의 각 결합들은 극성이다. 그러나 네 개의 결합이 탄소 주위에 대칭적으로 놓여 있기 때문에 서로 상쇄되어 결과적으로 그 분자는 알짜 쌍극자를 갖지 못하고 비극성이 된다. 만약 CCl_4의 Cl 원자 하나를 수소로 바꾸면 이러한 상황은 변하게 된다. 분자 $CHCl_3$에서 H ⟶ C 쌍극자와 세 개의 C ⟶ Cl 쌍

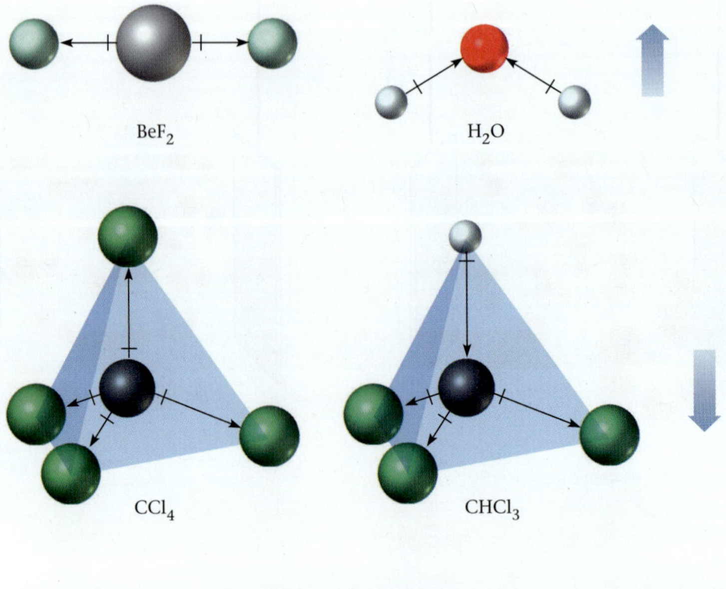

그림 7.18 ▸ **분자들의 극성**. 기호 ⟶로 표시되는 이 분자들의 모든 결합들은 극성이며, 화살 머리는 결합의 음극을 가리키고, +는 양극을 나타낸다. BeF_2와 CCl_4에서는 쌍극자가 서로 상쇄되어 분자는 비극성이다. H_2O와 $CHCl_3$에서 분자는 극성이며, 분자 옆에 음극을 향하도록 표시된 넓은 화살표는 알짜 쌍극자를 나타낸다.

극자는 서로 상쇄되지 않는다. 따라서 $CHCl_3$는 극성이다.

분자의 극성을 결정하는 데 중요한 두 기준은 결합의 극성과 분자의 기하 구조이다. 분자, ***AX_mE_n에서 극성인 A—X 결합이 중심 원자 A를 중심으로 대칭적으로 배열되어 있으면 분자는 비극성이다.***

예제 7.7

다음 분자들, SO_2, CO_2, $CHCl_3$가 극성인지 비극성인지를 결정하라.

전략

1. Lewis 구조를 쓴다.
2. 분자나 이온을 AX_mE_n 유형으로 분류한다.
3. 기하 구조를 결정한다(표 7.3 또는 그림 7.15).
4. A—X 결합을 살펴보고, 다음 질문에 답한다.
   (a) 말단 원자가 동일한가?
   예. 비극성일 가능성이 있다(대칭성에 따라 달라진다). 아니오. 극성이다.
   (b) A—X 결합이 중심 원자 주위에 대칭적으로 배열되어 있는가?
   아니오. 극성이다. 예. (a)에 대한 답이 역시 '예'라면 비극성이다.

풀이

SO_2의 Lewis 구조	:Ö—S̈=Ö:
화학종의 유형	AX_2E
기하 구조	굽은형
동일한 말단 원자?	예 } 극성
대칭인 A—X 결합이 있는가?	아니오 } 극성
CO_2의 Lewis 구조	:Ö=C=Ö:
화학종의 유형	AX_2
기하 구조	선형
동일한 말단 원자?	예 } 비극성
대칭인 A—X 결합이 있는가?	예 } 비극성
$CHCl_3$의 Lewis 구조	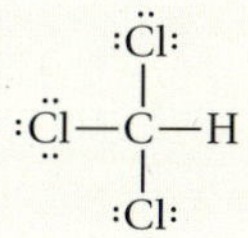
화학종의 유형	AX_4
기하 구조	정사면체
동일한 말단 원자?	아니오 → 극성

예제 7.7의 개념을 일반화하면 다음과 같은 규칙을 이끌어낼 수 있다.

- 말단 원자가 동일한 경우, AX_2(선형), AX_3(삼각 평면), AX_4(정사면체) 유형의 분자는 비극성이다. 예: CO_2, BF_3, CCl_4는 비극성이고, $CHCl_3$는 극성이다.
- AX_2E(굽은형), AX_2E_2(굽은형), AX_3E(삼각뿔) 유형의 분자는 극성이다. 예: SO_2, H_2O, NH_3

예제 7.8 개념 문제

A항의 화학종과 B항의 설명이 가장 적합한 것을 선택하라.

A	B
CO_2	(a) 극성, 굽은형
CH_2Cl_2	(b) 비극성, 삼각 평면
XeF_2	(c) 비극성, 선형
BF_3	(d) 비극성, 삼각뿔
	(e) 극성, 정사면체
	(f) 극성, 삼각뿔

전 략

1. B항의 설명은 기하 구조와 극성을 나타낸 것이다.

2. A항의 화합물에 대한 Lewis 구조를 그린다(그림 7.3 또는 그림 7.9).

3. 화학종의 유형과 기하 구조를 결정한다(표 7.3 또는 그림 7.15).

4. 극성을 결정한다.

5. B항에 주어진 설명과 대응시킨다.

풀 이

2. CO_2의 Lewis 구조 — :Ö=C=Ö:

3. 화학종의 유형 → 기하 구조 — AX_2 → 선형

4. 극성 — 비극성

5. 답 찾기 — c

2. CH_2Cl_2의 Lewis 구조

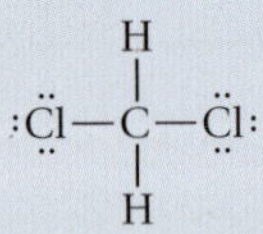

3. 화학종의 유형 → 기하 구조 — AX_4 → 정사면체

4. 극성 — 극성

5. 답 찾기 — e

2. XeF_2의 Lewis 구조 — :F̤̈—Ẍ̤e—F̤̈:

3. 화학종의 유형 → 기하 구조 — AX_2E_3 → 선형

4. 극성 — 비극성

5. 답 찾기 — c

2. BF_3의 Lewis 구조

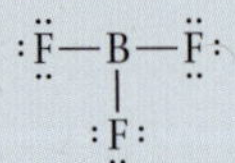

3. 화학종의 유형 → 기하 구조 — AX_3 → 삼각 평면

4. 극성 — 비극성

5. 답 찾기 — b

7-4 원자 오비탈: 혼성화

1930년대에는 Linus Pauling(1901~1994)에 의해, 그 다음에 California 공과대학(California Institute of Technology)에서 공유 결합에 대한 이론적 방법을 개발하였다. Linus Pauling은 *원자 오비탈*(atomic orbital) 또는 **원자가 결합 모형**(valence bond model)을 제안한 공로로 1954년 노벨 화학상을 수상하였다. 8년 후, Pauling은 핵 실험을 중단시킨 공로로 노벨 평화상을 받았다.

이 모형에 따르면, 공유 결합은 오비탈 내에서 반대되는 스핀의 전자쌍으로 형성된다. 예를 들어, 수소 원자는 1s의 오비탈을 완성하기 위해서 다른 원자의 전자를 받아들임으로써 공유 결합을 형성한다. 오비탈 도표를 사용하여 다음과 같이 쓸 수 있다.

	1s
고립된 H 원자	(↑)
안정한 분자에서의 H 원자	(↑↓)

파란색으로 나타낸 두 번째 전자는 다른 원자에서 온 것이다. H_2에서 또 다른 H 원자, HF의 F원자, CH_4에서 C 원자 등이 될 수 있다.

이 간단한 모형은 다른 원자에도 쉽게 확장할 수 있다. 플루오린 원자(전자 배치 $1s^22s^22p^5$)는 반만 채워진 p 오비탈을 가지고 있다.

	1s	2s	2p
고립된 F 원자	(↑↓)	(↑↓)	(↑↓)(↑↓)(↑)

다른 원자로부터 전자를 받아들임으로써 F는 이 2p 오비탈을 모두 채울 수 있게 된다.

	1s	2s	2p
HF, F_2, . . . 분자에서의 F 원자	(↑↓)	(↑↓)	(↑↓)(↑↓)(↑↓)

이 모형에 따르면 원자가 공유 결합을 형성하기 위해서는 홀전자를 가져야만 하는 것처럼 보인다. 실제로 원자에 의해 형성된 결합의 수는 홀전자수에 의하여 결정된다. 수소는 한 개의 홀전자를 가지기 때문에 H 원자는 한 개의 공유 결합을 형성해야 하며, 실제로 그렇다. F 원자에 대해서도 같은 원리가 적용되어 일반적으로 단 한 개의 결합을 형성한다. He, Ne과 같은 불활성 기체 원자들은 홀전자를 가지지 않아서 전혀 결합을 형성하지 않는다.

수소, 할로젠과 불활성 기체 외의 다른 분자에 대하여 이 간단한 개념을 확장하려고 시도할 때 문제들이 발생한다. 예를 들어 세 원자 Be ($Z = 4$), B ($Z = 5$), C ($Z = 6$)를 살펴보자.

	1s	2s	2p
Be 원자	(↑↓)	(↑↓)	( )( )( )
B 원자	(↑↓)	(↑↓)	(↑)( )( )
C 원자	(↑↓)	(↑↓)	(↑)(↑)( )

위에서 보는 바와 같이 베릴륨 원자는 홀전자가 없고, 붕소 원자는 한 개를, 탄소 원자는 두 개의 홀전자를 가지고 있다. 간단한 원자가 결합 이론은 He와 같이 Be도 공유 결합을 형성하지 않아야 된다고 예상된다. 또, 붕소 원자는 한 개의 공유 결합, 탄소는 두 개의 공유 결합을 형성한다고 예상할 수 있다. 그러나 실제의 실험 결과, 이 예상은 틀린 것으로 판명되었다. BeF_2에서 Be는 두 개의 결합을 형성하고, B는 BF_3에서 세 개의 결합을 형성하며, 탄소는 두 개의 결합이 아니라 네 개의 결합을 형성한다.

이러한 현상들을 설명하기 위하여 간단한 원자가 결합 이론(valence bond theory)은 수정되어야 하며, **혼성 오비탈**(hybrid orbital)이라고 부르는 새로운 원자 오비탈 개념을 도입할 필요가 있다.

▶ 혼성 오비탈: sp, sp^2, sp^3, sp^3d, sp^3d^2

두 개의 플루오린 원자가 Be 원자에 접근할 때 베릴륨 원자의 원자 오비탈이 크게 변화한다고 가정하면, BeF_2 분자가 형성되는 것을 설명할 수 있다. **혼성화**(hybridization)는 2s 오비탈이 2p 오비탈과 *혼성화하여*(hybridized) 새로운 두 개의 sp 혼성 오비탈(그림 7.19)을 형성할 때 일어난다.

한 개의 s 원자 오비탈 + 한 개의 p 원자 오비탈 → 두 개의 sp 혼성 오비탈

BeF_2 분자에는 두 개의 전자쌍 결합이 있다. 이 전자쌍들은 바로 전에 설명한 sp 혼성 오비탈에 위치한다. 각 오비탈에 Be 원자로부터 각각 한 개의 전자와 F 원자로부터 홀전자가 참여하여 공유 결합을 형성한다.

비슷한 논리로 붕소는 3개, 탄소는 4개의 결합이 형성되는 이유를 설명할 수 있다. 붕소의 경우:

한 개의 s 원자 오비탈 + 두 개의 p 원자 오비탈 → 세 개의 sp^2 ◀ⓘ 혼성 오비탈

ⓘ 오비탈의 개수는 위 첨자로 나타낸다.

탄소의 경우:

한 개의 s 원자 오비탈 + 세 개의 p 원자 오비탈 → 네 개의 sp^3 혼성 오비탈

NH_3와 H_2O의 결합각은 CH_4의 결합각과 매우 가깝다는 것을 기억할 것이다. 이것은 CH_4에서와 같이 NH_3와 H_2O의 중심 원자를 둘러싸고 있는 네 개의 전자쌍이 sp^3 혼성 오비탈을 차지한다는 것을 의미한다. NH_3에서 이러한 오비탈 중 세 개는 결합을 이루는 전자들에 의하여 채워져 있고, 다른 한 개는 질소 원자의 비공유 전자쌍으로 채워진다. H_2O에서도 산소 원자의 sp^3 혼성 오비탈 중의 두 개는 결합을 이루는 전자쌍을 포함하고, 다른 두 개는 비공유 전자쌍을 포함한다. 이러한 사실은 NH_3와 H_2O에서만 나타나는 독특한 현상은 아니다. 일반적으로 ***공유 전자쌍뿐만 아니라 비공유 전자쌍도 혼성 오비탈에 위치할 수 있다***는 것을 알 수 있다.

확장된 팔전자 규칙에서 여분의 전자쌍들은 d 오비탈을 사용함으로써 수용된다. PCl_5에서 인 원자(다섯 개의 원자가 전자)와 SF_6의 황 원자(여섯 개의 원자가 전자)는 3s, 3p 오비탈뿐만 아니라 3d 오비탈을 사용한다.

인(P)의 경우:

한 개의 s 오비탈 + 세 개의 p 오비탈 + 한 개의 d 오비탈
→ 다섯 개의 sp^3d 혼성 오비탈

황(S)의 경우:

한 개의 s 오비탈 + 세 개의 p 오비탈 + 두 개의 d 오비탈
→ 여섯 개의 sp^3d^2 혼성 오비탈

표 7.4에 혼성 오비탈과 기하 구조를 요약해 놓았다. ◀ⓘ

ⓘ 혼성화: sp (AX_2), sp^2 (AX_3, AX_2E), sp^3 (AX_4, AX_3E, AX_2E_2).

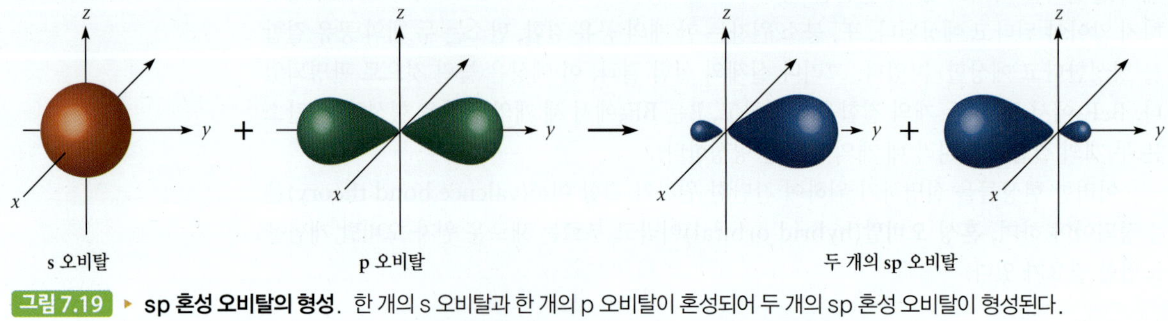

그림 7.19 ▸ **sp 혼성 오비탈의 형성**. 한 개의 s 오비탈과 한 개의 p 오비탈이 혼성되어 두 개의 sp 혼성 오비탈이 형성된다.

표 7.4 ▸ 혼성 오비탈과 그들의 기하 구조

전자쌍의 수	원자 오비탈	혼성 오비탈	배향	예
2	s, p	sp	선형	BeF_2, CO_2
3	s, 2개의 p	sp^2	삼각 평면	BF_3, SO_3
4	s, 3개의 p	sp^3	정사면체	CH_4, NH_3, H_2O
5	s, 3개의 p, d	sp^3d	삼각 쌍뿔	PCl_5, SF_4, ClF_3
6	s, 3개의 p, 2개의 d	sp^3d^2	정팔면체	SF_6, ClF_5, XeF_4

- *형성된 혼성 오비탈의 수는 혼성에 참여한 원자 오비탈의 수와 같다.*
- 양자 역학에 의한 수학적인 계산으로 밝혀진 혼성 오비탈들의 기하 구조는 VSEPR 이론으로 예상한 구조와 같다. 각각의 경우에, 혼성 오비탈은 가능한 멀리 떨어져 있도록 배향된다.

예제 7.9

CH_3Cl의 탄소, PH_3의 인, SF_4의 황에서 혼성화의 유형을 말하라.

전략

1. 분자의 Lewis 구조를 쓴다.
2. 화학종의 유형, AX_mE_n을 결정한다.
3. 문제의 원자 주위에 있는 결합의 수(m)와 비공유 전자쌍(n)을 센다.
4. 혼성화:

$$m + n = 2 = sp;\ m + n = 3 = sp^2;\ m + n = 4 = sp^3;\ m + n = 5 = sp^3d;\ m + n = 6 = sp^3d^2$$

풀이

1. CH_3Cl의 Lewis 구조

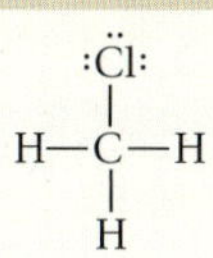

2. 화학종의 유형 AX_4
3. m + n $4 + 0 = 4$
4. 혼성화 $m + n = 4 =$ **sp^3**

1. PH_3의 Lewis 구조

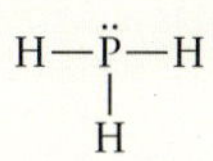

2. 화학종의 유형 AX_3E
3. m + n $3 + 1 = 4$
4. 혼성화 $m + n = 4 =$ **sp^3**

1. SF_4의 Lewis 구조

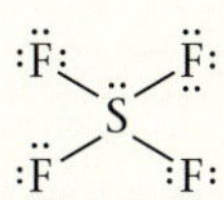

2. 화학종의 유형 AX_4E
3. m + n $4 + 1 = 5$
4. 혼성화 $m + n = 5 =$ **sp^3d**

▶ 다중 결합

7-2절에서 다룬 분자의 기하 구조에서, 다중 결합은 단일 결합같이 거동하는 것을 보았다. 다시 말해서 이중 결합이나 삼중 결합에 추가되어 있는 전자쌍은 분자의 기하 구조에 큰 영향을 주지 않는다. 이러한 거동은 혼성화와 관련이 있다. ***다중 결합의 여분의 전자쌍(이중 결합에 한 쌍, 삼중 결합에 두 쌍)은 혼성 오비탈에 놓이지 않는다.***

이러한 규칙을 설명하기 위하여 에틸렌(C_2H_4)과 아세틸렌(C_2H_2) 분자를 살펴보자. 에틸렌의 결합각은 120°이고, 아세틸렌에서의 결합각은 180°이다. 이 사실은 에틸렌에서는 sp^2 혼성이며, 아세틸렌에서는 sp 혼성임을 의미한다(표 7.4 참조). 청색선을 사용하여 혼성 전자쌍을 표시하였다.

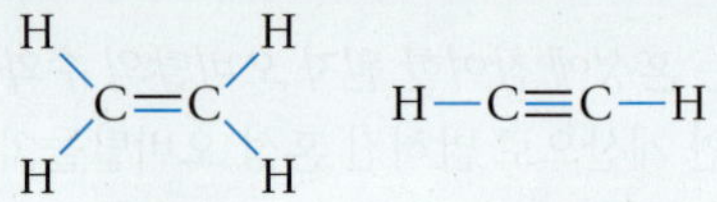

에틸렌 아세틸렌

두 경우 모두, 다중 결합에서 전자쌍 중 하나만 혼성 오비탈을 차지한다.

예제 7.10

NH_3, NO_2^-, N_2에서 질소의 혼성화의 유형을 써라.

전략

1. 먼저 각 화학종에 대한 Lewis 구조를 쓴다.
2. 화학종의 유형을 결정한다.
3. 다중 결합의 여분의 전자는 혼성 오비탈에 놓이지 않는다. 따라서 말단 원자의 수(m)는 혼성 오비탈에서 결합의 수와 같다.
4. m + n을 더한다.
5. 예제 7.9를 참조하여 (m + n)을 센 값으로부터 혼성화의 유형을 알아낸다.

풀이

1. NH_3의 Lewis 구조	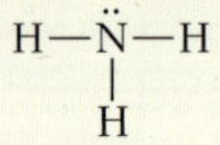
2. 화학종의 유형	AX_3E
3. m + n	3 + 1 = 4
4. 혼성화	m + n = 4 = sp^3
1. NO_2^-의 Lewis 구조	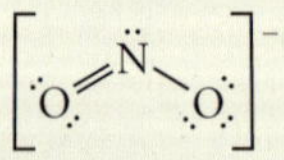
2. 화학종의 유형	AX_2E
3. m + n	2 + 1 = 3
4. 혼성화	m + n = 3 = sp^2
1. N_2의 Lewis 구조	:N≡N:
2. 화학종의 유형	AXE
3. m + n	1 + 1 = 2
4. 혼성화	m + n = 2 = sp

시그마 결합과 파이 결합

다중 결합에서 여분의 전자쌍은 혼성화되지 않으며, 분자의 기하 구조에 영향을 주지 않는 것을 알았다. 그렇다면 이 전자들에게 무슨 일이 일어났는지 궁금할 것이다. C_2H_4 및 C_2H_2와 같은 분자에서 전자들은 어디에 있는가?

이 질문에 대답하기 위하여, 분자에서 결합 전자들이 채우는 오비탈들의 공간적인 분포와 모양에 대하여 살펴보는 것이 필요하다. 이러한 관점에서 두 종류의 결합 오비탈 사이의 차이점을 구별할 수 있다. 이 두 오비탈들 중 첫 번째 것은 더 흔한 것으로 *시그마* 결합 오비탈이라고 부른다. 시그마 결합 오비탈은 다음 그림과 같이 한 개의 로브(lobe)로 되어 있다.

시그마 결합 오비탈에서 전자밀도는 두 개의 결합 원자, A와 B 사이에 밀집되어 있다. **시그마 결합**[sigma(σ) bond]은 한 쌍의 전자가 시그마 결합 오비탈에 채워짐으로써 형성된다.

다중 결합에서 혼성화되지 않은 전자쌍들은 아주 다른 모양의 오비탈을 차지한다. 이들 오비탈을 *파이 결합 오비탈*(pi bonding orbital)이라고 부른다. 이 오비탈은 두 개의 로브로 되어 있는데, 한 개는 결합 축 위쪽에 있고 다른 한 개는 결합 축 아래쪽에 있다.

> s, p 오비탈처럼, 시그마와 파이 오비탈은 모양이 다르며, 각 오비탈은 $2e^-$을 수용할 수 있다.

결합 축상은 전자 밀도가 0이다. **파이(π) 결합**의 전자쌍은 파이 결합 오비탈을 차지하고 있다. C_2H_4 분자에는 한 개의 π 결합이 있고, C_2H_2에는 두 개의 π 결합이 있다. 에틸렌과 아세틸렌 결합 오비탈의 기하 구조를 그림 7.20에 나타내었다.

일반적으로, 어떤 화학종에서 σ와 π 결합의 개수를 찾을 때 다음을 기억하라.

- 모든 단일 결합은 시그마 결합이다.
- 다중 결합에서 한 개의 전자쌍은 시그마 결합이고, 나머지 결합은 파이 결합이다.

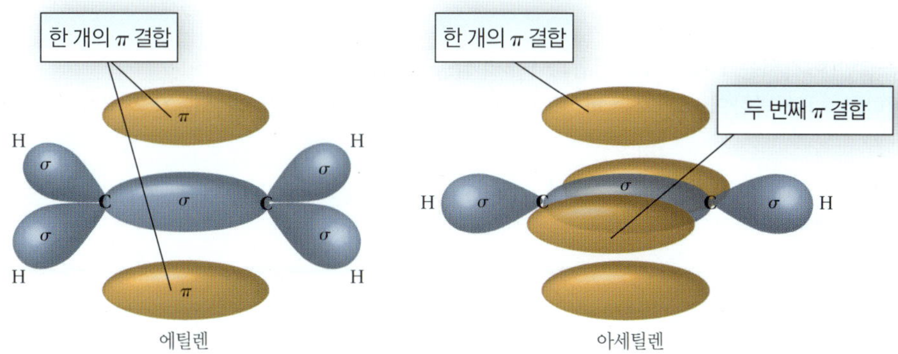

그림 7.20 ▸ **에틸렌($CH_2{=}CH_2$)과 아세틸렌($CH{\equiv}CH$)의 결합.** 시그마 결합 골격은 청회색으로 나타내었다. 파이 결합(에틸렌에 한 개, 아세틸렌에 두 개)은 황토색으로 나타내었다. 파이 결합 오비탈은 두 개의 로브로 구성되어 있음에 유의하라.

예제 7.11

NH_3, NO_2^-, N_2에서 파이 결합과 시그마 결합의 수를 말하라.

전략

1. 이 화학종들에 대한 Lewis 구조는 예제 7.10에 있다.
2. 화학종의 유형을 결정한다. 시그마 결합의 수는 m이다.
3. Lewis 구조에서 전체 결합의 수를 센다.
4. 파이 결합 수 = 전체 결합의 수 − m

풀이

NH_3에 대해

2. 화학종의 유형	AX_3E; m = 3 → 3 시그마(σ) 결합
3. 결합의 수	3
4. 파이(π) 결합의 수	3 − m = 3 − 3 = 0 → 파이(π) 결합 없음

NO_2^-에 대해

2. 화학종의 유형	AX_2E; m = 2 → 2 시그마(σ) 결합
3. 결합의 수	3
4. 파이(π) 결합의 수	3 − m = 3 − 2 = 1 → 1 파이(π) 결합

N_2에 대해

2. 화학종의 유형	AXE; m = 1 → 1 시그마(σ) 결합
3. 결합의 수	3
4. 파이(π) 결합의 수	3 − m = 3 − 1 = 2 → 2 파이(π) 결합

마무리 정리

만일 분자에 정의된 중심 원자가 없고, 다음과 같은 긴 사슬을 가지고 있는 경우에는 다음의 과정을 따른다.

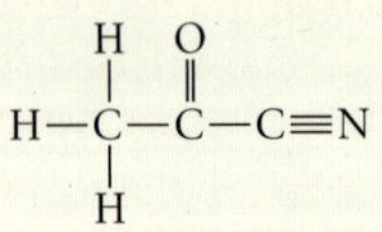

모든 단일 결합(이 경우에 5개)과 모든 다중 결합(여기서는 1개의 이중 결합과 1개의 삼중 결합)을 센다.

각 다중 결합은 한 개의 시그마 결합에 기여한다. 다중 결합의 나머지는 파이 결합이다. 그러므로 이 분자는 다음과 같은 시그마 결합과 파이 결합을 가진다.

시그마 결합: 5 + 1(이중 결합에서) + 1(삼중 결합에서) = 7

파이 결합: 1(이중 결합에서) + 2(삼중 결합에서) = 3

생활 속의 화학 이야기 | CHEMISTRY BEYOND THE CLASSROOM

불활성 기체

현대의 주기율표에는 Mendeleev의 주기율표에는 없는 상대적으로 반응성이 없는 여섯 개의 기체가 포함되어 있다. 이 불활성 기체는 주기율표의 오른쪽 맨 끝에 있는 **18**족에 위치한다. 이 불활성 기체들 중 공기 중에 0.9%를 차지하고 있는 아르곤이 제일 처음으로 분리되었다. 물리학자 Lord Rayleigh(1842~1919)는 공기로부터 O_2, CO_2, H_2O를 제거한 대기 질소의 밀도가 화학적으로 순수한 질소(MM = 28.02 g/mol)보다 약간 크다는 사실을 발견했다. 이러한 관찰에 의하여 William Ramsey(1852~1916) 경은 공기로부터 아르곤(MM = 39.95 g/mol)을 분리하였다. 정규적인 화학 강좌를 수강하지도 않은 이 훌륭한 스코틀랜드 사람은 1895년부터 1898년까지 3년에 걸쳐 추가로 세 종류의 불활성 기체(Ne, Kr과 Xe)를 분리하였다. 즉 Ramsey는 주기율표에 새로운 족을 추가하였다.

18족 원소 중 첫 번째인 헬륨(He)은 1868년 태양의 스펙트럼에서 발견되었다. 헬륨의 밀도(공기의 $\frac{1}{7}$)가 낮기 때문에, 헬륨은 기구나 호흡이 곤란한 사람들의 원활한 호흡을 돕는 산소 호흡기에 사용한다.

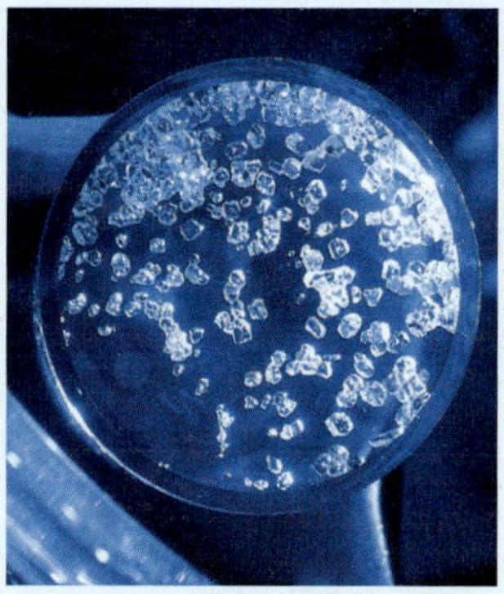
Argonne National Laboratory

그림 A ▸ **사플루오린화 제논(XeF_4)의 결정.**

연구실에서는 헬륨은 극저온(He의 끓는점 = −269°C)을 얻기 위한 액체 냉각제로 사용된다. 아르곤(Ar)과 크립톤(Kr) 등은 근래에 텅스텐 필라멘트의 수명을 길게 하기 위하여 산화가 일어나지 않는 환경을 만드는 데 사용된다. 네온사인은 낮은 압력의 네온 기체가 들어 있는 유리관에 높은 전압을 걸어줄 때 붉은색을 띤다. 이 붉은 빛은 네온 스펙트럼에서 640 nm에 나타나는 강한 빛에 해당한다.

약 40년 전까지 이러한 원소들은 "불활성 기체"로 알려져 있었다. 이 기체들은 다른 물질과 전혀 반응하지 않는 것으로 여겨졌다. 최초의 **18**족 기체 화합물은 1962년 British Columbia 대학교에서 29세의 화학자인 Neil Bartlett(1932~2008)에 의해 합성되었고, 화학계를 뒤흔들었다. 백금-플루오린 화합물에 대한 연구 도중에 그는 $O_2^+(PtF_6^-)$라고 밝힌 붉은색 고체를 분리해냈다. Bartlett은 제논(Xe)의 이온화 에너지(1170 kJ/mol)가 O_2의 이온화 에너지(1165 kJ/mol)와 매우 비슷하다는 것을 알았다. 이 사실로부터 그는 유사 화합물인 $XePtF_6$를 만드는 것을 시도하였다. 그가 합성에 성공함으로써 **18**족 기체 화학에 새로운 시대를 열게 되었다.

가장 안정한 Xe의 이성분 화합물들은 세 가지 플루오린 화합물들인 XeF_2, XeF_4, XeF_6이다. XeF_2는 제논과 플루오린을 1: 1의 몰비로 섞은 것을 자외선에 노출시킴으로써 간단히 만들 수 있는데, 무색의 XeF_2(녹는점 = 129°C)의 결정이 서서히 형성된다.

$$Xe(g) + F_2(g) \longrightarrow XeF_2(s)$$

과량의 플루오린을 사용하면 플루오린의 함량이 높은 Xe 화합물을 얻을 수 있다(그림 A). Xe의 플루오린 화합물들은 실온과 건조한 공기 중에서 안정하다. 그러나 그 화합물들은 물과 반응하여 하나 이상의 플루오린 원자가 산소로 바뀐 화합물들을 형성한다. 따라서 XeF_6는 물과 빠르게 반응하여 삼산화물을 생성한다.

$$XeF_6(s) + 3H_2O(l) \longrightarrow XeO_3(s) + 6HF(g)$$

삼산화 제논은 매우 불안정하여 실온 이상의 온도에서 폭발한다.

지난 40년 동안 산소와 플루오린 원소 외에 여러 종의 비금속 원소(N, C, Cl)가 Xe와 결합한 화합물이 보고되었다. 2000년에는, 금속 원자가 제논에 결합된 화합물이 보고되었다(*Science*, Vol. 290, 117쪽). 이 화합물은 짙은 붉은색 고체로 −40°C보다 낮은 온도에서 안정하며, $[AuXe_4]^{2+}$ 양이온 형태를 포함한 것으로 알려졌다.

Xe의 화학은 다른 어떤 불활성 기체 화학보다 매우 광범위하다. 핀란드의 한 연구 그룹은 아르곤의 첫 번째 화합물로 알려진 HArF를 합성하였다. Kr의 유일한 이성분 화합물인 KrF_2가 합성되었다. 이것은 무색 고체이고 실온에서 분해된다. 라돈(Rn)은 모든 동위원소들이 방사성 물질이기 때문에 연구하기가 매우 어렵다. 실제로 방출되는 방사선은 매우 강해서 반응시키기 위해 라돈에 첨가되는 어떤 시약이라도 분해시켜 버린다.

주요 개념

1. 분자들과 다원자 이온의 Lewis 구조 그리기.
   (예제 7.1, 7.2, 7.4; 문제 1~20, 67, 68)
2. 공명 구조 쓰기.
   (예제 7.3; 문제 21~26, 29, 30)
3. 분자의 기하 구조를 예상하기 위하여 표 7.3과 그림 7.11을 사용하여 VSEPR 모형 적용하기.
   (예제 7.5, 7.6, 7.8; 문제 31~42)
4. 화학종의 기하 구조를 알 때 화학종의 극성을 예상하기.
   (예제 7.7, 7.8; 문제 43~48)
5. 결합을 이루고 있는 화학종에서 원자 혼성화 유형 말하기.
   (예제 7.9, 7.10; 문제 49~62)
6. 화학종에 있는 시그마 결합과 파이 결합의 개수 말하기.
   (예제 7.11; 문제 63~66)

주요 용어

Lewis 구조(Lewis structure)
VSEPR 모형(VSEPR model)
결합(bond)
—결합각(bond angle)
—공유 결합(covalent bond)
—극성 결합(polar bond)
—단일 결합(single bond)
—비극성 결합(nonpolar bond)
—삼중 결합(triple bond)
—시그마 결합(sigma bond)
—이중 결합(double bond)
—파이 결합(pi bond)
공명(resonance)
굽은형 분자(bent molecule)
극성 분자(polar molecule)
기하 구조(geometry)
분자의 기하 구조(molecular geometry)
비공유 전자쌍[unshared (electron) pair]
비극성 분자(nonpolar molecule)
삼각뿔(trigonal pyramid)
삼각 쌍뿔(trigonal bipyramid)
삼각 평면(trigonal planar)
선형 분자(linear molecule)
쌍극자(dipole)
원자가 전자(valence electron)
전자쌍 반발(electron-pair repulsion)
정사면체(tetrahedron)
정팔면체(octahedron)
팔전자 규칙(octet rule)
확장된 팔전자계(expanded octet)
형식 전하(formal charge)
혼성 오비탈(hybrid orbital)

요약 문제

SO_2, XeO_3, RnO_4, XeF_2 화학종에 대하여 물음에 답하라.

(a) 이들 화학종의 Lewis 구조를 그려라.

(b) SO_2의 공명 구조를 그려라.

(c) 이 분자들의 기하 구조를 결합각을 포함하여 설명하여라.

(d) 어느 화학종이 비극성인가?

(e) 각 화학종의 중심 원자에 대한 혼성화의 유형을 말하라.

(f) 각 화학종에서 시그마 결합과 파이 결합의 수를 말하라.

(g) SO_2는 두 가지의 Lewis 구조를 가질 수 있다. 하나는 확장된 팔전자계 구조로 두 개의 이중 결합을 가진 구조이며, 다른 하나는 팔전자계 구조로 하나의 이중 결합을 가진 구조이다. 두 가지 구조에 대하여 각각 Lewis 구조를 그리고, 각 원자에 대하여 형식 전하를 계산하라. 형식 전하에만 근거하여 어떤 구조가 적합한지를 설명하라.

해답

(a) 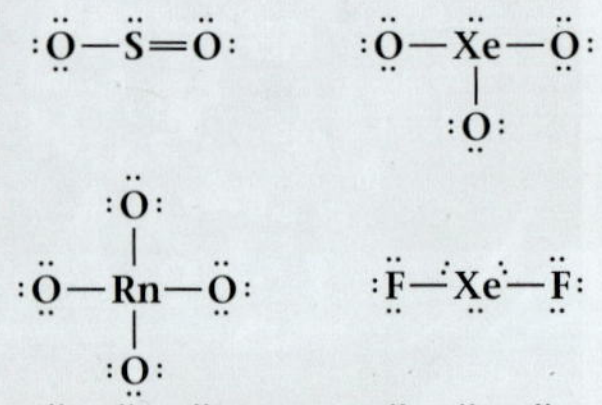

(b) :Ö—S̈=Ö: ⟷ :Ö=S̈—Ö:

(c) SO_2: 굽은형, 120°
XeO_3: 삼각뿔, 109.5°
RnO_4: 정사면체
XeF_2: 선형, 180°

(d) RnO_4, XeF_2

(e) SO_2에서 sp^2; XeO_3에서 sp^3; RnO_4에서 sp^3; XeF_2에서 sp^3d

(f) SO_2: $2\sigma, 1\pi$ XeO_3: 3σ,
RnO_4: 4σ XeF_2: 2σ

(g) :Ö=S̈=Ö: :Ö—S̈=Ö:
형식 전하에만 근거하여 판단한다면 왼쪽 구조식이 더 적합하다.

연습 문제

짝수 번호의 문제와 도전 문제의 해답은 센게이지 홈페이지 자료실에서 다운로드 받을 수 있다(www.cengage.co.kr).

7-1 Lewis 구조: 팔전자 규칙

Lewis 구조

1. 다음 분자와 다원자 이온에 대하여 Lewis 구조를 써라. 단 각각의 경우에 첫 번째 쓰여진 원자가 중심 원자이다.
(a) CCl_4 (b) NCl_3 (c) $COCl_2$ (d) SO_3^{2-}

2. 다음 화학종에 대하여 문제 1과 같이 답하라.
(a) NH_3 (b) KrF_2 (c) NO^+ (d) BrO_2^-

3. 다음 화학종에 대하여 문제 1과 같이 답하라.
(a) IO_2^- (b) SiF_4 (c) BrI_3 (d) CN^-

4. 다음 화학종에 대하여 문제 1과 같이 답하라.
(a) ClF_4^- (b) PF_6^- (c) CNS^- (d) $SnCl_5^-$

5. 다음 화학종에 대하여 문제 1과 같이 답하라.
(a) OCl_2 (b) PF_3 (c) $SbCl_6^-$ (d) ICl_4^-

6. 다음 화학종에 대하여 문제 1과 같이 답하라.
(a) C_2^{2-} (b) NFO (c) BrF_4^+ (d) NI_3

7. 대황잎에서 발견된 옥살산($H_2C_2O_4$)은 독성 화합물이다. 옥살산의 Lewis 구조를 그려라. 두 탄소 원자 사이에 단일 결합이 있으며, 각 수소 원자는 산소 원자에 결합되어 있고, 탄소 원자는 각각 두 개의 산소에 결합되어 있다.

8. 전파 천문학자들은 우주 공간에서 아이소포밀 이온(isoformyl ion, HOC^+)을 검출하였다. 이 이온에 대한 Lewis 구조를 써라.

9. 다음 화학종의 Lewis 구조를 그려라. (쓰여진 분자의 형태가 각 화학종의 골격 구조이다.)
(a) Cl_2CO (b) $H_3C—CN$ (c) $H_2C—CH_2$

10. 다음 화학종에 대하여 문제 9와 같이 답하라.
(a) 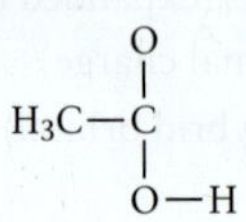 (b) $Br_2C—CF_2$ (c) $H_3C—NH_2$

11. 오산화 이질소(N_2O_5)를 물속에 불어 넣으면 질산이 생성된다. 그 골격 구조는 N—N 또는 O—O 결합을 갖고 있지 않다. 이것의 Lewis 구조를 써라.

12. 폼산(formic acid)은 개미가 물 때 피부를 자극하는 물질이다. 폼산의 화학식은 HCOOH이다. 탄소가 중심 원자이고, O—O 결합은 없다. 이 화합물의 Lewis 구조를 그려라.

13. 화학식, $C_2H_2Cl_2$를 갖는 두 개의 다른 분자가 있다. 각각의 분자에 대한 Lewis 구조를 써라(모든 수소와 염소는 탄소에 결합되어 있으며, 두 개의 탄소 원자는 서로 결합을 이루고 있다).

14. 두 개의 서로 다른 분자들은 같은 C_2H_6O의 화학식을 가지고 있다. 분자 중 하나는 두 탄소 원자에 결합된 산소 원자를 가지고 있다. 다른 분자는 하나의 탄소 원자에만 산소 원자가 결합된 반면 두 탄소 원자가 서로 결합되어 있다. 이 두 가지 화합물에 대한 Lewis 구조식을 써라.

15. 다음 화학종과 동일한 Lewis 구조를 가질 것으로 예상되는 다원자 이온의 화학식을 써라.
(a) Cl_2 (b) H_2SO_4 (c) CH_4 (d) $GeCl_4$

16. 다음 화학종과 동일한 Lewis 구조를 가질 것으로 예상되는 분자의 화학식을 써라.
(a) BrO^- (b) NH_4^+ (c) CN^- (d) SO_4^{2-}

17. 다음 물질에 대하여 Lewis 구조를 써라.
(a) XeF_3^+ (b) PCl_4^+
(c) BrF_5 (d) HPO_4^{2-} (P—H 또는 O—O 결합 없음)

18. 다음 화학종에 대하여 Lewis 구조를 써라.
(a) BCl_4^- (b) ClO^- (c) $S_2O_3^{2-}$ (d) $NFCl_2$

19. 팔전자 규칙을 따르지 않는 다음 화학종에 대한 적당한 Lewis 구조를 써라.
(a) BF_3 (b) NO (c) CO^+ (d) ClO_3

20. 팔전자 규칙을 따르지 않는 다음 화학종에 대한 적당한 Lewis 구조를 써라.
(a) $BeCl_2$ (b) SeO_2^- (c) ClO_3 (d) CH_3

공명 구조와 형식 전하

21. 다음의 공명 구조를 그려라.
(a) Cl—NO_2 (b) H_2C—N—N (c) SO_3

22. 다음의 공명 구조를 그려라.
(a) SeO_3 (b) CS_3^{2-} (c) CNO^-

23. 하이드라조산(hydrazoic acid)의 Lewis 구조는 다음과 같이 쓸 수 있다.

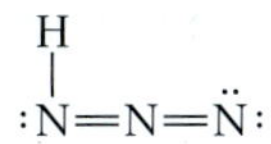

(a) 이 분자에 대한 두 개의 가능한 공명 구조를 그려라.
(b) 다음 Lewis 구조가 하이드라조산(hydrazoic acid)의 또 다른 형태가 될 수 있는지를 설명하라.

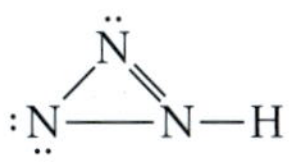

24. 옥살산 이온($C_2O_4^{2-}$)은 다음과 같은 골격 구조를 갖는다.

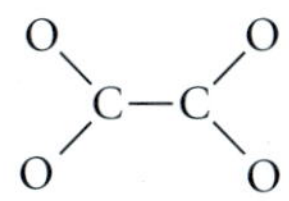

(a) 이 이온의 Lewis 구조를 완성하라.
(b) (a)에서 그린 Lewis 구조와 동등한 $C_2O_4^{2-}$에 대한 세 개의 가능한 공명 구조를 써라.
(c) 아래의 구조는 옥살산 이온의 한 가지 공명 형태인지를 설명하라.

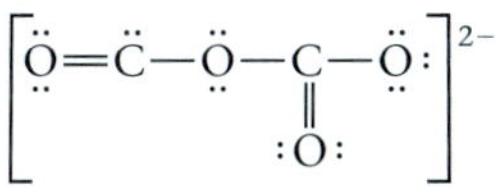

25. 이질화 이황(S_2N_2)의 골격 구조는 다음과 같다. 이 분자에 대한 가능한 공명 구조를 그려라.

26. 보라진($B_3N_3H_6$)의 골격구조는 다음과 같다. 이 분자의 공명 구조를 그려라.

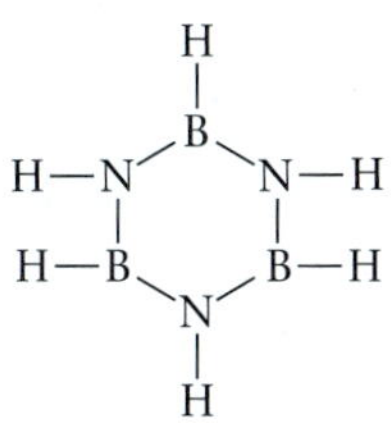

27. 다음 각 화학종에서 지시된 원자의 형식 전하를 계산하라.
(a) SO_2에서 S
(b) N_2H_4에서 N
(c) 오존(O_3)에서 각 O 원자

28. 연습문제 27과 같이 답하라.
(a) HOF에서 산소
(b) NO_2^-에서 질소
(c) PCl_3에서 인

29. 다음은 아질산(HNO_2)의 두 가지 Lewis 구조이다. 형식 전하에만 근거한다면 어느 것이 더 적합한가?

구조 I 구조 II

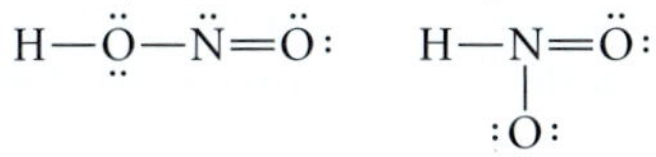

30. 다음은 싸이오황산 이온($S_2O_3^{2-}$)의 두 가지 Lewis 구조이다. 형식 전하에만 근거한다면 어느 것이 더 적합한가?

구조 I 구조 II

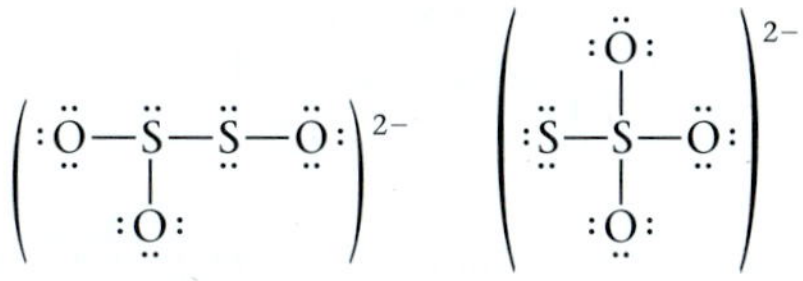

7-2 분자의 기하 구조

31. 다음 화학종의 기하 구조를 예상하라.
(a) SO_2 (b) BeF_2 (c) $SeCl_4$ (d) PCl_5

32. 다음 화학종의 기하 구조를 예상하라.
(a) O_3 (b) OCl_2 (c) $SnCl_3^-$ (d) CS_2

33. 다음 화학종의 기하 구조를 예상하라.
(a) $SeOF_2$ (b) TeF_5^- (c) ICl_4^- (d) RnF_2

34. 다음 화학종의 기하 구조를 예상하라.
(a) NNO (b) ONCl (c) NH_4^+ (d) O_3

35. 다음 화학종의 기하 구조를 예상하라.
(a) ClF_2^- (b) SeF_2Br (c) SO_3^{2-} (d) BrO_2^-

36. 다음 화합물의 기하 구조를 예상하라.
(a) ClF_5 (b) XeF_4 (c) SiF_6^{2-} (d) PCl_5

37. 다음 분자와 이온의 이상적인 결합각(109.5°, 120°, 180°)을 결정하라(다음의 골격 구조가 기하 구조를 의미하는 것은 아니다).
(a) Cl—S—Cl
(b) F—Xe—F
(c)

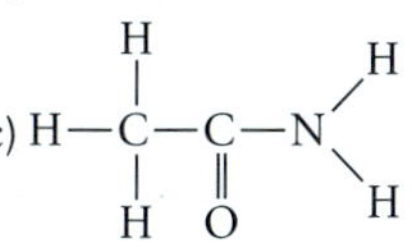

(d)

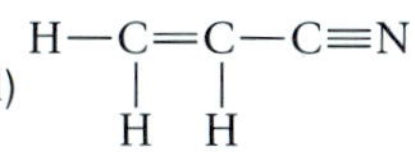

38. 문제 37과 같이 답하라.
(a) NO_2^- (b) BF_3
(c)

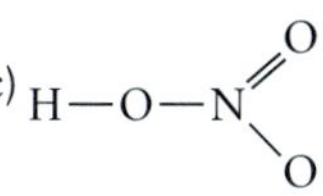

(d)

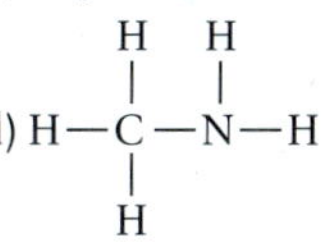

39. 질산 퍼옥시프로피오닐(peroxypropionyl nitrate, PPN)은 스모그 속에서 눈에 자극을 주는 것으로 알려져 있다. 이것의 골격 구조는 다음과 같다.

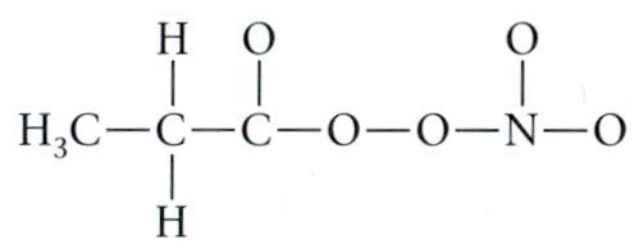

(a) PPN의 Lewis 구조를 그려라.
(b) 모든 결합각을 표시하라.

40. 스모그의 유해한 성분은 아세틸 과산화물로, 다음과 같은 골격 구조를 가지고 있다.

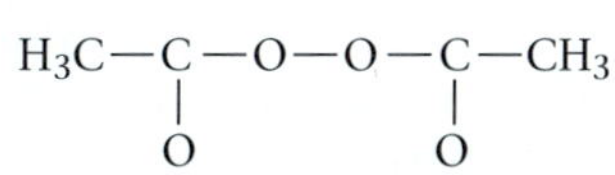

(a) 이 화합물의 Lewis 구조를 그려라.
(b) 결합각을 나타내라.

41. 우라실(uracil) 분자는 DNA의 염기 중 하나이다. 다음에 표시된 결합각의 대략적인 값을 예상하라. 골격 구조(Lewis 구조가 아님)는 아래에 나타내었다.

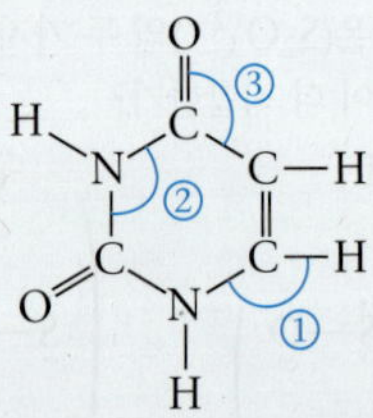

42. 나이아신(niacin)은 B 비타민(B_3) 중 하나이다. 아래 그림에 표시한 결합각의 대략적인 값을 예상하라. 골격 구조는 아래에 나타내었다(나이아신의 Lewis 구조는 아니다.)

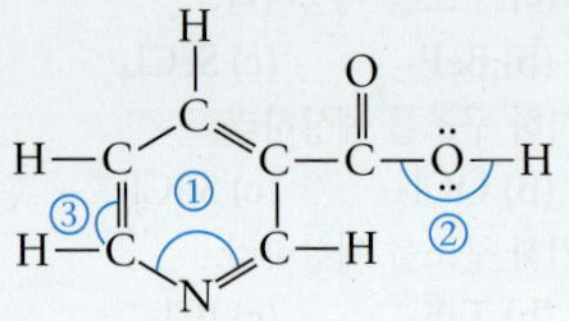

7-3 분자의 극성

43. 문제 31에서 어느 화학종이 팔전자계를 만족하며 쌍극자를 갖는가?
44. 문제 32에서 어느 화학종이 팔전자계를 만족하며 쌍극자를 갖는가?
45. 문제 33에서 어느 화학종이 팔전자계를 만족하며 쌍극자를 갖는가?
46. 문제 34에서 어느 화학종이 팔전자계를 만족하며 쌍극자를 갖는가?
47. $C_2H_2Cl_2$의 화학식을 갖는 세 개의 화합물이 있다. 이 분자들 중에서 극성과 비극성을 판별하라.

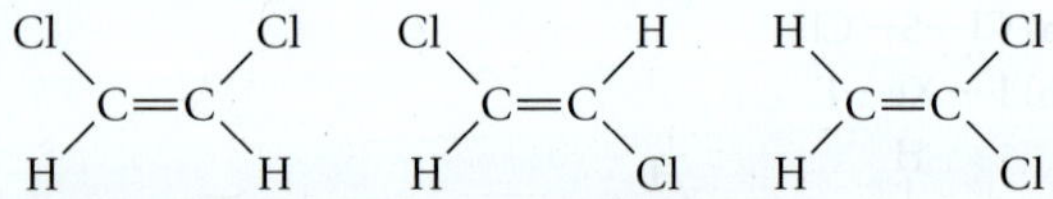

48. N_2F_2의 화학식을 갖는 두 개의 서로 다른 분자가 있다. 이들 중 어느 분자가 극성인가? 그 이유를 설명하라.

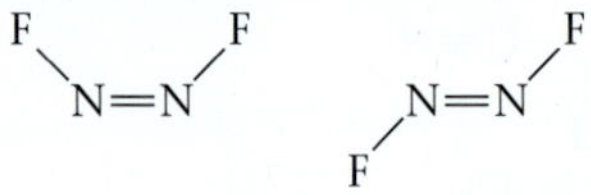

7-4 원자 오비탈: 혼성화

▶ 혼성화

49. 문제 31의 각 화학종에서 중심 원자의 혼성 오비탈을 써라.
50. 문제 32의 각 화학종에서 중심 원자의 혼성 오비탈을 써라.
51. 문제 33의 각 화학종에서 중심 원자의 혼성 오비탈을 써라.
52. 문제 34의 각 화학종에서 중심 원자의 혼성 오비탈을 써라.
53. 문제 35의 각 화학종에서 중심 원자의 혼성 오비탈을 써라.
54. 문제 36의 각 화학종에서 중심 원자의 혼성 오비탈을 써라.
55. 다음 각 다원자 이온에서, 중심 원자는 확장된 팔전자계를 가지고 있다. 중심 원자를 둘러싸고 있는 전자쌍의 수를 구하고, 혼성 오비탈을 써라.

(a) SF_2^{2-}　(b) $AsCl_6^-$　(c) SCl_4^{2-}

56. 다음 다원자 이온에 대하여 문제 55와 같이 답하라.

(a) ClF_4^-　(b) $GeCl_6^{2-}$　(c) $SbCl_4^-$

57. 용매로 사용되는 다이메틸설폭사이드(dimethylsulfoxide)의 구조는 다음과 같다. 각 원자(수소를 제외하고)의 혼성화의 유형을 결정하라(여기서 비공유 전자쌍은 표시하지 않았다).

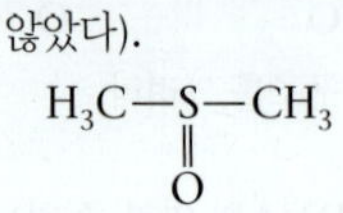

58. 아크릴로나이트릴(acrylonitrile, C_3H_3N)은 중합체인 오를론(Orlon)의 단량체이다. 이 분자의 Lewis 구조는 다음과 같다.

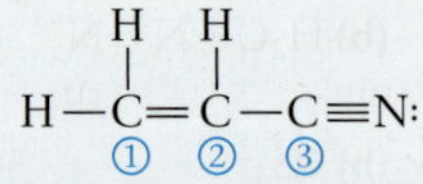

번호를 붙인 세 개의 탄소 원자와 질소의 혼성화의 유형은 무엇인가?

59. 다음 분자에서 질소의 혼성화의 유형은 무엇인가?

(a) 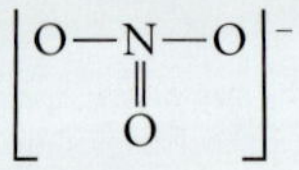　(b) 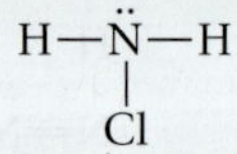

(c) $\ddot{N}\equiv\ddot{N}$　(d) $\ddot{N}\equiv N-O$

60. 다음 분자에서 탄소의 혼성화의 유형은 무엇인가?

(a) CH_3Cl　(b) 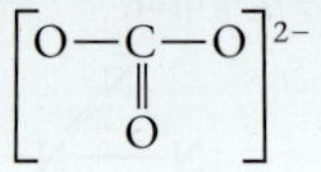

(c) O=C=O　(d) 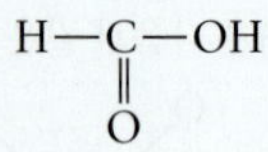

61. 붉은색으로 밑줄 친 중심 원자의 혼성화의 유형은 무엇인가?

(a) $CO\underline{C}l_2$　(b) $H\underline{N}O_2$　(c) $(CH_3)_2\underline{C}HCH_3$

62. 붉은색으로 밑줄 친 중심 원자의 혼성화의 유형은 무엇인가?

(a) $HO\underline{Br}O_3$　(b) $Cl_2\underline{O}$　(c) $O\underline{P}Br_3$

▶ 시그마 결합과 파이 결합

63. 문제 57의 분자에서 시그마 결합과 파이 결합의 수를 말하라.
64. 문제 58의 화학종에서 시그마 결합과 파이 결합의 수를 말하라.
65. 문제 59의 화학종에서 시그마 결합과 파이 결합의 수를 말하라.
66. 문제 60의 화학종에서 시그마 결합과 파이 결합의 수를 말하라.

종합 문제

67. 다음 화합물 중 황이 확장된 팔전자계를 만족하는 것은? 그 화합물에 대하여 Lewis 구조를 써라.

(a) SO_2　(b) SF_4　(c) SO_2Cl_2　(d) SF_6

68. 파이로황산 이온(pyrosulfate, $S_2O_7^{2-}$)에 대한 물음에 답하라. 이 이온에는 황-황 결합과 산소-산소 결합이 없다.

(a) 단일 결합만을 사용하여 파이로황산 이온에 대한 Lewis 구조를 써라.
(b) (a)에서 그린 Lewis 구조에서 황 원자의 형식 전하는 무엇인가?
(c) 여섯 개의 S=O 결합과 두 개의 O—S 결합을 사용하여 다른 Lewis 구조를 써라.
(d) (c)에서 그린 구조에서 각 원자에 대한 형식 전하는 무엇인가?

69. 아스피린으로 알려진 아세틸 살리실산(acetyl salicylic acid)은 다음과 같은 골격 구조를 가졌다.

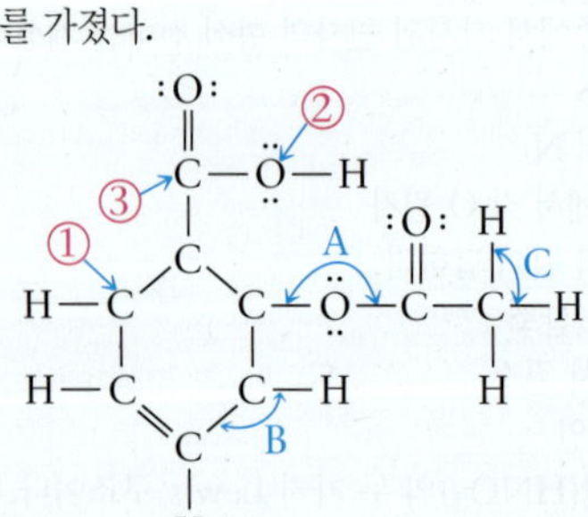

(a) 아스피린에는 시그마 결합과 파이 결합이 각각 몇 개 있는가?
(b) 파란색으로 표시한 A, B, C의 결합각은 대략 얼마인가?
(c) 붉은색으로 표시한 1, 2, 3 원자의 혼성화의 유형은 무엇인가?

70. 다음의 표를 채워라.

화학종	중심 원자 A 주위의 원자수	A 주위의 비공유 전자쌍수	기하 구조	혼성화의 유형	극성 (모든 X 원자는 동일하다고 가정)
AX_2E_2	______	______	______	______	______
______	3	0	______	______	______
AX_4E_2	______	______	______	______	______
______	______	______	삼각 쌍뿔	______	______

개념 문제

71. 다음 원소의 전기음성도를 보고 CNS^-에서 중심 원자는 어느 것인지 말하라.

C=2.5 N=3.0 S=2.6

72. 형식 전하의 개념에 근거할 때, 다음 화학종의 중심 원자는 어느 것인가?
(a) HCN (H는 제외)
(b) NOCl (Cl은 항상 말단에 위치한다)

73. 중심 원자가 다음과 같은 조건을 가지는 화학종에 대하여 기하 구조를 설명하라.
(a) 네 개의 단일 결합과 두 개의 비공유 전자쌍
(b) 다섯 개의 단일 결합
(c) 두 개의 단일 결합과 한 개의 비공유 전자쌍
(d) 세 개의 단일 결합과 두 개의 비공유 전자쌍
(e) 두 개의 단일 결합과 두 개의 비공유 전자쌍
(f) 다섯 개의 단일 결합과 한 개의 비공유 전자쌍

74. SiH_4, PH_3, H_2S 분자에 대한 물음에 답하라. 각 경우에 중심 원자는 네 개의 전자쌍에 의해 둘러싸여 있다. 이들 분자 중에서 109.5° 이하의 결합각을 갖는 것은 어느 것인가? 이유를 설명하라.

75. 다음과 같은 구조의 원자를 갖는 이온이나 분자의 화학식을 써라.
(a) N은 sp^3 혼성 오비탈을 이용하여 세 개의 결합을 형성한다.
(b) N은 두 개의 파이 결합과 한 개의 시그마 결합을 형성한다.
(c) O는 한 개의 시그마 결합과 한 개의 파이 결합을 형성한다.
(d) C는 네 개의 결합을 형성하는데, 그들 중 세 개는 sp^2 혼성 오비탈을 사용한다.
(e) Xe는 두 개의 결합을 형성하며, sp^3d^2 혼성 오비탈을 사용한다.

76. 다음의 각 분자에서 중심 원자는 전체 세 개의 원자 또는 비공유 전자쌍으로 둘러싸여 있다. $SnCl_2$, BCl_3 SO_2. 이들 분자 중에서 120° 이하의 결합각을 갖는 것은 어느 것인가? 이유를 설명하라.

77. 다음 용어의 의미를 설명하라.
(a) 확장된 팔전자 규칙
(b) 공명
(c) 비공유 전자쌍
(d) 홀수 전자를 가진 화학종

도전 문제

78. 염소와 플루오린의 화합물 ClF_x는 약 75°C에서 우라늄과 반응하여 육플루오린화 우라늄(uranium hexafluoride)과 플루오린화 염소(chlorine fluoride, ClF)를 생성한다. 75°C, 3.00 atm에서 특정한 양의 우라늄으로부터 5.63 g의 육플루오린화 우라늄과 457 mL의 플루오린화 염소가 생성되었다. x는 얼마인가? 이 화합물의 기하 구조, 극성, 결합각 및 염소 원자의 혼성화의 유형을 기술하라. 또한 몇 개의 시그마 결합과 파이 결합이 있는가를 말하라.

79. 하이드라진, N_2H_4 분자의 Lewis 구조와 기하 구조를 그려라. 분자는 극성을 갖는가?

80. 다원자 이온 IO_6^{5-}에서 중심 아이오딘 원자 주위에 얼마나 많은 전자쌍이 있는가? 혼성화의 유형은 무엇인가? 이 이온의 기하 구조를 설명하라.

81. SO_4^{2-} 이온의 Lewis 구조를 그릴 때 오로지 단일 결합만을 사용하여 팔전자 규칙을 만족하는 구조를 그리는 것이 가능하다. 그러나 Linus Pauling과 다른 학자들은 황 주위에 여섯 개의 전자쌍이 둘러싸고 있는 이중 결합이 포함된 또 다른 구조를 제시하였다.
(a) 두 개의 Lewis 구조를 그려라.
(b) 두 구조에 대한 기하 구조를 예상하라.
(c) 각 경우에 황의 혼성화의 유형은 무엇인가?
(d) 두 구조에서 각 원자의 형식 전하는 얼마인가?

82. 염화 포스포릴(phosphoryl chloride, $POCl_3$)은 다음과 같은 골격 구조를 갖는다.

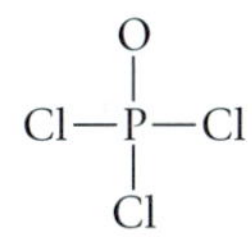

(a) 팔전자 규칙을 만족하는 $POCl_3$의 Lewis 구조를 써라. 이 구조에서 형식 전하를 계산하라.
(b) 모든 원자의 형식 전하가 0이 되는 Lewis 구조를 그려라(팔전자 규칙을 만족하지 않아도 무방하다).

제 8 장

열화학

Thermochemistry

촛불은 열을 방출하여 양초를 녹인다. 양초의 녹음은 고체에서 액체로의 상(phase) 변화이며, 흡열 반응이다.

Scala/Art Resource, NY

누군가는 이 세상이 불로 끝날 것이라고 하고,
누군가는 얼음으로 끝날 것이라고 한다.
이미 욕망을 맛본 나는 불을 선택한 편에 서겠다.
—ROBERT FROST
Fire and Ice

이 장의 차례 _Chapter Outline

이 장은 에너지와 열에 관하여 논의한다. 에너지와 열은 일반 대중과 과학자들 모두에게 널리 사용되는 용어이다. 에너지는 본래 기력이나 생명력과 같다. 열은 용광로나 무더운 여름날을 떠오르게 한다. 과학적으로 에너지나 열은 매우 다른 의미를 가지고 있다. 즉 **에너지**(energy)는 일을 할 수 있는 능력으로 정의될 수 있고, **열**(heat)은 에너지의 특수한 형태로서 고온의 물체와 저온의 물체를 접촉하였을 때 고온의 물체로부터 저온의 물체로 이동한다. 지금으로부터 이백 년 전만 해도 열을 물질의 흐름(열소, caloric)으로 믿었다. 오늘날에는 “열 흐름(heat flow)”이란 말을 사용하고 있으며, 열 전달 또는 열 효과를 나타내기 위하여 널리 쓰인다.

열화학(thermochemistry)은 화학 반응에서 열의 흐름을 연구하는 학문이다. 따라서 다음과 같은 내용에 중점을 두고 논의하려고 한다.

- 열 흐름의 기본 원리(8-1절).
- 열 흐름의 방향과 크기의 실험적 측정법; *열량계법*(calorimetry)(8-2절).
- 엔탈피, H(열함량)의 개념과 *엔탈피 변화*, ΔH(8-3절).
- 반응에서의 ΔH 계산, *열화학 반응식*(8-4절) 및 *생성 엔탈피*(8-5절).
- 공유 결합의 생성과 끊어짐에서의 열효과(8-6절).
- 열과 다른 형태의 에너지와의 관계; 열역학 제1법칙(8-7절).

8-1 열 흐름의 원리

열 흐름의 원리를 논함에 있어 계와 주위를 구분하는 것이 매우 중요하다. **계**(system)는 우리가 관심의 대상으로 생각하는 우주의 일부분이다. 아주 간단한 예는 열판 위에 놓여 있는 비커의 물이다(그림 8.1). **주위**(surrounding)는 계와 에너지를 교환하며, 계를 제외한 우주의 나머지 부분이다. 그러나 실제적으로 계와 가장 가까이 접촉하고 있는 물질들만을 주위로 취급한다. 그림 8.1에서 주위에 해당하는 것들은 열판, 물을 담고 있는 비커 그리고 계를 둘러싸고 있는 공기이다.

우주는 큰 공간이다.

화학 반응이 일어날 때 우리는 반응물과 생성물을 포함한 물질들을 계로 간주한다. 주위는 반응이 일어나는 용기(시험관, 비커 등등)와 공기 또는 반응계와 접한 다른 물질을 포함한다.

상태 특성

계의 **상태**(state)는 계의 조성, 온도 및 압력으로 나타낸다. 그림 8.1의 왼쪽에 있는 계는 다음 상태에 놓여 있다.

50.0°C, 1 atm에서 50.0 g의 $H_2O(l)$이 있다.

이 계를 가열하면, 계의 상태는 아마도 다음과 같이 기술될 수 있는 상태로 변한다.

80.0°C, 1 atm에서 50.0 g의 $H_2O(l)$이 있다.

상태 특성(state property)이라고 부르는 어떤 양들은 계의 상태에만 의존하며, 계가 그 상태에 도달되는 경로에는 무관하다. 다른 말로 하면, 만일 X가 계의 상태 특성이라면 다음 식이 성립한다.

두 도시 사이의 거리는 경로에 의존한다. 따라서 이는 상태 특성이 아니다.

$$\Delta X = X_{최종} - X_{초기}$$

즉, 위 식에서 X의 변화는 단지 계의 최종 상태의 값에서 초기 상태의 값을 뺀 값일 뿐이다. 여러분들이 매우 친숙한 값들 중 대부분은 상태 특성을 가진 값들이다. 즉, 부피가 일반적인 예이다. 그러나 열 흐름은 상태 특성이 *아니다*. 열 흐름의 크기는 열흐름 과정이 어떤 경로를 따라 수행되는가에 따라 달라진다(8.7절).

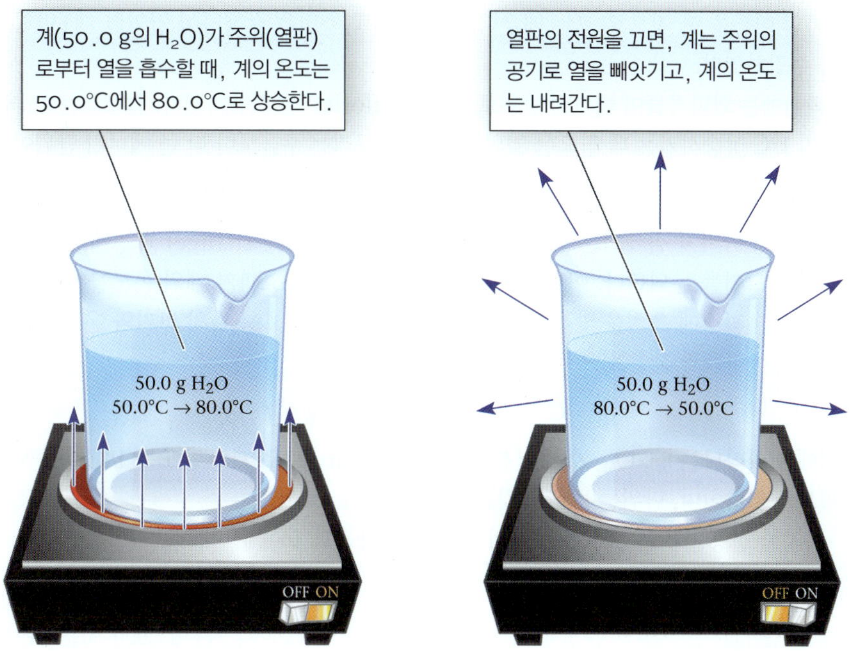

그림 8.1 ▸ 계와 주위.

열 흐름의 방향과 부호

그림 8.1의 장치를 다시 살펴보자. 열판의 전원을 켜면 주위로부터 물 50.0 g의 계로 열이 흐르고, **열 흐름**(heat flow), q는 양의 값을 가진다.

돈이 계좌로 흘러 들어가면 계좌는 양의 값을 가진다. 또한 돈이 계좌에서 빠져나가면 계좌는 음의 값을 가진다.

열이 주위로부터 계로 흘러 들어가면 q는 양이다.

열이 계로 흘러 들어가면 계의 온도는 상승한다. 50.0-g의 시료 물의 경우 온도는 50.0°C에서 80.0°C로 증가한다. 그림 8.1에서 열판의 전원이 꺼졌을 때, 뜨거운 물은 주위의 공기에 열을 빼앗기고, 이 때 계의 열은 음의 값을 나타낸다.

열이 계로부터 주위로 흘러나가면 q는 음이다.

일반적으로, 열이 주위로 흘러나가면 계의 온도는 내려간다. 물 50.0-g의 온도는 80.0°C에서 50.0°C로 냉각된다.

계가 반응 혼합물(생성물과 반응물)로 이루어진 반응에 대해서도 같은 이유가 적용된다. 즉, 발열 반응과 흡열 반응은 다음과 같이 구분된다.

- *열이 주위에서 반응계로 흐르는 **흡열** 과정(endothermic process) ($q > 0$).* 얼음의 녹는 현상이 한 예이다.

$$H_2O(s) \longrightarrow H_2O(l) \qquad q > 0$$

얼음이 들어 있는 차 한잔의 물은 주위의 열을 *흡수*하여 녹는다(그림 8.2a). 주위가 계에 열을 주어 주위의 온도는 25°C에서 3°C로 떨어진다.

- *열이 반응계에서 주위로 흐르는 **발열** 과정(exothermic process)($q < 0$).* 천연 가스의 주성분인 메테인 가스의 연소가 친숙한 한 예이다.

$$CH_4(g) + 2O_2(g) \longrightarrow CO_2(g) + 2H_2O(l) \qquad q < 0$$

이 반응은 열을 주위로 *방출*하는데, 주위는 실험실의 분젠 버너를 둘러싸고 있는 공기일 수도 있고(그림 8.2b), 가스 오븐에서 굽는 감자일 수도 있다. 어느 경우이든 열 전달의 효과로 주위의 온도는 올라간다.

endo = 계의 내부로; exo = 계의 바깥으로.

열 흐름의 크기

어떤 과정에서, 열 흐름의 방향뿐만 아니라 크기도 중요하다. q는 제6장에서 소개한 **주울**(joule)과 *킬로주울*(kilojoule)의 단위로 나타낸다. 주울은 James Joule(1818~1889)의 이름을 딴 것으로 그는 매우 정밀한 열계량 측정을 수행하여 열역학 제1법칙(8-7절)을 수립하였다.

1 J = 1 kg · m^2/s^2 (SI 단위).

과거에는 화학자들이 에너지 단위로 칼로리(calorie)*를 사용하였다. 칼로리는 1 g의 물을 섭씨 1°C 상승시키는 데 필요한 열의 양이다. 칼로리는 주울보다 더 큰 에너지 단위이다.

$$1\ \text{cal} = 4.184\ \text{J} \qquad 1\ \text{kcal} = 4.184\ \text{kJ}$$

이 장의 나머지 절에서는 화학 반응 또는 상 변화(phase change) 과정에서 발생되는 열 흐름의 크기를 논의한다. 이 절에서는 열 흐름의 유일한 효과가 계의 온도를 변화시키는 보다 간단한 과정에 초점을 맞추려고 한다. 일반적으로, 열 흐름, q의 크기와 온도 변화, Δt 간의 관계는 다음과 같은 식으로 주어진다.

$$q = C \times \Delta t \qquad (\Delta t = t_{\text{최종}} - t_{\text{초기}})$$

이 식에서 나타나는 양, C는 계의 **열용량**(heat capacity)으로 계의 온도를 1°C 상승시키는 데 필요한 열량이며, 단위는 J/°C을 갖는다.

특정한 질량을 갖는 순수한 물질의 경우, q는 다음과 같이 나타낸다.

* 영양학자들이 말하는 "칼로리"는 실제로 킬로칼로리(1 kcal = 10^3 cal)이다. 하루에 2,000-cal를 섭취한다는 것은 2,000 kcal, 2×10^3 kcal = 2×10^6 cal의 에너지를 생성할 수 있는 양의 음식을 섭취한다는 뜻이다.

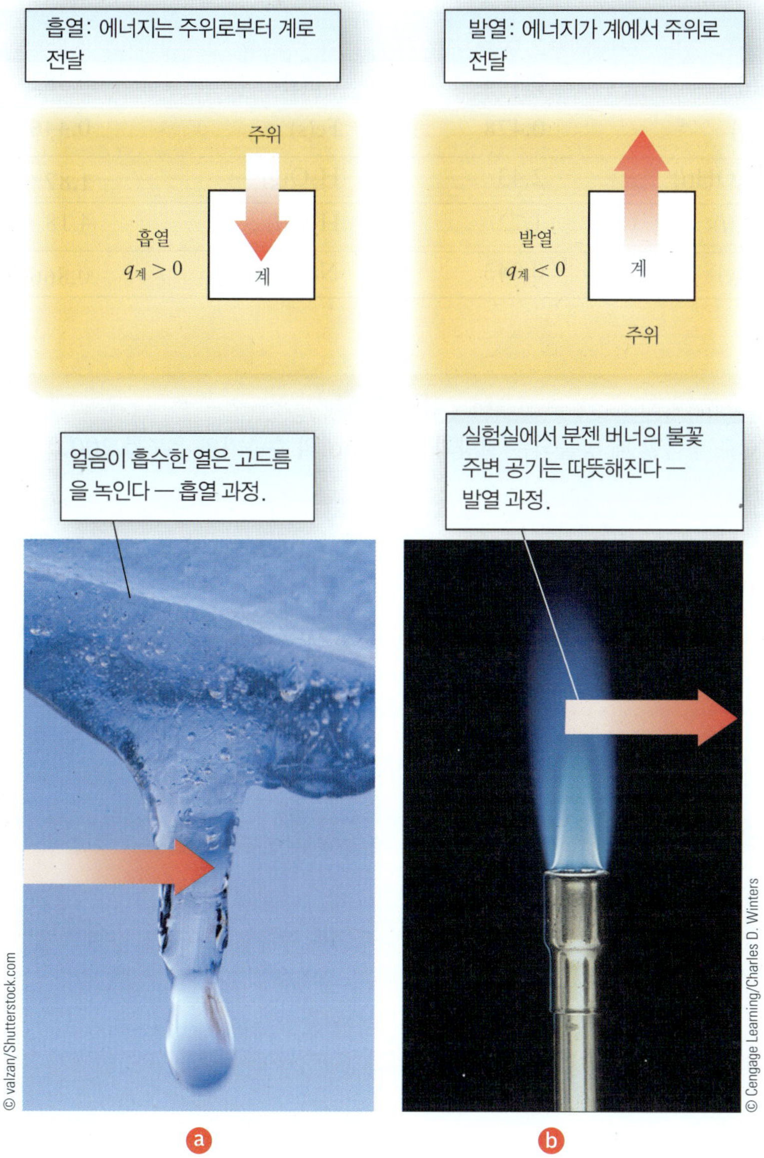

그림 8.2 ▸ **(a) 흡열 과정. (b) 발열 과정.**

$$q = 질량 \times c \times \Delta t \quad (8.1)$$

여기서 c는 **비열**(specific heat) 또는 *비열용량*(specific heat capacity)이다(이 책에서는 *비열*이라는 용어를 사용한다). 비열은 어떤 물질 1 g의 온도를 1°C 올리는 데 필요한 열의 양으로 정의한다. 그 물질의 질량이 몰질량과 같을 때 c는 *몰 열용량*(molar heat capacity)이라고 부른다.

비열은 밀도(density)나 녹는점(melting point)과 같이 물질을 확인하거나 물질의 순도를 결정하기 위해서 사용할 수 있는 세기 성질이다. 물의 비열은 4.18 J/g · °C로서 대단히 큰 값을 나타낸다. 이러한 이유 때문에 5월에 북미네소타 지방에서는 수영을 즐길 수가 없다. 왜냐하면 대기 온도가 32.2°C (90°F)까지 상승할지라도 물의 온도는 15.5°C (60°F) 이하를 유지하기 때문이다. 금속은 비교적 낮은 비열을 가진다(표 8.1). 스테인레스 강(stainless steel)으로 만든 스튜냄비에서 물을 데울 때 대부분의 열은 물이 흡수하고, 스테인레스 강은 매우 적은 양의 열만을 흡수한다(그림 8.3).

그림 8.3 ▸ **비열은 물질에 따라 다르다.** 나타낸 금속들(Cu, Al, Fe)은 0.38 J/g · °C (Cu)에서 0.90 J/g · °C (Al)까지 범위의 비열을 갖는다. 이것은 물이 알루미늄, 구리, 철로 만든 용기보다 더 느리게 데워지거나 식는 이유를 설명해 준다.

표 8.1 ▸ 몇 가지 흔히 볼 수 있는 물질의 비열

	c (J/g · °C)		c (J/g · °C)
$Br_2(l)$	0.474	$Cu(s)$	0.382
$Cl_2(g)$	0.478	$Fe(s)$	0.446
$C_2H_5OH(l)$	2.43	$H_2O(g)$	1.87
$C_6H_6(l)$	1.72	$H_2O(l)$	4.18
$CO_2(g)$	0.843	$NaCl(s)$	0.866

예제 8.1

액체 물 1.40 mol의 온도를 100.0°C에서 30.0°C로 냉각할 때 방출되는 열량과 1.40 mol의 수증기의 온도를 200.0°C에서 110.0°C로 냉각할 때 방출되는 열의 양을 비교하라.

분 석

주어진 정보: $H_2O(l)$: 몰수(1.40), $t_{최종}$(30.0°C), $t_{초기}$(100.0°C)

$H_2O(g)$: 몰수(1.40), $t_{최종}$(110.0°C), $t_{초기}$(200.0°C)

정보가 알려주는 내용: 물과 수증기의 몰질량

물과 수증기의 비열

알고자 하는 것: 물과 수증기의 q

전 략

1. $\Delta t = t_{최종} - t_{초기}$ 임을 기억한다.
2. 몰수를 질량(g 단위)으로 변환한다.
3. 물과 수증기의 비열은 표 8.1의 자료를 이용한다.
4. 식 8.1에 데이터를 대입한다.

풀 이

$H_2O(l)$에 대한:

1. Δt $\quad \Delta t = t_{최종} - t_{초기} = 30.0°C - 100.0°C = -70.0°C$
2. 질량 $\quad 1.40\text{ mol} \times \dfrac{18.02\text{ g}}{1\text{ mol}} = 25.2\text{ g}$
3. c $\quad$ 표 8.1에서, $c = 4.18$ J/g · °C
4. q $\quad q = 질량 \times c \times \Delta t = (25.2\text{ g})(4.18\text{ J/g} \cdot °C)(-70.0°C) = -7.37 \times 10^3\text{ J}$

$H_2O(g)$에 대한:

1. Δt $\quad \Delta t = t_{최종} - t_{초기} = 110.0°C - 200.0°C = -90.0°C$
2. 질량 $\quad 1.40\text{ mol} \times \dfrac{18.02\text{ g}}{1\text{ mol}} = 25.2\text{ g}$
3. c $\quad$ 표 8.1에서, $c = 1.87$ J/g · °C
4. q $\quad q = 질량 \times c \times \Delta t = (25.2\text{ g})(1.87\text{ J/g} \cdot °C)(-90.0°C) = -4.24 \times 10^3\text{ J}$

마무리 정리

1. 음의 부호는 열이 계(물과 수증기)로부터 주위로 흘러 나가는 것을 의미한다.
2. 초기 온도와 최종 온도를 결정할 때 주의해야 한다. 높은 온도가 반드시 최종 온도가 되는 것은 아니다.

8-2 열 흐름의 측정: 열량계법

반응에서 열 흐름의 측정은 **열량계**(calorimeter)라고 하는 장치를 사용한다. 열량계는 물이나 열용량이 잘 알려진 다른 물질들을 포함하고 있다. 열량계의 벽은 단열되어 있어서 주위 공기와 열이 교환되지 않는다. 그 결과 열 흐름은 반응계와 열량계 사이에서만 존재한다. 반응계의 열 흐름은 열량계의 열 흐름과 크기는 같고 부호는 반대이다.

$$q_{\text{반응}} = -q_{\text{열량계}}$$

만약 반응이 발열 과정($q_{\text{반응}} < 0$)이라면 $q_{\text{열량계}}$는 양의 값을 가져야 한다는 것에 주의하라. 즉, 열은 반응 혼합물에서 열량계로 흐른다. 반대로 반응이 흡열 과정이라면 열량계는 반응 혼합물로 열을 준다.

방금 쓴 식은 열량계 측정에서 기본식이다. 만일 열량계의 열용량, $C_{\text{열량계}}$와 온도 변화, Δt를 알면 반응에서 흡수 또는 방출된 열량을 다음 식으로 계산할 수 있다.

$$q_{\text{열량계}} = C_{\text{열량계}} \times \Delta t$$

▶ 커피-컵 열량계

그림 8.4는 일반 화학 실험실에서 사용되는 간단한 **커피-컵 열량계**(coffee-cup calorimeter)를 보여주고 있다. 이 열량계는 부분적으로 물이 들어 있는 두 개의 겹쳐진 스타이로폼 컵으로 이루어져 있다. 컵에는 정밀한 온도계가 끼워져 있는 꼭 맞는 뚜껑이 있다. 스타이로폼은 좋은 단열재여서 컵의 벽을 통한 열 흐름은 매우 적다. 열량계 내부에서 진행되는 반응에 의하여 발생되는 열은 모두 물이 흡수한다고 간주할 수 있다. 이것은 커피-컵 열량계의 열용량은 물의 열용량과 같다는 뜻이다. 즉

$$C_{\text{열량계}} = \text{질량}_{H_2O} \times c_{\text{물}} = \text{질량}_{\text{물}} \times 4.18 \frac{\text{J}}{\text{g} \cdot {}^\circ\text{C}}$$

따라서

$$q_{\text{반응}} = -\text{질량}_{H_2O} \times 4.18 \frac{\text{J}}{\text{g} \cdot {}^\circ\text{C}} \times \Delta t \qquad (8.2)$$

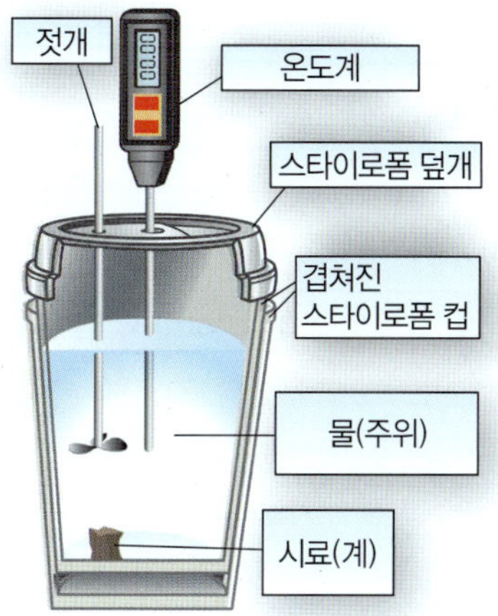

그림 8.4 ▸ **커피-컵 열량계.** 시료가 방출한 열은 물이 흡수한다. 물의 질량, 비열(4.18 J/g · °C) 및 온도계로 측정한 온도 변화를 알면 시료의 열 흐름, q를 계산할 수 있다.

예제 8.2 주요 문제

염화 칼슘($CaCl_2$)은 야채의 형태를 유지하기 위해서 야채 통조림에 첨가된다. 염화 칼슘을 물에 넣으면 다음 반응식과 같이 녹는다.

$$CaCl_2(s) \longrightarrow Ca^{2+}(aq) + 2Cl^-(aq)$$

열량계에는 25.00°C의 물 50.0 g이 들어 있다. 염화 칼슘 1.00 g을 열량계에 넣었더니 온도가 28.51°C로 상승하였다. 반응에서 방출된 열은 모두 물로 전달되었다고 가정한다.

a 반응계의 q를 계산하라.

분석

주어진 정보:	물의 질량(50.0 g); $CaCl_2$의 질량(1.00 g)
	초기 온도(25.00°C); 최종 온도(28.51°C)
정보가 알려주는 내용:	물의 비열
알고자 하는 것:	$q_{\text{반응}}$

(계속)

전략

1. Δt를 계산한다.
2. 식 8.1에 대입하여 q_{H_2O}를 계산한다.
3. $q_{반응} = -q_{H_2O}$ 임을 기억한다.

풀이

1. Δt	$\Delta t = t_{최종} - t_{초기} = 28.51°C - 25.00°C = 3.51°C$
2. q_{H_2O}	$q_{H_2O} = 질량 \times c \times \Delta t = (50.0\ g)(4.18\ J/g \cdot °C)(3.51°C) = 734\ J$
3. $q_{반응}$	$q_{반응} = -q_{H_2O} = -734\ J$

b 용액의 온도를 9.00°C 만큼 높이려면 물에 추가로 넣어야 할 $CaCl_2$의 양은 얼마인가?

분석

주어진 정보:	물의 질량(50.0 g)
	(a)에서 1.00 g의 $CaCl_2$을 사용했을 때, $q_{반응}$ 값(−734 J)
	Δt (9.00°C)
정보가 알려주는 내용:	물의 비열
알고자 하는 것:	넣어야 할 $CaCl_2$의 질량

전략

1. 식 8.1에 대입하여 q_{H_2O}를 구한다.
2. $q_{반응} = -q_{H_2O}$임을 기억한다.
3. 변환 인자로 (a)에서 얻은 −734 J/g $CaCl_2$를 사용한다.

풀이

1. q_{H_2O}	$q_{H_2O} = 질량 \times c \times \Delta t = (50.0\ g)(4.18\ J/g \cdot °C)(9.00°C) = 1.88 \times 10^3\ J$
2. $q_{반응}$	$q_{반응} = -q_{H_2O} = -1.88 \times 10^3\ J$
3. 필요한 $CaCl_2$의 질량	$-1.88 \times 10^3\ J \times \dfrac{1.00\ g\ CaCl_2}{-734\ J} = 2.56\ g$
넣어야 할 $CaCl_2$의 질량	$2.56 - 1.00 = 1.56\ g$

마무리 정리

$CaCl_2$를 넣은 후의 최종 온도는 초기 온도보다 높기 때문에, 반응은 발열이 되어야 한다. 따라서 이 $q_{반응}$은 음의 값을 나타내어야 한다. 실제로 그렇다!

▶ 통 열량계

커피-컵 열량계는 용액 반응의 반응열을 측정하는 데 적합하다. 그러나 기체가 관여되는 반응인 경우에는 기체가 컵으로부터 날아가기 때문에 사용할 수 없다. 또한, 생성물이 고온에 도달하는 반응에도 사용할 수 없다. 그림 8.5에 있는 **통 열량계**(bomb calorimeter)는 보다 다양하게 사용된다. 통 열량계의 사용은"통(bomb)"이라고 부르는 두꺼운 강철로 제작된 용기 내부에 질량을 알고 있는 반응 물질들을 넣는다. 그 다음에 뚜껑을 닫아 완전히 밀폐시키고, 단열 벽으로 둘러싸인 외부 용기 속에 넣는다. 통을 완전히 둘러쌀 수 있도록 충분한 물을 넣은 다음 장치를 완전히 밀폐시킨다. 처음 온도를 정확히 측정한 후 전기로 점화시켜 반응을 일으킨다. 발열 반응인 경우 생성물들은 통의 벽과 물로 열을 방출한다. 온도계를 읽었을 때 가장 높은 온도를 최종 온도로 선택한다.

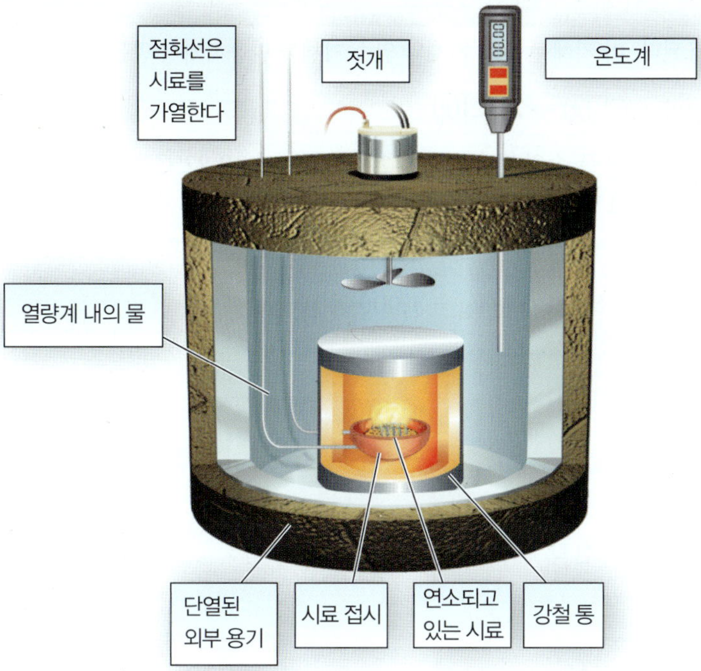

그림 8.5 ▸ **통 열량계.** 반응의 열 흐름, q는 사전에 수행한 실험으로 결정한 열량계의 열용량과 온도 변화량을 곱하여 계산한다.

반응물에서 방출된 모든 열은 열량계를 둘러싸고 있는 금속 통과 물로 구성된 열량계로 흡수된다. 즉,

$$q_{\text{반응}} = -(q_{\text{열량계}} + q_{H_2O})$$

와 같다. 앞에서 설명한 것처럼, 물이 흡수한 열은 8.1식에 대입하면 계산할 수 있다.

$$q = c \times \text{질량}_{H_2O} \times \Delta t$$

열량계가 흡수한 열은 열량계의 열용량(각 열량계마다 모두 다름), $C_{\text{열량계}}$와 온도 변화, Δt의 곱과 같다.

$$q_{\text{열량계}} = C_{\text{열량계}} \times \Delta t \qquad (8.3)$$

열량계의 열용량($C_{\text{열량계}}$)을 구하기 위해 같은 통 열량계와 같은 양의 물을 가지고 실험을 반복한다. 하지만 이번에는 방출되는 열의 양이 93.3 kJ로 알려진 반응으로 실험을 수행하며 온도 증가를 주의 깊게 측정한다. 열량계에 들어 있는 물의 질량이 1.00 kg (1000 g)이고, 온도는 20.00°C에서 30.00°C로 증가했다면 물에 대한 q는 41.8 kJ이 되고, 열량계에 대한 q는 다음과 같다.

$$93.3\text{ kJ} - 41.8\text{ kJ} = 51.5\text{ kJ}$$

식 8.3에 대입하면 열량계의 열용량이 얻어진다.

$$C_{\text{열량계}} = \frac{51.5\text{ kJ}}{10.00°\text{C}} = 5.15\text{ kJ/°C}$$

열량계의 열용량을 알면, 그 열량계에서 일어나는 어떤 반응에 대한 열 흐름을 계산할 수 있다(예제 8.3).

예제 8.3

염화 수소 기체는 반도체를 식각(etching)하는 데 사용된다. 이 기체는 수소 기체와 염소 기체를 반응시켜서 만든다.

$$H_2(g) + Cl_2(g) \rightarrow 2HCl(g)$$

통 열량계 속에서 1.00 g의 H_2가 Cl_2와 완전히 반응하였을 때 통 속의 반응 온도가 20.00°C에서 29.82°C로 상승하였다. 열량계에는 1.000 kg의 물이 들어 있으며, 통 열량계의 열용량은 5.15 kJ/°C이다. 반응으로 방출된 열은 얼마인가?

분석

주어진 정보:	H_2의 질량(1.00 g); 물의 질량(1.000 kg = 1.000×10^3 g)
	$C_{열량계}$(5.15 kJ/°C)
	$t_{최종}$(29.82°C), $t_{초기}$(20.00°C)
정보가 알려주는 내용:	물의 비열(c)
알고자 하는 것:	반응의 q

전략

1. 식 8.2에 대입하여 q_{H_2O}를 구한다.
2. 식 8.3에 대입하여 $q_{열량계}$를 구한다.
3. $q_{반응} = -(q_{H_2O} + q_{열량계})$의 식을 기억한다.

풀이

1. q_{H_2O}

$$q_{H_2O} = c_{H_2O} \times 질량_{H_2O} \times \Delta t$$

$$= 4.18 \frac{J}{g \cdot °C} \times 1.000 \times 10^3 \text{ g} \times (29.82 - 20.00)°C$$

$$= 4.10 \times 10^4 \text{ J} = 41.0 \text{ kJ}$$

2. $q_{열량계}$

$$q_{열량계} = C_{열량계} \times \Delta t = (5.15 \text{ kJ/°C})(29.82 - 20.00)°C = 50.6 \text{ kJ}$$

3. $q_{반응}$

$$q_{반응} = -(q_{열량계} + q_{H_2O}) = -(41.0 + 50.6) \text{ kJ} = -91.6 \text{ kJ}$$

마무리 정리

반응한 수소 기체의 양(1.00 g)은 이 문제를 풀이와 관련이 없다.

8-3 엔탈피

지금까지 여러 번 "반응계의 열 흐름"을 언급했으며, $q_{반응}$으로 표시하였다. 이 시점에서, 이 개념이 약간 모호하여 이해되지 않을 수도 있다. 그러나 $q_{반응}$을 반응물과 생성물의 어떤 성질과 연관시키면 이 개념을 확실하게 이해할 수 있다. 즉, 일정한 압력하에서 일어나는 반응의 경우에는 매우 간단히 반응열을 나타낼 수 있다. 일정한 압력에서, 반응계의 열 흐름은 다음 식과 같이 생성물과 반응물 사이의 **엔탈피**(enthalpy, H) 차(difference)이다. **엔탈피 변화**(enthalpy change)는 ΔH로 표시한다.

$$일정한\ 압력에서\ q_{반응} = \Delta H = H_{생성물} - H_{반응물}$$

엔탈피는 화학 에너지의 한 종류로, 때때로 "열함량(heat content)이라고도 부른다. 우리 주위나 실험실의 열린 용기에서 일어나는 반응은 일정한 압력인 대기압에서 일어난다. 그러한 반응은 매우 유용한 양인 엔탈피를 구하는 데 이제 막 쓴 위의 식을 사용하면 된다.

그림 8.6a는 다음과 같은 발열 반응의 반응물과 생성물 사이의 엔탈피 관계를 나타낸다.

$$CH_4(g) + 2O_2(g) \longrightarrow CO_2(g) + 2H_2O(l) \qquad \Delta H < 0$$

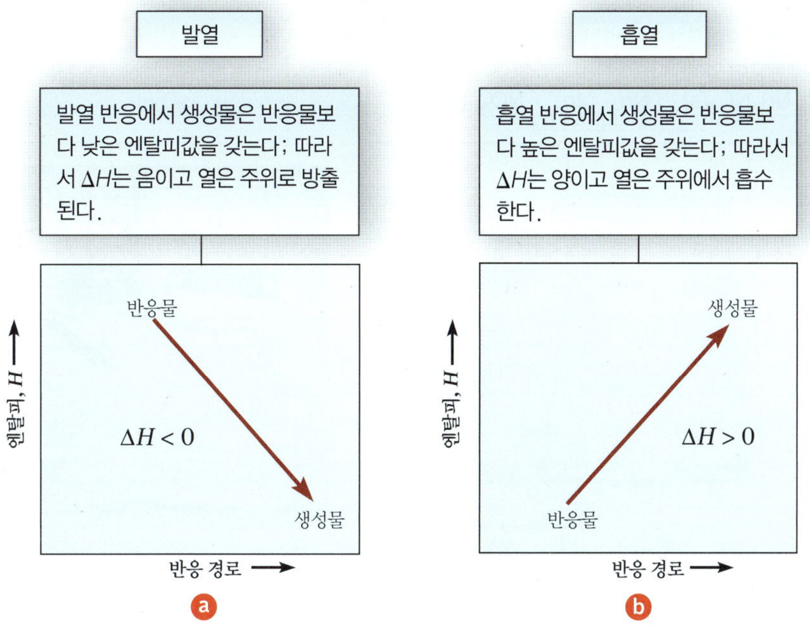

그림 8.6 ▸ **반응에 대한 ΔH를 보여주는 에너지 도표.**

여기서 생성물인 $CO_2(g)$ 1 mol과 $H_2O(l)$ 2 mol은 반응물인 $CH_4(g)$ 1 mol과 $O_2(g)$ 2 mol보다 작은 엔탈피 값을 가진다. 엔탈피의 감소는 반응열이 주위로 방출되기 때문이다.◀ⓘ 그림 8.6b는 다음과 같은 흡열 반응의 경우에 해당된다.

ⓘ CH_4가 연소할 때 ΔH는 음의 값이다; 얼음이 녹을 때 ΔH는 양의 값이다.

$$H_2O(s) \longrightarrow H_2O(l) \qquad \Delta H > 0$$

액체 물은 얼음보다 큰 엔탈피를 갖기 때문에, 얼음을 녹이기 위해서는 주위에서 열을 흡수해야 한다.

일반적으로 일정한 압력에서 일어나는 반응의 경우에는 다음과 같은 관계가 성립한다.

$$\text{발열 반응:} \quad q = \Delta H < 0 \quad H_{\text{생성물}} < H_{\text{반응물}}$$
$$\text{흡열 반응:} \quad q = \Delta H > 0 \quad H_{\text{생성물}} > H_{\text{반응물}}$$

물질의 엔탈피는 부피와 같이 상태 특성이다. 25.00°C, 1 atm에서 1 g의 액체 물은 일정한 엔탈피, H를 가진다. 실제적으로 과학자들은 엔탈피의 절댓값을 결정하려 하지 않고, 대신에 쉽게 측정할 수 있는 엔탈피 변화 값을 취급한다. 예를 들어 다음 반응의 엔탈피 변화 값은 물의 비열이 4.18 J/g · °C이기 때문에 ΔH는 4.18 J이다.

$$1.00\text{ g } H_2O\ (l, 25.00°C, 1\text{ atm}) \longrightarrow 1.00\text{ g } H_2O\ (l, 26.00°C, 1\text{ atm})$$

8-4 열화학 반응식

생성물과 반응물 사이의 질량 관계뿐만 아니라 엔탈피 관계를 나타내는 반응식을 **열화학 반응식**(thermochemical equation)이라 부른다. 이 식에는 균형 맞춘 화학 반응식의 오른쪽에 ΔH에 대한 적절한 값과 부호를 표시한다.

열화학 반응식이 어디에서 유래했는지 알기 위해 질산 암모늄이 물에 녹는 과정을 살펴보자.

$$NH_4NO_3(s) \longrightarrow NH_4^+(aq) + NO_3^-(aq)$$

커피-컵 열량계로 간단히 실험을 해보면, 1 g의 NH_4NO_3이 물에 녹을 때 $q_{\text{반응}}$ = 351 J이 됨을 알 수 있다. 열량 측정이 대기압하에서 진행되었기 때문에 압력은 일정하며, 다음과 같이 표기할 수 있다.

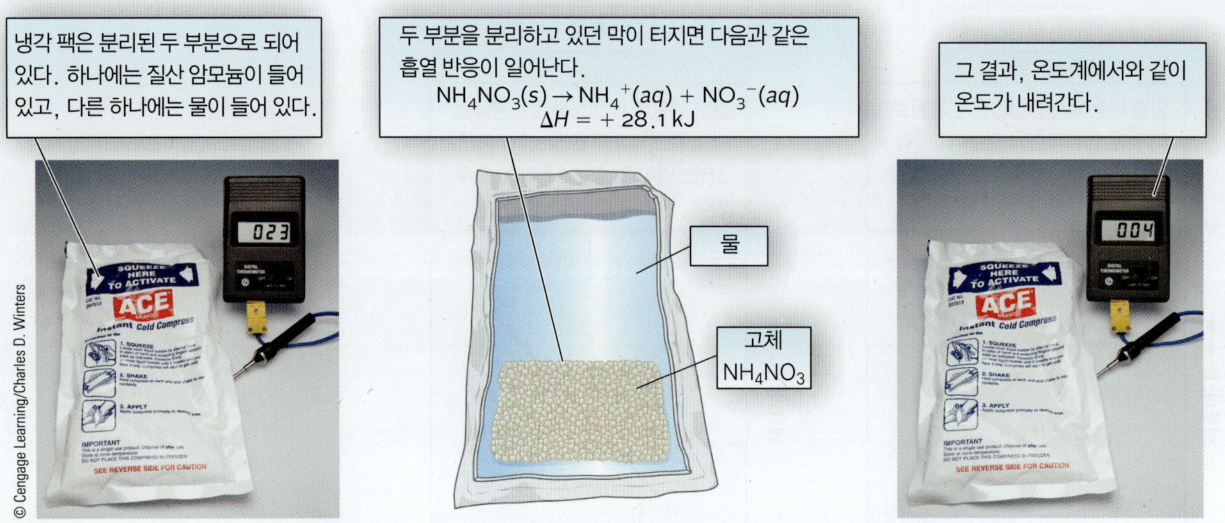

그림 8.7 ▸ **냉각팩 내에서 일어나는 흡열 반응.**

그림 8.8 ▸ **발열 반응.** 무색 기체인 수소는 옅은 황색 기체인 염소와 반응하여 무색의 염화 수소 기체를 만든다.

$$1.00\ \text{g의}\ NH_4NO_3\text{이 녹을 때의}\ \Delta H = 351\ J = 0.351\ kJ$$

1 mol의 NH_4NO_3(80.05 g)이 물에 녹을 때의 ΔH는 80배가 되어야 하며, 다음과 같다.

$$1.00\ \text{mol의}\ NH_4NO_3\text{이 녹을 때의}\ \Delta H = 0.351\ \frac{kJ}{g} \times 80.05\ g = 28.1\ kJ$$

이 반응의 열화학 반응식은 다음과 같이 쓸 수 있다(그림 8.7).

$$NH_4NO_3(s) \longrightarrow NH_4^+(aq) + NO_3^-(aq) \qquad \Delta H = +28.1\ kJ$$

아주 유사한 과정에 의해 예제 8.3의 원소들(수소와 염소)로부터 HCl이 생성되는 열화학 반응식은 다음과 같이 나타낸다.

$$H_2(g) + Cl_2(g) \longrightarrow 2HCl(g) \qquad \Delta H = -185\ kJ$$

즉, H_2와 Cl_2로부터 2 mol의 HCl이 생성될 때 185 kJ의 열이 방출된다(그림 8.8).

이상에서 언급한 열화학 반응식들은 이 책 전체에서 사용되는 전형적인 열화학 반응식으로 다음의 사실을 이해하는 것이 중요하다.

- ΔH의 부호는 일정한 압력에서 반응이 진행될 때, 흡열 반응(양의 값 ΔH)인지 발열 반응(음의 값 ΔH)인지를 알려준다.
- 열화학 반응식에서, 계수는 몰수를 나타낸다(*1 mol* H_2 + *1 mol* Cl_2 → *2 mol* HCl일 때 ΔH는 −185 kJ).
- 모든 화학종의 상(물리적 상태)은 (*s*), (*l*), (*g*), (*aq*)의 기호를 사용하여 표시하여야 한다. 25°C에서 $H_2O(g)$ 1 mol의 엔탈피는 $H_2O(l)$ 1 mol보다 44 kJ이 더 크다. 물의 증발열을 나타내는 이 차이는 매우 큰 값이다. ⓘ
- 표기한 ΔH 값은 특별한 언급이 없는 경우, 생성물과 반응물이 같은 온도(25°C)에 있을 때 적용된 것들이다.

ⓘ 이것은 수증기로 인한 화상이 끓는 물로 인한 화상보다 더 고통스러운 이유를 설명해 준다.

▶ 열화학 규칙

열화학 반응식을 효과적으로 사용하기 위하여 열화학에 관한 세 가지 기본 규칙을 적용한다.

1. ***ΔH의 크기는 반응물이나 생성물의 양에 비례한다.*** 이 규칙은 경험과 일치하는 보편적인 규칙이다. 물 시료를 끓일 때 흡수되는 열의 양은 물의 질량에 비례한다. ⓘ 또 다른 경우에, 자동차 엔진에서 연소되는 휘발유의 양이 많을수록 더 많은 에너지를 방출한다.

ⓘ ΔH의 크기는 반응물과 생성물의 양뿐만 아니라 그들의 물리적인 상태에도 의존한다.

이 규칙을 사용하면 반응물 또는 생성물의 양에 해당되는 엔탈피 변화량을 구할 수 있다. 이것을 하려면 제3장에서 보통의 화학 반응식에 적용한 변환 인자 방법을 이용한다. 예를 들어 다음의 반응을 살펴보자.

$$H_2(g) + Cl_2(g) \rightarrow 2HCl(g) \qquad \Delta H = -185 \text{ kJ}$$

열화학 반응식으로부터 엔탈피 변화량을 반응물과 생성물의 양과 연관시킬 수 있으며, 다음과 같은 변환 인자가 얻어진다.

$$\frac{-185 \text{ kJ}}{1 \text{ mol } Cl_2} \qquad \frac{1 \text{ mol } H_2}{-185 \text{ kJ}} \qquad \frac{-185 \text{ kJ}}{2 \text{ mol HCl}}$$

예제 8.4 주요 문제

실험실에서 사용되는 분젠 버너는 주성분이 메테인(CH_4)인 천연 가스를 사용한다. 산소 속에서 메테인의 연소 반응에 대한 열화학 반응식은 다음과 같다.

$$CH_4(g) + 2O_2(g) \rightarrow CO_2(g) + 2H_2O(l) \qquad \Delta H = -890.3 \text{ kJ}$$

a 5.00 g의 CH_4를 과량의 산소와 반응시켰을 때 ΔH를 계산하라.

분석

주어진 정보:	CH_4의 질량(5.00 g), 과량의 O_2
정보가 알려주는 내용:	CH_4의 몰질량
	반응의 ΔH
알고자 하는 것:	ΔH

전략

1. 열화학 반응식에서 얻은 변환 인자, -890.3 kJ/mol CH_4를 사용한다.

2. 다음의 도식적인 과정을 따른다.

$$\text{질량}_{CH_4} \xrightarrow{\text{MM}} \text{mol}_{CH_4} \xrightarrow{-890.3 \text{ kJ/mol } CH_4} \Delta H$$

풀이

ΔH

$$5.00 \text{ g } CH_4 \times \frac{1 \text{ mol } CH_4}{16.04 \text{ g } CH_4} \times \frac{-890.3 \text{ kJ}}{1 \text{ mol } CH_4} = -278 \text{ kJ}$$

b 49.0°C, 782 mm Hg에서 2.00 L의 CH_4를 과량의 O_2와 반응시켰을 때 ΔH를 계산하라.

분석

주어진 정보:	CH_4 자료: V (2.00 L), T (49.0°C), P (782 mm Hg). 과량의 O_2
정보가 알려주는 내용:	반응의 ΔH
	기체 상수, R
알고자 하는 것:	ΔH

전략

다음의 도식적인 과정을 따른다.

$$V_{CH_4} \xrightarrow{PV/RT} \text{mol}_{CH_4} \xrightarrow{-890.3 \text{ kJ/1 mol } CH_4} \Delta H$$

(계속)

풀이

mol CH_4	$n = \frac{PV}{RT} = \frac{(782/760)\text{atm} \times 2.00\ \text{L}}{(0.0821\ \text{L} \cdot \text{atm/mol} \cdot \text{K}) \times 322\ \text{K}} = 0.0778\ \text{mol}$
ΔH	$0.0778\ \text{mol CH}_4 \times \frac{-890.3\ \text{kJ}}{1\ \text{mol CH}_4} = -69.3\ \text{kJ}$

C 49°C, 782 mm Hg로 유지된 반응 용기에서 5.00 L의 O_2와 2.00 L의 CH_4를 반응시켰을 때 ΔH를 계산하라.

분석

주어진 정보:	V_{CH_4} (2.00 L), V_{O_2} (5.00 L), T와 P는 일정하다.
정보가 알려주는 내용:	화학량론비
	반응의 ΔH
	기체 상수, R
알고자 하는 것:	ΔH

전략

1. 두 반응물에 대한 자료가 주어져 있으며(한계 반응물 문제), 반응은 일정한 온도와 압력에서 일어난다.
2. CH_4가 한계 반응물일 때 얻어지는 V_{CO_2}와 O_2가 한계 반응물일 때 얻어지는 V_{CO_2}를 구한다. 더 작은 값을 선택한다. 그런 후에 다음의 도식적인 과정을 따른다.

$$V_{CO_2} \xrightarrow{PV/RT} \text{mol}_{CO_2} \xrightarrow{-890.3\ \text{kJ/1 mol CO}_2} \Delta H$$

풀이

생성된 V_{CO_2}	CH_4가 한계 반응물일 때: $2.00\ \text{L CH}_4 \times \frac{1\ \text{L CO}_2}{1\ \text{L CH}_4} = 2.00\ \text{L}$
	O_2가 한계 반응물일 때: $5.00\ \text{L O}_2 \times \frac{1\ \text{L CO}_2}{2\ \text{L O}_2} = 2.50\ \text{L}$
	CH_4가 한계 반응물이고, 2.00 L의 CO_2가 생성된다.
mol CO_2	$n = \frac{PV}{RT} = \frac{782/760\ \text{atm} \times 2.00\ \text{L}}{(0.0821\ \text{L} \cdot \text{atm/mol} \cdot \text{K}) \times 322\ \text{K}} = 0.0778\ \text{mol}$
ΔH	$0.0778\ \text{mol CO}_2 \times \frac{-890.3\ \text{kJ}}{1\ \text{mol CO}_2} = -69.3\ \text{kJ}$

고체가 녹을 때($s \rightarrow l$) 흡수되는 열은 **용융열**(heat of fusion)이라고 하고, 액체가 증발할 때($l \rightarrow g$) 흡수되는 열은 **증발열**(heat of vaporization)이라 부른다. 용융열($\Delta H_{용융}$)과 증발열($\Delta H_{증발}$)은 mol 당 kJ (kJ/mol)로 표시한다. 몇 가지 물질에 대한 ΔH 값을 표 8.2에 수록하였다.

2. ***정반응의 ΔH는 역반응의 ΔH와 크기는 같고 부호는 반대이다***(그림 8.9). 이 규칙을 다른 말로 설명하면, 한 반응에서 방출된 열은 그 반응의 역반응에서 흡수된 열량과 같다고 말할 수 있다. 이것은 상식적인 규칙이다. 만일 다음과 같이 1 mol의 얼음이 녹을 때 6.00 kJ의 열을 흡수한다면

$$H_2O(s) \longrightarrow H_2O(l) \qquad \Delta H = +6.00\ \text{kJ}$$

1 mol의 액체 물이 얼 때는 6.00 kJ의 열을 방출해야 한다.

$$H_2O(l) \longrightarrow H_2O(s) \qquad \Delta H = -6.00\ \text{kJ}$$

표 8.2 ▸ 상 변화의 ΔH(kJ/mol)

물질		mp(°C)	$\Delta H_{용융}$*	bp(°C)	$\Delta H_{증발}$*
벤젠	C_6H_6	5	9.84	80	30.8
브로민	Br_2	−7	10.8	59	29.6
수은	Hg	−39	2.33	357	59.4
나프탈렌	$C_{10}H_8$	80	19.3	218	43.3
물	H_2O	0	6.00	100	40.7

*$\Delta H_{용융}$과 $\Delta H_{증발}$은 각각 녹는점과 끓는점에서의 값이다. 물의 기화열은 0°C에서 44.9 kJ/mol, 25°C에서 44.0 kJ/mol, 100°C에서 40.7 kJ/mol로 감소한다.

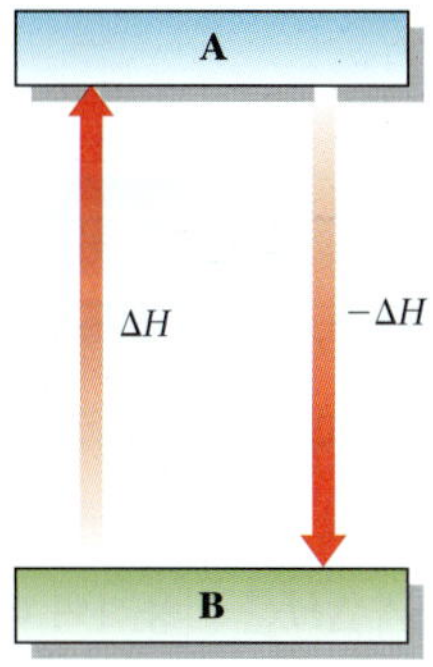

그림 8.9 ▸ 열화학 규칙 2.

예제 8.5

다음의 반응식이 주어졌다.

$$2H_2(g) + O_2(g) \rightarrow 2H_2O(l) \qquad \Delta H = -571.6\ \text{kJ}$$

위 반응식을 이용하여 다음 반응의 ΔH를 계산하라.

$$H_2O(l) \rightarrow H_2(g) + \tfrac{1}{2}O_2(g)$$

전략

1. 두 번째 반응식은 첫 번째 반응식의 역반응이다. 규칙 2를 적용한다.
2. 두 번째 반응식의 계수는 주어진 반응식의 절반이다. 규칙 1을 적용한다.

풀이

규칙 2를 적용한다. $\quad 2H_2O(l) \longrightarrow 2H_2(g) + O_2(g) \qquad \Delta H = -(-571.6\ \text{kJ}) = 571.6\ \text{kJ}$

규칙 1을 적용한다. $\quad H_2O(l) \longrightarrow H_2(g) + \tfrac{1}{2}O_2(g) \qquad \Delta H = \tfrac{1}{2}(+571.6\ \text{kJ}) = 285.8\ \text{kJ}$

3. *반응의 ΔH 값은 반응이 한 단계로 일어나든, 여러 단계로 일어나든 동일하다*(그림 8.10). 열화학 반응식을 두 개 이상의 반응식의 합으로 나타낼 수 있다면 다음과 같이 쓸 수 있다.

$$반응식 = 반응식\ (1) + 반응식\ (2) + \ldots$$

여기서 전체 반응의 ΔH는 각 개별 단계 반응의 ΔH를 모두 더한 값과 같다.

$$\Delta H = \Delta H_1 + \Delta H_2 + \ldots$$

이 관계식을 **Hess 법칙**(Hess's law)이라 부르는데, 1840년에 St. Petersburg 대학의 화학과 교수였던 Germain Hess(1802~1850)가 발표하였다. Hess 법칙은 엔탈피가 상태 특성이므로 초기 상태와 최종 상태에만 의존한다는 사실에서 기인한 것이다.◂ⓘ 이것은 그림 8.10에 나타낸 바와 같이 초기 상태와 최종 상태가 두 과정에서 동일하므로 ΔH는 ΔH_1과 ΔH_2의 합과 *같아야* 함을 나타낸다.

Hess 법칙은 열량계로 반응열을 측정하기 어려운 반응에 대한 ΔH 값을 계산으로 구할 수 있는 편리한 법칙이다. 예를 들면 유독성 기체인 일산화 탄소의 생성 과정을 살펴보자.

$$C(s) + \tfrac{1}{2}O_2(g) \longrightarrow CO(g)$$

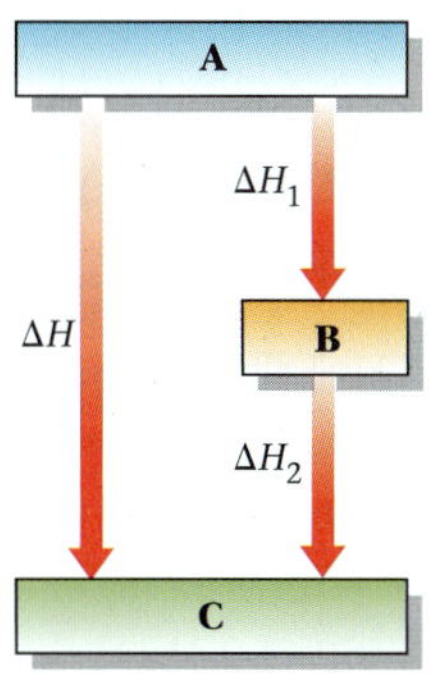

그림 8.10 ▸ 열화학 규칙 3, Hess 법칙. H는 상태 특성이므로 $\Delta H = \Delta H_1 + \Delta H_2$

ⓘ ΔH는 H가 상태 특성이기 때문에 경로에 무관하다.

실제로 탄소가 연소할 때 주된 생성물은 이산화 탄소(CO_2)이기 때문에 일산화 탄소의 생성에 관여한 ΔH를 측정하는 것은 근본적으로 불가능하다. 그러나 Hess 법칙을 사용하여 다른 두 반응의 ΔH를 이용하면 ΔH를 계산할 수 있다(예제 8.6).

예제 8.6

일산화 탄소, CO는 유독성 기체이다. 일산화 탄소는 제한된 양의 산소로 탄소를 연소시킬 때 얻어진다.

(1) $C(s) + O_2(g) \rightarrow CO_2(g) \qquad \Delta H = -393.5\ kJ$

(2) $2CO(g) + O_2(g) \rightarrow 2CO_2(g) \qquad \Delta H = -566.0\ kJ$

위 반응의 ΔH를 이용하여 다음 반응에 대한 ΔH를 구하라.

$$C(s) + \tfrac{1}{2}O_2(g) \rightarrow CO(g) \qquad \Delta H = ?$$

전략

1. 두 반응식을 더하였을 때 다음의 식이 나오도록 주어진 두 반응식을 적당히 변환시킨다.

   $C(s) + \frac{1}{2}O_2(g) \rightarrow CO(g)$

2. 열화학 반응식의 한 반응식에서 한 번만 나오는 화학종을 찾는다. 이 경우에 반응식 (1)에서는 C이고, 반응식 (2)에서는 CO가 한 번만 나타난다.
3. CO에 대하여

   반응식 (2)에서 위치와 CO의 몰수 및 원하는 반응식에서 위치와 CO의 몰수를 비교한다.

   위치: 반응식 (2)—왼편에 원하는 반응식—오른편에

   몰수: 반응식 (2)—2 mol 원하는 반응식—1 mol

   규칙 2를 적용하여 반응식 (2)를 역반응으로 쓴다(CO를 오른쪽에 놓는다).

   규칙 1을 적용하고, CO의 계수가 1이 되도록 반응식 (2)를 2로 나눈다.
4. C에 대하여

   반응식 (1)에서 위치와 C의 몰수 및 원하는 반응식에서 위치와 C의 몰수를 비교한다.

   위치: 반응식 (1)—왼편에 원하는 반응식—왼편에

   몰수: 반응식 (1)—1 mol 원하는 반응식—1 mol

   C의 계수와 위치는 모두 올바르게 되었고, 반응식 (1)은 그대로 둔다.
5. "수정한" 반응식 (2c)와 반응식 (1)을 더한다.

풀이

반응식 (2)에 대하여

규칙 2를 적용한다.	(2a) $2CO_2(g) \longrightarrow 2CO(g) + O_2(g)$	$\Delta H = -(-566.0\ kJ) = 566.0\ kJ$
규칙 1을 적용한다.	(2b) $CO_2(g) \longrightarrow CO(g) + \frac{1}{2}O_2(g)$	$\Delta H = \frac{1}{2}(566.0\ kJ) = 283.0\ kJ$
"수정한" 반응식 (2)	(2c) $CO_2(g) \longrightarrow CO(g) + \frac{1}{2}O_2(g)$	$\Delta H_2 = \frac{1}{2}(566.0\ kJ) = 283.0\ kJ$
반응식 (1)은 그대로 둔다.	(1) $C(s) + O_2(g) \longrightarrow CO_2(g)$	$\Delta H_1 = -393.5\ kJ$
Hess 법칙을 적용한다.	"수정한" 반응식 (2c)와 반응식 (1)을 더한다.	
	(2c) $\cancel{CO_2(g)} \longrightarrow CO(g) + \cancel{\frac{1}{2}O_2(g)}$	$\Delta H_2 = 283.0\ kJ$
	(1) $C(s) + \cancel{O_2(g)} \longrightarrow \cancel{CO_2(g)}$	$\Delta H_1 = -393.5\ kJ$
	↓ $\frac{1}{2}O_2(g)$	
$\Delta H = \Delta H_1 + \Delta H_2$	$C(s) + \frac{1}{2}O_2(g) \longrightarrow CO(g)$	$\Delta H = 283.0\ kJ + (-393.5)\ kJ = -110.5\ kJ$

열화학에 관한 규칙들을 요약하면 다음과 같다.

1. ΔH는 반응물이나 생성물의 양에 정비례한다.
2. ΔH는 반응이 역으로 일어날 때 부호가 바뀐다.
3. 반응의 ΔH는 반응 단계의 수에 관계없이 같은 값을 가진다.

8-5 생성 엔탈피

위에서 몇 가지 열화학 반응식을 기술하였다. 각각의 경우에, ΔH의 해당하는 값을 사용하였다. 실제로 연구된 모든 화학 반응에 대한 ΔH 값을 기록해 놓을 필요가 있다. 그러나 이러한 종류의 자료를 기록하는 좀 더 간편한 방법이 필요하다. 이들 자료는 모든 반응의 ΔH 값을 계산하는데 쉽게 이용할 수 있는 형태로 있어야 한다. 이것을 해결하는 간단한 방법으로 생성 엔탈피라고 하는 양을 사용한다.

▶ $\Delta H_f°$의 의미

화합물의 표준 몰 **생성 엔탈피**(enthalpy of formation), $\Delta H_f°$는 25°C, 1 atm에서 안정한 상태의 원소들로부터 1 mol의 화합물이 생성될 때의 엔탈피 변화 값과 같다(그림 8.11).

i 흔히 "생성열"이라 부른다.

다음 반응을 살펴보자.

$$Ag(s, 25°C) + \tfrac{1}{2}Cl_2(g, 25°C, 1\text{ atm}) \longrightarrow AgCl(s, 25°C) \qquad \Delta H = -127.1\text{ kJ}$$
$$\tfrac{1}{2}N_2(g, 1\text{ atm}, 25°C) + O_2(g, 1\text{ atm}, 25°C) \longrightarrow NO_2(g, 1\text{ atm}, 25°C) \qquad \Delta H = +33.2\text{ kJ}$$

이 반응에서 표준 몰 생성 엔탈피는 다음과 같다.

$$\Delta H_f°\ AgCl(s) = -127.1\text{ kJ/mol} \qquad \Delta H_f°\ NO_2(g) = +33.2\text{ kJ/mol}$$

여러 다양한 화합물의 생성 엔탈피 값이 표 8.3에 수록되어 있다. 매우 드문 경우를 제외하고는 생성 엔탈피 값들은 음의 값을 가진다. 이것은 화합물이 원소로부터 생성되는 과정이 발열 반응임을 의미한다. 이와는 반대로 화합물이 분해하여 원소들을 생성하는 과정은 흡열 반응이다.

표 8.3의 값들을 살펴보면 $Br_2(l)$와 $O_2(g)$ 등과 같은 원소들에 대한 자료가 수록되어 있지 않다. 이는 생성열에 대한 정의 때문이다. 즉 25°C, 1 atm에서 안정한 상태에 있는 원소들의 생성 엔탈피를 0으로 정의하기 때문이다. 즉,

i 그러나 $Br_2(g)$의 $\Delta H_f°$는 +29.6 kJ/mol이다. 그 이유를 설명해 보라.

$$\Delta H_f°\ Br_2(l) = \Delta H_f°\ O_2(g) = 0$$

표 8.3의 하단에 수록해 놓은 수용액에서의 이온 표준 생성 엔탈피 값은 아래 관계식의 상대적인 값으로 정하였다.

$$\Delta H_f°\ H^+(aq) = 0$$

수록된 값에서 Cu^{2+} 이온의 생성열은 H^+ 이온의 생성열보다 약 65 kJ/mol *더 크고*, Cd^{2+} 이온의 생성열은 H^+ 이온보다 76 kJ/mol *작다*는 것을 볼 수 있다.

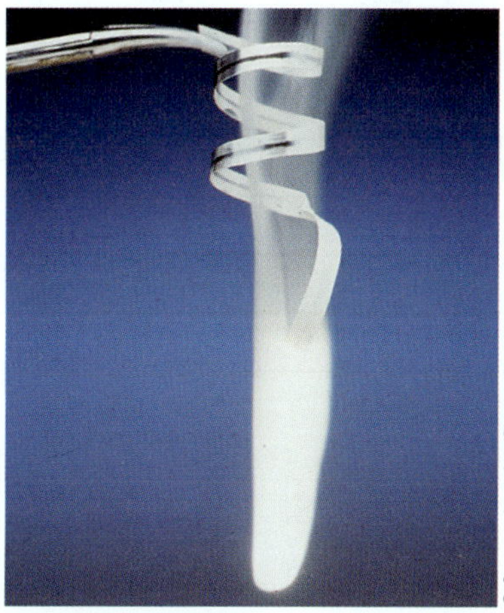

© Cengage Learning/Charles D. Winters

그림 8.11 ▶ **생성 엔탈피.** 마그네슘 리본은 산소와 반응하여 흰색의 고체, 산화 마그네슘(MgO)을 생성한다. MgO 1 mol 당 601.7 kJ의 열을 생성한다. 그러므로 $\Delta H_f°$ $MgO(s) = -601.7$ kJ/mol.

▶ $\Delta H°$의 계산

생성 엔탈피는 열화학 반응식의 $\Delta H°$를 계산할 때 이용할 수 있으며, 계산할 때 다음과 같은 일반적인 규칙이 적용된다.

주어진 열화학 반응식에 대한 표준 엔탈피 변화, $\Delta H°$는 생성물의 표준 생성 엔탈피의 합에서 반응물의 표준 생성 엔탈피의 합을 뺀 것과 같다.

이때 "합"을 나타내는 기호로 Σ를 사용하여 나타내면,

$$\Delta H° = \Sigma\Delta H_f°\ \text{생성물} - \Sigma\Delta H_f°\ \text{반응물} \qquad (8.4)$$

표 8.3 ▸ 25℃, 1 atm에 있는 화합물과 1 *M* 수용액에 있는 이온의 표준 생성 엔탈피(kJ/mol)

화합물							
$AgBr(s)$	−100.4	$CaCl_2(s)$	−795.8	$H_2O(g)$	−241.8	$NH_4NO_3(s)$	−365.6
$AgCl(s)$	−127.1	$CaCO_3(s)$	−1206.9	$H_2O(l)$	−285.8	$NO(g)$	+90.2
$AgI(s)$	−61.8	$CaO(s)$	−635.1	$H_2O_2(l)$	−187.8	$NO_2(g)$	+33.2
$AgNO_3(s)$	−124.4	$Ca(OH)_2(s)$	−986.1	$H_2S(g)$	−20.6	$N_2O_4(g)$	+9.2
$Ag_2O(s)$	−31.0	$CaSO_4(s)$	−1434.1	$H_2SO_4(l)$	−814.0	$NaCl(s)$	−411.2
$Al_2O_3(s)$	−1675.7	$CdCl_2(s)$	−391.5	$HgO(s)$	−90.8	$NaF(s)$	−573.6
$BaCl_2(s)$	−858.6	$CdO(s)$	−258.2	$KBr(s)$	−393.8	$NaOH(s)$	−425.6
$BaCO_3(s)$	−1216.3	$Cr_2O_3(s)$	−1139.7	$KCl(s)$	−436.7	$NiO(s)$	−239.7
$BaO(s)$	−553.5	$CuO(s)$	−157.3	$KClO_3(s)$	−397.7	$PbBr_2(s)$	−278.7
$BaSO_4(s)$	−1473.2	$Cu_2O(s)$	−168.6	$KClO_4(s)$	−432.8	$PbCl_2(s)$	−359.4
$CCl_4(l)$	−135.4	$CuS(s)$	−53.1	$KNO_3(s)$	−494.6	$PbO(s)$	−219.0
$CHCl_3(l)$	−134.5	$Cu_2S(s)$	−79.5	$MgCl_2(s)$	−641.3	$PbO_2(s)$	−277.4
$CH_4(g)$	−74.8	$CuSO_4(s)$	−771.4	$MgCO_3(s)$	−1095.8	$PCl_3(g)$	−287.0
$C_2H_2(g)$	+226.7	$Fe(OH)_3(s)$	−823.0	$MgO(s)$	−601.7	$PCl_5(g)$	−374.9
$C_2H_4(g)$	+52.3	$Fe_2O_3(s)$	−824.2	$Mg(OH)_2(s)$	−924.5	$SiO_2(s)$	−910.9
$C_2H_6(g)$	−84.7	$Fe_3O_4(s)$	−1118.4	$MgSO_4(s)$	−1284.9	$SnO_2(s)$	−580.7
$C_3H_8(g)$	−103.8	$HBr(g)$	−36.4	$MnO(s)$	−385.2	$SO_2(g)$	−296.8
$CH_3OH(l)$	−238.7	$HCl(g)$	−92.3	$MnO_2(s)$	−520.0	$SO_3(g)$	−395.7
$C_2H_5OH(l)$	−277.7	$HF(g)$	−271.1	$NH_3(g)$	−46.1	$ZnI_2(s)$	−208.0
$CO(g)$	−110.5	$HI(g)$	+26.5	$N_2H_4(l)$	+50.6	$ZnO(s)$	−348.3
$CO_2(g)$	−393.5	$HNO_3(l)$	−174.1	$NH_4Cl(s)$	−314.4	$ZnS(s)$	−206.0

양이온				음이온			
$Ag^+(aq)$	+105.6	$Hg^{2+}(aq)$	+171.1	$Br^-(aq)$	−121.6	$HPO_4^{2-}(aq)$	−1292.1
$Al^{3+}(aq)$	−531.0	$K^+(aq)$	−252.4	$CO_3^{2-}(aq)$	−677.1	$HSO_4^-(aq)$	−887.3
$Ba^{2+}(aq)$	−537.6	$Mg^{2+}(aq)$	−466.8	$Cl^-(aq)$	−167.2	$I^-(aq)$	−55.2
$Ca^{2+}(aq)$	−542.8	$Mn^{2+}(aq)$	−220.8	$ClO_3^-(aq)$	−104.0	$MnO_4^-(aq)$	−541.4
$Cd^{2+}(aq)$	−75.9	$Na^+(aq)$	−240.1	$ClO_4^-(aq)$	−129.3	$NO_2^-(aq)$	−104.6
$Cu^+(aq)$	+71.7	$NH_4^+(aq)$	−132.5	$CrO_4^{2-}(aq)$	−881.2	$NO_3^-(aq)$	−205.0
$Cu^{2+}(aq)$	+64.8	$Ni^{2+}(aq)$	−54.0	$Cr_2O_7^{2-}(aq)$	−1490.3	$OH^-(aq)$	−230.0
$Fe^{2+}(aq)$	−89.1	$Pb^{2+}(aq)$	−1.7	$F^-(aq)$	−332.6	$PO_4^{3-}(aq)$	−1277.4
$Fe^{3+}(aq)$	−48.5	$Sn^{2+}(aq)$	−8.8	$HCO_3^-(aq)$	−692.0	$S^{2-}(aq)$	+33.1
$H^+(aq)$	0.0	$Zn^{2+}(aq)$	−153.9	$H_2PO_4^-(aq)$	−1296.3	$SO_4^{2-}(aq)$	−909.3

이 식은 매우 유용한 식이므로 앞으로 계속 사용하게 된다.

이 식을 적용함에 있어서

■ ***표준 상태에 있는 원소는 생략한다.*** 표준 상태에서 원소의 생성열은 0이기 때문이다. 예를 들어, 한때 철로를 용접할 때 사용되던 테르밋 반응을 살펴보자(그림 8.12).

$$2Al(s) + Fe_2O_3(s) \longrightarrow 2Fe(s) + Al_2O_3(s)$$

이 반응의 엔탈피 변화에 대하여 다음과 같이 매우 간단히 쓸 수 있다.

$$\Delta H° = \Sigma \Delta H_f° \text{ 생성물} - \Sigma \Delta H_f° \text{ 반응물} = \Delta H_f° \, Al_2O_3(s) - \Sigma \Delta H_f° \, Fe_2O_3(s)$$

그림 8.12 ▸ **테르밋 반응(termite reaction).**

■ ***열화학 반응식에서 반응물과 생성물의 계수를 고려해야 한다.*** 예를 들어 다음 반응을 살펴보자.

$$2Al(s) + 3Cu^{2+}(aq) \longrightarrow 2Al^{3+}(aq) + 3Cu(s)$$

위 반응에 대하여

$$\Delta H° = 2\Delta H_f°\ Al^{3+}(aq) - 3\Delta H_f°\ Cu^{2+}(aq)$$

엄밀히 말하면, 표 8.3에 수록된 생성 엔탈피로부터 계산한 $\Delta H°$는 25°C, 1 atm에서의 엔탈피 변화를 나타낸다. 실제로 ΔH는 압력에 무관하고, 온도에 따라 즉, 100°C 당 1~10 kJ 범위에서 변화한다.

예제 8.7 주요 문제

플라스틱 제조에 사용되는 벤젠, C_6H_6은 골수에 영향을 미치는 발암성 물질이다. 장시간 벤젠에 노출되면 백혈병과 혈액 질환을 일으킨다고 알려져 있다. 벤젠이 연소할 때의 화학 반응식은 다음과 같다.

$$C_6H_6(l) + \frac{15}{2}O_2(g) \rightarrow 6CO_2(g) + 3H_2O(l) \qquad \Delta H° = -3267.4 \text{ kJ}$$

a 벤젠의 생성열을 계산하라.

분석

주어진 정보:	벤젠의 연소에 대한 열화학 반응식
정보가 알려주는 내용:	벤젠을 제외한 모든 화학종의 $\Delta H_f°$ (표 8.3)
알고자 하는 것:	벤젠의 $\Delta H_f°$

전략

1. 표 8.3에서 벤젠을 제외한 모든 화학종에 대한 $\Delta H°$를 구하여 식 8.4에 대입한다.

2. $O_2(g)$에 대한 $\Delta H°$는 0임을 기억한다.

(계속)

풀이

식 8.4	$-3267.4\text{ kJ} = 6(\Delta H_f^\circ\ CO_2) + 3(\Delta H_f^\circ\ H_2O) - (\Delta H_f^\circ\ C_6H_6)$
$C_6H_6(l)$에 대한 ΔH_f°	$\Delta H_f^\circ = 3267.4\text{ kJ} + 6\text{ mol}\left(-393.5\dfrac{\text{kJ}}{\text{mol}}\right) + 3\text{ mol}\left(-285.8\dfrac{\text{kJ}}{\text{mol}}\right)$ $= +49.0\text{ kJ}$

b 다음 반응의 ΔH°를 계산하라.

$$12CO_2(g) + 6H_2O(l) \rightarrow 2C_6H_6(l) + 15O_2(g)$$

분석

주어진 정보:	벤젠의 연소에 대한 열화학 반응식
알고자 하는 것:	다음 반응의 ΔH°: $12CO_2(g) + 6H_2O(l) \rightarrow 2C_6H_6(l) + 15O_2(g)$

전략

주어진 반응식은 연소 반응의 역반응에 대한 반응식이고, 계수는 두 배가 되었다. 규칙 1과 2를 적용한다.

풀이

규칙 2	$\Delta H^\circ = -(-3267.4)\text{ kJ} = 3267.4\text{ kJ}$
규칙 1	$\Delta H^\circ = 2(3267.4\text{ kJ}) = 6534.8\text{ kJ}$

c 다음 반응의 ΔH°를 계산하라.

$$C_6H_6(g) + \tfrac{15}{2}O_2(g) \longrightarrow 6CO_2(g) + 3H_2O(g)$$

분석

주어진 정보:	벤젠의 연소에 대한 열화학 반응식
정보가 알려주는 내용:	물과 벤젠의 $\Delta H^\circ_{증발}$ (표 8.2)
알고자 하는 것:	$C_6H_6(g) + \frac{15}{2}O_2(g) \longrightarrow 6CO_2(g) + 3H_2O(g)$

전략

1. 주어진 반응식은 벤젠과 물의 물리적 상태를 제외하고는 연소 반응식과 동일함을 주목한다.
2. a. 물의 증발에 대한 열화학 반응식을 쓴다.
   b. 연소 반응에는 3 mol의 H_2O이 있으므로 반응식에 3을 곱한다.
3. a. 벤젠의 증발에 대한 열화학 반응식을 쓴다.
   b. ΔH°가 필요한 반응식에서 $C_6H_6(g)$은 반응물임을 주목한다.
   c. 벤젠의 증발 반응식을 역반응에 대한 반응식으로 쓰면 ΔH°의 부호가 바뀐다.
4. Hess 법칙을 이용하여 모든 반응식을 더하면, 주어진 전체 반응식에 대한 ΔH°가 얻어진다.

풀이

ΔH_1°: $(3 \times \Delta H_{증발}\ H_2O)$	$3(H_2O(l) \longrightarrow H_2O(g)) = 3(40.7\text{ kJ/mol})$	$\Delta H_1^\circ = 122.1\text{ kJ}$
ΔH_2°: (음의 부호 $\Delta H_{증발}\ C_6H_6$)	$C_6H_6(g) \longrightarrow C_6H_6(l) = -(30.8)\text{ kJ/mol}$	$\Delta H_2^\circ = -30.8\text{ kJ}$
Hess 법칙을 적용한다.	식 (1) + 식 (2) + 연소 반응식	
	(1) $\cancel{3H_2O(l)} \longrightarrow 3H_2O(g)$	$\Delta H_1^\circ = 122.1\text{ kJ}$
	(2) $C_6H_6(g) \longrightarrow \cancel{C_6H_6(l)}$	$\Delta H_2^\circ = -30.8\text{ kJ}$
	$\cancel{C_6H_6(l)} + \frac{15}{2}O_2(g) \longrightarrow 6CO_2(g) + \cancel{3H_2O(l)}$	$\Delta H^\circ = -3267.4\text{ kJ}$
전체 반응식	$C_6H_6(g) + \frac{15}{2}O_2(g) \longrightarrow 6CO_2(g) + 3H_2O(g)$	
ΔH°	$122.1\text{ kJ} + (-30.8\text{ kJ}) + (-3267.4\text{ kJ}) = -3176.1\text{ kJ}$	

$\Delta H°$와 생성 엔탈피와의 관계는 열화학에서 다른 어떤 것보다 더 많이 쓰인다. 이것은 엔탈피가 상태 특성이라는 사실 때문이다. 어떤 반응에서, $\Delta H°$는 그 반응이 두 단계로 일어난다고 가정하여 얻을 수 있다. 첫째 반응물(화합물이나 이온)은 원소로 전환된다.

$$\text{반응물} \longrightarrow \text{원소} \qquad \Delta H_1° = -\Sigma\Delta H_f° \text{ 반응물}$$

그 다음 원소들은 생성물로 전환된다.

$$\text{원소} \longrightarrow \text{생성물} \qquad \Delta H_2° = \Sigma\Delta H_f° \text{ 생성물}$$

열화학의 기본 규칙인 Hess 법칙을 적용하면

$$\Delta H° = \Delta H_1° + \Delta H_2° = \Sigma\Delta H_f° \text{ 생성물} + (-\Sigma\Delta H_f° \text{ 반응물})$$

수용액에서 반응의 엔탈피 변화는 수용액에서 이온의 표준 생성 엔탈피로부터 구할 수 있다. 일반적 관계식은 다음과 같다.

$$\Delta H° = \Sigma\Delta H_f° \text{ 생성물} - \Sigma\Delta H_f° \text{ 반응물}$$

$\Delta H_f°\ H^+(aq) = 0$라는 사실을 고려한다(예제 8.8).

예제 8.8 주요 문제

탄산 구리(II) (copper carbonate)는 농장 연못의 조류를 제어하는 데 사용되고 있다. 염산을 탄산 구리(II) 용액에 가하면 이산화탄소가 생성된다(그림 8.13). 이때의 반응식은 다음과 같다.

$$2H^+(aq) + CO_3^{2-}(aq) \longrightarrow CO_2(g) + H_2O(l)$$

a 열화학 반응식의 $\Delta H°$를 계산하라.

분석

주어진 정보:	반응의 반응식: $[2H^+(aq) + CO_3^{2-}(aq) \longrightarrow CO_2(g) + H_2O(l)]$
정보가 알려주는 내용:	반응에 사용된 모든 화학종의 $\Delta H_f°$ (표 8.3).
알고자 하는 것:	반응에 대한 $\Delta H°$

전략

표 8.3을 이용하고, H^+에 대한 $\Delta H_f°$는 0임을 기억한다.

풀이

$\Delta H°$

$$H° = \Delta H_f°\ CO_2 + \Delta H_f°\ H_2O - [2\ \Delta H_f°\ H^+ + \Delta H_f°\ CO_3^{2-}]$$

$$= 1\text{ mol}\left(-393.5\ \frac{\text{kJ}}{\text{mol}}\right) + 1\text{ mol}\left(-285.8\ \frac{\text{kJ}}{\text{mol}}\right) - \left[0 + 1\text{ mol}\left(-677.1\ \frac{\text{kJ}}{\text{mol}}\right)\right]$$

$$= -2.2\text{ kJ}$$

b 0.186 *M* HCl 25.00 mL를 탄산 소듐에 넣었을 때 $\Delta H°$를 계산하라.

분석

주어진 정보:	V_{HCl} (25.00 mL); M_{HCl} (0.186)
	(a)에서: 반응의 $\Delta H° = -2.2$ kJ
알고자 하는 것:	주어진 양의 HCl이 사용되었을 때 $\Delta H°$.

전략

1. 실제로 사용한 H^+ 이온의 몰수를 구하고, 다음 과정을 사용하여 kJ로 변환시킨다:

$$(V \times M) \longrightarrow \text{mol HCl} \xrightarrow{1\text{ mol HCl}/1\text{ mol }H^+} \text{mol }H^+ \xrightarrow{\Delta H°/2\text{ mol }H^+} \text{kJ}$$

2. 사용된 H^+의 몰수에 대한 $\Delta H°$를 구한다. 주어진 $\Delta H°$는 2 mol의 H^+에 대한 것이다.

(계속)

풀 이	
mol H^+	$V \times M = (0.02500\ L)(0.186\ mol/L) = 0.00465\ mol\ HCl = mol\ H^+$
$\Delta H°$	$0.00465\ mol\ H^+ \times \dfrac{-2.2\ kJ}{2\ mol\ H^+} = -5.1 \times 10^{-3}\ kJ$

마무리 정리

표 8.3의 자료를 사용하여 반응에 대한 $\Delta H°$를 구할 때, 화학종들의 물리적 상태를 고려해야 한다. 예를 들어, 물은 두 개의 다른 $\Delta H_f°$ 값이 주어져 있다. 즉, 한 개는 액체 물에 대한 것이고, 다른 한 개는 수증기에 대한 것이다. 마찬가지로 반응식을 쓸 때에도 각 화학종의 물리적 상태를 쓰는 것을 잊지 말아야 한다.

8-6 결합 엔탈피

많은 반응에서 ΔH는 절댓값이 큰 음수이다. 다시 말하면 반응이 일어날 때 많은 열이 발생된다. 이와 다른 경우에는 ΔH가 양의 값을 갖는다. 이 경우 반응이 일어나기 위하여 열이 흡수되어야 한다. 반응의 종류에 따라 엔탈피 변화량이 매우 다른 이유는 무엇인지 궁금하게 생각할 것이다. ΔH의 부호나 크기를 결정하는 반응과 연관된 분자들의 어떤 기본적인 성질이 있는가?

이와 같은 질문은 분자 수준에서 결합 엔탈피라고 알려져 있는 양으로 설명할 수 있다. (더 흔히 결합 에너지라고 부른다.) **결합 엔탈피**(bond enthalpy)는 기체 상태에서 1 mol의 결합을 끊는 데 필요한 ΔH로 정의한다. 다음의 반응식들(또한, 그림 8.14 참조)을 살펴보자.

© Cengage Learning/Charles D. Winters

그림 8.13 ▸ **탄산염과 산의 반응.** 탄산구리 용액에 염산을 가하면 CO_2 기체가 생성된다.

$$H_2(g) \longrightarrow 2H(g) \qquad \Delta H = +436\ kJ$$

$$Cl_2(g) \longrightarrow 2Cl(g) \qquad \Delta H = +243\ kJ$$

H—H 결합 엔탈피는 +436 kJ/mol이며, Cl—Cl 결합 엔탈피는 243 kJ/mol이다.ⓘ 두 반응에서 1 mol의 결합이 각각 끊어진다(H—H와 Cl—Cl).

ⓘ $H(g)$와 $Cl(g)$의 $\Delta H_f°$는 얼마인가?
답: 각각 218 kJ/mol과 122 kJ/mol이다.

단일 결합과 다중 결합에 관한 다양한 결합 엔탈피 값들을 표 8.4에 수록하였다. 주목해야 할 점은 결합 엔탈피는 항상 양의 값을 가지며, 화학 결합이 끊어질 때 항상 열이 흡수된다.ⓘ 이와는 반대로 기체 상태의 원자로부터 결합이 생성될 때는 열이 방출된다. 그러므로 다음 두 반응은 발열 반응이다.

ⓘ 결합 엔탈피가 클수록 결합이 더 강하다.

$$H(g) + Cl(g) \longrightarrow HCl(g) \qquad \Delta H = -431\ kJ$$

$$H(g) + F(g) \longrightarrow HF(g) \qquad \Delta H = -565\ kJ$$

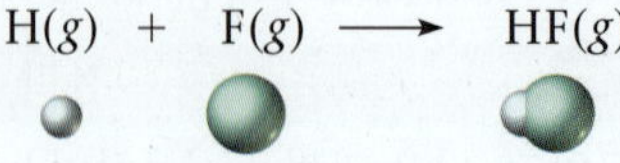

결합 엔탈피를 사용하면, 어떤 기체상 반응이 흡열 반응인 이유와, 다른 기체상 반응이 발열 반응인 이유를 설명할 수 있다. 일반적으로 다음과 같은 조건에서는 흡열(즉, 열이 흡수된다)이 될 것으로 예상할 수 있다.

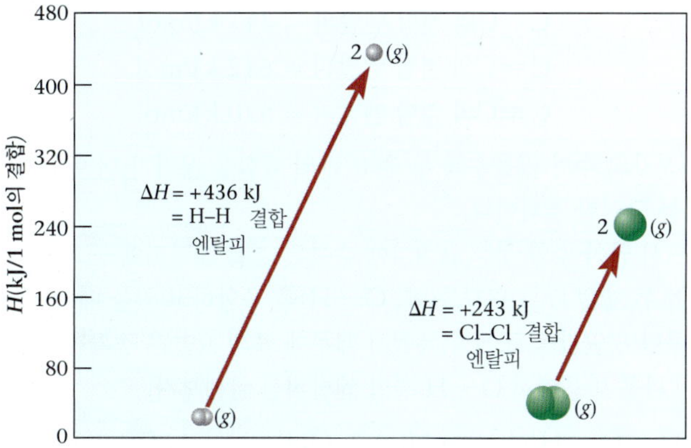

그림 8.14 ▸ **H_2와 Cl_2의 결합 엔탈피.** H—H 결합 엔탈피는 Cl—Cl 결합 엔탈피보다 더 크다(+436 kJ/mol 대 +243 kJ/mol). 이것은 H_2의 결합이 Cl_2의 결합보다 더 강하다는 것을 의미한다.

- *반응물의 결합이 생성물의 결합보다 강한 경우*. 예를 들어, 표 8.3의 자료로부터 흡열이라는 것을 알 수 있는 플루오린화 수소의 분해 반응을 살펴보자.

$$2HF(g) \longrightarrow H_2(g) + F_2(g) \qquad \Delta H = -2\Delta H_f^\circ\ HF = +542.2\ kJ$$

HF (565 kJ/mol)의 결합은 H_2와 F_2의 결합의 평균보다 더 강하다. (436 kJ/mol + 153 kJ/mol)/2 = 295 kJ/mol.

- *생성물보다 반응물에 더 많은 결합이 있다*. 다음 반응을 살펴보자.

$$2H_2O(g) \longrightarrow 2H_2(g) + O_2(g) \qquad \Delta H = -2\Delta H_f^\circ\ H_2O(g) = +483.6\ kJ$$

이 반응의 반응물에는 2 mol의 H_2O에서 4 mol의 O—H 결합이 있는 것에 비하여, 생성물에는 3 mol의 결합(2 mol의 H—H 결합, 1 mol의 O═O 결합)이 있다.

표 8.4에서 결합 엔탈피는 다중 결합의 결합 엔탈피가 동일한 두 원자 사이의 단일 결합보다 크다는 것을 알 수 있다.◂ⓘ 그러므로,

표 8.4 ▸ **결합 엔탈피**

단일 결합 엔탈피(kJ/mol)									
	H	C	N	O	S	F	Cl	Br	I
H	436	414	389	464	339	565	431	368	297
C		347	293	351	259	485	331	276	218
N			159	222	—	272	201	243	—
O				138	—	184	205	201	201
S					226	285	255	213	—
F						153	255	255	277
Cl							243	218	209
Br								193	180
I									151

다중 결합 엔탈피(kJ/mol)					
C═C	612	N═N	418	C≡C	820
C═N	615	N═O	607	C≡N	890
C═O	715	O═O	498	C≡O	1075
C═S	477	S═O	198	N≡N	941

그러나 이중 결합 엔탈피는 단일 결합 엔탈피의 두 배보다 작다.

$$\text{C—C의 결합 엔탈피} = 347 \text{ kJ/mol}$$
$$\text{C=C의 결합 엔탈피} = 612 \text{ kJ/mol}$$
$$\text{C≡C의 결합 엔탈피} = 820 \text{ kJ/mol}$$

결합에 참여한 전자의 수가 많을수록 두 원자 간의 결합을 끊기가 더 어렵기 때문에 위의 결합 엔탈피 증가는 당연한 결과이다.

여기서 반드시 알아야 할 것은 표 8.4에 수록된 결합 엔탈피에 중요한 제한이 있다는 것이다. 즉, *결합이 두 개의 다른 원자들*(예, O—H)을 포함하고 있을 때 두 개 이상의 다른 화학종으로부터 구한 평균값을 표에 수록했기 때문에 *표의 값들은 정확한 값이 아니라 근사값이다*. 예를 들어 다음 반응에서 O—H 결합 엔탈피를 살펴보자.

$$\text{H—O—H}(g) \longrightarrow \text{H}(g) + \text{OH}(g) \qquad \Delta H = +499 \text{ kJ}$$
$$\text{H—O}(g) \longrightarrow \text{H}(g) + \text{O}(g) \qquad \Delta H = +428 \text{ kJ}$$

위의 반응들은 모두 1 mol의 O—H 결합을 끊는 반응임에도 불구하고 ΔH의 실험값은 매우 다르다. 표 8.4에 수록된 결합 엔탈피는 두 값의 평균값인 464 kJ/mol이다.

이 제한으로 인해 반응의 ΔH 값을 계산할 때 가능하면 결합 엔탈피보다 생성 엔탈피(ΔH_f°)를 이용한다. 즉 생성 엔탈피를 사용하여 계산하면 ±0.1 kJ의 정확성을 가지지만, 결합 엔탈피를 사용하면 10 kJ 이상의 오차가 생길 수 있다.

8-7 열역학 제1법칙

이 장에서 이제까지 열화학에 초점을 맞추어 논의하였고, 화학 반응에서 출입하는 열에 관하여 공부하였다. 열화학은 열역학의 한 분야로서 모든 종류의 에너지 효과를 다룬다. *열역학*(thermodynamics)은 에너지를 두 가지 유형으로 구분한다. 그 중의 하나는 열(q)이며, 다른 하나는 **일**(work, w)이다. 일에 관한 열역학적 정의는 일상적으로 사용하는 의미와 매우 다르다. ***일은 열을 제외한 모든 형태의 에너지를 포함한다.***

에너지 보존 법칙(law of conservation of energy)은 에너지(E)가 창조되지도 않고 파괴되지도 않는다는 것을 설명해준다. 단지 에너지는 계와 주위 사이로 이동될 수 있을 뿐이다. 즉,

$$\Delta E_{\text{계}} = -\Delta E_{\text{주위}}$$

열역학 제1법칙(The first law of thermodynamics)은 한 단계 더 나아간다. 에너지에는 열과 일의 두 가지가 있다는 사실을 고려하면, 제1법칙은 다음과 같이 기술된다.

> ***어떤 과정에서, 계의 전체 에너지 변화 ΔE는 계에 흡수된 열(q)과 계에 행해진 일(w)의 합과 같다.***

$$\Delta E = q + w \tag{8.5}$$

표 8.5 ▸ 열, 일 및 에너지

	q	w	$\Delta E = q + w$	비고
I	+ 계가 열을 흡수	+ 계에 일을 행함	+ 계가 에너지를 흡수	
II	+ 계가 열을 흡수	− 계가 일을 함	+ 또는 −	q와 w의 크기에 따라 달라짐
III	− 계가 열을 방출	− 계가 일을 함	− 계가 에너지를 방출	
IV	− 계가 열을 방출	+ 계에 일을 행함	+ 또는 −	q와 w의 크기에 따라 달라짐

열역학 제1법칙을 적용할 때, 열과 일이 주위에서 계로 흘러 들어갈 때 양의 값을 갖는다는 것을 주목하라(표 8.5). 그러나 반대 방향인 계에서 주위로 전달이 일어난다면, 열(q)과 일(w)의 부호는 음의 값을 갖는다.

> 만약 계에 일이 가해지거나 열이 더해지면 계의 에너지는 증가한다.

예제 8.9

다음과 같은 과정이 일어날 때, 기체의 ΔE를 계산하라.

(a) 기체가 20 J의 열을 흡수하고, 팽창으로 12 J의 일을 한다.

(b) 기체가 30 J의 열을 방출하고, 압축으로 52 J의 일이 행해졌다.

분석

주어진 정보:	(a) 열이 흡수되었고(20 J), 계가 일을 하였다(12 J).
	(b) 열이 방출되었고(30 J), 계에 일이 행해졌다(52 J).
알고자 하는 것:	(a)와 (b)에 대한 ΔE

전략

1. 일(w)과 열(q)에 대한 부호를 결정한다.

   일이나 열이 계에 들어가면(계가 열을 흡수하거나 계에 일이 행해졌을 때) 양의 값이다. 또한 일이나 열이 계에서 나가면(계가 열을 방출하거나 계가 일을 하면) 음의 값이다.

2. 식 8.5에 대입한다.

   $\Delta E = q + w$

풀이

(a) w와 q의 부호	w는 음의 값이다(계가 일을 하였다).
	q는 양의 값이다(열이 흡수된다).
ΔE	$\Delta E = q + w = 20\text{ J} + (-12\text{ J}) = 8\text{ J}$
(b) w와 q의 부호	w는 양의 값이다(계에 일이 행해졌다. 즉 계로 들어갔다).
	q는 음의 값이다(열이 방출된다).
ΔE	$\Delta E = q + w = -30\text{ J} + 52\text{ J} = 22\text{ J}$

보통 화학 반응이 실험실에서 수행될 때, 열의 형태로 에너지가 방출된다. 예를 들어, 천연 가스의 주성분인 메테인과 산소의 반응을 살펴보자.

$$CH_4(g) + 2O_2(g) \rightarrow CO_2(g) + 2H_2O(l) \qquad \Delta E = -885\text{ kJ}$$

분젠 버너에서 천연 가스인 메테인을 연소시켰을 때 방출한 열의 양은 885 kJ/mol에 매우 가깝다. 반응이 일어날 때(그림 8.15 참조) 부피의 감소 때문에 약간의 일이 수반되지만, 그 양은 에너지 변화량의 1% 미만이다.

내연기관의 엔진에서 휘발유 대신 메테인이 사용된다면 상황은 달라진다. 연소 과정에서 방출된 에너지의 상당한 양이 유용한 일로 변환되어 마찰을 극복하여 차를 언덕 위로 갈 수 있게 하고, 배터리를 충전한다. 엔진의 효율에 따라 대략 25%의 유용한 에너지가 일로 전환된다. 따라서 자동차의 배기관이나 라디에이터에 전달되어 방출되는 열의 양이 감소하게 된다.

마지막으로, 위의 반응에서 얻을 수 있는 에너지는 우주 개발에 사용되는 연료 전지를 작동하는 데 사용될 수 있다. 이 경우 818 kJ/mol의 유용한 전기적 일을 얻을 수 있다. 비교적 적은 열이 방출된다. 에너지 균형 관점에서 위 반응의 열과 일의 상관관계를 요약하면 다음과 같다(단, 반응하는 메테인 1 mol 당 해당하는 값이다).

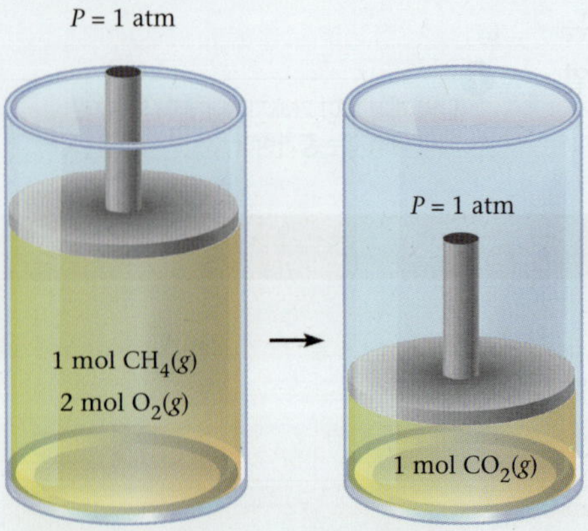

그림 8.15 ▸ **압력-부피 일.** 1 atm의 압력이 미치는 피스톤이 장착된 실린더에서 $CH_4(g) + 2O_2(g) \longrightarrow CO_2(g) + 2H_2O(l)$의 반응이 일어나면 압축 과정이 일어난다(3 mol의 기체 →1 mol의 기체). 피스톤이 아래로 내려가고 반응계에 소량의 일이 행해진다.

	ΔE	q	w
분젠 버너	−885 kJ	−890 kJ	+5 kJ
자동차 엔진	−885 kJ	−665 kJ	−220 kJ
연료 전지	−885 kJ	−67 kJ	−818 kJ

여기서, ΔE는 ΔH와 같은 *상태 특성*(state property)이기 때문에 반응의 경로에 무관하게 같은 값을 가진다. 그러나 q와 w는 반응 경로에 의존하며, 이들 값은 반응이 어디에서, 즉 대기압에서, 엔진 내에서, 전지 내에서 일어나는가에 따라 달라진다.

▶ ΔH와 ΔE

앞에서 살펴본 바와 같이 열린 커피-컵 열량계 내에서 일어나는 반응과 같이 일정한 압력에서 진행되는 반응의 열 흐름은 엔탈피 변화와 같다. 반응이 일정한 부피(밀폐된 열량계)에서 진행되거나 기계적인 일이나 전기적인 일이 수반되지 않는 경우 일은 없다. 이와 같은 조건 하에서 $w = 0$이며, 열 흐름은 에너지의 변화량, ΔE와 같다. 즉 다음 식이 성립된다.

$$\Delta H = q_p \qquad \Delta E = q_v$$

(q_p = 일정 압력에서의 열 흐름, q_v = 일정 부피에서의 열 흐름)

대부분의 경우, 실험실에서의 반응은 일정한 압력인 대기압하에서 진행한다. 따라서 이 장의 90%가 ΔE보다 ΔH에 중점을 두고 있는 이유이다.

일정한 온도에서 반응의 ΔH와 ΔE 사이의 관계는 물질의 엔탈피 H와 내부 에너지 E 사이의 기본적인 열역학적 관계의 정의로부터 얻을 수 있다.

$$H = E + PV$$

이 식에서 V는 압력 P에서의 부피이며, 엔탈피의 변화 값은 다음과 같다.

$$\Delta H = \Delta E + \Delta(PV)$$

반응의 $\Delta(PV)$를 계산하려면 다음을 고려해야 한다.

- 액체 또는 고체에서 PV 곱은 무시하는데, 이들의 몰부피는 기체의 0.1%에 불과하기 때문이다.
- 반응에 참여하는 기체는 이상 기체 법칙, $PV = nRT$에 따르는 것으로 간주하여 계산한다.

즉, 다음 식을 따른다.

$$\Delta(PV) = \Delta n_g RT$$

여기서, Δn_g는 반응이 일어날 때 기체의 몰수 변화이다. 최종적으로, 다음 관계식이 얻어진다.

$$\Delta H = \Delta E + \Delta n_g RT \tag{8.6}$$

25°C에서 다음 반응에 대하여,

$$CH_4(g) + 2O_2(g) \longrightarrow CO_2(g) + 2H_2O(l)$$

$$\Delta n_g = n_{\text{기체 생성물}} - n_{\text{기체 반응물}}$$
$$= 1\text{ mol} - 3\text{ mol} = -2\text{ mol}$$
$$R = 8.31\text{ J/mol}\cdot\text{K} \qquad (\text{표 5.1 참조})$$
$$T = (273 + 25)\text{ K} = 298\text{ K}$$

따라서,

$$\Delta H = \Delta E - 2\text{ mol }(8.31\text{ J/mol}\cdot\text{K})(298\text{ K})$$
$$= \Delta E - 5.0 \times 10^3\text{ J} = \Delta E - 5.0\text{ kJ}$$

이 반응에 대한 ΔE는 −885 kJ이고, ΔH는 −890 kJ임을 상기하라. ⓘ ΔE와 ΔH 사이의 차이는 대부분의 반응에서와 같이 1% 미만이다. 그림 8.15는 계에 일이 행해질 때의 부피 변화를 보여주고 있다.

ⓘ 에너지는 다음과 같이 리터 · 기압 단위로도 나타낼 수 있다: 1 L · atm = 0.1013 kJ.

예제 8.10

산소-아세틸렌 용접기(oxyacetylene torch)를 사용할 때 일어나는 다음 반응의 ΔH와 ΔE 값을 25°C에서 계산하라.

$$C_2H_2(g) + \frac{5}{2}O_2(g) \rightarrow 2CO_2(g) + H_2O(g)$$

분석

주어진 정보:	화학 반응식 ; T (25°C)
정보가 알려주는 내용:	표 8.3에서 ΔH_f° 반응물과 생성물의 몰수 에너지 단위를 갖는 R
알고자 하는 것:	ΔH와 ΔE

전략

1. 표 8.3을 사용하여 이 반응에 대한 ΔH를 계산한다. $O_2(g)$에 대한 ΔH_f°는 0임을 기억하자.
2. Δn을 구한다. $\Delta n = n_{생성물} - n_{반응물}$
3. 에너지 단위가 관여될 때 $R = 8.31$ J/mol · K임을 기억한다(표 5.1).
4. 식 8.6에 대입하여 ΔE를 구한다.
   $\Delta H = \Delta E + \Delta n_g RT$

풀이

1. ΔH

$$\Delta H = 2\Delta H_f^\circ\ CO_2(g) + \Delta H_f^\circ\ H_2O(g) - \Delta H_f^\circ\ C_2H_2(g)$$
$$= 2(-393.5\text{ kJ}) + (-241.8\text{ kJ}) - (226.7\text{ kJ}) = -1255.5\text{ kJ}$$

2. Δn_g

$$(2\text{ mol }CO_2 + 1\text{ mol }H_2O) - (1\text{ mol }C_2H_2 + \frac{5}{2}\text{ mol }O_2) = -\frac{1}{2}\text{ mol}$$

3. ΔE

$$\Delta H = \Delta E + \Delta n_g RT$$
$$-1255.5\text{ kJ} = \Delta E + (-0.5\text{ mol})\left(8.31 \times 10^{-3}\frac{\text{kJ}}{\text{mol}\cdot\text{K}}\right)(298\text{ K})$$
$$\Delta E = -1255.5\text{ kJ} + 1.24\text{ kJ} = -1254.3\text{ kJ}$$

마무리 정리

이 경우에서, ΔH와 ΔE는 실제로 매우 작은 차이인 단지 1.2 kJ의 차이(약 0.1%)가 있음을 주목하라.

생활 속의 화학 이야기 | CHEMISTRY BEYOND THE CLASSROOM

인체의 에너지 균형

생명을 유지하기 위한 모든 과정이나 연구, 저작, 일이나 조깅과 같은 활동과 연관된 근육 운동을 유지하기 위하여 에너지가 요구된다. 이와 같은 에너지를 생산하기 위하여 사용되는 연료는 우리가 섭취하는 음식물이다. 따라서 에너지 섭취와 에너지 소모에 중점을 두어 생각해야 하며, 그 균형에 관하여 살펴보고자 한다.

에너지 섭취

식품의 에너지 함량은 탄수화물, 단백질 및 지방에 근거를 두어 산출된다.

탄수화물:	그램 당 17 kJ(4.0 kcal)의 에너지*
단백질:	그램 당 17 kJ(4.0 kcal)의 에너지
지방:	그램 당 38 kJ(9.0 kcal)의 에너지

위의 범주에 넣을 수는 없는 알코올은 그램 당 29 kJ (7.0 kcal)의 에너지를 제공한다.

이러한 지침에 따라 표 A에 주어진 자료들을 얻을 수 있다. 이 표는 여러 형태의 음식물들의 표준 양에 대한 대략적인 에너지 값들을 나타낸 것이다. 약간의 연습으로 이 표를 이용하여 우리의 에너지 섭취량을 ±10% 이내에서 추정할 수 있다.

* 대부분의 영양학 교과서에서 에너지는 입장이 다르기는 하지만 킬로주울보다 킬로칼로리로 표시된다. 즉 1 kcal = 4.18 kJ; 1 kg = 2.20 lb.

에너지 소모

에너지 소모는 편의상 두 범주로 구분할 수 있다.

1. 신진대사 에너지(metabolic energy). 인체의 에너지 소모에 있어 가장 큰 부분을 차지한다. 이 에너지는 생명을 유지하기 위하여 필요한 것이다. 일반적으로 신진대사율(metabolic rate)은 성별, 체중 및 연령 등에 비례하여 계산된다. 젊은 성인 여성의 경우 신진대사율은 하루에 체중 킬로그램 당 약 100 kJ이며, 체중이 120 lb인 20세 여성의 경우는 다음과 같다.

$$\text{신진대사율} = 120\ \text{lb} \times \frac{1\ \text{kg}}{2.20\ \text{lb}} \times 100\ \frac{\text{kJ}}{\text{d} \cdot \text{kg}}$$

$$= 5500\ \text{kJ/d}\ (1300\ \text{kcal/d})$$

같은 체중의 젊은 성인 남성의 경우 약 15%가 더 높다.

2. 근육 운동(muscular activity). 글을 쓰고, 산보하고, 테니스를 치거나 강의 중인 경우에도 여러분의 근육이 수축할 때마다 에너지는 소모된다. 일반적으로 근육 운동의 에너지 소비는 신진대사 에너지의 50~100%에 해당하며, 그 정도는 생활 방식에 차이가 있다. 책을 들고 다니는 일 외에 별다른 활동을 하지 않는 (늘 그렇지는 않지만) 20살 여학생의 경우에 근육 활동에 의해서 소모되는 에너지는 다음과 같을 것이다.

$$0.50 \times 5500\ \text{kJ} = 2800\ \frac{\text{kJ}}{\text{d}}$$

따라서 하루에 소모하는 이 여학생의 총 에너지는 5,500 kJ + 2,800 kJ = 8,300 kJ (2,000 kcal)이다.

에너지 균형

일정한 체중을 유지하기 위해서는 하루에 섭취하는 식품으로부터 얻는 에너지양이 소모되는 에너지양보다도 약 700 kJ (170 kcal) 정도 더 많아야 한다. 이러한 에너지 차이는 생체 조직과 분비액을 유지하기 위해서 약 40 g의 단백질을 소모하게 한다. 하루에 700 kJ 이상의 에너지를 더 과량으로 섭취하게 되면 탄수화물, 단백질 또는 지방에 상관없이 소모되지 않은 음식은 지방 조직으로 바뀌어 몸속에 축적된다.

지방 조직은 약 85%의 지방질과 15%의 물로 이루어져 있다. 그 에너지 값은 다음과 같다.

$$0.85 \times 9.0\ \frac{\text{kcal}}{\text{g}} \times \frac{454\ \text{g}}{1\ \text{lb}} = 3500\ \text{kcal/lb}$$

이것은 지방 1파운드를 줄이기 위해서는 약 3,500 kcal의 에너지 섭취를 줄여야만 한다는 것을 의미한다. 일주일에 1파운드씩 합리적으로 몸무게를 감소시키기 위해서는 하루에 500 kcal (2,100 kJ)의 에너지 섭취를 감소시켜야 한다.

물론 근육 활동을 통해서 체중을 줄이는 것도 가능하다. 표 B는 운동 유형에 따른 시간 당 에너지 소모량을 보여준다. 원칙적으로 150파운드의 체중을 가진 사람이 2.5시간 동안 테니스 Wii 게임을 하면 일주일에 1파운드의 몸무게를 줄일 수 있다. 표 B에 수록된 값은 신체 활동에 소비된 에너지와 기초 신진 대사율(basal metabolic rate, BMR)에 사용된 양을 반영한 것이다. 자신의 체중에 대한 분 당 활동량 kcal를 계산하려면 정확한 체중으로 kcal/lb/hr을 곱한 다음 그 활동에 소비된 시간 수를 곱하면 된다.

표 A ▸ 음식물의 에너지 값*

		kJ	kcal
탈지유	8-온스 유리잔(250 g)	347	83
전지유	8-온스 유리잔(250 g)	610	146
맥주	12-온스 유리잔(375 g)	493	118
혼합 야채	1/2컵(125 g)	247	59
브로콜리	1/2컵(125 g)	63	15
옥수수	1알	447	107
과일 칵테일	1/2컵(125 g)	230	55
통밀 식빵	1조각	272	65
구운 감자	1개	920	220
검은콩	1/2컵(125 g)	477	114
소고기	3 oz (84 g)	966	231
칠면조	3 oz (84 g)	836	200
버터	1 밥숟가락(15 g)	451	108
올리브유	1 밥숟가락(15 g)	497	119
카놀라유	1 밥숟가락(15 g)	502	120
설탕	1 차숟가락(5 g)	63	15

*Michelle McGuire and Kathy A. Beerman 공저: *Table of Food Composition for Nutritional Sciences: From Fundamentals to Food*에서, Thomson Wadsworth, Belmont, CA, 2007.

표 B ▸ 여러 활동에 의해 소모되는 에너지량*

활동	kcal/lb/hr
에어로빅 댄스(격렬함)	3.7
농구(격렬함, 풀코트)	5.8
자전거타기	
13마일/시간	2.7
15마일/시간	2.9
크로스 컨트리 스키 타기	
8마일/시간	6.2
달리기	
5마일/시간	3.7
6마일/시간	4.4
공부	0.66
수영	
20야드/분	1.9
45야드/분	3.5
50야드/분	4.2
걷기(활발한 걸음)	
3.5마일/시간	2.1
4.5마일/시간	2.9
Wii 게임	
볼링	1.3
테니스	1.3

*Linda Kelly DeBruyne와 Kathryn Pinna 공저, *Nutrition for Health and Healthcare, 5th Edition*, Table 6.2, pp. 148–149, Cengage, 2014.

주요 개념

1. 열 흐름을 비열, 질량, Δt와 연관시키기.
   (예제 8.1; 문제 1~6)
2. 열량 자료로부터 반응에 대한 q 계산하기.
   (예제 8.2, 8.3; 문제 7~20)
3. 열화학 규칙을 적용하기.
   (예제 8.4, 8.5; 문제 21~30)
4. ΔH를 계산하기 위하여 Hess 법칙을 사용하기.
   (예제 8.6; 문제 31~36)
5. 생성 엔탈피와 $\Delta H°$ 연관시키기.
   (예제 8.7, 8.8; 문제 37~52)
6. ΔE, q, w를 연관시키기.
   (예제 8.9; 문제 53~58)
7. ΔH와 ΔE를 연관시키기.
   (예제 8.10; 문제 59~62)

주요 식

열 흐름(heat flow)	$q = 질량 \times c \times \Delta t$
커피-컵 열량계(coffee-cup calorimeter)	$q_{반응} = -질량_{물} \times 4.18\ J/g \cdot °C \times \Delta t$
통 열량계(bomb calorimeter)	$q_{열량계} = C_{열량계} \times \Delta t$
	$q_{반응} = -(q_{열량계} + q_{H_2O})$
표준 엔탈피 변화(standard enthalpy change)	$\Delta H° = \Sigma \Delta H_f°$ 생성물 $- \Sigma \Delta H_f°$ 반응물
열역학 제1법칙(first law of thermodynamics)	$\Delta E = q + w$
ΔH와 ΔE의 관계	$\Delta H = \Delta E + \Delta n_g RT$

주요 용어

Hess 법칙(Hess's law)
결합 엔탈피(bond enthalpy)
계(system)
몰(mole)
발열(exothermic)
비열(specific heat)
상태 특성(state property)
엔탈피(enthalpy)
—생성 엔탈피(enthalpy of formation)
열(heat)
—열용량(heat capacity)
—용융열(heat of fusion)
—증발열(heat of vaporization)
열량계(calorimeter)
—통 열량계(bomb calorimeter)
—커피-컵열량계(coffee cup calorimeter)
열화학 반응식(thermochemical equation)
일(work)
주울(joule)
주위(surroundings)
킬로주울(kilojoule)
흡열(endothermic)

요약 문제

에테인, C_2H_6는 석유 정제의 부산물이다. 에테인의 연소에 대한 열화학 반응식은 다음과 같다.

$$C_2H_6(g) + \tfrac{7}{2}O_2(g) \longrightarrow 2CO_2(g) + 3H_2O(l) \qquad \Delta H = -1559.7\ kJ$$

(a) 다음의 열화학 반응식의 ΔH 값은 얼마인가?

$$2C_2H_6(g) + 7O_2(g) \longrightarrow 4CO_2(g) + 6H_2O(l)$$

$$2CO_2(g) + 3H_2O(l) \longrightarrow C_2H_6(g) + \tfrac{7}{2}O_2(g)$$

(b) $H_2O(l)$의 증발열은 +44.0 kJ/mol이다. 다음 반응식의 ΔH를 계산하라.

$$C_2H_6(g) + \tfrac{7}{2}O_2(g) \longrightarrow 2CO_2(g) + 3H_2O(g)$$

(c) $CO_2(g)$와 $H_2O(l)$의 생성열은 각각 −393.5 kJ/mol과 −285.8 kJ/mol이다. C_2H_6의 $\Delta H_f°$는 얼마인가?

(d) 1.00 g의 $C_2H_6(g)$를 열린 용기에서 연소시켰더니 $CO_2(g)$와 $H_2O(l)$가 생성되었다. 방출된 열은 얼마인가?

(e) 1.00 g의 $C_2H_6(g)$를 통 열량계에서 연소시켰더니 온도가 22°C에서 33.13°C로 증가하였다. 별도의 실험에서, 열량계의 온도를 2.15°C 상승시키는 데 10.0 kJ이 필요함을 알았다. $C_{열량계}$와 $q_{반응}$을 구하라.

(f) 1 mol의 에테인을 연소시킬 때 25°C에서 $\Delta E = q_v$를 구하라. 여기서, $\Delta H = q_p = -1559.7\ kJ$

(g) 결합 엔탈피를 사용하여 에테인 기체 1 mol이 그 원소에서 생성될 때 ΔH 값을 예상하라.

해답

(a) **−3119.4 kJ; +1559.7 kJ**
(b) **−1427.7 kJ**
(c) **−84.7 kJ**
(d) **51.9 kJ**
(e) **4.65 kJ/°C; −51.8 kJ**
(f) **−1553.5 kJ**
(g) **−1523 kJ**

연습 문제

짝수 번호의 문제와 도전 문제의 해답은 센게이지 홈페이지 자료실에서 다운로드 받을 수 있다(www.cengage.co.kr).

8-1 열 흐름의 원리

1. 타이타늄은 제트 엔진에 이용되는 금속이다. 이 금속의 비열은 0.523 J/g · °C이다. 5.88 g의 타이타늄이 4.78 J의 열을 흡수했을 때 온도 변화는 얼마인가?

2. 금의 비열은 0.129 J/g · °C이다. 5.00-g의 금이 1.33 J의 열을 흡수했을 때 온도 변화는 얼마인가?

3. 구리는 컴퓨터용 집적 회로, 칩 및 인쇄 회로 기판을 제조하는 데 사용된다. 22.38°C에서 125 g의 구리가 228 J의 열을 흡수하면 온도는 27.12°C로 상승한다. 구리의 비열은 얼마인가?

4. 수은은 한때 온도계와 기압계에 사용되었다. 25.00°C에서 100.0 g의 수은이 46.9 J의 열을 흡수하였더니 온도가 28.35°C로 증가하였다. 수은의 비열은 얼마인가?

5. 알루미늄의 비열은 0.902 J/g · °C이다. 473 g의 알루미늄 그릇을 실온(23.00°C)에서 오븐 온도(375°F)로 높이려면 얼마나 많은 열을 흡수해야 하는가?

6. 크로뮴의 비열은 0.450 J/g · °C이다. 온도가 45°F에서 88°F로 증가하면 35.0 g의 크로뮴이 흡수한 열은 얼마인가?

8-2 열 흐름의 측정; 열량계법

7. 황산 마그네슘은 물에 용해될 때 발열하기 때문에 응급 처치용 핫팩에 사용한다. 25°C의 커피-컵 열량계에 25°C의 물 15.0 mL가 들어있다. 2.00 g의 $MgSO_4$ 시료를 물에 녹이면 1.51 kJ의 열이 발생한다. (이 용액에 대하여 다음 가정을 한다. 부피 = 15.0 mL, 밀도 = 1.00 g/mL, 비열 = 4.18 J/g · °C.)
   (a) 용해 과정에 대한 균형 맞춘 반응식을 써라.
   (b) 용해 과정은 발열인가?
   (c) q_{H_2O}는 얼마인가?
   (d) 용액의 최종 온도는?
   (e) 초기 온도와 최종 온도는 몇 °F인가?

8. 요리를 할 때 음식의 맛을 내기 위하여 소금(염화 소듐)을 넣는다. 25°C의 물 200.0 mL가 들어 있는 커피-컵 열량계에 10.00 g의 NaCl을 녹였더니 669 J의 열이 흡수되었다. (이 용액에 대하여 다음 가정을 한다. 부피 = 200.0 mL, 밀도 = 1.00 g/mL, 비열 = 4.18 J/g · °C.)
   (a) 용해 과정은 발열인가?
   (b) q_{H_2O}는 얼마인가?
   (c) 용액의 최종 온도는?

9. 32°C의 물 375 mL를 92°C의 물(d = 1.00 g/mL) 125 mL와 섞었을 때, 혼합물의 최종 온도는 얼마인가? (주위에 열을 잃지 않는다고 가정하라.)

10. 35°C의 물 75 mL에 10°C의 물을 가해서 최종 온도가 19°C가 되게 하려면 10°C (2자리 유효 숫자)의 물은 몇 mL가 필요한가? (연습 문제 9와 같은 가정을 한다.)

11. 1 mol의 KOH가 황산에 의해 중화될 때, $q = -56$ kJ이다. (이것을 중화열이라고 부른다.) 23.7°C에서, 0.475 M H_2SO_4 25.0 mL를 커피-컵 열량계에서 0.613 M KOH로 중화시켰다. 모든 용액의 비열은 4.18 J/g · °C이고, 모든 용액의 밀도는 1.00 g/mL이며 그 부피는 더해진다고 가정하라.
   (a) H_2SO_4를 중화하기 위해 몇 mL의 KOH가 필요한가?
   (b) 용액의 최종 온도는 얼마인가?

12. 중화열($\Delta H_{중화}$)은 중화된 산 또는 염기 1 mol 당 방출 또는 흡수된 열의 양, q로 정의할 수 있다. 질산의 $\Delta H_{중화} = -52$ kJ/mol HNO_3이다. 27.3°C에서, 50.00 mL의 0.743M HNO_3을 커피-컵 열량계에서 1.00 M $Sr(OH)_2$로 중화시켰다.
   (a) 중화에 사용된 $Sr(OH)_2$는 몇 mL인가?
   (b) 최종 용액의 최종 온도는 얼마인가? (연습 문제 11의 가정을 사용하라.)

13. 과당(프럭토스)은 과일에서 흔히 발견되는 당이다. 과당($C_6H_{12}O_6$) 시료 4.50 g을 1.00 L의 물(d = 1.00 g/mL)이 들어 있는 통 열량계에서 연소시켰다. 열량계의 열용량은 16.97 kJ/°C이다. 열량계와 물의 온도가 23.49°C에서 27.72°C로 상승하였다.
   (a) 열량계의 q는 얼마인가?
   (b) 열량계에서 물의 q는 얼마인가?
   (c) 열량계에서 4.50 g의 과당이 연소할 때 q는 얼마인가?
   (d) 1 mol의 과당이 연소할 때 q는 얼마인가?

14. 예전에는 에틸 에터(ethyl ether)를 마취제로 흔히 사용하였다. 그러나 에틸 에터는 인화성이 크다. 5 mL의 에틸 에터, $C_4H_{10}O(l)$ (d = 0.714 g/mL)를 통 열량계에서 연소시켰더니 온도가 23.5°C에서 39.7°C로 증가하였다. 열량계에는 1.200 kg의 물이 들어 있고, 열량계의 열용량은 5.32 kJ/°C이다.
   (a) q_{H_2O}는 얼마인가?
   (b) $q_{열량계}$는 얼마인가?
   (c) 5.00 mL의 에틸 에터가 연소할 때의 q는 얼마인가?
   (d) 1 mol의 에틸 에터가 연소할 때의 q는 얼마인가?

15. 아이소옥테인(isooctane)은 휘발유의 주요 성분으로 옥테인가에 따라 휘발유의 등급을 결정한다. 1.00 mL의 아이소옥테인(d = 0.688 g/mL)을 연소하면 33.0 kJ의 열이 발생한다. 10.00 mL의 아이소옥테인을 통 열량계에서 연소시킬 때 온도가 23.2°C에서 66.5°C로 상승한다. 통에는 1.00 kg의 물이 들어 있다. 통 열량계의 열용량은 얼마인가?

16. 에틸 알콜, C_2H_5OH는 술에 들어 있는 취하게 만드는 물질인다. 일정 부피와 23.28°C에서 에틸 알콜 1.00 g을 과량의 산소와 연소시키면 29.52 kJ의 열이 방출된다. 통 열량계에서 같은 조건으로 에틸 알콜 7.40 g을 산소와 연소시키면 통과 물의 온도는 23.28°C에서 48.04°C로 상승한다. 통에는 0.750 kg의 물이 들어 있다.
   (a) 통 열량계에서 에틸 알콜이 연소할 때의 q는 얼마인가?
   (b) q_{H_2O}는 얼마인가?
   (c) $q_{열량계}$는 얼마인가?
   (d) 열량계의 열용량은 얼마인가?

17. 식초의 신맛은 아세트산, $HC_2H_3O_2$ 때문이다. 아세트산을 연소시키면 열량 14.52 kJ/g의 열이 발생된다. 15.00 g의 아세트산이 0.800 kg의 물이 들어 있는 통 열량계(열용량 = 2.166 kJ/°C)에서 연소되었을 때, 열량계의 최종 온도는 64.14°C이었다. 열량계의 초기 온도는 얼마인가?

18. 아세틸렌(C_2H_2)은 산소 중에서 연소할 때 많은 에너지를 방출하기 때문에 용접용 토치에 사용된다. 1 g의 아세틸렌이 연소할 때 48.2 kJ의 열을 방출한다. 0.750 g의 아세틸렌 시료를 800.0 g의 물이 들어 있는 통 열량계(열용량 = 1.117 kJ/°C) 내에서 연소하였다. 연소 후 통과 물의 최종 온도는 35.2°C이었다. 통과 물의 초기 온도는 얼마인가?

19. 화학식이 $C_7H_6O_3$인 살리실산은 아스피린을 만드는 출발 물질이다. 1.00 g의 살리실산이 통 열량계에서 연소될 때 온도는 23.11°C에서 28.91°C로 올라간다. 열량계와 물은 21.9 kJ의 열을 흡수한다. 1 mol의 살리실산이 연소할 때 방출하는 열량은 얼마인가?

20. 메탄올(CH_3OH)은 목정이라고도 하며, 연료로 사용할 수 있다. 1 mol의 메탄올이 연소되면 1453 kJ의 열이 방출된다. 통 열량계에서 메탄올을 연소하였더니 71.8 kJ의 열이 방출되었다. 몇 mL의 메탄올(d = 0.791 g/mL)이 연소되었겠는가?

8-4 열화학 반응식

21. 일산화 질소(NO)는 많은 생체 반응에서 중요한 화합물로 알려져 있다. 일산화 질소는 산소와 반응하여 갈색의 NO_2를 생성한다. 1몰의 NO가 산소와 반응할 때 57.0 kJ의 열이 방출된다.
   (a) 1 mol의 일산화 질소가 산소와 반응할 때의 열화학 반응식을 써라.
   (b) 이 반응은 발열 반응인가, 흡열 반응인가?
   (c) 이 반응의 반응 경로를 나타내는 에너지 도표를 그려라(그림 8.6은 에너지 도표의 예이다).

(d) 5.00 g의 일산화 질소가 반응할 때 반응열(ΔH)을 구하라.

(e) 10 kJ의 열이 발생하려면 몇 그램의 일산화 질소가 반응하여야 하는가? 이때 산소는 과량이라고 가정한다.

22. 소량의 산소 기체는 염소산 포타슘을 열로 분해하여 실험실에서 만들 수 있다. 분해 반응의 부산물은 염화 포타슘이다. 1 mol의 염소산 포타슘이 분해되면 44.7 kJ의 열이 방출된다.

(a) 1 mol의 염소산 포타슘이 분해될 때, 균형 맞춘 열화학 반응식을 써라.

(b) 이 반응은 발열 반응인가?

(c) 이 반응의 경로를 보여주는 에너지 도표를 그려라. (그림 8.6은 에너지 도표의 예이다.)

(d) 염소산 포타슘 3.00 g이 분해될 때 ΔH는 얼마인가?

(e) 15 킬로주울의 열이 방출되려면 몇 그램의 염소산 포타슘을 분해해야 하는가?

23. 18세기 말에 Priestley는 $HNO_3(g)$와 수소 기체를 반응시켜 암모니아를 만들었다. 반응의 열화학 반응식은 다음과 같다.

$$HNO_3(g) + 4H_2(g) \rightarrow NH_3(g) + 3H_2O(g) \qquad \Delta H = -637\ \text{kJ}$$

(a) 1 mol의 수소 기체가 반응할 때 ΔH를 계산하라.

(b) 10.00 g의 $NH_3(g)$가 과량의 수증기와 반응하여 HNO_3 및 수소 기체를 생성할 때의 ΔH를 계산하라.

24. 염화 바륨은 때때로 불꽃 놀이에서 사용되는데 밝은 녹색을 나타내고, 물에 녹으면 열을 방출한다.

$$BaCl_2(s) \longrightarrow Ba^{2+}(aq) + 2Cl^-(aq)$$

(a) 1 mol의 $BaCl_2$가 용액에서 침전될 때 ΔH는 얼마인가?

(b) 15.00 g의 $BaCl_2$가 침전할 때 ΔH는 얼마인가?

25. 금속 스트론튬은 불꽃놀이에서 적색 발광체로 쓰인다. 불꽃놀이에서 사용하는 화약 생산 공장에서는 금속 스트론튬, 흑연과 산소 기체를 반응시켜 얻은 탄산 스트론튬을 사용한다. $SrCO_3$ 1 mol을 생성할 때 1.220×10^3 kJ의 에너지가 방출된다.

(a) 이 반응의 균형 맞춘 열화학 반응식을 써라.

(b) 25°C, 1.00 atm에서 10.00 L의 산소가 반응에 사용되었을 때 ΔH는 얼마인가?

26. 나이트로글리세린, $C_3H_5(NO_3)_3(l)$은 광산이나 채석장의 발파 작업에 흔히 사용되는 폭발물이다. 나이트로글리세린이 폭발될 때 4종류의 기체(N_2, O_2, CO_2, 수증기)가 형성되기 때문에 강력한 폭발력을 가진다. 게다가, 폭발된 나이트로글리세린 1 g 당 6.26 kJ의 열이 방출된다.

(a) 이 반응에 대한 균형 맞춘 열화학 반응식을 써라.

(b) 4.65 mol의 생성물들이 형성될 때 ΔH는 얼마인가?

27. 인체 내에서 전형적인 지방은 트라이올레산 글리세릴($C_{57}H_{104}O_6$)이다. 체내에서 신진대사가 일어날 때 이 물질은 산소와 결합하여 이산화 탄소, 물, 및 지방 몰 당 3.022×10^4 kJ의 열을 생성한다.

(a) 지방의 신진대사에서 일어나는 균형 맞춘 열화학 반응식을 써라.

(b) 연소에 의하여 5 lb의 지방을 제거하려면 몇 kJ의 에너지가 열의 형태로 방출되어야 하는가?

(c) 이 열은 몇 영양 칼로리에 해당하는가? (1 영양 칼로리 = 1×10^3 칼로리)

28. 연습 문제 27에 설명한 것과 같은 지방을 사용하라.

(a) 지방의 신진대사를 위한 열화학 반응식을 써라.

(b) 다이어트하는 사람은 하루에 425영양 칼로리(1영양 칼로리 = 1000칼로리)만큼 음식 섭취를 줄여야 한다. 하루에 몇 kJ이 줄어드는가?

(c) 이 식단으로 일주일에 몇 파운드의 지방이 "빠지는가?"

29. 100.0 g의 벤젠을 증발시키는 경우와 20.0 g의 물을 끓일 때 어느 것이 더 많은 열을 필요로 하는가? (표 8.2를 사용하라.)

30. 100.0 g의 벤젠과 100.0 g의 브로민을 얼릴 때, 어느 것이 더 많은 열을 방출하겠는가?

31. 한 학생이 실온(22.5°C)에서 10.0 g 액체 브로민을 59.0°C의 브로민 증기로 변환시킬 때 관련된 열의 양을 계산하려고 한다. 이 과정을 수행하기 위해서는 표 8.1과 8.2에 있는 브로민의 비열, 끓는점, 증발열을 사용해야 한다. 더욱이 아래의 단계적 과정을 따라야만 한다.

(a) 다음 과정의 ΔH를 계산하라. $Br_2(l, 22.5°C) \longrightarrow Br_2(l, 59.0°C)$

(b) 다음 과정의 ΔH를 계산하라. $Br_2(l, 59.0°C) \longrightarrow Br_2(g, 59.0°C)$

(c) Hess 법칙을 이용하여 다음 변환에 대한 ΔH를 계산하라.

$Br_2(l, 22.5°C) \longrightarrow Br_2(g, 59.0°C)$

32. 연습 문제 31의 단계적 과정을 따라 80.00°C의 벤젠(C_6H_6) 기체 100.00 g을 25.00°C의 액체 벤젠으로 응축시킬 때 방출하는 열을 계산하라. 벤젠의 비열, 끓는점, 증발열은 표 8.1과 8.2를 참조한다.

33. 방연광이라 부르는 납 광석은 주로 황화 납(II)이 주성분이며, 납의 주원료이다. 납을 얻기 위해서 먼저 광석을 공기 중에서 가열하면 산화 납이 형성된다.

$$PbS(s) + \tfrac{3}{2}O_2(g) \longrightarrow PbO(s) + SO_2(g) \qquad \Delta H = -415.4\ \text{kJ}$$

그 다음 산화 납은 탄소로 환원시키면 금속 납이 생성된다.

$$PbO(s) + C(s) \longrightarrow Pb(s) + CO(g) \qquad \Delta H = +108.5\ \text{kJ}$$

1 mol의 황화 납(II)이 산소 및 탄소와 반응하여 납, 이산화 황, 일산화 탄소를 생성하는 반응의 ΔH를 계산하라.

34. 모래(SiO_2)로부터 반도체용 규소를 생산하는 데 사용되는 반응은 세 단계로 나눌 수 있다.

$$SiO_2(s) + 2C(s) \longrightarrow Si(s) + 2CO(g) \qquad \Delta H = 689.9\ \text{kJ}$$
$$Si(s) + 2Cl_2(g) \longrightarrow SiCl_4(g) \qquad \Delta H = -657.0\ \text{kJ}$$
$$SiCl_4(g) + 2Mg(s) \longrightarrow 2MgCl_2(s) + Si(s) \qquad \Delta H = -625.6\ \text{kJ}$$

(a) 이산화 규소로부터 규소가 얻어지고, CO와 $MgCl_2$가 부산물인 전체 반응에 대한 열화학 반응식을 써라.

(b) 1 mol의 규소가 생성될 때 ΔH는 얼마인가?

(c) 전체 반응은 발열 반응인가?

35. 아래에 주어진 열화학 반응식으로부터 1 mol의 아세틸렌 $C_2H_2(g)$이 25°C, 1 atm에서 안정한 상태의 원소로 분해될 때 ΔH를 계산하라.

$$C_2H_2(g) + \tfrac{5}{2}O_2(g) \longrightarrow 2CO_2(g) + H_2O(l) \qquad \Delta H = -1299.5\ \text{kJ}$$
$$C(s) + O_2(g) \longrightarrow CO_2(g) \qquad \Delta H = -393.5\ \text{kJ}$$
$$H_2(g) + \tfrac{1}{2}O_2(g) \longrightarrow H_2O(l) \qquad \Delta H = -285.8\ \text{kJ}$$

36. 아래에 열화학 반응식이 주어져 있다.

$$4B(s) + 3O_2(g) \longrightarrow 2B_2O_3(s) \qquad \Delta H° = -2543.8\ \text{kJ}$$
$$H_2(g) + \tfrac{1}{2}O_2(g) \longrightarrow H_2O(g) \qquad \Delta H° = -241.8\ \text{kJ}$$
$$B_2H_6(s) + 3O_2 \longrightarrow B_2O_3(s) + 3H_2O(g) \qquad \Delta H° = -2032.9\ \text{kJ}$$

B_2H_6가 원소로 분해될 때 $\Delta H°$를 계산하라.

8-5 생성 엔탈피

37. 25°C, 1 atm에서 아래의 화합물 1 mol이 안정한 상태인 원소로 분해되는 과정의 열화학 반응식을 써라.

(a) 에틸 알코올, $C_2H_5OH(l)$ (b) 플루오린화 소듐(s)

(c) 황산 마그네슘(s) (d) 질산 암모늄(s)

38. 25°C, 1 atm에서 안정한 상태의 원소로부터 다음 화합물 1 mol을 생성하기 위한 열화학 반응식을 써라.

(a) 고체 염소산 포타슘

(b) 액체 사염화 탄소

(c) 기체 아이오딘화 수소

(d) 고체 산화 수은(I)

39. 다음 반응식이 주어져 있다.

$$2Al_2O_3(s) \longrightarrow 4Al(s) + 3O_2(g) \qquad \Delta H° = 3351.4\ \text{kJ}$$

(a) 산화 알루미늄의 생성열은 얼마인가?

(b) 12.50 g의 산화 알루미늄이 생성될 때의 $\Delta H°$는 얼마인가?

40. 다음 반응식이 주어져 있다.

$$2Cr_2O_3(s) \longrightarrow 4Cr(s) + 3O_2(g) \qquad \Delta H° = +2269.4\ \text{kJ}$$

(a) 산화 크로뮴(III)의 생성열은 얼마인가?

(b) 13.65 g의 산화 크로뮴(III)이 생성될 때의 $\Delta H°$는 얼마인가?

41. 석회석 $CaCO_3$는 900°C의 온도에서 산화 칼슘과 이산화 탄소로 분해한다. 1 g의 석회석이 분해할 때 방출 또는 흡수하는 열을 계산하라. (표 8.3을 사용하라.)

42. 하이드라진을 산소와 반응시키면 질소 기체와 수증기가 생성된다.

(a) 이 반응에 대한 열화학 반응식을 써라.

(b) 125°C, 772 mm Hg에서 1.683 L의 수증기가 얻어졌다면 방출 또는 흡수한 열의 양은 얼마인가?

43. 표 8.3을 사용하여 아래의 열화학 반응식에 대한 $\Delta H°$를 구하라.

(a) $Mg(OH)_2(s) + 2NH_4^+(aq) \longrightarrow Mg^{2+}(aq) + 2NH_3(g) + 2H_2O(l)$

(b) $PbO(s) + C(s) \longrightarrow CO(g) + Pb(s)$

(c) $Mn(s) + 4H^+(aq) + SO_4^{2-}(aq) \longrightarrow Mn^{2+}(aq) + SO_2(g) + 2H_2O(l)$

44. 표 8.3을 사용하여 아래의 열화학 반응식에 대한 $\Delta H°$를 구하라.

(a) $Zn(s) + 2H^+(aq) \longrightarrow Zn^{2+}(aq) + H_2(g)$

(b) $2H_2S(g) + 3O_2(g) \longrightarrow 2SO_2(g) + 2H_2O(g)$

(c) $3Ni(s) + 2NO_3^-(aq) + 8H^+(aq) \longrightarrow 3Ni^{2+}(aq) + 2NO(g) + 4H_2O(l)$

45. 적당한 표를 사용하여 다음 반응에 대한 $\Delta H°$를 계산하라.

(a) 산화 구리(II)와 일산화 탄소 사이의 반응으로 구리 금속과 이산화 탄소가 생성된다.

(b) 1 mol의 메틸 알콜(CH_3OH)이 메테인과 산소 기체로 분해되는 반응

46. 적당한 표를 사용하여 다음 반응에 대한 $\Delta H°$를 계산하라.

(a) $MgCO_3(s)$와 센 산이 반응하여 $Mg^{2+}(aq)$, $CO_2(g)$, 물이 생성된다.

(b) 철(III)과 수산화 이온이 반응하여 수산화 철(III)이 침전한다.

47. 나이트로글리세린, $C_3H_5(NO_3)_3(l)$이 분해되면, 질소, 산소, 이산화 탄소, 액체 물이 생성된다. 이 분해 반응에서 5725 kJ의 열이 방출된다.

(a) 반응에 대해 균형 맞춘 열화학 반응식을 써라.

(b) 표 8.3을 사용하여 나이트로글리세린(nitroglycerine)에 대한 $\Delta H_f°$를 계산하라.

48. 1 mol의 탄산 칼슘이 암모니아와 반응하여 사이안아마이드화 칼슘, $CaCN_2$와 액체 물이 생성된다. 이 반응은 90.1 kJ의 열을 흡수한다.

(a) 이 반응에 대한 균형 맞춘 열화학 반응식을 써라.

(b) 표 8.3을 사용하여 사이안아마이드화 칼슘(calcium cyanamide)에 대한 $\Delta H_f°$를 계산하라.

49. 삼플루오린화 염소는 유독하며, 반응성이 큰 기체이다. 이 기체는 제2차 세계대전 때 소이탄을 제조하는 데 사용되었다. 이 물질은 암모니아와 반응하여 질소, 염소, 플루오린화 수소 기체를 생성한다. 2 mol의 삼플루오린화 염소가 반응하면 1196 kJ의 열이 방출된다.

(a) 이 반응에 대한 열화학 반응식을 써라.

(b) ClF_3의 $\Delta H_f°$는 얼마인가?

50. 1 mol의 에틸렌 기체, C_2H_4를 플루오린 기체와 반응시키면 플루오린화 수소와 사플루오린화 탄소 기체가 형성되고, 2496.7 kJ의 열이 방출된다. $CF_4(g)$에 대한 $\Delta H_f°$는 얼마인가?

51. 포도당, $C_6H_{12}O_6(s)$ ($\Delta H_f° = -1275.2$ kJ/mol)은 포도즙의 발효에 의해 에틸 알코올 $C_2H_5OH(l)$과 이산화 탄소로 변환된다. 포도즙이 발효하여 12.0%(부피)의 에틸 알코올($d = 0.789$ g/cm^3)이 들어 있는 포도주 750.0 mL가 만들어질 때 방출되는 열의 양은 얼마인가?

52. 암모니아가 산화 이질소 기체($\Delta H_f° = 82.05$ kJ/mol)와 반응하면 물과 질소 기체를 생성한다. 25°C, 717 mm Hg에서 345 mL의 질소 기체를 생성할 때 흡수 또는 방출되는 열은 얼마인가?

8-7 열역학 제1법칙

53. 3.27 L · atm의 일은 몇 kJ인가?

54. 12.2 kJ의 일은 몇 L · atm과 같은가?

55. 다음을 계산하라.

(a) 어떤 기체가 18 J의 열을 흡수하고, 13 J의 일을 했을 때 ΔE.

(b) 어떤 계에 72 J의 일이 행해지고, 계의 에너지가 61 J 증가했을 때 q.

56. 다음을 계산하라.

(a) 어떤 계가 54 J의 일을 하고, 계의 에너지는 72 J이 감소했을 때 q.

(b) 어떤 기체가 26 J의 열을 방출하고, 386 J의 일을 하였을 때 ΔE.

57. 움직일 수 있는 피스톤이 장착된 용기 안에서 일어나는 다음 반응에 대한 물음에 답하라.

$$R(g) + T(g) \longrightarrow X(g)$$

반응이 일어나서 계는 1072 J의 열을 잃었다. 피스톤이 아래로 움직여서 주위가 계에 549 J의 일을 하였다면 ΔE는 얼마인가?

58. 연습 문제 57에 설명한 용기에서 다음 반응이 일어났다.

$$A(g) + B(g) \longrightarrow C(s)$$

이 반응에서, $\Delta E = 286$ J이고, 피스톤은 위로 올라가고 계는 주위에서 388 J의 열을 흡수하였다.

(a) 계는 일을 한 것인가?

(b) 일은 얼마인가?

59. 다음 반응이 25°C에서 진행될 때 ΔH와 ΔE의 차이를 구하라.

$$2CO(g) + O_2(g) \longrightarrow 2CO_2(g)$$

60. 1 mol의 브로민이 59°C에서 증기로 변할 때 다음 값들을 구하라.

(a) ΔH (표 8.2)

(b) ΔPV

(c) ΔE

61. 프로페인(C_3H_8)은 휴대용 가스 바베큐 그릴에 사용되는 연료로 연소할 때 이산화 탄소와 액체 물이 생성된다.

(a) 1 mol의 프로페인 기체가 연소할 때 열화학 반응식을 써라.

(b) 25°C에서 프로페인 기체의 연소 반응에 대한 ΔE를 계산하라.

62. 1 mol의 메틸 알코올, $CH_3OH(l)$이 연소하여 이산화 탄소 기체와 수증기를 생성하는 반응에 대한 물음에 답하라.

(a) 반응에 대한 열화학 반응식을 써라. (표 8.2를 사용하라.)

(b) 25°C에서 ΔE를 계산하라.

종합 문제

63. 뷰테인(C_4H_{10}) 기체는 깡통에 든 연료로 캠핑하는 사람들에게 판매되고 있다. 25°C, 1.00 atm에서 밀도는 2.38g/L이다. 1갤런의 물($d = 1.00$ g/mL)을 25°C에서 98°C로 가열하려면 25°C, 1.00 atm에서 필요한 뷰테인 기체의 부피는 얼마인가? 뷰테인의 연소 반응($\Delta H_f° = -125.65$ kJ/mol)은 다음과 같다.

$$C_4H_{10}(g) + \tfrac{13}{2}O_2(g) \longrightarrow 4CO_2(g) + 5H_2O(g)$$

64. BTU (British thermal unit)는 미국에서 가장 널리 사용하는 에너지 단위이다. 1 J = 9.48×10^{-4} BTU이다. 물의 비열은 BTU/lb · °F 단위로 얼마인가? (물의 비열은 4.18 J/g · °C이다.)

65. 미국의 천연 가스 회사들은 에너지의 단위로 "therm"을 사용한다. 1 therm은 1×10^5 BTU에 해당한다.

(a) 1 therm은 몇 J에 해당하는가?(1 J = 9.48×10^{-4} BTU)

(b) 프로페인(C_3H_8) 기체가 산소 중에서 연소하면 CO_2와 수증기를 생성한다. 1.00 mol의 프로페인 기체에 의해 몇 therm의 에너지가 발생하는가?

66. 12온스 콜라 캔 한 개는 약 120영양 칼로리(영양 칼로리 = 1 kcal)를 갖는다. 콜라 캔 1개를 마시고 칼로리를 섭취하였을 때, 이 에너지를 소모하는 데는 몇 분 정도 걸어야 하는가? (걷기로 약 250 kcal/h를 소모한다.)

67. 다음 반응에서 하이드라진의 생성열을 구하라.

$$N_2H_4(l) + O_2(g) \longrightarrow N_2(g) + 2H_2O(g) \quad \Delta H° = -534.2 \text{ kJ}$$

$$H_2(g) + \tfrac{1}{2}O_2(g) \longrightarrow H_2O(g) \quad \Delta H° = -241.8 \text{ kJ}$$

68. 제2차 세계대전 중 독일에서는 사용할 수 없는 비행기 부품들을 갈아서 분말 알루미늄을 만들었다. 분말 알루미늄은 질산 암모늄과 반응하여 강력한 폭탄이 된다. 이 반응의 생성물은 질소 기체, 수증기, 산화 알루미늄이다. 10.00 kg의 질산 암모늄과 10.00 kg의 분말 알루미늄을 혼합하였다면 발생하는 열은 얼마인가?

69. 체중을 줄이는 한 가지 방법은 운동을 하는 것이다. 테니스는 30분 당 225 kcal의 에너지를 소비한다. 1 lb의 지방을 제거하려면 얼마나 오랜 시간 테니스를 해야 하는가? (1 g의 체지방은 32 kJ의 에너지와 같다.)

70. 메테인과 산소의 반응에 대한 물음에 답하라. 이 반응이 가정용 난방 보일러에서 일어난다고 가정하자. 만일 $q = -890$ kJ이고 $w = +5$ kJ이라면, ΔE는 얼마인가? 25°C에서 ΔH는 얼마인가?

71. 에테인(C_2H_6) 기체를 산소하에서 연소시켜 CO_2와 물이 생성하는 반응에 대한 물음에 답하라.

(a) 에테인 1분자를 연소시킬 때 생성되는 에너지 (J)는 얼마인가?

(b) 파장이 12.6 nm인 자외선 광자의 에너지는 얼마인가?

(c) (a)와 (b)의 답을 비교하라.

72. 0°C, 1.00 atm (STP)에서 1.00-L의 기체 혼합물이 일정한 압력에서 완전 연소하고 75.65 kJ의 열을 방출하였다. 이 기체가 에테인(C_2H_6)과 프로페인(C_3H_8)의 혼합물이라면, 혼합물에서 에테인의 몰분율을 구하라.

73. 전자레인지는 복사선을 에너지로 바꾼다. 전자레인지는 12.5 cm 파장의 복사선을 사용한다. 복사선의 모든 에너지는 열로 바뀔 때 손실이 없다고 가정하면, 물(350.0 g, 비열 = 4.18 J/g · °C) 한 잔의 온도를 23.0°C에서 99.0°C로 올릴 때 몇 몰의 광자가 필요한가?

74. 2010년에 미국에서 3.30×10^9갤런의 휘발유가 소비되었다. 다음과 같은 가정을 할 수 있다.

- 휘발유는 주로 n-옥테인, C_8H_{18}(d = 0.7028 g/mL)이다.
- 1 mol의 n-옥테인을 산소하에서 연소시키면 5564.2 kJ의 열이 방출된다.
- 지표면의 열용량 C는 2.6×10^{23} J/K이다.

미국의 휘발유 소비로 인한 지표면의 온도 상승은 얼마인가?

75. 일부 태양열 주택은 열을 저장하기 위해서 커다란 암반을 사용한다.

(a) 온도를 12°C 올릴 때 100.0 kg의 암반이 흡수한 열량은 얼마인가? (c = 0.82 J/g · °C로 가정한다.)

(b) 암반의 전체 표면적이 2 m^{2}라고 가정하라. 지표면 근처 최대 세기에서 태양 에너지는 약 170 W/m^{2}이다(1 W = 1 J/s). 문제 (a)에서 온도를 12°C 올리려면, 몇 분 동안 태양 에너지를 받아야 할까?

개념 문제

76. 10.00 g의 NaOH를 1.00 L의 물에 용해시켜 만든 용액에 대한 물음에 답하라.

(a) 고체가 녹을 때, 용액의 온도는 증가할 것인가?

(b) 그 과정에서 ΔH의 부호는 무엇인가?

(c) 5.00 g의 NaOH를 용해시켰을 때 Δt는 커지는가?

(d) 1.00 L의 물에 1 mol의 NaOH를 용해시키면 t_f는 더 높은가?

77. 여섯 개의 액체 분자가 들어 있는, 움직일 수 있는 피스톤을 가진 실린더를 그려라. 1 atm이 피스톤에 가해졌다. 그 다음 액체가 기화된 상태의 같은 실린더를 그려라. 1 atm의 압력이 피스톤에 여전히 가해지고 있다. 이 경우 계에 일이 행해졌나 아니면 계가 일을 했나?

78. 연습 문제 77에서 일이 계에 행해진 후의 실린더를 다시 그려라.

79. 어떤 설명(들)이 결합 엔탈피에 대해 참인가?

(a) A와 B 사이의 삼중 결합에 대한 결합 에너지는 A와 B 사이의 단일 결합에 대한 결합 에너지의 3배이다.

(b) 결합이 끊어질 때 ΔH는 항상 음수이다.

(c) 결합이 생성될 때 에너지가 필요하다.

(d) 결합 엔탈피는 기체 상태에서 결합이 끊어지는 것과 생성되는 것에 대해서만 정의된다.

(e) π 결합의 존재는 분자의 구조에 영향을 주지 않기 때문에 π 결합의 존재는 두 원자 사이의 결합 엔탈피의 값을 변화시키지 않는다.

80. 초기에 100°C의 액체 A와 50°C의 액체 B를 단열 용기에 넣었다. A와 B의 질량은 같다. 혼합물의 최종 온도는 80°C이었다. 모든 열 흐름이 두 액체 사이에서 일어난다. 두 액체는 서로 반응하지 않는다. 액체 A의 비열이 액체 B의 비열보다 큰가, 같은가, 작은가?

81. 다음 설명이 참인지, 거짓인지 결정하라. 흡열 과정은 실온의 비커에서 일어난다.

(a) 열이 주위로부터 계로 흐른다.

(b) 비커를 만져보니 차가웠다.

(c) 계의 압력이 감소한다.

(d) 계에 대한 q의 값이 양이다.

82. 발열 반응이 커피-컵 열량계에서 일어난다. 다음 발열 과정에 대한 설명 중에서 참이 아닌 것은 어느 것인가?

(a) 물의 온도가 상승한다.

(b) 열은 물에 흡수된다.

(c) 생성물의 엔탈피가 반응물의 엔탈피보다 높다.

(d) $q_{H_2O} = q_{반응}$

(e) $q_{반응} > 0$

(f) $q_{반응} + q_{H_2O} = 0$

83. 다음에 주어진 설명이 참인지, 거짓인지 결정하라. 엔탈피(H)에 관한 질문이다.

(a) 상태 특성이다.

(b) $q_{반응}$(일정 P에서) $= \Delta H = H_{생성물} - H_{반응물}$

(c) ΔH의 크기는 반응물의 양과 무관하다.

(d) 발열 과정에서 계의 엔탈피는 변하지 않는다.

도전 문제

84. 전자레인지 오븐은 물이 흡수하는 극초단파를 방출한다. 흡수된 복사선은 식품의 다른 구성 성분으로 전달되는 열로 변환된다. 극초단파 복사선의 파장은 12.5 cm라고 가정하자. 1.00×10^2 mL의 물(d = 1.0 g/mL)을 20°C에서 100°C로 온도를 올리려고 할 때 필요한 광자의 수는 얼마인가? 광자의 모든 에너지가 열로 변환된다고 가정한다.

85. 더운 날 소풍을 가면서 탄산음료 여섯 캔을 얼음으로 냉각해서 가지고 갔다. 빈 캔(알루미늄) 하나의 질량은 12.5 g이고, 12.0 oz의 탄산음료가 들어 있다. 알루미늄의 비열은 0.902 J/g · °C이고, 탄산음료의 비열은 4.10 J/g · °C이다.

(a) 25.0°C에서 5.0°C로 온도를 낮추려면 여섯 개의 캔으로부터 얼마의 열을 흡수해야 하는가?

(b) (a)에서 구한 열을 흡수하기 위하여 녹은 얼음의 양은 얼마인가? (표 8.2의 $\Delta H_{용융}$ 참조)

86. 어느 카페테리아에 실온의 찻잔이 있고 손님은 여기에 얼음을 넣으려 한다. 차의 온도가 0°C가 되었을 때 찻잔에 약간의 얼음이 남아 있기를 원한다면, 얼음을 넣기 위해서 찻잔의 전체 부피 중 비어 있어야 하는 부피의 분율은 얼마인가? 이 문제를 풀기 위한 합리적인 가정을 세워라.

87. 테르밋 반응은 철로의 용접에 이용된다.

$$2Al(s) + Fe_2O_3(s) \longrightarrow Al_2O_3(s) + 2Fe(s)$$

(a) 생성열의 자료들을 이용하여 이 반응의 ΔH를 계산하라.

(b) Al_2O_3와 Fe의 비열은 각각 0.77 J/g · °C와 0.45 J/g · °C이다. 이 반응이 실온에서 시작하여 반응에서 방출된 열에 의해 올라간 생성물의 온도를 계산하라.

(c) 이 반응은 용융 상태 철을 만들 수 있는가? (철의 mp = 1535°C, $\Delta H_{용융}$ = 270 J/g)

88. 설탕(sucrose, $C_{12}H_{22}O_{11}$) 시료가 염화 소듐으로 오염되었다. 오염된 시료가 통 열량계에서 연소될 때, 염화 소듐은 연소되지 않는다. 만약 3.000 g의 시료가 열량계에서 연소되었을 때 1.67°C의 온도 증가가 관찰되었다면 시료에서 설탕의 백분율은 얼마인가? 설탕이 연소될 때 5.64×10^3 kJ/mol의 열이 방출된다. 열량계와 물의 열용량은 22.51 kJ/°C이다.

89. 철수세미(비열 = 0.45 J/g · °C) 뭉치를 25°C 전자레인지 오븐에 잘못 두었다. 잠시 후 우연히 전자레인지 오븐이 작동하였다. 이 오븐은 1초 당 925 mol의 광자를 생성하는 속도로 13.5 cm 파장의 극초단파를 발생한다. 모든 광자들이 고온의 열 에너지로 전환되어 철수세미의 온도를 상승시킨다. 철수세미의 온도가 400.0°C에 도달하면 철수세미는 오븐 안의 산소와 폭발적으로 반응한다. 1.55초 후에 철수세미가 폭발하였다면, 실수로 오븐에 넣은 철수세미는 몇 그램인가?

90. 금속 이온 A^{2+}와 그 금속 이온의 질산염, $A(NO_3)_2$를 생각해 보자. 한 실험에서, 0.217 M $A(NO_3)_2$ 용액 35.00 mL를 0.195 M NaOH 25.00 mL와 반응시켰다. 침전, $A(OH)_2$가 생성되었다. 침전이 생성되면서 온도는 24.8°C에서 28.2°C로 올라갔다. $A(OH)_2$ 침전에 대한 ΔH는 얼마인가? 다음과 같은 가정을 하라.

- 용액의 밀도는 1.00 g/mL이다.
- 부피는 더해진다.
- 용액의 비열은 4.18 J/g · °C이다.

제 9 장

액체와 고체

Liquids and Solids

이 그림은 액체 상태와 고체 상태의 ▸ 두 가지 물 상태를 보여주고 있다.

Bridgeman Art Library, London/SuperStock

이를 위해
노력하는 가변적인 자연을 보라.
홀로 있는 원자들은 각각
서로 다른 경향
이웃에 있는 원자들을 끌어당기고,
원자들에 끌어당겨지고
이웃 원자들을 받아들여 모양을
형성하고 서로 붙잡혀 있고
—ALEXANDER POPE
From *An Essay on Man: Epistle III*

이 장의 차례 _Chapter Outline

제5장에서 실온과 상압에서 모든 기체는 이상 기체 법칙을 따른다는 것을 설명하였다. 이 장에서는 액체와 고체를 다루도록 한다. 유감스럽게도 액체와 고체의 두 물리적 상태의 성질을 연관시키는 이상 기체 법칙과 유사한 간단한 식은 없다.

- 9-1절에서 세 가지의 다른 상에 대한 몇 가지 성질들을 비교하고, 거동의 차이를 보여주는 두 가지의 이유를 논의한다.
- 9-2절은 순수한 물질의 다른 상에 초점을 맞출 것이다. *증기압, 끓는점 거동, 임계 성질*을 포함한 기체-액체 평형과 관련된 다른 현상들에 대해 논의한다.
- 9-3절은 모든 상평형(기체-액체, 기체-고체, 액체-고체)을 설명해주는 상평형 도표를 다룬다.
- 9-4절은 분자성 물질에서 입자 구조, 입자 간 힘, 물리적 성질 사이의 관계를 다룬다.
- 9-5절은 분자성 고체가 아닌 고체(그물구조 공유성 고체, 이온성 고체, 금속성 고체)로 논의를 확대한다.
- 9-6절은 주로 이온성 고체와 금속성 고체의 결정 구조에 대한 논의를 한다.

9-1 고체, 액체, 기체의 비교

액체와 고체는 왜 기체와 매우 다른가? 이러한 거동의 차이점은 두 가지 이유가 있다.

1. *분자들은 액체와 고체에서 훨씬 더 가깝다.* 기체 상태에서 입자들은 전형적으로 분자 지름의 10배 또는 그 이상으로 분리되어 있지만, 액체나 고체 상태에서는 입자들이 서로 인접해 있다. 이와 같은 상태는 액체와 고체의 밀도가 기체의 밀도보다 훨씬 큰 이유를 잘 설명하고 있다. 100°C, 1 atm에서 $H_2O(l)$의 밀도는 0.95 g/mL이지만, 같은 조건에서 $H_2O(g)$의 밀도는 단지 0.00059 g/mL이다(표 9.1). 기체의 밀도가 매우 작기 때문에, 액체와 고체의 밀도는 g/mL로 나타내는 데 비해 기체의 밀도는 g/L 단위로 나타낸다.

표 9.1 ▸ **물의 세 가지 상의 비교**

상	분자 간 간격	밀도	1 mol의 부피
수증기 ($H_2O(g)$)	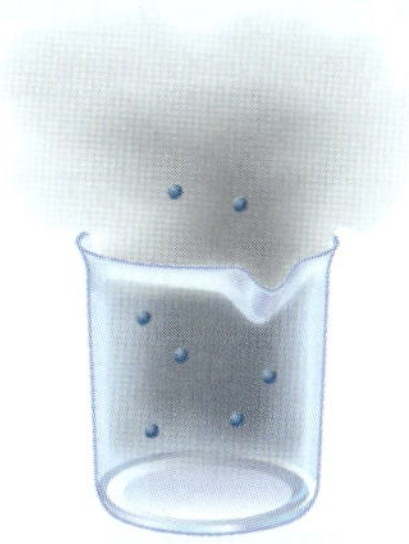	100°C, 1 atm에서 0.00059 g/mL	100°C, 1 atm에서 31 L
물 ($H_2O(l)$)		100°C, 1 atm에서 0.95 g/mL	19 mL
얼음 ($H_2O(s)$)		0°C, 1 atm에서 0.92 g/mL	20 mL

또한 표 9.1에서 1 mol의 물의 부피와 1 mol의 얼음의 부피는 비슷하나, 수증기의 부피는 물의 부피보다 약 1500배 더 크다는 것을 보여주고 있다. 수증기는 밀도가 작고 몰부피가 커서 물 분자 사이의 거리가 매우 멀리 떨어져 있기 때문이다.

같은 이유로 액체와 고체는 기체보다 압축성이 대단히 작다. 액체인 물 위의 압력이 1 atm에서 2 atm으로 증가될 때 그 부피는 약 0.0045% 감소한다. 같은 압력을 같은 부피의 이상 기체에 가하면 부피가 50% 감소된다.

2. *기체에서는 무시되는 분자 간 힘이 액체와 고체에서 훨씬 더 중요한 역할을 한다.* 이와 같은 힘의 영향 가운데 하나가 액체에서 볼 수 있는 *표면 장력*(surface tension) 현상이다. 표면의 분자들은 불균형한 분자 간의 힘에 의해 안쪽으로 끌어 당겨진다. 결과적으로 액체는 부피에 대한 표면적의 비가 가능한 한 작은 구형의 방울을 만들려고 한다(그림 9.1). 비교적 강한 분자 간 힘이 있는 물은 큰 표면 장력을 가지고 있다. 대부분의 유기 액체의 표면 장력은 작다. 그렇기 때문에 유기 액체는 물보다 더 쉽게 고체 표면을 "적시거나" 퍼지려고 한다. 물에 비누나 세제를 첨가하면 물의 표면 장력이 현저하게 작아져서 물의 적시는 능력이 증가된다.

그림 9.1 ▸ **물의 표면 장력은 자동차의 광택이 있는 표면 위에 물방울이 생기도록 한다.**

9-2 액체-증기 평형

우리들은 모두 액체가 보통 *증기*(vapor)라고 하는 기체로 변하는 증발의 과정을 잘 알고 있다. 열린 용기(container)에서는 모든 액체가 없어질 때까지 *증발*(evaporation)이 계속된다. 그러나 만일 닫힌 용기일 경우 그 상황은 아주 달라진다. 처음에 분자들은 액체에서 증기로 변하는 한 방향으로만 움직인다. 그러나 증기 분자들은 용기에서 빠져나갈 수 없고, 일부 분자들은 액체 표면과 충돌하여 다시 액체로 돌아간다. 시간이 지나 증기 분자들의 농도가 증가함에 따라 그 응축 속도(rate of condensation)도 증가한다. 결국에는 응축 속도와 증발 속도가 같아질 때 액체와 증기는 다음과 같이 나타내는 동적 **평형**(dynamic equilibrium) 상태에 있게 된다.

그림 9.2 ▸ **액체-증기 평형.** 주어진 조건에서, 브로민 액체와 증기는 동적 평형에 도달하였다.

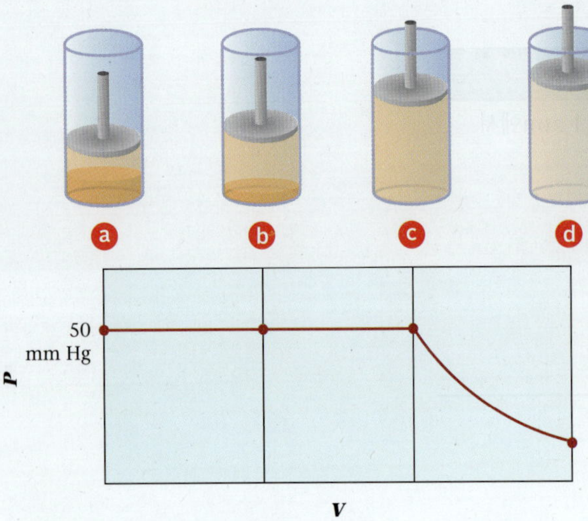

그림 9.3 ▸ **액체와 평형을 이루고 있는 증기의 압력은 용기의 부피와 무관하다.** 그림에서 실린더의 부피는 움직이는 피스톤에 의해 결정된다. A와 B의 실린더에는 약간의 액체가 남아 있다. C의 실린더에는 모든 액체가 증발하였다. D 실린더는 부피를 증가시키면 Boyle 법칙에 따라 압력이 감소한다.

$$\text{액체} \rightleftharpoons \text{증기}$$

이중 화살표는 정과정(증발)과 역과정(응축)이 같은 속도로 일어남을 나타내는데, 이것은 동적 평형의 특징이다(그림 9.2). 기체에서와 같이 증기는 이상 기체 법칙을 따르는 것으로 가정할 수 있다.

▶ 증기압

액체와 증기 사이에 한 번 평형이 이루어지면 증기에서 단위 부피 당 분자의 수는 시간에 따라 변하지 않는다. 이것은 ***액체 위에서 증기가 가하는 압력은 일정하다***는 것을 의미한다. 액체와 평형을 이루는 증기의 압력을 **증기압**(vapor pressure)이라고 한다. 이 증기압은 어떤 특정 온도에서 주어진 액체의 특성이다. 증기압은 분자 간 힘(intermolecular force)의 세기에 따라 액체마다 다르다. 25°C에서 물의 증기압은 24 mm Hg이고, 같은 온도에서 분자 간의 힘이 더 약한 에터의 증기압은 537 mm Hg이다.

액체와 증기가 모두 존재할 때, 증기가 가하는 압력은 용기의 부피에 무관하다는 것을 아는 것이 중요하다. 만일 닫힌 용기에 소량의 액체가 있더라도 그 액체의 일부는 액체의 평형 증기압에 도달할 때까지 증발한다. 용기의 부피가 클수록 액체의 평형 증기압에 도달하기 위해 증발하는 액체의 양은 더 많아진다. n/V 비는 일정하게 유지되므로, $P = nRT/V$는 변하지 않는다. 단지 모든 액체가 증발하면 압력은 평형 값 이하로 떨어질 것이다(그림 9.3).

예제 9.1 주요 문제

2.00 L 용량의 가습기를 이용하여 25°C의 건조한 방을 가습하려고 한다. 방의 크기는 12피트 × 12피트 × 8피트이다. 25°C에서 물의 증기압은 24 mm Hg이다. 25°C에서 물의 밀도는 1.00 g/mL로 가정한다.

a 가습기의 물이 모두 증발할 때까지 작동한다면 방 안의 수증기 압력은 얼마가 되겠는가?

분 석

주어진 정보:	가습기의 부피(2.00 L), T (25°C)
	방의 크기(12 ft × 12 ft × 8 ft)
	25°C에서 물의 증기압(24 mm Hg)
	물의 밀도(1.00 g/mL)
정보가 알려주는 내용:	"증발될" 물의 부피
	H_2O의 몰질량
	ft^3을 L로 변환시키는 변환 인자
	R 값
알고자 하는 것:	모든 물이 증발될 때 방 안의 증기압

전 략

1. 가습기의 물이 모두 증기로 변환되었다고 가정한다.
2. 방의 부피[= 증기의 부피(V)]를 구한다
3. 증발할 가습기로부터 다음과 같이 물의 몰수, n을 구한다:

$$\text{가습기의 물의 부피} \xrightarrow{\text{밀도}} \text{물의 질량} \xrightarrow{\text{MM}} \text{물의 몰수}(n)$$

(계속)

4. 이상 기체 법칙에 대입하여 P를 구한다.

5. (1)에서의 가정이 옳은지를 검토한다.

(4)에서 계산한 $P > 25°C$에서의 증기압: 가정이 잘못됨;

증기압은 25°C에서 물의 증기압이다.

(4)에서 계산한 $P < 25°C$에서의 증기압: 가정이 옳음;

증기압은 (4)에서 계산한 압력이다.

풀이

2. $V_{방} = V_{기체}$ $\quad (12 \times 12 \times 8)\ \text{ft}^3 \times \dfrac{28.32\ \text{L}}{1\ \text{ft}^3} = 3.3 \times 10^4\ \text{L}$

3. $n_{수증기}$ $\quad 2.00\ \text{L} \times \dfrac{1000\ \text{mL}}{1\ \text{L}} \times \dfrac{1.00\ \text{g}}{1\ \text{mL}} \times \dfrac{1\ \text{mol}}{18.02\ \text{g}} = 111\ \text{mol}$

4. $P_{계산}$ $\quad P_{계산} = \dfrac{nRT}{V} = \dfrac{(111\ \text{mol})(0.0821\ \text{L} \cdot \text{atm/mol} \cdot \text{K})(298\ \text{K})}{3.3 \times 10^4\ \text{L}} = 0.082\ \text{atm} = 62\ \text{mm Hg}$

5. 가정 점검 $\quad$ 25°C에서 물의 증기압 = 24 mm Hg; $P_{계산} = 62$ mm Hg

$P_{계산} > 24$ mm Hg; 가정이 틀렸다.

방 안의 물의 증기압은 24 mm Hg 이다.

b 25°C의 공기를 완전히 포화시키는 데 필요한 물의 질량은 몇 그램인가?

분석

주어진 정보:	(a)에서: $P_{수증기}$(24 mm Hg), $V_{수증기}$ $(3.3 \times 10^4$ L)
	T(25°C)
정보가 알려주는 내용:	H_2O의 몰질량
	R 값
알고자 하는 것:	방을 포화시키는 데 필요한 물의 부피

전략

1. 이상 기체 법칙에 대입하여 $n_{수증기}$를 구한다.

2. 증기의 몰수 = 물의 몰수. 물의 질량으로 변환시킨다.

풀이

1. n_{H_2O} $\quad n_{H_2O} = \dfrac{PV}{RT} = \dfrac{(24/\ 760\ \text{atm})(3.3 \times 10^4\ \text{L})}{(0.0821\ \text{L} \cdot \text{atm/mol} \cdot \text{K})(298\ \text{K})} = 43\ \text{mol}$

2. 질량$_{H_2O}$ $\quad (43\ \text{mol})(18.02\ \text{g/mol}) = 7.7 \times 10^2\ \text{g}$

마무리 정리

1. 방의 부피는 증발에 의해 얻어진 수증기의 부피이다.

2. 가습기에 들어 있는 물의 부피는 이상 기체 법칙에서 V로 사용할 수 없다. 그 이유는 물의 부피가 기체가 아니라 액체이기 때문이다.

3. (b)에서 계산한 결과는 포화시키려면(100% 상대 습도) 약 770 g(0.77 L)의 물이 필요함을 보여준다.

증기압과 온도

액체의 증기압은 온도가 올라가면 항상 증가하므로 물은 덥고 건조한 날에 더 쉽게 증발한다. 에터(ether) 또는 휘발유와 같은 휘발성 액체의 병마개는 온도가 올라가면 갑자기 튀어 나올 수도 있다.

액체에 대하여 온도(℃)에 따른 증기압을 도시하면 지수함수적으로 증가하는 곡선이 얻어진다.

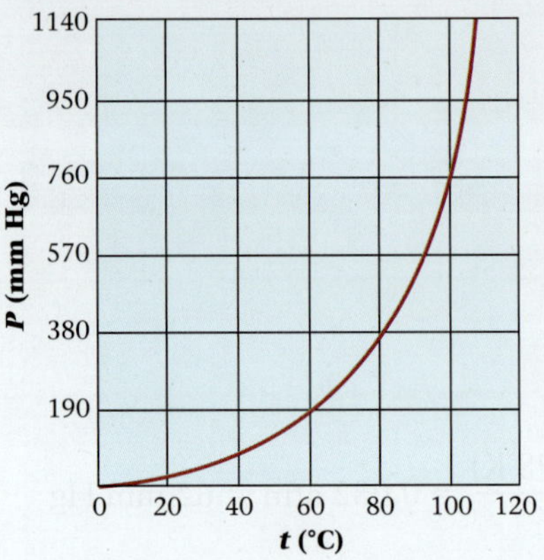

a

증기압의 자연 로그(ln P)와 $1/T$(K)을 도시하면 직선이 된다. (보다 큰 수로 나타내기 위하여 $1000/T$으로 도시하였다.)

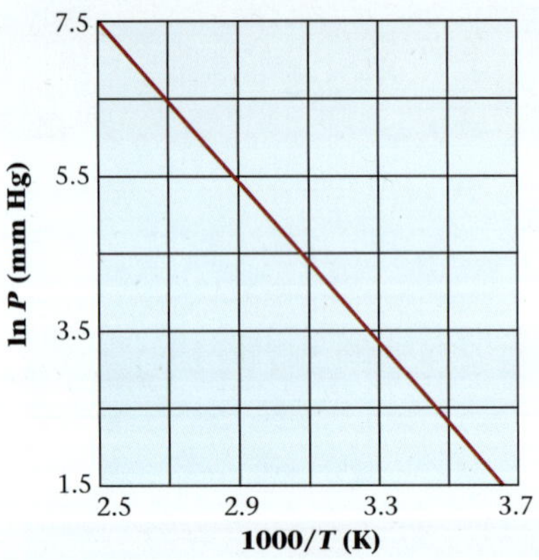

b

그림 9.4 ▸ **온도 대 증기압.**

25°C에서 24 mm Hg인 물의 증기압은 50°C에서는 92 mm Hg가 되고, 100°C에서는 1 atm (760 mm Hg)이 된다. 물에 대한 자료는 그림 9.4a에 도시되어 있다. 그래프에서 보는 바와 같이, 이상 기체에서 압력을 온도에 따라 도시한 경우와는 다르게 온도 대 증기압의 그래프는 직선이 아니다. 온도가 올라가면 그 기울기는 점차 증가하는데, 이것은 더 높은 온도에서 더 많은 분자들이 증발한다는 사실을 나타낸다. 100°C에서, 액체와 평형 상태에 있는 증기에 들어 있는 H_2O 분자의 농도는 25°C에서의 25배이다.

두 변수, 즉 증기압과 온도 사이의 관계를 연구하면서 과학자들은 선형(직선) 함수로 다루는 것을 좋아한다. 왜냐하면 직선 그래프는 그리기도 쉽고 설명하기도 용이하기 때문이다. 이 경우에서는 변수들에 대한 간단한 변화를 통해 선형 함수를 얻을 수 있다. 즉 온도(T) 대 증기압(P)을 도시하는 대신 절대 온도의 역수($1/T$) 대 증기압의 *자연 로그*(natural logarithm)*(ln P)를 도시하는 것이다. 물에 대한 이러한 도시는 그림 9.4b에 나타낸 바와 같다. 이외의 모든 다른 액체도 $1/T$ 대 ln P를 도시하면 직선이 된다.

직선의 일반적인 방정식은 다음과 같다.

$$y = mx + b \qquad (m = \text{기울기},\ b = y\text{-절편})$$

그림 9.4b에서 y축은 ln P이고, x축은 $1/T$이다. 음의 값인 기울기는 $-\Delta H_{\text{증발}}/R$이 되며, $\Delta H_{\text{증발}}$은 몰 증발열이고, R은 기체 상수이다. 따라서 그림 9.4b의 직선에 대한 방정식은 다음과 같다.

$$\ln P = \frac{-\Delta H_{\text{증발}}}{RT} + b$$

많은 목적을 위해 두 개의 다른 온도(T_2, T_1)에서 증기압(P_2, P_1) 사이에 두 점 관계식을 세우는 것이 편리하다. 이러한 관계식은 먼저 각 온도에서 별도의 식을 세워서 얻을 수 있다.

$$T_2\text{에서:} \qquad \ln P_2 = b - \frac{\Delta H_{\text{증발}}}{RT_2}$$

$$T_1\text{에서:} \qquad \ln P_1 = b - \frac{\Delta H_{\text{증발}}}{RT_1}$$

그 다음에 위 식에서 아래 식을 빼면 상수 b가 소거되어 다음 식을 얻는다.

$$\ln P_2 - \ln P_1 = \ln \frac{P_2}{P_1} = -\frac{\Delta H_{\text{증발}}}{R}\left[\frac{1}{T_2} - \frac{1}{T_1}\right] = \frac{\Delta H_{\text{증발}}}{R}\left[\frac{1}{T_1} - \frac{1}{T_2}\right] \qquad (9.1)$$

이 식은 **Clausius-Clapeyron 식**(Clausius-Clapeyron equation)이라 부른다. Rudolph Clausius(1822~1888)는 권위 있는 19세기 독일 과학자이고, 프랑스 공학자인 B. P. E. Clapeyron(1799~1864)은 1834년에 처음으로 수정된 형태의 식을 제안하였다.

Clausius-Clapeyron 식을 사용할 때는 $\Delta H_{\text{증발}}$과 R의 단위가 일치되어야 한다. 만약 ΔH가 J로 표시되면 R도 J/mol · K로 표시되어야 한다. ◂ⓘ 다음 값(표 5.1)을 기억해 두자.

ⓘ 이 R 값은 뒷장에서 자주 사용할 것이다.

$$R = 8.31 \text{ J/mol} \cdot \text{K}$$

Clausius-Clapeyron 식은 다섯 개의 변수(P_2, P_1, T_2, T_1, $\Delta H_{\text{증발}}$) 중 다른 네 개를 알면 나머지 한 개를 계산하는 데 사용할 수 있다. 예를 들면 T_2에서 P_2와 증발열의 값을 안다면 온도 T_1에서 증기압(P_1)을 알아내는 데 사용될 수 있다(예제 9.2).

* 자연 로그를 사용하면 많은 자연 법칙들을 가장 간단하게 나타낼 수 있다. 자연 로그는 $e = 2.71828\ldots$ 수를 밑으로 한다. 만약 $y = e^x$이면 y의 자연 로그 ln y는 x와 같다(부록 3 참조).

예제 9.2

40°C에서 벤젠의 증기압은 183 mm Hg이다. 증발열이 30.8 kJ/mol일 때 25°C에서 벤젠의 증기압을 구하라.

분석

주어진 정보:	40°C에서 증기압(183 mm Hg) 온도(25°C) $\Delta H_{증발}$(30.8 kJ/mol)
정보가 알려주는 내용:	에너지 단위를 갖는 R 값
알고자 하는 것:	25°C에서의 압력

전략

1. 더 높은 온도와 압력에 대하여 아래 첨자 2를 사용한다. 즉, $P_2 = 183$ mm Hg; $T_2 = 40°C$.
2. 적당한 R 값과 T(K)를 사용하여 식 9.1에 대입한다.

$$\ln P_2 - \ln P_1 = \frac{\Delta H_{증발}}{R}\left[\frac{1}{T_1} - \frac{1}{T_2}\right]$$

풀이

식 9.1에 대입한다.

$$\ln 183 - \ln P_1 = \frac{30.8 \text{ kJ/mol}}{8.31 \times 10^{-3} \text{ kJ/mol} \cdot \text{K}}\left[\frac{1}{298 \text{ K}} - \frac{1}{313 \text{ K}}\right]$$

$$\ln 183 = 5.209$$

$$\frac{30.8 \text{ kJ/mol}}{8.31 \times 10^{-3} \text{ kJ/mol} \cdot \text{K}}\left[\frac{1}{298 \text{ K}} - \frac{1}{313 \text{ K}}\right] = 0.596$$

P_1 $\quad 5.209 - \ln P_1 = 0.596$; $\ln P_1 = 4.613$; $P_1 =$ **101 mm Hg**

마무리 정리

이 값은 타당하다. 즉, 온도를 내리면(40°C에서 25°C로) 증기압이 감소되어야 한다. 실제로 183 mm Hg에서 101 mm Hg로 감소하였다!

끓는점

열린 용기에서 액체를 가열하면 보통 가열되는 밑바닥 부분에서 기포가 생긴다. 처음의 작은 기포는 온도 상승에 의해 용액 밖으로 배출되는 공기이다. 결국 특정한 온도에서 액체 전체에서 커다란 증기 기포들이 형성되고, 이 증기 기포들이 표면으로 올라와 터진다. 이 경우를 액체가 끓는다고 한다. 순수한 액체의 경우, 끓는 동안 온도는 일정하게 유지된다.

액체가 끓는 온도는 액체 위에 작용하는 압력에 따라 달라진다. 이것이 왜 그런지 이해하기 위하여 그림 9.5를 살펴보자. 이 그림은 끓는 액체에서 솟아오르는 증기 기포들을 보여준다. 증기 기포가 형성되기 위해서는 그 기포 내의 압력, P_1은 적어도 그 기포 위에 작용하는 압력, P_2와 같아야 한다. P_1은 단순히 액체의 증기압이기 때문에 ***액체는 그 증기압이 액체 표면 위의 압력과 같게 되는 온도에서 끓는다***고 결론지을 수 있다. 이 압력이 1 atm (760 mm Hg)이라면 그 온도를 정상 끓는점(normal boiling point)이라고 말한다.◀ⓘ ("**끓는점**"이란 용어가 별다른 조건 없이 사용될 때는 정상 끓는점을 암시한다.) 물의 정상 끓는점은 100°C이고, 물의 증기압은 그 온도에서 760 mm Hg이다.

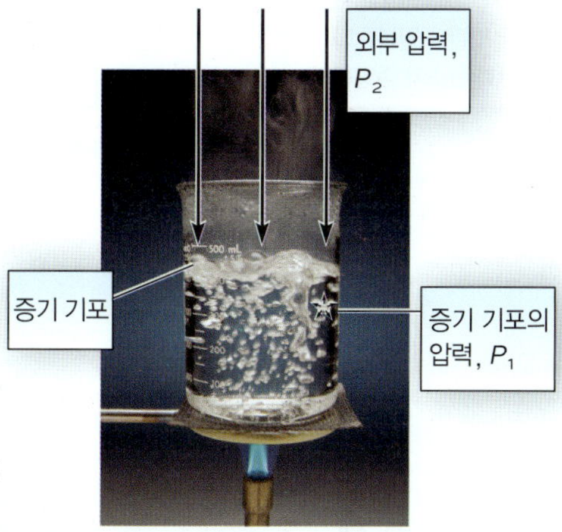

그림 9.5 ▸ **끓음과 증기압**. 액체는 증기 기포의 증기압(P_1)이 액체 위의 압력(P_2)을 초과하는 온도에 도달하면 끓는다.

ⓘ 액체의 정상 bp에서 물질의 증기압은 760 mm Hg이다.

예상한 대로, 액체 위에 작용하는 압력을 더 낮추면 액체의 끓는점이 낮아진다. 물 위의 공간의 기체를 빼내어 압력을 낮추면 물이 25°C에서 끓게 할 수 있다. 25°C에서 평형 증기압인 24 mm Hg의 압력에 도달하면 물은 끓기 시작한다. 화학자들은 액체의 정상 끓는점에서 분해되거나 산화되는 끓는점이 높은 화합물을 정제하는 데 흔히 이 효과의 장점을 활용한다. 진공 상태의 낮은 온도에서 액체를 증류하고, 그 증기를 응축시킨다.

만일 높은 Sierra 산맥 또는 Rocky 산맥에서 (i) 야영을 한 경험이 있다면 물을 끓여 음식을 요리하는 데 높은 고도에서는 더 오랜 시간이 걸린다는 것을 알 것이다. 압력이 낮아지면 열린 용기에서 물이 끓는 온도가 낮아지고 감자나 계란과 같은 음식물을 조리할 때 일어나는 물리적 및 화학적 변화가 느려진다. 원리상 이 문제는 압력솥을 사용하여 해결할 수 있다. 압력솥에서 생기는 압력은 물의 끓는점을 100°C 이상으로 올리는 데 충분하다. 압력솥은 Utah 주 Salt Lake 시(해발 1340 m, bp $H_2O(l)$ = 95°C)와 같은 곳에서 실제로 사용된다. 그러나 등에 모든 장비를 지고 운반해야 하는 등산가들은 압력솥을 사용하지 않는다.

(i) 또는 New Hampshire의 Presidential Range (WLM)에서, 또는 Swiss Alps(CNH)에서.

임계 온도와 압력

액체 이산화 탄소를 진공 상태의 유리관에 넣고, 밀봉한(그림 9.6) 실험을 살펴보자. 0°C에서 액체 위의 압력은 이 온도에서 $CO_2(l)$의 평형 증기압인 34 atm이 된다. 관을 가열함에 따라 액체의 일부가 증기로 변환되어 증기압이 10°C에서 44 atm, 20°C에서 56 atm으로 상승한다. 증기압이 73 atm인 31°C에 도달할 때까지 특이한 변화는 일어나지 않으며(관에 약한 부분이 없는 한). 온도가 31°C 이상이 되면 갑자기 액체와 증기 사이의 메니스커스(meniscus)가 사라지고 관에는 이제 단 하나의 상만 있다.

아무리 압력을 가하더라도 31°C 이상의 온도에서 액체 이산화 탄소를 얻는 것은 불가능하다. 1,000 atm과 같이 높은 압력에서라도 35°C 또는 40°C에서 이산화 탄소 기체는 액화되지 않는다. 이러한 거동은 모든 물질의 전형적인 거동이다. 어떤 온도 이상에서 순수한 물질의 액체상이 존재할 수 없는 온도를 **임계 온도**(critical temperature)라 하고, 그 온도에서 증기가 응축되도록 가해야 하는 압력을 **임계 압력**(critical pressure)이라 한다. 아주 간단하게 말해서 임계 압력은 임계 온도에서 액체의 증기압이다.

표 9.2에 몇 가지 흔한 물질들의 임계 온도를 나타내었다. 왼쪽 열에 있는 화학종들은

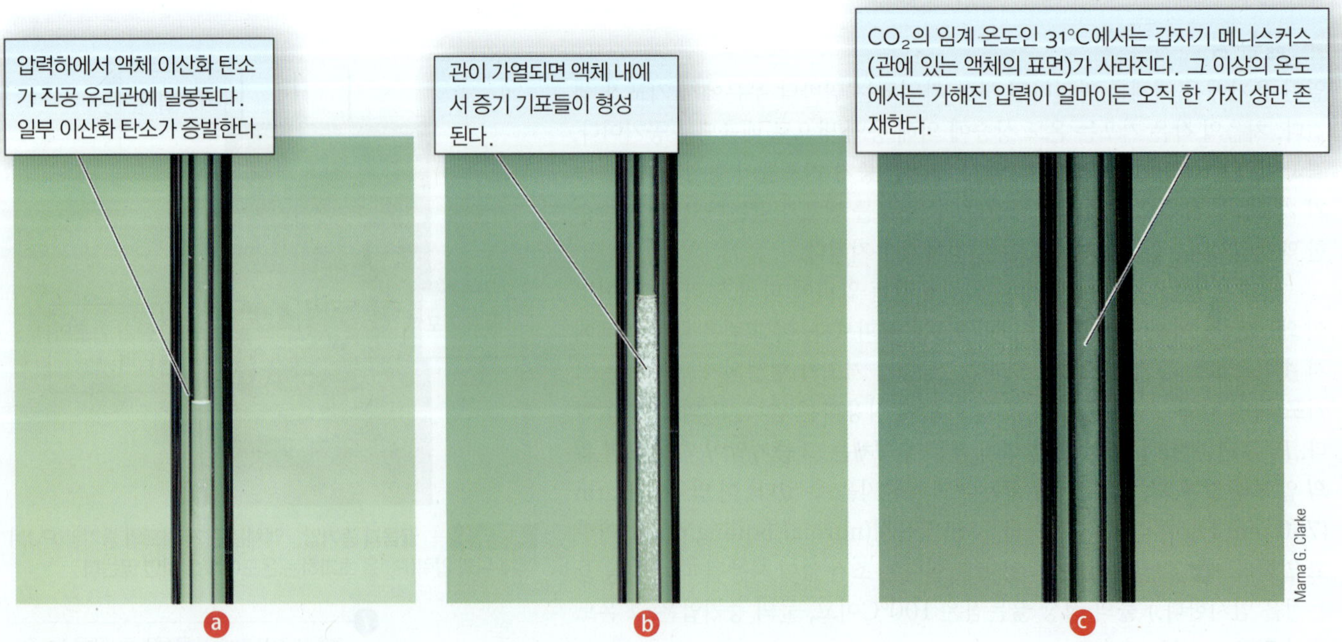

그림 9.6 ▸ 임계 온도.

표 9.2 ▸ 임계 온도(°C)

영구 기체		액화 가능한 기체		액체	
헬륨	−268	이산화 탄소	31	에틸 에터	194
수소	−240	에테인	32	에틸 알코올	243
질소	−147	프로페인	97	벤젠	289
아르곤	−122	암모니아	132	브로민	311
산소	−119	염소	144	물	374
메테인	−82	이산화 황	158		

모두 25°C 이하의 임계 온도를 갖고 있다. 그들은 종종 "영구 기체(permanent gas)"라고 부른다. 실온에서 압력을 가하더라도 영구 기체는 응축되지 않을 것이므로 그것을 임계 온도 이하로 냉각시켜야만 응축될 수 있다. 고속도로에서 "액체 질소"라는 표시가 붙은 트럭을 볼 때 그 화물 트레일러는 적어도 N_2의 임계 온도인 −147°C로 냉각되어 있다는 것을 확신할 수 있다.

"영구 기체"는 대개 150 atm 이상의 높은 압력에서 강철 실린더에 저장하여 판매한다. N_2나 O_2가 들어있는 실린더의 밸브를 열면 기체가 배출되고, 그에 따라 압력은 떨어진다. 표 9.2의 가운데 열에 수록된 물질들은 모두 25°C 이상의 임계 온도를 가지며, 아주 다르게 취급된다. 그 물질들은 고압 실린더 내에 액체 상태로 시판되고 있다. 프로페인이 담긴 실린더의 밸브를 열면 배출된 기체만큼 실린더 내의 액체가 증발하여 다시 채워진다. 압력은 빠르게 원래 값으로 되돌아간다. 실린더 내의 액체가 완전히 증발한 경우에만 기체가 빠져나가면서 압력이 떨어진다. 이는 거의 모든 프로페인이 소모된 것을 나타내며, 실린더를 충전할 시간이 되었다.◂ⓘ

ⓘ 프로페인 탱크의 압력 게이지는 기체가 얼마나 남았는지 나타내지 않는다.

임계 온도와 임계 압력 이상에서의 물질을 *초임계 유체*(supercritical fluid)라고 한다. 이러한 유체는 특이한 성질을 갖는다. 초임계 유체는 기체처럼 고체를 통과하여 확산되고 액체처럼 물질을 용해할 수 있다. 이산화 탄소와 물은 가장 흔히 사용되는 초임계 유체이며, 많은 실제적인 새로운 응용 분야를 가지고 있다(이 장의 맨 뒤에 있는 "생활 속의 화학 이야기" 참조).

9-3 상평형 도표

앞 절에서 액체와 증기 사이의 평형에 대한 몇 가지 특징을 논의하였다. 순수한 물질의 경우 적어도 두 가지 다른 유형의 상평형을 고려해야 한다. 하나는 고체와 증기 사이의 평형이고, 다른 하나는 **녹는점**(melting point)[또한 **어는점**(freezing point)]이라고 부른다)에서의 고체와 액체 사이의 평형이다. 이러한 모든 평형에서 중요한 관계의 대부분은 **상평형 도표**(phase diagram)에 나타낼 수 있다. 상평형 도표는 서로 다른 상이 평형을 이루는 압력과 온도를 보여주는 그래프이다. 물의 상평형 도표는 그림 9.7에 나타내었다. 광범위한 온도와 압력을 나타내는 이 그림은 일정한 척도로 그리지는 않았다.

상평형 도표가 무엇을 나타내는지 이해하기 위하여 먼저 그림 9.7에서 첫 번째 곡선 b(초록색)와 c(붉은 색), a(푸른색)를 살펴보자. 이들 각 선은 두 개의 인접한 상들이 평형에 있는 압력과 온도들을 보여준다.

1. 곡선 **b**는 액체 물의 증기압-온도 곡선의 일부이다. 이 곡선 위에 있는 어떤 온도와 압력에서 액체 물은 수증기와 평형을 이룬다. 곡선상의 점 **X**에서, 이 두 상은 0°C와 약 5 mm Hg(더 정확하게 0.01°C와 4.56 mm Hg)에서 평형 상태에 있다. 100°C에 해당

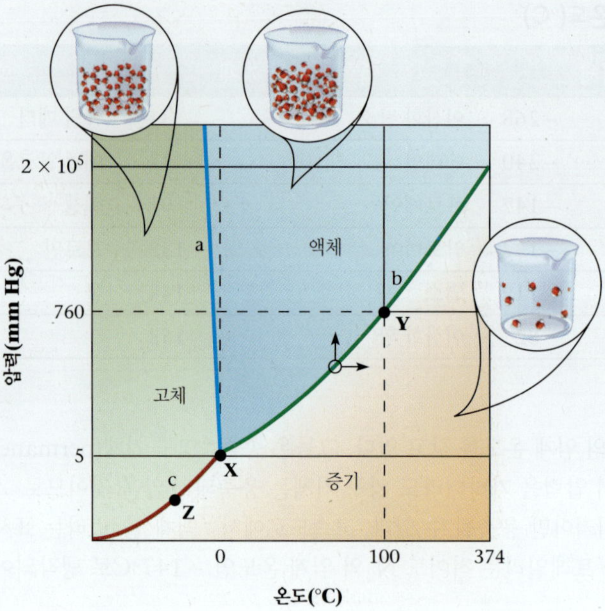

그림 9.7 ▸ **물의 상평형 도표(일정한 척도가 아님).** 곡선과 선은 상들이 평형을 이루고 있는 온도와 압력을 나타낸다. 삼중점은 0.01°C, 4.56 mm Hg이고, 임계점은 374°C, 1.66×10^5 mm Hg (218 atm)이다.

하는 점 **Y**에서, 액체 물과 평형을 이룬 증기에 의해 가해지는 압력은 1 atm이며, 이 점이 물의 정상 끓는점이다. 점 **Y**를 지나서 곡선 **b**를 연장하면 정상 끓는점 이상에서 액체의 평형 증기압을 알 수 있다. 이 연장선은 물의 임계 온도인 374°C에서 끝나며, 그 점에서의 증기압은 218 atm이다.

2. 곡선 **c**는 얼음의 증기압 곡선을 나타낸다. 점 **X**(0°C, 5 mm Hg) 또는 점 **Z**(−3°C, 3 mm Hg)와 같이 곡선에 있는 점에서는 얼음과 수증기가 서로 평형을 이루고 있다.

3. 선 **a**는 액체 물이 얼음과 평형을 이루는 온도와 압력을 나타낸다.

상평형 도표에 있는 점 **X**는 액체, 고체, 증기의 세 가지 상이 서로 평형을 이루는 유일한 점이다. 이 점을 **삼중점**(triple point)이라고 한다. 물의 삼중점 온도는 0.01°C이다. 이 온도에서 액체 물과 얼음은 동일한 증기압인 4.56 mm Hg를 갖는다.

고체, 액체, 증기로 표시된 상평형 도표의 세 영역에서는 단 한 가지 상만이 존재한다. 이것을 이해하기 위하여 압력 또는 온도가 변할 때 두 상의 평형 혼합물에 어떤 변화가 일어나는지를 살펴보자. **b** 곡선 상의 열린 원으로 표시된 점에서 출발한다고 생각해 보자. 예를 들어 70°C, 234 mm Hg에서 액체 물과 증기가 서로 평형을 이루고 있다. 만약 이 혼합물에 가해지는 압력을 증가시키면 응축이 일어난다. 70°C에서 *수직 화살표* 방향으로 압력을 증가시키면 액체 영역 속으로 이동되는 것을 상평형 도표로 알 수 있다. 다른 실험에서 압력을 일정하게 유지하고 온도를 증가시켜 보자. 이 변화는 액체를 증발시킬 것이다. 상평형 도표는 실제로 무엇이 일어나는지를 보여준다. *수평 화살표* 방향으로 온도가 증가하면 증기 영역 속으로 이동하게 된다.

예제 9.3 개념 문제

그림 9.7의 점 **X**에서 H_2O 시료에 대한 물음에 답하라.

(a) 어떤 상들이 존재하는가?

(b) 만약 일정한 압력에서 시료의 온도를 감소시키면 어떤 일이 일어나는가?

(c) 온도를 변화시키지 않고 시료를 증기로 변하게 할 수 있는 방법은 무엇인가?

(계속)

전략

1. 그림 9.7에 있는 상평형 도표를 사용한다.
2. P는 수직적으로 위로 움직이면서 증가하고, T는 오른쪽으로 움직이면 증가한다.

풀이

(a) 점 **X**는 삼중점이다. 얼음, 액체 물, 수증기가 존재한다.

(b) T를 감소시키기 위해 왼쪽으로 움직이면, 고체상 영역으로 들어가는데, 따라서 시료는 완전히 언다.

(c) 압력을 삼중점 값 이하 (예를 들어 4 mm Hg)로 낮춘다.

승화

고체가 액체상을 거치지 않고 직접 증기로 변하는 과정을 **승화**(sublimation)라고 한다. 승화의 역과정, 즉 액체상을 거치지 않고 증기상에서 고체로 상이 전이되는 과정을 **석출**(deposition)이라고 부른다. 기체와 평형을 이루고 있는 고체의 압력을 고체의 증기압이라고 부른다(액체의 증기압과 유사하다). 고체는 삼중점 이하의 온도에서만 승화할 수 있고, 삼중점 온도 이상에서는 녹아서 액체로 된다(그림 9.7). 삼중점 이하 온도에서 고체는 고체 위의 증기압을 평형 값보다 낮추면 승화된다. 이것이 의미하는 것을 설명하기 위하여 얼음이 승화되는 조건들을 살펴보자. 온도가 0°C 이하이고 공기 중 수증기의 압력이 평형 값(0°C에서 4.5 mm Hg)보다 낮은 춥고 건조한 겨울철에 얼음이 승화된다. 얼음 위의 공간의 기체를 제거하여 압력을 낮추면 승화 속도는 증가된다. 이것이 식품을 동결–건조(freeze-dried)시키는 방식이다. 식품을 얼려서 진공실에 넣고, 1 mm Hg 이하로 압력을 낮춘다. 냉동으로 생성된 얼음 결정들은 승화되고, 원래 식품에 있던 것들이 생성물로 남게 된다.

냉동고는 수증기가 얼음으로 석출되거나 얼음의 승화에 필요한 조건들을 갖추고 있다. 일정 기간 동안 냉동고에 얼음을 방치하면 얼음 덩어리는 줄어든다. 비록 밀폐 용기에 들어 있는 고기라하더라도 얼음 결정이 형성되는데 이것은 석출의 한 예를 보여준다. 얼음 결정들은 고기에 있는 수증기가 얼음으로 석출된 생성물이며, 고기는 탈수가 된다.

아이오딘은 얼음보다 더 쉽게 승화되는데 그 이유는 아이오딘의 삼중점 압력(90 mm Hg)이 훨씬 더 높기 때문이다. 아이오딘은 삼중점 온도인 114°C 이하에서 가열하면 승화가 일어난다(그림 9.8). 만일 삼중점 이상으로 온도를 높이면 고체는 녹는다. 고체 이산화 탄소(드라이 아이스)는 1 atm 이상의 삼중점 압력(−57°C에서 5.2 atm)을 갖는다. 따라서 액체 이산화 탄소는 1 atm에서는 어떤 온도에서도 존재할 수 없다. 고체 CO_2는 열린 용기에서 따뜻하게 해주면 항상 직접 증기로 변한다.

© Cengage Learning/Charles D. Winters

그림 9.8 ▸ **승화.** 고체 아이오딘은 삼중점인 114°C 이하의 온도에서 직접 증기로 변한다. 증기는 얼음으로 채워져 있는 위쪽 플라스크의 차가운 표면에서 고체로 되돌아간다.

i 드라이 아이스 조각 주위의 흰색 "연기"는 승화로 형성된 $CO_2(g)$에 의해 응축된 작은 물방울이나 얼음이다.

녹는점

순수한 물질의 녹는점(melting point)은 어는점(freezing point)과 같다. 이것은 고체와 액체상이 평형을 유지하는 온도를 나타낸다. 녹는점은 보통 열린 용기 즉 대기압에서 측정된다. 대부분의 물질에 대하여 1 atm에서 녹는점("정상" 녹는점)은 사실상 삼중점 온도와 같지만, 물에서 그 차이는 단지 0.01°C이다.

녹는점에 대한 압력의 효과는 대단히 작지만, 그 방향성은 여전히 중요하다. 압축에 의하여 녹는점이 올라갈 것인지 내려갈 것인지를 결정하기 위하여 간단한 원리가 적용된다. ***압력이 증가하면 밀도가 큰 상의 형성이 선호된다.***

두 가지 형태의 거동이 그림 9.9에 나타나 있다.

1. *고체가 밀도가 큰 상이다*(그림 9.9a). 고체-액체 평형선은 위로 올라갈수록 y-축에서 멀어져 오른쪽으로 기울어져 있다. 더 높은 압력에서 고체는 정상 녹는점 이상의 온도에서 안정하게 된다. 다시 말하면 녹는점은 압력의 증가에 따라 올라간다. 대부분의 물질들이 이러한 거동을 나타낸다.

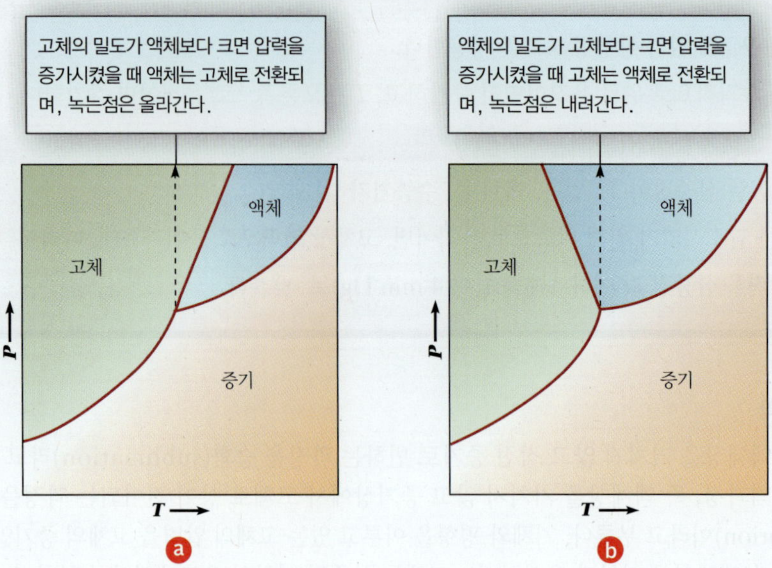

그림 9.9 ▸ **고체의 녹는점에 대한 압력의 효과.**

2. *액체가 밀도가 큰 상이다*(그림 9.9b). 액체-고체 평형선은 *y*-축을 향하여 왼쪽으로 기울어져 있다. 압력을 증가시키면 액체를 형성하기 쉽다. 즉 압력이 증가함에 따라 녹는점이 낮아진다. 이와 같이 거동하는 몇 개의 물질 중 하나가 물이다. 얼음은 액체 물보다 작은 밀도를 갖는다. 이 효과를 강조하기 위해 그림 9.9b에 과장해서 나타내었다. 실제로 얼음의 녹는점을 1°C 낮추려면 134 atm의 압력의 증가가 필요하다.

9-4 분자성 물질: 분자 간 힘

분자는 기체, 대부분 액체 및 많은 고체의 특징적인 구조 단위이다. 분자성 물질은 다음과 같은 특성을 갖는 경향이 있다.

1. ***순수할 때 전기 부도체.*** 분자들은 전하를 띠지 않아서 전류를 운반할 수 없다. 대부분의 경우, [예, 아이오딘(I_2)과 에틸 알코올(C_2H_5OH)] 분자성 물질의 수용액은 부도체이다. HCl을 포함하는 몇 가지 극성 분자들은 물과 반응하여 다음과 같이 이온을 형성한다.

$$HCl(g) \longrightarrow H^+(aq) + Cl^-(aq)$$

따라서 전기를 전도하는 수용액이 된다.

2. ***물에는 불용성이지만 CCl_4 또는 벤젠 같은 비극성 용매에는 가용성.*** 아이오딘은 대부분 분자성 물질들 중의 전형적인 것으로, 물에는 단지 조금 녹지만(25°C에서 0.0013 mol/L) 벤젠에서는 훨씬 더 많이 녹는다(0.48 mol/L). 에틸 알코올을 포함하는 몇 가지 분자성 물질들은 물에 대단히 잘 녹는다. 이 절의 뒤에서 알게 되겠지만, 이러한 물질들은 물에서와 비슷한 분자 사이의 힘을 가지고 있다.

3. ***낮은 녹는점과 끓는점.*** 많은 분자성 물질은 25°C, 1 atm에서 기체(예, N_2, O_2, CO_2)이며, 이것은 끓는점이 25°C 미만임을 의미한다. 옥테인과 CCl_4와 같은 다른 물질은 실온보다 낮은 녹는점(어는점)을 갖는 액체이다(그림 9.10). 실온에서 고체인 분자성 물질의 대부분은 낮은 녹는점을 갖는다. 예를 들어, 아이오딘은 114°C에서 녹고, 좀약으로 사용되는 나프탈렌의 녹는점은 80°C이다. 대부분 분자성 물질의 녹는점과 끓는점의 상한선은 약 300°C이다.

그림 9.10 ▸ **분자성 액체.** 바닥층의 사염화 탄소(CCl_4)와 최상층의 옥테인(C_8H_{18})은 물에 녹지 않는 비극성 분자성 액체이다. 중간층은 파란색의 황산 구리 수용액이다.

일반적으로, 낮은 녹는점과 끓는점을 갖는 분자성 물질들은 분자 사이에 작용하는 힘(**분자 간 힘**, intermolecular force)이 약하다는 사실을 반영한다. 분자성 물질을 녹이거나 끓이기 위해서는 분자성 물질들을 서로 자유롭게 해야 한다. 이것은 분자 사이의 약한 인력을 이겨내는 데 충분한 에너지를 공급하는 것이 필요하다. 분자 내의 강한 공유 결합은 분자성 물질이 녹거나 끓을 때에도 본래대로 남아 있게 된다.

> 분자 내의 두 원자를 분리하는 것보다 두 분자를 분리하는 것이 훨씬 더 쉽다.

다른 분자성 물질의 끓는점은 관련된 분자 간 힘의 세기와 직접적으로 관련이 있다. ***분자 사이의 힘이 강할수록 물질의 끓는점은 높아진다.*** 이 절의 나머지는 분자 간 힘의 세 가지 다른 형태인 *분산력*(dispersion force), *쌍극자 힘*(dipole force) 및 *수소 결합*(hydrogen bond)의 성질에 대하여 논의하게 될 것이다.

분산력(London 힘)

모든 분자성 물질에서 볼 수 있는 가장 일반적인 형태의 분자 사이의 힘을 **분산력**(dispersion force, London force)이라고 한다. 이는 인접한 분자들의 순간 쌍극자들 또는 *유발* 쌍극자들 사이의 인력과 관련되어 있으며, 기본적으로 전기적인 특성이다. 분산력의 근원을 이해하기 위하여 그림 9.11를 살펴보자.

평균적으로, H_2와 같은 비극성 분자에서 전자는 두 핵에서 같은 거리에 있다. 그러나 어느 순간 전자 구름은 분자의 한 쪽 끝에 편중될 수 있다(그림 9.11에서 1A 위치). 분자의 한 쪽 끝에 전자 구름이 순간적으로 편중되면 H_2 분자에 순간적인 쌍극자가 생성된다. 그림 9.11에서 짙은 색깔로 나타낸 분자의 한 쪽 끝은 부분적 음전하를 띠고 다른 쪽 끝은 같은 크기의 부분적 양전하를 띤다.

> 이제 제7장의 자료를 복습할 시점이다.

이러한 순간 쌍극자는 인접한 분자에 유사한 쌍극자(유발 쌍극자)를 유발시킨다. 첫 번째 분자의 전자 구름이 1A에 있을 때 두 번째 분자의 전자는 2A로 끌린다. 둘 다 같은 방향인 이 순간 쌍극자들로 인해 분자 사이에 인력이 생긴다. 이것이 분산력이다.

모든 분자는 분산력을 가진다. 분산력의 세기는 두 가지 인자에 따라 달라진다.

> 비극성 분자에서, 분산력은 유일한 분자 간 힘이다.

- 분자를 구성하고 있는 원자들의 전자 수.
- 순간 쌍극자를 생성하기 위해 전자들이 *분산*되기 쉬운 정도.

이 두 가지 인자는 분자의 크기가 증가함에 따라 증가한다. 큰 분자는 더 많은 원자와 더 큰 원자들로 구성되어 있다. 큰 원자들 속에 있는 최외각 전자들은 상대적으로 핵으로부터 멀리 떨어져 있기 때문에 작은 원자 속에 있는 전자들보다 분산되기가 쉽다. 일반적으로 분자가 커지면 몰질량도 커진다. 따라서 특정 종류의 물질(표 9.3) 내에서 ***몰질량이 증가하면 분산력은 더욱 강해지고, 비극성 분자성 물질의 끓는점은 증가한다고 할 수 있다.***

> 분산력은 H_2에서 약하고 I_2에서 훨씬 더 강하다.

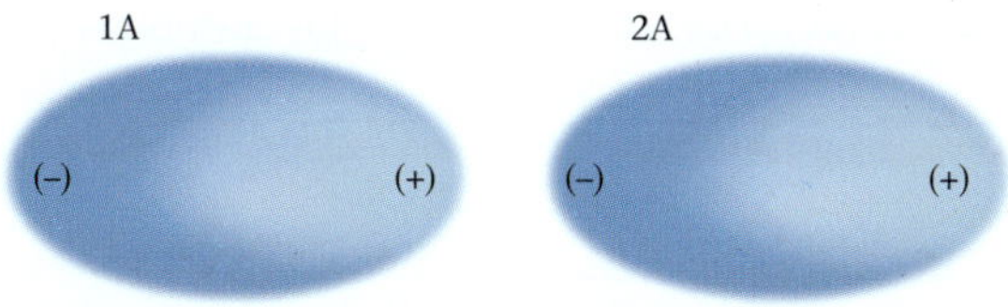

그림 9.11 ▸ **분산력.** 인접한 분자의 순간 쌍극자는 정렬되어 분산력이라고 알려진 전기적 인력을 발생한다. 짙은 색깔 영역은 전자 구름이 순간적으로 편중된 영역을 나타내고, (+)와 (−)로 나타낸 부분 전하를 만든다.

표 9.3 ▸ **분자성 물질의 끓는점에 대한 몰질량의 효과**

불활성 기체*			할로젠			탄화수소		
	MM (g/mol)	bp (°C)		MM (g/mol)	bp (°C)		MM (g/mol)	bp (°C)
He	4	−269	F_2	38	−188	CH_4	16	−161
Ne	20	−246	Cl_2	71	−34	C_2H_6	30	−88
Ar	40	−186	Br_2	160	59	C_3H_8	44	−42
Kr	84	−152	I_2	254	184	n-C_4H_{10}	58	0

*엄밀히 말해 불활성 기체는 분자라기보다 "원자"이다. 그렇지만 불활성 기체 원자는 분자처럼 원자 사이에 분산력에 의한 인력이 작용한다.

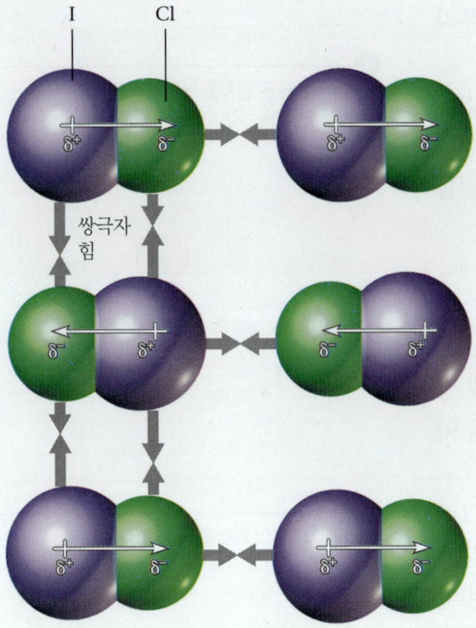

그림 9.12 ▸ ICl 결정에서 쌍극자 힘. δ^+와 δ^-는 극성 분자 내의 I와 Cl 원자들의 부분 전하를 나타낸다. 이들 부분 전하의 존재로 인해 분자는 그림에 나타낸 것과 같이 정렬하게 된다. 인접한 분자 사이에는 한 분자의 δ^+와 다른 분자의 δ^- 사이의 쌍극자 힘에 의한 인력이 작용한다.

▶ 쌍극자 힘

극성 분자들은 비극성 분자들과 같이 분자 사이에 분산력에 의한 인력이 작용한다. 또한 극성 분자 사이에는 그림 9.12에서 설명한 **쌍극자 힘**(dipole force)이 작용한다. 그림은 결정에서 ICl과 같은 극성 분자들의 배향을 보여주고 있다. 한 분자의 음극(작은 Cl 원자)은 인접한 분자의 양극(큰 I 원자)에 가능한 한 근접하도록 이웃 분자들이 정렬되어 있다. 이러한 조건에서 인접한 극성 분자들 사이에 쌍극자 힘이라고 부르는 전기적 인력이 존재한다.

염화 아이오딘을 27°C로 가열하면 약한 분자 간 힘으로 인해 분자들이 견고하게 정렬된 상태를 유지할 수 없기 때문에 고체는 녹는다. 쌍극자 힘은 액체 상태에서도 여전히 중요한데 그 이유는 극성 분자들은 서로 근접해 있기 때문이다. 단지 분자들이 멀리 떨어져 있는 기체 상태에서는 쌍극자 힘의 효과는 무시할 수 있다. ◂ⓘ 그러므로 ICl과 같은 극성 화합물의 녹는점과 끓는점은 비슷한 분자 질량을 갖는 비극성 물질의 녹는점과 끓는점보다 약간 더 높다. 이 효과는 표 9.4에 나타내었다.

ⓘ 대부분의 분자에서, 분산력은 쌍극자 힘보다 더 강하다.

표 9.4 ▸ 극성 물질과 비극성 물질의 끓는점 비교

비극성			극성		
화학식	MM (g/mol)	bp (°C)	화학식	MM (g/mol)	bp (°C)
N_2	28	−196	CO	28	−192
SiH_4	32	−112	PH_3	34	−88
GeH_4	77	−90	AsH_3	78	−62
Br_2	160	59	ICl	162	97

예제 9.4 개념 문제

분자 간의 힘으로 다음의 이유를 설명하라.

O_2의 끓는점(−183°C)은 N_2의 끓는점(−196°C)보다 높다. 그리고 NO의 끓는점(−151°C)은 O_2 또는 N_2의 끓는점보다 높다.

전략

1. 분자의 Lewis 구조를 그린다.

2. 분자의 극성을 결정한다.

3. 존재하는 분자 간 힘을 확인한다.

4. 분산력은 항상 존재하며, 몰질량이 증가함에 따라 분산력도 증가함을 기억한다.

풀이

O_2와 N_2

1. Lewis 구조	:Ö=Ö: 와 :N≡N:
2. 극성	둘 다 비극성이다.
3. 분자 간 힘	O_2와 N_2는 모두 분산력만 존재한다.
4. 힘의 세기	$MM_{O_2} = 32$ g/mol; $MM_{N_2} = 28$ g/mol
	O_2의 분산력이 더 크다.

(계속)

NO, O_2 및 N_2

1. Lewis 구조	·N̈=Ö:; O_2와 N_2는 위 참조
2. 극성	NO는 극성이고, O_2와 N_2는 비극성이다.
3. 분자 간 힘	NO: 분산력과 쌍극자 힘이 존재한다. O_2와 N_2는 모두 분산력만 존재한다.
4. 힘의 세기	$MM_{O_2} = 32$ g/mol; $MM_{N_2} = 28$ g/mol; $MM_{NO} = 30$ g/mol 모두 비슷한 분산력의 세기를 가지고 있다. NO는 분산력 이외에 쌍극자 힘을 가지고 있다.

수소 결합

보통 끓는점에 미치는 극성의 효과는 상대적으로 작다. HCl → HBr → HI 계열에서, HCl에서 HI로 갈수록 극성이 감소함에도 불구하고 분자 질량이 커짐에 따라 끓는점은 점차 증가한다. 그러나 크기가 작고 전기음성도가 큰 원자(N, O, F)에 수소가 결합하면 끓는점에 미치는 극성의 효과는 매우 크다. 플루오린화 수소(HF)는 작은 몰질량(20 g/mol)을 가지는데도 불구하고 모든 할로젠화 수소 중 가장 높은 끓는점을 갖는다. 물(MM = 18 g/mol)과 암모니아(MM = 17 g/mol) 또한 비정상적으로 높은 끓는점을 갖는다(표 9.5). 이 경우에 극성의 효과는 몰질량만으로 예상되는 일반적인 경향을 뒤바꾼다.

HF, H_2O, NH_3의 비정상적으로 높은 끓는점은 **수소 결합**(hydrogen bond)이라는 특별히 강한 형태의 쌍극자 힘 때문이다. 수소 결합은 한 분자내의 F, O, N 원자에 결합된 H 원자와 이웃 분자의 F, O, N 원자의 비공유 전자쌍 사이에 작용하는 힘이다. 즉,

:X—H---:X—H   X=N, O, F

수소 결합

수소 결합이 일반 쌍극자 힘보다 더 강한 두 가지 이유는 다음과 같다.

1. 수소(2.2)와 플루오린(4.0), 산소(3.5), 질소(3.0) 사이 전기음성도 차이는 아주 크다. 이것 때문에 HF, H_2O, NH_3와 같은 분자의 결합 전자는 주로 전기음성도가 큰 원자(F, O, N)에 치우치게 된다. 따라서 이웃 분자와 상호작용하는 관점에서 보면, 수소 원자는 거의 전자가 없는 양성자(proton)와 같이 거동한다.

2. 수소 원자는 크기가 매우 작기 때문에 한 분자의 F, O, N 원자의 비공유 전자쌍이 다른 분자의 H 원자에 아주 가깝게 접근할 수 있다.수소 결합은 원자 반지름이 작은 이 세 비금속 원자들에 결합된 경우에만 일어난다는 것이 중요하다.

표 9.5 ▸ **끓는점에 대한 수소 결합의 영향**

	bp (°C)		bp (°C)		bp (°C)
NH_3	−33	H_2O	100	HF	19
PH_3	−88	H_2S	−60	HCl	−85
AsH_3	−63	H_2Se	−42	HBr	−67
SbH_3	−18	H_2Te	−2	HI	−35

주: 파란 색깔로 표시한 분자는 수소 결합을 한다.

수소 결합은 생화학, 특히 단백질에서 중요하다.

수소 결합은 HF, H_2O, NH_3 이외의 많은 다른 분자에 존재할 수 있다. 기본적인 요구 사항은 단순히 수소가 적어도 하나의 비공유 전자쌍을 갖는 플루오린, 산소, 질소 원자에 결합되어야 한다는 것이다. 예를 들어 축약 구조식으로 나타낸 다음 두 화합물을 살펴보자.

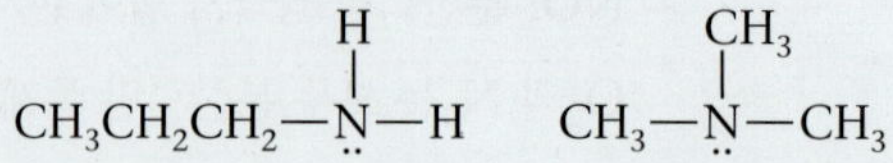

프로필아민 트라이메틸아민

질소에 두 개의 수소 원자가 결합되어 있는 프로필아민은 수소 결합을 할 수 있다. 따라서 프로필아민은 정상 끓는점이 49°C인 액체이다. 프로필아민과 같이 분자식이 C_3H_9N인 트라이메틸아민은 그 자체로는 수소 결합을 할 수 없고, 3°C에서 끓는다.

예제 9.5

아세트산, 다이에틸 에터, 하이드라진에서 수소 결합이 가능할까?

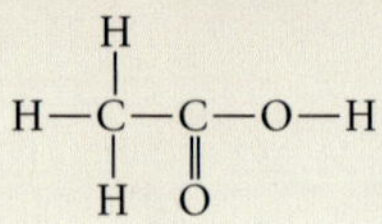

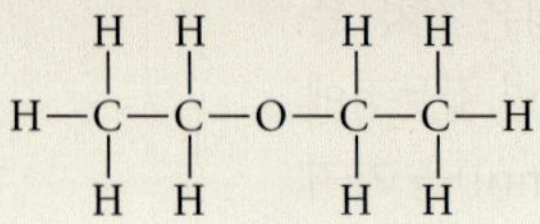

N_2H_4

아세트산 다이에틸 에터 하이드라진

전략

1. 아세트산과 다이에틸 에터의 골격 구조는 주어져 있다. 세 화합물의 Lewis 구조를 모두 그린다.
2. H-결합이 일어나려면 분자에 다음의 결합들 중 어느 한 개가 존재해야 한다. H—F, H—O, H—N

풀이

아세트산

1. Lewis 구조: 주어진 구조:

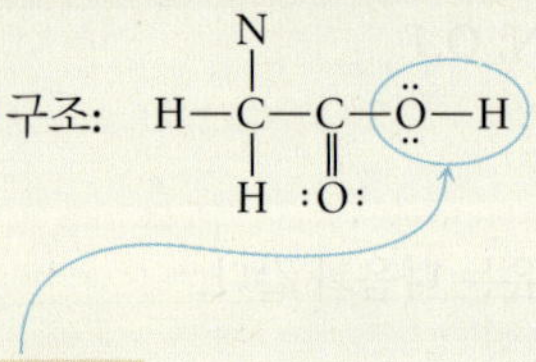

2. H—F, H—O, H—N? 그렇다. 수소 결합이 존재한다.

다이에틸 에터

1. Lewis 구조: 주어진 구조:

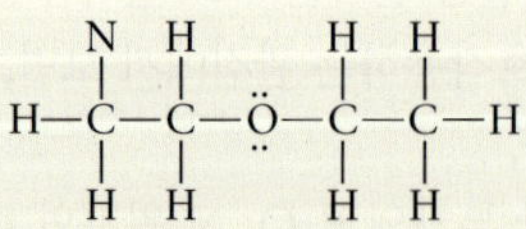

2. H—F, H—O, H—N? 아니다. 분자에 O 원자와 H 원자가 존재한다고 해서 H-결합이 일어날 수 있다는 것을 의미하지는 않는다.

하이드라진

1. Lewis 구조:

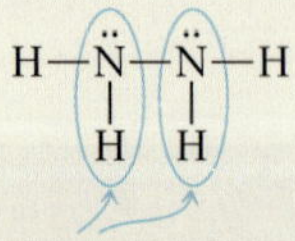

2. H—F, H—O, H—N? 그렇다; H-결합이 일어난다.

마무리 정리

아세트산에서 한 분자의 산소에 결합된 H 원자는 인접한 분자의 산소와 수소 결합을 형성한다. 만약 산소를 질소로 치환하면 같은 상황이 하이드라진에도 적용된다.

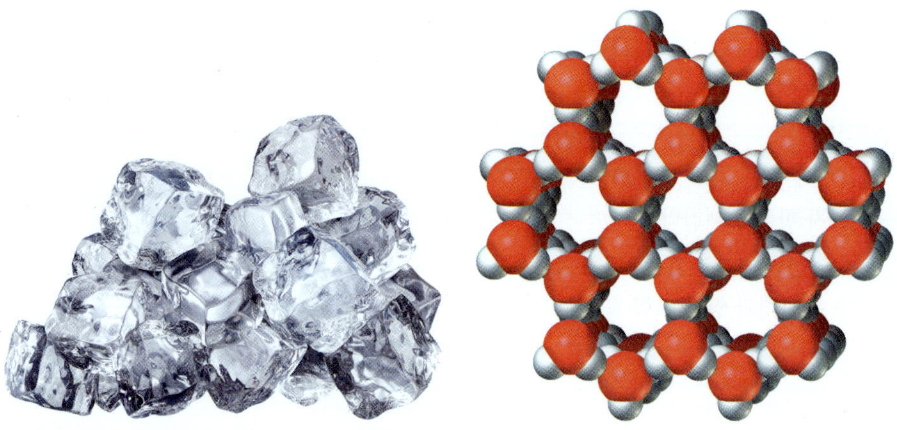

그림 9.13 ▸ **얼음의 구조.** 얼음에서 물 분자는 빈 공간이 많은 열린 방식으로 배열되어 물보다 밀도가 작아진다. 각 산소 원자(붉은색)는 두 개의 수소 원자(회색)와 공유 결합되어 있고, 두 개의 다른 수소 원자와는 수소 결합을 이룬다.

물은 높은 끓는점 이외에 많은 특이한 성질들을 갖는다. 제8장에서 설명했듯이, 물은 매우 큰 비열, 4.18 J/g · °C를 갖는다. 물의 그램 당 증발열 2.26 kJ/g은 모든 분자성 물질 중 가장 크다. 이 두 가지 성질은 액체의 수소 결합 구조 때문에 나타나는 현상이다. 액체가 가열되면 대부분의 수소 결합은 끊어져야 하고, 끓을 때 수소 결합은 모두 사라진다.

대부분의 물질과는 달리 물은 얼 때 부피가 팽창한다. 얼음(0°C에서 얼음의 d = 0.917 g/cm^{3}이고, 0°C에서 물의 d = 1.000 g/cm^3)은 액체의 밀도보다 작은 밀도를 갖는 몇 안 되는 고체 중의 하나이다. 이러한 거동은 수소 결합의 간접적인 결과이다. 물이 얼음으로 얼 때, 분자들은 빈 공간이 많은 열린 육각형 방식으로 배열된다(그림 9.13). 얼음 결정의 각 산소 원자에는 네 개의 수소가 결합되어 있다. 이 중에서 두 개의 수소는 0.099 nm의 거리에 보통의 공유 결합으로 결합되어 있고, 다른 두 개의 수소는 거리가 0.177 nm인 수소 결합을 형성한다. 얼음 구조에서 빈 공간이 차지하는 비율이 크기 때문에 얼음의 밀도가 물의 밀도보다 작다.◂ *i*

i 얼음이 물보다 밀도가 크면 스케이트는 별로 인기가 없을 것이다.

예제 9.6 개념 문제

질소(N_2), 클로로폼($CHCl_3$), 이산화 탄소(CO_2), 암모니아(NH_3) 분자들에 존재하는 분자 간의 힘의 종류는 무엇인가?

전략

1. 각 분자의 Lewis 구조를 그린다.
2. 분자의 극성을 결정한다. 극성인 분자는 쌍극자 힘을 가지고 있다.
3. H—F, H—O, H—N 결합이 존재하는지를 점검한다. 이들 결합이 존재하면 수소 결합이 일어난다.
4. 모든 분자는 분산력을 가지고 있다.

풀이

N_2

1. Lewis 구조:	$\ddot{N}\equiv\ddot{N}$
2. 극성:	비극성—쌍극자 힘이 존재하지 않는다.
3. H—F, H—O, H—N 결합?	없다. 수소 결합이 가능하지 않다. 분자 간 힘: 분산력

(계속)

$CHCl_3$

1. Lewis 구조: 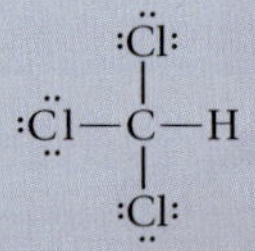

2. 극성: 극성—쌍극자 힘이 존재한다.

3. H—F, H—O, H—N 결합? 없다. 수소 결합이 가능하지 않다.
분자 간 힘: 분산력과 쌍극자 힘

CO_2

1. Lewis 구조: :Ö=C=Ö:

2. 극성: 비극성—쌍극자 힘이 존재하지 않는다.

3. H—F, H—O, H—N 결합? 없다. 수소 결합이 가능하지 않다.
분자 간 힘: 분산력

NH_3

1. Lewis 구조: 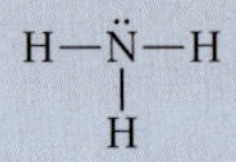

2. 극성: 극성—쌍극자 힘이 존재한다.

3. H—F, H—O, H—N 결합? 있다. 수소 결합이 가능하다.
분자 간 힘: 분산력, 수소 결합 및 쌍극자 힘

이제 우리는 분산력, 쌍극자 힘 및 수소 결합과 같은 세 가지 형태의 분자 사이의 힘에 대하여 논의하였다. **이와 같은 모든 힘들은 보통의 공유 결합에 비하여 비교적 약하다**는 것을 명심해야 한다. 예를 들어 H_2O의 경우를 살펴보자. 얼음에서 전체 분자 간 인력은 약 50 kJ/mol이다. 반면에, 1 mol의 수증기가 원자들로 해리되기 위해서는 2개의 O—H의 결합 에너지인 928 kJ/mol의 흡수가 필요하다. 이것은 물이 원소들로 분해되는 것보다 물이 끓는 것이 훨씬 더 쉬운 이유를 설명해 준다. 1,000°C, 1 atm에서 조차도 10억 개의 물 분자 중 오직 하나의 H_2O 분자가 수소와 산소 원자로 분해된다.

9-5 그물구조 공유성 고체, 이온성 고체, 금속성 고체

사실상 25°C, 1 atm에서 기체 또는 액체인 모든 물질은 분자성 물질이다. 대조적으로 적어도 세 가지 형태의 분자성 고체가 아닌 고체들(그림 9.14)이 있는데, 이것들은 다음과 같다.

- **그물구조 공유성 고체**(network covalent solid). 원자는 공유 결합의 연속적인 그물구조로 결합되어 있다. 사실상 전체 결정은 하나의 거대한 분자로 구성되어 있다.
- **이온성 고체**(ionic solids). 서로 인접한 반대로 하전된 이온들 사이에 강한 전기적 힘(이온 결합)에 의해 함께 결합되어 있다.
- **금속성 고체**(metallic solids). 구조 단위는 전자(e^-)와 +1, +2, +3의 전하를 가질 수 있는 양이온들이다.

▶ 그물구조 공유성 고체

분류상 그물구조 공유성 고체는 다음과 같은 특징을 가지고 있다.

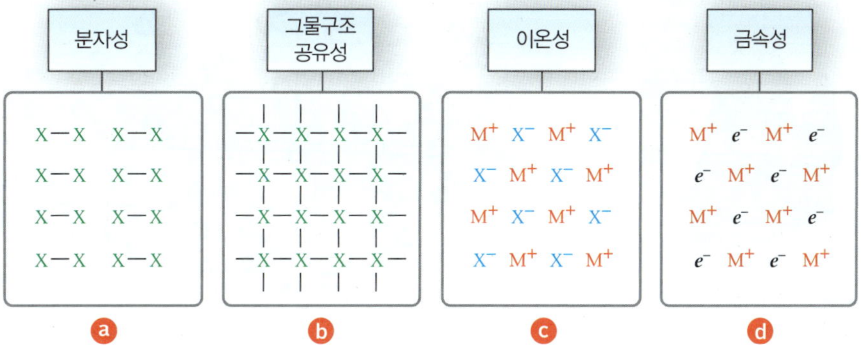

그림 9.14 ▸ **물질의 네 가지 유형에 대한 도표(본문 내용 참조).** X는 비금속 원자를 나타내고, —는 공유 결합을 나타내며, M^+는 양이온, X^-는 음이온을, 그리고 e^-는 전자를 나타낸다.

- ***약 1000°C 이상의 높은 녹는점을 가지고 있다.*** 고체를 녹이기 위해서는 원자 사이의 공유 결합이 끊어져야만 한다. 이와 관련하여 이와 같은 유형의 고체는 매우 낮은 녹는점을 갖는 분자성 고체와는 현저히 다르다.
- ***모든 일반 용매에 불용성이다.*** 용액이 되기 위해서는 고체 전체의 공유 결합을 끊어야 한다.
- ***약한 전기 전도체이다.*** 대부분의 그물구조 공유성 물질(흑연은 제외)에는 전류를 운반할 수 있는 이동성 전자들이 없다.

흑연과 다이아몬드

몇몇 비금속 원소와 준금속은 그물구조 공유성 구조를 갖는다. 이들 중 가장 중요한 것은 탄소인데, 그물구조 공유성 유형의 두 가지 다른 결정 형태를 갖는다. 흑연과 다이아몬드는 모두 3500°C 이상의 높은 녹는점을 갖는다. 그렇지만 두 고체에서 결합 형태는 아주 다르다.

다이아몬드에서 각 탄소 원자는 그 탄소 원자 주위에 사면체로 배열된 네 개의 다른 탄소 원자와 단일 결합을 형성한다. 다이아몬드에서 혼성은 sp^3이다. ⓘ 삼차원 공유 결합으로 인하여 다이아몬드는 특별한 경도를 갖는다. 다이아몬드는 경도가 가장 큰 물질의 하나로 절삭 공구나 양질의 연마기에 사용된다(그림 9.15).

ⓘ 혼성은 7-4절에서 논의하였다.

흑연은 탄소 원자가 육각형 형태로 배열된 평면형이다. 각 탄소 원자는 두 개의 단일 결합과 한 개의 이중 결합을 형성하며 세 개의 다른 탄소 원자들과 결합되어 있다. 혼성은 sp^2이다. 흑연에서 인접한 층 사이의 힘은 분산력의 형태로 아주 약하다. 연필의 "연필심"은 실제적으로 흑연 막대이고, 글씨를 쓸 때 흑연의 얇은 층은 벗겨져 종이 위에 남는다(그림 9.16).

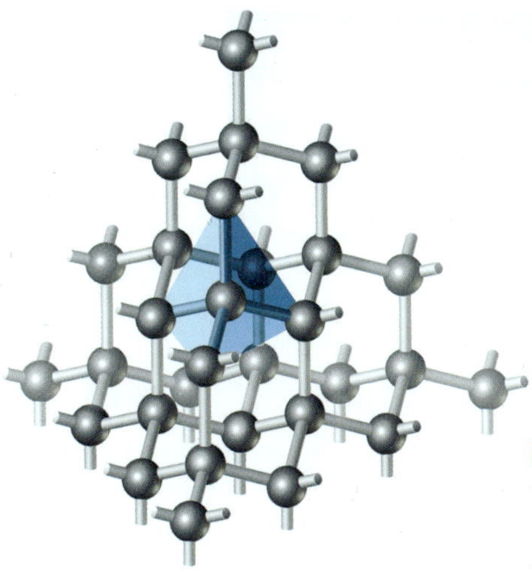

그림 9.15 ▸ **다이아몬드의 구조.** 다이아몬드는 삼차원 구조를 가지고 있으며, 각각의 탄소 원자는 네 개의 다른 탄소 원자들에 의해 사면체로 둘러싸여 있다.

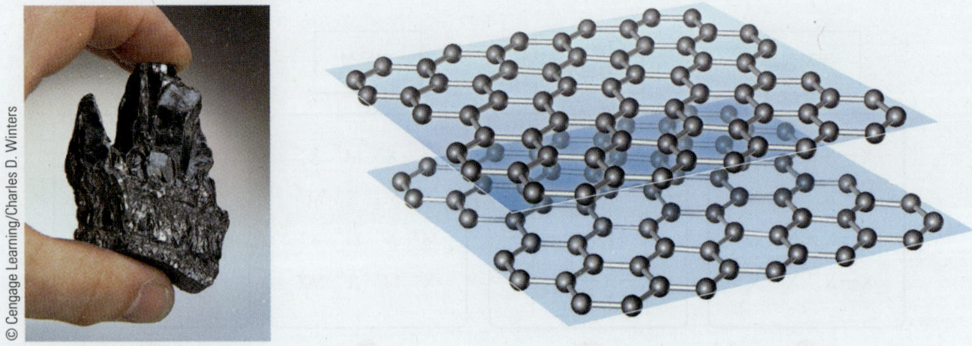

그림 9.16 ▸ **흑연의 구조**. 흑연은 이차원의 층상 구조를 가지며, 층 사이에는 약한 분산력이 작용한다.

25°C, 1 atm에서 흑연은 탄소의 안정한 형태이다. 원리상, 다이아몬드는 일반적인 조건에서 느리게 흑연으로 변환되어야 한다. 다행히 다이아몬드 반지는 약 1500°C로 가열하지 않는 한 이러한 변환이 일어나지 않지만, 1500°C에서 그 변환은 빨리 일어난다. 이해할 수 있는 이유로 아무도 이 과정의 상업적 가능성에 관하여 관심이 없었다. 흑연을 다이아몬드로 변환시키는 작업은 더 어렵긴 하지만 더 큰 열의를 불러 일으켰다.

고압에서 다이아몬드는 탄소의 안정한 형태인데 그 이유는 다이아몬드가 흑연보다 더 큰 밀도를 갖기 때문이다(2.26 대 3.51 g/cm^3). 흑연이나 다른 형태의 탄소로부터의 공업적인 다이아몬드 합성은 약 2000°C, 100,000 atm의 압력에서 이루어진다.

실리콘 화합물

아마도 그물구조 공유성 구조를 갖는 가장 간단한 화합물은 석영(quartz)이다. 석영의 가장 흔한 형태는 SiO_2로 모래의 주성분이다. 석영에서 각 실리콘 원자는 네 개의 산소 원자들에 의해 사면체로 결합되어 있다. 각 산소 원자는 이웃한 사면체를 서로 연결하면서 두 개의 실리콘 원자에 결합되어 있다(그림 9.17). 공유 결합의 그물구조는 전체 결정에 걸쳐 있음을 주목하라. 대부분의 순수한 고체와는 달리 급격하게 녹아 액체로 되지 않는다. 그 대신 석영은 넓은 온도 범위에서 점성이 큰 물질로 변하는데, 우선 약 1400°C에서 유연해진다. 점성이 큰 유체에는 아마도 유체가 흐를 정도로 충분한 결합이 끊어진 긴 —Si—O—Si—O— 사슬이 포함되어 있을 것이다.

지각에서 발견되는 암석과 광물의 90% 이상이 본질적으로 이온성 물질인 규산염들이다. 전형적으로 음이온은 그물구조 공유성 구조를 가지며, SiO_4^{4-} 정사면체들이 1~3차원으로 서로 결합되어 있다. 음이온이 1차원적 무한 사슬인 그림 9.18의 왼쪽에 나타낸 구

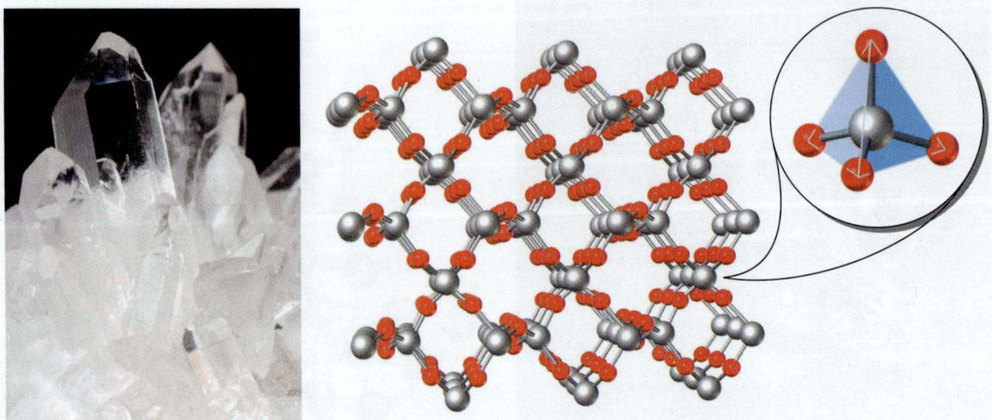

그림 9.17 ▸ **석영의 결정 구조**. Si(회색)와 O(붉은색) 원자들은 육각형 고리를 형성한다. 각 Si 원자는 네 개의 O 원자들과 정사면체로 결합되어 있다.

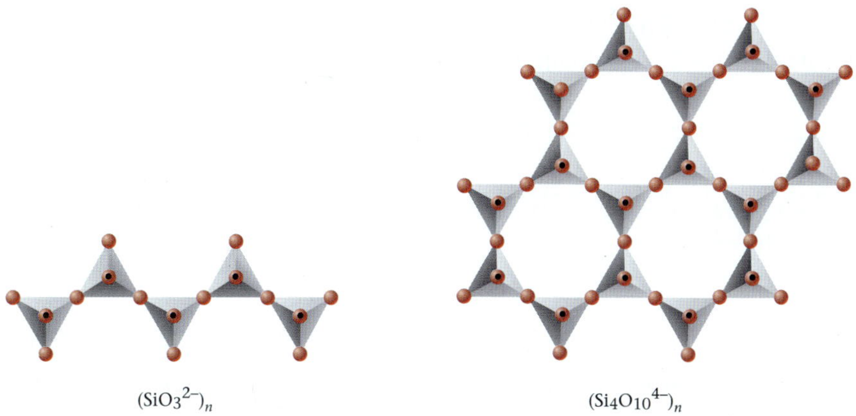

그림 9.18 ▸ **규산염 격자.** 붉은 원은 산소 원자를 나타낸다. Si 원자는 정사면체의 중심에 위치하며 붉은 원의 중심에 검은 점으로 나타내었다. (왼쪽)투휘석(diopside)은 일차원의 무한히 반복되는 사슬로 구성되어 있다. (오른쪽)반복되는 판으로 구성된 활석(talc) 구조의 한 부분.

조는 투휘석(diopside, $CaSiO_3 \cdot MgSiO_3$)과 같은 전형적인 섬유상의 광물이다. 석면(asbestos)은 두 개의 사슬이 서로 연결되어 이중 가닥을 형성한 관련 구조를 가진다.

그림 9.18의 오른쪽에 나타낸 구조는 활석(talc, $Mg_3(OH)_2Si_4O_{10}$)과 같은 전형적 층상 광물이다. 여기서 $SiO_4{}^{4-}$ 정사면체는 서로 연결되어 반복되는 얇은 층을 형성하고 있다. 층들은 약한 분산력으로 느슨하게 잡혀 있어서 서로 쉽게 미끄러진다. 결과적으로 흑연처럼 탤컴파우더(화장품)는 미끄러운 느낌을 갖는다.

3차원 규산염에는 *제올라이트*(zeolite)가 있는데, 이것은 내부에 Na^+ 또는 Ca^{2+} 이온들이 갇힐 수 있는 구멍 또는 터널을 가지고 있다. 적당한 크기의 구멍을 갖는 합성 제올라이트는 가정에서 사용하는 물의 연화제로 사용된다. Ca^{2+} 이온을 포함하고 있는 센물이 제올라이트 관(column)을 통해 흘러갈 때 이온 교환 반응이 일어난다. 만약 제올라이트 화학식을 NaZ(Z^-는 3차원 음이온)로 나타내면, 물의 연화 반응은 다음 반응식으로 나타낼 수 있다.

$$Ca^{2+}(aq) + 2NaZ(s) \longrightarrow CaZ_2(s) + 2Na^+(aq)$$

Na^+ 이온이 구멍에서 빠져나오고, ◂ⓘ 센물의 Ca^{2+} 이온이 이동하여 구멍을 차지한다.

ⓘ 만일 소듐(Na) 섭취를 감소시키려고 한다면 이 형태의 연화제는 사용하지 말아야 한다.

▶ 이온성 고체

이온성 고체는 양이온과 음이온(예로서, Na^+과 Cl^-)으로 구성된다. NaCl 또는 다른 이온성 화합물에는 간단하고 개별적인 분자가 존재하지 않는다. 오히려 이온들은 강한 이온 결합, 즉 반대로 하전된 이온 간의 정전기적인 상호 작용에 의해 규칙적으로 반복되는 배열을 갖는다. 그림 9.14에 나타낸 이와 같은 구조 때문에 이온성 고체는 다음과 같은 성질을 나타낸다.

1. ***이온성 고체는 비휘발성이고 녹는점이 높다***(전형적으로 600~2000°C까지). 이온성 고체를 녹이기 위해서는 서로 반대로 하전된 이온을 분리하여 이온 결합을 끊어야 한다. 단지 고온에서만 이온들이 충분한 운동 에너지를 얻어서 녹는다.

2. ***이온성 고체는 하전된 이온들이 정해진 위치에 고정되어 있기 때문에 전기를 전도하지 않는다.*** ◂ⓘ 그러나 이온성 고체는 녹거나 물속에 용해되면 좋은 전도체가 된다. 용융 상태나 용액에서 이온들(Na^+과 Cl^- 같은)은 액체를 통해서 자유롭게 움직이고, 따라서 전류를 전도할 수 있다.

ⓘ 전류를 전도하기 위해서는 하전된 입자가 움직여야만 한다.

3. ***전부는 아니지만 많은 이온성 화합물***(예로서 NaCl, 그러나 $CaCO_3$는 아님)***은 극성 용매인 물에 녹는다.*** 반대로, 이온성 화합물은 벤젠(C_6H_6) 또는 사염화 탄소(CCl_4)와 같은 비극성 용매에는 녹지 않는다.

서로 다른 이온 결합의 상대적 세기는 양이온과 음이온이 서로 접촉하여 상호작용하는 전기 에너지를 나타내는 Coulomb 법칙(Coulomb's law)으로 예상할 수 있다.

$$E = \frac{k \times Q_1 \times Q_2}{d}$$

여기서 Q_1과 Q_2는 양이온과 음이온의 전하이고, 두 이온의 중심 간 거리 d는 그 이온 반지름의 합이다(부록 2).

$$d = r_{\text{양이온}} + r_{\text{음이온}}$$

k 값은 여기서 그 크기를 고려할 필요가 없는 상수이다. 양이온과 음이온은 서로 반대의 전하를 띠고 있기 때문에 E는 음의 값이다. 이것은 타당하다. $E = 0$으로 원래 멀리 떨어져 있는 두 개의 반대로 하전된 이온들이 서로 가까이 접근할 때 에너지가 방출되기 때문이다. 이와 반대로 이온들을 서로 분리하려면 에너지가 흡수되어야 한다.

Coulomb 법칙으로부터 이온 결합의 세기는 다음 두 가지 요인에 의존한다.

1. ***이온의 전하.*** CaO(+2, −2 이온)의 결합은 NaCl(+1, −1 이온)의 결합보다 더 강하다. 이것은 CaO의 녹는점(2927°C)이 NaCl의 녹는점(801°C)보다 훨씬 더 높은 이유를 설명해 준다.

2. ***이온의 크기.*** NaCl (mp = 801°C)의 이온 결합은 KBr (mp = 734°C)의 이온 결합보다 약간 더 강한데, 그 이유는 NaCl의 핵 간 거리가 더 가깝기 때문이다.

$$d_{NaCl} = r_{Na^+} + r_{Cl^-} = 0.095 \text{ nm} + 0.181 \text{ nm} = 0.276 \text{ nm}$$
$$d_{KBr} = r_{K^+} + r_{Br^-} = 0.133 \text{ nm} + 0.195 \text{ nm} = 0.328 \text{ nm}$$

금속

그림 9.14d는 **전자-바다 모형**(electron-sea model)으로 알려진 금속 결합의 간단한 모형을 보여준다. 금속 결정은 양이온, 예로서 Na^+, Mg^{2+}의 배열로 묘사된다. 이 양이온들은 움직이는 전자들의 "바다" 안에 부표와 같이 어느 위치에 고정되어 있다. 전자들은 어떤 특별한 양이온에 붙잡혀 있지 않고, 오히려 결정을 통해 돌아다닐 수 있다. 전자 바다 모형은 금속의 많은 특성들을 설명해 준다.

더 정교한 금속 모형은 부록 4에 설명되어 있다.

1. ***높은 전기 전도도.*** 상대적으로 이동성이 큰 전자가 존재하기 때문에 금속의 전기 전도도는 전형적인 비금속의 전기 전도도보다 수백 배 정도 크다. 은은 가장 좋은 전기 전도체이지만 일반적인 용도로 사용하기에는 너무 비싸다. 은의 전기 전도도에 가까운 구리는 전기 도선에 가장 흔하게 사용되는 금속이다. 비록 수은은 구리보다 훨씬 전도성이 나쁘지만 액체 전도체가 필요한 무소음 전등 스위치와 같은 많은 전기 장치에 사용된다.

2. ***높은 열 전도도.*** 열은 빈번하게 일어나는 전자들 간의 충돌에 의해 금속을 통해 전달된다. 흔히 요리에 사용되는 소스 팬(saucepan)은 알루미늄, 구리 또는 스테인레스강을 포함하고 있다. 팬의 손잡이는 좋은 단열재인 비금속 재료로 만든다.

3. ***연성과 전성.*** 대부분의 금속들은 연성(선으로 뽑을 수 있는 성질)과 전성(얇은 판으로 펼 수 있는 성질)이 있다. 금속에서 전자들은 원자핵을 함께 붙잡아주는 유연한 접착제처럼 작용한다. 결과적으로 금속 결정은 깨짐이 없이 형태를 변형시킬 수 있다.

4. ***광택.*** 잘 닦은 금속 표면은 빛을 반사한다. 대부분의 금속들은 모든 파장의 빛을 반사하기 때문에 은백색의 금속 색깔을 띠고 있다. 전자는 하나의 특별한 결합에 한정되어 있지 않기 때문에 넓은 파장 범위에서 빛을 흡수하고 재방출할 수 있다. 금과 구리는 가시광선 스펙트럼의 파란색 영역의 약간의 빛을 흡수하므로 각각 노란색(금) 또는 빨간색(구리)을 나타낸다.

5. ***물 및 일반 용매에 불용성.*** 어떤 금속도 물에 녹지 않으며, 전자들은 용액 속으로 들어갈 수 없고, 양이온들도 자체적으로 용해될 수 없다. 단지 액체 금속인 수은은 *아말감*

(amalgam)이라 부르는 용액을 형성하면서 많은 금속들을 용해시킨다. Ag-Sn-Hg 아말감은 아직도 충치의 충전제로 사용된다.

일반적으로 금속의 녹는점은 수은의 −39°C에서 텅스텐의 3410°C까지 광범위하다. 이와 같은 녹는점의 변화 경향은 금속 결합의 유사한 강도 변화 경향이 반영된 것이다. 일반적으로 가장 낮은 녹는점을 갖는 금속들은 소듐(mp = 98°C) 및 포타슘(mp = 64°C)과 같이 +1의 양이온들을 형성하는 금속들이다.

9-4절과 9-5절에서 논의한 고체의 네 가지 구조 유형에 관한 많은 부분을 표 9.6에 요약해 놓았다.

다른 구조를 갖는 고체.

예제 9.7 개념 문제

A열에 있는 화학종에 대하여 B열에서 가장 잘 설명한 것을 선택하라.

A	B
CO_2	(a) 이온성, 높은 녹는점
$CuSO_4$	(b) 액체 금속, 좋은 전도체
SiO_2	(c) 극성 분자, 물에 녹음
Hg	(d) 이온성, 물에 녹지 않음
	(e) 그물구조 공유성, 높은 녹는점
	(f) 비극성 분자, 25°C에서 기체

전략

1. 각 화학종을 유형에 따라, 분자 간 힘과 분자 내 힘 및 필요할 경우 물리적 성질을 알아낸다.
2. 설명이 합당한 것을 찾는다.

풀이

(a) CO_2 분자, 비극성
CO_2가 25°C에서 기체라는 것을 알지 못하더라도 유일하게 일치되는 것은 (f) 이다.

(b) $CuSO_4$ 이온성이며, 물에 녹음
$CuSO_4$가 높은 녹는점을 가지는 것을 알지 못하더라도 유일하게 일치되는 것은 (a) 이다.

(계속)

(c) SiO_2	그물구조 공유성 유일하게 일치되는 것은 (e) 이다.
(d) Hg	실온에서 금속이면서 액체 유일하게 일치하는 것은 (b) 이다.

표 9.6 ▸ **물질의 형태에 따른 구조와 성질**

형태	구조 입자	입자 내 힘	입자 간 힘	성질	예
분자성	분자				
	(a) 비극성	공유 결합	분산력	낮은 mp; bp; 흔히 25°C에서 기체 또는 액체; 부도체, 물에 불용성, 유기 용매에 녹음	H_2 CCl_4
	(b) 극성	공유 결합	분산력, 쌍극자 힘, H-결합	비극성과 유사하지만 일반적으로 더 높은 mp와 bp를 가지며, 물에 더 잘 녹음	HCl NH_3
그물구조 공유성	원자	–	공유 결합	매우 높은 녹는점을 갖는 단단한 고체, 부도체, 일반 용매에 녹지 않음	C SiO_2
이온성	이온	–	이온 결합	높은 mp; 용융 상태 또는 수용액에서 전도체; 보통 물에 녹음, 유기 용매에 녹지 않음	NaCl MgO $CaCO_3$
금속성	양이온, 이동성 전자	–	금속 결합	다양한 mp; 고체 상태에서 좋은 전도체; 일반 용매에 녹지 않음	Na Fe

9-6 결정 구조

고체는 흔히 육안으로 볼 수 있는 일정한 기하학적인 형태로 결정화되는 경향이 있다. 보통의 식염인 NaCl의 입방형 결정이 명확하게 보인다. 형석(fluorite)인 CaF_2와 같은 광물의 크고 아름답게 형성된 결정체가 자연에서 발견된다. 또한 현미경으로 많은 금속의 독특한 결정 형태를 관찰할 수 있다.

결정을 구성하는 원자나 이온들이 명확한 3차원 패턴으로 배열되어 있기 때문에 결정은 명확한 기하학적 형태를 갖는다. 이 패턴의 특성은 X-선 회절과 같은 기술로 추론할 수 있다. 이러한 연구로부터 얻을 수 있는 기본적인 정보는 **단위 세포**(unit cell)의 크기와 기하학적인 형태와 관련이 있다. 단위 세포는 3차원으로 반복되는 결정을 이루는 최소 구조 단위를 말한다. 모두 14가지 다른 종류의 단위 세포가 있는데, 이 절에서는 금속과 이온성 고체에서 발견되는 몇가지 간단한 단위 세포에 대한 논의로 한정할 것이다.

▶ 금속

그림 9.19에 나타낸 바와 같이 금속에서 발견되는 세 가지 간단한 단위 세포는 다음과 같다.

1. 단순 입방 세포(SC, simple cubic cell). 이것은 원자의 중심이 단위 세포의 꼭짓점에 위치한 여덟 개의 원자로 구성된 입방체이다. 입방체의 인접한 꼭짓점에 있는 원자들은 서로 접하고 있다.

2. 면심 입방 세포(FCC, face-centered cubic cell). 이 단위 세포에는 입방체의 각 꼭짓점에 한 개의 원자가 있고, 입방체의 여섯 개의 면의 중심에 각각 한 개의 원자가 있다. 이 구조에서 입방체의 꼭짓점에 있는 원자들은 서로 접하지 않고, 약간씩 떨어져 있다. 그 대신에 면의 대각선을 따라 원자들이 접하고 있다. 각 면의 중심에 있는 원자는 그 면의 꼭짓점 네 개에 있는 원자들과 접하고 있다.

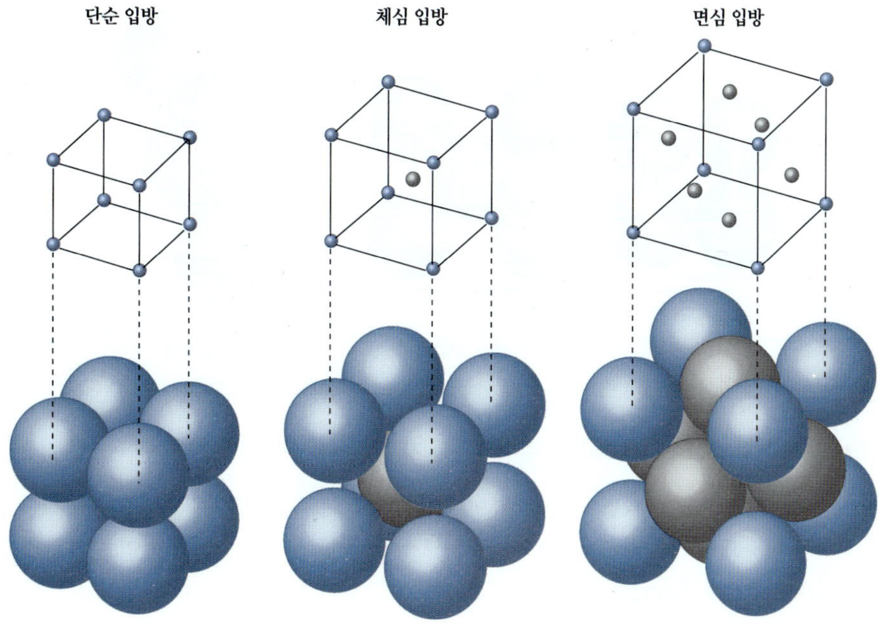

그림 9.19 ▸ **세 가지 형태의 단위 세포.** 각 경우, 입방체의 여덟 개 꼭짓점에 각각 한 개의 원자가 있다. 체심 입방 단위 세포에는 입방체의 중심에 추가적으로 한 개의 원자가 있다. 면심 입방 단위 세포에는 여섯 개의 면의 중심 각각에 한 개의 원자가 있다.

3. **체심 입방 세포**(BCC, body-centered cubic cell). 이것은 각 꼭짓점에 위치한 원자들과 입방체 중심에 한 개의 원자를 가지는 입방체이다. 여기서도 꼭짓점에 있는 원자들은 서로 접하지 않는다. 대신에 입방체의 대각선을 따라 접하고 있다. 즉, 입방체의 중심에 있는 원자는 꼭짓점에 있는 원자들과 접하고 있다.

이와 같은 형태의 입방 세포들의 세 가지 서로 다른 점을 표 9.7에 정리하였다.

1. ***단위 세포 당 원자의 수.*** 매우 많은 단위 세포들이 서로 접하고 연결되어 3차원 결정을 형성하고 있음을 기억하라. 이는 단위 세포의 여러 원자가 전적으로 그 세포에만 속하지 않는다는 것을 의미한다. 특히 다음을 기억하라.

- 입방체의 꼭짓점에 있는 원자는 그 점에서 접하는 여덟 개 다른 입방체의 일부를 형성한다. (이를 확신하려면 그림 2.15로 되돌아가서 중앙에 있는 작은 구에 집중하여 확인해보라). 이런 의미에서 꼭짓점에 있는 원자 한 개의 $\frac{1}{8}$만 하나의 특정 단위 세포에 속한다.
- 입방체의 면의 중심에 있는 원자는 그 면을 접하고 있는 다른 입방체에 공유되고 있다. 사실상 면에 있는 원자 한 개의 $\frac{1}{2}$만 주어진 세포에 할당될 수 있다. 예를 들면 면심 입방(FCC) 단위 세포 당 원자수는 다음과 같다는 것을 뜻한다.

$$(8\text{개의 꼭짓점 원자} \times \tfrac{1}{8}) + (6\text{개 면 원자} \times \tfrac{1}{2}) = \text{입방체 당 4개 원자}$$

2. ***세포의 변(s)과 원자 반지름(r) 간의 관계.*** 이 둘 사이의 관계를 알기 위하여 원자들이 면 대각선을 따라 접하고 있는 FCC 세포를 살펴보자. 그림 9.20에서 볼 수 있는 것처럼 다음과 같다.

표 9.7 ▸ **입방 단위 세포의 성질**

	단순 입방	BCC	FCC
단위 세포 당 원자 수	1	2	4
세포의 변(s)과 원자 반지름(r)의 관계	$2r = s$	$4r = s\sqrt{3}$	$4r = s\sqrt{2}$
빈 공간의 백분율(%)	47.6	32.0	26.0

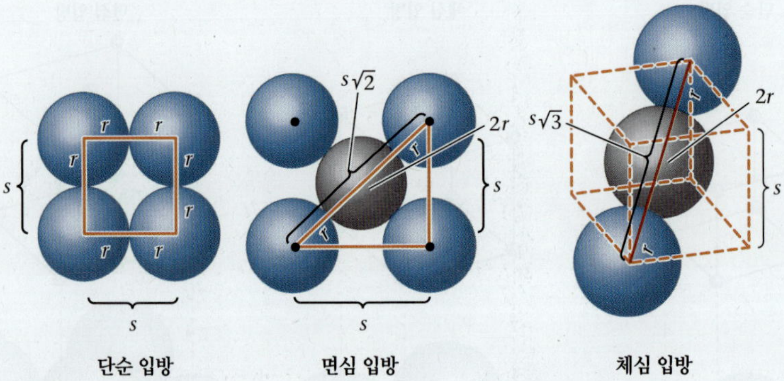

그림 9.20 ▸ **입방 세포에서 원자 반지름(r)과 변의 길이(s) 사이의 관계.** 단순 입방 세포에서, $2r = s$이다. 면심 입방 세포에서, 면 대각선은 $s\sqrt{2}$(직각 삼각형의 빗변) 및 $4r$과 같다. 따라서, $s\sqrt{2} = 4r$이다. 체심 입방 세포에서 대각선은 $s\sqrt{3}$(입방체의 대각선) 및 $4r$과도 같으므로 $s\sqrt{3} = 4r$이다.

- 면 대각선(face diagonal)의 길이 d는 원자 반지름의 네 배와 같다.

$$d = 4r$$

- d는 피타고라스 정리, $d^2 = s^2 + s^2 = 2s^2$에 의해 그 세포의 변의 길이로 나타낼 수 있다. 양변에 제곱근을 취하면

$$d = s\sqrt{2}$$

d에 대한 두 식을 등식으로 놓으면 다음을 얻는다.

$$4r = s\sqrt{2}$$

이와 같은 관계식으로부터 단위 세포의 형태와 크기를 알면, 실험적으로 금속의 원자 반지름을 구할 수 있다.

예제 9.8 주요 문제

은은 장신구와 사진에 주로 이용되는 금속이다. 은은 한 변이 0.407 nm인 면심 입방(FCC) 단위 세포 구조로 결정화된다.

a 은의 원자 반지름은 몇 cm인가? (1 nm = 10^{-7}cm)

분석

주어진 정보:	입방 세포의 형태(면심)
	한 변의 길이, s(0.407 nm)
	nm를 cm로 변환(1 nm = 1×10^{-7} cm)
정보가 알려주는 내용:	면심 입방 세포에서 변과 원자 반지름과의 관계
알고자 하는 것:	cm 단위의 은의 원자 반지름

전략

1. 면심 입방 세포(FCC)에서 원자 반지름 r을 입방체의 한 변, s와 관련시킨다. 표 9.7를 참조한다.
2. 식 $4r = s\sqrt{2}$에 대입한다.
3. nm를 cm로 변환시킨다.

풀이

$4r = s\sqrt{2}$

$$r = \frac{0.407\ \text{nm}\ (\sqrt{2})}{4} = 0.144\ \text{nm} \times \frac{1 \times 10^{-7}\ \text{cm}}{1\ \text{nm}} = 1.44 \times 10^{-8}\ \text{cm}$$

(계속)

b 은 원자 한 개의 부피는 얼마인가? (반지름 r인 구의 부피 = $V = \frac{4}{3}\pi r^3$ 이다.)

분석

주어진 정보:	(a)에서; 원자 반지름, r (1.44×10^{-8} cm)
	구의 부피를 구하는 식 ($V = \frac{4}{3}\pi r^3$)
알고자 하는 것:	Ag 원자 한 개의 부피

전략

원자는 완전한 구라고 가정하고 식에 대입하여 구의 부피를 구한다.

풀이

V	$V = \frac{4}{3}\pi r^3 = \frac{4}{3}\pi(1.44 \times 10^{-8}\ \text{cm})^3 = 1.25 \times 10^{-23}\ \text{cm}^3$

c 은 원자 한 개의 밀도는 얼마인가?

분석

주어진 정보:	(b)에서: 원자 부피, $V(1.25 \times 10^{-23}\ \text{cm}^3)$
	구의 부피를 구하는 식 $V = \frac{4}{3}\pi r^3$
정보가 알려주는 내용:	Ag의 몰질량
	Avogadro 수
알고자 하는 것:	Ag 원자 한 개의 밀도

전략

1. Ag 원자 한 개의 질량을 구한다. 1 mol의 은의 질량(107.9 g/mol)에는 6.022×10^{23}개의 은 원자가 포함되어 있음을 기억한다. 이것을 변환 인자로 사용한다.
2. 밀도 = 질량/부피임을 기억한다.

풀이

1. 1개의 Ag 원자의 질량

$$1\ \text{Ag 원자} \times \frac{107.9\ \text{g}}{6.022 \times 10^{23}\ \text{원자}} = 1.792 \times 10^{-22}\ \text{g}$$

2. 밀도

$$\text{밀도} = \frac{\text{질량}}{\text{부피}} = \frac{1.792 \times 10^{-22}\ \text{g}}{1.25 \times 10^{-23}\ \text{cm}^3} = 14.3\ \text{g/cm}^3$$

마무리 정리

1. 면심 입방 세포에서 빈 공간의 분율은 0.26이다.
2. (c)에서 계산한 밀도는 빈 공간이 없다고 가정한 것이다. 만일 빈 공간을 고려하려면 [(0.26)(14.3) = 3.7], (c)에서 계산한 밀도에서 3.7 g/cm^{3}를 빼주어야 한다. 그러므로 계산한 밀도는 [14.3 − 3.7] = 10.6 g/cm^{3}이다. 실험적으로 얻어진 값은 10.5 g/cm^{3}이다.

3. ***빈 공간의 백분율.*** 상자 안의 구슬과 같이 결정에서 금속 원자들은 함께 밀접하게 쌓이려는 경향이 있다. 표 9.7에서 알 수 있듯이, 단순 입방 단위 세포의 거의 절반은 빈 공간이다. 이는 단순 입방(SC) 구조를 매우 불안정하게 만든다. 단지 한 금속(폴로늄, Z = 84)만이 이 단위 세포 형태를 갖는다. 체심 입방 구조는 낭비되는 공간이 적다. 제1족의 모든 금속을 포함하여 약 20개의 금속이 이 형태의 단위 세포를 갖는다. 똑같은 크기의 구들이 쌓이는 훨씬 더 효율적인 방법은 면심 입방 구조인데, 빈 공간의 분율은 단지 0.26이다. 약 40개의 금속은 면심 입방 세포 또는 이와 동등하게 효율적으로 쌓이는 육방 최조밀 구조(hexagonal closest packed structure)를 갖는다.

골프공과 오렌지는 자연스럽게 FCC 구조로 쌓인다.

이 절에서 논의된 결정 구조들은 X-선 회절(그림 A)로 알려진 강력한 기술로 결정되었다. 이것은 분산된 선들이 과녁을 때릴 때 생성되는 무늬를 연구함으로써 단위 세포의 기하학적 구조를 유추하는 것으로, 분자 결정을 사용하면 한 단계 더 나아가 분자의 기하학적 구조와 화학적 조성을 규명할 수 있다. 영국의 두 물리학자이면서 아버지와 아들 사이인 William H. Bragg(1862~1942)와 William L. Bragg(1890~1971) 팀은 이 분야에서 선구적인 업적으로 1915년 노벨상을 수상하였다.

Bragg 부자와 그의 후계자들은 X-선 결정학의 새로운 분야를 발전시킬 재능 있는 여성 과학자들을 열심히 찾았다. 그 여성들 중 가장 뛰어난 사람은 Dorothy Crowfoot Hodgkin이었는데, 그녀는 전문직 경력의 대부분을 영국에 있는 Oxford 대학에서 보냈다. 해가 지나감에 따라 그녀는 점점 더 복잡한 천연 물질들의 구조를 밝혔다. 이 물질들은 1942년에서 1949년 사이에 그녀가 연구한 페니실린, 비타민 B12 (1948~1957) 및 30년 이상 연구한 그녀의 가장 위대한 업적인 인슐린 등이다. Oxford에서 그녀의 학생 중에는 나중에 총리가 된 Margaret Thatcher도 있었다. 1964년에 Dorothy Hodgkin은 화학 분야에서 노벨상을 수상한 세 번째 여성이 되었다. 화학에서 노벨상의 영예를 안은 처음 두 여성은 Marie Curie와 Irène Joliot-Curie였다. 40년이 지나서(2009년에), 노벨 화학상을 받은 네 번째 여성은 이스라엘의 결정학자(crystallographer)인 Ada Yonath였다.

Dorothy Crowfoot Hodgkin
(1910~1994)

Hodgkin의 성취들은 그녀가 극복해야만 했던 몇 가지 장애물들을 고려할 때 모두 더욱 주목할 만한 것들이었다. 24세에 그녀는 면역체계의 손상으로 인한 질환인 류머티스성 관절염에 걸렸다. 그녀는 점차 자기의 손을 사용하지 못하게 되었고 최후에는 휠체어를 타게 되었다. Dorothy Hodgkin은 고된 연구에 대한 거의 무한한 능력을 가진 최상의 지성을 겸비했기 때문에 성공하였다. 그 밖에 그녀는 다른 사람의 성공에도 진정으로 기뻐함으로써 충성심을 불러일으키는 흔하지 않은 사람들 중의 하나였다. 한 동료는 그녀를 "온순한 천재"라고 불렀다.

Dorothy의 남편인 Thomas Hodgkin은 아프리카의 역사에 관심을 갖고 있는 학자였다. 그는 그녀의 재능이 탁월하다는 것을 알아채고, 그녀가 연구에 몰두할 수 있도록 세 자녀를 위해 "가사를 맡는 남편"의 역할을 기꺼이 했다. 어떤 사람은 Dorothy와 Thomas Hodgkin이 어떻게 1964년 런던 타블로이드 신문 제 1면에 "영국 부인 노벨상 수상"이라는 큰 표제를 장식했는지 의아하게 여긴다.

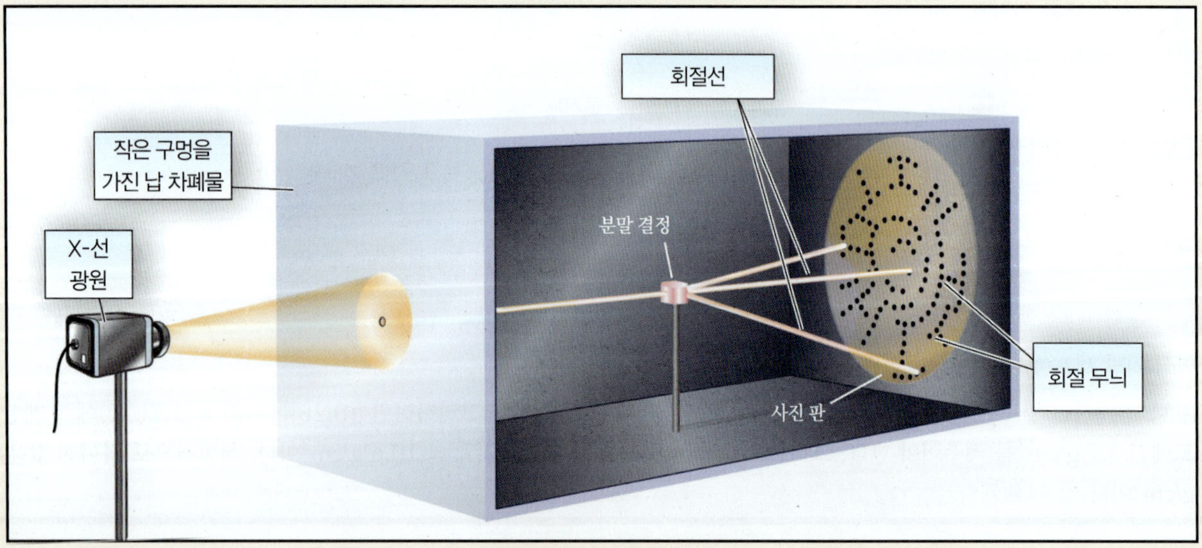

그림 A ▸ **X-선 회절.** X-선이 결정에 의해 회절되는 각도와 세기를 알면 원자들 층 간의 거리를 계산할 수 있다.

▶ 이온성 결정

두 종류의 이온이 있는 이온성 결정(ionic crystal)의 기하학적 구조는 금속보다 설명하기 더 어렵다. 그러나 많은 경우, 그림 9.21에서 설명한 단위 세포의 관점에서 시각화할 수 있다. 염화 리튬(LiCl)이 적절한 예이다. 여기서 큰 Cl^- 이온은 면심 입방 격자(그림 9.21)를 형성한다. 작은 Li^+ 이온은 Cl^- 이온 사이의 "구멍"에 알맞게 들어간다. 따라서 입방체 각 변의 중심에 Li^+ 이온이 놓이게 한다.

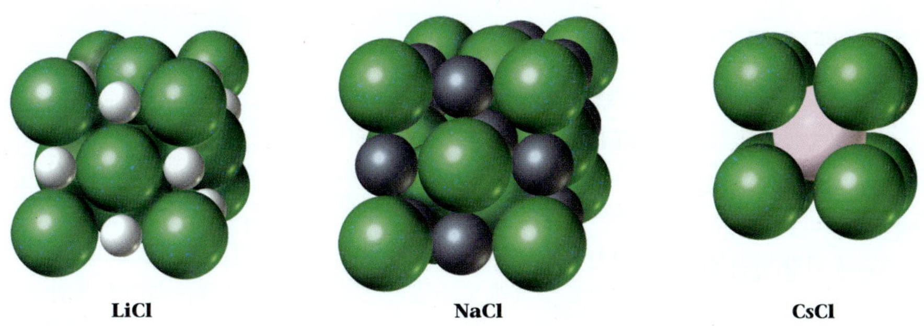

그림 9.21 ▸ **이온성 결정에서 세 가지 형태의 격자.** LiCl에서 Cl^- 이온은 서로 접하여 면심 입방 격자를 형성한다. NaCl에서 Cl^- 이온은 리튬 이온보다 큰 Na^+ 이온들에 의해 약간 떨어져서 놓이게 된다. CsCl에서 중심에 있는 큰 Cs^+ 이온은 입방체의 각 꼭짓점에 있는 Cl^- 이온과 접하고 있다.

염화 소듐 결정에서 Na^+ 이온은 Cl^- 이온의 면심 격자(그림 9.21)의 구멍으로 알맞게 들어가기에는 약간 크다. 결과적으로 Cl^- 이온들은 더 이상 접하지 않도록 약간 밀려나고, Na^+ 이온만 Cl^- 이온과 접한다. 그러나 양이온과 음이온들의 상대적 위치는 LiCl과 동일하다.◂ⓘ 각 음이온은 여섯 개의 양이온들로 둘러싸여 있고 각 양이온들은 여섯 개의 음이온들로 둘러싸여 있다.

ⓘ NaCl은 Na^+와 Cl^- 이온 모두 FCC이고, CsCl은 Cs^+와 Cl^- 이온 모두 SC이다.

LiCl과 NaCl의 구조는 세슘의 할로젠화물을 제외한 모든 알칼리 할로젠화물(1족 양이온, 17족 음이온)의 전형적인 구조이다. Cs^+ 이온은 크기가 크기 때문에 CsCl은 매우 다른 구조로 결정화된다. 여기서 각 Cs^+ 이온은 Cl^- 이온들로 둘러싸인 단순 입방체의 중심에 위치한다. 그 중심에 있는 Cs^+ 이온들은 꼭짓점에 있는 모든 Cl^- 이온들과 접하고 있으나, Cl^- 이온은 서로 접하지 않는다. 그림에서 보듯이, 각 Cs^+ 이온은 여덟 개의 Cl^- 이온 이온들로 둘러싸여 있고, 각 Cl^- 이온은 여덟 개의 Cs^+ 이온들로 둘러싸여 있다.◂ⓘ

예제 9.9

그림 9.21을 살펴보자. 입방 세포에서 변의 길이, s는 단위 세포의 "맨 위"에 있는 원자나 이온의 중심에서 "맨 아래"에 있는 원자나 이온의 중심 사이의 거리이다. Li^+, Na^+, Cl^-의 이온 반지름은 각각 0.060 nm, 0.095 nm, 0.181 nm이다. NaCl과 LiCl에 대한 s를 결정하라.

전 략

그림 9.21을 사용하여 이온들이 접하는 선을 따라 거리를 결정한다.

풀 이

NaCl — 원자들은 변을 따라 접촉한다.

$$s = 1\ r\text{의 } Cl^- + 2\ r\text{의 } Na^+ + 1\ r\text{의 } Cl^-$$
$$= 0.181\text{ nm} + 2(0.095\text{ nm}) + 0.181\text{ nm} = 0.552\text{ nm}$$

LiCl — 염화 이온은 면 대각선을 따라 접촉하고 있다.

$$s\sqrt{2} = 1\ r\text{의 } Cl^- + 2\ r\text{의 } Cl^- + 1\ r\text{의 } Cl^- = 4\ r\text{의 } Cl^-$$
$$= 4(0.181\text{ nm}) = 0.724\text{ nm}$$

면 대각선의 길이 $= s\sqrt{2} = 0.724$ nm, $s = 0.512$ nm

생활 속의 화학 이야기 | CHEMISTRY BEYOND THE CLASSROOM

초임계 이산화 탄소

이산화 탄소는 지구의 기후 변화에 영향을 준다는 이유 때문에 근래에 중요한 뉴스거리가 되어 왔다. 그러나 초임계 이산화 탄소는 실제적인 응용이 많이 알려졌다. 이산화 탄소는 값이 싸고, 독성이 없고, 초임계 상태로 만드는 데 비교적 쉽기 때문에 가장 널리 연구되어온 초임계 유체이다.

보통 이산화 탄소는 공기 중에서는 기체로 거동하며, 얼렸을 때는 드라이 아이스라고 부르는 고체로 거동한다. 이산화 탄소는 임계 온도(31°C), 임계 압력(73 atm) 이상에서 초임계 유체로 거동한다. 초임계 유체 상태의 이산화 탄소는 기체와 같이 팽창하여 용기를 채우지만 액체와 같은 밀도를 갖는다(그림 A).

카페인을 추출하는 용매로 다이클로로메테인(dichloromethane, CH_2Cl_2)을 사용해 왔는데 불행하게도 다이클로로메테인은 발암성 물질로 의심받아 왔기 때문에 다른 용매를 찾아야 했다. 20여년전에 대체 방법으로 커피 원두에서 카페인을 추출하는 데 초임계 CO_2를 사용하는 방법이 시도되었다. 볶지 않은 커피 생두에 이산화 탄소 유체를 통과시키고, 우려낸 생두를 물과 함께 고압으로 분무해주면 용해된 카페인이 제거된다. 카페인은 활성탄 필터를 통해 물을 통과시키거나, 증류(제1장), 결정화, 또는 역삼투(제10장)에 의해 분리된다. 회수된 카페인은 대부분 음료 공장이나 제약회사에 판매된다. 이 공정은 매우 효율적이어서 오늘날, 대다수 커피는 이 공정으로 카페인을 제거한다(그림 B).

현재 드라이 클리닝 업계는 물로 세탁할 수 없는 의류에 묻은 기름, 얼룩, 때를 제거하기 위한 용매로 초임계 CO_2를 사용하는 여러 개의 시험 공장들이 가동되고 있다. 업계에서는 보다 일반적으로 사용하고 있는 용매인 퍼클로로에틸렌(perchloroethylene, PERC)을 대체하려고 노력하고 있는데, 이 용매는 드라이 클리닝 공장에서 일하는 사람들과 공장 근처의 도시 지역에 사는 사람들에게 간과 콩팥에 손상을 주는 것으로 알려져 왔다. 그러나 초임계 CO_2에는 한 가지 단점이 있다. 이산화 탄소의 비극성 때문에 음식이 묻은 얼룩에 있는 많은 단백질, 왁스 및 염을 녹이지 못한다. 현재 얼룩 제거에 대한 이산화 탄소의 효능을 향상시킬 세제를 찾기 위한 연구가 진행 중이다. 몇 가지 중합체 세제가 유망해 보인다.

10년 전 매사추세츠 공과대학 연구팀의 연구에서 초임계 CO_2를 사용하여 살아 있는 박테리아를 비활성화시킬 수 있다는 것이 보고되었다. 지금은 조직 이식 멸균을 위한 대체 멸균 방법으로 초임계 CO_2의 의학적인 연구가 진행되고 있다. 초임계 CO_2는 찢어진 전방 십자 인대나 척추 고정에 사용되는 뼈와 힘줄 조각을 소독하는 데 특히 매력적이다. 이 조각들은 일반적으로 방사선 조사나 증기 처리에 의해 소독해왔다. 이와 같은 처리를 하면 종종 콜라겐이 분해되어 조각의 강도를 저하시켜 조직 이식에 사용할 수 없게 만드는 것으로 알려졌다.

초임계 CO_2가 관련된 다른 연구 프로젝트로는 육류에서 콜레스테롤 추출, 감자칩에서 지방 추출, 담배에서 니코틴 추출 등 몇 가지가 있다. 초임계 CO_2 열 펌프는 지금 CO_2를 천연 냉매로 사용하여 아시아에서 판매되고 있다.

많은 과학자들은 이 기발한 화합물에 대해 더 많은 용도를 찾을 수 있다는 전망에 매우 들떠 있다. 역설적으로 최근 기체상의 CO_2가 나쁘다는 비평으로부터 초임계 상(supercritical phase)이 명예를 회복시켜줄 수도 있을 것이다.

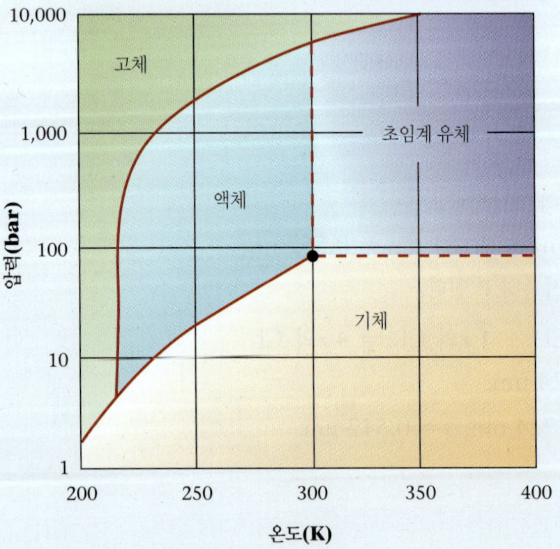

그림 A ▸ **이산화 탄소에 대한 상평형 도표.** 초임계 이산화 탄소는 보라색 음영 영역에 나타내었다.

그림 B ▸ **카페인을 제거한 커피는 생산 공정에서 초임계 이산화 탄소를 사용하여 만든 제품 중 하나이다.**

주요 개념

1. 이상 기체 법칙을 사용하여 액체가 완전히 증발할 것인지를 결정하기. **(예제 9.1; 문제 1~6)**
2. Clausius-Clapeyron 식을 사용하여 액체의 증기압을 온도에 연관시키기. **(예제 9.2; 문제 7~14)**
3. 상평형 도표를 사용하여 주어진 T와 P에서 존재하는 상을 결정하기. **(예제 9.3; 문제 15~24)**
4. 다른 물질에서 분자 간 힘의 종류 확인하기. **(예제 9.4~9.6; 문제 25~38)**
5. 분자성, 그물구조 공유성, 이온성, 금속성으로 물질들을 분류하기. **(예제 9.7; 문제 39~48)**
6. 단위 세포의 크기를 원자 반지름이나 이온 반지름에 적용하기. **(예제 9.8, 9.9; 문제 49~58)**

주요 식

Clausius-Clapeyron 식 $\ln \dfrac{P_2}{P_1} = \dfrac{\Delta H_{증발}}{R}\left[\dfrac{1}{T_1} - \dfrac{1}{T_2}\right]$

원자 반지름(r)과 단위 세포의 변(s)의 관계: SC: $2r = s$ FCC: $4r = s\sqrt{2}$ BCC: $4r = s\sqrt{3}$

주요 용어

그물구조 공유성(network covalent)
끓는점(boiling point)
단순 입방 세포(SC)
단위 세포(unit cell)
면심 입방 세포(FCC)
분산력(dispersion force)
분자 간 힘(intermolecular forces)
삼중점(triple point)
상평형 도표(phase diagram)
석출(deposition)
수소 결합(hydrogen bond)
승화(sublimation)
쌍극자 힘(dipole force)
임계(critical)
임계 압력(critical pressure)
임계 온도(critical temperature)
전자-바다 모형(electron-sea model)
정상 끓는점(normal boiling point)
증기압(vapor pressure)
체심 입방 세포(BCC)

요약 문제

프로필아민(propylamine, $C_3H_7NH_2$)에 대한 물음에 답하라. 프로필아민은 몇 가지 제초제, 플라스틱의 조절제의 성분으로 사용되며, 석유 산업에서 첨가제로 사용되고 있다. 그 구조식은 다음과 같다.

$$H_3C—CH_2—CH_2—NH_2$$

몇 가지 물리적 성질은 다음과 같다.

밀도: 0.719 g/mL
정상 끓는점: 48.7°C
정상 어는점: −83°C
임계 온도: 234°C
증발열: 30.7 kJ/mol

(a) 프로필아민에서는 어떤 종류의 분자 간 힘이 작용할 것으로 예상하는가?

(b) 프로필아민의 끓는점을 질소(N_2), 메틸아민(CH_3NH_2), 염화 암모늄, 이산화 규소(SiO_2)와 비교하라.

(c) 프로필아민은 전기를 전도할 것으로 예상하는가?

(d) 프로필아민의 물에서의 용해도를 질소 기체와 이산화 규소의 용해도와 비교하라.

(e) 프로필아민보다 더 좋은 전기전도체인 비금속의 원소 기호를 써라.

(f) 프로필아민과는 달리 그물구조 공유성 구조를 갖는 고체 화합물의 화학식을 써라.

(g) 프로필아민의 상평형 도표를 대략적으로 그려라. 이때 고체상이 액체상보다 밀도가 높다고 가정하라.

(h) 프로필아민을 승화시켜 정제하려면 대략 몇 °C의 온도에서 실행을 해야 하는가?

(i) 250°C, 1 atm에서 프로필아민 증기 시료를 일정한 압력에서 냉각시켰다. 액체가 처음으로 나타나는 온도는?

(j) 25°C에서 프로필아민의 증기압은 얼마인가?

(k) 프로필아민의 증기압이 0.500 atm인 온도를 예상하라.

(l) 1.00 mL의 프로필아민 시료를 22°C에서 1-L 플라스크에 넣었다. 이때의 증기압은 269 mm Hg이었다. 평형에 도달했을 때 플라스크에 액체가 남아 있는지 계산으로 보여라.

해답

(a) **분산력, 쌍극자 힘, H-결합**
(b) **N_2와 메틸아민보다 높다; NH_4Cl과 SiO_2보다 낮다.**
(c) **아니오**
(d) **N_2와 SiO_2보다 잘 녹는다.**
(e) **C(흑연) 또는 Si**
(f) **SiO_2**
(g) **일반적인 배열은 그림 9.9를 참조하라. 적절한 온도와 압력을 넣어라.**
(h) **대략 −83°C 이하**
(i) **48.7°C**
(j) **305 mm Hg**
(k) **30.5°C**
(l) **남아 있는 액체는 없다.**

연습 문제

짝수 번호의 문제와 도전 문제의 해답은 센게이지 홈페이지 자료실에서 다운로드 받을 수 있다(www.cengage.co.kr).

9-2 액체-증기 평형

1. 메틸 알코올은 휘발유 대신에 또는 휘발유와 함께 연료로 사용할 수 있다. 일정한 부피의 플라스크 속에서 메틸 알코올(CH_3OH) 시료가 57°C에서 254 mm Hg의 압력을 나타낸다. 이 플라스크를 서서히 냉각시킨다.

(a) 응축이 없다고 가정했을 때, 이상 기체 법칙을 이용하여 35°C와 45°C에서 증기압을 계산하라.

(b) (a)에서의 답을 35°C에서 203 mm Hg, 45°C에서 325 mm Hg인 메틸 알코올의 평형 증기압과 비교하라.

(c) (a)와 (b)에서의 답을 근거로 35°C와 45°C에서 플라스크 안의 메틸 알코올에 의해 나타나는 압력을 예상하라.

(d) 35°C와 45°C에서 플라스크 안의 메틸 알코올은 어떠한 물리적 상태로 존재하는가?

2. 발암 물질로 알려진 벤젠은 한때 용매로 폭넓게 사용되었다. 일정 부피의 플라스크 안에 들어 있는 벤젠 증기의 시료는 80°C에서 325 mm Hg의 압력을 나타낸다. 이 플라스크를 서서히 냉각시킨다.

(a) 응축이 없다고 가정하고, 이상 기체 법칙을 이용하여 50°C와 60°C에서 증기압을 계산하라.

(b) (a)에서의 답을 50°C에서 269 mm Hg, 60°C에서 389 mm Hg인 벤젠의 평형 증기압과 비교하라.

(c) (a)와 (b)에서의 답을 근거로 50°C와 60°C에서 벤젠에 의해 나타내는 압력을 예상하라.

3. 30°C에서의 $I_2(s)$의 증기압은 0.466 mm Hg이다.

(a) 진공 상태의 750.0 mL 플라스크에서 몇 밀리그램의 아이오딘이 승화될 것인가?

(b) 3.00 mg의 I_2를 사용한다면 플라스크의 최종 압력은 얼마인가?

(c) 7.85 mg의 I_2를 사용한다면 플라스크의 최종 압력은 얼마인가?

4. 장뇌(camphor, $C_{10}H_{16}O$)는 빅스 베이포럽(Vicks VapoRub®, 기침 완화제)과 같이 증기로 막힌 코를 뚫어주는 제품의 활성 성분 물질이다. 장뇌의 증기압은 20°C에서 0.18 mm Hg이다.

(a) 진공 상태의 0.500-L 플라스크에서 몇 밀리그램의 장뇌가 승화될 것인가?

(b) 20°C에서 125-mL 플라스크에 0.15 mg의 장뇌가 들어 있다. 플라스크의 압력은 얼마인가?

5. 트라이클로로에테인, $C_2H_3Cl_3$은 탈지제(왁스 및 오일의 용매)로 사용된다. 밀도는 1.435 g/mL이고 20°C에서 증기압은 124 mm Hg이다.

(a) 20°C에서 진공 상태의 1.50 L 플라스크에서 몇 mL가 기화될 것인가?

(b) 20°C에서 3.00-mL의 시료를 진공 상태의 1.5-L 플라스크에 넣었다. 모든 액체가 기화할 것인가? 그렇지 않다면 플라스크의 압력은 얼마인가?

(c) 20°C에서 3.00-mL의 시료를 진공 상태의 20.00-L 플라스크에 넣었다. 플라스크 안에 있는 물질의 물리적 상태(들)는 무엇인가?

6. *p*-다이클로로벤젠($C_6H_4Cl_2$)은 좀약의 한 성분이다. 이 물질의 증기압은 20°C에서 0.40 mm Hg이다.

(a) 20°C에서 진공 상태의 750-mL플라스크에서 몇 밀리그램의 $C_6H_4Cl_2$가 승화될 것인가?

(b) 5.0 mg의 *p*-다이클로로벤젠을 진공 상태의 750-mL 플라스크에 넣으면, 남아 있는 고체상은 몇 밀리그램인가?

(c) 2.00 mg의 *p*-다이클로로벤젠을 20°C에서 진공 상태의 500-mL 플라스크에 넣으면 최종 압력은 얼마인가? 플라스크에 고체가 남아 있겠는가?

7. 클로로폼($CHCl_3$)은 한때 마취제로 사용되었다. 첩보영화에서 희생자의 의식을 잃게 하기 위해 손수건에 적시는 액체이다. 23°C에서 클로로폼의 증기압은 197 mm Hg이고, 45°C에서는 448 mm Hg이다. 다음을 계산하라.

(a) 증발열.

(b) 정상 끓는점.

8. 다이클로로메테인(CH_2Cl_2)은 "탈지제" 및 페인트 제거제로 사용된다. 이 물질의 증기압은 21.9°C에서 381.0 mm Hg이고, 26.9°C에서 465.8 mm Hg이다. 다음을 계산하라.

(a) 증발열($\Delta H_{증발}$).

(b) 정상 끓는점.

9. 콜로라도 록키 산맥의 한 도시인 윈터 파크(Winter Park)는 고도 9100피트(2자리 유효 숫자)에 위치해 있다. 윈터 파크에서 물 ($\Delta H_{증발}$ = 40.7 kJ/mol)은 91°C에서 끓는다. 윈터 파크의 정상 대기압은 얼마인가?

10. 몬태나의 글레이셔 국립 공원(Glacier National Park in Montana)은 배낭 여행객들이 선호하는 휴양지이다. 그곳의 대기압은 681mm Hg이고, 높이는 해발 약 4100피트이다. 글레이셔 국립 공원에서 물($\Delta H_{증발}$ = 40.7 kJ/mol)의 끓는점은 몇 도인가?

11. 뉴멕시코 산테페에 있는 한 리조트의 대기압은 625 mm Hg이다. 열린 냄비에서 물은 94.5°C에서 끓는다. 압력솥은 1.75 atm으로 설정되어 있다.

(a) 압력솥에서 물이 몇 도에서 끓겠는가? (물의 $\Delta H_{증발}$ = 40.7 kJ/mol)

(b) 열린 냄비와 압력솥에서 끓는점의 차이는 얼마인가?

12. 해수면에서 기압은 760 mm Hg이다. 1.75 atm으로 설정된 압력 밥솥에서 끓는 물과 열린 냄비에 끓는 물에 대한 끓는점의 차이를 계산하라. (물의 $\Delta H_{증발}$ = 40.7 kJ/mol)

13. 아래의 자료는 휘발유의 주성분인 옥테인의 증기압을 나타낸 것이다.

vp (mm Hg)	10	40	100	400
t(°C)	19.2	45.1	65.7	104.0

$1/T$에 따른 ln(vp)를 그래프로 나타내어라. 도시한 그래프로부터 옥테인의 증발열을 계산하라. ($\ln P = A - \frac{\Delta H_{증발}}{R}\left(\frac{1}{T}\right)$, 여기서 A는 y-절편, $\Delta H_{증발}$은 기울기를 나타내는 값에 포함된다.)

14. 초창기 수술에서 널리 사용되었던 마취제인 다이에틸 에터(diethyl ether)의 증기압에 대한 다음 자료에 대한 물음에 답하라.

vp (mm Hg)	146	231	355	531
t(°C)	−5	5	15	25

연습 문제 13의 지시를 따라 다이에틸 에터의 증발열을 계산하라.

9-3 상평형 도표

15. 그림 9.7을 참조하여 다음 각 조건에서 어떤 상(들)이 존재하는지 말하라.

(a) 1 atm, 100°C.

(b) 0.5 atm, 100°C.

(c) 0.8 atm, 50°C.

16. 그림 9.7을 참조하여 다음 각 조건에서 어떤 상(들)이 존재하는지 말하라.

(a) 1 atm, 10°C

(b) 3 mm Hg, 20°C

(c) 1000 mm Hg, 75°C

17. 아래의 화합물 X에 대한 상평형 도표에 대한 물음에 답하라. 상평형에 관한 질문에 대한 답을 왼쪽의 빈칸에 적어라.

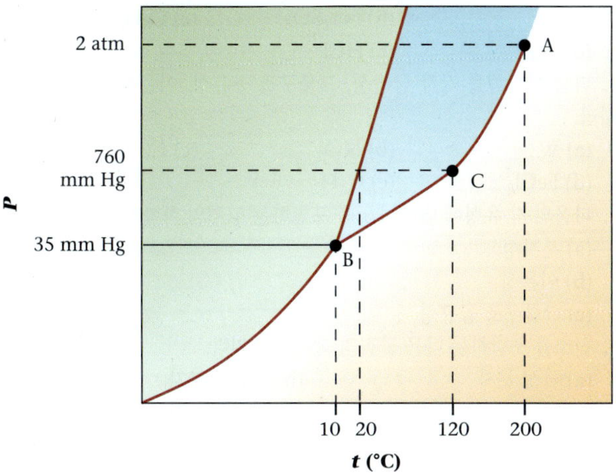

_____ (a) 35 mm Hg, −50°C에서 화합물의 물리적 상태는 무엇인가?

_____ (b) 화합물의 정상 끓는점은 얼마인가?

_____ (c) 임계점은 어디인가?

_____ (d) 삼중점은 어디인가?

_____ (e) 30mm Hg의 일정한 압력에서 온도가 120°C에서 20°C로 감소하면 어떤 변화가 일어나는가?

_____ (f) 어느 상의 밀도가 가장 큰가?

18. 문제 17에 있는 상평형 도표를 보고 다음 질문에 답을 하라.

_____ (a) 35 mm Hg, 120°C에서 화합물의 물리적 상태는 무엇인가?

_____ (b) 화합물의 정상 어는점은 얼마인가?

_____ (c) 점 A는 무엇이라 부르는가?

_____ (d) 점 B는 무엇이라 부르는가?

_____ (e) 점 C는 무엇이라 부르는가?

_____ (f) 33 mm Hg의 일정한 압력에서 온도가 40°C에서 −20°C로 감소할 때 어떤 변화가 일어나는가?

_____ (g) 액체 위에 고체가 뜰 수 있는가?

_____ (h) 180°C, 2 atm 압력에서 화합물은 액체로 존재할 수 있는가?

19. 아르곤 기체는 −189.3°C, 516 mm Hg에서 삼중점을 가지며, −122°C, 48 atm에서 임계점을 갖는다. 고체의 밀도는 1.65 g/cm^{3}이고, 액체의 밀도는 1.40 g/cm^{3}이다. 아르곤에 대한 상평형 도표를 그려라. 상평형 도표를 사용하여 아래의 빈 칸에 "기화", "용융", "승화", "응축"의 단어로 채워라.

(a) 500 mm Hg에서 온도가 올라가면 아르곤 고체는 _____ 된다.

(b) 2 atm에서 온도가 올라가면 아르곤 고체는 _____ 된다.

(c) −150°C에서 압력이 증가하면 아르곤 기체는 _____ 된다.

(d) −165°C에서 압력이 증가하면 아르곤 기체는 _____ 된다.

20. 아이오딘의 삼중점은 114°C, 90 mm Hg이다. 임계 온도는 535°C이다. 아이오딘 고체의 밀도는 4.93 g/cm^{3}이고, 액체의 밀도는 4.00 g/cm^{3}이다. 아이오딘에 대한 상평형 도표를 그리고, "액체" 또는 "고체"를 사용하여 빈칸을 채워라.

(a) 80 mm Hg의 아이오딘 증기는 충분히 냉각시키면 _____로 응축된다.

(b) 125°C에서의 아이오딘 증기는 충분한 압력이 가해지면 _____로 응축된다.

(c) 700 mm Hg의 아이오딘 증기는 삼중점 온도 이상으로 냉각시키면 _____로 응축된다.

21. 제논에 대한 다음과 같은 자료가 주어졌다.

정상 끓는점 = −108°C
정상 녹는점 = −112°C
삼중점 = 281 mm Hg에서 −121°C
임계점 = 58 atm에서 16.6°C

(a) 제논에 대한 대략적인 상평형 도표를 그려라.

(b) −115°C에서 제논의 증기압을 예상하라.

(c) 고체 Xe의 밀도는 액체 Xe의 밀도보다 큰가?

22. CO_2에 대한 다음과 같은 자료가 주어졌다.

- 삼중점: −57°C, 5.11 atm
- 임계점: 31°C, 73 atm
- −78.5°C, 1 atm에서 승화한다.
- 고체의 밀도가 더 크다.

(a) CO_2에 대한 대략적인 상평형 도표를 그려라(척도를 그리지 말라).

(b) 0°C에서 CO_2의 증기압을 예상하라.

(c) −50°C, 10 atm에서 CO_2는 액체인가?

23. 어떤 순수한 물질 X가 다음과 같은 성질을 가지고 있다. 즉 녹는점 = 90°C이고, 압력이 증가하면 녹는점은 약간 증가한다. 정상 끓는점 = 120°C이고 100°C에서 액체의 증기압 = 65 mm Hg이고, 삼중점에서 증기압 = 20 mm Hg이다.

(a) X에 대한 상평형 도표를 그려라.

(b) 상평형 도표의 고체, 액체, 기체 영역을 표시하라.

(c) 만약 100 mm Hg의 일정 압력하에서 온도를 100°C에서 150°C로 올리면 어떤 변화가 일어나는가?

24. 순수 물질 A는 550°C에서 6 atm의 액체 증기압을 갖는다. 삼중점은 5 atm, 350°C이다. 고체상은 액체상보다 밀도가 크다.

(a) 화합물 A의 상평형 도표를 그려라.

(b) 상평형 도표를 이용하여 6.3 atm의 압력이 가해질 때 화합물이 끓는 온도를 예상하라.

(c) 4 atm의 일정한 압력에서 400°C에서 100°C로 온도가 내려가면 어떤 변화가 일어나겠는가?

9-4 분자성 물질; 분자 간 힘

25. 다음 물질을 끓는점이 감소하는 순서대로 나열하라.

(a) I_2 (b) F_2 (c) Cl_2 (d) Br_2

26. 다음 화합물을 끓는점이 증가하는 순서대로 나열하라.

(a) Ar (b) He (c) Ne (d) Xe

27. 다음 중 어느 것이 분산력을 갖는가? 쌍극자 힘은?

(a) $GeBr_4$ (b) C_2H_2 (c) HF(*g*) (d) $TeCl_2$

28. 다음 중 어느 것이 분산력을 갖는가? 쌍극자 힘은?

(a) F_2 (b) CO (c) CO_2 (d) H_2CO

29. 다음 중 어느 것이 수소 결합을 갖는가?

(a) CH_3OH (b) $CH_3—N—CH_3$ (N에 H 결합)

(c) CH_3NH_2 (d) HF

30. 다음 화합물 중 어느 것이 수소 결합을 갖는가?

(a) CH_3F (b) HO−OH

(c) NH_3F (d) $H_3C-O-CH_3$

31. 다음의 이유를 구조 단위 사이의 힘으로 설명하라.

(a) HI는 HBr보다 더 높은 끓는점을 갖는다.

(b) GeH_4는 SiH_4보다 더 높은 끓는점을 갖는다.

(c) H_2O_2는 C_3H_8보다 더 높은 녹는점을 갖는다.

(d) NaCl은 CH_3OH보다 더 높은 끓는점을 갖는다.

32. 다음의 이유를 구조 단위 사이의 힘으로 설명하라.

(a) CO_2는 Na_2CO_3보다 더 낮은 끓는점을 갖는다.

(b) N_2H_4는 C_2H_6보다 더 높은 끓는점을 갖는다.

(c) 폼산은 벤조산보다 더 낮은 끓는점을 갖는다.

(d) CO는 N_2보다 더 높은 끓는점을 갖는다.

33. 다음 중 단순히 분자 간 힘을 극복하는 것이 아니라 공유 결합을 끊어야 하는 과정은 어느 것인가?
(a) 나프탈렌으로 만들어진 좀약이 녹는 과정
(b) HBr 기체가 물에 녹아서 브로민산을 생성하는 과정
(c) 에틸 알코올(C_2H_5OH)이 증발하는 과정
(d) 오존(O_3)을 산소 기체(O_2)로 변화시키는 과정

34. 다음 중 단순히 분자 간 힘을 극복하는 것이 아니라 공유 결합을 끊어야 하는 과정은 어느 것인가?
(a) HCl을 H_2와 Cl_2로 분해
(b) 물에 NaCl을 녹임
(c) 에틸 알코올을 얼림
(d) 아이오딘을 승화시킴

35. 다음 각 쌍에 대하여 끓는점이 낮은 것을 선택하라. 각 경우에 대하여 그 이유를 설명하라.
(a) NaCl 또는 PCl_3 (b) NH_3 또는 AsH_3
(c) C_3H_7OH 또는 $C_2H_5OCH_3$ (d) HI 또는 HCl

36. 다음 물질에 대하여 연습 문제 35와 같이 답하라.
(a) LiCl 또는 CCl_4 (b) CH_3OH 또는 CH_3F
(c) H_2O 또는 SO_2 (d) N_2 또는 Cl_2

37. 다음 각 과정에서 극복해야 하는 가장 강한 인력은 무엇인가?
(a) 수소화 규소(SiH_4)가 끓는 과정
(b) 염화 칼슘이 증발하는 과정
(c) Cl_2가 사염화 탄소(CCl_4)에 녹는 과정
(d) 아이오딘이 녹는 과정

38. 다음 각 과정에서 극복해야 하는 가장 강한 인력은 무엇인가?
(a) 얼음이 녹는 과정
(b) 브로민이 승화되는 과정
(c) 클로로폼($CHCl_3$)이 끓는 과정
(d) 벤젠(C_6H_6)이 기화되는 과정

9-5 그물구조 공유성 고체, 이온성 고체, 금속성 고체

39. 다음 고체를 각각 금속성, 그물구조 공유성, 이온성, 분자성으로 분류하라.
(a) 고체는 물에 불용성이고 500°C 이상에서 용융되고, 고체, 수용액, 용융 상태에서 모두 전기를 전도하지 않는다.
(b) 고체는 물에는 용해되지만, 수용액, 고체, 용융 상태에서 모두 전기를 전도하지 않는다.
(c) 고체는 물에 용해되고, 100°C 이상에서 용융되며, 수용액으로 존재할 때 전기를 전도한다.

40. 다음 고체를 각각 금속성, 그물구조 공유성, 이온성, 분자성으로 분류하라.
(a) 100°C 이하에서 용융되고, 물에 불용성이다.
(b) 용융 상태에서만 전기를 전도한다.
(c) 물에 거의 녹지 않고, 전기를 전도한다.

41. 네 가지 일반적인 유형의 고체들 중에서 다음은 어느 것(들)인지 답하여라.
(a) 일반적으로 낮은 끓는점을 갖는 것은?
(b) 연성과 전성을 갖는 것은?
(c) 일반적으로 비극성 용매에 녹는 것은?

42. 네 가지 일반적인 유형의 고체들 중에서 다음은 어느 것(들)인지 답하여라.
(a) 일반적으로 물에 녹지 않는 것은?
(b) 매우 높은 녹는점을 갖는 것은?
(c) 고체 상태에서 전기를 전도하는 것은?

43. 다음 화학종을 각각 분자성, 그물구조 공유성, 이온성, 금속성으로 분류하라.
(a) Na (b) Na_2SO_4 (c) C_6H_6
(d) C_{60} (e) HCl

44. 다음 화학종을 각각 금속성, 그물구조 공유성, 이온성, 분자성으로 분류하라.
(a) W (b) NO_2 (c) C(다이아몬드)
(d) $FeCl_2$ (e) C_2H_2

45. 다음의 각 유형에 대하여 Si를 포함하는 고체의 화학식을 써라.
(a) 분자성
(b) 이온성
(c) 그물구조 공유성

46. 산소를 포함하는 다음 물질의 화학식을 써라.
(a) 극성 분자 (b) 이온성 분자
(c) 그물구조 공유성 (d) 비극성 분자

47. 다음의 구조 단위를 설명하라.
(a) NaI (b) N_2 (c) KO_2 (d) Au

48. 다음의 구조 단위를 설명하라.
(a) C(흑연) (b) SiC (c) $FeCl_2$ (d) C_2H_2

9-6 결정 구조

49. 몰리브데넘은 0.145 nm의 원자 반지름을 갖는다. 몰리브데넘의 입방 단위 세포의 부피는 0.0375 nm^3이다. 몰리브데넘의 단위 세포의 기하 구조는 무엇인가?

50. 니켈은 0.162 nm의 원자 반지름을 갖는다. 니켈의 입방 단위 세포의 변의 길이는 0.458 nm이다. 니켈의 단위 세포의 기하 구조는 무엇인가?

51. 납(원자 반지름 = 0.181 nm)은 면심 입방 단위 세포로 결정화된다. 단위 세포의 한 변의 길이는 얼마인가?

52. 이리듐은 면심 입방 단위 세포로 결정화된다. 세포의 변은 0.3833 nm이다. 세포의 부피와 이리듐 원자의 반지름을 계산하라.

53. 그림 9.21에 나타낸 LiCl 구조에서 염소 이온들은 한 변이 0.513 nm인 면심 입방 단위 세포를 형성한다. Cl^-의 이온 반지름은 0.181 nm이다.
(a) 세포 변을 따라 Cl^- 이온들 사이에 얼마나 많은 공간이 있는가?
(b) 이 공간에 Na^+ 이온(r = 0.095 nm)을 알맞게 넣을 수 있는가? K^+ 이온(r = 0.133 nm)을 알맞게 넣을 수 있는가?

54. 아이오딘화 포타슘은 염화 소듐과 비슷한 단위 세포를 가지고 있다(그림 9.21). K^+와 I^- 이온의 이온 반지름은 각각 0.133 nm 및 0.216 nm이다. 다음에 해당하는 길이는 얼마인가?
(a) 입방체의 한 변
(b) 입방체의 면 대각선

55. CsCl 형의 단위 세포(그림 9.21)에 대하여 단위 세포의 한 변의 길이, s와 이온의 반지름의 합 $r_{양이온} + r_{음이온}$ 사이의 관계식은?

56. CsCl의 단위 세포(그림 9.21)에 대한 물음에 답하라. Cs^+와 Cl^-의 이온 반지름은 각각 0.169 nm와 0.181 nm이다. 다음에 해당하는 길이는 얼마인가?
(a) 세포의 체 대각선
(b) 세포의 변

57. 그림 9.21에 나타낸 NaCl의 단위 세포에 대한 물음에 답하라. 앞면(다섯 개의 큰 Cl^- 이온, 네 개의 작은 Na^+ 이온)만을 보면서 다음에 답하라.
(a) 이 면에 있는 각 Na^+ 이온은 몇 개의 입방체를 공유하는가?
(b) 이 면에 있는 각 Cl^- 이온은 몇 개의 입방체를 공유하는가?

58. 그림 9.21에 나타낸 CsCl 단위 세포에 대한 물음에 답하라. 단위 세포당 몇 개의 Cs^+ 이온이 있는가? Cl^- 이온은 몇 개가 있는가? (각 Cl^- 이온은 8개의 입방체와 공유하고 있다.)

종합 문제

59. 1.25-L의 깨끗하고 건조된 플라스크를 밀봉했다. 플라스크 안에 존재하는 공기는 27°C이고 상대 습도는 38%이다. 플라스크를 5°C의 냉각기에 넣었다. 몇 그램의 물이 응축되겠는가? (부록 1에 있는 표에서 여러 온도에

대한 물의 증기압을 얻을 수 있다.)

60. 알루미늄 금속은 면심 입방 단위 세포로 결정화된다. 세포의 부피는 0.0662 nm^3이다.

(a) cm 단위의 알루미늄 원자 반지름은 얼마인가?

(b) 하나의 알루미늄 원자의 부피는 얼마인가?

(c) 하나의 알루미늄 원자의 밀도는 얼마인가?

(d) 면심 입방 세포 쌓임에서, 빈 공간의 비율은 26.0%이다. 이것을 고려하여, 알루미늄의 밀도를 계산하라.

61. 25°C에서 수증기로 포화된 5.25 L의 O_2를 포함하고 있는 피스톤이 달린 밀폐된 플라스크가 있다. 일정한 온도에서 피스톤이 압축되어 부피가 2.00 L로 줄어들었다(여러 온도에서의 물의 증기압은 부록 1의 표에서 얻을 수 있다).

(a) 압축된 공기 혼합물 중에서 물의 증기압은 얼마인가?

(b) 기체 혼합물을 압축시키면 몇 그램의 물이 응축되겠는가?

62. 충전 효율(packing efficiency)은 전체 부피에 대하여 (구형) 원자들에 의해 점유되는 부피의 백분율로 정의된다.

$$\text{충전 효율} = \frac{\text{세포에 들어 있는 원자들의 부피}}{\text{세포의 부피}} \times 100$$

원자 한 개의 부피는 $\frac{4}{3}\pi r^3$이고, 세포의 부피는 s^3이다. 다음의 충전 효율을 계산하라.

(a) 단순 입방 세포(1개 원자/세포)

(b) 면심 입방 세포(4개 원자/세포)

(c) 체심 입방 세포(2개 원자/세포)

r과 s의 관계식을 알기 위해 표 9.6을 이용하라.

63. 수은은 유독한 물질이다. 수은 증기를 흡입하는 것은 수은 액체를 삼키는 것과 똑같이 위험하다. 25°C에서 15 × 12 × 8.0 ft인 방을 수은 증기로 포화시킬 수 있는 수은은 몇 mL인가? 단 25°C에서 Hg의 증기압은 0.00163 mm Hg이고, 밀도는 13 g/mL이다.

64. 폼산(fromic acid)의 증기압을 결정하기 위해 실험을 하였다. 20.0°C에서 30.0-L 부피의 헬륨 기체를 10.00 g의 액체 폼산(HCOOH)에 통과시켰다. 이 실험 후 7.50 g의 액체 폼산이 남았다. 헬륨 기체는 폼산 증기로 포화되고, 기체의 전체 부피와 온도는 일정하다고 가정하자. 20.0°C에서 폼산의 증기압은 얼마인가?

65. 클로로폼, $CHCl_3$의 정상 끓는점은 61°C이다. 43°C에서 증기압은 0.526 atm이다. 27°C에서 공기 중에서 포화될 때 $CHCl_3$의 농도(g/L 단위)는 얼마인가?

개념 문제

66. 다음 설명 중 참인 것은?

(a) 액체가 기체로 변하기 위해서는 임계 온도에 도달해야 한다.

(b) 일정 압력에서 고체를 녹이려면 그 온도는 삼중점 이상이어야 한다.

(c) CHF_3는 수소 결합을 가지므로 $CHCl_3$보다 더 높은 끓는점을 가질 것으로 기대된다.

(d) 한 금속은 체심 입방 세포로 결정화되고, 다른 금속은 같은 부피의 면심 입방 세포로 결정화된다. 한 원자의 반지름은 다른 원자의 반지름의 $\sqrt{1.5}$배 이다.

67. 아래의 각 화학종과 관련된 결합(들) 및/또는 힘(들)에 해당하는 문자를 써라.

A – 분산력
B – 쌍극자-쌍극자 상호 작용
C – 이온 결합
D – 금속 결합
E – 그물구조 공유성 고체내의 공유 결합
F – 수소 결합

(a) C(다이아몬드) (b) CH_3 (c) Au
(d) SO_3 (e) NH_3 (f) KCl

68. 문제의 빈칸에 **LT**(*보다 작다*), **GT**(*보다 크다*), **EQ**[*과(와)* 같다.], **MI**(*정보가 더 필요하다*)를 사용하여 아래 질문에 답하라.

(a) C_3H_7OH (MM = 60.0 g/mol)의 끓는점은 $C_2H_6C{=}O$ (MM = 58.0 g/mol)의 끓는점_____.

(b) X의 증기압은 57°C에서 250 mm Hg이다. 57°C에서 밀폐된 플라스크에 기체만 들어 있다. 플라스크의 압력은 245 mm Hg_____.

(c) Y의 녹는점 곡선은 수직선에 비해 오른쪽으로 기울어져 있다. Y(l)의 밀도는 Y(s)의 밀도_____.

(d) A의 정상 끓는점은 85°C이고 B의 정상 끓는점은 45°C이다. 85°C에서 A의 증기압은 45°C에서 B의 증기압_____.

(e) A의 삼중점은 25 mm Hg, 5°C이다. A의 녹는점은 5°C_____.

69. 문제의 빈칸에 **LT**(*보다 작다*), **GT**(*보다 크다*), **EQ**[*과(와)* 같다.], **MI**(*정보가 더 필요하다*)를 사용하여 답하라.

(a) 50°C에서 벤젠의 증기압은 269 mm Hg이다. 50°C에서 벤젠의 액체와 증기를 포함하고 있는 플라스크의 압력은 269 mm Hg _____

(b) 에터는 25°C에서 537 mm Hg의 증기압을 갖는다. 37°C에서 에터의 증기만 들어 있는 플라스크의 압력은 537 mm Hg_____

(c) H_2O의 끓는점은 C_3H_8의 끓는점 _____.

(d) 액체 브로민을 증발시키는 데 필요한 에너지는 Br_2를 Br원자로 분해시키는 데 필요한 에너지 _____.

(e) 나프탈렌 $C_{10}H_8$의 분산력은 뷰테인 C_4H_{10}의 분산력 _____.

70. 어떤 액체의 증기압이 20°C에서 159 mm Hg이고 30°C에서 165 mm Hg이다. 20°C로 유지되고 있는 동일한 세 개의 진공 상태의 강철 탱크에 각기 다른 양의 액체를 가하였다. 각 탱크에 압력계가 부착되어 있다. 각 질문에 다음과 같이 답하라.

L/G: 액체와 기체 둘 다 존재하는 경우
G: 기체만 존재하는 경우
I: 상황이 불가능한 경우

(a) 플라스크 I의 압력계가 압력을 256 mm Hg으로 기록하였다.

(b) 플라스크 II의 압력계가 압력을 135 mm Hg으로 기록하였다.

(c) 플라스크 III의 압력계가 30°C에서 압력을 165 mm Hg으로 기록하였다. 플라스크 III의 온도를 20°C로 낮추면 압력계는 압력을 159 mm Hg으로 기록하였다.

71. 다음 설명이 참인지, 거짓인지 판단하라.

(a) 순물질의 상평형 도표에서 삼중점은 물질이 동시에 끓고, 얼고, 승화하는 온도와 압력이다.

(b) $CHCl_3$는 수소 결합을 가지고 있기 때문에 CHF_3는 $CHCl_3$보다 높은 끓는점을 가질 것으로 예상된다.

(c) 분자 내의 공유 결합의 세기는 그 분자로 구성된 화합물의 녹는점이나 끓는점에 영향을 미치지 않는다.

(d) 탱크 내의 응축 가능한 기체(예를 들어, 프로페인)에서 기체가 다 소모됨에 따라, 압력은 점차적으로 감소한다.

(e) 임계 온도는 그 이상에서는 기체상만 존재할 수 있는 온도이다.

72. 다음 용어들 사이의 차이는 무엇인가?

(a) 공유 결합과 이온 결합

(b) 끓는점과 임계점

(c) 석출과 승화

(d) 어는점과 삼중점

73. 네 개의 광택이 있는 고체들을 A, B, C, D라고 표지를 붙였다. 그 고체들에 대해 다음 정보가 주어질 때 A, B, C, D가 무엇인지 유추하라.

(a) 고체들은 흑연봉, 은 막대, "바보의 금"(황화 철), 아이오딘 결정이다.

(b) B, C, D는 물에서 녹지 않는다. A는 약간 녹는다.

(c) C만 망치로 두드려서 얇은 판으로 펼 수 있다.

(d) C와 D는 고체 상태에서 전기를 전도하고, B는 용융 상태에서 전기를 전도한다. A는 고체 상태, 용융 상태, 물에 용해된 상태에서 전기를 전도하지 않는다.

74. 아래에 나타낸 분자 A, B, C의 증기압 곡선을 보고 질문에 답하라.
 (a) A, B, C 화합물 중에서 가장 약한 분자 간 힘을 가지고 있는 것은?
 (b) A, B, C 화합물 중에서 약 15°C에서 정상 끓는점을 갖는 것은?
 (c) 대기압이 500 mm Hg라면 B의 끓는 온도는 얼마인가?
 (d) 25°C, 400 mm Hg에서 A의 물리적 상태는?
 (e) 40°C에서 C가 끓을 수 있는 압력은 얼마인가?

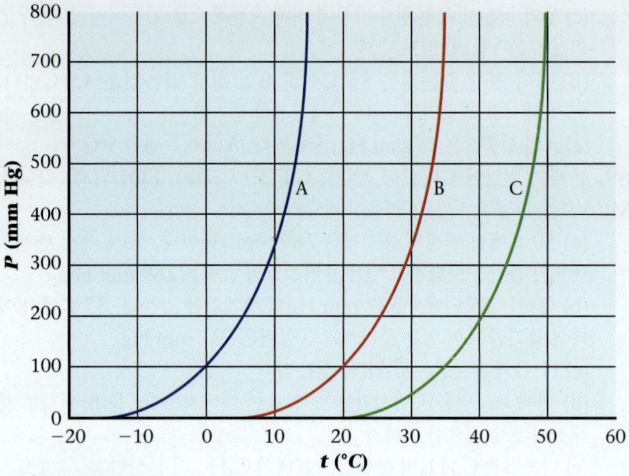

도전 문제

75. CCl_4에 대해 아래와 같은 자료가 주어졌다.
 정상 녹는점 = −23°C
 정상 끓는점 = 77°C
 액체의 밀도 = 1.59 g/mL
 25°C에서 증기압 = 110 mm Hg
정상 끓는점에서 20.0 L의 CCl_4가 증발되는 데 얼마의 열이 필요한가?

76. 철은 체심 입방 단위 세포로 결정화된다. 철의 원자 반지름은 0.124 nm이고, 밀도는 7.86 g/cm^{3}이다. 이 정보를 이용하여 아보가드로 수를 추정하라.

77. 부피가 10.0 L인 플라스크에 0.400 g의 수소 기체와 3.20 g의 산소 기체가 들어 있다. 반응 혼합물을 점화시키고 다음 반응이 완결되었다.

$$2H_2(g) + O_2(g) \longrightarrow 2H_2O$$

반응 혼합물을 27°C로 냉각시켰다. 100% 수득률을 가정하라.
 (a) 플라스크에 존재하는 물의 물리적 상태(들)는?
 (b) 플라스크의 최종 압력은 얼마인가?
 (c) 기체를 각각 3.2 g을 사용하였다면 플라스크의 압력은 얼마인가?

78. 트라이클로로에테인($C_2H_3Cl_3$)은 넥타이의 얼룩 방지 효과가 있는 에어로솔의 활성 성분이다. 트라이클로로에테인은 20.0°C에서 100.0 mm Hg의 증기압을 가지며, 74.1°C에서 끓는다. 컵(250 mL)에 담긴 트라이클로로에테인(d = 1.325 g/mL)이 뚜껑 없이 39°F의 18-ft^3 냉장고 안에 들어 있다. 평형 상태가 이루어졌을 때 트라이클로로에테인의 몇 퍼센트가 액체로 남아 있는가?

79. 스케이트 날에 가해진 압력은 날 밑의 얼음을 녹이기에 충분하고, 이때 녹은 물이 얇은 막을 형성하며, 그 얇은 막은 날이 얼음 위를 미끄러지기 쉽게 한다는 것이 제안되었다. 스케이트를 타는 사람의 무게가 120 lb이고, 그 날이 0.10 in^{2}의 면적을 갖는다고 가정하고, 그 날에 가해진 압력을 계산하라(1 atm = 15 lb/in^2). 이 정보로부터 이 압력에서 녹는점 내림을 계산하라. 이 설명의 타당성을 논하고, 물의 얇은 막이 형성되는 또 다른 메커니즘을 제시하라.

80. 그림 9.20에 나타낸 것과 같이 Li^+ 이온은 조밀하게 쌓여 배열된 Cl^- 이온들 사이에 맞게 들어가지만, Na^+ 이온은 그렇지 못하다. 양이온이 이 형태의 구조에 꼭 맞게 들어가는 $r_{양이온}/r_{음이온}$의 비 값은 얼마인가?

81. 온도가 20°C에서 10°C로 내려갈 때, 압축된 N_2가 들어 있는 실린더의 압력은 3.4%만큼 낮아진다. 똑같은 온도 변화로 인하여 프로페인(C_3H_8)이 들어 있는 실린더의 압력은 42%만큼 낮아진다. 거동의 차이점을 설명하라.

용액
Solutions

제 10 장

Sugaring Off, c.1865 (oil on canvas), Johnson, Eastman (1824–1906) / Huntington Library and Art Gallery, San Marino, CA, USA /©The Huntington Library, Art Collections & Botanical Gardens/The Bridgeman Art Library

◀ 단풍나무의 수액을 모으고 이를 메이플 시럽으로 변환시키는 과정은 이 장에서 다루는 많은 화학적 원리를 이용한다.

물, 물, 어디에나, 그런데도 배에는 물이 모두 말랐다. 물, 물, 어디에나, 그런데도 마실 한 방울의 물도 없다.

—SAMUEL TAYLOR COLERIDGE
From *The Rime of the Ancient Mariner*

이 장의 차례 _Chapter Outline

우리는 하루에 여러 번 용액을 만들거나 사용한다. 아침의 커피 한잔은 액체(물)에 고체(설탕과 커피)를 녹인 용액이다. 휘발유 탱크에 넣는 휘발유는 여러 가지 다른 액체 탄화수소의 용액이다. 휴식 시간에 마시는 탄산 음료는 액체(물)에 기체(이산화탄소)가 녹아 있는 용액이다.

용액이란 **용매**(solvent, 녹이는 물질)에 **용질**(solute, 녹는 물질)이 고르게 분포된 균일 혼합물이다. 용액(solution)은 기체, 액체, 고체의 세 가지 물리적 상태 중 하나로 존재한다. 가장 일반적인 기체 용액인 공기는 질소, 산소 및 소량의 다른 기체가 혼합된 것이다. 많은 금속 합금은 고체 용액이다. 미국의 "니켈" 동전(25% Ni, 75% Cu)이 그 예이다. 가장 익숙한 용액은 액체 상태의 용액인데, 특히 물이 용매인 용액이다. 수용액은 화학에서 용액의 성질을 배우는 데 있어서 가장 중요하며, 이 장에서 특별히 강조하여 논의한다.

이 장에서는 다음 사항들을 포함한 용액의 여러 물리적 측면을 다룬다.

- 용질과 용매의 상대적인 양을 나타내는 용액의 농도를 표시하는 방법(10-1절).
- 용질과 용매의 종류, 온도, 압력 등과 같이 용해도에 영향을 주는 인자들(10-2절).
- 증기압, 어는점, 끓는점 등과 같은 용매의 성질에 미치는 용질의 영향(10-3절, 10-4절).

10-1 농도의 단위

용액에서 용질과 용매의 상대적인 양을 표시하기 위해 몇 가지 다른 방법을 사용한다. 두 농도 단위, 즉 *몰농도*(molarity)와 *몰분율*(mole fraction)은 앞에서 언급하였다. 이 장에서는 두 가지의 다른 농도 단위, *질량 백분율*(mass percent)과 *몰랄 농도*(molality)를 다룬다.

▶ 몰농도(M)

제4장에서 용액의 화학량론을 논의할 때 사용된 농도의 단위가 **몰농도**이었다. 몰농도의 정의는 다음과 같이 기억하고 있을 것이다.

그림 10.1 ▸ 묽힘에 의한 0.100 M $CuSO_4$ 1 L의 제조.

$$\text{물농도}(M) = \frac{\text{용질의 몰수}}{\text{용액의 부피(L)}}$$

특정한 몰농도의 용액은 계산한 용질의 질량을 저울로 측정하고 충분한 용매에 용해시켜 원하는 부피로 조절하여 만들 수 있다. 또는 더 진한 용액으로 시작하여 물로 묽혀서 원하는 몰농도의 용액을 얻을 수 있다(그림 10.1). 용매를 가하더라도 용질의 몰수는 변하지 않는다는 사실만을 염두에 두면 계산 과정은 단순하다.

묽은 용액을 "처음부터" 만드는 것보다 진한 용액을 묽히는 것이 더 쉽다.

$$n_{\text{용질}}(\text{진한 용액}) = n_{\text{용질}}(\text{묽은 용액})$$

위의 두 용액에서 용질의 몰수 n은 몰농도 M에 부피(L) V를 곱함으로써 얻을 수 있다. 즉

$$M_c V_c = M_d V_d \tag{10.1}$$

여기서 아래 첨자 c와 d는 각각 진한(concentrated) 농도와 묽은(dilute) 농도의 용액을 의미한다.

그림 10.1에 나와 있는 방법으로 원하는 농도의 용액을 만들 때의 장점은 부피 측정만 필요하다는 것이다. 만일 일반 화학 시약 보관실에 들어가면 그 안에는 다양한 농도의 진한 용액을 발견할 수 있다. 이러한 진한 "저장" 용액으로부터 실험에 사용하는 원하는 농도의 묽은 용액은 다음의 예제와 같은 계산을 근거로 하여 만든다.

예제 10.1

황산 구리(copper sulfate)는 동물 사료용 영양 보충제로 널리 사용되고 있다. 실험 보조원이 40.00 g의 $CuSO_4$를 물에 녹여 500.0 mL의 "저장" 용액을 만들었다. 실험에는 0.1000 M $CuSO_4$ 용액이 필요하다.

a 실험 보조원이 만든 $CuSO_4$ "저장" 용액의 몰농도는 얼마인가?

분석

주어진 정보:	$CuSO_4$의 질량(40.00 g); $V_{\text{용액}}$ (500.0 mL)
정보가 알려주는 내용:	$CuSO_4$의 몰질량
알고자 하는 것:	저장 용액의 몰농도

(계속)

전 략

다음의 몰농도에 대한 정의(제3장에서)를 기억해 낸다.

$$M = \frac{\text{용질의 몰수}}{\text{용액의 부피(L)}}$$

풀 이

n_{CuSO_4} $\quad 40.00\text{ g } CuSO_4 \times \frac{1\text{ mol}}{159.6\text{ g}} = 0.2506\text{ mol}$

$M_{\text{저장 용액}}$ $\quad \frac{0.2506\text{ mol}}{0.5000\text{ L}} = 0.5012\ M$

b 저장 용액을 사용하여 0.1000 M 1.500 L를 어떻게 만드는가?

분 석

주어진 정보: (a)에서 구한 저장 용액의 농도: M_c (0.5012 M)

묽은 용액: M_d (0.1000 M); V_d (1.500 L)

알고자 하는 것: 저장 용액으로부터 0.1000 M $CuSO_4$ 1.500 L를 만드는 방법

전 략

1. 실제의 질문은 다음과 같다. 원하는 부피와 농도로 만들려면 "저장" 용액의 부피를 얼마나 취해야 하는가?
2. 식 10.1에 대입하여 저장 용액(또는 진한 용액)의 부피, V_c를 계산한다.

$$M_cV_c = M_dV_d$$

풀 이

V_c $\quad V_c = \frac{M_dV_d}{M_c} = \frac{(0.1000\ M)\ (1.500\text{ L})}{0.5012\ M} = 0.2993\text{ L}$

만드는 방법 299.3 mL의 저장 용액을 취한 다음, 충분한 물로 묽혀서 최종 부피가 1.500 L 용액이 되도록 한다.

마무리 정리

$CuSO_4$ 저장 용액의 몰농도(0.5012 M)는 필요한 농도(0.1000 M)의 대략 5배이므로 만들고자 하는 부피의 5분의 1 ($\approx$ 0.3 L $\rightarrow$ 1.500 L)을 사용하는 것이 합리적이다.

몰분율(X)

제5장에서 배웠듯이 용액 중의 한 구성 성분 A의 **몰분율**(mole fraction, X)은 다음과 같은 관계식으로 주어진다.

$$X_A = \frac{\text{A의 몰수}}{\text{전체의 몰수}} = \frac{n_A}{n_{\text{전체}}}$$

용액의 모든 성분(A, B, . . .)에 대한 몰분율의 합은 1이 되어야 한다. 즉

$$X_A + X_B + \cdots = 1$$

예제 10.2

과산화 수소는 마시는 물속에 들어 있는 불쾌한 황화물의 냄새를 제거하기 위해 일부 물 처리 시스템에서 사용하고 있다. 시판 중인 과산화 수소는 질량으로 30.0% 수용액이다. 이 용액에서 H_2O_2의 몰분율은 얼마인가?

(계속)

분석

주어진 정보:	H_2O_2 (30.0%)의 질량 백분율
정보가 알려주는 내용:	H_2O_2와 H_2O의 몰질량
알고자 하는 것 :	H_2O_2의 몰분율(X)

전략

1. 용액의 질량이 일정한 질량, 즉 100.0 g이라고 가정한다.
2. H_2O_2의 몰수($n_{H_2O_2}$), H_2O의 몰수(n_{H_2O}), 전체 몰수($n_{전체}$)를 계산한다.
3. 다음 식에 대입한다:

$$X_A = \frac{n_A}{n_{전체}}$$

풀이

1. 용액이 100.0 g이라고 가정한다. H_2O_2의 질량 = 30.0 g; H_2O의 질량 = 70.0 g

2. n_{H_2O} $\qquad n_{H_2O} = \frac{70.0\ g}{18.02\ g/mol} = 3.88\ mol$

$n_{H_2O_2}$ $\qquad n_{H_2O_2} = \frac{30.0\ g}{34.02\ g/mol} = 0.882\ mol$

$n_{전체}$ $\qquad n_{전체} = n_{H_2O_2} + n_{H_2O} = 0.882\ mol + 3.88\ mol = 4.76\ mol$

3. $X_{H_2O_2}$ $\qquad X_{H_2O_2} = \frac{n_{H_2O_2}}{n_{전체}} = \frac{0.882\ mol}{4.76\ mol} = 0.185$

마무리 정리

1. H_2O_2의 몰분율에 100%을 곱하면 용액에 들어 있는 H_2O_2의 몰 백분율이 된다(18.5%).
2. 몰 백분율(18.5%)은 용액에 들어 있는 H_2O_2의 질량 백분율(30.0%)보다 상당히 작다는 점을 주목하라. 그 이유는 H_2O_2의 몰질량이 H_2O의 몰질량보다 크기 때문이다.

질량 백분율, 백만분율과 십억분율

용액에 들어 있는 용질의 **질량 백분율**(mass percent)은 다음과 같이 간단히 나타낼 수 있다.

$$용질의\ 질량\ 백분율 = \frac{용질의\ 질량}{용액의\ 전체\ 질량} \times 100\%$$

물 152 g에 NaCl 24 g을 녹인 용액의 질량 백분율은 다음과 같다.

$$NaCl의\ 질량\ 백분율 = \frac{24\ g}{24\ g + 152\ g} \times 100\% = \frac{24}{176} \times 100\% = 14\%$$

물에 녹아 있는 미량의 불순물처럼 용질의 양이 매우 적은 경우 **백만분율**(parts per million, ppm) 또는 **십억분율**(parts per billion, ppb)로 농도를 표시한다.

미국에서는 법적으로 음료수에 물 시료 1 g 당 비소가 5×10^{-8} g 이상 함유되어 있으면 안 된다.

$$ppm\ As = \frac{5 \times 10^{-8}\ g}{시료\ 1\ g} \times 10^6 = 0.05; \qquad ppb\ As = \frac{5 \times 10^{-8}\ g}{시료\ 1\ g} \times 10^9 = 50$$

매우 묽은 수용액에 대하여, 1 ppm은 대략 1 mg/L와 같다. 25°C에서 물의 밀도는 1.0 g/mL이고, 매우 묽은 용액은 순수한 물의 밀도(1 g = 1 mL)와 거의 같은 밀도를 갖기 때문이다. 그러므로

$$1\ \text{ppm} = \frac{1\ \text{g 용질}}{1 \times 10^6\ \text{g 용액}} = \frac{1\ \text{g 용질}}{1 \times 10^6\ \text{mL 용액}}$$

g을 mg으로, mL를 L로 바꾸면 다음이 얻어진다.

$$\frac{1\ \text{g 용질}}{1 \times 10^6\ \text{mL 용액}} \times \frac{1000\ \text{mg}}{1\ \text{g}} \times \frac{1000\ \text{mL}}{1\ \text{L}} = 1\ \text{mg/L}$$

몰랄 농도(m)

m으로 표시되는 농도의 단위인 **몰랄 농도**(molality)는 용매 1 kg에 들어 있는 용질의 몰수로 정의된다.

몰농도와 몰랄 농도는 농도 단위이지, 도덕성(morality)이 아니다.

$$\text{몰랄 농도}(m) = \frac{\text{용질의 몰수}}{\text{용매의 질량(kg)}}$$

용질과 용매의 질량을 알면 용액의 몰랄 농도를 쉽게 계산할 수 있다(예제 10.3).

예제 10.3

물에 용해된 글루코스($C_6H_{12}O_6$)는 흔히 정맥으로 주입하는 수액으로 사용된다. 이 용액에 때로는 소듐 이온이 첨가된다. 제약사는 2.0 mg의 소듐 이온(NaCl의 형태로)과 6.00 g의 글루코스, 물 112 g을 넣어 용액을 만든다.

a 용액에 들어 있는 글루코스의 몰랄 농도는 얼마인가?

분 석

주어진 정보:	글루코스의 질량(6.00 g) 물의 질량(112 g)
정보가 알려주는 내용:	글루코스의 몰질량
알고자 하는 것:	글루코스의 m

전 략

1. 몰랄 농도의 정의를 기억하고, 용매와 용질을 확인한다.

$$m = \frac{\text{용질의 몰수}}{\text{용매의 질량(kg)}}$$

2. 분자(용질의 몰수)를 구한다. 분모(용매의 kg)를 구한다.
3. 이들 값을 m의 정의에 대입한다.

풀 이

분자 $\text{용질의 몰수(글루코스)} = \dfrac{6.00\ \text{g 글루코스}}{180.16\ \text{g/mol}} = 0.0333\ \text{mol}$

분모 용매(H_2O)의 질량(kg) = 112 g/1000 g/kg = 0.112 kg

m $m = \dfrac{\text{글루코스의 몰수}}{\text{kg } H_2O} = \dfrac{0.0333\ \text{mol}}{0.112\ \text{kg}} = 0.297\ m$

b 용액에는 몇 ppm의 Na^+가 들어 있는가?

분 석

주어진 정보:	Na^+ 이온의 질량(2.0 mg), 글루코스의 질량(6.00 g), 물의 질량(112 g)
알고자 하는 것:	ppm Na^+

(계속)

전략

식에 대입: Na^+의 ppm $= \dfrac{Na^+\text{의 질량(g)}}{\text{용액의 질량(g)}} \times 10^6$

풀이

용액의 질량

$$\text{용액의 질량} = Na^+\text{의 질량} + \text{글루코스의 질량} + \text{물의 질량}$$

$$\text{용액의 질량} = \left(2.00\ \text{mg} \times \frac{1\ \text{g}}{1000\ \text{mg}}\right) + 6.00\ \text{g} + 112\ \text{g} = 118\ \text{g}$$

ppm Na^+

$$\text{ppm} = \frac{Na^+\text{의 질량}}{\text{용액의 질량}} \times 10^6 = \frac{0.00200\ \text{g}}{118\ \text{g}} \times 10^6 = 17$$

마무리 정리

이론적으로, Cl^- 이온의 질량을 계산하여 Na^+, 글루코스, 물의 질량에 더해야 한다. 실제로, Cl^- 이온의 질량(Na^+ 이온의 질량과 같이)은 용액의 질량에 비해 무시할 수 있다.

▶ 농도 단위들 간의 상호 변환

한 농도를 다른 농도로 변환해야 하는 경우가 흔히 있다. 이 문제는 예를 들어 염산 용액을 만들 때 생긴다. 일반적으로 염산의 시약병에 표시된 농도(그림 10.2)는 몰농도나 몰랄 농도로 주어져 있지 않다. 대신에 용액의 밀도와 용질의 질량 백분율로 나타나 있다.

먼저 만들어야 할 용액의 양을 결정하면 농도 단위들 간의 상호 변환은 비교적 간단하다. 선택한 용액의 양은 표시된 농도와 단위에 따라 달라진다. 권장하는 몇 가지 시작 조건을 아래에 수록해 놓았다.

원래의 농도가 다음과 같을 때	다음에서 시작하라
질량 백분율	100 g 용액
몰농도(M)	1.00 L 용액
몰랄 농도(m)	1000 g 용매
몰분율(X)	1 mol (용질 + 용매)

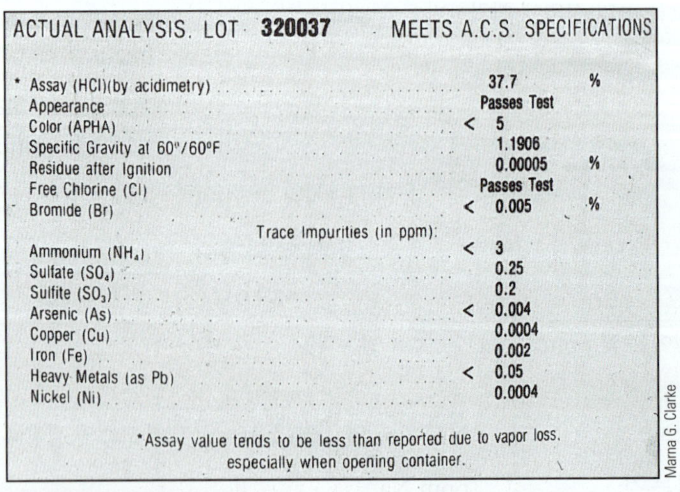

그림 10.2 ▸ **진한 염산 시약병의 표지.** 이 표지는 HCl의 질량 백분율(*assay*라고도 한다)과 밀도(또는 *비중*)를 나타낸다. 용액에 들어 있는 HCl의 몰랄 농도, 몰농도, 몰분율은 이 정보로부터 계산할 수 있다.

이러한 종류의 계산에는 하나의 주어진 농도 단위에서 얻기 위해 필요한 다른 여러 유형의 농도 단위가 있을 수 있다. 자료를 정리하기 위해서는 아래와 같은 표◀ⓘ를 만들어 채우는 것이 가장 좋은 방법이다.

ⓘ 일반적으로 복잡한 문제는 어디에서 시작하는지를 알면 풀 수 있다.

	몰수	← MM	질량	밀도 →	부피
용질					
용매					
용액					

여기에 표를 채우는 방법과 표를 사용하는 방법의 예를 들겠다. 어떤 용액 X (MM = 100.0 g/mol)의 농도가 1.35 *M*이고 밀도가 1.28 g/mL인 용액이 있다. 이 용액의 몰랄 농도를 구한다고 생각하자. 주어진 농도 단위는 몰농도이다. 몰농도의 정의(1000 mL의 용액에 1.35 mol의 용질이 들어 있다)를 기억하고, 그것에 따라서 표를 채워라. 구하고자 하는 농도는 몰랄 농도(용매 1 kg에 들어 있는 용질의 몰수)이다. 아래에 나타낸 표는 적당한 칸에 주어진 자료가 채워져 있으며, 몰랄 농도에 필요한 칸은 음영으로 나타내었다. 이것을 적용하면 표는 아래와 같이 된다.

	몰수	← MM	질량	밀도 →	부피
용질	1.35				
용매					
용액					1000 mL

용액의 질량과 용질의 질량을 안다면 용매의 질량을 계산할 수 있다. 용액의 밀도와 부피를 알고 있으므로 용액의 질량은 1280 g [(1.28 g/mL)(1000 mL)]임을 알 수 있다. 또한 용질의 질량은 135 g [(1.35 mol) (100.0 g/mol)]이다. 그러므로 용매의 질량은 1145 g (1280 g − 135 g) 또는 1.145 kg이다. 이것을 적용하면 표는 다음과 같이 된다.

	몰수	← MM	질량	밀도 →	부피
용질	1.35		135 g		
용매			1145 g		
용액			1280 g		1000 mL

이제 몰랄 농도를 구하는 것은 음영으로 나타낸 칸에 있는 자료를 몰랄 농도를 정의하는 식에 대입하는 단순한 문제가 되었다.

$$\text{몰랄 농도}(m) = \frac{n_{\text{용질}}}{\text{용매의 질량(kg)}} = \frac{1.35\ \text{mol}}{1.145\ \text{kg}} = 1.18\ m$$

몰농도와 몰랄 농도.
왼쪽에 있는 용액은 0.10 *M* 크로뮴산 포타슘 용액이다. 오른쪽은 같은 양(접시에 담겨 있는, 19.4 g)의 용질을 포함하는 0.10 *m* 크로뮴산 포타슘 용액이다. 0.10 *M* 크로뮴산 포타슘 용액은 1000 mL 플라스크에 19.4 g의 고체를 넣고 1 L가 되도록 물을 채워서 만든다. 0.10 *m* 용액은 1000 mL 플라스크에 고체를 넣고 1000 g의 물을 채운다. 0.10 *m* 용액의 부피가 약간 더 큰 것을 알 수 있다.

예제 10.4 주요 문제

그림 10.2에 나타낸 HCl 시약병의 표지에 주어진 정보를 이용하여 답하라.

a 병에 들어 있는 물의 질량 백분율은 얼마인가?

(계속)

분석

주어진 정보:	표지에서: HCl의 질량 % (37.7%)
알고자 하는 것:	H_2O의 질량 %

풀이

H_2O의 질량 %   100% = HCl의 질량 % + H_2O의 질량 %

H_2O의 질량 % = 100% − 37.7% = 62.3%

b HCl의 몰랄 농도는 얼마인가?

분석

주어진 정보:	표지에서: HCl의 질량 % (37.7%), (a)에서: H_2O의 질량 % (62.3%)
알고자 하는 것:	몰랄 농도, m

전략

1. 용액이 100.0 g이라고 가정한다.
2. 표를 그리고, 용질과 용매의 질량을 채운다. 몰랄 농도를 구하는 데 필요한 용질의 몰수와 용매의 질량(kg 단위) 칸을 음영 처리한다.
3. 용질의 몰수를 구하여 표의 칸에 넣는다.
4. 값들을 몰랄 농도에 대한 정의를 나타내는 다음 식에 대입한다.

$$m = \frac{\text{용질의 몰수}}{\text{용매의 질량(kg)}}$$

풀이

2. 표

	몰수 ←MM—	질량 —밀도→	부피
용질		37.7 g	
용매		62.3 g	
용액		100.0 g	

3. 용질의 몰수 $37.7\text{ g HCl} \times \frac{1\text{ mol}}{36.46\text{ g}} = 1.03\text{ mol}$

표

	몰수 ←MM—	질량 —밀도→	부피
용질	1.03	37.7 g	
용매		0.0623 kg	
용액		100.0 g	

4. m $\frac{1.03\text{ mol}}{0.0623\text{ kg}} = 16.5\ m$

c 병에 들어 있는 HCl의 몰농도는 얼마인가?

분석

주어진 정보:	표지에서: HCl의 질량 % (37.7%) (a)에서: H_2O의 질량 % (62.3%) (b)에서: 용질의 몰수(1.03)
알고자 하는 것:	M

(계속)

전략

1. (b)에서와 같은 표를 그린다. 몰농도를 구하는 데 필요한 용질의 몰수와 용액의 부피가 들어갈 칸을 음영으로 표시한다.

2. 용액의 부피를 구하고, 계산에 필요한 정보를 빈칸에 채운다.

3. 값들을 몰농도에 대한 정의를 나타내는 다음 식에 대입한다.

$$M = \frac{\text{용질의 몰수}}{\text{용액의 부피(L)}}$$

풀이

1. 표

	몰수	← MM — 질량	— 밀도 → 부피
용질	1.03	37.7 g	
용매		0.0623 kg	
용액		100.0 g	

2. $V_{\text{용액}}$

$$V_{\text{용액}} = \frac{\text{질량}}{\text{밀도}} = \frac{100.0\ \text{g}}{1.19\ \text{g/ml}} = 84.0\ \text{mL} = 0.0840\ \text{L}$$

표

	몰수	← MM — 질량	— 밀도 → 부피
용질	1.03	37.7 g	
용매		0.0623 kg	
용액		100.0 g	0.0840 L

3. M

$$M = \frac{\text{용질의 몰수}}{V_{\text{용액}}(\text{L})} = \frac{1.03\ \text{mol}}{0.0840\ \text{L}} = 12.3\ M$$

10-2 용해도의 원리

용질이 특정 용매에 녹는 정도는 몇 가지 요인에 따라 달라진다. 그중 가장 중요한 것은 다음과 같다.

- 용매 입자와 용질 입자의 성질과 입자들 사이의 상호 작용.
- 용액이 형성 되는 온도.
- 기체 용질의 압력.

이 절에서는 위의 요인들이 어떻게 **용해도**(solubility)에 영향을 미치는지를 차례로 살펴보기로 한다.

용매와 용질의 상호 작용

용해도를 논의할 때 때때로 "비슷한 것은 비슷한 것을 녹인다"라고 말한다. 이 말을 더 의미 있게 표현하면 분자 간에 작용하는 힘의 종류와 크기가 같은 물질들끼리 서로 잘 녹인다는 것을 나타낸다(그림 10.3). 예를 들어 펜테인(C_5H_{12})과 헥세인(C_6H_{14})을 살펴보자. 이들은 어떤 비율로도 서로 섞인다. 이 비극성 물질의 분자는 거의 같은 크기의 분산력(dispersion force)에 의해 서로 결합되어 있다. 펜테인 분자는 헥세인에 용액으로 섞일 때 분자 간 힘의 변화를 거의 느끼지 못한다.

그림 10.3 ▸ **용해도와 분자 간 힘.** 기름(*왼쪽*)은 비극성 분자로 구성되어 있다. 물은 극성이기 때문에 기름과 물은 잘 섞이지 않는다. 주로 부동액으로 사용되는 에틸렌 글라이콜(*오른쪽*)은 수소 결합을 형성하므로 어떤 비율로도 물과 섞인다.

> 고추의 "매운 맛"은 물을 마셔도 없어지지 않는데, 이는 매운 맛을 내는 물질이 비극성, 비수용성 물질이기 때문이다.

대부분의 비극성 물질은 물에 대한 용해도가 극히 낮다. 탄화수소의 혼합물인 석유는 물속에 용해되지 않고 수면 위에 얇은 막을 형성하며 퍼져 나간다. 포화 수용액에 녹은 펜테인(C_5H_{12})의 몰분율은 단지 0.0001이다. 이렇게 낮은 용해도는 물이 강한 수소 결합을 하고 있다는 것을 기억(제9장)하면 쉽게 이해할 수 있다. C_5H_{12}(분산력)과 H_2O(H 결합) 사이의 서로 다른 분자 간 힘은 용해도를 낮게 하는 이유가 된다.

물에 쉽게 용해되는 유기 화합물의 수는 많지 않은데, 물에 용해되는 화합물의 대부분은 —OH 기를 가지고 있다. 이에 속하는 세 가지 친숙한 예로, 메틸 알코올(메탄올), 에틸 알코올(에탄올), 에틸렌 글라이콜이 있는데 모두 물에 무한정 용해된다.

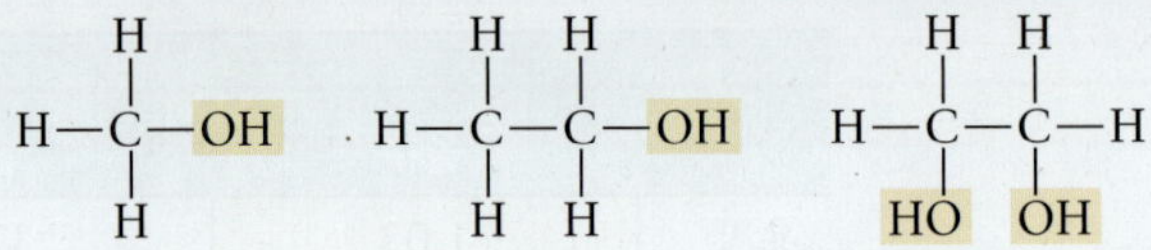

메틸 알코올 에틸 알코올 에틸렌 글라이콜

이들 화합물에서, 분자 간의 주된 인력은 물에서와 같이 수소 결합이다. 메틸 알코올과 같은 물질이 물에 녹을 때는 H_2O 분자들과 수소 결합을 형성한다. CH_3OH 분자와 H_2O 분자를 연결하는 이 수소 결합은 순수한 물질에서의 수소 결합만큼 강하다.

—OH 기를 포함하는 모든 유기 화합물이 물에 용해되는 것은 아니다(표 10.1). 몰질량이 증가함에 따라 극성 —OH 기는 분자의 점점 더 작은 부분(portion)이 된다. 동시에 비극성 탄화수소 부분이 더 커진다. 이 결과로 몰질량이 증가함에 따라 용해도는 감소한다. 뷰탄올, $CH_3CH_2CH_2CH_2OH$은 메탄올, CH_3OH보다 물에 대한 용해도가 훨씬 작다. 뷰탄올의 노란색으로 된 탄화수소 부분이 메탄올보다 훨씬 크다.

다른 비타민의 용해도(또는 불용해성)는 영양의 측면에서 매우 중요하다. 비타민 B와 C 분자는 물과 수소 결합을 형성할 수 있는 여러 개의 —OH 기를 가지고 있다(그림 10.4). 결과적으로, 이들은 수용성이어서 쉽게 체외로 배출되며 매일 섭취해야 한다. 이와는 반대로, 비타민 A, D, E, K 분자는 상대적으로 비극성이어서 물에 녹지 않는다. 이들 비타민은 쉽게 배출되지 않으며 지방 조직에 축적된다. 이것은 인체가 비타민 A, D, E, K 등이 가끔 부족할 때 축적된 지방 조직에서 끌어내 사용할 수 있다. 반대로 이들 비타민을 과량으로 섭취하면 체내에 매우 높은 농도로 축적되어 독성을 나타낼 수도 있다.

> 어떤 요인이 우세한지를 예상할 수 없으므로 용해도를 예상할 수 없다.

제4장에서 설명한 바와 같이 이온성 화합물의 물에 대한 용해도는 고체의 종류에 따라 매우 다양하다. 물에 용해되는 정도는 두 가지 전기적 힘의 균형에 달려 있다.

1. H_2O 분자와 이온 사이의 인력, 이 인력이 고체를 용액으로 만드는 경향이 있다. 만일 이 요인이 월등히 우세한 경우, 화합물은 물에 잘 녹는다. NaCl, NaOH 및 많은 다른 이온성 고체들이 이에 대한 예이다.
2. 반대로 하전된 이온들 사이의 인력, 즉 이 인력이 고체 상태로 유지시키려고 한다. 만일

표 10.1 ▸ 물에서 알코올의 용해도

물질	구조식	용해도(g 용질/L H_2O)
메틸 알코올	CH_3OH	완전 용해
에틸 알코올	CH_3CH_2OH	완전 용해
프로판올	$CH_3CH_2CH_2OH$	완전 용해
뷰탄올	$CH_3CH_2CH_2CH_2OH$	74
펜탄올	$CH_3CH_2CH_2CH_2CH_2OH$	27
헥산올	$CH_3CH_2CH_2CH_2CH_2CH_2OH$	6.0
헵탄올	$CH_3CH_2CH_2CH_2CH_2CH_2CH_2OH$	1.7

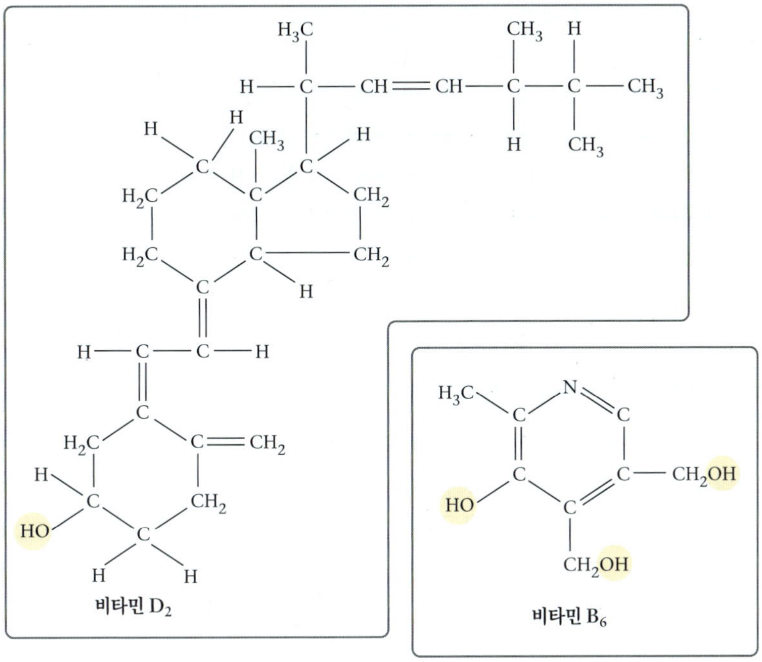

그림 10.4 ▸ **비타민 D_2와 B_6의 분자 구조.** 극성 작용기는 색으로 표시하였다. 비타민 D_2는 물에 용해되지 않으나 비타민 B_6는 용해된다.

이 인력이 주 요인이 된다면 물에 대한 용해도는 매우 낮다. $CaCO_3$나 $BaSO_4$가 물에 거의 녹지 않는다는 사실은 이온성 고체 화합물의 경우 이온 간의 상호 인력이 상대적으로 상당히 크다는 것을 의미한다.

용해도에 미치는 온도의 영향

과량의 질산 소듐($NaNO_3$)과 같은 고체를 물에 넣고 흔들면, 용액에 있는 이온과 고체 내의 이온 간에 평형이 이루어진다.

$$NaNO_3(s) \longrightarrow Na^+(aq) + NO_3^-(aq)$$

20°C의 포화 용액에는 물 100 g 당 87.6 g의 $NaNO_3$이 녹아 있다.

산소와 같은 기체를 물에 주입할 때도 이와 비슷한 평형이 형성된다.

$$O_2(g) \rightleftharpoons O_2(aq)$$

20°C, 1 atm에서 1 L의 물에 0.00138 mol의 O_2가 녹는다.

용해도 평형에 대한 온도 변화의 영향은 간단한 원리를 적용하면 예상할 수 있다. ***온도의 증가는 항상 흡열 과정에 유리하도록 평형의 위치를 이동시킨다.*** 용해 과정이 열을 흡수하면($\Delta H_{용해} > 0$), 온도 증가에 따라 용해도도 증가한다는 것을 의미한다. 반대로, 용해 과정이 열을 방출하면($\Delta H_{용해} < 0$), 온도 증가에 따라 용해도는 감소한다.

일반적으로 고체가 액체에 녹는 과정은 흡열 과정이다. 이는 결정 격자를 분해하기 위해 열이 흡수되어야 하기 때문이다.

$$\text{고체} + \text{액체} \rightleftharpoons \text{용액} \qquad \Delta H_{용해} > 0$$

예를 들어 질산 소듐은

$$\Delta H_{용해} = \Delta H_f^\circ\ Na^+(aq) + \Delta H_f^\circ\ NO_3^-(aq) - \Delta H_f^\circ\ NaNO_3(s) = +22.8\ kJ$$

이 효과와 일치하여 $NaNO_3$와 대부분의(그러나 전부는 아님) 다른 고체는 온도 증가에 따라 용해도가 증가한다(그림 10.5).

기체는 고체와 아주 다르게 거동한다. 기체가 액체로 응축되면 항상 열이 방출된다. 같은 이유로 기체가 액체에 용해될 때에도 열이 방출된다.

$$\text{기체} + \text{액체} \rightleftharpoons \text{용액} \qquad \Delta H_{용해} < 0$$

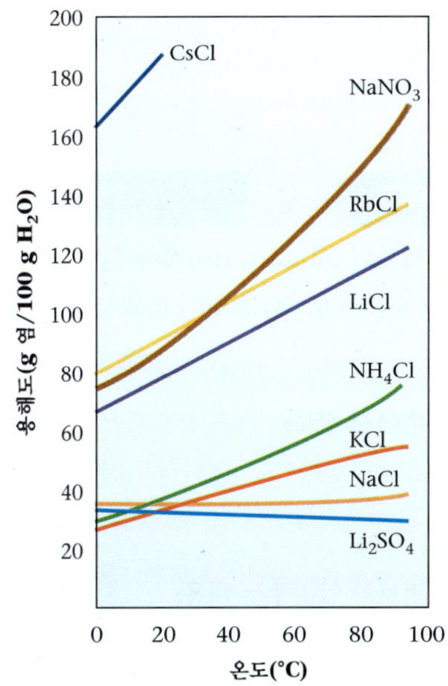

그림 10.5 ▸ **온도에 따른 이온성 화합물의 용해도.**

그림 10.6 ▸ **기체의 용해도와 온도.** 탄산 음료수 두 병은 저온(왼쪽)과 실온(오른쪽)에서 이산화 탄소의 극적인 용해도 차이를 보여 준다.

이것은 역과정(용액에서 기체가 나옴)이 흡열 과정이라는 것을 의미한다. 따라서 온도가 증가하면 역과정이 일어난다. 즉 온도가 증가하면 기체는 덜 녹는다. 이 규칙은 물에 대해서 모든 기체에 적용된다. 아마도 탄산 음료 병을 열 때 이러한 효과를 느낄 수 있을 것이다(그림 10.6). 이산화 탄소는 고온에서 용해도가 작아지므로 찬 음료수는 따뜻한 음료수보다 더 적은 기포를 발생한다. 같은 이유로 따뜻한 탄산 음료수는 찬 음료수보다 이산화 탄소 기체를 더 빨리 배출한다. 비커나 냄비에 든 물을 가열할 때 이 효과를 관찰해 본 적이 있을 것이다. 온도가 증가하면 물에서 공기 방울이 빠져나간다(그림 10.7a). 높은 온도에서 물에 대한 산소의 용해도가 감소하는 것은 송어가 뜨거운 여름 낮에는 용존 산소가 고갈된 물 표면보다는 물속 깊은 곳에 머물러 있는 이유를 설명해 준다.

▶ 용해도에 미치는 압력의 영향

압력은 기체-액체 계에 대해서만 용해도에 큰 영향을 준다. 주어진 온도에서 압력을 증가시키면 기체의 용해도, C_g가 증가한다. 실제로, 낮은 압력에서 보통의 압력 범위까지 기체의 용해도는 압력에 정비례한다(그림 10.7b).

$$C_g = kP_g \tag{10.2}$$

여기서 P_g는 용액 위에 가해지는 기체의 부분압, C_g는 용액에서 기체의 농도, k는 특정한 기체-액체 계에 대한 특징적인 상수이다. 이 관계는 John Dalton의 친구이며, 이 현상을 발견한 William Henry(1775~1836)의 이름을 따서 **Henry 법칙**(Henry's law)이라고 부른다.

Henry 법칙은 압력을 증가시키면 기체 상태에 있는 분자 농도가 증가되기 때문에 일어난다. 이러한 압력 변화에 대하여 평형이 유지되기 위해서는 더 많은 기체 분자가 용액 속으로 녹아들어가 액체 상태의 농도가 증가한다(그림 10.8).

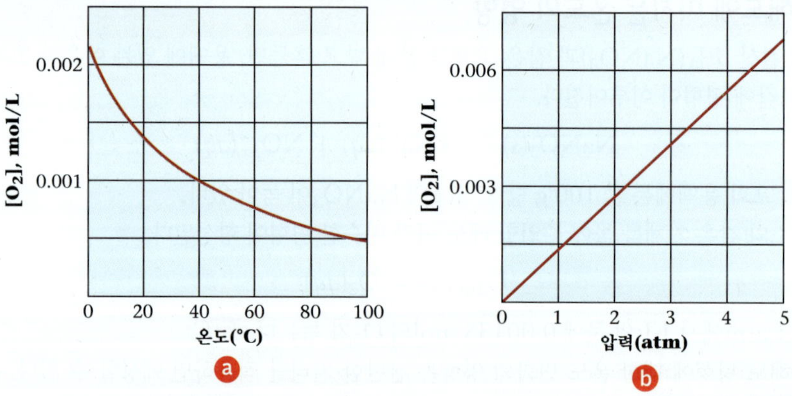

그림 10.7 ▸ **산소의 용해도.** 물에 대한 $O_2(g)$의 용해도는 온도가 증가하면 감소하고 (a), 압력이 커지면 증가한다(b). (a)에서 압력은 1 atm으로 일정하고, (b)에서 온도는 25°C로 일정하다.

예제 10.5

체온인 37°C, 1 atm에서 혈액에 대한 순수한 질소의 용해도는 $6.2 \times 10^{-4}\ M$이다. 전체 압력이 2.5 atm인 깊이의 물에서 공기 ($X_{N_2} = 0.78$)를 마시고 있는 잠수부의 혈중 질소의 농도를 계산하라.

분 석

주어진 정보:	1.00 atm에서 N_2의 용해도(C_{N_2})($6.2 \times 10^{-4}\ M$)
	X_{N_2} (0.78)
	$P_{전체}$ (2.5 atm)
정보가 알려주는 내용:	혈액에서 N_2에 대한 k
	P_{N_2}
알고자 하는 것:	2.50 atm에서 N_2의 용해도(C_{N_2})

(계속)

전략

1. 주어진 온도에서, k는 기체-액체 계의 성질에만 의존한다. Henry 법칙을 사용하여 k를 구하고, 1.00 atm에서 순수한 N_2에 대한 용해도를 구하라.

$$C_{N_2} = kP_{N_2}$$

2. 몰분율과 부분압과의 관계(제5장)를 사용하여 $P_{전체}$가 2.5 atm일 때 P_{N_2}를 구한다.

$$P_{N_2} = X_{N_2} P_{전체}$$

3. Henry 법칙에 대입하여 더 높은 압력에서의 C_{N_2}를 구한다.

풀이

1. k

$$k = \frac{C_{N_2}}{P_{N_2}} = \frac{6.2 \times 10^{-4}\ M}{1.00\ \text{atm}} = 6.2 \times 10^{-4}\ M/\text{atm}$$

2. P_{N_2}

$$P_{N_2} = X_{N_2}P_{전체} = (0.78)(2.5\ \text{atm}) = 2.0\ \text{atm}$$

3. C_{N_2}

$$C_{N_2} = kP_{N_2} = 6.2 \times 10^{-4}\ \frac{M}{\text{atm}} \times 2.0\ \text{atm} = 1.2 \times 10^{-3}\ M$$

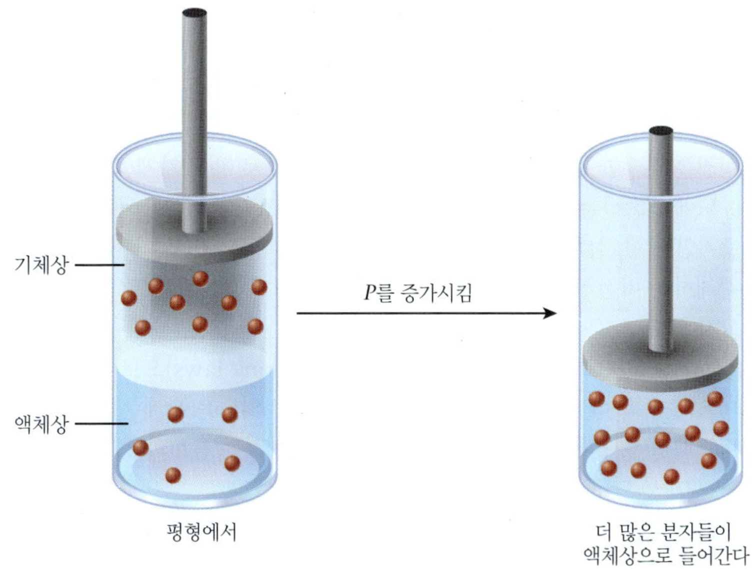

그림 10.8 ▸ **Henry 법칙의 작용.** 압력을 증가시키면 기체상의 부피가 감소되고, O_2 분자는 액체상으로 들어가서 더 많은 O_2가 용해된다.

ⓘ 스쿠버 다이버들은 잠수병을 걱정해야 한다.

기체의 용해도에 대한 부분압의 영향은 맥주, 스파클링 와인 및 많은 청량음료와 같은 탄산 음료 제조에 사용된다. 이들 음료수는 최대 4 atm의 CO_2 압력하에 병에 주입한다. 병이나 캔 음료의 뚜껑을 열면 액체 위의 압력이 1 atm으로 낮아지며 이산화 탄소 기포가 빠르게 용액 밖으로 나온다(그림 10.9). 면도 거품, 슈크림, 치즈 스프레드 등의 압력 용기들도 비슷한 원리로 작동한다. 밸브를 누르면 용해된 기체에 미치는 압력이 감소하고, 용액에서 기체가 빠져나와 액체를 거품의 형태로 빠져나가게 한다.

기체의 용해도에 대한 압력의 영향으로 인해 생기는 또 다른 결과는 매우 고통스럽고, 때에 따라서는 치명적일 수도 있는 소위 "잠수병"이라고 부르는 고통이다. ◂ⓘ 이는 잠수부가 깊은 물속에서(고압) 물 밖으로(저압) 급하게 나올 때 일어난다. 빠르게 압력이 낮아져서 혈액이나 다른 체액에 녹아 있던 공기가 기포로 빠져나온다. 이들 기포는 혈액 순환을 방해하고 신경 자극에 영향을 준다(그림 10.10). 이러한 영향을 최소화하기 위해 심해 잠수사들과 수중 작업자들은 압축 공기(질소-산소) 대신에 헬륨-산소 혼합 기체를 호흡한다. 헬륨의 용해도는 질소의 1/3밖에 되지 않으므로 압력 감소에 의해 용액에서 발생하는 기포의 양은 훨씬 적다.

그림 10.9 ▸ **Henry 법칙.** 압력이 감소하자마자 탄산 음료 속의 이산화 탄소는 기포 형태로 용액 밖으로 나오기 시작한다.

그림 10.10 ▸ 용해도는 압력의 영향을 받는다.

10-3 비전해질의 총괄성

용액의 성질은 순수한 용매의 성질과 상당히 다르다. 주로 용질 자체의 성질보다 주로 *용질 입자의 농도*에 의존하는 용액의 성질을 **총괄성**(colligative property)이라고 한다. 그런 성질에는 증기압 내림, 삼투압, 끓는점 오름, 어는점 내림 등이 있다. 이 절에서는 용액 내에서 분자로 존재하는 비전해질(nonelectrolyte)에 대하여 총괄성과 용질 농도 간의 상관 관계를 다루고자 한다.

총괄성과 용질 농도 사이의 관계는 극한 법칙(limiting laws)으로 간주된다. 극한 법칙은 용액이 묽을수록 더 잘 맞는다. 실제로 이 절에서 논의되는 관계는 1 *M* 농도에서 수% 이내의 비전해질에 대해서만 유효하다. 더 높은 농도에서는 용질과 용질 간의 상호작용 때문에 더 큰 편차를 나타낸다.

▶ 증기압 내림

진한 수용액은 순수한 물보다 더 천천히 증발한다는 사실을 경험한 적이 있을 것이다. 이것은 용액 위의 수증기압이 순수한 물의 증기압보다 작기 때문이다(그림 10.11).

증기압 내림(vapor pressure lowering)은 진정한 총괄성이다. 즉 용질의 종류에는 무관하고 용질의 농도에만 정비례한다. ⓘ 예를 들면 0°C에서 글루코스나 수크로스(sucrose; 설탕) 0.1 *M* 용액에서 물의 증기압은 순수한 물보다 대략 0.008 mm Hg 만큼 낮다. 0.30 *M* 용액에서 증기압 내림은 정확히 3배 높은 0.025 mm Hg이다.

ⓘ 증기압 내림은 용질의 몰분율에 정비례한다.

용매의 증기압과 농도 사이의 관계식은 보통 다음과 같다.

$$P_1 = X_1 P_1^\circ \quad (10.3)$$

이 식에서 P_1은 용액에서 용매 증기압을, P_1°는 같은 온도에서 순수한 용매의 증기압을, X_1은 용매의 몰분율을 나타낸다. 용액의 X_1은 항상 1보다 작으므로 P_1은 P_1°보다 작아야 한다. 이 관계를 **Raoult 법칙**(Raoult's law)이라고 부른다. François Raoult (1830~1901)은 증기압과 어는점 내림에 대한 세심한 많은 실험을 수행하였다.

증기압 내림에 관한 직접적인 식을 얻으려면 $X_1 = 1 - X_2$임을 주목하라. 여기서 X_2는 용질의 몰분율이다. Raoult 법칙에서 X_1 대신에 $1 - X_2$로 치환하면 다음 식이 된다.

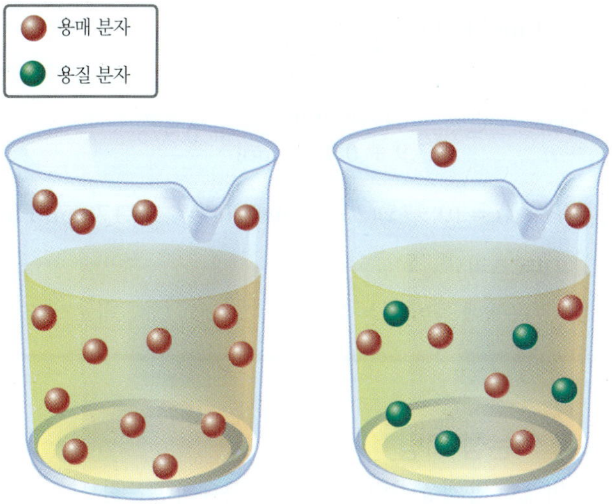

그림 10.11 ▸ **Raoult 법칙**. 용질을 가하면 액체상에서 용매 분자의 농도가 줄어든다. 평형을 유지하기 위해 기체상에서 용매 분자의 농도도 줄어야 한다. 따라서 용매의 증기압이 낮아진다.

$$P_1 = (1 - X_2)\,P_1^\circ$$

이를 다시 정리하면, 다음 식이 얻어진다.

$$P_1^\circ - P_1 = X_2 P_1^\circ$$

$(P_1^\circ - P_1)$의 양은 증기압 내림(ΔP)이다. 이것은 순수한 용매에서 증기압과 용액에서 용매의 증기압 차이다.

$$\Delta P = X_2 P_1^\circ \qquad (10.4)$$

예제 10.6

322 g의 물에 82.0 g의 글루코스($C_6H_{12}O_6$)가 녹아 있는 용액이 있다. 25°C에서 이 용액의 증기압을 계산하라(25°C에서 순수한 물의 증기압 = 23.76 mm Hg).

분석

주어진 정보:	용질인 글루코스의 질량(82.0 g)
	용매인 H_2O의 질량(322 g)
	25°C에서 순수한 물의 증기압(23.76 mm Hg)
정보가 알려주는 내용:	글루코스와 물의 몰질량
알고자 하는 것:	25°C에서 용액의 증기압

전략

1. 용질의 몰수, 용매의 몰수, 용매의 몰분율을 구한다.
2. 식 10.3에 대입한다. 여기서 아래 첨자 1은 용매를 나타낸다(이 경우에는 물).
   $P_1 = X_1 P_1^\circ$

풀이

1. 용질의 몰수 $\quad n_{\text{글루코스}} = 82.0\ \text{g} \times \dfrac{1\ \text{mol 글루코스}}{180.2\ \text{g}} = 0.455\ \text{mol}$

(계속)

용매의 몰수	$n_{H_2O} = 322\text{ g} \times \dfrac{1\text{ mol }H_2O}{18.02\text{ g}} = 17.9\text{ mol}$
용매의 몰분율	$X_{H_2O} = \dfrac{n_{H_2O}}{n_{H_2O} + n_{글루코스}} = \dfrac{17.9\text{ mol}}{(17.9 + 0.455)\text{ mol}} = 0.975$
2. P_{H_2O}	$P_{H_2O} = (X_{H_2O})(P°_{H_2O}) = (0.975)(23.76\text{ mm Hg}) = 23.17\text{ mm Hg}$

마무리 정리

용액에서 물의 증기압은 단지 0.59 mm Hg만 감소한다. 이것은 용액에 들어 있는 용질(글루코스)의 양이 비교적 적기 때문이다.

▶ 끓는점 오름과 어는점 내림

비휘발성 용질이 들어 있는 용액을 가열하면 순수한 용매의 끓는점보다 더 높은 온도에서 끓는다. 이와 같은 온도의 차이를 **끓는점 오름**(boiling point elevation), ΔT_b이라고 한다.

$$\Delta T_b = T_b - T_b°$$

여기서 T_b와 $T_b°$는 각각 용액과 순수한 용매의 끓는점이다. 용액이 계속 끓음에 따라 순수한 용매는 증발되어 없어지며, 용질의 농도는 증가한다. 따라서 끓는점은 계속 상승한다(그림 10.12).

용액이 냉각되면 순수한 용매의 어는점보다 더 낮은 온도에서 얼기 시작한다. 이와 같은 **어는점 내림**(freezing point lowering, ΔT_f)은 양의 값을 갖도록 정의한다.

$$\Delta T_f = T_f° - T_f$$

여기서 용매의 어는점인 $T_f°$는 용액의 어는점인 T_f보다 높은 온도이다. 얼기 시작하면 순수한 용매가 얼며, 따라서 용질의 농도가 증가된다. 그러므로 결과적으로 어는점은 계속 낮아진다. 이 현상은 "아이스 맥주"에서 응용되는데, 맥주를 0°C 이하로 냉각시키면 순수한 얼음이 분리되고 에틸 알코올의 백분율은 증가한다.

끓는점 오름은 증기압 내림의 직접적인 결과이다. 어떤 주어진 온도에서, 비휘발성 용질*의 용액은 순수한 용매보다 낮은 증기압을 갖는다. 따라서 용액이 끓기 전에, 즉 증기압이 외부 압력과 같아지기 전에 더 높은 온도에 도달해야 한다. 그림 10.13은 이러한 추론을 그래프로 보여주고 있다.

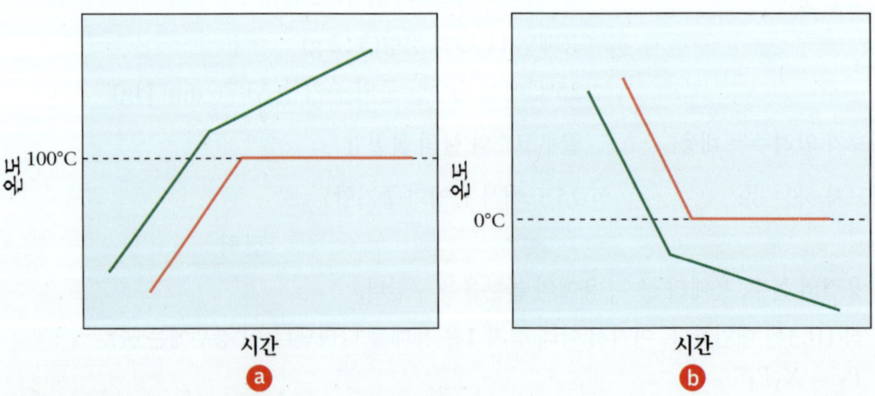

그림 10.12 ▸ **순수한 물(붉은색)과 수용액(녹색)에 대한 가열(a)과 냉각(b) 곡선.** 순수한 물은 끓거나 어는 동안 온도는 일정하게 유지된다. 용액은 상변화가 일어날 때 물이 제거되고 용질의 농도가 증가되기 때문에 온도는 꾸준히 변한다.

* 휘발성 용질은 일반적으로 끓는점을 낮춘다. 그 이유는 휘발성 용질들이 용액의 전체 증기압에 기여하기 때문이다.

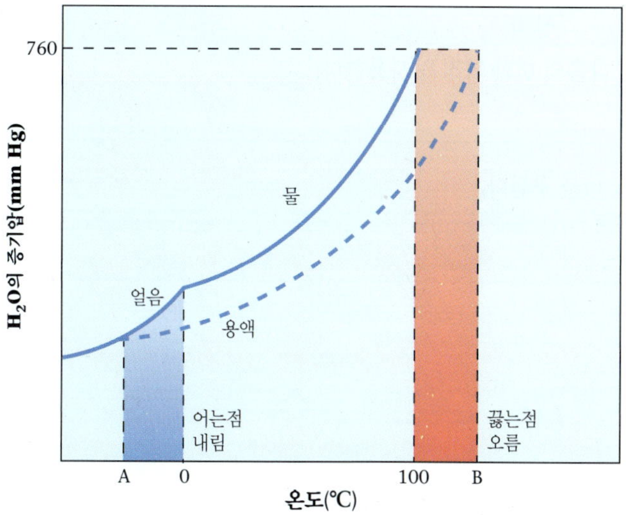

그림 10.13 ▸ **증기압 내림의 영향.** 비휘발성 용질은 용매의 증기압을 낮추기 때문에, 순수한 용매에 비해 용액의 끓는점은 더 올라가고 어는점은 더 내려간다. 수용액은 0°C *이하의* 점 A에서 얼고, 100°C *이상의* 점 B에서 끓는다.

어는점 내림도 끓는점 오름과 마찬가지로 용질에 의한 용매의 증기압 내림의 직접적인 결과이다. ◂ⓘ 그림 10.13에서, 용액의 어는점은 용액에서 용매의 증기압이 순수한 고체 상태 용매와 같은 증기압을 갖는 온도이다. 이는 용액이 얼 때 분리되는 것은 순수한 용매(즉, 얼음)임을 의미한다.

ⓘ 용질은 끓는점을 올리고, 어는점을 내린다.

끓는점 오름이나 어는점 내림도 증기압 내림처럼 총괄성이다. 이들은 용질의 농도에 정비례하며, 일반적으로 농도 단위로 몰랄 농도 m을 사용한다. 어는점 내림이나 끓는점 오름과 몰랄 농도와의 관계식은 다음과 같다.

$$\Delta T_b = k_b\ (\text{몰랄 농도})$$

$$\Delta T_f = k_f\ (\text{몰랄 농도})$$

이들 식의 비례상수 k_b와 k_f를 각각 *몰랄 끓는점 상수*(molal boiling point constant)와 *몰랄 어는점 상수*(molal freezing point constant)라고 부른다. 이 상수의 크기는 용매의 성질에 따라 다르다(표 10.2). 용매가 물일 때,

$$k_b = 0.52°\text{C}/m \qquad k_f = 1.86°\text{C}/m$$

임을 유의하라.

예제 10.7

50.0 g의 물에 50.0 cm^{3}의 에틸렌 글라이콜, $C_2H_6O_2$ (d = 1.12 g/cm^3)이 포함되어 있는 부동액을 제조하였다. 이 물질의 50-50 혼합물의 어는점을 계산하라.

분석

주어진 정보:	에틸렌 글라이콜의 부피(50.0 cm^3) 에틸렌 글라이콜의 밀도(1.12 g/cm^3) 물의 질량(50.0 g)
정보가 알려주는 내용:	에틸렌 글라이콜의 질량 에틸렌 글라이콜의 몰질량 물에 대한 k_f (표 10.2) 물의 어는점
알고자 하는 것:	용액의 어는점

(계속)

전략

1. 용액에 들어 있는 에틸렌 글라이콜의 몰수를 계산한다. 다음의 변환 과정을 사용한다:

$$\text{부피} \xrightarrow{\text{밀도}} \text{질량} \xrightarrow{\text{MM}} \text{몰수}$$

2. 몰랄 농도를 정의하는 식을 사용하여 용액의 몰랄 농도, m을 구한다.

$$m = \frac{\text{용질의 몰수}}{\text{용매의 질량(kg)}}$$

3. ΔT_f를 구한다.

$$\Delta T_f = k_f\,(m)$$

4. $T_{\text{용액}}$을 구한다.

$$\Delta T_f = T^\circ_{\text{용매}} - T_{\text{용액}}$$

풀이

1. 에틸렌 글라이콜의 몰수 $\quad 50.0\ \text{cm}^3 \times \frac{1.12\ \text{g}}{1\ \text{cm}^3} \times \frac{1\ \text{mol}}{62.04\ \text{g}} = 0.903\ \text{mol}$

2. m $\quad m = \frac{\text{용질의 몰수}}{\text{용매의 질량(kg)}} = \frac{0.903\ \text{mol}}{0.05000\ \text{kg}} = 18.1\ m$

3. ΔT_f $\quad \Delta T_f = k_f(m) = (1.86°\text{C}/m)(18.1\ m) = 33.7°\text{C}$

4. $T_{\text{용액}}$ $\quad T_{\text{용액}} = T^\circ_{\text{용매}} - \Delta T_f = 0°\text{C} - 33.7°\text{C} = -33.7°\text{C}$

마무리 정리

실제로, 어는점은 다소 더 낮은 약 −37°C이다. 사용한 식인 $\Delta T_f = k_f(m)$은 극한 법칙으로 엄밀하게 매우 묽은 용액에서만 유효하다.

표 10.2 ▸ **몰랄 어는점 상수와 몰랄 끓는점 상수**

용매	어는점(°C)	k_f (°C/m)	끓는점(°C)	k_b (°C/m)
물	0.00	1.86	100.00	0.52
아세트산	16.66	3.90	117.90	2.53
벤젠	5.50	5.10	80.10	2.53
사이클로헥세인	6.50	20.2	80.72	2.75
장뇌	178.40	40.0	207.42	5.61
p-다이클로로벤젠	53.1	7.1	174.1	6.2
나프탈렌	80.29	6.94	217.96	5.80

겨울철에는 자동차의 라디에이터에 부동액을 넣어서 어는 온도를 낮춘다. 에틸렌 글라이콜, $HO(CH_2)_2OH$은 흔히 사용되는 용질이다. ⓘ 이 물질은 끓는점이 높고(197°C), 100°C에서 사실상 비휘발성이며 물의 끓는점을 높인다. 따라서 에틸렌 글라이콜을 함유한 부동액은 여름철에 운전할 때도 끓어오르지 않는다.

ⓘ 프로필렌 글라이콜, $HO-(CH_2)_3-OH$은 훨씬 독성이 작다.

▶ 삼투압

증기압 내림의 흥미로운 효과 중 하나를 그림 10.14의 왼쪽에 나타내었다. 여기서 두 비커

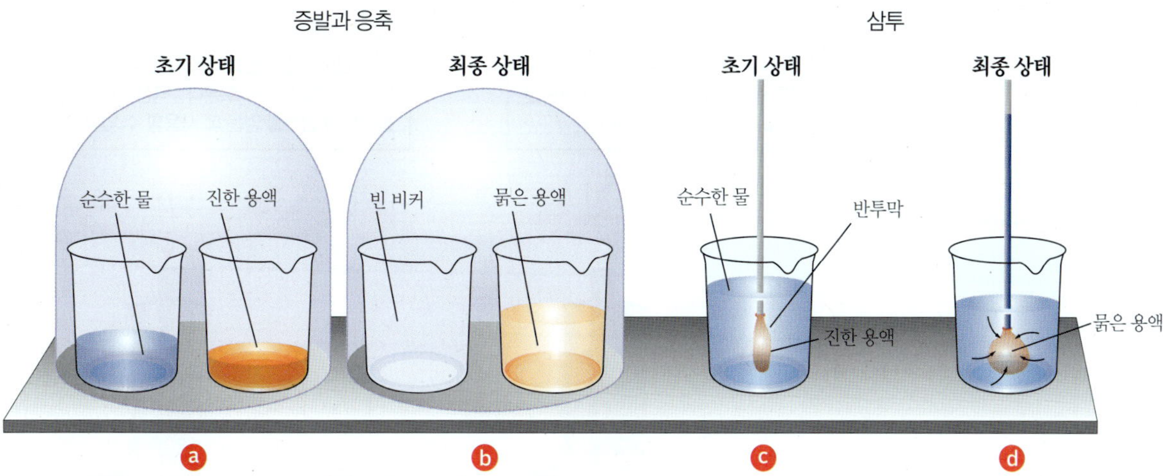

그림 10.14 ▸ **증발과 응축(a와 b); 삼투(c와 d).** 물은 증기압이 높은 부분에서 낮은 부분으로 자발적으로 이동하는 경향이 있다. a → b에서는 종 모양의 용기 안에 갇힌 공기를 통해서 물 분자의 이동이 일어난다. c → d에서는 삼투에 의해 반투막을 통하여 물 분자들이 이동한다. 두 경우에 메커니즘은 다르지만 추진력(driving force)은 같다.

중 하나에는 순수한 물이 담겨 있고 다른 하나에는 설탕 용액이 담겨 있다. 그리고 이들을 밀폐된 공간 안에 서로 가까이 놓아둔다(그림 10.14a). 시간이 지남에 따라 용액이 담긴 비커의 수면은 올라가고 순수한 물이 담긴 비커의 수면은 내려간다. 결국 증발과 응축을 통해 모든 물이 용액으로 이동한다(그림 10.14b). 실험이 끝나면 순수한 물이 담겨 있던 비커는 비게 된다. 이 과정의 추진력은 두 비커에 들어 있는 물의 증기압 차이이다. *물은 증기압 또는 몰분율이 높은 곳(순수한 물에서 $X_1 = 1$)에서 낮은 곳(설탕 용액에서 $X_1 < 1$)으로 이동한다.*

그림 10.14c와 d에 나타낸 장치를 사용하면 그림 10.14a와 b의 실험에서 관찰한 것과 비슷한 결과가 얻어진다. 이 경우에 설탕 용액은 반투막에 의해 물과 분리되어 있다. 이러한 반투막은 방광, 식물성 조직, 양피지 등이다. 이와 같은 반투막은 물은 통과하지만 설탕 분자는 통과하지 못하는데, 메커니즘은 잘 알려져 있지 않다. ◂ⓘ 앞에서와 같이, 여기서 물은 몰분율이 높은 곳(순수한 물)에서 낮은 곳(설탕 용액)으로 이동한다. 용매만 통과하는 반투막에서 일어나는 이 과정을 **삼투**(osmosis)라고 한다. 삼투의 결과로 관 속의 수위는 올라가고 비커의 물은 줄어든다(그림 10.14d).

ⓘ 반투막은 분자체(molecular sieve)와 같은 역할을 한다.

삼투압 π는 삼투를 막기 위해 필요한 외부 압력 P와 같다(그림 10.15). 만일 외부 압력 P가 π보다 작으면 정상적인 삼투가 일어나서 물은 반투막을 통해 용액으로 이동한다(그림 10.15a). 외부 압력을 충분히 크게 하면 이 과정을 바꿀 수 있다(그림 10.15b). $P > \pi$면 물 분자는 반투막을 통해 용액에서 순수한 물 쪽으로 이동한다. 이 과정을 *역삼투*(reverse osmosis)라고 하며, 사우디아라비아를 포함한 세계의 건조한 지역에서 바닷물로부터 담수를 얻는 데 사용되고 있다.◂ⓘ 이 방법은 단풍나무 수액을 농축하여 메이플 시럽을 만드는 데도 사용된다.

ⓘ 역삼투 과정은 에너지를 흡수하지만 사우디아라비아에는 많은 에너지가 있다.

삼투압(osmotic pressure)은 증기압 내림과 마찬가지로 총괄성이다. 비전해질의 경우 π는 몰농도, M에 정비례한다. 두 물리량 사이의 관계식은 이상 기체 법칙과 매우 유사하다.

$$\pi = \frac{nRT}{V} = MRT \tag{10.5}$$

여기서 R은 기체 법칙 상수, 0.0821 L · atm/mol · K이고, T는 절대 온도이다. 묽은 용액이라도 삼투압은 꽤 크다. 그 일례로 25°C, 0.10 M 용액을 살펴보자.

$$\pi = (0.10\ \text{mol/L})\left(0.0821\ \frac{\text{L}\cdot\text{atm}}{\text{mol}\cdot\text{K}}\right)(298\ \text{K}) = 2.4\ \text{atm}$$

2.4 atm의 압력은 25 m 높이의 물기둥에 해당한다.

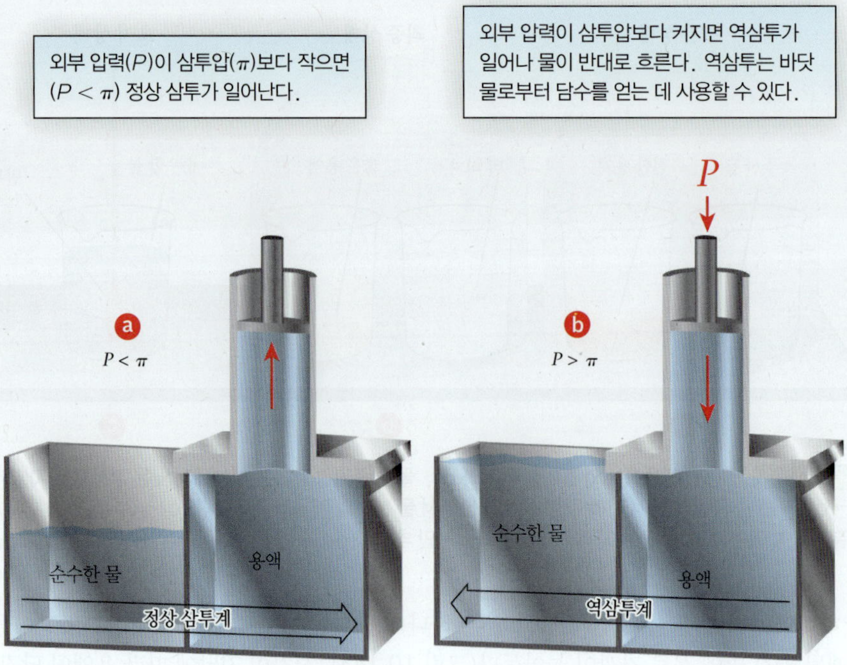

그림 10.15 ▸ **역삼투.**

예제 10.8

15°C에서 50.0 g의 설탕($C_{12}H_{22}O_{11}$)을 충분한 물에 녹여 전체 부피가 1 L인 설탕물을 만들었다. 이 용액의 삼투압을 계산하라.

분석

주어진 정보:	T (15°C)
	설탕의 질량(50.0 g)
	용액의 부피(1.00 L)
정보가 알려주는 내용:	설탕의 몰질량
	R 값
알고자 하는 것:	용액의 삼투압 (π)

전략

1. 다음의 변환 과정을 사용하여 용액의 몰농도(M)를 구한다.

$$\text{용질의 질량} \xrightarrow{\text{MM}} \text{용질의 몰수} \xrightarrow{\text{용액의 } V} (M)$$

2. 식 10.5에 대입하여 삼투압 π를 구한다. R 값은 0.0821 L · atm/mol · K을 사용한다.

풀이

1. 용질의 몰수

$$50.0\ \text{g} \times \frac{1\ \text{mol}}{342.3\ \text{g}} = 0.146\ \text{mol}$$

M

$$M = \text{용질의 몰수/용액의 부피(L)} = 0.146\ \text{mol}/1.000\ \text{L} = 0.146\ M$$

2. π

$$\pi = MRT = 0.146\ \frac{\text{mol}}{\text{L}} \times 0.0821\ \frac{\text{L} \cdot \text{atm}}{\text{mol} \cdot \text{K}} \times (273 + 15)\text{K} = 3.45\ \text{atm}$$

그림 10.16 ▸ **오이와 자두에 대한 삼투 효과.** 오이를 절일 때, 오이의 물이 삼투에 의해 진한 소금물로 이동한다. 말린 자두를 순수한 물에 담그면 삼투에 의해 물이 자두 속으로 이동하여 자두가 다시 팽팽해진다.

오이를 진한 소금물에 담가 두면 쭈글쭈글한 오이 피클이 만들어진다. ◂ⓘ 오이의 표피는 반투막 역할을 한다. 오이 내부의 수용액은 외부 용액보다 농도가 낮다. 결과적으로 오이 내부의 물이 소금물 쪽으로 흘러나온다(그림 10.16).

ⓘ 설거지하는 사람의 손도 역시 쭈글쭈글해진다.

말린 자두를 물에 넣으면 자두 껍질도 역시 반투막 역할을 한다. 이번에는 자두 안의 용액이 물보다 진하므로 물이 자두 속으로 들어가 쭈글쭈글한 것이 펴지게 된다.

정맥 주사에 사용되는 영양 수액은 혈액과 *등장액*(istonic)이어야 한다. 즉, 영양 수액은 혈액과 같은 삼투압을 가져야 한다. 만일 수액이 너무 묽으면 혈액 세포 안의 체액보다 삼투압이 작을 것이다. 그러한 경우에는 혈액 세포 안으로 물이 흘러 들어가서 혈액 세포가 터질 것이다. 이와 반대로 만일 영양 수액의 용질 농도가 너무 높으면 세포 밖으로 물이 흘러나와 세포는 쪼그라들어 죽을 것이다.

▶ 총괄성을 이용한 비전해질의 몰질량 측정

총괄성, 특히 어는점 내림을 이용하면 많은 비전해질의 몰질량을 결정할 수 있다. 몰질량을 결정하는 과정을 예제 10.9 및 10.10에 설명하였다.

예제 10.9

한 여학생이 사이클로헥세인에 용해된 미지의 고체 1.00 g의 몰질량을 결정하려고 한다. 그녀는 용매에 관한 다음과 같은 관련 정보를 제공받았다.

용액에서 용매의 부피: 225 mL

어는점: 6.50°C

어는점 상수: 20.2°C/*m*

밀도: 0.779 g/mL

그녀는 어는점 결정 실험에서 용액의 어는점이 6.18°C임을 알아냈다. 용질의 몰질량은 얼마인가?

분석

주어진 정보:	용질의 질량(1.00 g)
	용매의 부피(225 mL)
	용액의 어는점, T_f (6.18°C)
	용매—사이클로헥세인: 어는점, T_f° (6.50°C), k_f (20.2°C/*m*, 밀도(0.779 g/mL)
정보가 알려주는 내용:	용매의 질량
	ΔT_f
알고자 하는 것:	용질의 몰질량

(계속)

전략

1. 어는점 내림을 구한다.

$$\Delta T_f = T_f^\circ - T_f$$

2. 용액의 몰랄 농도를 구한다.

$$\Delta T_f = mk_f$$

3. 밀도를 사용하여 용매의 질량(kg 단위)을 구한다.
4. 몰랄 농도를 정의하는 식을 사용하여 용질의 몰수를 구한다.
5. 용질의 질량과 몰수를 이용하여 몰질량을 구한다.

풀이

1. ΔT_f	$\Delta T_f = T_f^\circ - T_f = 6.50°C - 6.18°C = 0.32°C$
2. m	$m = \frac{\Delta T_f}{k_f} = \frac{0.32°C}{20.2°C/m} = 0.016\ m$
3. 용매의 질량	$225\ mL \times 0.779\ \frac{g}{mL} \times \frac{1\ kg}{1000\ g} = 0.175\ kg$
4. 용질의 몰수	용질의 몰수 = (m)(용매의 질량) = $(0.016\ mol/kg)(0.175\ kg) = 2.8 \times 10^{-3}\ mol$
5. 몰질량	몰질량 = $\frac{질량}{몰수} = \frac{1.00\ g}{2.8 \times 10^{-3}\ mol} = 3.6 \times 10^2\ g/mol$

어는점 내림을 이용하여 몰질량을 측정하는 실험을 할 때, 용질이 쉽게 녹는 용매를 선택하여야 한다. 보통 여러 가지 용매가 사용 가능하다. 이들 중에서 k_f 값이 가장 큰 것을 선택하는 것이 좋다. 이것은 ΔT_f를 크게 하여 어는점 측정에 따른 백분율 오차를 감소시킬 수 있기 때문이다. 이러한 관점에서 볼 때 사이클로헥세인 또는 다른 유기 용매들은 k_f 값이 더 크므로 물보다 더 좋은 선택이라고 할 수 있다.

몰질량은 다른 총괄성을 사용하여 측정할 수도 있다. 특히 큰 몰질량을 갖는 용질에 대해서는 삼투압 측정을 이용하여 몰질량을 구할 수 있는데, 용질의 농도가 비교적 낮은 용액에 적용된다. 삼투압을 이용하는 장점은 효과가 비교적 크게 나타나는 데 있다. 예를 들어 0.0010 M 수용액의 총괄성을 측정하면 다음과 같다.

$$25°C에서\ \pi = 0.024\ atm = 18\ mm\ Hg$$
$$\Delta T_f \approx 1.86 \times 10^{-3}\ °C$$
$$\Delta T_b \approx 5.2 \times 10^{-4}\ °C$$

0.001°C의 온도 차이는 정확하게 측정하기가 본질적으로 불가능하지만, 18 mm Hg의 압력은 비교적 쉽게 측정할 수 있다.

예제 10.10

미지의 용질 2.00 g과 물 275 mL (d = 1.00 g/mL)로 이루어진 용액이 있다. 25°C에서 이 용액의 삼투압을 측정하였더니 0.872 atm이었다. 미지 용질의 몰질량은 얼마인가?

분석

주어진 정보:	용질의 질량(2.00 g)
	용매의 부피(275 mL)

(계속)

	π (0.872 atm); T (25°C)
	용매의 밀도(1.00 g/mL); 용액의 밀도(1.00 g/mL)
정보가 알려주는 내용:	용액의 질량
	용액의 부피
	R 값
알고자 하는 것:	용질의 몰질량

전략

1. 식 10.5에 대입하여 몰농도 M을 구한다.

$\pi = MRT$

2. 먼저 용액의 질량을 구하고, 용액의 부피를 계산한다.

용액의 질량 = 용질의 질량 + 물의 질량

용액의 부피 = 질량/밀도

3. 몰농도를 정의하는 식을 사용하여 용질의 몰수를 구한다.

M = 용질의 몰수/용액의 부피(L)

4. 몰질량을 구한다. 몰질량 = 질량/몰수

풀이

1. M

$$M = \frac{\pi}{RT} = \frac{0.872 \text{ atm}}{(0.0821 \text{ L}\cdot\text{atm/mol}\cdot\text{K})(298 \text{ K})} = 0.0356 \text{ mol/L}$$

2. 용액의 부피

용액의 질량 = 용질의 질량 + 용매의 질량

$= 2.00 \text{ g} + (275 \text{ mL} \times 1.00 \text{ g/mL}) = 277 \text{ g}$

$$\text{용액의 부피} = \frac{277 \text{ g}}{1.00 \text{ g/mL}} = 277 \text{ mL} = 0.277 \text{ L}$$

3. 용질의 몰수

용질의 몰수 = MV = (0.0356 mol/L)(0.277 L) = 0.00987 mol

4. 몰질량

몰질량 = 질량/몰수 = 2.00 g/0.00987 mol = **203 g/mol**

10-4 전해질의 총괄성

앞에서 언급했듯이 용액의 총괄성은 용질 *입자*(particle)의 농도에 정비례한다. 이를 근거로 같은 농도일 때 전해질이 비전해질보다 총괄성에 미치는 영향이 더 클 것이라고 합리적으로 예상할 수 있다. 글루코스(glucose)와 같은 비전해질 1 mol이 물에 녹으면 용질 분자 1 mol이 얻어진다. 반면에, 전해질인 NaCl 1 mol은 2 mol의 이온을 생성한다(1 mol의 Na^+, 1 mol의 Cl^-). 염화 칼슘($CaCl_2$) 1 mol은 3 mol의 이온을 생성한다(1 mol의 Ca^{2+}와 2 mol의 Cl^-).

이 추론은 실험적으로 확인되었다. 일례로, 25°C에서 농도가 모두 1.0 M인 글루코스, 염화 소듐, 염화 칼슘 용액의 증기압 내림을 비교해 보자.

	글루코스	NaCl	$CaCl_2$
ΔP	0.42 mm Hg	0.77 mm Hg	1.3 mm Hg

많은 전해질의 ΔP가 너무 커서 습한 공기에 노출된 고체는 물을 흡수한다(*조해한다*, deli-

그림 10.17 ▸ 눈이 쌓인 도로에 소금, NaCl을 뿌리는 트럭.

quesces). 포화 용액의 증기압이 순수한 물의 30%밖에 되지 않는 염화 칼슘에서 이와 같은 현상이 일어난다. 상대 습도가 30% 이상인 공기에 건조된 $CaCl_2$를 놓아두면 물을 흡수하여 포화 용액을 형성한다. 용액의 증기압이 공기 중의 물의 증기압과 같게 될 때까지 조해가 계속된다.

전해질 용액의 어는점은 증기압과 같이 동일한 농도의 비전해질 용액의 어는점보다 더 낮다. 염화 소듐과 염화 칼슘은 고속도로에서 얼음의 녹는점을 낮추는 데 사용된다. ⓘ 즉, 염화 소듐과 염화 칼슘 수용액의 어는점은 각각 −21°C와 −55°C까지 내려간다(그림 10.17).

ⓘ 염화 포타슘은 환경에 미치는 영향이 작으므로 가정용으로 판매된다.

물에서 전해질에 의한 어는점 내림을 계산하려면 다음의 일반식을 사용한다.

$$\Delta T_f = i \times 1.86°C/m \times \text{몰랄 농도} \qquad (10.6)$$

이 식의 곱하는 수 i는 *Van't Hoff 계수*로 알려져 있다. 이 수는 용질 1 mol 당 용액에 들어 있는 입자의 몰수(분자 또는 이온)를 말해 준다. 설탕이나 다른 비전해질의 i는 1이다.

$$C_{12}H_{22}O_{11}(s) \longrightarrow C_{12}H_{22}O_{11}(aq); \qquad 1 \text{ mol 설탕} \longrightarrow 1 \text{ mol 분자}$$

NaCl이나 $CaCl_2$의 경우에 i는 각각 2와 3이다.

$$NaCl(s) \longrightarrow Na^+(aq) + Cl^-(aq); \qquad 1 \text{ mol NaCl} \longrightarrow 2 \text{ mol 이온}$$

$$CaCl_2(s) \longrightarrow Ca^{2+}(aq) + 2Cl^-(aq); \qquad 1 \text{ mol } CaCl_2 \longrightarrow 3 \text{ mol 이온}$$

다른 총괄성에도 비슷한 식이 적용된다.

$$\Delta T_b = i \times 0.52°C/m \times \text{몰랄 농도} \qquad (10.7)$$

$$\pi = i \times \text{몰농도} \times RT$$

예제 10.11

KNO_3와 $Cr(NO_3)_3$의 0.20 *m* 수용액에 대한 어는점을 예상하라.

여기서 i는 1 mol의 전해질에서 생성되는 이온의 몰수로 가정한다.

분석

주어진 정보:	용액의 몰랄 농도
정보가 알려주는 내용:	i; k_f; T_f^o
알고자 하는 것:	T_f

전략

1. 용질이 이온화된 후 존재하는 이온의 몰수를 세어 i를 결정한다.
2. 식 10.6에 적용하여 ΔT를 구한다. 그 다음 용액의 어는점, T_f를 구한다.

풀이

KNO_3: i	$KNO_3(s) \rightarrow K^+(aq) + NO_3^-(aq)$
	2개의 이온: 1개의 K^+와 1개의 NO_3^-; $i = 2$
T_f	$\Delta T = i\, k_f\, m = 2(1.86°C/m)(0.20\ m) = 0.74°C$
	$T_f = T_f° - \Delta T = 0°C - 0.74°C = -0.74°C$
$Cr(NO_3)_3$: i	$Cr(NO_3)_3(s) \rightarrow Cr^{3+}(aq) + 3NO_3^-(aq)$
	4개의 이온: 1개의 Cr^{3+}와 3개의 NO_3^-; $i = 4$
T_f	$\Delta T = i\, k_f\, m = 4(1.86°C/m)(0.20\ m) = 1.5°C$
	$T_f = T_f° - \Delta T = 0°C - 1.5°C = -1.5°C$

표 10.3 ▸ 용액의 어는점 내림

	ΔT_f 측정 값(°C)		i(ΔT_f에서 계산 값)	
몰랄 농도	NaCl	$MgSO_4$	NaCl	$MgSO_4$
0.00500	0.0182	0.0160	1.96	1.72
0.0100	0.0360	0.0285	1.94	1.53
0.0200	0.0714	0.0534	1.92	1.44
0.0500	0.176	0.121	1.89	1.30
0.100	0.348	0.225	1.87	1.21
0.200	0.685	0.418	1.84	1.12
0.500	1.68	0.995	1.81	1.07

표 10.3의 자료를 보면 상황은 지금까지 논의했던 것과 같이 간단하지는 않다는 것을 알 수 있다. NaCl이나 $MgSO_4$의 관찰된 어는점 내림은 $i = 2$일 것으로 예상한 값보다 작다. 예를 들면 0.50 m의 NaCl 용액과 $MgSO_4$ 용액의 경우 각각 -1.68°C와 -0.995°C에서 얼지만 예상된 어는점은 -1.86°C이다. 매우 묽은 용액에서만 곱하는 수 i는 예상된 값인 2에 가깝다.

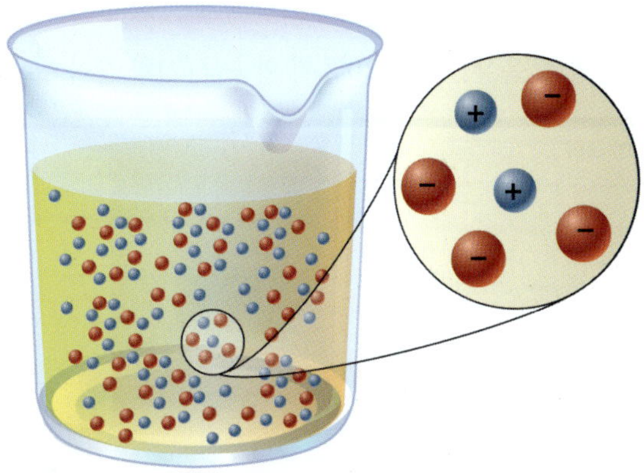

그림 10.18 ▸ 이온 분위기. 평균적으로, 이온은 같은 전하의 이온들보다 반대 전하의 이온들로 더 많이 둘러싸여 있다.

이러한 거동은 일반적으로 전해질의 전형적인 거동이다. 이들의 총괄성은 1 m 이하의 농도에서도 이상적인 값에서 많이 벗어난다. 이러한 효과에 대한 최소한 두 가지 이유가 있다.

1. 정전기적 인력 때문에 용액에 있는 이온은 같은 전하가 아닌 반대 전하를 띠는 이온들로 둘러싸이는 경향이 있다(그림 10.18). 이 *이온 분위기*(ionic atmosphere)의 존재는 1923년 네덜란드의 물리학자 Peter Debye(1884~1966)가 처음으로 제안하였으며, 이온들은 이온 분위기 때문에 완전히 독립된 용질 입자로 거동하지 못한다. 그 결과 이온이 총괄성에 미치는 영향은 비전해질 분자가 미치는 영향에 비해 다소 효과가 작다.
2. 반대로 하전된 이온들은 서로 강하게 끌어당겨 *이온쌍*(ion pair)이라는 별도의 화학종을 형성한다. 이러한 효과는 작은 전하(+1, −1)를 갖는 NaCl과 같은 전해질에서는 본질적으로 일어나지 않는다. 그러나 $MgSO_4$ (+2, −2 이온)에서 이온쌍 형성은 중요한 역할을 한다. 0.1 m의 낮은 농도에서도 자유 Mg^{2+}와 SO_4^{2-} 이온들보다 $MgSO_4$ 이온쌍이 더 많다.

어는점 내림(또는 다른 총괄성)은 수용액에서 약전해질의 해리 정도를 측정하는 데에도 사용된다. 그 과정을 예제 10.12에서 설명하기로 한다.

예제 10.12 개념 문제

0.50 m 옥살산($H_2C_2O_4$) 수용액의 어는점은 -1.12°C이다. 다음 반응식 중 옥살산이 물에 녹을 때 일어나는 반응을 가장 적절하게 나타낸 것은 어느 것인가?

(1) $H_2C_2O_4(s) \longrightarrow H_2C_2O_4(aq)$

(2) $H_2C_2O_4(s) \longrightarrow H^+(aq) + HC_2O_4^-(aq)$

(3) $H_2C_2O_4(s) \longrightarrow 2H^+(aq) + C_2O_4^{2-}(aq)$

(계속)

분석	
주어진 정보:	m (0.50) $T_f = -1.12°C$
정보가 알려주는 내용:	k_f; T_f°
알고자 하는 것:	옥살산의 해리를 가장 적절하게 나타낸 반응식은 어느 것인가?

전략

1. 식 10.6을 사용하여 3개의 반응식 모두에 대한 i를 구한다.
2. 계산한 i 값은 반응식 (1)에 대한 것은 1, 반응식 (2)에 대한 것은 2, 반응식 (3)에 대한 것은 3이 되어야 한다.

풀이

i

$$i = \frac{\Delta T}{k_f m} = \frac{0°C - (-1.12°C)}{(1.86°C/m)(0.50\ m)} = 1.2$$

반응식 (1)이 1.2에 가장 가까운 값을 나타낸다.

마무리 정리

실제로, 옥살산의 약 20%가 반응식 (2)와 같이 이온화한다.

생활 속의 화학 이야기 | *CHEMISTRY **BEYOND** THE CLASSROOM*

메이플 시럽(maple syrup)

단풍나무의 수액을 채취하여 이를 시럽 또는 설탕으로 변환시키는 과정은 이 장에서 논의된 많은 원리들을 보여준다. 더욱이 New-England 북부에서는 메이플 시럽을 만드는 것이 한겨울과 "진흙의 계절(mud season)" 사이의 3월 한 달을 보내는 흥미로운 방식이다(그림 A).

단풍나무 수액의 흐름을 일으키는 추진력(driving force)은 결코 분명하지 않다. 수크로스(MM = 324 g/mol) 2%인 수액의 삼투압을 계산하면 다음과 같다.

$$\pi = \frac{20/342\ \text{mol}}{1\ \text{L}} \times 0.0821\ \frac{\text{L} \cdot \text{atm}}{\text{mol} \cdot \text{K}} \times 280\ \text{K} = 1.3\ \text{atm}$$

이 압력은 물을 45 ft 높이로 올리기에 충분한 것이다. 사실상 단풍나무는 그보다 큰 것도 많다. 이뿐만 아니라 단풍나무는 베어진 후에도 며칠 동안 계속 수액을 흘린다. 다른 이론에 따르면 수액은 호흡과정에서 생성된 $CO_2(g)$의 기포에 의해 나무 밖으로 밀려나온다고 한다. 밤이 되어 온도가 내려가면 이산화 탄소는 용액 안으로 용해되어 수액이 흘러나오지 않는다. 이것은 온도에 대한 수액 흐름의 민감성을 설명해 준다. 온도가 15°C 내려가면 이산화 탄소의 물에 대한 용해도는 두 배로 증가한다.

만일 한 계절에 약 10~20 L 정도의 소규모로 단풍 시럽을 만들려면 몇 가지 원칙을 지켜야 한다.

1. 수액을 채취하고자 하는 나무가 *단풍나무*인가를 확인하여야 한다. 이와 유사한 헴록(hemlock)이라는 나무를 선택하면 안 된다. 잎사귀가 떨어지기 전 가을에 채취하고자 하는 나무를 확인해 두어야 하며, 가능하면 한 계절 당 나무 한 그루에서 1 L 정도의 메이플 시럽을 만들 수 있는 사탕단풍나무를 선택하여야 한다. 다른 종류의 단풍나무에서는 이처럼 많은 시럽을 얻을 수 없다.

William L. Masterton

그림 A ▸ **꽃단풍나무에서 수액을 모으는 William L. Masterton.** (WLM은 맛있는 메이플 시럽을 만들었다-CNH)

2. 메이플 시럽 1 L를 얻기 위해서는 20~40 L의 수액이 필요하다. 물을 제거하기 위해 300년 전 아메리카 원주민이 했던 것처럼 수액을 얼리면 된다. 얼음은 순수한 물이기 때문에 얼음을 제거하면 남아 있는 용액의 설탕 농도를 증가시킬 수 있다. 오늘날 대규모 생산에서는 역삼투를

이용하여 물의 반 정도를 제거하고 나머지 용액을 끓여서 수분을 증발시킨다. 메이플 시럽의 독특한 맛은 가열 과정에서 생성된 다음과 같은 화합물들 때문이다.

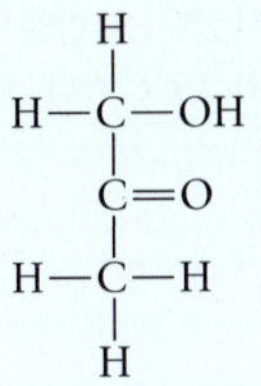
아세톨(acetol)

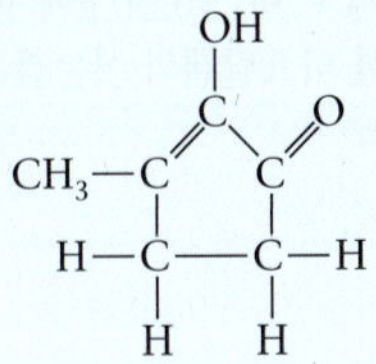
사이클로텐(cyclotene)

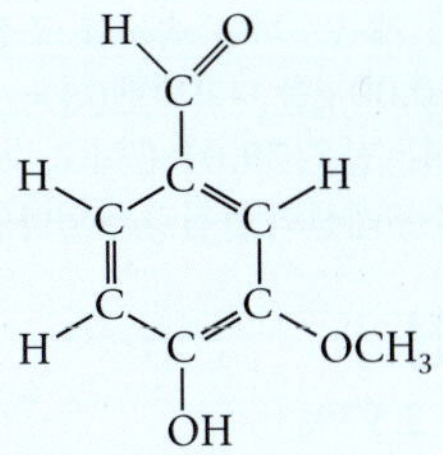
바닐린(vanillin)

물을 끓이는 농축 작업은 야외에서 하는 것이 좋다. 만일 부엌에서 끓인다면 2주 정도는 문이나 창문을 열지 못할 수도 있다. 왜냐하면 목재들이 수백 리터의 물을 흡수하여 부풀기 때문이다.

3. 설탕의 농도가 66%에 이르면 메이플 시럽 단계에 있다고 할 수 있다. 끓는점 오름(설탕 660 g, 물 340 g)을 계산하면 관찰값인 4°C보다 다소 낮다.

$$\Delta T_b = 0.52°C \times \frac{660/342}{0.340} = 3.0°C$$

104°C 정도로 온도는 급격히 오르는데(그림 B), 온도 측정으로 끝나는 시점을 알 수 있다. 그 직전에 식물성 기름 한두 방울을 첨가하여 거품이 생기는 것을 방지해야 한다. 아마도 이것이 "출렁이는 물에 기름을 뿌려라(spreading oil on troubled waters)." 라는 구절의 어원일 것이다.

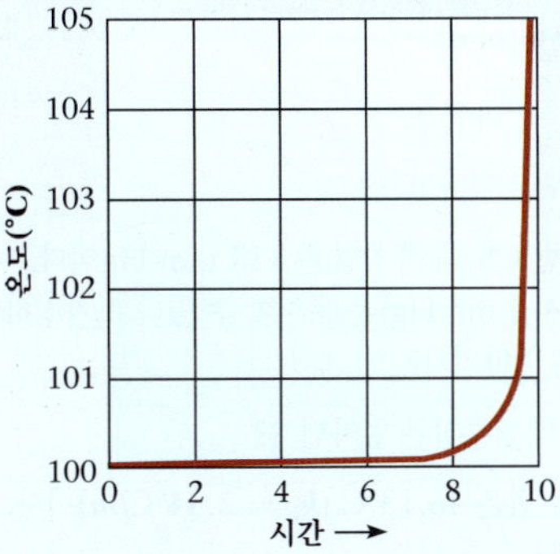

그림 B ▸ **단풍나무 수액의 끓음.** 101°C까지 단풍나무 수액을 끓이는 오랜 시간이 걸린다. 그런 다음 끝나는 시점인 104°C까지는 온도가 빨리 증가한다. 좀 더 *주의 깊게* 가열하면 메이플 설탕이 생성된다.

주요 개념

1. 묽힐 때의 농도 계산하기.
   (예제 10.1; 문제 11~14, 16)
2. 농도 계산(M, X, 질량 %, m, ppm)하기.
   (예제 10.2, 10.3; 문제 1~8)
3. 농도 단위 간의 변환.
   (예제 10.4; 문제 9, 10, 15~20)
4. 기체 용해도와 부분압 간의 관계에 Henry 법칙 적용하기.
   (예제 10.5; 문제 27~30)
5. 용액의 증기압을 계산하는 데 Raoult 법칙 적용하기.
   (예제 10.6; 문제 33~36)
6. 용액의 어는점, 끓는점, 삼투압과 용질의 농도와의 관계.
   (예제 10.7, 10.8, 10.10; 문제 31, 32, 37~44, 53~56)
7. 용질의 몰질량을 결정하는 데 용액의 총괄성 이용하기.
   (예제 10.9; 문제 45~52)
8. 물질의 총괄성을 이용하여 이온화 정도 측정하기.
   (예제 10.11; 문제 57, 58)

주요 식

용액의 묽힘	$M_cV_c = M_dV_d$
Henry 법칙	$C_g = kP_g$
Raoult 법칙	$P_1 = X_1P_1°$; $\Delta P = X_2P_1°$
삼투압	$\pi = MRT \times i$
끓는점	$\Delta T_b = k_b \times m \times i$ (물에 대한 $k_b = 0.52°C/m$)
	(i = 용질 1 mol 당 입자의 몰수)
어는점	$\Delta T_f = k_f \times m \times i$ (물에 대한 $k_f = 1.86°C/m$)

주요 용어

끓는점 오름(boiling point elevation)
몰농도(molarity)
몰랄 농도(molality)
몰분율(mole fraction)
백만분율(parts per million, ppm)
삼투(osmosis)
삼투압(osmotic pressure)
십억분율(parts per billion, ppb)
어는점 내림(freezing point lowering)
증기압 내림(vapor pressure lowering)
질량 백분율(mass percent)
총괄성(colligative property)

요약 문제

좀약의 유효 성분인 나프탈렌($C_{10}H_8$)에 대한 물음에 답하라. 나프탈렌 용액은 나프탈렌 25.0 g을 이황화 탄소(CS_2, d = 1.263 g/m L) 0.750 L와 혼합하여 만든다. 용액을 만든 후, 용액의 부피가 용매의 부피와 같다고 가정하라.

(a) 용액에서 나프탈렌의 질량 백분율은 얼마인가?

(b) ppm 단위로 나프탈렌의 농도는 얼마인가?

(c) 용액의 밀도는 얼마인가?

(d) 용액의 몰농도는 얼마인가?

(e) 용액의 몰랄 농도는 얼마인가?

(f) 25°C에서 순수한 CS_2의 증기압은 358 mm Hg이다. 나프탈렌에 의한 증기압(50°C에서 1 mmHg)은 무시할 수 있다고 가정하라. 이 온도에서 용액의 증기압은 얼마인가?

(g) 25°C에서 용액의 삼투압은 얼마인가?

(h) CS_2의 정상 끓는점은 46.13°C (k_b = 2.34°C/m)이다. 용액의 정상 끓는점은 얼마인가?

(i) 바소프레신(vasopressin)은 뇌하수체가 분비하는 호르몬으로 신장이 물을 재흡수하는 속도를 조절한다. 몰질량을 결정하기 위해, 바소프레신 10.00 g을 나프탈렌(k_f = 6.94°C/m) 50.00 g에 용해시켰다. 혼합물의 어는점은 79.01°C이고 순수한 나프탈렌의 어는점은 80.29°C이다. 바소프레신의 몰질량은 얼마인가?

해답

(a) **2.57%**
(b) **2.57×10^4 ppm**
(c) **1.30 g/mL**
(d) **0.260 *M***
(e) **0.206 *m***
(f) **352 mm Hg**
(g) **6.36 atm**
(h) **46.61°C**
(i) **1.08×10^3 g/mol**

연습 문제

짝수 번호의 문제와 도전 문제의 해답은 센게이지 홈페이지 자료실에서 다운로드 받을 수 있다(www.cengage.co.kr).

10-1 농도 단위

1. 질산 니켈(II) 12.15 g을 175 mL의 물(d = 1.00 g/mL)에 녹여 용액을 만들었다. 다음을 계산하라.
- (a) 용액에서 질산 니켈의 질량 백분율
- (b) 용액에서 니켈 이온의 몰분율

2. 아세톤(C_3H_6O)은 매니큐어 제거제의 주성분이다. 아세톤(d = 0.790 g/mL) 35.0 mL를 50.0 mL의 에틸 알코올 C_2H_6O (d = 0.789 g/mL)에 녹여서 용액을 만들었다. 부피는 더해진다고 가정하고 다음을 계산하라.
- (a) 용액에서 아세톤의 질량 백분율
- (b) 용액에서 에틸 알코올의 부피 백분율
- (c) 용액에서 아세톤의 몰분율

3. "식초"라고 부르는 아세트산(CH_3COOH) 용액은 적어도 질량으로 5.00%의 아세트산을 포함하고 있어야 한다. 만일 아세트산과 물로만 이루어진 식초가 있다면, 이 식초의 몰농도는 얼마인가? (식초의 밀도는 1.006 g/mL)

4. 혈액에 직접 주입되는 수액은 혈액과 "등장액"이어야 한다. 즉, 혈액과 같은 삼투압을 가져야 한다. 혈액과 등장액인 NaCl 수용액은 질량으로 0.90%이다. 용액 중의 소듐 이온의 몰농도는 얼마인가? 용액의 밀도를 1.00 g/mL로 가정하라.

5. 은 이온은 가정으로 공급되는 수돗물에서 발견될 수 있다. 수돗물 중 평균 은 이온의 농도는 0.028 ppm이다.
- (a) 매일 8컵의 물(8 oz/컵)을 마신다면 하루에 마시는 은 이온은 몇 밀리그램인가?
- (b) 화학적으로 1.00 g의 은을 회수하는 데 필요한 수돗물의 양은 얼마인가?

6. 납은 특히 아이들에게 영향을 미치는 유독한 금속으로, 아이들이 성인보다 더 큰 비율로 납을 보유하고 있기 때문이다. 현재까지 혈액 내에 납의 "안전한" 농도는 없다. 연구에 따르면 어린이의 혈액에 납이 100 μg/L (2개의 유효 숫자)로 있으면 인지 능력이 저하될 수 있다. 어린이의 혈액의 100 μg Pb/L는 리터 당 몇 몰의 납을 나타내는가? ppm 단위로는 얼마인가? 혈액의 밀도는 1.00 g/mL라고 가정한다.

7. 황산 구리(II) 수용액에 대한 다음 표를 완성하라.

	용질의 질량	용액의 부피	몰농도
(a)	12.50 g	478 mL	______
(b)	______	283 mL	0.299 *M*
(c)	4.163 g	______	0.8415 *M*

8. 질산 알루미늄 수용액에 대한 다음 표를 완성하라.

	용질의 질량	용액의 부피	몰농도
(a)	1.672 g	145.0 mL	______
(b)	2.544 g	______	1.688 *M*
(c)	______	894 mL	0.729 *M*

9. 카페인($C_8H_{10}O_2N_4$) 수용액에 대한 다음 표를 완성하라.

	몰랄 농도	용매의 질량 백분율	용질의 ppm	용매의 몰분율
(a)	______	______	______	0.900
(b)	______	______	1269	______
(c)	______	85.5	______	______
(d)	0.2560	______	______	______

10. 초콜릿 및 코코아에 들어 있는 알칼로이드인 테오브로민, $C_7H_8N_4O_2$의 수용액에 대한 다음 표를 완성하라.

	몰랄 농도	용질의 질량 백분율	용매의 ppm	용질의 몰분율
(a)	______	______	______	0.0542
(b)	______	______	557,169	______
(c)	______	17.4	______	______
(d)	0.8341	______	______	______

11. 다음 시약으로 465 mL의 0.3550 *M* 다이크로뮴산 포타슘 용액을 만드는 방법을 설명하라.
 (a) 고체 다이크로뮴산 포타슘
 (b) 0.750 *M* 다이크로뮴산 포타슘 용액

12. 0.362 *M* 수산화 바륨 용액 750.0 mL를 다음 시약으로 만드는 방법을 설명하라.
 (a) 고체 수산화 바륨
 (b) 4.93 *M* 수산화 바륨 용액

13. 0.1885 *M*의 황산 알루미늄 225 mL를 물로 묽혀서 최종 부피가 1.450 L가 되게 용액을 만들었다. 다음을 계산하라.
 (a) 묽히기 전의 황산 알루미늄의 몰수
 (b) 묽힌 용액에 들어 있는 황산 알루미늄, 알루미늄 이온, 황산 이온의 몰농도는 얼마인가?

14. 0.7850 L의 1.262 *M* 황화 포타슘 용액을 물로 묽혀서 최종 부피가 2.000 L가 되도록 하였다.
 (a) 원래 용액을 만들기 위해 몇 그램의 황화 포타슘을 녹였는가?
 (b) 묽힌 용액에서 황화 포타슘, 포타슘 이온, 황화 이온의 몰농도는 얼마인가?

15. 인산이 들어 있는 어떤 병에 "85.0%(질량으로) H_3PO_4; 밀도 = 1.689 g/cm^3"라고 적혀 있다. 용액 내의 인산의 몰농도, 몰랄 농도, 몰분율을 계산하라.

16. 진한 암모니아 수용액의 병의 표지에 "질량으로 29.8% NH_3; 밀도 = 0.8960 g/mL라고 쓰여 있다.
 (a) 암모니아 용액의 몰농도는 얼마인가?
 (b) 진한 암모니아 300.0 mL를 물로 묽혀 2.50 L의 용액으로 만들 경우, 묽힌 용액의 몰농도는 얼마인가?

17. 수산화 포타슘 수용액에 대한 다음 표를 완성하라.

	밀도(g/mL)	몰농도	몰랄 농도	용질의 질량 백분율
(a)	1.05	1.13	______	______
(b)	1.29	______	______	30.0
(c)	1.43	______	14.2	______

18. 탄산 포타슘 수용액에 대한 다음 표를 완성하라.

	밀도	몰농도	몰랄 농도	용질의 질량 백분율
(a)	1.02 g/mL	0.632	______	______
(b)	1.16 g/mL	______	______	28.5
(c)	1.20 g/mL	______	5.11	______

19. 30 L의 단풍나무 수액으로부터 1 kg의 메이플 시럽(66% 설탕, $C_{12}H_{22}O_{11}$)을 얻는다고 가정한다. 수액 중 수분의 1/4이 증발되었을 때 설탕 용액의 몰랄 농도는 얼마인가?

20. 금방 수확한 포도에서 짜낸 주스(d = 1.0 g/mL)는 약 24%(질량으로)의 설탕을 가지고 있다. 원래 들어 있던 물의 25%(질량으로)가 제거된 후에 포도 주스에 들어 있는 설탕($C_{12}H_{22}O_{11}$)의 몰랄 농도는 얼마인가? 부피는 15.0 L라고 가정하라.

10-2 용해도의 원리

21. 다음 중 어떤 화합물이 벤젠(C_6H_6)에 더 잘 녹겠는가? 각 경우에 대하여 답을 설명하라.
 (a) CCl_4 또는 NaCl
 (b) 헥세인(C_6H_{14}) 또는 글리세롤($CH_2OHCHOHCH_2OH$)
 (c) 아세트산(CH_3COOH) 또는 헵탄산($C_6H_{13}COOH$)
 (d) HCl 또는 염화 프로필($CH_3CH_2CH_2Cl$)

22. 다음 중 어떤 화합물이 CCl_4에 더 잘 녹겠는가? 각 경우에 대하여 답을 설명하라.
 (a) 벤젠 또는 KCl
 (b) 옥테인 또는 글리세롤
 (c) CH_3Cl 또는 $C_6H_{11}Cl_3$
 (d) CBr_4 또는 $CHBr_3$

23. 짝지어진 물질 중에 물에 더 잘 녹을 것으로 예상되는 것을 고르고, 그 이유를 설명하라.
 (a) 나프탈렌($C_{10}H_8$) 또는 과산화 수소(H—O—O—H)
 (b) 이산화 규소 또는 수산화 소듐
 (c) 클로로폼($CHCl_3$) 또는 염화 수소
 (d) 메틸 알코올(CH_3OH) 또는 메틸 에터(CH_3—O—CH_3)

24. 짝지어진 물질 중에서 물에 더 잘 녹을 것으로 예상되는 것을 골라라.
 (a) 염화 에틸(C_2H_5Cl) 또는 에탄올(C_2H_5OH)
 (b) 암모니아(NH_3) 또는 포스핀(phosphine, PH_3)
 (c) 헵탄산($CH_3(CH_2)_5COOH$) 또는 프로피온산(CH_3CH_2COOH)
 (d) 삼염화 아이오딘 또는 아이오딘화 소듐

25. 염화 납이 물에 녹는 과정은 다음과 같다.

$$PbCl_2(s) \longrightarrow Pb^{2+}(aq) + 2Cl^-(aq)$$

 (a) 제8장의 표 자료를 이용하여 이 반응에 대한 ΔH를 계산하라.
 (b) 열역학적 자료만을 근거로 하였을 때 온도가 올라가면 $PbCl_2$의 용해도는 커질 것으로 예상하는가?

26. 탄산 칼슘이 물에 녹는 과정은 다음과 같다.

$$CaCO_3(s) \longrightarrow Ca^{2+}(aq) + CO_3{}^{2-}(aq)$$

 (a) 제8장의 표 자료를 이용하여 이 반응에 대한 ΔH를 계산하라.
 (b) 열역학적 자료만을 근거로 하였을 때 온도가 올라가면 $CaCO_3$의 용해도는 커질 것으로 예상하는가?

27. 물에서 헬륨 기체의 용해도에 대한 Henry 법칙 상수는 25°C에서 3.8×10^{-4} *M*/atm이다.
 (a) 헬륨 기체의 용해도에 대한 상수를 *M*/mm Hg로 나타내라.
 (b) He의 부분압이 25°C에서 293 mm Hg라면, 25°C에서 녹아 있는 He의 농도는 몇 mol/L인가?
 (c) 25°C, 293 mm Hg에서 10.00 L의 물에 녹일 수 있는 헬륨 기체의 부피는 얼마인가?(물의 부분압은 무시한다.)

28. 30°C에서, 아르곤 기체의 물에 대한 용해도에 대한 Henry 법칙 상수는 1.0×10^{-3} *M*/atm이다.
 (a) 상수를 *M*/mm Hg 단위로 나타내라.
 (b) 30°C에서 아르곤 기체의 부분압이 693 mm Hg라면, 30°C에서 녹아 있는 아르곤 기체의 농도(*M*)는 얼마인가?
 (c) 693 mm Hg, 30°C에서 29 L의 물에 녹일 수 있는 아르곤 기체는 몇 그램인가? (물의 부분압은 무시한다.)

29. 탄산 음료는 0°C, 3.0 atm에서 이산화 탄소로 물을 포화시켜 만든다. 병을 실온(25°C)에서 열면 이산화 탄소가 포함된 실내 공기($P_{CO_2} = 3.4 \times 10^{-4}$ atm)와 평형을 이룬다. 물에 이산화 탄소가 용해될 때의 Henry 법칙 상수는 0°C일 때 0.0769 *M*/atm, 25°C일 때 0.0313 *M*/atm이다.
 (a) 병을 열기 전, 병 안의 이산화 탄소 농도는 얼마인가?
 (b) 병을 연 후, 공기와 평형을 이룬 병 안의 이산화 탄소 농도는 얼마인가?

30. 공기에는 78%의 질소가 포함되어 있다. 25°C에서, 질소에 대한 Henry 법칙 상수는 6.8×10^{-4} *M*/atm이며, 37°C에서는 6.2×10^{-4} *M*/atm이다.

(a) 25°C에서 공기 중의 질소는 3.0 L의 물에 몇 밀리그램 용해되겠는가? 물 위의 상층 공간의 공기는 1.38 atm의 압력을 갖는다.

(b) 37°C에서 공기 중의 질소는 3.0 L의 물에 몇 밀리그램 용해되겠는가? 물 위의 상층 공간의 공기는 1.38 atm의 압력을 갖는다.

(c) 더 낮은 온도에서 얼마나 많은 질소가 용해되겠는가(질량 백분율로)?

10-3 비전해질의 총괄성

31. 보드카를 *80 proof*로 광고하고 있다. 이것은 알코올(C_2H_5OH)의 농도가 부피비로 40%(두 자리 유효 숫자)임을 의미한다. 용액의 밀도가 1.0 g/mL이라고 가정하고, 보드카의 어는점을 계산하라. 에탄올의 밀도는 0.789 g/mL이다.

32. 메이플 시럽(설탕 66%)의 어는점은 얼마인가? 설탕은 $C_{12}H_{22}O_{11}$이다.

33. 22°C에서 다음의 각 에틸렌 글라이콜($C_2H_6O_2$) 용액에서 물의 증기압을 계산하라(순수한 물의 증기압 = 19.83 mm Hg). 에틸렌 글라이콜은 비휘발성이라고 가정한다.

(a) $X_{\text{에틸렌 글라이콜}} = 0.288$

(b) 에틸렌 글라이콜의 질량 백분율 = 39.0%

(c) 2.42 *m*의 에틸렌 글라이콜

34. 28°C에서 다음의 각 글리세롤($C_3H_8O_3$) 용액에서 물의 증기압을 계산하라(순수한 물의 증기압 = 28.35 mm Hg). 글리세롤은 비휘발성이라고 가정하라.

(a) 글리세롤의 질량 백분율 = 30.6 %

(b) 2.74 *m*

(c) 글리세롤의 몰분율 = 0.188

35. 65°C에서 순수한 사염화 탄소의 증기압은 504 mm Hg이다. 몇 그램의 나프탈렌($C_{10}H_8$)을 25.00 g의 사염화 탄소에 녹여야 사염화 탄소의 증기압이 483 mm Hg가 되겠는가? 65°C에서 나프탈렌의 증기압은 무시하라.

36. 26°C에서 요소 수용액[$(NH_2)_2CO$]에 대한 물음에 답하라. 요소 수용액의 증기압은 21.15 mm Hg(순수한 H_2O의 증기압 = 25.21 mm Hg)이다. 이 용액 250.0 mL (d = 1.06 g/mL)를 만드는 방법을 설명하라.

37. 22°C에서 요소, $(NH_2)_2CO$ 용액의 삼투압을 계산하라.

(a) 0.217 *M* 요소 용액

(b) 25.0 g의 요소를 물에 녹여 만든 용액 685 mL

(c) 질량으로 15.0%의 요소를 포함하는 용액(용액의 밀도 = 1.12 g/mL)

38. 펩신은 소화 과정에 참여하는 효소이며, 몰질량은 3.50×10^4 g/mol이다. 30°C에서 55.0 mL의 수용액에 0.250-g의 펩신 시료가 녹아있을 때, 이 용액의 삼투압(mm Hg)은 얼마인가?

39. 다음의 각 수용액의 어는점과 정상 끓는점을 계산하라.

(a) 2.63 *m* 아세트산 용액

(b) 락토오스($C_{12}H_{22}O_{11}$) 33.0%(질량으로) 용액

(c) 624 mL의 물(d = 1.00 g/mL)에 32.15 mL의 에틸렌 글라이콜 ($C_2H_6O_2$, d = 1.113 g/mL)이 녹아 있는 용액

40. 끓는점을 3.0°C 증가시키려면 다음 비전해질 몇 그램을 *p*-다이클로로벤젠 100.0 g과 혼합해야 하겠는가? 어는점을 2.0°C 낮추려면? (표 10.2를 사용하라.)

(a) 숙신산($C_4H_6O_4$)

(b) 카페인($C_8H_{10}N_4O_2$)

41. 물 225 mL에 아세톤(C_3H_6O) 39 mL를 가하여 만든 용액의 어는점과 정상 끓는점은 얼마인가? 아세톤의 밀도는 0.790 g/cm^{3}이고, 물의 밀도는 1.00 g/cm^{3}이다.

42. 부동액은 에틸렌 글라이콜($C_2H_6O_2$, d = 1.12 g/cm^3)의 수용액이다. 미국 Connecticut, 남극 대륙 및 미네소타 지역에서는 겨울에 −20°F에서도 엔진을 보호하기 위하여 라디에이터에 부동액을 채운다.

(a) 여기에 필요한 부동액 용액의 최소 몰랄 농도는 얼마인가?

(b) (a)에서 필요한 용액을 제조하기 위하여 물 250 mL에 몇 리터의 에틸렌 글라이콜을 가하여야 하는가?

43. 13.66 g의 락트산(lactic acid, $C_3H_6O_3$)을 115 g의 스테아르산(stearic acid)과 혼합한 용액은 62.7°C에서 언다. 순수한 스테아르산의 어는점이 69.4°C라면, 스테아르산의 어는점 상수는 얼마인가?

44. 40.5 mL의 *t*-뷰틸 알코올(d = 0.780 g/mL)에 4.50 g의 프로필렌 글라이콜, $C_3H_8O_2$이 들어 있는 용액은 8.5°C에서 언다. *t*-뷰틸 알코올의 어는점은 25.5°C이다. 어는점 상수는 얼마인가?

45. 인슐린은 혈액 속의 글루코스 양을 조절하는 역할을 하는 호르몬이다. 25°C에서 인슐린 수용액은 2.5 mm Hg의 삼투압을 갖는다. 이 용액은 0.100 g의 인슐린을 125 mL의 물에 녹여 만들었다. 인슐린의 몰질량은 얼마인가?

46. 에피네프린(또는 아드레날린)은 호르몬 및 신경 전달 물질이다. 이 물질은 교감 신경계의 투쟁 도피 반응(fight-or-flight response)에 참여한다. 에피네프린 수용액은 호르몬 0.250 g을 충분한 물에 용해시켜 0.350 L의 용액을 만든다. 이 용액은 22°C에서 71.8 mm Hg의 삼투압을 갖는다. 에피네프린의 몰질량은 얼마인가?

47. 라우릴 알코올은 코코넛으로부터 얻어지는 여러 가지 모발 샴푸의 성분으로, 실험식은 $C_{12}H_{26}O$이다. 벤젠 100.0 g에 라우릴 알코올 5.00 g을 녹여서 만든 용액은 80.78°C에서 끓는다. 표 10.2를 이용하여 라우릴 알코올의 분자식을 구하라.

48. Rast 법은 화합물의 몰질량을 결정하기 위하여 용매로 장뇌($C_{10}H_{16}O$)를 사용한다. 2.50 g의 아세트산 코티존(cortisone acetate)을 50.00 g의 장뇌(k_f = 40.0°C/*m*, 어는점 = 178.40°C)에 녹였을 때 혼합물의 어는점은 173.44°C였다. 아세트산 코티존의 몰질량은 얼마인가?

49. 카페인은 49.5%의 C, 5.2%의 H, 28.9%의 N, 16.5%의 O를 포함하고 있다. 8.25 g의 카페인과 100.0 mL의 벤젠(d = 0.877 g/mL)으로 만들어진 용액의 어는점은 3.03°C이다. 순수한 벤젠(k_f = 5.10°C/*m*)의 어는점은 5.50°C이다. 카페인의 실험식과 분자식은 무엇인가?

50. 어떤 화합물을 원소 분석한 결과 42.9%의 C, 2.4%의 H, 16.6%의 N, 38.1%의 O를 포함하고 있다. 이 화합물 3.16 g을 사이클로헥세인 75.0 mL (d = 0.779 g/cm^3)에 녹인 용액의 어는점은 0.0°C이었다. 표 10.2를 사용하여 화합물의 분자식을 결정하라.

51. 한 생화학자가 새로운 단백질을 분리하여 삼투압을 측정하여 몰질량을 결정했다. 물에 225 mg의 단백질을 넣어 50.0-mL의 용액을 만들었다. 25°C에서 이 용액의 삼투압은 4.18 mm Hg이었다. 새로운 단백질의 몰질량은 얼마인가?

52. 새로운 효소를 분리하고 정제하였다. 효소의 몰질량은 삼투압을 측정하여 결정하였다. 22°C에서 효소 7.89 g이 들어 있는 수용액 0.850 L의 삼투압은 1.14 mm Hg이었다. 효소의 몰질량은 얼마인가?

10-4 전해질의 총괄성

53. 다음 용질 0.25 *m* 수용액의 어는점과 정상 끓는점을 계산하라.

(a) NH_4NO_3

(b) $NiCl_3$

(c) $Al_2(SO_4)_3$

54. 다음 용질들의 0.10 *m* 수용액을 어는점과 끓는점이 감소하는 순서대로 배열하라.

(a) $Al(ClO_3)_3$

(b) CH_3OH

(c) $(NH_4)_2Cr_2O_7$

(d) $MgSO_4$

55. 혈액으로 주입되는 수용액은 혈액과 동일한 삼투압을 가져야 한다. 즉 혈액과 "등장액"이어야 한다. 25°C에서 혈액의 삼투압은 7.7 atm이다. 소금물 등장액(H_2O에 NaCl을 녹인)의 몰농도는 얼마인가? NaCl은 전해질이고, 물속에서 Na^+ 이온과 Cl^- 이온으로 완전히 해리한다고 가정한다.

56. 20°C에서 0.135 *M*의 Na_2SO_4 용액의 삼투압은 얼마인가? (완전히 해리한다고 가정한다.)

57. 0.11 *m* HNO_2 수용액의 어는점은 −0.20°C이다.

(a) 이 용액의 i는 얼마인가?

(b) 이 용액에 대한 다음 설명 중 가장 적절한 것은?

(i) 이 용액은 HNO_2 분자로만 이루어져 있다.

(ii) 이 용액은 H^+와 NO_2^- 이온으로만 이루어져 있다.

(iii) H^+ 이온보다 더 많은 HNO_2로 이루어져 있다.

(iv) 주로 H^+와 NO_2^-로 이루어져 있지만 일부 HNO_2 분자를 포함하고 있다.

58. 0.21 m H_2SO_4 수용액의 어는점은 −0.796°C이다.

(a) 이 용액의 i는 얼마인가?

(b) 이 용액은 주로 무엇으로 이루어져 있는가?

(i) H_2SO_4 분자로만 이루어져 있다.

(ii) H^+와 HSO_4^- 이온으로 이루어져 있다.

(iii) 2 H^+와 1 SO_4^{2-} 이온으로 이루어져 있다.

59. 283 mL의 H_2O (d = 1.00 g/mL)에 전해질인 LiX 3.58 g을 녹여 수용액을 만들었다. 수용액의 어는점이 −1.81°C일 때 X^-는 무엇인가? (LiX는 Li^+와 X^-로 완전히 해리한다고 가정한다.)

60. 전해질인 M_2O 10.91 g을 H_2O (d = 1.00 g/mL) 435 mL에 용해시켜 M_2O 수용액을 만들었다. 용액의 어는점은 −4.68°C이었다. M은 무엇인가? (M_2O는 M^+와 O^{2-}로 완전히 해리한다고 가정한다.)

종합 문제

61. 질량으로 45.0%인 설탕($C_{12}H_{22}O_{11}$) 용액의 밀도는 25°C에서 1.203 g/mL이다. 다음을 계산하라.

(a) 몰농도

(b) 몰랄 농도

(c) 증기압(25°C에서 H_2O의 증기압 = 23.76 mm Hg)

(d) 정상 끓는점

62. 32.47 g의 염화 철(III)로 만든 100.0 mL 수용액은 25°C에서 1.249 g/mL의 밀도를 갖는다. 이 용액에 대하여 다음을 계산하라.

(a) 몰농도

(b) 몰랄 농도

(c) 25°C에서 삼투압(i = 4로 가정)

(d) 어는점

63. 질량으로 43.0% H_2SO_4 5.00 L 용액을 만들었다. 이 용액의 밀도는 1.329 g/mL이었다. 용액의 몰농도는 얼마인가?

64. 사염화 탄소(CCl_4)는 76.8°C에서 끓고 밀도는 1.59 g/mL이다.

(a) 255 mL의 CCl_4에 0.287 mol의 비전해질을 녹여 만든 용액은 80.3°C에서 끓는다. CCl_4의 끓는점 상수(k_b)는 얼마인가?

(b) 244 mL의 CCl_4에 37.1 g의 전해질(MM = 167 g/mol)을 녹여 만든 다른 용액은 85.2°C에서 끓는다. 이 전해질의 i는 얼마인가?

65. 황산이 질량으로 15.25%가 포함된 용액 25 mL (d = 1.107 g/mL)를 2.45 M 염화 바륨 50.0 mL에 가하였다

(a) 침전될 것으로 예상되는 물질은 무엇인가?

(b) 몇 그램의 침전이 얻어질까?

(c) 침전이 완전히 일어난 후, 남은 염화물의 농도는 얼마인가?

66. 30°C의 물에서 라돈의 용해도에 대한 Henry 법칙 상수는 9.57 × 10^{-6} M/mm Hg이다. 라돈은 30°C에서 채취한 지하수 시료에 다른 기체와 함께 있다. 기체 혼합물에서 라돈의 몰분율은 2.7 × 10^{-6}이다. 기체 혼합물을 전체 압력 28 atm에서 물과 흔들어 섞었다. 물에서의 라돈의 농도를 계산하라. 답을 다음의 농도 단위로 나타내라.

(a) 몰농도

(a) ppm(물 시료의 밀도는 1.00 g/mL로 가정한다.)

67. 순수한 브로모벤젠, C_6H_5Br은 156.0°C에서 끓고, 끓는점 상수는 6.26°C/m이다. 브로모벤젠 시료는 안트라센 $C_{14}H_{10}$으로 오염되었다. 오염된 시료의 끓는점은 159.2°C이다. 시료의 순도(%)는 얼마인가?

68. 어떤 온도에 있는 두 용액에 대한 물음에 답하라. 용액 X는 비전해질 용질이 녹아있고 삼투압은 1.8 atm이다. 용액 Y 역시 비전해질 용질이 녹아 있으며, 삼투압은 4.2 atm이다. 같은 온도에서 같은 부피의 X와 Y를 혼합하여 만든 용액의 삼투압은 얼마인가? 부피는 더해진다고 가정하라.

개념 문제

69. 약사는 정맥 주사용 등장성 식염수 용액을 만들었다. 0.15 M 용액을 만드는 대신 1.5 M 용액을 만들었다. 잘못 만든 용액을 주사하면 적혈구 세포는 어떻게 될까?

70. 1 mol의 $CaCl_2$를 □8로 나타내었을 때, 여기서 □는 Ca, ○는 Cl을 나타낸다. 칼슘과 염소 이온만을 나타내는 형태로 그림을 완성하라. 물 분자는 나타낼 필요가 없다.

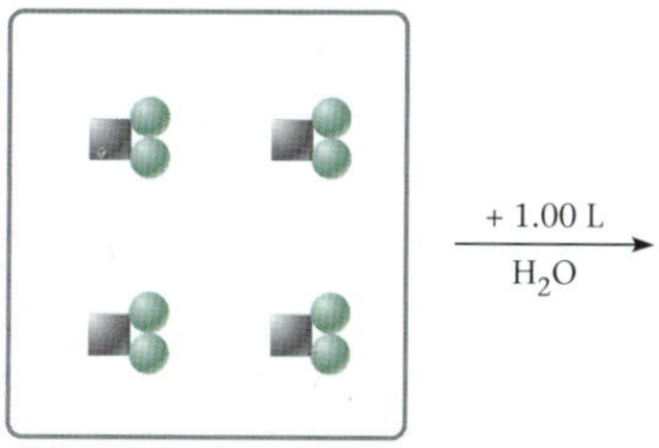

Ca^{2+}와 Cl^-의 몰농도는 얼마인가?

71. 1 mol의 Na_2S를 ⊟○로 나타내었다. 여기서 □는 Na, ○는 S를 나타낸다. 소듐과 황화 이온만을 나타내는 형태로 그림을 완성하라. 물 분자는 나타낼 필요가 없다.

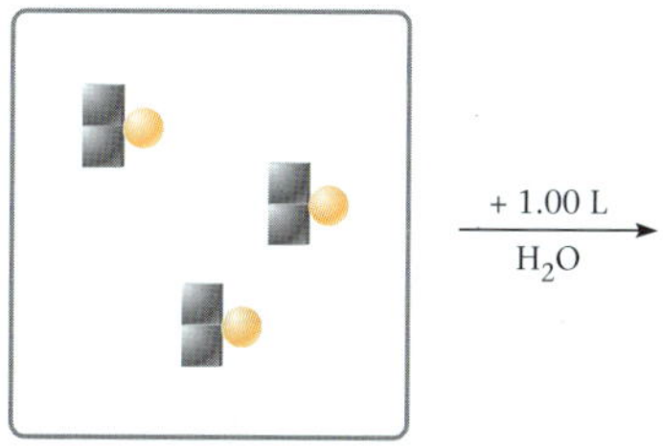

Na^+와 S^{2-}의 몰농도는 얼마인가?

72. 두 개의 비전해질 X와 Y에 대한 물음에 답하라. X는 Y보다 몰질량이 크다. 25 g의 X를 100 g의 용매 C에 용해시킨 뒤 용액 1로 표시하였고 25 g의 Y를 100 g의 용매 C에 용해시킨 뒤 용액 2로 표시하였다. 두 용액의 밀도가 같다. 다음의 질문에 답하라.

(a) 몰농도가 큰 용액은 어느 것인가?

(b) 질량 백분율이 큰 용액은 어느 것인가?

(c) 몰랄 농도가 큰 용액은 어느 것인가?

(d) 곱하는 수 i가 큰 용액은 어느 것인가?

(e) 용매의 몰분율이 큰 용액은 어느 것인가?

73. 세 개의 시험관에 대한 물음에 답하라. 시험관 A는 순수한 물이 들어 있다. 시험관 B는 1.0 m 에탄올(C_2H_5OH) 수용액이 들어 있다. 시험관 C는 1.0 m NaCl 수용액이 들어 있다. 다음 설명 중 어느 것이 참인가? (이들 용액은 1.0 m = 1.0 M이라고 가정한다.)

(a) 시험관 A 용매의 증기압은 시험관 B 용매의 증기압보다 크다.

(b) 시험관 B 용액의 어는점은 시험관 A 용액의 어는점보다 높다.

(c) 시험관 B 용액의 어는점은 시험관 C 용액의 어는점보다 높다.

(d) 시험관 B 용액의 끓는점은 시험관 C 용액의 끓는점보다 높다.

(e) 시험관 B 용액의 삼투압은 시험관 C 용액의 삼투압보다 크다.

74. 0.20 m HF의 어는점은 −0.38°C이다. 이 용액에서 HF는 주로 이온화되지 않은 형태(HF 분자)로 있겠는가? 아니면 H^+와 F^-로 해리되어 있겠는가?

75. 어떤 기체 상태의 용질이 물에 녹으면 12.0 kJ/mol의 열을 발생한다. 이 물질의 용해도는 25°C, 4.00 atm에서 0.0200 M이다. 다음 조건에서 용해도가 0.0200 M보다 크겠는가, 아니면 작겠는가?

(a) 5°C, 6 atm

(b) 50°C, 2 atm

(c) 20°C, 4 atm

(d) 25°C, 1 atm

76. 0.10 M $KHSO_3$의 어는점은 −0.38°C이다. $KHSO_3$가 물에 녹을 때 일어나는 반응식을 가장 잘 나타낸 것은 어느 것인가?

(a) $KHSO_3(s) \longrightarrow KHSO_3(aq)$

(b) $KHSO_3(s) \longrightarrow K^+(aq) + HSO_3^-(aq)$

(c) $KHSO_3(s) \longrightarrow K^+(aq) + SO_3^{2-}(aq) + H^+(aq)$

77. 2개의 증기압 곡선 A와 B가 있다. 두 개의 곡선은 각각 순수한 벤젠의 증기압 곡선과 비휘발성의 용질이 들어 있는 오염된 벤젠 용액의 증기압 곡선이다.

(a) 순수한 벤젠의 증기압 곡선을 나타내는 그래프는 어느 것인가?

(b) 오염된 벤젠 용액의 끓는점은 얼마인가?

(c) 오염된 용액의 몰랄 농도를 추정하라(k_b = 2.53°C/m).

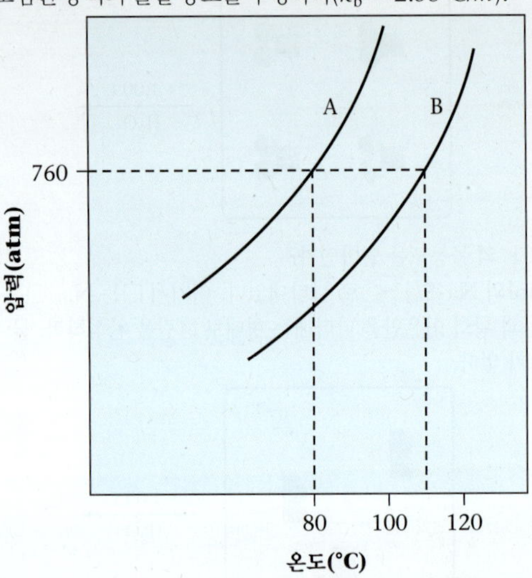

78. 기체 용질이 물에 용해되었다. 용해 과정의 $\Delta H = -15$ kJ이다. 22°C, 6.00 atm에서 용해도는 0.0300 M이었다. 다음 조건에서는 용해도가 더 크겠는가 아니면 더 작겠는가?

(a) 22°C, 1 atm?

(b) 18°C, 6 atm?

(c) 15°C, 10 atm?

(d) 35°C, 3 atm?

79. 다음을 설명하라.

(a) 바닷물은 담수보다 어는점이 낮다.

(b) 과포화 설탕 용액을 만들 때 종종 "알갱이" 생성물이 얻어지는 이유

(c) 정맥 주사에 사용되는 용액의 농도를 주의 깊게 조절해야 하는 이유

(d) 호수의 물고기와 어부가 여름 오후에 깊고 그늘진 곳을 찾는 이유

(e) 샴페인이 유리잔에서 "거품"이 나는 이유

80. 다음을 설명하라.

(a) 어떤 순수한 물질이 전해질인지 비전해질인지를 실험적으로 결정하는 방법

(b) 찬 맥주가 미지근해지면 맛이 "밋밋"해지는 이유

(c) 용질의 몰랄 농도가 보통 몰분율보다 큰 이유

(d) 용질의 존재로 끓는점이 상승하는 이유

81. 비커 A에는 27°C에서 1.00 mol의 클로로폼($CHCl_3$)이 들어 있다. 비커 B에는 역시 27°C에서 1.00 mol의 사염화 탄소(CCl_4)가 들어 있다. 같은 질량의 비휘발성, 비반응성 용질을 두 비커에 가했다. 아래의 문제에 답할 때 다음 자료들이 유용하다.

	$CHCl_3$ (A)	CCl_4 (B)
27°C에서 증기압	0.276 atm	0.164 atm
끓는점	61.26°C	76.5°C
k_b(°C/m)	3.63	5.03

빈칸에 <, >, = 또는 *정보가 더 필요하다*를 넣어라.

(a) 비커 B의 용매 증기압 ________ 비커 A의 용매 증기압

(b) 비커 A의 용액 끓는점 ________ 비커 B의 용액 끓는점

(c) 순수한 $CHCl_3$ 증기압 ________ 비커 A의 용매 증기압

(d) 비커 A 용매의 증기압 내림 ________ 비커 B 용매의 증기압 내림

(e) 비커 A 용질의 몰분율 ________ 비커 B 용질의 몰분율

도전 문제

82. 정상 끓는점이 103.0°C이고, 25°C에서 삼투압이 122 atm을 갖는 질산 포타슘 수용액의 밀도는 얼마인가?

83. 1 L에 158.2 g의 KOH를 포함하는 용액의 밀도는 1.13 g/mL이다. 실험 보조원이 이 용액 100.0 mL로 0.250 m의 KOH를 만들고자 한다. 100.0 mL 용액에 고체 KOH 또는 물을 얼마나 가하여야 하는가?

84. 메틸 알코올(CH_3OH)과 n-프로필 알코올($CH_3CH_2CH_2OH$)의 혼합물이 있다. 질량 14.2 g의 두 알코올의 혼합물을 100.0 g의 물에 넣고 저어주었다. 새로운 용액의 어는점은 5.5°C만큼 낮아졌다. 두 알코올 혼합물에서 메틸 알코올의 몰 백분율은 얼마인가?

85. 수용성 비전해질 X의 몰질량은 410 g/mol이다. 이 물질과 설탕(MM = 342 g/mol)의 혼합물 0.100 g에 1.00 g의 물을 가한 용액의 어는점은 −0.500°C가 되었다. 혼합물에 들어 있는 X의 질량 백분율을 구하라.

86. 약 5.0 oz (142 g)의 마티니 한 잔은 30.0%(질량으로)의 알코올을 포함하고 있다. 마티니에 있는 알코올의 15%가량은 곧바로 혈액(성인의 경우 7.0 L)으로 들어간다. 식사 전에 마티니 두 잔을 마신 사람의 혈액 내 알코올 농도(g/cm^3)를 추정하라("정상적인 성인"의 경우 0.00080 g/cm^3 이상의 농도일 때, 취한 상태로 간주된다).

87. 알루미늄 금속과 수산화 소듐의 혼합물에 물을 가하면 수소 기체가 생성된다. 이것은 판매되는 배수구 세척제에서 사용되는 반응이다.

$$2Al(s) + 6H_2O(l) + 2OH^-(aq) \longrightarrow 2Al(OH)_4^-(aq) + 3H_2(g)$$

49.92 g의 NaOH에 충분한 양의 물을 가하여 최종 0.600 L의 용액을 만들었다. 41.28 g의 Al을 이 용액에 넣었더니 수소 기체가 생성되었다.

(a) 초기 NaOH 용액의 몰농도를 계산하라.

(b) 몇 몰의 수소가 생성되었는가?

(c) 수소를 25°C, 758.6 mm Hg에서 수상 치환으로 포집하였다. 이 온도에서 물의 증기압은 23.8 mm Hg이다. 생성된 수소의 양은 얼마인가?

88. 끓는점이 105.0°C인 수용액이 있다. 용액의 용질은 이온성 화합물 M_2X이다. 혼합물에 있는 용질의 몰분율은 얼마인가?

89. 일정한 양의 물에 녹는 기체의 부피는 기체의 압력에 무관하다는 것이 실험적으로 밝혀졌다. 즉 5 cm^3의 기체가 1 atm에서 100 g의 물에 녹는다면 2 atm, 5 atm, 10 atm, . . . 에서도 5 cm^3가 녹을 것이다. 이러한 관계가 논리적으로 Henry 법칙과 이상 기체 법칙에 따른다는 것을 보여라.

반응 속도

Rate of Reaction

제 11 장

GettyimagesBank

◂ 달리는 열차가 주행하는 속도는 km/h로 나타낼 수 있다. 마찬가지로, 반응 속도 역시 *M*/h로 나타낼 수 있다.

당구공이 계산된 곳에서 만나는 것과는
달리 모든 충돌이, 모든 세밀한 궤적이
반응으로 이어지는 것은 아니다.
남자(그리고 여자)는 그들이 생각하는 것
처럼 분자와 다르지 않다.
—ROALD HOFFMANN
*Men and Molecules*에서 발췌

화학 반응이 쓸모 있으려면 적절한 속도로 일어나야 한다. 따라서 반응 속도(reaction rate)를 제어할 수 있어야 한다. 대부분의 경우, 이것은 화학 반응이 좀 더 빠르게 일어나도록 하는 것을 뜻한다. 일반 화학 실험을 할 때 우리는 반응이 빨리 끝나기를 바라며, 신약을 개발, 연구하는 화학자도 같은 목표를 가지고 있다. 때로는 반응 속도를 늦추는 게 바람직한 경우도 있다. 노화는 일련의 복잡한 생물학적 산화 과정으로, 다음과 같이 홀전자를 갖는 "자유 라디칼(free radical)"이 관련된 것으로 믿어지는데, 우리는 노화를 가능한 늦추고 싶어 한다.

$$\cdot\ddot{\underset{..}{O}}-H \quad \text{와} \quad \cdot\ddot{\underset{..}{O}}-\ddot{\underset{..}{O}}:^{-}$$

이 장에서는 화학 반응의 속도에 관한 연구인 **화학 반응 속도론**(chemical kinetics)에 대하여 설명한다. 따라서 이 장의 주요 강조점은 반응 속도에 영향을 주는 인자들이다. 이들 인자는 다음과 같다.

- 반응물의 농도(11-2절, 11-3절).
- 반응이 일어나는 과정(11-4절).
- 온도(11-5절).
- 촉매의 존재(11-6절).
- 반응 메커니즘(11-7절).

이 장의 차례 _Chapter Outline

11-1 반응 속도의 의미

반응 속도(reaction rate)를 의미 있게 논의하기 위해서는 먼저 정확하게 정의되어야 한다. ***반응 속도는 반응물 또는 생성물의 농도가 시간에 따라 어떻게 변하는지를 나타내는 양수의 물리량이다.*** 이것이 의미하는 것을 설명하기 위해 다음 반응을 살펴보자.

$$N_2O_5(g) \longrightarrow 2NO_2(g) + \tfrac{1}{2}O_2(g)$$

그림 11.1에서 알 수 있듯이, 시간이 지남에 따라 N_2O_5의 농도는 감소하지만 NO_2와 O_2의 농도는 증가한다. 그러나 이들 화학종은 균형 맞춘 반응식에서 다른 계수를 가지므로, 이들의 농도는 같은 속도로 변하지 않는다. *1* mol의 N_2O_5가 분해될 때, NO_2는 *2* mol, O_2는 *0.5* mol이 생성된다. 이를 식으로 나타내면 다음과 같다.

Δ[반응물] < 0
Δ[생성물] > 0

$$-\Delta[N_2O_5] = \frac{\Delta[NO_2]}{2} = \frac{\Delta[O_2]}{\frac{1}{2}}$$

여기서 Δ[ ]는 1 L 당 몰수 단위의 농도의 변화를 나타낸다. N_2O_5 항의 앞에 붙어 있는 음의 부호는 반응이 일어남에 따라 $[N_2O_5]$가 감소하기 때문에 붙인 것이다. 오른쪽에 있는 항에 있는 분모의 수치 $(2, \frac{1}{2})$은 균형 맞춘 반응식에서 화학종의 계수이다. 반응 속도는 이제 시간의 변화, Δt로 나누어 정의할 수 있다.

$$\text{반응 속도} = \frac{-\Delta[N_2O_5]}{\Delta t} = \frac{\Delta[NO_2]}{2\Delta t} = \frac{\Delta[O_2]}{\frac{1}{2}\Delta t}$$

더 일반적인 다음 반응을 생각해 보자.

$$aA + bB \longrightarrow cC + dD$$

여기서 A, B, C, D는 기체상(g) 또는 수용액(aq)의 반응물을 나타내고, a, b, c, d는 균형 맞춘 반응식의 계수이다. 그러면 이 반응에 대한 반응 속도는 다음과 같이 쓸 수 있다.

$$\text{반응 속도} = \frac{-\Delta[A]}{a\,\Delta t} = \frac{-\Delta[B]}{b\,\Delta t} = \frac{\Delta[C]}{c\,\Delta t} = \frac{\Delta[D]}{d\,\Delta t} \tag{11.1}$$

이것은 반응 속도를 정의하는 식이다.

이 식의 사용법을 알아보기 위해 암모니아의 생성 반응을 살펴보자.

$$N_2(g) + 3H_2(g) \longrightarrow 2NH_3(g)$$

질소 분자는 1 min 당 0.10 mol/L의 속도, 즉 $\Delta[N_2]/\Delta t = -0.10$ mol/L · min으로 감소한다. 균형 맞춘 반응식의 계수로부터 H_2의 농도는 질소 농도의 감소 속도보다 3배 빠르게 감소하므로, 수소 농도 감소 속도는 $\Delta[H_2]/\Delta t = -0.30$ mol/L · min이다. 마찬가지로

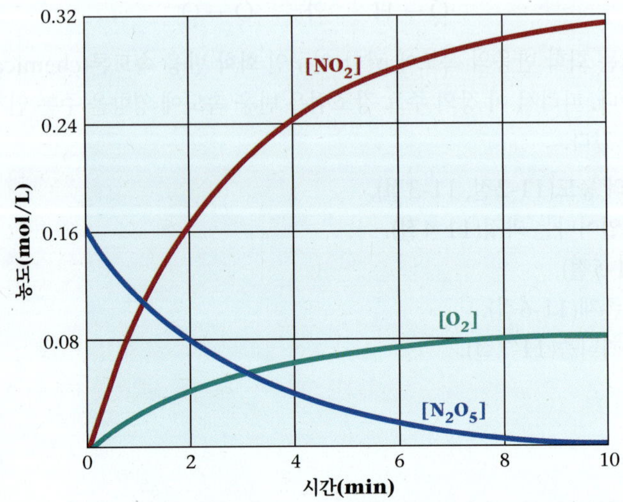

그림 11.1 ▸ **시간에 따른 반응물과 생성물의 농도 변화.** $N_2O_5(g) \longrightarrow 2NO_2(g) + \frac{1}{2}O_2(g)$의 반응에서, NO_2와 O_2의 농도는 시간에 따라 증가하지만 N_2O_5의 농도는 감소한다. 반응 속도는 $-\Delta[N_2O_5]/\Delta t = \Delta[NO_2]/2\Delta t = \Delta[O_2]/\frac{1}{2}\Delta t$로 정의된다.

NH_3의 생성 속도는 2×0.10 mol/L · min: $\Delta[NH_3]/\Delta t = 0.20$ mol/L · min이 되어야 한다. 이를 종합하면 다음과 같이 쓸 수 있다.

$$\text{반응 속도} = \frac{-\Delta[N_2]}{\Delta t} = \frac{-\Delta[H_2]}{3\Delta t} = \frac{\Delta[NH_3]}{2\Delta t} = \frac{0.10\ \text{mol}}{\text{L}\cdot\text{min}}$$

이런 방법으로 반응 속도를 정의하면 위의 예에서 관심의 대상인 N_2, H_2, NH_3 중의 어떤 화학종이 되더라도 같은 속도가 된다.

반응 속도는 농도를 시간으로 나눈 단위를 가지고 있음을 주목하자. 농도는 항상 'mol/L'로 나타낸다. 반면에 시간은 s, min, h로 나타낸다. 0.10 mol/L · min의 속도는 다음에 해당한다.

$$0.10\ \frac{\text{mol}}{\text{L}\cdot\text{min}} \times \frac{1\ \text{min}}{60\ \text{s}} = 1.7 \times 10^{-3}\ \frac{\text{mol}}{\text{L}\cdot\text{s}}$$

또는

$$0.10\ \frac{\text{mol}}{\text{L}\cdot\text{min}} \times \frac{60\ \text{min}}{1\ \text{h}} = 6.0\ \frac{\text{mol}}{\text{L}\cdot\text{h}}$$

예제 11.1

다음과 같은 균형 맞춘 가상 반응식이 있다.

$$A(g) + 3B(g) \rightarrow C(g) + 2D(g)$$

a 반응물과 생성물 각각에 대하여 평균 반응 속도를 나타내라.

풀이

$$\text{반응 속도} = \frac{-\Delta[A]}{\Delta t} = \frac{-\Delta[B]}{3\Delta t} = \frac{\Delta[C]}{\Delta t} = \frac{\Delta[D]}{2\Delta t}$$

b 반응의 처음 20 s 동안에, B의 농도는 0.100 M에서 0.0357 M로 감소하였다. 반응의 처음 20 s 동안 반응의 평균 속도는 얼마인가?

분석

주어진 정보: 시간, t (20 s)

$[B]_o$ (0.100 M); 20 s 후의 [B] (0.0357 M)

(a)에서: B의 반응 속도$\left(\frac{-\Delta[B]}{3\Delta t}\right)$

알고자 하는 것: 반응의 평균 속도

전략

(a)에서 얻어진 반응 속도식에 대입한다.

풀이

평균 속도

$$\text{반응 속도} = \left(\frac{-\Delta[B]}{3\Delta t}\right) = -\frac{(0.0357\ M - 0.100\ M)}{3(20\ \text{s})} = 1.07 \times 10^{-3}\ M/\text{s}$$

c 반응의 처음 20 s 동안 D의 농도 변화를 예상하라.

분석

주어진 정보: (a)에서: D의 반응 속도식$\left(\frac{\Delta[D]}{2\Delta t}\right)$;

(b)에서: 반응 속도($1.07 \times 10^{-3}\ M/\text{s}$)

(계속)

알고자 하는 것:	20 s 후, D의 농도 변화 ($\Delta[D]$)
전략	
(a)에서 얻어진 반응 속도식에 대입한다.	
풀이	
$\Delta[D]$	반응 속도 $= \dfrac{\Delta[D]}{2\Delta t}$; $\Delta[D] = (1.07 \times 10^{-3}\ M/s)(2)(20\ s) = 0.0428\ M$
마무리 정리	
(c)에서 얻은 답은 20 s 후에 D의 농도가 아니라 D의 농도 변화이다. D의 초기 농도($[D]_o$)가 주어졌다면 20 s 지난 후의 D의 농도를 구할 수 있을 것이다.	

그림 11.2 ▸ **색 변화 관찰에 의한 반응 속도 측정.**

▶ 반응 속도의 측정

반응 속도는 흔히 반응에서 일어나는 색 변화로 측정한다(그림 11.2).

다음 반응을 보자.

$$N_2O_5(g) \longrightarrow 2NO_2(g) + \tfrac{1}{2}O_2(g)$$

이에 대한 반응 속도는 다음을 측정하여 결정할 수 있다.

- 생성된 NO_2의 가시광선 흡수; N_2O_5와 O_2는 무색이지만 NO_2는 적갈색이다.
- 기체 몰수의 증가로 인한 압력 변화(1 mol의 반응물 → 2.5 mol의 생성물).

그림 11.1은 이런 유형의 측정에서 얻은 자료를 이용하여 그린 것이다.

N_2O_5의 분해 속도를 알아내려면 그림 11.1의 일부분을 확대한 그림 11.3을 이용하는 것이 편리하다. 농도를 시간의 함수로 나타낸 그래프의 한 점에서 접선을 그으면 그 기울기는 $\Delta[N_2O_5]/\Delta t$와 같다. 그러나 반응 속도는 $-\Delta[N_2O_5]/\Delta t$이기 때문에 다음과 같은 식이 성립한다.

$$\text{반응 속도} = -\text{접선의 기울기}$$

그림 11.3에서, $t = 2$ min에서 접선의 기울기는 -0.028 mol/L · min이다. 그러므로 반응 속도는 다음과 같다.

$$2\text{ min에서 반응 속도} = -(-0.028\text{ mol/L}\cdot\text{min}) = 0.028\text{ mol/L}\cdot\text{min}$$

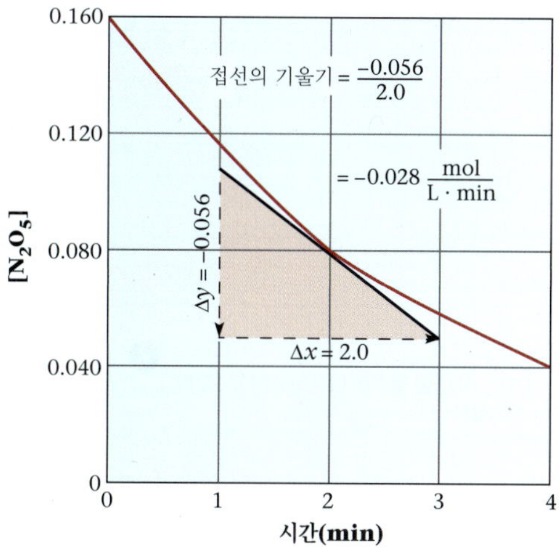

그림 11.3 ▸ **특정 농도에서의 순간 속도 결정.** 반응 속도를 결정하기 위해서는 시간 대 농도를 도시하고, 원하는 점에서 접선을 취하여 알아낸다. 예를 들어 $N_2O_5(g) \longrightarrow 2NO_2(g) + \frac{1}{2}O_2(g)$의 반응에서 $[N_2O_5] = 0.080\ M$에서의 반응 속도는 0.028 mol/L · min이다.

11-2 반응 속도와 농도

보통 반응 속도는 반응물의 농도와 직접적인 관련이 있다(그림 11.4). 출발 물질의 농도가 클수록 반응은 급격하게 빨리 일어난다. H_2O_2 분자의 농도가 약 40 mol/L인 순수한 과산화 수소는 대단히 위험한 물질이다. 이 화합물은 미량의 불순물이 있으면 그 속도는 측정하기가 불가능할 정도로 폭발적으로 분해한다. 분해 반응은 다음과 같다.

$$H_2O_2(l) \longrightarrow H_2O(g) + \tfrac{1}{2}O_2(g)$$

약국에서 구입하는 과산화 수소는 $[H_2O_2] \approx 1\ M$인 묽은 수용액이다. 이와 같이 비교적 작은 농도에서는 분해가 아주 느려서 몇 달 동안 안정한 상태를 유지한다.

반응 속도의 농도 의존성은 쉽게 설명된다. 보통 ***화학 반응은 반응물 분자 사이의 충돌의 결과로 일어난다.*** 따라서 분자의 농도가 클수록 단위 시간 당 분자들 사이의 충돌 횟수도 많아지고 반응 속도가 빨라진다. 반응물이 소모됨에 따라 반응물의 농도가 작아져서 충돌 횟수가 줄어들고 반응 속도가 감소한다. 이것은 반응 속도가 시간에 따라 감소하고, 결국은 한계 반응물(limiting reactant)이 모두 소모되면 반응 속도가 0이 된다는 일반적인 관찰을 설명해 준다.

그림 11.4 ▸ **반응 속도와 농도.** 과망가니즈산 포타슘과 과산화 수소의 반응 속도는 과망가니즈산 포타슘의 농도에 의존한다. 묽은 $KMnO_4$의 경우 반응은 느리고(a), 보다 진한 $KMnO_4$에서는 반응이 더 빠르다(b).

▶ 반응 속도식과 속도 상수

반응 속도의 농도 의존성은 N_2O_5의 분해 반응으로 쉽게 알 수 있다. 그림 11.5는 반응 속도를 $[N_2O_5]$에 대해 도시한 것이다. 예상한 대로, 반응 속도는 $[N_2O_5] = 0$일 때 0이며, $[N_2O_5] = 0.16\ M$일 때 약 0.06 mol/L · min으로 반응물의 농도가 증가함에 따라 증가한다. 더욱이 그래프에서 알 수 있듯이 반응 속도 대 농도의 그래프는 원점을 지나는 직선이다. 이것은 반응 속도가 농도에 정비례함을 의미한다.

$$\text{반응 속도} = k[N_2O_5]$$

이 식을 가리켜 N_2O_5의 분해 반응에 대한 **반응 속도식**(rate expression)이라고 부른다. 이 식은 다음 반응의 속도가 반응물의 농도에 어떻게 의존하는지를 알려준다.

$$N_2O_5(g) \longrightarrow 2NO_2(g) + \tfrac{1}{2}O_2(g)$$

비례 상수 k는 **속도 상수**(rate constant)라고 부르며, 속도식에 있는 다른 양과는 무관하다.◂ⓘ

ⓘ 반응 속도는 농도에 의존하지만 속도 상수는 농도에 의존하지 않는다.

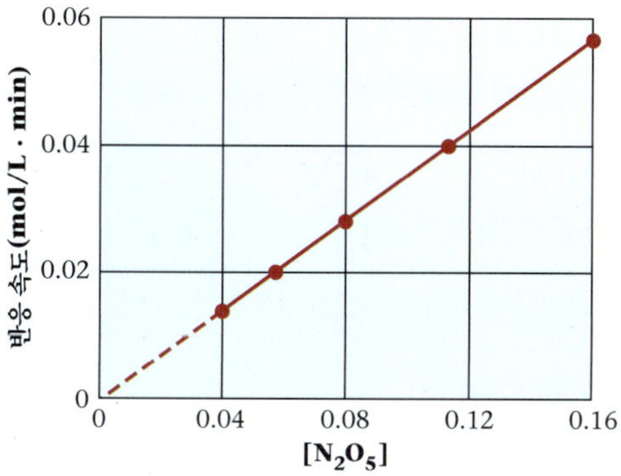

그림 11.5 ▸ **$[N_2O_5]$의 분해 반응에 대해 농도에 따른 반응 속도를 도시하면 직선이 된다.** 이 그래프를 외삽하면 원점을 지난다. 이것은 반응 속도가 농도에 정비례함을 의미한다. 즉 반응 속도 $= k[N_2O_5]$이다.

곧 보게 되겠지만, 반응 속도식은 반응의 특성에 따라 다양한 형태로 표현될 수 있다. N_2O_5 분해 반응에서처럼 간단하거나 상당히 복잡할 수도 있다.

반응물이 한 개일 때의 반응 차수

속도식의 형태는 많은 반응에 대해 실험을 통해 결정되었다. 예를 들어 다음 과정을 생각하자.

$$\text{A} \longrightarrow \text{생성물}$$

위 반응의 속도식은 일반적으로 다음과 같이 표현된다.

$$\text{반응 속도} = k[\text{A}]^m$$

[A]는 리터 당 몰수로 나타낸 A의 농도임을 기억하자.

속도식에서 반응물 A의 농도에 지수로 쓰인 m을 가리켜 **반응 차수**(order of reaction)라고 부른다. 만일 $m = 0$이면 "영차 반응", $m = 1$이면 "일차 반응", $m = 2$이면 "이차 반응" 등으로 부른다. 반응 차수는 대개 정수이지만(0, 1, 2, . . .), $\frac{3}{2}$과 같이 분수인 경우도 있다.

반응 차수는 실험적으로 결정해야 한다. 즉, ***균형 맞춘 반응식의 계수로부터 추론할 수 없다.*** 반응 차수는 하나의 값만을 가질 수 있지만, 균형 맞춘 반응식은 여러 개가 있을 수 있기 때문에 이것은 사실이다. 예를 들어 N_2O_5의 분해 반응은 다음과 같이 쓴다.

$$N_2O_5(g) \longrightarrow 2NO_2(g) + \tfrac{1}{2}O_2(g)$$

또한 이 분해 반응은 다음과 같이 쓸 수도 있다.

$$2N_2O_5(g) \longrightarrow 4NO_2(g) + O_2(g)$$

이 분해 반응은 반응식을 어떻게 쓰더라도 여전히 일차 반응이다.

반응 차수를 알아내는 한 가지 방법은 반응물의 농도의 함수로 초기 반응 속도(즉 $t = 0$일 때의 반응 속도)를 측정하는 것이다. 예를 들어, 반응물 A의 농도만 다른 두 개의 다른 반응 혼합물을 만들었다고 생각하자. 이제 반응의 초기 즉 A의 농도가 눈에 띄게 감소하기 전에 반응 속도를 측정한다. 이 결과는 A의 두 다른 출발 농도, $[\text{A}]_1$과 $[\text{A}]_2$에 해당하는 두 개의 다른 초기 반응 속도가 얻어진다. 측정된 두 반응 속도식은 다음과 같다.

$$\text{반응 속도}_2 = k[\text{A}]_2^{\,m} \qquad \text{반응 속도}_1 = k[\text{A}]_1^{\,m}$$

첫째 식을 둘째 식으로 나누면 다음 결과를 얻는다.

$$\frac{\text{반응 속도}_2}{\text{반응 속도}_1} = \frac{[\text{A}]_2^{\,m}}{[\text{A}]_1^{\,m}} = \left(\frac{[\text{A}]_2}{[\text{A}]_1}\right)^m$$

m을 제외하고는 이 식의 모든 양을 알고 있기 때문에, 이로부터 반응 차수를 구할 수 있다 (예제 11.2 참조).

예제 11.2

아세트알데하이드(acetaldehyde, CH_3CHO)는 참나무와 담배 잎에서 발견되며, 자동차 및 경유 배기가스에도 들어 있다. 아래와 같은 반응을 통해 분해된다.

$$CH_3CHO(g) \longrightarrow CH_4(g) + CO(g)$$

600°C에서 아세트알데하이드의 초기 분해 속도를 여러 가지 다른 농도에 대해 측정하여 다음 결과를 얻었다.

$[CH_3CHO]$	0.20 M	0.30 M	0.40 M	0.50 M
반응 속도(mol/L · s)	0.34	0.76	1.4	2.1

이 자료를 이용하여 반응 차수, 즉 다음 식에 나오는 m의 값을 결정하라.

$$\text{반응 속도} = k[CH_3CHO]^m$$

(계속)

분석

주어진 정보:	초기 농도와 초기 속도의 실험 결과
알고자 하는 것:	반응의 차수

전략

1. 두 개의 초기 농도와 그것에 해당하는 속도를 선택한다.
2. 반응 속도의 비를 계산한다.
3. 농도비를 계산한다.
4. 다음 식에 대입하여 반응의 차수, m를 얻는다.

$$\frac{\text{반응 속도}_2}{\text{반응 속도}_1} = \left(\frac{[A]_2}{[A]_1}\right)^m$$

풀이

1. 처음 두 개의 실험 선택 — 반응 속도$_1$ = 0.34 mol/L · s; 반응 속도$_2$ = 0.76 mol/L · s; $[CH_3CHO]_1 = 0.20\ M$; $[CH_3CHO]_2 = 0.30\ M$
2. 속도비 — $\frac{\text{반응 속도}_2}{\text{반응 속도}_1} = \frac{0.76}{0.34} = 2.2$
3. 농도비 — $\frac{[CH_3CHO]_2}{[CH_3CHO]_1} = \frac{0.30}{0.20} = 1.5$
4. m — $\frac{\text{반응 속도}_2}{\text{반응 속도}_1} = \left(\frac{[CH_3CHO]_2}{[CH_3CHO]_1}\right)^m \longrightarrow 2.2 = (1.5)^m \longrightarrow m = 2$

반응은 이차이다.

마무리 정리

1. 만일 m이 명료하지 않을 경우, 다음과 같이 양변에 log를 취하여 m을 구한다.

$2.2 = (1.5)^m$은 $\log 2.2 = m(\log 1.5)$가 된다. $m = \frac{\log 2.2}{\log 1.5} = \frac{0.34}{0.18} = 1.9 \longrightarrow 2$

2. 두 개의 다른 쌍의 결과를 사용하더라도 반응 차수는 같은 결과($m = 2$)가 얻어질 것이다. 실제로 시도해 보라!

일단 반응 차수를 알면 속도 상수는 쉽게 계산된다. 예를 들어 속도식이 다음과 같은 아세트알데하이드의 분해 반응을 생각해보자.

$$\text{반응 속도} = k[CH_3CHO]^2$$

ⓘ 이 식에는 속도와 농도라는 두 개의 변수, 그리고 두 개의 상수인 k와 반응 차수가 있다.

예제 11.2의 자료에서, 농도가 0.20 mol/L일 때 600°C에서의 반응 속도는 0.34 mol/L · s이다. 따라서 속도 상수는 다음과 같다.

$$k = \frac{\text{반응 속도}}{[CH_3CHO]^2} = \frac{0.34\ \text{mol/L}\cdot\text{s}}{(0.20\ \text{mol/L})^2} = 8.5\ \text{L/mol}\cdot\text{s}$$

다른 자료 쌍들을 이용하더라도 속도 상수 k의 값은 실험 오차 범위 안에서 일치한다.

k 값과 반응 차수를 알면 반응 속도는 모든 농도에서 쉽게 계산된다. 다시 아세트알데하이드의 분해 반응을 예로 들어 살펴보자.

$$\text{반응 속도} = 8.5\frac{\text{L}}{\text{mol}\cdot\text{s}}[CH_3CHO]^2$$

만일 아세트알데하이드의 농도가 0.60 M이라면 반응 속도는 다음과 같다.

$$\text{반응 속도} = 8.5\frac{\text{L}}{\text{mol}\cdot\text{s}}(0.60\ \text{mol/L})^2 = 3.1\ \text{mol/L}\cdot\text{s}$$

▶ 두 개 또는 그 이상의 반응물이 관여하는 반응의 반응 차수

많은 반응들, 실제로는 대부분의 반응은 하나 이상의 반응물이 관여하고 있다. 화학종 A와 B의 반응에서,

$$a\text{A} + b\text{B} \longrightarrow \text{생성물}$$

반응 속도식의 일반적 형태는 다음과 같다.

$$\text{반응 속도} = k[\text{A}]^m \times [\text{B}]^n$$

이 식에서 m은 "A에 대한 반응 차수"이다. 마찬가지로 n은 "B에 대한 반응 차수"이다. 그리고 지수의 합인 $m + n$은 *전체 반응 차수*(overall order)이다. 예를 들어 $m = 1$이고 $n = 2$라면 이 반응은 A에 대해서는 일차, B에 대해서는 이차, 전체적으로는 삼차 반응이다.

한 개 이상의 반응물이 관여할 경우, 한 반응물의 초기 농도를 일정하게 고정하고 다른 반응물의 농도를 변화시키면 반응 차수를 결정할 수 있다. 이러한 조건하에서 측정된 반응 속도로부터 초기 농도를 변화시킨 반응물에 관한 반응 차수를 구할 수 있다.

이렇게 반응 차수를 구하는 방법을 알아보기 위해 위에서 제시한 A와 B의 반응을 살펴보자. 여기서 B의 초기 농도는 [B]로 고정하고, A의 초기 농도만 $[\text{A}]_1$과 $[\text{A}]_2$로 다르게 설정하여 반응을 시키면 두 반응 속도는 다음과 같다.

$$\text{반응 속도}_1 = k[\text{A}]_1^m \times [\text{B}]^n \qquad \text{반응 속도}_2 = k[\text{A}]_2^m \times [\text{B}]^n$$

위의 둘째 식을 첫째 식으로 나누면 다음과 같이 된다. ⓘ

ⓘ 이렇게 하면 반응물에 대한 농도 항이 소거되어 없어진다.

$$\frac{\text{반응 속도}_2}{\text{반응 속도}_1} = \frac{k[\text{A}]_2^m \times [\text{B}]^n}{k[\text{A}]_1^m \times [\text{B}]^n} = \frac{[\text{A}]_2^m}{[\text{A}]_1^m} = \left(\frac{[\text{A}]_2}{[\text{A}]_1}\right)^m$$

두 반응 속도와 두 농도의 비를 알고 있으므로, 이로부터 쉽게 m을 구할 수 있다.

예제 11.3

55°C에서 브로민화 *t*-뷰틸[*t*-butyl bromide, $(CH_3)_3CBr$]과 염기 사이의 다음 반응을 살펴보자.

$$(CH_3)_3CBr(aq) + OH^-(aq) \longrightarrow (CH_3)_3COH(aq) + Br^-(aq)$$

일련의 실험을 통해 다음 자료가 얻어졌다.

	실험 1	실험 2	실험 3	실험 4	실험 5
$[(CH_3)_3CBr]$	0.50	1.0	1.5	1.0	1.0
$[OH^-]$	0.050	0.050	0.050	0.10	0.20
반응 속도(mol/L · s)	0.0050	0.010	0.015	0.010	0.010

a $(CH_3)_3CBr$과 OH^-에 관한 각각의 반응 차수를 구하라.

분석

주어진 정보: 초기 상태의 실험 결과

알고자 하는 것: $(CH_3)_3CBr$ 및 OH^-에 관한 반응 차수

전략

m에 대하여: **1.** $[OH^-]$가 일정한 두 개의 실험을 선택한다.

2. $(CH_3)_3CBr$의 반응 속도와 농도비를 구한다.

3. 속도식에 대입한다.

$$\text{반응 속도 비} = ([(CH_3)_3CBr] \text{ 비})^m$$

(계속)

n에 대하여: **1.** $[(CH_3)_3CBr]$가 일정한 두 개의 실험을 선택한다.

2. OH^-의 반응 속도와 농도비를 구한다.

3. 속도식에 대입한다.

반응 속도 비 = $([OH^-]\ 비)^n$

풀이

m에 대하여:	**1.** 실험	실험 1과 3
	2. 비	반응 속도의 비 $= \frac{속도_3}{속도_1} = \frac{0.015}{0.005} = 3$
		농도비 $= \frac{[(CH_3)_3CBr]_3}{[(CH_3)_3CBr]_1} = \frac{1.5}{0.50} = 3$
	3. m	$3 = (3)^m$; $m = 1$
n에 대하여:	**1.** 실험	실험 2와 5
	2. 비	반응 속도의 비 $= \frac{속도_5}{속도_2} = \frac{0.010}{0.010} = 1$
		농도비 $= \frac{[OH^-]_5}{[OH^-]_2} = \frac{0.20}{0.050} = 4$
	3. n	$1 = (4)^n$; $n = 0$
반응 차수		이 반응은 $(CH_3)_3CBr$에 관하여 일차, OH^-에 관하여 영차이다.

b 반응에 대한 속도식을 써라.

분석

주어진 정보:	(a)에서; m (1), n (0)
알고자 하는 것:	반응에 대한 속도식

풀이

반응 속도식	반응 속도 $= k[(CH_3)_3CBr]^1\ [OH^-]^0 = k[(CH_3)_3CBr]$

c 55°C에서 속도 상수를 구하라.

분석

주어진 정보:	(b)에서: 반응 속도식 [반응 속도 $= k[(CH_3)_3CBr)$] 초기 상태의 농도와 반응 속도의 실험
알고자 하는 것:	k

전략

1. 반응 속도식에 반응 속도와 $(CH_3)_3CBr$ 농도 및 OH^-의 농도를 대입한다.

2. 어떠한 실험 결과의 반응 속도/농도 쌍을 사용하여도 된다. (여기서는 실험 3의 반응 속도/농도 쌍을 선택하였다.)

풀이

k

$$\text{반응 속도} = k[(CH_3)_3CBr] \longrightarrow 0.015\ \frac{\text{mol}}{\text{L}\cdot\text{s}} = k\left(1.5\ \frac{\text{mol}}{\text{L}}\right) \longrightarrow k = 0.010\ \text{s}^{-1}$$

d $[(CH_3)_3CBr]$을 1.0 M로 고정하고 OH^-를 2배로 하면 반응은 어떻게 되겠는가?

풀이

$[OH^-]$를 변화시켰을 때 반응 속도에는 어떠한 영향도 없다. 따라서 반응은 OH^-에 관하여 영차($n = 0$)이다. 이것은 반응 속도가 OH^-의 농도와 무관하다는 것을 의미한다.

11-3 반응물의 농도와 시간

다음과 같은 속도식을 보자.

$$\text{반응 속도} = k[N_2O_5]$$

이 식은 N_2O_5의 분해 속도가 농도에 따라 어떻게 변화되는지를 보여준다. 그러나 실질적 관점에서 생각해 보면 농도와 속도 사이의 관계보다 농도와 *시간* ⓘ 사이의 관계를 아는 게 더 중요하다. 예를 들어, 오산화 이질소의 분해에 대해 연구한다고 생각하자. 대부분의 경우, 5 min, 1 h, 그리고 며칠이 지난 뒤 N_2O_5가 얼마나 남아 있는지를 알기를 원할 것이다. 농도와 속도 사이의 관계식은 이에 대한 정보를 알려주지 못한다.

ⓘ 화학 반응에 대한 속도계는 없지만 모든 실험실에 시계는 있다.

미적분을 사용하면 반응물의 농도와 속도 사이의 관계식에서 농도와 시간 사이의 관계식인 적분 속도식을 얻어낼 수 있다. 이제 일차 반응으로 시작하여 몇 가지를 적분 속도식을 살펴보기로 한다.

▶ 일차 반응

N_2O_5의 분해 반응 및 다른 유형의 **일차 반응**(first-order reaction)은 다음과 같이 쓸 수 있다.

$$A \longrightarrow \text{생성물}, \qquad \text{반응 속도} = k[A]$$

미적분을 이용하면 농도와 시간 사이에 다음의 적분 속도식(integrated rate equation)을 얻을 수 있다.*

$$\ln \frac{[A]_o}{[A]} = kt \tag{11.2a}$$

여기서 $[A]_o$는 반응물의 초기 농도, [A]는 시간 t에서의 농도, k는 일차 속도 상수, 약어 "ln"은 자연 로그(natural logarithm)를 나타낸다.

$\ln a/b = \ln a - \ln b$이므로, 위의 일차 속도식은 아래와 같이 고쳐 쓸 수 있다.

$$\ln [A]_o - \ln [A] = kt \tag{11.2b}$$

위의 식을 ln [A]에 대해 풀면 다음이 얻어진다.

$$\ln [A] = \ln [A]_o - kt$$

이 식을 다음의 일반적인 직선의 방정식과 비교해 보자.

$$y = b + mx, \qquad (b = y\text{-절편}, m = \text{기울기})$$

ln [A]를 t에 대해 도시하면 y-절편이 $\ln [A]_o$이고 기울기가 $-k$인 직선이 됨을 알 수 있다. 이런 사실을 그림 11.6에서 확인할 수 있는데, 여기에는 N_2O_5의 분해 반응이 $\ln [N_2O_5]$와 시간 t 사이의 그래프로 그려져 있다. 이 점들을 토대로 가장 적절한 직선을 그리고 x축 위의 점($y_2 = -3.5, x_2 = 4.9$)과 y축 위의 점($y_1 = -1.8, x_1 = 0$)을 이용하여 기울기를 구하면 다음과 같다.

$$\text{기울기} = \frac{y_2 - y_1}{x_2 - x_1} = \frac{-3.5 + 1.8}{4.9 - 0} = \frac{-1.7}{4.9} = -0.35$$

따라서 속도 상수는 0.35/min이며 ⓘ, N_2O_5의 분해에 대한 일차 적분 속도식은 다음과 같다.

ⓘ 기울기는 음수이지만 k의 값은 언제나 양수이다.

$$\ln \frac{[N_2O_5]_o}{[N_2O_5]} = \frac{0.35}{\text{min}} t \qquad (67°\text{C에서})$$

*11-3절 전체에서 균형 맞춘 반응식은 반응물의 계수가 1인 것으로 쓰여져 있다. 일반적으로 반응물의 계수가 a (a는 2, 3, . . .)인 경우, 각 적분 속도식의 k는 a를 곱한 ak로 바꾸어 써야 한다(연습 문제 101 참조).

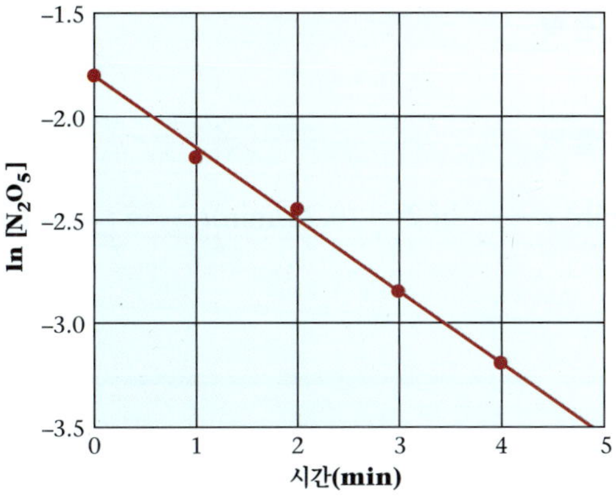

그림 11.6 ▸ **일차 반응의 그래프.** 일차 반응의 속도 상수는 시간 대 ln[A]를 그린 그래프의 기울기로부터 결정될 수 있다. 이 그림은 67°C에서 진행된 $N_2O_5(g) \rightarrow 2NO_2(g) + \frac{1}{2} O_2(g)$ 반응에 대한 것이다. 직선상의 두 점을 사용하여 직선의 기울기를 구할 수 있고 이것이 속도 상수 k이다. 여기서 k 값은 약 0.35/min이다.

예제 11.4

67°C에서 N_2O_5의 일차 분해 반응에 대해 살펴보자. 여기서 $k = 0.35$/min이다.

a 0.200 M에서 출발하여 6 min 후의 농도는 얼마인가?

분석

주어진 정보: k(0.35/min); t(6.00 min); $[N_2O_5]_o$ (0.200 M)
반응 차수 (일차)

알고자 하는 것: 6 min 후의 $[N_2O_5]$

전략

식 11.2a 또는 11.2b에 대입한다.

$$\ln \frac{[N_2O_5]_o}{[N_2O_5]} = kt \quad \text{또는} \quad \ln [N_2O_5]_o - \ln [N_2O_5] = kt$$

풀이

$[N_2O_5]$

$$\ln (0.200 \text{ mol/L}\cdot\text{min}) - \ln [N_2O_5] = -1.609 - \ln [N_2O_5] = 0.35 \frac{1}{\text{min}} \times 6.00 \text{ min}$$

$$\ln [N_2O_5] = -1.609 - 2.1 = -3.7 \longrightarrow [N_2O_5] = e^{-3.7} = 0.024 \text{ mol/L}$$

b 농도가 0.200 M에서 0.150 M로 감소할 때까지 걸리는 시간(min)은 얼마인가?

분석

주어진 정보: k(0.35/min); $[N_2O_5]_o$ (0.200 M); $[N_2O_5]_t$ (0.150 M)

알고자 하는 것: t

전략

식 11.2a 또는 11.2b에 대입한다.

풀이

t

$$\ln(0.200\ M) - \ln(0.150\ M) = \frac{0.35}{\text{min}} \times t \longrightarrow -1.61 - (-1.90) = 0.35\ t$$

$t = 0.82$ min

c N_2O_5 시료의 절반이 분해되는 데 걸리는 시간(min)은 얼마인가?

분석

주어진 정보: k(0.35/min); $[N_2O_5] = (\frac{1}{2})\ [N_2O_5]_o$

알고자 하는 것: t

(계속)

전 략

식 11.2a 또는 11.2b에 대입한다.

풀 이

t $\qquad \ln \dfrac{[N_2O_5]_o}{\frac{1}{2}[N_2O_5]_o} = (0.35/\text{min})\,t \longrightarrow \ln 2 = (0.35/\text{min})t \longrightarrow t = 0.693/0.35$

$t = 2.0$ min

이 관계는 일차 반응에 대해서만 성립한다.

예제 11.4c를 분석해 보면 일차 반응의 중요한 특징을 알 수 있다. ***일차 반응을 통해 반응물의 절반이 분해되는 데 걸리는 시간은 반응물의 농도와 관계없이 일정하다.*** 이 시간을 **반감기**(half-life)라고 부르며 다음 식으로 주어진다.

$$t_{1/2} = \frac{\ln 2}{k} = \frac{0.693}{k} \qquad \text{일차 반응} \qquad (11.3)$$

여기서 k는 속도 상수이다. N_2O_5 분해 반응의 경우, 속도 상수 k가 0.35/min이므로 반감기 $t_{1/2}$는 2.0 min이다. 따라서 매 2 min마다 N_2O_5 시료의 절반이 분해된다(표 11.1 참조).

일차 반응의 경우 속도 상수는 시간의 역수의 단위(예를 들어, min^{-1})를 가지고 있음을 주목하라. 이것은 k에 대한 간단한 물리적 해석을 제안한다(적어도 k가 작은 경우). 즉, k는 단위 시간 당 분해하는 반응물의 분율을 나타낸다. 일차 반응에 대한 다음의 식은 1 min 당 시료의 0.010 분율(즉 1.0%)이 분해된다고 말할 수 있다.

$$k = 0.010/\text{min} = 0.010\ \text{min}^{-1}$$

아마도 가장 중요한 일차 반응은 불안정한 원자핵이 분해되는 방사성 붕괴일 것이다(제 2장). 시간 t에서 존재하는 방사성 동위원소의 양을 X라고 하면 붕괴 반응 속도는 다음과 같다.

$$\text{반응 속도} = kX$$

그리고

$$\ln \frac{X_o}{X} = kt$$

이다. 여기서 X_o는 초기 양이다. 방사성 동위원소의 양은 몰, 그램, 원자의 수로 나타낼 수 있다.

표 11.1 ▸ **67°C에서 N_2O_5의 분해 반응($t_{1/2}$ = 2.0 min)**

t (min)	0.0	2.0	4.0	6.0	8.0
$[N_2O_5]$	0.160	0.080	0.040	0.020	0.010
분해된 N_2O_5의 분율	0	$\frac{1}{2}$	$\frac{3}{4}$	$\frac{7}{8}$	$\frac{15}{16}$
남아있는 N_2O_5의 분율	1	$\frac{1}{2}$	$\frac{1}{4}$	$\frac{1}{8}$	$\frac{1}{16}$
반감기의 수	0	1	2	3	4

예제 11.5 주요 문제

플루토늄-240 (Pu-240)은 원자로에서 일어나는 핵반응의 부산물이다. 4.60-g의 플루토늄 시료가 10.0%가 붕괴하는 데 천 년(1000 y)이 걸린다.

a Pu-240의 반감기는 얼마인가?

분석

주어진 정보:	시간, t (1000 y); $[\text{Pu-240}]_o$ (4.60 g); 붕괴 속도(10%/1000 y)
정보가 알려주는 내용:	반응 차수; k; 1000 y 후의 [Pu-240]
알고자 하는 것:	$t_{1/2}$

전략

1. 1000년 후의 [Pu-240]를 구한다.

$[\text{Pu-240}] = [\text{Pu-240}]_o - 0.10([\text{Pu-240}]_o)$

2. 모든 핵 반응은 일차 반응이다. 식 11.2a 또는 11.2b에 대입하여 k를 구한다.

3. 식 11.3에 대입하여 $t_{1/2}$를 구한다.

$t_{1/2} = 0.693/k$

풀이

[Pu-240]	$[\text{Pu-240}] = 4.60\text{ g} - (0.10)(4.60\text{ g}) = 4.14\text{ g}$
k	$\ln 4.60 - \ln 4.14 = k(1000\text{ y}) \longrightarrow k = 1.05 \times 10^{-4}\text{ y}^{-1}$
$t_{1/2}$	$t_{1/2} = \dfrac{0.693}{1.05 \times 10^{-4}\text{ y}^{-1}} = 6.60 \times 10^{3}\text{ y}$

b 2.00-g의 플루토늄 시료가 처음 질량의 15%로 감소하는 데 얼마나 오래 걸리겠는가?

분석

주어진 정보:	$[\text{Pu}-240]_o$ (2.00 g); [Pu−240] (2.00 g의 15%) (a)에서: $k(1.05 \times 10^{-4}\text{ y}^{-1})$
알고자 하는 것:	t

전략

1. [Pu−240]를 구한다.

2. 식 11.2a 또는 11.2b에 대입하여 t를 구한다.

풀이

[Pu−240]	$[\text{Pu-240}] = 0.15(2.00\text{ g}) = 0.30\text{ g}$
t	$\ln 2.00 - \ln 0.30 = (1.05 \times 10^{-4}\text{ y}^{-1})t \longrightarrow t = 1.8 \times 10^{4}\text{ y}$

c 5.00-g의 플루토늄 시료의 붕괴 속도(g/y)는 얼마인가?

분석

주어진 정보:	$[\text{Pu-240}]_o$ (5.00 g); (a)에서: $k(1.05 \times 10^{-4}\text{ y}^{-1})$
정보가 알려주는 내용:	반응 차수 ($m = 1$)
알고자 하는 것:	붕괴 속도

전략

질문은 농도와 반응 속도를 관련시키는 것이므로, Pu-240 붕괴에 대한 일반적인 반응 속도식에 대입한다.

속도 $= k[\text{Pu-240}]_o^{\,1}$

(계속)

풀 이	
반응 속도	반응 속도 = $(1.05 \times 10^{-4}\ y^{-1})(5.00\ g) = 5.25 \times 10^{-4}\ g/y$
마무리 정리	
(a)에서와는 달리 (c)에서 속도는 초기 질량에 의존한다. 반감기는 초기 농도에 무관하다.	

해당하는 동위원소의 방사능 수준으로 반감기를 설명할 수 있다. 우라늄은 반감기(4.5×10^9년)가 매우 길기 때문에 방사선을 매우 천천히 방출한다. 이와 정반대의 극단적인 예로 페르뮴-258의 반감기는 3.8×10^{-4} s로 방사능 붕괴 속도가 매우 빠르다. 즉 페르뮴-258의 방사능 붕괴는 사실상 1 s 이내에 끝난다. 이러한 화학종은 짧게 존재하는 동안 높은 방사선을 생성한다.

▶ 영차 반응과 이차 반응

영차 반응(zero-order reaction)은 반응물 농도와 무관한 반응이다. 이것은 [A]에 대한 지수가 0이기 때문에 값은 1이다.

$$A \longrightarrow \text{생성물} \qquad \text{반응 속도} = k[A]^0 = k$$

다시 말하면, 영차 반응 속도는 일정하며, 농도와는 무관하다. ⓘ 앞의 논의에서 예상할 수 있듯이 영차 반응의 경우는 비교적 드물다. 대부분의 영차 반응은 고체 표면에서 일어나며, 반응 속도는 기체상의 농도와 무관하다. 대표적인 예로 금의 표면에서 아이오딘화 수소가 열분해되는 반응을 들 수 있다.

ⓘ 영차 반응에서 모든 반응물은 한정된 시간인 $2t_{1/2}$에 소모된다.

$$HI(g) \xrightarrow{Au} \tfrac{1}{2}H_2(g) + \tfrac{1}{2}I_2(g)$$

금 표면은 HI 분자로 완전히 덮여 있기 때문에, HI(g)의 농도가 증가해도 반응 속도에는 영향을 주지 못한다.

영차 반응에 대한 농도–시간의 관계식은 적분 속도 법칙을 사용하여 쉽게 나타낼 수 있다.

$$[A] = [A]_o - kt \qquad (11.4)$$

이 적분 속도식을 다음의 직선의 방정식과 비교해 보자.

$$y = b + mx \qquad (b = y\text{-절편},\ m = \text{기울기})$$

t 대 [A]로 도시하면 직선의 기울기는 $-k$가 된다. 따라서 농도를 시간의 함수로 나타내었을 때 직선이 얻어졌다면 그 반응은 영차 반응임을 나타내는 것이며, 속도 상수 k는 직선의 기울기의 절댓값이다.

아세트알데하이드의 분해 반응과 같이 반응물이 하나인 **이차 반응**(second-order reaction)에 대한 반응 속도식은 다음과 같다(예제 11.2 참조).

$$A \rightarrow \text{생성물}, \qquad \text{반응 속도} = k[A]^2$$

이 미분 반응 속도식을 적분하면 다음과 같은 농도–시간의 관계식을 얻을 수 있다.*

$$\frac{1}{[A]} - \frac{1}{[A]_o} = kt \qquad (11.5)$$

* 미적분학을 배울 때 미적분학이 화학과 같은 실제 분야에 어떻게 이용될 수 있는가에 대하여 의문을 가졌을 것으로 생각한다. 영차 반응, 일차 반응, 이차 반응에 대한 반응 속도식은 다음과 같다.

$$-d[A]/dt = k \qquad -d[A]/dt = k[A] \qquad -d[A]/dt = k[A]^2$$

이들 식을 0에서 t까지, 그리고 $[A]_o$부터 [A]까지 적분하면 적분 반응 속도식을 얻을 수 있다.

표 11.2 ▸ **$A(g) \longrightarrow$ 생성물 유형의 반응에서 영차, 일차, 이차 반응의 특성. 여기서 [A]와 $[A]_o$는 각각 t와 $t = 0$에서 A의 농도이다**

차수	반응 속도식	농도-시간 관계식	반감기	직선 도시
0	반응 속도 = k	$[A]_o - [A] = kt$	$[A]_o/2k$	[A] 대 t
1	반응 속도 = $k[A]$	$\ln \frac{[A]_o}{[A]} = kt$	$0.693/k$	ln [A] 대 t
2	반응 속도 = $k[A]^2$	$\frac{1}{[A]} - \frac{1}{[A]_o} = kt$	$1/k\,[A]_o$	$\frac{1}{[A]}$ 대 t

이 식에서 [A], $[A]_o$, t, k는 앞에서 정의한 것과 같다. 이차 반응의 경우 t에 대하여 1/[A]을 도시하면 직선이 얻어진다.

영차 반응, 일차 반응, 이차 반응의 특성을 표 11.2에 요약하여 놓았다. 표의 오른쪽 끝의 두 열에 있는 어느 식을 사용하더라도 반응 차수를 결정할 수 있다(예제 11.6).

예제 11.6

아이오딘화 수소 기체의 분해 반응에서 다음의 자료를 얻었다.

시간(h)	0	2	4	6
[HI]	1.00	0.50	0.33	0.25

이 반응은 영차 반응, 일차 반응, 이차 반응 중에서 어느 것에 해당되는가?

전략

1. 주어진 실험 자료로부터 시간의 함수로서 [HI], ln [HI], 1/[HI]를 구하여 정리한다.
2. 각 농도-시간 관계들을 도시한다.
3. 표 11.2를 참조하여 얻어진 직선의 도시로부터 반응 차수를 결정한다.

풀이

농도-시간 표

t	[HI]	ln [HI]	1/[HI]
0	1.00	0	1.0
2	0.50	−0.69	2.0
4	0.33	−1.10	3.0
6	0.25	−1.39	4.0

도시 — 그림 11.7를 참조한다.

반응의 차수 — 시간 대 1/[HI]을 도시하면 직선이 얻어진다. 이 반응은 이차 반응이다.

마무리 정리

1. 2 h 후에 농도가 1.00 M에서 0.500 M로 줄어드는 것을 주목하자. 영차 반응이라면 2 h가 더 지나면 완전히 종결될 것이다.
2. 일차 반응이라면 4 h 후에 농도가 0.25 M이 될 것이다.

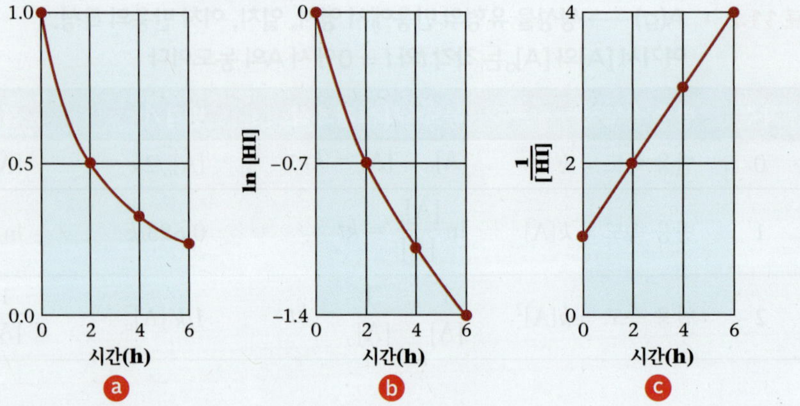

그림 11.7 ▸ **반응 차수의 결정.** 반응 차수를 결정하는 한 가지 방법은 농도와 시간의 관계를 나타내는 함수 중에서(표 11.2) 직선 관계를 찾는 것이다. 1/[HI] 대 t를 도시하면 직선이 얻어지기 때문에 HI 분해 반응은 이차 반응이다.

예제 11.7 개념 문제

어느 반응이 반응물 A에 대해서 일차 반응이고, B에 대해서 이차 반응이다. 아래의 상자에서 반응물 A 1 mol은 ●(빨강), 반응물 B 1 mol은 ●(파랑)로 나타내었다. 상자의 부피는 1 L라고 가정한다.

(1)

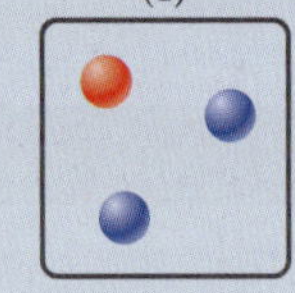

아래에 그린 세 개의 상자들 중에서 위의 상자와 같은 반응 속도를 나타내는 것은 어느 것인가?

(2) (3) (4)

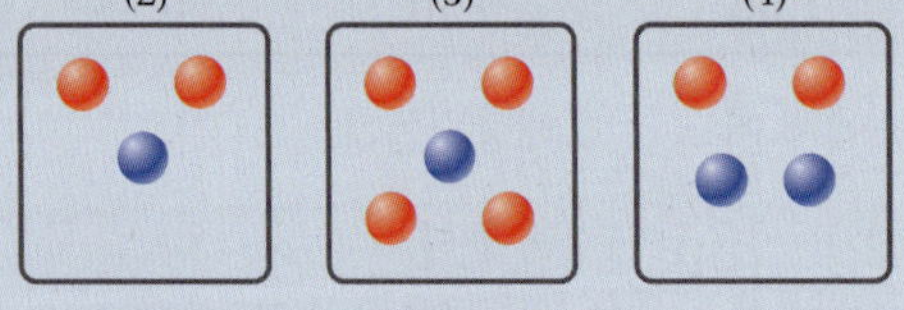

분 석

주어진 정보:	A에 대한 차수(일차)와 B에 대한 차수(이차) A와 B의 농도
알고자 하는 것:	상자 (1)과 같은 반응 속도를 갖는 것은 어느 상자인가?

전 략

각 상자의 반응 속도를 쓰고 비교한다.

풀 이

상자 (1)	속도 $= k(1)(2)^2 = 4k$
상자 (2)	속도 $= k(2)(1)^2 = 2k$
상자 (3)	속도 $= k(4)(1)^2 = 4k$
상자 (4)	속도 $= k(2)(2)^2 = 8k$
	상자 (1)과 (3)의 속도는 같다.

11-4 반응 속도 모형

지금까지 이 장에서 우리는 주변의 세상이나 실험실에서 일어나는 반응 속도를 실험적 관점에서 살펴보았다. 이제 관점을 바꾸어 어떤 특정 반응은 빠르게 일어나고, 다른 반응은 느리게 일어나는 이유를 설명하고자 한다. 이를 위해 지금까지 화학자들이 속도 상수를 예상하기 위하여 발전시킨 두 모형에 대해 살펴보도록 한다.

▶ 충돌 모형: 활성화 에너지

다음 반응을 살펴보자.

$$CO(g) + NO_2(g) \rightarrow CO_2(g) + NO(g)$$

이 반응은 600 K 이상의 온도에서 CO와 NO_2 분자가 직접 충돌하여 일어난다. CO의 농도(그림 11.8)가 두 배가 되면 주어진 시간 동안의 충돌 횟수는 두 배로 증가한다. NO_2의 농도를 두 배로 해도 똑같은 결과가 나타난다. 반응 속도가 충돌 횟수에 직접 비례한다고 가정하면, 다음과 같은 관계식을 생각할 수 있다.

$$\text{반응 속도} = k[CO] \times [NO_2]$$

이 예상은 실험적으로 확인되었다. 반응은 CO와 NO_2에 대하여 각각 일차 반응으로 나타났다.

CO와 NO_2 반응을 설명하는 이 충돌 모형은 한계점을 가지고 있다. 기체 운동론에 따르면, 700 K에서 0.10 M의 반응 혼합물에 대해 모든 CO 분자는 1 s에 약 10^9개의 NO_2 분자와 충돌해야 한다. 모든 충돌이 유효하다면 반응은 1 s 이내의 짧은 시간에 끝나야 한다.◀ⓘ 실제로 이러한 반응은 일어나지 않는다. 이러한 조건에서 반감기는 약 10 s이다. 이 결과는 CO와 NO_2가 충돌할 때마다 반드시 반응이 일어나는 것만은 아니라는 것을 의미한다.

반응 분자들 간의 충돌이 항상 반응을 일어나게 하는 것만이 아닌 몇 가지 이유가 있다. 첫째 이유는 분자들이 충돌할 때 서로 적절하게 배향되어야 한다. 예를 들어 CO 분자의 탄소 원자가 NO_2 분자의 질소 원자와 충돌한다고 가정하자(그림 11.9). 반응이 일어나려면 산소 원자가 NO_2 분자로부터 CO 분자로 이동하여야 하는데, 이와 같은 충돌로는 산소가 이동하기 어렵다.

둘째 이유는 유효 충돌의 횟수를 줄이는 더 중요한 인자는 반응물 분자의 운동 에너지와 관련이 있다. 이 분자들은 강한 화학 결합으로 결합하고 있다. 충돌하는 분자의 속도가 매우 빠르게 움직이는 경우에만 화학 결합을 끊는 데 필요한 에너지를 공급할 수 있는 충분한 운동 에너지를 갖게 된다. 작은 운동 에너지를 갖는 분자들은 반응 없이 서로 튕겨 나온다. 결과적으로, 충돌의 일부만 유효 충돌이 된다.

모든 화학 반응에 대해, 유효 충돌이 일어나기 위한 최소한의 에너지가 필요하다. 이러한 에너지를 **활성화 에너지**(activation energy)라고 한다. 활성화 에너지는 E_a의 기호를 가지며, kJ/mol로 나타낸다. 1 mol의 CO와 1 mol의 NO_2 반응에 대한 E_a는 134 kJ/mol이다. 따라서 두 분자의 반응이 일어나려면 두 충돌 분자(CO와 NO_2)는 최소한 134 kJ/mol의 전체 운동 에너지를 가져야 한다. 반응에 대한 활성화 에너지는 양의 값($E_a > 0$)이며, 화학 반응마다 활성화 에너지 값이 다르다.

위에서 설명한 반응 속도의 충돌 모형을 정량적으로 나타낼 수 있다. 반응에 대한 속도 상수 k는 세 가지 인자들의 곱으로 나타낼 수 있다.

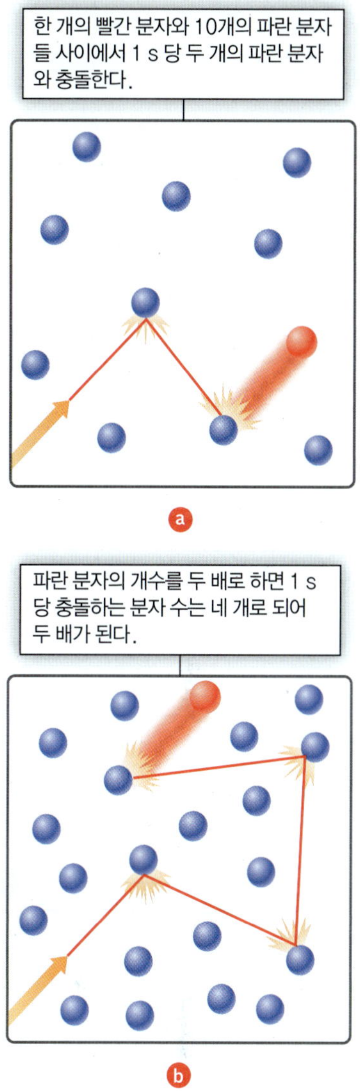

그림 11.8 ▸ **농도와 분자 충돌.** 반응이 일어나려면 빨간 분자는 파란 분자와 충돌해야 한다.

ⓘ 폭발이 있을 수도 있다.

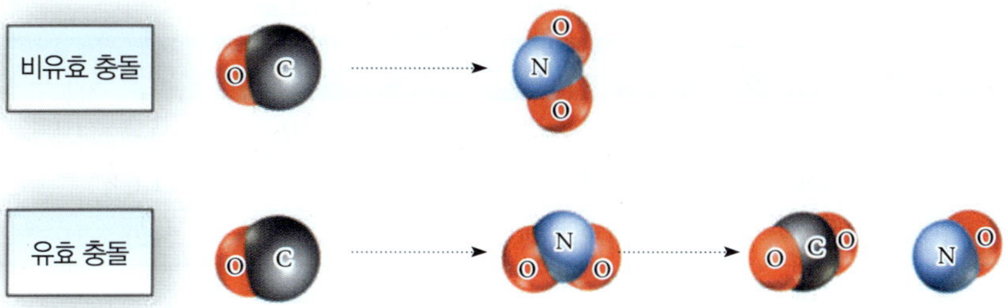

그림 11.9 ▸ **유효 충돌과 비유효 충돌.** 충돌에 의해 반응이 일어나기 위해서는 분자들이 적절하게 배향되어야 한다. $CO(g) + NO_2(g) \longrightarrow CO_2(g) + NO(g)$ 반응에서, CO 분자의 탄소 원자는 NO_2 분자의 산소 원자를 공격하여 CO_2와 NO가 생성물로 얻어진다.

$$k = p \times Z \times f$$

이 식에서 각 인자들이 갖는 의미는 다음과 같다.

- p는 *입체 인자*(steric factor)라고 하며, 충돌하는 분자의 특정한 배향에 있는 분자들만이 반응을 일으킨다는 것을 고려한다(그림 11.9 참조). 유감스럽게도 충돌 모형으로는 p 값을 예상할 수 없다. 말할 수 있는 것은 이 값은 1보다 작은 값이고, 때로는 1보다 훨씬 작은 값을 갖는다.
- Z는 *충돌 빈도*(collision frequency)로 반응물의 단위 농도에서 단위 시간에 일어나는 분자의 충돌수이다. 이 값은 기체 운동론에 의하여 아주 정확히 계산할 수 있으나, 여기서는 이러한 계산을 설명하지 않는다.
- f는 *충돌 분율*(fraction of collision)*이며, 전체 충돌에서 충돌 분자의 에너지가* E_a*와 같거나 더 큰 충돌의 분율*을 나타난다. 이 값은 다음 식으로부터 얻을 수 있다.

$$f = e^{-E_a/RT}$$

이 식에서 e는 자연 로그의 밑이며, R은 기체 상수, T는 절대 온도(K)이다.

f에 대한 이 식을 위의 k에 대한 위 식에 대입하면 충돌 모형에 대한 기본 식을 얻을 수 있다.

$$k = p \times Z \times e^{-E_a/RT}$$

이 식에서 E_a *값이 클수록, 속도 상수는 더 작아짐*을 알 수 있다. 따라서,

$$\begin{aligned} \text{만일 } E_a &= 0, e^{-E_a/RT} = e^0 = 1 \\ E_a &= RT, e^{-E_a/RT} = e^{-1} = 0.37 \\ E_a &= 2RT, e^{-E_a/RT} = e^{-2} = 0.14 \end{aligned}$$

등등이 된다. 이것은 의미가 있다. 즉, 활성화 에너지가 클수록, 충돌하여 반응을 일으킬 수 있는 충분한 에너지를 갖는 분자의 분율은 더 작아지므로 반응 속도가 더 느려진다.

높은 에너지를 갖는 분자들이 반응을 한다.

표 11.3은 몇 가지 화학 반응에 대한 측정한 속도 상수와 충돌 이론으로 예상한(임의로 $p = 1$을 취함) 속도 상수를 비교한 것이다. 예상대로, 충돌 이론으로 계산한 k 값이 너무 크며, 이러한 결과는 입체 인자가 실제로 1보다 작다는 것을 말해준다.

전이 상태 모형: 활성화 에너지 도표

그림 11.10은 CO-NO_2 반응에 대한 에너지 도표이다. 반응물인 CO와 NO_2는 왼쪽에 나타나 있고, 생성물인 CO_2와 NO는 오른쪽에 나타나 있다. 생성물은 반응물보다 226 kJ 정도 적은 에너지를 가지고 있다. 반응의 엔탈피 변화, ΔH는 −226 kJ이다. 그림의 중앙에는 **활성화 착물**(activated complex)이라고 부르는 중간체가 있다. 중간체는 반응이 일어나기 전에 형성되어야 하는 높은 에너지를 갖는 불안정한 화학종이다. 중간체의 에너지는 반응물의 에너지보다 134 kJ 만큼 더 크고, 생성물보다 더 큰 360 kJ의 에너지를 갖는다. 반응물과 생성물 사이의 중간체인 이러한 계의 상태를 *전이 상태*(transition state)라고 부른다.

활성화 착물에서 전자들은 흔히 들뜬 상태에 있다.

활성화 착물의 정확한 특성을 결정하기는 어렵다. 이 반응에서, 활성화 착물은 CO와 NO_2 분자가 가깝게 접촉하고 있는 "유사 분자(pseudomolecule)"일 것으로 예상한다. 반응 경로는 대략 다음과 같을 것으로 생각하고 있다.

표 11.3 ▸ **기체상 이차 반응에 대한 속도 상수의 측정 값과 계산 값**

반응	측정한 k 값	충돌 모형	전이-상태 모형
$NO + O_3 \longrightarrow NO_2 + O_2$	6.3×10^7	4.0×10^9	3.2×10^7
$NO + Cl_2 \longrightarrow NOCl + Cl$	5.2	130	1.6
$NO_2 + CO \longrightarrow NO + CO_2$	1.2×10^{-4}	6.4×10^{-4}	1.0×10^{-4}
$2NO_2 \longrightarrow 2NO + O_2$	5.0×10^{-3}	1.0×10^{-1}	1.2×10^{-2}

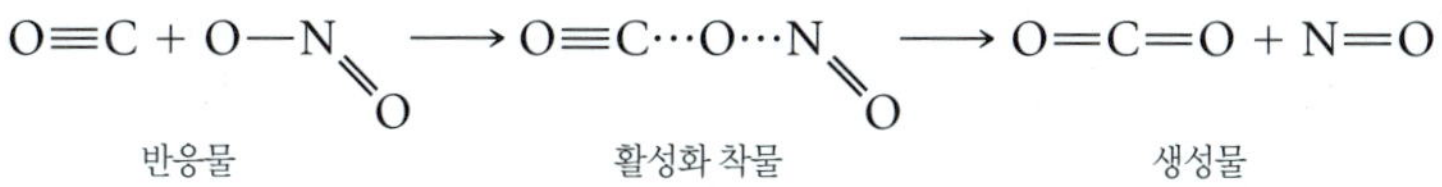

여기서 점선은 활성화 착물에서의 "부분 결합(partial bond)"을 나타낸다. NO_2 분자의 N—O 결합은 부분적으로 끊어진 상태이다. 탄소와 산소 사이는 새로운 결합이 형성되기 시작한다.

활성화 착물 이론은 1930년 Princeton의 Henry Eyring을 비롯한 학자들에 의하여 개발되었다. 이 이론은 반응 속도에 대한 *전이 상태 모형*(transition-state model)의 기초를 형성하며, 활성화 착물을 다음과 같이 가정한다.

- 활성화 착물의 농도는 낮으며, 반응물과 평형 상태에 있다.
- 활성화 착물은 에너지 장벽을 "넘어" 생성물로 분해되거나, 다시 반응물로 되돌아갈 수 있다.

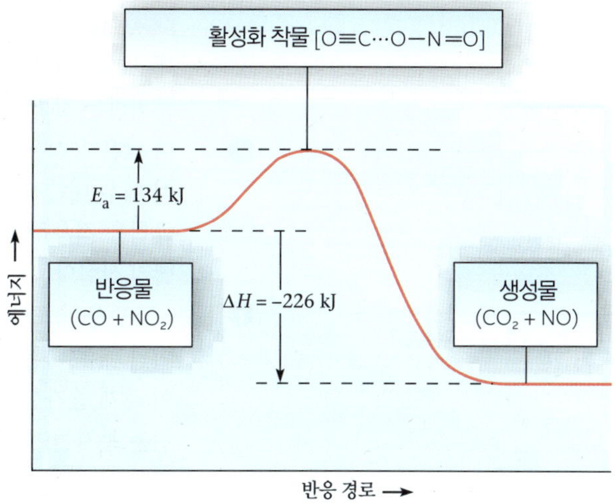

그림 11.10 ▸ **반응 에너지 도표**. 반응 개시 동안, 반응하는 1 mol의 CO 당 134 kJ(활성화 에너지 E_a)을 공급해 주어야 한다. 이 에너지는 반응이 일어날 수 있는 지점까지 각 CO—NO_2 착물을 활성화시킨다.

이러한 가정을 통해 속도 상수 k에 대한 식을 전개할 수 있으나, 이 식은 너무 복잡해서 여기서 설명하지 않지만 표 11.3에 일부 결과를 소개하였다.

일반적으로, 전이 상태 모형은 충돌 모형(최소한 $p = 1$인 경우)보다는 조금 더 정확하다. 또 다른 장점은 일반적으로 활성화 에너지가 반응 분자의 결합 엔탈피보다 훨씬 작은 이유를 설명해 줄 수 있다는 것이다. 예를 들어 다음 반응을 살펴보자.

$$CO(g) + NO_2(g) \longrightarrow CO_2(g) + NO(g)$$

이 반응에서 $E_a = 134$ kJ/mol이다. 이 값은 반응물의 결합을 끊는 데 필요한 에너지 양보다 상당히 적다.

C≡O 1075 kJ N=O 607 kJ N—O 222 kJ

그림 11.10에 나타낸 활성화 착물을 형성하는 데에는 비교적 적은 에너지의 흡수가 필요한데, 이것은 화학 결합을 끊는 데 필요한 에너지가 아니고 반응물의 결합을 약화시키는 에너지만을 필요로 하기 때문이다.

화학자의 삶 속에서 | CHEMISTRY THE HUMAN SIDE

이 장의 주제인 화학 반응 속도론은 20세기 중반에 과학의 한 분야로 발전되었다. Henry Eyring은 어느 학자들보다도 이러한 발전에 기여한 사람이다. Henry Eyring은 멕시코의 몰몬교 정착지에서 태어나 멕시코 혁명이 일어난 1912년 그의 부모와 함께 Arizona로 이주하였다. 몇 년 후 그는 Albert Einstein을 귀화시킨 판사에 의하여 미국 시민이 되었다.

Eyring은 1920년대 젊은 시절 Wisconsin 대학에서 화학 강사로 근무할 때 처음으로 화학 반응 속도론을 접하게 되었다. 그는 그곳에서 N_2O_5의 열분해 반응을 연구하였다(11-2절). 1931년 Princeton으로 이주하였으며, 그곳에서 반응 속도에 대한 전이 상태 모형을 발전시켰다. Eyring은 합리적인 활성화 착물의 구조를 생각하고 전이 상태 모형을 이용하여 속도 상수를 이론적으로 계산하였는데, 실험 결과와 아주 잘 일치하였다. Princeton에서 15년 동안 많은 연구를 한 후, 몰몬교의 근거지인 Salt Lake City에 있는 Utah 대학으로 옮겼다. 대학원장으로 재직하는 동안 노화 메커니즘을 포함한 생명 과정에 대한 반응 속도론 연구에 개척자적인 활동을 하였다.

Henry Eyring의 연구 자세는 그의 말에서 잘 드러난다.

> 나는 어느 정도 수학적 재능을 가지고 있었기 때문에 연구를 하는 데 유리하였으며, 문제의 미묘한 차이보다는 폭넓은 해석에 더 관심을 가졌다. 나는 가까이 있는 아름다운 정원을 부지런히 가꾸는 것보다도 다음 언덕 너머에 무엇이 있는가를 발견하는 일에 더 흥미가 있었다.

Courtesy of Allyson Mower

Henry Eyring (1901~1981)

화학에 대한 Henry의 열정은 그의 생활에 가득 차 있었다. 그는 매년 Utah 대학에서 열리는 50 yard 달리기 대회에 학생들과 함께 참가하였다. 그는 70대 중반까지 이를 계속하였다. 그가 경기에서 우승한 적은 없었으나 *CBS 저녁 뉴스*에 한 번 보도된 바 있다.

11-5 반응 속도와 온도

대부분의 반응 속도는 온도가 상승함에 따라서 증가한다(그림 11.11). 서둘러 저녁 식사를 준비하는 사람은 이 원리를 적용하여 오븐의 다이얼을 최대한 높게 설정하여 조리한다. 먹다 남은 음식은 상하지 않도록 냉장고에 보관함으로써 화학 반응을 늦춘다. 일반적이면서 매우 대략적인 규칙으로 온도가 10°C 상승하면 반응 속도는 약 두 배 정도 증가된다. 이 규칙을 적용하면, 실온(25°C)에 있는 음식물이 냉장고(5°C) 속의 음식물보다 네 배나 더 빨리 상한다.

동면 동물들은 체온을 낮추고, 생명 과정을 느리게 한다.

반응 속도에 대한 온도의 영향은 운동론으로 설명할 수 있다. 제5장에서 온도를 높이면 매우 빠른 속도를 갖는 분자와 운동 에너지(운동 에너지 = $mu^2/2$)가 큰 분자의 분율이 크게 증가한다는 것을 설명하였다. 운동 에너지가 큰 분자들은 충돌할 때 가장 반응하기 쉬운 분자들이다. 온도가 높을수록 반응에 필요한 활성화 에너지를 제공할 수 있는 분자들의 분율이 더 커진다. 이러한 효과는 두 다른 온도에서의 운동 에너지 분포를 나타낸 그림 11.12에서 분명히 볼 수 있다. 주목할 점은 활성화 에너지(E_a)와 같거나 이보다 큰 운동 에너지를 갖는 분자의 분율(음영 부분)은 높은 온도에서 상당히 크다는 것이다. 따라서 유효 충돌의 분율이 증가한다. 이것이 온도가 증가할 때 반응 속도가 증가하는 주된 이유이다.

$T\uparrow \rightarrow k\uparrow \rightarrow$ 반응 속도↑

그림 11.11 ▸ **온도와 반응 속도.** Cyalume® 막대 전등은 화학 반응으로 빛을 생성한다.

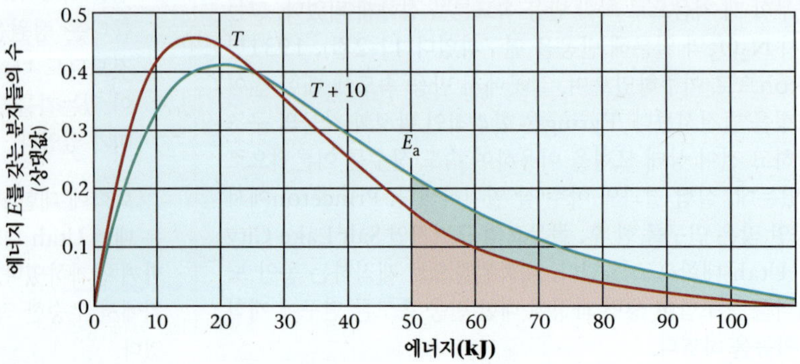

그림 11.12 ▸ **온도와 활성화 에너지.** T가 $T + 10$으로 증가하면 높은 에너지를 갖는 분자의 수도 증가한다. 따라서 더 많은 분자들이 반응하기에 충분한 에너지를 갖게 되며, 반응은 더 빠르게 일어난다. 만일 E_a가 50 kJ/mol이면, 이와 같거나 이보다 큰 에너지를 갖는 분자들은 반응을 할 수 있다. T에서 반응하는 분자의 수는 T 곡선 아래 적색 영역으로 나타내었으며, $T + 10$에 반응하는 분자의 수는 $T + 10$ 곡선 아래의 녹색 영역과 적색 영역의 합으로 나타내었다.

Arrhenius 식

11-4절의 충돌 모형으로부터 속도 상수에 관한 다음 식이 만들어졌음을 기억하고 있다.

$$k = p \times Z \times e^{-E_a/RT} \quad (11.6)$$

여기서 입체 인자, p는 온도와 무관하다. 충돌 빈도, Z는 비교적 온도에 민감하지 않다. 예를 들어 온도를 500 K에서 600 K로 증가시키면, Z 값은 10% 미만으로 증가한다. 따라서 속도 상수가 주로 온도에 의존한다고 하면 다음과 같은 근사식을 쓸 수 있다.

$$k = Ae^{-E_a/RT}$$

이 식에서 A는 상수이다. 이 식의 양변에 자연 로그를 취하면 다음 식을 얻을 수 있다.

$$\ln k = \ln A - E_a/RT$$

이 식은 1889년에 Svante Arrhenius(제4장)가 처음으로 제안하였으며, 일반적으로 **Arrhenius 식**(Arrhenius equation)이라고 부른다. 이 식은 속도 상수의 온도 의존성을 나타낸다.

Arrhenius 식을 다음과 같은 직선의 방정식과 비교하면

$$y = b + mx$$

$\ln k$ ("y")를 $1/T$ ("x")를 도시하면 직선 관계가 되어야 한다. 직선의 기울기, $m = -E_a/R$과 같다. 그림 11.13은 CO-NO_2 반응에 대하여 Arrhenius 도시를 나타낸 것이다. 직선의 기울기는 약 -1.61×10^4 K이다. 그러므로

$$\frac{-E_a}{R} = -1.61 \times 10^4 \text{ K}$$

$$E_a = 8.31\frac{\text{J}}{\text{mol}\cdot\text{K}}(1.61 \times 10^4 \text{ K}) = 1.34 \times 10^5 \text{ J/mol} = 134 \text{ kJ/mol}$$

k와 T의 관계를 나타내는 두-점 방정식

Arrhenius 식은 제9장의 Clausius-Clapeyron 식에 사용된 과정에 따라 다른 형태로 나타낼 수 있다. 두 개의 다른 온도 T_1과 T_2에서 Arrhenius 식은 다음과 같이 쓸 수 있다.

$$\ln k_2 = \ln A - \frac{E_a}{RT_2}$$

$$\ln k_1 = \ln A - \frac{E_a}{RT_1}$$

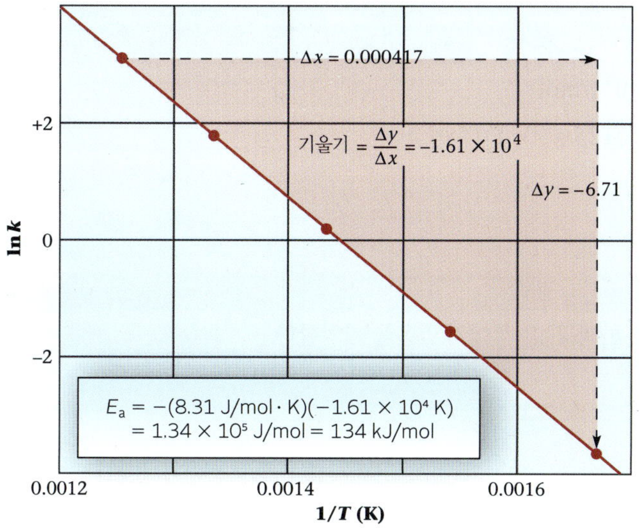

그림 11.13 ▸ **Arrhenius 도시.** $\ln k$를 $1/T$로 도시하면 직선이 된다(k = 속도 상수, T = 절대 온도). 직선의 기울기로부터 활성화 에너지를 구할 수 있다: $E_a = -R \times$ 기울기.

처음 식에서 나중 식을 빼면, ln A는 소거되고, 다음의 식이 얻어진다.

$$\ln k_2 - \ln k_1 = \frac{-E_a}{R}\left[\frac{1}{T_2} - \frac{1}{T_1}\right] \tag{11.7a}$$

$$\ln \frac{k_2}{k_1} = \frac{E_a}{R}\left[\frac{1}{T_1} - \frac{1}{T_2}\right] \tag{11.7b}$$

$R = 8.31$ J/mol · K의 단위를 사용하면 활성화 에너지는 J/mol의 단위로 얻어진다.

예제 11.8 주요 문제

A의 일차 분해 반응에 대해 살펴보자. 이 반응에 대해 다음의 자료가 주어졌다.

- 온도가 15°C에서 25°C로 증가될 때, 속도 상수는 두 배가 된다.
- 40°C에서 분해 반응에 대한 속도 상수는 0.0125 s^{-1}이다.

a 분해 반응에 대한 활성화 에너지는?

분석

주어진 정보:	15°C에서 k (k_1); 25°C에서 k ($k_2 = 2k_1$)
정보가 알려주는 내용:	R 값
알고자 하는 것:	E_a

전략

1. 15°C (288 K)에서 온도를 T_1, 이때의 속도 상수를 k_1으로 놓는다.

2. 25°C (298 K)에서 온도를 T_2, 이때의 속도 상수를 $k_2 = 2k_1$로 놓는다.

3. 식 11.7b에 대입한다.

$$\ln \frac{k_2}{k_1} = \frac{E_a}{R}\left[\frac{1}{T_2} - \frac{1}{T_1}\right]$$

풀이

E_a

$$\ln \frac{2k_1}{k_1} = \frac{E_a}{8.31\ \text{J/mol}\cdot\text{K}}\left[\frac{1}{288} - \frac{1}{298}\right] \longrightarrow (0.693)(8.31) = E_a\left[\frac{1}{288} - \frac{1}{298}\right]$$

$E_a = 4.9 \times 10^4$ J/mol = **49 kJ/mol**

b 78°C에서 A의 반감기는?

분석

주어진 정보:	(a)에서: E_a(4.9×10^4 J/mol)
	T_1(40°C)에서 k_1(0.0125 s^{-1}); T_2(78°C)
정보가 알려주는 내용:	R 값
알고자 하는 것:	78°C에서 $t_{1/2}$

전략

1. 식 11.7b에 대입하여 78°C (T_2)에서의 k_2를 구한다. k_1과 T_1은 주어져 있음을 기억한다.

2. 식 11.3에 대입하여 78°C에서의 $t_{1/2}$를 구한다.

(계속)

풀이

78°C에서 k_2	$\ln k_2 - \ln(0.0125) = \dfrac{4.9 \times 10^4 \text{ J/mol}}{8.31 \text{ J/mol}\cdot\text{K}}\left(\dfrac{1}{313\text{ K}} - \dfrac{1}{351\text{ K}}\right)$
	$\ln k_2 = 2.04 + (-4.38) = -2.34 \longrightarrow k_2 = e^{-2.34} = 0.0963\ \text{s}^{-1}$
$t_{1/2}$	$t_{1/2} = \dfrac{0.693}{0.0963\ \text{s}^{-1}} = 7.20\ \text{s}$

c 어떤 온도에서 0.165 *M* 용액의 분해 속도가 0.124 mol/L · s가 되겠는가?

분석

주어진 정보:	(a)에서: $E_a(4.9 \times 10^4$ J/mol); (b)에서: T_1(40°C)에서 $k_1(0.0125\ \text{s}^{-1})$
	[A] (0.165 *M*)에 대한 속도 (0.124 mol/L · s)
정보가 알려주는 내용:	*R* 값
알고자 하는 것:	A의 주어진 속도에서 *T*

전략

1. 속도식에 대입하여 T_2에서 분해 반응에 대한 k (k_2)를 구한다.
2. Arrhenius 식 (11.7b)에 대입한다.

풀이

k	$0.124\ \text{mol/L}\cdot\text{s} = k(0.165\ \text{mol/L}) \longrightarrow k = 0.752\ \text{s}^{-1}$
T_2	$\ln(0.752\ \text{s}^{-1}) - \ln(0.0125\ \text{s}^{-1}) = \dfrac{4.9 \times 10^4 \text{ J/mol}}{8.31 \text{ J/mol}\cdot\text{K}}\left(\dfrac{1}{313\text{ K}} - \dfrac{1}{T_2}\right)$
	$4.10 = 5.9 \times 10^3\left(\dfrac{1}{313\text{ K}} - \dfrac{1}{T_2}\right) \longrightarrow T_2 = 4.0 \times 10^2\ \text{K} = 1.3 \times 10^2\ °\text{C}$

11-6 촉매 반응

촉매(catalyst)는 ***반응에 의해 소모되지 않고 반응 속도를 증가시키는 물질이다.*** 촉매는 반응 경로를 활성화 에너지가 낮은 쪽으로 변경시킴으로써 반응 속도를 증가시킨다. 일반적으로 촉매에 의한 경로는 두 단계 이상으로 이루어진다. 이 경우 촉매가 없는 반응의 활성화 에너지는 촉매 반응의 각 단계 반응의 활성화 에너지보다 크다(그림 11.14).

▶ 불균일 촉매 반응

불균일 촉매(heterogeneous catalyst)는 반응 물질과 상이 다른 촉매이다. 흔히 사용되는 촉매는 대부분 고체 상태이며, 기체상이나 액체상의 반응 속도를 증가시킨다. 한 예로 금 표면에서 일어나는 N_2O 분해 반응이 있다.

$$N_2O(g) \xrightarrow{\text{Au}} N_2(g) + \tfrac{1}{2}O_2(g)$$

촉매에 의한 분해 반응에서 N_2O는 고체 표면에 화학적으로 흡착된다. N_2O 분자의 산소 원자와 표면의 금 원자 사이에 화학적 결합이 형성된다. 이러한 결합에 의하여 질소와 산소의 결합력이 약화됨으로써 N_2O 분자는 더 쉽게 분해된다. 이 과정은 다음과 같이 나타낼 수 있다.

$$\text{N}{\equiv}\text{N}{-}\text{O}(g) + \text{Au}(s) \longrightarrow \text{N}{\equiv}\text{N}{---}\text{O}{---}\text{Au}(s) \longrightarrow \text{N}{\equiv}\text{N}(g) + \text{O}(g) + \text{Au}(s)$$

여기서 점선은 약한 공유 결합을 나타낸다.

가장 많이 알려진 불균일 촉매 반응으로는 자동차 촉매 변환기에서 일어나는 일련의 촉

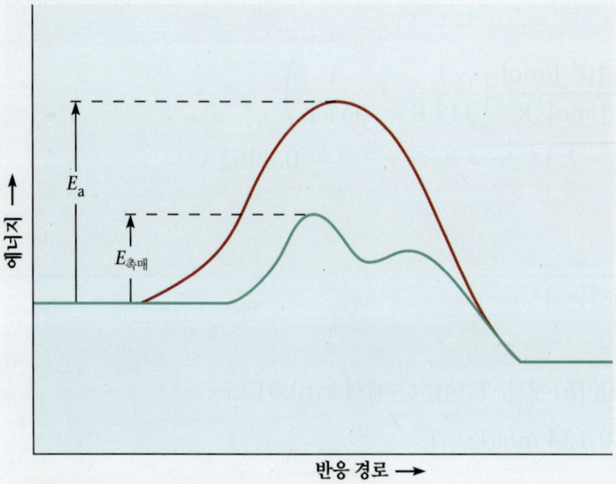

그림 11.14 ▸ **촉매 반응과 활성화 에너지.** 촉매는 반응 경로를 변경시킴으로써 활성화 에너지를 낮추어 반응이 빠르게 일어나도록 한다.

매 반응이 있다(그림 11.15). 이 장치에는 로듐이 혼합된 1~3 g의 백금 금속이 들어 있다. 백금 촉매는 일산화 탄소와 벤젠(C_6H_6)과 같은 연소되지 않은 탄화수소를 산화시키는 과정에 촉매로 작용한다.

$$2CO(g) + O_2(g) \xrightarrow{Pt} 2CO_2(g)$$

$$C_6H_6(g) + \frac{15}{2}O_2(g) \xrightarrow{Pt} 6CO_2(g) + 3H_2O(g)$$

로듐은 다음 반응의 촉매로 작용하여 질소 산화물을 분해한다.

$$2NO(g) \longrightarrow N_2(g) + O_2(g)$$

불균일 촉매 반응에서의 한 가지 문제점은 고체 촉매에 쉽게 "촉매독"이 형성되는 것이다. 반응이 진행되는 동안 촉매 표면에 쌓인 이 물질에 의해 촉매 효과가 감소하거나 심지어 촉매 효과를 내지 못한다. 무연 휘발유를 사용하는 주요한 이유는 납 금속이 촉매 변환기에 있는 Pt-Rh 혼합물을 오염시키기 때문이다.◂ⓘ

ⓘ 많은 산업 공정은 불균일 촉매를 사용한다.

▶ 균일 촉매

균일 촉매(homogeneous catalyst)는 반응 물질과 상이 같은 촉매이다. 균일 촉매 반응에서는 반응성이 큰 중간체를 형성함으로써 반응 속도를 빠르게 한다. 중간체는 곧 생성물로 분해된다. 촉매는 이러한 방법으로 활성화 에너지가 낮은 다른 반응 경로를 제공한다.

균일 촉매 반응의 한 예로 수용액에서 과산화 수소 분해 반응을 살펴보도록 한다.

$$2H_2O_2(aq) \longrightarrow 2H_2O + O_2(g)$$

보통의 조건에서 이 반응은 매우 느리게 일어난다. 그러나 아이오딘화 소듐(NaI) 용액을 첨가하면 반응은 거의 순식간에 일어난다. 즉, 산소 거품이 일어나는 것을 관찰할 수 있다.

과산화 수소 촉매 분해 반응은 다음과 같이 두 단계로 진행된다고 알려져 있다.

$$\text{단계 1:}\quad H_2O_2(aq) + I^-(aq) \longrightarrow H_2O + IO^-(aq)$$

$$\text{단계 2:}\quad H_2O_2(aq) + IO^-(aq) \longrightarrow H_2O + O_2(g) + I^-(aq)$$

$$H_2O_2(aq) \longrightarrow 2H_2O + O_2(g)$$

최종 반응식은 직접 반응한 결과와 같음을 주목하자.

I^- 이온은 반응 과정에서 소모되지 않는다. 첫 번째 단계에서 모든 I^- 이온이 소모되며, 두 번째 단계에서 I^- 이온이 다시 생성된다. 이 두 단계 반응에 대한 활성화 에너지는 촉매가 없을 때의 활성화 에너지보다 훨씬 작다.

▶ 효소

보통의 조건에서 느리게 일어나는 많은 반응은 생명체 내에서는 *효소*(enzyme)라고 부르는 촉매에 의하여 쉽게 일어난다. 효소는 큰 분자량을 갖는 단백질 분자들이다. 효소 촉매 반응의 한 예로 다음의 과산화 수소 분해 반응이 있다.

$$2H_2O_2(aq) \longrightarrow 2H_2O + O_2(g)$$

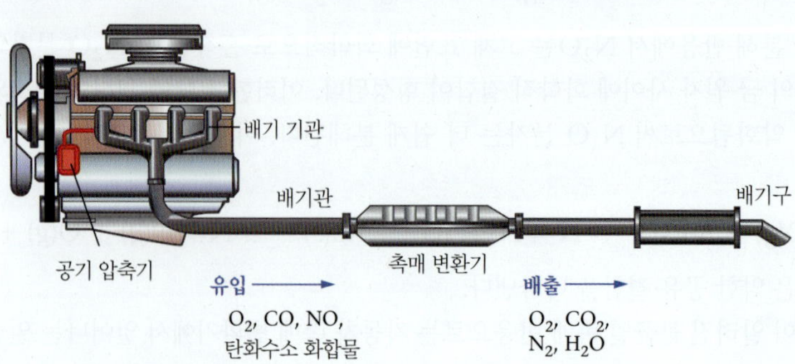

그림 11.15 ▸ **자동차 촉매 변환기.** 촉매 변환기는 CO를 CO_2로, 불완전 연소된 탄화수소를 CO_2와 H_2O로, NO를 N_2로 변환시킬 수 있도록 설계된 "삼원" 촉매가 들어 있다. 촉매의 활성 성분은 귀금속인 백금과 로듐이며, 때때로 팔라듐이 사용된다.

혈액이나 조직 내에서 카탈레이스(catalase; 과산화 수소 분해 효소)라고 부르는 효소는 이 반응의 촉매로 작용한다(그림 11.16). 상처 치료에 3% H_2O_2를 사용하면 산소 기체가 빠른 속도로 방출된다. 체내에 있는 카탈레이스는 강력한 산화제인 H_2O_2의 축적을 방지하는 작용을 한다.

많은 효소들은 특정한 반응에 대해서만 촉매 활성을 가진다. 예를 들어, 효소인 말테이스(maltase)는 말토스(maltose)의 가수분해 반응의 촉매이다.

$$\underset{\text{말토스}}{C_{12}H_{22}O_{11}(aq)} + H_2O \xrightarrow{\text{말테이스}} \underset{\text{글루코스}}{2C_6H_{12}O_6(aq)}$$

이것이 말테이스만이 갖는 기능이며, 다른 효소들은 이 반응에 대하여 촉매 작용을 하지 않는다. 탄수화물, 단백질, 지방의 신진 대사를 위한 많은 소화 효소들이 있다. 효소가 없다고 가정할 때 한 끼의 식사가 소화되는 데는 50년 이상의 시간이 걸릴 것으로 추정된다.

다른 모든 촉매와 마찬가지로 효소는 화학 반응의 활성화 에너지를 낮추는 역할을 한다. 효소의 촉매 효과는 대단하여 속도 상수를 10^{12}배 또는 그 이상 증가시킨다. 그러나 상업적인 면에서 효소도 약점을 지니고 있다. 특정 효소는 좁은 온도 영역에서만 기능을 발휘한다. 온도가 상승하면 분자가 "풀어져" 특징적인 모양이 바뀌므로 효소가 활성을 잃어버리는 경우가 많다. 최근 화학자들은 효소를 고체 지지체에 결합시켜 고정시킬 경우 이와 같은 효과가 방지될 수 있다는 것을 발견하였다. 효소 분자의 지지체로 사용하는 고체로는 합성 중합체, 다공성 유리, 심지어 스테인리스강도 있다. 이러한 고정 촉매에 관한 연구는 신물질 개발 분야에서 선도적인 역할을 하고 있다. 여러 가지 다이어트 청량 음료에 사용되는 감미료인 아스파탐(aspartame)은 고정한 형태의 아스파테이스(aspartase) 효소를 이용하여 만든다.

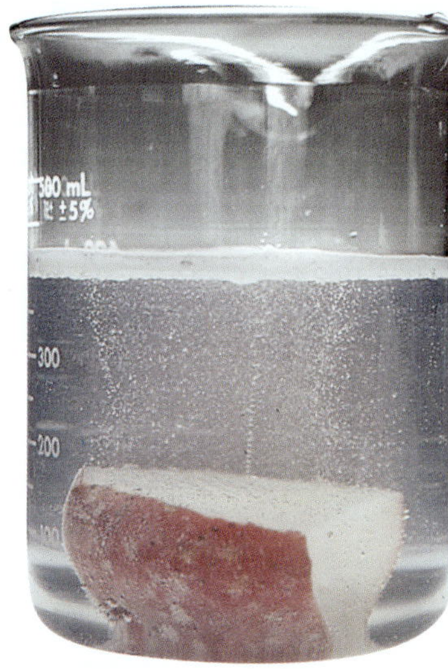

그림 11.16 ▸ **효소 촉매 반응.** 감자에 들어 있는 효소는 과산화 수소 분해 반응에서 촉매 작용을 한다. 그림에서 산소 기포가 생성되는 것을 볼 수 있다.

ⓘ 다이어트가 아주 쉽게 될 것이다.

11-7 반응 메커니즘

반응 메커니즘(reaction mechanism)은 일련의 반응 단계나 반응 경로를 분자 수준에서 나타낸 것이다. 가장 간단한 경우로 한 단계로 진행되는 반응이 있다. 이러한 반응은 두 반응 분자가 충돌하여 일어난다. 예를 들어 약 600 K 이상의 높은 온도에서는 CO와 NO_2의 반응이 이 메커니즘으로 일어난다.

$$CO(g) + NO_2(g) \longrightarrow NO(g) + CO_2(g)$$

그러나 낮은 온도에서는 일산화 탄소와 이산화 질소의 반응이 전혀 다른 반응 메커니즘으로 일어난다. 즉 다음의 두 단계의 반응이 관여된다.

$$\begin{array}{l} NO_2(g) + NO_2(g) \longrightarrow NO_3(g) + NO(g) \\ CO(g) + NO_3(g) \longrightarrow CO_2(g) + NO_2(g) \\ \hline CO(g) + NO_2(g) \longrightarrow NO(g) + CO_2(g) \end{array}$$

ⓘ 때때로 반응 메커니즘은 T에 따라 변하며, 가끔은 P에 따라 변하는 경우도 있다.

개별 단계 반응을 합하여 얻은 전체 반응은 한 단계로 일어나는 과정과 동일하다는 것에 주목하라. 그러나 반응 속도식은 전혀 다르다.

높은 온도: 반응 속도 $= k[CO][NO_2]$

낮은 온도: 반응 속도 $= k[NO_2]^2$

일반적으로, 반응 속도식과 ***반응 차수는 반응이 일어나는 반응 메커니즘에 의존한다.***

▶ 단일 단계 과정

반응 메커니즘을 구성하는 각 단계 반응을 **단일 단계 반응**(elementary step)이라 한다. *일분자 반응*(unimolecular reaction)의 경우 단일 단계 반응은 다음과 같다.

$$A \longrightarrow B + C \qquad \text{반응 속도} = k[A]$$

이분자 반응(bimolecular)의 경우

$$A + B \longrightarrow C + D \qquad \text{반응 속도} = k[A][B]$$

또는, 드물게 일어나는 *삼분자 반응*(termolecular)의 경우

$$A + B + C \longrightarrow D + E \qquad \text{반응 속도} = k[A][B][C]$$

위에 나타낸 속도식으로부터 ***단일 단계 반응의 속도는 속도 상수(k)와 각 반응물 분자의 농도를 곱해준 값과 같다***는 것을 주목하라. 이 규칙은 쉽게 설명된다. 예를 들어 두 반응물 분자 A와 B가 서로 유효 충돌하여 C와 D를 생성하는 반응 단계를 생각해 보자. 앞에서 설명하였던 것처럼 충돌 속도 즉 반응 속도는 각 반응물 분자의 농도에 정비례한다.

▶ 느린 단계 반응

흔히, 반응 메커니즘에서 어느 한 단일 단계 반응이 다른 단일 단계 반응들보다 매우 느리게 일어나는 경우가 있다. 그러한 경우에 *가장 느린 단계*(slowest step)*가* **속도 결정 단계**(rate-determining step)*가 된다*. 즉, 전체 반응 속도는 느린 단계 반응의 속도와 같은 것으로 생각할 수 있다. 예를 들어 다음의 세 단계로 진행하는 반응을 살펴보자.

단계 1: $A \longrightarrow B$ (빠름)
단계 2: $B \longrightarrow C$ (느림)
단계 3: $C \longrightarrow D$ (빠름)

$$A \longrightarrow D$$

A가 D로 변환되는 반응 속도(전체 반응)가 B가 C로 변환되는 반응 속도(느린 속도 단계)와 대략적으로 같다.

이 규칙이 갖는 합리성과 제한점을 이해하기 위하여, 예로서 다음 경우를 보자. 세 개의 문제가 출제된 일반 화학 시험을 세 사람(A, B, C)이 채점한다고 가정하자. A는 1번 문제를 채점하는 데 평균 10 s가 걸리고, B는 2번 문제를 채점하는 데 평균 15 s가 걸린다. 그런데 C는 채점 속도가 아주 느린 사람으로 3번 문제를 채점하는 데 5 min이 걸린다. ⓘ 그러면 시험 문제를 채점하는 속도는 다음과 같다.

ⓘ 문제 1과 2는 선다형 문제일 수도 있다.

$$\frac{1\ \text{문제}}{10\ \text{s} + 15\ \text{s} + 300\ \text{s}} = \frac{1\ \text{문제}}{325\ \text{s}} = 0.00308\ \text{문제/s}$$

이 값은 가장 느리게 채점하는 사람의 채점 속도와 대략적으로 같다.

$$\frac{1\ \text{문제}}{300\ \text{s}} = 0.00333\ \text{문제/s}$$

위의 일반 화학 시험 채점의 경우를 화학 반응에 연관시켜 다음과 같이 말할 수 있다.

- 전체 반응 속도는 가장 느린 단계 반응의 속도보다 빠를 수 없다.
- 가장 속도가 느린 단계 반응의 속도는 전체 반응 속도와 대략적으로 같다.
- 일반적으로 반응 메커니즘에서 가장 느린 단계 반응은 가장 큰 활성화 에너지를 갖는다 (그림 11.17 참조).

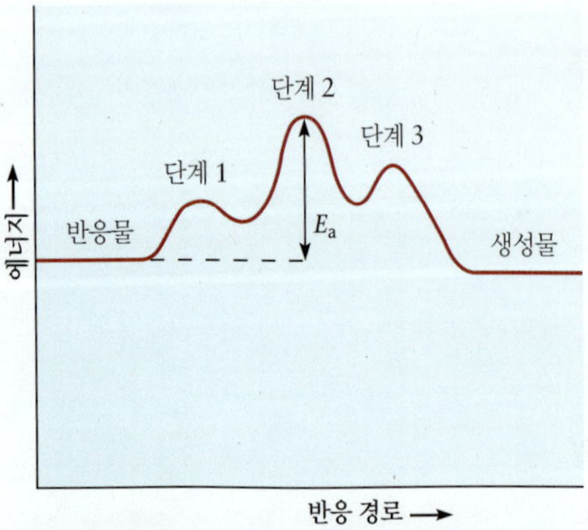

그림 11.17 ▸ **세 단계 메커니즘으로 일어나는 반응에 대한 반응 도표.** 세 단계 중 두 번째 단계 **반응이 속도** 결정 단계이다.

▶ 제안된 반응 메커니즘으로부터 반응 속도식의 유도

앞에서 살펴본 바와 같이, 반응에 대한 반응 속도식은 반드시 실험적으로 결정해야 한다. 이 과정을 마친 다음에야 관측된 반응 속도식에 일치하는 반응 메커니즘을 도출할 수 있다. 그러나 이 과정은 다소 복잡하며, 여기서는 시도하지 않을 것이다. 그 대신 훨씬 더 간단한 반대 과정을 살펴볼 것이다. *여러 단계 반응에 대한 메커니즘이 주어지면 그 메커니즘에 해당하는 반응 속도식을 어떻게 추론할 수 있겠는가?*

원리적으로는 방금 배운 규칙을 적용하기만 하면 된다.

1. *가장 느린 단일 단계를 찾아, 전체 반응 속도가 가장 느린 단일 단계의 반응 속도와 같은 것으로 생각한다.*
2. *가장 느린 단일 단계 반응에 대한 반응 속도식을 구한다.*

이 과정을 설명하기 위하여, 낮은 온도에서 일어나는 CO와 NO_2 사이의 두 단계 반응을 생각해 보자.

$$\begin{array}{ll} NO_2(g) + NO_2(g) \longrightarrow NO_3(g) + NO(g) & (\text{느림}) \\ CO(g) + NO_3(g) \longrightarrow CO_2(g) + NO_2(g) & (\text{빠름}) \\ \hline CO(g) + NO_2(g) \longrightarrow CO_2(g) + NO(g) & \end{array}$$

위의 규칙을 순서대로 적용하면

$$\text{전체 반응 속도} = \text{첫 번째 단계의 속도} = k[NO_2]^2$$

이 결과는 두 단계 반응 메커니즘에 대한 반응 속도식이 직접 한 단계로 일어나는 한 단계 반응 메커니즘과 다른 이유를 설명해 준다.

중간체의 제거

바로 전에 설명한 과정으로 얻은 반응 속도식에 반응성이 큰 중간체가 포함되는 경우가 있는데, 이러한 중간체는 메커니즘의 어느 한 단계 반응에서 생성되고 다음 단계 반응에서 소모된다. 보통 이 중간체의 농도는 매우 작기 때문에 실험적으로 구하기 어렵다. 반응 속도식은 실험적으로 결정되는 것이기 때문에 반응 속도식에서 제거해야 한다. 최종적으로 얻은 반응 속도식에는 그 반응의 균형 맞춘 반응식에 나타난 물질들만이 포함되어야만 한다. 때때로 촉매의 농도 항이 포함되는 경우도 있지만 반응성이 큰 중간체의 농도 항이 절대로 포함되어서는 안 된다.

이러한 예를 살펴보기 위해 다음의 두 단계 메커니즘으로 진행되는 것으로 생각되는 일산화 질소와 염소의 반응을 살펴보자.

$$\begin{array}{lll} \text{단계 1:} & NO(g) + Cl_2(g) \underset{k_{-1}}{\overset{k_1}{\rightleftharpoons}} NOCl_2(g) & (\text{빠름}) \\ \text{단계 2:} & NOCl_2(g) + NO(g) \xrightarrow{k_2} 2NOCl(g) & (\text{느림}) \\ \hline & 2NO(g) + Cl_2(g) \longrightarrow 2NOCl(g) & \end{array}$$

첫 번째 단계의 반응은 매우 빠르며 가역적이다. 정반응 속도와 역반응 속도가 같으면 동적 평형(dynamic equilibrium)이 이루어진다. 두 번째 단계의 반응은 느리게 일어나서 속도 결정 단계가 되므로 다음의 관계가 성립한다.

$$\text{전체 반응 속도} = \text{단계 2의 반응 속도} = k_2[NOCl_2][NO]$$

위 반응 속도식은 실험적으로 확인할 수 없기 때문에 만족스러운 식이 아니다. $NOCl_2$는 반응성이 큰 중간체로 농도가 매우 작아서 정확하게 측정할 수 없다. 반응 속도식에서 $[NOCl_2]$ 항을 제거하기 위하여, 단계 1의 정반응 속도와 역반응 속도가 같은 평형 상태를 고려하면 다음과 같은 식을 얻을 수 있다.

> i 화학종의 농도를 측정할 수 없으면, 반응 속도식에 나타내지 않는 것이 좋다.

$$k_1[NO] \times [Cl_2] = k_{-1}[NOCl_2]$$

$[NOCl_2]$에 대해 풀어서, 반응 속도식에 대입하면 다음과 같이 된다.

$$[NOCl_2] = \frac{k_1[NO][Cl_2]}{k_{-1}}$$

$$\text{전체 반응 속도} = k_2[NOCl_2] \times [NO] = \frac{k_2k_1[NO]^2[Cl_2]}{k_{-1}}$$

k_2k_1/k_{-1} 값은 실험적으로 구할 수 있는 반응 속도 상수이며, 이 반응 메커니즘으로부터 예상할 수 있는 것처럼 NO에 대해 이차, Cl_2에 대해 일차 반응이다.

예제 11.9

오존(O_3)이 산소 분자(O_2)로 분해되는 반응은 다음과 같은 두 단계 반응 메커니즘으로 일어난다고 알려져 있다.

단계 1: $$O_3(g) \underset{k_{-1}}{\overset{k_1}{\rightleftharpoons}} O_2(g) + O(g) \quad \text{(빠름)}$$

단계 2: $$O_3(g) + O(g) \xrightarrow{k_2} 2O_2(g) \quad \text{(느림)}$$

$$2O_3(g) \longrightarrow 3O_2(g)$$

이 반응 메커니즘에 해당하는 반응 속도식을 구하라.

전략

1. 속도 결정 단계는 가장 느린 단계이다(단계 2). 이 단계의 반응 속도식을 쓴다.
2. 단계 1의 정반응과 역반응에 대한 반응 속도식을 쓴다. 단계 1은 평형 상태이므로,
   정반응 속도 = 역반응 속도
3. 단계 1의 반응 속도를 [O]의 항으로 나타내고, 이것을 단계 2의 반응 속도식에 대입한다.
4. 모든 속도 상수를 단일 상수, k로 묶는다.

풀이

1. 단계 2의 반응 속도식 — 반응 속도 $= k_2[O_3][O]$
2. 정반응의 속도 — 반응 속도 $= k_1[O_3]$
   역반응의 속도 — 반응 속도 $= k_{-1}[O_2][O]$
   정반응의 속도 = 역반응의 속도 — $k_1[O_3] = k_{-1}[O_2][O]$
3. [O] — $[O] = \dfrac{k_1[O_3]}{k_{-1}[O_2]}$
   전체 반응 속도 — 반응 속도 $= k_2[O_3]\left(\dfrac{k_1[O_3]}{k_{-1}[O_2]}\right)$
4. 모든 상수를 묶는다. — $k = \dfrac{k_2 k_1}{k_{-1}}$

$$\text{반응 속도} = k\frac{[O_3]^2}{[O_2]}$$

반응 메커니즘 연구의 한계점 중 하나를 지적하는 것이 중요하다. 실험적으로 얻은 반응 속도식과 일치하는 반응 메커니즘이 하나 이상 존재할 수도 있다. 이 중에서 어느 반응 메커니즘이 옳은가를 판단하기 위해서는 다른 실험적 증거도 고려해야 한다. 이러한 예로서 수소와 아이오딘의 반응이 있다.

$$H_2(g) + I_2(g) \longrightarrow 2HI(g)$$

이 반응의 측정된 반응 속도식은 다음과 같다.

$$\text{반응 속도} = k[H_2][I_2]$$

오랫동안 H_2-I_2 반응은 H_2 한 분자와 I_2 한 분자가 충돌하여 일어나는 한 단계 반응으로 진행된다고 생각되었다. 물론 이 반응 메커니즘은 위의 반응 속도식과 일치한다. 그러나 아주 다른 복잡한 반응 메커니즘이 포함되어 있음을 보여주는 실험적 증거들이 있다(연습 문제 77 참조).

오존 이야기

최근에 대기 중에 소량으로 존재하는 오존(ozone)이 많은 관심의 대상이 되고 있다. 분자식이 O_3인 오존은 번개친 후에, 또는 전기 모터나 지하철 열차 근처에서 감지할 수 있는 특유의 냄새를 가진 옅은 파란색 기체이다.

오존은 대기권의 어느 위치에 있느냐에 따라 해로운 물질이 될 수도 있고 간혀있는 이로운 물질이 될 수도 있다. 특히 낮은 층의 대기권(*대류권*)에 존재하는 오존은 해롭다. 즉 다음과 같은 일련의 반응에 의하여 생성된 광화학 스모그의 주성분이다.

$$NO_2(g) \longrightarrow NO(g) + O(g)$$
$$O_2(g) + O(g) \longrightarrow O_3(g)$$
$$\overline{NO_2(g) + O_2(g) \longrightarrow NO(g) + O_3(g)}$$

오존은 매우 센 산화제이기 때문에 동물이나 사람에게 독성이 있다. 오존이 10^{-7} atm의 아주 낮은 부분압으로 존재해도 식물의 광합성 속도는 절반으로 감소한다.

높은 층의 대기권(*성층권*)에서의 상황은 매우 다르다. 성층권에서 오존은 고도 30 km에서 최대 10^{-5} atm의 부분압으로 존재한다. 200~300 nm 사이의 자외선 영역에 있는 태양광의 95~99%는 흔히 "오존층"이라고 부르는 이 영역의 오존에 의해 흡수된다. 이 반응 메커니즘은 다음과 같은 두 반응식으로 나타낼 수 있다.

$$O_3(g) + \text{UV 복사선} \longrightarrow O_2(g) + O(g)$$
$$O_2(g) + O(g) \longrightarrow O_3(g) + \text{열}$$
$$\overline{\text{UV 복사선} \longrightarrow \text{열}}$$

알짜 효과는 단순히 자외선이 열에너지로의 변환되는 것이다.

만일 자외선이 지구 표면까지 도달하게 된다면 여러 가지의 해로운 영향을 주게 된다. 오존 농도가 5% 정도 감소하면 피부암 발생이 10~20% 정도 증가될 것으로 예상된다. 또한, 자외선은 백내장을 포함한 눈병을 일으키는 주요 요인이다.

성층권에서 오존 분자는 다음 반응식에 의하여 분해된다.

$$O_3(g) + O(g) \rightarrow 2O_2(g)$$

이 반응은 O_3 분자와 O 원자 사이의 직접 충돌에 의해 다소 느리게 일어난다. 그러나 염소 원자가 촉매 역할을 하는 두 단계 과정으로 반응은 더 빨리 일어날 수 있다.

$$O_3(g) + Cl(g) \longrightarrow O_2(g) + ClO(g) \quad 220\text{ K에서 } k = 5.2 \times 10^9 \text{ L/mol} \cdot \text{s}$$
$$ClO(g) + O(g) \longrightarrow Cl(g) + O_2(g) \quad 220\text{ K에서 } k = 2.6 \times 10^{10} \text{ L/mol} \cdot \text{s}$$
$$\overline{O_3(g) + O(g) \longrightarrow 2O_2(g)}$$

한 개의 염소 원자는 수만 개의 오존 분자의 분해를 일으킬 수 있다. 브로민 원자도 염소와 같이 촉매로 작용할 수 있으며, Br이 촉매로 작용하는 반응의 속도 상수는 위에서 방금 설명한 반응의 속도 상수보다 더 크다.

오존 분해 반응에서 촉매로 작용하는 염소 원자는 냉장고나 에어컨에 사용되는 염화플루오린화탄소(chlorofluorocarbon, CFC)로부터 발생한다. 주범은 CF_2Cl_2(프레온)으로 파장이 200 nm인 자외선에 노출될 경우 다음 반응식에 의하여 염소 원자가 생성된다.

$$CF_2Cl_2(g) \rightarrow CF_2Cl(g) + Cl(g)$$

CFCs 화합물이 오존층을 고갈시킨다는 사실은 1974년 두 과학자에 의해 처음으로 거론되었다. 이 두 과학자는 F. Sherwood Rowland(1927~2012)와 Mario Molina(1943~)이며, Paul Crutzen(1933~)과 함께 1995년 노벨 화학상을 수상하였다. Paul Crutzen은 대기 중의 질소 화합물이 오존을 분해하는 촉매로 작용한다는 것을 처음으로 보고하였다.

최근의 연구에 따르면 오존 고갈은 남극 대륙의 기후에 영향을 미쳐서 내륙은 냉각되고, 가장자리는 따뜻해졌다. 오존의 촉매 분해 반응은 매년 남반구 겨울의 끝인 9월과 10월 남극에서 발생하는 오존 구멍(그림 A)의 원인으로 알려져 있다. 길고 어두운 남극의 겨울에는 오존이 생성되지 않는다. 한편, −85°C의 얼음 결정으로 이루어진 구름 속에서 일어나는 불균일 촉매 반응에 의하여 Cl_2, Br_2, HOCl과 같은 화학종들이 생성된다. 9월이 되어 태양이 다시 비치게 되면 이런 분자들이 광화학적으로 분해되어 Cl 원자나 Br 원자가 생성되며, 이들은 오존 분해 반응에 촉매로 작용하여 오존의 농도를 낮추게 된다.

오존 고갈은 남반구에서만 일어나는 것이 아니다. 1994~1995년 매우 추운 겨울철에 북극에서도 유사한 "오존 구멍"이 관측되었다. 그 외에도 일부 시베리아 지방에서는 오존의 농도가 40% 정도 감소하였다.

1987년 캐나다의 몬트리올에서 CFCs의 사용을 규제하는 국제 조약이 체결되었다. 미국에서는 1996년에 프레온의 생산이 중단되었다. 자동차 에어컨에 사용하는 냉매는 염소 원자를 포함하지 않는 $C_2H_2F_4$ 화합물로 대체되었다.

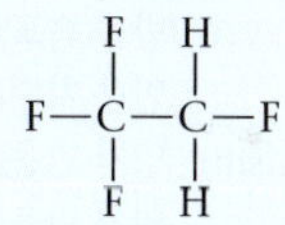

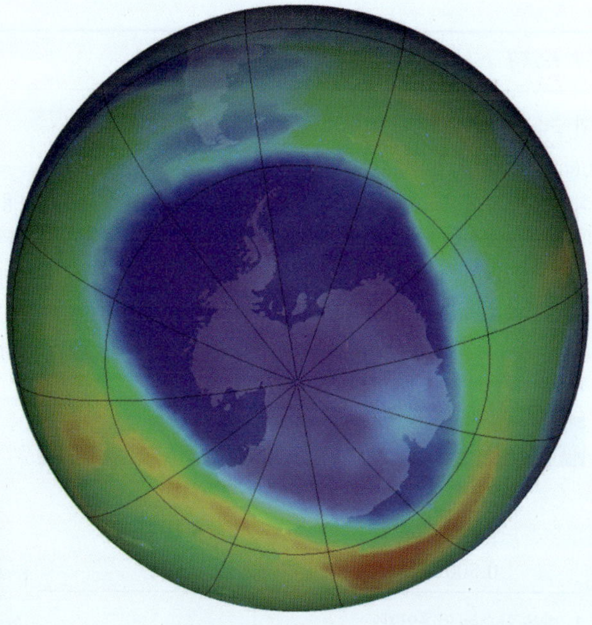

그림 A ▸ **2013년 8월 30일 남반구 성층권의 오존(O_3)층.** 두께는 Dobson (= 0.01 mm 두께)으로 측정된다. 성층권의 정상적인 오존층은 360 Dobson이다. 오존 "구멍"은 200~220 Dobson이다.

주요 개념

1. 다음 내용으로부터 반응 속도식(반응 차수) 결정하기.
   - 초기 반응 속도 자료
   (예제 11.1, 11.2, 11.3; 문제 19~28)
   - 표 11.2를 이용한 농도-시간 자료
   (예제 11.6; 문제 29, 30)
   - 반응 메커니즘
   (예제 11.9; 문제 77, 78)
2. 일차 반응에 대한 농도와 시간의 관계식 구하기.
   (예제 11.4, 11.5; 문제 35~48)
3. 속도 상수와 온도와의 관계를 나타내는 Arrhenius 식을 이용하기.
   (예제 11.8; 문제 57~70)

주요 식

반응 속도 $aA + bB \longrightarrow cC + dD$

$$\text{반응 속도} = \frac{-\Delta[A]}{a\,\Delta t} = \frac{-\Delta[B]}{b\,\Delta t} = \frac{\Delta[C]}{c\,\Delta t} = \frac{\Delta[D]}{d\,\Delta t}$$

영차 반응 반응 속도 $= k$ $\quad [A] = [A]_o - kt$

일차 반응 반응 속도 $= k[A]$ $\quad \ln [A]_o/[A] = kt \quad t_{1/2} = 0.693/k$

이차 반응 반응 속도 $= k[A]^2 \quad 1/[A] - 1/[A]_o = kt$

속도 상수 반응 속도 $= p \times Z \times e^{-E_a/RT}$

Arrhenius 식 $\ln \frac{k_2}{k_1} = \frac{E_a}{R}\left[\frac{1}{T_1} - \frac{1}{T_2}\right]$

주요 용어

단일 단계(elementary step)
반감기(half-life)
반응 메커니즘(reaction mechanism)
반응 속도(reaction rate)
반응 속도식(rate expression)
반응 차수(reaction order)
영차 반응(zero-order reaction)
일차 반응(first-order reaction)
이차 반응(second-order reaction)
속도 결정 단계(rate-determining step)
속도 상수(rate constant)
촉매(catalyst)
활성화 에너지(activation energy)

요약 문제

과산화 수소는 다음 반응과 같이 물과 산소로 분해된다.

$H_2O_2(aq) \longrightarrow H_2O + \frac{1}{2}O_2(g)$

과산화 수소의 분해 속도는 과망가니즈산 포타슘($KMnO_4$)을 사용하여 용액 시료를 적정하여 일정 시간 간격으로 측정한다.

(a) O_2가 형성되는 속도가 0.0215 mol/L · min이라면, H_2O_2가 분해되는 속도는 얼마인가? H_2O가 생성되는 속도는?

(b) 25°C에서 과산화 수소의 분해 반응에 대하여 초기 속도법으로 실험한 자료는 다음과 같다.

$[H_2O_2]$	초기 속도(mol/L · min)
0.200	1.04×10^{-4}
0.300	1.55×10^{-4}
0.500	2.59×10^{-4}

1. 반응 차수는 얼마인가?
2. 분해 반응에 대한 반응 속도식을 써라.
3. 25°C에서 반응의 속도 상수와 반감기를 계산하라.

(c) 과산화 수소는 30.0% 용액으로 판매되고 있다. 과산화 수소 용액을 실온(25°C)에 놓아두었을 때, 10% H_2O_2 용액으로 분해되는 데 얼마나 걸리겠는가?

(d) 40°C에서 분해 반응의 속도 상수는 1.93×10^{-3} min^{-1}이다. H_2O_2의 분해 반응에 대한 활성화 에너지를 구하라.

(e) 제조업체는 과산화 수소 용액을 4°C의 냉장고에 보관할 것을 권장한다. 제조업체의 권장 사항을 따르는 경우 30.0%의 용액이 10.0%로 분해하는 데 얼마나 걸리겠는가?

(f) 25°C에서 촉매에 의한 분해 반응의 속도 상수는 2.95×10^8 min^{-1}이다.

1. 촉매에 의한 분해 반응의 반감기는 얼마인가?
2. 0.500 M H_2O_2의 촉매에 의한 분해 반응의 반응 속도는 얼마인가?
3. 촉매에 의한 분해 반응의 반응 속도는 촉매를 사용하지 않은 반응의 반응 속도와 비교해 얼마나 빠른가?

(g) 염기성 용액에서 과산화 수소는 아이오딘화 이온을 아이오딘으로 산화시킨다. 이 반응에 대해 제안된 메커니즘은 다음과 같다.

$H_2O_2(aq) + I^-(aq) \longrightarrow HOI(aq) + OH^-(aq)$ 느림
$HOI(aq) + I^-(aq) \rightleftharpoons I_2(aq) + OH^-(aq)$ 빠름

전체 산화 환원 반응식을 써라. 이 제안된 메커니즘과 일치하는 속도식을 써라.

해답

(a) 반응 속도 H_2O_2 = 반응 속도 H_2O = 0.0430 mol/L · min

(b) 1. 일차
2. 반응 속도 = $k[H_2O_2]$
3. $k = 5.17 \times 10^{-4}$ min^{-1}; $t_{1/2} = 22.3$ h

(c) 35.4 h

(d) 68 kJ/mol

(e) 249 h

(f) 1. 2.35×10^{-9} min^{-1}
2. 1.48×10^{8} mol/L · min
3. 5.71×10^{11}배 더 빠르다. 또는 대략 500조 배 더 빠르다.

(g) $H_2O_2(aq) + 2I^-(aq) \longrightarrow I_2(aq) + 2OH^-(aq)$;
반응 속도 = $k[H_2O_2] \times [I^-]$

연습 문제

짝수 번호의 문제와 도전 문제의 해답은 센게이지 홈페이지 자료실에서 다운로드 받을 수 있다(www.cengage.co.kr).

11-1 반응 속도의 의미

1. 다음 반응의 반응 속도식을 다음의 항으로 각각 나타내라.

$$2N_2H_4(l) + N_2O_4(l) \longrightarrow 3N_2(g) + 4H_2O(g)$$

(a) $\Delta[N_2O_4]$ (b) $\Delta[N_2]$

2. 다음 반응의 반응 속도식을 다음의 항으로 각각 나타내라.

$$2N_2O(g) \longrightarrow 2N_2(g) + O_2(g)$$

(a) $\Delta[N_2O]$ (b) $\Delta[O_2]$

3. 다음의 가상 반응에 대한 물음에 답하라.

$$X(g) \longrightarrow Y(g)$$

200.0-mL 플라스크를 0.120 mol X로 채웠다. 일정한 시간 간격으로 X의 양을 측정하였다. 얻어진 자료는 아래의 표에 나타나 있다. 이때 온도와 부피는 일정하게 유지된다고 가정한다.

시간(min)	0	20	40	60	80
X의 몰수(mol)	0.120	0.103	0.085	0.071	0.066

(a) 생성되는 Y의 양에 대해 위와 유사한 표를 만들라.
(b) 처음 두 번의 20 min 간격에서 X의 평균 감소 속도를 *M*/s 단위로 계산하라.
(c) 20~60 min 구간 사이에서 Y의 평균 생성 속도를 구하라.

4. 다음의 가상 반응에 대한 물음에 답하라.

$$2AB_2(g) \longrightarrow A_2(g) + 2B_2(g)$$

500.0-mL 플라스크를 0.384 mol AB_2로 채웠다. 일정한 시간 간격으로 A_2의 생성되는 양을 측정하였다. 이때 온도와 부피는 일정하게 유지된다고 가정한다. 얻어진 자료는 아래의 표에 나타나 있다.

시간(min)	0	10	20	30	40	50
A_2의 몰(mol)	0	0.0541	0.0833	0.1221	0.1432	0.1567

(a) AB_2의 양에 대해 위와 유사한 표를 만들어라.
(b) 두 번째와 세 번째 10 min 간격에서 AB_2의 평균 감소 속도를 계산하라.
(c) t = 30 min과 t = 50 min 사이에서 A_2의 평균 생성 속도를 구하라.

5. 에테인(C_2H_6)의 연소 반응은 다음과 같다.

$$2C_2H_6(g) + 7O_2(g) \longrightarrow 4CO_2(g) + 6H_2O(g)$$

에테인이 0.20 mol/L · s의 속도로 연소될 때 CO_2와 H_2O가 생성되는 속도는 얼마인가?

6. 다음 반응에 대한 물음에 답하라.

$$5Br^-(aq) + BrO_3^-(aq) + 6H^+(aq) \longrightarrow 3Br_2(aq) + 3H_2O$$

특정 순간에 브로민이 0.029 mol/L · s의 속도로 생성되는 것으로 측정되었다. 그 순간에 다음의 속도는 얼마인가?

(a) 수소 이온이 소모되는 속도
(b) 물이 생성되는 속도
(c) 브로민 이온이 소모되는 속도

7. 염화 나이트로실(NOCl)이 분해되면 산화 질소와 염소 기체가 생성된다.

(a) 분해 반응에 대하여 가장 작은 정수 계수를 사용하여 균형 맞춘 반응식을 써라.
(b) 반응 속도식을 Δ[NOCl] 항으로 나타내라.
(c) NOCl의 농도가 8 min 동안 0.580 *M*에서 0.238 *M*로 감소하였다. 이 시간 동안의 평균 반응 속도를 계산하라.

8. 암모니아는 질소와 수소 기체의 반응에 의해 생성된다.

(a) 반응에 대하여 가장 작은 정수 계수를 사용하여 균형 맞춘 반응식을 써라.
(b) 반응 속도식을 $\Delta[NH_3]$ 항으로 나타내라.
(c) 암모니아 농도가 15.0 min 동안 0.257 *M*에서 0.815 *M*로 증가하였다. 이 시간 동안의 평균 반응 속도를 계산하라.

9. 다음 가상 반응에 대하여 다음과 같은 실험 자료를 얻었다.

$$A + B \longrightarrow \text{생성물}$$

시간(s)	0	20	40	60	80	100
[B]	0.51	0.43	0.39	0.35	0.33	0.31

(a) 이 자료를 그림 11.3과 같이 도시하라.
(b) 곡선의 접선을 그려서 60 s에서 순간 속도를 구하라.
(c) 20~80 s 동안의 평균 반응 속도를 구하라.
(d) 60 s에서의 순간 속도를 60 s 동안의 평균 반응 속도와 비교하라.

10. 다음의 가상 반응에 대하여 다음과 같은 실험 자료를 얻었다.

$$X \longrightarrow Y + Z$$

시간(s)	0	10	20	30	40	50
[X]	0.0038	0.0028	0.0021	0.0016	0.0012	0.00087

(a) 이 자료를 그림 11.3과 같이 도시하라.
(b) 곡선의 접선을 그려서 40 s에서 순간 속도를 구하라.
(c) 10~50 s 동안의 평균 속도를 구하라.
(d)40 s에서의 순간 속도를 40 s 동안의 평균 속도와 비교하라.

11-2 반응 속도와 농도

11. 어떤 반응에 2개의 반응물 X와 Y가 있다. 다음 반응 속도식으로 나타낸 반응의 각 반응물에 대한 차수와 반응의 전체 차수는 얼마인가?

(a) 반응 속도 = $k_1[X][Y]^2$ (b) 반응 속도 = $k_2[X]^2$
(c) 반응 속도 = $k_3[X][Y]$ (d) 반응 속도 = k_4

12. 어떤 반응에 2개의 반응물 Q와 P가 있다. 다음 반응 속도식으로 나타낸 반응의 각 반응물에 대한 차수와 반응의 전체 차수는 얼마인가?

(a) 반응 속도 = k_1 (b) 반응 속도 = $k_2[P]^2[Q]$

(c) 반응 속도 = $k_3[Q]^2$ (d) 반응 속도 = $k_4[P][Q]$

13. 연습 문제 11에서 반응 속도의 단위가 mol/L · min이라면 속도 상수의 단위는 무엇인가?

14. 연습 문제 12에서 반응 속도의 단위가 mol/L · min이라면 속도 상수의 단위는 무엇인가?

15. 다음 반응에 대한 물음에 답하여라.

$$Z \longrightarrow \text{생성물}$$

아래의 주어진 자료는 반응 속도와 Z의 농도(M)를 나타낸 것이다.

반응 속도(M/min)	[Z]
0.02	0.1
0.08	0.2
0.32	0.4
1.28	0.8

(a) Z에 대한 반응 차수를 구하라.

(b) 이 반응에 대한 반응 속도식을 써라.

(c) k 값을 추정하라.

16. 아래의 그래프는 Y의 농도에 따른 반응 속도를 도시한 것이다.

$$Y \longrightarrow \text{생성물}$$

(a) Y에 대한 반응 차수를 구하라.

(b) 이 반응에 대한 반응 속도식을 써라.

(c) k 값을 추정하라.

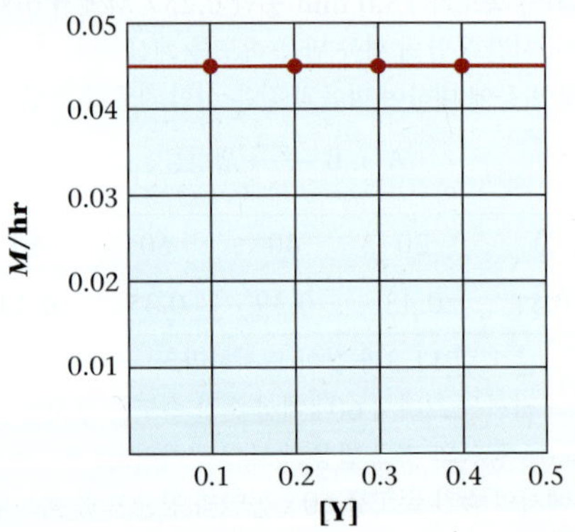

17. R에 대하여 일차, S에 대하여 이차인 다음 반응에 대하여 표를 완성하라.

$$2R(g) + 3S(g) \longrightarrow \text{생성물}$$

	[R]	[S]	k ($L^2/mol^2 \cdot min$)	반응 속도 (mol/L · min)
(a)	0.200	0.200	1.49	____
(b)	____	0.633	0.42	0.833
(c)	0.100	____	0.298	0.162
(d)	0.0500	0.0911	____	0.00624

18. 다음 반응에 대하여 표를 완성하라. X와 Y에 대하여 모두 일차 반응이다.

$$2X(g) + Y(g) \longrightarrow \text{생성물}$$

	[X]	[Y]	k (L/mol · h)	반응 속도(mol/L · h)
(a)	0.100	0.400	1.89	____
(b)	0.600	____	0.884	0.159
(c)	____	0.250	13.4	0.0479
(d)	0.600	0.233	____	0.00112

19. 이산화 질소의 분해 반응은 이차 반응이다. 550 K에서 0.250 M의 시료가 1.17 mol/L · min의 속도로 분해된다.

(a) 반응 속도식을 써라.

(b) 550 K에서의 속도 상수는 얼마인가?

(c) $[NO_2] = 0.800\ M$일 때 분해 반응 속도는 얼마인가?

20. 1100°C에서 텅스텐 촉매에 의한 암모니아 분해 반응은 속도 상수가 2.5×10^{-4} mol/L · min인 영차 반응이다.

(a) 반응 속도식을 써라.

(b) $[NH_3] = 0.075\ M$일 때 반응 속도를 계산하라.

(c) 암모니아의 농도가 얼마일 때 반응 속도가 속도 상수와 같아지는가?

21. 다음 반응은 두 반응물에 대하여 모두 일차 반응이다.

$$ICl(g) + \tfrac{1}{2}H_2(g) \longrightarrow \tfrac{1}{2}I_2(g) + HCl(g)$$

어떤 온도에서, $[ICl] = 0.0500\ M$과 $[H_2] = 0.0150\ M$일 때, 이 반응 속도는 2.86×10^{-5} mol/L · s이었다.

(a) 그 온도에서 k 값은 얼마인가?

(b) 반응 속도가 2.66×10^{-4} mol/L · s이고, $[ICl] = 0.100\ M$일 때, 수소의 농도를 구하라.

(c) 반응 속도가 0.0715 mol/L · s이고, $[H_2] = 3[ICl]$일 때 [ICl]은 얼마인가?

22. 다음의 가상 반응은 X에 대하여 일차, Y에 대하여 이차이다.

$$X(g) + \tfrac{1}{2}Y(g) \longrightarrow \text{생성물}$$

[X]는 0.150 M이고 [Y]는 0.0800 M일 때, 반응 속도는 0.00389 mol/L · min이다.

(a) k 값은 얼마인가?

(b) 반응 속도가 0.00948 mol/L · min이고 [X]는 0.0441 M일 때 [Y]의 농도는 얼마인가?

(c) 반응 속도가 0.0124 mol/L · min이고 [Y] = 2[X]일 때 [X]의 농도는 얼마인가?

11-3 반응물의 농도와 시간

▶ 반응 차수의 결정

23. 어떤 온도에서 Z의 분해 반응에 대하여 다음의 자료를 얻었다.

반응 속도 (mol/L · min)	6.27×10^{-3}	5.33×10^{-3}	4.58×10^{-3}	3.54×10^{-3}
[Z]	0.700	0.645	0.598	0.526

(a) 반응 차수를 구하라.

(b) Z의 분해 반응에 대한 반응 속도식을 써라.

(c) 그 온도에서 분해 반응의 k 값을 구하라.

24. Y의 분해 반응에 대하여 다음의 자료를 얻었다.

반응 속도(mol/L · min)	0.288	0.245	0.202	0.158
[Y]	0.200	0.170	0.140	0.110

(a) 반응 차수를 구하라.

(b) Y의 분해 반응에 대한 반응 속도식을 써라.

(c) 위의 실험 결과로부터 k 값을 구하라.

25. 삼플루오린화 붕소와 암모니아의 반응은 다음과 같다.

$$BF_3(g) + NH_3(g) \longrightarrow BF_3NH_3(g)$$

특정 온도에서 다음의 자료가 얻어졌다.

실험 번호	$[BF_3]$	$[NH_3]$	초기 속도(mol/L · s)
1	0.100	0.100	0.0341
2	0.200	0.233	0.159
3	0.200	0.0750	0.0512
4	0.300	0.100	0.102

(a) BF_3, NH_3에 대한 반응 차수 및 전체 반응 차수는 얼마인가?
(b) 이 반응에 대한 속도식을 써라.
(c) 반응의 k를 계산하라.
(d) $[BF_3] = 0.5333\ M$과 $[NH_3] = 0.300\ M$일 때, 실험 온도에서 반응 속도는 얼마인가?

26. 이산화 질소와 일산화 탄소가 반응하면 다음의 반응이 일어난다.

$$NO_2(g) + CO(g) \longrightarrow NO(g) + CO_2(g)$$

어떤 온도에서 다음과 같은 자료를 얻었다.

실험 번호	$[NO_2]$	$[CO]$	초기 속도(mol/L · s)
1	0.138	0.100	0.00565
2	0.189	0.200	0.0106
3	0.276	0.100	0.0226
4	0.276	0.300	0.0226

(a) NO_2와 CO에 대한 반응 차수 및 전체 반응 차수는 얼마인가?
(b) 이 반응에 대한 반응 속도식을 써라.
(c) 반응의 k를 계산하라.
(d) $[NO_2] = 0.421\ M$이고 $[CO] = 0.816\ M$일 때, 실험 온도에서 반응 속도는 얼마인가?

27. 브로민화 수소는 반응성이 매우 크고 부식성이 있는 기체로 주로 유기화학 반응의 촉매로 이용된다. 이것은 수소와 브로민 기체를 반응시켜 만든다.

$$H_2(g) + Br_2(g) \longrightarrow 2HBr(g)$$

브로민 기체의 주황색 세기를 측정하는 방법으로 반응 속도를 측정한 결과 다음과 같은 자료를 얻었다.

실험 번호	$[H_2]$	$[Br_2]$	초기 반응 속도(mol/L · s)
1	0.100	0.100	4.74×10^{-3}
2	0.100	0.200	6.71×10^{-3}
3	0.250	0.200	1.68×10^{-2}

(a) 수소와 브로민에 대한 반응 차수 및 전체 반응 차수를 구하라.
(b) 이 반응에 대한 반응 속도식을 써라.
(c) k 값을 계산하라. k의 단위는 무엇인가?
(d) $[H_2] = 0.455\ M$, $[Br_2] = 0.215\ M$일 때, 반응 속도는 얼마인가?

28. 다이에틸하이드라진은 다음 반응식과 같이 아이오딘과 반응한다.

$$(C_2H_5)_2(NH)_2(l) + I_2(aq) \longrightarrow (C_2H_5)_2\ N_2(l) + 2HI(aq)$$

반응 속도는 아이오딘의 자주색이 사라지는 것을 측정하여 구할 수 있으며, 어떤 온도에서 다음과 같은 자료를 얻었다.

실험 번호	$[(C_2H_5)_2(NH)_2]$	$[I_2]$	초기 반응 속도(mol/L · h)
1	0.150	0.250	1.08×10^{-4}
2	0.150	0.3620	1.56×10^{-4}
3	0.200	0.400	2.30×10^{-4}
4	0.300	0.400	3.44×10^{-4}

(a) 다이에틸하이드라진과 아이오딘에 대한 반응 차수 및 전체 반응 차수를 구하라.
(b) 이 반응에 대한 반응 속도식을 써라.
(c) 반응의 k 값을 구하라.
(d) $[I_2] = 0.500\ M$일 때, 반응 속도가 5.00×10^{-4} mol/L · h가 되려면 $[(C_2H_5)_2(NH)_2]$의 농도는 얼마가 되어야 하는가?

29. 산성 용액에서 I^-와 BrO_3^-의 반응식은 다음과 같다.

$$6I^-(aq) + BrO_3^-(aq) + 6H^+(aq) \longrightarrow 3I_2(aq) + Br^-(aq) + 3H_2O$$

반응 속도는 생성되는 I_2를 측정하여 구할 수 있으며, 다음과 같은 자료를 얻었다.

$[I^-]$	$[BrO_3^-]$	$[H^+]$	초기 반응 속도(mol/L · s)
0.0020	0.0080	0.020	8.89×10^{-5}
0.0040	0.0080	0.020	1.78×10^{-4}
0.0020	0.0160	0.020	1.78×10^{-4}
0.0020	0.0080	0.040	3.56×10^{-4}
0.0015	0.0040	0.030	7.51×10^{-5}

(a) 각 반응물에 대한 반응 차수를 구하라.
(b) 이 반응에 대한 반응 속도식을 써라.
(c) k 값을 구하라.
(d) 반응 속도가 5.00×10^{-4} mol/L · s이고, $[I^-] = [BrO_3^-] = 0.0075\ M$일 때 수소 이온의 농도는 얼마인가?

30. 다음은 산화 질소와 산소의 반응에 대한 반응식이다.

$$2NO(g) + O_2(g) \longrightarrow 2NO_2(g)$$

반응 속도는 NO_2가 생성되는 것을 측정한다. 어떤 온도에서 다음과 같은 자료를 얻었다.

실험 번호	$[NO]$	$[O_2]$	초기 반응 속도(mol/L · min)
1	0.0244	0.0372	2.20×10^{-3}
2	0.0244	0.0122	7.23×10^{-4}
3	0.0244	0.0262	1.55×10^{-3}
4	0.0732	0.0372	1.98×10^{-2}

(a) 각 반응물에 대한 반응 차수를 결정하라.
(b) 이 반응에 대한 반응 속도식을 써라.
(c) 반응의 k 값을 구하라. k의 단위는 무엇인가?
(d) $[NO] = 0.0100\ M$과 $[O_2] = 0.0462\ M$일 때, 그 실험 온도에서 반응 속도는 얼마인가?

31. H^+ 이온의 농도가 일정한 용액에서, 아이오딘화 이온이 과산화 수소와 반응하면 아이오딘이 생성된다.

$$H^+(aq) + I^-(aq) + \tfrac{1}{2}H_2O_2(aq) \longrightarrow \tfrac{1}{2}I_2(aq) + H_2O$$

생성되는 I_2의 양을 측정하면 반응 속도를 구할 수 있으며, 다음과 같은 자료를 얻었다.

$[I^-]$	$[H_2O_2]$	초기 반응 속도(mol/L · min)
0.015	0.030	0.0022
0.035	0.030	0.0052
0.055	0.030	0.0082
0.035	0.050	0.0087

(a) 이 반응에 대한 반응 속도식을 써라.
(b) k 값을 계산하라.
(c) 10.0% (질량으로) H_2O_2 용액(d = 1.00 g/mL) 25.0 mL에 0.100 M의 KI 용액 25.0 mL를 가하였을 때의 반응 속도를 계산하라. 부피는 더해진다고 가정한다.

32. 다음 반응을 살펴보자.

$$CH_3CO_2CH_3(aq) + OH^-(aq) \longrightarrow CH_3CO_2^-(aq) + CH_3OH(aq)$$

어떤 온도에서 다음과 같은 자료를 얻었다.

실험 번호	$[CH_3CO_2CH_3]$	$[OH^-]$	초기 반응 속도(mol/L · s)
1	0.050	0.120	0.00158
2	0.050	0.154	0.00203
3	0.084	0.154	0.00340
4	0.084	0.200	0.00442

(a) 이 반응에 대한 반응 속도식을 써라.
(b) k 값을 계산하라.
(c) 10.00 mL의 CH_3COOCH_3 (d = 0.932 g/mL)를 1.50 M NaOH 75.00 mL에 가했을 때 반응 속도는 얼마인가? 부피는 더해진다고 가정한다.

33. 브로민화 나이트로실은 산화 질소와 브로민으로 분해된다. 다음의 자료를 이용하여 브로민화 나이트로실의 분해 반응의 차수를 결정하라.

시간(s)	0	6	12	18	24
[NOBr]	0.0286	0.0253	0.0229	0.0208	0.0190

34. Q의 분해 반응에 대해 다음의 자료를 이용하여 분해 반응의 차수를 결정하라.

시간(min)	0	4	8	12	16
[Q]	0.334	0.25	0.20	0.167	0.143

▶ 일차 반응

35. 높은 온도에서 아조메테인(azomethane)은 다음 반응식과 같이 질소와 에테인으로 분해된다.

$$(CH_3)_2N_2(g) \longrightarrow N_2(g) + C_2H_6(g)$$

실험으로 다음과 같은 자료를 얻었다.

반응 시간(h)	$[(CH_3)_2N_2]$
1.00	0.905
2.00	0.741
3.00	0.607
4.00	0.497

(a) 위 자료를 도시하여 이 반응이 일차 반응임을 보여라.
(b) 그래프로부터 k 값을 구하라.
(c) k 값을 이용하여 농도가 0.100 M로 감소될 때까지의 시간을 구하라.
(d) $[(CH_3)_2N_2]$ = 0.415 M일 때 반응 속도를 구하라.

36. 염화 설퍼릴, SO_2Cl_2이 이산화 황과 염소 기체로 분해하는 반응은 일차 반응이다. 어떤 온도에서의 분해 반응에 대한 반응 속도 자료는 다음과 같다.

반응 시간(min)	0	10	30	50	70
$[SO_2Cl_2]$	0.0100	0.00987	0.00962	0.00937	0.00913

(a) 실험 자료를 도시하여 일차 반응임을 보여라.
(b) 그래프에서 k를 결정하라.
(C) 분해 반응의 반감기는 얼마인가?
(d) (b)에서 구한 k를 사용하여, 농도가 0.00427 M로 감소하는 데 걸리는 시간을 구하라.
(e) $[SO_2Cl_2]$ = 0.0153 M일 때 분해 속도는 얼마인가?

37. 어떤 호르몬이 25°C의 물속에서 일차 반응으로 분해될 때, 속도 상수가 3.42×10^{-4} day^{-1}이다.
(a) 0.0200 M 호르몬 용액을 25°C에서 두 달 동안 보관하였을 경우, 두 달 후의 호르몬 농도는 얼마인가?
(b) 용액의 농도가 0.0200 M에서 0.00350 M로 감소하는 데 걸리는 시간을 구하라.
(c) 호르몬의 반감기를 구하라.

38. 어떤 온도에서 일차 반응인 포스젠(phosgene)의 분해 반응을 살펴보자.

$$COCl_2(g) \longrightarrow \text{생성물}$$

포스젠의 농도를 측정하였더니, 300 s 후에는 0.0450 M이 되었고, 500 s 후에는 0.0200 M이 되었다. 다음을 계산하라.
(a) 분해 온도에서 반응 속도 상수
(b) 분해 반응의 반감기
(c) 포스젠의 초기 농도

39. 아조메테인$(CH_3)_2N_2$이 질소 기체와 에테인 기체로 분해하는 반응은 일차 반응이다.

$$(CH_3)_2N_2\ (g) \rightarrow N_2\ (g) + C_2H_6\ (g)$$

어떤 온도에서 29 mg의 아조메테인 시료가 1.4 s에 12 mg으로 감소하였다.
(a) 그 온도에서 분해 반응에 대한 속도 상수 k는 얼마인가?
(b) 분해 반응의 반감기는 얼마인가?
(c) 아조메테인의 78%가 분해되는 데 걸리는 시간은 얼마인가?

40. 25°C에서 어떤 약품이 일차 반응으로 분해되는 데 속도 상수가 0.215 month^{-1}이다.
(a) 10.0 g의 약품을 25°C에서 1년 동안 보관할 경우, 1년 후에 남아 있는 약품의 양은 얼마인가?
(b) 약품의 반감기는 얼마인가?
(c) 약품의 65%가 분해되는 데 걸리는 시간은 얼마인가?

41. 500°C에서 아세톤의 분해 반응은 일차 반응이다.

$$CH_3COCH_3(g) \longrightarrow \text{생성물}$$

0.0622 M 아세톤이 0.0133 M로 분해하는 데 12.7 h가 소요되는 것으로 밝혀졌다.
(a) 500°C에서 k를 구하라.
(b) $[CH_3COCH_3]$ = 0.0500 M일 때 분해 속도는 얼마인가?
(c) 아세톤이 분해되어 68%가 남을 때까지 걸리는 시간(min)은 얼마인가?

42. 염화 설퍼릴, SO_2Cl_2이 이산화 황과 염소 기체로 분해하는 반응은 일차 반응이다. 어떤 온도에서 0.0714 M에서 0.0681 M로 분해하는 데 1.43 h가 걸리는 것으로 측정되었다.
(a) 분해 반응에 대한 속도 상수는 얼마인가?
(b) $[SO_2Cl_2]$ = 0.0462 M일 때 분해 반응의 반응 속도는 얼마인가?
(c) 45%의 SO_2Cl_2가 남을 때까지 걸리는 시간(h)은 얼마인가?

43. 오산화 이질소 기체는 이산화 질소와 산소로 분해된다. 이 반응은 일차 반응이고 25°C에서 속도 상수는 0.247 h^{-1}이다. 25°C에서 2.50-L의 플라스크에 담겨진 N_2O_5의 압력이 756 mm Hg일 때, 135 min 후에 생긴 O_2의 몰수를 구하라. (*힌트*: 먼저 분해 반응에 대한 균형 맞춘 반응식을 써라.)
44. 수크로스($C_{12}H_{22}O_{11}$)가 가수분해되면 글루코스와 프럭토스가 생성된다. 수크로스의 가수분해 반응은 일차 반응이다. 수크로스의 가수분해에 대한 반감기는 25°C에서 64.2 min이다. 0.389 *M* 1.25 L 용액을 사용한다면 1.73 h 후에 남아 있는 수크로스의 양을 구하라.
45. 아이오딘-131은 갑상선의 종양을 치료하는 데 사용된다. 이것은 8.1 day의 반감기를 가지고 있으며 분해는 일차 반응이다. 환자에게 5.00 mg의 I-131이 포함된 시료를 투여하였다. 환자의 몸에 동위원소의 32%가 남을 때까지 걸리는 시간은 얼마인가?
46. 세슘-131은 핵의학에서 가장 최근에 사용되는 도구이다. 즉, Cs-131을 종양 부위에 직접 주입하여 악성 종양을 치료한다. Cs-131의 붕괴 반응은 일차 반응으로 반감기는 9.7 day이다. 만일 환자에게 20 mg의 Cs-131을 주입하였을 때 이 동위원소의 33%가 남을 때까지 걸리는 시간은 얼마인가?
47. 브로민-82는 폐수의 흐름과 분포를 연구하는 데 사용되고 있다. 시료는 0.500 mg의 Br-82를 포함하고 있다. 24 h 후 0.306 mg의 Br-82가 남아 있었다. Br-82의 반감기는 얼마인가?
48. 염화 소듐-24 시료에는 동물의 소듐 균형을 연구하기 위해 0.050 mg의 Na-24가 포함되어 있다. 24.9 h 후, 0.016 mg의 Na-24가 남아 있었다. Na-24의 반감기는 얼마인가?

▶ 영차 반응과 이차 반응

49. 85°C에서 A의 분해는 영차 반응이다. 초기 질량 282 mg의 37%가 분해하는 데 35 min이 걸린다.
(a) 85°C에서 *k*는 얼마인가?
(b) 85°C에서 282 mg의 반감기는 얼마인가?
(c) 85°C에서 282 mg의 분해 속도는 얼마인가?
(d) 464 mg으로 시작하면 85°C에서 분해 속도는 얼마인가?
50. 33°C에서 R의 분해는 영차 반응이다. 33°C에서 초기 질량 739 mg의 41.0%가 분해하는 데 128 min 걸렸다. 33°C에서 다음을 계산하라.
(a) *k*를 구하라.
(b) 739 mg의 반감기는 얼마인가?
(c) 739 mg의 분해 속도는 얼마인가?
(d) 초기 질량 1.25 g으로 시작하면, 분해 속도는 얼마인가?
51. 금 표면에서 HI의 분해 반응은 영차이다.

$$HI(g) \xrightarrow{Au} \tfrac{1}{2}H_2(g) + \tfrac{1}{2}I_2(g)$$

HI의 압력이 1.00 atm에서 0.200 atm으로 감소하는 데 16.0 s가 걸렸다.
(a) 이 반응의 속도 상수는 얼마인가?
(b) 압력이 0.150 atm에서 0.0432 atm으로 감소하는 데 걸리는 시간은 얼마인가?
(c) 0.500 atm의 압력에서 HI의 반감기는 얼마인가?
52. 텅스텐 촉매상에서 암모니아의 분해는 영차 반응이다.

$$NH_3(g) \xrightarrow{W} \tfrac{1}{2}N_2(g) + \tfrac{3}{2}H_2(g)$$

이 반응의 속도 상수는 2.08×10^{-4} mol/L · s이다.
(a) 0.250 *M* 암모니아 용액의 반감기는 얼마인가?
(b) 암모니아의 농도가 1.25 *M*에서 0.388 *M*로 감소하는 데 걸리는 시간은 얼마인가?
53. 사이안산 암모늄(NH_4NCO)은 다음 반응식과 같이 물에서 자리옮김 반응을 하여 흔한 비료인 요소[$(NH_2)_2CO$]를 만든다.

$$NH_4NCO(aq) \longrightarrow (NH_2)_2CO(aq)$$

자리옮김 반응은 일차 반응이다. NH_4NCO의 농도가 0.250 *M*에서 0.0841 *M*로 변하는 데 11.6 h가 걸린다.
(a) 반응의 *k*는 얼마인가?
(b) NH_4NCO가 0.100 *M*일 때 반감기는 얼마인가?
(c) 0.450 *M* 용액의 39%가 자리옮김하는 데 걸리는 시간은 얼마인가?
(d) 0.839 *M* 용액에서 요소로 변하는 반응의 반응 속도는 얼마인가?
54. 뷰타다이엔(C_4H_6)은 다음 반응과 같이 이량체화(dimerization)한다.

$$C_4H_6(g) \longrightarrow C_8H_{12}(g)$$

이량체화 반응은 이차 반응이다. C_4H_6의 농도가 0.350 *M*에서 0.197 *M*으로 변하는 데 145 s가 걸린다.
(a) 이량체화 반응에 대한 *k* 값은 얼마인가?
(b) 뷰타다이엔의 농도가 0.200 *M*일 때 반응의 반감기는 얼마인가?
(c) 0.558 *M* 시료의 28.9%가 이량체화하는 데 걸리는 시간은 얼마인가?
(d) 0.128 *M* 뷰타다이엔에서 이량체화하는 반응의 반응 속도는 얼마인가?
55. NOBr의 분해 반응은 이차 반응이다.

$$NOBr(g) \longrightarrow NO(g) + \tfrac{1}{2}Br_2(g)$$

어떤 온도에서 이 반응의 속도 상수는 48 L/mol · min이다. 0.0200 *M* NOBr 용액의 90.0%가 분해되는 데 걸리는 시간은 얼마인가?
56. 염화 나이트로실의 분해 반응은 이차 반응이다.

$$NOCl(g) \longrightarrow NO(g) + \tfrac{1}{2}Cl_2(g)$$

0.300 *M* NOCl 용액의 15%가 분해되는 데 0.20 min이 걸린다면, 이 반응의 *k* 값은 얼마인가?

11-4 반응 속도 모형

11-5 반응 속도와 온도

57. 어떤 반응의 온도를 23°C에서 36°C로 올리면 그 반응의 속도 상수가 50% 증가한다. 이 반응의 활성화 에너지는 얼마인가?
58. 어떤 반응의 활성화 에너지가 9.13 kJ이라면, 온도를 27°C에서 69°C로 올릴 때 반응의 속도 상수는 몇 % 증가하는가?
59. 아세트알데하이드의 기체상 분해 반응에서 다음과 같은 자료를 얻었다.

k (L/mol · s)	0.0105	0.101	0.60	2.92
T (K)	700	750	800	850

이 자료를 사용하여 ln *k* 대 1/*T*의 그래프를 그리고, 이 반응에 대한 활성화 에너지를 구하라.
60. 다음 반응에 대해 다음과 같은 자료를 얻었다.

$$SiH_4(g) \longrightarrow Si(s) + 2H_2(g)$$

k (s^{-1})	0.048	2.3	49	590
t (°C)	500	600	700	800

이 자료를 사용하여 ln *k* 대 1/*T*의 의 그래프를 그리고, 이 반응에 대한 활성화 에너지를 구하라.
61. 다음 가상 반응에 대하여 답하라.

$$X + Y \longrightarrow \text{생성물} \qquad \Delta H = -75\ \text{kJ}$$

활성화 에너지가 32 kJ일 때 반응에 대한 반응–에너지 도표를 그려라.
62. 다음 반응에 대하여 답하라.

$$Q + R \longrightarrow Y + Z \qquad \Delta H = 128\ \text{kJ}$$

반응의 활성화 에너지가 284 kJ일 때 반응에 대한 반응-에너지 도표를 그려라.

63. 디옥시리보핵산(DNA)의 사슬풀림 반응은 일차 반응이다. 이 반응의 활성화 에너지는 420 kJ이고, 37°C에서 속도 상수는 $4.90 \times 10^{-4}\ \text{min}^{-1}$이다.

(a) 정상 체온인 37°C에서 사슬풀림 반응의 반감기는 얼마인가?

(b) 만약 생명체의 온도가 40°C (≈104°F)이면, 사슬풀림 반응의 반감기는 얼마인가?

(c) 이 온도 구간에서 사슬풀림 반응의 속도(°C 당)를 증가하게 하는 요인은 무엇인가?

64. 100°C의 물에서 달걀 알부민의 침전 반응은 52.0 kJ/mol의 활성화 에너지를 갖는다. 물의 온도가 92°C라면 침전 반응의 속도는 몇 % 감소하겠는가?

65. 다음 가상 분해 반응에 대한 물음에 답하라.

$$Z \longrightarrow \text{생성물}$$

온도의 함수로 반응 속도(M/min)는 다음과 같다.

$$\text{반응 속도} = 2.7t - 19$$

여기서 t는 °C 단위의 온도이다.

(a) 17°C와 27°C에서 분해 속도를 계산하라.

(b) 반응의 활성화 에너지를 추정하라.

(c) 온도가 10°C 증가할 때 반응 속도는 몇 % 증가하겠는가?

66. 귀뚜라미의 울음 속도(X)를 실온 부근에서 분 당 울음 횟수로 속도를 나타내면 다음과 같다.

$$X = 7.2t - 32$$

여기서 t는 섭씨 온도(°C)이다.

(a) 25°C와 35°C에서의 울음 속도를 계산하라.

(b) (a)에서의 답을 사용하여 울음에 대한 활성화 에너지를 추정하라.

(c) 온도가 10°C 상승할 때 울음 속도는 몇 % 증가하는가?

67. 다음 반응의 속도 상수는 565°C에서 0.066 L/mol · min이고, 728°C에서는 22.8 L/mol · min이다.

$$2N_2O(g) \longrightarrow 2N_2(g) + O_2(g)$$

(a) 이 반응의 활성화 에너지는 얼마인가?

(b) 485°C에서 k 값은 얼마인가?

(c) k 값이 11.6 L/mol · min가 되는 온도는 몇 °C인가?

68. 과산화물의 분해 반응에 대한 활성화 에너지는 17.4 kJ/mol이다. 25°C에서 속도 상수는 $0.027\ \text{s}^{-1}$이다.

(a) 65°C에서 속도 상수는 얼마인가?

(b) 25°C에서의 속도 상수보다 25%가 더 큰 속도 상수를 갖는 온도는 몇 °C인가?

69. 가상 화합물, R의 5.000 M 용액을 살펴보자. 이 화합물의 분해 반응은 이차 반응이며 활성화 에너지는 57.6 kJ/mol이다. 759°C에서 5.000 M 용액의 반감기는 8.49 h이다. 700°C(3자리 유효 숫자)에서, 동일한 용액의 반감기는 얼마인가?

70. NO_2와 NO_3로 되는 N_2O_5의 분해는 기상의 일차 반응이다. 25°C에서 반응의 반감기는 2.81 s이고, 45°C에서 반감기는 0.313 s이다. 반응의 활성화 에너지를 계산하라.

11-6 촉매 반응

71. 어느 반응의 활성화 에너지, E_a는 135 kJ이며 $\Delta H = 45$ kJ이다. 촉매 존재하에서 활성화 에너지는 촉매가 없을 경우의 활성화 에너지의 39%이다. 그림 11.14와 유사한 도표를 그려라. 단 여기서 두 활성화 착물(두 봉우리로 나타냄) 대신에 하나의 활성화 착물(하나의 봉우리로 나타냄)만을 나타내라. 촉매가 없을 경우 역반응에 대한 활성화 에너지는 얼마인가?

72. $E_a = 129$ kJ이고 $\Delta H = -29$ kJ인 어떤 반응이 있다. 촉매 존재하에서 활성화 에너지는 촉매가 없을 경우의 48%이다. 연습 문제 71번의 지시와 같이 에너지 도표를 그려라.

73. 어떤 반응의 활성화 에너지가 촉매에 의해서 215 kJ에서 206 kJ로 낮아진다. 25°C에서 반응 속도 상수를 증가시키는 요인은 무엇인가? 잦음률(A)은 두 반응에서 모두 같다고 가정한다. (*힌트*: 식 $\ln k = \ln A - E_a/RT$을 사용하라.)

74. 25°C에서 어떤 반응의 활성화 에너지는 363 kJ이다. 속도 상수를 10배 증가시켜야 한다면, 촉매 반응의 활성화 에너지는 얼마가 되어야 하는가? (연습 문제 73의 가정과 힌트 참조)

11-7 반응 메커니즘

75. 다음 각 단일 단계 반응에 대한 반응 속도식을 써라.

(a) $NO_3 + CO \longrightarrow NO_2 + CO_2$
(b) $I_2 \longrightarrow 2I$
(c) $NO + O_2 \longrightarrow NO_3$

76. 다음 각 단일 단계 반응에 대한 반응 속도식을 써라.

(a) $Cl_2 \longrightarrow 2Cl$
(b) $N_2O_2 + O_2 \longrightarrow 2NO_2$
(c) $I^- + HClO \longrightarrow HIO + Cl^-$

77. 아이오딘과 수소의 반응은 다음과 같다.

$$H_2(g) + I_2(g) \longrightarrow 2HI(g)$$

실험적으로 결정된 반응 속도식은 다음과 같다.

반응 속도 $= k[H_2][I_2]$

이 반응 속도식이 다음 반응 메커니즘과 일치하는지를 보여라.

$I_2(g) \rightleftharpoons 2I(g)$ (빠름)

$H_2(g) + I(g) + I(g) \longrightarrow 2HI(g)$ (느림)

78. 다음 반응에 대하여 물음에 답하여라.

$$2H_2(g) + 2NO(g) \longrightarrow N_2(g) + 2H_2O(g)$$

이 반응에 대해 실험으로 얻은 속도식은 다음과 같다.

반응 속도 $= k[NO]^2[H_2]$

이 반응에 대하여 다음과 같이 반응 메커니즘이 제안되었다.

$2NO \rightleftharpoons N_2O_2$ (빠름)

$N_2O_2 + H_2 \longrightarrow H_2O + N_2O$ (느림)

$N_2O + H_2 \longrightarrow N_2 + H_2O$ (빠름)

이 반응 메커니즘이 반응 속도식과 일치하는가?

79. 낮은 온도에서 다음 반응,

$$CO(g) + NO_2(g) \longrightarrow CO_2(g) + NO(g)$$

에 대한 반응 속도식은 다음과 같다.

반응 속도 = 상수 $\times [NO_2]^2$

아래의 메커니즘들 중에서 어느 것이 반응 속도식과 일치하는가?

(a) $CO + NO_2 \longrightarrow CO_2 + NO$

(b) $2NO_2 \rightleftharpoons N_2O_4$ (빠름)
$N_2O_4 + 2CO \longrightarrow 2CO_2 + 2NO$ (느림)

(c) $2NO_2 \longrightarrow NO_3 + NO$ (느림)
$NO_3 + CO \longrightarrow NO_2 + CO_2$ (빠름)

(d) $2NO_2 \longrightarrow 2NO + O_2$ (느림)
$O_2 + 2CO \longrightarrow 2CO_2$ (빠름)

80. 다음 반응에 대하여 두 개의 메커니즘이 제안되었다.

$$2NO(g) + O_2(g) \longrightarrow 2NO_2(g)$$

메커니즘 1: $NO + O_2 \rightleftharpoons NO_3$ (빠름)
$NO_3 + NO \longrightarrow 2NO_2$ (느림)

메커니즘 2: $NO + NO \rightleftharpoons N_2O_2$ (빠름)
$N_2O_2 + O_2 \longrightarrow 2NO_2$ (느림)

이들 각 메커니즘이 실험적으로 측정된 다음의 속도 법칙과 일치함을 보여라. 반응 속도 $= k[NO]^2[O_2]$

종합 문제

81. 다음 가상 반응에 대한 물음에 답하라.

$$QR + X \longrightarrow \text{생성물}$$

27°C에서 시간의 함수로 반응물의 농도를 측정하여 다음과 같은 그래프를 얻었다.

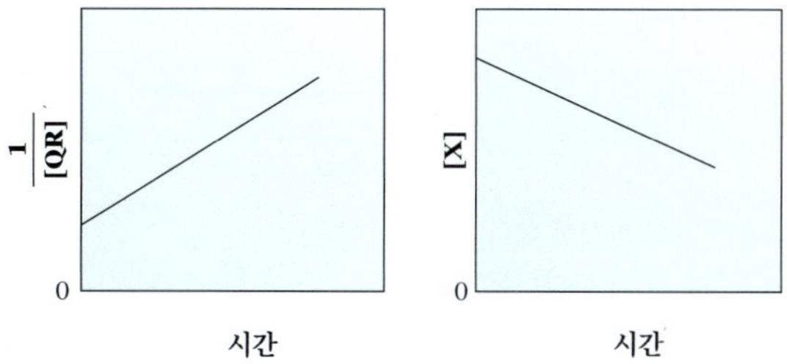

(a) 반응 속도식을 써라.
(b) $[QR] = [X] = 1.000\ M$일 때, 반응 속도는 0.29 mol/L · min이라면 속도 상수는 얼마인가?
(c) $[QR] = 0.0866\ M$일 때 QR의 소모에 대한 반감기는 얼마인가?
(d) [X]의 초기 농도가 5.00 M이라면 4.7 min 후에 [X]는 얼마인가?

82. 염기를 이산화 염소 기체의 수용액 속에 가하면 다음 반응이 일어난다.

$$2ClO_2(aq) + 2OH^-(aq) \longrightarrow ClO_3^-(aq) + ClO_2^-(aq) + H_2O$$

이 반응은 OH^-에 대하여 일차 반응이고, ClO_2에 대하여 이차 반응이다. 초기 농도가 $[ClO_2] = 0.010\ M$, $[OH^-] = 0.030\ M$일 때 반응 속도는 6.00×10^{-4} mol/L · s이다. 0.200 M ClO_2 50.0 mL에 0.155 M NaOH 95.0 mL를 가했을 때 반응 속도는 얼마인가?

83. 염화 설퍼릴 (SO_2Cl_2)이 이산화 황과 염소 기체로 분해되는 반응은 일차 반응이다.

$$SO_2Cl_2(g) \longrightarrow SO_2(g) + Cl_2(g)$$

어떤 온도에서 SO_2Cl_2의 반감기는 7.5×10^2 min이다. 밀폐된 플라스크 안에 122.0 g의 SO_2Cl_2가 들어 있을 때, 다음 물음에 답하라.
(a) SO_2Cl_2의 양이 45.0 g으로 감소할 때까지 걸리는 시간은 얼마인가?
(b) 분해 반응을 29.0 h 후에 중지시켰다면, 27°C, 1.00 atm에서 생성된 Cl_2의 부피는 얼마인가?

84. 반응의 활성화 에너지가 121 kJ/mol일 때, 반응은 28°C에서보다 46°C에서 얼마나 빠르게 일어나는가?

85. 어떤 반응의 활성화 에너지가 85 kJ이다. 실온(25°C) 부근에서 5°C 증가할 때마다 k는 몇 %씩 증가하겠는가?

86. 일차 반응으로 진행하는 오존의 열분해 반응식은 다음과 같다.

$$O_3(g) \longrightarrow O_2(g) + O(g)$$

25°C에서 $k = 3 \times 10^{-26}\ s^{-1}$이다. 이 반응의 반감기는 연(year) 단위로는 얼마인가? 이 반응이 오존층 파괴에 기여할 가능성에 대해 설명하라.

87. 혈액에서 약물의 분해 과정은 일차 반응이다. 0.500 g의 활성 성분을 포함하는 알약을 투여하면 혈액 100 mL 당 2.5 mg의 최대 농도에 도달한다. 활성 성분의 반감기가 75 min일 경우, 최대 농도에 도달한 후 2.0 h가 지났을 때 혈중 활성 성분의 농도는 얼마인가?

88. 11.5절에서 k(반응 속도 상수)와 T(온도)를 연관시키는 두-점(two-point) 방정식 (식 11.7b)을 살펴보았다. 같은 온도에서 촉매 존재하의 반응과 촉매를 사용하지 않은 반응에 대해 k와 활성화 에너지를 연관시키는 두-점 방정식을 유도하라. A는 두 반응에서 모두 같다고 가정한다.

개념 문제

89. A와 C의 반응에 대하여 반응 속도식은 다음과 같다. 반응 속도 $= k[A]^{1/2}[C]$. 다음 중 반응 속도를 가장 크게 증가시키는 것은 어느 것인가?
(a) [A]를 두 배 증가시킨 경우
(b) [C]를 1/2로 감소시킨 경우
(c) [A]를 1/2로 감소시킨 경우
(d) [A]와 [C]를 두 배 증가시킨 경우

90. 아세트산 메틸과 물 사이의 다음 반응에 대한 물음에 답하라.

$$CH_3COOCH_3(aq) + H_2O \longrightarrow CH_3COOH(aq) + CH_3OH(aq)$$

$$\text{반응 속도} = k[CH_3COOCH_3][H^+]$$

반응은 0.48 M CH_3COOCH_3 및 0.122 M H^+가 들어 있는 용액 1 L에서 수행되었다. 빈칸에 "증가한다", "감소한다", "변하지 않는다"를 써라.
(a) 125 mL의 물을 가하면, 반응 속도는______.
(b) 온도가 38°C로 상승하면, k의 값은______.
(c) HCl을 가하면 E_a의 값은______.
(d) NaOH를 가하면 반응 속도는______.
(e) 촉매를 가하면, k의 값은 ______.

91. 원으로 나타낸 A의 분해 반응을 살펴보자. 각 원은 A 분자를 나타낸다.

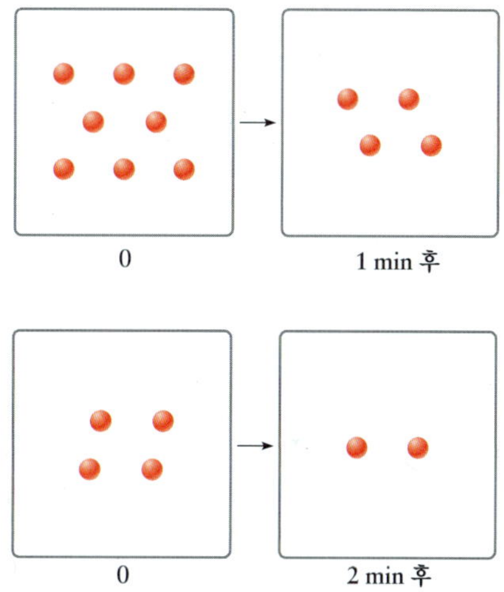

이 반응은 영차 반응, 일차 반응, 이차 반응 중에서 어느 것에 해당되는가?

92. 다음의 분해 반응을 살펴보자.

$$2X \longrightarrow 2Y + Z$$

다음 그래프는 반응에 대하여 시간에 따른 농도 변화를 나타낸 것이다. 곡선 1, 2, 3은 각각 X~Z 중에서 무엇을 나타내는가?

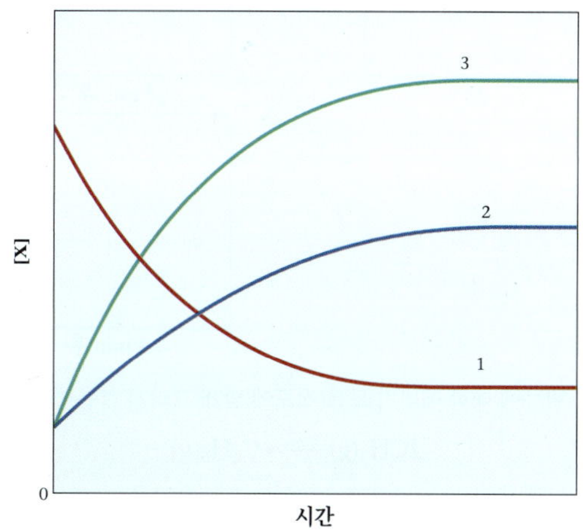

93. 다음 활성화 에너지 도표를 살펴보자.

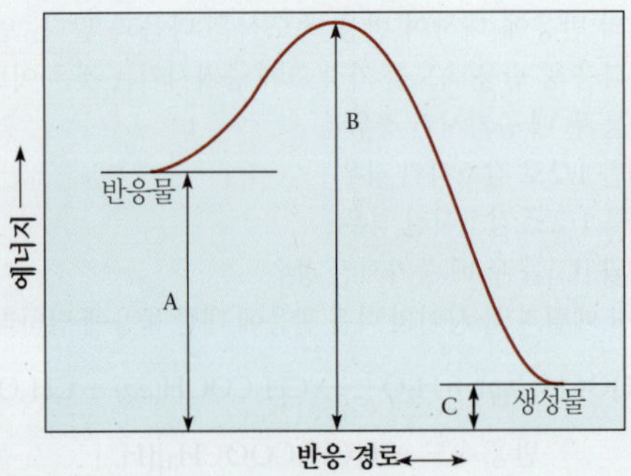

도표에 대한 다음 설명 중 어느 것이 참인가?

(a) E_a(정반응) < E_a(역반응)

(b) B는 정반응의 활성화 에너지를 나타낸다.

(c) 반응의 에너지(ΔH)는 A − C이다.

(d) E_a(정반응) = B − A

(e) E_a(정반응) = E_a(역반응) − C

94. 세 가지 일차 반응에 대한 각각의 활성화 에너지는 다음과 같다.

반응	A	B	C
E_a (kJ)	75	136	292

(a) 어느 반응이 가장 빠르게 일어나는가?

(b) 반감기가 가장 큰 반응은 어느 것인가?

(c) 어느 반응이 가장 큰 반응 속도를 보이는가?

95. 다음과 같은 일차 분해 반응을 생각해 보자.

$$A \longrightarrow B + C$$

여기서 A(원)는 B(삼각형)와 C(사각형)로 분해된다. t = 2 min에서의 반응을 아래 상자에서와 같이 나타냈을 때 주어진 시간에서의 반응물과 생성물을 상자 안에 그려 넣어라. 이 반응의 반감기를 계산하라.

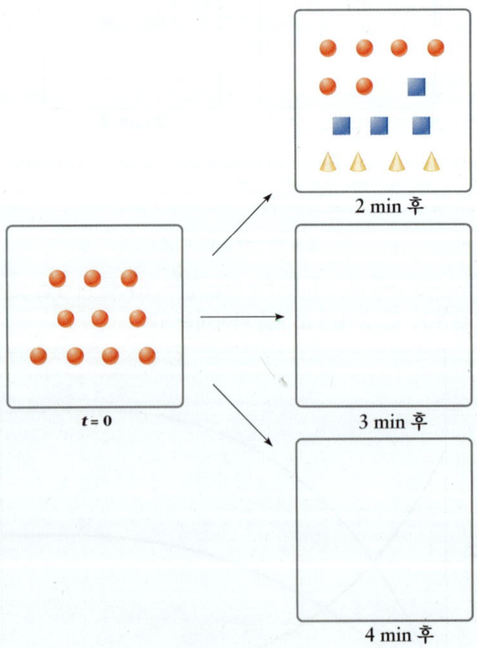

96. 다음 반응에 대한 에너지 도표(척도에 맞게 그리지 않음)를 살펴보자.

$$2CH_3(g) \longrightarrow C_2H_6(g)$$

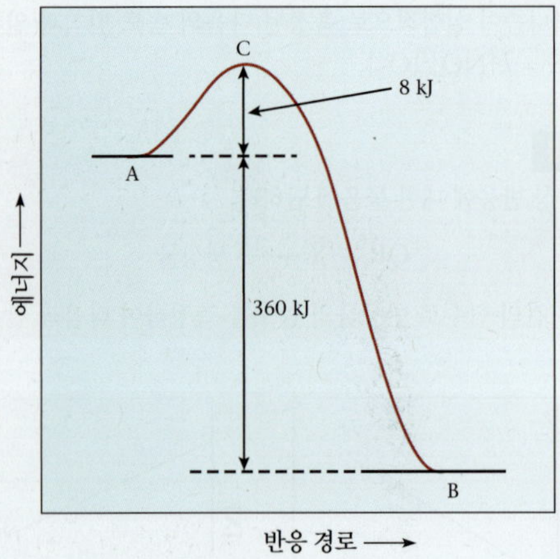

(a) 정반응의 활성화 에너지는 얼마인가?

(b) $2CH_3(g)$가 나타나는 점은?

(c) 반응의 ΔH는 얼마인가?

(d) 역반응의 활성화 에너지는 얼마인가?

(e) C_2H_6가 확실하게 발견되는 점은?

(f) 점 C에 있는 화학종은 무엇이라고 부르는가?

97. 다음 반응에 대한 물음에 답하라.

$$A + B \longrightarrow C$$

이 반응에 대한 반응 속도식은 다음과 같다. 반응 속도 = k[A][B]이다.

(a) A와 B의 농도가 각기 다른 아래의 세 시험관 중에서 어느 시험관에서의 반응 속도가 가장 느린가?

(1) 0.10 *M* A; 0.10 *M* B

(2) 0.15 *M* A; 0.15 *M* B

(3) 0.06 *M* A; 1.0 *M* B

(b) 온도가 증가할 경우, 반응 속도, k, E_a는 어떻게 변하겠는가? (*증가*, *감소*, *변화 없음*으로 나타내라.)

98. 다음 일차 반응에 대해 아래의 실험을 수행하였다.

$$A \longrightarrow 생성물$$

다음 표의 빈 칸을 채워라. 만약 주어진 정보만으로는 답을 쓸 수 없을 경우, 빈 칸을 NC로 표기하라.

	실험 1	실험 2	실험 3	실험 4
[A]	0.100	0.200	0.100	0.100
촉매	없음	없음	있음	없음
온도	25°C	25°C	25°C	30°C
k (min^{-1})	0.5	____	1	0.6
반응 속도 (mol/L · min)	____	____	____	____
E_a (kJ)	32	____	____	____

도전 문제

99. 수소와 아이오딘의 기체상 반응은 다음 반응식과 같이 일어난다.

$$H_2(g) + I_2(g) \rightleftharpoons 2HI(g)$$

700°C에서 정반응의 속도 상수는 138 L/mol · s이고, 활성화 에너지는 165 kJ/mol이다.

(a) $HI(g)$의 $\Delta H_f°$는 26.48 kJ/mol이고, $I_2(g)$의 $\Delta H_f°$는 62.44 kJ/mol일 때, 역반응에 대한 활성화 에너지를 계산하라.

(b) 700°C에서 역반응에 대한 속도 상수를 계산하라(식 $k = Ae^{-E_a/RT}$에서 A는 정반응과 역반응에 대하여 같다고 가정한다).

(c) HI의 농도가 0.200 *M*일 때 역반응의 속도를 계산하라. 역반응은 HI에 대하여 이차 반응이다.

100. 100°C에서 단백질의 응고 반응은 일차 반응이고 69 kJ/mol의 활성화 에너지를 가진다. 100°C의 끓는 물에서 단백질의 응고가 5.4 min에 일어난다면, 물이 87°C에서 끓는 고도에서 단백질 응고에 걸리는 시간은 얼마인가?

101. 다음의 일차 반응을 살펴보자. aA ⟶ 생성물, 여기서 $a \neq 1$이며, 반응 속도는 $-\Delta[A]/a\ \Delta t$ 또는 미분형으로 $-\frac{1}{a}\frac{d[A]}{dt}$이다. 반응물 a mol이 일차 반응으로 분해되는 것에 대해 적분 반응 속도식을 유도하라.

102. 다음의 반응을 살펴보자.

$$A(g) + 3B(g) + 2C(g) \longrightarrow \text{생성물}$$

이 반응에 대하여 다음과 같은 자료를 얻었다.

[A]	[B]	[C]	반응 속도
0.20	0.40	0.10	X
0.40	0.40	0.20	$8X$
0.20	0.20	0.20	X
0.40	0.40	0.10	$4X$

이 반응에 대한 반응 속도식을 결정하라.

103. 미적분을 이용하여 다음 관계식들을 유도하라.

(a) 이차 반응에 대한 농도–시간 관계를 나타내는 식(표 11.2 참조)

(b) 삼차 반응인 A ⟶ 생성물에 대한 농도-시간 관계를 나타내는 식

104. 일차 반응에서 반응물의 양을 X만큼 일정한 시간 간격(Δt)으로 첨가한다고 가정하자. 처음에 반응물의 양은 계에 축적되지만, 결국에는 다음 식으로 나타내는 포화 값에서 수준이 유지된다.

$$\text{포화 값} = \frac{X}{1 - 10^{-a}} \qquad \text{여기서 } a = 0.30\frac{\Delta t}{t_{1/2}}$$

이와 같은 분석은 매일 일정한 양을 복용하는 처방약에 적용된다. 0.100 g의 약을 하루에 세 번씩 복용하고, 이 약이 체내에서 제거되는 반감기가 2.0 day라고 가정하자. 위의 식을 이용하여 포화 상태에서 체내의 약의 질량을 계산하라. 한편 이 약이 체내에 0.500 g 축적되면 부작용이 일어난다고 가정할 때, 약사로서 환자에게 부작용을 일으키지 않고 8 h 동안 할당할 수 있는 약의 최대 복용량은 얼마인가?

105. 다음 가상의 일차 반응을 살펴보자.

$$2A(g) \rightarrow X(g) + \tfrac{1}{2}Y(g)$$

어떤 온도에서, 이 반응의 반감기는 19.0 min이다. 1.00 L 플라스크에는 부분압이 622 mm Hg인 *A*가 들어 있다. 온도가 일정하게 유지되었을 때, 42 min 후에 A, X, Y의 부분압은 얼마인가?

제 12 장

기체의 화학 평형

Gaseous Chemical Equilibrium

이 그림은 어린이들이 동적인 평형 상태에 있는 시소에 있는 것을 보여주고 있다. 중앙의 소년은 시소의 왼쪽이나 오른쪽으로 움직여 평형의 위치를 바꿀 수 있다. ▸

GettyimagesBank

질서는 사회 외부에서 가해지는 압박이 아니라 내부에서 확립되는 균형이다.
–JOSÉ ORTEGA Y GASSET

이 장의 차례 _Chapter Outline

제9장에서 액체 물과 수증기의 평형에 관하여 언급하였다.

$$H_2O(l) \rightleftharpoons H_2O(g)$$

주어진 온도에서 이 평형 계의 상태는 물의 증기압, 즉 25°C에서 0.034 atm, 100°C에서 1.00 atm 등을 사용하여 간단히 나타낼 수 있다.

밀폐된 용기에서 기체가 관여되는 화학 반응은 많은 면에서 $H_2O(l)$–$H_2O(g)$계와 유사하다. 반응이 가역적이기 때문에 반응물이 완전히 소모되지 않는다. 대신에, 생성물과 반응물이 모두 포함된 평형 혼합물이 얻어진다. 평형에서는 정반응과 역반응이 같은 속도로 일어난다. 결과적으로, 평형 상태에 있는 모든 화학종의 양은 시간이 지나도 일정하게 유지된다.

통상적으로, 기체상의 화학 평형이 관련되는 경우 한 개 이상의 기체 물질이 존재한다. 예를 들어 다음과 같은 평형 계가 있다고 하자.

$$a\text{A}(g) + b\text{B}(g) \rightleftharpoons c\text{C}(g) + d\text{D}(g)$$

여기서 각각 두 종류의 기체 생성물(C와 D)과 두 종류의 기체 반응물(A와 B)이 평형 혼합물에 존재하고 있다. 이 평형의 위치를 기술하기 위해서 우리는 각 화학종의 **부분압**(partial pressure), 즉 P_C, P_D, P_A, P_B를 언급해야 한다.

제5장에서 살펴본 바와 같이 혼합물에서 기체 i의 부분압은 다음과 같이 나타낼 수 있다.

$$P_i = n_iRT/V$$

온도 T에서 부피 V의 밀폐된 용기에 있는 평형 혼합물의 경우, *각 화학종의 부분압* P_i *는 그 화학종의 몰수*(n_i)*에 정비례한다.*

흔히 온도나 압력을 변경시키면 반응을 되돌릴 수 있다.

반응 계에서 평형에 존재하는 기체의 부분압 사이에는 비교적 단순한 관계가 있음이 밝혀졌다. 이러한 관계는 *평형 상수*(equilibrium constant), 기호는 K*로 나타낸다. 이 장에서는 다음 주제를 공부하게 될 것이다.

- 어떤 화학 평형에 해당하는 K ⓘ에 대한 식을 쓰는 방법(12-2절).
- 평형 계의 실험 자료로부터 K 값의 계산법(12-3절).
- K 값을 이용하여 반응이 일어나는 정도를 예상하는 방법(12-4절).
- Le Châtelier 원리와 K를 이용하여 평형 계가 교란되었을 때 결과를 예상하는 방법(12-5절).

ⓘ *평형 상수 K와 속도 상수 k를 혼동하지 말라.*

12-1 N_2O_4–NO_2 평형 계

100°C에서 무색의 사산화 이질소(N_2O_4) 시료를 밀폐된 진공 상태의 용기에 넣으면 어떻게 되는지 살펴보자. 즉시 적갈색이 나타난다. 이것은 N_2O_4의 일부가 분해하여 이산화 질소(NO_2)를 형성하기 때문이다(그림 12.1).

$$N_2O_4(g) \longrightarrow 2NO_2(g)$$

처음에는 이 반응이 유일하게 일어난다. 그러나 약간의 NO_2가 생성되자마자 다음과 같은 역반응이 일어날 수 있다.

$$2NO_2(g) \longrightarrow N_2O_4(g)$$

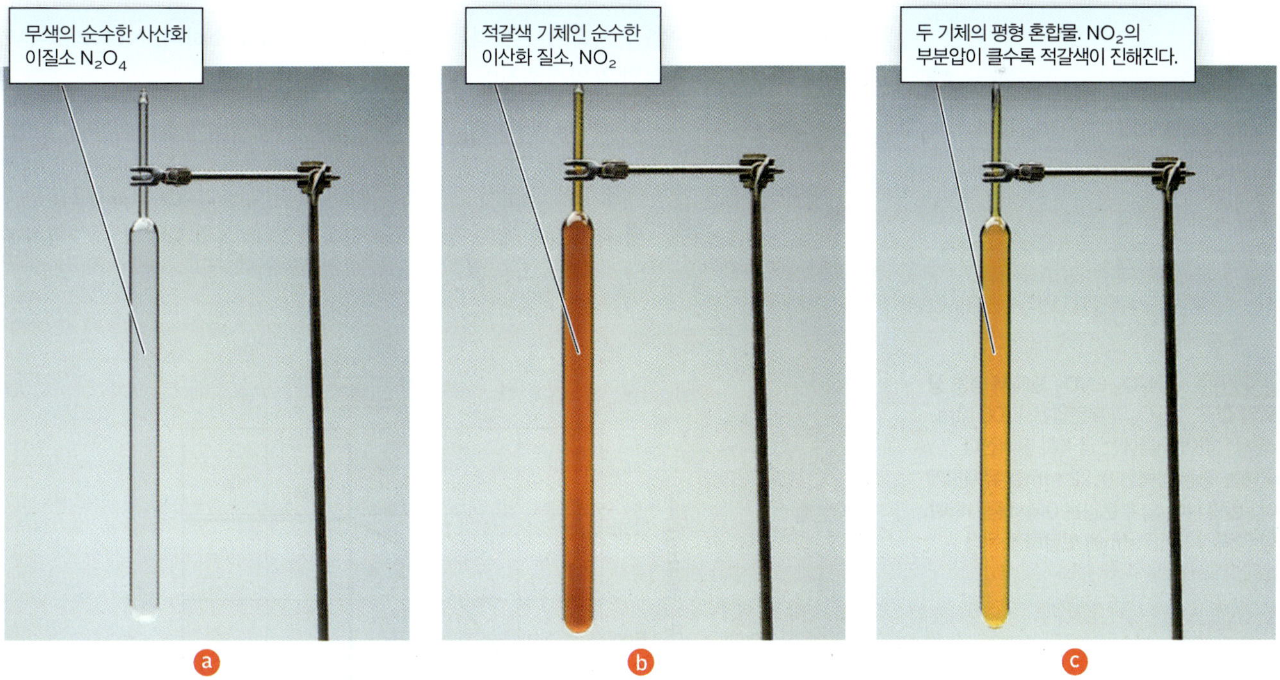

그림 12.1 ▸ N_2O_4–NO_2 계.

*열역학적으로, K에 대한 식에 나타나는 각 화학종의 양은 부분압이 아니라 *활동도*(activity)이다. 활동도는 표준 압력(1 atm)에 대한 평형 부분압의 비로 정의한다. 이것은 활동도와 평형 상수, K는 단위가 없는 무차원, 즉 순수한 숫자라는 것을 의미한다.

표 12.1 ▸ $N_2O_4(g) \rightleftharpoons 2NO_2(g)$ 계의 평형 도달(100°C에서)

시간(s)	0	20	40	60	80	100
$P_{N_2O_4}$ (atm)	1.00	0.60	0.35	**0.22***	**0.22**	**0.22**
P_{NO_2} (atm)	0.00	0.80	1.30	**1.56**	**1.56**	**1.56**

*진한 숫자는 평형 압력이다.

N_2O_4의 부분압은 감소하고, 정반응은 점점 느려진다. 반대로 NO_2의 부분압이 증가하므로, 역반응의 속도는 증가하게 된다. 곧 이들 속도는 같아지게 되어 동적 평형이 이루어진다.

$$N_2O_4(g) \rightleftharpoons 2NO_2(g)$$

평형에서는 두 기체 모두 상당량 존재한다. 이때부터 NO_2와 N_2O_4의 양 또는 부분압은 용기의 부피와 온도가 변하지 않는 한 일정하게 유지된다.

위에서 설명한 특성은 평형 상태에 있는 모든 계의 전형적인 현상이다. 먼저, *정반응과 역반응은 같은 속도로 진행된다.* 이것이 *시간이 지나도 존재하는 화학종의 농도가 일정하게 유지되는* 이유이다. 또한 이들 농도는 평형에 도달하는 방향과 무관하다.

N_2O_4–NO_2 계에서 평형에 도달하는 과정을 표 12.1과 그림 12.2에 나타내었다(시간은 임의의 값이다). 원래는 N_2O_4만이 존재하였으며, N_2O_4의 압력은 1.00 atm이었다. NO_2는 존재하지 않기 때문에 초기 압력은 0이다. 평형에 도달함에 따라 전체 반응은 아래와 같다.

$$N_2O_4(g) \longrightarrow 2NO_2(g)$$

N_2O_4의 양(즉 부분압)은 처음에는 빨리, 그 이후에는 천천히 감소하며, NO_2의 부분압은 증가한다. 결국, 두 부분압은 일정해진다. ◂ⓘ 평형에서(100°C),

ⓘ 정반응과 역반응이 같은 속도로 일어나기 때문에 이들 부분압은 변하지 않는다.

$$P_{N_2O_4} = 0.22 \text{ atm} \qquad P_{NO_2} = 1.56 \text{ atm}$$

N_2O_4–NO_2 계에서 평형에 도달하는 데에는 여러 가지 방법이 있다. 표 12.2는 원래 초기 조건이 전혀 다른 세 가지 실험에 대한 자료를 수록하였다. 실험 1은 방금 설명한 순수

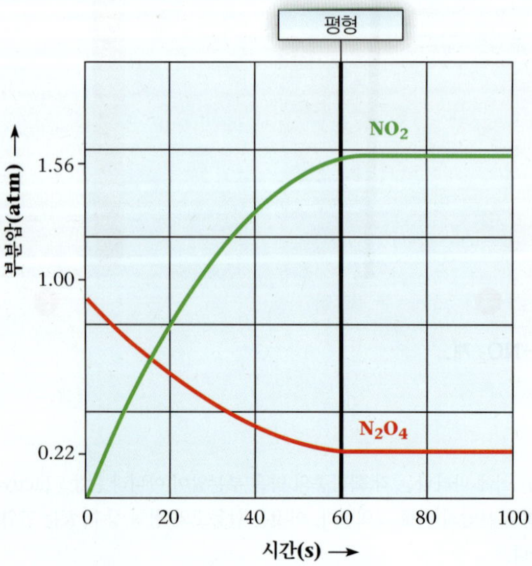

그림 12.2 ▸ **N_2O_4–NO_2 계에서 평형 상태로의 접근.** N_2O_4의 부분압은 1.00 atm에서 시작하여 처음에는 급격히 떨어진다. 결국에는 평형 압력인 0.22 atm을 유지하게 된다. 한편 NO_2의 부분압은 0에서 증가하여 평형 압력인 1.56 atm에 도달하게 된다.

표 12.2 ▸ $N_2O_4-NO_2$ 계의 평형에서 압력 측정(100°C에서)

		원래의 압력(atm)	평형 압력(atm)
실험 1	N_2O_4	1.00	0.22
	NO_2	0.00	1.56
실험 2	N_2O_4	0.00	0.07
	NO_2	1.00	0.86
실험 3	N_2O_4	1.00	0.42
	NO_2	1.00	2.16

한 N_2O_4를 가지고 시작한 것이고, 실험 2는 부분압이 1.00 atm인 순수한 NO_2를 가지고 시작하였다. 평형에 접근함에 따라 NO_2의 일부는 반응하여 N_2O_4를 형성한다.

$$2NO_2(g) \longrightarrow N_2O_4(g)$$

마지막으로, 실험 3은 초기에 N_2O_4와 NO_2가 모두 존재하는데, 각각의 부분압은 1.00 atm이다.

표 12.2의 자료를 보면 이 세 가지 실험의 공통점이 무엇인지 궁금할 것이다. 구체적으로 NO_2와 N_2O_4의 평형 부분압 사이에 모든 실험에 유효한 어떤 관계가 있을까? 쉽게 눈에 들어오는 것은 아니지만 어떤 관계가 존재하는 것으로 밝혀졌다. 각 경우에 지수 $(P_{NO_2})^2/P_{N_2O_4}$의 값이 약 11로 모두 같다.◂ⓘ

ⓘ 이 관계는 평형에서만 성립하며, 초기 압력은 어떤 값을 가지든 상관없다.

$$\text{실험 1} \qquad \frac{(P_{NO_2})^2}{P_{N_2O_4}} = \frac{(1.56)^2}{0.22} = 11$$

$$\text{실험 2} \qquad \frac{(P_{NO_2})^2}{P_{N_2O_4}} = \frac{(0.86)^2}{0.07} = 11$$

$$\text{실험 3} \qquad \frac{(P_{NO_2})^2}{P_{N_2O_4}} = \frac{(2.16)^2}{0.42} = 11$$

왜 평형 상수 11은 단위를 갖지 않는지 의아하게 생각할 수 있다. 그 이유는 반응 지수의 각 항이 1 atm의 열역학적 표준 상태에 대한 측정한 기체 압력의 비를 나타내기 때문이다. 실험 1에서 지수 $(P_{NO_2})^2/P_{N_2O_4}$는 다음과 같이 된다.

$$K = \frac{\left(\dfrac{1.56\text{ atm}}{1\text{ atm}}\right)^2}{\left(\dfrac{0.22\text{ atm}}{1\text{ atm}}\right)} = 11$$

이 관계는 100°C에서 N_2O_4와 NO_2를 포함하는 모든 평형 혼합물에 대해서도 성립한다. 좀 더 일반적으로 위의 값은 어떤 온도에서 초기 조성, 용기의 부피 또는 전체 압력에 상관없이 일정하다.

$$\frac{(P_{NO_2})^2}{P_{N_2O_4}}$$

단 여기서 P_{NO_2}와 $P_{N_2O_4}$는 atm으로 표시하는 부분압을 나타낸다. 이 상수 값을 아래의 계에 대한 **평형 상수**(equilibrium constant) K라고 부른다.

$$N_2O_4(g) \rightleftharpoons 2NO_2(g)$$

이 계에 대한 평형 상수는 다른 모든 경우와 마찬가지로 온도에 따라 변한다. 100°C에서 이 계의 K는 11이며, 150°C에서는 약 110으로 다른 값을 갖는다. 100°C에서 NO_2와 N_2O_4의 모든 혼합물은 $(P_{NO_2})^2/P_{N_2O_4}$의 비가 11이 될 때까지, 150°C에서는 110이 될 때까지 반응이 일어날 것이다.

12-2 평형 상수식

모든 기체 상태의 화학 반응 계에서 **평형 상수식**(equilibrium constant expression)은 평형 상태에서 얻어지는 조건을 기술함으로써 나타낼 수 있다. 기체만을 포함하는 일반적인 계에 대한 균형 맞춘 반응식은 다음과 같다.

$$aA(g) + bB(g) \rightleftharpoons cC(g) + dD(g)$$

여기서 A, B, C, D는 각각의 물질을, a, b, c, d는 그 물질의 계수를 나타낸다.

$$K = \frac{(P_C)^c \times (P_D)^d}{(P_A)^a \times (P_B)^b} \tag{12.1}$$

여기서 P_C, P_D, P_A, P_B는 평형 상태에서 네 기체들의 부분압이다. ***이들 부분압은 기압으로 나타내야 한다.*** K를 표기할 때 다음과 같은 사실들을 주목하라.

- *생성물*(반응식의 오른쪽)의 평형 부분압은 *분자*에 나타낸다.
- *반응물*(반응식의 왼쪽)의 평형 부분압은 *분모*에 나타낸다.
- 균형 맞춘 반응식에서 각 물질의 *계수*는 부분압의 *거듭제곱*으로 나타낸다.

이 평형 상수는 부분압을 포함한다는 것을 강조하기 위하여 흔히 기호 K_p로 나타낸다. 기체에 대해 K_c와 같은 다른 형태의 평형 상수의 표기들도 때때로 사용되고 있다.

$$K_c = \frac{[C]^c \times [D]^d}{[A]^a \times [B]^b}$$

여기서 대괄호는 평형 농도(mol/L)를 나타낸다. 두 평형 상수 K_c와 K_p는 아래와 같은 간단한 관계가 있다(연습 문제 78 참조).

$$K_p = K_c(RT)^{\Delta n_g}$$

여기서 Δn_g는 반응식에서 기체 몰수의 변화이며, R은 기체 상수, 0.0821 L · atm/mol · K이며, T는 켈빈 온도이다. 이 장에서는 K_p만을 다룰 것이며, 간단히 K로 나타낼 것이다.

▶ 화학 반응식의 변형

평형 상수 K의 식은 평형 계를 나타내는 화학 반응식의 형태에 의존한다는 사실을 아는 것은 중요하다. ⓘ 이 말의 뜻을 이해하기 위해 N_2O_4–NO_2 계를 살펴보자.

ⓘ 화학 반응식과 함께 나타내지 않으면 K는 무의미하다.

$$N_2O_4(g) \rightleftharpoons 2NO_2(g) \qquad K = \frac{(P_{NO_2})^2}{P_{N_2O_4}}$$

이 계에 대하여 여러 가지 다른 화학 반응식을 쓸 수 있는데 예를 들어

$$\tfrac{1}{2}N_2O_4(g) \rightleftharpoons NO_2(g)$$

로 나타내면 평형 상수는 다음과 같이 표현된다.

$$K' = \frac{P_{NO_2}}{(P_{N_2O_4})^{1/2}}$$

K와 K' 식을 비교해 보면 K'은 K의 제곱근임이 분명하다. 이것은 종종 **계수 규칙**(coefficient rule)이라고 부르며, 일반적인 규칙으로 나타내면 다음과 같다.

균형 맞춘 반응식에서 계수에 인자 n을 곱하면 평형 상수는 n 제곱으로 된다.

$$K' = K^n \tag{12.2}$$

특정한 예로 계수를 2로 나누면 $n = \frac{1}{2}$이다. 따라서 K'은 K의 제곱근이다. 만약 $K = 11$이면 $K' = (11)^{1/2} = 3.3$이다.

N_2O_4–NO_2 계를 설명하기 위해 쓸 수 있는 또 다른 반응식은 아래와 같다.

$$2NO_2(g) \rightleftharpoons N_2O_4(g)$$

이 계에 대한 평형 상수식은 다음과 같다.

$$K'' = \frac{P_{N_2O_4}}{(P_{NO_2})^2}$$

이 화학 반응식은 단순히 처음에 쓴 반응식의 역반응이다. 즉, N_2O_4와 NO_2가 반응식에서 서로 자리를 바꾼 것이다. $K'' = K$의 역수, 즉 분모와 분자가 바뀌었음을 주목하라. 이것은 **역수 규칙(reciprocal rule)**을 나타낸다. 즉 역수 규칙은 다음과 같이 나타낼 수 있다.

정반응과 역반응에 대한 평형 상수는 서로 역수이다.

$$K'' = 1/K \tag{12.3}$$

예를 들어 $K = 11$이면 $K'' = 1/11 = 0.091$이다.

화학 반응식의 합

이 장과 다음 장에서 매우 유용하다는 것을 알게 될 K의 한 가지 성질은 **다중 평형 규칙**(rule of multiple equilibria) ⓘ으로 다음과 같이 표현된다.

ⓘ 이 관계는 이후의 장에서 자주 사용하게 된다.

화학 반응이 둘 이상의 화학 반응의 합으로 나타날 때, 전체 반응에 대한 K는 개별 반응에 대한 평형 상수들의 곱이다.

즉,

$$\text{반응 } 3 = \text{반응 } 1 + \text{반응 } 2$$

이라면 이때,

$$K(\text{반응 } 3) = K(\text{반응 } 1) \times K(\text{반응 } 2) \tag{12.4}$$

이 규칙을 적용하기 위해 700°C에서 다음과 같은 반응을 살펴보자.

$$SO_2(g) + \tfrac{1}{2}O_2(g) \rightleftharpoons SO_3(g) \qquad K = 2.2$$
$$NO_2(g) \rightleftharpoons NO(g) + \tfrac{1}{2}O_2(g) \qquad K = 4.0$$

두 반응식을 더하면 $\frac{1}{2}O_2$는 제거되고, 다음 반응식이 얻어진다.

$$SO_2(g) + NO_2(g) \rightleftharpoons SO_3(g) + NO(g)$$

이 전체 반응에 대하여, $K = 2.2 \times 4.0 = 8.8$이다.

표 12.3 ▸ 화학 반응의 형태에 대한 K의 의존성

$$R(g) \rightleftharpoons Y(g) \qquad K = \frac{P_Y}{P_R}$$

반응식의 형태	K 식	K와의 관계	규칙
$Y(g) \rightleftharpoons R(g)$	$K' = \frac{P_R}{P_Y}$	$K' = \frac{1}{K}$	역수 규칙
$nR(g) \rightleftharpoons nY(g)$	$K'' = \frac{(P_Y)^n}{(P_R)^n}$	$K'' = K^n$	계수 규칙
$R(g) \rightleftharpoons A(g)$	$K_1 = \frac{P_A}{P_R}$		
$A(g) \rightleftharpoons Y(g)$	$K_2 = \frac{P_Y}{P_A}$		
$R(g) \rightleftharpoons Y(g)$		$K = K_1 \times K_2$	다중 평형 규칙

이 다중 평형 규칙의 타당성은 각 반응에 대한 K의 평형 상수식을 작성한 다음, 이 평형 상수식을 곱해 보면 입증이 된다.

$$\frac{P_{SO_3}}{(P_{SO_2})(P_{O_2})^{1/2}} \times \frac{(P_{NO})(P_{O_2})^{1/2}}{P_{NO_2}} = \frac{(P_{SO_3})(P_{NO})}{(P_{SO_2})(P_{NO_2})}$$

곱의 결과 오른쪽에 나타낸 식은 분명히 전체 반응에 대한 평형 상수를 나타내며, 이것은 다중 평형 규칙을 따른다.

표 12.3에 평형 상수식을 작성하는 규칙을 요약하였다.

예제 12.1

광화학 스모그를 만드는 공기 오염 물질 NO와 NO_2를 살펴보자. 두 물질은 대기 중의 질소와 산소의 반응에 의해서 생성될 수 있다. 25°C에서,

$$N_2(g) + O_2(g) \rightleftharpoons 2NO(g) \qquad K_1 = 4.2 \times 10^{-31} \tag{1}$$

$$N_2(g) + 2O_2(g) \rightleftharpoons 2NO_2(g) \qquad K_2 = 1.0 \times 10^{-18} \tag{2}$$

a 25°C에서 2 mol의 NO가 생성되는 반응의 평형 상수식을 써라.

풀이

K의 식 $\quad K_1 = \frac{(P_{NO})^2}{(P_{N_2})(P_{O_2})}$

b 25°C에서 1 mol의 NO가 생성되는 반응의 K를 계산하라.

전략

1. 1 mol의 NO를 생성하는 반응식을 쓴다. 원래 반응식의 모든 계수는 2로 나누는 것을 주의한다.
2. 계수 규칙을 적용하여 K 값을 구한다.

풀이

1. 반응식 $\quad \frac{1}{2}N_2(g) + \frac{1}{2}O_2(g) \rightleftharpoons NO(g)$
2. K $\quad K = (K_1)^{1/2} = (4.2 \times 10^{-31})^{1/2} = 6.5 \times 10^{-16}$

(계속)

c 25°C에서 1 mol의 NO_2가 분해되는 반응의 K를 계산하라.

전략

1. NO_2의 분해에 대한 반응식을 쓴다. *1* mol의 분해 반응에 대해 답을 요구하고 있음을 주의한다.
2. 1 mol의 NO_2의 분해 반응에 대한 반응식을 구하기 위해, 반응식의 양변의 위치를 바꾸고(역수 규칙) 계수에 1/2을 곱해야 한다(계수 규칙).
3. 두 규칙을 적용시킨다.

풀이

1. 반응식 $N_2(g) + 2O_2(g) \rightleftharpoons 2NO_2(g) \longrightarrow 2NO_2(g) \rightleftharpoons N_2(g) + 2O_2(g) \longrightarrow$
   $NO_2(g) \rightleftharpoons \frac{1}{2}N_2(g) + O_2(g)$
2. 역수 규칙 $K' = 1/K_2$
3. 계수 규칙 $K = (K')^{1/2} = (1/K_2)^{1/2}$
4. K $\left(\dfrac{1}{1.0 \times 10^{-18}}\right)^{1/2} = 1.0 \times 10^{9}$

d 25°C에서 다음 반응의 K를 계산하라.

$$2NO(g) + O_2(g) \rightleftharpoons 2NO_2(g)$$

전략

1. 2 mol의 NO로 시작한다. 2 mol의 NO는 반응식 (1)에서의 생성물이지만 원하는 반응식에서는 반응물이다. 반응식 (1)을 역반응으로 바꾸고, 역수 규칙을 적용시킨다.
2. 2 mol의 NO_2에 집중한다. 2 mol의 NO_2는 반응식 (2)의 생성물이고 원하는 반응식이다. 바꿀 필요가 없다.
3. 두 개의 반응식을 합한다.
4. 다중 평형 규칙을 적용한다.

풀이

1. 반응식 (1)을 역반응으로 쓴다. $2NO(g) \rightleftharpoons N_2(g) + O_2(g)$ K'

   역수 규칙을 적용한다. $K' = \dfrac{1}{K_1} = \dfrac{1}{4.2 \times 10^{-31}}$
2. 반응식 (2)는 유지한다. $N_2(g) + 2O_2(g) \rightleftharpoons 2NO_2(g)$ $K_2 = 1.0 \times 10^{-18}$
3. 전체 반응식

$$\begin{array}{ll} 2NO(g) \rightleftharpoons \cancel{N_2(g)} + O_2(g) & K' = \dfrac{1}{4.2 \times 10^{-31}} \\ \cancel{N_2(g)} + 2O_2(g) \rightleftharpoons 2NO_2(g) & K_2 = 1.0 \times 10^{-18} \\ \hline 2NO(g) + O_2(g) \rightleftharpoons 2NO_2(g) & K = (K')(K_2) \end{array}$$

4. K $K = \left(\dfrac{1}{4.2 \times 10^{-31}}\right)(1.0 \times 10^{-18}) = 2.4 \times 10^{12}$

불균일 평형

지금까지 설명한 반응에서 모든 반응물과 생성물은 기체였다. 따라서 평형 계는 *균일*하였다. 어떤 반응은 최소한 하나의 반응물이 순수한 액체나 고체이고, 나머지는 모두 기체인 경우가 있다(그림 12.3). 이와 같은 계는 두 개 이상의 상이 존재하므로 *불균일*(heterogeneous) 계라고 부른다. 예를 들면 다음과 같은 반응들이다.

$$CO_2(g) + H_2(g) \rightleftharpoons CO(g) + H_2O(l)$$
$$I_2(s) \rightleftharpoons I_2(g)$$

© Cengage Learning/Charles D. Winters

그림 12.3 ▸ 불균일 평형 계: 고체 I_2−기체 I_2.

표 12.4 ▸ $CO_2(g) + H_2(g) \rightleftharpoons CO(g) + H_2O(l)$ 반응에 대한 평형 상수식

	실험 1	실험 2	실험 3	실험 4
$H_2O(l)$의 질량	8 g	6 g	4 g	2 g
P_{H_2O} (atm)	3×10^{-2}	3×10^{-2}	3×10^{-2}	3×10^{-2}
K_I	9×10^{-6}	9×10^{-6}	9×10^{-6}	9×10^{-6}
K_{II}	3×10^{-4}	3×10^{-4}	3×10^{-4}	3×10^{-4}

$$K_I = \frac{P_{CO} \times P_{H_2O}}{P_{CO_2} \times P_{H_2}} \qquad K_{II} = \frac{P_{CO}}{P_{CO_2} \times P_{H_2}}$$

실험적으로 불균일 계에서는 다음과 같은 사실을 알 수 있다.

- ***평형 위치는 일부 고체나 액체가 존재하는 한 고체나 액체의 양과는 무관하다.***
- ***K의 식에 순수한 액체나 고체에 대한 항은 포함시킬 필요가 없다.***

그 이유를 알아보기 위해서 25°C에서 아래의 반응 계에 대한 표 12.4의 자료를 살펴보자.

$$CO_2(g) + H_2(g) \rightleftharpoons CO(g) + H_2O(l)$$

실험 1~4에는 물이 존재한다. 따라서 기체상에 있는 물의 부분압 P_{H_2O}는 25°C에서 물의 평형 증기압인 0.03 atm으로 일정하다.

다음을 주목하라.

1. 모든 경우에

$$K_I = \frac{P_{CO} \times P_{H_2O}}{P_{CO_2} \times P_{H_2}}$$

K_I의 값은 9×10^{-6}으로 일정하다.

2. 모든 경우에(실험 1~4), 다음 식이 성립한다.

$$K_{II} = \frac{P_{CO}}{P_{CO_2} \times P_{H_2}}$$

K_{II} 값은 3×10^{-4}로 일정하다. 이것은

$$K_{II} = K_I/P_{H_2O}$$

이며, $P_{H_2O} = 3 \times 10^{-2}$ atm으로 일정하기 때문에 사실이어야 한다. 따라서 아래의 반응 계에 대하여 K_{II}는 타당한 평형 상수이다.

$$CO_2(g) + H_2(g) \rightleftharpoons CO(g) + H_2O(l)$$

K_{II}의 식은 K_I보다 더 간단하기 때문에 불균일 계에서는 평형 상수로 K_{II}를 사용한다.

유사한 논의를 아이오딘의 승화와 관련된 평형에 적용할 수 있다.

$$I_2(s) \rightleftharpoons I_2(g)$$

주어진 온도에서, 아이오딘의 증기압은 고체 아이오딘의 양 또는 다른 인자에 무관하게 일정하다. 평형 상수식은 다음과 같다.

$$K = P_{I_2}$$

역수 규칙을 적용하여 역반응에 대한 평형 상수식을 유도할 수 있다.

$$I_2(g) \rightleftharpoons I_2(s) \qquad K = 1/P_{I_2}$$

예제 12.2

다음 반응에 대한 K의 식을 써라.

(a) 검은색 고체인 산화 구리(II) 1 mol을 수소로 환원시키면 금속 구리와 수증기가 생성된다.

(b) 빨갛게 가열된 코크스(탄소) 1 mol을 수증기와 반응시키면 수성 가스(water gas)라 부르는 수소와 일산화 탄소의 혼합물이 생성된다.

전략

1. 평형 계의 균형 맞춘 화학 반응식을 쓴다. 물리적 상태를 포함하는 것을 잊지 말아야 한다.
2. 순수한 고체나 액체는 쓰지 말고, 평형 상수 K의 식을 쓴다.
3. 기체는 부분압으로 나타낸다는 것을 기억한다.

풀이

(a) 반응 $CuO(s) + H_2(g) \rightleftharpoons Cu(s) + H_2O(g)$

K의 식 $K = \dfrac{P_{H_2O}}{P_{H_2}}$

예제 12.2의 (a)에서, 생성물이 $H_2O(l)$이라면, K는 $1/P_{H_2}$이 된다.

(b) 반응 $H_2O(g) + C(s) \rightleftharpoons CO(g) + H_2(g)$

K의 식 $K = \dfrac{(P_{H_2})(P_{CO})}{P_{H_2O}}$

이 장과 다음 장에서 다양한 종류의 평형을 다룰 것이다. 즉, 기체나 순수한 액체 또는 고체 및 수용액에 존재하는 화학종이 포함된다. 평형 상수식에서 다음 사항을 항상 기억하라.

- *기체는 부분압(atm 단위)으로 나타낸다.*
- *순수한 액체나 고체는 나타내지 않으며, 묽은 용액에서 일어나는 반응에 대한 용매도 나타내지 않는다.*
- *수용액의 화학종(이온이나 분자)은 몰농도로 나타낸다.*

따라서 금속 아연이 산과 반응하여 평형에 도달했을 때 평형 상수식은 다음과 같이 나타낸다.

$$Zn(s) + 2H^+(aq) \rightleftharpoons Zn^{2+}(aq) + H_2(g)$$

$$K = \frac{P_{H_2} \times [Zn^{2+}]}{[H^+]^2}$$

우리는 앞으로 배울 장에서 수용액에 존재하는 화학종이 포함된 평형에 대하여 좀 더 다룰 것이다.

12-3 K 값의 결정

평형 상수의 값은 평형 상태에서 생성물과 반응물의 부분압을 알면 계산할 수 있다. 때로는 평형 부분압이 직접 주어질 것이다(예제 12.3). 다른 경우에는 원래의 부분압과 한 화학종의 평형 부분압이 주어질 것이다(예제 12.4). 이 경우에는 모든 화학종의 평형 부분압을 계산해야 하기 때문에 K의 계산이 좀 더 어렵다.

예제 12.3

염화 암모늄은 가열하면 분해되므로 납땜 시 융해제(flux)로 종종 사용된다.

$$NH_4Cl(s) \rightleftharpoons NH_3(g) + HCl(g)$$

생성된 HCl은 땜질을 할 금속들의 산화막을 제거한다. 400°C, 평형 상태에서 22.6 g의 NH_4Cl이 존재하고, NH_3와 HCl의 부분압이 각각 2.5 atm과 4.8 atm일 때, 400°C에서 K를 계산하라.

분석

주어진 정보:	T = 400°C에서의 반응식
	NH_4Cl의 질량(22.6 g)
	NH_3 (2.5 atm)와 HCl (4.8 atm)의 부분압
알고자 하는 것:	400°C에서 K 값

전략

1. K에 대한 식을 쓴다. 순수한 액체와 고체는 식에 포함되지 않는다는 것을 기억한다.
2. 기체의 부분압을 K 식에 대입한다.

풀이

K의 식	$K = (P_{NH_3})(P_{HCl})$
K	K = (2.5 atm)(4.8 atm) = 12

마무리 정리

NH_4Cl은 고체이기 때문에 K에 대한 식에 포함시키지 않기 때문에, 이 계산에서 NH_4Cl의 질량은 관계가 없음을 주의한다.

예제 12.4

다음과 같은 평형 계를 살펴보자.

$$2HI(g) \rightleftharpoons H_2(g) + I_2(g)$$

원래, 진공 상태인 플라스크에 520°C, 1.00 atm에서 HI만 들어 있다. 평형에서 H_2의 부분압은 0.10 atm이다.

a 평형에서 P_{I_2}와 P_{HI}는 얼마인가?

분석

주어진 정보:	HI에 대한 초기 압력(P_o = 1.00 atm)
	H_2에 대한 평형 압력($P_{평형}$ = 0.10 atm)
정보가 알려주는 내용:	H_2와 I_2에 대한 초기 압력(P_o)
알고자 하는 것 :	I_2와 HI에 대한 평형 부분압($P_{평형}$)

전략 및 풀이

1. 아래에 나타낸 표를 만들고, 문제의 설명에서 관련 정보(명시적, 묵시적인 것 모두)를 넣는다. 문제에서는 *오직* HI의 초기 상태에 대해서만 말하고 있음을 주의한다. 표를 작성하면 다음과 같다.

	$2HI(g)$	$\rightleftharpoons$	$H_2(g)$	+	$I_2(g)$
P_o (atm)	1.00		0		0
ΔP (atm)					
$P_{평형}$ (atm)			0.10		

(계속)

2. 한 개의 항목만 빠진 열을 찾는다. 이 경우에 $H_2(g)$이다. 빠진 항목은 수학적으로 결정할 수 있다. 초기 압력이 0 atm이고 평형에서의 압력이 0.10 atm인 것을 주목한다. 변화, ΔP의 값은 +0.10 atm이어야 한다. 모든 변화는 초록색 음영으로 표시한다.

	$2HI(g)$	$\rightleftharpoons$	$H_2(g)$	+	$I_2(g)$
P_o (atm)	1.00		0		0
ΔP (atm)			+0.10		
$P_{평형}$ (atm)			0.10		

3. 계는 일정한 부피와 온도를 유지하므로, 몰수는 압력에 정비례해야 한다. 반응 계수를 사용하여 화학량론적 비율을 결정한다. (제3장의 내용을 기억한다.) 화학량론적 비율에 0.10 atm을 곱해 ΔP의 행을 모두 채운다:

$$1 \text{ mol } I_2/1 \text{ mol } H_2 \qquad 2 \text{ mol HI}/1 \text{ mol } H_2$$

+ 부호는 화학종이 생성될 때, − 부호는 화학종이 소모될 때 사용한다.

	$2HI(g)$	$\rightleftharpoons$	$H_2(g)$	+	$I_2(g)$
P_o (atm)	1.00		0		0
ΔP (atm)	$-(\frac{2}{1})(0.10)$		+0.10		$+(\frac{1}{1})(0.10)$
$P_{평형}$ (atm)			0.10		

4. 각 열에 대해 적절한 계산을 수행하여 $P_{평형}$의 행을 채운다.

	$2HI(g)$	$\rightleftharpoons$	$H_2(g)$	+	$I_2(g)$
P_o (atm)	1.00		0		0
ΔP (atm)	$-(\frac{2}{1})(0.10)$		+0.10		$+(\frac{1}{1})(0.10)$
$P_{평형}$ (atm)	0.80		0.10		0.10

5. $P_{평형}$의 행으로부터, HI에 대한 평형 부분압은 0.80 atm 이고, I_2에 대한 평형 부분압은 0.10 atm 이다.

b 계의 K는 얼마인가?

분석

주어진 정보:	(a)에서 화학종의 평형 압력: HI (0.80 atm), I_2 (0.10 atm), H_2 (0.10 atm)
정보가 알려주는 내용:	K의 식
알고자 하는 것 :	520°C에서 평형 상수, K

전략

1. 평형 상수식을 쓴다.
2. K의 식에 대입한다.

풀이

1. 평형 상수식

$$K = \frac{(P_{H_2})(P_{I_2})}{(P_{HI})^2}$$

2. K

$$K = \frac{(0.10)(0.10)}{(0.80)^2} = 0.016$$

마무리 정리

K가 다소 작을(0.016) 것이라고 예상해야 한다. 평형 상태에서 P_{H_2}는 0.10 atm으로 HI의 원래 압력(1.00 atm)의 1/10밖에 되지 않는다는 것을 기억하라.

예제 12.4는 이 장과 이후의 장에서 평형에 관한 문제를 푸는 데 매우 유용하다는 것을 알 수 있다. ***계가 평형에 접근함에 따라, 반응물과 생성물의 부분압의 변화는 (몰로 나타낸 양의 변화처럼) 균형 맞춘 반응식의 계수와 관련이 있다.***

12-4 평형 상수의 응용

때로는, 평형 상수의 크기만 알면, 반응이 일어날지, 안 일어날지를 결정할 수 있다. 예를 들어 산소와의 반응으로 대기 중의 질소를 질소 화합물로 바꾸는 "질소 고정"의 가능한 방법을 살펴보자.

$$N_2(g) + O_2(g) \rightleftharpoons 2NO(g)$$

$$K = \frac{(P_{NO})^2}{(P_{N_2})(P_{O_2})} = 1 \times 10^{-30} \text{ (25°C에서)}$$

K가 너무 작기 때문에 N_2, O_2와 평형을 이루고 있는 NO의 부분압, 즉 NO의 양은 0에 가까운 극히 작은 양이다. 최소한 25°C에서 이 방법은 분명히 질소 고정에 적합하지 않다.

질소 고정의 또 다른 접근 방법은 수소와 반응시키는 것이다.

$$N_2(g) + 3H_2(g) \rightleftharpoons 2NH_3(g)$$

$$K = \frac{(P_{NH_3})^2}{(P_{N_2})(P_{H_2})^3} = 6 \times 10^5 \text{ (25°C에서)}$$

이 경우, 평형 상수 값이 매우 크므로 평형 계에 포함된 기체는 대부분 암모니아이다. N_2와 H_2의 혼합물은 평형 상태에서 거의 완전히 NH_3로 전환된다.

일반적으로 K가 매우 작은 경우, 평형 혼합물에는 대부분 반응하지 않은 출발 물질이 들어 있을 것이다. 따라서 실용적인 목적의 정반응은 진행되지 않는다. 역으로 K가 크면, 적어도 원리상으로는 실현 가능한 반응이라는 것을 의미한다. 즉, 높은 수득률로 생성물을 얻을 수 있다. ⓘ 대부분의 경우, K 값은 중간 정도의 크기를 갖는데, 이 경우에는 반응의 *방향*(direction)과 *정도*(extent)를 알기 위하여 정량적인 계산을 해야 한다.

ⓘ 평형의 개념은 K 값이 매우 크거나 작지 않을 때 가장 유용하다.

▶ 반응의 방향: 반응 지수(Q)

일반적인 기체상 반응을 살펴보자.

$$aA(g) + bB(g) \rightleftharpoons cC(g) + dD(g)$$

여기서 K는 다음과 같다.

$$K = \frac{(P_C)^c(P_D)^d}{(P_A)^a(P_B)^b}$$

지금까지 보았듯이 특정 온도에서 주어진 계에 대한 K 값은 정해져 있다.

반면에, 실제 압력 비 Q는 어떠한 값도 가질 수 있다. ⓘ

ⓘ Q는 모든 값을 가질 수 있다. 그러나 K는 일정하다.

$$Q = \frac{(P_C)^c(P_D)^d}{(P_A)^a(P_B)^b}$$

순수한 반응물(A와 B)만 가지고 반응을 시작했다면 P_C와 P_D는 0이며, Q의 값은 0이다.

$$Q = \frac{(0)(0)}{(P_A)^a(P_B)^b} = 0$$

반면에, C와 D만으로 반응을 시작했다면, P_A와 P_B는 0에 가까우므로 Q의 값은 무한대가 된다.

$$Q = \frac{(P_C)^c(P_D)^d}{(P_A)^a(P_B)^b \to 0} \longrightarrow \infty$$

네 가지 물질이 모두 존재한다면 Q 값은 0과 무한대 값 사이의 값을 가질 수 있다.

반응 지수(reaction quotient)로 알려진 Q의 식은 평형 상수 K의 식과 같다. 차이점은 Q의 식에 나타낸 부분압은 계의 평형 압력이 아니라 특정 순간의 부분압이다. Q와 K의 값을 비교하면 계가 어느 방향으로 이동하여 평형에 도달할 것인가를 결정할 수 있다.

1. $Q < K$ⓘ인 경우, 반응은 왼쪽에서 오른쪽으로 진행될 것이다.

$$aA(g) + bB(g) \longrightarrow cC(g) + dD(g)$$

따라서 생성물의 부분압은 증가하고, 반응물의 부분압은 감소한다. 이렇게 되면 반응 지수 Q는 커지고 결국에는 평형 상태의 K와 같아지게 된다.

ⓘ $Q < K$: $\longrightarrow$

2. $Q > K$ⓘ인 경우, 생성물의 부분압은 "너무 높고" 반응물의 부분압은 "너무 낮아서" 평형 조건을 충족하지 못한다. 반응은 역방향으로 진행될 것이다.

$$aA(g) + bB(g) \longleftarrow cC(g) + dD(g)$$

따라서, A와 B의 부분압은 증가하고, C와 D의 부분압은 감소하여 Q의 값이 평형 상수 K 값으로 작아지게 된다.

ⓘ $Q > K$: $\longleftarrow$

3. 우연히ⓘ $Q = K$인 경우 계는 이미 평형에 도달했기 때문에 생성물과 반응물의 양이 변하지 않은 채로 유지된다.

ⓘ 평형에 접근함에 따라 Q는 K에 접근한다.

이를 설명하기 위하여 표 12.5에 나타낸 간단한 계를 살펴보자.

표 12.5 ▸ **$K = 1.00$인 계, $A \rightleftharpoons B$ⓘ에서 평형으로의 접근**

ⓘ 반응의 방향은 변할 수 있지만, 평형 상수식은 변하지 않는다.

	실험 1*				실험 2*			
t	0	20	40	60	0	20	40	60
[B]	1.00	1.35	1.50	1.50	2.00	1.65	1.50	1.50
[A]	2.00	1.65	1.50	1.50	1.00	1.35	1.50	1.50
$Q = [B]/[A]$	0.500	0.818	1.00	1.00	2.00	1.22	1.00	1.00
	$Q < K$		$Q = K$		$Q > K$		$Q = K$	

*두 실험에서 점선의 오른쪽 계는 평형에 도달해 있다.

예제 12.5

100°C에서 다음 반응 계를 살펴보자.

$$N_2O_4(g) \rightleftharpoons 2NO_2(g) \qquad K = 11$$

2.0-L 용기에 0.10 mol의 N_2O_4와 0.20 mol의 NO_2를 넣으면 반응이 진행되어 평형에 도달하게 된다. 그 반응의 진행 방향을 예상하라.

분석

주어진 정보: 100°C에서 반응과 K

N_2O_4 (0.10 mol)와 NO_2 (0.20 mol)의 초기의 양

용기의 부피(2.0 L)

(계속)

정보가 알려주는 내용:	R 값
알고자 하는 것 :	반응의 방향

전 략

1. 이상 기체 법칙과 화학양론비를 이용하여 모든 화학종의 부분압을 계산한다.
2. Q의 식을 쓰고 그 값을 계산한다.
3. Q를 K와 비교하여 반응 방향을 예상한다.

풀 이

1. $P_{N_2O_4}$ $\quad P = \dfrac{nRT}{V} = \dfrac{(0.10)(0.0821)(373)}{2.0} = 1.5 \text{ atm}$

P_{NO_2} $\quad V$와 T는 일정하므로, n은 P에 비례하며, P는 NO_2와 N_2O_4의 화학양론비를 사용하면 구해진다.

$$1.5 \text{ atm } (N_2O_4\text{에 대한}) \times \frac{2 \text{ mol } NO_2}{1 \text{ mol } N_2O_4} = 3.0 \text{ atm}$$

2. Q $\quad Q = \dfrac{(P_{NO_2})^2}{P_{N_2O_4}} = \dfrac{(3.0)^2}{1.5} = 6.0$

3. 방향 $\quad Q(6.0) < K(11)$ 반응은 왼쪽에서 오른쪽(→)으로 진행한다.

마무리 정리

반응이 왼쪽에서 오른쪽으로 또는 정반응으로 진행될 때 반응은 쓰여진 대로 진행한다고 말한다. 이 경우, NO_2의 부분압은 증가하고, N_2O_4의 부분압은 감소하여 평형에 도달한다.

반응의 정도: 평형 부분압

화학 반응 계에 대한 평형 상수는 평형 상태에 존재하는 화학종의 부분압을 계산하는 데 사용될 수 있다. 가장 간단한 경우는, 다른 모든 화학종의 부분압을 알고 있을 때 한 화학종의 부분압을 계산할 수 있다. 예를 들어 다음 계를 살펴보자.

$$N_2(g) + O_2(g) \rightleftharpoons 2NO(g)$$

$$K = \frac{(P_{NO})^2}{(P_{N_2})(P_{O_2})} = 1 \times 10^{-30} \ (25°C\text{에서})$$

공기 중에 N_2와 O_2의 부분압은 각각 약 0.78 atm과 0.21 atm이다. 이러한 조건하에서 NO의 평형 부분압은 K 식을 이용하여 계산할 수 있다.

$$\begin{aligned}(P_{NO})^2 &= (P_{N_2})(P_{O_2})(K) \\ &= (0.78)(0.21)(1 \times 10^{-30}) = 1.6 \times 10^{-31} \\ P_{NO} &= (1.6 \times 10^{-31})^{1/2} = 4 \times 10^{-16} \text{ atm}\end{aligned}$$

이것은 작은 평형 상수 값에서 짐작할 수 있듯이, 대단히 낮은 압력이다.

대기 중에 있는 N_2와 O_2가 NO로 변환되면 큰 문제가 발생된다.

더 일반적으로 원래의 압력을 알 때, K는 모든 화학종, 생성물 및 반응물의 평형 부분압을 계산하는 데 사용된다. 이러한 계산을 하려면 다음의 단계를 따르는 것이 도움이 된다.

1. ***모든 정보를 넣을 표를 만든다.*** 이것은 예제 12.4에 설명하였다.
2. ***화학종 중의 하나에 대해 ΔP를 선택하여 x로 나타낸다.*** 균형 맞춘 반응식에서 계수가 1인 화학종이나 초기에 존재하지 않는 화학종을 선택하는 것이 좋다. 균형 맞춘 반응식의 계수로부터 얻은 화학양론비를 사용하여 선택한 화학종의 ΔP를 다른 화학종과 관련시킨다.

3. ***반응의 방향을 결정하고, ΔP에 대한 가로 행에 있는 값에 + 또는 – 부호를 부여한다.***
   —반응은 초기 압력이 0인 화학종을 생성하는 방향으로 진행한다.
   —모든 화학종이 초기 부분압을 가지고 있다면 Q를 구한다.
4. ***가로 행을 평형 부분압으로 채운다.***
5. ***K에 대한 식을 쓰고, 평형 부분압 값들을 평형 상수식에 대입한다.*** *x에 대하여 푼다.*
6. ***x 값을 구하고, 이것을 이용하여 표에 있는 모든 화학종의 평형 부분압을 계산한다.***

예제 12.6 주요 문제

다음과 같은 반응 계에 대하여

$$CO_2(g) + H_2(g) \rightleftharpoons CO(g) + H_2O(g)$$

900 K에서 K는 0.64이다.

a 초기 상태가 다음과 같을 때, 모든 화학종의 평형 부분압을 계산하라.

$$P_{CO_2} = P_{H_2} = 1.00 \text{ atm}; P_{CO} = P_{H_2O} = 0$$

분석

주어진 정보: CO_2 (1.00 atm), H_2 (1.00 atm), CO (0 atm), H_2O (0 atm)의 초기의 부분압; 900 K에서 K (0.64) 값

정보가 알려주는 내용: 반응의 방향

알고자 하는 것 : 모든 화학종의 평형 부분압

전략 및 풀이

1. 표를 만든다.

	$CO_2(g)$	+	$H_2(g)$	$\rightleftharpoons$	$CO(g)$	+	$H_2O(g)$
P_o (atm)	1.00		1.00		0		0
ΔP (atm)							
$P_{평형}$ (atm)							

2. CO에 대한 ΔP를 x로 놓는다. 반응의 모든 계수는 1이므로, 모든 화학종은 ΔP에 대해 x를 갖는다.

	$CO_2(g)$	+	$H_2(g)$	$\rightleftharpoons$	$CO(g)$	+	$H_2O(g)$
P_o (atm)	1.00		1.00		0		0
ΔP (atm)	x		x		x		x
$P_{평형}$ (atm)							

3. 반응의 방향(→)

	$CO_2(g)$	+	$H_2(g)$	$\rightleftharpoons$	$CO(g)$	+	$H_2O(g)$
P_o (atm)	1.00		1.00		0		0
ΔP (atm)	$-x$		$-x$		$+x$		$+x$
$P_{평형}$ (atm)							

(계속)

4. 평형 부분압

	$CO_2(g)$	+	$H_2(g)$	$\rightleftharpoons$	$CO(g)$	+	$H_2O(g)$
P_o (atm)	1.00		1.00		0		0
ΔP (atm)	$-x$		$-x$		$+x$		$+x$
$P_{평형}$ (atm)	$1.00-x$		$1.00-x$		x		x

5. K의 식 $$K=\frac{(P_{CO})(P_{H_2O})}{(P_{CO_2})(P_{H_2})}=\frac{(x)(x)}{(1.00-x)(1.00-x)}=0.64$$

x에 대하여 푼다. 양변에 제곱근을 취한다. $0.80=\dfrac{x}{1.00-x}\longrightarrow x=0.44$

6. $P_{평형}$ $P_{CO}=P_{H_2O}=x=0.44\text{ atm};\quad P_{CO_2}=P_{H_2}=1.00-x=(1.00-0.44)\text{ atm}=0.56\text{ atm}$

b 초기 상태가 다음과 같을 때, 모든 화학종의 평형 부분압을 계산하라.

$$P_{CO_2}=2.00\text{ atm},\ P_{H_2}=1.00\text{ atm};\ P_{CO}=P_{H_2O}=0.500\text{ atm}$$

분석

주어진 정보: CO_2 (2.00 atm), H_2 (1.00 atm), CO (0.500 atm), H_2O (0.500 atm)의 초기의 부분압; 900 K에서 K (0.64)

정보가 알려주는 내용: 반응의 방향

알고자 하는 것 : 모든 화학종의 평형 부분압

전략

1. 반응의 방향을 알 수 있도록 Q를 결정한다.
2. 표를 만든다. 처음 네 단계를 따른다[(a)에 자세히 나와 있음].
3. K의 식에 대입한다.
4. 모든 화학종의 평형 압력을 푼다.

분석

1. Q $$Q=\frac{(0.500)(0.500)}{(2.00)(1.00)}=0.125$$

$0.125 < 0.64$; 반응의 방향 $\longrightarrow$

2. 표

	$CO_2(g)$	+	$H_2(g)$	$\rightleftharpoons$	$CO(g)$	+	$H_2O(g)$
P_o (atm)	2.00		1.00		0.500		0.500
ΔP (atm)	$-x$		$-x$		$+x$		$+x$
$P_{평형}$ (atm)	$2.00-x$		$1.00-x$		$0.500+x$		$0.500+x$

3. K의 식 $$K=\frac{(P_{CO})(P_{H_2O})}{(P_{CO_2})(P_{H_2})}=\frac{(0.500+x)(0.500+x)}{(2.00-x)(1.00-x)}=0.64$$

양 변에 제곱근을 취하는 것은 유용하지 않기 때문에, 이차 방정식을 사용하기 위해 표준 형태의 방정식으로 정리한다:

$$ax^2+bx+c=0\longrightarrow 0.36\,x^2+2.92\,x-1.03=0$$

이차 방정식을 근의 공식을 이용하여 푼다.

$$x=\frac{-b\pm\sqrt{b^2-4ac}}{2a}\longrightarrow x=0.34\text{ 또는 }-8.40$$

ⓘ 대부분의 경우에는 이런 유형(예제 12.6b)의 지루한 계산은 하지 않는다.

0.34 atm이 타당하다. −8.40 atm은 음의 부분압을 의미한다.

(계속)

4. $P_{평형}$ $P_{CO} = P_{H_2O} = 0.500 + x = 0.500 + 0.34 = 0.84 \text{ atm}$

$P_{CO_2} = 2.00 - 0.34 = 1.66 \text{ atm}$ $P_{H_2} = 1.00 - 0.34 = 0.66 \text{ atm}$

마무리 정리

K 식에 평형 부분압을 다시 대입하여 검산한다.

$$K = \frac{(P_{CO})(P_{H_2O})}{(P_{CO_2})(P_{H_2})} = \frac{(0.84)(0.84)}{(1.66)(0.66)} = 0.64 \qquad \text{성공!}$$

예제 12.6의 계산은 이상 기체의 거동을 가정한 것이다. 특정한 조건(1 atm, 비교적 높은 온도)에서는 이 가정이 적절하다. 그러나 많은 공업적인 기체상 반응은 높은 압력에서 수행된다. 이 경우에, 분자 간의 힘이 상당히 작용한다. 따라서 이상 기체 법칙에 따라 계산한 수득률은 심각한 오차가 있을 수 있다.

12-5 조건 변화가 평형 계에 미치는 영향

일단 평형에 도달한 어떤 계의 외부 조건을 변화시키면 생성물에 대한 반응물의 비율이 변할 수 있다. 우리는 화학 평형이 교란될 수 있는 다음의 세 가지 방법을 고려하려고 한다.

1. 기체 상태의 반응물이나 생성물을 첨가하거나 제거하는 경우
2. 계가 압축되거나 팽창되는 경우
3. 온도를 변화시키는 경우

다음 원리를 적용하여 이러한 변화 중 하나를 변화시킬 때 평형이 이동하는 방향을 추론할 수 있다.

만약 평형 상태의 계가 농도, 압력, 온도 변화에 의하여 교란되면, 가능하면 계는 변화를 부분적으로 상쇄시키는 방향으로 평형을 이동한다. ⓘ

ⓘ 사람들과 마찬가지로 평형 계는 변화에 저항한다.

이 원리는 1884년에 Le Châtelier(1850~1936)가 좀 더 복잡한 형태로 처음 언급하였다. 그는 프랑스의 화학자로 용광로에서 철 생산에 관여된 것을 포함하여 많은 산업의 평형을 연구하였다. 이 설명을 일반적으로 **Le Châtelier 원리**라고 부른다.

기체 화학종의 첨가 또는 제거

Le Châtelier 원리에 따르면 ***평형 상태의 화학 계에 기체 화학종(반응물 또는 생성물)을 첨가하여 계가 교란되면 반응은 첨가된 화학종의 일부를 소모하는 방향으로 진행된다. 반대로 기체 화학종을 제거하면 계는 그 화학종을 생성시키는 방향으로 이동한다.*** 기체 화학종을 첨가하거나 제거했을 때 생기는 농도 변화는 이런 식으로 부분적으로 상쇄된다.

이와 같은 일반적인 원리를 적용하기 위해 다음 계를 살펴보자.

$$N_2O_4(g) \rightleftharpoons 2NO_2(g)$$

어떤 온도에서 이 계가 평형에 도달했다고 가정하자. 우리는 다음과 같은 방법으로 평형을 교란시킬 수 있다.

- *N_2O_4의 첨가*. 반응은 정방향(왼쪽에서 오른쪽)으로 일어난다. 이렇게 되면 N_2O_4의 일부가 소모된다.
- *NO_2의 첨가*. 첨가된 NO_2의 일부를 소모하는 역반응(오른쪽에서 왼쪽)으로 일어난다.
- *N_2O_4의 제거*. 제거된 N_2O_4의 일부를 생성시키기 위해 역반응이 일어난다.

■ NO_2*의 제거*. 제거된 NO_2의 일부를 생성시키기 위해 정반응이 일어난다.

생성물 또는 반응물을 첨가시키거나 제거함으로써 평형이 교란될 때 일어나는 반응의 정도를 계산하는 데 K를 사용할 수 있다. 이것을 알아보기 위해 $HI–H_2–I_2$ 계에 HI를 첨가했을 때의 효과를 살펴보자(예제 12.7).

$$2HI(g) \rightleftharpoons H_2(g) + I_2(g)$$

예제 12.7

예제 12.4에서 $P_{HI} = 0.80$ atm이고 $P_{H_2} = P_{I_2} = 0.10$ atm일 때, 520°C에서 $HI–H_2–I_2$ 계가 평형을 이루고 있음을 알았다. 이 혼합물에 적절한 양의 HI를 첨가하여 HI의 압력이 일시적으로 1.00 atm이 되었다고 가정하자. 다시 평형에 도달하였을 때, P_{HI}, P_{H_2}, P_{I_2}를 구하라.

분석

주어진 정보: 예제 12.4에서 각 화학종의 평형 압력: HI (0.80 atm), H_2 (0.10 atm), I_2 (0.10 atm); K (0.016)
HI를 첨가하여 평형이 교란됨(이제 1.00 atm이 됨)

정보가 알려주는 내용: 반응의 방향

알고자 하는 것 : 새로운 평형에서의 평형 압력

전략

1. 표를 만든다. 지금의 평형 압력은 H_2와 I_2의 초기 압력이 된다는 점에 주목하자. 이제 HI의 P_o는 1.00 atm이다.
2. HI을 첨가한 후, 반응은 HI를 소모하는 방향, 따라서 오른쪽으로 진행된다.
3. K에 대한 식을 쓰고, x에 대하여 푼다.
4. 모든 화학종의 평형 압력에 x의 값을 대입한다.

풀이

표

	$2HI(g)$	$\rightleftharpoons$	$H_2(g)$	+	$I_2(g)$
P_o (atm)	1.00		0.10		0.10
ΔP (atm)	$-2x$		$+x$		$+x$
$P_{평형}$ (atm)	$1.00 - 2x$		$0.10 + x$		$0.10 + x$

K의 식

$$K = 0.016 = \frac{(P_{H_2})(P_{I_2})}{(P_{HI})^2} = \frac{(0.10 + x)(0.10 + x)}{(1.00 - 2x)^2} = \frac{(0.10 + x)^2}{(1.00 - 2x)^2}$$

x

양변에 제곱근을 취한다. $0.13 = \dfrac{(0.10 + x)}{(1.00 - 2x)} \longrightarrow x = 0.024$ atm

평형 압력

$P_{I_2} = P_{H_2} = 0.10 + 0.024 = 0.12$ atm; $P_{HI} = 1.00 - 2(0.024) = 0.95$ atm

마무리 정리

HI의 평형 부분압은 평형이 이루어지기 전의 값(0.80 atm)과 평형이 교란된 직후의 값(1.00 atm) 사이에 있는 값이라는 것을 주목하라. 이것은 Le Châtelier 원리가 정확히 예상한 것이다. 즉 첨가된 HI의 일부는 평형을 다시 이루기 위해 소모된다!

ⓘ 계는 원래의 평형 상태로 돌아가지 *않는다*.

순수한 액체나 고체를 첨가하였을 때는 평형 계에 아무런 영향이 없다는 것을 강조하고자 한다. 이 규칙은 단순한 것이다. *어떤 화학종이 평형의 위치를 변화시키기 위해서는 K의 식에 나타나야 한다.*

암모니아 합성에 있어서

$$N_2(g) + 3H_2(g) \rightleftharpoons 2NH_3(g) \qquad \Delta H^\circ = -92.2\ \text{kJ}$$

온도를 증가시키면 일부의 암모니아가 원소들로 분해되어 평형이 왼쪽으로 이동한다. 이것은 역반응이 흡열 반응이라는 것을 나타낸다.

$$2NH_3(g) \longrightarrow N_2(g) + 3H_2(g) \qquad \Delta H^\circ = +92.2\ \text{kJ}$$

앞에서 설명한 바와 같이 계의 평형 상수는 온도에 따라 변한다. K와 T의 관계식은 Clausius-Clapeyron 식(제9장)과 Arrhenius 식(제11장)과 유사해서 낯설지 않다. 이 식은 평형 상수 K를 처음 사용한 Jacobus van't Hoff(1852~1911)를 기념하여 *van't Hoff 식*이라고 부른다. van't Hoff와 Arrhenius가 좋은 친구 사이였다는 것은 우연의 일치다. 식은 다음과 같다.

$$\ln \frac{K_2}{K_1} = \frac{\Delta H^\circ}{R}\left[\frac{1}{T_1} - \frac{1}{T_2}\right] \tag{12.5}$$

여기서 K_2와 K_1은 각각 T_2와 T_1에서의 평형 상수이다. ΔH°는 정반응의 표준 엔탈피 변화이며 R은 기체 상수, 8.31 J/mol · K이다.

이 식을 사용하는 예로 다음 계에 대한 100°C에서의 평형 상수를 구해 보자.

$$N_2(g) + 3H_2(g) \rightleftharpoons 2NH_3(g) \qquad \Delta H^\circ = -92.2\ \text{kJ}$$

25°C에서 $K = 6 \times 10^5$이다. 따라서 관계식은

$$\ln \frac{K\,(100°\text{C에서})}{6 \times 10^5} = \frac{-92{,}200\ \text{J/mol}}{8.31\ \text{J/mol} \cdot \text{K}}\left[\frac{1}{298\ \text{K}} - \frac{1}{373\ \text{K}}\right] = -7.5$$

따라서 로그를 지수로 바꾸면,

$$\frac{K\,(100°\text{C에서})}{6 \times 10^5} = 6 \times 10^{-4}$$

$$K\,(100°\text{C에서}) = 4 \times 10^2$$

온도가 증가함에 따라 평형 상수가 작아지는 것을 주목하라. 일반적으로

- 정반응이 발열 반응인 경우($\Delta H^\circ = -92.2$ kJ), T가 증가함에 따라 K는 감소한다.
- N_2O_4의 분해에서처럼 정반응이 흡열 반응이면, T가 증가함에 따라 K가 증가한다.

$$N_2O_4(g) \rightleftharpoons 2NO_2(g) \qquad \Delta H^\circ = +57.2\ \text{kJ}$$

이 반응에서 25°C에서 $K = 0.11$이고, 100°C에서 $K = 11$이다.

예제 12.8

다음 계를 살펴보자.

(a) $2CO(g) + O_2(g) \rightleftharpoons 2CO_2(g) \qquad \Delta H = -566$ kJ

(b) $H_2(g) + I_2(g) \rightleftharpoons 2HI(g) \qquad \Delta H = -2.7$ kJ

(c) $H_2(g) + I_2(s) \rightleftharpoons 2HI(g) \qquad \Delta H = +53.0$ kJ

(d) $I_2(g) \rightleftharpoons 2I(g) \qquad \Delta H = +36.2$ kJ

계를 일정 온도에서 압축하면 평형 위치에 어떤 변화가 있겠는가? 일정 압력에서 가열하면 어떻게 되겠는가?

(계속)

전략

1. 압력의 증가는 기체의 몰수가 감소하는 방향으로 평형이 이동한다.
2. 온도가 증가하면 흡열 반응($\Delta H > 0$)이 일어나며, 더 많은 생성물이 생성된다.

풀이

(a) P의 증가	(왼쪽은 3 mol의 기체, 오른쪽은 2 mol의 기체) ⟶
T의 증가	발열 반응 ⟵
(b) P의 증가	(왼쪽은 2 mol의 기체, 오른쪽도 2 mol의 기체) 영향 없음
T의 증가	발열 반응 ⟵ (아주 조금)
(c) P의 증가	(왼쪽은 1 mol의 기체, 오른쪽은 2 mol의 기체) ⟵
T의 증가	흡열 반응 ⟶
(d) P의 증가	(왼쪽은 1 mol의 기체, 오른쪽은 2 mol의 기체) ⟵
T의 증가	흡열 반응 ⟶

이 절에서 설명한 세 가지 조건들의 변화를 강조해 보면 다음과 같다.

- 기체 화학종의 첨가 또는 제거
- 계의 압축이나 팽창
- 온도의 변화

이 중에서 유일하게 평형 상수 값을 변화시키는 것은 온도 변화이다. 다른 두 경우에는 K가 일정하게 유지된다.

생활 속의 화학 이야기 | CHEMISTRY BEYOND THE CLASSROOM

기체 평형의 산업적 응용

순수한 물질과 혼합물에 상관없이 다양한 물질들은 한 가지 이상의 기체상 반응이 관여되는 공정을 통하여 만들어지고 있다. 이들 중 공업적으로 가장 중요한 한 가지 화학 물질은 암모니아이다.

이 화학 물질을 제조하는 데, 이 장에서 다룬 많은 화학 평형의 원리와 화학 반응 속도론(제11장)에 대한 원리를 적용하고 있다.

암모니아 제법에 대한 Haber 공정

단백질 형태에 결합되어 있는("고정된") 질소는 모든 종류의 생명체에 필수적이다. 공기 중에는 우리가 필요로 하는 양인 4×10^{18} kg 이상의 충분한 질소가 있다. 문제는 질소 원소를 식물이 단백질을 합성하는 데 사용할 수 있는 화합물로 전환시키는 것이다. 실온, 대기압하에서 질소는 어떤 비금속과도 반응하지 않는다. 그러나 1908년 독일에서 Fritz Haber(그림 A)는 질소가 높은 온도, 높은 압력에서 수소와 반응하여 좋은 수득률로 암모니아가 형성되는 것을 보여주었다.

$$N_2(g) + 3H_2(g) \rightleftharpoons 2NH_3(g) \qquad \Delta H° = -92.2\text{ kJ}$$

© Oesper Collection in the History of Chemistry/University of Cincinnati

그림 A ▸ Fritz Haber (1868~1934)

이 반응식에 나타난 Haber 공정(Haber process)은 현재 고정 질소의 주공급원이다. Haber 공정의 적합 여부는 질소와 수소가 빨리 반응하여 높은 수득률로 암모니아를 얻을 수 있도록 어떤 조건을 선택하느냐에 달렸다. 25°C, 대기압하에서 평형의 위치는 암모니아가 형성($K = 6 \times 10^5$)되는 쪽에 유리하다. 그러나 안타깝게도 반응 속도는 사실상 0이다. 평형은 온도가 상승함에 따라 더욱더 빨리 이루어진다. 그런데 암모니아의 합성 반응은 발열 반응이므로 고온에서 K는 작아지고, 결국 암모니아 수득률이 줄어든다. 이와는 반대로 고압은 반응 속도와 평형의 위치(표 A) 양쪽 모두에 유리한 효과를 준다.

표 A에 있는 평형 상수 값은 기체가 이상 기체 법칙을 따르는 낮은 압력에서 구한 값이다. 높은 압력에서는 암모니아의 몰 %는

표 A ▸ Harber 공정에서($P_{H_2} = 3P_{N_2}$) 암모니아의 수득률에 미치는 온도와 압력의 효과

℃	K	평형 혼합물에서 NH_3의 몰 %				
		10 atm	50 atm	100 atm	300 atm	1000 atm
200	0.30	51	74	82	90	98
300	3.7×10^{-3}	15	39	52	71	93
400	1.5×10^{-4}	4	15	25	47	80
500	1.4×10^{-5}	1	6	11	26	57
600	2.1×10^{-6}	0.5	2	5	14	31

일반적으로 계산된 값보다 크다. 예를 들면 400°C, 300 atm에서 관찰된 NH_3의 몰 %는 47이지만 계산된 값은 41이다.

Harber 연구의 목적은 고온을 사용하지 않고 적절한 속도로 암모니아를 합성할 수 있는 촉매를 개발하는 것이었다. 오늘날에는 두 가지 서로 다른 촉매가 사용된다. 하나는 철, 산화 포타슘(K_2O), 산화 알루미늄(Al_2O_3)의 혼합물로 이루어져 있으며, 다른 하나는 흑연 표면에 흡착된 고운 분말의 루테늄(Ru)을 사용하는 것이다. 루테늄을 사용하는 것은 불순물의 존재로 인한 촉매 독에 덜 민감하다. 이 반응은 450°C, 200~600 atm에서 일어난다. 생성된 암모니아는 냉각실을 통과하게 되고 암모니아는 −33°C에서 끓기 때문에 반응하지 않은 질소와 수소로부터 액체로 응축하여 분리된다. 수득률은 대개 50%보다 작은데 더 많은 암모니아를 생산하기 위해서 반응물을 재순환시킨다.

Fritz Haber

1918년 노벨 화학상을 수상한 Haber는 화려한 과학적 경력을 가졌다. 그는 20년 이상 독일의 베를린 외곽 Dahlem에 있는 유명한 Kaiser Wihelm 물리 화학 연구소의 소장이었다. 1933년 Hitler가 즉위했을 때 유태인이었기 때문에 강제로 자리에서 물러났다. 그 이유 중 하나는 Hitler의 광적인 라디오 연설에 대한 그의 논평 때문이었다. 어떻게 생각하느냐고 물었을 때 Haber는 "나에게 총을 준다면 그를 쏠 수 있다"라고 대답했다.

우리 모두와 같이 Haber는 일생 중에 좌절과 비극적인 일을 겪었다. 제1차 세계 대전 후 독일의 전쟁 빚을 갚기 위해 바닷물에서 금을 추출하는 방법을 고안하려고 했다. 몇 년 동안 연구한 그 프로젝트는 완전히 실패했다. 그 이유는 금의 농도가 문헌에 나와 있는 것의 약 1/1000밖에 되지 않았기 때문이다.

제1차 세계 대전 동안 Haber는 독일의 독가스 프로그램을 책임지고 있었다. 1915년 4월에 독일군은 서부 전선에 최초로 콜린(choline)을 사용하였으며, 5000명이 사망하였다. Haber의 부인 Clara는 너무 놀라서 남편에게 독가스를 단념하라고 간청했다. Haber가 매정하게 이를 거절하자 그녀는 자살을 하고 말았다.

좀 더 가벼운 이야기로 작가 모리스 고란(Morris Goran; *Fritz Haber의 이야기*, 1967)이 쓴 재미있는 일화를 소개한다. 박사 학위 심사 때 Haber는 학생에게 아이오딘을 어떻게 합성하는지를 물었다. 그 학생은 나무로부터 얻을 수 있다(그렇지 않다)고 터무니없이 대답했다. Haber는 그의 대답에 맞추어 아이오딘 나무가 어디서 자라며, 어떻게 생겼으며, 언제 꽃이 피는지를 물었다. "가을에"라고 대답하였다. Haber는 웃으면서 팔로 학생을 감싸며 다음과 같이 말했다. "글쎄, 내 친구. 아이오딘 꽃이 한 번 더 필 때 다시 보자구."

주요 개념

1. 화학 반응식에 맞는 K의 식을 연관시키기.
   (예제 12.1, 12.2; 문제 5~14)
2. 다음의 사실들을 알 때 K를 계산하기.
   - 다른 반응에 대한 적절한 K
     (예제 12.1; 문제 15~20)
   - 모든 평형 부분압
     (예제 12.3; 문제 21~24)
   - 모든 초기 부분압과 한 개의 평형 부분압
     (예제 12.4; 문제 25, 26)
3. 다음을 결정하는 데 K 값을 사용하기.
   - 반응의 방향
     (예제 12.5; 문제 27~32)
   - 모든 화학종의 평형 부분압
     (예제 12.6, 12.7; 문제 33~46)
4. 평형 계의 조건이 변할 때, 평형이 이동하는 방향을 예상하는 데 Le Châtelier 원리를 사용하기.
   (예제 12.7, 12.8; 문제 47~60)

주요 식

K의 식 $aA(g) + bB(g) \rightleftharpoons cC(g) + dD(g)$

$$K = \frac{(P_C)^c(P_D)^d}{(P_A)^a(P_B)^b}$$

계수 규칙 $K' = K^n$

역수 규칙 $K'' = 1/K$

다중 평형 $K_3 = K_1 \times K_2$

van't Hoff 식 $\ln\frac{K_2}{K_1} = \frac{\Delta H°}{R}\left[\frac{1}{T_1} - \frac{1}{T_2}\right]$

주요 용어

Le Châtelier 원리

반응 지수(reaction quotient)

평형 상수(equilibrium constant)

요약 문제

포스젠, $COCl_2(g)$을 살펴보자. 포스젠은 일부 플라스틱의 제조에서 중요한 중간체로 일산화 탄소와 염소 기체로 분해될 수 있다. 포스젠의 몰생성열($\Delta H_f°$)은 −220.1 kJ/mol이다.

(a) 가장 간단한 정수 계수를 사용하는 포스젠의 분해 반응에 대한 화학 반응식을 써라.

(b) 분해 반응의 평형 상수식을 써라.

(c) 500°C에서 반응이 평형에 도달한 후, CO, Cl_2, $COCl_2$의 부분압은 각각 0.413 atm, 0.237 atm, 0.217 atm이다. 500°C에서 K를 계산하라.

(d) 초기에, 5.00 L 플라스크에는 $COCl_2$, Cl_2, CO가 들어 있으며, 각각의 부분압은 0.689 atm, 0.250 atm, 0.333 atm이다. 500°C에서 평형이 이루어진 후, $COCl_2$의 부분압은 0.501 atm이었다. 염소와 일산화 탄소 기체의 평형 부분압을 계산하라.

(e) 초기에, 500°C로 유지되는 반응 용기에 Cl_2, CO, $COCl_2$가 들어 있다. 여기서 Cl_2, CO 기체는 모두 0.750 atm의 부분압을 갖는다. 포스젠의 부분압은 0.500 atm이다.

1. 반응은 어떤 방향으로 진행되는가?
2. 평형이 이루어졌을 때 각 기체의 부분압은 얼마인가?
3. 포스젠을 첨가하여 순간적으로 포스젠의 압력이 2.00 atm으로 되었다. 평형 이동은 어느 방향으로 진행될 것인가?
4. 새로운 평형에 도달하면 각 기체의 부분압은 얼마인가?

(f) 다음의 변화가 주어질 때 계는 어느 방향으로 움직일 것인가?

1. 평형 상태에서 계를 팽창시킨다.
2. 평형 상태에서 헬륨 기체를 첨가한다.
3. 평형 상태에서 온도를 증가시킨다.

(g) 375°C에서의 평형 상수는 얼마인가?

해답

(a) $COCl_2(g) \rightleftharpoons Cl_2(g) + CO(g)$

(b) $K = \frac{P_{CO} \times P_{Cl_2}}{P_{COCl_2}}$

(c) 0.451

(d) $P_{Cl_2} = 0.438$ atm; $P_{CO} = 0.521$ atm

(e) 1. ⟵ 2. $P_{Cl_2} = P_{CO} = 0.558$ atm; $P_{COCl_2} = 0.692$ atm

3. ⟶ 4. $P_{Cl_2} = P_{CO} = 0.872$ atm; $P_{COCl_2} = 1.686$ atm

(f) 1. ⟶ 2. 변화 없음 3. ⟶

(g) 0.0168

연습 문제

짝수 번호의 문제와 도전 문제의 해답은 센게이지 홈페이지 자료실에서 다운로드 받을 수 있다(www.cengage.co.kr).

12-1 N_2O_4–NO_2 평형 계

1. 다음 계에 대한 자료는 다음과 같다.

$$A(g) \rightleftharpoons 2B(g)$$

시간(s)	0	20	40	60	80	100
P_A (atm)	1.00	0.83	0.72	0.65	0.62	0.62
P_B (atm)	0.00	0.34	0.56	0.70	0.76	0.76

(a) 계가 평형에 도달하는 데 걸리는 시간은 얼마인가?
(b) 30 s 후에 역반응 속도에 비해 정반응 속도는? 90 s 후에는?

2. 다음 계에 대한 자료는 다음과 같다.

$$A(g) \rightleftharpoons 2B(g)$$

시간(s)	0	30	45	60	75	90
P_A (atm)	0.500	0.390	0.360	0.340	0.325	0.325
P_B (atm)	0.000	0.220	0.280	0.320	0.350	0.350

(a) 계가 평형에 도달하는 데 걸리는 시간은 얼마인가?
(b) 45 s 후에 역반응 속도에 비해 정반응 속도는? 90 s 후에는?

3. 다음 반응에 대하여 아래 표의 빈 칸을 채워라.

$$2A(g) + B(g) \longrightarrow 3C(g)$$
$$A + B \longrightarrow \text{생성물}$$

시간(s)	0	10	20	30	40	50	60
P_A (atm)	1.850	____	1.500	____	1.100	____	0.920
P_B (atm)	0.900	____	____	0.600	____	0.435	____
P_C (atm)	0.000	0.0850	____	____	____	____	____

4. 다음 반응에 대하여 아래 표의 빈 칸을 채워라.

$$3A(g) + B(g) \rightleftharpoons 2C(g)$$

시간(min)	0	1	2	3	4	5	6
P_A (atm)	1.000	0.778	____	____	____	0.325	____
P_B (atm)	0.400	____	0.260	____	0.185	____	0.175
P_C (atm)	0.000	____	____	0.390	____	____	____

12-2 평형 상수식

5. 다음 반응에 대한 평형 상수식(K)을 써라.
(a) $CH_4(g) + H_2O(l) \rightleftharpoons CO(g) + 3H_2(g)$
(b) $4NH_3(g) + 5O_2(g) \rightleftharpoons 4NO(g) + 6H_2O(g)$
(c) $BaCO_3(s) \rightleftharpoons BaO(s) + CO_2(g)$
(d) $NH_3(g) + HCl(g) \rightleftharpoons NH_4Cl(s)$

6. 다음의 반응에 대한 평형 상수식(K)을 써라.
(a) $Na_2CO_3(s) \rightleftharpoons 2NaO(s) + CO_2(g)$
(b) $C_2H_6(g) + 2H_2O(l) \rightleftharpoons 2CO(g) + 5H_2(g)$
(c) $4NO(g) + 6H_2O(g) \rightleftharpoons 4NH_3(g) + 5O_2(g)$
(d) $NH_3(g) + HI(l) \rightleftharpoons NH_4I(s)$

7. 다음 반응에 대한 평형 상수식(K)을 써라.
(a) $2NO_3^-(aq) + 8H^+(aq) + 3Cu(s) \rightleftharpoons 2NO(g) + 3Cu^{2+}(aq) + 4H_2O(l)$
(b) $2PbS(s) + 3O_2(g) \rightleftharpoons 2PbO(s) + 2SO_2(g)$
(c) $Ca^{2+}(aq) + CO_3^{2-}(aq) \rightleftharpoons CaCO_3(s)$

8. 다음 반응에 대한 평형 상수식(K)을 써라.
(a) $I_2(s) + 2Cl^-(g) \rightleftharpoons Cl_2(g) + 2I^-(aq)$
(b) $CH_3NH_2(aq) + H^+(aq) \rightleftharpoons CH_3NH_3^+(aq)$
(c) $Au^{2+}(aq) + 4CN^-(aq) \rightleftharpoons Au(CN)_4^{2-}(aq)$

9. 가역 반응에 대한 다음 설명이 주어져 있다. 균형 맞춘 반응식(가장 작은 정수 계수)과 각각에 대한 평형 상수식을 써라.
(a) 니켈 금속은 일산화 탄소와 반응하여 니켈 테트라카보닐[$Ni(CO)_4$] 기체를 생성한다.
(b) 수소 이온 및 아질산 이온과 평형을 이루고 있는 아질산 수용액
(c) 액체 브로민 및 염화 이온과 평형을 이루고 있는 염소 기체 및 브롬민화 이온.

10. 가역 반응에 대한 다음 설명이 주어져 있다. 균형 맞춘 알짜 이온 반응식(가장 작은 정수 계수)과 각각에 대한 평형 상수식(K)을 써라.
(a) 아세톤 액체(C_3H_6O)는 증기와 평형을 이루고 있다.
(b) 수소 기체는 이산화 질소 기체를 환원시켜 암모니아와 수증기를 만든다.
(c) 황화 수소(H_2S) 기체를 납(II) 이온이 들어 있는 수용액에 주입시키면 황화 납 침전과 수소 이온이 형성된다.

11. K의 식이 다음과 같은 평형 계의 화학 반응식을 써라.
(a) $K = \dfrac{(P_{CO})^2(P_{H_2})^5}{(P_{C_2H_6})(P_{H_2O})^2}$
(b) $K = \dfrac{(P_{NH_3})^4(P_{O_2})^5}{(P_{NO})^4(P_{H_2O})^6}$
(c) $K = \dfrac{[ClO_3^-]^2[Mn^{2+}]^2}{(P_{Cl_2})[MnO_4^-]^2[H^+]^4}$, 액체 물이 생성물이다.

12. K의 식이 다음과 같은 평형 계의 화학 반응식을 써라.
(a) $K = \dfrac{(P_{H_2S})^2\,(P_{O_2})^3}{(P_{SO_2})^2\,(P_{H_2O})^2}$ (b) $K = \dfrac{(P_{F_2})^{1/2}\,(P_{I_2})^{1/2}}{P_{IF}}$
(c) $K = \dfrac{[Cl^-]^2}{(P_{Cl_2})[Br^-]^2}$ (d) $K = \dfrac{(P_{NO})^2(P_{H_2O})^4[Cu^{2+}]^3}{[NO_3^-]^2[H^+]^8}$

13. 250°C에서 다음 반응을 살펴보자.

$$A(s) + 2B(g) \rightleftharpoons C(s) + 2D(g)$$

(a) 이 반응에 대한 평형 상수식을 써라. 평형 상수 K_1이라고 한다.
(b) 1 mole의 B(g)의 생성에 대한 평형 상수식을 쓰고, 평형 상수 K_2라고 한다.
(c) K_1과 K_2의 관계를 나타내어라.

14. 100°C에서 다음 반응을 살펴보자.

$$NO(g) + \tfrac{1}{2}Cl_2(g) \rightleftharpoons NOCl(g)$$

(a) 이 반응에 대한 평형 상수식을 쓰고, 평형 상수 K'이라고 한다.
(b) NOCl이 1 mol이 염소 기체로 분해되는 평형 상수식을 쓰고 평형 상수 K''이라고 한다.
(c) K'과 K''의 관계를 나타내어라.

12-3 K 값의 결정

15. 627°C에서, 다음 반응의 $K = 0.76$이다.

$$2SO_2(g) + O_2(g) \rightleftharpoons 2SO_3(g)$$

627°C에서 다음 과정에 대한 K를 계산하라.

(a) 1 mol의 삼산화 황 기체의 합성.

(b) 2 mol의 SO_3의 분해

16. 800°C에서 다음 반응의 $K = 2.2 \times 10^{-4}$이다.

$$2H_2S(g) \rightleftharpoons 2H_2(g) + S_2(g)$$

800°C에서 다음 과정에 대한 K를 계산하라.

(a) H_2와 S_2 기체로부터 1 mol의 H_2S의 합성

(b) 1 mol의 H_2S의 분해

17. 다음의 반응과 평형 상수를 이용하여

$$H_2O(g) + CO(g) \rightleftharpoons H_2(g) + CO_2(g) \qquad K = 1.6$$
$$FeO(s) + CO(g) \rightleftharpoons Fe(s) + CO_2(g) \qquad K = 0.67$$

아래 반응의 K를 계산하라.

$$Fe(s) + H_2O(g) \rightleftharpoons FeO(s) + H_2(g)$$

18. 25°C에서 다음의 자료가 주어져 있다.

$$2NO(g) \rightleftharpoons N_2(g) + O_2(g) \qquad K = 1 \times 10^{-30}$$
$$2NO(g) + Br_2(g) \rightleftharpoons 2NOBr(g) \qquad K = 8 \times 10^{1}$$

기체 상태의 원소로부터 1 mol의 NOBr이 생성되는 반응의 K를 계산하라.

19. 어떤 온도에서 다음의 자료가 주어졌다.

$$2N_2(g) + O_2(g) \rightleftharpoons 2N_2O(g) \qquad K = 1.2 \times 10^{-35}$$
$$N_2O_4(g) \rightleftharpoons 2NO_2(g) \qquad K = 4.6 \times 10^{-3}$$
$$\tfrac{1}{2}N_2(g) + O_2(g) \rightleftharpoons NO_2(g) \qquad K = 4.1 \times 10^{-9}$$

1 mol의 산화 이질소 기체와 산소가 반응하여 사산화 이질소 기체를 생성하는 반응의 K를 계산하라.

20. 다음의 가상 반응과 75°C에서의 평형 상수를 살펴보자.

$$3A(g) \rightleftharpoons 3B(g) + 2C(g) \qquad K_1 = 0.31$$
$$3D(g) + 2B(g) \rightleftharpoons 2C(g) \qquad K_2 = 2.8$$

75°C에서 다음 반응의 평형 상수를 구하라.

$$A(g) \rightleftharpoons D(g) + \tfrac{5}{3}B(g)$$

21. 1 mol의 이황화 탄소 기체가 수소 기체와 반응하면, 메테인 및 황화 수소 기체가 생성된다. 900°C에서 평형에 도달하였을 때, $P_{CH_4} = 0.0833$ atm, $P_{H_2S} = 0.163$ atm, $P_{CS_2} = 1.27$ atm, $P_{H_2} = 0.873$ atm인 것으로 분석되었다.

(a) 반응에 대해 균형 맞춘 반응식(최소의 정수 계수)을 써라.

(b) 900°C에서 K를 계산하라.

22. 100°C에서 메틸 알코올의 생성 반응의 K를 계산하라.

$$CO(g) + 2H_2(g) \rightleftharpoons CH_3OH(g)$$

평형에서 기체의 부분압은 $P_{CO} = 0.814$ atm, $P_{H_2} = 0.274$ atm, $P_{CH_3OH} = 0.0512$ atm이다.

23. 카밤산 암모늄(ammonium carbamate, $NH_4CO_2NH_2$) 고체는 313 K에서 분해되어 암모니아와 이산화 탄소 기체가 된다. 평형에서 각 화학종의 농도를 분석한 결과, 0.0451 atm의 CO_2, 0.0961 atm의 암모니아, 0.159 g의 카밤산 암모늄이 있었다.

(a) 1 mol의 $NH_4CO_2NH_2$ 분해에 대한 균형 맞춘 반응식을 써라.

(b) 313 K에서 K를 계산하라.

24. 25°C에서 1 mol의 NOBr 기체가 NO 및 Br_2 기체로 분해되는 것을 살펴보자. 평형에서 NOBr, NO, Br_2 기체의 농도는 각각 0.0162 M, 0.0011 M, 0.072 M이었다.

(a) 반응에 대해 균형 맞춘 반응식을 써라.

(b) 25°C에서 반응에 대한 K를 계산하라. (기체는 atm 단위의 압력으로 표시해야 한다.)

25. 황화수소 암모늄의 분해를 고려하라.

$$NH_4HS(s) \rightleftharpoons NH_3(g) + H_2S(g)$$

25°C의 밀폐된 플라스크에 들어 있는 황화수소 암모늄 10.0 g, 암모니아의 부분압 0.692 atm, 황화 수소의 부분압 0.0532 atm이다. 평형이 이루어졌을 때 암모니아의 부분압이 12.4% 증가되었다. 25°C에서 NH_4HS의 분해 반응에 대한 K를 계산하라.

26. 1,000 K에서 밀폐된 플라스크에 0.541 atm의 SO_3가 들어 있다. 다음과 같이 평형이 이루어졌다.

$$2SO_3(g) \rightleftharpoons 2SO_2(g) + O_2(g)$$

평형에서 산소의 부분압은 0.216 atm으로 측정되었다. 1,000 K에서 SO_3의 분해 반응에 대한 K 값을 계산하라.

12-4 평형 상수의 응용

▶ K: 반응의 방향

27. 2.0-L의 용기에 0.30 atm SO_2, 0.16 atm Cl_2, 0.50 atm SO_2Cl_2의 기체 혼합물이 들어 있다. 평형 계의 $K = 0.011$이다.

$$SO_2Cl_2(g) \rightleftharpoons SO_2(g) + Cl_2(g)$$

(a) 계는 평형에 있는가? 설명하라.

(b) 계가 평형에 있지 않다면, 계는 어느 방향으로 이동하여 평형에 도달하겠는가?

28. 300°C에서 다음 반응 계의 $K = 26$이다.

$$PCl_5(g) \rightleftharpoons PCl_3(g) + Cl_2(g)$$

300°C에서 10.0-L 플라스크에 세 개의 기체 혼합물이 들어 있다. 기체 혼합물은 다음의 부분압을 갖는다: $P_{PCl_5} = 0.026$ atm, $P_{PCl_3} = 0.65$ atm, $P_{Cl_2} = 0.33$ atm

(a) 계는 평형에 있는가? 설명하라.

(b) 계가 평형에 있지 않다면, 계는 어느 방향으로 이동하여 평형에 도달하겠는가?

29. 염화 수소 기체와 1 mol의 산소 기체가 가역적으로 반응하여 수증기와 염소 기체를 생성한다.

$$4HCl(g) + O_2(g) \rightleftharpoons 2Cl_2(g) + 2H_2O(g) \qquad K = 0.79$$

다음과 같은 조건에서 반응이 시작된다면 계는 평형에 도달하기 위하여 어느 방향으로 이동하겠는가?

(a) $P_{H_2O} = P_{HCl} = P_{O_2} = 0.20$ atm

(b) $P_{HCl} = 0.30$ atm, $P_{H_2O} = 0.35$ atm, $P_{Cl_2} = 0.2$ atm, $P_{O_2} = 0.15$ atm

30. 어떤 온도에서 다음 반응 계의 $K = 3.7 \times 10^{-4}$이다.

$$N_2(g) + 3H_2(g) \rightleftharpoons 2NH_3(g)$$

다음과 같은 조건에서 반응이 시작된다면 계는 평형에 도달하기 위하여 어느 방향으로 이동하겠는가?

(a) $P_{N_2} = P_{H_2} = P_{NH_3} = 0.01$ atm

(b) $P_{NH_3} = 0.0045$ atm

(c) $P_{N_2} = 1.2$ atm, $P_{H_2} = 1.88$ atm, $P_{NH_3} = 0.0058$ atm

31. 화합물 X가 131°C에서 다음 반응식과 같이 분해되었다.

$$2X(g) \rightleftharpoons A(g) + 3C(g) \qquad K = 1.1 \times 10^{-3}$$

만일 초기에 플라스크에 X, A, C가 들어 있고, 모든 화학종의 부분압이 0.250 atm일 때, 반응은 어느 방향으로 진행될 것인가?

32. 75°C에서 다음 반응을 살펴보자.

$$3R(s) + 2Q(g) \rightleftharpoons A(g) + 5B(l) \qquad K = 9.4$$

10.0-L 용기에 0.30 mol의 R과 Q, 0.50 mol의 A와 B가 들어 있다. 반응은 어느 방향으로 진행될 것인가?

▶ K: 반응의 정도

33. 질소와 수증기 사이의 다음 반응을 살펴보자.

$$2N_2(g) + 6H_2O(g) \rightleftharpoons 4NH_3(g) + 3O_2(g)$$

어떤 온도에서 $K = 28.6$이다. 평형에서 $P_{NH_3} = 1.75$ atm, $P_{O_2} = 0.963$ atm, $P_{N_2} = 0.996$ atm인 경우 수증기의 평형 부분압을 계산하라.

34. 500°C에서 질소와 수소 기체로부터 암모니아가 생성되는 반응의 $K = 1.5 \times 10^{-5}$이다.

$$N_2(g) + 3H_2(g) \rightleftharpoons 2NH_3(g)$$

암모니아와 질소의 평형 부분압이 각각 0.015 atm, 1.2 atm이라면 수소의 평형 부분압을 계산하라.

35. 어떤 온도에서, 그 원소들로부터 1 mol의 염화 브로민 기체(BrCl)가 형성되는 반응의 K는 4.9이다. 이 온도에서 평형 상태에 있는 혼합물은 3개의 기체 모두를 포함한다. 브로민과 염소 기체의 평형 부분압은 0.19 atm이다. 평형 상태인 이 혼합물에서 염화 브로민의 부분압은 얼마인가?

36. 어떤 온도에서 2 mol의 삼염화 아이오딘, $ICl_3(s)$이 염소와 아이오딘 기체로 분해되는 반응의 $K = 0.29$이다. 평형에서 염소 기체의 부분압은 아이오딘 기체의 세배이다. 평형에서의 염소 기체와 아이오딘 기체의 부분압은 얼마인가?

37. 다음 반응의 $K = 1.54 \times 10^{-3}$이다.

$$N_2(g) + 2H_2O(g) \rightleftharpoons 2NO(g) + 2H_2(g)$$

평형이 이루어졌을 때, 질소의 부분압은 0.168 atm이고, NO의 부분압은 0.225 atm이다. 평형 계의 전체 압력은 1.87 atm이다. 수소와 수증기의 평형 부분압은 얼마인가?

38. 이산화 질소는 다음 반응식과 같이 일산화 질소와 산소로 분해된다.

$$2NO_2(g) \rightleftharpoons 2NO(g) + O_2(g)$$

어떤 온도에서 K는 0.87이다. 평형에 있는 5.0-L 플라스크의 전체 압력은 1.25 atm이고, 산소의 부분압은 0.515 atm이다. 평형에서 P_{NO}와 P_{NO_2}를 계산하라.

39. 다음 반응을 살펴보자.

$$N_2(g) + O_2(g) \rightleftharpoons 2NO(g)$$

어떤 온도에서, 이 반응에 대한 평형 상수는 0.0639이다. 반응물과 생성물 모두 기체의 초기 부분압이 0.400 atm이면 평형 상태에서 모든 기체의 부분압은 얼마인가?

40. 325°C에서 다음의 가상 반응을 살펴보자.

$$R(g) + Q(g) \rightleftharpoons 2Z(g) \qquad K = 2.71$$

반응물과 생성물 모두 기체의 초기 부분압이 0.228 atm일 때, 평형 상태에서 모든 기체의 부분압은 얼마인가?

41. 어떤 온도에서, 다음 반응에 대한 평형 상수는 0.0472이다.

$$NO(g) + SO_3(g) \rightleftharpoons SO_2(g) + NO_2(g)$$

모든 기체의 초기 압력은 0.862 atm이다.

(a) 평형 상태에서 각 기체의 부분압을 계산하라.
(b) 초기의 전체 압력과 평형 상태에서 기체의 전체 압력을 비교하라. 이 관계는 모든 기체 계에 대해 참인가?

42. 460°C에서 다음 반응의 $K = 84.7$이다.

$$SO_2(g) + NO_2(g) \rightleftharpoons NO(g) + SO_3(g)$$

모든 기체의 초기 압력은 1.25 atm이다.

(a) 평형 상태에서 각 기체의 부분압을 계산하라.
(b) 초기의 전체 압력과 평형 상태에서 기체의 전체 압력을 비교하라. 이 관계는 모든 기체 계에 대해 참인가?

43. 고체 아이오딘화 암모늄은 충분히 높은 온도에서 암모니아 및 수소 기체로 분해된다.

$$NH_4I(s) \rightleftharpoons NH_3(g) + HI(g)$$

400°C에서 분해에 대한 평형 상수는 0.215이다. 아이오딘화 암모늄 20 g을 7.50 L 플라스크에 밀봉하고 400°C로 가열한다.

(a) 평형 상태에서 플라스크의 전체 압력은 얼마인가?
(b) 분해 후 남아 있는 고체 NH_4I의 양은 얼마인가?

44. 80°C에서 다음의 분해 반응을 살펴보자.

$$PH_3BCl_3(s) \rightleftharpoons PH_3(g) + BCl_3(g) \qquad K = 0.054$$

20 g의 PH_3BCl_3가 밀폐된 5.0-L 플라스크에 들어 있고, 80°C까지 가열하였다.

(a) 평형에서 플라스크의 전체 압력은 얼마인가?
(b) 평형에서 플라스크 안에 남아 있는 PH_3BCl_3의 질량은 몇 g인가?

45. 사이안화 수소는 독성이 매우 강한 기체로 다음 반응식과 같이 사이아노젠과 수소 기체로 분해된다.

$$2HCN(g) \rightleftharpoons C_2N_2(g) + H_2(g)$$

어떤 온도에서, 분해 반응에 대한 K는 0.17이다. 초기 부분압이 $P_{C_2N_2} = P_{H_2} = 0.32$ atm, $P_{HCN} = 0.45$ atm이라면 평형에서 모든 기체의 부분압은 얼마인가?

46. 800 K에서 아이오딘화 수소는 수소와 아이오딘 기체로 분해된다.

$$2HI(g) \rightleftharpoons I_2(g) + H_2(g)$$

이 온도에서 $K = 0.0169$이다. 800 K에서 밀폐된 용기 안에 초기 0.200 atm의 HI 기체만 들어 있었다. 평형에서 수소와 아이오딘 기체의 부분압은 얼마인가?

12-5 조건 변화가 평형 계에 미치는 영향

▶ Le Châtelier 법칙: 변화하는 반응 조건

47. 다음 반응에 대하여, 반응 용기의 부피가 증가할 때 반응물 또는 생성물의 압력이 증가하는지 아니면 동일 압력으로 유지되는지를 예상하라.

(a) $H_2O(l) \rightleftharpoons H_2O(g)$
(b) $N_2(g) + 3H_2(g) \rightleftharpoons 2NH_3(g)$
(c) $C_2H_4(g) + H_2O(g) \rightleftharpoons C_2H_5OH(g)$

48. 다음 반응에 대하여 연습 문제 47과 같이 답하라.

(a) $2H_2O(g) + O_2(g) \rightleftharpoons 2H_2O_2(g)$
(b) $2CH_4(g) \rightleftharpoons C_2H_2(g) + 3H_2(g)$
(c) $Br_2(g) + H_2(g) \rightleftharpoons 2HBr(g)$

49. 다음 계를 살펴보자.

$$SO_3(g) \rightleftharpoons SO_2(g) + \tfrac{1}{2}O_2(g) \qquad \Delta H = 98.9 \text{ kJ}$$

(a) 평형이 다음과 같이 교란되었을 때 정반응 또는 역반응이 일어날 것인가를 예상하라.
(1) 산소 기체의 첨가
(2) 일정 온도에서 계의 압축
(3) 아르곤 기체의 첨가
(4) $SO_2(g)$의 제거
(5) 온도 감소
(b) 위의 다섯 가지 인자 중 K 값을 증가시키는 것과 감소시키는 것은 어느 것인가?

50. 다음 계에 대하여 물음에 답하라.

$$4NH_3(g) + 3O_2(g) \rightleftharpoons 2N_2(g) + 6H_2O(l) \qquad \Delta H = -1530.4 \text{ kJ}$$

(a) 평형에서 암모니아의 양에 영향을 미치는 것은?
(1) $O_2(g)$의 제거
(2) $N_2(g)$의 첨가

(3) 물의 첨가

(4) 일정한 압력에서 용기의 팽창

(5) 온도의 증가

(b) 위의 다섯 가지 인자 중 K 값을 증가시키는 것과 감소시키는 것은 어느 것인가?

51. 압력을 감소시켜 계를 팽창시키면 다음의 평형은 어느 쪽으로 이동하겠는가?

(a) $Ni(s) + 4CO(g) \rightleftharpoons Ni(CO)_4(g)$

(b) $2CH_4(g) \rightleftharpoons C_2H_2(g) + 3H_2(g)$

(c) $Br_2(g) + H_2(g) \rightleftharpoons 2HBr(g)$

52. 압력을 감소시켜 계를 팽창시키면 다음의 평형은 어느 쪽으로 이동하겠는가?

(a) $2H_2O_2(l) \rightleftharpoons O_2(g) + 2H_2O(l)$

(b) $2CH_4(g) \rightleftharpoons C_2H_2(g) + 3H_2(g)$

(c) $I_2(s) + H_2(g) \rightleftharpoons 2HI(g)$

53. 어떤 온도에서 질소와 산소 기체가 결합하여 일산화 질소 기체를 생성한다.

$$N_2(g) + O_2(g) \rightleftharpoons 2NO(g)$$

평형이 되었을 때, 기체의 부분압은 다음과 같다.
$P_{N_2} = 1.200$ atm, $P_{O_2} = 0.800$ atm, $P_{NO} = 0.0220$ atm.

(a) 반응 온도에서 K를 계산하라.

(b) 평형에 도달한 후에, 더 많은 산소를 첨가하여 산소의 부분압이 1.200 atm이 되었다. 평형이 다시 이루어졌을 때 모든 기체의 부분압을 계산하라.

54. 다음의 가상 반응을 살펴보자.

$$X_2(g) + R(s) \rightleftharpoons X_2R(g)$$

R의 몰질량은 73 g/mol이다. 평형이 이루어졌을 때, 125°C에서 2.5-L 반응 용기에는 15.0 g의 R, 4.3 atm의 X_2, 0.98 atm의 X_2R이 들어 있다.

(a) 125°C에서 반응에 대한 K를 계산하라.

(b) R의 질량을 두 배로 하였다. 평형이 다시 이루어졌을 때 X_2와 X_2R의 부분압은 얼마인가?

(c) X_2의 부분압을 2.0 atm으로 감소시켰다. 평형이 다시 이루어졌을 때 X_2와 X_2R의 부분압은 얼마인가?

55. 염화 아이오딘은 고온에서 염소 기체와 아이오딘 기체로 분해된다.

$$2ICl(g) \rightleftharpoons I_2(g) + Cl_2(g)$$

어떤 온도에서 평형이 이루어진 후 ICl, I_2, Cl_2의 부분압이 각각 0.43 atm, 0.16 atm, 0.27 atm이었다.

(a) K를 계산하라.

(b) 아이오딘 기체가 응축되어 부분압이 0.10 atm이라면 반응은 어느 방향으로 진행되겠는가? 평형이 다시 이루어졌을 때 아이오딘 기체의 부분압은 얼마인가?

56. 옥시염화 황(sulfur oxychloride, SO_2Cl_2)은 이산화 황과 염소 기체로 분해된다.

$$SO_2Cl_2(g) \rightleftharpoons SO_2(g) + Cl_2(g)$$

어떤 온도에서 SO_2, Cl_2, SO_2Cl_2의 평형 부분압은 각각 1.88 atm, 0.84 atm, 0.27 atm이었다.

(a) 그 온도에서 K를 계산하라.

(b) Cl_2가 응축되어 기체의 부분압이 0.68 atm이 되었다. 평형이 다시 이루어졌을 때, 모든 기체의 부분압은 무엇인가?

57. 1000°C(3자리 유효숫자)에서 다음 반응의 $K = 0.26$이다.

$$C(s) + 2H_2(g) \rightleftharpoons CH_4(g)$$

750°C(3자리 유효숫자)에서 평형 상수는 얼마인가?

58. 627°C에서 다음 계의 $K = 1.32$이다.

$$2SO_3(g) \rightleftharpoons 2SO_2(g) + O_2(g)$$

555°C에서 평형 상수는 얼마인가?

59. 어떤 반응의 $\Delta H°$는 +33kJ이다. 200 K에서 평형 상수와 400 K에서의 평형 상수의 비는 얼마인가?

60. 37°C에서의 K가 27°C에서 K의 48%일 때, 이 반응의 $\Delta H°$ 값은 얼마인가?

종합 문제

61. 헤모글로빈(Hb)은 산소와 일산화 탄소에 모두 결합한다. 일산화 탄소가 생명체에서 산소를 치환할 때 다음 반응이 일어난다.

$$HbO_2(aq) + CO(g) \rightleftharpoons HbCO(aq) + O_2(g)$$

37°C에서 K는 약 200이다. HbO_2와 HbCO가 동일한 농도로 존재하면 CO 흡입의 효과는 치명적이다. $P_{O_2} = 0.21$ atm으로 가정할 때 $[HbO_2] = [HbCO]$일 때의 P_{CO}는 얼마인가?

62. 제1차 세계 대전 시 화학전에 사용되었던 겨자 가스는 Hodgkin's 병의 화학적 치료에 유효한 약물임이 밝혀졌다. 이 기체는 다음 화학 반응으로 생성된다.

$$SCl_2(g) + 2C_2H_4(g) \rightleftharpoons S(CH_2CH_2Cl)_2(g)$$

20.0°C에서 진공 상태의 5.0-L 플라스크에 0.258 mol SCl_2 및 0.592 mol C_2H_4를 채웠다. 평형이 이루어졌을 때 겨자 가스 0.0349 mol이 존재하였다.

(a) 평형 상태에서 각 기체의 부분압은 얼마인가?

(b) 20.0°C에서 K를 계산하라.

63. 1000 K에서 수소는 기체 상태의 원자로 분해된다.

$$H_2(g) \rightleftharpoons 2H(g)$$

이 계의 $K = 5.0 \times 10^{-18}$이다. 10 mol의 수소 기체를 진공 상태의 15.0-L 플라스크에 넣고 1000 K로 가열하였다.

(a) 평형에 도달하였을 때, 플라스크에 몇 개의 H 원자가 있는가?

(b) 해리된 H_2의 몰 백분율은 얼마인가?

64. 900°C에서, 다음의 $CaCO_3$ 분해 반응에 대한 $K = 1.04$이다.

$$CaCO_3(s) \rightleftharpoons CaO(s) + O_2(g)$$

900°C에서 5.00-L 용기 안에 평형에 도달하는 데 필요한 $CaCO_3$ 최소 질량을 계산하라.

65. 아이소프로필 알코올은 소독용 알코올의 주성분이다. 이것은 아세톤(매니큐어 제거제)과 수소 기체로 다음 반응과 같이 분해된다.

$$C_3H_7OH(g) \rightleftharpoons C_2H_6CO(g) + H_2(g)$$

180°C에서 분해 반응의 평형 상수는 0.45이다. 20.0 mL의 아이소프로필 알코올($d = 0.785$ g/mL)을 5.00-L 용기에 넣고 180°C로 가열하였을 때, 평형 상태에서 해리되지 않고 남아 있는 아이소프로필 알코올의 백분율은 얼마인가?

66. 다음 평형을 살펴보자.

$$H_2(g) + S(s) \rightleftharpoons H_2S(g)$$

이 계가 25°C의 평형 상태에 있는 2.00-L 용기에는 0.120 mol의 H_2, 0.034 mol의 H_2S, 0.4000 mol의 S가 들어 있다. 온도를 35°C로 증가시켰을 때, H_2의 부분압은 1.56 atm으로 증가하였다.

(a) 25°C에서 반응에 대한 K는 얼마인가?

(b) 35°C에서 반응에 대한 K는 얼마인가?

개념 문제

67. 시간에 따른 반응 진행을 나타내는 다음 그래프를 살펴보자.

$$A(g) \rightleftharpoons 2B(g)$$

산과 염기

Acids and Bases

제 13 장

GettyimagesBank

◀ 레몬에 존재하는 주요한 산은 구연산, $H_3C_6H_5O_2$이다. 구연산은 세 개의 양성자를 줄 수 있는 삼양성자산이다.

우주에는 알칼리와 산 이외에는
아무것도 없다.
자연은 알칼리와 산으로부터
모든 것들을 구성한다.
—OTTO TACHENIUS (1671)

제4장에서 용액의 반응 중 산과 염기 사이의 반응을 다루었다. 이 장에서는 산과 염기 수용액의 성질에 대해서 자세히 살펴보고자 한다. 특히, 다음 사항을 중점적으로 논하고자 한다.

- 물의 이온화 및 수용액에서 수화된 H^+ 이온(H_3O^+ 이온)과 OH^- 이온 사이의 평형(13-2절).
- 수용액의 산도나 염기도를 나타내는 데 사용되는 pH와 pOH의 값(13-3절).
- 약산과 약염기로 작용하는 화학종의 종류와 수용액에서의 평형(13-4절, 13-5절).
- 염 용액의 산-염기 성질(13-6절).
- 산과 염기로 간주될 수 있는 화합물의 범위를 확장시키는 Lewis 모형(13-7절).

이 장의 차례 _Chapter Outline

13-1 Brønsted-Lowry 산-염기 모형

제4장에서 우리는 산이 물에 과량의 H^+ 이온을 공급하는 물질로 생각하였다. 마찬가지로 염기는 수용액에서 과량의 OH^- 이온을 생성하는 물질로 정의하였다. 1884년에 Svante Arrhenius에 의해 처음으로 제안된 이 방법은 매우 실용적이지만 한 가지 단점을 가지고 있다. 무엇보다도 이것은 산-염기 형태로 간주될 수 있는 반응의 수를 제한한다.

이 장에서 이용할 산-염기 모형은 좀 더 일반적인 것으로 덴마크 출신의 Johannes Brønsted(1879~1947)와 영국 출신의 Thomas Lowry(1874~1936)에 의해 1923년에 각각 독자적으로 개발되었다. *Brønsted-Lowry 모형*◂ⓘ은 산과 염기의 성질, 이들 사이에 일어나는 반응에 초점을 맞추고 있다. 구체적으로

ⓘ 적어도 영국에서는 Lowry-Brønsted 모형이라고도 한다.

- ***산(acid)은 양성자(H^+ 이온) 주개이다.***
- ***염기(base)는 양성자(H^+ 이온) 받개이다.***
- ***산-염기 반응에서 양성자는 산에서 염기로 이동된다.***

Brønsted-Lowry의 산-염기 반응은 다음과 같이 나타낼 수 있다.

$$HB(aq) + A^-(aq) \rightleftharpoons HA(aq) + B^-(aq)$$

화학종 HB와 HA는 각각 정반응과 역반응에서 **Brønsted-Lowry 산**(Brønsted-Lowry acid)으로 작용하며, A^-와 B^-는 **Brønsted-Lowry 염기**(Brønsted-Lowry base)로 작용한다.

Brønsted-Lowry 모형과 관련하여 새로운 용어를 소개한다.

1. 산에서 양성자가 제거된 화학종을 그 산의 **짝염기**(conjugate base)라 부른다. 예를 들어 B^-는 HB의 짝염기이다. 양성자가 염기에 첨가된 화학종을 그 염기의 **짝산**(conjugate acid)이라고 부른다. HA는 A^-의 짝산이다. 다른 말로 하면, 짝산-짝염기쌍 간에는 양성자가 있는가, 없는가의 차이만 있다. 짝산은 그 짝염기보다 양성자 하나를 더 가지고 있다.

짝산	짝염기
HF	F^-
HSO_4^-	SO_4^{2-}
NH_4^+	NH_3

2. 양성자를 받아들이거나 줄 수 있는 화학종을 **양쪽성**(amphiprotic)이라고 부른다. 예로서, H_2O 분자는 양성자를 얻어 **하이드로늄 이온**(H_3O^+)을 형성하거나 양성자를 잃어 수산화 이온(OH^-)을 생성한다.

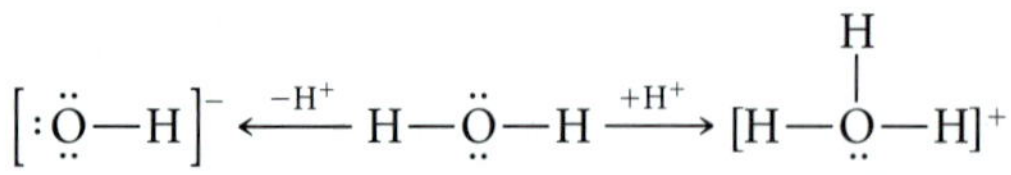

수산화 이온 물 분자 하이드로늄 이온

예제 13.1

다음 세 개의 화학종, HNO_2, F^-, HCO_3^-을 살펴보자. 약산에 대한 짝염기, 약염기에 대한 짝산 및 양쪽성 이온의 짝산 및 짝염기의 화학식을 써라.

전략

1. 한 개의 H 원자를 제거하면 짝염기가 된다. 전하는 1 감소한다(예, −1에서 −2로).
2. 한 개의 H 원자를 더해주면 짝산이 형성된다. 전하는 1 증가한다(예, −1에서 0으로).

풀이

HNO_2의 짝염기	$HNO_2 \longrightarrow NO_2^{0-1} \longrightarrow NO_2^-$
F^-의 짝산	$F^- \longrightarrow HF^{-1+1} \longrightarrow HF$
HCO_3^-의 짝염기	$HCO_3^- \longrightarrow CO_3^{-1-1} \longrightarrow CO_3^{2-}$
HCO_3^-의 짝산	$HCO_3^- \longrightarrow H_2CO_3^{-1+1} \longrightarrow H_2CO_3$

13-2 물의 이온곱

수용액의 산성 및 염기성은 용매인 물이 관여되는 평형에 따라 달라진다. 관련된 반응은 H_2O 분자가 양쪽성을 나타내는 Brønsted-Lowry 산-염기 반응으로 간주할 수 있다.

$$H_2O + H_2O \rightleftharpoons H_3O^+(aq) + OH^-(aq)$$

대신에, 위 반응은 좀 더 간단하게 한 개의 H_2O 분자가 이온화되는 것으로 생각할 수 있다.

$$H_2O \rightleftharpoons H^+(aq) + OH^-(aq)$$

용액 반응에 대한 평형 상수식을 상기해 보라(제12장).

- 용질은 몰농도 [ ]로 나타낸다.
- 이 경우에는 용매인 H_2O는 나타내지 않는다. 모든 묽은 용액에서 물의 농도는 같기 때문이다.

그러므로 물의 이온화 반응에 대한 평형 상수는 다음과 같이 나타낼 수 있다.*

$$K_w = [H^+][OH^-] \quad (13.1)$$

여기서 **물의 이온곱 상수**(ion product constant of water)인 K_w는 매우 작은 값이다. 25°C에서는 다음과 같다.

$$K_w = 1.0 \times 10^{-14} \quad (13.2)$$

이 식은 25°C에 있는 모든 수용액에 적용된다.

25°C의 *순수한 물*(pure water)에 들어있는 H^+ 이온($[H^+] = [H_3O^+]$)과 OH^- 이온의 농도는 K_w로부터 쉽게 계산된다. 이온화 반응식에서 이들 두 이온은 같은 양이 생성됨을 주목하라. 그러므로 순수한 H_2O에서는 다음 식이 성립한다.

$$[H^+] = [OH^-]$$
$$K_w = [H^+][OH^-] = [H^+]^2 = 1.0 \times 10^{-14}$$
$$[H^+] = 1.0 \times 10^{-7}\,M = [OH^-]$$

순수한 물에는 H^+와 OH^- 이온이 극히 소량 존재한다.

$[H^+]$와 $[OH^-]$가 *같은* 수용액을 **중성 용액**(neutral solution)이라 부른다. 이 용액은 25°C에서 $[H^+] = 1.0 \times 10^{-7}\,M$의 농도를 갖는다.

대부분의 수용액에서 H^+와 OH^-의 농도는 같지 않다. 식 $[H^+] \times [OH^-] = 1.0 \times 10^{-14}$은 이 두 이온의 양이 서로 반비례함을 나타낸다(그림 13.1). $[H^+]$가 매우 크면, $[OH^-]$가 매우 작고, 반대의 경우도 마찬가지이다.

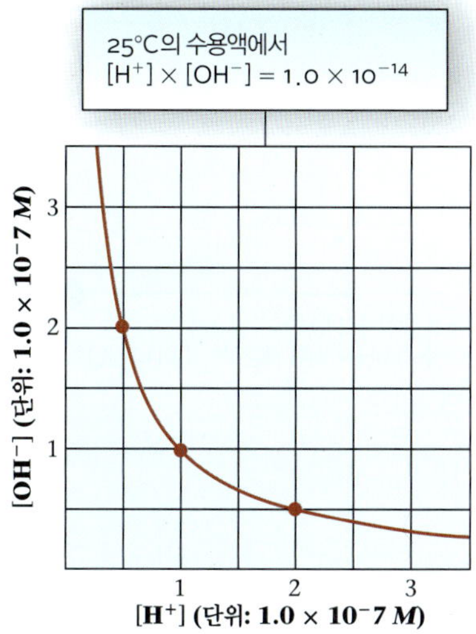

그림 13.1 ▸ **$[H^+]$와 $[OH^-]$의 관계.** $[H^+]$ 대 $[OH^-]$의 그래프는 기체의 부피 대 압력의 그래프와 매우 유사하다. 두 경우에 두 변수가 서로 반비례한다. $[H^+]$가 커지면 $[OH^-]$는 작아진다.

$[H^+]$가 $[OH^-]$보다 큰 수용액을 산성이라 부르고, $[OH^-]$가 $[H^+]$보다 큰 수용액을 염기성(알칼리성)이라 부른다. 그러므로 다음과 같은 논리가 성립한다.

$[H^+] > 1.0 \times 10^{-7}\,M$, $[OH^-] < 1.0 \times 10^{-7}\,M$이면, 용액은 산성

$[OH^-] > 1.0 \times 10^{-7}\,M$, $[H^+] < 1.0 \times 10^{-7}\,M$이면, 용액은 염기성

13-3 pH와 pOH

방금 설명한 바와 같이, 용액의 산도나 염기도는 H^+의 농도의 항으로 나타낼 수 있다. 1909년 Copenhagen의 Carlsberg 맥주 회사에서 일하는 생화학자 Søren Sørensen (1868~1939)은 용액의 산도를 나타낼 수 있는 새로운 방법을 제안하였다. 그는 pH "수소 이온 농도 지수(power of the hydrogen ion)"라는 용어를 다음과 같이 정의하였다.

*간단히 하기 위해, 이 책 전체의 평형 상수식에서 H_3O^+ 대신에 H^+를 사용할 것이다.

$$pH = -\log_{10}[H^+] = -\log_{10}[H_3O^+] \tag{13.3}$$

또는

$$[H^+] = [H_3O^+] = 10^{-pH}$$

그림 13.2는 pH와 $[H^+]$의 관계를 보여준다. 정의된 식이 의미하는 바와 같이 H^+의 농도가 10배 감소할 때 pH는 1이 증가한다. 일반적으로 ***pH가 크면 클수록 용액의 산도는 낮다.*** 대부분의 수용액은 수소 이온 농도가 1 *M*과 10^{-14} *M* 사이이기 때문에 pH는 0과 14 사이가 된다.

산도를 나타내는 데 지수($[H^+] = 10^{-4}$ M)보다 수치(pH = 4)를 사용하는 것이 더 간단하다.

$[H^+]$나 $[OH^-]$와 같이, pH는 산성, 염기성, 중성을 구별하는 데 쓰일 수 있다. 25°C에서

pH < 7.0이면, 용액은 산성이다.

pH = 7.0이면, 용액은 중성이다.

pH > 7.0이면, 용액은 염기성이다.

표 13.1은 몇 가지 흔히 볼 수 있는 용액의 pH를 보여주고 있다.

수산화 이온의 농도에 대해서도 같은 방식의 접근이 가능하다. 용액의 **pOH**는 다음과 같이 정의된다.

$$pOH = -\log_{10}[OH^-] \tag{13.4}$$

25°C에서 $[H^+][OH^-] = 1.0 \times 10^{-14}$이기 때문에 이 온도에서 다음 식이 성립된다.

$$pH + pOH = 14.00$$

따라서 pH가 6.20인 용액의 pOH는 7.80이 되고, 그 역도 성립한다.

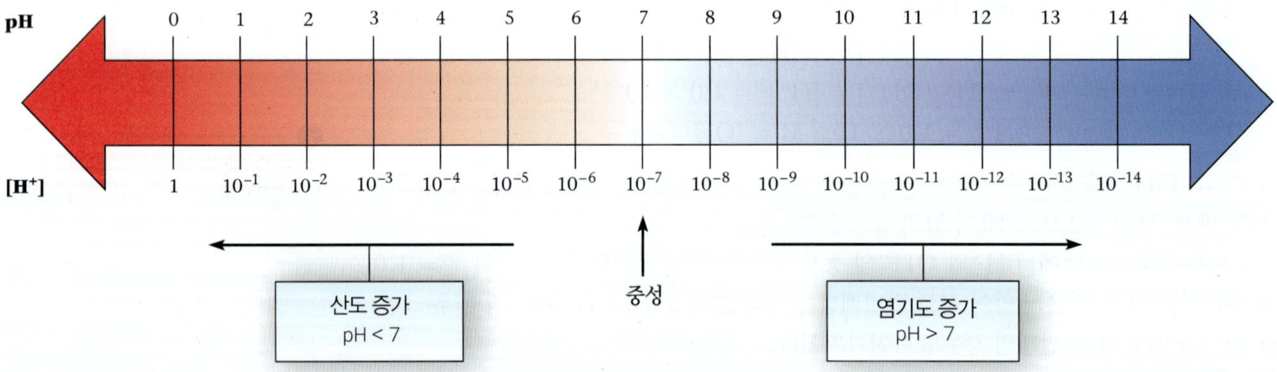

그림 13.2 ▸ **pH와 $[H^+]$의 관계.** 산도는 pH와 역의 관계를 가지고 있다. H^+ 이온 농도가 증가하면 pH는 감소한다. 25°C의 중성 용액에서 $[H^+] = [OH^-] = 1.0 \times 10^{-7}$ *M*이고, pH = 7.00이다.

표 13.1 ▸ **몇 가지 흔히 볼 수 있는 용액의 pH**

레몬 주스	2.2~2.4	사람의 소변	4.8~8.4
포도주	2.8~3.8	우유	6.3~6.6
식초	3.0	사람의 타액	6.5~7.5
토마토 주스	4.0	식수	5.5~8.0
맥주	4~5	사람의 혈액	7.3~7.5
치즈	4.8~6.4	바닷물	8.3

예제 13.2

25°C에서 다음 용액을 살펴보자.

a $[OH^-] = 2.0 \times 10^{-7}\ M$인 수돗물 시료의 $[H^+]$와 pH는 얼마인가?

분석

주어진 정보:	$[H^+] = [H_3O^+] = 10^{-pH}$
정보가 알려주는 내용:	K_w 값
알고자 하는 것:	$[H^+]$와 pH

전략

1. 식 13.1에 대입하여 $[H^+]$를 구한다.
2. 식 13.3에 대입하여 $[H^+]$를 pH로 변환한다.

풀이

1. $[H^+]$

$$K_w = 1.0 \times 10^{-14} = [H^+][OH^-] = [H^+](2.0 \times 10^{-7})$$

$$[H^+] = \frac{1.0 \times 10^{-14}}{2.0 \times 10^{-7}} = 5.0 \times 10^{-8}\ M$$

2. pH

$$pH = -\log_{10}[H^+] = -\log_{10}(5.0 \times 10^{-8}) = 7.30$$

ⓘ 계산기에서 10^x 키를 누르기 전에 − 부호를 넣어야 한다.

b pH 7.40인 사람 혈액의 $[H^+]$와 $[OH^-]$를 구하라.

분석

주어진 정보:	pH (7.40)
정보가 알려주는 내용:	K_w 값
알고자 하는 것:	$[H^+]$와 $[OH^-]$

전략

1. 식 13.3에 대입하여 pH를 $[H^+]$로 변환한다.
2. 식 13.1에 대입하여 $[OH^-]$를 구한다.

풀이

1. $[H^+]$

$$pH = -\log_{10}[H^+] \longrightarrow 7.40 = -\log_{10}[H^+] \longrightarrow [H^+] = 10^{-7.40} = 4.0 \times 10^{-8}\ M$$

2. $[OH^-]$

$$1.0 \times 10^{-14} = [OH^-](4.0 \times 10^{-8}) \longrightarrow [OH^-] = 2.5 \times 10^{-7}\ M$$

c $[H^+] = (5.0)[OH^-]$인 용액의 pOH를 구하라.

분석

주어진 정보:	$[H^+]$와 $[OH^-]$의 관계($[H^+] = 5.0\ [OH^-]$)
정보가 알려주는 내용:	K_w 값
알고자 하는 것:	pOH

전략

1. 식 13.1에 대입하여 $[OH^-]$를 구한다.
2. 식 13.4에 대입하여 $[OH^-]$를 pOH로 변환한다.

풀이

1. $[OH^-]$

$$1.0 \times 10^{-14} = [OH^-][H^+] = [OH^-](5.0[OH^-]) = 5.0[OH^-]^2$$

$$[OH^-]^2 = \frac{1.0 \times 10^{-14}}{5.0} \longrightarrow [OH^-] = 4.5 \times 10^{-8}\ M$$

2. pOH

$$pOH = -\log_{10}[OH^-] = -\log_{10}(4.5 \times 10^{-8}) = 7.35$$

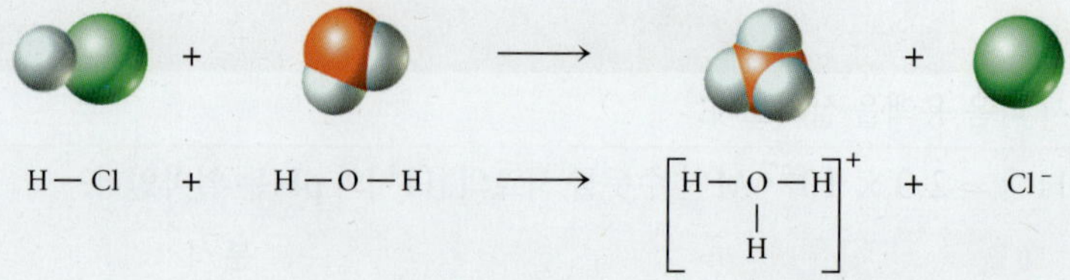

그림 13.3 ▸ **센산의 이온화**. HCl을 물에 넣으면 HCl에서 H_2O 분자로 양성자 이동이 일어나 Cl^- 이온과 H_3O^+ 이온을 형성한다. 반응에서 HCl은 Brønsted-Lowry 산으로, H_2O는 Brønsted-Lowry 염기로 작용한다.

예제 13.2의 (b)에서 계산한 혈액의 H^+ 농도, 4.0×10^{-8} M은 매우 작은 값이다. $[H^+]$가 4.0×10^{-8} M이든, 4.0×10^{-7} M이든 이렇게 작은 값이라면 무슨 상관인가 할지 모른다. 그러나 많은 생물학적 과정은 H^+가 반응물로 관여하고 있어서 이들 과정의 반응 속도가 H^+의 농도에 달라지기 때문에 그 차이가 매우 크다. $[H^+]$가 4.0×10^{-8} M 에서 4.0×10^{-7} M로 증가하면 H^+가 관여하는 일차 반응의 속도는 10배로 증가한다. 실제로 혈액 중의 $[H^+]$가 4.0×10^{-8} M에서 5.0×10^{-8} M (pH 7.40 ⟶ 7.30)으로 증가하면 *산혈증*(acidosis)이라고 불리는 증세가 나타난다. 신경계의 기능이 저하되어 실신을 하며 심지어 혼수 상태가 될 수도 있다.

▶ 센산과 센염기의 pH

제4장에서 설명한 바와 같이 다음의 산들은 물에서 완전히 이온화된다는 면에서 센산이다.

$$\begin{array}{lll} HCl & HBr & HI \\ HClO_4 & HNO_3 & H_2SO_4{}^* \end{array}$$

센산인 HCl과 물과의 반응식은 아래와 같이 나타낼 수 있다(그림 13.3).

$$HCl(aq) + H_2O \longrightarrow H_3O^+(aq) + Cl^-(aq)$$

이 반응은 완전히 진행되므로, 0.10 M의 HCl 용액은 H_3O^+(즉, H^+)와 Cl^- 이온이 모두 0.10 M이다. ◀ⓘ

ⓘ 1 M HCl의 pH는 0, 1 M의 NaOH의 pH는 14이다.

다음의 센염기들은 묽은 수용액에서 완전히 이온화된다.

$$\begin{array}{lll} LiOH & NaOH & KOH \\ Ca(OH)_2 & Sr(OH)_2 & Ba(OH)_2 \end{array}$$

따라서 0.10 M NaOH 수용액에는 Na^+와 OH^- 이온 농도가 다같이 0.10 M이다.

센산과 센염기는 물속에서 완전히 이온화하기 때문에 이들 수용액의 pH나 pOH를 계산하기는 비교적 쉽다(예제 13.3).

* H_2SO_4의 첫 번째 이온화 과정은 완전히 진행된다.

$$H_2SO_4(aq) \longrightarrow H^+(aq) + HSO_4^-(aq)$$

두 번째 이온화 과정은 가역적이다.

$$HSO_4^-(aq) \rightleftharpoons H^+(aq) + SO_4^{2-}(aq)$$

예제 13.3 주요 문제

흰색 분말 물질인 수산화 바륨, $Ba(OH)_2$은 폐수 처리에 사용된다. 조교는 한 학생에게 4.23 g의 $Ba(OH)_2$를 포함하는 455 mL의 용액을 만들도록 하였다.

a 학생이 만든 용액의 계산한 pH는 얼마인가?

분석

주어진 정보:	$Ba(OH)_2$의 질량(4.23 g); 용액의 부피(455 mL)
정보가 알려주는 내용:	$Ba(OH)_2$의 몰질량; K_w
알고자 하는 것:	용액의 pH

(계속)

전략

1. 용액의 농도를 g $Ba(OH)_2$/L의 형태로 나타낸다.
2. 다음 계산 과정을 따른다.

$$Ba(OH)_2\text{의 질량/L} \xrightarrow{MM} [Ba(OH)_2] \xrightarrow{2[OH^-]/[Ba(OH)_2]} [OH^-] \xrightarrow{K_w} [H^+] \xrightarrow{\text{식 } 13.3} pH$$

풀이

$[OH^-]$ $$\frac{4.23\text{ g Ba(OH)}_2}{0.455\text{ L}} \times \frac{1\text{ mol Ba(OH)}_2}{171.3\text{ g}} \times \frac{2\text{ mol OH}^-}{1\text{ mol Ba(OH)}_2} = 0.109\text{ mol/L} = 0.109\ M$$

$[H^+]$ $$[H^+] = \frac{1.0 \times 10^{-14}}{0.109} = 9.2 \times 10^{-14}\ M$$

pH $$pH = -\log_{10}(9.2 \times 10^{-14}) = 13.04$$

b 조교가 pH 미터로 학생이 만든 용액의 pH를 측정하였더니 pH = 12.91이었다. 실제로 학생이 사용한 $Ba(OH)_2$는 몇 그램인가?

분석

주어진 정보:	pH (12.91) 사용해야 할 $Ba(OH)_2$의 질량(4.23 g); 용액의 부피(455 mL)
정보가 알려주는 내용:	$Ba(OH)_2$의 몰질량; K_w
알고자 하는 것:	학생이 실제로 사용한 $Ba(OH)_2$의 질량

전략

(a)와 반대 과정을 따라 계산한다.

$$pH \xrightarrow{\text{식 } 13.3} [H^+] \xrightarrow{K_w} [OH^-] \xrightarrow{2[OH^-]/[Ba(OH)_2]} [Ba(OH)_2] \xrightarrow{V} \text{mol Ba(OH)}_2 \xrightarrow{MM} \text{질량}$$

풀이

$[OH^-]$ $$[H^+] = 10^{-12.91} = 1.2 \times 10^{-13}\ M; \quad [OH^-] = \frac{1.0 \times 10^{-14}}{1.2 \times 10^{-13}} = 0.081\ M$$

실제로 사용한 $Ba(OH)_2$의 질량 $$\frac{0.081\text{ mol OH}^-}{1\text{ L}} \times \frac{1\text{ mol Ba(OH)}_2}{2\text{ mol OH}^-} \times 0.455\text{ L} \times \frac{171.3\text{ g Ba(OH)}_2}{1\text{ mol}} = 3.16\text{ g}$$

c 조교는 제조한 용액에 0.50 g의 NaOH를 가하여 pH를 증가시켰다. NaOH를 가한 후, 얻어진 용액의 pH는?

분석

주어진 정보:	(b)에서: $Ba(OH)_2$에서 생성된 $[OH^-]$(0.081 M); 용액의 부피(455 mL) 가한 NaOH의 질량(0.50 g)
정보가 알려주는 내용:	NaOH의 몰질량; K_w
알고자 하는 것:	용액의 pH

전략

1. (b)에서 $Ba(OH)_2$에 의해 생성된 OH^-의 몰수를 계산한다.
2. NaOH에 의해 생성된 OH^-의 몰수를 계산한다.
3. NaOH를 가한 후 $[OH^-]$를 구한다.

$$\frac{(\text{mol OH}^-)_{NaOH} + (\text{mol OH}^-)_{Ba(OH)_2}}{V}$$

4. $[H^+]$와 pH를 구한다.

(계속)

풀 이	
1. $Ba(OH)_2$에 의해 생성된 OH^-의 몰수	$\dfrac{0.081\ \text{mol OH}^-}{1\ \text{L}} \times 0.455\ \text{L} = 0.0369\ \text{mol}$
2. NaOH에 의해 생성된 OH^-의 몰수	$0.50\ \text{g NaOH} \times \dfrac{1\ \text{mol}}{40.0\ \text{g}} \times \dfrac{1\ \text{mol OH}^-}{1\ \text{mol NaOH}} = 0.0125\ \text{mol}$
3. $[OH^-]$	$\dfrac{0.0369\ \text{mol} + 0.0125\ \text{mol}}{0.455\ \text{L}} = 0.108\ M$
4. $[H^+]$와 pH	$[H^+] = \dfrac{1.0 \times 10^{-14}}{0.108} = 9.2 \times 10^{-14}\ M$ $\text{pH} = -\log_{10}(9.2 \times 10^{-14}) = 13.04$

pH의 측정

용액의 pH는 pH 미터(pH meter)라고 부르는 도구로 측정할 수 있다. pH 미터는 용액의 H^+ 이온 농도를 전기적 신호로 변환하여 이를 디지털 표시판에 나타내어 읽을 수 있게 하거나, 눈금을 가리키는 바늘로 pH를 직접 읽을 수 있다(그림 13.4). 나중에, 제17장에서 pH 미터의 작동 원리를 공부할 것이다.

덜 정확하지만 색깔 변화에 의해 pH를 측정하는 방법으로 만능 지시약(universal indicator)을 사용하기도 한다. 만능 지시약은 pH 값에 따라 색깔이 변하는 산-염기 지시약의 혼합물이다(그림 13.5). pH 시험지도 비슷한 원리가 적용된다. ◀ⓘ 이것은 pH에 민감한 염료 혼합물을 종이에 입힌 것으로 생체액, 지하수, 음식의 pH를 측정하는 데 널리 이용되고 있다. pH 시험지는 사용하는 지시약에 따라 넓은 범위 또는 좁은 범위의 pH를 측정할 수 있다.

ⓘ 종이 형태의 pH 시험지는 리트머스 시험지로 잘 알려져 있다.

가정의 정원사는 잔디, 채소, 꽃의 수확량과 품질을 향상시키기 위한 노력으로 토양의 pH를 자주 측정하고 조절한다. 흥미롭게도 많은 꽃들은 pH에 따라 색이 달라진다. 이러한 꽃에는 달리아, 참제비고깔, 특히 수국(그림 13.6) 등이 있다. 이 분야의 최초 연구는 기체 법칙으로 유명한 Robert Boyle이 수행하였는데, 그는 1664년에 꽃의 색깔과 산도의 관계에 대한 논문을 발표하였다.

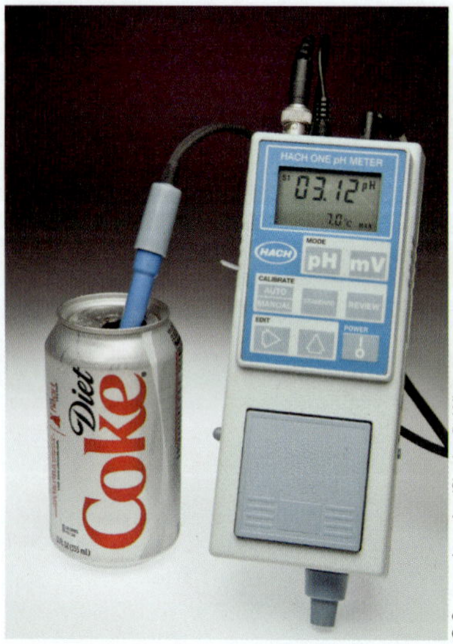

그림 13.4 ▸ **디지털 표시판을 갖춘 pH 미터**. 콜라 음료는 산도가 커서 pH 3.12이다.

그림 13.5 ▸ **만능 지시약으로 나타낸 pH**. 만능 지시약은 센 산성에서 짙은 빨간색을 나타낸다(*왼쪽 위*). pH 6~8에서 황색과 녹색으로 변하며, 센 염기성 용액에서는 짙은 보라색을 나타낸다(*오른쪽 아래*).

13-4 약산과 약산의 평형 상수

많은 용질들은 약산으로 거동한다.◀ⓘ 다시 말하면 이들은 물과 가역적으로 반응하여 H_3O^+ 이온을 형성한다. 약산인 HB와 물의 Brønsted-Lowry 반응식은 다음과 같다.

$$HB(aq) + H_2O \longrightarrow H_3O^+(aq) + B^-(aq)$$

전형적으로, 이 반응은 아주 조금 진행된다. 보통 HB 분자의 1% 이하가 이온으로 전환된다.

ⓘ HCl, HBr, HI, HNO_3, $HClO_4$ 및 H_2SO_4 이외의 모든 일반적인 산은 약산이라고 생각하라.

대부분의 약산(그림 13.7)은 다음의 두 범주 중의 하나에 속한다.

1. *이온화될 수 있는 수소 원자를 포함하고 있는 분자.* 이러한 종류의 약산은 제4장에서 논의하였다. 말 그대로 수천 개의 분자성 약산이 있으며, 대부분은 자연 상태에서 유기산이다. 분자성 약산 중에서 무기산 중 하나는 아질산이다.

$$HNO_2(aq) + H_2O \rightleftharpoons H_3O^+(aq) + NO_2^-(aq)$$

2. *양이온(산성 이온).* 암모늄 이온(NH_4^+)은 물속에서 약산으로 작용하는데, 0.10 *M*의 NH_4Cl 용액은 pH가 약 5이다. NH_4^+ 이온이 물의 pH를 낮추는 과정은 다음의 Brønsted-Lowry 반응식으로 나타날 수 있다.

$$NH_4^+(aq) + H_2O \rightleftharpoons H_3O^+(aq) + NH_3(aq)$$

이 반응식을 위의 HNO_2에 대한 반응식과 비교해 보면 매우 비슷하다는 것을 알 수 있다. 두 경우 모두, 약산(HNO_2, NH_4^+)은 그것의 짝염기(NO_2^-, NH_3)로 전환된다. NH_4^+ 이온이 +1의 전하를 가지고 있는 반면 HNO_2는 중성이라는 사실은 여기서는 별로 상관이 없다.

놀랍게도, 많은 금속 양이온은 수용액에서 약산으로 작용한다. 0.10 *M*의 $Al_2(SO_4)_3$ 용액의 pH는 3에 가깝다. 즉, 알루미늄 염을 토양에 뿌리면 수국의 색깔을 빨간색에서 파란색으로 변화시킬 수 있다.◀ⓘ 언뜻 보기에는 Al^{3+}와 같은 양이온이 어떻게 산성 수용액을 만드는지 이해가 안 될 수도 있다. 그러나 수용액에서 알루미늄 양이온은 여섯 개의 물 분자가 중심 Al^{3+} 이온에 결합되어 있는 수화물, $Al(H_2O)_6^{3+}$의 형태로 존재한다. 이 수화물은 다음 반응식과 같이 양성자 하나를 용매인 물 분자에 주어서 H_3O^+ 이온을 형성한다.

$$Al(H_2O)_6^{3+}(aq) + H_2O \rightleftharpoons H_3O^+(aq) + Al(H_2O)_5(OH)^{2+}(aq)$$

그림 13.8은 $Al(H_2O)_6^{3+}$ 양이온과 그것의 짝염기인 $Al(H_2O)_5(OH)^{2+}$의 구조를 보여주고 있다.

아연 염 용액이 왜 산성인지를 매우 비슷한 반응식을 사용하여 설명할 수 있다.◀ⓘ 이 수용액에서 네 개의 물 분자가 중심의 Zn^{2+} 이온에 결합되어 있다. Brønsted-Lowry 반응식은 다음과 같다.

©John Copland/Shutterstock.com

©Denise Kappa/Shutterstock.com

그림 13.6 ▸ **산성과 염기성 토양의 영향.** 센 산성 토양에서 자란 수국(pH 5 이하)은 파란색이다. 중성 또는 염기성 토양에서 자란 꽃은 빨간색이다.◀ⓘ

ⓘ 수국의 색 변화는 리트머스 시험지의 색변화와 정반대이다.

ⓘ 수국을 빨갛게 만들려면 생석회(CaO)를 뿌려라.

ⓘ 모든 전이 금속 양이온은 이와 같이 거동한다.

© Cengage Learning/Charles D. Winters

그림 13.7 ▸ **일부 가정용 약산.** 식초에는 아세트산이 들어 있다. 과일 주스와 탄산 음료는 구연산(citric acid)이 들어 있다. 베이킹 파우더는 Al^{3+} 이온이 들어 있다.

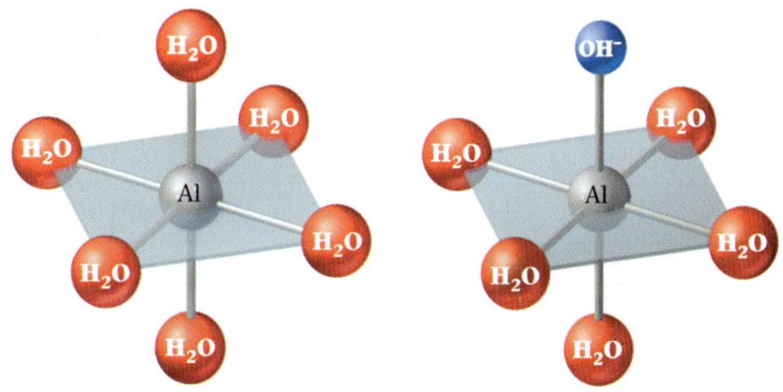

그림 13.8 ▸ **약한 산성의 양이온.** 수용액에서 Al^{3+} 이온은 여섯 개의 물 분자와 결합하여 $Al(H_2O)_6^{3+}$ 이온을 형성한다(*왼쪽*). $Al(H_2O)_5OH^{2+}$ 이온(*오른쪽*)에서는 H_2O 분자 중 한 개가 OH^- 이온으로 치환되었다.

$$Zn(H_2O)_4^{2+}(aq) + H_2O \rightleftharpoons H_3O^+(aq) + Zn(H_2O)_3(OH)^+(aq)$$

▶ 약산의 평형 상수

약산을 물에 가할 때 이루어지는 평형을 논의할 때, 양성자 이동을 나타내는 것이 편리하다.

$$HB(aq) + H_2O \rightleftharpoons H_3O^+(aq) + B^-(aq)$$

간단하게 이온화 반응으로 나타내면 다음과 같다.

$$HB(aq) \rightleftharpoons H^+(aq) + B^-(aq)$$

이 경우, 평형 상수식은 아래와 같이 나타낼 수 있다.

$$K_a = \frac{[H^+][B^-]}{[HB]} \qquad (13.5)$$

평형 상수 K_a를 약산 HB의 **산 평형 상수**(acid equilibrium constant)라고 부른다. 일부 약산의 K_a 값(세기가 감소하는 순서)을 표 13.2에 수록하였다. 약산일수록 K_a 값은 작고, pK_a 값은 더 커진다. 예를 들어 HCN ($K_a = 5.8 \times 10^{-10}$)은 $K_a = 6.0 \times 10^{-4}$인 HNO_2보다 약산이다.

표 13.2 ▸ 약산과 그 짝염기의 평형 상수

	산	K_a	염기	K_b
아황산	H_2SO_3	1.7×10^{-2}	HSO_3^-	5.9×10^{-13}
황산수소 이온	HSO_4^-	1.0×10^{-2}	SO_4^{2-}	1.0×10^{-12}
인산	H_3PO_4	7.1×10^{-3}	$H_2PO_4^-$	1.4×10^{-12}
헥사아쿠아철(III)	$Fe(H_2O)_6^{3+}$	6.7×10^{-3}	$Fe(H_2O)_5OH^{2+}$	1.5×10^{-12}
플루오린화 수소산	HF	6.9×10^{-4}	F^-	1.4×10^{-11}
아질산	HNO_2	6.0×10^{-4}	NO_2^-	1.7×10^{-11}
폼산	$HCHO_2$	1.9×10^{-4}	CHO_2^-	5.3×10^{-11}
젖산	$HC_3H_5O_3$	1.4×10^{-4}	$C_3H_5O_3^-$	7.1×10^{-11}
벤조산	$HC_7H_5O_2$	6.6×10^{-5}	$C_7H_5O_2^-$	1.5×10^{-10}
아세트산	$HC_2H_3O_2$	1.8×10^{-5}	$C_2H_3O_2^-$	5.6×10^{-10}
헥사아쿠아알루미늄(III) 이온	$Al(H_2O)_6^{3+}$	1.2×10^{-5}	$Al(H_2O)_5OH^{2+}$	8.3×10^{-10}
탄산	H_2CO_3	4.4×10^{-7}	HCO_3^-	2.3×10^{-8}
인산이수소 이온	$H_2PO_4^-$	6.2×10^{-8}	HPO_4^{2-}	1.6×10^{-7}
아황산수소 이온	HSO_3^-	6.0×10^{-8}	SO_3^{2-}	1.7×10^{-7}
하이포염소산	HClO	2.8×10^{-8}	ClO^-	3.6×10^{-7}
사이안화 수소산	HCN	5.8×10^{-10}	CN^-	1.7×10^{-5}
암모늄 이온	NH_4^+	5.6×10^{-10}	NH_3	1.8×10^{-5}
테트라아쿠아아연(II) 이온	$Zn(H_2O)_4^{2+}$	3.3×10^{-10}	$Zn(H_2O)_3OH^+$	3.0×10^{-5}
탄산수소 이온	HCO_3^-	4.7×10^{-11}	CO_3^{2-}	2.1×10^{-4}
인산수소 이온	HPO_4	4.5×10^{-13}	PO_4^{3-}	2.2×10^{-2}

$$HB(aq) \rightleftharpoons H^+(aq) + B^-(aq) \qquad K_a = \frac{[H^+] \times [B^-]}{[HB]}$$

$$B^-(aq) + H_2O \rightleftharpoons HB(aq) + OH^-(aq) \qquad K_b = \frac{[HB] \times [OH^-]}{[B^-]}$$

때때로 우리는 약산의 pK_a를 사용한다.

$$pK_a = -\log_{10} K_a \qquad (13.6)$$

HNO_2	$K_a = 6.0 \times 10^{-4}$	$pK_a = 3.22$
HCN	$K_a = 5.8 \times 10^{-10}$	$pK_a = 9.24$

예제 13.4

아세트산($HC_2H_3O_2$)과 수화된 아연 양이온, $Zn(H_2O)_4^{2+}$을 살펴보자.

a 이들 화학종이 산성이라는 것을 보여주는 화학 반응식을 써라.

전략 및 풀이

1. 어떤 화학종이 산성이기 위해서는 물에 H 원자(정확하게는 H^+ 이온)를 전달하여 H_3O^+ 이온을 생성할 수 있어야 한다.

H₂O에 전달

$$HC_2H_3O_2(aq) + H_2O \rightleftharpoons C_2H_3O_2^-(aq) + \underset{(H_3O^+)}{HH_2O}$$

$$HC_2H_3O_2(aq) + H_2O \rightleftharpoons C_2H_3O_2^-(aq) + H_3O^+$$

2. 수화된 양이온의 경우에는 양이온에 들어 있는 한 물분자가 수소 원자를 중성인 물분자에 전달한다. $Zn(H_2O)_4^{2+}$는 $Zn(H_2O)(H_2O)_3^{2+}$와 동일하다고 생각하라.

H₂O에 전달

$$Zn(H_2O)(H_2O)_3^{2+}(aq) + H_2O \rightleftharpoons \underset{(Zn(OH)(H_2O)_3^+)}{Zn(OH^-)(H_2O)_3^{2+}(aq)} + \underset{(H_3O^+)}{HH_2O}$$

$$Zn(H_2O)(H_2O)_3^{2+}(aq) + H_2O \rightleftharpoons Zn(OH)(H_2O)_3^+(aq) + H_3O^+$$

b 어느 것이 더 센산인가?

풀 이

표 13.2로부터 K_a 값 $\quad HC_2H_3O_2(K_a = 1.8 \times 10^{-5})$ 대 $Zn(H_2O)_4^{2+}(K_a = 3.3 \times 10^{-10})$

$1.8 \times 10^{-5} > 3.3 \times 10^{-10}$ $HC_2H_3O_2$가 더 센산이다.

c $Zn(H_2O)_4^{2+}$의 pK_a는 얼마인가?

풀 이

pK_a $\quad pK_a = -\log_{10}K_a = -\log_{10}(3.3 \times 10^{-10}) = 9.48$

약산의 K_a를 결정하는 몇 가지 방법이 있다. 간단한 방법은 알려진 양의 약산을 녹여 일정 부피의 용액을 만든 다음, $[H^+]$나 pH를 측정하는 것이다.

예제 13.5

흔히 진통제로 사용하는 아스피린(aspirin)은 분자식이 $HC_9H_7O_4$인 약한 유기산이다. 전체 부피가 350.0 mL인 아스피린 수용액에 1.26 g의 아스피린이 들어 있다. 이 용액의 pH는 2.60이다. 아스피린의 K_a를 계산하라.

분 석

주어진 정보: 아스피린의 분자식($HC_9H_7O_4$); 아스피린의 질량(1.26 g); 용액의 부피(350.0 mL); 용액의 pH (2.60)

(계속)

정보가 알려주는 내용: 아스피린의 몰질량; $[H^+]$

알고자 하는 것: K_a

전 략

1. 아스피린의 초기 농도 $[\ ]_o$를 계산한다.
2. $pH = -\log_{10}[H^+]_{평형}$
3. 예제 12.4에 설명한 것과 같은 표를 만든다. P_o 대신에 $[\ ]_o$, ΔP 대신에 $\Delta[\ ]$, $P_{평형}$ 대신에 $[\ ]_{평형}$으로 바꾼다. 한 번에 H 원자가 한 개씩 이온화되기 때문에, 모든 화학종에 대한 $\Delta[\ ]$는 동일하다. $[\ ]$는 몰농도를 나타낸다는 것을 기억하라.
4. 이온화 반응에 대한 K 식을 쓰고 K_a를 계산한다.

풀 이

1. 아스피린에 대한 $[\ ]_o$ $\quad \dfrac{1.26\ g}{0.3500\ L} \times \dfrac{1\ mol}{180.15\ g} = 0.0200\ M$

2. $[H^+]_{평형}$ $\quad 2.60 = -\log_{10}[H^+];\ [H^+] = 10^{-2.60} = 2.5 \times 10^{-3}\ M$

3. 표

	$HC_9H_7O_4(aq)$	$\rightleftharpoons$ $H^+(aq)$	+ $C_9H_7O_4^-(aq)$
$[\ ]_o$	0.0200	0.0000	0.0000
$\Delta[\ ]$	−0.0025	+0.0025	+0.0025
$[\ ]_{평형}$	0.0175	0.0025	0.0025

4. K 식 $\quad HC_9H_7O_4(aq) \rightleftharpoons H^+(aq) + C_9H_7O_4^-(aq)$

K_a $\quad K_a = \dfrac{[H^+][C_9H_7O_4^-]}{[HC_9H_7O_4]} = \dfrac{(0.0025)(0.0025)}{0.0175} = 3.6 \times 10^{-4}$

마무리 정리

아스피린은 비교적 *센* 약산이다(그림 13.9). 아스피린은 표 13.2에서 위쪽에 있는 산들과 유사한 산도를 나타낸다.

약산에 대하여 다음의 관계는 항상 옳다. $\Delta[H^+] = \Delta[B^-] = -\Delta[HB]$.

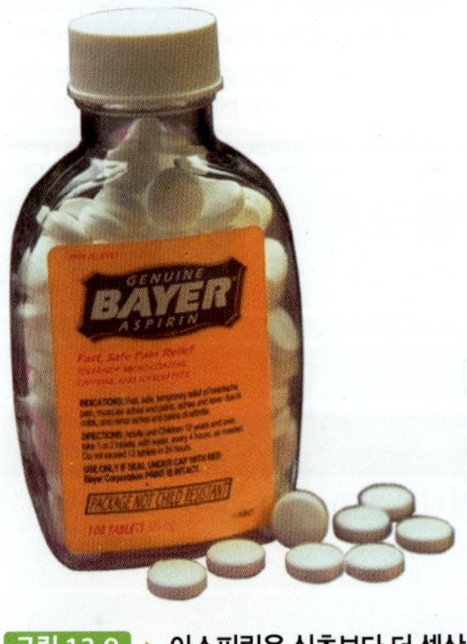

© Cengage Learning/Charles D. Winters

그림 13.9 ▸ 아스피린은 식초보다 더 센산이다.

다음과 같은 약산의 이온화를 논의할 때

$$HB(aq) \rightleftharpoons H^+(aq) + B^-(aq)$$

흔히 **이온화 백분율**(percent ionization)을 사용한다.

$$이온화\ \% = \frac{[H^+]_{평형}}{[HB]_o} \times 100\% \tag{13.7}$$

예제 13.5에 언급한 아스피린 용액에 대하여

$$이온화\ \% = \frac{2.5 \times 10^{-3}}{2.0 \times 10^{-2}} \times 100\% = 12\%$$

예상했던 바와 같이, 주어진 농도에서의 이온화 백분율은 K_a와 직접적으로 관련되어 있다. 아스피린($K_a = 3.6 \times 10^{-4}$)보다 약산인 이부프로펜(ibuprofen, $K_a = 2.5 \times 10^{-5}$)은 0.02 M 용액에서 아스피린이 12% 이온화되는 데 비해 3.6%만 이온화된다.

이온화 백분율은 약산의 농도에 따라서도 달라지는데, 산이 묽어질수록 증가한다(그림 13.10).

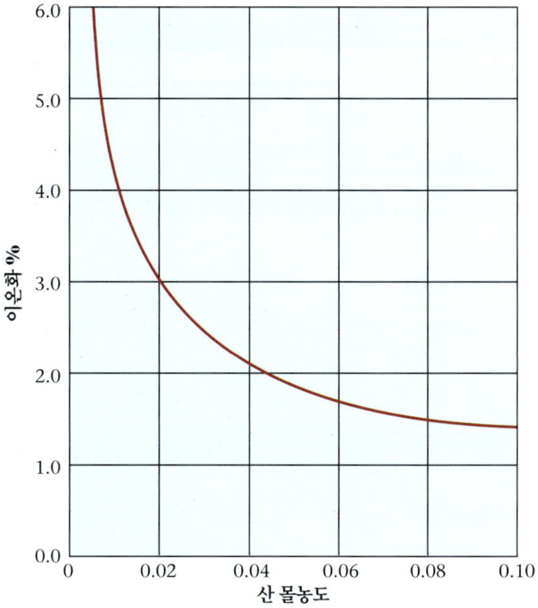

그림 13.10 ▸ **아세트산($K_a = 1.8 \times 10^{-5}$)의 이온화 백분율.**
다른 약산처럼 아세트산의 이온화 백분율은 몰농도가 증가하면 감소한다.

예제 13.6 개념 문제

아래의 상자는 평형에 있는 어떤 계를 나타낸다. 상자의 부피는 0.50 L이고, 기호 ●는 0.20 mol의 약산, HB를 나타낸다. ●는 짝염기인 0.10 mol의 B^-를 나타낸다. 하이드로늄 이온과 물 분자는 나타내지 않았다. 이 산의 이온화 백분율은 얼마인가?

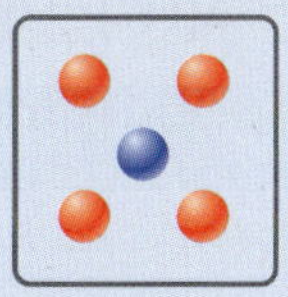

전략

1. 평형 상태에서 4개의 붉은색 구(HB)와 1개의 푸른색 구(B^-)가 있으므로, 초기에는 붉은색 구가 다섯 개였다.

2. 식 13.7에 대입한다.

$$\text{이온화 \%} = \frac{[\;]_{\text{평형}}}{[\;]_o} \times 100$$

풀이

이온화 % 1개의 푸른색 구 = $[B^-]_{\text{평형}}$; 5개의 붉은색 구 = $[HB]_o$

$$\text{이온화 \%} = \frac{1}{5} \times 100\% = 20\%$$

▶ 약산 수용액의 $[H^+]$의 계산

약산의 이온화 상수와 초기 농도가 주어지면, 용액의 H^+ 농도를 쉽게 계산할 수 있다. 계산하는 방법은 예제 13.5에서 사용한 방법과 정반대이다. 즉 예제 13.5에서는 제시된 $[H^+]$로부터 K_a를 계산하였지만, 여기서는 제시된 K_a로부터 $[H^+]$를 계산해야 한다.

예제 13.7

니코틴산, $HC_6H_4O_2N$($K_a = 1.4 \times 10^{-5}$)은 비타민 B군 중의 하나인 나이아신(niacin)의 또 다른 이름이다. 3.0 g의 니코틴산, HNic (MM = 123.11 g/mol)을 물에 녹여 전체 부피가 245 mL로 만든 용액의 $[H^+]$를 구하라.

분석

주어진 정보:	니코틴산, HNic의 몰질량(123.11 g/mol); HNic의 질량(3.0 g) 용액의 부피(245 mL) K_a (1.4×10^{-5})
정보가 알려주는 내용:	$[HNic]_o$
알고자 하는 것:	$[H^+]_{평형}$

전략

1. HNic의 초기 농도, $[\ ]_o$를 결정한다.
2. $x = \Delta[H^+]$라고 놓는다.
   반응의 모든 계수는 1이기 때문에, Δ[HNic]와 $\Delta[Nic^-]$도 역시 x로 놓는다.
3. 예제 13.5에 설명한 표를 만든다.
4. 이온화 반응에 대한 K 식을 쓰고, 표에서 구한 HNic, Nic^-, H^+의 평형 농도를 대입한다.
5. 이차 방정식을 피하기 위해 $x << [Nic]_o$로 가정한다. 따라서, $[HNic]_{평형} = 0.10\ M$이다. 그 다음 K_a 식에 대입하고, x에 대하여 푼다.

풀이

1. HNic의 $[\ ]_o$ $\quad \dfrac{3.0\ g}{0.245\ L} \times \dfrac{1\ mol}{123.11\ g} = 0.10\ M$

2. $\Delta[\ ]$ $\quad \Delta[HNic] = \Delta[Nic^-] = \Delta[H^+] = x$

3. 표

	$HNic(aq)$	$\rightleftharpoons$	$H^+(aq)$	+	$Nic^-(aq)$
$[\ ]_o$	0.10		0.00		0.00
$\Delta[\ ]$	$-x$		$+x$		$+x$
$[\ ]_{평형}$	$0.10 - x$		x		x

4. K_a 식 $\quad 1.4 \times 10^{-5} = \dfrac{[H^+][Nic^-]}{[HNic]} = \dfrac{(x)(x)}{0.10 - x}$

5. x $\quad 1.4 \times 10^{-5} = \dfrac{(x)(x)}{0.10} \longrightarrow x = 0.0012\ M$

마무리 정리

H^+의 농도, 0.0012 M은 다음과 같음을 주목하라.

- 약산의 초기 농도, 0.10 M보다 훨씬 작다. 따라서 이 경우에 $0.10 - x \approx 0.10$의 근사식이 타당하다. 항상 그렇지는 않지만 보통은 이 근사법이 잘 맞는다(예제 13.8 참조).
- 순수한 물의 $[H^+]$, $1 \times 10^{-7}\ M$ 보다 훨씬 크다. 따라서 물의 이온화를 무시한 가정은 타당하다. *약산에서 생성된* $[H^+] \geq 10^{-6}$ *M일 경우 이 가정은 항상 옳다.*

일반적으로, K_a의 값은 대략 ±5% 정도의 오차를 갖는다. 그러면 다음 식을 계산한다고 생각해 보자.

$$K_a = \frac{x^2}{a - x}$$

여기서 $x = [H^+]$이고, a = 약산의 *초기* 농도이다. 위의 계산식에서 분모의 x를 무시해서 생기는 오차가 5% 이내라면 x를 무시할 수 있다. 다시 말하면,

$$\frac{x}{a} \leq 0.05$$

이라면

$$a - x \approx a$$

이 된다.

$x = [H^+]_{평형}$ 및 $a = [HB]_o$이므로, 다음 식이 얻어진다.

$$\frac{x}{a} = \frac{[H^+]_{평형}}{[HB]_o}$$

이 식에 100%를 곱하면, 이온화 백분율을 구하는 식 13.7이 된다.

$$\frac{x}{a}\% = \frac{[H^+]_{평형}}{[HB]_o} \times 100\%,$$

즉, 이온화 백분율이 5% 이내이면 $a - x \approx a$라는 근사법은 타당하다. 이것을 **5% 규칙**(five percent rule)이라고 한다.

이 책에서 다루는 대부분의 문제에서 $a - x \approx a$의 근사법은 타당하며, $x = 0.012a$인 예제 13.7에서처럼 $[H^+]$에 대하여 매우 간단히 풀 수 있다. 가끔 $[H^+]$가 약산의 원래 농도의 5%보다 큰 경우가 있는데, 이 경우에는 이차 방정식의 근의 공식을 이용하거나 **연속 근사법**(successive approximations)을 사용하여 풀 수 있다.

예제 13.8

0.100 *M* 아질산(HNO_2) 용액의 $[H^+]$를 구하라. 아질산의 $K_a = 6.0 \times 10^{-4}$이다.

분석

주어진 정보:	$[HNO_2]_o$ (0.100 *M*); K_a (6.0×10^{-4})
알고자 하는 것:	$[H^+] = [H^+]_{평형}$

전략

1. 평형 상태를 나타내는 표는 예제 13.7과 동일하며, 평형 상수식을 쓴다.

   표에서 평형의 값을 대입한다. $K_a = \frac{[H^+][NO_2^-]}{[HNO_2]} = \frac{(x)(x)}{0.100 - x}$

2. $x << 0.100$이라고 가정하고, x에 대하여 푼다.
3. 이온화된 %를 계산하여 가정을 점검한다.
4. 만일 이온화 %가 5% 이하면 가정이 타당하다. 만약 그렇지 않다면 x에 대하여 이차 방정식을 사용하여 풀어야 한다.

풀이

1. 평형 상수식 $6.0 \times 10^{-4} = \frac{[H^+][NO_2^-]}{[HNO_2]} = \frac{(x)(x)}{0.100 - x}$

2. $x << 0.100$으로 가정한다. $6.0 \times 10^{-4} = \frac{x^2}{0.100} \longrightarrow x = 0.0077\ M = [H^+]$

3. 가정을 점검한다. 이온화 % $= \frac{[H^+]_{평형}}{[HB]_o} \times 100\% = \frac{0.0077}{0.100} \times 100\% = 7.7\%$

   $7.7\% > 5.0\% \longrightarrow$ 가정이 타당하지 않다.

(계속)

4. 이차 방정식을 이용한다.

$$x^2 + (6.0 \times 10^{-4})x - (6.0 \times 10^{-5}) = 0$$

$$x = \frac{-b \pm \sqrt{b^2 - 4ac}}{2a} = \frac{-(6.0 \times 10^{-4}) \pm \sqrt{(6.0 \times 10^{-4})^2 - 4(-6.0 \times 10^{-5})}}{2}$$

$x = 0.074\ M$ 또는 $-0.0080\ M$

$-0.0080\ M$은 물리적으로 불가능하므로, $x = [H^+] =$ **$0.0074\ M$**

다양성자 약산

어떤 약산은 **다양성자산**(polyprotic acid)이다. 다양성자산은 두 개 이상의 이온화될 수 있는 수소 이온을 가진다. 이러한 산은 단계적으로 이온화되며, 각 단계별로 평형 상수가 다르다. 때때로 핏자국을 제거하는 데 사용되는 약한 유기산인 옥살산은 *이양성자산*(diprotic acid)이다.

$$H_2C_2O_4(aq) \rightleftharpoons H^+(aq) + HC_2O_4^-(aq) \qquad K_{a1} = 5.9 \times 10^{-2}$$
$$HC_2O_4^-(aq) \rightleftharpoons H^+(aq) + C_2O_4^{2-}(aq) \qquad K_{a2} = 5.2 \times 10^{-5}$$

콜라 음료의 성분 중 하나인 인산은 *삼양성자산*(triprotic acid)이다.

$$H_3PO_4(aq) \rightleftharpoons H^+(aq) + H_2PO_4^-(aq) \qquad K_{a1} = 7.1 \times 10^{-3}$$
$$H_2PO_4^-(aq) \rightleftharpoons H^+(aq) + HPO_4^{2-}(aq) \qquad K_{a2} = 6.2 \times 10^{-8}$$
$$HPO_4^{2-}(aq) \rightleftharpoons H^+(aq) + PO_4^{3-}(aq) \qquad K_{a3} = 4.5 \times 10^{-13}$$

이들 산의 거동은 모든 다양성자산과 같이 다음과 같은 성질을 가지고 있다.

- ***한 단계에서 생성된 음이온***(예, $HC_2O_4^-$, $H_2PO_4^-$)***은 다음 단계에서 다른 H^+ 이온을 생성한다.***
- ***산 평형 상수는 다음 단계로 갈수록 작아진다.***

$$K_{a1} > K_{a2} > K_{a3}$$

다시 말하면 ***다음 단계로 갈수록 산은 점차적으로 약해진다.*** 이것은 합리적이다. 그 이유는 H_3PO_4와 같은 중성인 분자에서보다 $H_2PO_4^-$와 같이 음전하를 띠는 화학종에서 양으로 하전된 H^+를 제거하는 것이 더 어렵기 때문이다.

대개, 다양성자산에서 단계마다 K_a 값은 최소한 100배씩 감소한다(표 13.3). 이 경우, 본질적으로 용액에 있는 모든 H^+ 이온은 첫 번째 단계에서 나온 것이다. 이와 같은 사실로 인해 다양성자산 용액의 pH를 비교적 쉽게 계산할 수 있다.

표 13.3 ▸ 25°C에서 몇 가지 약한 다양성자산의 평형 상수

산	화학식	K_{a1}	K_{a2}	K_{a3}
탄산(carbonic acid)*	H_2CO_3	4.4×10^{-7}	4.7×10^{-11}	
옥살산(oxalic acid)	$H_2C_2O_4$	5.9×10^{-2}	5.2×10^{-5}	
인산(phosphoric acid)	H_3PO_4	7.1×10^{-3}	6.2×10^{-8}	4.5×10^{-13}
아황산(sulfurous acid)	H_2SO_3	1.7×10^{-2}	6.0×10^{-8}	

*탄산은 이산화 탄소의 수용액이다.

$$CO_2(g) + H_2O \rightleftharpoons H_2CO_3(aq)$$

수록된 이온화 상수는 용해된 이산화 탄소가 모두 H_2CO_3의 형태라고 가정하여 계산한 것이다.

예제 13.9

실험실에서 사용하는 증류수는 용해되어 있는 CO_2 때문에 약간 산성을 띠며, 이 CO_2는 물과 반응하여 탄산, H_2CO_3을 만든다. 0.0010 M H_2CO_3 용액의 pH와 평형에서 $[CO_3^{2-}]$를 계산하라.

분석

주어진 정보:	$[H_2CO_3]_o$ (0.0010 M)
정보가 알려주는 내용:	두 단계의 이온화, 각 이온화 단계의 K_a(표 13.3)
알고자 하는 것:	pH, $[CO_3^{2-}]_{평형}$

전략

1. 각 이온화에 대한 이온화 반응을 쓴다. 다양성자산의 이온화는 한 번에 한 개의 H^+가 이온화된다는 것을 기억하자.
2. 대부분의 H^+는 첫 번째 이온화 반응에서 생성된 것이다. 첫 번째 이온화 반응에 대한 $[H^+]_{평형}$를 구하고 pH로 변환시킨다.
3. $[H^+] = [HCO_3^-]$임을 주목하자. 두 번째 이온화 반응식에 대한 평형 상수식에 대입하여 $[CO_3^{2-}]_{평형}$을 계산한다.

풀이

1. 첫 번째 이온화

$$H_2CO_3(aq) \rightleftharpoons H^+(aq) + HCO_3^-(aq) \qquad K_{a1} = 4.4 \times 10^{-7}$$

$$HCO_3^-(aq) \rightleftharpoons H^+(aq) + CO_3^{2-}(aq) \qquad K_{a2} = 4.7 \times 10^{-11}$$

2. 첫 번째 이온화에서의 $[H^+]_{평형}$

$$4.4 \times 10^{-7} = \frac{[H^+][HCO_3^-]}{[H_2CO_3]} = \frac{x^2}{0.0010 - x}$$

$x << 0.0010$으로 가정한다.

$$4.4 \times 10^{-7} = \frac{x^2}{0.0010} \longrightarrow x^2 = (0.0010)(4.4 \times 10^{-7})$$

$$x = 2.1 \times 10^{-5}\ M$$

가정을 점검한다. 이온화 % = 2.1%; 가정이 타당하다.

pH $[H^+] = [HCO_3^-] = 2.1 \times 10^{-5}\ M$; pH = 4.68

3. $[CO_3^{2-}]_{평형}$

$$4.7 \times 10^{-11} = \frac{[H^+][CO_3^{2-}]}{[HCO_3^-]} \longrightarrow [H^+] = [HCO_3^-]$$

$$4.7 \times 10^{-11} = [CO_3^{2-}]$$

예제 13.9의 결론은 다른 약한 이양성자산인 H_2B에 대해서도 일반적으로 유효하다.

$[H^+]$는 K_{a1}으로부터 계산한다. $[H^+] = (K_{a1}\ [H_2B])^{1/2}$

$$[HB^-] = [H^+]$$

$$[B^{2-}] = K_{a2}$$

ⓘ CO_2 수용액에는 CO_3^{2-} 이온이 매우 극히 소량 존재한다.

분자의 구조와 산의 세기

평형 상수 K_a는 산의 세기를 나타내는 척도이다. 이 값의 범위는 0.010에서 1×10^{-13}이다. 왜 이렇게 넓은 범위의 값을 갖는가?

앞에서 보았듯이 Brønsted-Lowry 산은 양성자 주개이다. 산의 세기는 수소와 다른 원자 사이의 결합이 얼마나 쉽게 끊어지고 얼마나 많은 수소 이온을 제공하느냐에 달려있다. 여러분이 예상하듯이, 결합이 강할수록 수소 원자를 더욱 단단히 붙잡고 있어서 수소가 떨어져 나오지 못하므로 약산이 된다.

수소가 산소에 결합되어 있는 산소산(oxoacid)의 경우 산의 세기에 영향에 미치는 두 가지 다른 요소가 있다. 그것은 산소 원자가 결합되어 있는 비금속의 전기음성도와 비금속에

그림 13.11 ▸ 약염기들.

결합되어 있는 산소의 개수이다. 전기음성도가 큰 비금속 원자가 산소에 결합하면 편극이 더 심해지고 O—H 결합을 약화시켜 평형 상수가 더 크게 된다. 비금속 원자에 결합한 산소 수가 증가할수록 O—H 결합을 약화시켜 센산이 된다. 그러므로 $HClO$는 $HClO_2$보다 약산이다. 반면에 $HClO_4$는 센산이다. 산소산의 산도는 21장에서 좀 더 자세히 다룰 것이다.

13-5 약염기와 약염기의 평형 상수

약산과 마찬가지로 많은 용질이 약염기로 작용한다(그림 13.11). 약염기는 분자와 음이온 두 그룹으로 분류하는 것이 편리하다.

1. *분자.* 제4장에서 설명했듯이, 아민으로 알려진 유기 염기를 비롯하여 많은 약염기 분자가 있다. 가장 간단한 약염기는 암모니아이며, 물과 가역적으로 반응하는 Brønsted-Lowry 반응은 다음과 같은 반응식으로 나타낼 수 있다.

$$NH_3(aq) + H_2O \rightleftharpoons NH_4^+(aq) + OH^-(aq)$$

이 반응은 아주 조금 진행된다. 따라서, 0.10 M NH_3 수용액에서 NH_4^+와 OH^-의 농도는 약 0.0013 M에 불과하다.

2. *음이온(염기성 이온). 약산에서 생성된 음이온은 모두 약염기이다.* 전형적인 예로 약산 HF의 짝염기인 플루오린화 이온, F^-이 있다. F^- 이온과 물의 반응식은 다음과 같다.

$$F^-(aq) + H_2O \rightleftharpoons HF(aq) + OH^-(aq)$$

생성된 OH^- 이온이 용액을 염기성으로 만든다. 0.10 M 플루오린화 소듐, NaF 용액의 pH는 약 8.1이다.

위에서 언급한 NH_3 분자에 대한 반응식과 F^- 이온에 대한 반응식은 다음과 같은 유사성을 갖는다.

- 두 약염기(NH_3, F^-)는 양성자를 받아 짝산(NH_4^+, HF)을 형성한다.
- 각각의 경우에 물은 Brønsted-Lowry 산으로 작용하여 양성자를 내어 주고 OH^-를 형성한다.

예제 13.10

NO_2^-, Na_2CO_3, $KHCO_3$가 염기성 수용액을 만드는 이유를 반응식으로 설명하라.

전략

1. 각 염기성 음이온은 물 분자와 반응한다.
2. 약염기는 양성자(H^+)와 결합하여 전하는 1 증가하고, 짝산을 형성한다.
3. OH^-는 반응의 다른 생성물이다.

풀이

1. NO_2^-: $NO_2^-(aq) + H_2O \rightarrow HNO_2^{-1+1}(aq) + OH^-(aq) \rightarrow HNO_2(aq) + OH^-(aq)$ (HOH)

2. Na_2CO_3: $CO_3^{2-}(aq) + H_2O \rightarrow HCO_3^{-2+1}(aq) + OH^-(aq) \rightarrow HCO_3^-(aq) + OH^-(aq)$ (HOH)

3. $KHCO_3$: $HCO_3^-(aq) + H_2O \rightarrow HHCO_3^{-1+1}(aq) + OH^-(aq) \rightarrow H_2CO_3(aq) + OH^-(aq)$ (HOH)

마무리 정리

생성물로 OH^-가 존재하므로 이 이온이 들어 있는 수용액은 염기성이 된다.

▶ 약염기의 평형 상수

약염기인 암모니아에 대한 평형 반응식을 살펴보자.

$$NH_3(aq) + H_2O \rightleftharpoons NH_4^+(aq) + OH^-(aq)$$

용매인 물에 대한 항을 제외하고, **염기 평형 상수**(base equilibrium constant), K_b는 다음과 같이 쓸 수 있다.

$$K_b = \frac{[NH_4^+] \times [OH^-]}{[NH_3]}$$

약염기로 작용하는 음이온 B^-의 평형 반응식은 다음과 같다.

$$B^-(aq) + H_2O \rightleftharpoons HB(aq) + OH^-(aq)$$

암모니아와 매우 유사한 다음의 평형 상수식을 쓸 수 있다.

$$K_b = \frac{[HB] \times [OH^-]}{[B^-]} \tag{13.8}$$

K_b 값은 표 13.2의 오른쪽 부분에 수록하였다. K_b 값이 클수록 더 센 염기이다. NH_3의 $K_b(1.8 \times 10^{-5})$가 아세트산 이온의 $C_2H_3O_2^-$의 $K_b(5.6 \times 10^{-10})$보다 크므로 암모니아가 아세트산 이온보다 센염기이다.

pK_b 값은 아래와 같이 정의된다.

$$pK_b = -\log_{10}K_b \tag{13.9}$$

암모니아($K_b = 1.8 \times 10^{-5}$)의 pK_b는 4.74이다.

▶ 약염기 수용액에서 [OH⁻]의 계산

13.4절에서 약산의 K_a를 이용하여 약산 수용액의 $[H^+]$를 계산하는 방법을 공부하였다. 유사한 방법으로, K_b를 이용하여 약염기 수용액의 $[OH^-]$를 알아낼 수 있다.

예제 13.11 주요 문제

가정용 표백제의 주요 성분인 하이포염소산 소듐, NaOCl에 대한 물음에 답하여라. 하이포염소산 이온, OCl^-의 $K_b = 3.6 \times 10^{-7}$이다. 12.0 g의 NaOCl (MM = 74.45 g/mol)을 물에 녹여 835 mL로 만든 용액이 있다.

a 용액의 pH는 얼마인가?

분석

주어진 정보:	OCl^-의 K_b (3.6×10^{-7})
	NaOCl의 질량(12.0 g); NaOCl의 몰질량(74.45 g/mol)
	용액의 부피(0.835 L)
정보가 알려주는 내용:	K_w
알고자 하는 것:	용액의 pH

전략

1. NaOCl의 초기 농도, $[\ ]_o$를 계산한다.
2. 예제 13.5에 설명한 표를 만든다.
3. K 식을 쓰고, $[OH^-]_{평형} << [OCl^-]_o$로 가정하여 $[OH^-]$를 구한다. 가정의 타당성을 점검하여 이온화 %를 계산한다.
4. 식 13.1을 이용하여 $[H^+]$를 구하고, 식 13.3을 사용하여 pH를 계산한다.

(계속)

풀이

1. NaOCl의 [ ]$_o$ $\quad \dfrac{12.0\ g}{0.835\ L} \times \dfrac{1\ mol}{74.45\ g} = 0.193\ M$

2. 표

	$OCl^-(aq)$	$+\ H_2O \rightleftharpoons$	$HOCl(aq)$	$+$	$OH^2(aq)$
[ ]$_o$	0.193		0.00		0.00
Δ[ ]	$-x$		$+x$		$+x$
[ ]$_{평형}$	$0.193 - x$		x		x

3. K 식 $\quad K_b = \dfrac{[HOCl][OH^-]}{[OCl^-]} = 3.6 \times 10^{-7} = \dfrac{(x)(x)}{0.193 - x}$

$x << 0.193$로 가정한다. $\quad x^2 = 0.193(3.6 \times 10^{-7}) \longrightarrow x = 2.6 \times 10^{-4}$

가정의 점검 $\quad$ 이온화 % = 0.14%; 가정은 타당하다. $[OH^-] = 2.6 \times 10^{-4}\ M$

4. $[H^+]$; pH $\quad 1.0 \times 10^{-14} = [H^+](2.6 \times 10^{-4}) \longrightarrow [H^+] = 3.9 \times 10^{-11} \longrightarrow pH = 10.41$

b 가정용 표백제는 질량으로 5.25% NaOCl 수용액이다. 표백제의 밀도가 1.00 g/mL일 때, 가정용 표백제의 염기성은 (a)에서 만든 용액보다 큰가?

분석

주어진 정보: 가정용 표백제의 NaOCl 함량(질량으로 5.25%)
표백제의 밀도(1.00 g/mL)
(a)에서 용액의 pH (10.41)

구하는 것: (a) 용액의 pH와 표백제의 pH 비교

전략

1. 표백제가 100.0 g (= 100.0 mL)이 있다고 가정한다. 따라서, 용액 100.0 mL에는 5.25 g의 NaOCl이 들어 있다.

2. (a)에서와 같이 표백제의 $[OH^-]$, $[H^+]$, pH를 구한다.

3. 두 용액의 pH를 비교한다. pH가 높은 용액의 염기성이 더 크다.

풀이

$[NaOCl]_o = [OCl^-]_o \quad \dfrac{5.25\ g}{0.100\ L} \times \dfrac{1\ mol}{74.45\ g} = 0.705\ M$

K 식 $\quad$ [(a)에서와 같이]: $K_b = \dfrac{[HOCl][OH^-]}{[OCl^-]} = 3.6 \times 10^{-7} = \dfrac{(x)(x)}{0.705 - x}$

$x << 0.705$라고 가정한다. $\quad x^2 = 0.705(3.6 \times 10^{-7}) \longrightarrow x = 5.0 \times 10^{-4} = [OH^-]$

가정의 점검 $\quad$ 이온화 % = 0.071%; 가정은 타당하다. $[OH^-] = 5.0 \times 10^{-4}\ M$

$[H^+]$; pH $\quad 1.0 \times 10^{-14} = [H^+](5.0 \times 10^{-4}) \longrightarrow [H^+] = 2.0 \times 10^{-11} \longrightarrow pH = 10.70$

비교한다. $\quad$ (a)에서 용액의 pH = 10.41; 표백제의 pH = 10.70

10.70 > 10.41; (a)에서 만든 용액보다 표백제의 염기성이 크다.

▶ K_a와 K_b의 관계

약산에 대하여 사용하였던 것과 매우 비슷한 과정으로 약염기의 평형 상수를 실험실에서 측정할 수 있다. 실제로, 약염기의 K_b와 그 짝산의 K_a와의 간단한 수학적인 관계식을 이용하는 것이 더 간편하다. 이 관계식은 약산인 HB의 이온화 반응식 및 물과 약염기 B^-의 이온화 반응식을 더함으로써 유도할 수 있다.

$$\begin{array}{lll}
(1) & HB(aq) \rightleftharpoons H^+(aq) + B^-(aq) & K_I = K_a\ (\text{HB의}) \\
(2) & B^-(aq) + H_2O(aq) \rightleftharpoons HB(aq) + OH^-(aq) & K_{II} = K_b\ (\text{B}^-\text{의}) \\
\hline
(3) & H_2O \rightleftharpoons H^+(aq) + OH^-(aq) & K_{III} = K_w
\end{array}$$

반응식 (1) + 반응식 (2) = 반응식 (3)이므로, 다중 평형 규칙(제12장)에 따라 다음 식을 얻을 수 있다.

$$K_I \times K_{II} = K_{III}$$

또는

$$(\text{HB의 } K_a)(\text{B}^-\text{의 } K_b) = K_w = 1.0 \times 10^{-14} \tag{13.10}$$

표 13.2를 보면 각각의 경우에 이 관계가 성립한다는 것을 알 수 있다. 예를 들어

$$\begin{aligned}(K_aHNO_2)(K_bNO_2^-) &= (6.0 \times 10^{-4})(1.7 \times 10^{-11}) \\ &= 10 \times 10^{-15} = 1.0 \times 10^{-14}\end{aligned}$$

약산의 K_a와 그 짝염기의 K_b 사이의 일반 관계식으로부터, K_a와 K_b는 분명하게 서로 반비례 관계이다. *K_a 값이 클수록, K_b 값은 작게 되고, 그 반대의 경우도 마찬가지이다.* 표 13.4는 이 사실과 더불어 흥미로운 몇 가지 다른 특징을 보여주고 있다. 특히,

1. Brønsted-Lowry 산(왼쪽 열)은 다음 세 범주로 나눌 수 있다.
   (a) H_3O^+ 이온보다 센 양성자 주개인 센산($HClO_4$, . . .).
   (b) H_3O^+ 이온보다는 약한 양성자 주개이지만 H_2O 분자보다는 센 약산(HF, . . .).
   (c) H_2O 분자보다 약한 양성자 주개이어서 산성 수용액을 생성하지 않는 C_2H_5OH와 같은 화학종

2. Brønsted-Lowry 염기(오른쪽 열)도 비슷하게 분류할 수 있다.
   (a) OH^- 이온보다 센 양성자 받개인 센염기(H^-, . . .)(그림 13.12).
   (b) OH^- 이온보다는 약한 양성자 받개이지만 H_2O 분자보다는 센 약염기(F^-, . . .).
   (c) H_2O 분자보다 약한 양성자 받개이어서 염기성 수용액을 생성하지 않는 센산의 음이온(ClO_4^-, . . .).

표 13.4의 맨 위에 있는 세 개의 센산은 다음과 같이 수용액에서 완전히 H_3O^+로 전환된다는 것을 알아야만 한다.

$$HClO_4(aq) + H_2O \longrightarrow H_3O^+(aq) + ClO_4^-(aq)$$
$$HCl(aq) + H_2O \longrightarrow H_3O^+(aq) + Cl^-(aq)$$
$$HNO_3(aq) + H_2O \longrightarrow H_3O^+(aq) + NO_3^-(aq)$$

표의 아래쪽에 있는 세 개의 센염기는 완전히 OH^- 이온으로 전환된다.

$$H^-(aq) + H_2O \longrightarrow OH^-(aq) + H_2(g)$$
$$O^{2-}(aq) + H_2O \longrightarrow OH^-(aq) + OH^-(aq)$$
$$C_2H_5O^-(aq) + H_2O \longrightarrow OH^-(aq) + C_2H_5OH(aq)$$

즉, 화학종 H^-, O^{2-}, $C_2H_5O^-$는 수용액에 존재하지 않는다.

그림 13.12 ▸ **수소화 음이온-물의 반응.** 수소화 칼슘 고체에 물이 떨어지면, 수소화 음이온(H^-)은 즉각 격렬하게 반응하여 $H_2(g)$(반응열에 의해 발화된다)와 OH^-를 생성한다.

표 13.4 ▸ **Brønsted-Lowry 산과 염기의 상대적인 세기**

K_a	짝산	짝염기	K_b
매우 큼	$HClO_4$	ClO_4^-	매우 작음
매우 큼	HCl	Cl^-	매우 작음
매우 큼	HNO_3	NO_3^-	매우 작음
	H_3O^+	H_2O	
6.9×10^{-4}	HF	F^-	1.4×10^{-11}
1.8×10^{-5}	$HC_2H_3O_2$	$C_2H_3O_2^-$	5.6×10^{-10}
1.2×10^{-5}	$Al(H_2O)_6^{3+}$	$Al(H_2O)_5(OH)^{2+}$	8.3×10^{-10}
4.4×10^{-7}	H_2CO_3	HCO_3^-	2.3×10^{-8}
2.8×10^{-8}	$HClO$	ClO^-	3.6×10^{-7}
5.6×10^{-10}	NH_4^+	NH_3	1.8×10^{-5}
4.7×10^{-11}	HCO_3^-	CO_3^{2-}	2.1×10^{-4}
	H_2O	OH^-	
매우 작음	C_2H_5OH	$C_2H_5O^-$	매우 큼
매우 작음	OH^-	O^{2-}	매우 큼
매우 작음	H_2	H^-	매우 큼

진한 분홍색이나 진한 파란색으로 표시된 화학종은 H_2O 분자와 반응하기 때문에 불안정하다.

C_2H_5OH의 —OH 기는 OH^- 이온으로 작용하지 않는다.

13-6 염 용액의 산-염기 성질

염(salt)은 ***H^+ 이외의 양이온과 OH^- 또는 O^{2-} 이외의 음이온을 포함하는 이온성 고체이다.*** NaCl(그림 13.13), K_2CO_3, $Al(NO_3)_3$와 같은 염이 물에 녹으면 양이온과 음이온으로 이온화된다.

$$NaCl(s) \longrightarrow Na^+(aq) + Cl^-(aq)$$
$$K_2CO_3(s) \longrightarrow 2K^+(aq) + CO_3^{2-}(aq)$$
$$Al(NO_3)_3(s) \longrightarrow Al^{3+}(aq) + 3NO_3^-(aq)$$

주어진 염 용액이 산성인지, 염기성인지, 또는 중성인지를 예상하기 위해서는 다음 세 가지 요인을 차례로 고려해야 한다.

1. ***양이온이 물의 pH에 어떤 영향을 미치는가를 결정하라.***
2. ***음이온이 물의 pH에 어떤 영향을 미치는가를 결정하라.***
3. ***두 효과를 결합하여 염의 거동을 결정하라.***

그림 13.13 ▸ **염화 소듐 용액.** NaCl이 완전히 용해되면, 용액에는 Na^+, Cl^-, H_2O만이 존재하며 이들은 산도 염기도 아니다.

▶ 양이온: 약산인가? 또는 구경꾼 이온인가?

13-4절에서 언급했듯이 어떤 양이온은 다음과 같은 반응 때문에 수용액에서 약산으로 작용한다.

$$NH_4^+(aq) + H_2O \rightleftharpoons H_3O^+(aq) + NH_3(aq)$$
$$Zn(H_2O)_4^{2+}(aq) + H_2O \rightleftharpoons H_3O^+(aq) + Zn(H_2O)_3(OH)^+(aq)$$

본질적으로, 모든 전이 금속 이온은 Zn^{2+}와 같이 거동하여 약한 산성 수용액을 생성한다. 주족 양이온 중에서 Al^{3+} 이온과 Mg^{2+} 이온은 약산으로 작용한다. 이와 대조적으로, 1족 양이온은 물과 거의 반응하지 않는다.

만약 *어떤 이온이 수용액에서 산성인지 염기성인지를 분류하는 데 0.1 M 용액의 pH를 0.5 이상 변화시켜야 한다*고 정의한다면, 센염기로부터 나온 다음의 양이온들은 pH를 변화시키지 못하므로 구경꾼 이온이다(표 13.5).

선수가 아닌 구경꾼 이온을 공부하라.

- 알칼리 금속 양이온(Li^+, Na^+, K^+, . . .)
- 무거운 알칼리 토금속 양이온(Ca^{2+}, Sr^{2+}, Ba^{2+})

표 13.5 ▸ 수용액에서 이온의 산-염기 성질

	구경꾼	염기성	산성
음이온	Cl^- NO_3^- Br^- ClO_4^- I^-	$C_2H_3O_2^-$ CO_3^{2-} F^- PO_4^{3-} 다른 많은 음이온들	
양이온	Li^+ Ca^{2+} Na^+ Sr^{2+} K^+ Ba^{2+}		NH_4^+ Al^{3+} Mg^{2+} 전이 금속 이온들

* HCO_3^-나 $H_2PO_4^-$와 같은 양쪽성 음이온의 산-염기 성질에 대해서는 이 절의 끝에 있는 논의를 참조하라.

▶ 음이온: 약염기인가? 또는 구경꾼 이온인가?

13-5절에서 설명한 것과 같이, 약산의 짝염기인 음이온은 물에서 약염기로 작용한다. 이들은 물 분자에서 양성자를 받아 들여서 용액을 염기성으로 만드는 OH^- 이온을 생성한다. 플루오린화 이온과 탄산 이온의 반응이 전형적인 예이다.

$$F^-(aq) + H_2O \rightleftharpoons HF(aq) + OH^-(aq)$$
$$CO_3^{2-}(aq) + H_2O \rightleftharpoons HCO_3^-(aq) + OH^-(aq)$$

센산에서 나온 음이온(Cl^-, Br^-, I^-, NO_3^-, ClO_4^-)을 제외하고, 대부분의 음이온들은 이와 같이 거동한다. 즉, 센산에서 나온 음이온들은 물과 반응하여 OH^-를 생성하지 않는다. 표 13.5의 왼쪽 열에 수록된 양이온과 마찬가지로 이들 음이온은 pH 변화를 기준으로 하면 구경꾼 이온으로 거동한다. 또한 그림 13.14의 순서도를 사용하여 알아낼 수도 있다.

▶ 염: 산성, 염기성 또는 중성인가?

염의 양이온과 음이온이 물의 pH에 어떻게 영향을 미치는가를 알면, 알짜 효과가 무엇인지를 알아내는 것은 비교적 간단한 문제이다(그림 13.14의 순서도 참조).

예제 13.12

다음의 염, $Zn(NO_3)_2$, $KClO_4$, Na_3PO_4, NH_4F, $NaHCO_3$의 수용액을 살펴보자.
이들 용액 중 어느 것이 산성, 염기성, 중성인가?

전략

그림 13.14의 순서도를 따른다.

풀이

$Zn(NO_3)_2$:

양이온: Zn^{2+}	1족 또는 2족이 아님 ⟶ 산성
음이온: NO_3^-	센산의 음이온 ⟶ 구경꾼
	$Zn(NO_3)_2$은 **산성** 이다.

$KClO_4$:

양이온: K^+	1족 ⟶ 구경꾼
음이온: ClO_4^-	센산의 음이온 ⟶ 구경꾼
	$KClO_4$은 **중성** 이다.

Na_3PO_4:

양이온: Na^+	1족 ⟶ 구경꾼
음이온: PO_4^{3-}	센산의 음이온이 아님; 이온화 할 수 있는 H 없음 ⟶ 염기성
	Na_3PO_4은 **염기성** 이다.

(계속)

NH_4F:

양이온: NH_4^+	1족 또는 2족이 아님 $\longrightarrow$ 산성
음이온: F^-	센산의 음이온이 아님; 이온화 할 수 있는 H 없음 $\longrightarrow$ 염기성
	산성 + 염기성 $\longrightarrow$ NH_4^+의 K_a와 F^-의 K_b를 점검한다.
	NH_4^+의 $K_a = 5.6 \times 10^{-10}$; F^-의 $K_b = 1.4 \times 10^{-11}$; $K_a > K_b$
	NH_4F은 **산성** 이다.

$NaHCO_3$:

양이온: Na^+	1족 $\longrightarrow$ 구경꾼
음이온: HCO_3^-	센산의 음이온이 아님; 이온화 할 수 있는 H가 있음 $\longrightarrow$ 양쪽성
	구경꾼 + 양쪽성 $\longrightarrow$ HCO_3^-의 K_a와 K_b를 점검한다.
	HCO_3^-의 $K_a = 4.7 \times 10^{-11}$; HCO_3^-의 $K_b = 2.3 \times 10^{-8}$; $K_a < K_b$
	$NaHCO_3$는 **염기성** 이다.

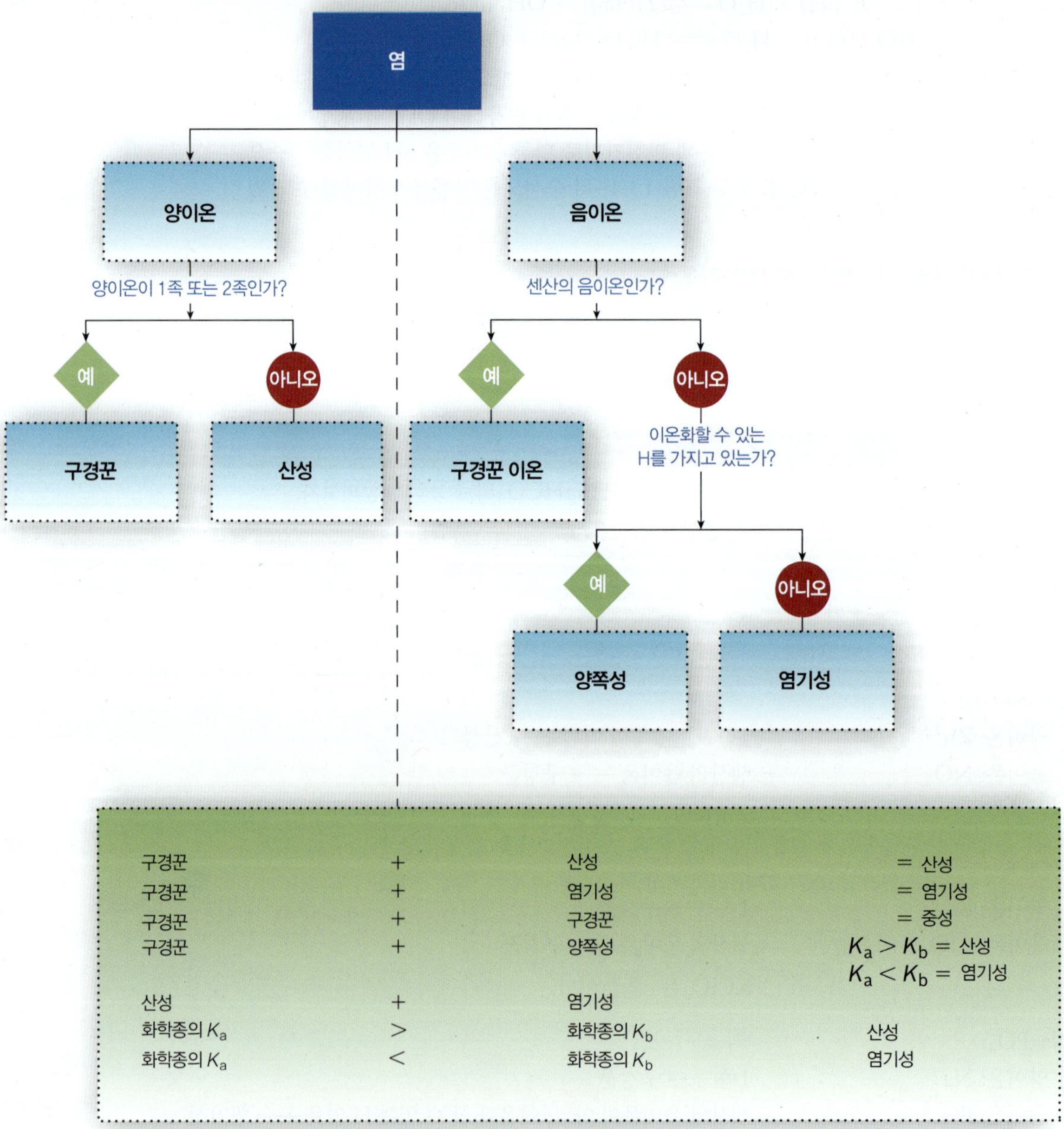

그림 13.14 ▸ 염의 산도 또는 염기도를 결정하는 순서도.

13-7 산 염기 개념의 확장: Lewis 모형

Brønsted-Lowry 모형은 Arrhenius의 산-염기 반응을 상당히 확장한 것임을 알았다. 그러나 Brønsted-Lowry 모형은 한 가지 중요한 면에서 제한이 있다. 이 모형은 양성자의 전달을 수반하는 반응에만 적용할 수 있다. Brønsted-Lowry 산으로 작용하는 화학종은 반드시 이온화가 가능한 수소를 포함하고 있어야 한다.

Lewis 산-염기 모형은 이러한 제한점을 제거하였다. **Lewis 산**(Lewis acid)은 산-염기 반응에서 ***전자쌍을 받아들이는*** 화학종이다. 이 반응에서 **Lewis 염기**(Lewis base)는 ***전자쌍을 제공한다.***

구조적인 관점에서, Lewis의 염기 모형은 Brønsted-Lowry 모형과 본질적으로 다르지 않다. 양성자를 받아 들여 Brønsted-Lowry 염기처럼 행동하는 화학종은 반드시 비공유 전자쌍이 있어야 한다. 예를 들어서 NH_3 분자, H_2O 분자, F^- 이온들을 생각해보자. 이들 모두는 Brønsted-Lowry 염기로 작용할 수 있다.

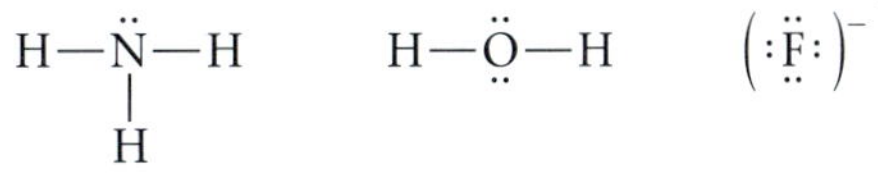

이들 각 화학종은 NH_4^+, H_3O^+, HF 분자를 형성할 수 있는 비공유 전자쌍을 보유하고 있다.

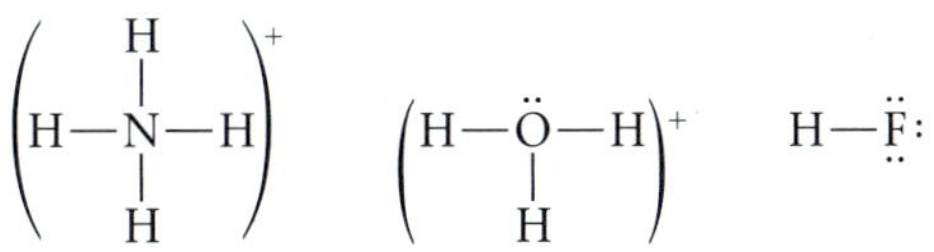

분명히, NH_3, H_2O, F^-는 산에게 줄 수 있는 비공유 전자쌍을 가지고 있기 때문에 Lewis 염기이다. 염기로 작용하는 Lewis 염기의 수는 크게 증가하지 않음을 알 수 있다.

반면에, Lewis 모형은 산으로 간주할 수 있는 화학종의 수를 크게 증가시킨다. 양성자는 전자쌍을 받아들여 Lewis 산으로 작용하는 물질이 될 수 있다.

$$\underset{\text{산}}{H^+(aq)} + \underset{\text{염기}}{H_2O} \longrightarrow H_3O^+(aq)$$

$$\underset{\text{산}}{H^+(aq)} + \underset{\text{염기}}{NH_3(aq)} \longrightarrow NH_4^+(aq)$$

Lewis 염기로부터 전자쌍을 받을 수 있는 Zn^{2+}와 같은 양이온도 위와 같이 작용할 수 있다.

$$\underset{\text{산}}{Zn^{2+}(aq)} + \underset{\text{염기}}{4H_2O} \longrightarrow Zn(H_2O)_4^{2+}(aq)$$

$$\underset{\text{산}}{Zn^{2+}(aq)} + \underset{\text{염기}}{4NH_3(aq)} \longrightarrow Zn(NH_3)_4^{2+}(aq)$$

이러한 유형의 반응은 제15장과 제19장에서 보다 자세히 논의할 것이다.

다른 중요한 Lewis 산의 부류는 팔전자 규칙을 만족하지 못하는 분자들이다. 전형적인 예로 눈 세정제에 사용되는 소독제인 붕산(boric acid)이 있다.

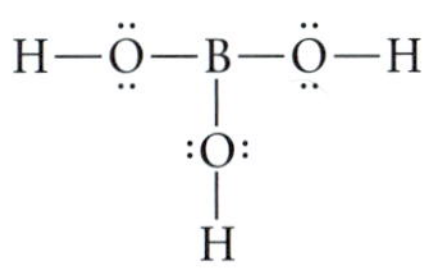

붕산을 물에 넣으면 붕산은 Lewis 산으로 작용하여 물 분자에서 OH^-를 취하여 붕소 원자는 팔전자 규칙을 만족한다. 그와 동시에 양성자를 내놓는다.

표 13.6 ▸ 산과 염기의 정의

모형	산	염기
Arrhenius	물에 H^+를 공급한다.	물에 OH^-를 공급한다.
Brønsted-Lowry	H^+ 주개	H^+ 받개
Lewis	전자쌍 받개	전자쌍 주개

$$\underset{\text{Lewis 산}}{B(OH)_3(s)} + \underset{\text{Lewis 염기}}{H_2O} \longrightarrow B(OH)_4^-(aq) + H^+(aq)$$

Lewis 모형은 $ZnCl_2$, BF_3와 같은 Lewis 산의 촉매 작용을 고려하기 위해 화학에서 흔히 사용된다. 일반적으로 양성자가 전달되는 반응이 수반되면 대부분의 화학자들은 Arrhenius 모형 또는 Brønsted-Lowry 모형을 사용한다. 표 13.6은 이제까지 논의한 산-염기 모형을 요약하였다.

생활 속의 화학 이야기 | CHEMISTRY BEYOND THE CLASSROOM

유기산과 유기 염기

이 장의 앞부분에서 설명한 바와 같이 약산의 대부분은 유기산이다. 즉 약산은 탄소와 수소를 포함하고 있다. 마찬가지로 대부분의 분자성 약염기는 아민과 같은 유기 화합물이라는 것을 제4장에서 간단히 논의한 바 있다.

카복실산

표 A에는 식품에서 발견되는 유기산의 일부를 나타내었다. 이 모든 산들은 카복실기를 가지고 있다.

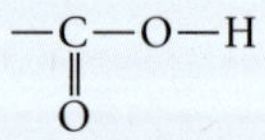

카복실산의 가역적 해리 반응에 대한 일반적인 반응식은 아래와 같다.

$$RCOOH(aq) \rightleftharpoons RCOO^-(aq) + H^+(aq)$$

여기서 R은 CH_3, C_2H_5, . . .등과 같은 탄화수소 기를 나타낸다. 카복실산과 센염기 사이의 반응은 아래 반응식으로 나타낼 수 있다.

$$RCOOH(aq) + OH^-(aq) \longrightarrow RCOO^-(aq) + H_2O$$

모든 약산에 대하여 이 반응은 사실상 완전히 진행된다.

처방 약품과 처방전 없이 판매하는 약품들에도 유기산을 포함하고 있다. 이러한 유형 중에서 가장 잘 알려져 있는 두 종류로는 아스피린(aspirin)이나 이부프로펜(Advil®, Nuprin® 등)이 있다.

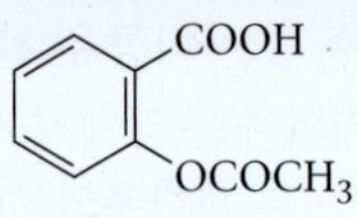

아스피린

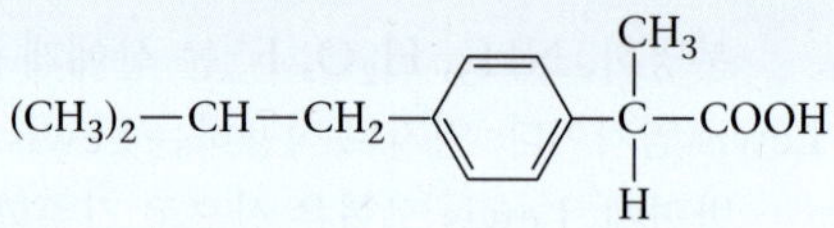

이부프로펜

이들 화합물은 산성이므로 다른 음식이나 물과 함께 먹지 않으

표 A ▸ 몇 가지의 천연 유기산

이름		공급원
아세트산	$CH_3—COOH$	식초
구연산	$HOOC—CH_2—C(OH)(COOH)—CH_2—COOH$	감귤류 과일
젖산	$CH_3—CH(OH)—COOH$	신 우유
말산	$HOOC—CH_2—CH(OH)—COOH$	사과, 수박, 포도 주스, 와인
옥살산	$HOOC—COOH$	대황, 시금치, 토마토
퀸산	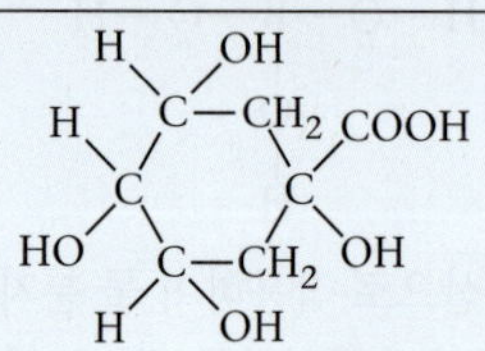	크랜베리
타타르산	$HOOC—CH(OH)—CH(OH)—COOH$	포도 주스, 와인

면 위를 쓰리게 할 수 있다. 뿐만 아니라 아스피린은 혈액의 응고를 억제하므로 뇌졸중이나 심근 경색을 예방하는 약으로 처방하기도 한다. 실제로 오늘날에는 심근 경색으로 고통받는 사람에게 권장된다.

아민

아민(amine)은 하나 이상의 수소가 탄화수소 기(CH_3, C_2H_5)로 치환되어 있는 암모니아(NH_3)의 유도체이다. 아민은 질소에 결합된 탄화수소 기의 수(1, 2, 3)에 따라 분류한다(표 B). 몰질량이 작은 대부분의 아민은 휘발성이 있어 정말로 불쾌한 냄새가 난다. 예를 들어 $(CH_3)_3N$은 실온에서 기체이며(bp = 3°C) 암모니아와 썩은 생선 냄새의 중간 냄새를 풍긴다.

일차 아민과 물 사이의 반응에 대한 일반적인 반응식은 다음과 같다.

$$RNH_2(aq) + H_2O \rightleftharpoons RNH_3^+(aq) + OH^-(aq)$$

반면에 센산과의 반응식은 다음과 같다.

$$RNH_2(aq) + H^+(aq) \longrightarrow RNH_3^+(aq)$$

이차 아민 및 삼차 아민은 일차 아민과 비슷한 반응을 하여 일반식이 $R_2NH_2^+$, R_3NH^+인 양이온을 형성한다. 각각의 경우에 첨가된 양성자는 질소 원자에 있는 비공유 전자쌍에 결합한다. (RNH_3^+, $R_2NH_2^+$, R_3NH^+ 이온들을 NH_4^+ 이온과 비교해 보라.)

아민과 H^+ 이온 사이의 반응은 실제로 흥미로운 분야에 적용된다. 약물로 흔하게 사용되는 몰질량이 큰 아민의 물에 대한 용해도는 매우 작다. 이들을 센산으로 처리하면 수용성 형태로 바뀐다. 예로서 다음 반응을 살펴보자.

$$\underset{\text{노보카인}}{C_9H_{10}NO_2-\underset{\displaystyle C_2H_5}{\underset{|}{N}}-C_2H_5(s)} + HCl(aq) \longrightarrow$$

$$\underset{\text{노보카인 염화 수소}}{[C_9H_{10}NO_2-\overset{\displaystyle H}{\overset{|}{\underset{\displaystyle C_2H_5}{\underset{|}{N}}}}-C_2H_5]^+(aq)} + Cl^-(aq)$$

표 B ▸ 아민의 유형

유형	일반식	예
일차 아민	RNH_2	CH_3-NH-H (N에 H 결합)
이차 아민	R_2NH	$CH_3-N(H)-CH_3$
삼차 아민	R_3N	$CH_3-N(CH_3)-CH_3$
	여기서 $R = CH_3, C_2H_5, \ldots$	

노보카인 염화 수소는 노보카인보다 용해도가 200배 크다. 치과의사가 사용하는 "노보카인" 주사액은 실제로 노보카인 염화 수소의 수용액이다.

카페인(caffeine), 코닌(coniine), 모르핀(morphine; 그림 A)과 같은 *알칼로이드*(alkaloid)는 식물에서 추출되는 아민들이다.

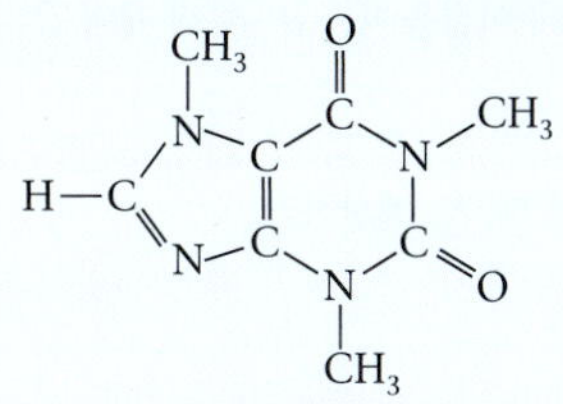

카페인

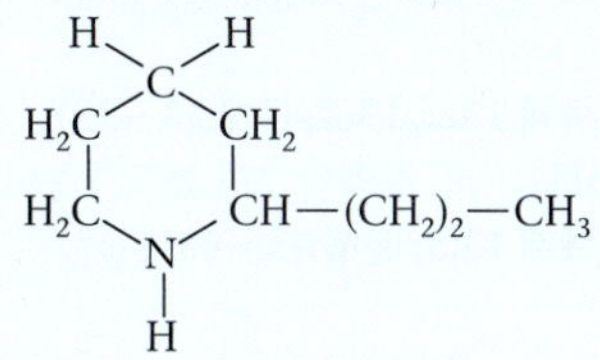

코닌

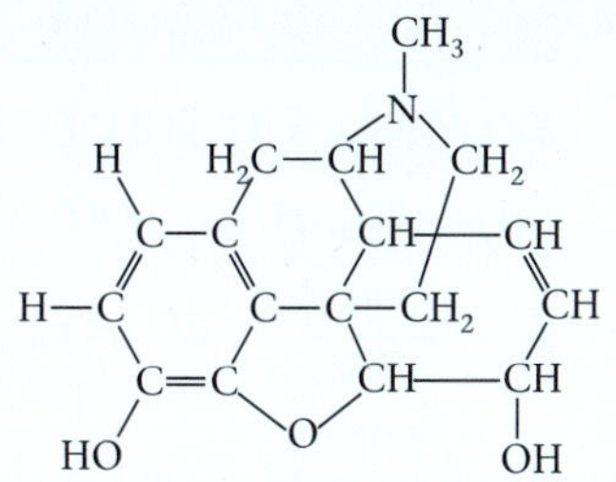

모르핀

카페인은 찻잎, 커피콩, 콜라 열매 등에 들어 있다. 모르핀은 덜익은 양귀비의 씨앗 꼬투리에서 얻는다. 헴록(hemlock, 미나리과의 독초)에서 추출되는 코닌은 소크라테스를 죽일 때 사용한 알칼로이드이다. 소크라테스는 비전통적인 교육법을 사용했다는 이유로 사형 선고를 받았다. 고대 그리스의 교사에 대한 평가는 그 안에 비수가 들어 있었다.

그림 A ▸ 양귀비의 꽃과 덜익은 씨앗 꼬투리. 꼬투리 안에는 알칼로이드인 모르핀이 포함된 유백색의 찐득한 물질이 있다.

주요 개념

1. 화학종을 Brønsted-Lowry 산 또는 염기로 분류하고, 알짜 이온 반응식으로 설명하기.
   (예제 13.1, 13.4, 13.10; 문제 1~12)
2. $[H^+]$, $[OH^-]$, pH, pOH 중의 하나가 주어졌을 때, 나머지 세 개의 값 계산하기.
   (예제 13.2, 13.3; 문제 13~32)
3. pH와 약산 용액의 초기 농도가 주어졌을 때, K_a 계산하기.
   (예제 13.5; 문제 43~48)
4. 약산의 K_a와 초기 농도가 주어졌을 때, $[H^+]$ 계산하기.
   (예제 13.7~13.9; 문제 49~56)
5. 약염기의 K_b와 초기 농도가 주어졌을 때, $[OH^-]$ 계산하기.
   (예제1 3.11; 문제 71~76)
6. 약산의 K_a가 주어졌을 때, 그 짝염기에 대한 K_b 계산하기.
   (문제 69, 70, 73, 74)
7. 염 용액이 산성인지, 염기성인지, 중성인지 예상하기.
   (예제 13.12; 문제 77~84)

주요 식

물의 이온화	25°C에서 $K_w = [H^+][OH^-] = 1.0 \times 10^{-14}$
pH, pOH	$pH = -\log_{10}[H^+]$ $\quad pOH = -\log_{10}[OH^-]$
K_a, K_b의 관계식	$K_a = \dfrac{[H^+][B^-]}{[HB]}$ $\quad pK_a = -\log_{10}K_a$
	$K_b = \dfrac{[HB][OH^-]}{[B^-]}$ $\quad pK_b = -\log_{10}K_b$
	$K_a \times K_b = K_w$
이온화 %(약산)	이온화 % $= \dfrac{[H^+]_{평형}}{[HB]_o} \times 100\%$

주요 용어

다양성자산(polyprotic acid)
물의 이온곱 상수(ion product constant of water)
산 평형 상수(acid equilibrium constant)
염(salt)
염기 평형 상수(base equilibrium constant)
짝산(conjugate acid)
짝염기(conjugate acid)
Brønsted-Lowry 산(Brønsted-Lowry acid)
Brønsted-Lowry 염기(Brønsted-Lowry base)
Lewis 산(Lewis acid)
Lewis 염기(Lewis base)
pH
pK_a
pK_b
pOH

요약 문제

질산, 수산화 소듐, 암모니아, 플루오린화 수소의 수용액에 대한 물음에 답하라.

(a) 질산과 암모니아 수용액을 혼합하면 암모늄 이온과 질산 이온이 생성된다. 수산화 소듐과 플루오린화 수소의 수용액을 혼합하면, 소듐 이온과 플루오린화 이온을 포함하는 용액이 얻어진다. 각 반응물을 센산, 약산, 염기로 분류하라.

(b) Brønsted-Lowry 모형을 사용하여 HNO_3, NH_3, HF의 산도 또는 염기도를 설명하는 반응식을 써라.

(c) HNO_3, NaOH, NH_3, HF의 0.45 *M* 용액의 pH를 계산하라.

(d) NH_4^+ 이온을 생각해 보자.

1. 짝염기는 무엇인가?

2. 짝염기의 K_b 값은 얼마인가?

(e) F^-를 생각해 보자.

1. 짝산은 무엇인가?

2. 짝산기의 K_a 값은 얼마인가?

(f) 염 NH_4NO_3와 NaF를 산성, 염기성, 중성으로 분류하라. 답을 설명하기 위한 알짜 이온 반응식을 써라.

(g) 플루오린화 암모늄, NH_4F은 산성인가 아니면 염기성인가?

해답

(a) HNO_3, 센산; NaOH, 센염기; NH_3, 약염기; HF, 약산
(b) $HNO_3(aq) + H_2O \longrightarrow H_3O^+(aq) + NO_3^-(aq)$
$NH_3(aq) + H_2O \rightleftharpoons NH_4^+(aq) + OH^-(aq)$
$HF(aq) + H_2O \rightleftharpoons H_3O^+(aq) + F^-(aq)$
(c) HNO_3: pH = 0.35; NaOH: pH = 13.65;
HF: pH = 1.75; NH_3: pH = 11.45
(d) 1. NH_3 2. $K_b = 1.8 \times 10^{-5}$
(e) 1. HF 2. $K_a = 6.9 \times 10^{-4}$
(f) NH_4NO_3는 산성이다.
$NH_4^+(aq) + H_2O \rightleftharpoons NH_3(aq) + H_3O^+(aq)$
NaF는 염기성이다. $F^-(aq) + H_2O \rightleftharpoons HF(aq) + OH^-(aq)$
(g) 플루오린화 암모늄은 산성이다.

연습 문제

짝수 번호의 문제와 도전 문제의 해답은 센게이지 홈페이지 자료실에서 다운로드 받을 수 있다(www.cengage.co.kr).

13-1 Brønsted-Lowry 산-염기 모형

1. 다음 각 반응에서 Brønsted-Lowry 산-염기를 표시하고, 짝산-짝염기 쌍을 찾아라.
   (a) $H_3O^+(aq) + CN^-(aq) \rightleftharpoons HCN(aq) + H_2O$
   (b) $HNO_2(aq) + OH^-(aq) \rightleftharpoons NO_2^-(aq) + H_2O$
   (c) $HCHO_2(aq) + H_2O \rightleftharpoons CHO_2^-(aq) + H_3O^+(aq)$
2. 다음 각 반응에서 연습 문제 1과 같이 답하라.
   (a) $CN^-(aq) + H_2O \rightleftharpoons HCN(aq) + OH^-(aq)$
   (b) $HCO_3^-(aq) + H_3O^+(aq) \rightleftharpoons H_2CO_3(aq) + H_2O$
   (c) $HC_2H_3O_2(aq) + HS^-(aq) \rightleftharpoons C_2H_3O_2^-(aq) + H_2S(aq)$
3. Brønsted-Lowry 이론에 따라, 다음 중에서 산으로 작용하는 것과 염기로 작용하는 것은 어느 것인가? 산과 염기로 모두 작용하는 것은?
   (a) CHO_2^-
   (b) NH_4^+
   (c) HSO_3^-
4. Brønsted-Lowry 이론에 따라, 다음 중에서 산으로 작용하는 것과 염기로 작용하는 것은 어느 것인가?
   (a) CH_3O^-
   (b) CO_3^{2-}
   (c) $HAsO_4^{2-}$
5. 다음 화학종의 짝산의 화학식을 써라.
   (a) OH^- (b) HPO_4^{2-} (c) NH_3
   (d) F^- (e) $Zn(H_2O)_2(OH)_2$
6. 다음 화학종의 짝염기의 화학식을 써라.
   (a) $H_2AsO_4^-$ (b) $Fe(H_2O)_5(OH)^+$
   (c) $HClO_3$ (d) NH_4^+ (e) $HC_2H_3O_2$
7. $H_2PO_4^-$ 이온이 어떻게 Brønsted-Lowry 산 또는 Brønsted-Lowry 염기가 되는지를 보여주는 균형 맞춘 반응식을 써라.
8. 탄산수소 이온, HCO_3^-에 대하여 연습 문제 7과 같이 답하라.
9. Brønsted-Lowry 모형을 사용하여 아래의 화학종들이 물속에서 약산으로 작용하는 이유를 보여주는 반응식을 써라.
   (a) $Ni(H_2O)_5OH^+$ (b) $Al(H_2O)_6^{3+}$
   (c) H_2S (d) HPO_4^{2-}
   (e) $HClO_2$ (f) $Cr(H_2O)_5(OH)^+$
10. 아래의 화학종에 대하여 연습 문제 9와 같이 답하라.
    (a) $Zn(H_2O)_3OH^+$ (b) HSO_4^- (c) HNO_2
    (d) $Fe(H_2O)_6^{2+}$ (e) $HC_2H_3O_2$ (f) $H_2PO_4^-$
11. Brønsted-Lowry 모형을 사용하여 아래의 각 화학종이 염기성 수용액을 만드는 이유를 보여주는 반응식을 써라.
    (a) NH_3 (b) NO_2^- (c) $C_6H_5NH_2$
    (d) CO_3^{2-} (e) F^- (f) HCO_3^-
12. 아래 화학종에 대하여 연습 문제 11과 같이 답하라.
    (a) $(CH_3)_3N$ (b) $HC_2O_4^-$ (c) CN^-
    (d) S^{2-} (e) BrO_3^- (f) $H_2C_6O_5H_7^-$

13-2 물의 이온곱

13-3 pH와 pOH

▶ [H⁺], [OH⁻], pH, pOH

13. 다음의 $[H^+]$를 갖는 용액의 pH를 구하라. 그리고 산성 또는 염기성으로 분류하라.
    (a) 6.0 *M* (b) 0.33 *M*
    (c) 4.6×10^{-8} *M* (d) 7.2×10^{-14} *M*
14. 다음의 $[H^+]$를 갖는 용액의 pH를 구하라. 그리고 산성 또는 염기성으로 분류하라.
    (a) 2.7×10^{-3} *M* (b) 1.5 *M*
    (c) 1.45×10^{-13} *M* (d) 6.4×10^{-9} *M*
15. 다음의 pH를 갖는 용액에 대한 $[H^+]$와 $[OH^-]$를 계산하라.
    (a) 9.0 (b) 3.20
    (c) −1.05 (d) 7.46
16. 다음의 pH를 갖는 용액에 대한 $[H^+]$와 $[OH^-]$를 계산하라.
    (a) −0.76 (b) 9.11
    (c) 3.81 (d) 12.08
17. 25°C의 용액에 대한 다음 표를 완성하라.

$[H^+]$	$[OH^-]$	pH	pOH	산성?
(a) 2.4×10^{-8}	______	______	______	______
(b) ______	1.9×10^{-2}	______	______	______
(c) ______	______	8.62	______	______
(d) ______	______	______	12.22	______

18. 25°C의 용액에 대한 다음 표를 완성하라.

$[H^+]$	$[OH^-]$	pH	pOH	염기성?
(a) ______	______	______	8.14	______
(b) ______	______	13.28	______	______
(c) ______	4.3×10^{-3}	______	______	______
(d) 2.75	______	______	______	______

19. 용액 1의 $[H^+] = 1.7 \times 10^{-2}$ *M*이고, 용액 2의 $[H^+] = 4.3 \times 10^{-4}$ *M*이다. 산성이 센 용액은 어느 것인가? pH가 높은 용액은 어느 것인가?
20. 용액 R의 pH는 13.42이고, 용액 Q의 $[OH^-] = 0.16$ *M*이다. 염기성이 센 용액은 어느 것인가? pH가 낮은 용액은 어느 것인가?
21. R, Z, Q의 세 가지 용액에 대한 물음에 답하라.
    - 용액 R의 $[H^+] = 0.0134$이다.
    - 용액 Z의 pH는 용액 R의 pH의 6배이다.
    - 용액 Q의 $[OH^-]$는 용액 Z의 $[OH^-]$의 절반이다.

    (a) 용액 R, Q, Z의 pH를 계산하라.
    (b) 용액 R과 Z 및 용액 R과 Q의 $[OH^-]$의 비를 구하라.
    (c) 각 용액을 산성, 염기성, 중성으로 분류하라.
22. 용액 A의 pH는 12.32이다. 용액 B의 $[H^+]$는 용액 A의 $[H^+]$의 3배이다. 용액 C의 pH는 용액 A의 pH의 절반이다.
    (a) 세 용액의 $[H^+]$는 각각 얼마인가?
    (b) 용액 B와 용액 C의 pH는 얼마인가?
    (c) 각 용액을 산성, 염기성, 중성으로 분류하라.
23. 오염되지 않은 빗물의 pH는 약 5.5이다. 산성비는 pH가 3.0 정도로 낮은 것으로 나타났다. 오염되지 않은 비에 대한 산성비의 $[H^+]$ 비를 계산하라.

24. 대부분의 콜라와 같은 청량 음료의 pH는 3.1이다. 녹차의 pH는 5.8이다.

(a) 청량 음료와 녹차에 대한 $[H^+]$를 계산하라.

(b) 청량 음료의 산성은 녹차에 비해 얼마나 더 센가? {청량 음료의 $[H^+]$/녹차의 $[H^+]$}의 비로 답을 써라.

25. 아래 용액의 $[OH^-]$와 pH를 구하라.

(a) 0.25 g의 $Ba(OH)_2$를 물에 녹여 0.655-L가 되도록 만든 용액

(b) 0.149 M KOH 300.0 mL를 물에 녹여 3.00 L의 KOH 용액으로 만들었다. 묽힌 용액의 몰농도는 얼마인가? 10배로 묽히는 것이 pH에 미치는 영향은 무엇인가?

26. 다음 용액의 $[H^+]$와 pH를 구하라.

(a) HNO_3(d = 1.00 g/mL)의 12.0%(질량으로) 용액 456 mL 시료. 동일한 시료 10.0 mL의 pH는 얼마인가?

(b) 1.0 g의 HCl을 물에 용해시켜 1.28 L로 만든 용액. 용액의 pH는 얼마인가? 같은 질량의 HCl을 물에 녹여 128 mL의 용액을 만들었다면, pH는 얼마인가?

27. 아래 용액에 대해 $[OH^-]$, $[H^+]$, pH를 구하라.

(a) 0.216 M HCl 용액 30.0 mL에 물을 넣어 125 mL로 만든 용액.

(b) 25°C, 1.00 atm에서 275 mL의 HBr 기체를 물에 녹여서 475 mL로 만든 용액. 모든 HBr은 물에 용해된다고 가정하라.

28. 아래 용액에 대해 $[OH^-]$, $[H^+]$, pH를 구하라.

(a) $Sr(OH)_2$의 0.106 M 용액 38 mL를 물에 녹여 275 mL로 만든 용액.

(b) 5.00 g의 KOH를 물에 용해시켜 447 mL로 만든 용액.

29. 0.215 M HCl 265 mL에 HI를 몇 그램을 가하면 용액의 pH가 0.38이 되겠는가? 가한 HI는 용액의 부피를 변화시키지 않는다고 가정한다.

30. pH 1.39인 HNO_3 용액 493 mL에 0.575 M HCl 145 mL를 가하여 얻은 용액의 pH는 얼마인가? 부피는 더해진다고 가정하라.

31. $Sr(OH)_2$ 0.200 M 용액 795mL에 13.0 g의 NaOH를 가하여 얻은 용액의 pH는 얼마인가? NaOH를 가한 후 부피 변화가 없다고 가정한다.

32. pH가 12.09인 $Sr(OH)_2$ 용액 316 mL에 pH가 11.57인 NaOH 용액 235 mL를 혼합하여 얻은 용액의 pH를 구하라. 부피는 더해진다고 가정하라.

13-4 약산과 약산의 평형 상수

▶ 이온화 식: 약산

33. 다음 각 산에 대한 이온화 반응식과 K_a 식을 써라.

(a) AsH_4^+ (b) $H_2C_3H_5O_7^-$ (c) H_2SO_3

34. 다음 각 산에 대한 이온화 반응식과 K_a 식을 써라.

(a) HSO_3^- (b) HPO_4^{2-} (c) HNO_2

35. 다음의 pK_a 값을 갖는 약산의 K_a 값을 계산하라.

(a) 3.9 (b) 10.12 (c) 13.07

36. 다음의 K_a 값을 갖는 약산의 pK_a 값을 계산하라.

(a) 1.8×10^{-4} (b) 6.8×10^{-8} (c) 4.0×10^{-11}

37. 다음 산에 대한 물음에 답하라.

산	A	B	C	D
pK_a	3.7	9.2	7.4	1.6

(a) 산의 세기가 가장 센 것에서 가장 약한 것으로 감소하는 순서로 산을 배열하라.

(b) 가장 큰 K_a 값을 갖는 산은 어느 것인가?

38. 다음 산에 대한 물음에 답하라.

산	A	B	C	D
K_a	1.6×10^{-3}	9×10^{-4}	2×10^{-6}	3×10^{-4}

(a) 산의 세기가 가장 약한 것에서 가장 센 것으로 증가하는 순서로 산을 배열하라.

(b) 가장 작은 pK_a 값을 갖는 산은 어느 것인가?

39. 아래 용액들을 $[H^+]$가 증가하는 순서로 순위를 매겨라.(표 13.2를 사용하라).

0.1 M HNO_3 0.1 M HNO_2 0.1 M $HC_7H_5O_2$ 0.1 M HClO

40. 아래 산(M = 0.10) 용액들을 $[H^+]$가 감소하는 순서로 순위를 매겨라.

HF HCl HCN HClO

41. 연습 문제 39의 용액들을 pH가 증가하는 순서로 순위를 매겨라.

42. 연습 문제 40의 용액들을 pH가 증가하는 순서로 순위를 매겨라.

▶ 평형 계산: 약산

43. 약산 HB의 0.129 M 용액의 pH는 2.34이다. 이 약산의 K_a는?

44. 약산 HB의 2.642 M 용액의 pH는 5.32이다. 이 약산의 K_a는?

45. 파라아미노벤조산(paraaminobezoic acid, PABA), $HC_7H_6NO_2$는 일부 자외선 차단제에 사용된다. 0.263 mol의 PABA를 물에 녹여 750.0 mL의 용액을 만들었다. 용액에서 $[H^+] = 2.6 \times 10^{-3}$ M이다. PABA의 K_a를 구하라.

46. 아세트아미노펜, $HC_8H_8NO_2$ (MM = 151.17 g/mol)은 일반적인 진통제인 Tylenol®의 활성 성분이다. 6.54 g의 아세트아미노펜(acetaminophen)을 물에 용해시켜 250.0 mL의 용액을 만들었다. 만들어진 용액의 pH는 5.24이다. 아세트아미노펜의 K_a를 구하라.

47. 카프로산(caproic acid, $HC_6H_{11}O_2$)은 코코넛 기름에 들어 있으며, 인공 조미료를 만드는 데 사용된다. 52.3 g의 카프로산을 물에 녹여 만든 2.00-L 용액의 pH는 2.77이었다. 카프로산의 K_a를 구하라.

48. 바르비투르산($HC_4H_3N_2O_3$)은 진정제로 사용되는 약물의 일종인 바르비투르산염을 제조하는 데 사용된다. 바르비투르산 9.00 g을 녹여서 만든 325-mL 용액의 pH가 2.34이다. 바르비투르산의 K_a를 구하라.

49. 염화 알루미늄이 물에 녹으면 $Al(H_2O)_6^{3+}$와 Cl^- 이온이 생성된다. 표 13.2에 있는 K_a를 사용하여 1.75 M $AlCl_3$ 용액의 pH를 계산하라.

50. 표 13.2의 K_a 값을 사용하여 0.47 M 아황산수소 소듐($NaHSO_3$) 용액의 pH를 계산하라.

51. 바르비투르산(barbituric acid, $HC_4H_3N_2O_3$)은 진정제로 사용되는 약물의 일종인 바르비투르산염을 제조하는 데 사용된다. K_a는 9.8×10^{-5}이다. 다음에 해당하는 양의 바르비투르산을 물에 녹여 1.45-L의 용액을 만들었을 때 용액의 $[H^+]$를 계산하라.

(a) 0.344 mol

(b) 28.9 g

52. 박테리아 감염을 치료하는 데 흔히 사용되는 항생제인 페니실린(MM = 356 g/mol)은 약산이다. K_a는 1.7×10^{-3}이다. 다음에 해당하는 양의 페니실린을 물에 녹여 725 mL의 용액을 만들었을 때, 용액의 $[H^+]$를 계산하라.

(a) 0.187 mol

(b) 127 g

53. 갈산(gallic acid, $HC_7H_5O_5$)은 건선 치료에 사용되는 일부 연고의 성분이다. 갈산의 K_a는 3.9×10^{-5}이다. 갈산 0.168 M 용액에 대해 다음을 계산하라.

(a) $[H^+]$ (b) $[OH^-]$

(c) pH (d) 이온화 백분율

54. 아니스산(anisic acid, $K_a = 3.38 \times 10^{-5}$)은 아니스 씨앗에 들어 있으며 감미제로 사용된다. 아니스산 0.279 M 용액에 대해 다음을 계산하라.
(a) $[H^+]$ (b) $[OH^-]$
(c) pH (d) 이온화 백분율

55. 한때 석탄산(carbolic acid, HC_6H_5O)으로 알려진 페놀은 약산으로 Lister가 사용한 최초의 소독제 중의 하나였다. K_a는 1.1×10^{-10}이다. 페놀 14.5 g을 물에 녹여 만든 892 mL의 용액에 대해 다음을 계산하라.
(a) pH (b) 이온화 백분율

56. 벤조산($K_a = 6.6 \times 10^{-5}$)은 많은 딸기류의 열매에 존재한다. 벤조산 0.288 mol이 들어 있는 726-mL 용액의 pH와 이온화 %를 계산하라.

다양성자산

다양성자산에 대해 표 13.3에 수록된 K_a 값을 이용하라.

57. 크로뮴산, H_2CrO_4는 일반적으로 다이크로뮴산 염에 진한 H_2SO_4를 가하여 만든다. 이는 유리를 닦는데 사용된다. 크로뮴산의 첫 번째와 두 번째의 이온화 상수는 각각 $K_{a1} = 1.8 \times 10^{-1}$, $K_{a2} = 3.2 \times 10^{-7}$이다. 전체 반응식을 쓰고, 크로뮴산의 완전한 이온화 반응에 대한 K를 계산하라.

58. 청량 음료에 첨가되는 구연산(citric acid, $H_3C_6H_5O_7$)에 대한 물음에 답하라. 이 산의 단계별 이온화에 대한 평형 상수는 $K_{a1} = 7.5 \times 10^{-4}$, $K_{a2} = 1.7 \times 10^{-5}$, $K_{a3} = 4.0 \times 10^{-7}$이다. 구연산의 완전한 이온화에 대한 전체 반응식을 알짜 이온 반응식으로 쓰고, 그 반응식에 대한 K를 계산하라.

59. 아스코브산($H_2C_6H_6O_6$)은 비타민 C의 한 형태이다. 0.45 M 아스코브산 용액에 대한 물음에 답하라.

$$H_2C_6H_6O_6(aq) \rightleftharpoons HC_6H_6O_6^-(aq) + H^+(aq) \quad K_a = 7.9 \times 10^{-5}$$
$$HC_6H_6O_6^-(aq) \rightleftharpoons C_6H_6O_6^{2-}(aq) + H^+(aq) \quad K_a = 1.6 \times 10^{-12}$$

이 용액의 pH를 계산하고, $[HC_6H_6O_6^-]$와 $[C_6H_6O_6^{2-}]$를 계산하라.

60. 이양성자산, H_2X 0.33 M 용액이 있다.

$$H_2X \rightleftharpoons H^+(aq) + HX^-(aq) \quad K_{a1} = 3.3 \times 10^{-4}$$
$$HX^- \rightleftharpoons H^+(aq) + X^{2-}(aq) \quad K_{a2} = 9.7 \times 10^{-8}$$

이 용액의 pH를 계산하고, $[HX^-]$와 $[X^{2-}]$를 계산하라.

61. 프탈산($H_2C_8H_4O_4$)은 이양성자산이며($K_{a1} = 0.0012$, $K_{a2} = 3.9 \times 10^{-6}$), 페놀프탈레인 지시약을 제조하는 데 사용된다. 2.9 M 프탈산 용액의 pH를 계산하라. $[HC_8H_4O_4^-]$와 $[C_8H_4O_4^{2-}]$를 계산하라.

62. 아셀레늄산(H_2SeO_3)은 구리, 놋쇠, 청동을 화학적으로 검게 만드는데 주로 사용된다. 아셀레늄산은 이양성자산으로 다음과 같은 K_a 값을 갖는다. $K_{a1} = 2.7 \times 10^{-3}$, $K_{a2} = 5.0 \times 10^{-8}$. 2.89 M 아셀레늄산의 pH는 얼마인가? $[HSeO_3^-]$와 $[SeO_3^{2-}]$를 계산하라.

13-5 약염기와 약염기의 평형 상수

이온화 식: 약염기

63. 아래 염기들의 0.1 M 수용액의 이온화 반응식과 K_b 식을 써라.
(a) $C_2H_3O_2^-$ (b) $C_2H_5NH_2$ (c) $HC_2O_4^-$

64. 아래 염기들에 대하여 연습 문제 63과 같이 답하라.
(a) NH_3 (b) HS^- (c) $(CH_3)_3N$

65. 표 13.2의 평형 상수를 사용하여 아래 화합물의 0.1 M 수용액을 K_b가 증가하는 순으로 순위를 매겨라.
(a) NO_2^- (b) $H_2PO_4^-$ (c) CO_3^{2-}

66. 아래 염기들에 대하여 연습 문제 65와 같이 답하라.
(a) SO_3^{2-} (b) CHO_2^- (c) NO_2^-

67. 표 13.2에 수록된 평형 상수를 이용하여 다음의 0.1 M 수용액들을 pH가 증가하는 순으로 배열하라(가장 낮은 것에서 가장 높은 것으로).
(a) $NaNO_2$ (b) HCl
(c) NaF (d) $Zn(H_2O)_3(OH)(NO_3)$

68. 표 13.2에 수록된 평형 상수를 이용하여 다음의 0.1 M 수용액들을 pH가 감소하는 순으로 배열하라(가장 높은 것에서 가장 낮은 것으로).
(a) KOH (b) NaCN (c) HCO_3^- (d) $Ba(OH)_2$

평형 계산: 약염기

69. 다음 유기산의 짝염기에 대한 K_b 값을 구하라.
(a) 폭발물 제조에 사용하는 피크르산(picric acid); $K_a = 0.16$
(b) 사마귀 치료에 사용하는 트라이클로로아세트산(trichloroacetic acid); $K_a = 0.20$

70. 다음 유기산의 짝염기에 대한 K_b의 값을 구하라.
(a) 피부과 의사가 화학 박피술에 사용하는 글리콜산(glycolic acid); $K_a = 1.5 \times 10^{-4}$
(b) 썩은 버터 냄새의 원인이 되는 부티르산(butyric acid); $K_a = 1.5 \times 10^{-5}$

71. 0.28 M Na_2CO_3 수용액의 $[OH^-]$, pOH와 pH를 구하라.

72. 0.72 M $NaHCO_3$ 수용액의 $[OH^-]$와 pH를 구하라.

73. 강력하고 중독성 있는 진통제인 코데인(Codeine; Cod)은 약염기이다.
(a) 물에서 염기 성질을 보이는 반응식을 써라. 코데인 분자를 Cod로 표시하라.
(b) 짝산의 $K_a = 1.2 \times 10^{-8}$이다. (a)에서 나타낸 반응의 K_b를 구하라.
(c) 0.0020 M 코데인 용액의 pH를 구하라.

74. 살충제와 사슴 기피제인 피리딘(C_5H_5N)의 짝산인 $C_5H_5NH^+$의 K_a는 6.7×10^{-6}이다.
(a) 피리딘 수용액의 염기성을 보여 주는 반응의 균형 맞춘 알짜 이온 반응식을 써라.
(b) (a)의 반응에 대한 K_b를 계산하라.
(c) 2.74 g의 피리딘을 물에 녹여 685 mL가 되도록 만든 용액의 pH를 구하라.

75. 베이킹 소다($NaHCO_3$) 용액의 pH는 10.08이다. 235 mL 용액에서 $NaHCO_3$의 질량 백분율은 얼마인가? (밀도는 1.00 g/mL로 가정하라.)

76. 사이안화 소듐(NaCN) 용액의 pH는 12.10이다. pH가 같은 425 mL 용액에는 몇 그램의 NaCN이 들어 있는가?

13-6 염 용액의 산-염기 성질

77. 다음을 만족하는 두 가지 염의 화학식을 써라.
(a) Ni^{3+}를 포함하고 있고 산성인 염
(b) Na^+를 포함하고 있고 염기성인 염
(c) ClO_4^-를 포함하고 있고 중성인 염
(d) NH_4^+를 포함하고 있고 산성인 염

78. 다음을 만족하는 두 가지 염의 화학식을 써라.
(a) NH_4^+를 포함하고 있고 염기성인 염
(b) CO_3^{2-}를 포함하고 있고 염기성인 염
(c) Br^-를 포함하고 있고 중성인 염
(d) CrO_4^{2-}를 포함하고 있고 산성인 염

79. 다음 염의 1 M 수용액이 산성인지 염기성인지 중성인지를 말하라.
(a) K_2CO_3 (b) NH_4F (c) LiH_2PO_4
(d) $NaNO_2$ (e) $Ba(ClO_4)_2$

80. 다음 염의 1 M 수용액이 산성인지 염기성인지 중성인지를 말하라.
(a) $FeCl_3$ (b) BaI_2 (c) NH_4NO_2
(d) Na_2HPO_4 (e) K_3PO_4

81. 연습 문제 79에 열거된 각종 염의 산도나 염기도를 설명하기 위한 알짜 이온 반응식을 써라.

82. 연습 문제 80에 열거된 각종 염들의 산도나 염기도를 설명하기 위한 알짜 이온 반응식을 써라.

83. 다음 0.1 M 수용액들을 pH가 감소하는 순서(높은 것에서 낮은 것으로)로 배열하라.

$Ca(NO_3)_2$ HCl H_2SO_4 NaClO KOH

84. 다음 0.1 M 수용액들을 pH가 증가하는 순서(낮은 것에서 높은 것으로)로 배열하라.

$ZnBr_2$ NaOH LiF $Sr(OH)_2$ $KCrO_4$

종합 문제

85. 25°C에서 0.20 M 메틸아민(CH_3NH_2) 용액은 5.0% 이온화된다. 메틸아민의 K_b는 얼마인가?

86. 염화 암모늄을 아질산 소듐과 혼합하였다. 산-염기 반응이 일어날 수 있다. 균형 맞춘 반응식을 쓰고, 반응의 K를 계산하라. 반응은 얼마나 잘 일어나겠는가?

87. 아스피린 한 정 당 324 mg의 아세틸살리실산(MM = 180.15 g/mol)이 포함되어 있다. 만약 두 정을 물에 녹여 2온스(약 60 mL) 용액을 만들었다면 용액의 pH는 얼마인가? 아세틸살리실산의 $K_a = 3.6 \times 10^{-4}$이다.

88. 한 학생이 암모니아 기체를 물에 충분히 불어 넣어 pH 11.55인 4.00 L의 암모니아 수용액을 만들려고 한다. 25°C, 1.00 atm에서 필요한 암모니아 기체의 부피는 얼마인가?

89. 산 HY [MM = 100 g/mol (3 자리수의 유효 숫자)]가 있다. HY의 33.0%(질량으로) 용액(d = 1.10 g/mL)의 pH를 구하라. HY의 $K_a = 2.0 \times 10^{-8}$이다.

90. 한 학생이 KOH 용액 455 mL를 만들었으나 가한 KOH의 질량을 기록하지 않았다. 조교가 용액의 pH를 측정하라고 제안하였고, 측정한 pH는 13.33이었다. 가한 KOH는 몇 그램인가?

91. 다음 과정을 살펴보자.

$$H_2O \rightleftharpoons H^+(aq) + OH^-(aq) \qquad \Delta H° = 55.8 \text{ kJ}$$

(a) 체온(37°C)에서 순수한 물의 pH는 7.0일까?

(b) 그렇지 않다면 37°C에서 순수한 물의 pH를 계산하라.

92. 가정용 표백제는 다음 반응식과 같이 염소를 물에 녹여 만든다.

$$Cl_2(g) + H_2O \rightleftharpoons H^+(aq) + Cl^-(aq) + HOCl(aq)$$

HOCl의 K_a 값은 3.2×10^{-8}이다. pH 1.19인 용액을 만들기 위해 1 L의 물에 녹여야 하는 염소의 양은 얼마인가?

93. 4.08 g의 질량을 갖는 정제에는 71.2%의 $NaHCO_3$이 포함되어 있다. 이는 속쓰림을 완화시키는 데 권장된다. 위가 2.0×10^2 mL를 담을 수 있다면 4개의 정제가 pH 1.5의 "산성 위"를 중화시킬 수 있을까?

94. 몰질량이 281 g/mol인 약한 유기 염기(비전해질)에 대한 물음에 답하여라. 이 염기의 수용액은 25°C에서 pH는 8.73이고, 삼투압은 55 mmHg이다. 약염기의 K_b는 얼마인가?

95. 80°C에서 소금(NaCl) 용액은 산성인가, 염기성인가, 중성인가?

개념 문제

96. 다음 중 $Ba(OH)_2$ 0.1 M 용액에 대해 참인 것은?

(a) $[OH^-] = 0.1\ M$ (b) $[OH^-] = [Ba^{2+}]$
(c) pH = 13.30 (d) $[H^+] = 1 \times 10^{-7}\ M$

97. 다음 중 센산 HY의 0.10 M 용액에 대해 참인 것은?

(a) $[Y^-] = 0.10\ M$ (b) $[HY] = 0.10\ M$
(c) $[H^+] = 0.10\ M$ (d) pH = 1.0
(e) $[H^+] + [Y^-] = 0.20\ M$

98. 다음과 같이 여섯 개의 비커가 있다. 각 비커에는 다음 화합물의 0.10 M 수용액이 100 mL 씩 채워져 있다.

비커 A는 HI
비커 B는 HNO_2
비커 C는 NaOH
비커 D는 $Ba(OH)_2$
비커 E는 NH_4Cl
비커 F는 $C_2H_5NH_2$

빈칸에 LT(*보다 작다*), GT(*보다 크다*), EQ(*과(와) 같다*), MI(*더 많은 정보가 필요하다*)를 채워라.

(a) 비커 A의 pH는 비커 B의 pH ______.

(b) 비커 C의 pH는 비커 D의 pH ______.

(c) 비커 A의 이온화 백분율은 비커 C의 이온화 백분율______.

(d) 비커 B의 pH는 비커 E의 pH ______.

(e) 비커 E의 pH는 비커 F의 pH ______.

(f) 비커 C의 pH는 비커 F의 pH ______.

99. 다음 각 상자는 평형에서의 산성 용액을 나타낸다. 사각형은 H^+ 이온을 나타내고, 원은 음이온을 나타낸다(각 그림에서 음이온은 동일한 것은 아니지만 모두 원으로 나타내었다). 물 분자는 나타내지 않았다. 모든 용액의 부피는 같다고 가정한다.

(a) 어떤 그림이 가장 센산을 나타내는가?

(b) 어떤 그림이 가장 작은 K_a 값을 갖는 산을 나타내는가?

(c) 어떤 그림이 가장 낮은 pH를 갖는 산을 나타내는가?

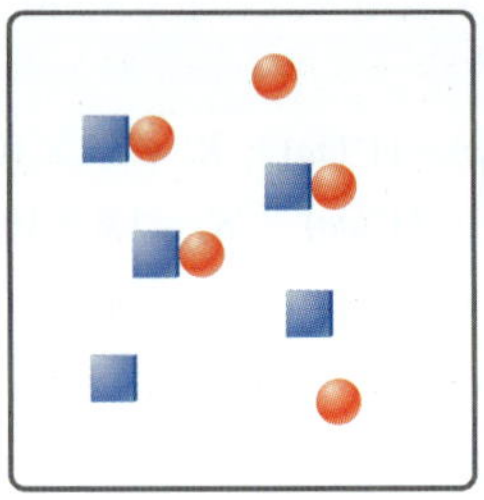
1

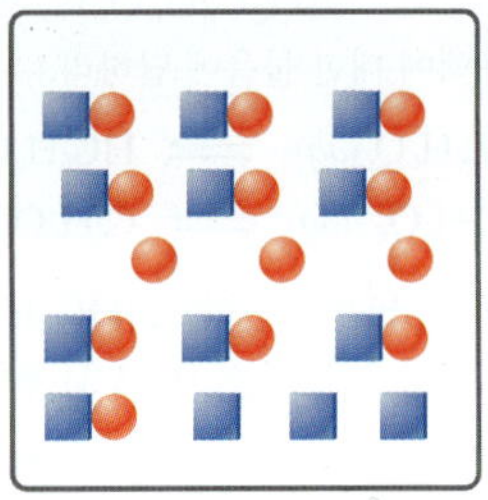
2

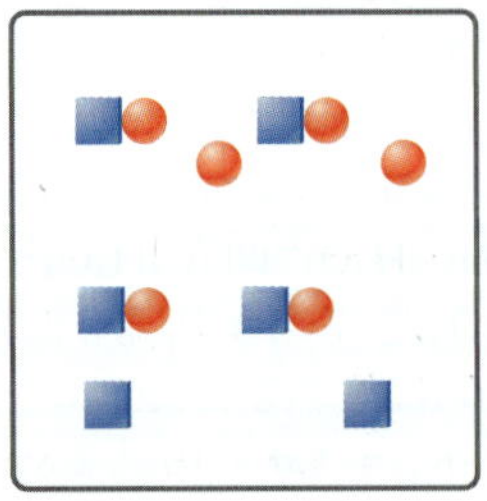
3

100. 다음 각 상자는 평형에서의 산성 용액을 나타낸다. 사각형은 H^+ 이온을 나타내고, 원은 음이온을 나타낸다. 물 분자는 나타내지 않았다. 어떤 그림이 센산을 나타내는가? 어떤 그림이 약산을 나타내는가?

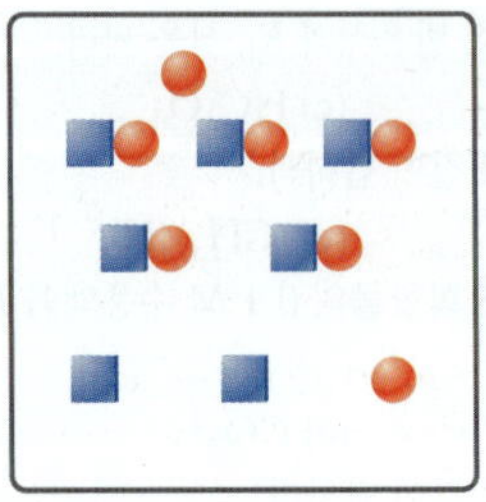
1

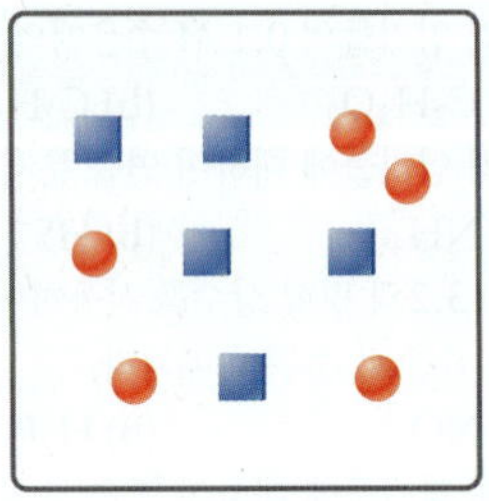
2

101. 다음 그림 (a)에서 □○는 약산인 HA (□ = H^+, ○ = A^-)를 나타낸다. 그림 (b)에 HA가 10% 이온화되어 있을 때의 HA를 □○, □, 및/또는 ○ 등으로 표시하라(물 분자는 생략한다).

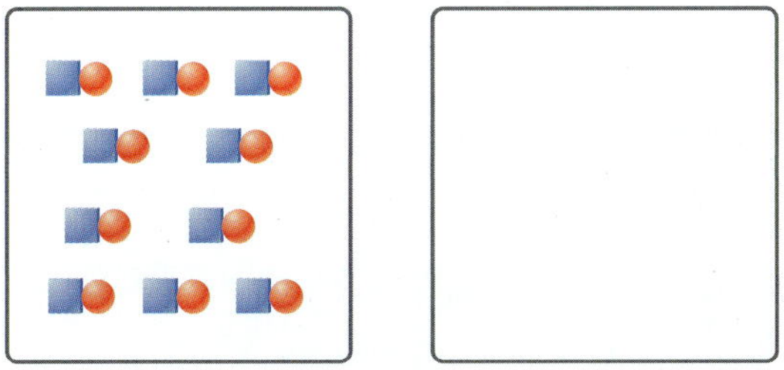

(a) (b)

102. 미지의 흰 고체가 산성인지 염기성인지를 알아내야 한다. 또한, 산이나 염기가 센 것인지 약한 것인지도 알아내야 한다. 이 물질의 몰질량을 알고 있고, 물에 녹는 것을 알고 있다. 이 흰색 고체의 원하는 성질을 알아내기 위해 할 수 있는 실험 방법을 설명하라.

도전 문제

103. 0.0200 *M* H_2SO_4 용액의 pH는 얼마인가? 첫 번째 이온화는 완전히 진행되고 두 번째 이온화 상수는 0.010이다.

104. 부록 1에 있는 표들을 이용하여 다음 반응의 ΔH를 구하라.

(a) 0.100 *M* NaOH 1.00 L와 0.100 *M* HCl 1.00 L

(b) 0.100 *M* NaOH 1.00 L와 0.100 *M* HF 1.00 L

HF(*aq*)의 생성열은 −320.1 kJ/mol이다.

105. 0.233 *M* $Ba(OH)_2$ 0.30 L와 0.12 *M* HCl 0.45 L를 혼합한 용액의 pH는 얼마인가? 부피는 더해진다고 가정한다.

106. 0.164 *M* HNO_3 273 mL와 0.800 *M* HCl로 용액을 만들었다. 얻어진 용액의 pH는 0.39이다. 용액을 만들기 위해 사용된 HCl의 부피는 몇 mL인가? 부피는 더해진다고 가정한다.

107. 식초, 즉 질량으로 5.00% 아세트산($HC_2H_3O_2$) 수용액(d = 1.006 g/cm^3)의 어는점을 구하라.

108. 25°C에서 $Ca(OH)_2$의 용해도는 0.153 g/100 g H_2O이다. 포화 용액의 밀도를 1.00 g/mL라고 가정하고, $Ca(OH)_2$가 물에 녹아서 얻어질 수 있는 pH의 최댓값을 계산하라.

109. 두 개의 약산, HA (MM = 138 g/mol)와 HB (MM = 72.0 g/mol)에 대한 물음에 답하라. 11.0 g의 HA가 녹아 있는 745 mL의 용액과 5.00 g의 HB가 녹아 있는 525 mL의 용액의 pH는 같다. 두 가지 산 중 어느 것이 더 센산인가? 적절한 계산으로 답을 합리화하라.

110. 약염기, NaB (MM = 233 g/mol)의 수용액에 대한 물음에 답하라. 이 용액의 pH는 0.54이다. 용액의 어는점은 −0.89°C이고, 밀도는 1.00 g/mol이다. 약염기 B^-에 대한 K_b 값을 계산하라.

제 14 장

산-염기 용액의 평형

Equilibria in Acid-Base Solutions

푸른 참제비고깔(delphinium)의 꽃잎은 델피닌(delphinin)이라 부르는 안토시아닌을 함유하고 있다. 이 꽃은 산성에서는 푸른빛을 띤 붉은색이고, 염기성에서는 푸른색과 보라색으로 변한다. 그림 속에 있는 참제비고깔은 염기성 pH의 토양에서 자라고 있는 것이 분명하다. ▶

The Metropolitan Museum of Art/Gift of Betty G. Newell, 1996

두 사람의 만남은 두 가지 화학 물질이 접촉하는 것과 같다.
어떤 반응이 일어나면 둘 다 완전히 바뀌게 된다.
—CARL JUNG
Modern Man in Search of a Soul

이 장의 차례 _Chapter Outline

제 13장에서는 약산 용질이나 약염기 용질을 물에 넣었을 때 일어나는 평형을 다루었다. 이 장에서는 다른 두 용질이 수용액에서 혼합되어 있을 때 일어나는 평형에 초점을 맞춘다. 이들 용질은 다음과 같을 것이다.

- ***약산 HB와 그 짝염기 B^-***. *완충 용액*이라고 하는 이 용액은 두 용질이 거의 같은 몰수로 들어 있다. 완충 용액과 관련된 평형은 14-1절에서 논의한다.
- ***산-염기 적정에 사용되는 산과 염기***. 이 유형의 반응은 제4장에서 논의되었다. 14-3절에서는 관련된 평형, 적정 중에 pH가 변하는 방식 및 적정에 사용할 지시약의 선택에 관해 다룬다.

또한 pH를 예상하기 위해 산-염기 지시약을 사용하는 것과 관련된 평형을 살펴볼 것이다(14-2절).

14-1 완충 용액

약산과 그 짝염기가 거의 같은 몰수로 들어 있는 용액은 다음 특성을 가진다.

- ***센산이나 센염기를 첨가해도 pH가 크게 변하지 않는다.***
- ***약산의 pK_a와 거의 같은 pH를 갖는다.***

이러한 성질을 갖는 용액을 **완충 용액**(buffer) ◂ⓘ 이라고 부르는데, 센산이나 센염기를 물에 첨가하였을 때 생기는 "충격"(pH의 급격한 변화)을 완충시켜 주기 때문이다.

약산, HB와 그 산의 소듐염, NaB 용액을 혼합하여 완충 용액을 만들 수 있다. 여기서

ⓘ 정의에 의해, 완충 용액이란 pH의 변화에 저항하는 용액이다.

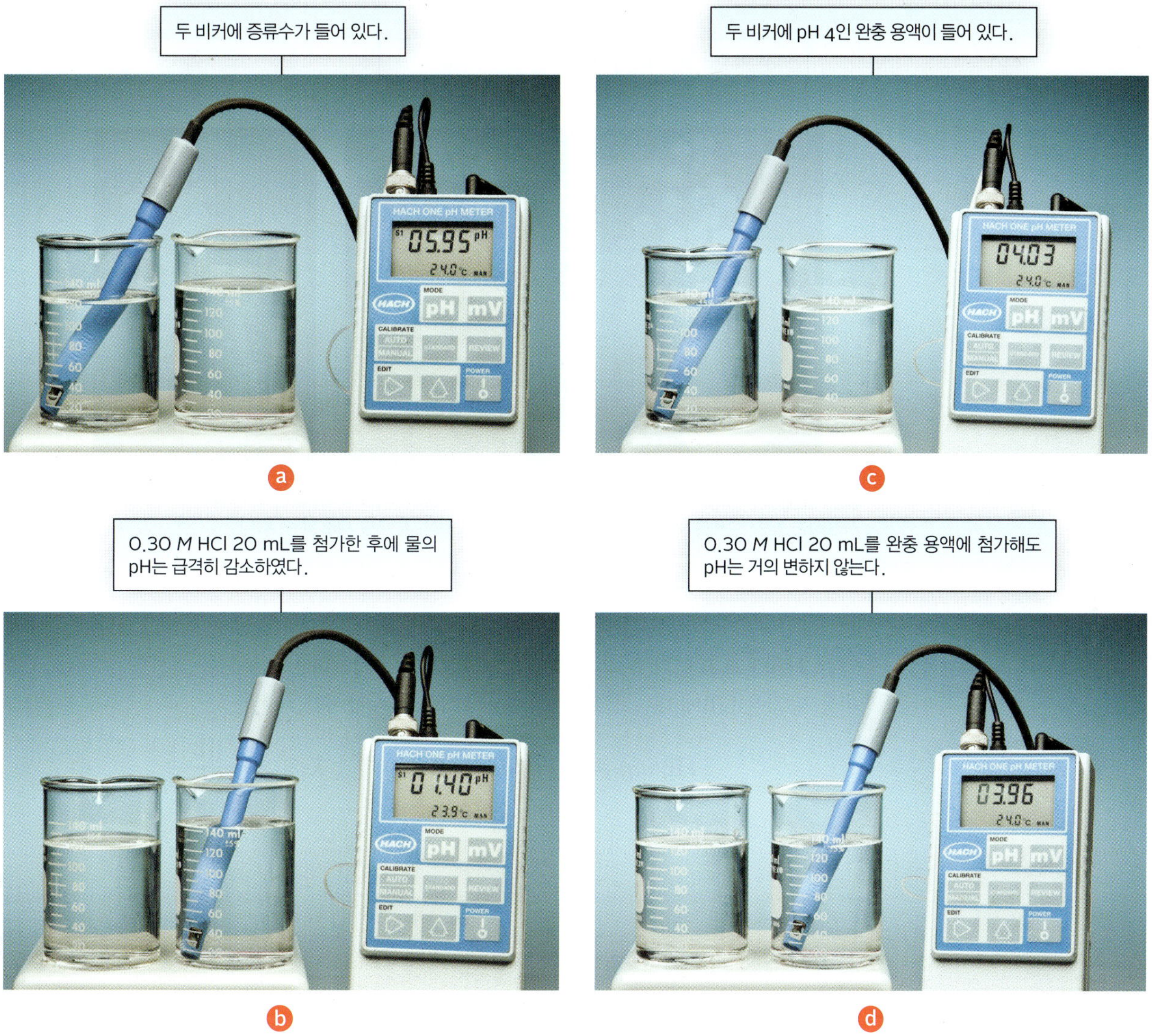

그림 14.1 ▸ **산을 첨가하였을 때 완충 용액의 효과.** pH 미터의 값을 주목하라.

NaB는 Na^+와 B^- 이온으로 구성된다. 이 혼합물의 HB는 다음과 같이 센염기와 반응한다.

$$HB(aq) + OH^-(aq) \longrightarrow B^-(aq) + H_2O$$

이 혼합물의 B^- 이온은 다음과 같이 센산과 반응한다.

$$B^-(aq) + H^+(aq) \longrightarrow HB(aq)$$

이 반응들은 14-3절에서 볼 수 있듯이 평형 상수가 매우 크므로, 사실상 완전히 진행된다. 결과적으로, 첨가한 H^+나 OH^- 이온은 모두 소모되어 pH에 직접 영향을 미치지 않는다. 이것이 완충 작용의 원리이며, 완충 용액이 완충되지 않은 용액에 비해 pH 변화에 훨씬 더 크게 저항하는 이유를 설명해 준다(그림 14.1).

완충 용액은 다양한 상품과 실험 과정에서 pH를 거의 일정하게 유지시키는 데 널리 사용된다(그림 14.2). 이러한 응용과 다른 목적을 위해 다음을 결정할 수 있어야 한다.

- 약산을 그 짝염기와 혼합하여 만든 완충 계(buffer system)의 pH.
- 원하는 pH를 유지하기 위한 적절한 완충 계.
- 센산이나 센염기를 완충 용액에 첨가했을 때 일어나는 pH의 (작은) 변화.
- H^+ 또는 OH^- 이온을 흡수할 수 있는 완충 용액의 용량(capacity).

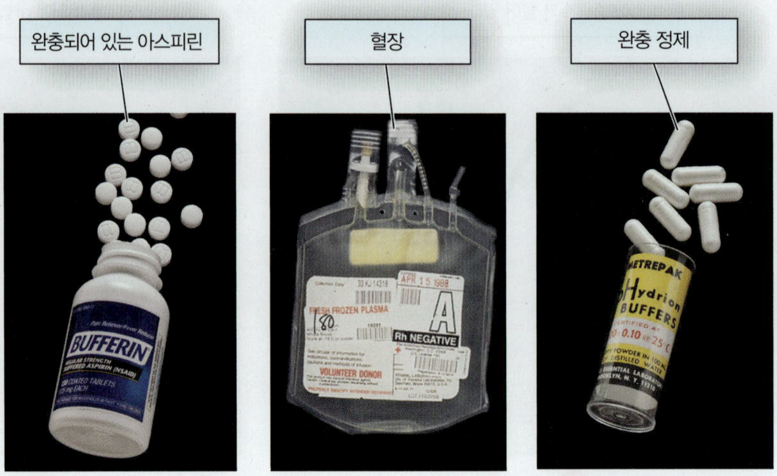

그림 14.2 ▸ **완충제의 몇 가지 응용**. 아스피린 및 혈장과 같은 제품들은 완충되어 있다. 실험실에서 사용하는 완충 정제를 이용하면(*맨 오른쪽*) 특정한 pH의 용액을 제조할 수 있다.

완충 계에서 $[H^+]$의 결정

약산, HB와 그 짝염기 B^-의 농도를 알면 완충 계의 H^+ 이온의 농도를 계산할 수 있다. 이들 세 값은 HB에 대한 산 평형 상수식에 나타나는 값이다.

> B^-는 물에 NaB와 같은 약산의 염을 첨가하면 만들어진다.

$$HB(aq) \rightleftharpoons H^+(aq) + B^-(aq) \qquad K_a = \frac{[H^+][B^-]}{[HB]}$$

$[H^+]$에 대해 풀면,

$$[H^+] = K_a \times \frac{[HB]}{[B^-]} \tag{14.1}$$

식 14.1의 양변에 로그를 취하고 -1을 곱하면 모든 완충 계에 대해 다음과 같이 나타낼 수 있다.

$$pH = pK_a + \log_{10}\frac{[B^-]}{[HB]}$$

이 관계식은 *Henderson-Hasselbalch 식*이라고 알려져 있으며, 생물학과 생화학에서 완충 용액의 pH를 계산하는 데 주로 사용된다. 역사적으로, 1908년에 Henderson은 식 14.1을 "발견하였고", Hasselbalch는 이를 8년 후에 로그 형태로 나타내었다.

식 14.1은 모든 완충 계에 적용할 수 있는 완전한 일반식이다. 다음 두 가지 점을 기억한다면 $[H^+]$ 즉, pH를 간단히 계산할 수 있다.

1. ***HB나 B^-의 초기 농도는 크게 변하지 않고 평형이 이루어진다고 항상 가정할 수 있다.*** 즉, 다음의 관계가 성립한다.

$$[HB] = [HB]_o$$
$$[B^-] = [B^-]_o$$

이러한 관계가 왜 유지되는지를 설명하기 위한 예로 약산 HB를 물에 첨가하였을 때 어떤 일이 일어나는지 살펴보자.

$$HB(aq) \rightleftharpoons H^+(aq) + B^-(aq)$$

제13장에서 이러한 조건에서는 보통 $[HB] \approx [HB]_o$로 쓰더라도 일반적으로 좋은 근사법이 된다는 것을 배웠다. 완충 용액의 경우와 같이 상당량의 B^-가 추가되면 근사법은 훨씬 더 정확하게 된다. Le Châtelier 원리에 따라 역반응이 일어나 HB의 이온화가 억제되어 $[HB] = [HB]_o$가 된다.

2. *두 화학종 HB와 B^-가 같은 용액에 존재하므로, 이들의 농도비는 몰비와 같다.* 즉,

$$\frac{[HB]}{[B^-]} = \frac{\text{HB의 몰수}/V}{B^-\text{의 몰수}/V} = \frac{n_{HB}}{n_{B^-}}$$

여기서 n은 몰수이고 V = 용액의 부피이다. 따라서 식 14.1을 다음과 같이 다시 쓸 수 있다.

$$[H^+] = K_a \times \frac{n_{HB}}{n_{B^-}} \qquad (14.2)$$

HB가 0.20 mol이고 B^-가 0.10 mol이면 $[H^+] = 2K_a$이다.

흔히 식 14.1보다 식 14.2가 사용하는 데 편리하다.

예제 14.1 주요 문제

젖산($C_3H_6O_3$)은 약한 유기산으로 신 우유와 버터 우유에 모두 들어 있다. 젖산은 탄수화물의 대사 생성물이며 격렬한 근육 운동 후 혈액에서 발견된다(그림 14.3). 젖산, HLac ($K_a = 1.4 \times 10^{-4}$)과 젖산 소듐($NaC_3H_5O_3$), NaLac를 녹여 완충 용액을 만들 수 있다.

a 젖산 소듐 1.00 mol과 젖산 1.00 mol을 물에 녹여 용액 550.0 mL를 만들었다. 이 완충 용액의 $[H^+]$와 pH를 계산하라.

분석

주어진 정보:	K_a HLac (1.4×10^{-4}); n_{HLac} (1.00 mol); n_{Lac^-} (1.00 mol) 용액의 부피(550.0 mL)
알고자 하는 것:	$[H^+]$ 및 완충 용액의 pH

전략

1. 식 14.2에 대입하여 $[H^+]$를 구한다.

$$[H^+] = K_a \times \frac{n_{HB}}{n_{B^-}}$$

2. pH를 구한다; $pH = -\log_{10}[H^+]$

풀이

1. $[H^+]$	$[H^+] = 1.4 \times 10^{-4} \times \dfrac{1.00}{1.00} = 1.4 \times 10^{-4}\ M$
2. pH	$pH = -\log_{10}(1.4 \times 10^{-4}) = 3.85$

b 1.20 *M* HLac 550.0 mL의 수용액에 34.6 g의 NaLac를 용해시켜 완충 용액을 만들었다. 이 완충 용액의 $[H^+]$ 및 pH를 계산하라. (NaLac을 첨가한 후 부피 변화는 없다고 가정하라.)

분석

주어진 정보:	K_a HLac (1.4×10^{-4}); NaLac의 질량 (34.6 g); *M* HLac (1.20) 용액의 부피(550.0 mL)
정보가 알려주는 내용:	MM NaLac
알고자 하는 것:	$[H^+]$ 및 완충 용액의 pH

전략

1. 용액의 n_{HLac}를 구한다. $n = V \times M$

2. 용액의 n_{Lac^-}를 구한다. 1 mol Lac^-/1 mol NaLac을 기억하라. 따라서,

$$n_{NaLac} = n_{Lac^-} = \text{NaLac의 질량/MM NaLac}$$

3. 식 14.2에 대입하여 $[H^+]$를 구한다.

4. $pH = -\log_{10}[H^+]$

(계속)

풀 이

1. n_{HLac} $$n = 0.5500 \text{ L} \times 1.20 \frac{\text{mol}}{\text{L}} = 0.660 \text{ mol}$$

2. n_{Lac^-} $$n_{Lac^-} = n_{NaLac} = \frac{34.6 \text{ g NaLac}}{112.06 \text{ g/mol}} = 0.309 \text{ mol}$$

3. $[H^+]$ $$[H^+] = 1.4 \times 10^{-4} \times \frac{0.660}{0.309} = 3.0 \times 10^{-4}\ M$$

4. pH $$\text{pH} = -\log_{10}(3.0 \times 10^{-4}) = 3.52$$

마무리 정리

(a)의 답을 보면, 약산과 그 짝염기가 같은 몰수로 존재할 때 완충 용액의 pH = pK_a임을 알 수 있다.

그림 14.3 ▸ **지친 장거리 주자가 고통으로 웅크리고 있다**. 인체가 근육에서 젖산을 제거할 수 있는 한계점을 넘도록 뛰면 고통이 온다.

예제 14.1(a)에서 용액의 전체 부피는 문제되지 않는다는 것을 주의하라. $[H^+]$를 푸는 데 필요한 모든 것은 젖산과 젖산 소듐의 몰수뿐이다. 용액의 부피가 550 mL이든 1 L이든 심지어 10 L이더라도 완충 용액의 pH는 3.85이다. 이것은 *완충 용액을 물로 묽혀도 pH가 변하지 않는 이유를 설명해준다.*

▶ 완충 계의 선택

실험실에서 특정 pH(예를 들어 4.0, 7.0, 10.0, . . .)의 완충 용액을 만든다고 가정하자. 다음 식을 보면 완충 용액의 pH가 다음 두 가지 요소에 의존하는 것을 분명히 알 수 있다.

$$[H^+] = K_a \times \frac{[HB]}{[B^-]} = K_a \times \frac{n_{HB}}{n_{B^-}}$$

1. ***약산의 산 평형 상수 K_a.*** K_a 값은 완충 용액의 pH에 가장 큰 영향을 미친다. HB와 B^-가 거의 같은 몰수로 존재하므로,

$$[H^+] \approx K_a \qquad \text{pH} \approx \text{p}K_a$$

따라서 pH가 7에 가까운 완충 용액을 만들려면, 약산의 K_a가 약 10^{-7}인 약산-약염기 쌍을 사용해야 한다.

2. ***HB와 B^-의 농도비 또는 몰비.*** 이 비를 조절하면 pH를 약간 변화시킬 수 있다. 약간 더 산성인 완충 용액을 만들려면 약산 HB를 좀 더 첨가한다. 약염기 B^-를 더 첨가하면 약간 더 염기성인 완충 용액이 만들어진다.

예제 14.2 주요 문제

pH 9.00인 완충 용액를 만든다고 가정해보자.

a 표 14.1에 있는 완충 계 중 어느 것을 선택하겠는가?

전략 및 풀이

표 14.1에서 K_a 값을 점검한다. pK_a 값이 9.00에 가장 가까운 완충 계를 찾는다. 정확한 선택은 pK_a가 9.25인 NH_4^+/NH_3 계 이다.

b 약산 HB와 그 짝염기 B^-의 농도비는 얼마가 되어야 하는가?

분 석

주어진 정보:	pH(9.00); (a)에서: 완충 계(NH_4^+/NH_3)
정보가 알려주는 내용:	NH_4^+의 K_a 값
알고자 하는 것:	NH_4^+/NH_3

(계속)

전략

1. $[H^+]$를 구한다.
2. 식 14.1에 [HB] 대신에 $[NH_4^+]$, $[B^-]$ 대신에 $[NH_3]$를 대입한다.

풀이

1. $[H^+]$ $\qquad pH = -\log_{10} 9.00 = 1.0 \times 10^{-9}\ M$

2. $\dfrac{NH_4^+}{NH_3}$ $\qquad [H^+] = K_a \times \dfrac{NH_4^+}{NH_3} \longrightarrow \dfrac{NH_4^+}{NH_3} = \dfrac{[H^+]}{K_a} = \dfrac{1.0 \times 10^{-9}}{5.6 \times 10^{-10}} = 1.8$

c pH 9.00인 용액을 만들려면 0.880 *M* HB 245 mL에 B^- 몇 *g*을 첨가하여야 하는가?

분석

주어진 정보:	(a)에서; 완충 계(NH_4^+/NH_3)
	(b)에서: $[H^+]$ (1.0×10^{-9} *M*); NH_4^+/NH_3 (1.8)
	NH_4^+ 용액: *V* (0.245 L); *M* (0.880)
정보가 알려주는 내용:	NH_3의 몰수
알고자 하는 것 :	pH 9.00의 완충 용액을 만들기 위해 필요한 NH_3의 질량

전략

1. NH_4^+의 몰수를 구한다.

   $n = V \times M$

2. 하나의 용액만이 있기 때문에, $[NH_4^+]/[NH_3]$ = NH_4^+의 몰수/NH_3의 몰수 = 1.8. NH_4^+의 몰수를 대입하여 NH_3의 몰수를 구한다.
3. NH_3의 몰질량을 이용하여 필요한 NH_3의 질량을 구한다.

풀이

1. NH_4^+의 몰수 $\qquad n = (0.245\ L)(0.880\ mol/L) = 0.216\ mol$

2. NH_3의 몰수 $\qquad \dfrac{0.216}{mol\ NH_3} = 1.8 \longrightarrow mol\ NH_3 = 0.12$

3. NH_3의 질량 $\qquad$ 질량 $= (0.12\ mol)\ (17.03\ g/mol) = 2.0\ g$

예제 14.2에서 알 수 있듯이, 완충 용액을 만드는 가장 일반적인 방법은 약산과 그 짝염기를 혼합하는 것이다. 그러나 다음과 같이 약간 다른 방법도 있다. 즉, 약산이나 약염기를 부분적으로 중화시키면 완충 용액이 만들어진다. 예를 들어, NH_3 0.28 mol에 HCl 0.18 mol을 넣는다고 해보자. 그러면 다음 반응이 일어난다.

$$H^+(aq) + NH_3(aq) \longrightarrow NH_4^+(aq)$$

한계 반응물인 H^+는 모두 소모된다. 따라서 다음 결과를 얻는다.

	n_{H^+}	n_{NH_3}	$n_{NH_4^+}$
초기	0.18	0.28	0.00
변화량	−0.18	−0.18	+0.18
최종	0.00	0.10	0.18

생성된 용액은 상당량의 NH_4^+와 NH_3를 모두 포함하므로 완충 용액이다. ◀ⓘ 예제 14.2에서 본 바와 같이 $[NH_4^+]/[NH_3]$ 비는 1.8일 때, 완충 용액의 pH는 9.00이다.

완충 용액에서는 반응물과 생성물의 비는 항상 1이기 때문에 한계 반응물은 항상 더 적은 몰수를 가진 반응물이다.

ⓘ 완전히 중화되면 완충 용액이 만들어지지 않는다는 것을 주목하라. 용액에는 NH_4^+ 이온만 존재한다.

표 14.1 ▸ 다른 pH 값의 완충 계

	완충 계			
원하는 pH	약산	약염기	K_a(약산)	pK_a
4	젖산(HLac)	젖산 이온(Lac^-)	1.4×10^{-4}	3.85
5	아세트산($HC_2H_3O_2$)	아세트산 이온($C_2H_3O_2^-$)	1.8×10^{-5}	4.74
6	탄산(H_2CO_3)	탄산수소 이온(HCO_3^-)	4.4×10^{-7}	6.36
7	인산이수소 이온($H_2PO_4^-$)	인산수소 이온(HPO_4^{2-})	6.2×10^{-8}	7.21
8	하이포염소산(HClO)	하이포염소산 이온(ClO^-)	2.8×10^{-8}	7.55
9	암모늄 이온(NH_4^+)	암모니아(NH_3)	5.6×10^{-10}	9.25
10	탄산수소 이온(HCO_3^-)	탄산 이온(CO_3^{2-})	4.7×10^{-11}	10.32

예제 14.3

식품 산업에서는 식품의 pH를 조절하기 위해 아세트산/아세트산 소듐의 완충 용액을 사용한다. 아세트산, $HC_2H_3O_2$(HAc)에 NaOH를 첨가하여 완충 용액을 만들 때, 다음과 같은 반응이 일어난다.

$$HAc(aq) + OH^-(aq) \longrightarrow Ac^-(aq) + H_2O$$

a 0.300 mol NaOH와 0.500 mol $HC_2H_3O_2$으로 이루어진 용액이 완충 용액인지를 계산으로 보여라.

분석

주어진 정보: NaOH의 몰수 = OH^- 몰수(0.300); HAc의 몰수(0.500)

정보가 알려주는 내용: HAc의 K_a 값(표 13.2)

알고자 하는 것: 이 용액은 완충 용액인가?

전략

1. 앞의 논의에서 나타낸 것과 같은 표를 작성하여 채운다.

2. 어떤 용액이 완충 용액이 되기 위해서는 그 용액은 반드시 약산과 약산의 짝염기를 가지고 있어야 한다는 것을 기억한다.

풀이

1. 표

	n_{OH^-}	n_{HAc}	n_{Ac^-}
초기	0.300	0.500	0
변화량	−0.300	−0.300	+0.300
최종	0	0.200	0.300

2. 완충 용액? 반응 후에 0.200 mol의 HAc와 0.300 mol의 Ac^-가 존재한다. 이 용액은 완충 용액이다.

b 0.100 *M* NaOH 25.00 mL를 0.125 *M* $HC_2H_3O_2$ 35.00 mL에 첨가하였을 때, 완충 용액이 만들어지겠는가?

분석

주어진 정보: NaOH: *V* (25.00 mL); *M* (0.100)
HAc: *V* (35.00 mL); *M* (0.125)

정보가 알려주는 내용: HAc의 K_a 값

알고자 하는 것: 이 용액은 완충 용액인가?

(계속)

전략

1. OH^-의 몰수를 계산한다.
2. HAc의 몰수를 계산한다.
3. (a)에서와 같이 표를 만든다.
4. 반응이 완결된 후에, 약산(HAc)과 그 짝염기(Ac^-)가 존재하는지 확인한다.

풀이

1. OH^-의 몰수 $(0.02500\ L)(0.100\ mol/L) = 2.50 \times 10^{-3}\ mol$
2. HAc의 몰수 $(0.03500\ L)(0.125\ mol/L) = 4.38 \times 10^{-3}\ mol$
3. 표

	n_{OH^-}	n_{HAc}	n_{Ac^-}
초기	2.50×10^{-3}	4.38×10^{-3}	0
변화량	-2.50×10^{-3}	-2.50×10^{-3}	$+2.50 \times 10^{-3}$
최종	0	1.88×10^{-3}	2.50×10^{-3}

4. 완충 용액? 반응이 완결된 후에 2.50×10^{-3} mol의 Ac^-가, 1.88×10^{-3} mol의 HAc가 들어 있다. 이 용액은 완충 용액이다.

c NaOH 5.00 g을 0.500 *M* $HC_2H_3O_2$ 150.0 mL에 첨가하였을 때 만들어진 용액은 완충 용액인가? (부피 변화는 없다고 가정한다.)

분석

주어진 정보: NaOH: 질량(5.00 g)
HAc: *V* (150.0 mL); *M* (0.500)

정보가 알려주는 내용: HAc의 K_a 값

알고자 하는 것 : 이 용액은 완충 용액인가?

전략

1. OH^-의 몰수를 계산한다.
2. HAc의 몰수를 계산한다.
3. (a)에서와 같이 표를 만든다.
4. 반응이 완결된 후에 약산(HAc)과 그 짝염기(Ac^-)가 존재하는지 점검한다.

풀이

1. OH^-의 몰수

$$\text{mol NaOH} = \frac{5.00\ g}{40.0\ g/mol} = 0.125\ mol = \text{mol } OH^-$$

2. HAc의 몰수 $(0.1500\ L)(0.500\ mol/L) = 0.0750\ mol$
3. 표

	n_{OH^-}	n_{HAc}	n_{Ac^-}
초기	0.125	0.0750	0
변화량	−0.0750	−0.0750	+0.0750
최종	0.050	0	0.0750

4. 완충 용액? 반응이 완결된 후에 0.0750 mol의 Ac^-가 들어 있으나, HAc는 없다. 이 용액은 완충 용액이 아니다.

마무리 정리

센염기와 약산(또는 센산과 약염기)으로 완충 용액을 만들기 위해서는 센염기(또는 센산)가 한계 반응물(더 적은 몰수의 반응물)이어야 한다.

▶ 완충 계에 첨가한 H^+와 OH^-의 효과

완충 용액의 pH는 센산이나 센염기를 상당량 가해도 미미하게 변한다(그림 14.4). H^+ 이온을 첨가하면 다음과 같이 같은 양의 약염기 B^-와 반응하여 그 짝산인 HB로 전환된다.

$$H^+(aq) + B^-(aq) \longrightarrow HB(aq)$$

마찬가지로, OH^- 이온을 가하면 같은 양의 약산과 반응하여 그 짝염기 B^-로 전환된다.

$$HB(aq) + OH^-(aq) \longrightarrow B^-(aq) + H_2O$$

두 경우 모두, n_{HB}/n_{B^-}의 비가 변한다. 이것은 차례로 완충 용액의 H^+ 이온 농도와 pH를 변화시킨다. ⓘ 예제 14.4에서 볼 수 있듯이, 일반적으로 이 효과는 적다.

ⓘ 완충 용액은 H^+와 OH^-와 모두 반응하는 화학종(HB와 B^-)을 가지고 있기 때문에 "작동한다".

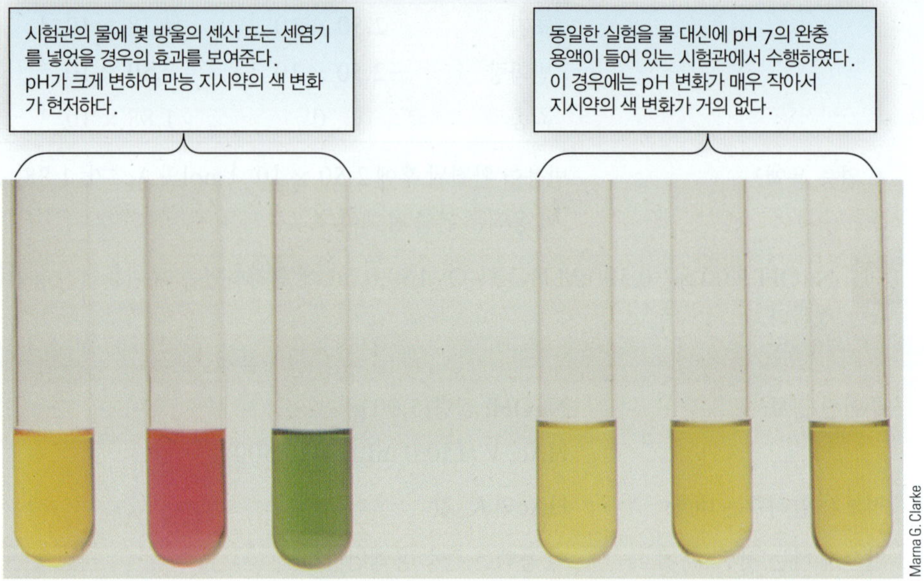

그림 14.4 ▸ **물과 완충 용액에서 pH의 변화 비교.**

예제 14.4

예제 14.1에서 설명한 완충 용액을 살펴보자. 여기서 $n_{HLac} = n_{Lac^-} = 1.00$ mol(K_a HLac = 1.4×10^{-4})이다. 이 완충 용액의 pH는 3.85임을 기억하자.

a 0.08 mol의 HCl을 첨가한 후의 pH를 계산하라.

분석

주어진 정보:	HLac의 몰수(1.00); Lac^-의 몰수(1.00); HCl의 몰수 = H^+의 몰수(0.08)
	완충 용액의 pH (3.85)
	HLac의 K_a (1.4×10^{-4})
알고자 하는 것:	센산을 첨가한 후의 완충 용액의 pH

전략

1. 센산 H^+와 그 짝염기 Lac^- 사이의 반응식을 적는다.
2. H^+를 첨가하면 1:1의 화학량론비로 짝염기를 소모한다.
   첨가한 후의 Lac^-의 몰수 = Lac^-의 몰수 − H^+의 몰수
3. H^+을 첨가하면 1:1의 화학량론비로 더 많은 약산이 생성된다.
   첨가한 후의 HLac의 몰수 = HLac의 몰수 + H^+의 몰수
4. 식 14.2에 대입하여 $[H^+]$와 pH를 구한다.

(계속)

풀이

1. 반응	$Lac^-(aq) + H^+(aq) \longrightarrow HLac\ (aq)$
2. H^+를 첨가한 후의 Lac^-의 몰수	mol Lac^- = 1.00 − 0.08 = 0.92 mol
3. H^+를 첨가한 후의 HLac의 몰수	mol HLac = 1.00 + 0.08 = 1.08 mol
4. $[H^+]$; pH	$[H^+] = 1.4 \times 10^{-4} \times \frac{1.08}{0.92} = 1.6 \times 10^{-4}$
	$pH = -\log_{10}(1.6 \times 10^{-4}) = 3.80$

b 0.08 mol의 NaOH를 첨가한 후의 pH를 계산하라.

분석

주어진 정보: HLac의 몰수(1.00); Lac^-의 몰수(1.00); NaOH의 몰수 = OH^-의 몰수(0.08)

완충 용액의 pH (3.85)

HLac의 K_a (1.4×10^{-4})

알고자 하는 것: 센 염기를 첨가한 후 완충 용액의 pH

전략

1. 센염기 OH^-와 약산, HLac 사이의 반응식을 적는다.

2. OH^-을 첨가하면 1:1의 화학량론비로 약산을 소모한다.

첨가한 후의 HLac의 몰수 = HLac의 몰수 − OH^-의 몰수

3. OH^-을 첨가하면 1:1의 화학량론비로 더 많은 짝염기가 생성된다.

첨가한 후의 Lac^-의 몰수 = Lac^-의 몰수 + OH^-의 몰수

4. 식 14.2에 대입하여 $[H^+]$와 pH를 구한다.

풀이

1. 반응	$HLac(aq) + OH^-(aq) \longrightarrow Lac^-(aq) + H_2O$
2. OH^-를 첨가한 후의 HLac의 몰수	mol HLac = 1.00 − 0.08 = 0.92 mol
3. OH^-를 첨가한 후의 Lac^-의 몰수	mol Lac^- = 1.00 + 0.08 = 1.08 mol
4. $[H^+]$; pH	$[H^+] = 1.4 \times 10^{-4} \times \frac{0.92}{1.08} = 1.2 \times 10^{-4}$
	$pH = -\log_{10}(1.2 \times 10^{-4}) = 3.92$

마무리 정리

1. 완충 용액에 센산을 첨가하면

- 약산의 몰수가 증가한다.
- 짝염기의 몰수가 감소한다.
- pH가 약간 감소한다. (이 경우에는 3.85 ⟶ 3.80)

2. 완충 용액에 센염기를 첨가하면

- 짝염기의 몰수가 증가한다.
- 약산의 몰수가 감소한다.
- pH가 약간 증가한다. (이 경우에는 3.85 ⟶ 3.92)

3. 완충 용액이라고 해서 센산과 센염기를 무한정 첨가할 수는 없다. 약산이나 그 짝염기가 한계 반응물일 때 완충 용액은 파괴되고 (H^+를 첨가하면) 오직 H^+와 약산만이 존재하거나 (OH^-를 첨가하면) OH^-나 약염기만이 존재한다.

예제 14.4는 완충 용액이 H^+나 OH^- 이온을 효과적으로 "흡수"하는 방법을 보여준다. 이것은 매우 중요하다. H^+ 이온에 대해 반응 속도가 일차인 반응을 수행하고 있다고 생각해 보자. 공기에서 극미량의 암모니아를 흡수하는 반응은 pH가 5에서 7로 증가할 때 반응 속도는 100배 감소할 것이다. 3시간 내로 완료되어야 할 반응이 열흘 후에도 계속될 것이다. 이러한 피해를 막기 위해 화학자들이 흔히 완충 용액을 사용하는 것은 그리 놀라운 일이 아니다.

완충 용량과 완충 범위

완충 용액은 pH의 급격한 변화 없이 H^+나 OH^-와 반응하는 데 제한 용량을 가지고 있다. 그 이유가 무엇인지 알아보기 위해 H_2CO_3-HCO_3^- 완충 계(K_a $H_2CO_3 = 4 \times 10^{-7}$)에 적용되는 그림 14.5를 살펴보자.

그림 14.5를 해석하기 위해, *첨가된 OH^-나 H^+를 흡수하는* **완충 용량**(buffer capacity)은 *곡선의 기울기가 커지면 작아진다*는 것을 인식하는 것이 중요하다. 다음을 주목하라.

- 점 A에서

$$pH = pK_a\ H_2CO_3 = 6.4$$

기울기가 매우 작고, 완충 용액은 급격한 pH의 변화 없이 OH^-나 H^+ 이온을 흡수하는 최대 용량을 가진다.

- 점 B에서

$$pH = 7.4; \qquad [HCO_3^-] = 10 \times [H_2CO_3]$$

기울기는 매우 크다. H_2CO_3 분자는 거의 남아 있지 않기 때문에 이 완충 용액은 OH^- 이온을 흡수하지 못한다.

- 점 C에서

$$pH = 5.4; \qquad [H_2CO_3] = 10 \times [HCO_3^-]$$

pH가 급격히 떨어지고 있다. HCO_3^- 이온이 거의 남아 있지 않기 때문에, 이 완충 용액은 H^+ 이온을 흡수하는 능력을 잃어버렸다.

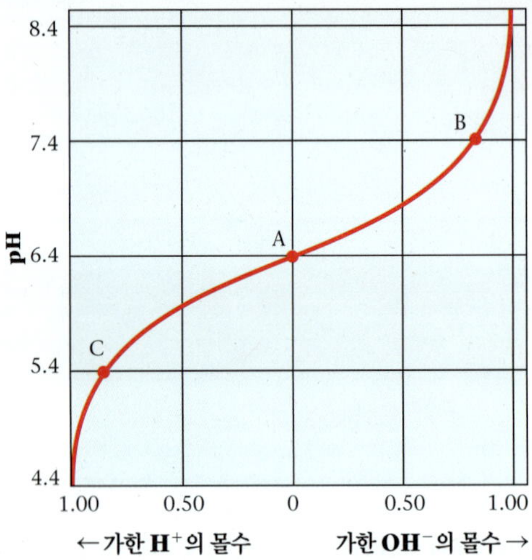

그림 14.5 ▸ **H_2CO_3–HCO_3^- 완충 용액에 센산이나 센염기를 가할 때 pH의 변화.** 점 A에서 H_2CO_3와 HCO_3^-를 모두 1 mol로 시작할 경우, H^+를 가하면 그래프의 왼쪽으로 pH가 감소하고, OH^-를 가하면 그래프의 오른쪽으로 pH가 증가하는 것을 보여준다.

혈액은 H_2CO_3-HCO_3^- 계에 의해 부분적으로 pH 7.4로 완충된다. 그림 14.5와 위의 설명에서 알 수 있듯이 곡선의 점 B에 위치한다. 혈액이 OH^-를 흡수할 용량은 매우 작고(점 B의 오른쪽으로 이동), 오히려 H^+를 흡수할 용량은 매우 크다(점 B의 왼쪽으로 이동). 생명체의 대사 과정에서 OH^- 이온보다 더 많은 H^+ 이온을 생성하므로 이것은 참으로 다행스러운 일이다.

완충 범위(buffer range)는 완충 용액이 유효한 pH 범위이다. 이것은 약산과 그 짝염기의 농도비와 관련이 있다. 비가 1보다 클수록 완충 작용의 효과는 감소한다. 이상적으로 산/염기 비는 0.1과 10 사이여야 한다. $\log_{10} 10 = 1$이고 $\log_{10} 0.1 = -1$이므로 완충 용액은 약산의 pK_a에서 ±1 pH 단위에서 가장 유용하다.

예제 14.5 개념 문제

아래의 상자 안에 나타낸 완충 계를 생각해 보자. 빨간 공(●)는 약산 1 mol을, 파란 공(●)는 그 짝염기 1 mol을 나타낸다. 완충 용액의 pH는 6.0이다. 이 약산의 K_a는 얼마인가?

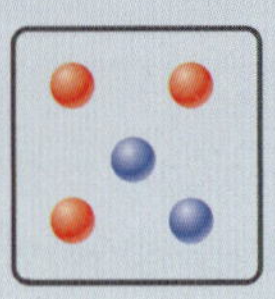

(계속)

분석	
주어진 정보:	HB의 몰수(3); B^-의 몰수(2)
	pH (6.0)
알고자 하는 것:	HB에 대한 K_a
전략	
1. $[H^+]$를 구한다.	
2. 식 14.2에 대입한다.	
풀이	
1. $[H^+]$	$6.0 = -\log_{10}[H^+] \longrightarrow [H^+] = 1 \times 10^{-6}\ M$
2. K_a	$1.0 \times 10^{-6} = K_a \times \dfrac{3}{2} \longrightarrow K_a = 7 \times 10^{-7}$

14-2 산-염기 지시약

제4장에서 설명한 바와 같이, *산-염기 지시약*(acid-base indicator)은 산-염기 적정에서 **당량점**(equivalence point)을 결정하는 데 유용하다. 당량점은 반응이 완결되는 점으로 같은 양의 산과 염기가 반응한 지점이다. 지시약을 적절하게 선택하면 변색점[**종말점**(end point)]ⓘ은 당량점과 일치한다. 지시약이 색을 변화시키는 방법과 이유를 이해하려면 관련된 평형 원리에 대해 이해해야 한다.

ⓘ 적정을 멈춘다는 의미에서 종말점(end point)이라고 부른다.

산-염기 지시약(그림 14.6)은 다음과 같은 약산 HIn에서 유도된다.

$$HIn(aq) \rightleftharpoons H^+(aq) + In^-(aq) \qquad K_a = \frac{[H^+] \times [In^-]}{[HIn]}$$

여기서 약산 HIn과 그 짝염기 In^-는 서로 다른 색을 가진다(그림 14.7). 한 방울의 지시약 용액을 산-염기 적정에 첨가할 때, 관찰되는 색은 다음의 비에 따라 달라진다.

$$\frac{[HIn]}{[In^-]}$$

이들 비는 세 가지 경우로 구분할 수 있다.

1. $\dfrac{[HIn]}{[In^-]} \geq 10$ 이면

   주된 화학종은 HIn이므로 "산"의 색, 즉 HIn 분자의 색이 나타난다.

2. $\dfrac{[HIn]}{[In^-]} \leq 0.1$ 이면

   주된 화학종은 In^-이므로 "염기"의 색, 즉 In^- 이온의 색이 나타난다.ⓘ

3. $\dfrac{[HIn]}{[In^-]} \approx 1$ 이면

   관찰되는 색은 두 화학종, HIn과 In^-의 중간 색이다.

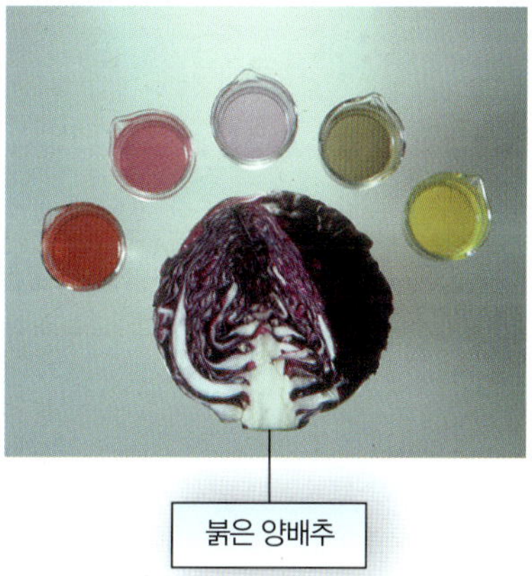

Charles Steele

그림 14.6 ▸ **천연 산-염기 지시약인 붉은 양배추 액.** 이 사진은 pH 1, 4, 7, 10, 13에서의 색을 보여준다(*왼쪽에서 오른쪽으로*).

ⓘ 리트머스에서 HIn은 붉은색이며 In^-는 파란색이다.

지시약 분자, HIn의 이온화 반응에 대한 평형 상수식은 다음과 같다.

$$K_a = \frac{[H^+] \times [In^-]}{[HIn]}$$

이를 다시 정리하면 다음과 같다.

$$\frac{[HIn]}{[In^-]} = \frac{[H^+]}{K_a} \qquad (14.3)$$

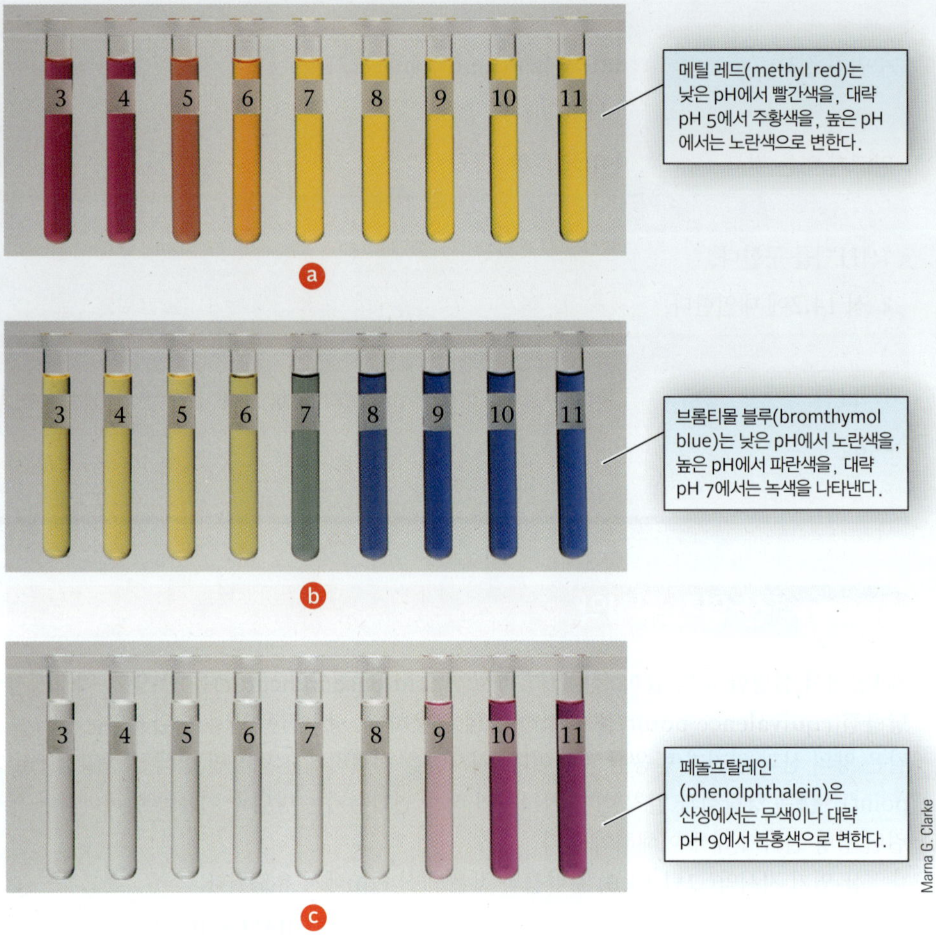

그림 14.7 ▸ **산-염기 지시약.**

이 식에서, $[HIn]/[In^-]$ 비와 지시약의 색은 다음의 두 가지 인자에 따라 달라진다.

> 지시약은 한두 방울만 사용하므로 용액의 pH에는 거의 영향을 주지 않는다.

1. ***$[H^+]$ 또는 용액의 pH.*** 높은 $[H^+]$(낮은 pH)에서는 HIn 분자의 색이 나타난다. 낮은 $[H^+]$(높은 pH)에서는 In^- 이온의 색이 우세하게 나타난다.
2. ***지시약의 K_a.*** K_a 값은 지시약에 따라 다르므로, 다른 지시약은 다른 pH에서 색이 변한다. 다음의 경우에 색 변화가 일어난다.

$$[H^+] \approx K_a \qquad pH \approx pK_a$$

표 14.2에 세 가지 지시약 메틸 레드, 브롬티몰 블루, 페놀프탈레인의 특성을 나타내었다. 이들 지시약은 각각 pH 5, 7, 9에서 색이 변한다.

> pH 11에서 페놀프탈레인의 색은 무엇인가? pH 7에서는?

실제로 pH가 2만큼 변하는 범위에서 지시약 색 변화를 감지할 수 있다. 예를 들어, pH가 증가함에 따라 브롬티몰 블루가 어떻게 되는지 살펴보자.

표 14.2 ▸ **지시약의 색과 종말점**

	[HIn]의 색	$[In^-]$의 색	K_a	종말점에서의 pH
메틸 레드	빨간색	노란색	1×10^{-5}	5
브롬티몰 블루	노란색	파란색	1×10^{-7}	7
페놀프탈레인	무색	분홍색	1×10^{-9}	9

- pH 6 이하(예를 들어 . . . 3, 4, 5)에서는 색이 순수한 노란색이다.
- pH 6과 7 사이에서 지시약은 녹색을 띠기 시작한다. 색은 황록색이라고 할 수 있다.
- pH 7에서 색은 노란색과 파란색의 50-50 혼합물의 색이므로 녹색으로 보인다.
- pH 7과 8 사이에서 파란색이 보이기 시작한다.
- pH 8 이상(즉 9, 10, 11, . . .)에서는 색이 순수한 파란색이다.

예제 14.6

브롬티몰 블루($K_a = 1 \times 10^{-7}$)를 살펴보자. pH 6.5에서 다음 물음에 답하라.

(a) $[In^-]/[HIn]$ 비를 계산하라.

(b) 이 점에서 지시약은 무슨 색인가?

분석

주어진 정보:	브롬티몰 블루의 K_a (1×10^{-7})
	pH 6.5
정보가 알려주는 내용:	다른 pH 값에서 브롬티몰 블루의 색
알고자 하는 것:	(a) $[In^-]/[HIn]$
	(b) pH 6.5에서 브롬티몰 블루의 색

전략

(a) pH를 $[H^+]$로 변환하고, 식 14.1에 대입하여 $[In^-]/[HIn]$을 구한다.

(b) 위에서 논의한 다른 pH에서의 브롬티몰 블루에 대한 색 변화 정보를 이용하여, pH 6.5에서 브롬티몰 블루의 색을 알아낸다.

풀이

(a) $[In^-]/[HIn]$

$$6.5 = -\log_{10}[H^+] \longrightarrow [H^+] = 3 \times 10^{-7}$$

$$\frac{[In^-]}{[HIn]} = \frac{K_a}{[H^+]} = \frac{1 \times 10^{-7}}{3 \times 10^{-7}} = \frac{1}{3}$$

(b) 브롬티몰 블루의 색

pH 7에서는 브롬티몰 블루가 녹색이다.

pH 6 이하에서는 브롬티몰 블루가 노란색이다.

pH 6.5는 6과 7의 중간이므로, pH 6.5에서 브롬티몰 블루의 색은 황록색 이다.

14-3 산-염기 적정

제4장의 **산-염기 적정**(acid-base titration)에 대한 논의는 화학량론에 초점을 맞추었다. 여기서 강조점은 관련된 산-염기 반응에 적용이 가능한 평형의 원리(equilibrium principle)에 관한 것이다. 적정은 다음과 같이 세 가지로 구분하여 고려하는 것이 편리하다.

- 센산(예, HCl)과 센염기(예, NaOH, $Ba(OH)_2$).
- 약산(예, $HC_2H_3O_2$)과 센염기(예, NaOH).
- 센산(예, HCl)과 약염기(예, NH_3).

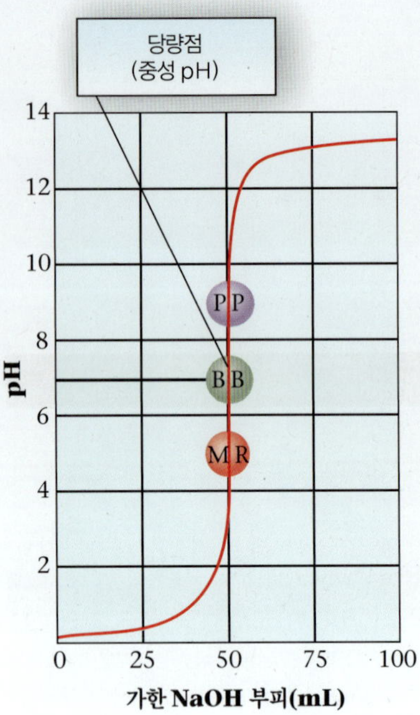

그림 14.8 ▸ **센산-센염기 적정**. 곡선은 1.000 *M* HCl 50.00 mL를 1.000 *M* NaOH로 적정하는 것을 나타낸다. 당량점에서 용액은 중성(pH = 7)이다. 당량점 부근에서 pH는 급격하게 증가한다. 따라서 다음의 세 가지 지시약을 모두 사용할 수 있다; 메틸 레드(MR, 종말점 pH = 5), 브롬티몰 블루(BB, 종말점 pH = 7), 페놀프탈레인(PP, 종말점 pH = 9).

▶ 센산-센염기

제13장에서 설명한 것처럼, 센산은 물에서 완전히 이온화하여 H_3O^+ 이온을 형성하고, 센염기는 물에 녹아 OH^- 이온을 형성한다. *어떤* 센산이 *어떤* 센염기와 반응할 때 일어나는 중화 반응은 Brønsted-Lowry 유형의 알짜 이온 반응식으로 다음과 같이 나타낼 수 있다.

$$H_3O^+(aq) + OH^-(aq) \longrightarrow 2H_2O$$

또는 더 간단히 H_3O^+ 이온 대신 H^+ 이온으로 치환하면 다음과 같이 된다.

$$H^+(aq) + OH^-(aq) \longrightarrow H_2O$$

바로 위의 반응식은 물의 이온화 반응의 역반응에 대한 반응식이기 때문에 평형 상수는 역수 규칙을 이용하여 계산할 수 있다(제12장).

$$K = 1/K_w = 1/(1.0 \times 10^{-14}) = 1.0 \times 10^{14}$$

K 값이 굉장히 크다는 것은 실제로 이 반응이 완결되어 한계 반응물인 H^+나 OH^-를 모두 소모한다는 것을 의미한다.

이제 전형적인 센산인 HCl을 NaOH로 적정하는 경우를 살펴보자. 그림 14.8은 적정하는 동안 pH가 어떻게 변하는지를 보여준다. 이 곡선의 두 가지 특징이 특별히 중요하다.

1. 당량점에서 모든 HCl이 NaOH에 의해 중화되어 용액에는 중성 염인 NaCl이 존재한다. 당량점에서의 pH는 7이다.
2. 당량점 근처에서는 pH가 매우 급격하게 증가한다. 실제로 NaOH 반 방울(≈0.02 mL)을 가하였을 때 pH는 6(4에서 10으로)만큼 증가한다(예제 14.7).

예제 14.7

1.000 *M* HCl 50.00 mL를 0.7450 *M* NaOH로 적정할 때(그림 14.9), pH는 증가한다.

a 당량점인 pH 7.00에 도달하는 데 필요한 NaOH는 몇 mL인가?

분석

주어진 정보:	HCl: *V*(50.00 mL); *M*(1.000)
	NaOH: *M*(0.7450)
정보가 알려주는 내용:	산-염기 반응
알고자 하는 것:	당량점에 도달하는 데 필요한 NaOH의 부피

전략

1. 제4장에서 논의한 산-염기 반응의 화학량론을 기억하고, 반응식을 쓴다.
2. HCl의 몰수를 구한다.
3. 아래의 변환 과정에 따라 NaOH의 몰수와 필요한 NaOH의 부피를 구한다.

$$\text{HCl의 몰수} \xrightarrow{\text{원자 비}} H^+ \text{ 몰수} \xrightarrow{\text{화학량론비}} OH^- \text{ 몰수} \xrightarrow{\text{원자 비}} \text{NaOH 몰수} \xrightarrow{M} \text{NaOH의 } V$$

(계속)

풀 이

1. 반응 $H^+(aq) + OH^-(aq) \longrightarrow H_2O$

2. HCl의 몰수 mol HCl $= V \times M = (0.05000\ L)(1.000\ mol/L) = 0.05000\ mol$

3. NaOH의 몰수 $0.05000\ mol\ HCl \times \frac{1\ mol\ H^+}{1\ mol\ HCl} \times \frac{1\ mol\ OH^-}{1\ mol\ H^+} \times \frac{1\ mol\ NaOH}{1\ mol\ OH^-}$
$= 0.05000\ mol\ NaOH$

NaOH의 부피 $V = \frac{0.05000\ mol}{0.7450\ mol/L} = 0.06711\ L$

b 가한 NaOH의 부피를 당량점의 부피보다 0.02 mL 적게 가했을 때의 pH를 구하라.

분 석

주어진 정보: HCl: V (0.05000 L); M (1.000)

(a)에서: H^+의 몰수(0.05000 mol); NaOH의 부피(67.11 mL)

적정에서 NaOH의 부피(67.11 − 0.02 = 67.09 mL)

알고자 하는 것: NaOH를 가한 후 용액의 pH

전 략

1. OH^-의 몰수를 계산한다.
2. 다음의 화학량론 표를 채운다.

	H^+	OH^-
반응 전의 몰수		
변화량		
반응 후의 몰수		
부피		

이 표는 제12장의 평형 표와 거의 같은 모습이다.

3. [과량 반응물]을 구한다.

$$[\text{과량 반응물}] = \frac{\text{과량 반응물의 몰수}}{(H^+\text{의 부피}) + (OH^-\text{의 부피})}$$

4. pH를 구한다.

풀 이

1. OH^-의 몰수 $(0.06709\ L)(0.7450\ mol/L) = 0.04998\ mol$

2. 표

	H^+	OH^-
반응 전의 몰수	0.05000	0.04998
변화량	−0.04998	−0.04998
반응 후의 몰수	2×10^{-5}	0
부피	50.00 mL	67.09 mL

3. [과량의 반응물] = $[H^+]$

$$[H^+] = \frac{2 \times 10^{-5}\ mol}{(0.05000 + 0.06709)\ L} = 2 \times 10^{-4}\ M$$

4. pH $pH = -\log_{10}(2 \times 10^{-4}) = 3.7$

(계속)

C 가한 NaOH의 부피를 당량점의 부피보다 0.02 mL 더 많이 가했을 때의 pH를 구하라.

분석

주어진 정보: HCl: V (0.05000 L); M (1.000)

(a)에서: H^+의 몰수(0.05000 mol); NaOH의 부피(67.11 mL)

적정에서 NaOH의 부피(67.11 + 0.02 = 67.13 mL)

알고자 하는 것: NaOH를 가한 후 용액의 pH

전략

1. OH^-의 몰수를 구한다.
2. (b)에서와 같이 화학량론 표를 채운다.
3. (b)에서와 같이 [과량 반응물]을 구한다.
4. pH를 구한다.

풀이

1. OH^-의 몰수 (0.06713 L)(0.7450 mol/L) = 0.05001 mol

2. 표

	H^+	OH^-
반응 전의 몰수	0.05000	0.05001
변화량	−0.05000	−0.05000
반응 후의 몰수	0	1×10^{-5}
부피	50.00 mL	67.13 mL

3. [과량 반응물] = $[OH^-]$ $[OH^-] = \dfrac{1 \times 10^{-5}\text{ mol}}{(0.05000 + 0.06713)\text{ L}} = 9 \times 10^{-5}\ M;\ [H^+] = 1 \times 10^{-10}\ M$

4. pH $\quad pH = -\log_{10}(1 \times 10^{-10}) = 10.0$

마무리 정리

종말점(pH = 7)보다 반 방울이 덜 들어갔을 때의 pH는 3.7이고, 종말점보다 반 방울이 더 들어가면 pH는 7에서 10으로 바뀐다. 이것은 그림 14.8로부터 예상된다.

그림 14.9 ▸ **페놀프탈레인 지시약을 사용하여 HCl 용액을 NaOH로 적정하는 모습.**

ⓘ 효과적인 적정이 되기 위해서는 반응이 완결되어야 한다. 이를 위해서는 대략 $K > 10^4$이 되어야 한다.

그림 14.8과 예제 14.7에서 pH 4와 10 사이에서 색깔을 변화시키는 지시약은 모두 센산-센염기 적정에 사용할 수 있음을 알았다. 브롬티몰 블루(BB: 종말점 pH = 7)는 매우 좋은 지시약이며, 메틸 레드(MR: 종말점 pH = 5) 또는 페놀프탈레인(PP: 종말점 pH = 9)도 그러하다.

▶ 약산-센염기

약산-센염기 적정의 전형적인 예는 아세트산을 수산화 소듐으로 적정하는 것이다. 이 반응의 알짜 이온 반응식은 다음과 같다.

$$HC_2H_3O_2(aq) + OH^-(aq) \longrightarrow C_2H_3O_2^-(aq) + H_2O$$

이 반응은 약염기, $C_2H_3O_2^-$(아세트산 이온)과 물의 반응에 대한 역반응이다(제13장). 이 반응에 대한 평형 상수는 역수 규칙에 따라 다음과 같이 계산하면 된다.

$$K = \frac{1}{(K_b\ C_2H_3O_2^-)} = \frac{1}{(5.6 \times 10^{-10})} = 1.8 \times 10^9$$

여기서 K는 매우 큰 값이다. ⓘ 즉 아세트산과 센염기의 반응이 완결된다.

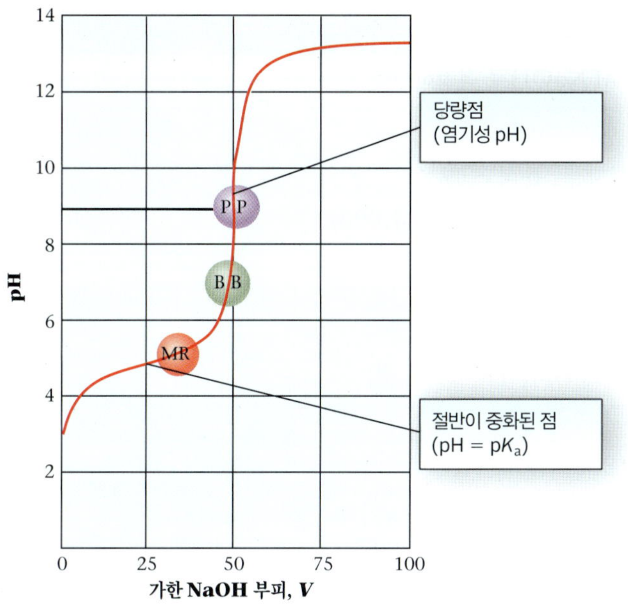

그림 14.10 ▸ **약산-센염기 적정.** 이 곡선은 1.000 *M* 아세트산($HC_2H_3O_2$) 50.00 mL를 1.000 *M* NaOH로 적정하는 것을 나타낸다. 당량점에서 용액은 염기성이다(pH = 9.22). 페놀프탈레인이 적절한 지시약이다. 메틸 레드는 너무 일찍 색 변화를 나타내는데, 약 33 mL의 NaOH를 가해도 색이 변한다. 브롬티몰 블루는 너무 일찍 약간의 색변화가 일어난다.

그림 14.10은 1 *M* $HC_2H_3O_2$ 50 mL를 1 *M* NaOH로 적정할 때 pH가 어떻게 변하는지를 나타낸 것이다. 다음 사항들을 주목하라.

- pH는 2 이상에서 시작된다. 약산($HC_2H_3O_2$)을 다루기 때문이다.
- 절반이 중화된 점인 적정의 *중간점*(halfway point)을 중심으로 pH가 매우 느리게 변하는 영역이 있다. 이 용액은 반응하지 않고 남아있는 $HC_2H_3O_2$과 NaOH와 반응하여 생긴 그 짝염기인 $C_2H_3O_2^-$를 같은 몰수로 포함하고 있다. 앞에서 설명한 바와 같이 이 계는 완충 용액으로 작용한다. 그림 14.11은 절반이 중화된 점에서 $[H^+] = K_a$임을 보여주고 있다.
- 당량점에서는 아세트산 소듐($NaC_2H_3O_2$)의 용액이 된다. 아세트산 이온이 약염기이므로 당량점에서의 pH는 7보다 커야 한다.

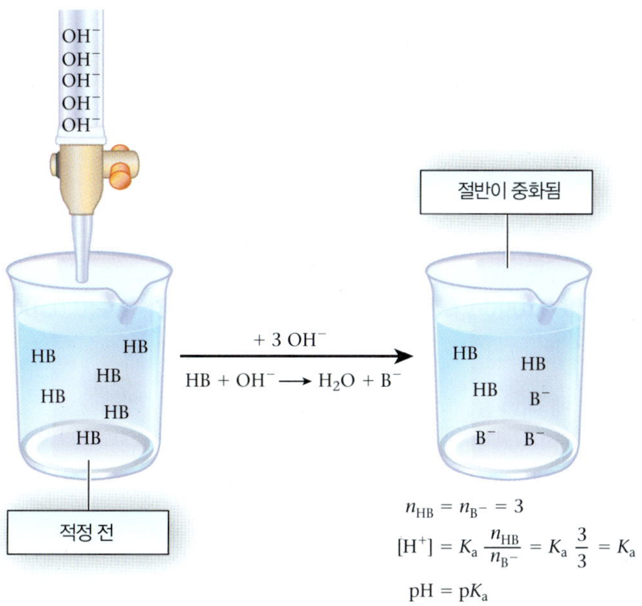

그림 14.11 ▸ **절반이 중화된 점에서 $[H^+] = K_a$임을 보여주는 개략도.**

예제 14.8

1.000 *M* 아세트산($HC_2H_3O_2$) 50.00 mL를 0.8000 *M* NaOH로 적정하였다.

a 염기를 가하기 전 용액의 pH를 구하라.

분석

주어진 정보:	$HC_2H_3O_2$ (HAc: V (0.05000 L); M (1.000) NaOH: M (0.8000)
정보가 알려주는 내용:	HAc에 대한 K_a
알고자 하는 것:	적정을 시작하기 전의 pH(염기를 가하기 전)

전략

1. 이것은 단순히 약산의 pH를 결정하는 것이다. 예제 13.7을 참고한다.
2. 평형에서, $x = [H^+] = [Ac^-]$라고 놓는다. 평형에서 $[HAc] = [HAc]_o - x$이다.
   $x = [H^+] << [HAc]_o$라고 가정을 한다.
3. 이 식을 식 13.5에 대입하여 x에 대하여 푼다. 그리고 가정을 점검한다.
4. pH를 구한다.

풀이

2. $x = [H^+]$	$1.8 \times 10^{-5} = \dfrac{(x)(x)}{1.000 - x} = \dfrac{x^2}{1.000} \longrightarrow x = 4.2 \times 10^{-3}\ M$
3. 가정의 점검	이온화 % $= \dfrac{4.2 \times 10^{-3}}{1.00} \times 100\% = 0.42\% < 5\%$ 가정은 타당하다.
4. pH	$pH = -\log_{10}(4.2 \times 10^{-3}) = 2.38$

b 아세트산의 절반이 중화되었을 때 용액의 pH를 구하라.

분석

주어진 정보:	$HC_2H_3O_2$ (HAc): V (0.05000 L); M (1.000) NaOH: M (0.8000)
정보가 알려주는 내용:	HAc에 대한 K_a
알고자 하는 것:	절반이 중화된 지점에서의 pH

풀이

1. $[H^+]$	절반이 중화된 점에서 $[H^+] = K_a$; $[H^+] = 1.8 \times 10^{-5}$
2. pH	$pH = -\log_{10}(1.8 \times 10^{-5}) = 4.74$

c 당량점에서 용액의 pH를 구하라.

분석

주어진 정보:	$HC_2H_3O_2$ (HAc): V (0.05000 L), M (1.000); (a)에서: HAc의 몰수(0.05000 mol) NaOH: M (0.8000)
정보가 알려주는 내용:	HAc에 대한 K_a 및 Ac^-에 대한 K_b
알고자 하는 것:	당량점에서의 pH

(계속)

전략

1. 적정에 대한 반응식을 적는다.
2. 당량점에 도달하는 데 필요한 NaOH의 부피를 구한다.

   적정에서: HAc의 몰수 = OH^-의 몰수
3. 당량점에서, 모든 아세트산은 아세트산 이온으로 변환된다. 따라서 Ac^- 몰수는 처음의 HAc의 몰수와 같다. $[Ac^-]$를 구한다.

$$[Ac^-] = \frac{\text{mol } Ac^-}{V_{HAc} + V_{OH^-}}$$

4. 식 13.8에 대입하여 $[OH^-]$를 구한다.
5. $[H^+]$와 pH를 구한다.

풀이

1. 반응 $HAc(aq) + OH^-(aq) \longrightarrow Ac^-(aq) + H_2O$
2. 필요한 NaOH의 부피 mol HAc = 0.05000 mol = mol OH^- = mol NaOH

$$\text{부피} = \frac{0.05000 \text{ mol}}{0.800 \text{ mol/L}} = 0.0625 \text{ L}$$

3. $[Ac^-]$ mol Ac^- = mol HAc = 0.05000 mol

$$[Ac^-] = \frac{0.05000 \text{ mol}}{(0.05000 + 0.06250) \text{ L}} = 0.4444 \ M$$

4. $[OH^-]$

$$K_b = \frac{[OH^-][HAc^-]}{[Ac^-]} \longrightarrow 5.6 \times 10^{-10} = \frac{(x)(x)}{0.4444}$$

$$x = [OH^-] = 1.6 \times 10^{-5} \ M$$

5. $[H^+]$; pH

$$[H^+] = \frac{1.0 \times 10^{-14}}{1.6 \times 10^{-5}} = 6.2 \times 10^{-10}; \ \text{pH} = 9.20$$

그림 14.10과 예제 14.8에서, 이 적정에 사용되는 지시약은 약 pH 9에서 색이 변해야 한다. 페놀프탈레인(종말점 pH = 9)이 적합하다. 메틸 레드(종말점 pH = 5)는 적합하지 않다. 메틸 레드를 사용하면 반응이 약 65% 정도만 진행이 되어도 변색이 되어 적정이 끝나게 된다. 이러한 상황은 *약산-센염기 적정*에서 전형적이다. ◀ⓘ 그러한 적정을 위해 *pH 7보다 높은 값에서 변색*하는 지시약을 선택한다.

ⓘ 산이나 염기 중 하나가 약한 것이면, pH는 종말점 근처에서 상대적으로 느리게 변한다.

센산-약염기

염산과 암모니아 용액 사이의 반응은 Brønsted-Lowry 반응식으로 다음과 같이 나타낼 수 있다.

$$H_3O^+(aq) + NH_3(aq) \longrightarrow NH_4^+(aq) + H_2O$$

다시, 위 반응식에서 H_3O^+ 대신 H^+을 써서 반응식을 간단히 표시한다.

$$H^+(aq) + NH_3(aq) \longrightarrow NH_4^+(aq)$$

평형 상수를 얻기 위해 이 반응은 NH_4^+ 이온의 산 해리 반응의 역반응임을 유념하라. 즉,

$$K = \frac{1}{K_a NH_4^+} = \frac{1}{5.6 \times 10^{-10}} = 1.8 \times 10^9$$

*K*가 매우 크기 때문에 반응은 사실상 완결된다.

그림 14.12는 1.000 *M* NH_3 50.00 mL를 1.000 *M* HCl로 적정할 때 pH가 어떻게 변하는지를 나타낸 것이다. 이 곡선은 그림 14.10에 나타낸 약산-센염기 적정의 반대이다. 특히, 다음의 세 영역을 살펴보자.

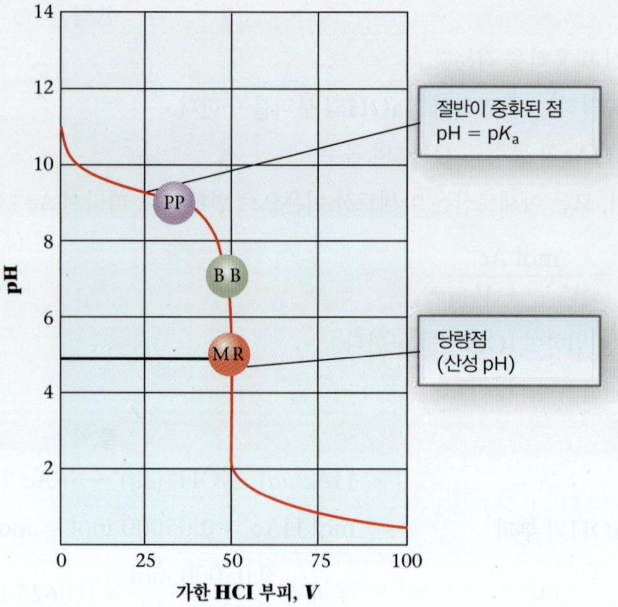

그림 14.12 ▸ **센산-약염기 적정.** 이 곡선은 1.000 M 암모니아 50.00 mL를 1.000 M 염산으로 적정하는 것을 나타낸다. 당량점에서 용액은 암모늄 이온(NH_4^+) 때문에 산성을 나타낸다. 메틸 레드가 적당한 지시약이다. 페놀프탈레인은 너무 일찍 색변화를 나타낸다.

- 초기 pH는 약염기인 1.000 M NH_3 ($K_b = 1.8 \times 10^{-5}$) 용액의 pH이다. 예상대로, pH는 7과 14 사이의 값이다.

$$[OH^-]^2 \approx K_b \times [NH_3]_o = (1.8 \times 10^{-5})(1.000)$$
$$[OH^-] = 4.2 \times 10^{-3}\ M;\ pOH = 2.38$$
$$pH = 14.00 - 2.38 = 11.62$$

- HCl 25 mL를 첨가하면 NH_3와 NH_4^+ ($K_a = 5.6 \times 10^{-10}$)가 같은 몰수로 포함된 완충 용액이 된다. 따라서, 다음이 성립한다.

$$pH = NH_4^+ \text{의 } pK_a = 9.25$$

- 당량점에서는 약산인 0.5000 M NH_4^+ 용액이 된다. 예상대로, pH는 산성 영역의 값이다.

센산을 가할수록 pH는 감소한다.

$$[H^+]^2 \approx (0.5000)(5.6 \times 10^{-10})$$
$$[H^+] = 1.7 \times 10^{-5}\ M$$
$$pH = 4.77$$

그림 14.12에서, 수록된 지시약 중 유일하게 적당한 것은 메틸 레드뿐이다. 다른 두 지시약은 당량점에 도달하기 전에 너무 일찍 색이 변한다. *일반적으로 약염기를 센산으로 적정하기 위해서는 지시약이 pH 5의 산성 영역에서 색이 변해야 한다.*

▶ 이양성자산의 적정

제13장에서, 이양성자산(diprotic acid)은 이온화할 수 있는 두 개의 수소 이온을 가진 산이라는 것을 배웠다. 수소 이온은 이양성자산에서 한 번에 하나씩 이온화되기 때문에 각 이온화 단계마다 평형 상수를 가진다.

$$H_2X(aq) \rightleftharpoons H^+(aq) + HX^-(aq) \quad K_{a1}$$
$$HX^-(aq) \rightleftharpoons H^+(aq) + X^{2-}(aq) \quad K_{a2}$$

이러한 단계적 이온화로 인해, 이양성자산의 적정 곡선은 그림 14.13과 같이 두 개의 당량점을 가진다. 이 적정 곡선에서 첫 번째 당량점은 첫 번째 H^+ 이온의 적정을 나타내고, 두 번째 당량점은 두 번째 양성자(H^+)의 적정을 나타낸다.

그림 14.13에서 두 번째 당량점에 도달하기 위하여 필요한 NaOH의 부피가 첫 번째 당량점에 도달하기 위한 NaOH의 부피와 같다는 것을 주목하라. 그 이유는 첫 번째 당량

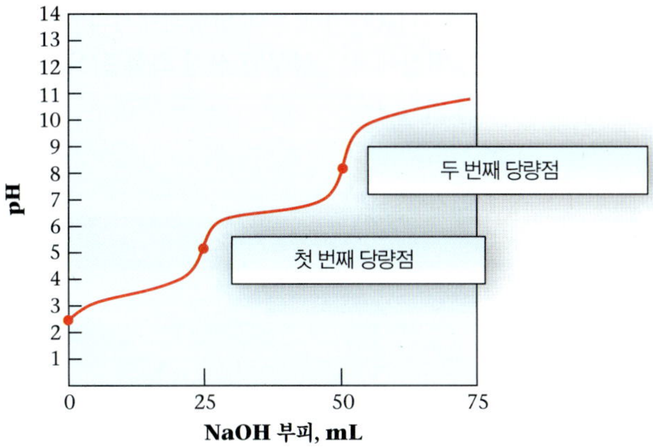

그림 14.13 ▸ **이양성자산의 적정 곡선.** 두 개의 당량점이 나타나 있고, 각각은 하나의 H^+ 이온과의 반응을 나타낸다.

점에서 H_2X와 HX^-의 몰비가 1:1이기 때문이다. 그러므로 두 번째 당량점에서도 HX^-을 X^{2-}로 중화시키는 데 동일한 몰비로 동일한 양의 염기가 필요하게 된다. 그러므로 전체적으로 1 mol의 H_2X를 중화하기 위해 2 mol의 OH^-가 필요하다.

$$H_2X(aq) + 2OH^-(aq) \longrightarrow X^{2-}(aq) + 2H_2O$$

▶ 요약

표 14.3에 산-염기 적정에서 논의한 내용을 요약하였다. 세 유형의 적정에 대해 다음 사항을 유의하라.

- ***반응을 나타내는 데 쓴 반응식(두 번째 열)은 아주 다르다.*** 센산과 센염기는 각각 H^+, OH^-로 나타내며, ◂ⓘ 약산과 약염기는 자신의 화학식으로 나타낸다.
- ***이들 모든 반응의 평형 상수(K)는 매우 큰데, 이는 반응이 본질적으로 완결됨을 나타낸다.***
- ***당량점에서의 pH는 존재하는 화학종에 의해 결정된다.*** 센산-센염기 적정에서와 같이 "구경꾼 이온"만 존재할 때 당량점에서의 pH는 7이다. 약산-센염기 적정에서는

ⓘ 센산과 센염기에서 반응하는 화학종은 각각 H^+와 OH^- 이온이다.

표 14.3 ▸ 산-염기 반응의 특성

예	반응식	K	당량점에서의 화학종	당량점에서의 pH	지시약*
센산-센염기					
		$K = 1/K_w$			
NaOH–HCl	$H^+(aq) + OH^-(aq) \longrightarrow H_2O$	1.0×10^{14}	Na^+, Cl^-	7.00	MR, BB, PP
$Ba(OH)_2$–HNO_3	$H^+(aq) + OH^-(aq) \longrightarrow H_2O$	1.0×10^{14}	Ba^{2+}, NO_3^-	7.00	MR. BB, PP
약산-센염기					
		$K = 1/K_b$			
$HC_2H_3O_2$–NaOH	$HC_2H_3O_2(aq) + OH^-(aq) \longrightarrow C_2H_3O_2^-(aq) + H_2O$	1.8×10^9	Na^+, $C_2H_3O_2^-$	9.22†	PP
HF–KOH	$HF(aq) + OH^-(aq) \longrightarrow F^-(aq) + H_2O$	6.9×10^{10}	K^+, F^-	8.42†	PP
센산-약염기					
		$K = 1/K_a$			
NH_3–HCl	$NH_3(aq) + H^+(aq) \longrightarrow NH_4^+(aq)$	1.8×10^9	NH_4^+, Cl^-	4.78†	MR
ClO^-–HCl	$ClO^-(aq) + H^+(aq) \longrightarrow HClO(aq)$	3.6×10^7	HClO, Cl^-	3.93†	MR

*MR = 메틸 레드(종말점의 pH = 5); BB = 브롬티몰 블루(중말점의 pH = 7); PP = 페놀프탈레인(종말점의 pH = 9).
†1 *M* 산을 1 *M* 염기로 적정할 때.

형성된 염기성 음이온(F^-, $C_2H_3O_2^-$) 때문에 당량점에서의 pH는 7보다 큰 값을 갖는다. 반대로 센산-약염기 적정에서는 형성된 산성 화학종(NH_4^+, HClO) 때문에 당량점에서의 pH가 7보다 작다.

예제 14.9

폼산($HCHO_2$)을 수산화 바륨으로 적정한다.

(a) 이 반응의 균형 맞춘 알짜 이온 반응식을 써라.

(b) 반응의 K 값을 계산하라.

(c) 당량점에서 이 용액은 산성인가, 염기성인가, 중성인가?

(d) 이 적정에 적절한 지시약은 어느 것인가?

풀이

(a) 반응 $HCH_2O(aq) + OH^-(aq) \longrightarrow CHO_2^-(aq) + H_2O$

(b) K $CHO_2^-(aq) + H_2O \rightleftharpoons HCH_2O(aq) + OH^-(aq) \quad K_b$

$K = 1/K_b = 1/5.3 \times 10^{-11} = 1.9 \times 10^{10}$

(c) 산성, 염기성, 중성? CHO_2^- 이온이 존재하므로 염기성 이다.

(d) 지시약 페놀프탈레인

생활 속의 화학 이야기 | CHEMISTRY BEYOND THE CLASSROOM

산성비

자연 빗물의 pH는 약 5.5이다. 빗물이 약한 산성을 띠는 것은 물에 녹아 있는 이산화 탄소와 물이 반응하여 약산인 H_2CO_3를 형성하기 때문이다. 반면 미국 동부와 캐나다 남동부에 내리는 빗물의 평균 pH는 약 4.4로, 이것은 정상 값보다 10배 이상 높은 H^+ 이온 농도에 해당한다. 또한 극단적인 경우로 웨스트 버지니아에 있는 Wheeling시에서는 pH 1.5인 비가 기록된 바 있다(증류 식초의 pH가 2.4이다).

산성비는 오염된 공기 중에 두 센산(황산과 질산)이 존재하기 때문에 일어난다. 질산은 대개 3단계 과정으로 만들어진다. 1단계에서는 자동차 엔진에서와 같은 고온 연소에 의해 원소 상태 질소로부터 NO가 형성된다. 그런 다음 NO_2로 산화되고, 다시 다음의 반응이 일어난다.

$$2NO_2(g) + H_2O \longrightarrow HNO_3(aq) + HNO_2(aq)$$

황산의 전구체인 SO_2의 주된 배출원은 고농도의 황을 함유하는 석탄이다. 발전소에서 사용되는 석탄은 높게는 4%의 황을 함유하는데, 대부분 황철광(FeS_2)과 같은 광물 형태이다. 연소되면 다음과 같이 이산화 황이 생성된다.

$$4FeS_2(s) + 11O_2(g) \longrightarrow 2Fe_2O_3(s) + 8SO_2(g)$$

이 반응으로 형성된 이산화 황은 공기 중에서 두 단계를 거쳐 H_2SO_4으로 변한다.

$$(1)\ SO_2(g) + \tfrac{1}{2}O_2(g) \longrightarrow SO_3(g)$$

$$(2)\ SO_3(g) + H_2O \longrightarrow H_2SO_4(aq)$$

황산은 대기의 상층에서 작은 방울을 형성한다. 이들은 강한 바람에 의해 1500 km까지 멀리 이동하기도 한다. New York 주 애디론댁 산맥(Adirondacks, 호수의 40% 이상이 산성)에 내리는 산성비는 Ohio 주나 Illinois 주에 있는 발전소에서 생성된 이산화 황 때문이다.

산성비의 영향은 H^+ 이온을 중화할 능력이 없는 화강암이나 다른 물질로 이루어진 암반 지역에서 특히 심각하다. 호수의 산의 농도가 진해짐에 따라 조류부터 민물송어에 이르는 수중 생물이 죽게 된다. 그 결과로 수정같이 맑으나, 생명체가 없는 호수가 된다.

산성비는 나무에도 악영향을 미친다(그림 A). 이 경우 피해는 주로 토양 중의 금속 양이온의 용출 때문에 발생하는 것으로 보인다. 특히 산성비의 H^+ 이온은 토양 중의 불용성 알루미늄 화합물과 반응하여 Al^{3+} 이온을 용출시킨다. 아래 반응이 대표적인 것이다.

$$Al(OH)_3(s) + 3H^+(aq) \longrightarrow Al^{3+}(aq) + 3H_2O$$

용액 중의 Al^{3+} 이온은 나무 뿌리에 직접적으로 독성 효과를 나타낸다. 더욱 중요한 것은 Al^{3+} 이온이 모든 식물의 성장에 필수적

Rob & Ann Simpson/Visuals Unlimited/Corbis

그림 A ▸ **Great Smoky Mountain에서 산성비에 피해를 입은 나무들.**

NYC Parks Photo Archive/Fundamental Photographs

Kristen Brochmann/Fundamental Photographs

그림 B ▸ **뉴욕시에 있는 조지 워싱턴 대리석상에 대한 산성비의 영향.** 왼쪽 사진은 1930년대에 찍은 사진이고, 오른쪽 사진은 1990대에 찍은 사진이다.

인 Ca^{2+} 이온을 치환한다는 것이다.

대기 중의 센산은 석회석, 대리석(탄산 칼슘)과 같은 건축물도 공격한다.

$$CaCO_3(s) + 2H^+(aq) \longrightarrow Ca^{2+}(aq) + CO_2(g) + H_2O$$

상대적으로 용해도가 높은 칼슘 화합물들[$CaSO_4$, $Ca(NO_3)_2$]이 이렇게 점차 씻겨 나간다(그림 B). 이와 같은 과정 때문에 아테네의 아크로폴리스에 있는 그리스 문화 유적들이 피해를 보고 있다. 이 구조물들은 이전 2000년보다도 20세기에 더 많은 피해를 입었다.

발전소에서 배출되는 이산화 황은 굴뚝에 수산화 칼슘 수용액을 직접 뿌려주면 감소시킬 수 있다. 이러한 "제거(scrubbing)" 작용 과정의 반응식은 다음과 같다.

$$Ca^{2+}(aq) + 2OH^-(aq) + SO_2(g) + \tfrac{1}{2}O_2(g) \longrightarrow CaSO_4(s) + H_2O$$

이러한 처리 과정으로 지난 30년간 SO_2의 배출이 40% 정도 감소된 것은 좋은 소식이다. 나쁜 소식은 NO의 배출은 느리지만 꾸준히 증가하고 있다.

주요 개념

1. 원래 만든 완충 용액의 pH 계산.
   (예제 14.1; 문제 9~14)
2. 특정 pH를 갖는 완충 용액의 선택.
   (예제 14.2; 문제 23~26)
3. 센산/염기와 그 염 조합이 완충 용액인지 결정.
   (예제 14.3; 문제 19~22)
4. H^+나 OH^- 이온을 첨가한 후 완충 용액의 pH 계산.
   (예제 14.4; 문제 29~36)
5. 주어진 pH에서 산-염기 지시약의 색 결정.
   (예제 14.6; 문제 39~40)
6. 산-염기 적정 동안의 pH 계산.
   (예제 14.7, 14.8; 문제 41~52)
7. 산-염기 적정에 적절한 지시약 선택.
   (예제 14.9; 문제 37~38)
8. 산-염기 반응에 대한 K 계산.
   (예제 14.9; 문제 5~8)

주요 식

완충 용액 $$[H^+] = K_a \times \frac{[HB]}{[B^-]} = K_a \times \frac{n_{HB}}{n_{B^-}}$$

지시약 $$\frac{[HIn]}{[In^-]} = \frac{[H^+]}{K_a}$$

주요 용어

당량점(equivalence point)
산-염기 적정(acid-base titrations)
완충 용량(buffer capacity)
완충 용액(buffer)
종말점(end point)

요약 문제

개미에 물린 곳이 따끔거리는 원인 물질인 폼산, $HCHO_2$ ($K_a = 1.9 \times 10^{-4}$)를 살펴보자. 폼산의 짝염기는 CHO_2^- ($K_b = 5.3 \times 10^{-11}$)이다.

(a) 수용액에서 다음 화합물 사이의 반응에 대한 알짜 이온 반응식을 쓰고, K를 계산하라.
1. $HCHO_2$와 NaOH
2. CHO_2^-와 HCl
3. $HCHO_2$와 NaCN ($K_b = 1.7 \times 10^{-5}$)

(b) 25.0 g의 폼산 소듐, $NaCHO_2$를 1.30 L의 0.660 M $HCHO_2$에 녹여서 완충 용액을 만들었다. 이때 부피는 변화는 없다.
1. 완충 용액의 pH를 계산하라.
2. 0.100 mol의 HNO_3를 첨가한 후 완충 용액의 pH를 계산하라.
3. 10.00 g의 KOH를 첨가한 후 완충 용액의 pH를 계산하라.
4. 0.517 M HNO_3 75.0 mL를 넣은 후 완충 용액의 pH를 계산하라.
5. 완충 용량은 얼마인가?

(c) 0.739 M $HCHO_2$ 35 mL를 0.431 M KOH로 적정한다.
1. 적정 전 $HCHO_2$ 용액의 pH는 얼마인가?
2. 당량점에 도달하기 위해 필요한 KOH의 양은 몇 mL인가?
3. 절반이 중화된 점에서 용액의 pH는 얼마인가?
4. 당량점에서 용액의 pH는 얼마인가?

해답

(a) 1. $HCHO_2(aq) + OH^-(aq) \rightleftharpoons H_2O + CHO_2^-(aq)$ $K = 1.9 \times 10^{10}$
2. $CHO_2^-(aq) + H^+(aq) \rightleftharpoons HCHO_2(aq)$ $K = 5.3 \times 10^3$
3. $HCHO_2(aq) + CN^-(aq) \rightleftharpoons HCN(aq) + CHO_2^-(aq)$ $K = 3.2 \times 10^5$

(b) 1. 3.34
2. 3.16
3. 3.63
4. 3.29
5. 이론적으로 이 완충 용액은 최대 0.368 mol의 H^+ 및 0.858 mol의 OH^-를 흡수할 수 있다.

(c) 1. 1.93
2. 60.0 mL
3. 3.72
4. 8.58

연습 문제

짝수 번호의 문제와 도전 문제의 해답은 센게이지 홈페이지 자료실에서 다운로드 받을 수 있다(www.cengage.co.kr).

아래의 문제를 풀이하는 데 필요한 평형 상수는 제13장 또는 부록 1의 표에서 찾을 수 있다.

14-1 완충 용액

▶ 산-염기 반응

1. 다음 수용액 사이의 반응에 대한 알짜 이온 반응식을 써라.
(a) 암모니아와 플루오린화 수소산(hydrofluoric acid)
(b) 과염소산(perchloric acid)과 수산화 루비듐(rubidium hydroxide)
(c) 아황산 소듐(sodium sulfite)과 아이오딘화 수소산(hydriodic acid)
(d) 질산(nitric acid)과 수산화 칼슘(calcium hydroxide)

2. 다음 수용액 사이의 반응에 대한 알짜 이온 반응식을 써라.
(a) $NaC_2H_3O_2$와 HNO_3.
(b) HBr (hydrobromic acid)과 $Sr(OH)_2$.
(c) HClO와 NaCN.
(d) NaOH와 HNO_2.

3. 다음의 수용액과 H^+ 이온의 반응에 대한 균형 맞춘 알짜 이온 반응식을 써라.
(a) 아황산 소듐(sodium sulfite)
(b) 수산화 리튬(lithium hydroxide)
(c) 벤조산 포타슘(potassium benzoate, $KC_7H_5O_2$)

4. 다음 수용액과 OH^- 이온의 반응에 대한 균형 맞춘 알짜 이온 반응식을 써라.
(a) $Fe(H_2O)_6^{3+}$
(b) 탄산수소 소듐
(c) 염화 암모늄

5. 연습 문제 1의 반응에 대한 K를 계산하라.
6. 연습 문제 2의 반응에 대한 K를 계산하라.
7. 연습 문제 3의 반응에 대한 K를 계산하라.
8. 연습 문제 4의 반응에 대한 K를 계산하라.

▶ 완충 용액

9. 젖산, $HC_3H_5O_3$의 농도가 0.250 M이고, 젖산 이온[$C_3H_5O_3^-$]의 농도가 다음과 같을 때 용액의 [H^+]와 pH를 계산하라.
(a) 0.250 M (b) 0.125 M
(c) 0.0800 M (d) 0.0500 M

10. 아황산수소 이온(HSO_3^-)의 농도가 0.429 M이고, 아황산 이온(SO_3^{2-})의 농도가 다음과 같을 때 용액의 [OH^-]와 pH를 계산하라.
(a) 0.0249 M (b) 0.247 M
(c) 0.504 M (d) 0.811 M
(e) 1.223 M

11. 아질산 소듐($NaNO_2$) 0.0250 mol을 0.0410 M 아질산(HNO_2) 250.0 mL에 녹여 완충 용액을 만들었다. HNO_2에 용해된 후에 부피 변화는 없다고 가정한다. 이 완충 용액의 pH를 계산하라.

12. 0.062 mol의 플루오린화 소듐을 127 mL의 0.0399 M HF에 녹여 완충 용액을 만들었다. NaF를 가한 후에 부피 변화는 없다고 가정한다. 이 완충 용액의 pH를 계산하라.

13. 아세트산 소듐($NaC_2H_3O_2$) 15.00 g과 아세트산 12.50 g을 물에 녹여 500 mL(유효 숫자 3개) 용액을 만들었다.
(a) 이 완충 용액의 pH는 얼마인가?
(b) 이 완충 용액에 물을 가하여 1.50 L 용액으로 묽혔다. 묽힌 완충 용액의 pH는 얼마인가?

14. 염화 암모늄 5.50 g과 암모니아 0.0188 mol을 물에 녹여 155 mL(유효 숫자 3개) 용액을 만들었다.
(a) 이 완충 용액의 pH는 얼마인가?
(b) 이 완충 용액에 물을 가하여 부피를 두 배로 묽혔다. 묽힌 완충 용액의 pH는 얼마인가?

15. KX 0.413 mol에 물을 가하여 2.00 L의 용액을 만들었다. 이 용액의 pH는 9.22였다. 0.368 mol의 HX를 가한 후 용액의 pH는 얼마인가?

16. 0.057 M의 약산 HX 수용액의 pH는 4.65이다. 0.018 mol의 KX를 1-L의 약산 용액에 녹이면 용액의 pH는 얼마인가?

17. 다음을 0.150 M SnF_2 250.0 mL에 가하였을 때 완충 용액을 형성하는 것은 어느 것인가?
(a) HCl 0.100 mol (b) HCl 0.060 mol
(c) HCl 0.040 mol (d) NaOH 0.040 mol
(e) HF 0.040 mol

18. 다음을 0.380 M HCl 295 mL에 가하였을 때 완충 용액을 형성하는 것은 어느 것인가?
(a) NH_4Cl 0.100 mol (b) KF 0.033 mol
(c) $Sr(OH)_2$ 0.167 mol (d) KNO_2 0.279 mol
(e) KClO 0.112 mol

19. 하이포브로민산(HOBr) 2.50 g과 KOH 0.750 g을 물에 녹여 만든 용액의 pH를 계산하라(K_a HOBr $= 2.5 \times 10^{-9}$).

20. 아닐린(aniline, $C_6H_5NH_2$, $d = 1.022$ g/mL) 20.00 mL와 1.67 M HCl 35.0 mL를 혼합한 용액의 pH를 계산하라. 아닐린의 K_b 값은 4.3×10^{-10}이다. (부피는 더해진다고 가정하라.)

21. 49.0 mL의 뷰티르산(butyric acid, $HC_4H_7O_2$)과 6.15 g의 KOH를 물에 혼합하여 만든 용액의 pH를 계산하라. 뷰티르산에 대한 다음 자료를 참조하라.

밀도 = 0.9595 g/mL; $K_a = 1.5 \times 10^{-5}$.

22. 1.20 M 에탄올아민($C_2H_5ONH_2$) 100.0 mL를 1.0 M HCl 50.0 mL와 혼합하여 만든 용액의 pH를 계산하라. $C_2H_5ONH_3^+$의 K_a는 3.6×10^{-10}이다.

23. 다음 pH의 완충 용액을 만드는 데 가장 적합한 산-염기쌍은 무엇인가? 표 13.2의 약산을 참고하라.
(a) 3.0 (b) 6.5 (c) 12.0

24. 다음 pH에 대하여 연습 문제 23과 같이 답하라.
(a) 4.5 (b) 9.2 (c) 11.0

25. pH 9.40인 탄산수소 소듐-탄산 소듐 완충 용액을 만들고자 한다.
(a) $[HCO_3^-]/[CO_3^{2-}]$의 비는 얼마가 되어야 하는가?
(b) 이 pH를 나타내려면 0.225 M Na_2CO_3 용액 1 L에 탄산수소 소듐 몇 mol을 가해야 하는가?
(c) 이 pH를 나타내려면 0.336 M $NaHCO_3$ 용액 475 mL에 탄산 소듐 몇 그램을 가해야 하는가? (부피 변화는 없다고 가정한다)
(d) 이 pH를 나타내려면 0.139 M Na_2CO_3 용액 735 mL에 0.200 M $NaHCO_3$ 몇 mL를 가해야 하는가? (부피는 더해진다고 가정한다.)

26. NH_4^+/NH_3를 이용하여 pH 10.00인 완충 용액을 만들고자 한다.
(a) $[NH_4^+]/[NH_3]$의 비는 얼마가 되어야 하는가?
(b) 이 pH를 나타내려면 1.24 M NH_3 465 mL에 몇 몰의 NH_4Cl을 가해야 하는가?
(c) 이 pH를 나타내려면 2.08 g의 NH_4Cl에 0.236 M NH_3 몇 mL를 가해야 하는가?
(d) 이 pH를 나타내려면 0.109 M의 NH_4Cl 395 mL에 0.499 M NH_3 몇 mL를 가해야 하는가?

27. 완충 용량이란 완충 용액이 얼마나 많은 OH^-나 H^+ 이온과 반응할 수 있는지를 나타낸다. 연습 문제 9에서 완충 용액의 완충 용량은 얼마인가?

28. 완충 용량이란 완충 용액이 얼마나 많은 OH^-나 H^+ 이온과 반응할 수 있는지를 나타낸다. 연습 문제 10에서 완충 용액의 완충 용량은 얼마인가?

29. 0.500 M KH_2PO_4 0.300 L와 0.317 M K_2HPO_4 0.300 L를 혼합하여 완충 용액을 만들었다. 부피는 더해진다고 가정하고 다음을 계산하라.
(a) 완충 용액의 pH
(b) HCl 0.0500 mol을 완충 용액 0.600 L에 가한 후 완충 용액의 pH
(c) NaOH 0.0500 mol을 완충 용액 0.600 L에 가한 후 완충 용액의 pH

30. 0.187 M 타타르산수소 포타슘($KHC_4H_4O_6$) 239 mL와 0.288 M 타타르산 포타슘($K_2C_4H_4O_6$) 137 mL로 완충 용액을 만들었다. $K_2C_4H_4O_6$에 대한 $K_a = 4.55 \times 10^{-5}$이다. 부피는 더해진다고 가정하고, 다음을 계산하라.
(a) 완충 용액의 pH.
(b) 0.0250 mol의 HCl을 0.376-L의 완충 용액에 가한 후 완충 용액의 pH.
(c) 0.0250 mol의 KOH를 0.376-L의 완충 용액에 가한 후 완충 용액의 pH.

31. 연습 문제 29의 완충 용액에 물을 가해 전체 부피를 10.0 L가 되게 묽혔다. 다음을 계산하라.
(a) 완충 용액의 pH.
(b) 묽힌 완충 용액 0.600 L에 HCl 0.0500 mol을 가한 후 완충 용액의 pH.
(c) 묽힌 완충 용액 0.600 L에 NaOH 0.0500 mol을 가한 후 완충 용액의 pH.
(d) 연습 문제 29의 (a)~(c)에 대한 답과 이 문제의 (a)~(c)에 대한 답을 비교하라.
(e) 완충 용액의 pH와 완충 용량에 미치는 묽힘 효과에 대해 설명하라.

32. 연습 문제 30의 완충 용액에 물을 가해 전체 부피를 5.00 L가 되도록 묽혔다. 다음을 계산하라.
(a) 완충 용액의 pH를 계산하라.
(b) 완충 용액 0.376 L에 HCl 0.0250 mol을 가한 후 완충 용액의 pH를 계산하라.
(c) 완충 용액 0.376 L에 KOH 0.0250 mol을 가한 후 완충 용액의 pH를 계산하라.
(d) 연습 문제 30의 (a)~(c)에 대한 답과 이 문제의 (a)~(c)에 대한 답을 비교하라.
(e) 완충 용액의 pH와 완충 용량에 미치는 묽힘 효과에 대해 설명하라.

33. $[H_2PO_4^-]/[HPO_4^{2-}]$의 비가 3.0인 완충 용액을 만들었다.
(a) 이 완충 용액의 pH는 얼마인가?
(b) 센산을 가하여 HPO_4^{2-}의 15%를 $H_2PO_4^-$가 되게 하였다. 이 용액의 pH는 얼마인가?
(c) 센염기를 가하여 용액의 pH가 7.00이 되게 하였다. 이때 $[H_2PO_4^-]/[HPO_4^{2-}]$의 비는 얼마인가?

34. 뷰티르산과 뷰티르산 이온($HC_4H_7O_2/C_4H_7O_2^-$)의 짝산-짝염기 쌍을 이용하여 $[HC_4H_7O_2]/[C_4H_7O_2^-]$ 비가 2.2인 완충 용액을 만들었다. 뷰티르산의 $K_a = 1.54 \times 10^{-5}$이다.
(a) 이 완충 용액의 pH는 얼마인가?
(b) 센염기를 가하여 뷰티르산 15%가 뷰티르산 이온이 되게 하였다. 이 용액의 pH는 얼마인가?
(c) 센염기를 가하여 용액의 pH를 증가시켰다. (a)의 pH보다 정확하게 1(예를 들어, 2에서 3으로)만큼 pH를 증가시키려면 산/염기 비는 얼마가 되어야 하는가?

35. 혈액은 주로 $HCO_3^- - H_2CO_3$ 완충 계에 의해 완충 작용을 한다. 혈액의 정상 pH는 7.40이다.
(a) $[H_2CO_3]/[HCO_3^-]$의 비를 계산하라.
(b) HCO_3^- 이온의 15%가 H_2CO_3로 전환된다면 pH는 얼마인가?
(c) H_2CO_3 분자의 15%가 HCO_3^- 이온으로 전환된다면 pH는 얼마인가?

36. 혈액의 pH를 7.40으로 유지시켜주는 $H_2PO_4^- - HPO_4^{2-}$ 완충 계가 혈액 내에 있다(K_a $H_2PO_4^- = 6.2 \times 10^{-8}$).
(a) 혈액의 정상 pH에서 $[H_2PO_4^-]/[HPO_4^{2-}]$의 비를 계산하라.
(b) pH가 7.00일 때, HPO_4^{2-} 이온의 몇 %가 $H_2PO_4^-$로 전환되겠는가?
(c) pH가 8.00일 때, $H_2PO_4^-$ 이온의 몇 %가 HPO_4^{2-}로 전환되겠는가?

14-2 산-염기 지시약

37. 세 개의 산-염기 지시약, 메틸 오렌지(종말점: pH 4), 브롬티몰 블루(종말점: pH 7), 페놀프탈레인(종말점: pH 9) 중에서 다음 산-염기 적정에 적절한 지시약을 선택하라.

(a) 과염소산(perchloric acid)과 암모니아 수용액
(b) 아질산(nitrous acid)과 수산화 리튬(lithium hydroxide)
(c) 브로민화 수소산(hydrobromic acid)과 수산화 스트론튬(strontium hydroxide)
(d) 플루오린화 소듐(sodium fluoride)과 질산(nitric acid)

38. 연습 문제 37에 주어진 산-염기 지시약 중 다음 적정에 적절한 지시약을 선택하라.

(a) HNO_3과 폼산 소듐(sodium formate, $NaCHO_2$)
(b) 하이포염소산(hypochlorous acid)과 수산화 바륨(barium hydroxide)
(c) HI와 질산(nitric acid)
(d) 염산(hydrochloric acid)과 암모니아

39. 메타크레졸 퍼플은 pH 8.2에서 노란색에서 자주색으로 변하는 지시약이다.

(a) 지시약의 K_a는 얼마인가?
(b) pH 범위는 얼마인가?
(c) pH 9.0인 용액에 메타크레졸 퍼플 몇 방울을 가한 용액은 무슨 색인가?

40. 티몰프탈레인(thymolphthalein)은 pH 9.5에서 무색에서 파란색으로 변하는 지시약이다.

(a) 지시약의 K_a는 얼마인가?
(b) pH 범위는 얼마인가?
(c) pH 10.0인 용액에 티몰프탈레인 몇 방울을 가한 용액은 무슨 색인가?

14-3 산-염기 적정

41. HNO_3 25.00 mL를 $Sr(OH)_2$로 적정할 때 0.218 *M* 용액 58.4 mL가 필요하다.

(a) 적정 전 HNO_3의 pH는 얼마인가?
(b) 당량점에서의 pH는 얼마인가?
(c) 당량점에서 $[NO_3^-]$와 $[Sr^{2+}]$를 계산하라(부피는 더해진다고 가정한다).

42. KOH 용액의 pH는 13.29이다. 당량점에 도달하기 위해서는 27.66 mL의 0.2500 *M* HCl이 필요하다.

(a) KOH 용액의 부피는 얼마인가?
(b) 당량점에서의 pH는 얼마인가?
(c) 당량점에서 $[K^+]$과 $[Cl^-]$는 얼마인가? 부피는 더해진다고 가정한다.

43. NH_4Cl 25.00 g을 물 178 mL에 녹인 용액을 0.114 *M* KOH로 적정한다.

(a) 당량점에 도달하는 데 KOH 몇 mL가 필요한가?
(b) 당량점에서 $[Cl^-]$, $[K^+]$, $[NH_3]$, $[OH^-]$를 계산하라(부피는 더해진다고 가정한다).
(c) 당량점에서 pH는 얼마인가?

44. $NaHSO_3$시료 50.0 mL를 0.238 *M* KOH 22.94 mL로 적정하였다.

(a) 반응에 대한 균형 맞춘 알짜 이온 반응식을 써라.
(b) 적정 전 $[HSO_3^-]$는 얼마인가?
(c) 당량점에서 $[HSO_3^-]$, $[SO_3^{2-}]$, $[OH^-]$, $[K^+]$, $[Na^+]$를 계산하라.
(d) 당량점에서 pH는 얼마인가?

45. 0.220 *M* 트라이에틸아민[tiethylamine, $(CH_3CH_2)_3N$] 시료 20.00-mL를 0.544 *M* HCl로 적정한다. $(CH_3CH_2)_3N$의 $K_b = 5.2 \times 10^{-4}$이다.

(a) 반응에 대한 균형 맞춘 알짜 이온 반응식을 써라.
(b) 당량점에 도달하는 데 HCl 몇 mL가 필요한가?
(c) 당량점에서 $[(CH_3CH_2)_3N]$, $[(CH_3CH_2)_3NH^+]$, $[H^+]$, $[Cl^-]$를 계산하라(부피는 더해진다고 가정한다).
(d) 당량점에서 pH는 얼마인가?

46. 0.487 *M* KBrO 시료 35.00 mL을 0.264 *M* HNO_3로 적정하였다. ($K_b = 4.0 \times 10^{-6}$이다.)

(a) 반응에 대한 균형 맞춘 알짜 이온 반응식을 써라.
(b) 당량점에 도달하는 데 HNO_3 몇 mL가 필요한가?
(c) 당량점에서 pH는 얼마인가?
(d) 당량점에서 $[K^+]$, $[NO_3^-]$, $[H^+]$, $[BrO^-]$, [HBrO]를 계산하라. (부피는 더해진다고 가정한다.)

47. 0.4000 *M* 질산 용액을 이용하여 0.237 *M* 수산화 바륨 50.00 mL를 적정한다(부피는 더해진다고 가정한다).

(a) 적정 중 일어나는 반응에 대한 균형 맞춘 알짜 이온 반응식을 써라.
(b) 당량점에 존재하는 화학종은 무엇인가?
(c) 당량점에 도달하는 데 필요한 질산의 부피는 얼마인가?
(d) HNO_3를 가하기 전 용액의 pH는 얼마인가?
(e) 절반이 중화된 점에서 용액의 pH는 얼마인가?
(f) 당량점에서 용액의 pH는 얼마인가?

48. 0.2481 *M* KOH 용액을 사용하여 0.269 *M* HBr 30.00 mL를 적정한다. 부피는 더해진다고 가정한다.

(a) 적정 중 일어나는 반응에 대해 균형 맞춘 알짜 이온 반응식을 써라.
(b) 당량점에 존재하는 화학종은 무엇인가?
(c) 당량점에 도달하는 데 필요한 KOH의 부피는 얼마인가?
(d) 다음 용액의 pH는 얼마인가?
1. KOH가 첨가되기 전
2. 절반이 중화된 점에서
3. 당량점에서

49. 뷰티르산(HBut)을 수산화 소듐으로 적정하는 경우를 살펴보자. 0.350 *M* 뷰티르산 50.00 mL를 0.225 *M* NaOH로 적정한다(K_a HBut $= 1.5 \times 10^{-5}$).

(a) 적정 중 일어나는 반응에 대한 균형 맞춘 알짜 이온 반응식을 써라.
(b) 당량점에 존재하는 화학종은 무엇인가?
(c) 당량점에 도달하는 데 필요한 NaOH의 부피는 얼마인가?
(d) NaOH을 가하기 전 용액의 pH는 얼마인가?
(e) 절반이 중화된 점에서 용액의 pH는 얼마인가?
(f) 당량점에서 용액의 pH는 얼마인가?

50. 모르핀(morphine, $C_{17}H_{19}O_3N$)은 약염기이다($K_b = 7.4 \times 10^{-7}$). 모르핀을 염산으로 적정하는 실험을 살펴보자. 이 적정에서 0.1500 *M* 모르핀 용액 50.0 mL를 0.1045 *M* HCl로 적정한다.

(a) 적정 중 일어나는 반응에 대한 균형 맞춘 알짜 이온 반응식을 써라.
(b) 당량점에 존재하는 화학종은 무엇인가?
(c) 당량점에 도달하는 데 필요한 HCl의 부피는 얼마인가?
(d) HCl을 가하기 전 용액의 pH는 얼마인가?
(e) 절반이 중화된 점에서 용액의 pH는 얼마인가?
(f) 당량점에서 용액의 pH는 얼마인가?

51. 10.0%(질량으로) 하이포염소산(hypochlorous acid) 용액에 대한 물음에 답하라. 용액의 밀도는 1.00 g/mL라고 가정한다. 시료 용액 30.0 mL를 0.419 *M* KOH로 적정한다. 다음 용액의 pH를 계산하라.

(a) 적정하기 전
(b) 절반이 중화된 점에서
(c) 당량점에서

52. 0.350 g의 벤조산, $HC_7H_5O_2$을 물에 녹여 용액 100.0 mL를 만들었다. 이 시료 용액 30.00-mL를 0.272 *M* KOH로 적정하였다. 다음 용액의 pH를 계산하라.

(a) 적정하기 전
(b) 절반이 중화된 점에서
(c) 당량점에서

종합 문제

53. 젖산 소듐(sodium lactate, $NaC_3H_5O_3$) 250.0 g과 "질량으로 73.0%, d = 1.20 g/mL"라고 표시된 젖산, $HC_3H_5O_3$ 병이 있다. pH 4.50인 완충 용액을 만들려면 이 젖산 소듐에 73.0% 젖산 몇 mL를 가하여야 하는가?

54. 암모니아 기체를 275 mL의 물에 불어넣어 암모니아 수용액을 만들었다. pH 9.56의 완충 용액을 만들기 위해 15.0 g의 NH_4Cl을 첨가하였다. 완충 용액을 만들기 위해 25°C, 0.981 atm에서 몇 리터의 NH_3를 사용해야 하겠는가? 부피는 변하지 않고, 물의 증기압은 무시하라.

55. "증류 백식초(distilled white vinegar)"라고 하는 아세트산 수용액은 질량으로 5.0%의 아세트산을 포함하고 있다. 밀도 1.05 g/mL인 용액의 pH가 2.95이다. 이 용액을 "증류 백식초"라고 할 수 있는가?

56. 미지의 염기 RNH를 살펴보자. 첫 번째 실험에서 염기 2.500 g을 포함하는 수용액 50.0-mL를 적정한다. 당량점에 도달할 때까지 0.925 M HCl 59.90 mL를 가하였다. 두 번째 실험에서는 첫 번째 실험에서 사용한 것과 같은 미지의 염기 용액 50.0-mL에 0.925 M HCl 29.95 mL를 가하였다. HCl을 가한 후 pH는 10.77이다.

(a) 미지의 염기 RNH의 몰질량은 얼마인가?
(b) RNH의 K_b 얼마인가?
(c) $RNH_2{}^+$의 K_a는 얼마인가?

57. 통풍으로 알려진 관절 통증은 혈액 내에 요산(uric acid, HUric)이 과량 존재하여 일어난다. 요산 4.00 g을 포함하는 수용액이 있다. 0.730 M KOH 용액으로 적정한다. KOH 12.00 mL를 가한 후 이 용액의 pH는 4.12이다. KOH를 전체 32.62 mL 가한 후 당량점에 도달하였다.

$$\text{HUric}(aq) + \text{OH}^-(aq) \longrightarrow \text{Uric}^-(aq) + \text{H}_2\text{O}$$

(a) 요산의 몰질량은 얼마인가?
(b) 요산의 K_a는?

58. 6.00 M HCl 저장 용액 350.00 mL에 실수로 물을 넣었다. 묽혀진 용액 75.00-mL를 4.85 M NaOH 78.8 mL로 적정하여 pH 7.00이 되었다. 실수로 넣은 물의 부피는 얼마인가? (부피는 더해진다고 가정한다.)

59. 25°C에서 미지의 약염기(비전해질) 용액이 1.287 atm의 삼투압과 pH 8.94를 나타낸다. 그 짝산의 K_a는 얼마인가?(제10장의 삼투압 π에 대한 식에서 $i \approx 1$이라고 가정)

60. HF 수용액에 대한 물음에 답하여라. HF 수용액의 몰생성열은 −320.1 kJ/mol이다.

(a) 100°C에서 0.100 M HF 용액의 pH는 얼마인가?
(b) 25°C에서 0.100 HF 용액의 pH와 비교하라.

개념 문제

61. 다음 상자 안에 있는 기호는 각각 완충 용액 1 L에 들어 있는 어떤 성분 1 mol을 나타낸다. ○는 음이온(X^-), □○는 약산(HX), □ = H^+, △ = OH^-를 나타낸다. 물 분자 및 HX와 X^-의 이온화로 생성되는 약간의 H^+, OH^-는 나타내지 않았다.

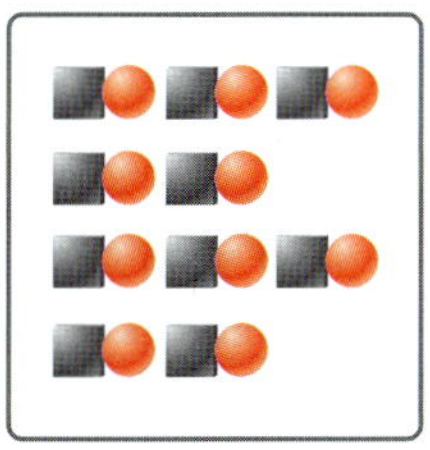

(a) OH^- 2 mol (2 △)을 가한 후
(b) OH^- 5 mol (5 △)을 가한 후
(c) OH^- 10 mol (10 △)을 가한 후
(d) OH^- 12 mol (12 △)을 가한 후

(a)~(d) 중 절반이 중화된 점은 어느 것인가?

62. 연습 문제 61에서와 같은 기호를 써서 다음 상자를 나타내었다(○ = 음이온, △ = OH^-).

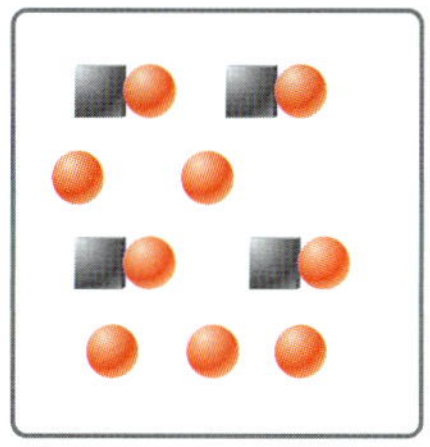

(a) H^+ 2 mol (2 □)을 가한 후 같은 용액 1 L를 나타내는 위와 유사한 상자를 그려라. 최종 용액이 산인지, 염기인지, 완충 용액인지 나타내어라.
(b) OH^- 2 mol (2 △)을 가한 후 용액에 대해 (a)와 같이 답하라.
(c) OH^- = 5 mol (5 △)을 가한 후 용액에 대해 (a)와 같이 답하라.

(*힌트* : 결과를 그리기 전에 반응식을 써라.)

63. 다음 그림은 0.100 M 산 50.00 mL를 0.100 M KOH로 적정하는 적정 곡선이다.

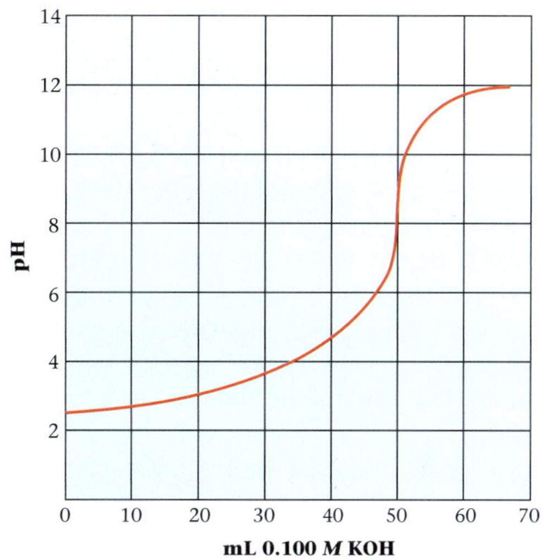

(a) 이 산은 센산인가, 약산인가?
(b) 이 산이 약산이라면 K_a 값은 얼마인가?
(c) 당량점에서 pH를 추정하라.

64. 다음과 같은 다섯 개의 비커가 있다.

비커 A에는 HA 0.100 mol과 NaA 0.100 mol이 혼합된 용액 100 mL가 있다.
비커 B에는 HA 0.100 mol과 NaA 0.100 mol이 혼합된 용액 200 mL가 있다.
비커 C에는 HA 0.100 mol, NaA 0.100 mol, HCl 0.0500 mol이 혼합된 용액 100 mL가 있다.
비커 D에는 HA 0.100 mol, NaA 0.100 mol, NaOH 0.100 mol이 혼합된 용액 100 mL가 있다.
비커 E에는 HCl 0.100 mol과 NaOH 0.100 mol이 혼합된 용액 100 mL가 있다.

다음 질문에 LT(*보다 작다*), GT(*보다 크다*), EQ(*과(와) 같다*), MI(*정보가 더 필요하다*)로 답하라.

(a) 비커 A에 든 용액의 pH는 비커 B에 든 용액의 pH _______.
(b) 비커 A에 든 용액의 pH는 비커 C에 든 용액의 pH _______.
(c) 비커 D에 든 용액의 pH는 비커 E에 든 용액의 pH _______.
(d) 비커 A에 든 용액의 pH는 비커 E에 든 용액의 pH _______.
(e) 비커 A에 든 용액의 pH는 비커 D에 든 용액의 pH _______.

65. 연습 문제 64와 같이 답하라. 다음과 같은 두 개의 비커가 있다.

비커 A에는 약산($K_a = 1 \times 10^{-5}$)이 들어 있다.

비커 B에는 HCl이 들어 있다.

비커 안에 있는 각 산의 부피와 몰농도는 같다. 각 산을 0.1 M NaOH 용액으로 적정한다.

(a) 적정을 시작하기 전(맨 처음), 비커 A에 든 용액의 pH는 비커 B에 든 용액의 pH _______.

(b) 절반이 중화되었을 때(당량점의 절반), 비커 A에 든 용액의 pH는 비커 B에 든 용액의 pH _______.

(c) 각 용액이 당량점에 도달하였을 때, 비커 A에 든 용액의 pH는 비커 B에 든 용액의 pH _______.

(d) 당량점까지 비커 B에 든 HCl을 적정하는 데 사용한 NaOH의 부피는 비커 A에 든 약산을 적정하는 데 사용한 NaOH의 부피 _______.

66. 다음 반응식으로 나타낸 적정에 관한 설명 중 참인 것은?

$$H^+(aq) + F^-(aq) \rightleftharpoons HF(aq)$$

(a) 알짜 이온 반응식은 H_2SO_4에 의한 NaF의 적정을 나타낸다.

(b) 반응은 센염기와 센산의 반응으로 간주할 수 있다.

(c) 당량점에서의 최종 용액은 완충 용액으로 작용할 수 있다.

(d) 절반이 중화된 점의 용액을 물로 묽혀도 용액의 pH는 변하지 않는다.

(e) 페놀프탈레인(pH 범위 : 9~11)은 이 적정에 효과적인 지시약이다.

67. 다음 각 문장이 참인지 거짓인지 표시하고, 거짓이라면 참이 되도록 고쳐라.

(a) 0.10 M $HCHO_2$에 들어 있는 폼산 이온(CHO_2^-)의 농도는 0.10 M $NaCHO_2$에 들어 있는 폼산 이온의 농도와 같다.

(b) 완충 용액은 센산을 과량으로 가하면 파괴될 수 있다.

(c) 완충 용액은 약산과 약염기의 어떤 조합으로도 만들 수 있다.

(d) HCO_3^-의 K_a가 4.7×10^{-11}이므로, HCO_3^-의 K_b는 2.1×10^{-4}이다.

68. A, B, C로 표시된 세 시험관에 pH가 같은 용액이 들어 있다. 시험관에는 각각 1.0×10^{-3} M HCl, 6.0×10^{-3} M $HCHO_2$, 4×10^{-2} M $C_6H_5NH_3^+$ 용액이 들어 있다. 각 용액을 확인하는 실험 과정을 설명하라.

69. 다음 적정 곡선을 살펴보자. 뷰렛에 들어 있는 용액은 0.1 M이다. 비커에 용액 50.0 mL가 있을 때 다음 물음에 답하라.

(a) 적정 용액(뷰렛 속의 용액)은 산인가 염기인가?

(b) 가장 약한 염기의 적정 곡선은 어느 것인가?

(c) 곡선 B와 같이 적정되는 염기의 짝산의 K_a는 얼마인가?

(d) 곡선 C와 같이 적정되는 비커 속 용액의 몰농도는 얼마인가?

(e) 곡선 A의 당량점에서 pH는 얼마인가?

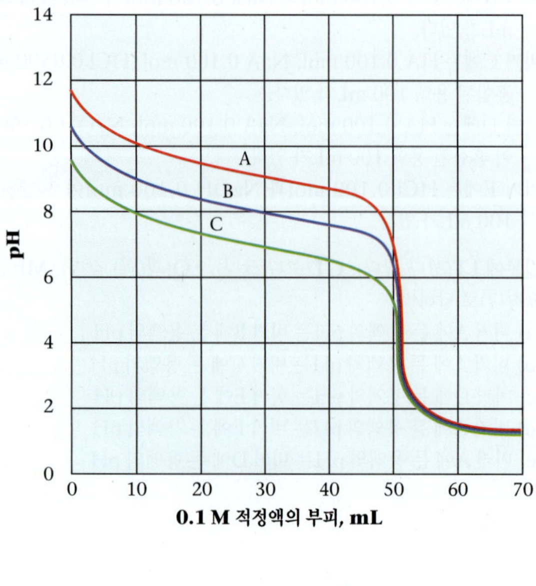

도전 문제

70. HF ($K_a = 6.7 \times 10^{-4}$)를 NaOH로 적정한다. 산의 1/3이 중화될 때 pH는 얼마인가?

71. *빙초산*(glacial acetic acid)이라고 부르는 화학종은 질량으로 98%인 아세트산이다(d = 1.0542 g/mL). pH 4.20인 완충 용액을 만들려면 1.25 M NaOH 100.0 mL에 빙초산 몇 mL를 가해야 하는가?

72. 일양성자성 약산 4 g을 물에 녹여 pH 2.56, 전체 부피 250.0 mL인 용액을 만들었다. 이 용액을 동등하게 A, B 둘로 나눈다. 용액 A는 센염기로 당량점까지 적정한다. 용액 A가 중화된 후에 용액 B를 용액 A에 가한다. 최종 용액의 pH는 4.26이다. 이 산의 몰질량은 얼마인가?

73. NH_3와 NH_4Cl의 혼합으로 pH 6.50인 완충 용액을 만드는 것이 불가능한 이유를 설명하라.

74. 1.000 M 아질산 50 mL를 0.850 M NaOH로 적정한다. 다음 용액의 pH는 얼마인가?

(a) NaOH를 가하기 전

(b) 절반이 중화되었을 때

(c) 당량점에서

(d) 당량점보다 NaOH의 부피가 0.10 mL 덜 들어갔을 때

(e) 당량점보다 NaOH의 부피가 0.10 mL 더 들어갔을 때

(f) 자료를 이용하여 그림 14.10에 그린 것과 비슷한 도표를 작성하라 (pH 대 가한 NaOH의 양).

75. 이양성자산, H_2B (MM = 126 g/mol)는 $H_2B \cdot xH_2O$로 나타낼 수 있는 수화물이다. 이 수화물 10.00 g 시료를 물에 녹여 150.0 mL의 용액을 만들었다. 이 용액 25-mL를 0.425 M NaOH로 적정하였더니 당량점에 도달하는 데 48.5 mL가 필요하였다. x는 얼마인가?

76. 다음 조건에서 0.1500 M H_2SO_4 용액의 pH는 얼마인가?

(a) HSO_4^-의 이온화를 무시할 경우

(b) HSO_4^-의 이온화를 고려할 경우(K_a $HSO_4^- = 1.1 \times 10^{-2}$)

77. 두 학생에게 미지 염기의 K_b를 구하라고 하였다. 학생들에게 용액이 들어 있는 병을 주었는데, 그 병에는 "일양성자성 센산 수용액"이라고 쓰여 있었다. 학생들에게 pH 미터, 뷰렛, 적절한 지시약도 제공하였다. 학생들은 다음과 같은 자료를 보고하였다.

중화에 필요한 산의 부피 = 21.0 mL

센산 7.00 mL를 가한 후 pH = 8.95

이 학생들의 자료를 이용하여 미지 염기의 K_b를 결정하라.

78. 0.150 M NH_3와 NH_4Cl 10.0 g으로 만든 완충 용액 1.00 L를 pH 1(예를 들어, 5에서 6으로)만큼 증가시키려면 NaOH 몇 그램을 가하여야 하는가? NH_4^+의 K_a는 5.6×10^{-10}이다.

79. pH 4.68의 완충 용액을 얻으려면 0.150 M HNO_3 70.00 mL에 몇 그램의 NaF를 가해야 하는가?

80. 한 학생이 $HClO_4$ 용액 25.00 mL의 몰농도를 구하려고 한다. 그는 0.731 M KOH를 사용하였다. 42.35 mL의 KOH를 가한 후, 그는 지시약을 넣는 것을 잊었다는 것을 알았다. 조교가 용액의 pH를 측정하라고 제안하였다. pH를 측정하였더니 12.39이었다.

(a) 학생은 당량점을 넘겼는가?

(b) 센산의 몰농도는 얼마인가?

(c) 학생이 당량점을 넘겼다면 몇 mL의 KOH를 과량으로 가했는가? 당량점을 넘기지 않았다면, 몇 mL의 KOH를 더 가해야 하는가?

착이온과 침전 평형

Complex Ion and Precipitation Equilibria

제 15 장

Collection Dagli Orti/The Art Archive/Alamy

◀ Etretat의 석회암 절벽은 압축된 탄산 칼슘($CaCO_3$)의 암석이다. 이 화합물은 물에는 용해되지 않지만 센산으로 용해시킬 수 있다. 산성비는 이러한 절벽을 침식시킬 수 있다.

비커, 이상한 코일, 오븐, 그리고 목이
뒤틀린 플라스크에 둘러싸인,
화학자는 매력적인 것들을 잘 연결하여
예술적으로 기능을 발휘하도록 한다.
—SULLY-PRUDHOMME *The Naked World* (William Dock의 번역)

이 장의 차례 _Chapter Outline

지금까지 산, 염기, 또는 산과 염기 둘 다 물에 첨가되었을 때 이루어진 평형을 살펴보았다.

이 장에서는 착이온(complex ion) 형성(15-1절)의 평형을 논의할 것이다. 제4장에서 논의된 용해도(15-2절)와 침전(15-3절)도 평형 상수 K_{sp}에 초점을 맞추면서 다시 논의한다. 또한 침전을 센산이나 착화제(complexing agent)와 반응시켜 착이온으로 변환하여 용해시키는 방법(15-4절)을 배우게 된다.

착이온 및 침전과 관련된 평형은 지질학, 의학, 농업 등의 분야에 응용된다. 화학에서는 정량 분석 실험을 수행할 때, 이러한 평형을 접하게 될 가능성이 크다.

15-1 착이온 평형: 형성 상수(K_f)

제13장에서 설명한 산과 염기의 정의에 대한 Lewis 모형을 기억하라. 많은 전자쌍-받개가 전이-금속 이온(Lewis 산)이다. 이들 금속 이온은 좋은 전자쌍-주개인 분자(예를 들면, H_2O, NH_3) 또는 이온(예를 들면, Cl^-, OH^-)과 결합한다. 이 결합 생성물이 **착이온**(complex ion)이다. 착이온의 화학은 제19장에서 자세히 논의될 것이다.

착이온 형성에 대한 평형 상수는 **형성 상수**(formation constant) 또는 안정도 상수(stability constant)라고 부르며, 기호 K_f로 표시된다. 전형적인 예는 다음과 같다.

$$Cu^{2+}(aq) + 4NH_3(aq) \rightleftharpoons Cu(NH_3)_4{}^{2+}(aq) \qquad K_f = \frac{[Cu(NH_3)_4{}^{2+}]}{[Cu^{2+}][NH_3]^4}$$

표 15.1은 몇몇 착이온의 형성 상수를 보여준다. 각각의 경우에, K_f 값은 방금 살펴본 유형의 반응에 의한 착물 형성에 적용된다. 표 15.1에 수록된 대부분의 착이온이 10^5보다 매우 큰 K_f 값을 갖고 있다는 것을 주목하라. 이것은 착이온 형성이 매우 잘 일어난다는 것을 의미한다. 예를 들어 다음 반응계를 살펴보자.

표 15.1 ▸ 착이온의 형성 상수

착이온	K_f	착이온	K_f
$AgCl_2^-$	1.8×10^5	$CuCl_2^-$	1×10^5
$Ag(CN)_2^-$	2×10^{20}	$Cu(NH_3)_4^{2+}$	2×10^{12}
$Ag(NH_3)_2^+$	1.7×10^7	$Fe(SCN)^{2+}$	9.2×10^2
$Ag(S_2O_3)_2^{3-}$	1×10^{13}	$Fe(CN)_6^{3-}$	4×10^{52}
$Al(OH)_4^-$	1×10^{33}	$Fe(CN)_6^{4-}$	4×10^{45}
$Cd(CN)_4^{2-}$	2×10^{18}	$Hg(CN)_4^{2-}$	2×10^{41}
$Cd(NH_3)_4^{2+}$	2.8×10^7	$Ni(NH_3)_6^{2+}$	9×10^8
$Cd(OH)_4^{2-}$	1.2×10^9	$PtCl_4^{2-}$	1×10^{16}
$Co(NH_3)_6^{2+}$	1×10^5	*trans*-$Pt(NH_3)_2Cl_2$	3×10^{28}
$Co(NH_3)_6^{3+}$	1×10^{23}	*cis*-$Pt(NH_3)_2Cl_2$	3×10^{29}
$Co(NH_3)_5Cl^{2+}$	2×10^{28}	$Zn(CN)_4^{2-}$	6×10^{16}
$Co(NH_3)_5NO_2^{2+}$	1×10^{24}	$Zn(NH_3)_4^{2+}$	3.6×10^8
		$Zn(OH)_4^{2-}$	3×10^{14}

$$Ag^+(aq) + 2NH_3(aq) \rightleftharpoons Ag(NH_3)_2^+(aq)$$

$$K_f = \frac{[Ag(NH_3)_2^+]}{[Ag^+][NH_3]^2} = 1.7 \times 10^7$$

큰 값의 K_f 값은 정반응이 실질적으로 완결된다는 것을 의미한다. 즉, 암모니아를 $AgNO_3$ 용액에 첨가하면, 거의 모든 Ag^+ 이온이 $Ag(NH_3)_2^+$로 변환된다(예제 15.1).

예제 15.1

다음 평형을 살펴보자.

$$Ag^+(aq) + 2NH_3(aq) \rightleftharpoons Ag(NH_3)_2^+(aq) \qquad K_f = 1.7 \times 10^7$$

a 0.10 M NH_3에서 $[Ag(NH_3)_2^+]/[Ag^+]$ 비를 계산하라.

분석

주어진 정보: 반응($Ag^+(aq) + 2NH_3(aq) \rightleftharpoons Ag(NH_3)_2^+(aq)$)
$K_f(1.7 \times 10^7)$
$[NH_3]$ (0.10 M)

알고자 하는 것: $\dfrac{[Ag(NH_3)_2^+]}{[Ag^+]}$

전략

1. 반응의 K_f 식을 쓴다.

2. $[NH_3]$와 K_f 값을 대입하여 원하는 비를 구한다.

풀이

1. 평형 상수식 $\quad K_f = \dfrac{[Ag(NH_3)_2^+]}{[Ag^+][NH_3]^2}$

2. $\dfrac{[Ag(NH_3)_2^+]}{[Ag^+]}$ $\quad 1.7 \times 10^7 = \dfrac{[Ag(NH_3)_2^+]}{[Ag^+](0.10)^2} \longrightarrow \dfrac{[Ag(NH_3)_2^+]}{[Ag^+]} = 1.7 \times 10^7(0.10)^2 = 1.7 \times 10^5$

(계속)

b 99%의 Ag^+ 이온을 $Ag(NH_3)_2{}^+$로 변환시키는 데 필요한 NH_3의 농도는 얼마인가?

주어진 정보: 반응($Ag^+(aq) + 2NH_3(aq) \rightleftharpoons Ag(NH_3)_2{}^+(aq)$)

$K_f(1.7 \times 10^7)$

Ag^+ 99%가 $Ag(NH_3)_2{}^+$로 변환된다.

알고자 하는 것: $[NH_3]$

전 략

1. 99%의 Ag^+가 $Ag(NH_3)_2{}^+$로 변환되는 것은 Ag^+ 1 mol 당 $Ag(NH_3)_2{}^+$ 99 mol이 있거나 $\dfrac{[Ag(NH_3)_2{}^+]}{[Ag^+]} = \dfrac{99}{1}$를 의미한다.
2. K_f 값과 이 비를 대입하여 $[NH_3]$를 구한다.

풀 이

$[NH_3]$

$$1.7 \times 10^7 = \left(\frac{99}{1}\right) \times \frac{1}{[NH_3]^2} \longrightarrow [NH_3] = 2.4 \times 10^{-3}\ M$$

c 아래 반응의 평형 상수를 계산하라.

$$Ag(NH_3)_2{}^+(aq) + 2S_2O_3{}^{2-}(aq) \rightleftharpoons Ag(S_2O_3)_2{}^{3-}(aq) + 2NH_3(aq)$$

($Ag(S_2O_3)_2{}^{3-}$의 K_f 값은 1×10^{13}다.)

분 석

주어진 정보: 반응식 ($Ag(NH_3)_2{}^+(aq) + 2S_2O_3{}^{2-}(aq) \rightleftharpoons 2NH_3(aq) + Ag(S_2O_3)_2{}^{3-}(aq)$)

$Ag(NH_3)_2{}^+$의 $K_f(1.7 \times 10^7)$; $Ag(S_2O_3)_2{}^{3-}$의 $K_f(1 \times 10^{13})$

알고자 하는 것: 이 반응의 K 값

전략 및 풀이

1. 원하는 반응식에서 반응물, $Ag(NH_3)_2{}^+$에 초점을 맞춘다. 이것이 NH_3를 생성한다. $Ag(NH_3)_2{}^+$에서 NH_3가 해리되는 반응식을 구한다. 이 반응은 $Ag(NH_3)_2{}^+$가 형성되는 반응의 역반응이다.

   (1) $Ag(NH_3)_2{}^+(aq) \rightleftharpoons Ag^+(aq) + 2NH_3(aq)$ $\quad K_1 = 1/K_f = 1/(1.7 \times 10^7)$

2. 원하는 반응식에서 두 번째 반응물, $S_2O_3{}^{2-}$에 초점을 맞춘다. 이것은 $Ag(S_2O_3)_2{}^{3-}$이 생성되는 반응의 일부분이다. $Ag(S_2O_3)_2{}^{3-}$의 형성에 대한 반응식을 쓴다.

   (2) $Ag^+(aq) + 2S_2O_3{}^{2-}(aq) \rightleftharpoons Ag(S_2O_3)_2{}^{3-}(aq)$ $\quad K_2 = K_f = 1 \times 10^{13}$

3. 두 반응식을 더하여 최종 반응식을 얻는다. 다중 평형 규칙을 이용하여, K_1과 K_2를 곱하여 반응의 K 값을 얻는다.

$$\begin{array}{ll}
(1)\ Ag(NH_3)_2{}^+(aq) \rightleftharpoons Ag^+(aq) + 2NH_3(aq) & K_1 = 1/K_f = 1/(1.7 \times 10^7) \\
(2)\ Ag^+(aq) + 2S_2O_3{}^{2-}(aq) \rightleftharpoons Ag(S_2O_3)_2{}^{3-}(aq) & K_2 = K_f = 1 \times 10^{13} \\
\hline
Ag(NH_3)_2{}^+(aq) + 2S_2O_3{}^{2-}(aq) \rightleftharpoons Ag(S_2O_3)_2{}^{3-}(aq) + 2NH_3(aq) & K = \dfrac{1 \times 10^{13}}{1.7 \times 10^7} = 6 \times 10^5
\end{array}$$

마무리 정리

문제 (a)를 보면, $\dfrac{[Ag(NH_3)_2{}^+]}{[Ag^+]}$ 비의 값, 1.7×10^5는 0.10 M NH_3에서 Ag^+ 이온 1개 당 $Ag(NH_3)_2{}^+$ 착이온 170,000개가 있다는 것을 의미한다.

예제 15.1에서 $Ag(NH_3)_2{}^+$가 $Ag(S_2O_3)_2{}^{3-}$로 변환되는 반응은 매우 큰 평형 상수 값을 갖는다는 것을 알 수 있다. 약간 다른 방식으로 보면, Ag^+의 두 착물 중에서 $Ag(S_2O_3)_2{}^{3-}$ 이온이 더 안정하다고 볼 수 있다.

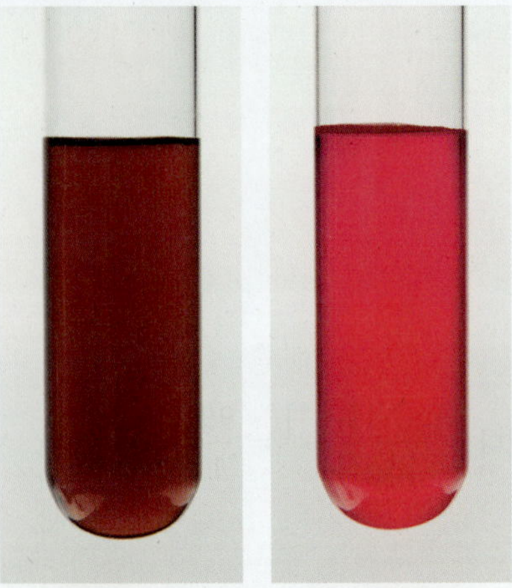

그림 15.1 ▸ 두 개의 배위 착물을 나타내었다. 왼쪽은 $Co(NH_3)_6^{3+}$이고, 오른쪽은 $Co(NH_3)_5Cl^{2+}$이다.

그림 15.2 ▸ 고체 $SrCrO_4$와 평형을 이루고 있는 $SrCrO_4$ 수용액.

고체는 K_{sp} 식에는 나타내지 않지만, 평형을 위해서는 반드시 존재해야 한다.

비슷한 상황이 Co^{3+}의 두 착이온에 적용된다.

$$Co(NH_3)_6^{3+}(aq) + Cl^-(aq) \rightleftharpoons Co(NH_3)_5Cl^{2+}(aq) + NH_3(aq)$$

$$K = \frac{K_f\ Co(NH_3)_5Cl^{2+}}{K_f\ Co(NH_3)_6^{3+}} = \frac{2 \times 10^{28}}{1 \times 10^{23}} = 2 \times 10^5$$

Cl^- 이온을 착물 $Co(NH_3)_6^{3+}$에 첨가하면, 이 착물이 좀 더 안정한 착물 $Co(NH_3)_5Cl^{2+}$로 변환되며, 이것은 분홍색을 띤다(그림 15.1).

15-2 용해도: 용해도곱 상수(K_{sp})

제4장에서는 물에 용해되는 화합물은 가용성(soluble) 화합물로, 물에 용해되지 않는 화합물은 불용성(insoluble) 화합물로 분류하였다. 이 절에서 이온성 고체의 성분 이온과 고체 자체 사이의 평형이라는 관점으로 용해 과정을 살펴본다.

수용액에서 $SrCrO_4$를 고려해 보자(그림 15.2). 수용액에서 약산, HF와 마찬가지로,

$$HF(aq) \rightleftharpoons H^+(aq) + F^-(aq)$$

수용액에서 화합물($SrCrO_4$)과 이 화합물의 해당 이온들(Sr^{2+}와 CrO_4^{2-}) 사이에는 다음과 같은 평형이 이루어진다.

$$SrCrO_4(s) \rightleftharpoons Sr^{2+}(aq) + CrO_4^{2-}(aq)$$

K_{sp} 식

제12장과 제13장의 규칙들을 적용하여 $SrCrO_4$의 용해에 대한 평형 상수식을 쓸 수 있다. 특히, 고체는 평형 상수식에 나타나지 않으며, ◂ⓘ 각 이온 농도의 지수는 화학 반응식에 있는 계수다.

$$K_{sp} = [Sr^{2+}][CrO_4^{2-}]$$

기호 K_{sp}는 **용해도곱 상수**(solubility product constant)라고 알려진 특정한 유형의 평형 상수를 나타낸다. 모든 평형 상수와 마찬가지로, K_{sp}는 특정한 온도에서 주어진 계에 대하여 정해진 값을 갖는다. 예를 들면, 25°C에서 $SrCrO_4$에 대한 K_{sp} 값은 약 3.6×10^{-5}다. 즉,

$$[Sr^{2+}][CrO_4^{2-}] = 3.6 \times 10^{-5}$$

이 관계는 평형의 형성 방법에 무관하게, 평형에서 두 이온 농도의 곱은 반드시 3.6×10^{-5}이어야 한다는 것을 말해준다.

예제 15.2

Ag_2CrO_4와 $Ca_3(PO_4)_2$에 대한 K_{sp} 식을 써라.

전략

1. 먼저 용해 과정에 대한 화학 반응식을 쓴다(고체는 왼쪽에, 이온은 오른쪽에).
2. K_{sp} 식을 쓴다. 다음 사항들을 상기한다.
   - 고체는 나타내지 않는다.
   - 농도([ ])가 사용된다.
   - 각 이온 농도의 지수는 화학 반응식에 있는 계수다.

(계속)

풀이

Ag_2CrO_4:

1. 반응식 $Ag_2CrO_4(s) \rightleftharpoons 2Ag^+(aq) + CrO_4^{2-}(aq)$

2. K_{sp} 식 $K_{sp} = [Ag^+]^2[CrO_4^{2-}]$

$Ca_3(PO_4)_2$:

1. 반응식 $Ca_3(PO_4)_2(s) \rightleftharpoons 3Ca^{2+}(aq) + 2PO_4^{3-}(aq)$

2. K_{sp} 식 $K_{sp} = [Ca^{2+}]^3[PO_4^{3-}]^2$

▶ K_{sp}와 이온의 평형 농도

다음 관계식을 이용하면, 한 이온의 평형 농도를 알 때 다른 이온의 평형 농도를 계산할 수 있다.

$$K_{sp}\ SrCrO_4 = [Sr^{2+}][CrO_4^{2-}] = 3.6 \times 10^{-5}$$

예를 들면, 어떤 용액에서 $SrCrO_4$와 평형 상태에 있는 CrO_4^{2-}의 농도가 $2.0 \times 10^{-3}\ M$일 때, 다음 계산이 가능하다.

$$[Sr^{2+}] = \frac{K_{sp}\ SrCrO_4}{[CrO_4^{2-}]} = \frac{3.6 \times 10^{-5}}{2.0 \times 10^{-3}} = 1.8 \times 10^{-2}\ M$$

또 다른 경우로, $[Sr^{2+}] = 1.0 \times 10^{-4}\ M$일 때, 다음과 같은 계산이 가능하다.

$$[CrO_4^{2-}] = \frac{K_{sp}\ SrCrO_4}{[Sr^{2+}]} = \frac{3.6 \times 10^{-5}}{1.0 \times 10^{-4}} = 3.6 \times 10^{-1}\ M$$

예제 15.3은 다른 화합물에 대하여 같은 유형의 계산을 보여준다.

예제 15.3

인산 칼슘(calcium phosphate), $Ca_3(PO_4)_2$은 물에 녹지 않는 무기물이며, 많은 양이 인공 비료를 생산하는 데 사용된다. $Ca_3(PO_4)_2$의 K_{sp} 값을 사용하여 $[PO_4^{3-}] = 5 \times 10^{-5}\ M$일 때, 고체와 평형을 이루고 있는 Ca^{2+}의 농도를 계산하라.

분석

주어진 정보:	$[PO_4^{3-}]$ $(5 \times 10^{-5}\ M)$
정보가 알려주는 내용:	$Ca_3(PO_4)_2$의 K_{sp} 값
알고자 하는 것:	$[Ca^{2+}]$

전략

1. $Ca_3(PO_4)_2$의 용해에 대한 화학 반응식을 쓴다.

2. K_{sp} 식을 쓴다.

3. K_{sp} 식에 대입하여 $[Ca^{2+}]$를 구한다.

풀이

1. 화학 반응식 $Ca_3(PO_4)_2(s) \rightleftharpoons 3Ca^{2+}(aq) + 2PO_4^{3-}(aq)$

2. K_{sp} 식 $K_{sp} = [Ca^{2+}]^3[PO_4^{3-}]^2$

3. $[Ca^{2+}]$ $1 \times 10^{-33} = [Ca^{2+}]^3(5 \times 10^{-5})^2 \longrightarrow [Ca^{2+}]^3 = 4 \times 10^{-25} \longrightarrow$

$[Ca^{2+}] = 7 \times 10^{-9}\ M$

(계속)

마무리 정리

답을 점검하려면, 계산한 농도 $[Ca^{2+}]$ (7×10^{-9} *M*)와 주어진 농도 $[PO_4^{3-}]$ (5×10^{-5} *M*)를 사용하여 K_{sp}를 구하라.

$$K_{sp} = [Ca^{2+}]^3[PO_4^{3-}]^2 = (7 \times 10^{-9})^3(5 \times 10^{-5})^2 = 9 \times 10^{-34}$$

계산한 K_{sp} 값이 표 15.2에 수록된 K_{sp} 값, 1×10^{-33}에 매우 가깝다.

표 15.2 ▸ 25°C에서의 용해도곱 상수

		K_{sp}			K_{sp}
아세트산염	$AgC_2H_3O_2$	1.9×10^{-3}	수산화물	$Al(OH)_3$	2×10^{-31}
브로민화물	$AgBr$	5×10^{-13}		$Ca(OH)_2$	4.0×10^{-6}
	Hg_2Br_2	6×10^{-23}		$Fe(OH)_2$	5×10^{-17}
	$PbBr_2$	6.6×10^{-6}		$Fe(OH)_3$	3×10^{-39}
탄산염	Ag_2CO_3	8×10^{-12}		$Mg(OH)_2$	6×10^{-12}
	$BaCO_3$	2.6×10^{-9}		$Tl(OH)_3$	2×10^{-44}
	$CaCO_3$	4.9×10^{-9}		$Zn(OH)_2$	4×10^{-17}
	$MgCO_3$	6.8×10^{-6}	아이오딘화물	AgI	1×10^{-16}
	$PbCO_3$	1×10^{-13}		Hg_2I_2	5×10^{-29}
	$SrCO_3$	5.6×10^{-10}		PbI_2	8.4×10^{-9}
염화물	$AgCl$	1.8×10^{-10}	인산염	Ag_3PO_4	1×10^{-16}
	Hg_2Cl_2	1×10^{-18}		$AlPO_4$	1×10^{-20}
	$PbCl_2$	1.7×10^{-5}		$Ca_3(PO_4)_2$	1×10^{-33}
크로뮴산염	Ag_2CrO_4	1×10^{-12}		$Mg_3(PO_4)_2$	1×10^{-24}
	$BaCrO_4$	1.2×10^{-10}	황산염	$BaSO_4$	1.1×10^{-10}
	$PbCrO_4$	2×10^{-14}		$CaSO_4$	7.1×10^{-5}
	$SrCrO_4$	3.6×10^{-5}		$PbSO_4$	1.8×10^{-8}
플루오린화물	BaF_2	1.8×10^{-7}		$SrSO_4$	3.4×10^{-7}
	CaF_2	1.5×10^{-10}			
	MgF_2	7×10^{-11}			
	PbF_2	7.1×10^{-7}			

▶ K_{sp}와 물에서의 용해도

용액에서 용해도가 작은 고체와 이 고체의 이온 사이의 평형을 이루기 위한 한 가지 방법은 고체를 물에 넣고 저어 포화 용액을 형성하는 것이다. 예상대로, 고체의 용해도(*s*, mol/L)는 용해도곱 상수 K_{sp}와 관계가 있다. 물에 녹아 있는 $BaSO_4$의 경우, 다음과 같은 평형이 이루어진다.

$$\underset{}{BaSO_4(s)} \rightleftharpoons \underset{s}{Ba^{2+}(aq)} + \underset{s}{SO_4^{2-}(aq)}$$

$BaSO_4$의 용해도는 Ba^{2+} 또는 SO_4^{2-}의 평형 농도와 완전히 일치한다. 다시 말하면,

$$[Ba^{2+}] = [SO_4^{2-}] = s$$

*s*는 항상 몰 용해도(molar solubility)이다.

그리고

$$K_{sp}\ BaSO_4 = [Ba^{2+}][SO_4^{2-}] = s^2$$

이것을 풀면

$$s = (K_{sp})^{\frac{1}{2}} = (1.1 \times 10^{-10})^{\frac{1}{2}} = 1.0 \times 10^{-5}\ \text{mol/L}$$

즉, 포화 용액은 $BaSO_4$ 2.3 mg을 물에 녹인 후 용액의 전체 부피를 1.0 L로 만들면 된다는 것을 의미한다. 다시 말하면, 2.3 mg *미만이* 용해되면, 불포화 용액이 형성된다.

"녹는다"라는 단어를 들으면 고체가 성분 이온으로 이온화되는 것을 상상하라.

2.3 mg보다 많은 양의 $BaSO_4$가 첨가되면, 1.0×10^{-5} M Ba^{2+}와 SO_4^{2-} 이온이 들어있는 용액과 고체 $BaSO_4$ 사이에 평형이 형성된다.

이온성 고체가 다른 전하를 띤 음이온과 양이온으로 구성되어 있는 경우, K_{sp}와 s의 관계식은 다른 형태를 갖게 되지만 그 기본 원리는 똑같다(예제 15.4).

K_{sp}와 s 사이의 관계는 고체의 유형에 따라 다르다.

예제 15.4 주요 문제

플루오린화 바륨(barium fluoride), BaF_2는 야금 과정에서 용접제나 납땜제로 쓰이며, 이것의 K_{sp} 값는 1.8×10^{-7}이다.

a BaF_2의 용해도(몰 용해도)를 mol/L 단위로 써라.

분석

주어진 정보:	BaF_2의 $K_{sp}(1.8 \times 10^{-7})$
알고자 하는 것:	몰 용해도(mol/L 단위의 용해도)

전략

1. BaF_2가 용해되는 알짜 이온 반응식을 적는다.
2. s를 BaF_2의 몰 용해도라고 놓는다; s = 용해된 $[BaF_2]$.
3. 화학양론비를 써서 BaF_2를 성분 이온들과 연관시킨다.
4. K_{sp} 식을 쓴다. 이 식에 값들을 대입하여 s에 대하여 푼다.

풀이

1. 반응식 $BaF_2(s) \rightleftharpoons Ba^{2+}(aq) + 2F^-(aq)$

2. 화학양론비 1 L에 녹아 있는 BaF_2의 몰수 ⟶ 1 mol/L Ba^{2+} ⟶ 2 mol/L F^-

s ↓ s ↓ $2s$ ↓ (각각 s, s, $2s$)

s $\quad K_{sp} = [Ba^{2+}][F^-]^2 = (s)(2s)^2 = 4s^3$

$$1.8 \times 10^{-7} = 4s^3;\ s = \left(\frac{1.8 \times 10^{-7}}{4}\right)^{\frac{1}{3}} = 3.6 \times 10^{-3}\ M$$

b g/L 단위의 용해도는 얼마인가?

분석

주어진 정보:	BaF_2의 K_{sp} 값(1.8×10^{-7})
	위의 (a)에서: BaF_2의 몰 용해도$(3.6 \times 10^{-3}\ M)$
정보가 알려주는 내용:	MM BaF_2
알고자 하는 것:	BaF_2의 용해도(g/L 단위)

전략

BaF_2의 몰질량을 사용하여 몰 용해도를 g/L 단위의 용해도로 바꾼다.

풀이

용해도(g/L) $\quad 3.6 \times 10^{-3}\ \dfrac{\text{mol}}{\text{L}} \times 175.3\ \dfrac{\text{g}}{\text{mol}} = 0.63\ \text{g/L}$

c 298 mL의 BaF_2 포화 용액을 만드는 데 필요한 BaF_2의 질량은 몇 g인가?

분석

주어진 정보:	BaF_2의 K_{sp} 값(1.8×10^{-7})
	(b)에서: BaF_2의 용해도(0.63 g/L)
	포화 용액의 부피(298 mL)
알고자 하는 것:	포화 용액을 만드는 데 필요한 BaF_2의 질량

(계속)

전략

1. 포화 용액의 정의를 상기하자. 포화 용액은 용해될 수 있는 용질의 최대 그램 수(용해도)가 녹아 있는 용액이다.
2. g/L 단위의 용해도를 변환 인자로 이용하여 포화 용액 298 mL를 만드는 데 필요한 질량을 구한다.

풀이

BaF_2의 질량 $$0.298\ \text{L} \times \frac{0.63\ \text{g}}{1\ \text{L}} = 0.19\ \text{g}$$

마무리 정리

포화 용액을 만들기 위해서는 몰 용해도 또는 g/L 단위의 용해도를 알아야 한다.

© Cengage Learning/Charles D. Winters

황화물 광물들과 K_{sp}. 황화물은 용해도가 가장 작은 이온성 화합물들 중 하나다. 이것들의 K_{sp} 값은 흔히 10^{-25}보다 작다. 이런 이유로, 많은 황화물이 광물로 발견된다.

실험적으로 결정한 이온성 고체의 용해도가 K_{sp}에서 예상한 값보다 큰 것을 빈번하게 볼 수 있다. 예를 들어 $PbCl_2$를 살펴보자.

$$4s^3 = K_{sp} = 1.7 \times 10^{-5}$$

위 관계식에서 계산한 용해도는 0.016 mol/L이다. 측정된 용해도는 이 값보다 상당히 더 큰 0.036 mol/L이다. $PbCl_2$에 있는 일부의 납이 Pb^{2+} 이외의 형태로 용액에 존재하는 것으로 이를 설명할 수 있다. 특히 $Pb(OH)^+$와 $PbCl^+$ 이온들이 용액 내에 존재하는 것을 검출할 수 있다.

예제 15.4를 역으로 이용하면, 용해도가 주어진 화합물의 K_{sp}를 구할 수 있다. 많은 이온성 화합물의 용해도가 실험적으로 결정되어 화학 핸드북에 표로 만들어져 있다. 대부분의 용해도 값은 물 100 g에 녹아 있는 용질의 g 수로 표시된다. mol/L 단위의 몰 용해도를 구하기 위해서는, 용액의 밀도가 물의 밀도와 같다고 가정해야 한다. 그러면 100 g의 물에 녹아 있는 용질의 g 수가 100 mL 용액 속에 녹아 있는 용질의 g 수가 같게 된다. 이 가정은 용액에 들어 있는 화합물의 질량이 작기 때문에 타당하다. K_{sp} 값을 계산하려면, 용질의 몰 용해도를 구하고, 용질의 구성 이온들의 농도를 결정한 후, 이것들을 K_{sp} 식에 대입하면 된다.

예제 15.5

살충제인 비산 마그네슘($Mg_3(AsO_4)_2$)을 살펴보자. 이 물질의 용해도가 실험적으로 $(1.6 \times 10^{-3}\ \text{g})/(100\ \text{g}\ H_2O)$임이 밝혀졌다. 이 화합물의 K_{sp} 값은 얼마인가? (물의 밀도가 용액의 밀도와 같다고 가정하라.)

분석

주어진 정보:	용해도$(1.6 \times 10^{-3}\ \text{g})/(100\ \text{g}\ H_2O)$
정보가 알려주는 내용:	용액의 밀도 = 물의 밀도
	MM $Mg_3(AsO_4)_2$
알고자 하는 것:	K_{sp}

전략

1. $(1.6 \times 10^{-3}\ \text{g})/(100\ \text{g}\ H_2O) = (1.6 \times 10^{-3}\ \text{g})/(100\ \text{mL}$ 용액)의 관계를 가정한다. 이 용해도 자료를 몰 용해도로 변환한다. $Mg_3(AsO_4)_2$의 몰질량을 이용한다.
2. $Mg_3(AsO_4)_2$의 용해를 나타내는 알짜 이온 반응식을 쓴다.
3. 화학양론비를 사용하여 $[Mg_3(AsO_4)_2]$를 $[Mg^{2+}]$와 $[AsO_4^{3-}]$에 연관시킨다.
4. K_{sp} 식에 이온 농도들을 대입하여 K_{sp} 값을 구한다.

(계속)

풀이

1. 몰 용해도	$\frac{1.6 \times 10^{-3}\ g}{0.100\ L} \times \frac{1\ mol}{350.7\ g} = 4.6 \times 10^{-5}\ M$
2. 반응식	$Mg_3(AsO_4)_2(s) \rightleftharpoons 3Mg^{2+}(aq) + 2AsO_4^{3-}(aq)$
3. 화학양론비	용해된 1 mol $Mg_3(A_sO_4)_2 \rightleftharpoons 3$ mol Mg^{2+};
	$[Mg^{2+}] = 3(4.6 \times 10^{-5}) = 1.4 \times 10^{-4}\ M$
	용해된 1 mol $Mg_3(AsO_4)_2 \longrightarrow 2$ mol AsO_4^{3-};
	$[AsO_4^{3-}] = 2(4.6 \times 10^{-5}) = 9.2 \times 10^{-5}\ M$
4. K_{sp}	$K_{sp} = [Mg^{2+}]^3[AsO_4^{3-}]^2 = (1.4 \times 10^{-4})^3(9.2 \times 10^{-5})^2 = 2.3 \times 10^{-20}$

K_{sp}와 공통 이온 효과

$BaSO_4$의 용해를 살펴보자.

$$BaSO_4(s) \rightleftharpoons Ba^{2+}(aq) + SO_4^{2-}(aq)$$

물에서의 $BaSO_4$의 용해도를 동일한(공통) ⓘ 음이온, SO_4^{2-}이 포함되어 있는 0.10 M Na_2SO_4 용액에서의 $BaSO_4$의 용해도와 비교했을 때 어느 쪽의 용해도가 더 클 것으로 예상되는가? 순간적인 생각으로도 0.10 M Na_2SO_4 용액에서의 용해도가 순수한 물에서의 용해도보다 작을 것이라는 생각이 들 것이다. $BaSO_4$가 순수한 물에 용해될 때, $[SO_4^{2-}]$는 1.0×10^{-5} M이라는 것을 상기하라. SO_4^{2-}의 농도를 0.10 M까지 증가시키면, Le Châtelier 원리에 의해 평형은 당연히 황산 바륨의 용해도가 감소하는 *왼쪽*으로 이동할 것이다. 실제로 이와 같은 현상이 일어난다(예제 15.6).

ⓘ "공통" 이온은 $BaSO_4$와 Na_2SO_4와 같은 두 개의 공급원에서 나온다.

예제 15.6

$BaSO_4$의 K_{sp} 값이 1.1×10^{-10}일 때, 0.10 M Na_2SO_4 용액에서 $BaSO_4$의 용해도(mol/L)를 계산하라.

분석

주어진 정보:	$BaSO_4$의 K_{sp} 값 (1.1×10^{-10})
	Na_2SO_4의 $M(0.10)$
알고자 하는 것:	몰 용해도

전략

1. 용액 1 L에 용해된 $BaSO_4$의 몰수를 s로 놓고, $[Ba^{2+}]$와 $[SO_4^{2-}]$를 용해된 $BaSO_4$, s와 연관시킨다.

2. 아래의 표를 만든다.

	$[Ba^{2+}]$	$[SO_4^{2-}]$
초기		
변화량		
평형		

반응 초기에는 $BaSO_4$가 기여하는 Ba^{2+}과 SO_4^{2-} 이온은 없지만 Na_2SO_4가 기여하는 SO_4^{2-} 이온이 있다. s를 표의 "변화량" 행에 넣어 용해된 $BaSO_4$가 기여하는 Ba^{2+}과 SO_4^{2-} 이온의 양을 나타낸다.

3. 평형 행에 있는 값들을 $BaSO_4$의 K_{sp} 식에 대입한다.

4. s에 대하여 계산한다. 이때 $s << (SO_4^{2-}$ 초기 존재량) 조건을 가정한다.

(계속)

풀 이

1. Ba^{2+}, SO_4^{2-} 용해된 $BaSO_4$의 양 = $s = [Ba^{2+}] = [SO_4^{2-}]$

2. 표

	$[Ba^{2+}]$	$[SO_4^{2-}]$
초기	0	0.10
변화량	$+s$	$+s$
평형	s	$0.1 + s$

3. K_{sp} 식 $1.1 \times 10^{-10} = [Ba^{2+}][SO_4^{2-}] = (s)(0.1 + s)$

4. s ($s << 0.10$)이라고 가정한다.

$$1.1 \times 10^{-10} = (s)(0.10) \longrightarrow s = 1.1 \times 10^{-9}\ M$$

실제로 s가 0.10 M보다 훨씬 작으므로, 위의 가정은 타당하다.

마무리 정리

0.10 M Na_2SO_4 용액에서의 용해도는 순수한 물에서의 용해도보다 훨씬 더 작다($1.1 \times 10^{-9} << 1.0 \times 10^{-5}$). 예상한 것과 같이 정확하게 맞다.

그림 15.3 ▸ **염화 소듐과 공통 이온 효과.**

예제 15.6에서 보여준 **공통 이온 효과**(common ion effect)는 일반적이다. ***이온성 고체는 물에서보다 공통 이온이 들어있는 용액에서 더 적게 녹는다***(그림 15.3).

그림 15.4 ▸ **크로뮴산 스트론튬의 침전.** $Sr(NO_3)_2$ 및 K_2CrO_4의 용액을 혼합하여 만든 용액은 노란색의 $SrCrO_4(s)$와 평형을 이룬다. 이 용액에서, $[Sr^{2+}] \times [CrO_4^{2-}] = 3.6 \times 10^{-5}$.

15-3 침전 형성

제4장에서 보았듯이, 한 용액의 양이온이 다른 용액의 음이온과 결합하여 불용성 이온성 고체가 형성될 때 침전(precipitate)이 형성된다. 또한 그러한 반응이 일어나는지를 예상하는 방법을 살펴보았고, 만일 그렇다면, 그 반응을 알짜 이온 반응식으로 나타내는 방법도 살펴보았다.

침전 반응은 다른 모든 반응처럼 평형에 도달한다. 이것을 다르게 표현하면, 가장 녹지 않는 "불용성(insoluble)" 전해질조차도 적어도 약간은 용해되므로 용액에서 불용성 고체의 이온과 평형을 이룬다. 예를 들어, $Sr(NO_3)_2$ 용액과 K_2CrO_4 용액을 혼합한다고 가정하자. 이 경우, Sr^{2+} 이온과 CrO_4^{2-} 이온이 결합하여 노란색 침전 $SrCrO_4$가 형성된다(그림 15.4). 용액에서 고체와 해당 이온들 사이에 다음과 같은 평형이 아주 신속하게 이루어진다.

$$SrCrO_4(s) \rightleftharpoons Sr^{2+}(aq) + CrO_4^{2-}(aq)$$

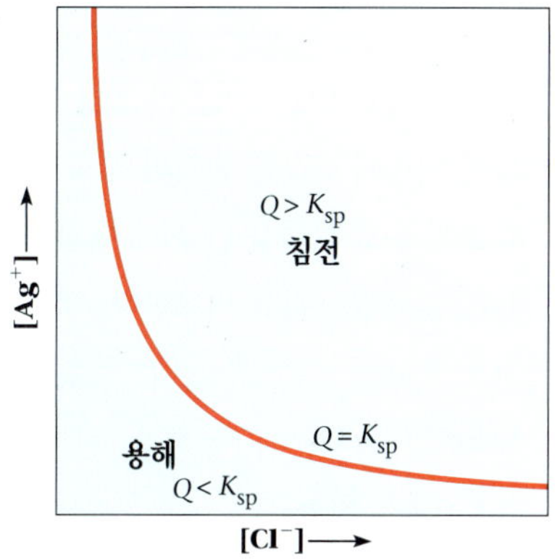

그림 15.5 ▸ **염화 은(AgCl)의 평형 곡선.** $AgCl(s)$은 수용액에서 Ag^+, Cl^- 이온과 접하고 있다. 평형에서 이온 농도의 곱 $[Ag^+] \times [Cl^-]$은 K_{sp}(곡선)와 같다. $Q > K_{sp}$이면, 평형이 이루어질 때까지 $AgCl(s)$이 침전되고, $Q < K_{sp}$이면, 고체가 추가로 용해된다.

▶ K_{sp}와 침전 형성

K_{sp} 값은 두 용액을 섞었을 때, 침전의 생성 여부를 예상하는 데 사용할 수 있다. 이를 위해서, 제12장에서 사용하였던 것과 비슷한 접근법을 따를 것이다. 제12장에서는 계가 평형에 도달하기 위해 이동하는 방향을 결정하였다. 여기서는 K_{sp}와 똑같은 수학적 형태를 갖고 있는 **이온 곱 상수**(ion product constant), Q라고 부르는 양으로 시작한다, 차이점은 Q에 나타나는 농도가 특정 순간에서의 농도인 반면에, K_{sp}에 나타나는 농도는 평형 농도라는 것이다. ◂ⓘ 다시 말하면, Q 값은 침전이 진행됨에 따라 K_{sp}에 근접하게 되고, 결국에는 K_{sp}와 같아질 것으로 예상된다.

ⓘ K_{sp}는 상수이다. 그러나 Q는 어떤 값도 가질 수 있다.

세 가지 경우를 구분할 수 있다(그림 15.5).

1. $Q > K_{sp}$면, 용액은 평형 상태에서 유지할 수 있는 이온의 농도보다 높은 이온 농도를 포함한다. 따라서 이온곱(Q)이 K_{sp}와 같아져서 평형이 이루어질 때까지 농도를 감소시켜 ***침전이 형성된다.***
2. $Q < K_{sp}$면, 용액은 고체와 평형을 이루기 위해 필요한 농도보다 낮은 이온 농도를 가지고 있다. 이 용액은 불포화되어 있다. ***침전이 형성되지 않으며***, 평형이 이루어지지 않은 상태다.
3. $Q = K_{sp}$면, 용액은 포화되어 있고 침전의 시점에 있다.

예제 15.7 주요 문제

실험실에서, 침전이 생성되기에 충분한 농도의 Sr^{2+} 이온과 CrO_4^{2-} 이온을 혼합하여 $SrCrO_4$ ($K_{sp} = 3.6 \times 10^{-5}$)를 만들 수 있다.

a 용액이 다음과 같은 초기 농도를 가진다: $[Sr^{2+}] = 6.0 \times 10^{-3}\ M$, $[CrO_4^{2-}] = 3.0 \times 10^{-3}\ M$. 침전이 일어나겠는가?

분 석

주어진 정보:	$SrCrO_4$의 K_{sp} 값(3.6×10^{-5}) $[Sr^{2+}]_{초기}$ ($6.0 \times 10^{-3}\ M$); $[CrO_4^{2-}]_{초기}$ ($3.0 \times 10^{-3}\ M$)
알고자 하는 것:	침전이 생성될까?

전 략

1. $SrCrO_4$의 용해에 대한 반응식을 적는다.
2. 초기 농도 값들을 Q 식에 대입하여 Q 값을 구한다.
3. Q 값과 K_{sp} 값을 비교한다.

풀 이

1. 반응식	$SrCrO_4(s) \rightleftharpoons Sr^{2+}(aq) + CrO_4^{2-}(aq)$
2. Q	$Q = [Sr^{2+}]_{초기}[CrO_4^{2-}]_{초기} = (6.0 \times 10^{-3})(3.0 \times 10^{-3}) = 1.8 \times 10^{-5}$
3. 침전?	$K_{sp} = 3.6 \times 10^{-5} > Q = 1.8 \times 10^{-5}$; 침전이 생성되지 않는다.

b $6.0 \times 10^{-3}\ M$ $Sr(NO_3)_2$ 용액 275 mL와 0.040 M K_2CrO_4 용액 825 mL를 혼합하면 침전이 생성되겠는가?

주어진 정보:	$SrCrO_4$의 K_{sp} 값(3.6×10^{-5}) Sr^{2+} 공급원은 $Sr(NO_3)_2$; V (275 mL), M (6.0×10^{-3}) CrO_4^{2-} 공급원은 K_2CrO_4; V (825 mL), M (0.040)
알고자 하는 것:	침전이 생성될까?

(계속)

전략

1. Sr^{2+}와 CrO_4^{2-} 이온의 초기 몰수(n)를 구한다($V \times M$).
2. 각 이온의 n 값을 용액의 전체 부피로 나누어 $[Sr^{2+}]_{초기}$와 $[CrO_4^{2-}]_{초기}$를 구한다.
3. 초기 농도 값들을 Q 식에 대입하여 Q 값을 구한다.
4. Q 값과 K_{sp} 값을 비교한다.

풀이

1. Sr^{2+}의 $n_{초기}$	$n = (0.275\ L)(6.0 \times 10^{-3}\ mol/L) = 1.65 \times 10^{-3}\ mol$
CrO_4^{2-}의 $n_{초기}$	$n = (0.825\ L)(0.040\ mol/L) = 0.033\ mol$
2. $[Sr^{2+}]_{초기}$	$\dfrac{1.65 \times 10^{-3}\ mol}{(0.275 + 0.825)\ L} = 1.5 \times 10^{-3}\ M$
$[CrO_4^{2-}]_{초기}$	$\dfrac{0.033\ mol}{(0.275 + 0.825)\ L} = 0.030\ M$
3. Q	$Q = [Sr^{2+}]_{초기}[CrO_4^{2-}]_{초기} = (1.5 \times 10^{-3})(0.030) = 4.5 \times 10^{-5}$
4. 침전이 일어날까?	$K_{sp} = 3.6 \times 10^{-5} < Q = 4.5 \times 10^{-5}$; 예, 침전이 형성된다(간신히!).

C Na_2CrO_4 12.0 g을 333 mL의 $4.5 \times 10^{-3}\ M\ Sr(NO_3)_2$ 용액에 가하면, 침전이 형성되겠는가? Na_2CrO_4를 가한 후 부피가 바뀌지 않는다고 가정하라.

분석

주어진 정보:	$SrCrO_4$의 K_{sp} 값(3.6×10^{-5})
	Sr^{2+} 공급원은 $Sr(NO_3)_2$; V (333 mL), M (4.5×10^{-3})
	CrO_4^{2-} 공급원은 Na_2CrO_4; 질량(12.0 g)
정보가 알려주는 내용:	Na_2CrO_4의 몰질량
알고자 하는 것:	침전이 형성될까?

전략

1. CrO_4^{2-}의 초기 몰수(n)를 구하라(질량/몰질량). 부피가 바뀌지 않기 때문에, Sr^{2+}의 초기 몰수를 구할 필요는 없다.
2. 각 이온의 n 값을 용액의 부피로 나누어 $[CrO_4^{2-}]_{초기}$를 구하라. $[Sr^{2+}]_{초기}$는 주어져 있다.
3. 초기 농도 값들을 Q 식에 대입하여 Q 값을 구한다.
4. Q 값과 K_{sp} 값을 비교한다.

풀이

1. CrO_4^{2-}의 $n_{초기}$	$n = \dfrac{12.0\ g}{162\ g/mol} = 0.0741\ mol$
2. $[Sr^{2+}]_{초기}$; $[CrO_4^{2-}]_{초기}$	$[Sr^{2+}]_{초기} = 4.5 \times 10^{-3}\ M$; $[CrO_4^{2-}]_{초기} = \dfrac{0.0741\ mol}{0.333\ L} = 0.222\ M$
3. Q	$Q = [Sr^{2+}]_{초기}[CrO_4^{2-}]_{초기} = (4.5 \times 10^{-3})(0.222) = 1.0 \times 10^{-3}$
4. 침전이 일어날까?	$K_{sp} = 3.6 \times 10^{-5} < Q = 1.0 \times 10^{-3}$; 예, 침전이 형성된다.

▶ 선택적 침전

수용액에 있는 두 양이온을 분리하는 한 가지 방법은 두 양이온 중에서 하나만 침전시키는 음이온을 첨가하는 것이다. 이와 같은 접근법이 이른바 **선택적 침전**(selective precipitation)이다. 이 방법이 어떻게 작용하는지 이해하려면 Mg^{2+}와 Na^{+} 이온이 들어 있는 용액을 살펴보자. 표 15.2를 보면, Mg^{2+}는 두 불용성 화합물 $MgCO_3$ ($K_{sp} = 6.8 \times 10^{-6}$)와 $Mg(OH)_2$ ($K_{sp} = 6 \times 10^{-12}$)를 형성하는 것을 알 수 있다. 이와 대조적으로, 탄산 이온이나 수산화 이온을 포함한 모든 소듐 화합물은 가용성이다. 따라서 CO_3^{2-}나 OH^- 이온을 용액에 가하면, Mg^{2+}를 Na^+로부터 쉽게 분리할 수 있다. 두 경우 모두, Na^+는 용액에 남아 있고, Mg^{2+}는 침전될 것이다.

좀 더 복잡한 경우를 살펴보자. 각각의 농도가 0.10 M인 Mg^{2+}와 Ba^{2+}이 들어 있는 용액에 CO_3^{2-} 이온을 가하여 양이온들을 분리하는 것을 가정해 보자. 표 15.2에서 $BaCO_3$ ($K_{sp} = 2.6 \times 10^{-9}$)가 $MgCO_3$ ($K_{sp} = 6.8 \times 10^{-6}$)보다 용해도가 작다는 것을 알 수 있다. CO_3^{2-} 이온을 용액에 조심스럽게 가하면, Mg^{2+}를 용액에 남겨 놓고 Ba^{2+}를 선택적으로 침전시킬 수 있을 것이다.

이와 같은 일은 실제로 일어난다. $BaCO_3$를 침전시키기 위해서는 CO_3^{2-} 이온의 농도가 2.6×10^{-8} M이 되어야 한다.

$$[CO_3^{2-}] = \frac{K_{sp}\ BaCO_3}{[Ba^{2+}]} = \frac{2.6 \times 10^{-9}}{0.10} = 2.6 \times 10^{-8}\ M$$

이와 같이 매우 낮은 CO_3^{2-} 농도에서는 $MgCO_3$가 침전되지 않는다.

$$Q = [Mg^{2+}][CO_3^{2-}] = (0.10)(2.6 \times 10^{-8}) = 2.6 \times 10^{-9} < K_{sp}\ MgCO_3 = 6.8 \times 10^{-6}$$

CO_3^{2-}의 농도가 6.8×10^{-5} M이 될 때까지 CO_3^{2-} 이온을 더 넣어야 $MgCO_3$가 침전된다.

$$[CO_3^{2-}] = \frac{K_{sp}\ MgCO_3}{[Mg^{2+}]} = \frac{6.8 \times 10^{-6}}{0.10} = 6.8 \times 10^{-5}\ M$$

이 시점에서, 거의 모든 Ba^{2+} 이온이 침전되었다.

$$\text{남아 있는 } [Ba^{2+}] = \frac{K_{sp}\ BaCO_3}{[CO_3^{2-}]} = \frac{2.6 \times 10^{-9}}{6.8 \times 10^{-5}} = 3.8 \times 10^{-5}\ M$$

$$\text{용액에 남아 있는 } [Ba^{2+}]\ \% = \frac{3.8 \times 10^{-5}}{0.10} \times 100\% = 0.038\%$$

$$\text{침전된 } [Ba^{2+}]\ \% = (100.000 - 0.038)\% = 99.962\%$$

다시 말해서, Mg^{2+}가 침전되기 시작하기 전에 사실상 모든 Ba^{2+} 이온을 침전시킬 수 있다.

예제 15.8 주요 문제

플라스크(그림 15.6)에 0.10 M Cl^-와 0.010 M CrO_4^{2-} 용액이 들어 있다. $AgNO_3$를 이 플라스크에 가하였다.

a Cl^-와 CrO_4^{2-} 중에서 어느 음이온이 먼저 침전되는가?

분석

주어진 정보:	$[Cl^-]$ (0.10 M); $[CrO_4^{2-}]$ (0.010 M)
정보가 알려주는 내용:	AgCl의 K_{sp}; Ag_2CrO_4의 K_{sp}
알고자 하는 것:	어느 음이온이 먼저 침전되는가?

전략

1. AgCl의 K_{sp} 식에 대입하여 $[Ag^+]$를 구한다.
2. Ag_2CrO_4의 K_{sp} 식에 대입하여 $[Ag^+]$를 구한다.
3. 더 적은 양의 $[Ag^+]$가 필요한 음이온이 먼저 침전된다.

(계속)

풀이

1. AgCl에 대한 $[Ag^+]$	$K_{sp} = [Ag^+][Cl^-]$; $1.8 \times 10^{-10} = [Ag^+](0.10)$; $[Ag^+] = 1.8 \times 10^{-9}\ M$
2. Ag_2CrO_4에 대한 $[Ag^+]$	$K_{sp} = [Ag^+]^2[CrO_4^{2-}]$; $1 \times 10^{-12} = [Ag^+]^2(0.010)$; $[Ag^+] = 1 \times 10^{-5}\ M$
3. 먼저 침전되는 음이온	AgCl 침전에 필요한 $[Ag^+]$ ($1.8 \times 10^{-9}\ M$)가 Ag_2CrO_4 침전에 필요한 $[Ag^+]$ ($1 \times 10^{-5}\ M$)보다 *낮다*. AgCl이 먼저 침전된다.

b 두 번째 음이온이 침전되기 시작할 때, 첫 번째 음이온의 몇 퍼센트가 침전되었는가?

분석

주어진 정보:	$[Cl^-]$ ($0.10\ M$); $[CrO_4^{2-}]$ ($0.010\ M$)
	위의 (a)에서: Ag_2CrO_4 침전하기 시작할 때의 $[Ag^+]$ ($1 \times 10^{-5}\ M$)
알고자 하는 것:	Ag_2CrO_4가 침전되기 시작할 때, 용액 내의 Cl^- 백분율

전략

1. $[Ag^+] = 1 \times 10^{-5}$일 때, 용액 내의 $[Cl^-]$를 구한다. Ag_2CrO_4가 침전되기 시작할 때, Ag^+ 농도를 구한다.

2. 용액에 남아 있는 % Cl^-을 구한다.

$$\frac{\text{용액에 남아 있는 } [Cl^-]}{\text{초기의 } [Cl^-]} \times 100\%$$

3. 침전된 Cl^-의 백분율을 구한다.

침전된 Cl^- % = 100.00% − 용액에 남아 있는 Cl^-%

풀이

1. 용액에 남아 있는 $[Cl^-]$	$K_{sp} = [Ag^+][Cl^-]$; $1.8 \times 10^{-10} = (1 \times 10^{-5})[Cl^-]$; $[Cl^-] = 2 \times 10^{-5}\ M$
2. 용액에 남아 있는 Cl^- %	$\frac{\text{용액에 남아 있는 } [Cl^-]}{\text{초기 } [Cl^-]} \times 100\% = \frac{2 \times 10^{-5}}{0.10} \times 100\% = 0.02\%$
3. 침전된 Cl^- %	100% − 용액에 남아 있는 Cl^- % = 100% − 0.02% = 99.8%

마무리 정리

그림 15.6을 보라. *흰색의* AgCl이 먼저 침전되고, *붉은색의* Ag_2CrO_4가 뒤이어 침전된다.

그림 15.6 ▸ **CrO_4^{2-}를 지시약으로 사용하여 Cl^-를 Ag^+로 적정하기**. AgCl(크림색)이 먼저 침전되고, Ag_2CrO_4(붉은색)가 그 다음에 침전된다.

15-4 침전의 용해

물에 불용성인 이온성 고체를 물에 녹이기 위해 여러 가지 방법을 사용할 수 있다. 가장 일반적으로 특정 시약을 첨가하여 음이온 또는 양이온과 반응시키는 것이다. 이 목적에 가장 유용한 두 가지 시약은 다음과 같다.

- 염기성 음이온과 반응하는 데 사용되는 센산, H^+(그림 15.7).
- 금속 양이온과 반응하는 데 첨가하는 착화제(complexing agent), 대부분의 경우 NH_3나 OH^-.

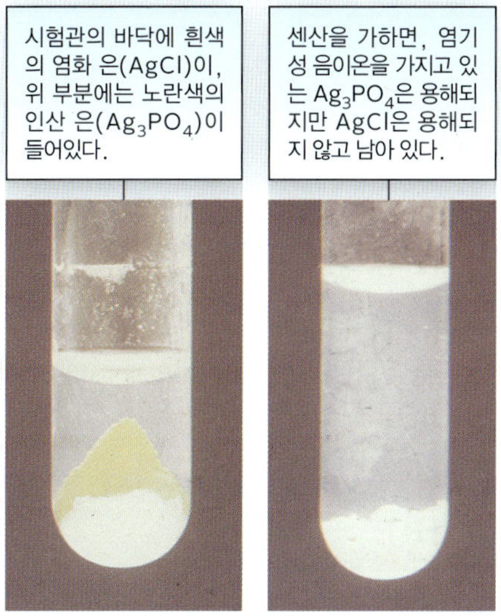

그림 15.7 ▸ 산에서 침전의 용해.

▶ 센산

HCl과 같은 센산을 가하면 불용성 금속 수산화물을 물에 녹일 수 있다. $Zn(OH)_2$와의 반응이 대표적인 것이다.

$$Zn(OH)_2(s) + 2H^+(aq) \longrightarrow Zn^{2+}(aq) + 2H_2O$$

이 반응은 두 단계(가역) 반응으로 생각할 수 있다.

$Zn(OH)_2$가 물에 용해:	$Zn(OH)_2(s) \rightleftharpoons Zn^{2+}(aq) + \cancel{2\,OH^-}(aq)$
H^+가 OH^- 이온을 중화:	$2H^+(aq) + \cancel{2\,OH^-}(aq) \rightleftharpoons 2H_2O$
	$Zn(OH)_2(s) + 2H^+(aq) \rightleftharpoons Zn^{2+}(aq) + 2H_2O$

중화 반응의 평형 상수가 아주 크기 때문에(예제 15.9), 전체 반응이 완결된다.

예제 15.9 주요 문제

다음 반응을 살펴보자.

$$Zn(OH)_2(s) + 2H^+(aq) \rightleftharpoons Zn^{2+}(aq) + 2H_2O$$

a 앞에서 언급된 두 단계 과정에 다중 평형 규칙을 적용하여 이 반응 계의 K를 계산하라.

전략 및 풀이

1. $Zn(OH)_2$의 용해에 대한 반응식을 쓴다.

$$Zn(OH)_2(s) \rightleftharpoons Zn^{2+}(aq) + 2OH^-(aq) \qquad K_1$$

K_1 = $Zn(OH)_2$에 대한 $K_{sp} = 4 \times 10^{-17}$

2. H^+는 반드시 OH^-와 반응하여 생성물 H_2O를 형성한다는 것에 유의하라. OH^- 2 mol이 생성된다. 그러므로

$$2H^+(aq) + 2OH^-(aq) \rightleftharpoons 2H_2O \qquad K_2$$

K_2에 대한 반응식은 물의 이온화 반응의 *역반응*의 반응식이다.($H_2O \rightleftharpoons H^+(aq) + OH^-(aq)$). 따라서 다음 식이 성립된다.

$$K_2 = \frac{1}{K_w}$$

그런데 물 2 mol이 있기 때문에,

$$K_2 = \frac{1}{(K_w)^2} = \frac{1}{(1 \times 10^{-14})^2} = 1 \times 10^{28}$$

3. 반응식 두 개를 합하고 다중 평형 규칙을 적용하면, 다음의 결과가 얻어진다.

$Zn(OH)_2(s) \rightleftharpoons Zn^{2+}(aq) + 2OH^-(aq)$	$K_1 = 4 \times 10^{-17}$
$2H^+(aq) + 2OH^-(aq) \rightleftharpoons 2H_2O$	$K_2 = 1 \times 10^{28}$
$Zn(OH)_2(s) + 2H^+(aq) \rightleftharpoons Zn^{2+}(aq) + 2H_2O$	$K = (4 \times 10^{-17})(1 \times 10^{28}) = 4 \times 10^{11}$

(계속)

b pH 5.0인 산에서 $Zn(OH)_2$의 몰 용해도 s를 계산하라.

분석

주어진 정보:	(a)에서: 평형 반응($Zn(OH)_2(s) + 2H^+ \rightleftharpoons Zn^{2+}(aq) + 2H_2O$)
	(a)에서: 반응의 K (4×10^{11})
알고자 하는 것:	$Zn(OH)_2$의 몰 용해도

전략

1. $[H^+]$를 구한다.
2. K 식을 쓴다.
3. 용해된 $[Zn(OH)_2]$(몰 용해도)를 s라 놓자. $[Zn(OH)_2] = [Zn^{2+}]$이기 때문에, $[Zn^{2+}] = s$. 이 변수들을 평형 상수식에 대입한다.

풀이

1. $[H^+]$	$5.0 = -\log_{10}[H^+]$; $[H^+] = 1.0 \times 10^{-5}$
2. K 식	$K = \frac{[Zn^{2+}]}{[H^+]^2}$
3. s	$4 \times 10^{11} = \frac{s}{(1.0 \times 10^{-5})^2} \longrightarrow s = 4 \times 10^1\ M$

마무리 정리

40 M의 대단히 높은 농도는 $Zn(OH)_2$가 pH 5(또는 더 낮은 pH)인 산에서 완전히 녹는다는 것을 의미한다.

> ⓘ $BaSO_4$는 산에 녹지 않는다. 그 이유를 설명하라.

센산을 사용하여 음이온이 약염기인 많은 불용성 염을 수용액에 녹일 수 있다. ⓘ 특히 H^+ 이온은 다음 화합물을 녹인다.

- *거의 모든 탄산염*(CO_3^{2-}). 여기서 생성물은 약산 H_2CO_3이며, 탄산은 CO_2와 H_2O로 분해된다. 대표적인 예로 H^+ 이온과 $ZnCO_3$의 반응을 들 수 있다.

$$ZnCO_3(s) + 2H^+(aq) \longrightarrow Zn^{2+}(aq) + H_2CO_3(aq)$$

- *많은 황화염*(S^{2-}). 약산 H_2S가 생성되고, 많은 양의 H_2S가 기체로 방출되는 것이 이 반응의 추진력이다. 황화 아연(ZnS)의 경우, 반응은 다음과 같다.

$$ZnS(s) + 2H^+(aq) \longrightarrow Zn^{2+}(aq) + H_2S(aq)$$

착물 형성

NH_3 또는 OH^-와 안정한 착물을 형성할 수 있는 양이온을 포함하는 침전을 녹이는 데 암모

예제 15.10

$Al(OH)_3$, $CaCO_3$, CoS의 침전이 센산에 녹는 이유를 보여주는 균형 맞춘 반응식을 써라.

풀이

$Al(OH)_3(s) + 3H^+(aq) \longrightarrow Al^{3+}(aq) + 3H_2O$

$CaCO_3(s) + 2H^+(aq) \longrightarrow Ca^{2+}(aq) + H_2CO_3(aq)$

$CoS(s) + 2H^+(aq) \longrightarrow Co^{2+}(aq) + H_2S(aq)$

니아나 수산화 소듐이 흔히 사용된다(표 15.3). ◀ⓘ 수산화 아연의 반응이 대표적인 예다.

$$Zn(OH)_2(s) + 4NH_3(aq) \longrightarrow Zn(NH_3)_4^{2+}(aq) + 2OH^-(aq)$$
$$Zn(OH)_2(s) + 2OH^-(aq) \longrightarrow Zn(OH)_4^{2-}(aq)$$

ⓘ NH_3나 NaOH는 $Mg(OH)_2$를 용해시킬 수 없다. 그 이유를 설명하라.

용해 반응의 평형 상수는 쉽게 계산할 수 있다. 예를 들어, $Zn(OH)_2$가 NH_3에 녹는 반응을 살펴보자. 이 반응도 두 단계로 진행된다고 가정하자.

$$Zn(OH)_2(s) \rightleftharpoons Zn^{2+}(aq) + 2OH^-(aq) \qquad K_{sp}\ Zn(OH)_2$$
$$Zn^{2+}(aq) + 4NH_3(aq) \rightleftharpoons Zn(NH_3)_4^{2+}(aq) \qquad K_f\ Zn(NH_3)_4^{2+}$$
$$Zn(OH)_2(s) + 4NH_3(aq) \rightleftharpoons Zn(NH_3)_4^{2+}(aq) + 2OH^-(aq)$$

다중 평형 규칙을 적용하면, 다음과 같은 식을 얻을 수 있다.

$$K = K_{sp}\ Zn(OH)_2 \times K_f\ Zn(NH_3)_4^{2+} = (4 \times 10^{-17})(3.6 \times 10^8) = 1 \times 10^{-8}$$

일반적으로, 이와 같은 유형의 반응에 대해서 다음 관계식이 성립된다.

$$K = K_{sp} \times K_f$$

여기서 K_{sp}는 고체의 용해도곱 상수이고, K_f는 착물의 형성 상수이다.

표 15.3 ▸ 양이온의 NH_3, OH^- 착물

양이온	NH_3 착물	OH^- 착물
Ag^+	$Ag(NH_3)_2^+$	–
Cu^{2+}	$Cu(NH_3)_4^{2+}$ (파란색)	–
Cd^{2+}	$Cd(NH_3)_4^{2+}$	–
Sn^{4+}	–	$Sn(OH)_6^{2-}$
Sb^{3+}	–	$Sb(OH)_4^-$
Al^{3+}	–	$Al(OH)_4^-$
Ni^{2+}	$Ni(NH_3)_6^{2+}$ (파란색)	–
Zn^{2+}	$Zn(NH_3)_4^{2+}$	$Zn(OH)_4^{2-}$

예제 15.11

AgCl이 NH_3에 녹는 반응은 다음과 같다(그림 15.8).

$$AgCl(s) + 2NH_3(aq) \rightleftharpoons Ag(NH_3)_2^+(aq) + Cl^-(aq)$$

a K_{sp} AgCl $= 1.8 \times 10^{-10}$이고, $K_f\ Ag(NH_3)_2^+ = 1.7 \times 10^7$일 때, 위 반응에 대한 K를 계산하라.

전략 및 풀이

1. AgCl의 용해에 대한 반응식을 쓴다.

$$AgCl(s) \rightleftharpoons Ag^+(aq) + Cl^-(aq) \qquad K_1 = K_{sp}(\text{AgCl에 대한}) = 1.8 \times 10^{-10}$$

2. Ag^+와 NH_3 사이의 반응식을 쓴다.

$$Ag^+(aq) + 2NH_3(aq) \rightleftharpoons Ag(NH_3)_2^+(aq) \qquad K_2 = K_f = 1.7 \times 10^7$$

3. 두 반응식을 더하고, 다중 평형 규칙을 적용하면 다음 결과가 얻어진다.

$$AgCl(s) \rightleftharpoons Ag^+(aq) + Cl^-(aq) \qquad K_1 = 1.8 \times 10^{-10}$$
$$Ag^+(aq) + 2NH_3(aq) \rightleftharpoons Ag(NH_3)_2^+(aq) \qquad K_2 = 1.7 \times 10^7$$
$$AgCl(s) + 2NH_3(aq) \rightleftharpoons Ag(NH_3)_2^+(aq) + Cl^-(aq) \qquad K = (1.8 \times 10^{-10})(1.7 \times 10^7) = 3.1 \times 10^{-3}$$

(계속)

b 6.0 M NH_3 1 L에 녹는 AgCl의 몰수를 계산하라.

주어진 정보: (a)에서: 평형 반응($AgCl(s) + 2NH_3(aq) \rightleftharpoons Ag(NH_3)_2^+(aq)$)

(a)에서: 반응의 K (3.1×10^{-3})

NH_3의 M (6.0)

알고자 하는 것: 6 M NH_3에서 AgCl의 몰 용해도

전략

1. K 식을 적는다.

2. 평형 표를 작성한다. 이온들만 포함시킨다. 1 mol의 AgCl이 용해될 때(x), 2 mol의 NH_3가 소모되고($-2x$), 1 mol의 $Ag(NH_3)_2^+$($+x$) 및 1 mol의 Cl^-($+x$)이 형성된다는 점에 유의해야 한다.

3. K 식에 대입하여, x에 대하여 푼다.

풀이

1. K 식

$$K = \frac{[Ag(NH_3)_2^+][Cl^-]}{[NH_3]^2}$$

2. 표

	$[NH_3]$	$[Ag(NH_3)_2^+]$	$[Cl^-]$
초기	6.0	0	0
변화량	$-2x$	$+x$	$+x$
평형	$6.0 - 2x$	x	x

3. x(몰 용해도)

$$3.1 \times 10^{-3} = \frac{(x)(x)}{(6.0-2x)^2} = \frac{x^2}{(6.0-2x)^2}$$

양변의 제곱근을 취하면: $0.056 = \frac{x}{6.0-2x} \longrightarrow x = 0.30\ M$

0.30 mol의 AgCl이 6.0 M NH_3 1 L에 녹는다.

그림 15.8 ▸ **착물 형성에 의한 침전의 용해.**

예제 15.12 개념 문제

A열에는 이온성 고체들을 열거하고 있다. 이것들은 모두 물에 불용성이다. 이 화합물들 각각을 B열에 열거한 항목과 짝지어라. 어떤 특정한 화합물은 둘 이상의 항목과 짝지을 수 있다는 점에 유의하라.

A	B
$BaSO_4$	(a) $K_{sp} = s^2$
AgCl	(b) $K_{sp} = 4s^3$
$Zn(OH)_2$	(c) Na_2SO_4 용액에서보다 물에서 잘 용해됨
$CaSO_4$	(d) 센산에서 용해됨
	(e) 센염기에서 용해됨
	(f) 암모니아에서 용해됨

풀이

$BaSO_4$는 (a) 및 (c) 와 짝지을 수 있다.

AgCl은 (a) 및 (f) 와 짝지을 수 있다.

$Zn(OH)_2$는 (b), (d), (e), (f) 와 짝지을 수 있다.

$CaSO_4$는 (a) 및 (c) 와 짝지을 수 있다.

생활 속의 화학 이야기 | CHEMISTRY BEYOND THE CLASSROOM

정성 분석

실험실에서 "미지(unknown)" 용액에 존재하는 양이온의 분리 및 확인과 관련된 하나 이상의 실험을 수행할 가능성이 크다. 21개의 양이온에 대한 **정성 분석**(qualitative analysis)의 전략이 표 A에 나타나 있다. 보다시피, 일반적인 접근법은 *선택적 침전*(selective precipitation)을 이용하여 각 족(I, II, III, IV)을 차례로 검출해 나가는 것이다.

I족은 불용성 염화물을 형성하는 양이온 세 개(Ag^+, Pb^{2+}, Hg_2^{2+})로 구성되어 있다. HCl을 가하면, AgCl, $PbCl_2$, Hg_2Cl_2가 침전된다. II족, III족, IV족 양이온의 염화물은 용해되기 때문에 용액 상태로 남아있다.

II족은 여섯 개의 양이온으로 구성되며, 이 양이온들은 모두 불용성 황화물을 형성한다(그림 A). 이들 화합물은 pH 0.5에서 유독하고, 고약한 냄새를 갖는 황화 수소 기체를 첨가하면 선택적으로 침전된다. 이처럼 꽤 높은 H^+ 이온 농도인 0.3 *M*에서 평형은 왼쪽으로 치우치게 된다.

$$H_2S(aq) \rightleftharpoons 2H^+(aq) + S^{2-}(aq)$$

S^{2-} 농도가 지극히 낮지만, Cu^{2+}를 포함하여 이 족의 모든 양이온을 침전시킬 만큼 충분하다.

$$Cu^{2+}(aq) + H_2S(aq) \longrightarrow CuS(s) + 2H^+(aq) \quad K = 1 \times 10^{16}$$

III족 황화물은 II족 황화물보다 침전되기가 훨씬 더 어렵다. 예를 들어, 다음 반응의 평형 상수와 바로 위의 CuS 침전의 평형 상수를 비교해보라.

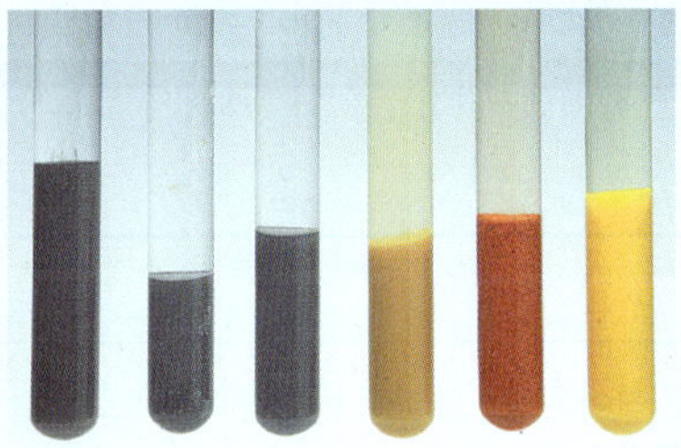

그림 A ▸ **II족 황화물**. (*왼쪽부터 오른쪽으로*) CuS, Bi_2S_3, HgS은 검은색; CdS는 주황-노란색, Sb_2S_3는 밝은 적황색, SnS_2는 노란색이다.

표 A ▸ **양이온 족의 정성 분석**

족	양이온	(침전 시약)/(반응 조건)
I	Ag^+, Pb^{2+}, Hg_2^{2+}	6 *M* HCl
II	Cu^{2+}, Bi^{3+}, Hg^{2+}, Cd^{2+}, Sn^{4+}, Sb^{3+}	0.1 *M* H_2S (pH 0.5에서)
III	Al^{3+}, Cr^{3+}, Co^{2+}, Fe^{2+}, Mn^{2+}, Ni^{2+}, Zn^{2+}	0.1 *M* H_2S (pH 9에서)
IV	Ba^{2+}, Ca^{2+}, Mg^{2+}; Na^+, K^+	pH 9.5에서 0.2 *M* $(NH_4)_2CO_3$. Na^+, K^+와는 침전되지 않음

$$Mn^{2+}(aq) + H_2S(aq) \rightleftharpoons MnS(s) + 2H^+(aq) \quad K = 2 \times 10^{-7}$$

그러나 용액이 염기성(pH = 9)이 되면, 상황이 바뀐다. Le Châtelier 원리로 예상되는 바와 같이, H^+ 이온 농도가 급격히 낮아져 위의 반응은 훨씬 더 자발적으로 진행된다. III족의 다섯 개 양이온은 황화물로 침전된다. 나머지 두 양이온은 수산화물로 침전된다. 예를 들면,

$$Al^{3+}(aq) + 3OH^-(aq) \longrightarrow Al(OH)_3(s)$$

이 침전들의 색깔은 그림 B에서 볼 수 있다.

IV족 양이온의 염화물과 황화물은 가용성이므로, 이 시점에서 그 이온들은 아직 용액 내에 존재한다. 알카리 토금속 양이온들(Mg^{2+}, Ca^{2+}, Ba^{2+})은 탄산염 형태로 침전된다.

$$M^{2+}(aq) + CO_3^{2-}(aq) \longrightarrow MCO_3(s) \quad M = Mg, Ca, Ba$$

알칼리 금속 양이온들은 불꽃 시험으로 확인된다(그림 C).

족의 분리가 일단락되면, 각 족의 개개 양이온을 분리하고 확인해야 한다. 이 과정은 복잡하다. "선택적 용해(selective dissolving)"라고 불리는 과정이 흔히 사용된다. 예를 들면, I족에서 얻어진 침전들($PbCl_2$, AgCl, Hg_2Cl_2)을 살펴보자. 세 침전 중에서 $PbCl_2$가 물에 가장 잘 용해된다. $PbCl_2$는 뜨거운 물에 넣고 저어주면 용액으로 녹아들어 가지만, 다른 두 침전은 남는다.

$$PbCl_2(s) \longrightarrow Pb^{2+}(aq) + 2Cl^-(aq)$$

암모니아로 추가적인 처리를 하면, AgCl은 용해되지만, Hg_2Cl_2는 용해되지 않는다.

$$AgCl(s) + 2NH_3(aq) \longrightarrow Ag(NH_3)_2^+(aq) + Cl^-(aq)$$

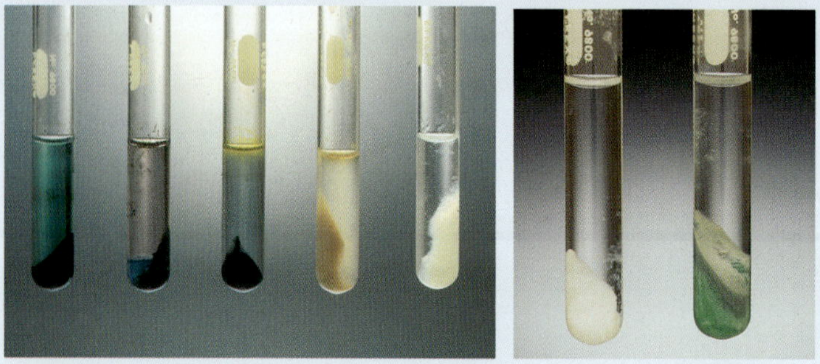

© Cengage Learning/Charles D. Winters

그림 B ▸ **III족의 황화물과 수산화물.** *(왼쪽)* 다섯 개의 III족 양이온이 황화물로 침전된다. NiS(검은색), CoS(검은색), FeS(검은색), MnS(연어색), ZnS(흰색)이다. *(오른쪽)* 두 양이온은 수산화물, $Al(OH)_3$(흰색), $Cr(OH)_3$(회녹색)로 침전된다.

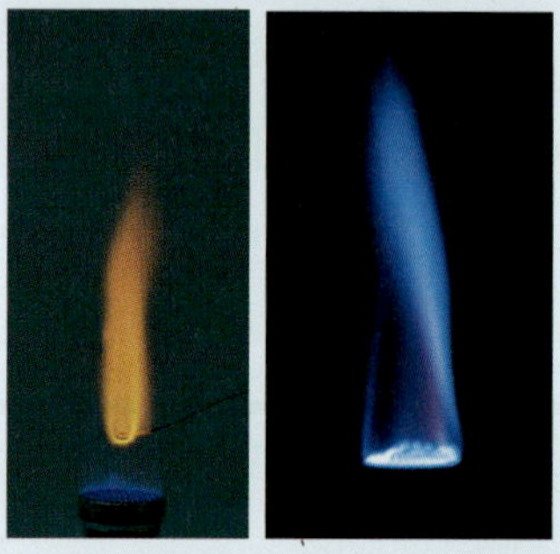

James Morganthaler / Ray Boyington/S. Ruven Smith

그림 C ▸ **Na^+(노란색)와 K^+(보라색)에 대한 불꽃 시험.** 용액 한 방울을 백금 고리에 채취하여 불꽃에 넣는다. K^+에 대한 시험은 Na^+의 강한 색을 차단하는 필터를 사용하는 것이 가장 좋다.

주요 개념

1. 착이온의 K_f를 착이온 농도와 금속 이온 농도의 비로 연결시키기.
   (예제 15.1, 문제 1~4)
2. 이온성 고체에 대해서 K_{sp} 식 쓰기.
   (예제 15.2, 문제 5~8)
3. K_{sp} 값을 써서
   - 한 이온의 농도를 알 때 나머지 이온의 농도 계산하기.
     (예제 15.3, 문제 9~14)
   - 몰 용해도를 계산하거나 몰 용해도를 이용하여 K_{sp} 값 계산하기.
     (예제 15.4, 15.5; 문제 15~26)
   - 공통 이온을 포함하고 있는 용액에서 용해도 계산하기.
     (예제 15.6, 문제 19, 20)
   - 침전이 형성되는가를 결정하기.
     (예제 15.7, 문제 27~32)
   - 어느 이온이 용액에서 먼저 침전되는가를 결정하기.
     (예제 15.8, 문제 33~38)
4. 다음 경우에 대하여 K 값 계산하기.
   - 금속 수산화물을 센산에 녹이는 경우.
     (예제 15.9, 문제 46)
   - 침전을 착화제에 녹이는 경우.
     (예제 15.11, 문제 45, 47~54)
5. 균형 맞춘 알짜 이온 반응식을 써서 아래의 용액에서 침전이 녹는 이유를 설명하기.
   - 센산.
     (예제 15.10, 문제 39, 40)
   - NH_3나 OH^-.
     (예제 15.12, 문제 41~44)

주요 용어

공통 이온 효과(common ion effect)
선택적 침전(selective precipitation)
용해도곱 상수(solubility product constant), K_{sp}
이온 곱 상수(ion product constant), Q
착이온(complex ion)
형성 상수(formation constant), K_f

요약 문제

흔히, 금속의 보호 코팅으로 사용되는 수산화 아연($K_{sp} = 4 \times 10^{-17}$)을 살펴보자. 이 화합물은 질산 아연과 수산화 소듐 용액을 혼합하면 생성된다. (모든 경우 부피는 더해진다고 가정한다.)

(a) 수산화 아연에 대한 K_{sp} 식을 써라.

(b) $Zn(OH)_2$의 침전이 일어나기 시작하려면 0.0120 M $Zn(NO_3)_2$ 125 mL에 NaOH 몇 mg을 가해야 하는가? (물의 이온화에 의한 OH^- 이온은 무시하라.)

(c) 0.098 M $Zn(NO_3)_2$ 수용액 250.0 mL에 10.00 mL의 0.0200 M NaOH를 가하면 침전이 형성될 것인가?

(d) 700.0 mL의 포화 $Zn(OH)_2$ 용액을 만들려면 몇 mg의 수산화 아연이 필요한가?

(e) $Zn(OH)_2$의 포화 용액의 pH는 얼마인가?

(f) NaOH 0.075 mol을 0.0100 mol Zn^{2+}와 0.0100 mol Al^{3+} 이온이 들어있는 0.500-L 용액에 가하면, $Zn(OH)_2$ 또는 $Al(OH)_3$ 중에서 어느 것이 먼저 침전될 것인가? ($Al(OH)_3$의 $K_{sp} = 2 \times 10^{-31}$.)

(g) 다음 반응에 대한 반응식을 쓰고 K를 계산하라.

1. 센산에서 $Zn(OH)_2$의 용해.
2. 센염기에서 $Zn(OH)_2$의 용해.
3. NH_3 수용액에서 $Zn(OH)_2$가 용해하여 $Zn(NH_3)_4^{2+}$ 착이온 형성.

(h) 0.166 M NaOH 2.50 L에 몇 g의 $Zn(OH)_2$가 용해될 수 있는가? (착이온 $Zn(OH)_4^{2-}$이 형성된다.)

해답

(a) $K_{sp} = [Zn^{2+}][OH^-]^2$
(b) 3×10^{-4} mg
(c) 예
(d) 0.2 mg
(e) 8.6
(f) $Al(OH)_3$
(g) 1. $Zn(OH)_2(s) + 2H^+(aq) \rightleftharpoons 2H_2O + Zn^{2+}(aq)$ $K = 4 \times 10^{11}$
2. $Zn(OH)_2(s) + 2OH^-(aq) \rightleftharpoons Zn(OH)_4^{2-}(aq)$ $K = 0.01$
3. $Zn(OH)_2(s) + 4NH_3(aq) \rightleftharpoons Zn(NH_3)_4^{2+}(aq) + 2OH^-(aq)$ $K = 1 \times 10^{-8}$
(h) 0.07 g

연습 문제

짝수 번호의 문제와 도전 문제의 해답은 센게이지 홈페이지 자료실에서 다운로드 받을 수 있다(www.cengage.co.kr).

15-1 착이온 평형: 형성 상수(K_f)

1. 다음 관계식이 성립하는 NH_3의 농도 값은?
(a) $[Cd^{2+}] = [Cd(NH_3)_4^{2+}]$
(b) $[Co^{2+}] = [Co(NH_3)_6^{2+}]$

2. 다음 관계식이 성립하는 CN^- 이온의 농도 값은?
(a) $[Cd^{2+}] = 10^{-8} \times [Cd(CN)_4^{2-}]$
(b) $[Fe^{2+}] = 10^{-20} \times [Fe(CN)_6^{4-}]$

3. 착이온 $[Ni(en)_3]^{2+}$의 K_f 값은 2.1×10^{18}이다. Ni^{2+}의 67%가 $[Ni(en)_3]^{2+}$로 변환되는 en의 농도 값은?

4. 착이온 $[Hg(Cl)_4]^{2-}$의 K_f 값은 1.2×10^{15}이다. Hg^{2+}의 58%가 $[Hg(Cl)_4]^{2-}$로 변환되는 Cl^-의 농도 값은?

15-2 용해도: 용해도곱 상수(K_{sp})

K_{sp}의 표시

5. 다음 각 화합물에 대하여 평형 반응식과 K_{sp} 식을 써라.
(a) AgBr (b) $Ca(OH)_2$
(c) Co_2S_3 (d) $Fe_3(PO_4)_2$

6. 다음 각 화합물에 대하여 평형 반응식과 K_{sp} 식을 써라.
(a) AgCl (b) $Al_2(CO_3)_3$
(c) MnS_2 (d) $Mg(OH)_2$

7. 다음 K_{sp} 식을 바탕으로 평형 반응식을 써라.
(a) $[Hg_2^{2+}][Cl^-]^2$ (b) $[Pb^{2+}][CrO_4^{2-}]$
(c) $[Mn^{4+}][O^{2-}]^2$ (d) $[Al^{3+}]^2[S^{2-}]^3$

8. 다음 K_{sp} 식을 바탕으로 평형 반응식을 써라.
(a) $[Pb^{4+}][O^{2-}]^2$ (b) $[Cd^{2+}]^3[PO_4^{3-}]^2$
(c) $[Ni^{3+}][OH^-]^3$ (d) $[Ag^+]^2[SO_4^{2-}]$

K_{sp}와 이온의 평형 농도

9. 주어진 K_{sp}와 한 이온의 평형 농도를 이용하여 나머지 이온의 평형 농도를 계산하라.
(a) $BaBrO_3$: $K_{sp} = 2.4 \times 10^{-4}$; $[Ba^{2+}] = 1.9 \times 10^{-2}$ M
(b) $Cd_3(PO_4)_2$: $K_{sp} = 2.5 \times 10^{-33}$; $[Cd^{2+}] = 8.2 \times 10^{-6}$ M
(c) FeF_2: $K_{sp} = 2.4 \times 10^{-6}$; $[F^-] = 3.7 \times 10^{-3}$ M

10. 다음 화합물에 대해 연습 문제 9와 같이 답하라.
(a) Li_3PO_4: $K_{sp} = 3.2 \times 10^{-9}$; $[PO_4^{3-}] = 7.5 \times 10^{-4}$ M
(b) $AgNO_2$: $K_{sp} = 6.0 \times 10^{-4}$; $[Ag^+] = 0.025$ M
(c) $Sn(OH)_2$: $K_{sp} = 1.4 \times 10^{-28}$; pH = 9.35

11. 1.63×10^{-3} M Ba^{2+}와 평형을 이루고 있는 다음 각 이온의 농도는?
(a) SO_4^{2-} (b) F^- (c) CO_3^{2-}

12. 1.24×10^{-4} M Ca^{2+}와 평형을 이루고 있는 다음 각 이온의 농도는?
(a) CO_3^{2-} (b) OH^- (c) PO_4^{3-}

13. 다음 표의 빈칸을 채워라.

	화합물	[양이온]	[음이온]	K_{sp}
(a)	$CoCO_3$	______	______	1×10^{-10}
(b)	LaF_3	______	7×10^{-6}	2×10^{-19}
(c)	$Ba_3(PO_4)_2$	4.2×10^{-8}	______	6×10^{-39}

14. 다음 표의 빈칸을 채워라.

	화합물	[양이온]	[음이온]	K_{sp}
(a)	BaC_2O_4	______	______	1.6×10^{-6}
(b)	$Cr(OH)_3$	2.7×10^{-8}	______	6.3×10^{-31}
(c)	$Pb_3(PO_4)_2$	______	8×10^{-6}	1×10^{-54}

▶ K_{sp}와 용해도

15. 다음 화합물의 몰 용해도는?

(a) $Ca(IO_3)_2$: $K_{sp} = 6.5 \times 10^{-6}$

(b) $Cd_3(PO_4)_2$: $K_{sp} = 2.5 \times 10^{-33}$

(c) $Ag_2C_2O_4$: $K_{sp} = 5.4 \times 10^{-12}$

16. 다음 화합물의 몰 용해도는?

(a) MgF_2 (b) $Fe(OH)_3$ (c) $Mg_3(PO_4)_2$

17. 몰 용해도가 다음과 같을 때 각 화합물의 K_{sp} 값은?

(a) TlBr: 1.9×10^{-3} M

(b) $Ni(OH)_2$: 5.2×10^{-6} M

(c) $Cu_3(AsO_4)_2$: 3.7×10^{-8} M

18. 몰 용해도가 다음과 같을 때 각 화합물의 K_{sp} 값은?

(a) MgC_2O_4, 9.2×10^{-3} M

(b) $Mn(OH)_2$, 3.5×10^{-5} M

(c) $Cd_3(PO_4)_2$, 1.5×10^{-7} M

19. 다음 용액에서 AgCl의 용해도(g/L) 값은?

(a) 순수한 물

(b) 0.025 M $BaCl_2$

(c) 0.17 M $AgNO_3$

20. 다음 용액에서 $Mg(OH)_2$의 용해도(g/L) 값은?

(a) 순수한 물

(b) 0.041 M $Ba(OH)_2$

(c) 0.0050 M $MgCl_2$

21. 염화 구리(I), CuCl은 살진균제인 옥시염화 구리의 제조에 사용되는 출발 물질이다. 25°C에서, CuCl 10.1 mg을 물에 용해시켜 CuCl 포화 용액 0.250 L를 만들었다. 염화 구리(I)의 K_{sp} 값은?

22. $Ni(OH)_2$ 0.239 mg을 물에 용해시켜 $Ni(OH)_2$ 포화 용액 500.0 mL를 만들었다. $Ni(OH)_2$의 K_{sp} 값은?

23. 뜨거운 물 1.0 L에 $PbCl_2$ 1 g이 녹아 있다. 이 용액을 25°C로 냉각하면, 약간의 $PbCl_2$가 결정으로 석출되겠는가? 그렇다면 석출되는 양은 얼마인가?

24. 100°C에서 $CaSO_4$에 대한 $K_{sp} = 1.6 \times 10^{-5}$으로 추정된다. 25°C에서, 0.915 g의 $CaSO_4$를 물 1 L에 가하였다.

(a) 모든 $CaSO_4$가 용해될 것인가?

(b) 용액을 100°C로 가열하면 모든 $CaSO_4$가 용해될 것인가?

25. 25°C에서 $Ba(OH)_2$를 염기성 용액에 용해시켜 $Ba(OH)_2$ 포화 용액 100 mL를 만들었다. 평형에서, 포화 용액의 Ba^{2+} 농도는 0.138 M이고, pH는 13.28이었다. $Ba(OH)_2$의 K_{sp} 값은?

26. 25°C에서 $Cr(OH)_2$ 10.24 mg을 물에 녹여 포화 용액 125 mL를 만들었다. 평형이 이루어졌을 때, 이 용액의 pH는 8.49이었다. $Cr(OH)_2$의 K_{sp} 값은?

15-3 침전 형성

▶ K_{sp}와 침전

27. 질산 칼슘을 0.0150 M 황산 소듐 용액에 가하였다.

(a) 침전이 처음 형성되기 시작하는 Ca^{2+}의 농도는 얼마인가?

(b) $Ca(NO_3)_2$를 가하여 $[Ca^{2+}] = 0.0075$ M을 만들었다. 원래 황산 이온의 몇 %가 침전되었는가?

28. 염화 카드뮴(II), $CdCl_2$를 pH 9.62인 KOH 용액에 가하였다. (K_{sp} $Cd(OH)_2 = 2.5 \times 10^{-14}$)

(a) 침전이 처음 형성되기 시작하는 Cd^{2+}의 농도는 얼마인가?

(b) $CdCl_2$를 가하여, $[Cd^{2+}] = 0.0013$ M을 만들었다. 얻어진 용액의 pH는?

(c) 원래 수산화 이온의 몇 %가 용액 속에 남아 있는가?

29. 우물물에 1 L 당 Ca^{2+} 이온 3.0 mg이 포함되어 있다. 부피 변화 없이, Na_2SO_4 0.50 mg을 우물물 1 L에 첨가하면, 침전이 형성되는가? 침전이 일어나기 위해 필요한 $[SO_4^{2-}]$는 얼마인가?

30. 황산 은(I)($K_{sp} = 1.2 \times 10^{-5}$)은 은의 전기 도금에 사용된다. 15 g의 질산 은과 20 g (2개의 유효 숫자)의 황산 포타슘을 혼합하여 1.0 L 용액을 만들었다. 침전이 형성되겠는가? 침전이 시작되는 $[Ag^+]$ 농도는 얼마인가?

31. 0.0021 M $Hg_2(NO_3)_2$ 13.00 mL와 0.015 M HCl 25.0 mL 수용액을 혼합하여 용액을 만들었다. 부피는 더해진다고 가정한다.

(a) 침전이 일어나겠는가?

(b) 평형이 이루어진 후, $[Hg_2^{2+}]$, $[Cl^-]$, $[NO_3^-]$를 계산하라.

32. 0.022 M $AgNO_3$ 45.00 mL와 0.0014 M Na_2CO_3 13.00 mL를 혼합하여 용액을 만들었다. 부피는 더해진다고 가정한다.

(a) 침전이 일어나겠는가?

(b) 평형이 이루어진 후, $[Ag^+]$, $[CO_3^{2-}]$, $[Na^+]$, $[NO_3^-]$를 계산하라.

▶ 선택적 침전

33. NaF와 Na_2CO_3의 농도가 0.047 M인 용액이 있다. 이 용액에 부피 변화 없이 고체 질산 스트론튬, $Sr(NO_3)_2$을 가하였다.

(a) $SrCO_3$ 또는 SrF_2 ($K_{sp} = 4.3 \times 10^{-9}$) 중에서 어느 염이 먼저 침전되는가?

(b) (a)의 염이 처음 침전되기 시작할 때 $[Sr^{2+}]$는 얼마인가?

34. 고체 $Pb(NO_3)_2$를 0.020 M OH^-와 0.020 M SO_4^{2-}가 들어 있는 용액에 부피 변화 없이 가하였다.

(a) $PbSO_4$와 $Pb(OH)_2$ ($K_{sp} = 2.8 \times 10^{-16}$) 중에서 어느 화합물이 먼저 침전되는가?

(b) $PbSO_4$가 처음 침전되기 시작할 때, 용액의 pH는 얼마인가?

35. 0.632 g의 질산 바륨과 0.920 g의 질산 란타넘, $La(NO_3)_3$을 물에 가하여 전체 부피가 0.500 L인 용액을 만들었다. 고체인 $NaIO_3$를 부피 변화 없이 용액에 넣었다.

(a) $La(IO_3)_3$ ($K_{sp} = 7.5 \times 10^{-12}$) 또는 $BaIO_3$ ($K_{sp} = 4.0 \times 10^{-9}$) 중에서 어느 염이 먼저 침전되는가?

(b) (a)의 염이 처음 침전되기 시작할 때 $[IO_3^-]$는 얼마인가?

36. $AgNO_3$ 0.839 g과 $Pb(NO_3)_2$ 1.024 g을 물에 가하여 492 mL의 용액을 만들었다. 용액의 부피 변화 없이, 고체 Na_2CrO_4를 가하였다.

(a) Ag_2CrO_4와 $PbCrO_4$ 중에서 어느 염이 먼저 침전되는가?

(b) 첫 번째 염이 침전되기 시작할 때, CrO_4^{2-} 이온의 농도는 얼마인가?

37. 0.100 M $AuNO_3$ 125 mL와 0.049 M $AgNO_3$ 225 mL를 혼합하여 용액을 만들었다. 이 용액에 0.0100 M HCl 용액 25 mL를 가하였다. AuCl의 K_{sp} 값은 2.0×10^{-13}이다. 평형이 이루어졌을 때, 용액의 상태는?

- 침전이 생성되지 않는다.
- AuCl만 침전된다.
- AgCl만 침전된다.
- AgCl과 AuCl 둘 다 침전된다.

38. 500 mL의 물이 들어 있는 비커에 $Ba(NO_3)_2$ 95 mg, $Ca(NO_3)_2$ 95 mg, Na_2CO_3 100.0 mg을 가하였다. 평형이 이루어진 후, 용액의 상태는?

- 침전이 생성되지 않는다.
- $BaCO_3$만 침전된다.
- $CaCO_3$만 침전된다.
- $CaCO_3$와 $BaCO_3$ 둘 다 침전된다.

염을 가한 후에도 용액의 부피는 여전히 500.0 mL라고 가정하라.

15-4 침전의 용해

39. 다음의 각 화합물과 H^+의 반응에 대한 알짜 이온 반응식을 써라.
 (a) Fe_2S_3
 (b) $Mg(OH)_2$
 (c) $MgCO_3$
 (d) $Pt(NH_3)_4^{2+}$
 (e) Hg_2I_2

40. 다음의 각 화합물과 센산의 반응에 대한 알짜 이온 반응식을 써라.
 (a) CaF_2
 (b) $CuCO_3$
 (c) $Ti(OH)_3$
 (d) $Sn(OH)_6^{2-}$
 (e) $Cd(NH_3)_4^{2+}$

41. NH_3가 수용액에서 다음 반응을 할 때, 알짜 이온 반응식을 써라.
 (a) Pt^{2+}와 착이온을 형성한다.
 (b) Ag^+와 침전을 형성한다.
 (c) $Ni(OH)_3$를 용해시킨다.

42. NH_3가 수용액에서 다음 반응을 할 때, 알짜 이온 반응식을 써라.
 (a) $Cu(OH)_2$를 용해시킨다.
 (b) Cd^{2+}와 착이온을 형성한다.
 (c) Pb^{2+}와 침전을 형성한다.

43. OH^-가 수용액에서 다음 반응을 할 때, 알짜 이온 반응식을 써라.
 (a) Sb^{3+}와 침전을 형성한다.
 (b) $Sb(OH)_3$에 더 많은 OH^-를 가하면 용해된다.
 (c) Sb^{3+}와 착이온을 형성한다.

44. Al^{3+}가 수용액에서 다음 반응을 할 때, 알짜 이온 반응식을 써라.
 (a) OH^-와 반응하여 착이온을 형성한다.
 (b) 인산 이온과 반응하여 침전을 형성한다.
 (c) OH^-와 반응하여 형성된 침전은 센산에 용해된다.

용액 평형

45. $CoCO_3$ ($K_{sp} = 1.0 \times 10^{-10}$)는 $Na_2C_2O_4$($= Na_2ox$)와 반응하여 $[Coox_3]^{4-}$($K_f = 5 \times 10^9$)를 형성하여 녹는다. 전체 반응의 알짜 이온 반응식을 쓰고, 이 반응의 K를 계산하라.

46. $Co(OH)_2$ ($K_{sp} = 2 \times 10^{-16}$)가 HCl에 의해 녹는 반응의 균형 맞춘 알짜 이온 반응식을 쓰고, 그 반응의 K를 계산하라.

47. 다음 반응에 대하여 답하라.

$$AgC_2H_3O_2(s) + Cl^-(aq) \longrightarrow AgCl(s) + C_2H_3O_2^-(aq)$$

 (a) 반응의 K를 계산하라.
 (b) H^+를 용액에 가하면, AgCl이 침전되겠는가?

48. 다음 반응에 대하여 답하라.

$$BaF_2(s) + SO_4^{2-}(aq) \rightleftharpoons BaSO_4(s) + 2F^-(aq)$$

 (a) 반응의 K를 계산하라.
 (b) BaF_2 포화 용액에 Na_2SO_4를 가하면, $BaSO_4$가 침전되겠는가?

49. $Al(OH)_3$는 과량의 OH^- 이온과 반응하여 착이온 $Al(OH)_4^-$를 형성한다.
 (a) 이 반응의 반응식을 써라.
 (b) K를 계산하라.
 (c) pH 12.0에서 $Al(OH)_3$의 용해도(mol/L)를 구하라.

50. 다음 반응에 대해서 답하라.

$$Cu(OH)_2(s) + 4NH_3(aq) \rightleftharpoons Cu(NH_3)_4^{2+}(aq) + 2OH^-(aq)$$

 (a) $Cu(OH)_2$에 대한 $K_{sp} = 2 \times 10^{-19}$와 $Cu(NH_3)_4^{2+}$에 대한 $K_f = 2 \times 10^{12}$가 주어졌을 때, 이 반응의 K를 계산하라.
 (b) 4.5 M NH_3에서의 $Cu(OH)_2$의 용해도(mol/L)를 계산하라.

51. 0.10 M NaCN 용액에서 AuCl($K_{sp} = 2.0 \times 10^{-13}$)의 몰 용해도를 계산하라. $K_f = 2 \times 10^{38}$인 착이온 $[Au(CN)_2]^-$가 형성된다. 다른 평형은 무시하라.

52. 0.2 M NaOH에서 $PbCl_2$의 몰 용해도를 계산하라. 형성된 착물은 $Pb(OH)_3^-$ ($K_f = 3.8 \times 10^{14}$)이다. 다른 평형은 무시하라.

53. 다음 반응에 대하여 답하라.

$$CdC_2O_4(s) + 4NH_3(aq) \rightleftharpoons Cd(NH_3)_4^{2+}(aq) + C_2O_4^{2-}(aq)$$

 (a) 이 반응의 K를 계산하라. (CdC_2O_4에 대한 K_{sp}는 1.5×10^{-8}이다.)
 (b) CdC_2O_4 2.00 g이 1.00 L 용액에 용해될 때, 평형에서 $[NH_3]$ 값은?

54. 다음 반응에 대하여 답하라.

$$Zn(OH)_2(s) + 2OH^-(aq) \longrightarrow Zn(OH)_4^{2-}(aq)$$

 (a) 이 반응의 K를 계산하라.
 (b) $Zn(OH)_2$ 10.0 g이 용액 1.0 L에 용해될 때, $[OH^-]$ 값은?

종합 문제

55. 0.400 M NH_3 수용액 1.0 L에 $Cu(NO_3)_2$ 18.8 g을 넣었을 때, Cu^{2+}, NH_3, $Cu(NH_3)_4^{2+}$의 평형 농도 값은? 반응이 완결되어 $Cu(NH_3)_4^{2+}$를 형성한다고 가정하라.

56. 다음 반응계에 대하여 답하라.

$$\text{헤모글로빈}\cdot O_2(aq) + CO(g) \rightleftharpoons \text{헤모글로빈}\cdot CO(aq) + O_2(g)$$

$K = 2.0 \times 10^2$. 혈액에 있는 헤모글로빈(hemoglobin) 12%가 CO 착물로 전환된다면, P_{CO}/P_{O_2} 비는?

57. 혈액 내 Ca^{2+} 이온은 혈액 응고를 유발한다. 헌혈한 피의 응고를 막기 위해 $Na_2C_2O_4$를 가하면, 다음 반응으로 Ca^{2+} 이온을 제거할 수 있다.

$$C_2O_4^{2-}(aq) + Ca^{2+}(aq) \longrightarrow CaC_2O_4(s)$$

혈액은 약 0.10 mg Ca^{2+}/mL를 포함하고 있다. 헌혈 시료 250.0 mL를 같은 부피의 0.160 M $Na_2C_2O_4$와 반응시켰다면, 침전 반응 후의 $[Ca^{2+}]$의 농도는? (K_{sp} $CaC_2O_4 = 4 \times 10^{-9}$).

58. 탄산 리튬(Li_2CO_3)의 포화 용액의 어는점은 -0.33°C이다. Li_2CO_3에 대한 K_{sp}를 계산하라. 밀도는 1.0 g/mL이고, 탄산 리튬은 완전히 이온화한다고 가정한다.

59. 어떤 도시에서는 2.0 ppm의 F^- 이온을 가하여 상수원을 플루오린 처리한다(플루오린 처리한 물은 충치 발생률을 낮춘다). 물속의 Ca^{2+}의 농도가 3.5×10^{-4} M이면, 물을 플루오린으로 처리할 때, CaF_2 침전이 형성되겠는가?

60. 다음의 가상 해리 반응에 대해 답하라.

$$AB_3(s) \rightleftharpoons A^{3+}(aq) + 3B^-(aq) \qquad \Delta H < 0$$

다음 각각이 평형의 위치에 어떤 영향을 미칠 것인가?
 (a) $A(NO_3)_3$의 첨가
 (b) 온도 상승
 (c) Na^+를 첨가하여 NaB 형성

61. 0.500 M $FeSO_4$ 25.0 mL를 0.332 M $Ba(OH)_2$ 35.0 mL와 혼합할 때, 두 종류의 침전이 형성된다.
 (a) 일어나는 반응의 알짜 이온 반응식을 써라.
 (b) 형성되는 침전의 질량을 계산하라.
 (c) 용액 내 이온의 평형 농도는?

62. NH_4Cl 21.0 g이 녹아 있는 4.17 M NH_3 수용액 2.0 L에 대해 답하라. 이 용액에 4.8 g의 $CaCl_2$를 가한다.
 (a) $CaCl_2$를 가하기 전 $[OH^-]$는?
 (b) 침전이 형성되겠는가?
 (c) 평형이 이루어진 후 $[Ca^{2+}]$는?

63. 대리석은 거의 순수한 $CaCO_3$이다. 산성비는 실외에 있는 대리석 조각상을 심각하게 손상시킨다. 다음과 같은 반응이 일어난다고 가정하라.

$$CaCO_3(s) + H^+(aq) \longrightarrow Ca^{2+}(aq) + HCO_3^-(aq)$$

다른 모든 평형들을 무시하고, 표 15.1과 표 13.2를 이용하여 다음을 계산하라.

(a) 이 반응의 K.
(b) 순수한 물에서 $CaCO_3$의 몰 용해도.
(c) pH가 4.00인 산성비에서 $CaCO_3$의 몰 용해도.

64. 옥살산 칼슘(CaC_2O_4)의 용해도 자료는 다음과 같다.

$K_{sp} = 4 \times 10^{-9}$ (25°C에서)
$K_{sp} = 1 \times 10^{-8}$ (95°C에서)

95°C에서 포화 용액 500 mL를 만들었다. 이 용액을 25°C로 냉각시켰을 때, 침전되는 CaC_2O_4의 양은 몇 mg인가? (과포화 현상은 일어나지 않는다고 가정하라.)

개념 문제

65. Ag^+ 착물 3개와 그 착물의 형성 상수(K_f)이다.

착이온	K_f
$Ag(NH_3)_2^+$	1.6×10^7
$Ag(CN)_2^-$	5.6×10^{18}
$AgBr_2^-$	1.3×10^7

다음 설명 중에서 참인 것은?

(a) $Ag(NH_3)_2^+$는 $Ag(CN)_2^-$보다 더 안정하다.
(b) HNO_3같은 센산을 0.010 M $Ag(NH_3)_2^+$에 가하면, 착이온이 Ag^+와 NH_4^+로 해리되는 경향이 있다.
(c) HNO_3같은 센산을 0.010 M $AgBr_2^-$에 가하면, 착이온이 Ag^+와 Br^-로 해리되는 경향이 있다.
(d) AgI를 용해시키기 위해서, CN^- 이온 공급원으로 NaCN 또는 HCN 둘 중 하나를 가할 수 있다. 필요한 몰수는 NaCN이 더 작을 것이다.
(e) 용액 A는 Br^-의 농도가 0.10 M이고, 착이온 $AgBr_2^-$를 포함하고 있다. 용액 B는 CN^-의 농도가 0.10 M이고, 착이온 $Ag(CN)_2^-$를 포함하고 있다. 용액 B는 용액 A보다 Ag^+ 입자 한 개 당 더 많은 착이온 입자들을 가질 것이다.

66. 아래 상자는 화학종()의 포화 용액 1 L를 나타낸다. 정사각형은 양이온을, 원은 음이온을 나타낸다. 물 분자도 존재하지만 나타내지 않았다.

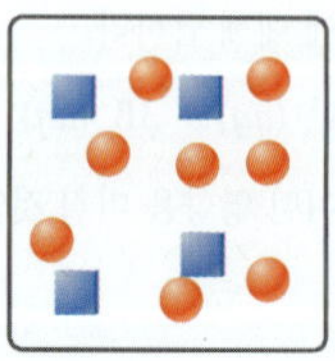

포화 용액을 형성하기 위해 물을 첨가한 후 이온들의 상태를 보여주는, 화살표 오른쪽의 1 L 상자를 채워 다음 세 그림을 완성하라. 화살표 왼쪽에 나타낸 화학종은 위에 나타낸 이온들의 고체 형태다. 물 분자들은 나타내지 마라.

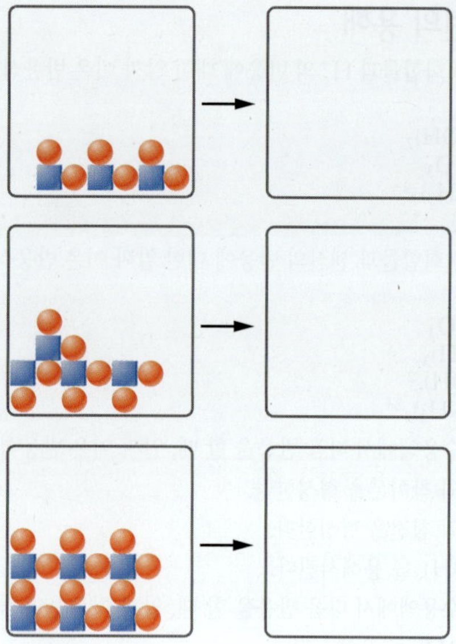

67. 75°C에서 포화된 $BaCO_3$ 용액에 대한 물음에 대하여 LT(*보다 작다*), GT(*보다 크다*), EQ(*과(와) 같다*), MI(*더 많은 정보가 필요하다*)를 빈 칸에 넣어라.

(a) 평형에서 $[Ba^{2+}]$는 $[CO_3^{2-}]$ ________.
(b) 온도를 200°C까지 증가시켰다. 75°C에서 K_{sp}는 200°C에서 K_{sp} ________.
(c) $NaNO_3$ 용액을 가하였다. $NaNO_3$를 가하기 전 $[Ba^{2+}]$는 $NaNO_3$를 가한 후 $[Ba^{2+}]$________.
(d) 고체 Na_2CO_3을 가하였다. 다시 평형에 도달하면 $[Ba^{2+}]$는 $[CO_3^{2-}]$ ________.

68. 다음 설명 중에서 참인 것은?

(a) 불용성 금속염인 경우, K_{sp} 값은 언제나 1보다 작다.
(b) $PbCl_2$는 25°C에서보다 100°C에서 더 많이 녹는다. 따라서 $PbCl_2$의 용해는 발열 과정이라고 결론지을 수 있다.
(c) 구리 금속 조각을 $Cu(OH)_2$ 포화 용액에 가하면, 공통 이온 효과 때문에 $Cu(OH)_2$의 침전을 예상할 수 있다.

69. 불용성염 JQ, K_2R, L_2S_3, MT_2, NU_3를 살펴보자. 이들은 금속 이온 J^+, K^+, L^{3+}, M^{2+}, N^{3+}과 비금속 이온 Q^-, R^{2-}, S^{2-}, T^-, U^-로부터 형성된다. 25°C에서 이 염들의 K_{sp}는 모두 1×10^{-10}이다.

(a) 몰 용해도가 가장 큰 염은 어느 것인가?
(b) 몰 용해도가 가장 큰 염이 용해도(g/물 100 g)도 가장 큰가?
(c) 주어진 정보로부터 각 염의 용해도(g/물 100 g)를 결정할 수 있는가? 가능하다면, 각 염의 용해도(g/물 100 g)를 계산하라. 불가능하다면, 그 이유를 설명하라.

70. 화합물 X의 온도에 따른 용해도 그래프는 다음과 같다.

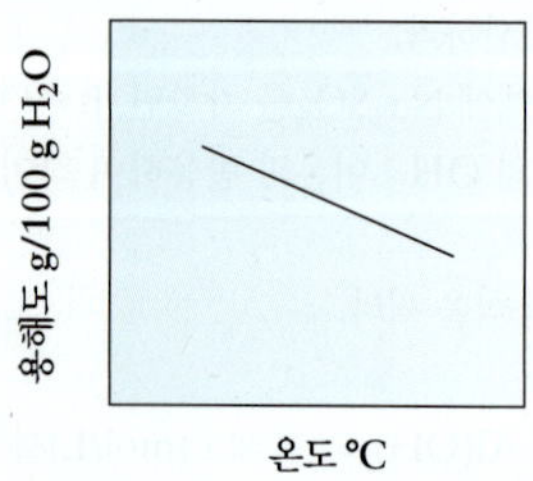

X가 녹는 과정은 발열 과정인가?

71. 아래에 나타낸 AgCl에 대한 평형 곡선에 대한 물음에 답하라. 곡선에 있는 점 A에 대한 다음 설명 중에서 참인 것은?

(a) 이 용액은 평형 상태에 있으며, 포화되어 있다.
(b) NaCl을 가하면, 용액 내 Cl^-의 농도가 증가한다.
(c) NaCl을 가하면, 용액 내 Ag^+의 농도가 증가한다.

(d) Ag^+를 가하면, AgCl이 침전된다.

(e) 부피 변화 없이 $NaNO_3$ 고체를 가하면, $[Ag^+]$와 $[Cl^-]$는 변하지 않는다.

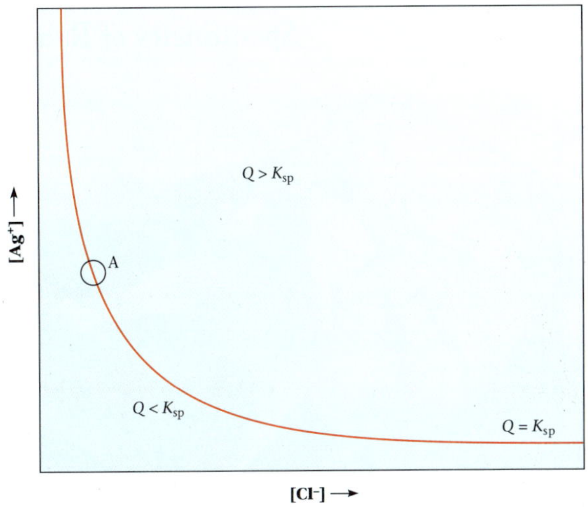

72. $CaCO_3$의 용해 과정은 흡열 반응이다. 다음 5개의 그래프는 $CaCO_3$에 대해 수행한 실험에서 얻은 그래프이다. 각 실험을 그래프에 대응시켜라.

(a) HCl을 가한다.

(b) 온도를 증가시킨다.

(c) $CaCl_2$를 가한다.

(d) NaCl을 가한다.

(1)

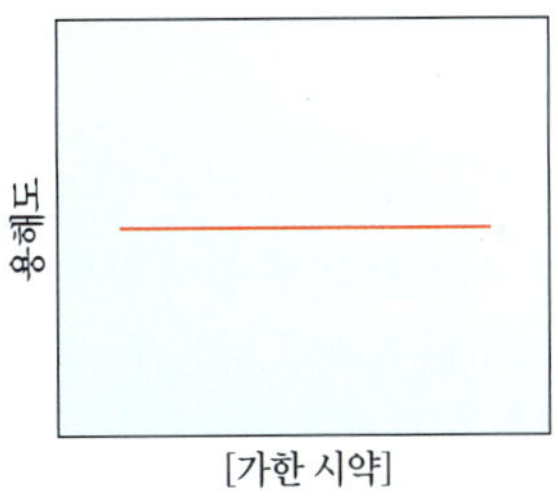

(2)

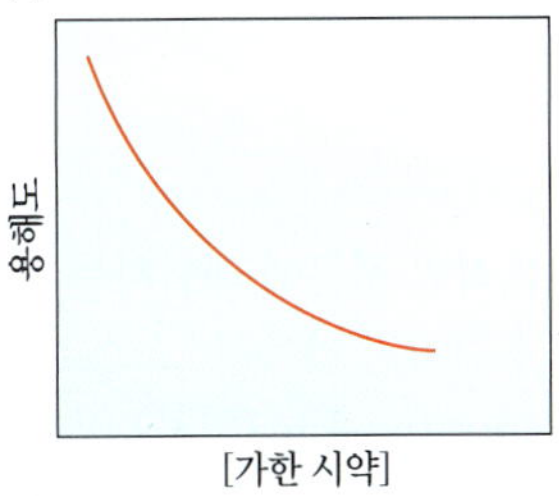

(3)

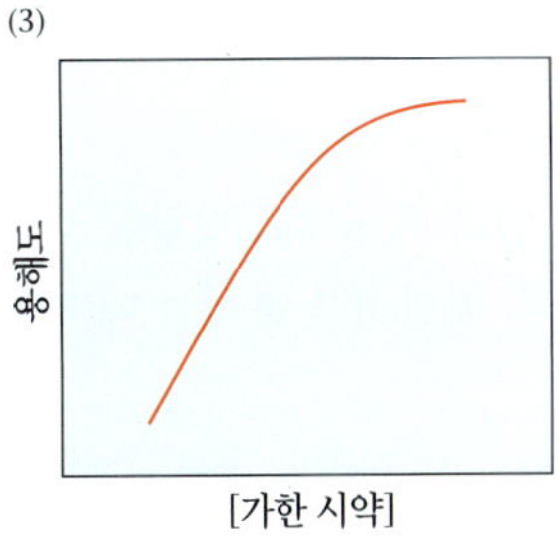

(4)

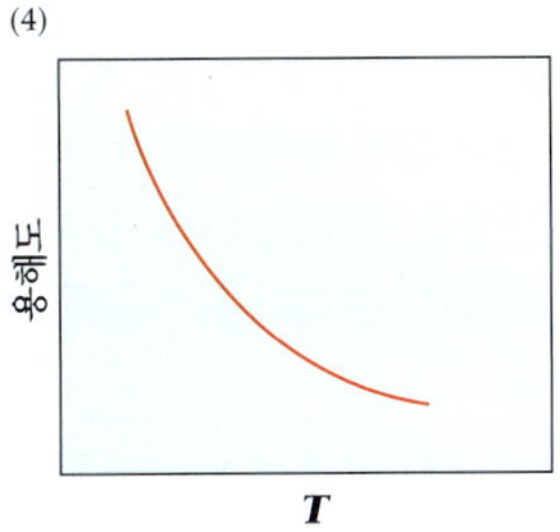

(5)

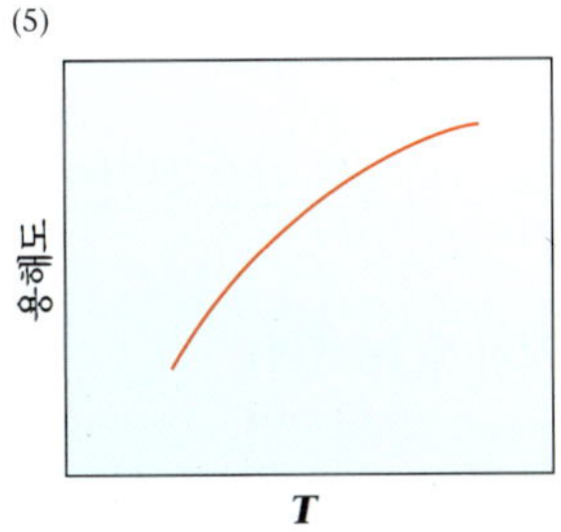

도전 문제

73. $Zn(OH)_2$와 같은 불용성 수산화물은 HCN과 같은 약산성 물질이 들어 있는 수용액에서 더 잘 녹는다. 0.15 *M* HCN에서 $Zn(OH)_2$의 몰 용해도를 구하고, 물에서의 용해도와 비교하라. (*힌트*: 다음 반응에 대한 *K*를 구하라.)

$$Zn(OH)_2(s) + 2HCN(aq) \rightleftharpoons Zn^{2+}(aq) + 2CN^-(aq) + 2H_2O$$

74. 0.30 *M* $HCHO_2$와 0.20 *M* $NaCHO_2$가 들어 있는 완충 용액에서 CaF_2의 용해도는 얼마인가? (*힌트*: 다음 반응식을 참고하여 평형 문제를 풀어라.)

$$CaF_2(s) + 2H^+(aq) \longrightarrow Ca^{2+}(aq) + 2HF(aq)$$

75. 1.5 *M* $AgNO_3$를 0.050 *M* Cl^-와 0.050 *M* Br^-가 들어 있는 용액에 서서히 가할 때, AgCl이 침전되기 시작하는 시점에서 $[Br^-]$는 얼마인가?

76. 바닷물에 존재하는 여러 가지 양이온의 농도(mol/L)는 다음과 같다.

이온	Na^+	Mg^{2+}	Ca^{2+}	Al^{3+}	Fe^{3+}
몰농도(*M*)	0.46	0.056	0.01	4×10^{-7}	2×10^{-7}

(a) $Mg(OH)_2$가 침전되기 시작하는 $[OH^-]$는?

(b) 이 농도에서, 침전되는 다른 이온은 무엇인가?

(c) OH^-를 가하여 Mg^{2+}의 50%가 침전된다면, 다른 이온들은 각각 몇 퍼센트가 침전되는가?

(d) 문제 (c)의 조건하에서, 해수 1 L로부터 얻을 수 있는 침전의 질량은?

77. 아래 평형에 대하여 답하라.

$$Zn(NH_3)_4^{2+}(aq) + 4OH^-(aq) \rightleftharpoons Zn(OH)_4^{2-}(aq) + 4NH_3(aq)$$

(a) 이 반응의 *K*를 계산하라.

(b) 1.0 *M* NH_3 용액에서 $[Zn(NH_3)_4^{2+}]/[Zn(OH)_4^{2-}]$의 비는?

78. 다음 반응의 *K*를 계산하라.

$$Cd(NH_3)_4^{2+}(aq) + 4H^+(aq) + 2F^-(aq) \rightleftharpoons CdF_2(s) + 4NH_4^+(aq)$$

CdF_2의 $K_{sp} = 6.4 \times 10^{-3}$이다.

제 16 장

반응의 자발성

Spontaneity of Reaction

Degas의 그림에 있는 발레리나들. *무용수들은* 춤추는 데 포도당을 에너지로 사용하여 그들이 가지고 있는 포도당을 다 써버린 것처럼 보인다.

Geoffrey Clements/Corbis

모든 것은 시작할 때가 언제나 가장 좋다.
—BLAISE PASCAL

이 장의 차례 _Chapter Outline

이 장의 목적은 다음의 기본적인 질문에 대답하는 것이다. 어떠한 외부 힘의 작용 없이, 특정한 온도와 압력에서 주어진 반응이 "스스로(by itself)" 일어날 것인가? 그런 의미에서 반응이 *자발적*(spontaneous)인가? 이러한 질문은 과학과 기술의 모든 영역에서 중요하다. 아세틸렌(C_2H_2)의 공급원을 찾는 유기 합성 화학자는 원소들을 함께 가열하면 이 화합물이 만들어질 수 있는지 알고 싶을 것이다. 또한 TiO_2에서 타이타늄 금속을 얻으려 하는 금속 학자는 어떤 반응을 이용해야 하는지 알고 싶을 것이다. 금속 학자는 수소, 탄소, 또는 알루미늄이 사용 가능한 환원제인지를 알고 싶어 한다.

자발성에 관한 일반적인 기준을 세우기 위해서, 우리는 열과 에너지의 영향을 다루는 과학인 **열역학**(thermodynamics)의 원리들을 적용할 것이다. 자발성을 분석할 때 다음의 세 가지 열역학 함수가 중요하다.

1. ΔH, 엔탈피 변화(제8장); ΔH가 음의 값이면, 자발적으로 반응하는 경향이 있다.
2. ΔS, 엔트로피 변화(16-2절); ΔS가 양의 값이면, 자발적으로 반응하는 경향이 있다.
3. ΔG, 자유 에너지 변화(16-3절, 16-4절); ΔG 값이 음의 값을 가질 때, 일정한 온도와 압력에서의 반응은 자발적이다.

자발성에 대한 일반적인 기준 이외에도, 자유 에너지 변화는 다음과 같은 목적으로 사용된다.

- 반응의 자발성에 미치는 온도, 압력, 농도의 영향을 결정하기(16-5절).
- 반응에 대한 평형 상수 계산하기(16-6절).
- 짝지은(coupled) 반응의 자발성 결정하기(16-7절).

16-1 자발적 과정

우리 모두는 특정한 **자발적 과정**(spontaneous processes)에 대해 친숙하다. 예를 들면

- 실온에서 얼음 덩어리를 물에 넣으면, 얼음 덩어리가 녹는다.

$$H_2O(s) \longrightarrow H_2O(l)$$

- 수소와 산소의 혼합물이 불꽃으로 점화되면 연소한다.ⓘ

$$2H_2(g) + O_2(g) \longrightarrow 2H_2O(l)$$

ⓘ 점화만 하고, 지속적으로 에너지를 공급하지는 않는다.

- 철(강철)은 습기가 있는 공기 중에 노출되면 녹슨다.

$$2Fe(s) + \tfrac{3}{2}O_2(g) + 3H_2O(l) \longrightarrow 2Fe(OH)_3(s)$$

다시 말하면, 25°C, 1 atm에서 위의 세 반응은 자발적이다.

"자발적"이라는 단어는 반응이 얼마나 빨리 일어나는지를 의미하는 것이 아니다. 어떤 자발적 반응, 대표적인 예로 철이 녹스는 반응은 상당히 느리다. 흔히, 자발적 반응이라도 반응을 일으키는 어떤 자극 없이는 일어나지 않는다. 예를 들면, 수소와 산소의 혼합물은 불꽃이나 성냥불이 없는 경우에는 반응할 징후를 보이지 않는다. 그러나 일단 반응이 시작되면, 외부로부터 더 이상의 에너지 공급이 없어도 반응이 계속된다.

어떤 반응이 주어진 조건하에서 자발적이라면, 그것의 역반응은 틀림없이 비자발적이다. 예를 들면, 물은 위에서 언급한 반응의 역반응으로 자발적으로 원소들로 분해되지 않는다.

$$2H_2O(l) \longrightarrow 2H_2(g) + O_2(g) \qquad \text{비자발적}$$

그러나 흔히 일의 형태로 에너지를 공급함으로써 비자발적 반응을 일어나게 할 수 있다. 예를 들면, 전기분해를 이용하여 물을 원소로 분해할 수 있다. 이 분해 반응을 위하여, 축전지로부터 전기 에너지가 공급되어야 한다.

자발성을 가장 간단하게 정의하는 방법은 아마도 다음과 같이 기술하는 것이다. ***자발적 과정은 계를 평형으로 이동시키는 과정이다.*** 비자발적 과정은 계를 평형에서 멀어지도록 이동시킨다.

에너지 인자

많은 자발적 과정은 에너지 감소를 수반하면서 진행된다. 예를 들어 둥근 바위는 언덕 위가 아니라 언덕 아래로 구른다. 자동차 전조등을 켠 채로 두면 축전지가 방전된다. 이와 같은 일을 화학 반응으로 확대하면, 자발적 반응은 발열 반응($\Delta H < 0$)이라고 추측할 수 있다. 파리의 Berthelot(1827~1907)와 코펜하겐의 Thomsen(1826~1909)은 이를 모든 반응에 적용할 수 있는 일반적인 원리로 제안하였다.

대신에 거의 모든 경우에 그 반대, 즉 발열 반응이 자발적이라는 것이 밝혀졌다. 거의 모든 발열 반응은 25°C, 1 atm에서 자발적이다. 예를 들어 원소로부터 물이 형성되는 반응과 철이 녹스는 반응을 살펴보자.

$$2H_2(g) + O_2(g) \longrightarrow 2H_2O(l) \qquad \Delta H = -571.6 \text{ kJ}$$
$$2Fe(s) + \tfrac{3}{2}O_2(g) + 3H_2O(l) \longrightarrow 2Fe(OH)_3(s) \qquad \Delta H = -788.6 \text{ kJ}$$

두 자발적 반응 모두에 대해 ΔH가 음의 값이다.

반면에, 이 간단한 원리는 친숙한 많은 상 변화(phase change) 과정에 맞지 않는다. 발열 반응은 아니지만 자발적 반응인 예는 얼음이 녹는 현상이다. 이 과정은 흡열 과정이지만, 1 atm, 0°C 이상에서 자발적으로 일어난다.

$$H_2O(s) \longrightarrow H_2O(l) \qquad \Delta H = +6.0 \text{ kJ}$$

ΔH의 부호를 자발성의 일반적 판단 기준으로 삼는 데에는 또 다른 기본적인 문제가 있다. 실온에서 비자발적인 흡열 반응이, 온도를 높이면 종종 자발적이 된다. 예를 들어 석회암의 분해 과정을 살펴보자.

$$CaCO_3(s) \longrightarrow CaO(s) + CO_2(g) \qquad \Delta H = +178.3\ kJ$$

25°C, 1 atm에서 이 반응은 일어나지 않는다. Dover 해협의 흰 절벽과 다른 석회암의 퇴적물은 장구한 시간 동안 존재하고 있다. 그러나 온도가 1100 K 정도로 올라가면, 석회암은 1 atm에서 분해되어 이산화 탄소를 방출한다. 다시 말하면 이 흡열 반응은 높은 온도에서 자발적으로 된다. ΔH가 온도에 거의 무관하게 약 178 kJ로 유지됨에도 불구하고, 이 현상은 사실이다.

그림 16.1 ▸ **어떤 특정한 "상태"는 다른 상태보다 일어날 확률이 더 높다.** 예를 들면, 주사위 한 쌍을 던질 때 7이 나올 가능성이 12가 나올 가능성보다 훨씬 높다.

▶ 무질서도(randomness) 인자

분명히, 자발적인 변화의 방향은 항상 계가 낮은 에너지 상태로 가려는 경향에 의해 결정되는 것은 아니다. 자발성의 방향을 예상하기 위해 고려해야 할 또 다른 자연적인 경향이 있다. ***자연은 자발적으로 낮은 확률 상태에서 높은 확률 상태로 이동하려는 경향이 있다.*** 또는 G. N. Lewis가 말한 것처럼,

> 방치된 각 계(system)는 시간이 지남에 따라 최대 확률 조건 쪽으로 변한다.

이 기술들이 의미하는 것을 설명하기 위하여 화학과는 거리가 먼 주사위 던지기를 살펴보자. 만일 여러분이 크랩스(주사위 한 쌍을 던져 두 수를 합쳐서 노는 놀이)를 한 경험이 있다면(어쩌면 그런 경험이 없을 수도 있지만), 7이 나올 가능성이 12가 나올 가능성보다 훨씬 높다는 것을 알고 있다. 그림 16.1은 왜 그런 가능성이 나오는지를 보여주고 있다. 7을 만드는 두 주사위의 조합 수는 6개인 반면에, 12를 만드는 조합 수는 단 한 개뿐이다. 시간이 흐르면서, 주사위의 합은 12보다 7이 여섯 배나 자주 나올 것이다. 따라서 7은 "높은" 확률 상태고, 12는 "낮은" 확률 상태이다.

좀 더 화학에 가까운 예를 살펴보자(그림 16.2). 서로 다른 두 개의 기체, H_2와 N_2가 처음에는 잠금 꼭지로 연결된 두 개의 다른 유리구(glass bulb)에 구분되어 들어 있다. 잠금 꼭지를 열면, 두 종류의 분자가 두 구 사이에 고르게 분포한다. 결국 H_2 분자들의 반은 왼쪽 구에, 나머지 반은 오른쪽 구에 있을 것이다. N_2 분자의 경우도 마찬가지다. 각 기체 분자는 다른 기체의 존재와 관계없이 최대 확률 분포에 도달한다.

이 실험의 결과는 앞에서 했던 것처럼 설명할 수 있다. 즉, 최종 분포는 초기 분포보다 분명히 더 높은 확률을 갖고 있다. 그러나 이 과정을 살펴보는 또 다른 유용한 방법이 있다. 계는 잘 정렬된 상태(모든 H_2 분자는 왼쪽에, 모든 N_2 분자는 오른쪽에)에서 분자들이 두 구 사이에서 고르게 분포되는 무질서한(disordered) 또는 무작위(random) 상태로 바뀌었다. 분자 대신 구슬이 섞였을 때도 똑같은 상황이 적용된다(그림 16.3). ***일반적으로, 자연은 좀 더 정렬된 상태에서 좀 더 무작위 상태로 자발적으로 이동하는 경향을 갖고 있다.***

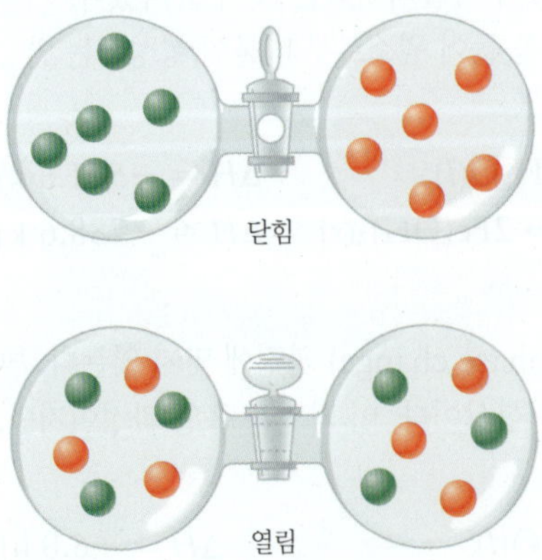

그림 16.2 ▸ **자발적 변화.** 서로 다른 종류의 기체 분자들이 자발적으로 섞여서, 정렬된 상태에서 무질서한 상태로 변한다.

그림 16.3 ▸ **확률.** 어떤 상태는 다른 상태보다 일어날 확률이 더 높다. 여러분이 붉은 구슬과 검은 구슬을 함께 흔들면, 왼쪽의 무질서한 분포가 오른쪽의 정렬된 분포보다 일어날 확률이 더 높다.

이 설명은 부모나 학생들이 이해하기가 무척 쉽다. 여러분의 방은 쉽게 지저분해진다. 왜냐하면 정돈된 방에서는 물건을 이동할 수 있는 선택지가 거의 없기 때문이다(바닥에 양말을 남겨놓는 일은 정돈된 방에서는 있을 수 없다). 희극 배우 Bill Cosby는 두 살배기 80명으로 구성된 군대로 세계 어떤 나라도 정복할 수 있다고 주장했다. 왜냐하면 그들은 혼란을 야기하는 데 탁월한 능력을 가지고 있기 때문이다.

16-2 엔트로피, S

엔트로피(entropy)는 흔히 무질서(disorder) 또는 무작위(randomness)의 척도라고 설명된다. 이 용어는 유용하지만 주관적이므로 신중하게 사용해야 한다. 엔트로피 변화는 계의 *미시 상태*(microstates) 개수가 바뀌는 것으로 생각하는 것이 좋다. 미시 상태는 분자를 분배할 수 있는 서로 다른 방식들이다. 가능한 미시 상태(즉, 무질서도) 개수가 증가하면 엔트로피가 증가하게 된다. 엔트로피는 무질서도 인자를 정량적으로 다룬다. Rudolf Clausius는 특별한 이유 없이 엔트로피를 기호 S로 표시하였다. 일반적으로 어떤 상태가 무질서할수록 가능한 미시 상태 개수가 더 많고, 가능한 상태가 많을수록 엔트로피는 더 커진다.

엔트로피는 엔탈피(제8장)처럼 상태 함수다. 즉 엔트로피는 계의 상태에만 의존하며 그 경로에는 무관하다. **엔트로피 변화**(entropy change)는 최종 상태의 엔트로피와 초기 상태의 엔트로피에 의해 결정되며, 한 상태로부터 다른 상태로 가는 경로에는 무관하다.

$$\Delta S = S_{최종} - S_{초기}$$

어떤 특정한 상태에 있는 계의 엔트로피 양에 영향을 미치는 몇 가지 인자가 있다. 일반적으로,

- ***고체보다 고체에서 형성된 액체가 더 높은 엔트로피를 가진다.*** 고체 내의 원자나 분자는 고정된 위치에 갇혀 있기 때문에, 미시 상태 개수가 적다. 액체에서는 원자나 분자들이 격자로부터 떨어져나가 더 많은 위치를 차지할 수 있다. 따라서 미시 상태 개수가 증가하고, 더 많은 방식으로 입자를 배열할 수 있다. 상 전이(phase transition)는 "정렬된" 계에서 "무질서한" 계로 바뀌는 현상이다.
- ***액체보다 액체에서 형성된 기체가 더 높은 엔트로피를 가진다.*** 증발이 일어날 때, 입자들은 더 많은 자유도(freedom)를 획득하여 자유롭게 움직일 수 있다. 입자들은 작은 부피에 제한되지 않고, 용기 전체에 걸쳐서 분포한다. 따라서 미시 상태 개수가 증발 과정에서 증가한다.
- ***물질의 온도를 높이면, 물질의 엔트로피가 증가한다.*** 온도가 올라가면, 분자(또는 원자나 이온)의 운동 에너지가 증가하므로 분자의 운동 자유도(motion freedom)가 증가한다. 고체 내의 분자들은 높은 온도에서 더 큰 진폭으로 진동한다. 액체나 기체 내의 분자들은 높은 온도에서 더 빠르게 움직인다. ◀ⓘ

ⓘ 어떤 방식으로든 물질이 가열되면, 물질의 엔트로피가 증가한다.

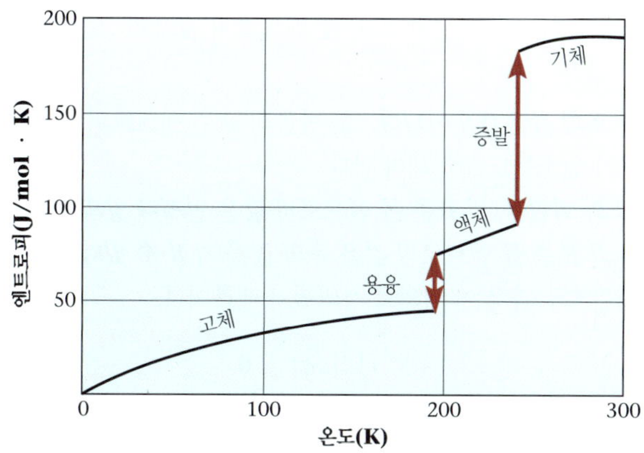

그림 16.4 ▸ **온도의 함수로 나타낸 암모니아의 몰 엔트로피.** 용융(녹음)과 증발이 일어날 때 엔트로피가 크게 증가하는 것을 주목하라.

이들 효과는 암모니아(NH_3)의 엔트로피 대 온도를 도시한 그림 16.4에 나타나 있다. 0 K에서 고체 암모니아의 엔트로피가 0이라는 것을 주목하라. 이 현상은 고체 내 분자들이 0 K에서 완전히 정렬되어 있다는 사실을 반영하고 있다. 다시 말하면, 0 K에서는 무질서(무작위)가 없다. 더 일반적으로 말하자면, **열역학 제3법칙**(the third law of thermodynamics)◀ⓘ에 따르면, ***완전하게 정렬된 순수한 결정성 고체는 0 K에서 0의 엔트로피 값을 갖는다.***

ⓘ 곧 열역학 제2법칙을 배울 것이다.

그림에서 엔트로피에 대한 온도의 영향은 거의 전적으로 상 변화 때문이라는 것을 주목하라. 곡선의 기울기는 단일 상이 존재하는 영역에서는 작다. 이와 대조적으로, 고체가 녹을 때 엔트로피가 급격하게 증가하며, 액체가 증발할 때 엔트로피는 더 급격하게 증가한다. 이러한 거동은 모든 물질에 대하여 전형적인 현상이다. 즉, 용융과 증발은 비교적 큰 엔트로피의 증가가 수반된다.

예제 16.1 개념 문제

다음의 예들 중에서 ΔS가 양의 값을 가지는지 아니면 음의 값을 가지는지 예상하라.

(a) 온도가 $-80°C$인 냉동고에서 드라이 아이스를 꺼내 따뜻해지도록 실온에 놓아둔다.

(b) 브로민을 헥세인에 용해시킨다.

(c) 기체 브로민을 액체 브로민으로 응축시킨다.

전략

1. 초기와 최종 상태의 상대적 무질서도를 고려한다.
2. 엔트로피는 고체 → 액체 → 기체 순서로 증가한다는 것을 상기한다.

풀이

(a) 드라이 아이스의 데워짐	온도의 증가와 상의 변화; $\Delta S > 0$
(b) 브로민 용해	두 종류의 분자들을 갖고 있는 용액이 한 종류의 분자들을 갖고 있는 용액보다 더 무질서하다; $\Delta S > 0$
(c) $Br_2(g) \longrightarrow Br_2(l)$	기체에서 액체로 $\Delta S < 0$

▶ 표준 몰 엔트로피

엔탈피와는 달리 순수한 물질의 엔트로피는 직접 계산할 수 있다. 상세한 계산 방법은 이 책의 범위를 넘어서는 것이지만, 그림 16.4는 한 가지 물질인 암모니아에 대한 결과를 보여준다. 이와 같은 도표에서, 1 atm 압력과 특정한 온도에서 물질의 *표준 몰 엔트로피*(standard molar entropy)를 결정할 수 있는데, 대부분의 경우 온도는 25°C다. 이 양은 기호 $S°$로 나타내며, 단위 J/mol · K를 갖는다. 그림 16.4에서 다음의 사실을 알 수 있다.

$$25°C에서\ S°\ NH_3(g) \approx 192\ J/mol \cdot K$$

원소, 화합물, 수용액에서 이온의 표준 몰 엔트로피 값들이 표 16.1에 수록되어 있다. 다음 사항들을 주목하라.

- ***원소의 표준 엔트로피 값은 0이 아니다.*** 즉, 반응의 표준 엔트로피 변화($\Delta S°$)를 계산할 때 화합물뿐만 아니라 원소들도 고려해야 한다.
- ***순수한 물질(원소와 화합물)의 표준 몰 엔트로피 값은 언제나 양의 값이다***($S° > 0$).
- ***수용액에서 이온의 표준 몰 엔트로피 값은 음의 값을 가질 수 있다.*** 이는 이온의 엔트로피(ionic entropy)를 다음과 같이 임의로 정의했기 때문이다.

$$S°\ H^+(aq) = 0$$

플루오린화 이온은 H^+의 표준 엔트로피보다 13.8 단위만큼 작은 표준 엔트로피를 갖는다. 따라서, $S°\ F^-(aq) = -13.8\ J/mol \cdot K$이다.

질산 암모늄의 분해. 이 반응의 ΔS의 값은 양이다.

$NH_4NO_3(s) \rightarrow N_2O(g) + 2H_2O(g)$

이것은 고체가 기체들로 분해되기 때문에 예상할 수 있다.

표 16.1 ▸ 25°C, 1 atm에서 원소, 화합물, 1 *M* 수용액 내 이온의 표준 엔트로피(J/mol · K)

원소							
Ag(*s*)	42.6	Cl_2(*g*)	223.0	I_2(*s*)	116.1	O_2(*g*)	205.0
Al(*s*)	28.3	Cr(*s*)	23.8	K(*s*)	64.2	Pb(*s*)	64.8
Ba(*s*)	62.8	Cu(*s*)	33.2	Mg(*s*)	32.7	Mg(*s*)	164.4
Br_2(*l*)	152.2	F_2(*g*)	202.7	Mn(*s*)	32.0	S(*s*)	31.8
C(*s*)	5.7	Fe(*s*)	27.3	N_2(*g*)	191.5	Si(*s*)	18.8
Ca(*s*)	41.4	H_2(*g*)	130.6	Na(*s*)	51.2	Sn(*s*)	51.6
Cd(*s*)	51.8	Hg(*l*)	76.0	Ni(*s*)	29.9	Zn(*s*)	41.6
화합물							
AgBr(*s*)	107.1	$CaCl_2$(*s*)	104.6	H_2O(*g*)	188.7	NH_4NO_3(*s*)	151.1
AgCl(*s*)	96.2	$CaCO_3$(*s*)	92.9	H_2O(*l*)	69.9	NO(*g*)	210.7
AgI(*s*)	115.5	CaO(*s*)	39.8	H_2O_2(*l*)	109.6	NO_2(*g*)	240.0
$AgNO_3$(*s*)	140.9	$Ca(OH)_2$(*s*)	83.4	H_2S(*g*)	205.7	N_2O_4(*g*)	304.2
Ag_2O(*s*)	121.3	$CaSO_4$(*s*)	106.7	H_2SO_4(*l*)	156.9	NaCl(*s*)	72.1
Al_2O_3(*s*)	50.9	$CdCl_2$(*s*)	115.3	HgO(*s*)	70.3	NaF(*s*)	51.5
$BaCl_2$(*s*)	123.7	CdO(*s*)	54.8	KBr(*s*)	95.9	NaOH(*s*)	64.5
$BaCO_3$(*s*)	112.1	Cr_2O_3(*s*)	81.2	KCl(*s*)	82.6	NiO(*s*)	38.0
BaO(*s*)	70.4	CuO(*s*)	42.6	$KClO_3$(*s*)	143.1	$PbBr_2$(*s*)	161.5
$BaSO_4$(*s*)	132.2	Cu_2O(*s*)	93.1	$KClO_4$(*s*)	151.0	$PbCl_2$(*s*)	136.0
CCl_4(*l*)	216.4	CuS(*s*)	66.5	KNO_3(*s*)	133.0	PbO(*s*)	66.5
$CHCl_3$(*l*)	201.7	Cu_2S(*s*)	120.9	$MgCl_2$(*s*)	89.6	PbO_2(*s*)	68.6
CH_4(*g*)	186.2	$CuSO_4$(*s*)	107.6	$MgCO_3$(*s*)	65.7	PCl_3(*g*)	311.7
C_2H_2(*g*)	200.8	$Fe(OH)_3$(*s*)	106.7	MgO(*s*)	26.9	PCl_5(*g*)	364.5
C_2H_4(*g*)	219.5	Fe_2O_3(*s*)	87.4	$Mg(OH)_2$(*s*)	63.2	SiO_2(*s*)	41.8
C_2H_6(*g*)	229.5	Fe_3O_4(*s*)	146.4	$MgSO_4$(*s*)	91.6	SnO_2(*s*)	52.3
C_3H_8(*g*)	269.9	HBr(*g*)	198.6	MnO(*s*)	59.7	SO_2(*g*)	248.1
CH_3OH(*l*)	126.8	HCl(*g*)	186.8	MnO_2(*s*)	53.0	SO_3(*g*)	256.7
C_2H_5OH(*l*)	160.7	HF(*g*)	173.7	NH_3(*g*)	192.3	ZnI_2(*s*)	161.1
CO(*g*)	197.6	HI(*g*)	206.5	N_2H_4(*l*)	121.2	ZnO(*s*)	43.6
CO_2(*g*)	213.6	HNO_3(*l*)	155.6	NH_4Cl(*s*)	94.6	ZnS(*s*)	57.7
양이온				**음이온**			
Ag^+(*aq*)	72.7	Hg^{2+}(*aq*)	−32.2	Br^-(*aq*)	82.4	HPO_4^{2-}(*aq*)	−33.5
Al^{3+}(*aq*)	−321.7	K^+(*aq*)	10¯.5	CO_3^{2-}(*aq*)	−56.9	HSO_4^-(*aq*)	131.8
Ba^{2+}(*aq*)	9.6	Mg^{2+}(*aq*)	−138.1	Cl^-(*aq*)	56.5	I^-(*aq*)	111.3
Ca^{2+}(*aq*)	−53.1	Mn^{2+}(*aq*)	−73.6	ClO_3^-(*aq*)	162.3	MnO_4^-(*aq*)	191.2
Cd^{2+}(*aq*)	−73.2	Na^+(*aq*)	59.0	ClO_4^-(*aq*)	182.0	NO_2^-(*aq*)	123.0
Cu^+(*aq*)	40.6	NH_4^+(*aq*)	113.4	CrO_4^{2-}(*aq*)	50.2	NO_3^-(*aq*)	146.4
Cu^{2+}(*aq*)	−99.6	Ni^{2+}(*aq*)	−128.9	$Cr_2O_7^{2-}$(*aq*)	261.9	OH^-(*aq*)	−10.8
Fe^{2+}(*aq*)	−137.7	Pb^{2+}(*aq*)	10.5	F^-(*aq*)	−13.8	PO_4^{3-}(*aq*)	−222
Fe^{3+}(*aq*)	−315.9	Sn^{2+}(*aq*)	−17.4	HCO_3^-(*aq*)	91.2	S^{2-}(*aq*)	−14.6
H^+(*aq*)	0.0	Zn^{2+}(*aq*)	−112.1	$H_2PO_4^-$(*aq*)	90.4	SO_4^{2-}(*aq*)	20.1

기체는 액체 또는 고체보다 더 큰 엔트로피를 가진다. 더욱이, 비슷한 구조와 물리적 상태를 가진 물질들 사이에서는 엔트로피가 대개 몰질량에 따라 증가한다. 예를 들어 다음 탄화수소들을 비교해 보라.

$$CH_4(g) \quad S° = 186.2 \text{ J/mol·K}$$
$$C_2H_6(g) \quad S° = 229.5 \text{ J/mol·K}$$
$$C_3H_8(g) \quad S° = 269.9 \text{ J/mol·K}$$

분자가 더 복잡해짐에 따라, 원자들이 서로에 대하여 움직이는 방식이 더 많아져서 엔트로피가 커진다.

▶ 반응에 대한 $\Delta S°$

표 16.1과 다음 관계식을 사용하여 반응에 대한 *표준 엔트로피 변화*(standard entropy change) $\Delta S°$를 계산할 수 있다.

$$\Delta S° = \sum S°_{\text{생성물}} - \sum S°_{\text{반응물}} \tag{16.1}$$

이 합들을 구하는 과정에서, 표준 몰 엔트로피에 균형 맞춘 화학 반응식에 있는 몰수를 곱해야 한다.

이 관계식을 어떻게 활용하는지 알아보기 위해서 다음 반응을 살펴보자.

$$CaCO_3(s) \longrightarrow CaO(s) + CO_2(g)$$
$$\Delta S° = S°\ CaO(s) + S°\ CO_2(g) - S°\ CaCO_3(s)$$
$$\Delta S° = 1\ \text{mol}\left(39.8\ \frac{J}{\text{mol}\cdot K}\right) + 1\ \text{mol}\left(213.6\ \frac{J}{\text{mol}\cdot K}\right) - 1\ \text{mol}\left(92.9\ \frac{J}{\text{mol}\cdot K}\right)$$
$$= 39.8\ J/K + 213.6\ J/K - 92.9\ J/K = +160.5\ J/K$$

> $S°$의 단위는 J/mol · K인데, $\Delta S°$의 단위는 J/K다. 왜 이런 차이가 생기는가?

탄산 칼슘의 분해 반응에서 $\Delta S°$가 양의 값이라는 것을 주목하라. 이 사실은 합리적이다. 그 이유는 생성된 기체 CO_2가 고체인 CaO나 $CaCO_3$보다 훨씬 큰 몰 엔트로피를 갖기 때문이다. 사실상, ***기체의 몰수가 증가하는 반응은 거의 언제나 엔트로피가 증가한다. 역으로, 기체의 몰수가 감소하면, $\Delta S°$는 음의 값을 갖는다.*** 예를 들어, 다음 반응을 살펴보라.

> 기체의 몰수 변화가 없으면, ΔS는 대개 작다.

$$2H_2(g) + O_2(g) \longrightarrow 2H_2O(l)$$
$$\Delta S° = 2S°\ H_2O(l) - 2S°\ H_2(g) - S°\ O_2(g)$$
$$= 139.8\ J/K - 261.2\ J/K - 205.0\ J/K = -326.4\ J/K$$

예제 16.2

일반적으로 소석회라 부르는 수산화 칼슘을 살펴보자. 소석회는 "잿물" 모발 이완제에서 잿물 대체물로 사용되고 있다. 이것은 또한 대부분의 탈모 크림에 들어 있다.

a 수산화 칼슘 1 mol이 물에 녹을 때 $\Delta S°$를 계산하라.

전략

1. $Ca(OH)_2(s)$의 용해 반응에 대한 균형 맞춘 화학 반응식을 쓴다.
2. 표 16.1에 수록된 $S°$ 값들을 식 16.1에 대입하여 $\Delta S°$ 값을 구한다.

풀이

1. 반응식 $\quad Ca(OH)_2(s) \longrightarrow Ca^{2+}(aq) + 2OH^-(aq)$
2. $\Delta S°$ $\quad \Delta S° = S°\ Ca^{2+}(aq) + 2S°\ OH^-(aq) - S°\ Ca(OH)_2(s)$

$$= 1\ \text{mol}\left(\frac{-53.1\ J}{\text{mol}\cdot K}\right) + 2\ \text{mol}\left(\frac{-10.8\ J}{\text{mol}\cdot K}\right) - 1\ \text{mol}\left(\frac{+83.4\ J}{\text{mol}\cdot K}\right) = -158.1\ J/K$$

b 생석회(CaO)와 물의 반응으로 1 g의 $Ca(OH)_2$가 형성하는 $\Delta S°$를 계산하라.

전략

1. 이 반응에 대한 균형 맞춘 화학 반응식을 쓴다.
2. 표 16.1에 수록된 $S°$ 값들을 식 16.1에 대입하여 $\Delta S°$ 값을 구한다.
   여러분이 얻은 값은 *1 mol*에 대한 엔트로피의 차이 값이란 점을 유의한다.
3. 1 mol에 대한 $S°$ 값을 변환 인자로 이용하여 1 g의 $Ca(OH)_2$에 대한 $\Delta S°$ 값을 구한다.

(계속)

풀 이

1. 화학 반응식	$CaO(s) + H_2O \longrightarrow Ca(OH)_2(s)$
2. 1 mol에 대한 $\Delta S°$	$\Delta S° = S°\ Ca(OH)_2 - [S°\ CaO + S°\ H_2O]$
	$\Delta S° = 1\ mol\left(\frac{+83.4\ J}{mol \cdot K}\right) - \left[1\ mol\left(\frac{+39.8\ J}{mol \cdot K}\right) + 1\ mol\left(\frac{+69.9\ J}{mol \cdot K}\right)\right]$
	$= -26.3\ J/K$
3. 1 g에 대한 $\Delta S°$	$\frac{-26.3\ J/K}{1\ mol\ Ca(OH)_2} \times \frac{1\ mol\ Ca(OH)_2}{74.10\ g} = -0.355\ J/K$

열역학 제2법칙

엔트로피 변화와 자발성 사이의 관계는 **열역학 제2법칙**(the second law of thermodynamics)으로 알려진 자연의 기본 원리를 통하여 표현할 수 있다. 이 법칙을 설명하는 한 가지 방법은 다음과 같이 기술하는 것이다. ***자발적 과정은 계와 주위를 모두 고려할 때, 엔트로피의 알짜(net) 증가가 있다.*** ⓘ

ⓘ 이런 면에서 우주는 무질서해지고 있다.

$$\Delta S_{우주} = (\Delta S_{계} + \Delta S_{주위}) > 0 \qquad 자발적\ 과정$$

(제8장에서, 계는 관심의 대상이 되는 우주의 일부분이고, 주위는 계를 제외한 나머지 모든 것이라고 했던 것을 상기하라.)

제2법칙은 계와 주위 모두를 포함하는 전체 엔트로피 변화를 나타낸다는 것을 주목하라. 많은 자발적 과정에서 계의 엔트로피 변화는 *음의* 값이다. 예를 들어 자발적 과정인 철이 녹스는 현상을 살펴보자.

$$2Fe(s) + \tfrac{3}{2}O_2(g) + 3H_2O(l) \longrightarrow 2Fe(OH)_3(s)$$

25°C, 1 atm에서 이 계의 $\Delta S°$는 표준 엔트로피 표로부터 계산하면 −358.4 J/K가 된다. $\Delta S°$가 음의 부호를 갖는 것은 열역학 제2법칙에 완전히 부합한다. 제2법칙이 요구하는 모든 것은 주위의 엔트로피 변화 $\Delta S_{주위}$가 358.4 J/K보다 커서, $\Delta S_{우주} > 0$이 되어야 한다는 것이다.

원리상 제2법칙은 반응의 자발성 여부를 결정하는 데 사용될 수 있다. 그러나 이를 수행하려면 주위의 엔트로피 변화를 계산해야 하는데, 이는 쉽지 않다. 우리는 화학적 *계*의 열역학적 특성만을 다루는 개념적으로 간단한 접근법(16-3절)을 따를 것이다.

16-3 자유 에너지, *G*

앞에서 설명한 바와 같이, 두 개의 열역학적 물리량은 반응의 자발성에 영향을 미친다. 이들 중 하나는 엔탈피 *H*이며, 나머지 하나는 엔트로피 *S*이다. 문제는 이 두 개의 양을 합하여 단일 함수로 만들고, 이 함수의 부호가 반응의 자발성을 결정해야 하는 것이다. 1세기보다 더 오래 전에 Willard Gibbs가 이 문제를 처음으로 해결하였다. 그는 현재 *Gibbs 자유 에너지*(Gibbs free energy)라고 부르는 새로운 물리량을 도입하였으며, 이것을 *G*라는 기호로 나타내었다.

일정한 압력과 온도에서 일어나는 반응에서, **생성 자유 에너지**(free energy of formation) ⓘ, ΔG는 유용한 일을 하는 데 사용 가능한(즉 "자유로운") 전체 에너지 변화의 부분을 나타낸다는 것을 Gibbs가 보여주었다. 예를 들면 어떤 반응에 대한 ΔG가 −270 kJ이라면, 이 반응으로부터 270 kJ의 유용한 일을 얻어낼 수 있다. 반대로, ΔG가 +270 kJ이라면, 적어도 이 만큼의 에너지가 일의 형태로 공급되어야 반응이 일어날 수 있다.

ⓘ 자발적 과정은 유용한 일을 만들어낼 수 있다.

Gibbs 자유 에너지의 기본 정의는 다음과 같다.

$$G = H - TS$$

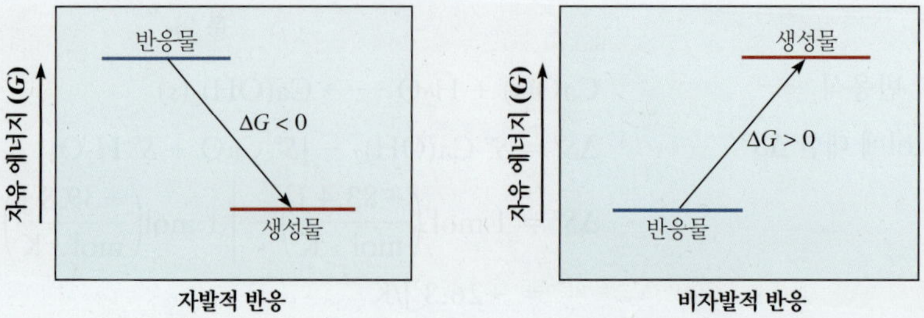

그림 16.5 ▸ **자유 에너지의 부호와 자발성.** 자발적인 반응에서는 생성물의 자유 에너지가 반응물의 자유 에너지보다 작다. 즉, $\Delta G < 0$이다. 비자발적인 반응에서는, $\Delta G > 0$이다.

여기서 T는 절대(켈빈) 온도이다. 물질의 엔탈피와 엔트로피처럼, 물질의 **자유 에너지**(free energy)는 상태 함수이다. 자유 에너지의 값은 계의 상태에 의해서만 결정될 뿐, 상태에 어떻게 도달했느냐에 대해서는 무관하다. 다시 말하면, 반응에 대한 **자유 에너지 변화**(free energy change), ΔG는 생성물과 반응물의 성질과 조건(온도, 압력, 농도)에만 의존할 뿐이며, 반응이 일어나는 경로와는 무관하다.

자유 에너지 변화의 부호는 일정한 온도와 압력에서 수행되는 반응의 자발성을 결정할 수 있다.

1. ***ΔG가 음의 값이면, 반응은 자발적이다.***
2. ***ΔG가 양의 값이면, 반응은 자발적으로 일어나지 않는다.*** 대신, 역반응이 자발적이다.
3. ***ΔG = 0이면, 계는 평형 상태에 있다.*** 즉, 반응이 어느 쪽으로도 일어나려는 경향이 없다.

계는 평형에서 최소의 자유 에너지를 갖는다.

달리 표현하면, ΔG는 반응 추진력의 척도다. ***일정한 압력과 온도에서 반응은 계의 자유 에너지를 감소시키는 방향으로 진행된다.*** 이것은 반응이 일어나는 방향이 생성물과 반응물의 상대적인 자유 에너지 값에 의해 결정된다는 것을 의미한다. 특정한 온도, 압력, 농도의 조건에서 생성물이 반응물보다 낮은 자유 에너지를 가진다면($G_{생성물} < G_{반응물}$), 정반응이 일어날 것이다(그림 16.5). 그 반대인 경우에는($G_{생성물} > G_{반응물}$), 역반응이 자발적이다. 마지막으로, $G_{생성물} = G_{반응물}$이면, 반응을 어느 방향으로 가도록 하는 추진력이 없다.

ΔG, ΔH, ΔS 사이의 관계

일정한 온도에서 자유 에너지를 정의하는 식은 다음과 같다.

$$\Delta G = \Delta H - T\Delta S$$

여기서 ΔG, ΔH, ΔS는 각각 반응의 자유 에너지 변화, 엔탈피 변화, 엔트로피 변화이다. **Gibbs-Helmholtz 식**이라고 알려진 이 관계식은 아마도 화학 열역학에서 가장 중요한 식이다. 알고 있듯이, 두 인자가 ΔG를 음수로 만들어 자발적 반응이 일어나게 한다.

1. ***ΔH가 음의 값.*** 발열 반응($\Delta H < 0$)은 ΔG 값을 음의 값으로 만드는 데 기여하므로, 자발적인 경향이 있다. 분자 수준에서 보면, 이는 "약한" 결합을 끊고 "강한" 결합을 형성하려는 경향이 있는 것을 의미한다.
2. ***ΔS가 양의 값.*** 엔트로피 변화가 양의 값이면($\Delta S > 0$), $-T\Delta S$ 항이 ΔG 값을 음의 값으로 만드는 데 기여할 것이다. 따라서 생성물들이 반응물보다 더 무질서하면, 반응이 자발적으로 일어나려는 경향이 있다.

많은 물리적 변화의 주요 추진력은 엔트로피 증가이다. 이러한 상황은 벤젠(C_6H_6)과 톨루엔(C_7H_8) 같이 비슷한 분자 간 힘을 가진 두 용액을 혼합하는 경우에 적용된다. 엔탈피는 아무 변화가 없지만, 벤젠과 톨루엔 분자들이 용액에서 무질서하게 섞이므로 엔트로피는 증가한다.*

*수용액의 형성은 흔히 엔트로피 *감소*가 일어나는데, 그 이유는 수소 결합 또는 수화(hydration) 효과로 잘 정렬된 용액 구조가 만들어지기 때문이다. 예제 16.2에서 1 mol의 $Ca(OH)_2$이 물에 용해될 때, $\Delta S° = -158.1$ J/K라는 것을 상기하라.

화학자의 삶 속에서 | CHEMISTRY THE HUMAN SIDE

19세기 후반에 연구를 수행한 두 이론학자가 물리적 또는 화학적 변화를 겪는 물질의 거동을 지배하는 수학적 법칙을 유도하여 화학의 본질 자체를 바꾸어 놓았다. 이들 중 한 사람은 James Clerk Maxwell인데, 그가 운동론에 기여한 것들은 제5장에서 논의하였다. 다른 한 사람은 1871년부터 1903년 죽을 때까지 Yale 대학교 수리물리 교수였던 J. Willard Gibbs다.

1876년 Gibbs는 "불균일 물질의 평형에 대하여"란 제목으로 *Connecticut 과학원 학술 회보*(Transactions of the Connecticut Academy of Sciences)에 탁월한 논문의 첫 번째 부분을 발표하였다. 논문이 1878년에 완결되었을 때(323쪽 분량), 화학 열역학의 과학적 기초가 정립되었다. 여기서 최초로 자유 에너지의 개념이 등장하였다. 화학 평형(제12장), 상 평형(제9장), 전지에서 에너지 변화를 결정하는 관계(제17장)들의 기본 원리들도 포함되었다.

Gibbs가 또 다른 논문을 발표하지 않았다면, 이 한 편의 논문이 그를 과학사에서 가장 위대한 이론학자들 중 한 명으로 자리매김했을 것이다. 실험 학자들은 여러 세대에 걸쳐 Gibbs가 책상에서 유도한 관계식들의 타당성을 실험실에서 실증하여 그들의 명성을 확립하여 왔다. 이 관계식들 중에서 많은 것이 다른 사람들에 의해 재발견되었다. 예를 들면 1882년 Hermann von Helmholtz(1821~1894)가 발견한 Gibbs-Helmholtz 식이다. 독일의 명망 있는 생리학자이자 물리학자였던 Helmholtz는 Gibbs의 연구 결과를 전혀 알지 못했었다.

"자신의 조국에서는 명예를 갖지 못한 선각자"의 한 예로 Gibbs가 자주 인용되고 있다. New Haven과 미국의 다른 지역에 있는 그의 동료들은 그가 말년이 될 때까지 그의 업적의 중요성을 알지 못한 것 같다. Yale 대학교에서 교수로 근무하던 전반부 10년 동안, 그는 월급을 한 푼도 받지 못했다. Johns Hopkins로부터 교수 제의를 받았을 때, Yale 대학교는 그에게 월급을 주기 시작했다. 1920년 Gibbs가 New York 대학교에 있는 훌륭한 미국인의 명예의 전당(Hall of Fame of Distinguished Americans)에 처음 추천되었을 때, 그는 투표에서 100표 중에서 9표밖에 받지 못했다. Gibbs는 1950년이 되어서야 뽑히게 되었다. 오늘날에도 Gibbs란 이름은 자연 과학에 흥미를 갖고 있는 사람들을 제외한 지식인들에게는 일반적으로 알려져 있지 않다.

Interfoto/Personalities/Alamy

J. Willard Gibbs
(1839~1903)

솔직히 말해서, 여러 해 동안 그의 업적이 별 관심을 끌지 못했던 사실에 대해 Gibbs가 주된 책임을 져야 한다. 그는 자신의 연구 결과를 출판하는 데 별로 노력하지 않았다. 다시 말하면 *Connecticut 과학원 학술 회보*는 그 당시 선도적인 과학 학술지라고 보기 어렵다. Gibbs는 동시대 동료들에게 인정받고 싶은 내적 욕구를 갖고 있지 않은 보기 드문 사람들 중 한 사람이었다. 그의 만족은 마음속에 있는 문제를 푸는 데서 비롯되고, 일단 풀었으면 다른 문제들로 옮길 준비가 되어 있었다. 그는 추상적 논거를 설명하는 데 예를 거의 인용하지 않았기 때문에, 그의 논문은 읽기 쉽지 않았다. 독자들은 그가 유도한 법칙이 내포하는 것들을 스스로 터득하여야 했다. Yale 대학교에 있는 Gibbs의 동료들 중 한 명은 몇 년 후에, Connecticut 과학원 회원 그 누구도 열역학에 관한 그의 논문을 이해하지 못하였다고 고백하였다. "우리는 Gibbs를 알았으며, 그를 믿고 논문을 채택하였다."라고 그의 동료가 말하였다.

어떤 반응에서 ΔS는 거의 0이고, ΔH가 자발성의 추진력에 기여하는 유일한 중요 인자인 경우가 있다. 한 예로 원소들로부터 플루오린화 수소를 합성하는 과정을 들 수 있다.

$$\tfrac{1}{2}H_2(g) + \tfrac{1}{2}F_2(g) \longrightarrow HF(g)$$

이 반응에서 ΔH는 절댓값이 큰 음수인 -271.1 kJ로, HF의 결합이 H_2와 F_2 분자의 결합보다 더 강하다는 것을 보여준다. 몰수의 변화가 없는 이 기체 반응에 대하여 여러분이 예상하듯이, ΔS는 0.0070 kJ/K 정도로 매우 작다. 1 atm, 25°C에서 자유 에너지 변화 ΔG는 -273.2 kJ이며, 이 값은 ΔH와 거의 같다. 매우 높은 온도에서도, ΔG와 ΔH 차이는 작은데, 2,000 K에서 약 14 kJ에 불과하다.

16-4 표준 자유 에너지 변화, $\Delta G°$

Gibbs-Helmholtz 식은 모든 조건에서 유효하지만, 이 책에서는 *표준 조건*(standard condition)하에서만 적용시킬 것이다. 표준 조건은 다음과 같다.

- 기체는 1 atm의 부분압이다.
- 용액 내의 이온이나 분자는 1 *M*의 농도이다.

즉, 우리는 이 식을 다음과 같은 형태의 식으로 사용할 것이다.

i "표준 조건"은 "STP"와 아주 다른 의미를 갖는다.

그림 16.6 ▸ **염화 은의 침전.** $\Delta G°$가 음의 값인 자발적 반응.

$$\Delta G° = \Delta H° - T\Delta S° \quad (16.2)$$

여기서 $\Delta G°$는 ***표준 자유 에너지 변화***(1 atm, 1 *M*)이다. $\Delta H°$는 표준 엔탈피 변화이며, 표준 생성 엔탈피 $\Delta H_f°$ 값(제8장 표 8.3에 수록됨)으로 계산할 수 있다. $\Delta S°$는 표준 엔트로피 변화(표 16.1)이다.

ΔG의 부호가 반응의 자발성과 상관관계가 있다는 것을 상기하라. 표준 조건(1 atm, 1 *M*)으로 한정하면, $\Delta G°$로 동일한 작업을 수행할 수 있다.

1. ***$\Delta G°$가 음의 값이면, 반응은 표준 조건에서 자발적이다.*** 예를 들면, 다음 반응은 25°C에서 자발적이다.

$$CaO(s) + CO_2(g, 1\text{ atm}) \longrightarrow CaCO_3(s) \qquad 25°\text{C에서 } \Delta G° = -130.4\text{ kJ}$$

2. ***$\Delta G°$가 양의 값이면, 반응은 표준 조건에서 비자발적이다.*** 다음 반응은 25°C에서 비자발적이다.

$$AgCl(s) \longrightarrow Ag^+(aq, 1\ M) + Cl^-(aq, 1\ M) \qquad 25°\text{C에서 } \Delta G° = +55.7\text{ kJ}$$

역반응이 자발적이다. $AgNO_3$ 용액과 HCl 용액을 $[Ag^+] = [Cl^-] = 1\ M$이 되도록 혼합하면, 염화 은이 침전된다(그림 16.6).

3. ***$\Delta G°$가 0이면 그 계는 표준 조건에서 평형 상태이다.*** 반응이 어느 방향으로도 일어나려는 경향이 없다. 100°C, 1 atm에서 물의 증발 과정이 한 예가 될 수 있다.

$$H_2O(l) \longrightarrow H_2O(g, 1\text{ atm}) \qquad \Delta G° = 0$$

이 조건(즉, 정상 끓는점)에서는 액체 물의 몰 자유 에너지가 기체 물의 몰 자유 에너지와 동일하다. 따라서 $\Delta G° = 0$이고, 계는 평형에 있다.

예제 16.3

황산 칼슘($CaSO_4$)은 건조제로 사용되며 Drierite라는 상표명으로 판매되고 있다. 황산 칼슘이 용해되는 반응은 다음과 같다.

$$CaSO_4(s) \longrightarrow Ca^{2+}(aq) + SO_4^{2-}(aq)$$

a 반응의 $\Delta H°$를 구하라.

분석

주어진 정보:	반응식 ($CaSO_4(s) \longrightarrow Ca^{2+}(aq) + SO_4^{2-}(aq)$)
정보가 알려주는 내용:	표 8.3($\Delta H_f°$ 값)
알고자 하는 것:	$\Delta H°$

전략

1. 식 8.4를 사용하여 $\Delta H°$ 값을 결정한다.

$$\Delta H° = \Sigma\Delta H_f°{}_{\text{생성물}} - \Sigma\Delta H_f°{}_{\text{반응물}}$$

2. 표 8.3에서 $\Delta H_f°$ 값을 찾아서 식 8.4에 대입한다.

풀이

$\Delta H°$

$$\Delta H° = \Delta H_f°\ Ca^{2+}(aq) + \Delta H_f°\ SO_4^{2-}(aq) - \Delta H_f°\ CaSO_4(s)$$
$$= -542.8\text{ kJ} - 909.3\text{ kJ} - (-1434.1\text{ kJ}) = -18.0\text{ kJ}$$

b 반응의 $\Delta S°$를 구하라.

주어진 정보:	반응식($CaSO_4(s) \longrightarrow Ca^2+(aq) + SO_4^{2-}(aq)$)
정보가 알려주는 내용:	표 16.1 ($S°$ 값)
알고자 하는 것:	$\Delta S°$

(계속)

전략

표 16.1에서 $S°$ 값들을 찾아서 식 16.1에 대입한다.

풀이

$\Delta S°$	$\Delta S° = S°\ Ca^{2+}(aq) + S°\ SO_4{}^{2-}(aq) - S°\ CaSO_4(s)$
	$= -53.1\ J/K + 20.1\ J/K - 106.7\ J/K = -139.7\ J/K$

c 25°C에서 반응의 $\Delta G°$ 값을 구하라.

분석

주어진 정보:	(a)에서: $\Delta H°(-18.0\ kJ)$
	(b)에서: $\Delta S°(-139.7\ J/K)$:
알고자 하는 것:	$\Delta G°$

전략

1. $\Delta S°$ 값을 kJ 단위로, °C 단위를 K 단위로 변환시킨다.
2. 변환된 값들을 Gibbs-Helmholtz 식(식 16.2)에 대입한다.

풀이

1. kJ 단위의 $\Delta S°$; K 단위의 T	$\Delta S° = -139.7\ J/K = -0.1397\ kJ/K$; $25°C = 298\ K$
2. $\Delta G°$	$\Delta G° = \Delta H° - T\Delta S° = -18.0\ kJ - 298\ K(-0.1397\ kJ/K) = 23.6\ kJ$

마무리 정리

$\Delta G°$ 값이 양의 값이므로, 이 반응은 표준 조건에서 자발적으로 일어날 수 없다.

$$CaSO_4(s) \longrightarrow Ca^{2+}(aq, 1\ M) + SO_4{}^{2-}(aq, 1\ M)$$

달리 말하면, 황산 칼슘을 물에 용해시켜 1 M 용액을 만들 수 없다. 실제로 그렇다. 25°C에서 $CaSO_4$의 용해도는 1 mol/L보다 상당히 작다.

25°C에서 $\Delta G°$ 계산: 생성 자유 에너지

Gibbs-Helmholtz 식(식 16.2)의 용도를 설명하기 위해, 먼저 이 식을 25°C에서 일어나는 반응의 $\Delta G°$ 값을 구하는 데 적용하였다(예제 16.3). 이 계산을 하려면 $\Delta H°$ 값 단위와 $\Delta S°$ 값 단위가 일치하여야 한다. kJ 단위의 $\Delta H°$를 사용할 경우, $\Delta S°$의 J/K 단위를 *kJ/K* 단위로 변환시켜야 한다.

Gibbs-Helmholtz 식은 화합물의 **표준 생성 자유 에너지**(standard free energy of formation)를 계산하는 데 사용할 수 있다. 표준 생성 자유 에너지 $\Delta G_f°$는 표준 생성 엔탈피 $\Delta H_f°$와 유사하다. $\Delta G_f°$는 1 atm에서 안정한 상태의 원소들로부터 화합물이 생성될 때 1 mol 당 자유 에너지 변화로 정의된다.

i $\Delta H_f°$처럼, 원소의 $\Delta G_f°$는 0이다.

25°C에서 화합물과 용액 내 이온의 표준 생성 자유 에너지 값에 대한 표(표준 생성 엔탈피 및 표준 엔트로피와 함께)를 부록 1에 나타내었다. 대부분의 화합물에서 $\Delta G_f°$ 값이 음의 값이라는 것을 주목하라. 이는 화합물이 원소들로부터 자발적으로 형성된다는 것을 뜻한다. 아래와 같이 물에 대해서도 성립한다.

$$H_2(g) + \tfrac{1}{2}O_2(g) \longrightarrow H_2O(l) \qquad \Delta G_f°\ H_2O(l) = -237.2\ kJ/mol$$

적어도 이론적으로는 메테인의 생성에 대해서도 마찬가지이다.

$$C(s) + 2H_2(g) \longrightarrow CH_4(g) \qquad \Delta G_f°\ CH_4(g) = -50.7\ kJ/mol$$

아세틸렌을 포함한 몇몇 화합물은 양의 값의 생성 자유 에너지를 갖는다($\Delta G_f°\ C_2H_2(g) = +209.2\ kJ/mol$). 이 화합물들은 보통의 온도와 압력에서 원소들로부터 만들어질 수 없으며, 실제로 이 화합물들은 구성 원소들보다 에너지 관점에서 더 불안정하다. 아세틸렌의 경우, 특별한 주의를 기울이지 않으면 다음 반응이 폭발과 함께 일어난다.

$$C_2H_2(g) \longrightarrow 2C(s) + H_2(g) \qquad 25°C에서\ \Delta G° = -209.2\ kJ$$

$\Delta G_f°$ 값은 반응의 자유 에너지 변화를 계산하는 데 사용된다. 다음의 관계식은 제8장에서 다룬 엔탈피 관계식과 완전히 유사하다.

$$\Delta G°_{반응} = \sum \Delta G_f°{}_{생성물} - \sum \Delta G_f°{}_{반응물} \qquad (16.3)$$

이러한 방법으로 $\Delta G°$ 값을 계산할 때, 이 식의 중요한 한계점을 염두에 두어야 한다. ***$\Delta G°_{반응}$는 표에 있는 $\Delta G_f°$ 자료를 얻은 온도에서만 유효하다. 이 경우에는 25°C에서만 유효하다.*** $\Delta G°$ 값은 온도에 따라 상당히 다르기 때문에, 이 방법은 다른 온도에서는 거의 유효하지 않다.

25°C 이외의 온도에서 $\Delta G°$ 값을 구하려면 Gibbs-Helmholtz 식을 이용하라.

예제 16.4

부록 1에 있는 $\Delta G_f°$ 값을 사용하여 예제 16.3에 있는 반응에 대하여 25°C에서 표준 자유 에너지 변화를 계산하라.

분석

주어진 정보:	반응식($CaSO_4(s) \longrightarrow Ca^{2+}(aq) + SO_4{}^{2-}(aq)$)
정보가 알려주는 내용:	$\Delta G_f°$ 값(부록 1)
알고자 하는 것:	$\Delta G°$

전략

부록 1에서 $\Delta G_f°$ 값을 찾아서 식 16.3에 대입한다.

풀이

$\Delta G°$

$$\Delta G° = \Delta G_f°\ Ca^{2+}(aq) + \Delta G_f°\ SO_4{}^{2-}(aq) - \Delta G_f°\ CaSO_4(s)$$
$$= -553.6\ kJ - 744.5\ kJ + 1321.8\ kJ = +23.7\ kJ$$

마무리 정리

25°C에서 $\Delta G°$ 값은 예제 16.3에서 구한 값과 본질적으로 동일하다는 것을 유의하라.

다른 온도에서 $\Delta G°$ 값 계산

적절한 근사값을 얻기 위하여, $\Delta H°$와 $\Delta S°$의 온도에 따른 변화는 무시할 수 있다.* 이는 25°C가 아닌 온도에서 Gibbs-Helmholtz 식을 적용하기 위해서 T 값만 바꾸면 된다는 것을 의미한다.

$$\Delta G° = \Delta H° - T\Delta S°$$

$\Delta H°$ 값과 $\Delta S°$ 값은 표준 엔탈피와 표준 엔트로피의 표를 이용하여 일반적인 방법으로 계산할 수 있다.

*Gibbs-Helmholtz 식에 관한 한, ΔH와 ΔS의 온도 의존도를 무시할 또 다른 이유가 있다. 이 두 물리량은 언제나 온도 변화와 같은 방향으로 변한다. 즉, ΔH가 더 큰 양의 값을 가지면, ΔS도 더 큰 양의 값을 갖는다. 따라서 두 효과는 서로를 상쇄시킨다.

예제 16.5

적철광 안에 들어 있는 산화 철(III)을 용광로 속에서 수소로 환원시키면 철을 얻을 수 있다. 수증기가 이 반응의 부산물이다. 230°C에서 Fe_2O_3 1 mol의 환원에 대한 $\Delta G°$ 값을 계산하라.

분석

주어진 정보:	n Fe_2O_3(1 mol); 온도(230°C)
정보가 알려주는 내용:	표 8.3 ($\Delta H_f°$ 값) 표 16.1 ($S°$ 값)
알고자 하는 것:	$\Delta G°$

(계속)

전략

1. 반응에 대한 균형 맞춘 반응식을 적는다.
2. 표 8.3(또는 부록 1)에서 $\Delta H_f°$ 값을 찾은 다음, 식 8.3에 대입하여 $\Delta H°$ 값을 구한다.
3. 표 16.1(또는 부록 1)에서 $S°$ 값들을 찾은 다음, 식 16.1에 대입하여 $\Delta S°$ 값을 구한다. (J/K 단위를 kJ/K 단위로 변환시키는 것을 기억하라)
4. °C 단위를 K 단위로 바꾸고, $\Delta H°$와 $\Delta S°$ 값을 Gibbs-Helmholtz 식(식 16.2)에 대입하여 $\Delta G°$ 값을 구한다.

풀이

1. 반응식 $Fe_2O_3(s) + 3H_2(g) \longrightarrow 2Fe(s) + 3H_2O(g)$
2. $\Delta H°$ $\Delta H° = 3\Delta H_f°\ H_2O(g) - \Delta H_f°\ Fe_2O_3(s) = -725.4\text{ kJ} + 824.2\text{ kJ} = +98.8\text{ kJ}$
3. $\Delta S°$ $\Delta S° = 3S°\ H_2O(g) + 2S°\ Fe(s) - 3S°\ H_2(g) - S°\ Fe_2O_3(s)$
   $= 566.1\text{ J/K} + 54.6\text{ J/K} - 391.8\text{ J/K} - 87.4\text{ J/K} = +141.5\text{ J/K} = +0.1415\text{ kJ/K}$
4. $\Delta G°$ $\Delta G° = \Delta H° - T\Delta S° = 98.8\text{ kJ} - (273 + 230)\text{K}\ (0.1415\text{ kJ/K}) = +27.6\text{ kJ}$

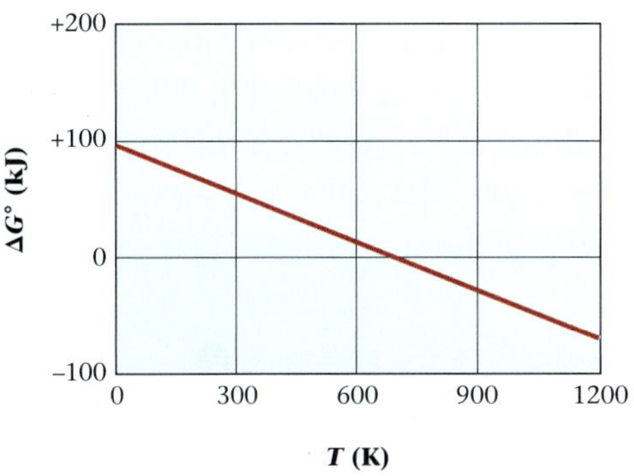

그림 16.7 ▸ **T에 따른 $\Delta G°$의 변화.** 다음 반응에서:
$Fe_2O_3(s) + 3H_2(g) \longrightarrow 2Fe(s) + 3H_2O(g)$
$\Delta G°$ 값이 0 K에서는 +98.8 kJ($\Delta H°$ 값), 503 K에서는 +27.6 kJ, 698 K에서는 0.0 kJ, 1200 K에서는 −71.0 kJ로 감소한다.

예제 16.5와 앞의 논의로부터, $\Delta H°$와 $\Delta S°$와는 다르게 $\Delta G°$는 온도에 크게 좌우되는 것이 명백하다. 이는 물론 Gibbs-Helmholtz 식에 있는 T 때문이다.

$$\Delta G° = \Delta H° - T\Delta S°$$

이 식을 다음의 직선식과 비교해 보자.

$$y = b + mx$$

T 대 $\Delta G°$를 도시하면 분명히 직선이 되고, 기울기는 $-\Delta S°$, y-절편(0 K에서)은 $\Delta H°$이다 (그림 16.7).

16-5 반응의 자발성에 영향을 주는 온도, 압력, 농도의 효과

반응 조건의 변화는 반응이 자발적으로 일어나는 방향을 바꿀 수 있으며, 흔히 그렇다. 다음 형태의 Gibbs-Helmholtz 식은 반응의 자발성에 대한 온도의 영향을 추론하는 데 쉽게 적용할 수 있다.

$$\Delta G° = \Delta H° - T\Delta S°$$

압력 또는 농도의 영향을 살펴보기 위해서는, 이 인자들에 대한 ΔG의 의존성을 나타내는 유사한 식이 필요하다.

▶ 온도

반응 계의 온도가 증가하면, $\Delta G°$의 부호 및 이에 따른 반응의 자발적인 진행 방향은 바뀌거나 바뀌지 않을 수 있다. 즉, $\Delta G°$는 $\Delta H°$와 $\Delta S°$의 부호에 따라 달라질 수도 있고 달라지지 않을 수도 있다. Gibbs-Helmholtz 식으로부터 추론된 네 가지 가능한 상황이 표 16.2에 요약되어 있다.

$\Delta H°$와 $\Delta S°$의 부호가 반대인 경우(표 16.2, I 및 II), 온도 변화만으로 자발성의 방향을 바꾸는 것은 불가능하다. 두 항 $\Delta H°$와 $-T\Delta S°$가 같은 부호를 가지므로, $\Delta G°$ 값이 모든 온도에서 동일한 부호를 갖는다. 이런 유형의 반응은 다소 드물다. 한 예로 다음 반응을 들 수 있다.

$$Cu(s) + H_2O(g) \longrightarrow CuO(s) + H_2(g)$$

여기서 $\Delta H°$는 $+84.5$ kJ이고, $\Delta S°$는 -0.0487 kJ/K이다. 따라서

$$\Delta G° = \Delta H° - T\Delta S°$$
$$= +84.5 \text{ kJ} + T(0.0487 \text{ kJ/K})$$

분명히 $\Delta G°$ 값은 모든 온도에서 양의 값이다. 이 반응은 온도와 무관하게 1 atm에서 자발적으로 일어날 수 없다.

> 구리 금속은 수증기와 반응하지 않는다.

$\Delta H°$와 $\Delta S°$가 같은 부호를 갖는 경우(표 16.2, III 및 IV)가 더 흔하며, 엔탈피와 엔트로피 인자가 서로 반대로 작용한다. 온도가 증가함에 따라 $\Delta G°$ 값이 바뀌며, 자발성의 방향이 바뀐다. 낮은 온도에서는 $\Delta H°$가 지배적이며, 정반응이건 역반응이건, 발열 반응이 일어난다. 온도가 증가함에 따라 $T\Delta S°$ 값이 증가되어 그 크기가 $\Delta H°$ 값을 초과하게 된다. 높은 온도에서는 엔트로피를 증가시키는 반응이 일어난다. 대부분의 경우, 25°C는 적어도 1 atm에서는 "낮은" 온도다. 이로부터 실온, 대기압 조건에서 발열 반응이 대체적으로 자발적인 이유를 알 수 있다.

$\Delta H°$와 $\Delta S°$가 같은 부호를 갖는 반응의 한 예가 탄산 칼슘의 분해다.

> CaO는 산업적으로 $CaCO_3$를 가열하여 만든다.

$$CaCO_3(s) \longrightarrow CaO(s) + CO_2(g)$$

여기서 $\Delta H° = +178.3$ kJ이고, $\Delta S° = +160.5$ J/K이다. 따라서

$$\Delta G° = +178.3 \text{ kJ} - T(0.1605 \text{ kJ/K})$$

298 K와 같은 "낮은" 온도에서 일어나는 반응에서는 $\Delta H°$ 항이 지배적이며, $\Delta G°$ 값이 양의 값이므로, 반응은 1 atm에서 비자발적이다.

$$\Delta G° = +178.3 \text{ kJ} - 47.8 \text{ kJ} = +130.5 \text{ kJ}$$

이와 반대로, 2000 K와 같은 "높은" 온도에서는 $T\Delta S°$ 항이 지배적이며, $\Delta G°$ 값이 음의 값이고, 반응은 1 atm에서 자발적이다.

$$\Delta G° = +178.3 \text{ kJ} - 321.0 \text{ kJ} = -142.7 \text{ kJ}$$

표 16.2 ▸ 반응의 자발성에 미치는 온도의 효과

	$\Delta H°$	$\Delta S°$	$\Delta G° = \Delta H° - T\Delta S°$	설명
I	−	+	항상 −	모든 T에서 자발적; 역반응은 항상 비자발적
II	+	−	항상 +	모든 T에서 비자발적; 역반응이 일어난다.
III	+	+	낮은 T에서는 + 높은 T에서는 −	낮은 T에서 비자발적; T를 높이면 자발적이 됨
IV	−	−	낮은 T에서는 − 높은 T에서는 +	낮은 T에서 자발적; 높은 T에서 역반응이 자발적이 됨

예제 16.6

예제 16.5에서 다룬 다음 반응의 $\Delta G°$ 값은 어느 온도에서 0이 되는가?

$$Fe_2O_3(s) + 3H_2(g) \longrightarrow 2Fe(s) + 3H_2O(g)$$

분 석

주어진 정보:	반응식($Fe_2O_3(s) + 3H_2(g) \longrightarrow 2Fe(s) + 3H_2O(g)$)
	$\Delta G°(0)$
정보가 알려주는 내용:	예제 16.5에서($\Delta H°$와 $\Delta S°$)
알고자 하는 것:	T

전 략

예제 16.5에서의 $\Delta H°$와 $\Delta S°$ 값을 Gibbs-Helmholtz 식에 대입한다.

풀 이

$\Delta H°; \Delta S°$	$\Delta H° = 98.8$ kJ; $\Delta S° = 0.1415$ kJ/K
T	$\Delta G° = \Delta H° - T\Delta S°$; $0 = 98.8$ kJ $- T(0.1415$ kJ/K); $T = \dfrac{98.8 \text{ kJ}}{0.1415 \text{ kJ/K}} = 698$ K

예제 16.6에 제시된 사례는 실용적인 관점에서 중요하다. 자발성의 방향이 바뀌는 온도를 알 수 있다. 수소에 의한 Fe_2O_3의 환원 반응 온도는 대략 700 K이다. 이보다 낮은 온도에서는 표준 조건에서 반응이 일어나지 않는다. 예제 16.5를 상기하면, 500 K에서 $\Delta G°$ 값이 +27.6 kJ이다. 700 K보다 높은 온도에서는, $\Delta G°$ 값이 음의 부호를 갖게 되어, 다음 반응이 자발적이다.

$$Fe_2O_3(s) + 3H_2(g) \longrightarrow 2Fe(s) + 3H_2O(g)$$

약간 다른 관점에서 보면, $T = \Delta H°/\Delta S°$식을 이용하여 1 atm에서 화학적 변화 또는 물리적 변화가 평형 상태에 있는 온도를 계산할 수 있다. 예를 들어 물의 증발을 살펴보자.

> P와 T는 ΔG에는 영향을 주지만, ΔH에는 영향을 주지 않는다. P는 ΔS에 영향을 준다.

$$H_2O(l) \longrightarrow H_2O(g)$$

여기서 $\Delta H° = +40.7$ kJ이고, $\Delta S° = +0.109$ kJ/K이다. $\Delta G°$ 값이 0이 되는 온도는 다음과 같다.

$$T = \frac{40.7}{0.109} \qquad T = 373 \text{ K} = 100°\text{C}$$

이 온도는 물론 물의 정상 끓는점(액체 물이 1 atm에서 증기와 평형을 이루는 온도)이다.

압력과 농도

지금까지 모든 자유 에너지에 관한 계산은 표준 자유 에너지 변화, $\Delta G°$와 연관되어 있었다. 그러나 어떤 조건 하에서도 타당한, 자유 에너지 변화 ΔG에 대한 일반적인 관계식을 얻을 수 있다. 이 관계식은 비교적 단순하지만, 이 식의 유도 과정을 생략하기로 한다.

$$\Delta G = \Delta G° + RT \ln Q \qquad (16.4)$$

> $Q < 1$이면, $\Delta G < \Delta G°$이다. 설명하라.

이 식에 나타나는 Q는 제12장에서 논의하였던 "반응 지수(reaction quotient)"이다. 반응 지수는 평형 상수 K와 똑같은 식으로 나타낸다. 차이점은 Q에 나타나는 항들이 평형 값이 아닌 임의적인 초기 압력 또는 농도라는 것이다.

ΔG에 대한 일반적인 식을 사용하기 위해서는, T는 K 단위로, R은 8.31×10^{-3} kJ/K로 나타내어야 한다. Q에 관한 일반적인 규칙은 다음과 같다.

- 기체는 atm 단위의 부분압으로 나타낸다.
- 수용액에 있는 화학종 농도는 몰농도로 나타낸다.
- 순수한 액체나 고체는 Q에 포함되지 않는다. 묽은 용액의 용매도 포함되지 않는다.

예를 들어 아연과 센산의 반응을 살펴보자.

$$Zn(s) + 2H^+(aq) \longrightarrow Zn^{2+}(aq) + H_2(g)$$

여기서 식 16.4는 다음과 같이 나타낼 수 있다.

$$\Delta G = \Delta G° + RT \ln \frac{[Zn^{2+}](P_{H_2})}{[H^+]^2}$$

예제 16.7 주요 문제

25°C에서 아연이 센산에 용해되면, 아연 이온과 수소 기체가 생성된다. 이 반응의 반응식은 다음과 같다.

$$Zn(s) + 2H^+(aq) \longrightarrow Zn^{2+}(aq) + H_2(g)$$

a 25°C에서 $\Delta G°$를 계산하라.

분석

주어진 정보:	반응식($Zn(s) + 2H^+(aq) \longrightarrow Zn^{2+}(aq) + H_2(g)$) T(25°C)
정보가 알려주는 내용:	25°C에서의 $\Delta G_f°$ 값(부록 1)
알고자 하는 것:	$\Delta G°$

전략

1. $\Delta G_f°$ 값을 식 16.3에 대입하여 $\Delta G°$를 구한다.
2. 25°C에서 표준 상태에 있는 원소의 $\Delta G_f°$ 값과 $H^+(aq)$의 $\Delta G_f°$ 값이 0인 것을 기억한다.

풀이

$\Delta G°$

$$\Delta G° = \Delta G_f° Zn^{2+}(aq) + \Delta G_f° H_2(g) - [\Delta G_f° Zn(s) + 2(\Delta G_f° H^+(aq))]$$
$$= -147.1 \text{ kJ} + 0 - [0 + 2(0)] = -147.1 \text{ kJ}$$

b $P_{H_2} = 750$ mm Hg, $[Zn^{2+}] = 0.10\ M$, $[H^+] = 1.0 \times 10^{-4}\ M$일 때 ΔG 값을 계산하라.

분석

주어진 정보:	P_{H_2} (750 mm Hg); $[Zn^{2+}]$ (0.10 M); $[H^+]$ (1.0×10^{-4} M); T(25°C) (a)에서: $\Delta G°$(−147.1 kJ)
정보가 알려주는 내용:	에너지 단위의 R 값
알고자 하는 것:	ΔG

전략

1. Q 식을 쓰고, 이 값을 구하라. 순수한 고체와 액체는 포함되지 않는다는 것을 상기한다. 농도는 몰농도 단위로, 압력은 atm 단위로 나타냈는지 확인한다.
2. 식 16.4에 대입한다. R은 kJ/K 단위, T는 K 단위로 나타내야 한다는 것을 상기한다.

(계속)

풀이

1. Q $\quad Q = \frac{[Zn^{2+}]P_{H_2}}{[H^+]^2} = \frac{(0.10)(750/760)}{(1.0 \times 10^{-4})^2} = 9.9 \times 10^6$

2. ΔG $\quad \Delta G = \Delta G° + RT \ln Q = -147.1\ kJ + (0.00831\ kJ/K)(298\ K) \ln (9.9 \times 10^6)$

$= -147.1\ kJ + 39.9\ kJ = -107.2\ kJ$

c $\Delta G = -100.0\ kJ$, $P_{H_2} = 0.933\ atm$, $[Zn^{2+}] = 0.220\ M$, Zn의 질량이 155 g일 때 pH 값은 얼마인가?

분석

주어진 정보: $P_{H_2}(0.933\ atm)$; $[Zn^{2+}](0.220\ M)$; Zn 질량(155 g); $T(25°C)$
$\Delta G(-100.0\ kJ)$
(a)에서: $\Delta G°(-147.1\ kJ)$

정보가 알려주는 내용: 에너지 단위의 R 값

알고자 하는 것: pH

전략

1. 적절한 값들을 식 16.4에 대입하여 Q 값을 구한다.
2. Q 식을 적는다.
3. Q 식에 대입하여 $[H^+]$에 대해서 푼다. $[H^+]$를 pH로 변환한다.

풀이

1. Q $\quad -100.0\ kJ = -147.1\ kJ + (0.00831\ kJ/K)(298\ K)\ln Q$

$$\ln Q = \frac{47.1}{(0.00831)(298)} = 19.0 \longrightarrow Q = e^{19.0} = 1.82 \times 10^8$$

2. Q 식 $\quad Q = \frac{[Zn^{2+}](P_{H_2})}{[H^+]^2}$; $1.82 \times 10^8 = \frac{(0.220)(0.933)}{[H^+]^2}$

3. $[H^+]$; pH $\quad [H^+] = \left(\frac{(0.220)(0.933)}{1.82 \times 10^8}\right)^{1/2} = 3.35 \times 10^{-5}\ M$; $pH = -\log_{10} 3.35 \times 10^{-5} = 4.47$

예제 16.7은 압력이나 농도의 변화가 ΔG 값에 상당한 효과를 나타낸다는 것을 의미한다. 때때로, $\Delta G°$가 0에 가까울 때, 압력을 1 atm에서 다른 압력으로 바꾸면 자발성의 방향이 바뀔 수 있다. 예를 들어 300°C에서의 다음 반응을 살펴보자.

$$NH_4Cl(s) \longrightarrow NH_3(g) + HCl(g) \qquad \Delta G° = +13.0\ kJ$$

$\Delta G°$의 양의 부호는 염화 암모늄이 300°C에서 분해되어 1 atm 상태의 NH_3와 HCl을 생성하지 않는다는 것을 의미한다. 그러나 $P_{NH_3} = P_{HCl} = 0.10$ atm이라면 어떤 일이 일어날까? 이 경우에 $Q = (0.10)^2$이다. 따라서

$$\begin{aligned}\Delta G &= \Delta G° + RT \ln(0.10)^2 \\ &= +13.0\ kJ + (8.31 \times 10^{-3})\ (573\ kJ)\ (\ln 0.010) \\ &= +13.0\ kJ - 21.9\ kJ = -8.9\ kJ\end{aligned}$$

이것은 염화 암모늄을 300°C까지 가열하면 각각 0.10 atm 압력 상태의 NH_3와 HCl를 생성할 수 있다는 것을 의미한다.

농도의 변화가 자발성의 방향을 바꾸는 또 다른 예를 살펴보자.

$$SrCrO_4(s) \longrightarrow Sr^{2+}(aq) + CrO_4^{2-}(aq) \qquad \Delta G° = +25.3\ kJ\ (25°C에서)$$

$\Delta G°$ 값이 양의 값이므로, $SrCrO_4$는 25°C에서 자발적으로 용해되어 1 M 용액을 형성하지 않는다(그림 16.8). 그러나 Sr^{2+}와 CrO_4^{2-}의 농도가 0.0010 M로 감소한다고 가정하면,

© Cengage Learning/Charles D. Winters

그림 16.8 ▸ **크로뮴산 스트론튬의 포화 용액.** $SrCrO_4$ 용액에는 Sr^{2+}와 CrO_4^{2-}가 0.006 mol/L씩 들어 있다. 25°C에서 다음 반응의 ΔG = 0이다. $SrCrO_4(s) \rightleftharpoons Sr^{2+}(aq, 0.006\ M) + CrO_4^{2-}(aq, 0.006\ M)$

$$\Delta G = \Delta G° + RT \ln [Sr^{2+}][CrO_4^{2-}]$$
$$= +25.3 \text{ kJ} + [(8.31 \times 10^{-3})(298)] \text{ kJ} [\ln (1.0 \times 10^{-3})^2]$$
$$= +25.3 \text{ kJ} - 34.2 \text{ kJ} = -8.9 \text{ kJ}$$

크로뮴산 스트론튬($SrCrO_4$)은 자발적으로 용해되어 0.0010 M의 수용액을 형성한다. 예상한 바와 같이, 이 화합물의 25°C에서의 용해도는 1 M과 0.0010 M의 사이인 약 0.0060 M 정도이다.

$$0.0060\ M\text{에서 } \Delta G = +25.3 \text{ kJ} + RT \ln (0.0060)^2 = 0$$

16-6 자유 에너지 변화와 평형 상수

이 장의 전체에 걸쳐 자유 에너지 변화와 반응의 자발성 사이의 관계를 강조하였다. 반응이 표준 상태(1 atm, 1 M)에서 자발적으로 일어나려면, $\Delta G°$ 값이 음의 값이어야 한다. 반응의 자발성에 대한 또 하나의 기준은 평형 상수 K다. K가 1보다 크면, 반응은 표준 조건에서 자발적이다. 예상한 대로 두 물리량 $\Delta G°$와 K는 연관되어 있다. 이 관계식은 일반식으로부터 쉽게 추론할 수 있다.

$$\Delta G = \Delta G° + RT \ln Q$$

이제 평형이 이루어질 때까지 반응이 진행되었다고 가정하자. 평형에서는 $Q = K$이고, $\Delta G = 0$이다.

$\Delta G = 0$일 때, 계가 평형에 있다는 것을 상기하라.

$$0 = \Delta G° + RT \ln K$$

따라서

$$\Delta G° = -RT \ln K \qquad (16.5)$$

식 16.5는 일반적으로 모든 계에 적용할 수 있다. 평형 상수는 기체의 평형(제12장)에 대한 논의에서 언급된 K 또는 제13장~제15장에서 논의한 용액의 평형 상수(K_w, K_a, K_b, K_{sp}, …) 중 하나일 수 있다. $\Delta G°$는 표준 자유 에너지 변화(1 atm의 기체, 용액에서 1 M의 화학종)이라는 것을 주목하라. 이러한 이유로 K 식에서 기체의 농도는 *atm* 단위로, 용액 중의 이온이나 분자의 농도는 몰농도로 나타내야 한다.

예제 16.8

부록 1에 있는 $\Delta G_f°$ 표를 사용하여, 25°C에서 $PbCl_2$의 용해도곱 상수, K_{sp} 값을 계산하라.

분석

주어진 정보:	T (25°C)
정보가 알려주는 내용:	$PbCl_2$ 용해의 반응식($PbCl_2(s) \longrightarrow Pb^{2+}(aq) + 2Cl^-(aq)$)
	$\Delta G_f°$ 값(부록 1)
	R 값
알고자 하는 것:	K_{sp}

전략

1. 부록 1에서 $\Delta G_f°$ 값을 찾아서 식 16.3에 대입한다.
2. 해당하는 값을 식 16.5에 대입하여 K_{sp}를 구한다. 이 식에서 $K = K_{sp}$이다.

$\Delta G° = -RT \ln K_{sp}$

(계속)

풀이	
$\Delta G°$	$\Delta G° = \Delta G_f°\ Pb^{2+}(aq) + 2\Delta G_f°\ Cl^-(aq) - \Delta G_f°\ PbCl_2(s)$
	$= -24.4\ kJ + 2(-131.2\ kJ) + 314.1\ kJ = +27.3\ kJ$
K_{sp}	$\Delta G° = -RT \ln K_{sp}$; $27.3\ kJ = -(0.00831\ kJ/K)(298\ K) \ln K_{sp}$
	$\ln K_{sp} = -11.0 \longrightarrow K_{sp} = e^{-11.0} = 1.7 \times 10^{-5}$

마무리 정리

이 값은 제15장 표 15.2에서 수록되어 있는 $PbCl_2$의 K_{sp} 값이다.

$\Delta G° = -RT \ln K$의 관계식을 이용하여 표준 자유 에너지 변화와 반응 진행 정도(extent of reaction)를 연관시킬 수 있다. 예를 들어 25°C에서 다음의 간단한 평형 계를 살펴보자.

$$A(g) \rightleftharpoons B(g)$$

그림 16.9는 이 계의 $\Delta G°$ 값에 따라 반응 진행 정도가 어떻게 달라지는지를 보여주고 있다. 다음을 주목하라.

- $\Delta G°$ 값이 +20 kJ보다 크면 평형 상수가 아주 작아서, A는 실질적으로 B로 전환되지 않는다. 모든 실제적인 목적으로 반응이 일어나지 않는다고 말할 수 있다.
- $\Delta G°$ 값이 −20 kJ보다 작으면 평형 상수가 아주 커서, 모든 A가 실질적으로 B로 전환된다. 본질적으로 반응이 완결된다.
- $\Delta G°$ 값이 +20 kJ와 −20 kJ 사이의 값이면 A와 B가 적절한 양으로 포함된 평형 혼합물이 된다. 특히 $\Delta G° = 0$이면 $K = 1$이고, 평형 계는 같은 양의 A와 B를 포함한다.

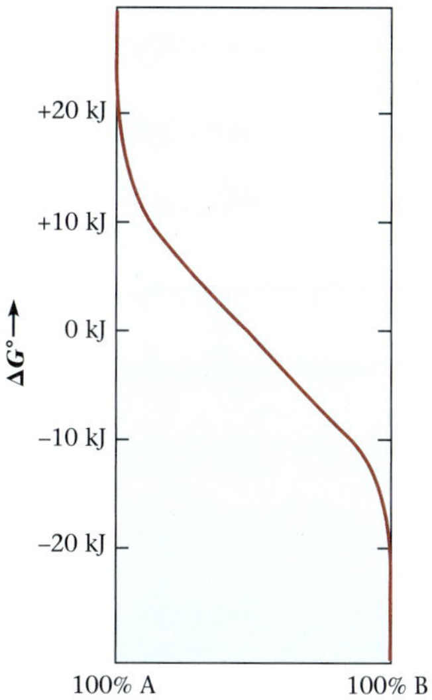

그림 16.9 ▸ 일반적인 반응 계, $A(g) \rightleftharpoons B(g)$에 대한 반응의 진행 정도와 $\Delta G°$ 값의 관계.

16-7 자유 에너지 변화의 합산: 짝지은 반응

반응에 대한 자유 에너지 변화는 엔탈피나 엔트로피 변화와 마찬가지로 합산할 수 있다. 즉,

$$\text{반응 3} = \text{반응 1} + \text{반응 2라면}$$
$$\Delta G_3 = \Delta G_1 + \Delta G_2$$

이 관계식은 자유 에너지에 대한 Hess 법칙(제8장)으로 간주할 수 있다. 원소들로부터 $CuCl_2$를 합성하는 과정을 통해 이 식의 적용을 설명하고자 한다.

$$Cu(s) + \tfrac{1}{2}Cl_2(g) \longrightarrow CuCl(s) \qquad \Delta G° = -119.9\ kJ\ \ (25°C\text{에서})$$
$$CuCl(s) + \tfrac{1}{2}Cl_2(g) \longrightarrow CuCl_2(s) \qquad \Delta G° = -55.8\ kJ\ \ (25°C\text{에서})$$
$$Cu(s) + Cl_2(g) \longrightarrow CuCl_2(s)$$

전체 반응에 대하여, $\Delta G°$(25°C에서) = −119.9 kJ − 55.8 kJ = −175.7 kJ이다.

자유 에너지의 변화는 합산할 수 있기 때문에, 절댓값이 큰 음수의 $\Delta G°$ 값을 갖는 반응과 짝지어 비자발적 반응을 일어나게 할 수 있다. 예를 들어, 적철광에서 금속 철을 얻는 과정을 살펴보자.

$$Fe_2O_3(s) \longrightarrow 2Fe(s) + \tfrac{3}{2}O_2(g) \qquad \Delta G° = +742.2\ kJ\ \ (25°C\text{에서})$$

이 반응은 분명히 비자발적이다. 2000°C 정도의 높은 온도에서도 $\Delta G°$ 값은 양의 값이다. 그러나 이 반응이 일산화 탄소의 자발적 산화 반응과 "짝지어(coupled)"졌다고 가정해보자.

$$CO(g) + \tfrac{1}{2}O_2(g) \longrightarrow CO_2(g) \qquad \Delta G° = -257.2\ kJ\ \ (25°C\text{에서})$$

이렇게 하면 전체 반응이 자발적이다.

$$\begin{array}{r} Fe_2O_3(s) \longrightarrow 2Fe(s) + \frac{3}{2}O_2(g) \\ 3CO(g) + \frac{3}{2}O_2(g) \longrightarrow 3CO_2(g) \\ \hline Fe_2O_3(s) + 3CO(g) \longrightarrow 2Fe(s) + 3CO_2(g) \end{array}$$

25°C에서 위의 짝지은 반응에 대하여,

$$\Delta G° = +742.2 \text{ kJ} + 3(-257.2 \text{ kJ}) = -29.4 \text{ kJ}$$

$\Delta G°$의 음의 부호는 Fe_2O_3가 자발적으로 분해되지는 않지만, 일산화 탄소와의 반응으로 철로 전환될 수 있다는 것을 의미한다. 실제로 이 반응은 Fe_2O_3를 주성분으로 하는 철광석을 용광로에서 철로 환원시킬 때 사용하는 반응이다.

많은 공업적 공정은 짝지은 반응과 연관되어 있다.

짝지은 반응(coupled reactions)은 사람의 신진대사에서 흔하다. 글루코스의 산화와 같은 자발적 과정은 보통 에너지원으로 직접 작용하지 않는다.

$$C_6H_{12}O_6(aq) + 6O_2(g) \longrightarrow 6CO_2(g) + 6H_2O \qquad \Delta G° = -2870 \text{ kJ (25°C에서)}$$

그 대신에, 이 반응은 비자발적 반응이 일어나도록 하는 데 쓰인다.

$$ADP(aq) + HPO_4^{2-}(aq) + 2H^+(aq) \longrightarrow ATP(aq) + H_2O \qquad (16.6)$$
$$\Delta G° = +31 \text{ kJ (25°C에서)}$$

ADP (adenosine diphosphate)와 ATP (adenosine triphosphate)는 복잡한 유기 분자(그림 16.10)이며, 이것의 차이점은 ATP에 인산 작용기가 하나 더 있다는 것뿐이다. 글루코스와 짝지은 반응에서, 소모된 글루코스 1 mol 당 약 38 mol의 ATP가 합성된다. 짝지은 반응의 전체 자유 에너지 변화는 다음과 같다.

$$-2870 \text{ kJ} + 38(+31\text{kJ}) \approx -1700 \text{ kJ}$$

실제로 인체는 음식의 신진대사로부터 얻은 사용 가능한 에너지를 ATP의 형태로 "저장(store)"한다. 이 분자는 몸에서 일어나는 모든 종류의 생화학 반응에 필요한 에너지를

그림 16.10 ▸ ADP와 ATP의 구조.

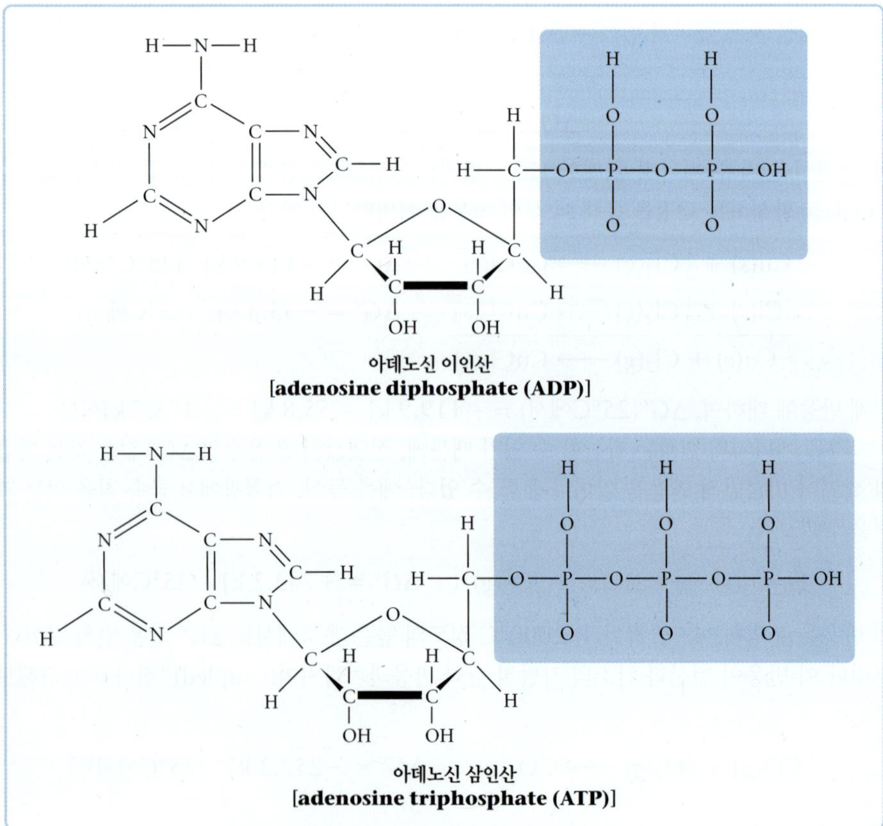

공급한다. 에너지 공급은 ATP가 ADP로 전환되면서, 즉 반응 16.6의 역반응이 진행되면서 이루어진다. 소모된 ATP의 양은 놀라울 정도로 많다. 뛰어난 단거리 선수는 1분 당 500 g 정도의 ATP를 가수분해시킬 수 있다.

ATP를 ADP로 전환하면 신속하게 에너지를 얻을 수 있다.

예제 16.9

격렬한 운동으로 근육에 생성되는 젖산($C_3H_6O_3(aq)$, $\Delta G° = -559$ kJ)은 결국 혈액에 흡수되고, 간에서 신진대사 과정으로 글루코스($\Delta G° = -919$ kJ)로 전환된다. 이 반응은 다음과 같다.

$$2C_3H_6O_3(aq) \longrightarrow C_6H_{12}O_6(aq)$$

(a) 생성 자유 에너지를 이용하여, 25°C에서 이 반응에 대한 $\Delta G°$ 값을 계산하라.

(b) ATP가 ADP로 되는 가수분해 반응이 이 반응과 짝지어진다면, 이 과정이 자발적으로 일어나기 위해서 필요한 ATP의 몰수를 계산하라.

분석

주어진 정보: 반응식($2C_3H_6O_3(aq) \longrightarrow C_6H_{12}O_6(aq)$)

$\Delta G_f°$ 값: $C_3H_6O_3(aq)$ (-559 kJ); $C_6H_{12}O_6(aq)$ (-919 kJ)

T (25°C)

1 mol 당 ATP의 에너지(31 kJ)

알고자 하는 것: (a) $\Delta G°$

(b) 자발성을 위한 ATP 몰수

전략

1. 부록 1에 있는 $\Delta G_f°$ 값을 사용하여 $\Delta G°$를 구한다.

$$\Delta G° = \Sigma\Delta G_f°{}_{\text{생성물}} - \Sigma\Delta G_f°{}_{\text{반응물}}$$

2. 변환 인자 31 kJ/mol ATP를 사용하여 (a)에서 얻은 에너지를 ATP 몰수로 변환한다.

풀이

1. $\Delta G°$

$$\Delta G° = \Delta G_f°\ C_6H_{12}O_6(aq) - 2\Delta G_f°\ C_3H_6O_3(aq) = -919\text{ kJ} - 2(-559\text{ kJ}) = +199\text{ kJ}$$

2. ATP 몰수

$$199\text{ kJ} \times \frac{1\text{ mol ATP}}{31\text{ kJ}} = 6.4\text{ mol ATP}$$

생활 속의 화학 이야기 | CHEMISTRY BEYOND THE CLASSROOM

고무의 탄성: 엔트로피 현상

Leslie Sperling, Lehigh 대학교

고무 같은 물질의 분자 구조

플라스틱, 접착제, 섬유, 코팅재료 등과 마찬가지로 고무는 자연에 있는 중합체이다. 이런 물질은 긴 사슬로 구성되어 있으며, 일반적으로 50,000~500,000 g/mol 정도의 분자량을 갖고 있다. 흔히 볼 수 있는 고무(rubbery) 물질(탄성 중합체라고 부름)로는 자동차 타이어와 고무 밴드 등이 있다.

중합체가 고무 탄성을 나타내기 위해서는 다음과 같은 두 가지 성질을 가져야만 한다.

1. 중합체는 서로 *가교결합*(crosslinked) 또는 *가황처리*(vulcanized)되어야 한다. 가교결합이란 중합체 사슬들이 서로를 화학적으로 연결시키는 것이다. 분자 사슬들은 대개 임의의 위치에서 황 결합으로 연결되어 3차원 그물망을 형성한다(그림 A 참조).
2. 중합체가 유리 전이 온도(glass transition temperature)보다 높은 온도에 있어야만 한다. 이는 중합체 사슬들이 자유롭게 움직일 수 있도록 충분한 열 에너지를 갖고 있어야 한다는 것을 의미한다. 많은 고무 물질의 유리 전이 온도는 200 K 근처이며, 그 이하의 온도에서 고무 물질은 플라스틱과 같이 유리처럼 된다.

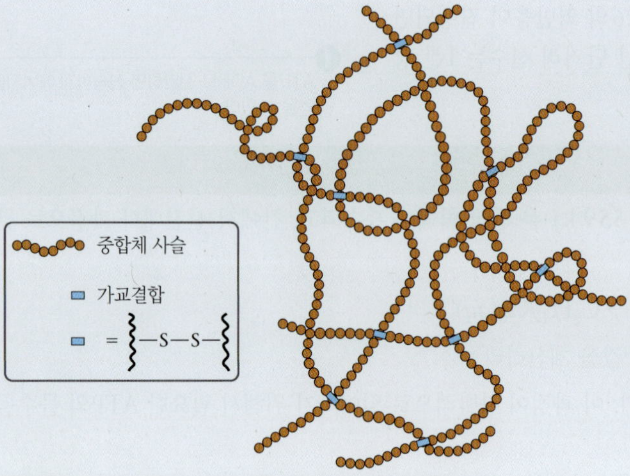

그림 A ▸ **공간에 무질서하게 놓여 있는 중합체 사슬의 모식도.** 불규칙적이기는 하지만 사슬을 따라 평균적으로 매 5,000~10,000 g/mol 마다 가교결합이 생긴다.

흔히 볼 수 있는 고무 물질들은 뷰타다이엔(butadiene)과 스타이렌(styene)의 통계적 공중합체(statistical copolymer)로 구성되어 있으며, poly(butadiene-*stat*-styrene)이라고 나타낸다. 뷰타다이엔 중합체는 반복 구조($-CH_2-CH=CH-CH_2-$)를 갖고 있는 반면에, 스타이렌 중합체는 다음과 같은 반복 구조를 갖고 있다.

$$-CH_2-\underset{\substack{|\\ C_6H_5}}{CH}-$$

엔트로피를 탄성 물질에 어떻게 적용할까?

엔트로피는 물질에서 무질서도의 척도다. 요리된 스파게티나 낚시용 지렁이 상자처럼, 무작위 형태(conformation)를 갖고 있는 이완된 중합체 사슬은 엔트로피가 높은 상태이며, 자연은 엔트로피가 높은 상태를 선호한다. 사슬들을 잡아당기면(당겨진 상태), 사슬들이 공간에서 가질 수 있는 형태의 수가 제한되어 엔트로피가 감소한다(그림 B 참조). 최종 길이 대 초기 길이의 비를 α로 나타낸다.

고무 밴드와 같은 재료의 경우, α 값이 5정도 된다. 이 값에서 사슬은 최대로 늘어나게 된다. 더 잡아당기면 고무 밴드가 끊어지며, 밴드 내 사슬들이 실제로 절단된다(화학 반응인 셈이다).

고무 밴드로 보여줄 수 있는 재미있는 실험이 있다. 크고 두꺼운 고무 밴드가 실험하기에 적절하다. 아직 잡아당기지 않은 고무 밴드를 입술에 대어 보라. 그 다음 고무 밴드를 빠르게 잡아당기고, 입술에 즉시 다시 대어 보라. 고무 밴드가 따뜻할 것이다. 이러한 운동은 열역학 순환 과정을 만들어내며, 이 과정에서 계가 일련의 다른 상태들을 거쳐 원래 상태로 되돌아간다. 이 순환 과정이 열기관(thermal engine)으로 작용한다.

오늘날 고무 물질의 주요 응용 분야로 자동차 타이어, 고무 밴드, 각종 튜브, 전선의 절연체, 속옷용 탄성 우레탄 섬유, 실리콘 고무 등이 있다. 이런 유형의 중합체들은 21세기 세상에 중요한 물질들이다.

참고문헌

1. A. J. Etzel, S. J. Goldstein, H. J. Panabaker, D. G. Fradkin, and L. H. Sperling, *J. Chem. Ed.*, *63*, 731 (1986).
2. L. H. Sperling, *Introduction to Physical Polymer Science*, 4th Ed., Wiley, New York, 2006.

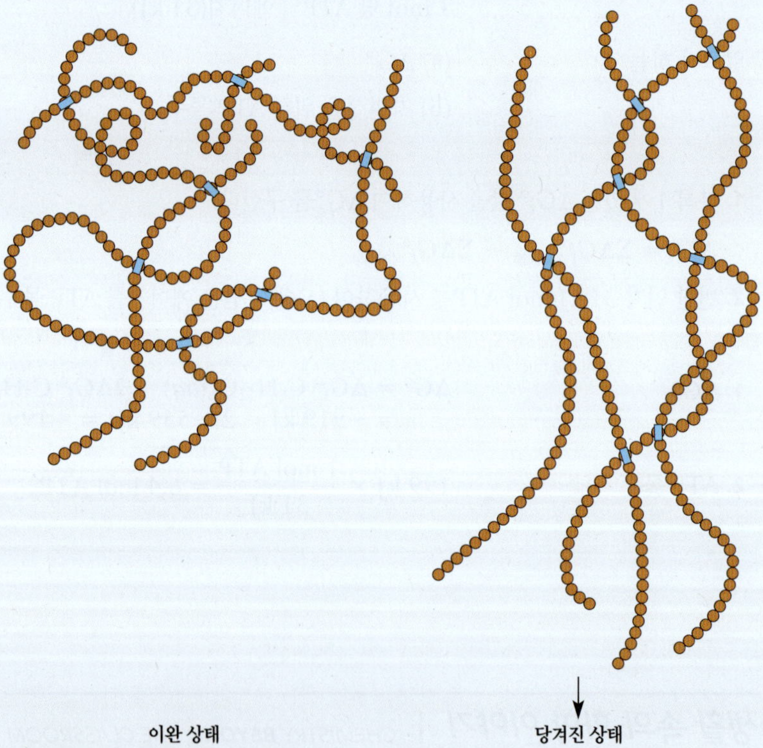

그림 B ▸ **탄성 중합체 잡아당기기.** 사슬들이 길쭉한 방향으로 정렬되어 계의 엔트로피를 낮춘다.

주요 개념

1. 무질서도를 고려하여 반응의 ΔS의 부호 추론하기. **(예제 16.1; 문제 7~14)**
2. 표 16.1을 이용하여 반응의 $\Delta S°$ 값 계산하기. **(예제 16.2; 문제 17~22)**
3. $\Delta H°$와 $\Delta S°$를 알 때, 임의의 온도에서 $\Delta G°$ 값 계산하기. **(예제 16.3, 16.5; 문제 23~26)**
4. 생성 자유 에너지 값을 이용하여 25°C에서 $\Delta G°$ 값 계산하기. **(예제 16.4, 16.7~16.9; 문제 27~32)**

5. $\Delta G^\circ = 0$일 때의 온도 계산하기.
   (예제 16.6; 문제 39~44, 49~54)
6. 모든 압력 또는 농도를 알 때, ΔG°로부터 ΔG 계산하기.
   (예제 16.7; 문제 55~60)
7. ΔG°를 K에 연관시키기.
   (예제 16.8; 문제 61~70)
8. 짝지은 반응의 ΔG° 값 계산하기.
   (예제 16.9; 문제 71~76)

주요 식

엔트로피 변화	$\Delta S^\circ = \Sigma S^\circ_{\text{생성물}} - \Sigma S^\circ_{\text{반응물}}$
Gibbs-Helmholtz 식	$\Delta G^\circ = \Delta H^\circ - T\Delta S^\circ$
자유 에너지 변화	$\Delta G^\circ_{\text{반응}} = \Sigma \Delta G_f^\circ{}_{\text{생성물}} - \Sigma \Delta G_f^\circ{}_{\text{반응물}}$
	$\Delta G = \Delta G^\circ + RT \ln Q$
	$\Delta G^\circ = -RT \ln K$

주요 용어

엔트로피(entropy)
자발적 과정(spontaneous process)
자유 에너지(free energy)
표준 생성 자유 에너지(standard free energy of formation)
표준 엔트로피 변화(standard entropy change)
표준 자유 에너지 변화(standard free energy change)

요약 문제

폼산(formic acid), HCOOH를 살펴보자. 많은 곤충들이 적을 찌를 때 폼산을 방출한다. 그 이름은 개미의 라틴어 이름인 *formica*에서 유래되었다. 섬유 산업에서 광범위하게 사용되는 폼산은 메틸 알코올(가소올에 들어 있는 알코올)을 공기에 노출시켜 얻을 수 있다.

$$CH_3OH(aq) + O_2(g) \longrightarrow HCOOH(aq) + H_2O(l)$$

이 문제를 푸는 데 다음의 자료가 유용하다.

$CH_3OH(aq)$: $\Delta H_f^\circ = -246$ kJ/mol; $S^\circ = 133.1$ J/mol · K
$HCOOH(aq)$: $\Delta H_f^\circ = -425$ kJ/mol; $S^\circ = 163$ J/mol · K

(a) 위 반응에 대한 ΔH°와 ΔS°를 계산하라.

(b) 위 반응은 25°C에서 자발적인가? 100°C에서는?

(c) 폼산의 기화열은 23.1 kJ/mol이고, 정상 끓는점은 101°C이다. 다음 반응의 ΔS°를 계산하라.

$$HCOOH(l) \longrightarrow HCOOH(g)$$

(d) $HCOOH(l)$의 S°가 129 J/mol · K이라면, $HCOOH(g)$의 표준 몰 엔트로피는 얼마인가?

(e) $[HCOOH] = 0.250$ M, $P_{O_2} = 0.75$ atm, $[CH_3OH] = 0.0100$ M일 때, 25°C에서 메틸 알코올(앞에 제시된 반응식)로부터 폼산을 만드는 반응의 ΔG를 계산하라.

(f) 25°C에서 폼산의 이온화에 대해 ΔG°를 계산하라. ($K_a = 1.9 \times 10^{-4}$)

해답

(a) **$\Delta H^\circ = -465$ kJ; $\Delta S^\circ = -105$ J/K**
(b) **$\Delta G^\circ = -434$ kJ;** 예; 예
(c) **61.8 J/K**
(d) **191 J/mol · K**
(e) **−425 kJ**
(f) **21.2 kJ**

연습 문제

짝수 번호의 문제와 도전 문제의 해답은 센게이지 홈페이지 자료실에서 다운로드 받을 수 있다(www.cengage.co.kr).

16-1 자발적 과정

1. 다음 과정들 중 자발적인 것은?
   (a) 모래성 만들기
   (b) 화학 공책 요약하기
   (c) 바람에 흩날리는 낙엽 더미
2. 다음 과정들 중 자발적인 것은?
   (a) 75°F에서 녹는 아이스크림
   (b) 이름 목록을 알파벳순으로 정리하기
   (c) 낙엽을 더미로 모으기

3. 다음 과정들 중 자발적인 것은?
(a) 언덕 아래로 구르는 공
(b) 물속에 분산되는 잉크 한 방울
(c) 10°C에서 녹는 왁스
4. 다음 과정들 중 자발적인 것은?
(a) 책상 정리하기
(b) 카드로 집 만들기
(c) 뜨거운 물에 녹는 설탕
5. 경험을 근거로 다음 반응들 중 어느 것이 자발적인지 예상하라.
(a) $PbO_2(s) \longrightarrow Pb(s) + O_2(g)$
(b) $N_2(l) \longrightarrow N_2(g)$ (25°C에서)
(c) $C_6H_{12}O_6(s) \longrightarrow C_6H_{12}O_6(l)$ (25°C에서)
(d) $Ca^{2+}(aq) + CO_3^{2-}(aq) \longrightarrow CaCO_3(s)$
6. 경험을 근거로 다음 반응들 중 어느 것이 자발적인지 예상하라.
(a) $CO_2(s) \longrightarrow CO_2(g)$ (25°C에서)
(b) $NaCl(s) \longrightarrow NaCl(l)$ (25°C에서)
(c) $2NaCl(s) \longrightarrow 2Na(s) + Cl_2(g)$
(d) $CO_2(g) \longrightarrow C(s) + O_2(g)$

16-2 엔트로피: S

7. 다음 각 쌍에서 더 낮은 엔트로피를 갖는 물질은?
(a) 10°C $H_2O(l)$, 30°C $H_2O(l)$
(b) C(흑연), C(다이아몬드)
(c) 실온에서 $Cl_2(l)$, $Cl_2(g)$
8. 다음 각 쌍에서 더 낮은 엔트로피를 갖는 물질은?
(a) 실온에서 758 mm Hg 압력의 $O_2(g)$ 1 mol, 493 mm Hg 압력의 $O_2(g)$ 1 mol
(b) 글루코스(s), 글루코스(aq)
(c) 실온에서 $Hg(s)$, $Hg(g)$
9. 다음 과정에 대한 ΔS의 부호를 예상하라.
(a) 호수의 결빙
(b) 아이스크림의 녹음
(c) 불타는 촛불
(d) 정원의 제초 작업
10. 다음 과정에 대한 ΔS의 부호를 예상하라.
(a) Ag^+와 Cl^- 이온이 들어 있는 용액에서 고체 AgCl의 침전
(b) 설탕을 뜨거운 물에 녹임
(c) 유리가 모래로 변함
11. 다음 각 반응에 대한 $\Delta S°$의 부호를 예상하라.
(a) $2Na(s) + Cl_2(g) \longrightarrow 2NaCl(s)$
(b) $2NO(g) + O_2(g) \longrightarrow 2NO_2(g)$
(c) $C_2H_4(g) + 3O_2(g) \longrightarrow 2CO_2(g) + 3H_2O(l)$
(d) $NH_4NO_3(s) + H_2O(l) \longrightarrow 2NH_3(g) + O_2(g)$
12. 다음 각 반응에 대한 $\Delta S°$의 부호를 예상하라.
(a) $CCl_4(l) + 5O_2(g) \longrightarrow CO_2(g) + 4ClO_2(g)$
(b) $8H_2O(l) + S_8(s) \longrightarrow 8H_2S(g) + 4O_2(g)$
(c) $Br_2(l) \longrightarrow Br_2(s)$
(d) $2NH_3(g) \longrightarrow N_2(g) + 3H_2(g)$
13. 다음 각 반응에 대한 $\Delta S°$의 부호를 예상하라.
(a) $O_3(g) \longrightarrow O_2(g) + O(g)$
(b) $PCl_3(g) + Cl_2(g) \longrightarrow PCl_5(g)$
(c) $CuSO_4(s) + 5H_2O(l) \longrightarrow CuSO_4 \cdot H_2O(s)$
14. 다음 각 반응에 대한 $\Delta S°$의 부호를 예상하라.
(a) $H_2(g) + Ni^{2+}(aq) \longrightarrow 2H^+(aq) + Ni(s)$
(b) $Cu(s) + 2H^+(aq) \longrightarrow H_2(g) + Cu^{2+}(aq)$
(c) $N_2O_4(g) \longrightarrow 2NO_2(g)$
15. 다음 반응들의 ΔS 값 크기의 증가 순서는?
(a) $2H_2O_2(l) \longrightarrow 2H_2O(l) + O_2(g)$
(b) $Si(s) + O_2(g) \longrightarrow SiO_2(s)$
(c) $Br_2(g) + 3I_2(g) \longrightarrow 2BrI_3(l)$
(d) $NH_3(g) + HBr(g) \longrightarrow NH_4Br(s)$
16. 다음 반응들의 ΔS 값 크기의 증가 순서는?
(a) $N_2(g) + 3H_2(g) \longrightarrow 2NH_3(g)$
(b) $2H_2(g) + O_2(g) \longrightarrow 2H_2O(l)$
(c) $C(g) + O_2(g) \longrightarrow CO_2(s)$
(d) $I_2(g) + Cl_2(g) \longrightarrow 2ICl(g)$
17. 표 16.1을 이용하여 다음 각 반응의 $\Delta S°$를 계산하라.
(a) $CO(g) + 2H_2(g) \longrightarrow CH_3OH(l)$
(b) $N_2(g) + O_2(g) \longrightarrow 2NO(g)$
(c) $BaCO_3(s) \longrightarrow BaO(s) + CO_2(g)$
(d) $2NaCl(s) + F_2(g) \longrightarrow 2NaF(s) + Cl_2(g)$
18. 표 16.1을 이용하여 다음 각 반응의 $\Delta S°$를 계산하라.
(a) $4NH_3(g) + 5O_2(g) \longrightarrow 4NO(g) + 6H_2O(g)$
(b) $2H_2O_2(l) + N_2H_4(l) \longrightarrow N_2(g) + 4H_2O(g)$
(c) $C(s) + O_2(g) \longrightarrow CO_2(g)$
(d) $CH_4(g) + 3Cl_2(g) \longrightarrow CHCl_3(l) + 3HCl(g)$
19. 표 16.1을 이용하여 다음 각 반응의 $\Delta S°$를 계산하라.
(a) $2Cl^-(aq) + I_2(s) \longrightarrow Cl_2(g) + 2I^-(aq)$
(b) $SO_4^{2-}(aq) + 4H^+(aq) + Cd(s) \longrightarrow Cd^{2+}(aq) + SO_2(g) + 2H_2O(l)$
(c) $2Br^-(aq) + 2H_2O(l) \longrightarrow Br_2(l) + H_2(g) + 2OH^-(aq)$
20. 표 16.1을 이용하여 다음 각 반응의 $\Delta S°$를 계산하라.
(a) $5NO(g) + 3MnO_4^-(aq) + 4H^+(aq) \longrightarrow 5NO_3^-(aq) + 3Mn^{2+}(aq) + 2H_2O(l)$
(b) $6Fe^{2+}(aq) + CrO_4^{2-}(aq) + 8H^+(aq) \longrightarrow Cr(s) + 6Fe^{3+}(aq) + 4H_2O(l)$
(c) $C_2H_2(g) + \frac{5}{2}O_2(g) \longrightarrow 2CO_2(g) + H_2O(g)$
21. 표 16.1을 이용하여 다음 각 반응의 $\Delta S°$를 계산하라.
(a) $2Cr(s) + 3CO_2(g) \longrightarrow Cr_2O_3(s) + 3CO(g)$
(b) $4C(s) + O_2(g) + 6H_2(g) \longrightarrow 2C_2H_5OH(l)$
(c) $N_2O_4(g) + 4H_2(g) \longrightarrow N_2(g) + 4H_2O(g)$
(d) $2CuO(s) \longrightarrow 2Cu(s) + O_2(g)$
22. 표 16.1을 이용하여 다음 각 반응의 $\Delta S°$를 계산하라.
(a) $2HNO_3(l) + 3H_2S(g) \longrightarrow 4H_2O(l) + 2NO(g) + 3S(s)$
(b) $PCl_5(g) + 4H_2O(l) \longrightarrow 5Cl^-(aq) + H_2PO_4^-(aq) + 6H^+(aq)$
(c) $MnO_4^-(aq) + 3Fe^{2+}(aq) + 4H^+(aq) \longrightarrow 3Fe^{3+}(aq) + MnO_2(s) + 2H_2O(l)$

16-4 표준 자유 에너지 변화: $\Delta G°$

23. 다음과 같은 값들이 주어졌을 때, 82°C에서 각 반응의 $\Delta G°$를 계산하라.
(a) $\Delta H° = 293$ kJ; $\Delta S° = -695$ J/K
(b) $\Delta H° = -1137$ kJ; $\Delta S° = 0.496$ kJ/K
(c) $\Delta H° = -86.6$ kJ; $\Delta S° = -382$ J/K
24. 다음과 같은 값들이 주어졌을 때, 72°C에서 각 반응의 $\Delta G°$를 계산하라.
(a) $\Delta H° = -136$ kJ; $\Delta S° = +457$ J/K
(b) $\Delta H° = 41.5$ kJ; $\Delta S° = -0.288$ kJ/K
(c) $\Delta H° = -795$ kJ; $\Delta S° = -861$ J/K

25. 연습 문제 17에 주어진 각 반응에 대해, 355 K에서 $\Delta G°$를 계산하라. 그리고 반응이 자발적인지 여부를 설명하라.

26. 연습 문제 18에 주어진 각 반응에 대해, 415 K에서 $\Delta G°$를 계산하라. 그리고 반응이 자발적인지 여부를 설명하라.

27. 부록 1에 주어진 $\Delta G_f°$ 값을 이용하여, 연습 문제 19에 주어진 각 반응의 25°C에서 $\Delta G°$를 계산하라.

28. 연습 문제 20에 주어진 각 반응에 대해 연습 문제 27과 같이 답하라.

29. 다음 표준 엔트로피와 생성열을 이용하여 25°C에서 $\Delta G°$ 값을 계산하라.

(a) 염화 카드뮴(II), $CdCl_2(s)$
(b) 메틸 알코올, $CH_3OH(l)$
(c) 황화 구리(I), $Cu_2S(s)$

30. 다음 화합물에 대하여 연습 문제 29와 같이 답하라.

(a) 고체 질산 암모늄, NH_4NO_3
(b) 액체 메틸 알코올
(c) 고체 황화 구리(II)

31. 비교적 저렴하게 생산되는 연료인 목정 알코올(wood alcohol), CH_3OH를 분해하여 메테인을 생성하자는 것이 제안되었다. 메테인은 가정용 난방에 흔히 사용되는 천연가스이다. 목정 알코올을 25°C, 1 atm에서 메테인과 산소로 분해하는 것이 열역학적으로 가능한가?

32. 어떤 학생이 발전소 근처에 있는 강에서 수영하지 말라고 친구들에게 경고하였다. 그는 발전소에서 생성된 오존이 강물을 과산화 수소로 변화시키고, 과산화 수소는 머리카락을 표백시킨다고 주장하였다. 그 반응은 다음과 같다.

$$O_3(g) + H_2O(l) \longrightarrow H_2O_2(aq) + O_2(g)$$

강물의 온도는 25°C이며 모든 화학종들은 표준 농도에 있다고 가정하고, 학생의 주장이 타당한지 계산을 통해 밝혀라. 25°C에서 $\Delta G_f°\ O_3(g) = +163.2$ kJ/mol이고, $\Delta G_f°H_2O_2(aq) = -134$ kJ/mol이다.

33. "세탁 소다"라고도 부르는 탄산 소듐은 탄산수소 소듐을 가열해서 얻을 수 있다.

$$2NaHCO_3(s) \longrightarrow Na_2CO_3(s) + CO_2(g) + H_2O(l)$$
$$\Delta H° = +135.6\text{ kJ};\ \Delta G° = +34.6\text{ kJ (25°C에서)}$$

(a) 이 반응에 대한 $\Delta S°$를 계산하라. 부호가 합리적인가?
(b) 0 K와 1000 K에서 $\Delta G°$를 계산하라.

34. 마그네슘 금속과 물(l)의 반응으로 고체 수산화 마그네슘과 수소 기체가 생성된다. 27°C 및 39°C에서 1 mol의 $Mg(OH)_2$가 생성되는 반응의 $\Delta G°$를 계산하라.

35. 실험실에서 $POCl_3$ (phosphorus oxychloride)는 난연제와 살충제에 사용되는 인산 에스터의 제조에 사용된다. $POCl_3$는 25°C에서 다음 반응에 의해 만들 수 있다:

$$2PCl_3(g) + O_2(g) \longrightarrow 2POCl_3(g)$$
$$\Delta H° = -572\text{ kJ};\ \Delta G° = -518.7\text{ kJ}$$

(a) $\Delta S°$를 계산하라. 부호가 합리적인가?
(b) $POCl_3$의 $S°$를 계산하라.
(c) $POCl_3$의 $\Delta H_f°$를 계산하라.

36. 실험실에서 과산화 소듐과 물을 반응시켜 산소를 만들 수 있다.

$$2Na_2O_2(s) + 2H_2O(l) \longrightarrow 4NaOH(s) + O_2(g)$$
$$\Delta H° = -109.0\text{ kJ};\ \Delta G° = -148.4\text{ kJ (25°C에서)}$$

(a) $\Delta S°$를 계산하라. 부호가 합리적인가?
(b) $Na_2O_2(s)$의 $S°$를 계산하라.
(c) $Na_2O_2(s)$의 $\Delta H_f°$를 계산하라.

37. 포스젠 $COCl_2$는 클로로폼 $CHCl_3(l)$과 산소의 반응으로 만들 수 있다.

$$2CHCl_3(l) + O_2(g) \longrightarrow 2COCl_2(g) + 2HCl(g)$$
$$\Delta H° = -353.2\text{ kJ};\ \Delta G° = -452.4\text{ kJ (25°C)}$$

(a) $\Delta S°$를 계산하라. 부호가 합리적인가?
(b) 포스젠의 $S°$를 계산하라.
(c) 포스젠의 $\Delta H_f°$를 계산하라.

38. 센산 수용액에서 과망가니즈산 이온과 금속 코발트의 반응에 대한 반응식은 다음과 같다.

$$2MnO_4^-(aq) + 16H^+(aq) + 5Co(s) \longrightarrow 2Mn^{2+}(aq) + 5Co^{2+}(aq) + 8H_2O(l)$$
$$\Delta H° = -2024.6\text{ kJ};\ \Delta G°(\text{25°C에서}) = -1750.9\text{ kJ}$$

(a) 25°C에서 반응의 $\Delta S°$를 계산하라.
(b) Co의 $S°$가 30.04 J/mol · K일 때, Co^{2+}의 $S°$를 계산하라.

16-5 반응의 자발성에 영향을 주는 온도, 압력, 농도의 효과

▶ 자발성의 온도 의존성

39. 1 atm에서 다음 반응의 자발성에 영향을 주는 온도 변화의 효과를 논하라.

(a) $Al_2O_3(s) + 2Fe(s) \longrightarrow 2Al(s) + Fe_2O_3(s)$
$\Delta H° = 851.4$ kJ; $\Delta S° = 38.5$ J/K
(b) $N_2H_4(l) \longrightarrow N_2 + 2H_2(g)$
$\Delta H° = -50.6$ kJ; $\Delta S° = 0.3315$ kJ/K
(c) $SO_3(g) \longrightarrow SO_2(g) + \frac{1}{2}O_2(g)$
$\Delta H° = 98.9$ kJ; $\Delta S° = 0.0939$ kJ/K

40. 다음 $\Delta H°$와 $\Delta S°$ 값을 갖고 있는 반응의 자발성에 영향을 주는 온도 효과를 논하라.

(a) $\Delta H° = 128$ kJ; $\Delta S° = 89.5$ J/K
(b) $\Delta H° = -20.4$ kJ; $\Delta S° = -156.3$ J/K
(c) $\Delta H° = -127$ kJ; $\Delta S° = 43.2$ J/K

41. 연습 문제 39의 각 반응에서 $\Delta G° = 0$이 되는 온도는? 답이 의미하는 것을 설명하라.

42. 연습 문제 40의 반응은 어떤 온도 범위에서 자발적인가?

43. 다음 반응에서 $\Delta G° = 0$이 되는 온도를 계산하라.

$$2Cl^-(aq) + Br_2(l) \longrightarrow Cl_2(g) + 2Br^-(aq)$$

44. 다음 반응에서 $\Delta G° = 0$이 되는 온도를 계산하라.

$$SnO_2(s) + 2CO(g) \longrightarrow 2CO_2(g) + Sn(s)$$

45. 다음 Ag_2O의 반응을 살펴보자.

$$2Ag_2O(s) \longrightarrow 4Ag(s) + O_2(g)$$

(a) $\Delta G°$에 대한 식을 온도의 함수로 써라. 100 K에서 500 K 사이에서 100 K 간격으로 $\Delta G°$ 값의 표를 만들어라.
(b) $\Delta G° = 0$인 온도를 계산하라.

46. 다음의 가상 반응에 대하여 답하라.

$$A(s) + B(s) \longrightarrow C(s) + D(s)$$

여기서 $\Delta H° = 492$ kJ이고, $\Delta S° = 327$ kJ이다.

(a) $\Delta G°$에 대한 식을 온도의 함수로 써라. 100 K에서 500 K 사이에서 100 K 간격으로 $\Delta G°$ 값의 표를 만들어라.
(b) $\Delta G° = 0$이 되는 온도를 구하라.

47. 광석에서 철을 생산하는 두 가지 가능한 방법은 아래와 같다. 이 반응 중에서 더 낮은 온도에서 자발적으로 진행하는 것은 어느 것인가?

(a) $Fe_2O_3(s) + \frac{3}{2}C(s) \longrightarrow 2Fe(s) + \frac{3}{2}CO_2(g)$
(b) $Fe_2O_3(s) + 3H_2(g) \longrightarrow 2Fe(s) + 3H_2O(g)$

48. 망가니즈는 스테인레스 스틸 합금 제조에 사용되는 금속이다. MnO_2를 포함한 광석인 연망가니즈석(pyrolusite)에서 망가니즈를 얻을 수 있다. 생산 공정에서 가능한 한 낮은 온도가 요구된다면, 광석에서 망가니즈를 얻는 방법으로 가장 적절한 것은 어느 것인가?

(a) 가열하여 광석을 분해시켜 Mn 및 O_2를 생성한다.
(b) 수소 기체와 함께 가열하여 Mn 및 수증기를 생성한다.
(c) 코크스(C(*s*))와 함께 가열하여 Mn과 CO_2를 생성한다.

49. 흰 인(white phosphorous)을 가열하여 붉은 인(red phosphorous)을 만든다. 두 형태의 인이 평형을 이루고 있는 온도는? 주어진 열역학적 자료는 다음과 같다.

흰 인: $\Delta H_f° = 0.00$ kJ/mol; $S° = 41.09$ J/mol · K
붉은 인: $\Delta H_f° = -17.6$ kJ/mol; $S° = 22.80$ J/mol · K

50. 난방이 되지 않는 교회의 오르간의 파이프는 흰색 주석을 회색 주석으로 전환시키는 "주석병(tin disease)"이 발생한다. 이 전이 과정의 평형 온도는? 주어진 열역학적 자료는 다음과 같다.

흰색 Sn: $\Delta H_f° = 0.00$ kJ/mol; $S° = 51.55$ J/mol · K
회색 Sn: $\Delta H_f° = -2.09$ kJ/mol; $S° = 44.14$ J/mol · K

51. 황은 약 20가지의 동소체를 갖고 있다. 가장 일반적인 것은 사방황(rhombic sulfur, 25°C, 1 atm에서 안정한 형태)과 단사황(monoclinic sulfur)이다. 이것들은 다른 결정 구조를 갖고 있다. 두 형태가 평형을 이루고 있는 온도는? 주어진 열역학적 자료는 다음과 같다.

S(*s*, 단사황): $\Delta H_f° = 0.30$ kJ/mol; $S° = 0.0326$ kJ/mol · K

52. 연필심은 거의 순수한 흑연이다. 흑연은 25°C, 1 atm에서 안정한 탄소 원소 형태다. 다이아몬드는 흑연의 동소체다. 주어진 열역학적 자료는 다음과 같다.

다이아몬드: $\Delta H_f° = 1.9$ kJ/mol; $S° = 2.4$ J/mol · K

두 동소체가 1 atm에서 다음과 같은 평형을 이루는 온도는?

$$\text{C(흑연)} \rightleftharpoons \text{C(다이아몬드)}$$

53. 소듐에 대하여 다음의 자료가 주어졌다.

Na(*s*): $S° = 51.2$ J/mol · K
Na(*g*): $S° = 153.6$ J/mol · K $\Delta H_f° = 108.7$ kJ/mol

1 atm에서 소듐이 승화하는 온도를 추정하라.

$$Na(s) \rightleftharpoons Na(g)$$

54. 브로민에 대하여 다음의 자료가 주어졌다.

$Br_2(l)$; $S° = 152.2$ J/mol·K
$Br_2(g)$; $S° = 245.4$ J/mol·K $\Delta H_f° = 30.91$ kJ/mol

브로민의 정상 끓는점을 추정하라.

▶ 자발성에 영향을 주는 온도/압력 효과

55. 부록 1을 이용하여, 염화 납(II)이 용해되는 것이 25°C, 다음 조건에서 자발적인지 계산을 통하여 보여라.

$$PbCl_2(s) \rightleftharpoons Pb^{2+}(aq) + 2Cl^-(aq)$$

(a) $[Pb^{2+}] = 1.0\ M$; $[Cl^-] = 2.0\ M$.
(b) $[Pb^{2+}] = 1.0 \times 10^{-5}\ M$; $[Cl^-] = 2.0 \times 10^{-5}\ M$.

56. 다음 조건에서 반응이 25°C에서 자발적인지 계산을 통하여 보여라.

$$HF(aq) \rightleftharpoons H^+(aq) + F^-(aq)\ \Delta G° = 18.0\ \text{kJ}$$

(a) $[H^+] = [F^-] = 0.78\ M$, $[HF] = 0.24\ M$.
(b) $[H^+] = [F^-] = 0.0030\ M$, $[HF] = 1.85\ M$.

57. 다음 반응에 대하여 답하라.

$$2H_2O(l) + 2Cl^-(aq) \longrightarrow H_2(g) + Cl^-(g) + 2OH^-(aq)$$

(a) 25°C에서 $\Delta G°$ 값을 계산하라.
(b) $P_{H_2} = P_{Cl_2} = 0.250$ atm, $[Cl^-] = 0.335\ M$, 용액의 pH = 11.98일 때, 25°C에서 ΔG를 계산하라.

58. 다음 반응에 대하여 답하라.

$$2H_2O(l) + 2Br^-(aq) \longrightarrow H_2(g) + Br_2(l) + 2OH^-(aq)$$

(a) 25°C에서 $\Delta G°$ 값을 계산하라.
(b) $P_{H_2} = 0.878$ atm, $[Br^-] = 0.423\ M$, 용액의 pH = 9.72일 때, 25°C에서 ΔG를 계산하라.

59. 다음 반응에 대하여 답하라.

$$2SO_2(g) \longrightarrow O_2(g) + 2SO_3(g)$$

(a) 25°C에서 $\Delta G°$를 계산하라.
(b) SO_2와 SO_3의 부분압이 0.400 atm으로 유지된다면, O_2의 부분압이 얼마가 되어야 이 반응이 비자발적(즉, $\Delta G = +1.0$ kJ)으로 되는가?

60. 다음 반응에 대하여 답하라.

$$AgCl(s) \longrightarrow Ag^+(aq) + Cl^-(aq)$$

(a) 25°C에서 $\Delta G°$를 계산하라.
(b) 자발적 반응, 즉 $\Delta G = -1.0$ kJ이 되려면 Ag^+와 Cl^-의 농도는 얼마가 되어야 하는가? $[Ag^+] = [Cl^-]$라고 가정하라.
(c) AgCl(*s*)의 K_{sp} 값은 1.8×10^{-10}이다. (b)에서 구한 답이 합리적인가?

16-6 자유 에너지 변화와 평형 상수

61. 다음 반응에 대하여 답하라.

$$CO(g) + H_2O(g) \rightleftharpoons CO_2(g) + H_2(g)$$

적절한 표를 사용하여 다음을 계산하라.

(a) 552°C에서 $\Delta G°$
(b) 552°C에서 K

62. 다음 반응에 대하여 답하라.

$$NH_4^+(aq) \rightleftharpoons H^+(aq) + NH_3(aq)$$

25°C에서, $NH_3(aq)$에 대한 $\Delta G_f° = -26.7$ kJ/mol이다. 적절한 표를 사용하여 다음을 계산하라.

(a) 25°C에서 $\Delta G°$
(b) 25°C에서 K_a

63. 다음 반응에 대하여 답하라.

$$Cl_2(g) \rightleftharpoons 2Cl(g) \qquad K = 1.0 \times 10^{-37}$$

(a) 25°C에서 반응의 $\Delta G°$를 계산하라.
(b) 25°C에서 Cl(*g*)의 $\Delta G_f°$를 계산하라.

64. 다음 반응에 대하여 답하라.

$$N_2O(g) + NO_2(g) \longrightarrow 3NO(g) \qquad K = 4.4 \times 10^{-19}$$

(a) 25°C에서 반응의 $\Delta G°$를 계산하라.
(b) 25°C에서 N_2O의 $\Delta G_f°$를 계산하라.

65. 다음 반응에 대하여 답하라.

$$CO(g) + 3H_2(g) \rightleftharpoons CH_4(g) + H_2O(g)$$

473 K에서는 $K = 2.2 \times 10^{11}$이고, 533 K에서는 $K = 4.6 \times 10^{8}$이다. 각 온도에서 $\Delta G°$를 계산하라.

66. 100°C에서 다음 N_2O_4의 분해 반응을 살펴보자.

$$N_2O_4(g) \rightleftharpoons 2NO_2(g) \qquad K = 11$$

(a) 100°C에서 반응의 $\Delta G°$를 계산하라.
(b) 25°C에서 K를 계산하라. (N_2O_4에 대한 $\Delta G_f° = 97.9$ kJ/mol이다.)

67. 부록 1의 $\Delta G_f°$ 값을 이용하여, 25°C에서 황산 바륨의 K_{sp}를 계산하라. 이 값을 제15장에 주어진 값과 비교하라.

68. $HF(aq)$의 $\Delta H_f°$ 값은 −320.1 kJ/mol이고, $S°$ 값은 88.7 J/mol이다. 25°C에서 HF의 K_a 값을 구하라.

69. 25°C에서 어떤 약산 HX 0.327 *M* 용액의 pH는 5.12이다. 25°C에서 이 약산의 해리에 대한 $\Delta G°$는 얼마인가?

70. 25°C에서 어떤 약염기 R_2NH 0.250 *M* 용액의 pH는 10.60이다. 25°C의 물에서 이 약염기의 해리에 대한 $\Delta G°$는 얼마인가?

$$R_2NH(aq) + H_2O \longrightarrow R_2NH_2^+(aq) + OH^-(aq)$$

16-7 자유 에너지 변화의 합산: 짝지은 반응

71. 각 반응에 대한 25°C에서 표준 자유 에너지 변화가 다음과 같이 주어졌다.

$$SO_2(g) + 3CO(g) \longrightarrow COS(g) + 2CO_2(g) \qquad \Delta G° = -246.5\ kJ$$
$$CO(g) + H_2O(g) \longrightarrow CO_2(g) + H_2(g) \qquad \Delta G° = -28.5\ kJ$$

25°C에서 다음 반응에 대한 $\Delta G°$를 구하라.

$$SO_2(g) + CO(g) + 2H_2(g) \longrightarrow COS(g) + 2H_2O(g)$$

72. 25°C에서 다음 반응에 대한 표준 자유 에너지 변화가 다음과 같이 주어졌다.

$$N_2O_5(g) \longrightarrow 2NO(g) + \tfrac{3}{2}O_2(g) \qquad \Delta G° = -59.2\ kJ$$
$$NO(g) + \tfrac{1}{2}O_2(g) \longrightarrow NO_2(g) \qquad \Delta G° = -35.6\ kJ$$

25°C에서 다음 반응에 대한 $\Delta G°$를 계산하라.

$$2NO_2(g) + \tfrac{1}{2}O_2(g) \longrightarrow N_2O_5(g)$$

73. 메테인(CH_4)이 주성분인 천연가스는 미국이 풍부하게 가지고 있는 자원이다. 이론적으로 다음 반응으로 메테인으로부터 에테인을 만들 수 있다.

$$2CH_4(g) \longrightarrow C_2H_6(g) + H_2(g)$$

(a) 25°C에서 이 반응의 $\Delta G°$를 계산하라. 25°C에서의 이 반응의 실현 가능성에 대하여 언급하라.
(b) 위 반응을 원소들로부터 수증기가 생성되는 반응과 짝지으려 한다.

$$H_2(g) + \tfrac{1}{2}O_2(g) \longrightarrow H_2O(g) \qquad \Delta G° = -228.6\ kJ$$

전체 반응식은? 전체 반응의 실현 가능성을 설명하라.

74. 이론적으로는 황화 아연(ZnS)이 함유된 광석으로부터 아연을 얻을 수 있다.

$$ZnS(s) \longrightarrow Zn(s) + S(s)$$

(a) 위 반응이 25°C에서 실현 가능성이 없는 것을 계산으로 보여라.
(b) 위 반응과 다음 반응을 짝지어서 얻은 반응이 25°C에서 실현 가능하다는 것을 보여라. 전체 반응에서, 광석을 산소 조건에서 가열하면 아연이 얻어진다.

$$S(s) + O_2(g) \longrightarrow SO_2(g)$$

75. 글루코스($C_6H_{12}O_6$)가 생체 내에서 CO_2와 H_2O로 대사될 때, 첫 번째 단계는 글루코스를 글루코스-6-인산으로 전환시키는 것이다.

$$\text{글루코스} + H_3PO_4 \longrightarrow \text{글루코스-6-인산} + H_2O \qquad \Delta G° = 13.4\ kJ$$

이러한 비자발적인 반응은 ATP의 가수 분해 반응과 짝지어서 진행될 수 있다.

$$ATP + H_2O \longrightarrow ADP + H_3PO_4 \qquad \Delta G° = -31.0\ kJ$$

(a) 짝지은 반응에 대한 반응식을 쓰고 $\Delta G°$를 계산하라.
(b) 글루코스를 글루코스-6-인산으로 전환시키는 데 필요한 ATP의 몰수를 추정하라.

76. 25°C에서 다음 반응에 대하여 답하라.

$$C_6H_{12}O_6(aq) + 6O_2(g) \longrightarrow 6CO_2(g) + 6H_2O \qquad \Delta G° = -2870\ kJ$$
$$ADP(aq) + HPO_4^{2-}(aq) + 2H^+(aq) \longrightarrow ATP(aq) + H_2O \qquad \Delta G° = 31\ kJ$$

글루코스($C_6H_{12}O_6$)와 ADP를 짝지어서 $\Delta G° = -390$ kJ인 반응식을 써라.

종합 문제

77. 1200 K에서 CO와 CO_2 기체의 어떤 평형 혼합물이 98.31몰 %의 CO와 약간의 고체 탄소를 포함하고 있다. 혼합물의 전체 압력은 1.00 atm이다. 이 계에 대해서 다음을 계산하라.

$$CO_2(g) + C(s) \rightleftharpoons 2CO(g)$$

(a) P_{CO}와 P_{CO_2} (b) K (c) 1200 K에서 $\Delta G°$

78. 단백질은 구조가 변하기 때문에 독특한 특성을 잃으면 변성된다고 한다. 특정 단백질의 변성에 대한 엔탈피 변화는 142 kJ/mol이며 엔트로피 변화는 278 J/K이다. 단백질이 자발적으로 변성되는 최저 온도는 얼마인가?

79. 어떤 학생이 0.030 *M* $PbCl_2$ 수용액을 만들어 달라는 요청을 받았다.
(a) 25°C에서 이것이 가능한가? (*힌트*: 25°C에서 0.030 mol $PbCl_2$를 물 1 L에 용해시키는 것이 가능한가?)
(b) 이 학생이 100°C의 물을 사용한다면, 용액 제조가 가능한가?

80. 어떤 박테리아는 빛 에너지를 사용하여 이산화 탄소와 물을 글루코스와 산소로 전환시킨다.

$$6CO_2(g) + 6H_2O(l) \longrightarrow C_6H_{12}O_6(aq) + 6O_2(g) \qquad \Delta G° = 2870\ kJ\ (25°C\text{에서})$$

빛을 사용할 수 없는 박테리아들은 다음 반응을 위의 글루코스 합성 반응과 짝짓는다.

$$H_2S(g) + \tfrac{1}{2}O_2(g) \longrightarrow H_2O(l) + S(s)$$

두 반응을 짝지으면 전체 반응은 다음과 같다. 이 반응이 25°C에서 자발적인 것을 보여라.

$$24H_2S(g) + 6CO_2(g) + 6O_2(g) \longrightarrow C_6H_{12}O_6(aq) + 18H_2O(l) + 24S(s)$$

81. 다음에 정보가 주어진 이양성자산, H_2SO_4의 이온화에 대한 첫 번째 및 두 번째 이온화 상수(K_{a1} 및 K_{a2})를 계산하라.

$$H_2SO_4(aq):\ \Delta H_f° = -902.9\ kJ \qquad S° = 17.14\ J/K$$

82. 일산화 탄소가 헤모글로빈에 결합되어 있는 산소를 치환하면 일산화 탄소 중독이 일어난다. 산소가 결합되어 있는 헤모글로빈 $Hb \cdot O_2$는 O_2를 허파로 운반한다.

$$Hb \cdot O_2(aq) + CO(g) \rightleftharpoons Hb \cdot CO(aq) + O_2(g)$$

37°C에서 이 반응의 $\Delta G°$는 −14 kJ이다. CO의 압력이 O_2의 압력과 같을 때, $[Hb \cdot O_2]/[Hb \cdot CO]$ 비는 얼마인가?

83. 25°C에서 다음 반응의 형성 상수는 3.6×10^8이다.

$$Zn^{2+}(aq) + 4NH_3(aq) \rightleftharpoons Zn(NH_3)_4^{2+}(aq)$$

(a) 이 온도에서 $\Delta G°$는 얼마인가?
(b) 반응물과 생성물의 농도가 표준 상태 농도이면, 이 반응은 어느 방향으로 진행될까?
(c) $[Zn(NH_3)_4^{2+}] = 0.010\ M$, $[Zn^{2+}] = 0.0010\ M$, $[NH_3] = 3.5 \times 10^{-4}\ M$일 때, ΔG는 얼마인가?

개념 문제

84. 다음의 설명이 참인지 거짓인지를 판별하라.
(a) 발열 반응은 자발적이다.
(b) $\Delta G°$가 양의 값일 때, 어떤 조건에서도 반응이 일어날 수 없다.
(c) $\Delta S°$는 몰수의 증가가 있는 반응에 대해 양의 값을 갖는다.
(d) $\Delta H°$와 $\Delta S°$가 모두 음의 값이면 $\Delta G°$는 음의 값을 갖는다.

85. 다음 물리량 중에서 온도에 무관한 것은? 압력에 무관한 것은?
(a) 반응의 ΔH (b) 반응의 ΔS
(c) 반응의 ΔG (d) 물질의 S

86. 다음 빈 칸을 채워라.
(a) $\Delta H°$와 $\Delta G°$는 _______ K에서 같아진다.
(b) $\Delta G°$와 ΔG 는 Q = _______ 에서 같다.
(c) 수증기의 $S°$는 물의 $S°$보다 _______ .

87. 다음 빈 칸을 채워라.
(a) 평형에서 ΔG 값은 _______ .
(b) $C_6H_6(l) \rightleftharpoons C_6H_6(g)$ 반응에서, $\Delta H°$는 _______ . (+, −, 0)
(c) 순수한 고체가 녹을 때, 액체와 고체가 평형 상태에 놓여 있고 $\Delta G°$ = 0이 되는 온도를 _______ (이)라고 부른다.

88. 다음을 설명하라.
(a) 기체의 몰수가 감소하는 반응에서 $\Delta S°$는 음의 값을 갖는다.
(b) 엔트로피는 T가 증가하면 증가하지만 $\Delta S°$는 T에 무관하다.
(c) 고체는 그 물질의 액체보다 낮은 엔트로피 값을 갖고 있다.

89. 다음 열역학적 자료를 갖는 반응에 대하여 답하라.

$$2A(g) + B_2(g) \longrightarrow 2AB(g) \quad \Delta H° < 0;\ \Delta S° > 0;\ \Delta G°(60°C\text{에서}) = +10\ kJ$$

이 반응에 대한 다음 설명들 중에서 참인 것은?
(a) ΔG = 1이면, 반응은 평형 상태에 있다.
(b) Q = 1이면, $\Delta G = \Delta G°$이다.
(c) 75°C에서 이 반응은 확실히 비자발적이다.
(d) 100°C에서 이 반응은 양의 값의 엔트로피 변화를 갖는다.
(e) A와 B_2가 안정한 상태에 있는 원소들이라면, 25°C에서 A와 B_2의 $S°$는 0이다.
(f) 60°C에서 이 반응의 K 값은 1보다 작다.

90. 아래 그래프를 보고 물음에 답하라.

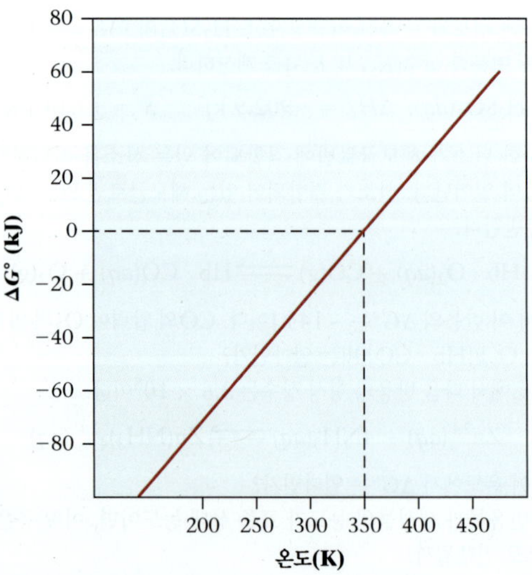

(a) 과정의 자발성과 온도 사이의 관계를 설명하라.
(b) 이 반응은 발열 반응인가?
(c) $\Delta S° > 0$인가?
(d) 표준 조건에서 반응이 평형에 있을 온도는?
(e) 97°C에서 반응의 K를 추정하라.

91. $\Delta G°$와 T 사이는 선형 관계이다. 아래 설명한 특성을 가진 반응의 그래프를 그려라. $\Delta G°$ = 0인 점만 표시하라.
- 반응은 발열 반응이다.
- $\Delta n_g < 0$ (Δn_g = 기체 생성물의 몰수 − 기체 반응물의 몰수)
- 300 K에서 반응은 평형 상태에 있고, K = 1이다.

92. 다음 질문의 빈칸에 **LT**(*보다 작다*), **GT**(보다 크다), **EQ**(*과(와) 같다*), **MI**(*더 많은 정보가 필요하다*) 중에서 알맞은 것을 선택하여 넣어라. 다음 반응이 실린더 안에서 일어났다. 반응이 완결된 후 만져보니 따뜻했다.

$$A_2(g) + B_2(g) \longrightarrow 2AB(s)$$

(a) 모든 온도에서, $\Delta S°$ 값은 0 _______ .
(b) 모든 온도에서, $\Delta H°$ 값은 0 _______ .
(c) 모든 온도에서, $\Delta G°$ 값은 0 _______ .

도전 문제

93. 에틸 알코올에 대한 다음 자료를 이용하여 답하라.

$$\Delta H_{증발} = 42.9\ kJ \quad 63°C\text{에서 증기압} = 392\ mm\ Hg$$

$C_2H_5OH(g)$의 $S°$는 얼마인가?

94. 아이오딘 기체의 $\Delta H_f°$ 값은 62.4 kJ/mol이고, $S°$ 값은 260.7 J/mol · K이다. 500°C에 있는 다음 계에서 $I_2(g)$, $H_2(g)$, $HI(g)$의 평형 부분압을 계산하라. 초기 부분압은 모두 0.200 atm이었다고 가정하라.

$$2HI(g) \rightleftharpoons H_2(g) + I_2(g)$$

95. 얼음의 용융열은 333 J/g이다. 다음 과정에 대한 물음에 답하라.

$$H_2O(s) \longrightarrow H_2O(l)$$

(a) $\Delta H°$ (b) 0°C에서 $\Delta G°$ (c) $\Delta S°$
(d) −20°C에서 $\Delta G°$ (e) 20°C에서 $\Delta G°$

96. 설탕이 대사될 때의 전체 반응은 다음과 같다.

$$C_{12}H_{22}O_{11}(s) + 12O_2(g) \longrightarrow 12CO_2(g) + 11H_2O(l)$$

25°C에서 이 반응의 $\Delta H°$는 −5650 kJ이고, $\Delta G°$는 −5790 kJ이다.
(a) 자유 에너지 변화의 25%가 실제로 유용한 일로 전환되었다면, 체온 37°C에서 1 g의 설탕이 대사될 때, 몇 kJ의 일을 얻을 수 있는가?
(b) 몸무게 120 lb인 여성이 고도 4,158 m인 Alps의 Jungfrau를 오르는 데 필요한 에너지를 얻으려면 몇 g의 설탕을 섭취해야 하는가? ($w = 9.79 \times 10^{-3}\ mh$이다. 여기서 w는 kJ 단위의 일(work)이고, m은 kg 단위의 몸의 질량이고, h는 m 단위의 높이이다.)

97. 수소는 미래의 연료로 제안되어 왔다. 수소를 저장하는 한 가지 방법은 가열하면 수소를 방출할 수 있는 화합물로 전환시키는 것이다. 이러한 화합물들 중의 하나가 수소화 칼슘(CaH_2)이다. 이 화합물의 생성열은 −186.2 kJ/mol이고, 표준 엔트로피 값은 42.0 J/mol · K이다. 수소화 칼슘을 가열하여 1 atm의 수소를 발생시킬 수 있는 최소 온도는?

98. 구리선을 실온에서 공기에 노출하면, 구리선은 검은 산화물 CuO로 덮이게 된다. 구리선을 어떤 온도 이상으로 가열하면, 검은 산화물은 붉은 산화물 Cu_2O로 바뀐다. 훨씬 높은 온도에서는 산화물 피복이 사라진다. 이 현상을 반응 열역학적 용어로 설명하고, 변화가 일어나는 온도를 추정하라.

$$2CuO(s) \longrightarrow Cu_2O(s) + \tfrac{1}{2}O_2(g)$$
$$Cu_2O(s) \longrightarrow 2Cu(s) + \tfrac{1}{2}O_2(g)$$

99. 25°C에서 아세트산 $HC_2H_3O_2$의 K_a 값은 1.754×10^{-5}이다. 50°C에서 K_a 값은 1.633×10^{-5}이다. $\Delta H°$와 $\Delta S°$가 온도의 영향을 받지 않는 상수라고 가정하고, 아세트산의 이온화 반응의 $\Delta S°$를 계산하라.

100. 다음 반응에 대하여 답하라.

$$2HI(g) \rightleftharpoons H_2(g) + I_2(g)$$

500°C에서 플라스크에 들어 있는 세 기체의 초기 부분압은 모두 0.2 atm이었다. 평형이 이루어졌을 때, HI의 부분압은 0.48 atm이었다. 500°C에서 이 반응의 $\Delta G°$는 얼마인가?

101. 다음은 원소들로부터 암모니아가 형성되는 반응이다.

$$N_2(g) + 3H_2(g) \longrightarrow 2NH_3(g)$$

$K = 1.00$이 되는 온도는? (*힌트*: 부록에 있는 열역학 표들을 이용하라.)

102. $H_2(g)$와 $I_2(g)$로부터 $HI(g)$가 생성되는 다음 반응에 대해 답하라.

$$H_2(g) + I_2(g) \rightleftharpoons 2HI(g)$$

이 반응에서 333°C에서 $K = 98$이고, 527°C에서 $K = 62.5$이다. 527°C에서 $I_2(g)$에 대한 $S°$를 구하라.

제 17 장

전기화학

Electrochemistry

이 그림에서와 같은 대부분의 "은" 식기류는 순수한 은으로 만들어지지 않고 전해 전지를 사용하여 은도금 처리한 것이다.

Suzanne C. Oullette

새까만 석탄불로 경험 많은 연금술사가 쓸모없는 광석의 금속을 완전한 순금으로 바꿀 수 있다면.
—JOHN MILTON
Paradise Lost(Book V, Lines 439~442)

이 장의 차례 _Chapter Outline

전기화학은 전기 에너지와 화학 에너지의 상호 변환을 연구한다. 에너지의 변환은 다음의 두 전기화학 전지에서 일어난다.

- **볼타 전지**(voltaic cell, 17-2절). 자발적인 화학 반응에 의해 전기 에너지가 생성된다.
- **전해 전지**(electrolytic cell, 17-6절). 전기 에너지가 비자발적인 화학 반응을 일어나게 하는 데 사용된다.

이 장에서 언급되는 모든 화학 반응은 산화-환원 반응이다. 산화-환원 반응은 두 개의 반쪽-반응(half-reaction)으로 나뉠 수 있다는 것을 제4장에서 배웠다. ***환원***(reduction)이라고 부르는 반쪽-반응에서는 전자가 소모되고, ***산화***(oxidation)라고 부르는 반쪽-반응에서는 전자가 생성된다. 환원 반쪽-반응에서 소모되는 전자의 수와 산화 반쪽-반응에서 생성되는 전자의 수는 정확하게 같아야 하므로 전자 개수의 알짜 변화는 없다. 이 두 가지 반쪽-반응을 결합시키면 균형 맞춘 산화-환원 반응이 된다(17-1절).

전기화학 전지에서 이들 두 반쪽-반응은 대부분 금속판이나 선으로 이루어진 두 개의 다른 **전극**(electrode)에서 일어난다. 환원 반응은 **환원전극**(cathode)ⓘ에서 일어나는데 대표적인 예를 들면 다음과 같다.

ⓘ 환원전극(cathode) = 환원(reduction); 산화전극(anode) = 산화(oxidation). 자음(c, r)은 자음끼리 모음(a, o)은 모음끼리 연관시키면 외우기 쉽다.

$$\text{환원전극: } Cu^{2+}(aq) + 2e^- \longrightarrow Cu(s)$$

산화 반응은 **산화전극**(anode)ⓘ에서 일어나며 이 전극에서 아연 금속과 같은 화학종이 전자를 생성한다.

$$\text{산화전극: } Zn(s) \longrightarrow Zn^{2+}(aq) \longrightarrow 2e^-$$

전지에서 *음이온*은 항상 *산화전극*으로 이동하고, *양이온*은 항상 *환원전극*으로 이동한다.

전지의 가장 중요한 특성 중의 하나는 *전압*이며, 이것은 반응의 자발성에 대한 척도이다. 전지 전압은 전극에서 일어나는 반쪽-반응(17-3절)과 그 반응에 관련된 화학종의 농도(17-5절)에 따라 달라진다. 표준 농도에서 측정된 전압으로부터 주어진 반응의 표준 자유에너지 변화 및 평형 상수(17-4절)를 계산할 수 있다.

이 장에서 설명하는 원리들은 일상생활에 많이 적용된다. 자동차의 시동을 걸 때, 휴대전화를 사용할 때, TV나 다른 기기의 리모컨을 사용할 때는 언제나 볼타 전지를 이용한다. 그리고 수소나 염소를 포함한 많은 중요한 원소들이 전해 전지에서 만들어진다. 이와 같은 응용에 대해서는 17-7절에서 논의한다.

17-1 산화-환원 반응의 재검토

제4장에서 산화-환원 반응은 수용액에서 세 가지 중요한 반응 유형 중 하나로 소개되었다. 이 절에서는 제4장에서 소개한 용어 중 일부를 검토한 다음 산화-환원 반쪽-반응의 균형을 맞추는 방법을 먼저 학습한 다음, 전체 산화-환원 반응식의 균형을 맞추는 방법에 대해 설명하기로 한다.

산화-환원 용어 및 개념의 복습

- **산화-환원 반응**(redox reaction)에서는 두 화학종 사이의 전자 이동이 일어난다.
- **산화**(oxidation)는 화학종이 전자를 잃어 산화수(oxidation number, O. N.)가 증가할 때 일어난다. 이와 같이 전자를 잃는 것을 나타내는 반응식을 *산화 반쪽-반응*(oxidation half-reaction)이라고 부른다. 이 반쪽-반응에서 전자는 생성물 쪽에 있다.
- **환원**(reduction)은 화학종이 전자를 얻고 산화수가 감소할 때 일어난다. 이와 같이 전자를 얻는 것을 나타내는 반응식을 *환원 반쪽-반응*이라고 부른다. 이 환원 반쪽-반응에서 전자는 반응물 쪽에 있다.
- 전자를 제공하는(즉, 산화되는) 이온 또는 분자를 **환원제**(reducing agent)라고 부른다.
- 전자를 받아들이는(즉, 환원되는) 이온 또는 분자를 **산화제**(oxidizing agent)라고 부른다.
- 산화와 환원은 동일한 반응에서 함께 일어난다. 전자수의 알짜 변화는 없으며 전자의 교환이 있을 뿐이다.

반쪽-반응의 균형 맞추기(산화 또는 환원)

전체 산화-환원 반응식의 균형을 맞추기 전에 산화(전자를 잃음)와 환원(전자를 얻음)을 위해 두 개의 **반쪽-반응식**(half-equation)의 균형을 맞출 수 있어야 한다. 때로는 균형을 맞추는 것이 쉽다. 다음에 산화 반쪽-반응식이 주어져 있다.

$$Fe^{2+}(aq) \longrightarrow Fe^{3+}(aq) \qquad (\text{Fe의 산화수: } +2 \longrightarrow +3)$$

이 반응식의 오른쪽에 다음과 같이 전자를 추가하면 분명히 질량과 전하의 균형을 맞출 수 있다.

$$Fe^{2+}(aq) \longrightarrow Fe^{3+}(aq) + e^-$$

다른 경우에, 이번에는 환원 반쪽-반응식을 살펴보자.

$$Cl_2(g) \longrightarrow Cl^-(aq) \qquad (\text{Cl의 산화수: } 0 \longrightarrow -1)$$

질량 균형을 맞춘 반응식은 Cl^-에 대해 2의 계수를 적으면 얻어진다. 그 다음에는 왼쪽에 두 개의 전자를 더해서 전하의 균형을 맞춘다. 균형 맞춘 반쪽-반응식은 다음과 같다.

$$Cl_2(g) + 2e^- \longrightarrow 2Cl^-(aq)$$

그러나 때때로 주어진 반쪽-반응식을 어떻게 균형을 맞춰야 하는지 분명하지 않을 때가 있다. 이는 일반적으로 산화되거나 환원되는 원소 이외의 원소가 반응에 참여할 때 일어난다. 대부분이 원소들은 산소(산화수 = −2)와 수소(산화수 = +1)이다. 예를 들어, 다음의 과망가니즈산 이온의 환원에 대한 반쪽-반응식이나,

$$MnO_4^-(aq) \longrightarrow Mn^{2+}(aq) \qquad (\text{Mn의 산화수: } +7 \longrightarrow +2)$$

수산화 크로뮴(III)의 산화 반쪽-반응을 살펴보자.

$$Cr(OH)_3(s) \longrightarrow CrO_4^{2-}(aq) \qquad (\text{Cr의 산화수: } +3 \longrightarrow +6)$$

이러한 반응식의 균형을 맞추려면 다음 과정을 따라서 진행하라.

(a) *각 원소에 산화수를 할당하라.*

(b) *산화되거나 환원되는 각 원소의 원자들의 균형을 맞춘다.*

(c) *산화수에 그 산화수를 갖는 원자 수를 곱한다. 이 과정은 "총" 산화수를 알게 해준다.*

원자 수는 원자의 균형을 맞추는 데 사용된 계수 또는 원자의 아래 첨자로부터 알 수 있다.

(d) *전자를 더하여 산화수의 균형을 맞춘다.*

전자는 환원 반쪽-반응식에 대해서는 왼쪽에, 산화 반쪽-반응식에 대해서는 오른쪽에 더해 준다.

더해준 전자의 수는 (c)의 "총" 산화수의 변화와 같아야 한다.

(e) *산성 용액에서는 H^+ 이온을 염기성 용액에서는 OH^- 이온을 더하여 전하의 균형을 맞춘다.*

(f) *H_2O 분자를 첨가하여 수소의 균형을 맞춘다.*

(g) *산소가 균형이 맞는지 확인하라.*

이 과정을 모두 하였다면, 반쪽-반응식은 질량 및 전하와 관련하여 거의 정확하게 균형이 맞춰진다.

그림 17.1은 위에서 설명한 단계를 개략적으로 나타낸 순서도이다. 예제 17.1은 균형 맞춘 반쪽-반응식에 이러한 규칙을 적용하는 방법을 보여준다.

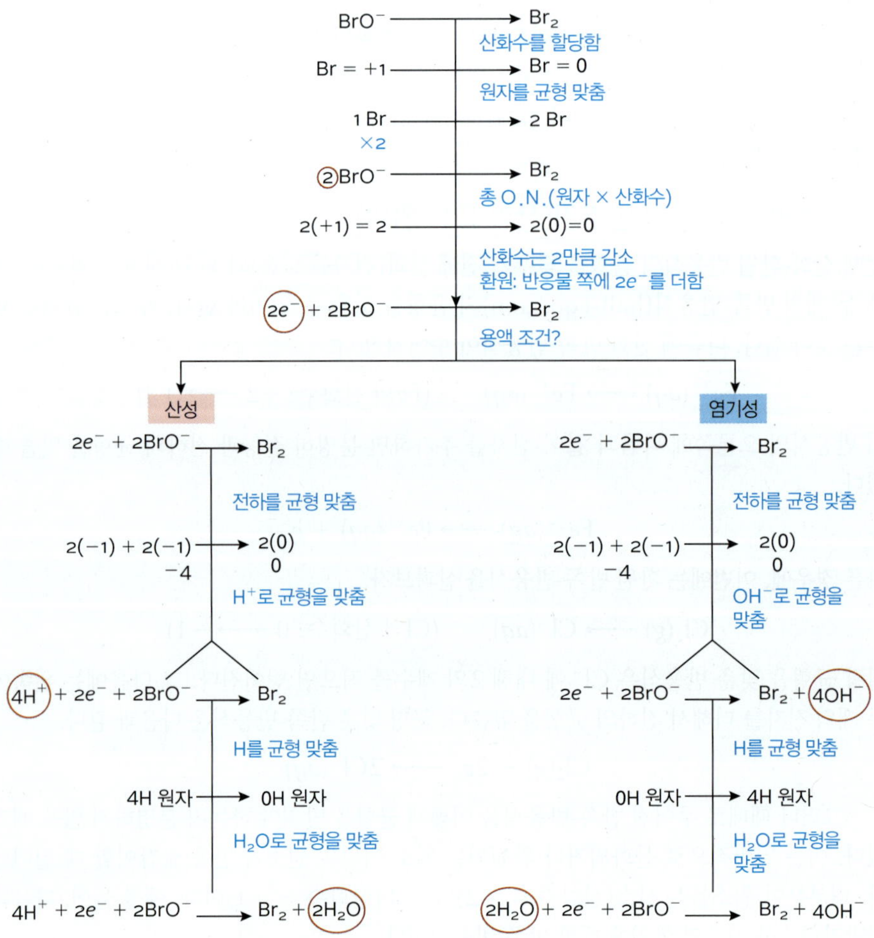

그림 17.1 ▸ 산성 또는 염기성 용액에서 반쪽-반응식의 균형을 맞추는 순서도.

예제 17.1

다음 반쪽-반응식의 균형을 맞추어라. 주어진 순서대로 요약한 단계를 따라서 하라.

a $NO_3^-(aq) \longrightarrow NO(g)$ (염기성 용액)

풀이

1. 산화수	N: $+5 \longrightarrow +2$; O: $-2 \longrightarrow -2$; N은 환원된다.
2. 원자의 균형 맞춤	양쪽에 1 N; 조정할 필요가 없다.
3. "총 산화수"	N: $5(1) \longrightarrow$ N: $2(1)$
4. 전자를 더함	N의 산화수는 +5에서 +2로 감소된다. 3만큼 감소된다. 반응물 쪽에 3개의 전자를 더한다. $NO_3^-(aq) + 3e^- \longrightarrow NO(g)$
5. 전하의 균형 맞춤	반응물: $-1 + 3(-1) = -4$ 생성물: 0 염기성 용액: OH^-를 더한다. 균형을 맞추기 위해, 오른쪽에 $4OH^-$를 더한다. $NO_3^-(aq) + 3e^- \longrightarrow NO(g) + 4OH^-(aq)$ 반응물: $-1 + 3(-1) = -4$ 생성물: $4(-1) = -4$
6. H의 균형 맞춤	반응물: 0 H 생성물 4 H 균형을 맞추기 위해, 왼쪽에 $2H_2O$를 더한다. $NO_3^-(aq) + 3e^- + 2H_2O \longrightarrow NO(g) + 4OH^-(aq)$ 반응물: 4 H 생성물: 4 H
7. O를 점검	반응물: $3 + 2 = 5$ 생성물: $4 + 1 = 5$
균형 맞춘 반쪽-반응식:	$NO_3^-(aq) + 2H_2O + 3e^- \longrightarrow NO(g) + 4OH^-(aq)$

b $Cl_2(g) \longrightarrow ClO_3^-(aq)$ (산성 용액)

풀이

1. 산화수	Cl: $0 \longrightarrow +5$; O : $-2 \longrightarrow -2$; Cl은 산화된다.
2. 원자의 균형 맞춤	반응물: 2 Cl 생성물: 1 Cl ClO_3^-에 2를 곱한다. $Cl_2(g) \longrightarrow 2ClO_3^-(aq)$
3. "총 산화수"	Cl: $0(2) = 0 \longrightarrow$ Cl: $5(2) = 10$
4. 전자를 더함	Cl의 산화수는 0에서 10으로 10이 증가하였다. 생성물 쪽에 10개의 전자를 더한다. $Cl_2(g) \longrightarrow 2ClO_3^-(aq) + 10e^-$
5. 전하의 균형 맞춤	반응물: 0 생성물: $2(-1) + 10(-1) = -12$ 산성 용액: H^+를 더한다. 균형을 맞추기 위해, 오른쪽에 $12H^+$를 더한다. $Cl_2(g) \longrightarrow 2ClO_3^-(aq) + 10e^- + 12H^+$ 반응물: 0 생성물: $2(-1) + 10(-1) + 12(+1) = 0$
6. H의 균형 맞춤	반응물: 0 H 생성물 12 H 균형을 맞추기 위해, 왼쪽에 $6H_2O$를 더한다. $Cl_2(g) + 6H_2O \longrightarrow 2ClO_3^-(aq) + 10e^- + 12H^+$ 반응물: 12 H 생성물 12 H
7. O를 점검	반응물: 6 생성물 $2(3) = 6$
균형이 맞추어진 반쪽-반응식:	$Cl_2(g) + 6H_2O \longrightarrow 2ClO_3^-(aq) + 10e^- + 12H^+(aq)$

산화-환원 반응식의 균형 맞추기

반쪽-반응식의 균형을 맞추는 방법을 알면, 전체 산화-환원 반응식의 균형을 맞추는 과정은 비교적 간단하다. 체계적인 4-단계 절차를 따라서 하라.

1. ***반응식을 두 개의 반쪽-반응식으로 나누어라.*** 하나는 환원 반응에 대한 반쪽-반응식이고, 다른 하나는 산화 반응에 대한 반쪽-반응식이다.
2. 앞에서 설명한 것과 같이 원자 및 전하 모두에 대하여 ***반쪽-반응식 중 하나의 균형을 맞춘다***(단계 a~e).
3. ***나머지 반쪽-반응식의 균형을 맞춘다.***
4. ***두 개의 반쪽-반응식을 더하여 전자를 제거한다.***
   예를 들어, 다음의 두 개의 균형 맞춘 반쪽-반응식을 살펴보자.

$$A(s) \longrightarrow A^{2+}(aq) + 2e^-$$
$$B^{3+}(aq) + 3e^- \longrightarrow B(s)$$

첫 번째 반쪽-반응식에 3을 곱하고, 두 번째 반쪽-반응식에 2를 곱한 다음, 두 반쪽-반응식을 더하면 다음과 같이 된다.

$$3A(s) + 2B^{3+}(aq) \longrightarrow 3A^{2+}(aq) + 2B(s)$$

양쪽에 있는 여섯 개의 전자가 상쇄되어 전체 반응식에서 제거된다.

예제 17.2

위에 요약된 4-단계 과정에 따라 다음 산화-환원 반응의 균형을 맞추어라.

a $Fe^{2+}(aq) + NO_3^-(aq) \longrightarrow Fe^{3+}(aq) + NO(g)$ (염기성 용액)

풀이

1. 두 개의 반쪽-반응식으로 나눈다.

$Fe^{2+}(aq) \longrightarrow Fe^{3+}(aq)$

$NO_3^-(aq) \longrightarrow NO(g)$

2~3. 반쪽-반응식의 균형을 맞춘다.

이 책의 본문을 확인한다. 이 과정은 앞에서 다루었다.

$Fe^{2+}(aq) \longrightarrow Fe^{3+}(aq) + e^-$

$NO_3^-(aq) + 3e^- + 2H_2O \longrightarrow NO(g) + 4OH^-(aq)$

4. 전자를 제거한다.

산화 반쪽-반응식에 3을 곱한다.

$3[Fe^{2+}(aq) \longrightarrow Fe^{3+}(aq) + e^-]$

두 반쪽-반응식을 더한다.

$NO_3^-(aq) + 3Fe^{2+}(aq) + 2H_2O \longrightarrow NO(g) + 4OH^-(aq) + 3Fe^{3+}(aq)$

b $MnO_4^-(aq) + Cl_2(g) \longrightarrow Mn^{2+}(aq) + ClO_3^-(aq)$ (산성 용액)

풀이

1. 두 개의 반쪽-반응식으로 나눈다.

$MnO_4^-(aq) \longrightarrow Mn^{2+}(aq)$

$Cl_2(g) \longrightarrow ClO_3^-(aq)$

2~3. 반쪽-반응식의 균형을 맞춘다.

산화 반쪽-반응식은 예제 17.1에서 균형을 맞추었다.

$Cl_2(g) + 6H_2O \longrightarrow 2ClO_3^-(aq) + 10e^- + 12H^+(aq)$

환원 반쪽-반응식의 균형을 맞춘다.

$MnO_4^-(aq) + 8H^+(aq) + 5e^- \longrightarrow Mn^{2+}(aq) + 4H_2O$

4. 전자를 제거한다.

환원 반쪽-반응식에 2를 곱한다.

$2[MnO_4^-(aq) + 8H^+(aq) + 5e^- \longrightarrow Mn^{2+}(aq) + 4H_2O]$

두 반쪽-반응식을 더한다.

$$Cl_2(g) + 6H_2O + 2MnO_4^-(aq) + 16H^+(aq) \longrightarrow 2ClO_3^-(aq) + 12H^+(aq) + 2Mn^{2+}(aq) + 8H_2O$$

(계속)

알짜 이온 반응식	$6H_2O \longrightarrow 8H_2O = 2H_2O$ (생성물 쪽) $16H^+ \longrightarrow 12H^+ = 4H^+$ (반응물 쪽)
균형 맞춘 알짜 이온 반응식	$Cl_2(g) + 2MnO_4^-(aq) + 4H^+(aq) \longrightarrow 2ClO_3^-(aq) + 2Mn^{2+}(aq) + 2H_2O$

마무리 정리

최종 균형 맞춘 알짜 이온 반응식에서 질량 균형 및 전하 균형을 모두 확인하는 것이 좋다. 예로서, 다음은 (b) 반응식에 대한 점검 자료이다.

	Cl 원자	Mn 원자	O 원자	H 원자	전하
왼쪽	2	2	2(4) = 8	4	+0 − 2 + 4 = +2
오른쪽	2	2	2(3) + 2 = 8	2(2) = 4	−2 + 4 + 0 = +2

17-2 볼타 전지

원리적으로 자발적인 산화-환원 반응은 **볼타(갈바니) 전지**[voltaic (galvanic) cell]에서 에너지의 공급원으로 작용할 수 있다. 전지는 한쪽 전극(산화전극)에서는 산화 반응이 일어나고, 다른 쪽 전극(환원전극)에서는 환원 반응이 일어나도록 설계되어야 한다. 산화전극에서 생성된 전자는 그들이 소모될 환원전극으로 이동하여야 한다. 이렇게 하기 위해서 전자는 외부 회로를 통해 이동하여 전기적인 일을 한다.

볼타 전지가 어떻게 작동하는가를 이해하기 위해 일반화학 실험에서 쉽게 만들 수 있는 간단한 전지로 시작해 보자.

▶ Zn-Cu^{2+} 전지

아연 조각을 Cu^{2+} 이온이 들어 있는 수용액에 넣으면 다음의 산화-환원 반응이 일어난다.

$$Zn(s) + Cu^{2+}(aq) \longrightarrow Zn^{2+}(aq) + Cu(s)$$

이 반응에서 구리 금속이 아연 판의 표면에 석출된다. 수용액에서 Cu^{2+} 이온의 푸른색은 무색의 Zn^{2+} 이온으로 치환되면서 옅어지게 된다(그림 17.2). 분명히 이 산화-환원 반응은 자발적이다. 즉, Zn 원자로부터 Cu^{2+} 이온으로 전자가 전달된다.

그림 17.2 ▸ **Zn-Cu^{2+}의 자발적인 산화-환원 반응.** 용액 속의 Cu^{2+} 이온의 푸른색은 용액 안의 아연 판에 금속 Cu로 환원되어 석출됨으로써 색깔이 옅어진다(*왼쪽 시험관에서 오른쪽 시험관으로*).

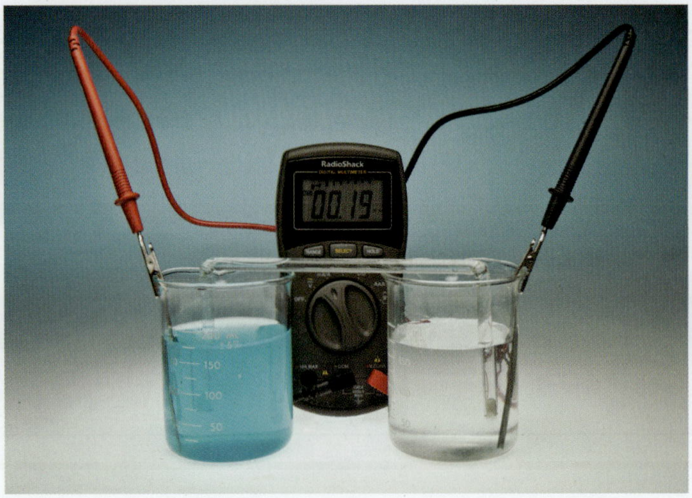

그림 17.3 ▸ **$Zn-Cu^{2+}$ 볼타 전지.** 이 볼타 전지에서 전압계는 Cu 환원 반쪽-전지(*왼쪽*, 푸른 Cu^{2+} 이온이 들어 있는 용액에 Cu 환원전극이 담겨 있음)와 Zn 산화 반쪽-전지(무색의 Zn^{2+} 이온이 들어 있는 용액에 Zn 산화전극이 담겨 있음)에 연결되어 있다. 이 전지에서는 다음 반응이 자발적으로 일어난다. $Zn(s) + Cu^{2+}(aq) \longrightarrow Zn^{2+}(aq) + Cu(s)$. 염다리는 Zn 원자와 Cu^{2+} 이온이 직접 접촉하는 것을 방지하면서 전체 회로를 완성할 수 있도록 한쪽 용액에서 다른 용액으로 이온이 이동하게 한다.

ⓘ Zn 전극은 Cu^{2+} 이온과 접촉해서는 안 된다. 왜 그런가?

전기 에너지원으로 $Zn-Cu^{2+}$ 반응을 이용하는 볼타 전지를 제작하기 위해서는 전자 전달이 간접적으로 일어나야 한다. 즉, 아연 원자에서 생성된 전자가 Cu^{2+} 이온을 Cu 원자로 환원시키기 전에 반드시 외부 전기 회로를 통과해야 한다.ⓘ 그림 17.3은 이를 수행하는 한 가지 방법을 보여 준다. 볼타 전지는 **산화 반쪽-전지**(anode half-cell)와 **환원 반쪽-전지**(cathode half-cell)로 구성되어 있다.

- 오른쪽 비커에 보이는 것과 같이 Zn 산화전극이 Zn^{2+} 이온이 들어 있는 용액에 담겨 있다.
- 그림 17.3의 왼쪽 비커에 보이는 것과 같이 Cu 환원전극은 Cu^{2+} 이온(푸른색)이 들어 있는 용액 속에 담겨 있다.

"외부 회로"는 산화전극과 환원전극에 연결된 단자(붉은색과 검은색)를 가진 전압계(voltmeter)로 구성되어 있다.

이 전지를 통과하는 전류의 흐름을 추적해 보자

1. 전자는 아연 *산화전극*(anode, 그림 17.3의 검은색 선에 연결됨)에서 산화 반쪽-반응에 의해 생성된다.

$$Zn(s) \longrightarrow Zn^{2+}(aq) + 2e^-$$

전자를 외부 회로로 "주입"하는 이 전극은 일반적으로 전지의 −극(negative pole)으로 표시된다.

2. 산화전극에서 생성된 전자는 외부 회로(그림 17.3의 오른쪽에서 왼쪽으로)를 통하여 전압계의 붉은색 선에 연결된 구리 *환원전극*(cathode)으로 이동한다. 환원전극에서 전자는 전극 주위의 용액에 존재하는 Cu^{2+} 이온을 환원시키면서 소모된다.

$$Cu^{2+}(aq) + 2e^- \longrightarrow Cu(s)$$

외부 회로에서 전자를 "끌어당기는" 구리 전극은 전지의 +극(positive pole)으로 간주된다.

3. 위에서 언급한 두 반쪽-전지 반응이 진행됨에 따라, 아연 전극 주위에 생성되는 양이온(Zn^{2+})이 증가하게 된다. 또한 구리 전극 주위에는 Cu^{2+} 이온이 소비됨에 따라 양이온이 부족하게 된다. 전기적으로 중성 상태를 유지하기 위하여 양이온들이 구리 전극 쪽

으로 이동하거나 음이온들이 아연 전극 쪽으로 이동하여야 한다. 실제로 두 가지 이온의 이동이 전지 내에서 일어난다.

그림 17.3의 전지에서 두 비커를 연결한 **염다리**(salt bridge)를 통해 이온의 이동이 일어난다. 염다리는 양쪽 끝을 유리 섬유로 막은 거꾸로 된 U자형 유리관이다. 이 관은 전극 반응에 관여하지 않는 염 용액으로 채워져 있는데, 염으로는 질산 포타슘(KNO_3)이 많이 쓰인다. 전지로부터 전류가 흐르게 되면 K^+ 이온은 염다리에서 환원 반쪽-전지로 이동한다. 동시에 NO_3^- 이온은 산화 반쪽-전지 쪽으로 이동한다. 이러한 방법으로 Cu^{2+} 이온이 아연 전극과 직접적으로 접촉하지 않으면서 전기적인 중성 상태를 유지한다.

그림 17.3에 나타낸 전지를 다음과 같이 간단하게 표기하기도 한다.

$$Zn \mid Zn^{2+} \parallel Cu^{2+} \mid Cu$$ ⓘ

ⓘ 산화전극 ‖ 환원전극.

이러한 표기에서

- *산화전극* 반응(*산화*)은 왼쪽에 나타낸다. 아연 원자는 Zn^{2+} 이온으로 산화된다.
- 염다리(또는 반쪽-전지를 분리하는 다른 수단)는 ‖의 기호로 나타낸다.
- *환원전극* 반응(*환원*)은 오른쪽에 나타낸다. Cu^{2+} 이온은 구리 원자로 환원된다.
- 단일 수직선(|)은 고체 전극과 수용액 사이와 같은 상 경계(phase boundary)를 나타낸다.

전지 표기에서 산화전극(anode)의 반응을 먼저 표기하는 것은 영어 알파벳 순서에서 *a* (anode)가 *c* (cathode)보다 앞에 있다는 점을 생각하면 쉽게 기억할 수 있다.

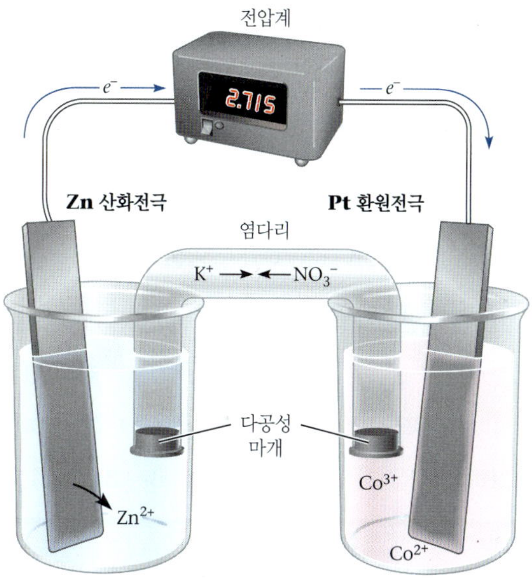

그림 17.4 ▸ **Zn-Co^{3+} 볼타 전지.** 백금 전극이 Co^{3+}와 Co^{2+} 이온이 들어 있는 용액에 담겨 있다. 자발적인 전지 반응은 다음과 같다.

$$Zn(s) + 2Co^{3+}(aq) \longrightarrow Zn^{2+}(aq) + 2Co^{2+}(aq).$$

백금 전극은 반응에 참여하지 않는다. 아연 전극은 반응에 참여한다.

그 밖의 염다리 전지

그림 17.3에 나타낸 것과 비슷한 전지는 그 외에도 많은 다른 자발적 산화-환원 반응을 이용하여 만들 수 있다. 그 예로 다음과 같은 반응을 살펴보자.

$$Ni(s) + Cu^{2+}(aq) \longrightarrow Ni^{2+}(aq) + Cu(s)$$

이 반응은 Zn과 Cu^{2+} 반응과 같이 볼타 전지의 전기 에너지원이 될 수 있다. 이 전지는 그림 17.3의 전지와 비슷하지만, 산화전극인 니켈 전극 주위가 $NiCl_2$ 또는 $NiSO_4$와 같은 니켈(II) 염 용액으로 둘러싸여 있다는 점만 다르다. 전지 표기는 $Ni \mid Ni^{2+} \parallel Cu^{2+} \mid Cu$이다.

전기 에너지원으로 이용되는 또 다른 자발적인 산화-환원 반응으로는 아연 금속과 Co^{3+} 이온 사이의 반응이 있다.

$$Zn(s) + 2Co^{3+}(aq) \longrightarrow Zn^{2+}(aq) + 2Co^{2+}(aq)$$

이 반응을 이용하는 볼타 전지는 Zn-Cu^{2+} 전지와 비슷하다. $Zn \mid Zn^{2+}$ 반쪽-전지와 염다리는 동일하다. 다만 환원 반쪽-전지 반응에 금속이 관여하지 않으므로 전류를 전도하는 *불활성*(inert) 전극이 사용된다. 흔히, 환원전극은 불활성 금속인 백금ⓘ으로 되어 있다(그림 17.4). 환원전극에서 Co^{3+} 이온은 $Co(NO_3)_3$ 용액에서 공급된다. 이 전지에서 일어나는 두 반쪽-반응은 다음과 같다.

ⓘ 니크롬이나 흑연도 사용할 수 있다.

산화전극: $Zn(s) \longrightarrow Zn^{3}+(aq) + 2e^-$ (산화)

환원전극: $2Co^{3+}(aq) + 2e^- \longrightarrow 2Co^{2+}(aq)$ (환원)

전지 표기는 다음과 같다. $Zn \mid Zn^{2+} \parallel Co^{3+}, Co^{2+} \mid Pt$. 같은 상에 있는 서로 다른 화학종은 쉼표(,)로 구별하여 나타내며, 원소 기호 Pt는 불활성 백금 전극을 나타낸다. 단일 수직선(|)은 고체인 백금과 액체상의 다른 화학종을 구별하기 위해 사용된다.

예제 17.3

염소 기체를 NaBr 수용액에 통과시키면, 자발적 반응에 의해 염화 이온과 액체 브로민이 생성된다.

(a) 전지의 구조를 개략적으로 그리고 산화전극, 환원전극 및 전자 흐름의 방향을 표시하라.

(b) 산화전극과 환원전극에서 일어나는 반쪽-반응을 각각 적어라.

(c) 전체 전지 반응의 균형 맞춘 화학 반응식을 적어라.

(d) 전지에 대한 간략한 표기를 적어라.

전략

1. 반응식을 두 개의 반쪽-반응으로 분리한다.
2. 산화전극에 대한 다음 사항을 기억한다.
   - 산화가 일어나는 전극.
   - 음이온이 이동하는 전극.
   - 전자가 생성되는 전극.
3. 환원전극에 대한 다음 사항을 기억한다.
   - 환원이 일어나는 전극.
   - 양이온들이 이동하는 전극.
   - 산화전극에서 방출된 전자들이 외부 회로를 통하여 이동하는 전극.

풀이

(a) 전지 그림	그림 17.5 는 각 부분의 이름과 전자 흐름의 방향이 표시된 전지를 나타낸다.	
(b) 반쪽-반응	환원전극: $Cl_2(g) + 2e^- \longrightarrow 2Cl^-(aq)$	(환원)
	산화전극: $2Br^-(aq) \longrightarrow Br_2(l) + 2e^-$	(산화)
(c) 균형 맞춘 반응식	$Cl_2(g) + 2Br^-(aq) \longrightarrow 2Cl^-(aq) + Br_2(l)$	
(d) 간략한 전지 표기	$Pt \mid Br_2, Br^- \parallel Cl^- \mid Cl_2 \mid Pt$	

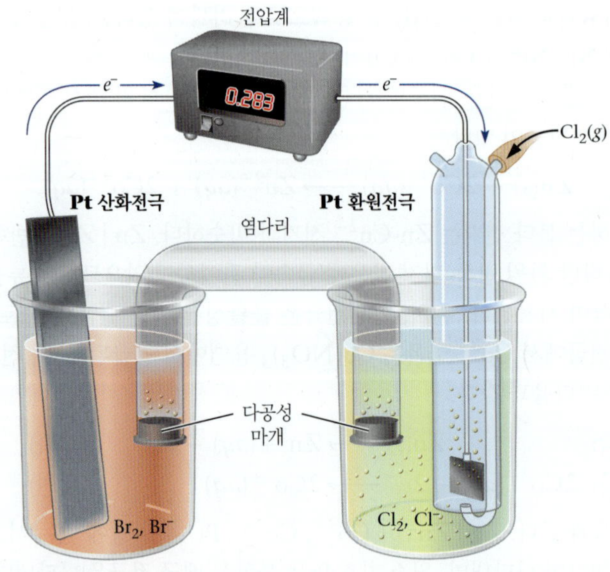

그림 17.5 ▸ **Cl_2-Br_2 볼타 전지.** 이 전지에서, 자발적인 전지 반응은 다음과 같다.

$$Cl_2(g) + 2Br^-(aq) \longrightarrow 2Cl^-(aq) + Br_2(l)$$

왼쪽의 산화전극과 오른쪽의 환원전극은 모두 백금이다.

볼타 전지의 구조에 대한 논의를 요약하면 다음과 같다.

- *볼타 전지는 두 개의 반쪽-전지로 구성된다.* 두 반쪽-전지는 전자가 이동하는 통로인 외부 회로와 이온들이 이동하는 통로인 염다리를 통하여 연결된다.
- *각각의 반쪽-전지는 수용액에 담긴 전극으로 구성된다.* 만약에 금속이 반응물이나 생성물 중 하나로 전지 반응에 참여하는 경우, 그 금속을 전극으로 사용한다. 그렇지 않은 경우는 백금과 같은 불활성 전극을 사용한다.
- *한 반쪽-전지인 산화전극에서는 산화 반응이 일어나고, 다른 쪽 반쪽-전지인 환원전극에서는 환원 반응이 일어난다.* 전체 전지 반응은 산화전극과 환원전극에서 일어나는 산화-환원 반응의 합으로 나타난다.

17-3 표준 전압

볼타 전지의 자발적인 반응의 추진력은 전지 전압으로 측정되는데, 전지 전압은 전지를 통하여 이동되는 전자의 수와 무관한 *세기 성질*(intensive property)이다. **전지 전압**(cell voltage)은 산화-환원 반응의 성질과 관련 화학종의 농도에 따라 달라진다. 지금부터 이와 같은 두 가지 인자 중에서 첫 번째 인자에 대해 집중하여 살펴보기로 한다.

주어진 전지에서 **표준 전지 전압**(standard cell voltage, $E°$, *표준 전압*이라고도 함)은 전류의 흐름이 본질적으로 0일 때 측정되며, ***용액 내의 모든 이온과 분자는 1 M 농도이고, 모든 기체의 압력이 1 atm일 때 측정된 값이다.*** 이것을 설명하기 위해 Zn-H^+ 전지를 살펴보자. Zn^{2+}의 농도가 1 *M*인 반쪽-전지와 H^+ 이온의 농도 역시 1 *M*이고, $H_2(g)$의 압력이 1 atm인 상태의 다른 반쪽-전지를 구성하였다고 생각하자. 이러한 조건하에서 전류가 거의 흐르지 않을 때 전지의 전압은 +0.762 V이다. 이 값을 표준 전압(standard voltage)이라 하고 기호 $E°$로 나타낸다.

$$\mathrm{Zn}(s) + 2\mathrm{H}^+(aq, 1\ M) \longrightarrow \mathrm{Zn}^{2+}(aq, 1\ M) + \mathrm{H}_2(g, 1\ \mathrm{atm}) \qquad E° = +0.762\ \mathrm{V}$$

$E°_{환원}$와 $E°_{산화}$

산화-환원 반응은 두 반쪽-반응, 즉 산화와 환원 반쪽-반응으로 나눌 수 있다. 그리고 이 산화와 환원 반쪽-반응을 표준 전압인 **표준 산화 전압**(standard oxidation voltage, $E°_{산화}$) 및 **표준 환원 전압**(standard reduction voltage, $E°_{환원}$)과 연관시킬 수 있다. 전체 전지 반응의 표준 전압, $E°$는 두 전압 값의 합이다.

$$E° = E°_{환원} + E°_{산화} \qquad (17.1)$$

ⓘ 전압을 측정하기 위해서는 두 개의 반쪽-전지가 필요하다.

예를 들어, 표준 전압이 +0.762 V인 Zn과 H^+ 이온 사이의 반응을 살펴보자.

$$+0.762\ \mathrm{V} = E°_{환원}(\mathrm{H}^+ \longrightarrow \mathrm{H}_2) + E°_{산화}(\mathrm{Zn} \longrightarrow \mathrm{Zn}^{2+})$$

한 반쪽-반응의 표준 전압을 측정할 수 있는 방법은 없다. 단지 전지의 $E°$ 값만을 직접 측정할 수 있다. $E°_{산화}$와 $E°_{환원}$ 값을 얻으려면 H^+ 이온을 H_2 기체로 환원하기 위한 표준 전압을 임의로 0으로 할당한다.

$$2\mathrm{H}^+(aq, 1\ M) + 2e^- \longrightarrow \mathrm{H}_2(g, 1\ \mathrm{atm}) \qquad E°_{환원}(\mathrm{H}^+ \longrightarrow \mathrm{H}_2) = 0.000\ \mathrm{V}$$

이 방법을 이용하면 아연의 산화 표준 전압이 +0.762 V가 됨을 알 수 있다. 즉,

$$\mathrm{Zn}(s) \longrightarrow \mathrm{Zn}^{2+}(aq, 1\ M) + 2e^- \qquad E°_{산화}(\mathrm{Zn} \longrightarrow \mathrm{Zn}^{2+}) = +0.762\ \mathrm{V}$$

이와 같이 한 반쪽-반응 전압을 알면 다른 하나의 반쪽-반응 전압을 계산할 수 있다. 예를 들면, 그림 17.3에 나타낸 Zn-Cu^{2+} 반응의 표준 전압은 +1.101 V이다. 아연의 $E°_{산화}$ = +0.762 V을 알면, Cu^{2+}의 환원 반쪽-반응의 전압은 다음과 같다.

$$\begin{aligned} E°_{환원}(\mathrm{Cu}^{2+} \longrightarrow \mathrm{Cu}) &= E° - E°_{산화}(\mathrm{Zn} \longrightarrow \mathrm{Zn}^{2+}) \\ &= 1.101\ \mathrm{V} - 0.762\ \mathrm{V} = +0.339\ \mathrm{V} \end{aligned}$$

표준 반쪽-전지의 전압은 표 17.1에 있는 표준 전압의 목록에서 얻을 수 있다. 전기 전위의 단위는 **볼트**(volt, V)이다. 각 **표준 전위**(standard pontial)는 환원 반쪽-반응의 표준 전압이다.

$$\text{표준 전위} = E°_{\text{환원}}$$

예를 들면, $Zn^{2+} \longrightarrow Zn$과 $Cu^{2+} \longrightarrow Cu$에 대해 수록된 표준 전위는 각각 -0.762 V와 $+0.339$ V인데, 이는 25°C에서 다음과 같은 의미이다.

$$Zn^{2+}(aq, 1\,M) + 2e^- \longrightarrow Zn(s) \qquad E°_{\text{환원}} = -0.762\text{ V}$$
$$Cu^{2+}(aq, 1\,M) + 2e^- \longrightarrow Cu(s) \qquad E°_{\text{환원}} = +0.339\text{ V}$$

표준 전위 = $E°_{\text{환원}}$

산화 반쪽-반응의 표준 전압을 얻기 위해서는, 표 17.1에 수록된 표준 전위의 부호를 바꾸면 된다. 예를 들면

$$Zn^{2+}(aq) + 2e^- \longrightarrow Zn(s) \qquad E°_{\text{환원}} = -0.762\text{ V}$$

이므로

$$Zn(s) \longrightarrow Zn^{2+}(aq) + 2e^- \qquad E°_{\text{산화}} = +0.762\text{ V}$$

가 된다. 또한

$$Cu^{2+}(aq) + 2e^- \longrightarrow Cu(s) \qquad E°_{\text{환원}} = +0.339\text{ V}$$

이므로

$$Cu(s) \longrightarrow Cu^{2+}(aq) + 2e^- \qquad E°_{\text{산화}} = -0.339\text{ V}$$

가 된다. 이 원리를 다른 방법으로 표현하면, ***정반응과 역반응의 표준 전압은 크기는 같고, 부호는 반대이다.***

산화제와 환원제의 세기

17-1절에서 설명한 것처럼, 산화제는 전자를 얻을 수 있는 화학종이며, 환원 반쪽-반응의 반응물에 해당된다. 표 17.1은 왼쪽에서부터 오른쪽으로 진행되는 환원 반쪽-반응을 순서대로 늘어놓은 것이다. 즉 ***산화제는 이 표의 왼쪽 열에 위치하고 있다.*** 왼쪽 열에 수록된 모든 화학종(Li^+, . . . , F_2)은 원리상 산화제이다. "센" 산화제는 강하게 전자를 잡아당기므로, *쉽게 다른 물질을 산화시킬 수 있다.* 반대로 "약한" 산화제는 전자를 쉽게 받아들이지 않기 때문에 매우 쉽게 산화되는 화학종들 하고만 반응할 수 있다.

산화제의 세기는 표준 환원 전압인 $E°_{\text{환원}}$ 값과 직접 관련이 있다. ***$E°_{\text{환원}}$의 값이 더 큰 양의 값일수록 더 센 산화제다.*** 표 17.1을 보면, ***산화제의 세기는 왼쪽 열의 아래로 내려갈수록 증가하는*** 것을 볼 수 있다. 왼쪽 열 맨 위에 있는 Li^+ 이온은 절댓값이 큰 음의 환원 전압($E°_{\text{환원}} = -3.040$ V)을 갖는 매우 약한 산화제이다. 실제로 1족 금속(Li^+, Na^+, K^+, . . .)과 2족 금속(Mg^{2+}, Ca^{2+}, . . .) 양이온들은 수용액에서 절대 산화제로 작용하지 못한다.

표 17.1의 왼쪽 열의 중간에 위치한 H^+ 이온($E°_{\text{환원}} = 0.000$ V)은 비교적 센 산화제로 작용한다. 즉, H^+ 이온은 Mg나 Zn과 같은 많은 금속을 산화시킬 수 있는 능력이 있다.

$$Mg(s) + 2H^+(aq) \longrightarrow Mg^{2+}(aq) + 2H_2(g) \qquad E° = +2.357\text{ V}$$
$$Zn(s) + 2H^+(aq) \longrightarrow Zn^{2+}(aq) + 2H_2(g) \qquad E° = +0.762\text{ V}$$

가장 센 산화제는 표 왼쪽 열의 맨 아래쪽에 있는 물질이다. $Cr_2O_7^{2-}$($E°_{\text{환원}} = +1.33$ V) 또는 Cl_2($E°_{\text{환원}} = +1.360$ V)와 같은 화학종들은 실험실에서 흔히 산화제로 사용된다. 왼쪽 열의 맨 아래에 있는 플루오린 분자는 모든 산화제 중에서 가장 센 산화제가 되어야 한다. 실제로는, 플루오린이 수용액에서 산화제로 사용되는 경우는 거의 없다. F_2 분자는 물을 포함한 거의 모든 물질에서 전자를 받아들여서, 가끔 폭발적으로 격렬히 반응한다.

표 17.1 ▸ 25°C의 수용액에서 표준 전위

산성 용액, $[H^+] = 1\,M$

반응물		생성물	$E^\circ_{환원}$ (V)
$Li^+(aq) + e^-$	$\longrightarrow$	$Li(s)$	−3.040
$K^+(aq) + e^-$	$\longrightarrow$	$K(s)$	−2.936
$Ba^{2+}(aq) + 2e^-$	$\longrightarrow$	$Ba(s)$	−2.906
$Ca^{2+}(aq) + 2e^-$	$\longrightarrow$	$Ca(s)$	−2.869
$Na^+(aq) + e^-$	$\longrightarrow$	$Na(s)$	−2.714
$Mg^{2+}(aq) + 2e^-$	$\longrightarrow$	$Mg(s)$	−2.357
$Al^{3+}(aq) + 3e^-$	$\longrightarrow$	$Al(s)$	−1.68
$Mn^{2+}(aq) + 2e^-$	$\longrightarrow$	$Mn(s)$	−1.182
$Zn^{2+}(aq) + 2e^-$	$\longrightarrow$	$Zn(s)$	−0.762
$Cr^{3+}(aq) + 3e^-$	$\longrightarrow$	$Cr(s)$	−0.744
$Fe^{2+}(aq) + 2e^-$	$\longrightarrow$	$Fe(s)$	−0.409
$Cr^{3+}(aq) + e^-$	$\longrightarrow$	$Cr^{2+}(aq)$	−0.408
$Cd^{2+}(aq) + 2e^-$	$\longrightarrow$	$Cd(s)$	−0.402
$PbSO_4(s) + 2e^-$	$\longrightarrow$	$Pb(s) + SO_4^{2-}(aq)$	−0.356
$Tl^+(aq) + e^-$	$\longrightarrow$	$Tl(s)$	−0.336
$Co^{2+}(aq) + 2e^-$	$\longrightarrow$	$Co(s)$	−0.282
$Ni^{2+}(aq) + 2e^-$	$\longrightarrow$	$Ni(s)$	−0.236
$AgI(s) + e^-$	$\longrightarrow$	$Ag(s) + I^-(aq)$	−0.152
$Sn^{2+}(aq) + 2e^-$	$\longrightarrow$	$Sn(s)$	−0.141
$Pb^{2+}(aq) + 2e^-$	$\longrightarrow$	$Pb(s)$	−0.127
$2H^+(aq) + 2e^-$	$\longrightarrow$	$H_2(g)$	0.000
$AgBr(s) + e^-$	$\longrightarrow$	$Ag(s) + Br^-(aq)$	0.073
$S(s) + 2H^+(aq) + 2e^-$	$\longrightarrow$	$H_2S(aq)$	0.144
$Sn^{4+}(aq) + 2e^-$	$\longrightarrow$	$Sn^{2+}(aq)$	0.154
$SO_4^{2-}(aq) + 4H^+(aq) + 2e^-$	$\longrightarrow$	$SO_2(g) + 2H_2O$	0.155
$Cu^{2+}(aq) + e^-$	$\longrightarrow$	$Cu^+(aq)$	0.161
$Cu^{2+}(aq) + 2e^-$	$\longrightarrow$	$Cu(s)$	0.339
$Cu^+(aq) + e^-$	$\longrightarrow$	$Cu(s)$	0.518
$I_2(s) + 2e^-$	$\longrightarrow$	$2I^-(aq)$	0.534
$Fe^{3+}(aq) + e^-$	$\longrightarrow$	$Fe^{2+}(aq)$	0.769
$Hg_2^{2+}(aq) + 2e^-$	$\longrightarrow$	$2Hg(l)$	0.796
$Ag^+(aq) + e^-$	$\longrightarrow$	$Ag(s)$	0.799
$2Hg^{2+}(aq) + 2e^-$	$\longrightarrow$	$Hg_2^{2+}(aq)$	0.908
$NO_3^-(aq) + 4H^+(aq) + 3e^-$	$\longrightarrow$	$NO(g) + 2H_2O$	0.964
$AuCl_4^-(aq) + 3e^-$	$\longrightarrow$	$Au(s) + 4Cl^-(aq)$	1.001
$Br_2(l) + 2e^-$	$\longrightarrow$	$2Br^-(aq)$	1.077
$O_2(g) + 4H^+(aq) + 4e^-$	$\longrightarrow$	$2H_2O$	1.229
$MnO_2(s) + 4H^+(aq) + 2e^-$	$\longrightarrow$	$Mn^{2+}(aq) + 2H_2O$	1.229
$Cr_2O_7^{2-}(aq) + 14H^+(aq) + 6e^-$	$\longrightarrow$	$2Cr^{3+}(aq) + 7H_2O$	1.33
$Cl_2(g) + 2e^-$	$\longrightarrow$	$2Cl^-(aq)$	1.360
$ClO_3^-(aq) + 6H^+(aq) + 5e^-$	$\longrightarrow$	$\frac{1}{2}Cl_2(g) + 3H_2O$	1.458
$Au^{3+}(aq) + 3e^-$	$\longrightarrow$	$Au(s)$	1.498
$MnO_4^-(aq) + 8H^+(aq) + 5e^-$	$\longrightarrow$	$Mn^{2+}(aq) + 4H_2O$	1.512
$PbO_2(s) + SO_4^{2-}(aq) + 4H^+(aq) + 2e^-$	$\longrightarrow$	$PbSO_4(s) + 2H_2O$	1.687
$H_2O_2(aq) + 2H^+(aq) + 2e^-$	$\longrightarrow$	$2H_2O$	1.763
$Co^{3+}(aq) + e^-$	$\longrightarrow$	$Co^{2+}(aq)$	1.953
$F_2(g) + 2e^-$	$\longrightarrow$	$2F^-(aq)$	2.889

산화제의 세기 증가 (↓)

환원제의 세기 증가 (↑)

염기성 용액, $[OH^-] = 1\,M$

반응물		생성물	$E^\circ_{환원}$ (V)
$Fe(OH)_2(s) + 2e^-$	$\longrightarrow$	$Fe(s) + 2OH^-(aq)$	−0.891
$2H_2O + 2e^-$	$\longrightarrow$	$H_2(g) + 2OH^-(aq)$	−0.828
$Fe(OH)_3(s) + e^-$	$\longrightarrow$	$Fe(OH)_2(s) + OH^-(aq)$	−0.547
$S(s) + 2e^-$	$\longrightarrow$	$S^{2-}(aq)$	−0.445
$NO_3^-(aq) + 2H_2O + 3e^-$	$\longrightarrow$	$NO(g) + 4OH^-(aq)$	−0.140
$NO_3^-(aq) + H_2O + 2e^-$	$\longrightarrow$	$NO_2^-(aq) + 2OH^-(aq)$	0.004
$ClO_4^-(aq) + H_2O + 2e^-$	$\longrightarrow$	$ClO_3^-(aq) + 2OH^-(aq)$	0.398
$O_2(g) + 2H_2O + 4e^-$	$\longrightarrow$	$4OH^-(aq)$	0.401
$ClO_3^-(aq) + 3H_2O + 6e^-$	$\longrightarrow$	$Cl^-(aq) + 6OH^-(aq)$	0.614
$ClO^-(aq) + H_2O + 2e^-$	$\longrightarrow$	$Cl^-(aq) + 2OH^-(aq)$	0.890

i 리튬은 가장 센 환원제이다.

i 리튬과 플루오린은 다루기가 매우 위험한 물질이다.

i R / O — O = 가장 센 산화제. R = 가장 센 환원제.

i 리튬과 플루오린은 다루기가 매우 위험한 물질이다.

i 플루오린은 가장 센 산화제이다.

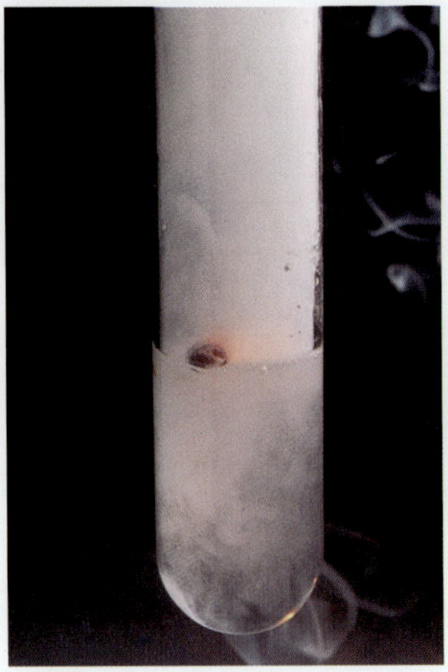

© Cengage Learning/Charles D. Winters

그림 17.6 ▸ **환원제로서의 리튬.** 표 17.1에 수록된 가장 센 환원제인 리튬이 물과 반응하는 것을 보여 준다. 반응열은 발생한 수소 기체를 발화시킨다.

방금 진행한 논의를 ***표 17.1의 오른쪽 열에 수록되어 있는 환원제***(Li, . . . , F^-)에 대해 역순으로 적용할 수 있다. 원리상 환원제들은 산화-환원 반응에서 다른 물질에 전자를 제공할 수 있다. 환원제의 세기는 직접적으로 $E^\circ_{산화}$ 값과 연관되어 있다. ***$E^\circ_{산화}$ 값이 더 큰 양의 값을 가질수록 더 센 환원제이다.*** $E^\circ_{산화} = -E^\circ_{환원}$이라는 것을 기억하면서 다음 값을 비교해 보라.

$$\mathrm{Li}(s) \longrightarrow \mathrm{Li}^+(s) + e^- \qquad E^\circ_{산화} = +3.040\ \mathrm{V}$$
$$\mathrm{H_2}(g) \longrightarrow 2\mathrm{H}^+(aq) + 2e^- \qquad E^\circ_{산화} = 0.000\ \mathrm{V}$$
$$2\mathrm{F}^-(aq) \longrightarrow \mathrm{F_2}(g) + e^- \qquad E^\circ_{산화} = -2.889\ \mathrm{V}$$

환원제의 세기는 표의 밑으로 갈수록 감소한다는 것이 분명하다. 실제로 오른쪽 열의 위에 있는 있는 다섯 개의 금속(Li, K, Ba, Ca, Na)은 물과 직접 반응하여 수소 기체를 발생시키기 때문에 수용액에서 환원제로 사용되지 않는다(그림 17.6).

$$\mathrm{Li}(s) + \mathrm{H_2O} \longrightarrow \mathrm{Li}^+(aq) + \mathrm{OH}^-(aq) + \tfrac{1}{2}\mathrm{H_2}(g)$$
$$\mathrm{Ba}(s) + 2\mathrm{H_2O} \longrightarrow \mathrm{Ba}^{2+}(aq) + 2\mathrm{OH}^-(aq) + \mathrm{H_2}(g)$$

예제 17.4 개념 문제

산성 용액에서 MnO_4^-, I^-, NO_3^-, H_2S, Fe^{2+}의 화학종을 생각해 보자.

a 표 17.1을 이용하여 이들 각각을 산화제, 환원제로 분류하라.

전 략

산화제는 표 17.1의 왼쪽 열에 위치하고, 환원제는 같은 표의 오른쪽 열에 있음을 주목하자.

풀 이

MnO_4^-	왼쪽 열에 있음. 산화제
I^-	오른쪽 열에 있음. 환원제
NO_3^-	왼쪽 열에 있음. 산화제
H_2S	오른쪽 열에 있음. 환원제
Fe^{2+}	왼쪽 열과 오른쪽 열에 모두 있음. 산화제와 환원제

b 산화제와 환원제를 세기가 증가하는 순서대로 나열하라.

전략 및 풀이

왼쪽 열에서 *아래로* 내려갈수록 산화제의 세기가 증가한다.

$Fe^{2+} < NO_3^- < MnO_4^-$

오른쪽 열에서 *위로* 올라갈수록 환원제의 세기가 증가한다.

$Fe^{2+} < I^- < H_2S$

▶ $E^\circ_{산화}$와 $E^\circ_{환원}$으로부터 E°의 계산

앞에서 설명한 바와 같이, 산화-환원 반응의 표준 전압은 산화와 환원이라는 두 반쪽-반응의 표준 전압의 합이다.

$$E^\circ = E^\circ_{환원} + E^\circ_{산화}$$

위의 간단한 관계식을 이용하면 표 17.1로부터 3000가지 이상의 산화-환원 반응에 대한 표준 전압을 계산할 수 있다.

예제 17.5 주요 문제

다음 반응이 일어나는 볼타 전지를 살펴보자.

$$2Ag^+(aq) + Cd(s) \longrightarrow 2Ag(s) + Cd^{2+}(aq)$$

a 표 17.1을 사용하여 볼타 전지의 $E°$ 값을 계산하라.

전략

1. 각 원소에 대하여 산화수를 할당하여, 어느 원소가 산화되고 어느 원소가 환원되는지를 결정한다.

2. $E°_{산화}$와 $E°_{환원}$과 더불어 산화와 환원의 반쪽-반응식을 적는다. $E°_{산화} = -(E°_{환원})$임을 상기한다.

3. 두 반쪽-반응식을 더하고(전자가 제거되었는지를 확인한다), $E°_{산화}$와 $E°_{환원}$의 합을 구하여 전지 전압, $E°$를 구한다.

풀 이

1. 산화수 $Ag^+: +1 \longrightarrow 0$ (환원)

$Cd: 0 \longrightarrow +2$ (산화)

2. 반쪽-반응 $2Ag^+(aq) + 2e^- \longrightarrow 2Ag \quad E°_{환원} = +0.799\ V$

$Cd(s) \longrightarrow Cd^{2+}(aq) + 2e^- \quad E°_{산화} = -(E°_{환원}) = -(-0.402\ V) = +0.402\ V$

3. $E°$ $Cd(s) + 2Ag^+(aq) \longrightarrow Cd^{2+}(aq) + 2Ag(s) \quad E° = 0.799\ V + 0.402\ V = 1.201\ V$

b Ag^+ 이온이 Ag로 환원되는 반응의 표준 전위를 임의로 0.00 V라고 하면, Cd^{2+} 이온이 Cd로 환원되는 $E°_{환원}$은 얼마가 되겠는가?

전략 및 풀이

전지의 $E°$는 변하지 않는다. 반쪽-반응의 $E°_{환원}$으로 무엇을 선택할 것인지는 중요하지 않다. 당연히 $E°_{산화}$는 변하게 되고, 이를 바꿀 수는 없다.

만약 은의 환원 반응에 대하여 $E°_{환원} = 0$이라고 하면

$E°_{환원} + E°_{산화} = 1.201\ V$

$0 + E°_{산화} = 1.201\ V$; 즉 반쪽-반응 $Cd(s) \longrightarrow Cd^{2+}(aq) + 2e^-$에 대한 $E°_{산화} = 1.201$이다.

Cd^{2+}의 환원 반응에 대한 $E°_{환원}$을 묻고 있으므로 $E°_{환원} = -(E°_{산화}) = -1.201\ V$

예제 17.5는 전지 전압에 관한 두 가지 일반적인 관점을 설명하고 있다.

1. 볼타 전지에서 일어나는 반응에 대하여 계산한 전압, $E°$ 값은 항상 양의 값이다.
2. $E°$, $E°_{산화}$, $E°_{환원}$의 값은 전지 반응에 관한 반응식이 어떻게 쓰이든 무관하다. 균형 맞춘 반응식에 있는 계수를 *절대로* 전압에 곱하지 말라. ⓘ

ⓘ 반응식을 다시 작성하여 전압을 두 배로 늘릴 수 있다면 좋겠지만 그렇게 할 수는 없다.

산화-환원 반응의 자발성

주어진 산화-환원 반응이 자발적인지 여부를 결정하려면 다음과 같은 간단한 원리를 적용한다.

산화-환원 반응에 대해 계산한 전압이 양의 값이면, 반응은 자발적으로 일어난다. 만일 계산한 전압이 음의 값이면 반응은 자발적으로 일어나지 않는다.

그림 17.7 ▸ Cu^{2+}에 의한 Ni의 산화.

보통 이러한 원리는 표준 농도(기체는 1 atm, 수용액의 화학종에 대해서는 1 *M*)에서 적용된다. 여기서 $E°$의 부호가 자발성의 기준으로 사용된다. 이것이 어떻게 작용하는지를 보여주기 위해 니켈 금속이 Ni^{2+} 이온으로 산화되는 과정을 살펴보자. 1 *M* Zn^{2+} 이온을 사용하면 이 과정은 일어나지 않는다.

$$Ni(s) + Zn^{2+}(aq, 1\ M) \longrightarrow Ni^{2+}(aq, 1\ M) + Zn(s)$$
$$E° = E°_{산화}\,Ni + E°_{환원}\,Zn^{2+} = +0.236\ V - 0.762\ V = -0.526\ V$$

ⓘ $E°_{환원}$과 $E°_{산화}$를 더하여 $E°$를 얻기 때문에 어느 것을 먼저 쓰든 차이가 없다.

1 *M* $ZnSO_4$ 용액에 니켈 막대를 담그면 확실히 아무 변화도 일어나지 않는다. 그러나 니켈 막대를 1 *M* $CuSO_4$ 용액에 넣었다고 가정해 보자(그림 17.7의 왼쪽 비커). 시간이 지남에 따라 자발적인 산화-환원 반응을 통하여 니켈은 산화되고, Cu^{2+} 이온은 환원된다(그림 17.7의 오른쪽 비커).

$$Ni(s) + Cu^{2+}(aq, 1\ M) \longrightarrow Ni^{2+}(aq, 1\ M) + Cu(s)$$
$$E° = E°_{산화}\,Ni + E°_{환원}\,Cu^{2+} = +0.236\ V + 0.339\ V = +0.575\ V$$

예제 17.6

표준 상태에서 Fe^{2+}를 살펴보자.

a 아래의 반응이 일어날 것인가?

$$2Fe^{3+}(aq) + 2I^-(aq) \longrightarrow 2Fe^{2+}(aq) + I_2(s)$$

분석

주어진 정보:	반응식($2Fe^{3+}(aq) + 2I^-(aq) \longrightarrow 2Fe^{2+}(aq) + I_2(s)$)
정보가 알려주는 내용:	표 17.1(표준 환원 전위)
알고자 하는 것:	반응이 일어날 것인가?

(계속)

전략

1. 산화수를 할당한다.
2. $E^\circ_{산화}$와 $E^\circ_{환원}$을 포함한 산화 반쪽-반응식과 환원 반쪽-반응식을 쓴다.
3. E°를 계산한다. $E^\circ > 0$이라면 반응이 일어날 것이다.

풀이

1. 산화수	Fe: $+3 \longrightarrow +2$	환원
	I: $-1 \longrightarrow 0$	산화
2. 반쪽-반응	$2Fe^{3+}(aq) + 2e^- \longrightarrow 2Fe^{2+}(aq)$	$E^\circ_{환원} = +0.769$ V
	$2I^-(aq) \longrightarrow I_2(s) + 2e^-$	$E^\circ_{산화} = -0.534$ V
3. E°	$E^\circ = +0.769\text{ V} + (-0.534\text{ V}) = +0.235\text{ V}$	
	$E^\circ > 0$이므로 표준 상태에서 반응이 일어날 것이다.	

b Fe(*s*)는 염산과 반응하여 Fe^{2+}로 산화될 것인가?

분석

주어진 정보:	산화 반쪽-반응($Fe(s) \longrightarrow Fe^{2+}(aq) + 2e^-$)
정보가 알려주는 내용:	표 17.1(표준 환원 전위)
알고자 하는 것:	HCl은 Fe를 산화시킬 것인가?

전략

1. HCl(*aq*)은 H^+와 Cl^-의 두 개의 이온으로 구성되어 있다. 산화제가 필요하므로(Fe(*s*)를 Fe^{2+}로 산화시키기 위하여) 표 17.1의 왼쪽 열에서 H^+ 또는 Cl^- (또는 둘 다) 중에서 어느 것이 산화제인지 찾아야 한다.
2. 가능한 반쪽-반응식을 적는다.
3. 산화-환원 반응식을 적고, E°를 구한다.

풀이

1. 산화제	H^+만이 왼쪽 열에 있다.	
2. 반쪽-반응식	$2H^+(aq) + 2e^- \longrightarrow H_2(g)$	$E^\circ_{환원} = 0.000$ V
	$Fe(s) \longrightarrow Fe^{2+}(aq) + 2e^-$	$E^\circ_{산화} = 0.409$ V
3. 산화-환원 반응식	$Fe(s) + 2H^+(aq) \longrightarrow Fe^{2+}(aq) + H_2(g)$	$E^\circ = 0.409$ V
	$E^\circ > 0$이므로, 표준 상태에서 HCl은 Fe를 산화시킨다(그림 17.8).	

c 다음 화학종을 산성 용액에서 혼합하였을 때, 산화-환원 반응이 일어날 것인가? Cl^-, Fe^{2+}, Cr^{2+}, I_2?

분석

주어진 정보:	산성 용액 속의 화학종들(Cl^-, Fe^{2+}, Cr^{2+}, I_2)
정보가 알려주는 내용:	표 17.1
알고자 하는 것:	화학종들을 혼합하면 산화-환원 반응이 일어날 것인가?

전략

1. 표 17.1 왼쪽 열을 점검하여 어느 화학종이 산화제(자신은 환원된다)인지를 결정한다. 산화제의 환원 반쪽-반응식을 적는다.
2. 표 17.1 오른쪽 열을 점검하여 어느 화학종이 환원제(자신은 산화된다)인지를 결정한다. 환원제의 환원 반쪽-반응식을 적는다.
3. 모든 가능한 산화 반쪽-반응식과 환원 반쪽-반응식의 조합을 쓴다. E° 값이 양인 조합이 가능하다.
4. 일어나는 반응의 산화-환원 반응식을 적는다.

(계속)

풀이			
1. 산화제	$Fe^{2+}(aq) + 2e^- \longrightarrow Fe(s)$	$E°_{환원} = -0.409$ V	
	$I_2(s) + 2e^- \longrightarrow 2I^-(aq)$	$E°_{환원} = +0.534$ V	
2. 환원제	$2Cl^-(aq) \longrightarrow Cl_2(g) + 2e^-$	$E°_{산화} = -1.360$ V	
	$Cr^{2+}(aq) \longrightarrow Cr^{3+}(aq) + e^-$	$E°_{산화} = +0.408$ V	
	$Fe^{2+}(aq) \longrightarrow Fe^{3+}(aq) + e^-$	$E°_{산화} = -0.769$ V	
3. 가능한 조합	$Fe^{2+} + Cl^-$: $E° < 0$	$I_2 + Cl^-$: $E° < 0$	
	$Fe^{2+} + Cr^{2+}$: $E° < 0$	$I_2 + Cr^{2+}$: $E° > 0$	✔
	$Fe^{2+} + Fe^{2+}$: $E° < 0$	$I_2 + Fe^{2+}$: $E° < 0$	
4. 산화-환원 반응식	$I_2(s) + 2Cr^{2+}(aq) \longrightarrow 2I^-(aq) + 2Cr^{3+}(aq)$	$E° = 0.942$ V	

그림 17.8 ▸ **H^+에 의한 Fe의 산화.** 강철 솜 형태의 잘게 쪼갠 철은 염산과 반응하여 수소를 발생한다. $Fe(s) + 2H^+(aq) \longrightarrow Fe^{2+}(aq) + H_2(g)$. 수소 기체는 강철 솜의 가닥을 따라 생성되자마자 거품을 발생한다.

ⓘ $F = 9.648 \times 10^4$ C/mol $= 9.648 \times 10^4$ J/mol · V

17-4 $E°$, $\Delta G°$, K 사이의 관계

앞에서 설명한 바와 같이, 표준 전지 전압, $E°$ 값은 전지 반응의 자발성을 결정하는 척도이다. 제16장에서 표준 자유 에너지 변화 $\Delta G°$는 반응의 자발성에 대한 일반적인 기준이라는 것을 배웠다. 예상할 수 있는 것과 같이, 이들 두 물리량은 서로 간단히 연관되어 있으며, 전지 반응의 평형 상수, K와도 연관되어 있다.

▶ $E°$와 $\Delta G°$

여기서 자세히 다루지는 않겠지만 열역학적으로 이들 두 물리량 사이에는 다음과 같은 관계가 있다.

$$\Delta G° = -nFE° \tag{17.2}$$

여기서

- $\Delta G°$는 주어진 반응의 표준 자유 에너지 변화(기체는 1 atm, 용액의 화학종은 1 M)이다.
- $E°$는 전지 반응의 표준 전압이다.
- n은 반응에서 전달된 전자의 몰수이다.
- F는 **Faraday 상수**ⓘ이며, 9.648×10^4 J/mol · V (J = 주울, V = 볼트)이다.

이 식에서 $\Delta G°$와 $E°$의 부호가 반대인 것을 주목하라. 자발적 반응에서 $\Delta G°$는 *음의 값*을 갖지만 $E°$는 *양의 값*을 갖는다.

▶ $E°$와 K

산화-환원 반응은 모든 화학 반응과 마찬가지로 결국에는 평형에 도달한다. 산화-환원 반응의 평형 상수는 표준 전압을 사용하여 계산할 수 있다. 계산을 위해서 먼저 제16장에서 얻은 다음 관계식에서 시작하자.

$$\Delta G° = -RT \ln K$$

또한, 바로 위에서 $\Delta G° = -nFE°$ 임을 보였으므로 다음과 같은 관계식을 얻을 수 있다.

$$RT \ln K = nFE°$$

즉,

$$E° = \frac{RT}{nF} \ln K$$

표준 전위 값을 얻은 온도인 25°C에서 RT/F의 값을 쉽게 계산할 수 있다.

$$\frac{RT}{F} = \frac{8.31\ \text{J/mol}\cdot\text{K} \times 298\ \text{K}}{9.648 \times 10^4\ \text{J/mol}\cdot\text{V}} = 0.0257\ \text{V}$$

그러므로

$$E° = \frac{(0.0257\ \text{V})}{n} \ln K \qquad (25°\text{C에서}) \qquad (17.3)$$

위 식에서 표준 전압이 양의 값을 갖는다면, $\ln K$ 또한 양의 값을 가지며, K는 1보다 크다는 것을 주목하라. 반대로 표준 전압이 음의 값을 가지면, $\ln K$는 음의 값을 가지며, K는 1보다 작다.

자발적인 반응: $E° > 0$, $\Delta G° < 0$, $K > 1$.

예제 17.7

25°C에서 다음 반응을 살펴보자.

$$3Ag(s) + NO_3^-(aq) + 4H^+(aq) \longrightarrow 3Ag^+(aq) + NO(g) + 2H_2O$$

a $\Delta G°$를 구하라.

분석

주어진 정보:	반응: $(3Ag(s) + NO_3^-(aq) + 4H^+(aq) \longrightarrow 3Ag^+(aq) + NO(g) + 2H_2O)$
	온도(25°C)
정보가 알려주는 내용:	표 17.1(표준 환원 전위)
	Faraday 상수(F)
알고자 하는 것:	$\Delta G°$

전략

1. 산화수를 할당한다.
2. 산화-환원 반응을 산화 반쪽-반응식과 환원 반쪽-반응식으로 나누고, $E°$ 값을 구한다.
3. 균형 맞춘 반응식에서 제거해야 할 전자수를 결정하여 몰수 n을 구한다.
4. 반응식 17.2에 대입한다. Faraday 상수의 단위가 J이므로 $\Delta G°$의 단위는 J인 것을 유의한다.

풀이

1. 산화수

N: $+5 \longrightarrow +2$ 환원

Ag: $0 \longrightarrow +1$ 산화

2. 반쪽-반응

$NO_3^-(aq) + 4H^+(aq) + 3e^- \longrightarrow NO(g) + 2H_2O \qquad E°_{환원} = 0.964\ \text{V}$

$Ag(s) + e^- \longrightarrow Ag^+(aq) \qquad E°_{산화} = -0.799\ \text{V}$

$E° = 0.964\ \text{V} + (-0.799\ \text{V}) = 0.165\ \text{V}$

3. n

환원 반쪽-반응의 전자 3개를 제거하기 위하여 산화 반쪽-반응에 3을 곱한다.

전자 3개는 상쇄된다. $n = 3$

4. $\Delta G°$

$$\Delta G° = -nFE = (-3\ \text{mol})(9.648 \times 10^4\ \frac{\text{J}}{\text{mol}\cdot\text{V}})(0.165\ \text{V}) = -4.78 \times 10^4\ \text{J}$$

$$= -47.8\ \text{kJ}$$

b K를 구하라.

분석

주어진 정보:	(a)에서: $E°$ (0.165 V); n 3 mol
알고자 하는 것:	K

(계속)

전략

식 17.3에 대입한다.

풀이

K

$$E° = \frac{0.0257\ \text{V}}{n}\ \ln K;\ 0.165\ \text{V} = \frac{0.0257\ \text{V}}{3}\ \ln K;\ \ln K = 19.3$$

$$K = e^{19.3} = 2.4 \times 10^{8}$$

표 17.2 ▸ $E°$, K, $\Delta G°$ 사이의 관계($n = 2$)

$E°$ (V)	K	$\Delta G°$ (kJ)	$E°$ (V)	K	$\Delta G°$ (kJ)
+2.00	4×10^{67}	−400	−2.00	3×10^{-68}	+400
+1.00	6×10^{33}	−200	−1.00	2×10^{-34}	+200
+0.50	8×10^{16}	−100	−0.50	1×10^{-17}	+100
+0.25	3×10^{8}	−50	−0.25	4×10^{-9}	+50
+0.10	2×10^{3}	−20	−0.10	0.0004	+20
+0.05	50	−10	−0.05	0.02	+10
0.00	1	0			

일반적으로 예제 17.7에서 사용된 접근법은 반응에서 이동된 전자의 몰수를 구하는 데 유용하다. 먼저 전지 반응식을 산화와 환원의 두 개의 반쪽-반응식으로 나눈다. n은 두 반쪽-반응식에 나타나는 전자의 수이다.

표 17.2는 $n = 2$일 때 여러 가지 $E°$ 값들에 해당되는 K와 $\Delta G°$ 값을 수록하고 있다. 다음을 주목하라.

- $E°$ 값이 대략 +0.10 V보다 크면, K는 대단히 큰 값을 가지고, 반응은 사실상 완결된다.
- $E°$ 값이 대략 −0.10 V보다 작을 때, K는 매우 작은 값을 가지기 때문에 반응은 거의 진행되지 않는다.

대부분의 산화-환원 반응은 완결되거나 전혀 진행되지 않는다.

표준 전압이 다소 좁은 범위인 +0.10 V에서 −0.10 V 사이에 있을 때만 산화-환원 반응에서 상당한 양의 반응물과 생성물이 모두 포함된 평형 혼합물이 생성된다.

17-5 전압에 대한 농도의 영향

지금까지는 반응에 참여하는 모든 기체의 압력이 1 atm이고 수용액에서 모든 화학종의 농도가 1 M일 때의 "표준 전압"만을 다루었다. 그러나 반응물이나 생성물의 농도가 변하면 전지 전압 역시 변한다. 전지 전압과 반응의 자발성은 직접적으로 관련이 있기 때문에 일반적으로 전압이 바뀌는 방향은 다음과 같이 쉽게 예상할 수 있다.

1. 반응물의 농도가 증가하거나 생성물의 농도가 감소할 때 전압은 *증가한다*. 이러한 변화는 산화-환원 반응의 추진력을 증가시켜 반응을 더욱 자발적으로 일어나게 한다.
2. 반응물의 농도가 감소하거나 생성물의 농도가 증가하면 전압은 *감소한다*. 이러한 변화는 산화-환원 반응의 자발성을 감소시킨다.

볼타 전지가 전기 에너지를 발생시키면서 작동할 때 반응물의 농도는 감소하고, 생성물의 농도는 증가할 것이다. 시간이 지남에 따라 전압은 지속적으로 낮아진다. 결국 전지 전압은 0이 되어 완전히 "방전 상태"에 이른다. 이 시점에서 산화-환원 반응은 평형에 도달하고, 전압을 생성할 수 있는 추진력을 잃는다.

> 자동차의 전조등이 자동으로 꺼지지 않는 한, 자동차 전조등을 켜둔 채로 두면 이런 일이 일어난다.

Nernst 식

전지 전압과 농도 간의 정량적인 관계를 얻기 위하여 제16장에서 논의된 자유 에너지 변화와 관련된 다음의 식을 이용한다.

$$\Delta G = \Delta G^\circ + RT \ln Q$$

여기서 Q는 반응물을 분모에 생성물을 분자에 나타낸 반응 지수이다. $\Delta G^\circ = -nFE^\circ$ 이고 $\Delta G = -nFE$ 이므로

$$-nFE = -nFE^\circ + RT \ln Q$$

이다. 전지 전압 E에 대하여 풀면 다음 식이 된다.

$$E = E^\circ - \frac{RT}{nF} \ln Q$$

Arrhenius의 동료이자 1888년 이 식을 처음으로 제안한, 재능이 있으며 자기중심적이었던 Walther Nernst(1864~1941)의 이름을 기리기 위해 이 식을 **Nernst 식**(Nernst equation)이라 부른다. 25°C에서 $RT/F = 0.0257$ V이므로,

> Nernst는 1920년에 Nobel 화학상을 수상하였다.

$$E = E^\circ - \frac{(0.0257\ \text{V})}{n} \ln Q \qquad (25°\text{C에서}) \qquad (17.4)$$

이 식에서 E는 전지 전압, E°는 표준 전압, n은 반응에서 이동된 전자의 몰수이며, Q는 반응 지수이다. 다음을 주목하라.

- $Q > 1$이면 생성물의 농도가 반응물의 농도보다 상대적으로 크고, $\ln Q$는 양의 값이며 $E < E^\circ$ 이다.
- $Q < 1$이면 생성물의 농도가 반응물의 농도보다 상대적으로 작고, $\ln Q$는 음의 값이며 $E > E^\circ$ 이다.
- $Q = 1$이면 $\ln Q = 0$이고 $E = E^\circ$이다.

기체의 경우, Q는 atm 단위의 부분압으로 나타내며, 수용액의 화학종은 몰농도로 나타낸다. 순수한 액체와 고체는 Q의 식에 나타내지 않는다. 예를 들면, 다음과 같이 된다.

$$a\text{A}(s) + b\text{B}(aq) \longrightarrow c\text{C}(aq) + d\text{D}(g) \qquad Q = \frac{[\text{C}]^c (P_\text{D})^d}{[\text{B}]^b}$$

예제 17.8 주요 문제

아래와 같은 반응이 일어나는 볼타 전지를 살펴보자.

$$O_2(g,\ 0.98\ \text{atm}) + 4H^+(aq,\ \text{pH} = 1.24) + 4Br^-(aq,\ 0.15\ M) \longrightarrow 2H_2O + 2Br_2(l)$$

a 25°C에서 전지의 E를 계산하라.

분석

주어진 정보:	반응: $(O_2(g) + 4H^+(aq) + 4Br^-(aq) \longrightarrow 2Br_2(l) + 2H_2O)$
	P_{O_2} (0.98 atm); $[H^+]$ (pH = 1.24); $[Br^-]$ (0.15 M)
	온도(25°C)
정보가 알려주는 내용:	표 17.1(표준 환원 전위)
알고자 하는 것:	E

(계속)

전략

1. pH를 $[H^+]$로 바꾸고, Q를 구한다.
2. 산화수를 할당하고, 산화 반쪽-반응식과 환원 반쪽-반응식을 쓰고, 전자를 상쇄하여 n을 구한다.
3. $E°$ 값을 구한다. ($E°_{환원} + E°_{산화}$)
4. $T = 25°C$에 대한 Nernst 식(식 17.4)에 대입한다.

$$E = E° - \frac{0.0257}{n} \ln Q$$

풀이

1. $[H^+]$ — $1.24 = -\log_{10}[H^+]$; $[H^+] = 0.058\ M$

Q — $Q = \dfrac{1}{(P_{O_2})[H^+]^4[Br^-]^4} = \dfrac{1}{(0.98)(0.058)^4(0.15)^4} = 1.8 \times 10^8$

2. 산화수 — O: $0 \longrightarrow -2$ (환원); Br^-: $-1 \longrightarrow 0$ (산화)

반쪽-반응 — $O_2(g) + 4H^+(aq) + 4e^-(aq) \longrightarrow 2H_2O$

$2Br^-(aq) \longrightarrow Br_2(l) + 2e^-$

n — 환원 반쪽-반응식의 전자 4개를 상쇄하기 위하여 산화 반쪽-반응식에 2를 곱한다.

$n = 4$

3. $E°$ — O_2에 대한 $E°_{환원} = 1.229$ V; Br^-에 대한 $E°_{산화} = -1.077$ V

$E° = 1.229\ V + (-1.077\ V) = 0.152\ V$

4. E — $E = 0.152\ V - \dfrac{0.0257}{4} \ln (1.8 \times 10^8) = 0.030\ V$

b 35°C에서 볼타 전지의 E의 측정값이 0.039 V이면, 35°C에서 $E°$는 얼마인가?

분석

주어진 정보:	T (35°C)에서 E (0.039 V)
	(a)에서: Q (1.8×10^8), $n = 4$ mol
정보가 알려주는 내용:	J 단위의 R과 F
알고자 하는 것:	35°C에서 $E°$ 값

전략

Nernst 식에 대입한다.

$$E = E° - \frac{RT}{nF} \ln Q$$

풀이

$E°$ — $0.039\ V = E° - \dfrac{(8.31\ J/mol \cdot K)(308\ K)}{4\ (9.648 \times 10^4\ J/mol \cdot V)} \ln (1.8 \times 10^8)$

$E° = 0.039\ V + 0.126\ V = 0.165\ V$

Nernst 식은 농도 변화가 각 반쪽-전지 전압 $E°_{환원}$ 또는 $E°_{산화}$에 미치는 영향을 결정하는 데에도 사용될 수 있다. 예를 들어 다음 반쪽-반응을 살펴보자.

$$MnO_4^-(aq) + 8H^+(aq) + 5e^- \longrightarrow Mn^{2+}(aq) + 4H_2O \qquad E°_{환원} = +1.512\ V$$

Nernst 식은 다음과 같은 형태를 취한다.

$$E_{환원} = +1.512\ \text{V} - \frac{(0.0257\ \text{V})}{5} \ln \frac{[\text{Mn}^{2+}]}{[\text{MnO}_4^-][\text{H}^+]^8}$$

여기서 $E_{환원}$은 Mn^{2+}, MnO_4^-, H^+의 주어진 농도에 따라 측정되는 환원 전압이다.

Nernst 식을 이용한 이온 농도의 결정

화학에서 Nernst 식의 가장 중요한 용도는 용액 내의 이온 농도를 실험적으로 결정하는 것이다. 전지 전압, E를 측정하고, 두 개의 반쪽-전지에서 한 화학종의 농도를 제외한 모든 화학종의 농도를 알고 있다고 가정해 보자. 그 다음 Nernst 식을 사용하여 해당하는 화학종의 농도를 구할 수 있다(예제 17.9).

예제 17.9

25°C에서 다음과 같은 반응이 일어나는 볼타 전지를 살펴보자.

$$\text{Zn}(s) + 2\text{H}^+(aq) \longrightarrow \text{Zn}^{2+}(aq) + \text{H}_2(g)$$

$[Zn^{2+}] = 0.85\ M$이고, $P_{H_2} = 0.988$ atm일 때, 전압은 +0.560 V이다. H_2-H^+ 반쪽-전지의 pH는 얼마인가?

분 석

주어진 정보:	반응: ($Zn(s) + 2H^+(aq) \longrightarrow Zn^{2+}(aq) + H_2(g)$)
	E (0.560 V); T (25°C)
	P_{H_2} (0.988 atm); $[Zn^{2+}]$(0.85 M)
	온도 (25°C)
정보가 알려주는 내용:	표 17.1(표준 환원 전위)
알고자 하는 것:	pH

전 략

1. 산화수를 할당하고, 산화 반쪽-반응식과 환원 반쪽-반응식을 쓰고, 전자를 상쇄하여 몰수 n을 구한다.
2. $E°$ 값을 구한다. ($E°_{환원} + E°_{산화}$)
3. $T = 25°C$에 대한 Nernst 식(식 17.4)에 대입하여 Q를 구한다.
4. Q 식을 쓰고, 주어진 농도와 압력을 대입하여 $[H^+]$를 구한다. $[H^+]$를 pH로 바꾼다.

풀 이

1. 산화수	Zn: $0 \longrightarrow +2$ 산화; H^+: $+1 \longrightarrow 0$ 환원
반쪽-반응	$2H^+(aq) + 2e^- \longrightarrow H_2(g)$ $\quad$ $Zn(s) \longrightarrow 2e^- + Zn^{2+}(aq)$
n	전자 2개가 상쇄되므로 $n = 2$
2. $E°$	$E° = E°_{산화}\,\text{Zn} + E°_{환원}\,\text{H}^+ = 0.762\ \text{V} + 0\ \text{V} = 0.762\ \text{V}$
3. Q	$E = E° - \frac{0.0257}{n} \ln Q$; $0.560\ \text{V} = 0.762\ \text{V} - \frac{0.0257}{2} \ln Q$
	$\frac{0.0257}{2} \ln Q = 0.762\ \text{V} - 0.560\ \text{V}$; $\ln Q = 15.7$; $Q = 6.7 \times 10^6$
4. $[H^+]$	$Q = \frac{[\text{Zn}^{2+}](P_{\text{H}_2})}{[\text{H}^+]^2}$; $[\text{H}^+] = \left[\frac{(0.85)(0.988)}{6.7 \times 10^6}\right]^{\frac{1}{2}} = 3.5 \times 10^{-4}$
pH	$\text{pH} = -\log_{10}(3.5 \times 10^{-4}) = 3.45$

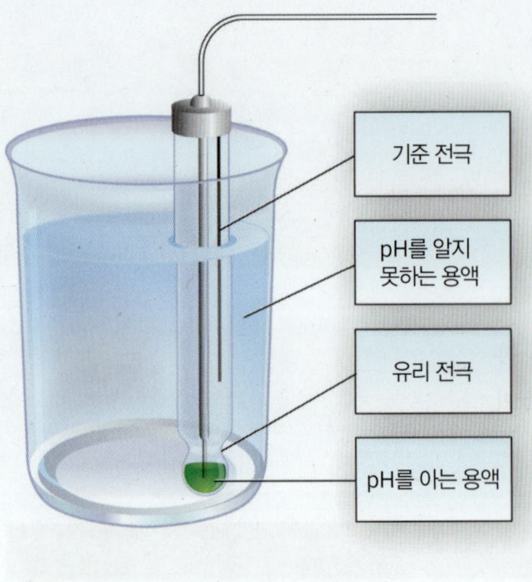

그림 17.9 ▸ **pH 미터의 전극.** 용액의 pH는 "유리 전극"을 사용하여 결정할 수 있다. 유리 전극과 기준 전극 사이의 전압은 pH와 직접 관련이 있다. 전극의 선은 pH 미터에 연결된다.

예제 17.9에서 암시하는 바와 같이, $Zn \mid Zn^{2+} \parallel H^+ \mid H_2 \mid Pt$와 같은 전지를 이용하면 H^+의 농도나 용액의 pH를 측정할 수 있다. 실제로 이러한 유형의 전지는 용액의 pH를 측정하는 데 사용된다. 그림 17.9는 pH 미터로 사용되는 전지의 개략도를 보여 주고 있다. 제13장에서 보여준 pH 미터는 실제로 전압보다도 오히려 pH를 알기 위하여 보정된 고저항의 전압계이다. pH 미터와 연결된 전지는 두 개의 반쪽-전지로 구성되어 있다. 그중 하나는 이미 전압을 알고 있는 기준 반쪽-전지이다. 다른 반쪽-전지는 pH를 알고 있는 용액을 포함하고 있고, 이 용액은 pH를 구하려는 용액과 얇고 깨지기 쉬운 유리막으로 된 *유리 전극*(glass electrode)으로 분리되어 있는데, 이 반쪽-전지의 전압은 비커에 들어 있는 용액의 pH의 함수로 나타난다.

pH 전극과 비슷하게 제작된 *이온 선택성 전극*(specific ion electrode)은 다양한 양이온과 음이온을 분석하기 위하여 개발되었다. 처음으로 광범위하게 사용된 이온 전극은 F^- 이온 전극으로 0.1 ppm의 F^- 이온의 농도까지 측정할 수 있기 때문에 F^-가 첨가된 수돗물을 추적 관찰하는 데 이상적이다. Cl^- 이온을 선택적으로 감지할 수 있는 전극은 낭포성 섬유증을 진단하는 데 이용된다. 피부에 직접 붙여서 이 병의 특수한 증상인 땀에 포함된 높은 농도의 염화 소듐을 검출하는 데 이용된다. 한 시간 이상 소요되던 진단 시간을 이 전극을 사용하여 몇 분 내에 끝낼 수 있게 되어 많은 어린이들을 빠르고 쉽게 진단할 수 있게 되었다.

예제 17.9에 예시된 일반적인 접근법은 용액 반응에 대한 평형 상수를 결정하는 데에도 널리 사용된다. 특히 pH 미터는 이미 농도를 알고 있는 약산이나 약염기가 들어 있는 용액의 pH를 측정함으로써 산이나 염기의 평형 상수를 찾아내는 데 이용된다. 또한 이온 선택성 전극은 용해도곱 상수를 결정하는 데 이용된다. 예를 들면 염화 이온 전극은 $AgCl(s)$과 농도를 알고 있는 Ag^+ 이온이 평형 상태에 있을 때, Cl^- 이온의 농도를 구하는 데 이용하고, 이 정보로부터 AgCl의 K_{sp}를 계산할 수 있다.

17-6 전해 전지

전해 전지(electrolytic cell)에서는 외부에서 계로 전달된 전기 에너지를 공급하여 비자발적인 산화-환원 반응이 일어나게 한다. 이러한 전해 전지의 개략도를 그림 17.10에 나타내었다. 왼쪽에 있는 축전지는 직류 전원을 공급한다. 축전지의 전극으로부터 두 개의 선이 전해 전지로 연결되어 있다. 전해 전지는 M^+와 X^- 이온이 포함된 용액에 담긴 두 개의 전극 A와 C로 구성되어 있다.

축전지는 전자를 공급하는 역할을 하며, *환원전극*(cathode), C로는 전자가 유입되고, *산화전극*(anode), A를 통해서는 전자가 빠져 나가게 된다.◂ⓘ 용액의 전기적 중성을 유지시키기 위한 전지 내의 과정으로, C에서는 전자가 소모되고, A에서는 전자가 방출되어야 한다. 이 과정이 산화-환원 반응이며, 전해 전지에서 일어날 때 이것을 **전기분해**(electrolysis)라고 부른다. 환원전극에서는 이온이나 분자가 전자를 받아서 환원이 일어난다. 산화전극에서는 이온이나 분자의 산화에 의해 전자가 생성된다.

ⓘ 볼타 전지와 마찬가지로 전해 전지에서도 산화전극에서는 산화 반응이, 환원전극에서는 환원 반응이 일어난다.

▶ 정량적인 관계

전해 전지를 통과하는 전기의 양과 전극에서 산화 또는 환원에 의하여 생성된 물질의 양 사이에는 간단한 관계가 성립된다. 아래의 균형 맞춘 반쪽-반응식으로부터

$$Ag^+(aq) + e^- \longrightarrow Ag(s)$$
$$Cu^{2+}(aq) + 2e^- \longrightarrow Cu(s)$$
$$Au^{3+}(aq) + 3e^- \longrightarrow Au(s)$$

다음의 관계를 추론할 수 있다.

$$\text{전자}(e^-)\ 1\ \text{mol} \longrightarrow \text{Ag}\ 1\ \text{mol}(107.9\ \text{g Ag})$$
$$\text{전자}(e^-)\ 2\ \text{mol} \longrightarrow \text{Cu}\ 1\ \text{mol}(63.55\ \text{g Cu})$$
$$\text{전자}(e^-)\ 3\ \text{mol} \longrightarrow \text{Au}\ 1\ \text{mol}(197.0\ \text{g Au})$$

균형 맞춘 반쪽-반응식에서 얻어진 이러한 유형의 관계는 전해 전지를 포함하는 많은 실제 계산에 사용될 수 있다. 또한, 다음의 단위들을 포함한 전기 단위에 친숙해져야 한다.

전하량(quantity of electrical charge). 일반적인 단위는 **쿨롱**(coulomb, C)이다. 쿨롱은 Faraday 상수인 전자 1 mol이 운반한 전하량이다.

$$\text{전자}\ 1\ \text{mol} = 9.648 \times 10^4 \text{C}$$

전류의 흐름 속도(rate of current flow). 일반적인 단위는 **암페어**(ampere, A)이다. 1 A의 전류가 전기 회로를 통과할 때, 1초 당 1 C의 전하량이 전기 회로의 주어진 점을 통과한다. 즉,

$$1\ \text{A} = 1\ \text{C/s}$$

전기 에너지량(amount of electrical energy). 이것은 J 단위로 나타낸다. 1 C의 전하량이 1 V (volt)의 전위차를 통해 이동하면, 1 J의 에너지를 얻는다.

$$1\ \text{J} = 1\ \text{C} \cdot \text{V}$$

전기세 영수증에는 킬로와트-시(kWh, kilowatt-hour)라는 다른 전기 에너지 단위를 사용한다. J과 kWh는 다음과 같은 간단한 변환 인자의 관계가 있다.

$$1\ \text{kWh} = 3.600 \times 10^6\ \text{J} = 3.600 \times 10^3\ \text{kJ}$$

표 17.3은 이들 사이의 관계식을 정리한 것이다.

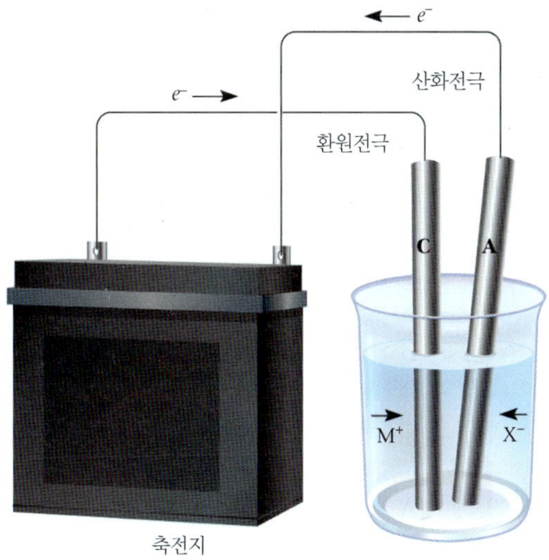

그림 17.10 ▸ **전해 전지 개략도**. 전자는 외부 전원으로부터 환원전극으로 들어간다. 양이온은 환원전극으로 이동하여 환원되고, 음이온은 산화전극으로 이동하여 산화된다.

표 17.3 ▸ **전기 단위**

물리량	단위	관계식 정의	변환 인자
전하량	coulomb (C)	$1\ \text{C} = 1\ \text{A}\cdot\text{s} = 1\ \text{J/V}$	$1\ \text{mol}\ e^- = 9.648 \times 10^4\ \text{C}$
전류	ampere (A)	$1\ \text{A} = 1\ \text{C/s}$	
전위	volt (V)	$1\ \text{V} = 1\ \text{J/C}$	
일률	watt (W)	$1\ \text{W} = 1\ \text{J/s}$	
에너지	joule (J)	$1\ \text{J} = 1\ \text{V}\cdot\text{C}$	$1\ \text{kWh} = 3.600 \times 10^6\ \text{J}$

예제 17.10

금속 크로뮴은 다이크로뮴산 포타슘($K_2Cr_2O_7$) 수용액에서 전기도금할 수 있다. 환원 반쪽-반응은 다음과 같다.

$$Cr_2O_7^{2-}(aq) + 14H^+(aq) + 12e^- \longrightarrow 2Cr(s) + 7H_2O$$

도금에는 6.00 A의 전류와 4.5 V의 전압을 사용하였다.

(계속)

a 전류가 48 min 동안 흘렀을 때 몇 그램의 크로뮴이 도금되는가?

분석

주어진 정보:	환원 반쪽-반응: $(Cr_2O_7^{2-}(aq) + 14H^+(aq) + 12e^- \longrightarrow 2Cr(s) + 7H_2O)$ 전류(6.00 A); 전압(4.5 V); 시간(s) (48×60)
정보가 알려주는 내용:	1 C = 1 A · s; MM Cr
알고자 하는 것:	도금된 Cr의 질량

전략

1. 질량에 대한 질문이므로, 전기의 양을 전자 몰수로 변환하는 데 필요한 모든 정보가 있다고 가정할 수 있다. 전자의 몰수는 화학 반응의 화학량론과 전기의 양을 연결하는 다리 역할을 한다. 다음의 관계를 사용한다.

$$\text{암페어(A)} \xrightarrow{\times\ \text{시간(s)}} \text{쿨롱(C)} \xrightarrow{1\ \text{mol}\ e^- = 9.648 \times 10^4\ \text{C}} \text{몰}\ e^-$$

2. 반응의 화학량론을 사용하여 e^- 몰수를 Cr의 질량으로 변환시킨다.

$$\text{몰}\ e^- \xrightarrow{12\ \text{mol}\ e^-/2\ \text{mol Cr}} \text{Cr 몰} \xrightarrow{\text{MM}} \text{Cr 질량}$$

풀이

1. e^- 몰

$$6.00\ \text{A} = 6.00\ \text{C/s}$$

$$6.00\ \frac{\text{C}}{\text{s}} \times (48 \times 60)\text{s} \times \frac{1\ \text{mol}\ e^-}{9.648 \times 10^4\ \text{C}} = 0.179\ \text{mol}\ e^-$$

2. Cr의 질량

$$0.179\ \text{mol}\ e^- \times \frac{2\ \text{mol Cr}}{12\ \text{mol}\ e^-} \times \frac{52.00\ \text{g Cr}}{1\ \text{mol Cr}} = 1.55\ \text{g}$$

b 1.25 M $K_2Cr_2O_7$ 수용액 215 mL를 완전히 원소인 크로뮴으로 변환시키는데 얼마의 시간이 걸리는가?

분석

주어진 정보:	환원 반쪽-반응: $(Cr_2O_7^{2-}(aq) + 14H^+(aq) + 12e^- \longrightarrow 2Cr(s) + 7H_2O)$ 전류(6.00 A); 전압(4.5 V) $Cr_2O_7^{2-}$: V (0.215 L); M (1.25)
정보가 알려주는 내용:	1 C = 1 A · s
알고자 하는 것:	시간

전략

1. $K_2Cr_2O_7$에 대한 V와 M이 주어졌으므로(따라서, $Cr_2O_7^{2-}$에 대한), 반응의 화학량론을 사용하면 전자의 몰수로 변환할 수 있다.

$$V \times M \longrightarrow \text{몰}\ Cr_2O_7^{2-} \xrightarrow{12\ \text{mol}\ e^-/1\ \text{mol}\ Cr_2O_7^{2-}} \text{전자의 몰수}$$

2. 전자의 몰수를 쿨롱으로 변환한다.

$$\text{전자의 몰수} \xrightarrow{9.648 \times 10^4\ \text{C}/1\ \text{mol}\ e^-} \text{쿨롱}$$

3. 쿨롱을 시간으로 변환한다. 1 A = 1 C/s임을 기억한다.

풀이

1. 전자의 몰수

$$(0.215\ \text{L})(1.25\ \text{mol/L})(12\ \text{mol}\ e^-/\text{mol}\ Cr_2O_7^{2-}) = 3.225\ \text{mol}\ e^-$$

2. C

$$3.225\ \text{mol}\ e^- \times \frac{9.648 \times 10^4\ \text{C}}{1\ \text{mol}\ e^-} = 3.11 \times 10^5\ \text{C}$$

3. 시간

$$\text{시간} = \frac{3.11 \times 10^5\ \text{C}}{6.00\ \text{C/s}} = 5.16 \times 10^4\ \text{s} = 14.4\ \text{h}$$

(계속)

c 1.00 g의 크로뮴을 도금하는 데 몇 kWh의 전기 에너지가 필요한가?

분석

주어진 정보:	환원 반쪽-반응: $(Cr_2O_7^{2-}(aq) + 14H^+(aq) + 12e^- \longrightarrow 2Cr(s) + 7H_2O)$
	전류(6.00 A); 전압(4.5 V)
	Cr의 질량(1.00 g)
정보가 알려주는 내용:	1 A = 1 C/s; 1 kWh = 3.600×10^6 J; 1 J = 1 C · V
	Cr의 MM
알고자 하는 것:	kWh

전략

1. 화학량론을 사용하여 Cr의 질량을 전자의 몰수로 변환시킨다.

$$\text{Cr 질량} \xrightarrow{\text{MM}} \text{Cr 몰} \xrightarrow{2\text{ mol Cr}/12\text{ mol }e^-} \text{전자의 몰수}$$

2. J 단위의 에너지(C × V)를 구한 다음, kWh로 변환한다(3.600×10^6 J = 1 kWh).

$$\text{전자의 몰수} \xrightarrow{1\text{ mol }e^- = 9.648 \times 10^4\text{ C}} \text{쿨롱(C)} \xrightarrow{\text{V}} \text{C} \cdot \text{V} \longrightarrow \text{J} \longrightarrow \text{kWh}$$

풀이

1. 전자의 몰수

$$1.00\text{ g Cr} \times \frac{1\text{ mol Cr}}{52.00\text{ g}} \times \frac{12\text{ mol }e^-}{2\text{ mol Cr}} = 0.115\text{ mol }e^-$$

2. kWh

$$0.115\text{ mol }e^- \times \frac{9.468 \times 10^4\text{ C}}{1\text{ mol }e^-} \times 4.5\text{ V} \times \frac{1\text{ J}}{1\text{ C}\cdot\text{V}} \times \frac{1\text{ kWh}}{3.600 \times 10^6\text{ J}} = 0.014\text{ kWh}$$

마무리 정리

1. 반응에서 화학종의 몰수나 전기의 쿨롱 값이 주어졌다면, 전자의 몰수 계산이 가능하다

2. 사용된 전압 값은 (a) 및 (b)와 무관하다. 전압 값은 kWh를 계산하는 데에만 필요하다.

예제 17.11에서, 전기분해는 100% 효율로 전기 에너지를 화학 에너지로 전환한다고 가정하였다. 실제로는 그러한 경우가 거의 없다. 전극에서 일부의 전기에너지는 부반응과 열의 형태로 낭비된다. 이것은 생성물의 실제 수득량이 이론 수득량보다 작다는 것을 의미한다.

i 100% 효율인 것은 아무것도 없다.

전지 반응(수용액)

모든 경우에서 그렇듯이 환원 반쪽-반응은 전해 전지의 환원전극에서 일어난다. 수용액에서 이 반쪽-반응은 다음과 같다.

- *양이온이 해당하는 금속으로 환원.* 이 반응은 비교적 쉽게 환원되는 전이 금속 양이온에서 흔히 일어난다. 예를 들면,

$$Ag^+(aq) + e^- \longrightarrow Ag(s) \qquad E^\circ_{환원} = +0.799\text{ V}$$
$$Cu^{2+}(aq) + 2e^- \longrightarrow Cu(s) \qquad E^\circ_{환원} = +0.339\text{ V}$$

  이러한 유형의 반응은 도금 과정의 특성으로, 도금 과정에서는 대상 금속 물체를 환원전극으로 사용한다(그림 17.11).

- *물 분자가 수소 기체로 환원.*

$$2H_2O + 2e^- \longrightarrow H_2(g) + 2OH^-(aq) \qquad E^\circ_{환원} = -0.828\text{ V}$$

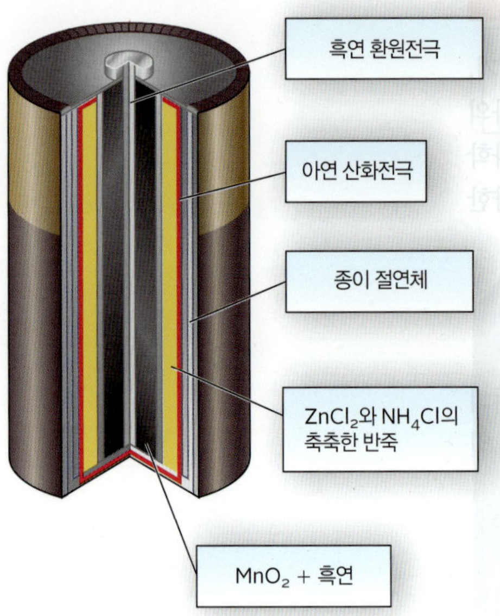

그림 17.14 ▸ **Zn-MnO_2 건전지.** 이 전지는 1.5 V의 전압을 발생시키며, 약 6시간 동안 0.5암페어의 전류를 흐르게 한다.

▶ 일차 (비충전식) 볼타 전지

손전등에 사용되는 보통의 건전지(Leclanché cell)의 구성을 그림 17.14에 나타내었다. 전지의 아연벽이 산화전극의 역할을 하며, 전지 중앙을 통과하는 흑연 막대가 환원전극의 역할을 한다. 두 전극 사이의 공간은 축축한 전해질 반죽으로 채워져 있으며, MnO_2, $ZnCl_2$, NH_4Cl 등을 포함하고 있다. 이 전지가 작동할 때의 산화전극의 반쪽-반응은 다음과 같다.

$$Zn(s) \longrightarrow Zn^{2+}(aq) + 2e^-$$

환원전극에서 이산화 망가니즈의 Mn이 Mn_2O_3와 같은 +3의 상태의 화학종으로 환원된다.

$$2MnO_2(s) + 2NH_4^+(aq) + 2e^- \longrightarrow Mn_2O_3(s) + 2NH_3(aq) + H_2O$$

이 볼타 전지에서 일어나는 전체 반응은 아래와 같다.

$$Zn(s) + 2MnO_2(s) + 2NH_4^+(aq) \longrightarrow Zn^{2+}(aq) + Mn_2O_3(s) + 2NH_3(aq) + H_2O$$

건전지의 전류를 과도하게 사용하면 생성된 암모니아가 탄소 환원전극 주변에 기체 상태의 절연막을 형성하게 된다. 이런 일이 발생하면 전압은 급격히 떨

화학자의 삶 속에서 | CHEMISTRY THE HUMAN SIDE

전기분해 법칙은 19세기의 가장 재능 있는 실험 과학자 중 한 사람인 Michael Faraday에 의해 발견되었다. Faraday는 전 생애를 London에서 살았다. 대장장이의 아들로 태어난 그는 기본적인 독서법, 글쓰기 및 산술법을 제외하고는 정규교육을 받지 못하였다. 13세의 나이에 제본사의 견습생이 된 Faraday는 제본이 맡겨진 모든 책을 읽어가며 스스로 공부하였다. 그 많은 책 중에서 Jane Marcet 부인이 쓴 *화학의 대화*(Conversations in Chemistry)라는 책에 크게 감명을 받았다. Faraday는 상인의 고된 생활을 피하기 위하여 왕립연구소의 Humphry Davy 경에게 일자리를 부탁하는 편지를 썼다. 마침 빈자리가 있어서 그는 실험실 조수로 채용되었다.

Davy 경은 즉시 Faraday의 재능을 알아보고 그가 점차 더 독자적으로 일하는 것을 허락하였다. Davy 경과 일했던 몇 년 동안 Faraday는 거의 모든 화학 분야의 논문들을 발표하였다. 발표된 논문들은 기체의 응축(그는 최초로 암모니아를 액화하였다), 은 화합물과 암모니아의 반응, 몇 가지 유기 화합물(그중 가장 중요한 것은 벤젠)의 분리에 관한 것이었다. 1825년 Faraday는 왕립연구소에서 일련의 강의를 시작하였는데 매우 성공적이었다. 같은 해 그는 Davy 경에 이어 실험실의 책임자가 되었다. Faraday의 명성이 높아지면서 "Humphry Davy 경의 가장 위대한 발견은 Faraday이다."는 말이 돌았다. 이런 종류의 비웃음이 스승과 제자 사이의 불화를 야기하였다. 말년에 Davy 경은 Faraday의 왕립협회 회원 지명을 반대하여 그에게 반대 표를 던진 유일한 사람으로 알려졌다. Faraday는 과학에 완전히 사로잡혔으며, 그의 전기 작가 중의 한 사람은 그를 "일에 미친 사람"으로 기술하였다. 어떤 사람(Faraday는 학생을 두지 않았다)은 그에 관해 말하기를

> . . . "*만일 그가 어떤 일 때문에 실험실에 들러야 할 경우 그는 걷지 않고 뛰었으며, 그의 빠른 동작만큼 지각력도 민첩하였다*"고 하였다.

©iStockphoto.com/Traveler1116

Michael Faraday
(1791~1867)

1839년 그는 과로로 인한 신경쇠약에 걸렸으며, 그 후 여생을 나쁜 건강 상태로 지냈다. 그는 점차적으로 많은 사회 활동을 포기하였으나 연구만은 전과 같은 속도로 계속하였다.

Faraday는 1831년부터 1834년 사이에 전기분해 법칙을 발전시켰다. 1833년 12월 중순 그는 Sn^{2+}, Pb^{2+}, Zn^{2+} 이온을 포함하는 몇 가지의 금속 이온의 전기분해에 관한 정량적인 연구를 시작하였다. 그는 크리스마스 하루 종일을 쉬면서도 이 실험들을 완결하였고 3년간에 걸쳐 얻은 결과를 정리하여 드디어 1834년 1월 9일 *Philosophic Transactions of the Royal Society*에 그의 논문을 발표했다. 이 논문에서 Faraday는 처음으로 '산화전극', '환원전극', '이온', '전해질', '전기분해'라는 용어를 사용하여 전기화학의 기본 단어를 소개하였다.

어지지만 천천히 원래의 정상 전압인 1.5 V로 회복된다. 이러한 문제점은 환원전극과 산화전극 사이에 NH_4Cl이 아닌 KOH를 채워 넣은 알칼리 건전지를 사용함으로써 해결할 수 있다. 이러한 경우 전체 전지 반응은 다음과 같다.

> 손전등은 약 1 A의 전류를 사용하여 방전될 때까지 약 1시간 정도 사용이 가능하다.

$$Zn(s) + 2MnO_2(s) \longrightarrow ZnO(s) + Mn_2O_3(s)$$

이 건전지의 경우 기체가 발생하지 않는다. 알칼리 건전지는 일반 건전지보다 비싸지만 더 많은 전류를 공급하며, 또한 수명이 긴 장점이 있다.

또 다른 중요한 1차 전지는 수은 전지이다. 매우 작은 크기로 만들 수 있으며, 보청기, 시계, 사진기, 계산기 등에 사용된다. 이 전지의 산화전극은 아연-수은 아말감이며, 반응 화학종은 아연이다. 환원전극은 산화 수은(II), HgO으로 이루어진 판이며, 전해질은 HgO와 NaOH, 또는 KOH를 포함한 반죽으로 되어 있다. 전극 반응은 다음과 같다.

> 수은 전지는 수은의 독성 때문에 더 이상 판매되지 않는다.

$$\begin{array}{ll} \text{산화전극:} & Zn(s) + 2OH^-(aq) \longrightarrow Zn(OH)_2(s) + 2e^- \\ \text{환원전극:} & HgO(s) + H_2O + 2e^- \longrightarrow Hg(l) + 2OH^-(aq) \\ \hline & Zn(s) + HgO(s) + H_2O \longrightarrow Zn(OH)_2(s) + Hg(l) \end{array}$$

전체 반응은 용액 속에 어떠한 이온도 포함되지 않으므로 전류가 흐를 때 농도의 변화가 없다는 것을 주목하라. 그 결과 전지는 1.3 V의 일정한 전압을 수명 내내 유지할 수 있다.

축전형(충전식) 볼타 전지

보통의 건전지와 다르게 축전지는 반복하여 재충전할 수 있다. 재충전이 가능한 이유는 전지의 화학 반응에 의한 생성물이 전극에 직접 쌓이기 때문이다. 축전지에 전류를 통과시키면 전극의 반응을 반대로 진행시켜서, 원래 상태로 전지를 되돌릴 수 있다.

납축전지

자동차에 사용하는 충전식 12-V의 납축전지는 그림 17.15에 나타낸 유형의 여섯 개 볼타 전지로 구성되어 있다. 해면형의 회색 납으로 채워져 있는 격자형 납판이 전지의 산화전극 역할을 한다. 여러 개의 환원전극은 산화전극과 유사한 모양으로 산화 납(IV)(PbO_2)으로 채워져 있는 판으로 이루어져 있다. 두 전극 판이 번갈아 가며 전지 내에 위치해 있고, 전해질로 작용하는 황산(H_2SO_4) 수용액에 담겨 있다.

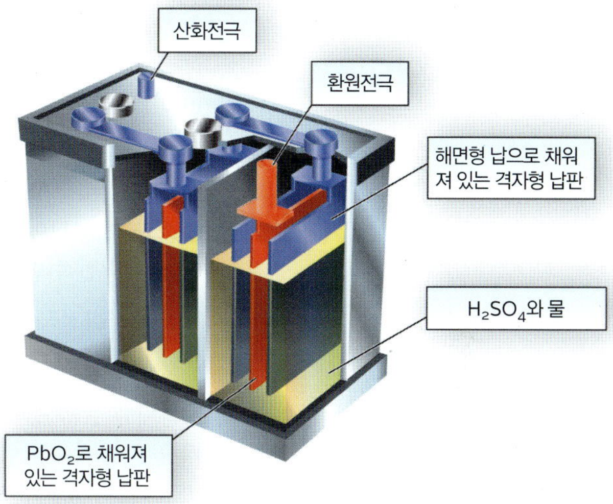

그림 17.15 ▸ **납축전지.** 납축전지의 세 가지 장점은 짧은 시간에 큰 에너지를 전달할 수 있는 능력, 재충전의 용이성, 완전 충전에서 방전까지 일정한 전압을 유지할 수 있다는 것이다. 높은 질량 대 에너지 비는 단점이다.

납축전지가 전류를 공급하기 시작하면 산화전극에 있는 납은 Pb^{2+} 이온으로 산화되어 전극 판에 $PbSO_4$의 침전을 형성한다. 환원전극에서는 이산화 납이 Pb^{2+} 이온으로 환원되어 $PbSO_4$ 침전을 형성한다.

$$\begin{array}{ll} \text{산화전극:} & Pb(s) + HSO_4^-(aq) \longrightarrow PbSO_4(s) + H^+(aq) + 2e^- \\ \text{환원전극:} & PbO_2(s) + 3H^+(aq) + HSO_4^-(aq) + 2e^- \longrightarrow PbSO_4(s) + 2H_2O \\ \hline & Pb(s) + PbO_2(s) + 2H^+(aq) + 2HSO_4^-(aq) \longrightarrow 2PbSO_4(s) + 2H_2O \\ & \Delta G° = -371.4 \text{ kJ } (25°\text{C}) \end{array}$$

황산 납 침전이 전극 표면에 서서히 형성되면서 부분적으로 납과 이산화 납을 덮고 대체한다.

납축전지를 재충전시키기 위해서는 위의 반응이 반대 방향으로 일어나도록 적절한 방향으로 직류 전류를 걸어주면 된다. 자동차에서 재충전에 필요한 에너지는 엔진에서 발생한다.

축전지가 충전될 때 일부 물이 전기분해가 될 수 있다.

$$2H_2O \longrightarrow 2H_2(g) + O_2(g) \qquad \Delta G° = 474.4 \text{ kJ } (25°\text{C에서})$$

생성된 수소와 산소 기체는 안전상의 문제가 있다. 또한, 이들 기체는 Pb, PbO_2, $PbSO_4$의 조각들이 축전지의 전극 표면으로부터 떨어지게 만들기도 한다. 따라서 현대적인 "유지 보수가 필요 없는" 납축전지에서는 납판을 만들 때 약간의 칼슘을 섞어 전기분해 반응이 일어나지 않도록 한다.

납축전지의 장점 중 하나는 황산 용액의 농도에 크게 좌우됨 없이 전압이 전지 당 2 V로 일정하게 유지된다는 것이다. 납축전지가 거의 완전히 방전된 경우에만 전압 강하가 일어난다. 또한, 납축전지의 전압은 온도에도 거의 무관하다. 추운 겨울 아침에 자동차 시동이 걸리기 어려운 이유는 전해질인 황산이 온도가 내려감에 따라 이온 전도도가 낮아지기 때문이다. 그러나 −40°C의 낮은 온도에서도 납축전지의 전압은 전지 당 2 V를 유지한다.

니켈 기반 배터리

니켈-카드뮴(Nicad) 배터리는 고체 카드뮴의 산화전극과 고체 산화수산화 니켈, NiO(OH)의 환원전극으로 이루어져 있다. 흔히 수산화 포타슘 수용액이 전해질로 사용된다. 전지에서 일어나는 반응은 다음과 같다.

산화전극: $Cd(s) + 2OH^-(aq) \longrightarrow Cd(OH)_2(s) + 2e^-$

환원전극: $2NiO(OH)(s) + 2H_2O + 2e^- \longrightarrow 2Ni(OH)_2(s) + 2OH^-(aq)$

배터리의 전압은 약 1.3 V이다. 배터리를 사용함에 따라 니켈 및 카드뮴의 고체 수산화물은 전극에 쌓인다. 배터리를 재충전하여 전류를 반대 방향으로 흐르게 하면 수산화 니켈과 수산화 카드뮴이 NiO(OH)와 Cd를 재생시킨다. 니켈-카드뮴 배터리는 응급 의료 장비와 전원 장치로 널리 사용된다.

니켈-카드뮴 배터리는 오랫동안 인기가 있었지만, 니켈-금속 **수소화물**인 NiMH 배터리로 대체되고 있다. 이는 카드뮴의 독성과 니켈-카드뮴 배터리의 폐기에 대한 어려움 때문이다.

니켈-금속 수소화물 배터리에서도 환원전극은 산화수산화 니켈이다. 산화전극은 금속 수소화물, MH이며, 여기서 "금속"은 단일 원소가 아니라 여러 금속의 합금이다. 이 배터리에 대한 반쪽-반응은 다음과 같다.

산화전극: $MH(s) + OH^-(aq) \longrightarrow M(s) + H_2O + e^-$

환원전극: $NiO(OH)(s) + H_2O + e^- \longrightarrow Ni(OH)_2(s) + OH^-(aq)$

니켈-금속 수소화물 배터리는 니켈-카드뮴 배터리보다 환경 친화적이고, 단위 질량 당 더 높은 에너지 함량을 가지고 있다. 이것을 배터리의 에너지 밀도라고 부르며, Wh/kg 단위로 나타낸다. 이 배터리는 일반적으로 하이브리드 전기 자동차와 버스에 사용된다.

리튬-이온(Li-ion) 배터리

충전식 배터리의 최신 유형은 리튬-이온 배터리이다. 전지에서 일어나는 반응은 납축전지 또는 니켈 기반 배터리보다 더 복잡하다. 리튬 이온이 산화전극에서 환원전극으로 이동한다고만 해두자. 산화전극은 리튬 이온이 끼어 들어가는 탄소 층으로 이루어져있다. 환원전극은 $LiCoO_2$와 같은 리튬 금속 산화물로 이루어져 있다. 전해질은 유기 용매에 들어 있는 리튬 염이다.

이 배터리는 많은 장점이 있다. 리튬은 가장 가벼운 금속(d = 0.53 g/cm^3)이고 큰 반응성을 나타낸다. 이러한 특성들로 인해 높은 에너지 밀도를 나타낸다. 대표적인 리튬-이온 배터리는 1 kg에 150 Wh를 저장할 수 있다. 납축전지가 2.5 Wh/kg을 저장할 수 있고, NiMH 배터리는 80 Wh/kg을 저장할 수 있는 것과 비교된다. 리튬-이온 배터리는 한 달에 약 5% 정도 충전량의 손실이 있지만 NiMH 배터리는 한 달에 약 20% 정도 손실된다. 또한 리튬-이온 배터리는 기억 효과가 없다. 즉 이것은 충전하기 전에 완전히 방전시킬 필요가 없다는 것을 의미한다. 그러나 리튬-이온 배터리가 완전히 방전되면, 배터리는 폐기해야 한다. 소비자에게 이 배터리의 가장 큰 단점은 비용과 제한된 수명이다.

리튬-이온 배터리는 가볍고 높은 에너지 밀도가 요구될 때 사용된다. 대개 휴대 전화, 노트북 컴퓨터, 디지털 카메라 등에 사용된다.

▶ 연료 전지

연료 전지(그림 17.16)는 보통 수소 연료가 산화전극에서 산화되는 볼타 전지이다. 환원전극에서는 산소가 환원된다. 1960년대 이후 우주 과학 프로그램에서 사용되고 있는 알칼리 연료 전지에서 일어나는 반응은 다음과 같다.

$$\text{산화전극:}\quad 2H_2(g) + 4OH^-(aq) \longrightarrow 4H_2O + 4e^-$$

$$\text{환원전극:}\quad O_2(g) + 2H_2O + 4e^- \longrightarrow 4\,OH^-(aq)$$

$$2H_2(g) + O_2(g) \longrightarrow 2H_2O \qquad \Delta G^\circ = -474.4\text{ kJ}\,(25^\circ\text{C에서})$$

오늘날에는 백금 촉매를 사용하여 이 반응이 40°C 정도의 낮은 온도에서 일어나게 할 수 있다. 사용되는 수소 기체는 매우 순수해야 하는데, 소량의 일산화 탄소가 포함되면 백금 촉매의 기능이 저해된다.

현재 연료 전지◀ⓘ에 대한 연구는 내연기관을 연료 전지로 대체하는 것이다. 이를 달성하기 위해서는 자동차에 수소를 저장해야 하고, "충전소"에서 수시로 보충해야 한다. 소형차가 수소를 한 번 충전하고 재충전할 때까지 500 km 정도를 달리는 데 3 kg의 수소 기체면 충분하다.

수소 연료 전지를 이용하는 합리적 이유는 전지 반응에서 오직 물만 생성되기 때문이다. 이와 대조적으로 현재 사용하는 차의 엔진은 소량의 NO와 같은 공기 오염 물질이나 지구 온난화를 일으키는 CO_2를 발생시키고 있다. 다른 한편, 연료 전지를 사용하는 데에는 두 가지 문제점이 있다.

- kJ 당 에너지 비용이 휘발유 엔진이나 경유 엔진의 비용보다 더 비싸다.
- 자동차에 수소를 저장하는 것은 심각한 문제이다. 200 atm 정도의 압축 기체로 3 kg의 수소를 저장하기 위해서는 200 L 정도의 부피를 가진 무거운 탱크가 필요하다. 액체 수소는 더 작은 탱크로 충분하지만, 수소의 극히 낮은 임계 온도(−240°C)로 인하여 모든 종류의 문제를 발생시킨다. 또 다른 가능성은 수소 기체를 가역적으로 전이 금속 수소화물(예, TiH_2)로 변환시키는 것이다. 현재로서는 이 방법이 얼마나 실용적일지 알 수 없다. 대체로 여러분의 다음 번 자동차가 연료로 수소를 사용할 수 *없을 것*이라고 확실하게 말할 수 있다.

AP Images/Koji Sasahara

그림 17.16 ▸ **Honda Clarity 후드 아래에 있는 연료 전지.**

ⓘ 연료 전지는 약 50년 동안 사용되어 왔다.

생활 속의 화학 이야기 | *CHEMISTRY **BEYOND** THE CLASSROOM*

연료 전지: 화학 에너지를 전기 에너지로 변환시키는 다음 단계?

Steven R. Shaw, Montana 주립대학교

연료 전지는 화학 반응의 에너지(ΔG)를 전기 에너지(ΔE)로 효율적으로 변환시킬 수 있는 가능성 때문에 많은 관심을 끌어왔다. 이 효율성은 화학 에너지를 전기로 직접 변환하기 때문이다. 기존의 방법은 엔진에서 연료를 태우고 발생하는 역학적 에너지로 전기를 발생시킨다. 연료 전지는 수 메가와트 규모의 발전소라든가 개인용 전자 제품의 전지 대용품, 또는 연료 전지로 구동되는 무인 자율 자동차(unmanned autonomous vehicles, UAVs)의 동력원 등으로 활용이 가능하다.

연료 전지는 전해질의 종류나 전해질의 작동 온도에 따라 달라진다. 널리 쓰이는 연료 전지는 낮은 온도(80°C)에서 양성자 교환 막(proton exchange membrane, PEM)이라는 중합체 전해질막을 사용한 것이다. 이 막은 테플론과 같이 플루오르화된 중합체로 만들어지며 이온 전도도가 매우 높다. 이 막은 연료 기체와 공간적으로 분리된 산화제 사이의 자발적 반응이 가능하게 하여 ($\Delta G < 0$) 한 반쪽-반응에서 발생하고 다른 반쪽-반응에서 소모

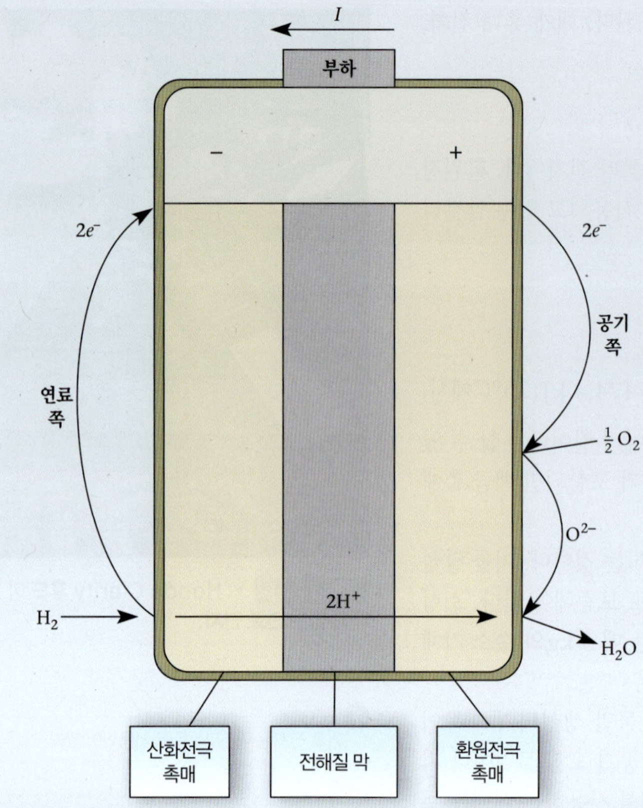

그림 A

되는 전자가 외부 회로를 통하여 일을 할 수 있게 되어 있다. 그림 A는 양성자 교환 막을 갖는 산소/수소 연료 전지의 개략도이다.

이 구조에서 반쪽-반응은 다음과 같다.

$$H_2 \longrightarrow 2e^- + 2H^+$$
$$2H^+ + 2e^- + \tfrac{1}{2}O_2 \longrightarrow H_2O$$

이 두 반응을 합하면 전체 반응은 단순한 자발적 반응인 수소의 산화 반응이다.

$$H_2(g) + \tfrac{1}{2}O_2(g) \longrightarrow H_2O$$

공기 중에서 수소를 태우는 것과 달리 연료 전지에서는 전해질이 전체 반응을 전지 양쪽의 반쪽-전지 반응으로 나눈다. 수소 이온은 막을 통해 흐르지만 막이 전자에 대해 전도체가 아니므로 전자는 외부 회로를 통해 흘러야만 반응이 완결된다. 이 전자의 흐름이 전구를 밝히거나 노트북 컴퓨터를 작동시키는 등 일을 한다. 한 개의 전지 전극의 전압은 약 1 V 정도로 작으므로 실용적으로는 많은 전지를 질렬로 연결하여 연료 전지 "더미"를 만든다.

화학 에너지를 전기 에너지로 직접 변환하는 것이 매력적이나 PEM 연료 전지는 실용적으로 많은 문제가 있다. 반쪽-전지 반응과 관련된 에너지 장벽을 줄이기 위해 촉매로 사용되는 것은 백금과 같은 비싼 중금속이다. PEM 연료 전지는 복잡한 전처리 과정 없이는 경유와 같은 실용적인 탄화수소 연료를 사용할 수도 없다. 이는 전체 시스템의 복잡성을 크게 증가시킨다. 현재로서는 PEM 연료 전지는 비싼 비용과 특수한 연료를 사용하여도 좋은 특수한 경우에만 사용이 가능할 것 같다.

한편, 800°C의 고온에서 작동하는 고온 연료 전지는 PEM과 같은 저온 연료 전지에 비해 큰 장점이 있다. 주된 장점은 메테인이나 휘발유, 경유 등의 실용적인 탄화수소 연료를 사용할 수 있다는 것이다. 이와 같은 특징으로 인해 때때로 수소 연료 전지와 관련된 "새로운 에너지 인프라"가 필요하지 않다. 다른 장점은 고온 연료 전지의 작동에 필요한 촉매의 값이 싸다는 것이다. 부수적인 장점으로는 배기 가스가 뜨거워 2차 에너지 회수가 가능하다. 예를 들어 고온 연료 전지의 "폐열"을 일반적인 탄화수소 연료를 일산화 탄소와 수소 등 연료 전지에 더 효율적인 연료로 변환하는 데 필요한 에너지로 공급할 수 있다. 또한 고온 연료 전지의 배기 가스를 사용하여 하이브리드 시스템이라고 불리는 기존의 터빈과 발전기를 구동할 수도 있다. 어떤 고온 연료 전지 시험 기관에서는 배기 가스로 인근 건물의 난방을 하기도 한다.

고온 연료 전지의 선두 주자는 고체 산화물 연료 전지(solid oxide fuel cell, SOFC)이다. SOFC의 기본 원리도 PEM과 마찬가지로 이온 전도도는 높고 전자 전도도는 매우 낮은 전해질 층을 사용하는 것이다. 그림 B는 일산화 탄소를 연료로 사용하는 SOFC의 개략도이다.

PEM과 달리 이온 전도는 수소 이온이 아니라 산소 음이온의 전도가 일어난다. SOFC는 이트륨(Z = 39)으로 안정화된 지르코늄(Z = 40)과 같은 세라믹 물질로 만들어진다. 고온의 산소 전도는 전해질 물질의 격자 구조에 생긴 산소 빈자리에 의해 얻어진다. 이 경우 반쪽-전지 반응은 다음과 같다.

$$\tfrac{1}{2}O_2 + 2e^- \longrightarrow O^{2-}$$
$$O^{2-} + CO \longrightarrow CO_2 + 2e^-$$

전체 반응은 다음과 같다.

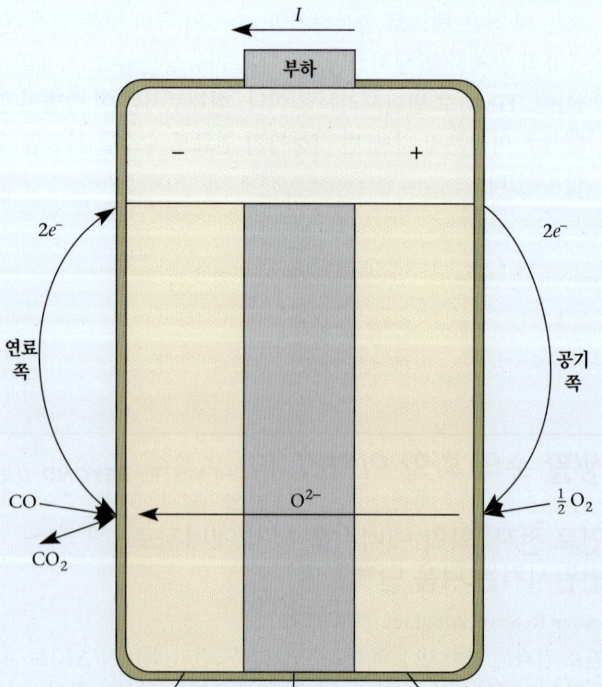

그림 B

$$\frac{1}{2}O_2(g) + CO(g) \longrightarrow CO_2(g)$$

이 반응은 CO의 산화이지만 연료 전지의 재료는 반응을 분리하여 전자가 외부 회로를 통하여 흐르면서 유용한 일을 하게 한다.

그림 C는 부숴진 평면 SOFC의 전자 현미경 사진이다. 왼쪽의 두꺼운 부분이 다공성의 산화전극 구조이다. 이는 산화전극층이 전류를 모으고 산화전극 반응이 일어나면서 전체 전지를 단단하게 유지하는 산화전극 지지(anode-supported) 전지이다. 오른쪽 층이 환원전극인데 두 전극 사이의 얇은 경계면이 전해질이다. 이 설계에서 해결해야 하는 과제는 산화전극과 환원전극의 팽창 속도를 일치시키는 것이다. 산화전극이 환원전극보다 빨리 팽창하면 평면 전지는 온도가 변할 때 말리는 경향이 있다.

연료 전지는 새로운 에너지원을 제공하지는 않는다. 연료 전지는 현재 사용 가능한 일반적인 연료를 사용하도록 만들어졌다. 주요 장점은 환경을 위협하는 부산물을 덜 만들어내는 작동의 효율성에 있다.

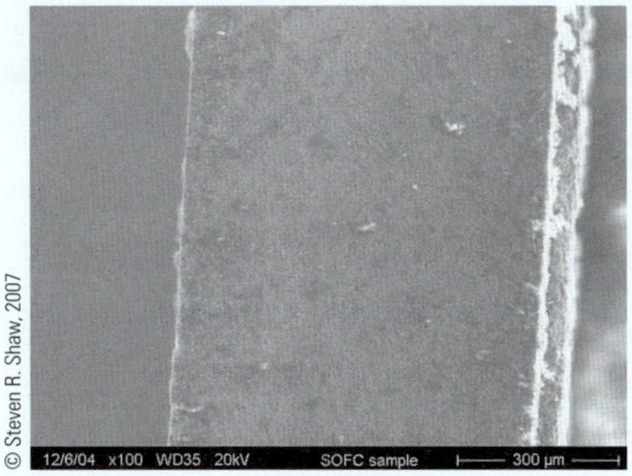

그림 C

주요 개념

1. 산화-환원 반쪽-전지와 전체 반응식의 균형 맞추기.
   (예제 17.1, 17.2; 문제 1~10)
2. 전극의 이름 붙이기와 전류가 흐르는 방향을 나타낸 볼타 전지의 개략도 그리기.
   (예제 17.3; 문제 11~18)
3. 표준 전위(표 17.1)를 이용하여
   - 산화제와 환원제의 상대적인 세기 비교하기.
     (예제 17.4; 문제 19~28)
   - $E°$를 계산하고 반응의 자발성 결정하기.
     (예제 17.5, 17.6; 문제 29~48)
4. $E°$를 $\Delta G°$ 및 K와 연관시키기.
   (예제 17.7; 문제 49~62)
5. Nernst 식을 이용하여 전압을 농도와 연관시키기.
   (예제 17.8, 17.9; 문제 63~76)
6. 전기분해 반응에서 생성물의 질량을 전하량(C)이나 에너지(J)와 연관시키기.
   (예제 17.10; 문제 77~84)

주요 식

표준 전압 $E° = E°_{환원} + E°_{산화}$

$E°, \Delta G°, K$ $E° = \dfrac{-\Delta G°}{nF} = \dfrac{RT \ln K}{nF} = \dfrac{0.0257\text{ V}}{n} \ln K$ (25°C에서)

Nernst 식 $E = E° - \dfrac{RT}{nF} \ln Q = E° - \dfrac{0.0257\text{ V}}{n} \ln Q$ (25°C에서)

주요 용어

반쪽-반응식(half-equation)
반쪽-전지(half-cell)
볼타(갈바니) 전지[voltaic (galvanic) cell]
볼트(volt)
산화(oxidation)
산화전극(anode)
산화제(oxidizing agent)
암페어(ampere)
염다리(salt bridge)
전극(electrode)
전기분해(electrolysis)
전해 전지(electrolytic cell)
쿨롱(coulomb)
표준 산화 전압(standard oxidation voltage, $E°_{산화}$)
표준 전압(standard voltage)
표준 전위(standard potential)($E°$)
표준 환원 전압(standard reduction voltage, $E°_{환원}$)
환원전극(cathode)
환원제(reducing agent)
Faraday 상수(Faraday constant)

요약 문제

볼타 전지는 두 개의 반쪽-전지로 구성된다. 반쪽-전지 중 하나는 과망가니즈산 염 및 망가니즈(II) 이온의 수용액에 담근 백금 전극이다. 다른 반쪽-전지에는 염소 이온 수용액에 백금 전극이 담겨 있다. 염소 기체를 반쪽-전지 용액에 불어 넣었다. 전지 반응은 양의 전압을 생성하며 산성 용액에서 과망가니즈산 이온 및 염소 기체가 연관되어 있다고 가정한다. 전지의 온도는 25°C에서 일정하게 유지되었다.

(a) 균형 맞춘 산화 반쪽-반응을 써라. 어느 전극에서 산화 반응이 일어나는가?

(b) 균형 맞춘 환원 반쪽-반응을 써라. 어느 전극에서 환원 반응이 일어나는가?

(c) 산화-환원 반응에 대한 균형 맞춘 전체 반응식을 써라.

(d) 전지에 대한 간략한 표기를 적어라.

(e) 전지에 대한 $E°$를 계산하라.

(f) (c)의 산화-환원 반응에 대해 K와 $\Delta G°$를 계산하라.

(g) 전지 전압을 0.023 V, H^+를 제외한 모든 이온 화학종을 0.200 M, P_{Cl_2}를 0.873 atm으로 했을 때 전지의 pH를 계산하라.

전기분해 전지에는 질산 망가니즈(II) 용액이 들어 있다. 이 전지의 한 전극에서 망가니즈가 석출하고, 다른 전극에서 산소 기체가 방출된다고 가정하라.

(h) 산화전극 반쪽-반응, 환원전극 반쪽-반응 및 전기분해를 위한 균형 맞춘 전체 반응식을 써라.

(i) 6.20 A의 전류를 사용하여 5.00 g의 망가니즈를 석출하는 데 얼마나 걸리겠는가?

(j) 5.00 A의 전류를 1.00 h 동안 전지를 통과시켰다. 1.25 M $Mn(NO_3)_2$ 175 mL로 시작하여, 전기 분해 후에 $[Mn^{2+}]$은 얼마인가? 용액의 pH는 얼마인가? (전기분해 전에 존재하는 H^+는 무시할 만하다고 가정하라.) 757 mm Hg, 25°C에서 생성되는 산소 기체의 부피는 얼마인가? 100% 효율과 전기분해 동안 부피 변화가 없다고 가정하라.

해답

(a) 산화전극에서 산화 반쪽-반응식:
$Cl_2(g) + 6H_2O \longrightarrow 2ClO_3^-(aq) + 12H^+(aq) + 10e^-$

(b) 환원전극에서 환원 반쪽-반응식:
$MnO_4^-(aq) + 8H^+(aq) + 5e^- \longrightarrow Mn^{2+}(aq) + 4H_2O$

(c) $Cl_2(g) + 2MnO_4^-(aq) + 4H^+(aq) \longrightarrow 2ClO_3^-(aq) + 2Mn^{2+}(aq) + 2H_2O$

(d) $Pt \mid Cl_2 \mid ClO_3^- \parallel MnO_4^-, Mn^{2+} \mid Pt$

(e) 0.054 V

(f) $\Delta G° = -52$ kJ; $K = 1 \times 10^9$

(g) 1.65

(h) 산화전극: $2H_2O \longrightarrow O_2(g) + 4H^+(aq) + 4e^-$
환원전극: $Mn^{2+}(aq) + 2e^- \longrightarrow Mn(s)$
전체 반응식: $2Mn^{2+}(aq) + 2H_2O \longrightarrow 2Mn(s) + O_2(g) + 4H^+(aq)$

(i) 47.2 min

(j) 0.717 M; −0.028; 1.15 L

연습 문제

짝수 번호의 문제와 도전 문제의 해답은 센게이지 홈페이지 자료실에서 다운로드 받을 수 있다(www.cengage.co.kr).

17-1 산화-환원 반응의 재검토

1. 다음 반쪽-반응식의 균형을 맞추어라. (a)와 (b)는 염기성 용액에서, (c)와 (d)는 산성 용액에서 균형을 맞추어라.

(a) $O_2(g) \longrightarrow O^{2-}(aq)$
(b) $MnO_4^-(aq) \longrightarrow MnO_2(s)$
(c) $Cr_2O_7^{2-}(aq) \longrightarrow Cr^{3+}(aq)$
(d) $Cl^-(aq) \longrightarrow Cl_2(g)$

2. 다음 반쪽-반응식의 균형을 맞추어라. (a)와 (b)는 산성 용액에서, (c)와 (d)는 염기성 용액에서 균형을 맞추어라.

(a) $CH_3OH(aq) \longrightarrow CO_2(g)$
(b) $NO_3^-(aq) \longrightarrow NH_4^+(aq)$
(c) $Fe^{3+}(aq) \longrightarrow Fe(s)$
(d) $V^{2+}(aq) \longrightarrow VO_3^-(aq)$

3. 염기성에서 다음 반쪽-반응식의 균형을 맞추어라.

(a) $Ag(s) + NO_3^-(aq) \longrightarrow Ag^+(aq) + NO(g)$
(b) $CO_2(g) + H_2O(l) \longrightarrow C_2H_4(g) + O_2(g)$

4. 산성에서 다음 반쪽-반응식의 균형을 맞추어라.

(a) $H_2O_2(aq) + Ni^{2+}(aq) \longrightarrow Ni^{3+}(aq) + H_2O$
(b) $Cr_2O_7^{2-}(aq) + Sn^{2+}(aq) \longrightarrow Cr^{3+}(aq) + Sn^{4+}(aq)$

5. 산성 용액에서 다음 반응식의 균형을 맞추어라.

(a) $Ni^{2+}(aq) + IO_4^-(aq) \longrightarrow Ni^{3+}(aq) + I^-(aq)$
(b) $O_2(g) + Br^-(aq) \longrightarrow H_2O + Br_2(l)$
(c) $Ca(s) + Cr_2O_7^{2-}(aq) \longrightarrow Ca^{2+}(aq) + Cr^{3+}(aq)$
(d) $IO_3^-(aq) + Mn^{2+}(aq) \longrightarrow I^-(aq) + MnO_2(s)$

6. 산성 용액에서 다음 반응식의 균형을 맞추어라.

(a) $P_4(s) + Cl^-(aq) \longrightarrow PH_3(g) + Cl_2(g)$
(b) $MnO_4^-(aq) + NO_2^-(aq) \longrightarrow Mn^{2+}(aq) + NO_3^-(aq)$
(c) $HBrO_3(aq) + Bi(s) \longrightarrow HBrO_2(aq) + Bi_2O_3(s)$
(d) $CrO_4^{2-}(aq) + SO_3^{2-}(aq) \longrightarrow Cr^{3+}(aq) + SO_4^{2-}(aq)$

7. 염기성 용액에서 다음 반응식의 균형을 맞추어라.

(a) $SO_2(g) + I_2(aq) \longrightarrow SO_3(g) + I^-(aq)$
(b) $Zn(s) + NO_3^-(aq) \longrightarrow NH_3(aq) + Zn^{2+}(aq)$
(c) $ClO^-(aq) + CrO_2^-(aq) \longrightarrow Cl^-(aq) + CrO_4^{2-}(aq)$
(d) $K(s) + H_2O \longrightarrow K^+(aq) + H_2(g)$

8. 염기성 용액에서 다음 반응식의 균형을 맞추어라.
(a) $Ca(s) + VO_4^{3-}(aq) \longrightarrow Ca^{2+}(aq) + V^{2+}(aq)$
(b) $C_2H_4(g) + BiO_3^-(aq) \longrightarrow CO_2(g) + Bi^{3+}(aq)$
(c) $PbO_2(s) + H_2O \longrightarrow O_2(g) + Pb^{2+}$
(b) $IO_3^-(aq) + Cl^-(aq) \longrightarrow Cl_2(g) + I_3^-(aq)$

9. 산성 용액에서 다음 반응에 대해 균형 맞춘 알짜 이온 반응식을 써라.
(a) 액체 하이드라진은 브로민산 소듐 수용액과 반응하여 질소 기체 및 브로민화 이온을 형성한다.
(b) 고체 인(P_4)은 질산염 수용액과 반응하여 산화 질소 기체와 인산이수소($H_2PO_4^-$) 이온을 형성한다.
(c) 아황산 포타슘은 과망가니즈산 포타슘 수용액과 반응하여 황산 염 및 망가니즈(II) 이온을 형성한다.

10. 산성 용액에서 다음 반응에 대해 균형 맞춘 알짜 이온 반응식을 써라.
(a) 일산화 질소와 수소 기체가 반응하여 암모니아 기체와 수증기를 형성한다.
(b) 과산화 수소는 하이포염소산 소듐 수용액과 반응하여 산소와 염소 기체를 형성한다.
(c) 아연 금속은 바나딜(vanadyl) 이온(VO^{2+})을 바나듐(III) 이온으로 환원시킨다. 또한 아연 이온이 형성된다.

17-2 볼타 전지

11. 다음에 나타낸 전체 전지 반응을 균형 맞춘 화학 반응식으로 나타내어라.
(a) $Ag \mid Ag^+ \parallel Sn^{4+}, Sn^{2+} \mid Pt$
(b) $Al \mid Al^{3+} \parallel Cu^{2+} \mid Cu$
(c) $Pt \mid Fe^{2+}, Fe^{3+} \parallel MnO_4^-, Mn^{2+} \mid Pt$

12. 다음에 나타낸 전체 전지 반응을 균형 맞춘 화학 반응식으로 나타내어라.
(a) $Cd \mid Cd^{2+} \parallel Sb^{3+} \mid Sb$
(b) $Pt \mid Cu^+, Cu^{2+} \parallel Mg^{2+} \mid Mg$
(c) $Pt \mid Cr^{3+}, Cr_2O_7^{2-} \parallel ClO_3^-, Cl^- \mid Pt$ (산성)

13. 다음 각 반응에서 염다리를 포함한 전지를 그림으로 나타내어라. 그리고 산화전극과 환원전극을 표시하고, 회로에 흐르는 전류의 방향을 나타내어라.
(a) $Zn(s) + Cd^{2+}(aq) \longrightarrow Zn^{2+}(aq) + Cd(s)$
(b) $2AuCl_4^-(aq) + 3Cu(s) \longrightarrow 2Au(s) + 8Cl^-(aq) + 3Cu^{2+}(aq)$
(c) $Fe(s) + Cu(OH)_2(s) \longrightarrow Cu(s) + Fe(OH)_2(s)$

14. 다음 반응에 대해 연습 문제 13과 같이 답하라.
(a) $Sn(s) + 2Ag^+(aq) \longrightarrow Sn^{2+}(aq) + Cd(s)$
(b) $H_2(g) + Hg_2Cl_2 \longrightarrow 2H^+(aq) + 2Cl^-(aq) + 2Hg(l)$
(c) $Pb(s) + PbO_2(s) + 4H^+(aq) + 2SO_4^{2-}(aq) \longrightarrow 2PbSO_4(s) + 2H_2O$

15. 다음 반응으로 나타낸 염다리를 포함한 볼타 전지에 대해 답하라.

$$Ca(s) + 2H^+(aq) \longrightarrow Ca^{2+}(aq) + H_2(s)$$

(a) 외부 회로에서 전자가 흐르는 방향은?
(b) 환원전극으로 사용할 수 있는 전극은 무엇인가?
(c) 산화전극에서 일어나는 반응은 무엇인가?

16. 다음 반응으로 나타낸 염다리를 포함한 볼타 전지에 대해 답하라.

$$MnO_4^-(aq) + 8H^+(aq) + 5Fe^{2+}(aq) \longrightarrow Mn^{2+}(aq) + 5Fe^{3+}(aq) + 4H_2O$$

(a) 외부 회로에서 전자가 흐르는 방향은?
(b) 산화전극으로 사용할 수 있는 전극은 무엇인가?
(c) 환원전극에서 일어나는 반응은 무엇인가?

17. 염다리로 연결된 전지에 대해 답하라. 산화전극은 황산 망가니즈(II) 수용액에 담겨 있는 망가니즈 막대이고, 환원전극은 황산 크로뮴(III) 수용액에 담겨 있는 크로뮴 판이다. 전류의 흐름을 나타내는 전지의 개략도를 그려라. 전극 반응의 반쪽-반응식, 전체 반응식 및 전지의 간략한 표기를 써라.

18. 염다리로 연결된 전지에 대해 연습 문제 17과 같이 답하라. 산화전극은 고체 아이오딘 결정이 들어 있는 아이오딘화 소듐 수용액에 담겨 있는 백금 막대이고, 환원전극은 액체 브로민과 브로민화 소듐 수용액에 담겨 있는 다른 백금 막대이다.

17-3 표준 전압

산화제와 환원제의 세기

19. 다음 각 쌍에서 어느 것이 더 센 산화제인가?
(a) Cr 또는 Cd
(b) I^- 또는 Br^-
(c) OH^- 또는 NO_2^-
(d) 산성 용액의 NO 또는 염기성 용액의 NO

20. 다음 각 쌍에서 어느 것이 더 센 환원제인가?
(a) Cl^- 또는 Br^- (b) Cu 또는 Ni (c) Hg_2^{2+} 또는 $NO(g)$

21. 표 17.1을 이용하여 다음 환원제를 세기가 증가하는 순서대로 나열하라.

Br^- Zn Co $PbSO_4$ H_2S(산성 용액)

22. 표 17.1을 이용하여 다음 산화제를 세기가 증가하는 순서대로 나열하라.

Mn^{2+} S Co^{3+} Cl_2 K^+

23. 다음의 화학종을 살펴보자.

Cr^{3+} $Hg(l)$ H_2(산성 용액) Sn^{2+} Br_2(산성 용액)

각각의 화학종을 산화제, 환원제 또는 산화제이면서 동시에 환원제인 경우로 분류하라. 산화제는 산화력이 증가하는 순서대로, 환원제는 환원력이 증가하는 순서대로 나열하라.

24. 다음의 화학종에 대해 연습 문제 23과 같이 답하라.

Cu^{2+} Zn Ni^{2+} Fe H^+(산성 용액)

25. 다음 반쪽-반응에 대하여 다음 물음에 답하라.

$Ce^{4+}(aq) + e^- \longrightarrow Ce^{3+}(aq)$	$E° = +1.61$ V
$Ag^+(aq) + e^- \longrightarrow Ag(s)$	$E° = +0.80$ V
$Hg_2^{2+}(aq) + 2e^- \longrightarrow 2Hg(l)$	$E° = +0.80$ V
$Sn^{2+}(aq) + 2e^- \longrightarrow Sn(s)$	$E° = -0.14$ V
$Ni^{2+}(aq) + 2e^- \longrightarrow Ni(s)$	$E° = -0.24$ V
$Al^{3+}(aq) + 3e^- \longrightarrow Al(s)$	$E° = -1.68$ V

(a) 가장 약한 산화제는?
(b) 가장 센 산화제는?
(c) 가장 센 환원제는?
(d) 가장 약한 환원제는?
(e) $Sn(s)$이 $Ag^+(aq)$를 $Ag(s)$로 환원시킬 수 있을까?
(f) $Hg(l)$은 $Sn^{2+}(aq)$를 $Sn(s)$로 환원시킬 수 있을까?
(g) 어떤 이온(들)이 $Sn(s)$에 의해 환원될 수 있을까?
(h) 어떤 금속(들)이 $Ag^+(aq)$에 의해 산화될 수 있을까?

26. 다음 반쪽-반응에 대하여 다음 물음에 답하라.

$Co^{3+}(aq) + e^- \longrightarrow Co^{2+}(aq)$	$E° = +1.953$ V
$Fe^{3+}(aq) + e^- \longrightarrow Fe^{2+}(aq)$	$E° = +0.769$ V
$I_2(aq) + 2e^- \longrightarrow 2I^-(aq)$	$E° = +0.534$ V
$Pb^{2+}(aq) + 2e^- \longrightarrow Pb(s)$	$E° = -0.127$ V
$Cd^{2+}(aq) + 2e^- \longrightarrow Cd(s)$	$E° = -0.402$ V
$Mn^{2+}(aq) + 2e^- \longrightarrow Mn(s)$	$E° = -1.182$ V

(a) 가장 약한 환원제는?
(b) 가장 센 환원제는?

(c) 가장 센 산화제는?
(d) 가장 약한 산화제는?
(e) Pb(s)가 Fe^{3+}(aq)를 Fe^{2+}(aq)로 환원시킬 수 있을까?
(f) I^-(aq)는 Pb^{2+}(aq)를 Pb(s)로 환원시킬 수 있을까?
(g) 어떤 이온(들)이 Pb(s)에 의해 환원될 수 있을까?
(h) 만일 있다면 어떤 금속(들)이 Fe^{3+}(aq)에 의해 산화될 수 있을까?

27. 표 17.1을 이용하여 다음에 해당되는 화학종을 선택하라.
(a) 산성 용액에서 ClO_3^-를 Cl_2로 환원시킬 수 있지만 $Cr_2O_7^{2-}$를 Cr^{3+}로 환원시킬 수 없는 환원제
(b) Mg를 Mg^{2+}로 산화시킬 수 있지만 Mn을 Mn^{2+}로 산화시킬 수 없는 산화제
(c) 염기성 용액에서 NO_2^-를 NO_3^-로 산화시킬 수 있지만 OH^-를 O_2로 산화시킬 수 없는 산화제

28. 표 17.1을 이용하여 다음에 해당되는 화학종을 선택하라.
(a) 염기성 수용액에서 ClO_3^-를 ClO_4^-로 산화시킬 수 있지만 Cl^-를 ClO_3^-로 산화시킬 수 없는 산화제
(b) Mg^{2+}를 Mg로 환원시킬 수 있지만 Ba^{2+}를 Ba로 환원시킬 수 없는 환원제
(c) Na^+를 Na로 환원시킬 수 있지만 Li^+를 Li로 환원시킬 수 없는 환원제

▶ E°의 계산

29. 다음 볼타 전지의 $E°$ 값을 계산하라.
(a) $MnO_2(s) + 4H^+(aq) + 2I^-(aq) \longrightarrow Mn^{2+}(aq) + 2H_2O + I_2(s)$
(b) $H_2(g) + 2OH^-(aq) + S(s) \longrightarrow 2H_2O + S^{2-}(aq)$
(c) Ag-Ag^+ 반쪽-전지와 Au-$AuCl_4^-$ 반쪽-전지

30. 다음 볼타 전지의 $E°$ 값을 계산하라.
(a) $2Na(s) + Fe^{2+}(aq) \longrightarrow 2Na^+(aq) + Fe(s)$
(b) $3SO_4^{2-}(aq) + 12H^+(aq) + 2Al(s) \longrightarrow 3SO_2(g) + 2Al^{3+}(aq) + 6H_2O$
(c) $2S(s) + 4OH^-(aq) \longrightarrow O_2(g) + 2S^{2-}(aq) + 2H_2O$ (염기성 용액)

31. 표 17.1을 이용하여 다음 반응에 대한 $E°$ 값을 계산하라.
(a) 납과 질산 은이 반응하여 질산 납(II)이 생성된다.
(b) 산소와 철(II) 이온이 반응하여 물과 철(III) 이온이 생성된다.
(c) 염기성에서 황과 산화 질소가 반응하여 질산염과 황화 이온을 생성한다.

32. 표 17.1을 이용하여 다음 반응에 대한 $E°$ 값을 계산하라.
(a) 크로뮴(II) 이온이 주석(IV) 이온과 반응하여 크로뮴(III) 이온과 주석(II) 이온을 생성한다.
(b) 망가니즈(II) 이온이 과산화 수소와 반응하여 고체 이산화 망가니즈(MnO_2)를 생성한다.

33. 다음 전지에 대한 $E°$ 값을 계산하라.
(a) $Pb | PbSO_4 \| Pb^{2+} | Pb$
(b) $Pt | Cl_2 | ClO_3^- \| O_2 | H_2O | Pt$
(c) $Pt | OH^- | O_2 \| ClO_3^-, Cl^- | Pt$ (염기성 용액)

34. 다음 전지에 대한 $E°$ 값을 계산하라.
(a) $Ag | Ag^+ \| Sn^{4+}, Sn^{2+} | Pt$
(b) $Al | Al^{3+} \| Cu^{2+} | Cu$
(c) $Pt | Fe^{2+}, Fe^{3+} \| MnO_4^-, Mn^{2+} | Pt$

35. $H^+ \longrightarrow H_2$ 반응 대신에 $Ag^+ \longrightarrow Ag$ 반응의 $E°_{환원}$을 0 V로 정한다면 다음은 어떻게 되겠는가?
(a) $H^+ \longrightarrow H_2$ 반응에 대한 $E°_{환원}$은 ?
(b) $Ca^{2+} \longrightarrow Ca$ 반응에 대한 $E°_{산화}$는 ?
(c) 연습 문제 33(c)에 나타낸 전지의 $E°$ 값? 이 답을 연습 문제 33(c)에서 얻은 답과 비교하라.

36. $H^+ \longrightarrow H_2$ 반응의 $E°_{환원}$을 0.000 V가 아닌 0.300 V로 정한다면 다음은 어떻게 되겠는가?
(a) $H_2 \longrightarrow H^+$ 반응에 대한 $E°_{산화}$는 ?
(b) $Br_2 \longrightarrow Br^-$ 반응에 대한 $E°_{환원}$은 ?
(c) 연습 문제 34(c)에 나타낸 전지의 $E°$ 값은? 이 답을 연습 문제 34(c)에서 얻은 답과 비교하라.

▶ 자발성과 E°

37. 다음 중 표준 상태에서 자발적으로 일어나는 반응은?
(a) $Zn(s) + 2Fe^{3+} \longrightarrow Zn^{2+}(aq) + 2Fe^{2+}(aq)$
(b) $Cu(s) + 2H^+(aq) \longrightarrow Cu^{2+}(aq) + H_2(g)$
(c) $2Br^-(aq) + I_2(s) \longrightarrow Br_2(l) + 2I^-(aq)$

38. 다음 중 표준 상태에서 자발적으로 일어나는 반응은?
(a) $Ba(s) + 2Cr^{3+}(aq) \longrightarrow 2Cr^{2+}(aq) + Ba^{2+}(aq)$
(b) $Co^{2+}(aq) + Cu(s) \longrightarrow Co(s) + Cu^{2+}(aq)$
(c) $2S(s) + 4OH^-(aq) \longrightarrow O_2(g) + 2S^{2-}(aq) + 2H_2O$ (염기성)

39. 다음 반쪽-반응식을 이용하여 세 개의 자발적인 반응을 적어라. 또한 전지의 $E°$ 값을 계산하여 답을 검증하라.
1. $MnO_4^-(aq) + 8H^+(aq) + 5e^- \longrightarrow Mn^{2+}(aq) + 4H_2O$ $E° = +1.512$ V
2. $O_2(g) + 4H^+(aq) + 4e^- \longrightarrow 2H_2O$ $E° = +1.229$ V
3. $Co^{2+}(aq) + 2e^- \longrightarrow Co(s)$ $E° = -0.282$ V

40. 다음 반쪽-반응식을 이용하여 연습 문제 39와 같이 답하라.
1. $I_2(s) + 2e^- \longrightarrow 2I^-(aq)$
2. $Co^{3+}(aq) + e^- \longrightarrow Co^{2+}(aq)$
3. $Cr_2O_7^{2-}(aq) + 14H^+(aq) + 6e^- \longrightarrow 2Cr^{3+}(aq) + 7H_2O$

41. 표 17.1을 사용하여 다음 질문에 답하라.
(a) 산성 용액에서 염소산 이온은 Cl^-를 Cl_2로 또는 F^-를 F_2로 산화시킬 수 있을까?
(b) Fe가 Cr^{3+}를 환원시킬 때 생성물은 무엇인가?
(c) 산소는 산성 용액에서 물로, 염기성 용액에서 OH^-로 환원된다. ClO_3^-(ClO_4^-로 산화됨)가 환원제라면, 어느 용액에서 산소는 자발적으로 환원될 것인가? (산성 용액에서 ClO_4^-에 대한 $E°_{환원}$ = 1.19V)

42. 표 17.1을 사용하여 다음 질문에 답하라.
(a) 산성 용액에서 질산 이온은 구리를 구리(II) 이온 또는 금을 금(III) 이온으로 산화시킬 수 있을까?
(b) 철(II) 이온에 의한 구리의 산화 생성물은 무엇인가? 구리(I) 이온인가, 구리(II) 이온인가?
(c) 산소는 산성 용액에서 물로, 염기성 용액에서 OH^-로 환원된다. ClO_3^-(ClO_4^-로 산화됨)가 환원제라면, 어느 용액에서 산소는 자발적으로 환원될 것인가? (산성 용액에서 ClO_4^-에 대한 $E°_{환원}$ = 1.19V)

43. 다음의 각 실험을 표준 상태에서 수행할 때 일어나는 반응이 있다면 그 반응에 대한 반응식을 써라.
(a) 브로민화 포타슘 수용액에 아이오딘 결정을 가한다.
(b) 액체 브로민을 염화 소듐 수용액에 가한다.
(c) 크로뮴 선을 염화 니켈(II) 용액에 담근다.

44. 다음의 각 실험을 표준 상태에서 수행할 때 일어나는 반응이 있다면 그 반응에 대한 반응식을 써라.
(a) 황을 수은에 넣는다.
(b) 이산화 망가니즈 산성 용액을 액체 수은에 가한다.
(c) 포타슘 이온 용액에 알루미늄 금속을 가한다.

45. 다음 화학종 중에서 어느 것이 1 M HCl에 의해 산화되겠는가?
(a) Au (b) Mg (c) Cu (d) F^-

46. 다음 화학종 중에서 어느 것이 1 M HBr에 의해 산화되겠는가?
(a) Na (b) Hg (c) Pb (d) Mn^{2+}

47. 표 17.1을 이용하여 표준 상태의 산성 용액에서 다음 화학종을 혼합할 때 일어나는 반응이 있다면 어떤 반응인지 예상하라.

(a) Cr, Ni^{2+}, Cl^- (b) F_2, Na^+, Br^- (c) SO_2, Fe^{3+}, NO_3^-

48. 표 17.1을 이용하여 표준 상태의 산성 수용액에서 다음 화학종에 황을 가할 때 일어나는 반응이 있다면 어떤 반응인지 예상하라.

(a) $MgBr_2$ (b) $Sn(NO_3)_2$ (c) $Ce(ClO_3)_2$

17-4 $E°$, $\Delta G°$, K 사이의 관계

49. 25°C에서 $n = 2$인 전지 반응에 대해 다음 표의 빈 칸을 채워라.

	$\Delta G°$	$E°$	K
(a)	19 kJ	______	______
(b)	______	0.035 V	______
(c)	______	______	0.095

50. 25°C에서 $n = 4$인 전지 반응에 대해 다음 표의 빈 칸을 채워라.

	$\Delta G°$	$E°$	K
(a)	______	______	1.6×10^{-3}
(b)	______	0.117 V	______
(c)	−5.8 kJ	______	______

51. 어떤 전지에서 $\Delta G° = 25.0$ kJ이다. n이 다음과 같을 때 $E°$를 계산하라.

(a) 1 (b) 2 (c) 4

이동하는 전자의 수가 전지 전압에 미치는 영향에 대해 간단히 언급하라.

52. 어떤 전지에서 $E° = 1.80$ V이다. n이 다음과 같을 때 $\Delta G°$를 계산하라.

(a) 1 (b) 2 (c) 3

53. 25°C에서 아래 반응에 대한 $E°$, $\Delta G°$, K 값을 계산하라.

$$3Mn^{2+}(aq) + 2MnO_4^-(aq) + 2H_2O \longrightarrow 5MnO_2(s) + 4H^+(aq)$$

54. 25°C에서 아래 반응에 대한 $E°$, $\Delta G°$, K 값을 계산하라.

$$2MnO_4^-(aq) + 4H^+(aq) + Cl_2(g) \longrightarrow 2Mn^{2+}(aq) + 2ClO_3^-(aq) + 2H_2O$$

55. 25°C에서 연습 문제 29의 각 반응식에 대한 $\Delta G°$를 구하라. 반응식의 계수로 가장 작은 정수 값을 사용한다.

56. 25°C에서 연습 문제 30의 각 반응식에 대한 $\Delta G°$를 계산하라. 반응식의 계수로 가장 작은 정수 값을 사용한다.

57. 25°C에서 연습 문제 31의 각 반응식에 대한 K을 구하라. 반응식의 계수로 가장 작은 정수 값을 사용한다.

58. 25°C에서 연습 문제 32의 각 반응식에 대한 K을 구하라. 반응식의 계수로 가장 작은 정수 값을 사용한다.

59. 착이온, $CuCl_2^-$의 형성에 대한 다음 반응을 살펴보자.

$$Cu^+(s) + 2Cl^-(aq) \rightarrow CuCl_2^-(aq)$$

이 반응에 대한 형성 상수, $K_f = 3.0 \times 10^5$이다.

(a) 착이온의 형성을 일으키는 두 개의 반쪽-반응을 써라.

(b) 25°C에서 이 반응에 대한 표준 환원 전위를 구하라.

60. 표 17.1을 사용하여 25°C에서 $AuCl_4^-(aq)$에 대한 K_f를 구하라.

61. 다음에 주어진 정보를 이용하여 물음에 답하라.

$$Ag_2CrO_4(s) \rightleftharpoons 2Ag^+(aq) + CrO_4^{2-}(aq) \qquad K_{sp} = 1 \times 10^{-12}$$

$$Ag^+(aq) + e^- \longrightarrow Ag(s) \qquad E° = +0.799 \text{ V}$$

25°C에서 다음의 반쪽-반응에 대한 표준 환원 전위를 구하라.

$$Ag_2CrO_4(s) + 2e^- \longrightarrow 2Ag(s) + CrO_4^{2-}(aq)$$

62. 다음 반응에 대하여 25°C에서 $E°$를 구하라.

$$Ba^{2+}(aq) + SO_4^{2-}(aq) \longrightarrow BaSO_4(s)$$

$BaSO_4(s)$의 K_{sp}는 1.1×10^{-10}이다.

17-5 전압에 대한 농도의 영향

63. 다음과 같은 반응이 25°C에서 일어나는 볼타 전지를 살펴보자.

$$3H_2O_2(aq) + 6H^+(aq) + 2Au(s) \longrightarrow 2Au^{3+}(aq) + 6H_2O$$

(a) $E°$를 계산하라.

(b) 이 전지에 대한 Nernst 식을 써라.

(c) $[Au^{3+}] = 0.250\ M$, $[H^+] = 1.25\ M$, $[H_2O_2] = 1.50\ M$일 때 E 값을 계산하라.

64. 다음과 같은 반응이 25°C에서 일어나는 볼타 전지를 살펴보자.

$$MnO_2(s) + 4H^+(aq) + 2Br^-(aq) \longrightarrow Br_2(l) + Mn^{2+}(aq) + 2H_2O$$

(a) $E°$를 계산하라.

(b) 이 전지에 대한 Nernst 식을 써라.

(c) 다음 조건에서 E 값을 계산하라.

$[Mn^{2+}] = 0.60\ M$, $[Br^-] = 0.83\ M$, pH = 3.17

65. 다음과 같은 반응이 일어나는 볼타 전지를 살펴보자.

$$2Fe^{2+}(aq) + H_2O_2(aq) + 2H^+(aq) \longrightarrow 2Fe^{3+}(aq) + 2H_2O$$

(a) $E°$를 계산하라.

(b) 이 전지에 대한 Nernst 식을 써라.

(c) 25°C의 다음 조건에서 E 값을 계산하라.

$[Fe^{2+}] = 0.00813\ M$, $[H_2O_2] = 0.914\ M$,
$[Fe^{3+}] = 0.199\ M$, pH = 2.88.

66. 25°C의 염기성 용액에서 다음과 같은 반응이 일어나는 볼타 전지를 살펴보자.

$$2NO_3^-(aq) + 3S^{2-}(aq) + 4H_2O \longrightarrow 3S(s) + 2NO(g) + 8OH^-(aq)$$

(a) $E°$를 계산하라.

(b) 전지 전압, E에 대한 Nernst 식을 써라.

(c) 다음 조건에서 E 값을 계산하라.

$P_{NO} = 0.994$ atm, pH = 13.7, $[S^{2-}] = 0.154\ M$,
$[NO_3^-] = 0.472\ M$

67. 25°C의 다음 조건에서 다음 전지의 전압을 계산하라.

(a) $Cu \mid Cu^+(0.80\ M) \parallel Hg_2^{2+}\ (0.10\ M) \mid Hg \mid Pt$

(b) $Cr \mid Cr^{3+}(0.615\ M) \parallel Ni^{2+}\ (0.228\ M) \mid Ni$

68. 25°C의 다음 조건에서 다음 전지의 전압을 계산하라.

(a) $Zn \mid Zn^{2+}(0.50\ M) \parallel Cd^{2+}(0.020\ M) \mid Cd$

(b) $Cu \mid Cu^{2+}(0.0010\ M) \parallel H^+(0.010\ M) \mid H_2(1.00 \text{ atm}) \mid Pt$

69. 다음 반응에 대해 답하라.

$$2Cu^{2+}(aq) + Sn^{2+}(aq) \longrightarrow Sn^{4+}(aq) + 2Cu^+(aq)$$

전지의 전압이 0일 때 Cu^{2+} 농도를 계산하라. 단, 다른 화학종의 농도는 모두 0.200 M이다.

70. 25°C에서 다음 반응에 대해 답하라.

$$S(s) + 2H^+(aq) + 2Ag(s) + 2Br^-(aq) \longrightarrow 2AgBr(s) + H_2S(aq)$$

전지의 전압이 0일 때 pH는 얼마인가? 단, 다른 화학종은 표준 상태이다.

71. 아래의 전지 표기를 완성하라.

$$Ag \mid Br^-\ (3.73\ M) \mid AgBr \mid H^+\ (?) \mid H_2\ (1.0 \text{ atm}) \mid Pt \quad E = -0.030 \text{ V}$$

72. 아래의 전지 표기를 완성하라.

$$Zn \mid Zn^{2+}(1.00\ M) \parallel H^+\ (?) \mid H_2(1.0 \text{ atm}) \mid Pt \qquad E = +0.40 \text{ V}$$

73. 25°C에서 일어나는 다음 반응을 살펴보자.

$$2MnO_4^-(aq) + 16H^+(aq) + 10Br^-(aq) \longrightarrow 2Mn^{2+}(aq) + 5Br_2(l) + 8H_2O$$

표 17.1을 사용하여 다음 물음에 답하라. 계산으로 답을 합리화하라.

(a) 표준 상태에서 반응은 자발적인가?

(b) 다른 모든 이온성 화학종의 농도가 0.100 M일 때, pH = 2.00에서 반응은 자발적인가?

(c) 다른 모든 이온성 화학종의 농도가 0.100 M일 때, pH = 5.00에서 반응은 자발적인가?

(d) 다른 모든 이온성 화학종의 농도가 0.100 M일 때, 평형 상태에서 pH는 얼마인가?

74. 25°C에서 일어나는 다음 반응을 살펴보자.

$$3SO_4^{2-}(aq) + 12H^+(aq) + 2Cr(s) \longrightarrow 3SO_2(g) + 2Cr^{3+}(aq) + 6H_2O$$

(a) 표준 상태에서 반응은 자발적인가?

(b) 다른 모든 이온성 화학종의 농도가 0.100 M이고 기체의 압력이 1.00 atm일 때, pH = 3.00에서 반응은 자발적인가?

(c) 다른 모든 이온성 화학종의 농도가 0.100 M이고 기체의 압력이 1.00 atm일 때, pH = 8.00에서 반응은 자발적인가 ?

(d) 다른 모든 이온성 화학종의 농도가 0.100 M이고 기체의 압력이 1.00 atm일 때, 평형 상태에서 pH는 얼마인가?

75. 다음과 같은 반응이 일어나는 전지를 살펴보자.

$$2Ag(s) + Cu^{2+}(aq) \longrightarrow 2Ag^+(aq) + Cu(s)$$

(a) 이 전지의 $E°$를 계산하라.

(b) 염소 이온을 Ag | Ag^+ 반쪽-전지에 가해 AgCl 침전이 형성되었다. 전압이 +0.060 V로 측정되었다면 Ag^+의 농도를 계산하라. 단, $[Cu^{2+}] = 1.0\ M$이다.

(c) (b)에서 $[Cl^-]$가 0.10 M일 때 AgCl에 대한 K_{sp}를 계산하라.

76. 다음과 같은 반응이 일어나는 전지를 살펴보자.

$$Pb(s) + 2H^+(aq) \longrightarrow Pb^{2+}(aq) + H_2(g)$$

(a) 이 전지의 $E°$를 계산하라.

(b) 염소 이온을 Pb | Pb^{2+} 반쪽-전지에 가해 $PbCl_2$ 침전이 형성되었다. 전압이 +0.210 V로 측정되었다면 $[Pb^{2+}]$의 농도를 계산하라. 단, $[H^+] = 1.0\ M$, $P_{H_2} = 1.0$ atm이다.

(c) (b)에서 $[Cl^-]$가 0.10 M일 때 $PbCl_2$에 대한 K_{sp}를 계산하라.

17-6 전해 전지

77. Al_2O_3로부터 Al을 하루에 10 kg씩을 생성하는 전해 전지가 있다. 수득률이 100%라고 가정하고, 다음 물음에 답하라.

(a) 하루에 이 전해 전지를 통해 흐르는 전자의 몰수는 얼마인가?

(b) 이 전지를 통해 흐른 전류(A)는 얼마인가?

(c) 함께 생성된 산소(O_2)의 몰수는 얼마인가?

78. NaCl 수용액의 전기분해에 대한 전체 반응식은 다음과 같다.

$$2H_2O + 2Cl^-(aq) \longrightarrow H_2(g) + Cl_2(g) + 2OH^-(aq)$$

전기분해 과정에서 이 전지를 통해 0.228 mol의 전자가 이동되었다.

(a) 몇 개의 전자가 흘렀는가?

(b) 전하량(C)은 얼마인가?

(c) 100% 수득률을 가정하고, 생성된 H_2, Cl_2의 질량을 구하라.

79. 금속 이온($M^{2+}(aq)$)을 포함한 용액을 5.00 A의 전류로 전기분해하였다. 15.3 min 후, 금속 2.83 g이 도금되었다.

(a) 배터리에 의해 공급된 전하량(C)은 얼마인가?

(b) 100% 효율을 가정할 때, 금속은 무엇인가?

80. 금속 이온($M^{2+}(aq)$)을 포함한 용액을 7.8 A의 전류로 전기분해하였다. 15.5 min 후, 금속 2.39 g이 도금되었다.

(a) 배터리에 의해 공급된 전하량(C)은 얼마인가?

(b) 100% 효율을 가정할 때, 금속은 무엇인가?

81. 면적이 6.25 cm^2인 어린이의 수저를 $AgNO_3$를 사용하여 은 도금을 할 때, 2 h 25 min 동안 2.00 A의 전류를 흘려주었다.

(a) 전류 효율이 82%라면 도금된 은의 질량은 얼마인가?

(b) 도금된 은판의 두께는 얼마인가? (은의 밀도 = 10.5 g/cm^3)

82. 금속 공학자가 표면적이 17.21 in^2인 물체에 얇은 판으로 금을 도금하고자 한다. 금 도금 두께는 0.00200 in로 하려고 한다.

(a) 몇 그램의 금이 필요한가? (d = 19.34 g/cm^3)

(b) 7.00 A의 전류를 이용하고, 금의 공급원으로 AuCN 용액을 사용하여 물체를 도금하는 데 시간은 몇 분이 걸리는가? (100% 효율을 가정하라.)

83. 납축전지가 1 h 22 min 동안 12.0 V의 전압으로 6.00 A의 전류를 흘려보냈다.

(a) 몇 그램의 납이 $PbSO_4$로 전환되는가?

(b) 얼마만큼의 전기 에너지(kWh)가 생성되는가?

84. 용융 $CaCl_2$를 3.2 V의 전압으로 직접 전기분해하면 칼슘 금속이 얻어진다.

(a) 12.0 lb의 칼슘을 얻기 위해서 몇 J의 전기 에너지가 필요한가?

(b) 전기 에너지의 가격이 kWh 당 9센트라면 (a)에서 소비한 전기 에너지 비용은 얼마인가?

종합 문제

85. 다음 자료를 이용하여 답하라.

$$PtCl_4^{2-}(aq) + 2e^- \longrightarrow Pt(s) + 4Cl^-(aq) \qquad E°_{환원} = +0.73\ V$$

$$Pt^{2+}(aq) + 2e^- \longrightarrow Pt(s) \qquad E°_{환원} = 1.20\ V$$

25°C에서 $PtCl_4^{2-}$에 대한 K_f를 구하라.

86. 니켈-카드뮴(Nicad) 배터리에서, 환원전극에서 Ni_2O_3가 $Ni(OH)_2$로 환원될 때 산화전극에서는 카드뮴이 $Cd(OH)_2$로 산화된다. 휴대용 CD 플레이어는 0.175 A의 전류가 필요하다. 이 CD 플레이어를 1 h 30 min 동안 작동시키기 위해서는 몇 그램의 카드뮴과 Ni_2O_3가 필요한가?

87. 물을 전기분해하면 수소가 발생한다.

$$2H_2O(g) \longrightarrow 2H_2(g) + O_2(g)$$

22°C에서 열기구의 풍선을 수소로 채우려고 한다. 부피 10.00 L, 압력 0.924 atm으로 풍선을 채우기 위해 12.0 A의 전류를 얼마 동안 공급해 주어야 하는가?

88. $NiCl_2$를 $Ni(s)$와 $Cl_2(g)$로 전기 분해하는 과정에 대해 답하라.

(a) 표준 상태에서 이 반응을 수행하는 데 필요한 최소 전압은 얼마인가?

(b) 실제로 3.0 V의 전압을 사용하고, 10.00 kJ의 에너지가 소비된다면 몇 그램의 Ni가 얻어지겠는가? (1 J = 1 V C)

89. 전기분해 실험을 통하여 Faraday 상수[전자 1 mol 당 전하량(C)] 값을 결정하려고 한다. 이 실험에서 2.00 A의 전류로 2 h 동안 전해 전지를 작동시켰더니 AuCN 용액으로부터 28.8 g의 금이 석출되었다. 이 실험을 통해 얻어진 Faraday 상수 값을 구하라.

90. 전해 전지는 0.200 M의 $Cu(NO_3)_2$에 담긴 100.0 g의 구리판과 0.200 M $Cr(NO_3)_3$에 담긴 100.0 g의 Cr 판으로 구성되었다. 전체 반응은 다음과 같다.

$$3Cu(s) + 2Cr^{3+}(aq) \longrightarrow 3Cu^{2+}(aq) + 2Cr(s) \qquad E° = -1.083\ V$$

외부 배터리는 100% 효율로 70 min 20 s 동안 3 A를 공급하였다. 배터리의 전원을 끊은 후 구리판의 질량은 얼마인가?

91. 사용 후, 니켈-카드뮴 배터리(Nicad)의 산화전극에 달라붙은 $Cd(OH)_2$는 0.133 g이었다. 배터리를 충전기에 삽입시키면 모든 $Cd(OH)_2$는 다시 Cd로 전환된다. 이 과정을 완료하는 데 18.3 min이 걸린다. 충전기는 몇 A를 공급했는가? 100% 효율을 가정하라. (니켈-카드뮴 배터리에 대한 설명은 연습 문제 86을 참조하라.)

92. 1000°C에서 일어나는 다음 반응을 살펴보자.

$$CO(g) + \frac{1}{2}O_2(g) \longrightarrow CO_2(g)$$

모든 기체는 1.00 atm이라고 가정하고, 주어진 조건에서 발생하는 전압을 계산하라(부록 1을 사용하고, 온도 증가에 따른 $\Delta H°$와 $\Delta S°$의 변화는 없다고 가정하라.)

93. 원자의 몰질량은 전기분해를 통해 구할 수 있다. 1 h 동안 0.600 A의 전류가 흐른 후 금속 이온(M^+)으로부터 금속(M) 2.42 g이 생성되었다면, 이 금속의 몰질량은 얼마인가?

94. 25°C에서 다음의 반응을 살펴보자.

$$O_2(g) + 4H^+(aq) + 4Cl^-(aq) \longrightarrow 2H_2O + 2Cl_2(g)$$

$[H^+]$는 0.125 *M* 젖산 소듐(NaLac)과 0.125 *M* 젖산으로 된 완충용액을 넣어 조절하였다. 두 기체의 압력은 1.00 atm이고 Cl^- 이온의 농도는 0.200 *M*이다. 전지는 볼타 전지로 작동하겠는가? HLac의 $K_a = 1.4 \times 10^{-4}$이다.

95. $Zn(OH)_4^{2-}$에 대한 표준 환원 전위는 다음과 같다.

$$Zn(OH)_4^{2-}(aq) + 2e^- \longrightarrow Zn(s) + 4OH^-(aq) \quad E°_{환원} = -1.19\ V$$

다음 반응에 대한 형성 상수, K_f 값을 계산하라.

$$Zn^{2+}(aq) + 4OH^-(aq) \rightleftharpoons Zn(OH)_4^{2-}(aq)$$

개념 문제

96. 다음 그림 중에서 물의 전기분해를 가장 잘 나타내고 있는 그림은 무엇인가? (원은 수소 원자를, 사각형은 산소 원자를 각각 나타낸다.)

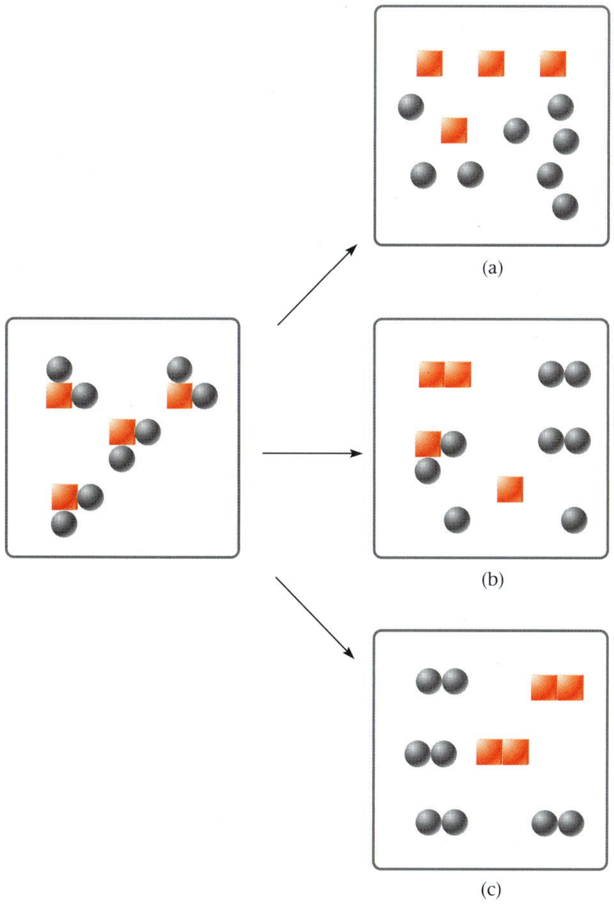

97. 다음 전지의 $E°$ 값은 0.46 V이다.

$$Cr \mid Cr^{3+} \parallel Co^{2+} \mid Co$$

한 학생이 똑같은 전지를 표준 상태의 실험실에서 만들었다. 전압을 측정하였더니 0.40V이었다. 이 차이에 대한 가능한 설명 중에서 옳은 것은?

(a) 크로뮴 전극의 표면적은 코발트 전극의 표면적보다 작았다.
(b) 크로뮴 전극의 질량은 코발트 전극의 질량보다 컸다.
(c) 사용한 $Co(NO_3)_2$ 용액의 농도는 1.0 *M* 미만이었다.
(d) 사용한 $Cr(NO_3)_2$ 용액의 농도는 1.0 *M* 미만이었다.
(e) 사용한 $Co(NO_3)_2$ 용액의 부피는 사용한 $Cr(NO_3)_2$ 용액의 부피보다 컸다.

98. 아래 전지에 어떤 변화를 주면 전지의 전압이 증가하는가?

$$Co \mid Co^{2+}(0.010\ M) \parallel H^+(0.010\ M) \mid H_2(0.500\ atm) \mid Pt$$

(a) $CoCl_2$ 용액의 부피를 100 mL에서 300 mL로 증가
(b) $[H^+]$의 농도를 0.010 *M*에서 0.500 *M*로 증가
(c) H_2의 압력을 0.500 atm에서 1 atm으로 증가
(d) Co 전극의 질량을 15 g에서 25 g으로 증가
(e) $[Co^{2+}]$를 0.010 *M*에서 0.500 *M*로 증가

99. AgSCN의 표준 환원 전위는 0.0895 V이다.

$$AgSCN(s) + e^- \longrightarrow Ag(s) + SCN^-(aq)$$

위 값과 함께 사용할 다른 전극 전위를 찾아 AgSCN의 K_{sp}를 계산하라.

100. 다음의 표준 환원 전위를 살펴보자.

$$Tl^+(aq) + e^- \longrightarrow Tl(s) \quad E°_{환원} = -0.34\ V$$
$$Tl^{3+}(aq) + 3e^- \longrightarrow Tl(s) \quad E°_{환원} = 0.74\ V$$
$$Tl^{3+}(aq) + 2e^- \longrightarrow Tl^+(aq) \quad E°_{환원} = 1.28\ V$$

간략한 전지 표기는 다음과 같다.

(1) $Tl \mid Tl^+ \parallel Tl^{3+}, Tl^+ \mid Pt$
(2) $Tl \mid Tl^{3+} \parallel Tl^{3+}, Tl^+ \mid Pt$
(3) $Tl \mid Tl^+ \parallel Tl^{3+} \mid Tl$

(a) 각 전지의 전체 반응식을 써라.
(b) 각 전지의 $E°$ 값을 구하라.
(c) 각 전체 반응식에 대한 $\Delta G°$를 계산하라.
(d) $\Delta G°$ 또는 $E°$는 상태 함수인지 아닌지에 대해 간단히 설명하라. (*힌트*: 상태 함수는 경로에 무관하다.)

101. 표 17.1을 사용하여 다음 질문에 답하라. 밑줄친 곳에 **LT**(*보다 작다*), **GT**(*보다 크다*), **EQ**(*과(와) 같다*), **MI**(*더 많은 정보가 필요하다*)를 채워라.

(a) 다음 반쪽-반응에서 $E°_{환원}$은 1.077 V _______.

$$\frac{1}{2}Br_2(l) + e^- \longrightarrow Br^-(aq)$$

(b) 다음 반응에서 $E°$는 0_______.

$$2Br^-(aq) + Co^{2+}(aq) \longrightarrow Br_2(l) + Co(s)$$

(c) 다음 반쪽-반응을

$$Co^{2+}(aq) + 2e^- \longrightarrow Co(s)$$

$E°_{환원} = 0.00$인 새로운 표준으로 정하면

$2H^+(aq) + 2e^- \longrightarrow H_2(g)$의 $E°_{환원}$은 0_______.

(d) 다음 반응에서 이동된 전자의 수는 6_______.

$$2Cr^{3+}(aq) + 3Co(s) \longrightarrow 2Cr(s) + 3Co^{2+}(aq)$$

(e) 위의 (d)의 반응에서 전지를 통과한 전하량(C)은 9.648×10^4_______.

102. 세 가지 금속 X, Y, Z와 그들의 염 XA, YA, ZA를 살펴보자.

- X + 뜨거운 $H_2O \longrightarrow H_2$ 기포
- X + YA $\longrightarrow$ 반응 없음
- X + ZA $\longrightarrow$ X 변색됨 + Z

금속 X, Y, Z를 환원제의 세기가 감소하는 순서대로 나열하라.

도전 문제

103. $Sn(NO_3)_2$와 $Cu(NO_3)_2$를 포함하는 용액을 전기분해하여 두 금속을 동시에 석출시켜 주석과 구리로 된 합금을 만들었다. 전체 전류의 80.0%가 구리 석출에 사용되었고, 20.0%가 주석 석출에 사용되었을 때, 합금의 조성 백분율을 구하라.

104. 완전히 충전된 납축전지는 38%(질량으로)의 황산 전해질을 포함하고 있고, 전해질의 밀도는 1.286 g/cm^{3}이다. 이 전지의 E를 구하라(모든 H^+ 이온은 H_2SO_4의 첫 번째 해리(완결됨)에 의해서만 생성된다고 가정한다).

105. 다음과 같은 반응이 일어나는 볼타 전지에 대해 답하라.

$$Zn(s) + Sn^{2+}(aq) \longrightarrow Zn^{2+}(aq) + Sn(s)$$

(a) 전지의 $E°$를 구하라.

(b) 전지가 작동할 때 Zn^{2+}의 농도는 어떻게 되는가? Sn^{2+}의 농도는 어떻게 되는가?

(c) 전지의 전압이 0이 될 때, Sn^{2+}의 농도에 대한 Zn^{2+}의 농도비를 구하라.

(d) 두 양이온의 초기 이온 농도가 모두 1.0 M이면 전지의 전압이 0이 될 때, 각각의 이온 농도를 구하라.

106. 생물학적 계에서 아세트산 이온(CH_3COO^-)은 두 단계 과정을 거쳐 에탄올로 전환된다.

$$CH_3COO^-(aq) + 3H^+(aq) + 2e^- \longrightarrow CH_3CHO(aq) + H_2O \quad E°' = -0.581\ V$$

$$CH_3CHO(aq) + 2H^+(aq) + 2e^- \longrightarrow C_2H_5OH(aq) \quad E°' = -0.197\ V$$

($E°'$은 25°C, pH 7.00일 때의 표준 환원 전위이다.)

(a) 각 단계와 전체 전환 과정의 $\Delta G°'$ 값을 구하라.

(b) 전체 전환 과정의 $E°'$을 구하라.

107. 다음 전지에 대해 답하라.

$$Pt|H_2|H^+ \| H^+|H_2|Pt$$

1.0 atm의 수소 기체를 산화전극 반쪽-전지에 불어 넣었다. 이 때, 반쪽-전지의 용액의 pH는 7.0이다. 다른 반쪽-전지의 구성은 산화전극과 같고, 단지 백금 전극 주위 용액의 pH는 0.0이다. 전지 전압을 구하라.

108. 수소-산소 연료 전지는 아래 반응으로 작동된다.

$$H_2(g) + \tfrac{1}{2}O_2(g) \longrightarrow H_2O(l)$$

전지의 전류가 1.5 A이고 수소가 25°C, 200 atm 압력에서 1.0-L 용기에 들어있다면, 수소가 모두 소모되기 전까지 얼마 동안 이 연료전지가 작동할 수 있겠는가? 단, 산소 기체는 과량으로 간주한다.

109. 합금의 조성은 아연 68%, 주석 32%이다. 이 합금은 $Zn(NO_3)_2$와 $Sn(NO_3)_2$를 포함하는 용액을 전기분해하여 두 금속을 동시에 석출시켜 만든다. 각 금속을 석출하는 데 사용되는 전류는 각각 전체 전류의 몇 퍼센트인가?

핵반응

Nuclear Reactions

제 18 장

Pedro Saura via Science/AAAS

◀ El Castillo 동굴의 벽에 있는 손자국 그림은 최소한 40,800년 전에 네안데르탈인이 그린 것으로 추정된다. 이 벽화는 프랑스의 Chauvet 동굴에 있는 것보다 5,000~10,000년 더 오래된, 세계에서 가장 오래된 것으로 알려진 동굴 벽화이다. 이 손자국에는 유기 물질이 포함되지 않아서 우라늄 붕괴를 측정하여 연대를 추정한 것이다.

몸을 빛으로, 그리고 빛을 몸으로 변화시키는 것은 자연 과정과 매우 일치한다. 자연 과정은 상호변환에 매우 만족스러워한다.
—SIR ISAAC NEWTON
Opticks, *제2판(1718)*
제3권, 검색어 30, 349

이 장의 차례 _Chapter Outline

이제까지 논의해 온 "일반적인 화학 반응"은 원자 또는 분자의 최외각 전자 구조의 변화로 인해 일어난다. 이와는 대조적으로 핵반응은 원자핵 내부의 변화 때문에 일어난다. 원자핵은 다음과 같은 기호로 표시된다는 것을 기억할 것이다(제2장).

$$^{12}_{6}\text{C} \qquad ^{14}_{6}\text{C}$$

여기서 원자 번호 Z(핵에 있는 양성자수)는 원소 기호의 왼쪽에 아래첨자로 표시하며, 질량수 A(핵에 있는 양성자수와 중성자수의 합)는 왼쪽 위첨자로 표시한다.

이 장에서 논의할 반응들은 **핵 반응식**(nuclear equation)으로 표현할 것이다. 이러한 유형의 반응식은 위에서 쓰인 원자핵 기호를 사용한다. 다른 면에서는 일반적인 화학 반응식과 유사하다. 핵 반응식은 핵전하(원자 번호)와 핵 질량(질량수)이 균형을 이루어야 한다. 이 의미를 이해하기 위하여 다음의 반응식을 살펴보자(뒤에서 자세히 논의할 것이다).

$$^{14}_{7}\text{N} + ^{1}_{0}n \longrightarrow ^{14}_{6}\text{C} + ^{1}_{1}\text{H}$$

반응물은 N-14 원자핵과 중성자이다. 생성물은 C-14 원자핵과 H-1 원자핵이다.◀ⓘ 원자 번호를 더하면 양변 모두 7이다.

ⓘ 보통 핵반응은 원소의 변환을 수반한다.

$$\text{반응물: } 7 + 0 = 7 \qquad \text{생성물: } 6 + 1 = 7$$

질량수를 더하면 15가 된다.

$$\text{반응물: } 14 + 1 = 15 \qquad \text{생성물: } 14 + 1 = 15$$

18-1 핵 안정도

제2장에서 배웠듯이, 원자핵은 양으로 하전된 양성자와 전하가 0인 중성자로 구성되어 있다. 고전 정전기학에 따르면, 양성자들이 서로 밀어내고 핵이 떨어져 나갈 것으로 예상된다. 그러나 매우 짧은 거리인 원자핵의 분리 특성 거리(약 10^{-15} m)에서 핵 입자 사이의 강한 인력이 존재한다는 것이 밝혀졌다. 원자핵의 안정도는 이들 힘과 정전기적 반발력 사이의 균형에 따라 달라진다.

광범위한 연구에도 불구하고, 아직까지도 그 힘이 핵의 안정도를 이루는 방식에 대해 명확하게 이해하지 못하고 있다. 우리가 알고 있는 것은 어떤 핵이 가장 안정할 지 예측하기 위한 일련의 실험적 규칙뿐이다. 이러한 규칙 중 가장 중요한 것은 다음과 같다.

- 안정도에 필요한 중성자 대 양성자의 비(n/p^+)는 원자 번호에 따라 다르다. 그림 18.1의 붉은점으로 표시된 264개의 알려진 안정한 핵들은 비교적 좁은 "**안정대**(belt of stability)" 내에 놓여 있다. 가벼운 원소($Z < 20$)에서는 이 비가 1에 가깝다. 예를 들어, 동위원소 $^{12}_{6}C$, $^{14}_{7}N$, $^{16}_{8}O$는 안정하다. 원자 번호가 증가하면 이 비도 증가하여, 안정대는 중성자의 수가 많아지는 쪽으로 이동한다. $^{206}_{82}Pb$와 같은 무거운 동위원소에서는 안정한 중성자 대 양성자의 비가 약 1.5 정도이다.

$$(206 - 82) / 82 = 1.51$$

- 83개 이상의 양성자를 가지고 있는 원자핵은 불안정하다. 다시 말하면, 비스무트(Z = 83)가 가진 양성자 수 이상을 가진 원소 중 안정한 동위 원소는 없다.
- 양성자와 중성자 중 어느 한 쪽으로 인해 **핵자**(nucleon)의 수가 짝수인 핵은 핵자의 수가 홀수인 핵보다 좀 더 안정한 경향을 보이고 있다.
- 양성자와 중성자의 특정 숫자(2, 8, 20, 28, 50, 82, 126)는 특히 안정적인 것으로 나타난다. 이러한 *마법의 수*(magic number)는 제6장에서 논의된 전자 껍질 모형보다 규칙성이 낮지만 그것과 비슷한 핵 껍질 모형을 제안한 Maria Mayer(1906~1972)에 의해 처음으로 제안되었다. 그녀의 업적으로 Maria Mayer는 1963년 Nobel 물리학상을 받았다. Nobel 물리학상은 100년 넘게 매년(1940년과 1942년은 제외) 수여해 온 상으로 Maria Mayer와 Marie Curie만이 여성 수상자이다.

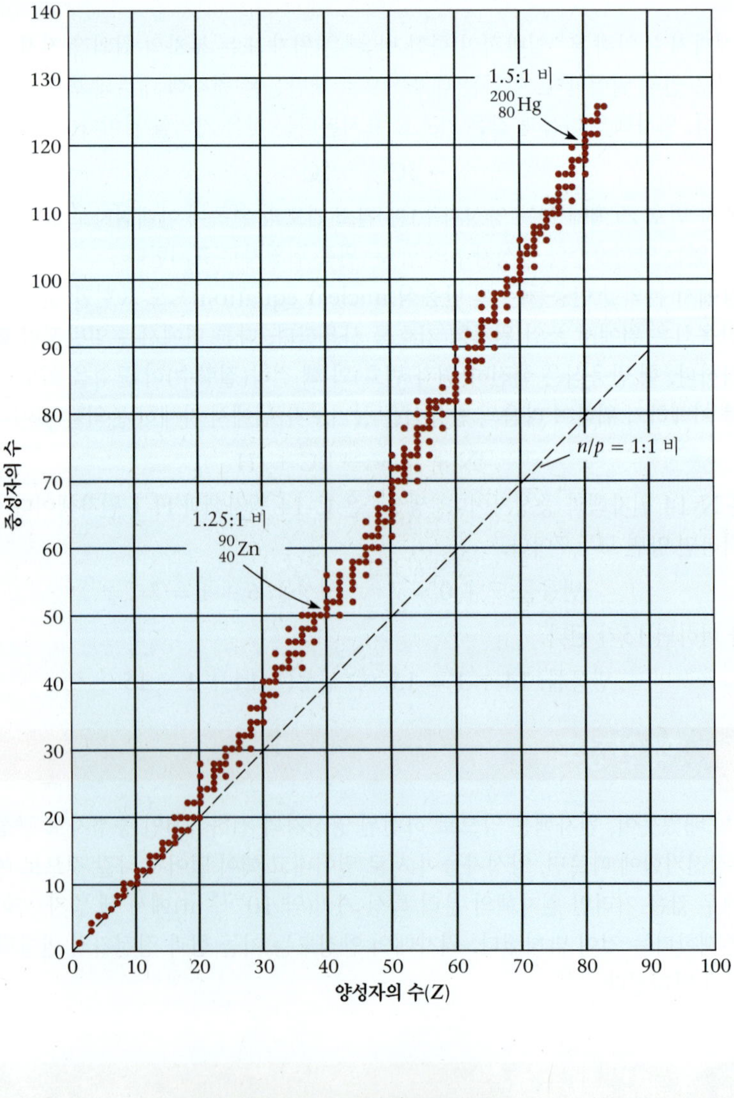

그림 18.1 ▸ **안정한 동위원소의 중성자 대 양성자 비.** 안정한 동위원소의 비(붉은점)는 "안정대"라고 부르는 좁은 범위 안에 놓여 있다. 작은(small) 원자의 가벼운 동위 원소들은 안정한 비가 1:1이다. 무거운 동위원소의 비는 점점 증가하여 1.5:1에 이른다. 안정대 바깥의 동위원소들은 불안정하고 방사능을 나타낸다. 원자 번호가 83(Bi)보다 큰 원소에는 안정한 동위원소가 없다.

예제 18.1

다음 핵의 각 쌍에서 더 안정한 것은 어느 것인가?

a $^{6}_{3}Li$ 또는 $^{9}_{3}Li$

전략

1. 중성자 대 양성자 비를 결정한다.
2. 안정대를 확인한다.

풀이

1. n/p^+	$^{6}_{3}Li$: $n/p^+ = 3/3 = 1$; $^{9}_{3}Li$: $n/p^+ = 6/3 = 2$
2. 안정도	$^{9}_{3}Li$는 불안정하다. $n/p^+ = 2$는 안정대 바깥에 놓여 있다.

b $^{204}_{82}Pb$ 또는 $^{209}_{85}At$

전략 및 풀이

$Z = 85$인 At보다 $Z = 82$인 Pb가 더 안정한 원소이다.

18-2 방사능

불안정한 동위원소는 **방사능**(radioactivity) 과정을 통해 분해한다("*붕괴*"). *자연 방사능*(natural radioactivity) 과정으로 만들어진 몇 가지 원자핵이 자연계에 존재한다. 현재 알려져 있는 방사성 원자핵 대부분은 높은 에너지를 갖는 입자를 정상적인 원자핵과 실험실에서 인공적으로 충돌시켜 만든 것이다. 방사선은 다음의 형태로 방출된다(그림 18.2).

베타(β) 입자는 전자와 성질이 같다.

알파(α) 입자는 $^{4}_{2}He$ 핵으로, 헬륨 원자의 핵 바깥에 있는 두 개의 전자를 잃고 +2의 전하를 띤다.

감마(γ) 선은 고에너지 복사선이다.

붕괴 방식

일반적으로 방사성 원자핵은 다음과 같은 방식으로 자연적으로 분해된다.

- *알파 입자 방출*(alpha particle emission): 보통의 헬륨 원자핵인 $^{4}_{2}He$가 생성된다. U-238은 이 방식으로 분해된다.

$$^{238}_{92}U \longrightarrow {}^{4}_{2}He + {}^{234}_{90}Th$$

알파 방출이 일어날 때, 원자 번호는 2 단위가 감소하고, 질량수는 4 단위가 감소한다는 점에 유의하라. 여기서 모든 핵 반응식에서와 같이 화살표의 양쪽에 두 원자 번호(90 + 2 = 92)와 질량수(234 + 4 = 238)는 균형이 맞아야 한다.

알파 입자(alpha particle)는 방사성 원자핵에서 방출되는 가장 큰 입자이다. 그것은 가장 높은 *이온화 힘*(ionizing power), 즉 다른 분자나 이온을 이온화할 수 있는 능력을 가지고 있다. 크기 때문에 알파 입자는 세포에 침투하기가 어렵다. 따라서 알파 입자는 의류, 피부 또는 종이 등으로 막을 수 있다. 몸 밖에 있는 알파 방출 핵은 비교적 안전하다. 세포막은 알파 입자를 막을 수 없기 때문에 이 입자를 흡입 또는 섭취하면 훨씬 더 위험하다.

- *베타 입자 방출*(beta particle emission): 기호 $^{0}_{-1}e$로 표시되는 전자를 방출한다. 그 예는 다음과 같다.

$$^{234}_{90}Th \longrightarrow {}^{0}_{-1}e + {}^{234}_{91}Pa$$

생성물인 핵, $^{234}_{91}Pa$는 반응물인 핵, $^{234}_{90}Th$와 동일한 질량수를 갖지만, 원자 번호는 1만큼

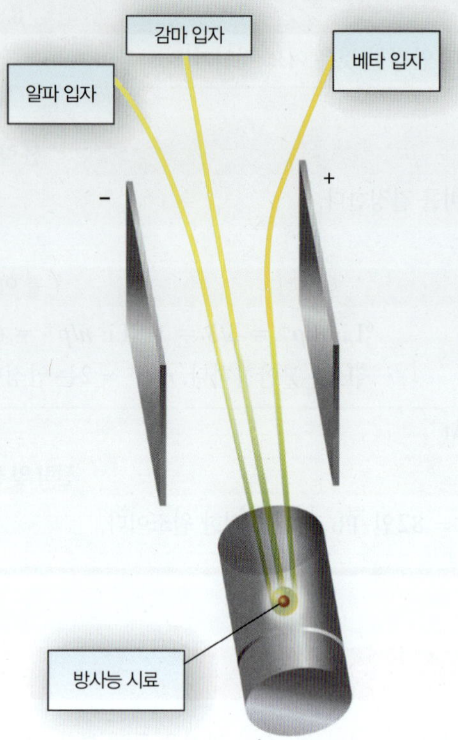

그림 18.2 ▸ **핵 복사선**. 전기장에서 알파 입자는 음극 쪽으로 휘므로 양으로 하전된 것을 나타낸다. 베타 입자는 양극 쪽으로 휘므로 음으로 하전된 것을 나타낸다. 베타 입자는 가볍기 때문에 알파 입자보다 더 많이 휜다. 감마선은 전하를 띠지 않아서 전기장을 직진한다.

더 크다는 점에 주목하자. 이것은 바꿔 말하면 베타 입자 방출에 의해 중성자가 양성자로 바뀌는 것이다. 이러한 현상은 "중성자를 너무 많이" 갖고 있는 핵들이 안정화될 때 일어난다.

베타 입자(beta particle)는 알파 입자보다 작고 가볍다. 따라서 베타 입자는 좀 더 쉽게 세포에 침투할 수 있는 반면, 더 낮은 이온화 능력을 가지고 있다. 얇은 금속 판으로 베타 입자가 세포에 들어가는 것을 막을 수 있으며 심지어 섭취하거나 흡입해도 알파 입자보다 파괴력이 작다.

- **감마선 방출**(gamma radiation emission): 이것은 고 에너지를 가진 광자를 방출한다. 감마선 방출은 질량수나 원자 번호를 변화시키지 않기 때문에 일반적으로 핵 반응식에서 생략된다.

  감마선은 그 크기로 인하여 가장 낮은 이온화 능력을 갖는다. 그러나 감마선 침투를 막기 위해 10 cm 이상의 납판이나 두꺼운 시멘트 차폐막이 필요하다.

  실험실에서 "인공적으로" 만들어지는 방사성 원자핵은 α-, β-, γ-방출을 할 수 있다. 이들은 다음과 같이 양전자 방출과 같은 방식으로 분해되기도 한다.

- *양전자 방출*(positron emission): **양전자**(positron)는 -1이 아닌 $+1$의 전하를 띠고 있다는 점만 제외하면 전자와 동일하다. 양전자는 기호 ${}^{0}_{1}e$로 표시한다. 그 예는 다음과 같다.

$$^{40}_{19}\mathrm{K} \longrightarrow {}^{0}_{1}e + {}^{40}_{18}\mathrm{Ar}$$

여기서, K-40(19 p^+, 21n)의 양성자 한 개가 Ar-40(18 p^+, 22n)의 중성자로 변환된다. 이와 같은 양전자 방출은 양성자를 너무 많이 갖는 핵들이 안정화될 때 일어난다.

- **K-전자 포획**(K-electron capture): 가장 안쪽의 에너지 준위($n = 1$)에 있는 전자가 원자핵으로 "떨어지는" 현상으로, 그 예는 다음과 같다.

$$^{82}_{37}\mathrm{Rb} + {}^{0}_{-1}e \longrightarrow {}^{82}_{36}\mathrm{Kr}$$

K-전자 포획의 결과가 양전자 방출의 경우와 같다는 점에 주목하자. 질량수는 변하지 않고 원자 번호만 1만큼 줄어든다. 보통 무거운 원자핵에서 전자 포획 현상이 나타나는데, 이는 $n = 1$의 에너지 준위가 원자핵에 상대적으로 가까이 위치해 있기 때문이다.

표 18.1 ▸ 방사성 붕괴의 방식

붕괴 방식	방출 입자	예	변화 A	변화 Z	침투 능력
α-붕괴	${}^{4}_{2}He$	${}^{238}_{92}U \longrightarrow {}^{4}_{2}He + {}^{234}_{90}Th$	−4	−2	≈0.03 mm
β-붕괴	${}^{0}_{-1}e^{-}$	${}^{234}_{90}Th \longrightarrow e + {}^{234}_{91}Pa$	0	+1	≈2 mm
γ-붕괴	광자		0	0	≈10 cm
양전자 방출	${}^{0}_{1}e$	${}^{40}_{19}K \longrightarrow {}^{0}_{1}e + {}^{40}_{18}Ar$	0	−1	
K-전자 포획	없음	${}^{82}_{37}Rb + {}^{0}_{-1}e \longrightarrow {}^{82}_{36}Kr$	0	−1	

지금까지 설명한 다양한 방사성 붕괴 방식을 표 18.1에 요약하였다.

예제 18.2

프로메튬(promethium, $Z = 61$)은 자연계에 존재하지 않는 원소이다. 이 동위원소는 모두 방사성을 나타낸다. 프로메튬의 여러 동위원소의 분해 반응에 대한 균형 맞춘 핵 반응식을 써라.

양전자 방출에 의한 Pm-142의 분해, 베타 입자 방출에 의한 Pm-147의 분해, 알파 입자 방출에 의한 Pm-150의 분해.

전략

1. 지정된 붕괴 유형으로 방출되는 입자의 기호를 기억한다.
2. 질량수와 원자 번호의 균형을 맞춘다.
3. 원자 번호를 이용하여 주기율표에서 생성물 동위원소의 기호를 찾는다.

풀이

양전자 방출에 의한 Pm-142의 분해

1. 방출된 입자 — 양전자: ${}^{0}_{1}e$
2. 질량수와 원자 번호의 균형 맞춤 — ${}^{142}_{61}Pm \longrightarrow {}^{0}_{1}e + {}^{142}_{60}$
3. 반응 — ${}^{142}_{61}Pm \longrightarrow {}^{0}_{1}e + {}^{142}_{60}Nd$

베타 입자 방출에 의한 Pm-147의 분해

1. 방출된 입자 — β-입자: ${}^{0}_{-1}e$
2. 질량수와 원자 번호의 균형 맞춤 — ${}^{147}_{61}Pm \longrightarrow {}^{0}_{-1}e + {}^{147}_{62}$
3. 반응 — ${}^{147}_{61}Pm \longrightarrow {}^{0}_{-1}e + {}^{147}_{62}Sm$

알파 입자 방출에 의한 Pm-150의 분해

1. 방출된 입자 — α-입자: ${}^{4}_{2}He$
2. 질량수와 원자 번호의 균형 맞춤 — ${}^{150}_{61}Pm \longrightarrow {}^{4}_{2}He + {}^{146}_{59}$
3. 반응 — ${}^{150}_{61}Pm \longrightarrow {}^{4}_{2}He + {}^{146}_{59}Pr$

▶ 충격 반응

이제까지 1500개 이상의 방사성 동위원소가 실험실에서 만들어졌다. 각 원소마다 인공 동위원소의 수는 1개(수소와 붕소)에서부터 34개(인듐)까지 다양하다. 이들 동위원소들은 충격 반응에 의해 만들어지는데, 이 반응에서 안정한 핵이 방사성 핵으로 변환되고, 방사성 핵은 안정한 생성물들로 붕괴된다. 충격 반응에 사용되는 입자에는 다음과 같은 것들이 있다.

- *중성자*(neutron). 다소 낮은 에너지를 가지며, 핵분열 반응기에서 생성된다(18-5절). 전형적인 반응의 예는 다음과 같다.

$$ {}^{27}_{13}Al + {}^{1}_{0}n \longrightarrow {}^{28}_{13}Al $$

ⓘ 프로메튬은 "희토류 원소"중에서 가장 희귀하다(예제18.2).

여기서 생성된 핵, Al-28은 방사성 물질이며 다음과 같이 붕괴되어 베타 입자를 방출한다.

$$^{28}_{13}\text{Al} \longrightarrow {}^{28}_{14}\text{Si} + {}^{\ 0}_{-1}e$$

- *하전된 입자*(charged particle)(전자, 양전자, α-입자, ...). 이들은 전기장 및 자기장 속에서 매우 빠른 속도로 가속될 수 있다. 하전된 입자들은 이러한 방식으로 충분히 높은 에너지를 얻게 되어 원자 내 성분들 간의 정전기적 반발에도 불구하고 핵반응을 일으키게 된다.

1934년에 Irene Curie와 그녀의 남편 Frederic Joliot에 의해 최초로 방사성 동위원소가 실험적으로 만들어졌다. 그들은 안정한 동위원소에 높은 에너지를 갖는 알파 입자를 충격시켜 방사성 동위원소를 실험실에서 만들었다. 반응의 한 예는 다음과 같다.

$$^{27}_{13}\text{Al} + {}^{4}_{2}\text{He} \longrightarrow {}^{30}_{15}\text{P} + {}^{1}_{0}n$$

이때 생성된 인-30은 방사성 물질이며, 양전자 방출에 의해 붕괴된다.

$$^{30}_{15}\text{P} \longrightarrow {}^{30}_{14}\text{Si} + {}^{0}_{1}e$$

충격 반응의 흥미로운 응용은 이른 바 "초우라늄 원소(transuranium element)"를 만드는 것이다. 1940년에 넵투늄(Np, neptunium, Z = 93)으로 시작하여 원자 번호가 우라늄보다 큰 일련의 원소들이 합성되었다. 이 작업은 대부분 Glenn Seaborg(1912~1999)와 Albert Ghiorso(1915~2010)의 지휘로 California 대학교, Berkeley 캠퍼스 연구팀에 의해 진행되었다. G. N. Flerov(1913~1999)가 이끄는 Moscow 근교 Dubna의 러시아 연구팀도 큰 기여를 하였다. 무거운 원소(197~212)들은 20세기 후반에, Peter Armbruster(1931~)의 지휘로 독일의 Darmstadt 연구팀에 의해 만들어졌다. 생성된 대부분의 원자핵은 수 마이크로초의 반감기를 갖고 있다. 원자 번호 113번, 115번, 117번, 118번 원소들을 제조한 실험에 대한 보고가 있었다. 2006년 10월, 미국 캘리포니아의 Lawrence Livermore National Laboratory와 Dubna의 공동 연구원들은 Og-294(oganesson, 원자 번호 118)의 존재를 간접적으로 검출하였다. 이 원소는 다음 충돌에 의해 생성된다고 보고하였다. Og-294 원자 자체가 아닌, 그 분해 생성물을 관찰한 것이다.

$$^{249}_{98}\text{Cf} + {}^{48}_{20}\text{Ca} \longrightarrow {}^{294}_{118}\text{Og} + 3\,{}^{1}_{0}n$$

2016년 11월 국제 순수 응용 화학 연맹(International Union of Pure and Applied Chemistry, IUPAC)은 원자 번호 113번, 115번, 117번, 118번 원소들을 공식적으로 공표하여 주기율표에 반영하였다(이 책 164쪽 그림 6.14 참조).

초우라늄 원소의 제조에 이용된 몇 가지 반응들을 표 18.2에 수록하였다. 중성자 충격

이 원소들의 이름은 그들의 발견자와 핵과학자의 이름에서 비롯되었다.

표 18.2 ▸ 초우라늄 원소의 합성

중성자 충격	
넵튜늄(neptunium), 플루토늄(plutonium)	$^{238}_{92}\text{U} + {}^{1}_{0}n \longrightarrow {}^{239}_{93}\text{Np} + {}^{\ 0}_{-1}e$ $^{239}_{93}\text{Np} \longrightarrow {}^{239}_{94}\text{Pu} + {}^{\ 0}_{-1}e$
아메리슘(americium)	$^{239}_{94}\text{Pu} + 2\,{}^{1}_{0}n \longrightarrow {}^{241}_{95}\text{Am} + {}^{\ 0}_{-1}e$
양이온 충격	
퀴륨(curium)	$^{239}_{94}\text{Pu} + {}^{4}_{2}\text{He} \longrightarrow {}^{242}_{96}\text{Cm} + {}^{1}_{0}n$
캘리포늄(californium)	$^{242}_{96}\text{Cm} + {}^{4}_{2}\text{He} \longrightarrow {}^{245}_{98}\text{Cf} + {}^{1}_{0}n$
러더포듐(rutherfordium)	$^{249}_{98}\text{Cf} + {}^{12}_{6}\text{C} \longrightarrow {}^{257}_{104}\text{Rf} + 4\,{}^{1}_{0}n$
더브늄(dubnium)	$^{249}_{98}\text{Cf} + {}^{15}_{7}\text{N} \longrightarrow {}^{260}_{105}\text{Db} + 4\,{}^{1}_{0}n$
시보귬(seaborgium)	$^{249}_{98}\text{Cf} + {}^{18}_{8}\text{O} \longrightarrow {}^{263}_{106}\text{Sg} + 4\,{}^{1}_{0}n$

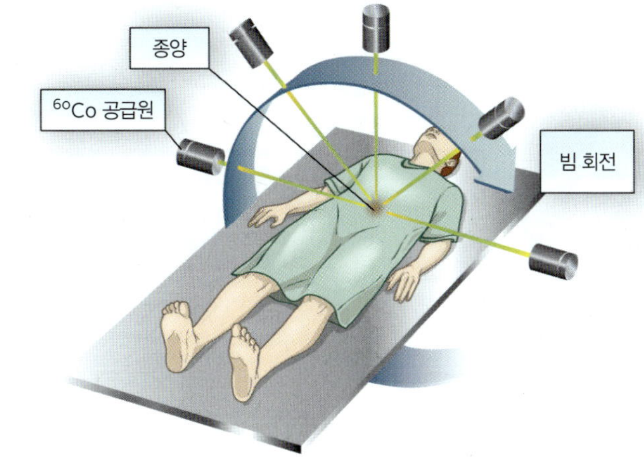

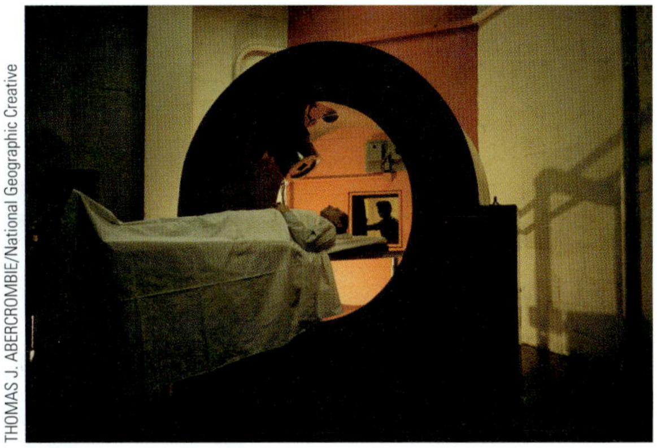
THOMAS J. ABERCROMBIE/National Geographic Creative

그림 18.3 ▸ **코발트-60 암 치료.** 회전하는 방사선 공급원에서 방출되는 감마선이 질병이 있는 조직의 위치에 집중된다.

반응은 원자 번호가 낮은 원자들(93~95)에는 효과적이지만, 생성물의 수득률은 원자 번호가 증가할수록 급격히 줄어든다. 무거운 초우라늄 원소를 생성하려면 적절한 목표물에 고에너지의 양이온으로 충격을 가해야 한다. 탄소-12와 같은 비교적 무거운 충격 입자를 이용하여 상당히 큰 원자 번호를 갖는 원소를 얻을 수 있다.

▶ 응용

많은 방사성 핵이 산업 분야는 물론, 기초 및 응용 연구 분야에 이용되고 있다. 이들 중 몇 가지를 아래에서 논의하기로 한다.

의학

방사성 동위원소는 대개 수술 후에 남아 있는 악성 세포를 제거하기 위해 암 치료에 사용된다. 코발트-60이 가장 많이 이용되는데, 여기서 나오는 γ-선을 암이 의심되는 작은 부분에 집중한다. 어떤 종류의 암은 체내에서 방사성 동위원소를 이용하여 치료한다. 갑상선암 환자가 방사성 아이오딘(^{131}I 또는 ^{123}I) 이온을 포함하고 있는 NaI 용액을 마시면 아이오딘 이온은 바로 갑상선으로 이동한다. 그곳에서 아이오딘의 방사선은 인체의 다른 부분에 영향을 미치지 않고 악성 세포만을 파괴한다.

방사성 동위원소는 종종 진단 목적으로 이용되기도 한다(표 18.3 참조). 양전자 방출 단층촬영법(positron emission tomography, PET)은 뇌 질환을 연구하는 데 사용되는 기술이다. 환자에게 플루오린의 방사성 동위원소가 결합된 글루코스($C_6H_{12}O_6$)를 일정량 투여하고(플루오린 동위원소는 양전자를 방출한다) 뇌를 스캔하면서 방사성 "표지된" 글루코스에서 방출되는 양전자를 검출한다. 이러한 방식으로 정상인의 뇌와 환자의 뇌에서 일어나는 글루코스 흡수와 신진대사의 차이를 규명한다. 예컨대, 정신분열증 환자의 뇌는 신진대사 과정에서 정상인 뇌의 글루코스 소비량의 약 20%만 소비한다는 것을 PET 촬영을 통해 밝혀냈다.

SPECT 스캔(단일 양성자 방출 컴퓨터 단층 촬영, single proton emission computer tomography)은 방사성 추적자와 스캐너를 사용하여 2차원 또는 3차원 이미지를 제공한다. 스캔으로 조직으로의 혈류와 신체의 화학 반응(신진대사)에 대한 정보를 얻을 수 있다.

표 18.3 ▸ **방사성 동위원소의 병 진단 이용**

동위원소	이용
$^{18}_{9}F$	뇌 검사(PET); 본문 참조
$^{24}_{11}Na$	순환 장애
$^{32}_{15}P$	안과 종양 검색
$^{59}_{26}Fe$	빈혈
$^{67}_{31}Ga$	폐의 종양이나 종기 검색
$^{75}_{34}Se$	췌장 검사
$^{99}_{43}Tc$	뇌, 간, 콩팥, 골수의 영상
$^{133}_{54}Xe$	폐의 영상
$^{201}_{81}Tl$	심장 이상

화학

방사성 핵은 화학적 분석에도 광범위하게 이용된다. 특히 중요하게 이용되고 있는 기술 중 하나가 바로 *중성자 방사화 분석법*(neutron activation analysis)이다. 이 과정은 유도 방사능의 방출 현상에 따라 차이가 있으며, 시료에 중성자를 충격시키면 다음과 같은 반응이 일어난다.

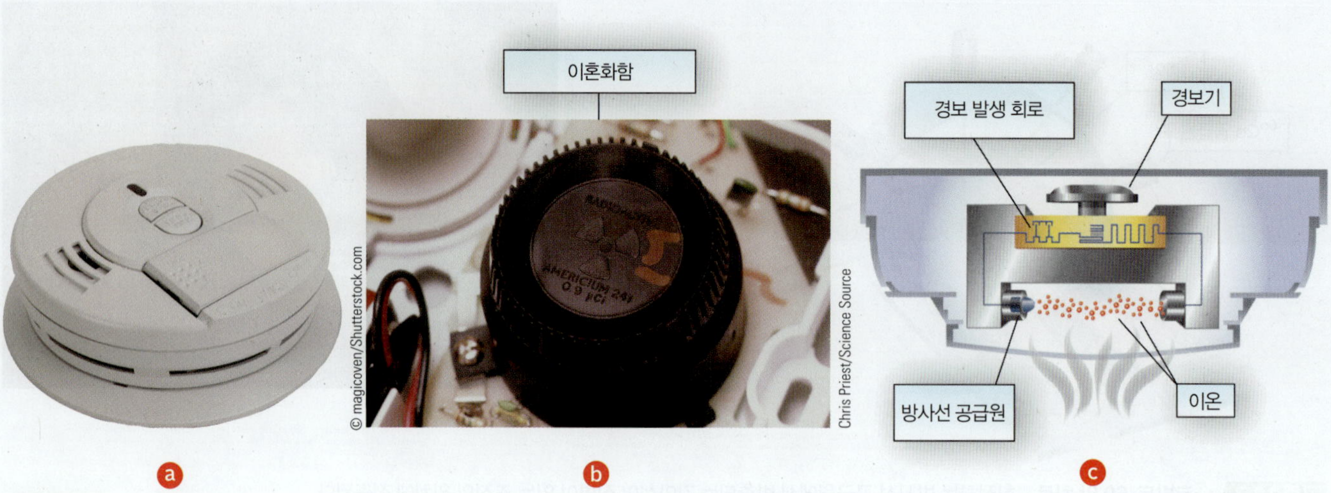

그림 18.4 ▸ **화재 경보기**. 대부분의 화재 경보기(smoke alarm)에는 소량의 방사성 동위원소가 사용되고 있는데, 연기 입자가 있으면 급격히 전류가 차단되어 경보가 울리게 된다.

$$^{84}_{38}\text{Sr} + ^{1}_{0}n \longrightarrow ^{85}_{38}\text{Sr}$$

일반적으로, 원소 자체는 고유한 화학적 특성을 유지하지만, 생성된 원소는 방사성 동위원소이므로 감마선을 방출하며 붕괴한다. 원소의 종류에 따라 에너지 변화의 크기와 감마선의 파장이 다르기 때문에 시료의 정성 분석에 이용될 수 있다. 뿐만 아니라 시료에 존재하는 원소의 양에 따라 방사선의 세기가 다르기 때문에 시료의 정량 분석에도 이용할 수 있다. 중성자 방사화 분석법으로 50가지 원소를 1 picogram (10^{-12} g)의 극미량까지도 분석할 수 있다.

중성자 방사화 분석법의 응용 분야 중 하나는 고고학 분야이다. 선사시대 인류의 유골에 있는 스트론튬의 양을 측정하여 그들이 섭취한 음식물을 추측할 수 있다. 스트론튬은 동물보다 식물에 더 많이 존재하므로 다량의 스트론튬이 발견되었다면 채식 위주의 생활을 했다고 추론할 수 있다. 고대 농경 사회의 유골에 대한 스트론튬 분석에서 성별에 따른 차이가 일관되게 나타났다. 여성이 남성보다 스트론튬 수치가 더 높게 나타났다. 분명히 그 당시에는 여자들이 대부분 농사일을 담당하였고, 남자들은 집 밖으로 나가 사냥하고, 그들이 잡은 것들을 먹는 데 많은 시간을 보냈다.

상업적 응용

대부분의 화재 경보기(그림 18.4)는 주로 방사성 화학종인 동위원소 아메리슘(Am-241)을 사용한다. 이 동위원소 소량을 작은 이온화함에 넣으면 Am-241의 붕괴로 인하여 이 이온화함 내의 공기 분자들이 이온화된다. 여기에 전지를 이용하여 전위차를 걸어주면 이온화함 내의 이온들의 이동으로 인해 전류가 발생한다. 연기가 이온화함에 들어가면 이온의 흐름을 방해하여 전류가 흐르지 않게 된다. 그러면 전자 회로가 이를 감지하여 경보가 울린다. 전지의 전압이 떨어지는 경우에도 경보가 울리는데, 이는 전지를 바꿀 때가 되었다는 것을 알려준다.

방사성 화학종의 또 다른 잠재적 응용 분야는 식품 보존 분야이다(그림 18.5). 잘 알려져 있는 바와 같이 감마선은 돼지고기에서 선모충 병을 일으키는 선모충과 같은 기생충이나 유충, 곤충 등을 살충하는 효과가 있다. 또한 방사선은 양파와 감자의 싹이 트는 것을 억제할 수 있다. 식품의 유통기한을 수주일에서 수개월까지도 연장시킬 수 있다는 점은 상업적인 관점에서 가장 중요한 것이 아닐 수 없다. 식품 보존을 위하여 사용되는 많은 화학 물질이 나중에 사람들의 건강에 해로운 영향을 미치는 것으로 밝혀졌기 때문에 방사선을 조사하는 방법은 매력적인 대안이다. 끝으로 방사선을 조사하면 *대장균*(소고기를 처리하는 데 사용하는 이유)과 탄저균(의심스러운 우편물을 "소독"하는 데 사용하는 이유)과 같은 미생물을 파괴시킬 수 있다.

그림 18.5 ▸ **식품 보존**. 딸기에 방사성 동위원소에서 나온 감마선을 쪼여주면 신선도를 오랫동안 유지할 수 있다.

화학자의 삶 속에서 | CHEMISTRY THE **HUMAN** SIDE

핵화학의 역사에서 두 명의 뛰어난 여성 과학자인 Marie Curie와 Irene Curie, 그리고 각자의 남편인 Pierre Curie와 Frederic Joliot의 이야기를 절대 빼놓을 수 없다. Marie Curie (Maria Sklodowska)(1867~1934)는 러시아 제국의 일부였던 폴란드의 Warsaw에서 태어났다. 1891년에 그녀는 프랑스의 Sorbonne 대학에서 공부하기 위하여 파리로 왔으며 거기서 프랑스의 물리학자인 Pierre Curie(1859~1906)를 만나 결혼하였다. Curie 부부는 우라늄 염이 방사선을 방출한다는 사실을 발견한 Henri Becquerel(1852~1928)과 함께 연구하였다. 그들은 토륨도 우라늄처럼 방사선을 방출하며, 방출되는 방사선량이 시료 속의 우라늄이나 토륨의 양에 정비례한다는 것을 밝혀냈다.

1898년에 Curie 부부는 새로운 방사성 동위원소 두 가지를 분리해내는 데 성공하고, 각각 라듐과 폴로늄이라고 명명하였다. 단지 수 밀리그램의 이 원소들을 얻기 위해 수 톤의 피치블렌드 원광석으로 오랜 세월 동안 지루한 분리 작업을 수행하였다. 실험은 매우 열악한 환경에서 진행되었는데, 겨울에는 난방이 되지 않아 온도가 6°C 밖에 되지 않는 창고에서 열악한 장비를 가지고 실험을 했다. 4년 후인 1902년, 아주 소량의 시료를 가지고 한 실험에서 Marie는 라듐의 원자량을 0.5% 오차 이내에서 결정하였다.

1903년에 Curie 부부는 Becquerel과 함께 방사선을 발견한 업적으로 노벨 물리학상을 수상하였다. Pierre Curie는 3년 후에 비극적인 사고로 46세의 나이에 사망하였다. 그는 붐비는 Paris 거리에서 마차 뒤를 걷다가 말이 끄는 마차에 치였다. 같은 해에 Marie는 Sorbonne 대학에서 여자로서는 처음으로 강의를 하게 되었다. 1911년, 라듐과 폴로늄을 발견한 공로로 노벨 화학상을 수상함으로써 최초로 두 번 노벨상을 수상한 사람이 되었다.

1914년 유럽이 제1차 세계대전에 휘말리게 되자 많은 과학자들은 연구를 포기하고 전선으로 나아갔다. Marie Curie는 그녀의 17세 된 딸 Irene과 함께 X-선 장비를 갖춘 의료진을 구성했다. 이 장비는 부상당한 병사에게서 금속성 이물질을 찾아내는 데 이용되었다. 대부분의 부상이 머리 부상이었기 때문에 (프랑스 정부는 헬멧을 쓰면 독일군처럼 보인다는 이유로 병사들이 머리에 아무것도 쓰지 않은 채 참호 밖으로 나가도록 했다.) X-선 장비는 유용하게 이용될 수 있었다. 1918년 11월, Curie 모녀는 제1차 세계대전이 끝난 것을 매우 기뻐하였다. 프랑스가 승리를 거두었고, Marie의 조국 폴란드 또한 자유를 얻게 되었기 때문이었다.

Humanities and Social Sciences Library/New York Public Library/Science Source

Paris 근교의 집에서 Marie와 Pierre Curie, 그의 딸 Irene.

1921년부터 Irene Curie(1897~1956)는 라듐 연구소에서 연구를 시작하였으며, 5년 후 그녀는 Frederic Joliot(1900~1958)와 결혼하였다. 그 역시 이 연구소의 조수였으며, 명석하고 젊은 물리학자였다. 1931년에 그들은 핵화학 연구 계획에 착수하여 여러 가지 중요한 발견을 하였고, 적어도 하나는 아슬아슬하게 놓친 것도 있었다. Joliot와 Curie 부부는 유도 방사능(induced radioactivity)의 존재를 최초로 입증하였다. 그들은 과학자들이 수년간 찾으려고 노력하였던 양전자도 발견하였다. 그러나 안타깝게도 중성자를 발견하는 일을 아슬아슬하게 놓쳤다. 중성자 발견의 영예는 영국의 James Chadwick에게 돌아갔다(Rutherford의 제자인 Chadwick은 1932년에 중성자를 발견하였다). 1935년 Irene Curie와 Frederic Joliot는 노벨 물리학상을 수상하였다. 그러나 이 상은 Irene의 어머니 Marie에게는 너무 늦은 것이었다. 그녀는 이미 1년 전에 백혈병으로 사망했기 때문이었다. 22년 후에 Irene과 Jolioet 역시 같은 병으로 사망하였다. 방사선에 오랜 시간 동안 노출되어 두 모녀가 모두 백혈병에 걸렸던 것이다.

18-3 방사성 붕괴 속도

제11장에서 앞서 설명한 바와 같이, 방사성 붕괴 과정은 일차 반응이다. 따라서 11-3절에서 논의한 바와 같이 다음 반응식을 적용한다.

$$속도 = kX$$

$$\ln \frac{X_o}{X} = kt$$

$$k = \frac{0.693}{t_{1/2}}$$

여기서 k ◀ⓘ는 일차 반응 속도 상수, $t_{1/2}$는 반감기, X는 t 시간 경과 후 남아 있는 방사성 원소의 양, X_o는 시간 $t = 0$일 때의 양이다.

붕괴 속도를 측정하는 방식(그림 18.6) 때문에 보통 붕괴 속도는 **활동도**(activity, A)로 나타내는데, 활동도는 단위 시간 동안에 붕괴되는 원자수를 의미하며, 다음과 같이 나타낼 수 있다.

$$A = kN \tag{18.1}$$

Courtesy of Beckman Coulter, Inc.

그림 18.6 ▸ **액체 섬광 계수기.** 이 기기는 방사선을 탐지해서 1분 당 붕괴의 수를 빠르고 정확하게 측정하는 데 사용한다.

ⓘ k = 속도 상수 = 단위 시간 당 붕괴하는 원자의 분율.

여기서 A는 활동도, k는 일차 반응 속도 상수, N은 존재하는 방사성 원자의 수이다.

활동도는 초 당 붕괴하는 원자의 수로 나타내고, 단위는 베크렐(becquerels, Bq)이다.

$$1\ \text{Bq} = 1\ \text{원자/s}$$

활동도는 1분 당 붕괴된 원자수로 나타낼 수도 있으며, 보다 더 일반적으로는 베크렐 대신에 **퀴리**(curie, Ci)로 나타낸다.

$$1\ \text{Ci} = 3.700 \times 10^{10}\ \text{원자/s}$$

예제 18.3 주요 문제

라듐-226의 반감기는 1.60×10^3 y $= 5.05 \times 10^{10}$ s이다.

a k를 s^{-1}의 단위로 계산하라.

분석

주어진 정보:	라듐-226의 $t_{1/2}$ $(5.05 \times 10^{10}\ \text{s})$
알고자 하는 것:	s^{-1} 단위의 k

전략

1차 반응의 속도 상수와 반감기의 관련 식에 대입한다.

$$k = \frac{0.693}{t_{1/2}}$$

풀이

k	$k = \dfrac{0.693}{5.05 \times 10^{10}\ \text{s}} = 1.37 \times 10^{-11}\ \text{s}^{-1}$

b Ra-226 시료 1.00-g의 활동도는 퀴리(Ci) 단위로 얼마인가?

분석

주어진 정보:	시료의 질량(1.00 g)
	(a)에서: $k(1.37 \times 10^{-11}\ \text{s}^{-1})$
정보가 알려주는 내용:	원자/s 대 Ci의 변환 인자
	Avogadro 수
알고자 하는 것:	Ci 단위의 활동도(A)

전략

1. Ra-226의 몰질량이 226 g/mol이라는 것과 Avogadro 수를 사용하여 1.00 g의 Ra-226에 들어 있는 핵의 수, N을 구한다.
2. 식 18.1에 대입하여 원자/s 단위의 활동도 A를 구한다.

   $A = kN$
3. 변환 인자, $1\ \text{Ci} = 3.700 \times 10^{10}$ 원자/s를 사용하여 Ci 단위의 활동도를 구한다.

풀이

1. N	$1.00\ \text{g} \times \dfrac{6.022 \times 10^{23}\ \text{원자}}{226\ \text{g}} = 2.66 \times 10^{21}\ \text{원자}$
2. A (원자/s)	$A = (1.37 \times 10^{-11}\ \text{s}^{-1})(2.66 \times 10^{21}\ \text{원자}) = 3.64 \times 10^{10}\ \text{원자/s}$
3. A (Ci)	$3.64 \times 10^{10}\ \text{원자/s} \times \dfrac{1\ \text{Ci}}{3.700 \times 10^{10}\ \text{원자/s}} = 0.985\ \text{Ci}$

(계속)

c 활동도가 1.00×10^9 원자/min인 Ra-226 시료의 질량은 몇 그램인가?

분석

주어진 정보:	활동도($A = 1.00 \times 10^9$ 원자/min)
	(a)에서: $k(1.37 \times 10^{-11}\ s^{-1})$
정보가 알려주는 내용:	Avogadro 수
알고자 하는 것:	주어진 활동도를 갖는 Ra-226의 질량

전략

1. k는 s^{-1}의 단위이기 때문에 주어진 활동도를 원자/min에서 원자/s로 변환시킨다.
2. 식 18.1에 대입하여 N을 구한다.
3. Avogadro 수를 변환 인자로 사용하여 Ra-226의 질량을 구한다.

풀 이

1. 원자/s 단위의 A $$\left(1.00 \times 10^9 \frac{\text{원자}}{\text{min}}\right)\left(\frac{1\ \text{min}}{60\ \text{s}}\right) = 1.67 \times 10^7\ \text{원자/s}$$

2. N $$N = \frac{1.67 \times 10^7\ \text{원자/s}}{1.37 \times 10^{-11}\ \text{s}^{-1}} = 1.22 \times 10^{18}\ \text{원자}$$

3. 질량 $$1.22 \times 10^{18}\ \text{원자} \times \frac{226\ \text{g}}{6.022 \times 10^{23}\ \text{원자}} = 4.58 \times 10^{-4}\ \text{g}$$

마무리 정리

퀴리(Ci)는 퀴리(Curie)가 발견한 라듐 1 g 시료의 활동도이다. (b)에서의 결과는 그렇지 않음을 보여준다.

유기물 유물의 나이

1950년대에 미국 Chicago 대학의 교수 W. F. Libby(1908~1980)를 포함한 연구자들은 유기물 유물의 나이를 결정하는 방법을 연구하였다. 이 방법은 탄소-14의 붕괴 속도에 근거를 두고 있으며, 수백 년부터 5만 년 정도 오래된 유물에까지 적용할 수 있다. 이 방법은 르네상스 화가들의 작품에 대해 진품 여부를 결정하는 일이나, 선사 시대 동굴에 살던 사람들이 남긴 유물의 연대를 측정하는 일에도 이용되고 있다.

탄소-14는 우주 복사선(cosmic radiation)으로부터 온 중성자와 일반 질소 원자가 상호작용하여 대기 중에서 생성된다.

$$^{14}_{7}\text{N} + ^{1}_{0}n \longrightarrow ^{14}_{6}\text{C} + ^{1}_{1}\text{H}$$

이 핵반응에 의하여 생성된 탄소-14는 공기 중의 이산화 탄소 속으로 자연스럽게 섞여 들어간다. 대기 중의 CO_2는 탄소-12 원자 10^{12}개 당 1개의 탄소-14 원자가 존재하는 정도의 일정한 농도를 유지하고 있다. 보다 구체적으로, 탄소 1 g의 시료가 15.3 원자/min의 활동도를 갖는 탄소-14의 농도이다. 이산화 탄소를 흡수하는 살아 있는 식물은 이와 동일한 활동도를 가지며, 식물을 섭취하는 사람이나 동물도 마찬가지이다.

식물이나 동물이 죽으면 방사성 탄소의 흡입이 중지되며, 결과적으로 탄소-14의 방사성 붕괴가 일어나 탄소-14의 활동도가 감소한다.

$$^{14}_{6}\text{C} \longrightarrow ^{14}_{7}\text{N} + ^{0}_{-1}e \qquad t_{1/2} = 5730\ \text{y}$$

시료의 활동도는 탄소-14의 양에 정비례하기 때문에, ⓘ 다음과 같이 다시 쓸 수 있다.

$$\ln \frac{A_o}{A} = kt \qquad (18.2)$$

ⓘ 활동도는 양에 비례하기 때문에 $X_o/X = A_o/A$이다.

여기서 A_o는 초기 활동도로 15.3 원자/min이고, A는 현재 측정된 활동도이며, t는 시료의 나이이다.

예제 18.4

A.D. 1세기경의 것으로 추정되는 사해문서에서 취한 작은 종이 조각의 탄소 1 g 당 활동도가 12.1 원자/min이었다. A_o의 값이 15.3 원자/min일 때, 이 문서의 나이를 계산하라.

분석

주어진 정보:	A (12.1 원자/min); A_o (15.3 원자/min)
정보가 알려주는 내용:	C-14에 대한 $t_{1/2}$(5730 y)
알고자 하는 것:	문서의 나이

전략

1. 1차 반응에 대한 속도 상수와 반감기 사이의 관련 식에 대입하여 k를 구한다.

$$k = \frac{0.693}{t_{1/2}}$$

2. 식 18.2에 대입하여 t를 구한다.

$$\ln \frac{A_o}{A} = kt$$

풀이

1. k

$$k = \frac{0.693}{5730\ \text{y}} = 1.21 \times 10^{-4}\ \text{y}^{-1}$$

2. t

$$\ln \frac{15.3\ \text{원자/min}}{12.1\ \text{원자/min}} = (1.21 \times 10^{-4}\ \text{y}^{-1})(t) \longrightarrow 0.235 = (1.21 \times 10^{-4}\ \text{y}^{-1})(t)$$

$$t = 1.94 \times 10^3\ \text{y}$$

종이 조각은 A.D. 1세기경의 것으로 추정된다.

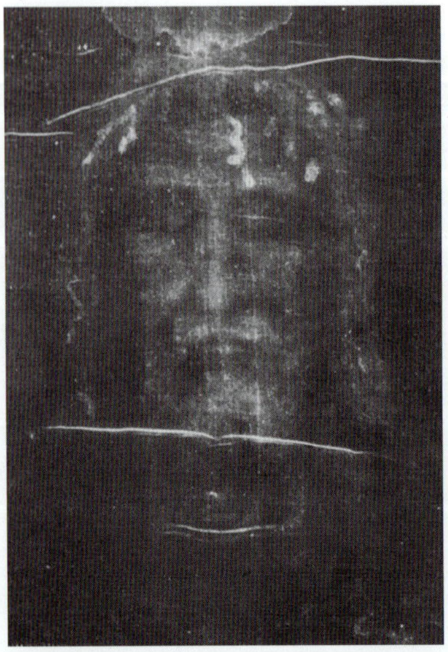

그림 18.7 ▸ 토리노의 수의(Shroud of Turin). 이 마포 조각은 A.D. 1350년에 처음으로 등장했다. 이 속에는 십자가에 못박힌 사람의 희미한 상이 나타나 있다(이 사진은 보정한 것임).

짐작할 수 있듯이 분 당 10개의 원자가 붕괴하는, 즉 6초마다 한 번씩 붕괴가 일어나는 정도의 활동도를 정확히 측정하기란 쉽지 않다. 바탕 방사(background radiation)를 제거하기 위해서는 상당히 세심한 주의가 필요하고, 계수율(counting rate)을 증가시키기 위해서는 상대적으로 많은 양의 시료가 필요하다. 최근에는 특별히 설계된 질량분석기를 이용하여 탄소-14 원자를 매우 정확하게 셀 수 있게 되었다. 이 방법으로 전체 질량이 약 0.1 g인 6개의 시료를 이용하여 토리노의 수의(Shroud of Turin, 그림 18.7)의 제작 연대를 추정할 수 있었다. 1988년 국제 과학자 연구팀의 분석에 의하면 수의를 구성하고 있는 마포는 A.D. 14세기에 재배된 삼으로 만든 것이었다. 따라서 이 수의는 예수 그리스도의 몸에는 사용할 수 없었다는 것이 밝혀졌다.

18-4 질량-에너지 관계

핵 반응 시에 발생하는 에너지 변화는 다음 관계식으로부터 계산할 수 있다.

$$\Delta E = c^2\ \Delta m$$

Δm = 질량의 변화 = 생성물의 질량 − 반응물의 질량
ΔE = 생성물의 에너지 − 반응물의 에너지
c = 빛의 속도

자발적인 핵반응에서 생성물의 질량은 반응물에 비해 작다(Δm이 음수이다). 이 경우

생성물의 에너지는 반응물의 에너지보다 작으며(ΔE는 음수이다), 에너지는 주위로 방출된다.

> 이와 같은 반응은 발열 반응이다. ΔE와 마찬가지로 ΔH도 음수이다.

"보통의 화학 반응"에서 Δm은 측정할 수 없을 만큼 작다. 반면 핵 반응에서는 반응물 질량의 0.002% 이상의 Δm이 감지된다. 질량의 변화는 핵 질량표에서 쉽게 계산할 수 있다(표 18.4).

식 $\Delta E = c^2\Delta m$을 좀 더 유용한 형태의 식으로 바꾸기 위해 c를 m/s의 단위로 전환하여 대입하면 다음을 얻을 수 있다.

표 18.4 ▸ ^{12}C 척도*로 나타낸 핵 질량

	원자 번호	질량수	질량(amu)		원자 번호	질량수	질량(amu)
e	0	0	0.00055	Br	35	79	78.8992
n	0	1	1.00867		35	81	80.8971
H	1	1	1.00728		35	87	86.9028
	1	2	2.01355	Rb	37	89	88.8913
	1	3	3.01550	Sr	38	90	89.8869
He	2	3	3.01493	Mo	42	99	98.8846
	2	4	4.00150	Ru	44	106	105.8832
Li	3	6	6.01348	Ag	47	109	108.8790
	3	7	7.01436	Cd	48	109	108.8786
Be	4	9	9.00999		48	115	114.8791
	4	10	10.01134	Sn	50	120	119.8748
B	5	10	10.01019	Ce	58	144	143.8817
	5	11	11.00656		58	146	145.8868
C	6	11	11.00814	Pr	59	144	143.8809
	6	12	11.99671	Sm	62	152	151.8857
	6	13	13.00006	Eu	63	157	156.8908
	6	14	13.99995	Er	68	168	167.8951
O	8	16	15.99052	Hf	72	179	178.9065
	8	17	16.99474	W	74	186	185.9138
	8	18	17.99477	Os	76	192	191.9197
F	9	18	17.99601	Au	79	196	195.9231
	9	19	18.99346	Hg	80	196	195.9219
Na	11	23	22.98373	Pb	82	206	205.9295
Mg	12	24	23.97845		82	207	206.9309
	12	25	24.97925		82	208	207.9316
	12	26	25.97600	Po	84	210	209.9368
Al	13	26	25.97977		84	218	217.9628
	13	27	26.97439	Rn	86	222	221.9703
	13	28	27.97477	Ra	88	226	225.9771
Si	14	28	27.96924	Th	90	230	229.9837
S	16	32	31.96329	Pa	91	234	233.9934
Cl	17	35	34.95952	U	92	233	232.9890
	17	37	36.95657		92	235	234.9934
Ar	18	40	39.95250		92	238	238.0003
K	19	39	38.95328		92	239	239.0038
	19	40	39.95358	Np	93	239	239.0019
Ca	20	40	39.95162	Pu	94	239	239.0006
Ti	22	48	47.93588		94	241	241.0051
Cr	24	52	51.92734	Am	95	241	241.0045
Fe	26	56	55.92066	Cm	96	242	242.0061
Co	27	59	58.91837	Bk	97	245	245.0129
Ni	28	59	58.91897	Cf	98	248	248.0186
Zn	30	64	63.91268	Es	99	251	251.0255
	30	72	71.91128	Fm	100	252	252.0278
Ge	32	76	75.90380		100	254	254.0331
As	33	79	78.90288				

*이 값들은 *핵 질량*이라는 것에 유의하라. 해당 원자의 질량은 각 핵외 전자(extranuclear electron)의 질량(0.000549)을 더하여 계산한다. 예를 들면 $^{4}_{2}$He 원자의 질량은 4.00150 + 2(0.000549) = 4.00260이다. 이와 같은 방법으로 $^{12}_{6}$C 원자의 질량은 11.99671 + 6(0.000549) = 12.00000이다.

$$c = 3.00 \times 10^8 \text{ m/s}$$

따라서, $\Delta E = 9.00 \times 10^{16} \dfrac{\text{m}^2}{\text{s}^2} \times \Delta m$

그러나, $1 \text{ J} = 1 \text{ kg} \cdot \dfrac{\text{m}^2}{\text{s}^2}$; $\quad 1 \dfrac{\text{m}^2}{\text{s}^2} = 1 \dfrac{\text{J}}{\text{kg}}$

따라서, $\Delta E = 9.00 \times 10^{16} \dfrac{\text{J}}{\text{kg}} \times \Delta m$이 된다.

이 식은 *kg 단위*의 Δm을 알 때, *J* 단위의 에너지 변화를 계산하는 데 사용할 수 있다. 일반적으로 Δm은 g 단위로 ΔE는 *kJ* 단위로 계산된다. 이러한 단위로 되어 있는 ΔE와 Δm 사이의 관계식은 변환 인자를 사용하여 다음과 같이 최종적으로 나타낼 수 있다.

$$\Delta E = 9.00 \times 10^{16} \frac{\text{J}}{\text{kg}} \times \frac{1 \text{ kg}}{10^3 \text{ g}} \times \frac{1 \text{ kJ}}{10^3 \text{ J}} \times \Delta m$$

$$\Delta E = 9.00 \times 10^{10} \frac{\text{kJ}}{\text{g}} \times \Delta m \tag{18.3}$$

이 식은 질량-에너지 관계를 나타내는 가장 유용한 식이다.

예제 18.5

라듐의 방사성 붕괴 반응은 다음과 같다.
($^{226}_{88}\text{Ra} \longrightarrow {}^{222}_{86}\text{Rn} + {}^{4}_{2}\text{He}$)
라듐 10.2 g이 붕괴될 때 ΔE를 kJ 단위로 계산하라.

분석

주어진 정보: 핵 반응식($^{226}_{88}\text{Ra} \longrightarrow {}^{222}_{86}\text{Rn} + {}^{4}_{2}\text{He}$)
Ra-226의 질량(10.2 g)

정보가 알려주는 내용: 핵 질량(표 18.4)

알고자 하는 것: ΔE

전략

1. 표 18.4의 핵 질량을 이용하여 1 mol의 라듐이 붕괴할 때 Δm을 계산한다. 반올림을 하지 않는다.
   Δm = 생성물의 핵 질량 − 반응물의 핵 질량
2. 10.2 g의 Ra-226이 붕괴할 때 Δm을 구한다.
3. 식 18.3에 대입하여 ΔE를 구한다.

풀이

1. 1 mol에 대한 Δm
   Δm = (1 mol He-4의 질량 + 1 mol Rn-222의 질량) − (1 mol Ra-226의 질량)
   $= 4.0015 \text{ g} + 221.9703 \text{ g} - 225.9771 \text{ g} = -0.0053$ g/mol Ra-226
2. 10.2 g에 대한 Δm
   $\Delta m = 10.2 \text{ g Ra} \times \dfrac{1 \text{ mol Ra}}{226.0 \text{ g Ra}} \times \dfrac{-0.0053 \text{ g}}{1 \text{ mol Ra}} = -2.4 \times 10^{-4} \text{ g}$
3. ΔE
   $\Delta E = \left(9.00 \times 10^{10} \dfrac{\text{kJ}}{\text{g}}\right)(\Delta m) = \left(9.00 \times 10^{10} \dfrac{\text{kJ}}{\text{g}}\right)(-2.4 \times 10^{-4} \text{ kJ}) = -2.2 \times 10^{7} \text{ kJ}$

마무리 정리

보통의 화학 반응에서 에너지 변화는 50 kJ/g 이하이다. 그러나 이 핵반응에서의 에너지 변화는 이보다 훨씬 크다.

핵의 결합 에너지

핵의 질량은 핵을 구성하는 각각의 양성자와 중성자의 질량의 합보다 항상 작다는 것은 항상 사실이다. 예컨대, 세 개의 양성자와 세 개의 중성자를 갖는 $^{6}_{3}\text{Li}$ 핵을 살펴보자. 표 18.4를 보면 Li-6의 핵 1 mol의 질량은 6.01348 g이다. 그러나 3 mol의 양성자와 3 mol의 중성자의 질량의 합은 다음과 같다.

$$3(1.00867\ \text{g}) + 3(1.00728\ \text{g}) = 6.04785\ \text{g}$$

분명히 1 mol Li-6의 질량은 해당하는 양성자와 중성자의 질량보다 *작다*. 다음과 같은 과정에서

$$^{6}_{3}\text{Li} \longrightarrow 3^{1}_{1}\text{H} + 3^{1}_{0}n$$

$\Delta m = 6.04785\ \text{g} - 6.01348\ \text{g} = 0.03437\ \text{g/mol Li}$이다.

이제 막 계산한 이 값을 **질량 결손**(mass defect)이라고 부른다. 이에 해당하는 에너지 차이를 계산하면 다음과 같다.

$$\Delta E = 9.00 \times 10^{10}\ \frac{\text{kJ}}{\text{g}} \times 0.03437\ \frac{\text{g}}{\text{mol Li}} = 3.09 \times 10^{9}\ \frac{\text{kJ}}{\text{mol Li}}$$

이 에너지를 **결합 에너지**(binding energy)라고 부른다. Li-6의 핵이 양성자와 중성자로 분해되려면 3.09×10^9 kJ의 에너지를 흡수해야 한다.

> 핵을 분리시키는 데는 많은 에너지가 필요하다.

$$^{6}_{3}\text{Li} \longrightarrow 3^{1}_{0}n + 3^{1}_{1}\text{H} \qquad \Delta E = 3.09 \times 10^{9}\ \frac{\text{kJ}}{\text{mol Li}}$$

같은 이유로, 양성자와 중성자로부터 1 mol의 Li-6이 만들어질 때 3.09×10^9 kJ의 에너지가 방출된다.

예제 18.6

C-14의 결합 에너지를 kJ/mol 단위로 계산하라.

전략

1. C-14 핵은 6개의 양성자($^{1}_{1}\text{H}$)와 8개의 중성자($^{1}_{0}n$)로 되어 있음을 상기하라. 그러므로 다음 반응식이 성립한다.

$$^{14}_{6}\text{C} \longrightarrow 6^{1}_{1}\text{H} + 8^{1}_{0}n$$

2. 표 18.4을 사용하여 Δm을 구한다.
3. 식 18.3에 대입하여 kJ/mol 단위의 ΔE를 구한다.

풀이

1. Δm $\quad \Delta m = 6(1.00728\ \text{g}) + 8(1.00867\ \text{g}) - 13.99995\ \text{g} = 0.11309\ \text{g/mol C-14}$
2. ΔE $\quad \Delta E = 9.00 \times 10^{10}\ \frac{\text{kJ}}{\text{g}} \times 0.11309\ \frac{\text{g}}{\text{mol}} = 1.02 \times 10^{10}\ \text{kJ/mol}$

어떤 의미에서 핵의 결합 에너지는 핵의 안정도의 척도가 된다. 결합 에너지가 클수록 핵을 양성자와 중성자로 분해시키기가 더 어려워지기 때문이다. 예상할 수 있듯이, 위에서 계산한 결합 에너지는 핵이 무거울수록, 즉 더 많은 양성자와 중성자를 가질수록 점차로 증가하게 된다. 여러 다른 핵들의 상대적인 안정도에 대한 더 좋은 척도는 ***핵입자(핵자, nucleons)의 몰 당 결합 에너지***이다. 이 양은 핵의 몰 당 결합 에너지를 핵에 포함된 입자의 수로 나누어 계산한다. 예를 들면 다음과 같다.

$$\text{Li-6:} \quad 3.09 \times 10^{9}\ \frac{\text{kJ}}{\text{mol Li-6}} \times \frac{1\ \text{mol Li-6}}{6\ \text{mol 핵자}} = 5.15 \times 10^{8}\ \frac{\text{kJ}}{\text{mol}}$$

$$\text{C-14:} \quad 1.02 \times 10^{10}\ \frac{\text{kJ}}{\text{mol}} \times \frac{1\ \text{mol C-14}}{14\ \text{mol 핵자}} = 7.29 \times 10^{8}\ \frac{\text{kJ}}{\text{mol}}$$

그림 18.8은 핵의 질량수에 따른 핵자 당 결합 에너지를 도시한 것이다. 이 곡선에서 질량

그림 18.8 ▸ **핵 안정도의 척도인 핵자 당 결합 에너지.** 결합 에너지는 중간 정도의 질량을 갖는 원자핵에 대해 최댓값을 가지며, 매우 무겁거나 매우 가벼운 핵에서는 작아진다. 이 곡선의 형태에서 핵분열과 핵융합은 모두 많은 양의 에너지를 방출한다는 사실을 알 수 있다.

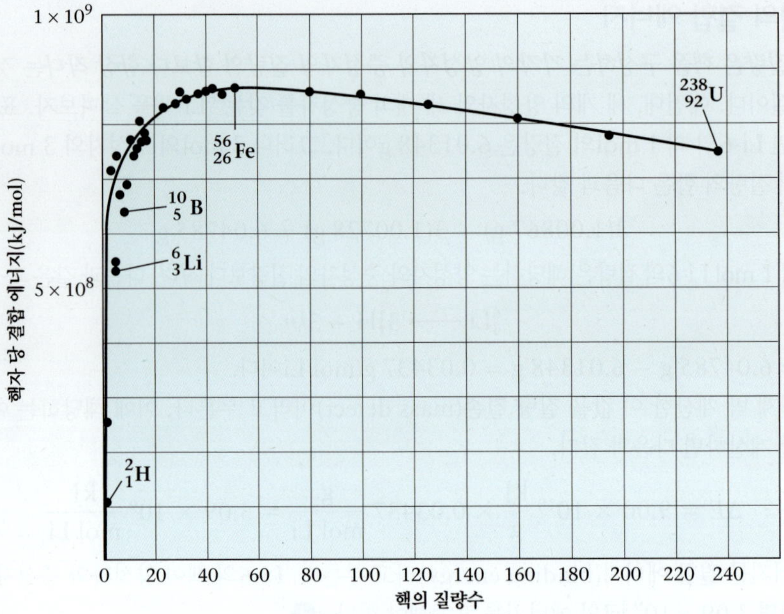

수가 50~80 근처의 넓은 범위에서 최댓값을 나타내고 있음에 주목하라. 만약 $^{235}_{92}U$와 같은 무거운 핵이 최댓값 근처의 질량수를 갖는 작은 핵으로 쪼개진다면 어떤 일이 일어날까? **핵분열**(nuclear fission)이라는 이 과정을 통하여 많은 양의 에너지를 방출해야 한다. $^{2}_{1}H$와 같은 매우 가벼운 원자핵이 서로 결합하여 무거운 원자핵을 형성할 때에도 동일한 효과를 얻게 될 것이다.◀ⓘ 이러한 과정은 **핵융합**(nuclear fusion)이라고 부르며, 곡선의 시작점에서 핵자 당 결합 에너지가 가파르고 급격하게 증가하기 때문에 훨씬 더 많은 에너지를 방출해야 한다.(매우 무겁거나 가벼운 핵들은 상대적으로 불안정하다. 이들은 에너지 방출과 동시에 분해된다).

ⓘ 매우 무겁거나 가벼운 핵들은 모두 상대적으로 불안정하다. 이들 핵은 에너지를 방출하며 분해된다.

18-5 핵분열

핵분열(nuclear fission) 과정은 독일의 Lise Meitner(1878~1968)와 Otto Hahn(1879~1968)에 의하여 반세기보다 이전인 1938년에 발견되었다. 1년 후 제2차 세계대전이 발발하면서 핵분열 과정에서 발생하는 엄청난 양의 에너지에 관심이 집중되었다(그림 18.9). New Mexico 주의 산악지대인 Los Alamos에서 J. Robert Oppenheimer(1904~1967)가 이끄는 일단의 과학자들이 핵분열을 일으키기 위하여, 다시 말하면 "원자 폭탄"을 개발하기 위하여 열정적으로 노력하였다. 이 그룹의 구성원들은 대부분 독일의 나치로부터 망명한 사람들이었는데, 그들은 Hitler가 먼저 이 폭탄을 손에 넣을지도 모른다는 우려 때문에 연구에 박차를 가하였다. 이 연구는 1945년 7월 16일 오전 5시 30분에 New Mexico 사막에서 일어난 최초의 원자 폭탄 폭발 실험으로 이어졌다. 그 후 채 1개월도 지나지 않아 Hiroshima에 또 다른 폭탄이 폭발하였고(1945년 8월 6일), 세계는 이 신무기의 존재를 알게 되었다. 이 폭발로 인해 70,000여 명이 사망하였고, 10 km^2의 면적이 완전히 황폐화되었다.◀ⓘ 3일 후에 Nagasaki의 주민들도 같은 운명을 맞았다. 8월 14일에 일본은 항복하였고, 제2차 세계대전은 종결되었다.

그림 18.9 ▸ **핵분열 폭발.** 이렇게 극적이고 파괴적인 에너지의 방출은 제2차 세계대전 중에 "원자 폭탄"이 개발되기 전까지는 결코 볼 수 없었다.

ⓘ 히로시마 원자 폭탄은 TNT 20,000톤에 해당한다.

▶ 핵분열 과정($^{235}_{92}U$)

무거운 원소의 몇 가지 동위원소들은 충분히 높은 에너지를 갖는 중성자로 충격을 가하면 핵분열을 일으킨다. 실제로는 특히 두 개의 동위원소 $^{235}_{92}U$와 $^{239}_{94}Pu$가 주목을 받았다. 그 이유는 이 둘은 상대적으로 낮은 에너지의 중성자에 의해 분열될 수 있기 때문이다.

여기서는 우라늄-235 동위원소를 중점적으로 논의하고자 한다. 이 동위원소는 자연계에 존재하는 우라늄의 약 0.7%를 차지하고 있다. 이보다 더 많이 존재하는 동위원소인 우라늄-238은 핵분열을 일으키지 않는다. 이러한 동위원소들을 분리하는 데 사용되었던 최초의 방법은(최근까지도 유일한 방법) 기체의 분출(제5장)을 이용한 방법이었다. 이 방법은 56°C에서 승화하는 휘발성 화합물인 UF_6를 사용한다.

우라늄-235 원자 한 개가 핵분열 과정을 거치면 두 개의 서로 다른 조각과 몇 개의 중성자, 베타 입자로 쪼개진다. 이 핵분열 과정은 매우 복잡한 과정인데, 각각의 U-235 원자들이 서로 다른 많은 방법으로 쪼개지기 때문이다. 예를 들면 어떤 $^{235}_{92}U$ 원자는 쪼개져서 루비듐(Z = 37)과 세슘(Z = 55)의 동위원소를 형성하지만, 다른 원자는 브로민(Z = 35)과 란타넘(Z = 57) 동위원소로 쪼개지고, 또 다른 원자는 아연(Z = 30)과 사마륨(Z = 62) 동위원소를 생성한다.

$$^{1}_{0}n + {}^{235}_{92}U \longrightarrow \begin{cases} {}^{90}_{37}Rb + {}^{144}_{55}Cs + 2\,{}^{1}_{0}n \\ {}^{87}_{35}Br + {}^{146}_{57}La + 3\,{}^{1}_{0}n \\ {}^{72}_{30}Zn + {}^{160}_{62}Sm + 4\,{}^{1}_{0}n \end{cases}$$

이제까지 우라늄-235의 핵분열 생성물 중에서 35개 원소의 200개 이상의 동위원소가 규명되었다.

핵분열 생성물이 위치하는 주기율표의 중앙 근처의 안정한 중성자-양성자 비(1.2)는 우라늄-235에서의 비(1.6)에 비해 상당히 작다. 따라서 핵분열 과정의 초기 생성물은 너무 많은 중성자를 가지고 있어서 안정하지 않다. 이러한 초기 생성물은 베타 입자 방출 과정을 통해 붕괴된다. 루비듐-90의 경우 다음과 같은 세 단계를 거쳐 안정한 핵에 도달한다.

$$^{90}_{37}Rb \longrightarrow {}^{90}_{38}Sr + {}^{0}_{-1}e \qquad t_{1/2} = 2.8\text{ min}$$
$$^{90}_{38}Sr \longrightarrow {}^{90}_{39}Y + {}^{0}_{-1}e \qquad t_{1/2} = 29\text{ y}$$
$$^{90}_{39}Y \longrightarrow {}^{90}_{40}Zr + {}^{0}_{-1}e \qquad t_{1/2} = 64\text{ h}$$

핵폭탄 실험의 낙진과 관련한 방사선의 위험성은 이와 같은 방사성 동위원소로부터 기인한다. 이들 중 가장 위험한 것은 스트론튬-90이다. 이것은 탄산 스트론튬($SrCO_3$)의 형태로 동물이나 사람의 뼈 속에 흡수되어 평생 동안 남아 있다.

위의 핵분열 반응식을 살펴보면 중성자 한 개가 소모될 때마다 2~4개의 중성자가 생성된다는 것을 알 수 있다. 일단 몇 개의 우라늄-235가 분열을 일으키면 생성된 중성자들은 훨씬 더 많은 우라늄-235의 핵분열을 일으킨다. 이렇게 되면 속도가 시간에 따라 지수 함수적으로 증가하는 일종의 *연쇄 반응*(chain reaction)이 가능하다. 바로 원자 폭탄에서 이러한 연쇄 반응이 일어난다. 연속적인 핵분열에서 발생한 에너지가 증폭되어 수 초 내에 엄청난 폭발이 일어난다.

핵분열이 연쇄 반응으로 일어나려면 분열시 발생되는 대부분의 중성자들이 시료 내부에 붙잡혀 있을 만큼 시료의 양이 충분히 많아야 한다. 시료의 양이 너무 적으면 대부분의 중성자가 시료를 빠져나가기 때문에 연쇄 반응이 중단된다. 원자 폭탄이 연쇄 반응을 유지하기 위해서는 우라늄-235가 약 1~10 kg 정도 필요한데, 이를 *임계 질량*(critical mass)이라고 한다. 히로시마에 투하된 원자 폭탄에서는 재래식 화약을 이용하여 한 덩어리의 우라늄-235를 다른 덩어리에 접합시켜 임계 질량에 도달하게 하였다.

핵분열 시에 발생하는 에너지는 발생하는 질량 감소와 직접적인 연관성이 있다. U-235 1 g이 반응할 때마다 약 80,000,000 kJ의 에너지가 발생한다. 이것은 방사성 붕괴와 같은 단순한 핵반응의 에너지 변화보다 약 40배 정도 많다. 석탄의 연소열이 30 kJ/g 정도이고, TNT가 폭발할 때 발생하는 에너지는 이보다 더 작은 2.8 kJ/g이다. 바꾸어 말하면, 우라늄-235 1 g이 분열할 때 발생하는 에너지는 2,700 kg의 석탄이 연소하거나, 30톤(3×10^4 kg)의 TNT가 폭발할 때 발생하는 에너지와 같다.

원자로

미국에서 생산되는 전기의 약 20%는 U-235의 핵분열을 이용해 열을 발생시키는 원자로

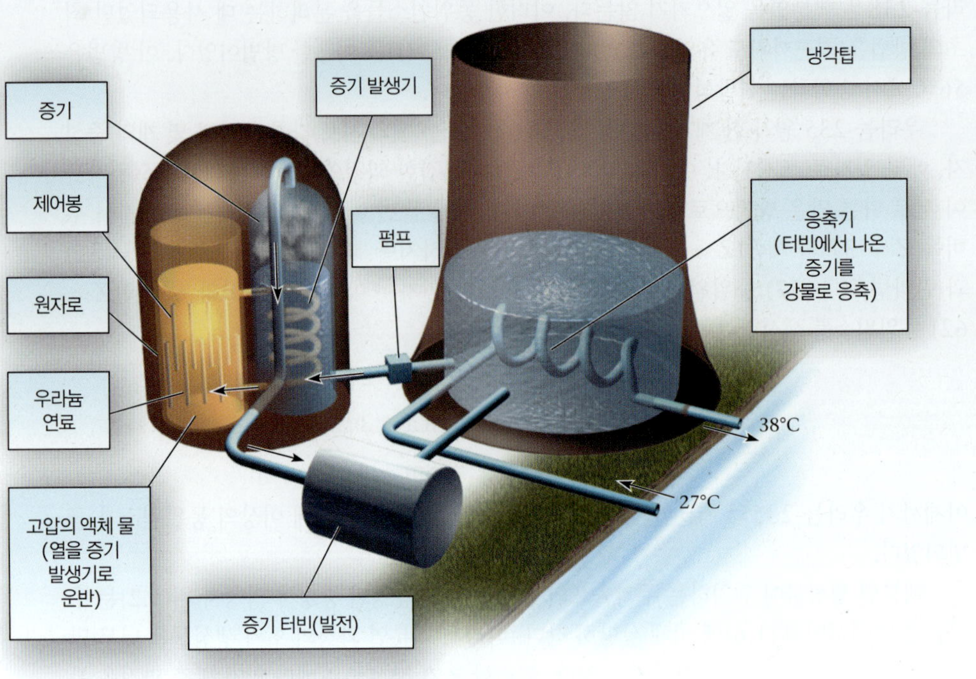

그림 18.10 ▸ **가압수형 원자로**. 제어봉은 중성자를 효과적으로 흡수할 수 있는 카드뮴이나 붕소와 같은 물질로 만들어진다. 연료봉은 U-235가 농축된 산화 우라늄을 포함하고 있다.

에서 얻어진다. 발생된 열이 물을 끓이고 터빈을 돌린다. 경수로(light water reactor)를 그림 18.10에 개략적으로 나타내었다. *연료봉*(fuel rod)에는 지르코늄(Zr) 합금 튜브에 원통형 이산화 우라늄(UO_2)펠릿이 들어 있다. 이 원자로에 들어 있는 우라늄은 핵분열을 할 수 있는 동위원소인 U-235를 약 3%정도 함유하도록 농축되어 있다. 천연 우라늄에 들어 있는 U-235는 1% 미만이다. *제어봉*(control rod)은 중성자를 흡수할 수 있는 붕소와 카드뮴과 같은 물질이 들어 있는 원통이다. 원자로 노심에 끼워 넣는 깊이를 조정하여 연쇄 반응의 속도를 제어할 수 있다. 가압수형 원자로에서 140 atm의 물은 연쇄 반응으로 방출된 열을 흡수하여 약 320°C까지 가열된다. 이렇게 가열된 물은 고압의 물이 들어 있는 증기 발생기를 통과한다. 물은 270°C에서 증기로 바뀌고 전기를 생산하는 터빈 발전기(turbogenerator)를 구동한다.

경수로에서 노심을 순환하는 물은 냉각 이외의 다른 목적으로도 이용된다. 물은 핵분열 시에 방출되는 중성자의 속도를 늦추거나 완화(감속)시킨다. 감속되지 않은 빠른 속도의 중성자들은 U-235에 쉽게 흡수되지 않기 때문에 물의 이런 작용은 연쇄 반응을 지속시키는 데 필요하다. 캐나다에서 설계한 원자로는 보통의 물에 비해 중요한 장점을 가지고 있는 중수(D_2O)를 사용한다. 중수의 조절 특성으로 인해 천연에 존재하는 우라늄을 연료로 사용할 수 있다. 즉, 많은 에너지를 소비하는 농축 과정이 필요하지 않다. 선진 CANDU라고 부르는 차세대 캐나다 원자로는 경수로에서 사용하는 것과 같이 저농축 우라늄을 사용한다.

1970년대까지는 에너지원으로 핵분열이 화석 연료(석유, 천연가스, 석탄)을 대체할 것이라고 믿었으나, 다음의 이유들 때문에 그렇게 되지 못했다.

- 1979년 펜실베이니아주의 스리마일 섬(Three Mile Island)과 1986년 우크라이나의 체르노빌(Chernobyl)에서 발생한 ***핵 사고***(nuclear accident)는 미국뿐 아니라 세계 다른 지역의 여론에 엄청나게 충격적인 영향을 미쳤다. 스리마일 섬에서는 약 50퀴리 정도의 방사선만이 주변으로 방출되었으며 인명 피해는 없었다. 그러나 체르노빌의 폭발은 매우 달랐다. 약 1억 퀴리 정도의 방사선이 방출되었으며, 적어도 31명의 인명을 앗아갔다. 더욱이 135,000명의 사람들이 원자로 주변 지역에서 영구히 떠나게 되었다. 그 이후로 체르노빌의 폭발한 원자로 이외에 다른 모든 원자로(3기)도 영구히 폐쇄되었다.
- 원자로에서 나오는 ***방사성 폐기물의 처리***(disposal of radioactive wastes)는 심각한 정

치적 문제가 되어왔다. NIMBY (not in my back yard, 내 뒷마당에서는 안 됨) 태도가 바로 여기에 적용된다. 미국 정부는 네바다주의 유카산(Yucca Mountain)에 약 70,000 톤의 핵 폐기물을 매장할 수 있는 영구 핵폐기물 저장소를 개발하기 위해 수십억 달러를 투입했다. 그러나 현재의 계획에는(주로 정치적 압력의 결과로) 유카산 폐기물 저장소를 영구적으로 폐쇄하고, 거기에 핵 폐기물을 저장하는 것을 금지하는 것이 포함되어 있다. 방사성 폐기물 처리 문제는 미국만의 문제가 아니다. 다른 나라도 마찬가지로 폐기물 처리에 어려움을 겪고 있다.

현재 원자력 에너지는 탄소 중립의 관점에서 재평가되고 있다. 다시 말하면, 원자로는 많은 과학자들이 지구 온난화를 일으킨다고 믿고 있는 기체 즉, 탄소를 포함하는 연료를 연소시킬 때 나오는 이산화 탄소를 생성하지 않는다. 또한, 현재 건설 중이거나, 설계 중인 원자로(제3+ 세대 원자로)는 과거 원자로의 치명적인 문제점이었던 안전성과 비용 문제에 역점을 두고 있다. 제3+ 세대 원자로는 중국, 핀란드, 한국, 일본에서 현재 건설 중이며, 미국의 한 전력회사는 그와 같은 원자로(웨스팅하우스 AP1000)를 건설하겠다고 확고하게 약속했으며, 현재 조지아주에서 가동 중인 2기의 원자로에 2기를 추가하였다. 이들 원자로는 1970년대 이후 건설된 첫 번째 새로운 원자로가 될 것이다. 이전 원자로 역시 다시 건설되고 있다. 미국에서 가동 가능한 마지막 원자로는 1996년에 가동을 시작한 테네시주 와츠바에 있는 것이다. 2기의 원자로로 구성된 발전소 건설은 1973에 시작되었고, 2호기는 완공하지 못하였다. 현재, 테네시 계곡 개발청(Tennessee Valley Authority)은 아직 끝내지 못한 원자로를 완공하기 위해 적극적으로 노력하고 있으며, 2016년 10월부터 가동을 시작하였다.

18-6 핵융합

수소의 동위원소와 같은 매우 가벼운 핵은 불안정해서 융합되어 더 무거운 동위원소로 될 수 있다는 사실을 상기하라(그림 18.8). 실제로, 핵융합(nuclear fusion)에서 얻을 수 있는 에너지는 같은 질량의 무거운 원소가 분열할 때 발생하는 에너지보다 훨씬 크다(예제 18.7).

예제 18.7

다음의 핵융합 반응에서 반응물 1 g 당 ΔE를 kJ 단위로 계산하라.

$${}^{2}_{1}\text{H} + {}^{2}_{1}\text{H} \longrightarrow {}^{4}_{2}\text{He},$$

그리고 다음의 핵분열 반응에 대해서도 위와 같은 계산을 하라.

$${}^{235}_{92}\text{U} \longrightarrow {}^{90}_{38}\text{Sr} + {}^{144}_{58}\text{Ce} + {}^{1}_{0}n + 4\,{}^{\;\,0}_{-1}e.$$

전략

1. 표 18.4의 핵 질량을 사용하여 제시된 반응의 Δm을 구한다.
2. 반응물 1 g에 대한 Δm을 구한다.
3. 식 18.3에 대입하여 ΔE를 구한다.

풀이

융합 반응

1. Δm/2 mol H-2

$$\Delta m = (\text{He-4의 질량}) - 2(\text{H-2의 질량}) = 4.00150\text{ g} - 2(2.01355\text{ g}) = -0.02560\text{ g}$$

2. Δm/g H-2

$$\Delta m = \frac{-0.02560\text{ g}}{2\text{ mol H-2}} \times \frac{2\text{ mol H-2}}{2(2.01355\text{ g})} = -0.006357\text{ g/g H-2}$$

3. ΔE

$$\Delta E = 9.00 \times 10^{10}\frac{\text{kJ}}{\text{g}} \times \frac{-6.357 \times 10^{-3}\text{ g}}{1\text{ g H-2}} = -5.72 \times 10^{8}\text{ kJ/g H-2}$$

분열 반응

1. Δm/mol U-235

$$\Delta m = \text{질량(Sr-90)} + \text{질량(Ce-144)} + \text{질량}({}^{1}_{0}n) + 4[\text{질량}({}^{\;\,0}_{-1}e)] - \text{질량(U-235)}$$
$$= [89.8869 + 143.8817 + 1.00867 + 4(0.00055)]\text{ g} - 234.9934\text{ g} = -0.21393\text{ g}$$

(계속)

2. Δm/g U-235 $$\Delta m = \frac{-0.2139 \text{ g}}{\text{mol U-235}} \times \frac{1 \text{ mol U-235}}{235.0 \text{ g}} = -9.102 \times 10^{-4} \text{ g/g U-235}$$

3. ΔE $$\Delta E = 9.00 \times 10^{10} \frac{\text{kJ}}{\text{g}} \times \frac{-9.102 \times 10^{-4} \text{ g}}{1 \text{ g U-235}} = -8.19 \times 10^{7} \text{ kJ/g U-235}$$

마무리 정리

(a)와 (b)의 결과를 비교해 보면, 반응물 1 g 당 발생하는 에너지는 핵융합 반응이 핵분열 반응보다 약 7배 정도 더 높은 것을 볼 수 있다(57.2×10^7 대 8.19×10^7 kJ). 이 인자는 핵융합과 핵분열 과정을 나타내기 위하여 선택하는 특정한 반응에 따라 달라지는데 대략 3~10배 사이에서 변한다.

에너지원으로 핵융합 과정은 핵분열 과정에 비해 몇 가지 장점을 가지고 있다. 무엇보다, 핵융합에 적합한 가벼운 동위원소들은 핵분열에 필요한 무거운 동위원소들에 비해 상당히 풍부하게 존재한다. 예를 들면(연습 문제 79) 바닷물 속 중수소($^2_1$H)의 양의 2×10^{-9}%만 핵융합시켜도 전 세계의 연간 에너지 전체 소모량을 충족할 수 있다는 계산이 나온다.

그러나 안타깝게도 중성자 유도 핵분열 반응(neutron-induced fission)과는 달리, 핵융합 반응은 매우 높은 활성화 에너지를 필요로 한다. 두 중수소 핵 사이에 존재하는 정전기적 반발력을 극복하고 핵반응을 일으키기 위해서는 10^6 m/s 이상의 속도로 가속시켜야 하는데, 이는 실온에서 보통의 분자의 운동 속도보다 10,000배나 빠른 것이다. 기체 운동론으로부터 핵융합에 필요한 온도를 계산해 보면 10^9°C 정도이다. 수소폭탄에서 핵융합을 유발하기 위하여 필요한 이와 같이 높은 온도는 핵분열 반응을 이용하여 얻었다. 핵융합 반응을 이용하여 전기를 생산하려면 융합 반응이 일어나서 에너지를 발생시킬 수 있도록 충분히 오랫동안 매우 높은 온도를 유지시킬 수 있는 장치를 개발해야 한다. 그러나 기존의 용기에서 반응물 핵은 용기의 벽과 충돌하여 높은 운동 에너지를 빠르게 잃는다.

1997년 4월, Princeton의 토카막 융합로(Tokamak fusion reactor)가 정부 지원이 취소되어 가동이 중단되었다.

최근 연구되고 있는 핵융합 반응은 중수소와 리튬을 기본 출발 물질로 사용하는 2단계 과정이다.

$$^2_1\text{H} + {}^3_1\text{H} \longrightarrow {}^4_2\text{He} + {}^1_0n$$
$$^6_3\text{Li} + {}^1_0n \longrightarrow {}^4_2\text{He} + {}^3_1\text{H}$$
$$^2_1\text{H} + {}^6_3\text{Li} \longrightarrow 2\,{}^4_2\text{He}$$

이 과정은 다른 핵융합 반응보다 활성화 에너지가 낮기 때문에 주목받고 있다.

핵융합을 진행시킬 수 있는 가능한 방법 중 하나는 반응물의 원자핵이 용기의 벽과 충돌하여 핵융합에 필요한 속도 이하로 떨어지는 것을 방지하기 위하여 원자핵을 자기장을 사용하여 공간상에 구속시키는 것이다. 400-톤의 자석을 사용하면 몇 분의 1초의 짧은 시간 동안은 반응을 지속하는 것이 가능하다. 알짜 에너지의 방출을 얻어내기 위해서는 반응 지속 시간을 약 1초로 늘려야 한다. 실용적인 핵융합 원자로가 되기 위해서는 소비되는 에너지의 약 20배 정도의 에너지를 발생시켜야만 하는데, 낙관론자들은 50년 안에는 목적을 달성할 수 있으리라 보고 있다.

핵융합 반응에 대한 또 다른 시도를 그림 18.11에 나타내었다. 언 중수소와 삼중수소로 채워진 조그만 유리 펠릿(지름 약 0.1 mm)을 표적으로 사용하는 방법이다. 펠릿에 고출력 레이저 광선을 조사하면, 1나노초(10^{-9} s) 동안 10^{12} 킬로와트의 에너지를 방출한다. 이 반응은 자기 구속 방식과 같지만, 안타깝게도 현 시점에서는 에너지 손익분기점을 넘기에는 수년은 더 걸릴 것으로 보인다.

중수소와 삼중수소의 혼합물이 레이저 표적의 끝에 있는 작은 캡슐(지름 1 mm) 속에 밀봉되어 있다.

캡슐을 고출력 레이저 광선의 에너지에 노출시키면 중수소와 삼중수소의 핵융합에 의해 0.5 피코초의 에너지 폭발이 일어난다.

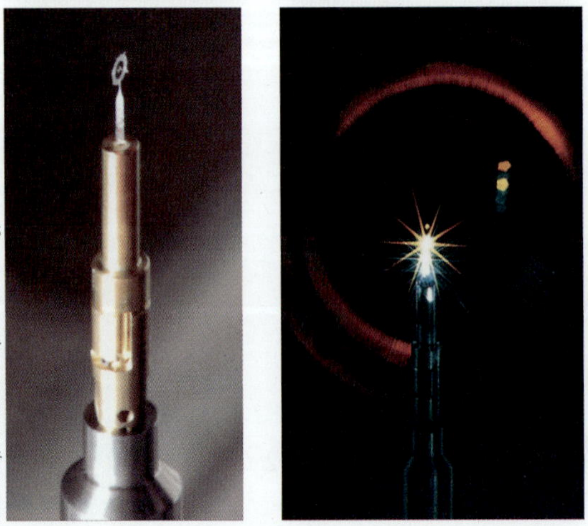

그림 18.11 ▸ **레이저 핵융합.**

방사선의 생물학적 효과

방사선이 해로운 효과를 보이는 것은 높은 에너지 때문인데, 이 에너지가 다음과 같은 불안정한 자유 라디칼(홀전자를 포함하는 화학종)을 생성시키기에 충분하기 때문에 인체에 유해할 수 있다.

$$\mathrm{H}\cdot \qquad \mathrm{H}-\ddot{\underset{\cdot\cdot}{\mathrm{O}}}\cdot \qquad :\ddot{\underset{\cdot\cdot}{\mathrm{O}}}-\ddot{\underset{\cdot\cdot}{\mathrm{O}}}\cdot$$

이들 자유 라디칼은 생존에 필수적인 유기 분자와 반응하여 이들을 파괴한다.

방사선에 의한 손상의 정도는 주로 두 가지 인자에 의해 결정된다. 이 인자들은 바로 흡수된 방사선의 양과 방사선의 종류이다. 전자는 일반적으로 *rad* (*r*adiation *a*bsorbed *d*ose, 방사선 흡수량) 단위로 나타낸다. 1 rad는 1 kg의 조직이 10^{-2} J의 에너지를 흡수한 것과 같은 효과이다.

$$1\ \mathrm{rad} = 10^{-2}\ \mathrm{J/kg}$$

방사선의 생물학적 효과는 *rem* (*r*adiation *e*quivalent for *m*an, 인체 방사선 당량) 단위로 나타낸다. rem의 수는 rad의 수에 "손상"인자 n을 곱하여 산출한다.

$$\text{rem의 수} = n\ (\text{rad의 수})$$

여기서 감마선과 베타선의 n은 1, 낮은 에너지 중성자의 $n = 5$, 높은 에너지 중성자와 알파 입자의 $n = 10\sim20$이다. 표 A는 사람이 여러 수준의 방사선에 한 번 노출되었을 때 예상되는 몇 가지 효과를 나타내고 있다.

미국에 살고 있는 사람들에게 노출되는 방사선의 양은 연간 360 mrem (0.36 rem)이다. 그림 A에서 볼 수 있듯이 이 중 82%는 자연적인 원인에서 기인한다. 여태까지 가장 큰 원인은 라돈이다(55%). 라돈에 노출되는 정도는 지역마다 다르다. 1985년, 원자력 발전소에서 일하던 Stanley Watras라는 사람은 어느 날 아침에 출근할 때 방사선 감시 장치가 울리는 것을 발견하였다. 알고 보니 그가 살고 있는 집의 라돈 수준이 전국 평균치보다 2000배 정도 높았다.

표 A ▸ 방사선 조사량에 따른 노출 효과

조사량(rem)	예상 효과
0~25	가시적 효과 없음
25~50	백혈구 수 약간 감소
50~100	병변, 백혈구 수의 현저한 감소
100~200	메스꺼움, 구토, 탈모
200~500	출혈, 궤양, 사망위험
500 이상	치명적

라돈의 방사성 동위원소인 $^{222}_{86}\mathrm{Rn}$은 천연에 존재하는 우라늄-238의 붕괴 생성물이다. 이 원소는 기체 상태이고, 화학적으로 반응성이 없기 때문에 콘크리트의 틈새 또는 벽돌 벽의 틈새를 통해 집안으로 스며든다. 특히 단열이 잘 된 집에서 라돈의 농도는 증가된다. 라돈-222를 흡입할 경우 건강에 문제가 생기는데, 그 이유는 Po-218, Po-214를 포함한 붕괴 생성물들이 강한 방사성 물질이고, 폐 조직에서 흡수가 잘 되기 때문이다. 미국 환경보호청(Environment Protection Agency, EPA)은 미국의 연간 폐암 사망자 130,000명 중 5000~20,000명 정도는 라돈 흡입으로 인한 것이라고 추산한다. EPA는 라돈 테스트(그림 B)를 하여 라돈 수준이 4×10^{-12} Ci/L를 넘어설 경우, 특수 환풍 장치를 설치하여 지하실에서 라돈을 제거할 것을 권고하고 있다.

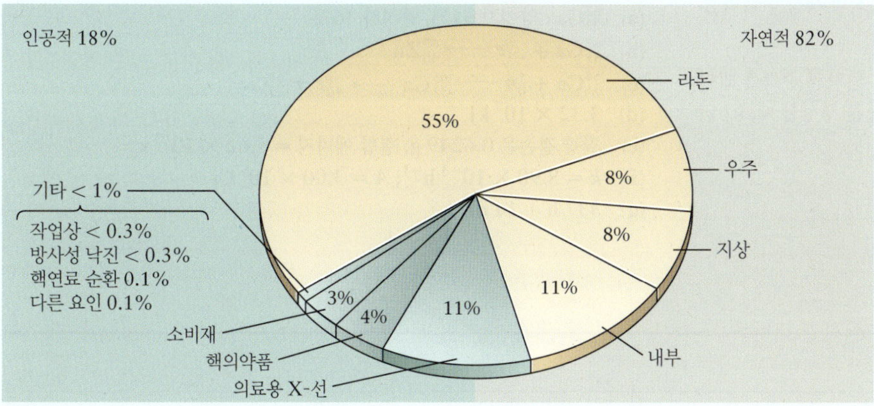

그림 A ▸ 미국인들의 평균 방사선 노출원.

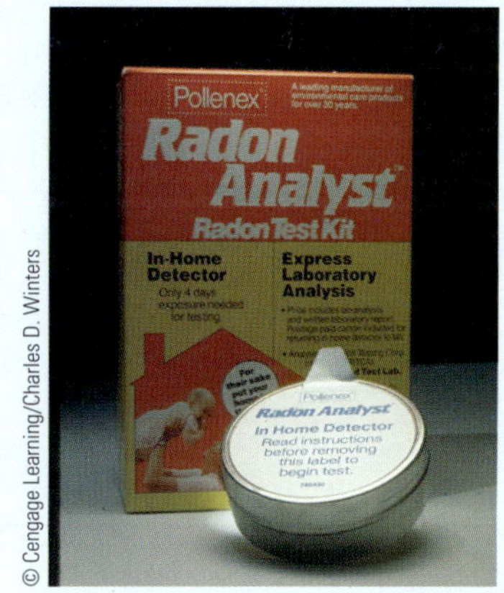

그림 B ▸ 시판되고 있는 가정용 라돈 테스트 기구.

주요 개념

1. 더 안정한 동위원소와 원자 결정하기.
   (예제 18.1; 문제 1~4)
2. 균형 맞춘 핵 반응식 쓰기.
   (예제 18.2; 문제 5~20)
3. 활동도를 속도 상수, 원자수와 연관시키기.
   (예제 18.3; 문제 21~34)
4. 활동도를 물체의 나이와 연관시키기.
   (예제 18.4; 문제 35~42)

5. 핵반응에서 Δm과 ΔE를 연관시키기.
(예제 18.5; 문제 43, 44, 49~52)

6. 결합 에너지 계산하기.
(예제 18.6; 문제 45~48)

주요 식

붕괴 속도 $\ln \frac{X_o}{X} = kt$ $\quad k = 0.693/t_{1/2}$ $\quad A = kN$

질량-에너지 $\Delta E = 9.00 \times 10^{10} \frac{\text{kJ}}{\text{g}} \times \Delta m$

주요 용어

K-전자 포획(K-electron capture)
감마 방사(gamma radiation)
결합 에너지(binding energy)
베타 입자(beta particle)
알파 입자(alpha particle)
양전자(positron)
퀴리(curies)
핵 반응식(nuclear equation)
핵분열(nuclear fission)
핵융합(nuclear fusion)
활동도(activity)

요약 문제

30°C에서 녹는 은색의 금속인 갈륨(Ga)의 동위 원소를 살펴보자. 갈륨은 마이크로파, 적외선 및 고속 스위칭과 같은 여러 회로에서 주로 사용된다.

(a) 다양한 종양을 스캔하기 위해 의학적으로 사용되는 Ga-67 핵 기호를 써라. 핵 속에 몇 개의 양성자가 있는가? 몇 개의 중성자가 있는가?

(b) K-전자 포획에 의한 Ga-67의 분해 반응식을 써라.

(c) 중성자에 의한 Ga-64의 충격을 나타내는 핵 반응식과 생성물 핵의 β-방출에 의한 붕괴를 나타내는 핵 반응식을 써라.

(d) Ga-71(핵 질량 = 70.9476 amu) 1.00 g이 α-입자의 충격을 받아 As-72(핵 질량 = 71.9493 amu)와 중성자를 등을 생성할 때, kJ 단위로 ΔE를 계산하라.

(e) Ga-71의 질량 결손과 결합 에너지는 얼마인가?

(f) Ga-67의 반감기는 77.9 h이다. Ga-67의 속도 상수는 얼마인가? 5.00×10^2-mg의 Ga-67 시료의 활동도(curie 단위로)는 얼마인가?

(g) Ga-67이 붕괴되어 원래 방사능의 95%를 잃는 데 걸리는 시간은 얼마인가?

해답

(a) $^{67}_{31}\text{Ga}$: 양성자 31개, 중성자 36개
(b) $^{67}_{31}\text{Ga} + {}^{0}_{-1}e \longrightarrow {}^{67}_{30}\text{Zn}$
(c) $^{64}_{31}\text{Ga} + {}^{1}_{0}n \longrightarrow {}^{65}_{31}\text{Ga} \longrightarrow {}^{0}_{-1}e + {}^{65}_{32}\text{Ge}$
(d) 3.32×10^7 kJ
(e) 질량 결손은 0.6249 g, 결합 에너지 = 5.62×10^{10} kJ
(f) $k = 8.90 \times 10^{-3}\ \text{h}^{-1}$; $A = 3.00 \times 10^5$ Ci
(g) 337 h ≈ 14 d

연습 문제

짝수 번호의 문제와 도전 문제의 해답은 센게이지 홈페이지 자료실에서 다운로드 받을 수 있다(www.cengage.co.kr).

18-1 핵 안정도

1. 다음 각 원소의 동위원소 중에서 더 안정한 것은 어느 것인가?
(a) $^{10}_{5}\text{B}$ 또는 $^{9}_{5}\text{B}$ (b) $^{18}_{8}\text{O}$ 또는 $^{16}_{8}\text{O}$ (c) $^{24}_{12}\text{Mg}$ 또는 $^{23}_{12}\text{Mg}$

2. 다음 각 원소의 동위원소 중에서 더 안정한 것은 어느 것인가?
(a) $^{28}_{14}\text{Si}$ 또는 $^{29}_{14}\text{Si}$ (b) $^{6}_{3}\text{Li}$ 또는 $^{8}_{3}\text{Li}$ (c) $^{23}_{11}\text{Na}$ 또는 $^{20}_{11}\text{Na}$

3. 제시된 두 원소 중에서 어느 원소가 더 안정한 동위원소를 가지는지 예측하라.
(a) I 또는 Sn (b) Ga 또는 Ni (c) Si 또는 Cl

4. 제시된 두 원소 중에서 어느 원소가 더 안정한 동위원소를 가지는지 예측하라.
(a) Ni 또는 Cu (b) Se 또는 Sb (c) Cd 또는 Au

18-2 방사능

▶ 핵 반응식

5. 화재 경보기는 소량의 아메리슘-241을 포함하고 있다. 그 붕괴 생성물은 넵투늄-237이다. 아메리슘-241에서 방출된 것은 무엇인가?

6. 양전자 방출 물질인 크로뮴-51은 적혈구의 생존을 연구하는 데 사용된다. 이것은 크로뮴산 소듐의 용액으로 판매된다. Cr-51의 붕괴에 대한 핵 반응식을 써라.

7. 토륨-231은 알파 방출의 생성물이다. 토륨-231은 방사성 동위원소이며, 베타 방사선을 방출한다. 다음을 결정하라.

(a) Th-231의 어미 원자핵.

(b) Th-231의 붕괴에 의한 딸 원자핵.

8. 우라늄은 알파 방출로 붕괴된다. 그 딸 원자핵은 β-방사선을 방출한다. 다음을 결정하라.

(a) U-235 붕괴의 딸 원자핵.

(b) (a)의 딸 원자핵의 β-방출에 의해 얻어진 생성물.

9. 다음에 설명에 대한 균형 맞춘 핵 반응식을 써라.

(a) β-방출에 의한 Am-241의 생성.

(b) K-전자 포획에 의한 Kr-81의 생성.

(c) α-방출에 의한 Ra-223의 생성.

10. 다음 설명에 대한 균형 맞춘 핵 반응식을 써라.

(a) 양전자 방출에 의한 Mn-52의 생성.

(b) β-방출에 의한 Ac-228의 생성.

(c) α-붕괴에 의한 Np-232의 생성.

11. 다음에 대한 균형 맞춘 핵 반응식을 써라.

(a) 알파 입자 방출에 의한 Pa-233의 생성.

(b) Y-85의 양전자 손실.

(c) 두 개의 C-12 핵이 융합되어 소듐-23과 다른 하나의 입자 생성.

(d) Pu-239가 핵분열하여 Sn-130, 다른 핵, 두 개의 초과 중성자 생성.

12. 다음에 대한 균형 맞춘 핵 반응식을 써라.

(a) Th-230의 알파 입자 손실.

(b) Pb-210의 베타 입자 손실.

(c) U-235가 핵분열하여 Ba-140, 다른 핵, 두 개의 초과 중성자 생성.

(d) Ar-37의 K-전자 포획.

13. 캘리포늄(californium)-249를 작은 동위원소로 충격하면 러더포듐, $^{257}_{104}\text{Rf}$과 4개의 중성자가 생성된다. 생성된 동위 원소는 빠르게 노벨륨-253, $^{253}_{102}\text{No}$으로 붕괴된다.

(a) 충격에 사용한 작은 동위원소는 무엇인가?

(b) Rf-257의 붕괴에서 방출되는 입자는 무엇인가?

14. Bi-209를 Ni-64로 충격하면 한 개의 중성자와 새로운 동위원소, X가 생성된다. 이 동위원소는 여러 번의 알파 입자 방출을 거친다.

(a) 생성된 동위원소의 핵 기호를 써라.

(b) 알파 입자 방출을 3번 거친 후에 생성된 동위원소의 핵 기호를 써라.

15. "새로운" 동위원소인 $^{285}_{120}\text{Z}$에 대해 생각해 보자. 베타 입자 방출과 양전자 방출 후의 생성물 핵종(각각 X와 Q)을 비교하라.

16. 연습 문제 15의 지시를 따르되 K-전자 포획과 양전자 방출 후의 생성물 핵종을 비교하라.

17. 다음에 대한 균형 맞춘 핵 반응식을 써라.

(a) U-238을 핵으로 충격시켜 Fm-249와 다섯 개의 중성자 생성.

(b) Al-26을 알파 입자로 충격시켜 P-30 생성.

(c) Cu-63을 핵으로 충격시켜 Zn-63과 한 개의 중성자 생성.

(d) Al-27을 중수소(^2_1H)로 충격시켜 한 개의 알파 입자와 다른 핵 생성.

18. 다음에 대한 균형 맞춘 핵 반응식을 써라.

(a) Fe-54를 알파 입자로 충격시켜 다른 핵과 두 개의 양성자 생성.

(b) Mo-96을 중수소(^2_1H)로 충격시켜 한 개의 중성자와 다른 핵 생성.

(c) Ar-40을 미지의 입자로 충격시켜 K-43과 양성자 생성.

(d) 핵을 중성자로 충격시켜 한 개의 양성자와 P-31 생성.

19. 다음 빈칸을 채워 핵 반응식의 균형을 맞추어라.

(a) $^{235}_{92}\text{U} + {}^1_0n \longrightarrow {}^{137}_{54}$______ $+ 2\,{}^1_0n +$ ______

(b) $^{232}_{90}\text{Th} + {}^{12}_{6}$______ $\longrightarrow$ ______ ${}^1_0n + {}^{240}_{96}\text{Cm}$

(c) $^4_2\text{He} + {}^{96}_{42}\text{Mo} \longrightarrow {}^{100}_{43}$______ + ______

(d) ______ $+ {}^2_1\text{H} \longrightarrow {}^{210}_{84}$______ $+ {}^1_0n$

20. 다음 빈칸을 채워 핵 반응식의 균형을 맞추어라.

(a) Es-240 + 중성자 $\longrightarrow$ 2 중성자 + ______ + Gd-161

(b) ______ $\longrightarrow \beta$-입자 + Co-59

(c) $4\,^1_1\text{H} \longrightarrow$ ______ + 2 양전자

(d) Mg-24 + 중성자 $\longrightarrow$ 양성자 + ______

18-3 방사성 붕괴 속도

21. 12.0-mCi 방사성 선원에서 3.17×10^{17}개의 원자가 붕괴되는 데 걸리는 시간(h)은 얼마인가?

22. 15.0-mCi 방사성 선원은 2.63 h 동안 작동하였다. 붕괴된 원자는 몇 개인가?

23. 섬광 계수기(scintillation counter)는 핵종의 붕괴로 인해 방출되는 방사선을 기록한다. 핵종의 각 원자가 한 번 방출한다고 가정하면, 5 min 동안 3.00×10^4번의 붕괴를 기록하는 시료의 활동도는 얼마인가?

24. 가이거 계수기(Geiger counter)는 시료에서 방출된 모든 입자의 0.070%를 센다. 1 min 동안 19.4×10^3번 기록되는 활동도는 얼마인가?

25. 이트륨-87의 속도 상수는 $2.6 \times 10^{-6}\ \text{s}^{-1}$이다. 5.00-mg 시료의 활동도는 얼마인가?

26. 크립톤-87의 속도 상수는 $1.5 \times 10^{-4}\ \text{s}^{-1}$이다. 2.00 mg 시료의 활동도는 얼마인가?

27. 아이오딘-131은 갑상선 암의 치료에 이용된다. 이 동위원소는 베타 방출에 의해 붕괴되며 그 반감기는 8.1 d이다.

(a) 아이오딘-131의 붕괴에 대한 균형 맞춘 핵 반응식을 써라.

(b) 이 동위원소 시료 2.50-mg의 활동도(퀴리 단위)는 얼마인가?

28. 구리-64는 뇌종양 연구에 사용된다. 반감기는 12.8 h이다. 1.50 mg Cu-64의 활동도(Ci 단위)는 얼마인가?

29. 납-210의 반감기는 20.4 y이다. 이 동위원소는 베타 입자 방출에 의해 붕괴한다. 계수기가 5 min 동안 1.3×10^4번의 붕괴를 기록하였다. 몇 g의 Pb-210이 있는가?

30. 브로민-82의 반감기는 36 h이다. Br-82를 함유하는 시료의 활동도가 1.2×10^5/min으로 나타났다. 이 시료에 몇 g의 Br-82가 있는가? 단, 이 시료에는 다른 방사성 핵종은 없다고 가정한다.

31. 플루오린-18의 붕괴 속도 상수는 $6.31 \times 10^{-3}\ \text{min}^{-1}$이다. F-18 시료 1.00 mg를 사용하여 Geiger 계수기로 측정할 경우, 1 min 동안 몇 번 기록될 것인가? 계수기의 감도는 방출된 방사선의 0.50%를 측정한다고 가정한다.

32. 염소-36은 β-방출에 의해 붕괴된다. 염소-36의 붕괴 속도 상수는 $2.3 \times 10^{-6}\ \text{y}^{-1}$이다. Cl-36 1.000-mg 시료에서 1 min 동안 몇 개의 β-입자가 방출되는가? 퀴리 단위로는 얼마인가?

33. 코발트-60은 방사선 치료에서 γ-선원으로 널리 이용된다. 이 원소의 반감기는 5.27 y이다.

(a) Co-60의 활동도가 초기 활동도의 30.0%로 감소하려면 몇 년 걸리는가?

(b) 코발트 공급원이 10 y가 되었다면 초기 활동도의 몇 %가 남아 있는가?

34. 인-32는 대사 과정의 경로를 추적하기 위한 생화학 연구 분야에 이용되며, 그 반감기는 14.3 d이다. 실험실에서 실수로 10.0 μg (1 μg $= 1 \times 10^{-6}$ g)의 P-32가 든 시약병이 싱크대로 쏟아졌다.

(a) 배수구의 P-32의 활동도가 초기 활동도의 68%로 감소하려면 얼마의 시간이 걸리는가?

(b) 755 d 후에는 몇 개의 P-32 원자가 남아 있는가?

35. 고대 이집트 왕의 무덤에서 얻은 편백 나무 기둥의 탄소의 붕괴 속도는 탄소 1 g 당 C-14의 9.2 붕괴/min으로 나타났다. 살아 있는 물질의 탄소의 붕괴 속도는 탄소 1 g 당 C-14의 15.3 붕괴/min이다. 탄소-14의 반감기는 5730 y이다. 편백 나무는 얼마나 오래되었는가?

36. 미켈란젤로(1475~564)가 그렸다는 "새로운" 그림이 C-14 연대측정법으로 인증되었다. 그림의 C-14($t_{1/2}$ = 5730 y) 함량은 살아 있는 식물의 0.972배이다. 이 그림은 미켈란젤로가 그렸는가? 또는 적어도 미켈란젤로가 살아 있을 때의 것인가?

37. 오래된 배의 나무 판자가 해안 근처의 동굴에서 발견되었다. 배의 나무를 분석한 결과, 탄소의 붕괴 속도는 탄소 1 g 당 13.6 붕괴/min이었다. C-14의 반감기는 5730 y이다. 동굴을 발견할 당시 잘라낸 나무를 분석하였더니 C-14의 1 g 당 15.3 붕괴/min의 붕괴 속도를 나타내었다. 배가 만들어진 시기는 몇 세기인가?

38. 목재 유물 시료에서 탄소의 붕괴 속도는 탄소 1 g 당 5.0 붕괴/min이었다. C-14의 반감기는 5730 y이며, 막 자른 나무에서 C-14의 활동도는 탄소 1 g 당 15.3 붕괴/min이다. 목재 유물은 얼마나 오래되었는가?

39. 방사성 동위원소인 삼중수소($^3_1$H)는 $^{14}_6$C와 거의 같은 방식으로 자연에서 생성된다. 삼중수소의 반감기는 12.3 y이다. 25년산이라고 주장하는 와인에 포함된 삼중수소의 질량 백분율에 대한 이 지역의 물에 포함된 삼중수소의 질량 백분율의 비를 계산하라.

40. 연습 문제 39의 삼중수소에 대한 정보를 참조하여, 문제에 답하라. 어떤 스카치 위스키의 삼중수소의 질량 백분율이 위스키가 생산된 지역의 물에 포함된 삼중수소의 질량 백분율의 62%라면 이 위스키는 몇 년 산인가?

41. 고고학 발굴지에서 나온 바위는 U-238의 1 g 당 0.255 g의 Pb-206을 포함하고 있는 것으로 나타났다. 이 바위가 생성되었을 당시 Pb-206을 전혀 포함하지 않았고, U-238은 Pb-206으로만 붕괴된다고 가정할 때 이 바위의 나이는 얼마인가? (U-238의 반감기는 $t_{1/2} = 4.5 \times 10^9$ y이다)

42. 어떤 유성이 Pb-206 : U-238 = 0.813 : 1.00의 질량비로 구성되어 있다. 연습 문제 41번의 가정을 적용하여 이 유성의 나이를 구하라.

18-4 질량-에너지 관계

43. 플루토늄-239는 심장 박동 조절기와 무인 우주 탐사선의 에너지원으로 이용된다. 이 원소는 알파 입자 방출에 의해 붕괴된다.

(a) Pu-239 1 mol이 붕괴할 때 Δm을 g 단위로 계산하라.

(b) Pu-239 2.00 mg이 붕괴할 때 얼마나 많은 에너지(kJ)를 방출하는가?

44. 스트론튬-90은 인체에서 칼슘의 작용을 모방하기 때문에 원자력 시험의 위험한 부산물이다. 이 물질은 두 번의 β-방출로 붕괴하여 지르코늄-90(핵 질량 = 89.8824 g)을 생성한다.

(a) Sr-90의 전체 붕괴에 대해 균형 맞춘 핵 반응식 써라.

(b) 1 mol의 Sr-90이 Zr-90으로 붕괴될 때 그램 단위의 Δm을 계산하라.

(c) 6.50 mg의 Sr-90이 붕괴할 때, 방출하는 에너지(kJ 단위)는 얼마인가?

45. Be-10에 대해서 다음을 계산하라.

(a) 질량 결손

(b) 결합 에너지

46. Al-28에 대해서 다음을 계산하라.

(a) 질량 결손

(b) 결합 에너지(kJ/mol)

47. F-19와 O-17 중에서 어느 것이 더 큰 결합 에너지를 갖는가?

48. K-40과 Ca-40 중에서 어느 것이 더 큰 결합 에너지를 갖는가? 계산으로 보여라.

18-5 핵분열

18-6 핵융합

49. B-10과 알파 입자가 융합 반응을 일으키면 탄소-13과 양성자를 생성한다.

(a) 이 과정의 핵 반응식을 써라.

(b) 1.00 g의 B-10이 α-입자와 융합할 때 발생하는 에너지는 얼마인가?

50. 다음 두 반응 중 어느 것이 반응하는 물질 1 g 당 더 많은 에너지를 방출하는지 계산으로 보여라.

U-235의 분열: $^{235}_{92}\text{U} + ^1_0n \longrightarrow ^{94}_{40}\text{Zr} + ^{140}_{58}\text{Ce} + 6\,^{0}_{-1}e + 2\,^1_0n$

중수소의 융합: $^2_1\text{H} + ^2_1\text{H} \longrightarrow ^3_1\text{H} + ^1_1\text{H}$

(Ce-140의 핵 질량은 139.8734, Zr-94의 핵 질량은 93.8841)

51. 중성자의 충격에 의한 U-235의 핵분열 반응을 살펴보자. 이 충격의 생성물은 Rb-89, Ce-144, 베타 입자, 초과 중성자이다.

(a) 충격에 대한 균형 맞춘 핵 반응식을 써라.

(b) 1 g의 U-235가 분열할 때의 ΔE를 구하라.

(c) 폭발물인 TNT가 폭발하면 2.76 kJ/g 만큼의 에너지를 방출한다. U-235 1 mg과 동일한 양의 에너지를 생산하기 위해서 몇 kg의 TNT가 필요한가?

52. 펜타에리트리톨 테트라나이트레이트(pentaerythritol tetranitrate, $C_5H_8N_4O_{12}$ [PETN])는 "속옷 폭탄 테러범"이 사용하는 폭발물이었다. 이 물질을 연소시키면 6.47 kJ/g의 에너지가 생성된다. 연습 문제 51의 반응을 사용하여 U-235 1마이크로그램(1×10^{-6} g)이 분열될 때 생성되는 에너지와 동일한 양의 에너지를 생산하는 데 필요한 PETN의 질량(kg)을 계산하라.

종합 문제

53. 40 × 40 × 10 ft인 지하실에서 라돈의 방사선 수준이 허용된 4×10^{-12} Ci/L라면, 1 s 당 몇 번의 붕괴가 일어나겠는가?

54. 아이오딘-131은 갑상선 종양의 치료에 이용된다. 그 반감기는 8.1 d이다. 배송 지연으로 인해 병원 약국은 2.0 d 지난 I-131을 받았다고 가정하자.

(a) I-131의 몇 %가 붕괴되었는가?

(b) 환자는 I-131 15.0 mg을 투여받을 예정이다. 2.0 d가 지난 이 I-131을 사용할 경우, 이 병원의 약사는 환자에게 몇 mg을 투여하도록 권고해야 하는가?

55. 질산 암모늄이 폭발하면 37.0 kJ/mol의 에너지가 방출된다.

(a) 100만 kJ의 에너지를 방출하려면 몇 톤의 질산 암모늄이 필요한가?

(b) 같은 양의 에너지를 방출하기 위해 몇 톤의 TNT (ΔE = −2.76 kJ/g)가 필요한가?

(c) 같은 양의 에너지를 얻기 위해 몇 톤의 U-235가 필요한가?

56. 화재 경보기에는 소량의 아메리슘-241이 들어 있다. Am-241은 α-입자를 방출하면서 붕괴하는데, 붕괴 속도 상수는 $1.51 \times 10^{-3}\ \text{y}^{-1}$ 이다. 이 화재 경보기에서 10 붕괴/s의 붕괴 속도를 나타낸다면, 화재 경보기에 몇 g의 Am-241이 들어 있는가?

57. 물 시료 속에 용해된 산소의 양은 소량의 Tl-204 동위원소가 포함된 탈륨 금속을 사용하여 측정한다. 산소가 포함된 물에 과량의 탈륨을 넣으면 다음 반응이 일어난다.

$$2\text{Tl}(s) + \tfrac{1}{2}\text{O}_2(g) + \text{H}_2\text{O} \longrightarrow 2\text{Tl}^+(aq) + 2\text{OH}^-(aq)$$

반응 후 25.0-mL의 물 시료의 활동도는 Tl^+-204 이온에 의해 745 cpm (counts per minute)이다. 탈륨 금속 1 g 당 Tl-204의 활동도는 5.53×10^5 cpm이다. O_2가 이 반응에서 한계 반응물이라고 가정하고, 용해된 산소의 몰농도를 구하라.

58. 0.050 *M* $AgNO_3$ 시료 25-mL를 I-131로 표지된 0.050 *M* NaI 25 mL와 혼합하였다. NaI 용액의 활동도는 1.25×10^{10}회/min · mL이다. 다음 반응이 일어난다.

$$\text{Ag}^+(aq) + \text{I}^-(aq) \longrightarrow \text{AgI}(s)$$

침전을 여과하여 제거한 후, 여과액에 있는 I^-의 활동도는 얼마인가? AgI의 $K_{sp} = 1 \times 10^{-16}$이다.

59. 삼중수소 $^3_1$H를 포함한 100.0 g의 물 시료는 1 s 당 2.89×10^3개의 베타 입자를 방출한다. 삼중수소의 반감기는 12.3 y이다. 물 시료의 모든 수소 원자들 중 삼중수소의 비율은 몇 %인가?

60. 연습 문제 59에 주어진 삼중수소의 반감기를 이용하여 STP에서 1.00 mL ${}^{3}_{1}H_2$의 활동도를 퀴리(Ci) 단위로 계산하라.

61. 체르노빌 원자로 폭발의 원인 중 하나는 연료봉을 코팅한 지르코늄과 수증기 사이의 반응 때문이었을 수도 있다.

$$Zr(s) + 2H_2O(g) \longrightarrow ZrO_2(s) + 2H_2(g)$$

0.5톤의 지르코늄이 반응하였다면 부피 2.0×10^4 L인 원자로 격납용기에서 55°C에서 생성된 수소 기체가 가하는 압력은 얼마인가?

62. 어떤 동물의 순환계의 혈액의 양을 측정하기 위해 다음과 같은 실험을 수행하였다. 1.7×10^5 cpm의 삼중수소가 포함된 수용액 시료 5.0 mL를 혈관 속에 주입하였다. 삼중수소가 완전히 순환될 수 있도록 적절한 시간이 지난 후 5.0-mL의 혈액 시료를 채취하여 섬광 계수기로 분석한 결과 1.3×10^3 cpm이었다. 실험 중에 삼중수소의 극히 일부만이 붕괴되었다고 가정하고, 동물의 순환계의 부피(혈액의 양)를 계산하라.

63. 다음의 핵분열 반응을 살펴보자.

$${}^{1}_{0}n + {}^{235}_{92}U \longrightarrow {}^{89}_{37}Rb + {}^{144}_{58}Ce + 3\,{}^{0}_{-1}e + 3\,{}^{1}_{0}n$$

1 g의 U-235 연료가 핵분열할 때 발생하는 에너지와 같은 양의 에너지를 생산하기 위해 휘발유의 주요 성분인 옥테인(C_8H_{18})이 몇 L가 연소되어 $CO_2(g)$와 $H_2O(g)$로 되어야 하는가? 옥테인의 밀도는 0.703 g/mL이고, 연소열은 −249.9 kJ/mol이다.

64. Na_2CrO_4와 환원제인 옥살산($H_2C_2O_4$)을 반응시키면 Cr^{3+}와 $C_2O_4{}^{2-}$의 화합물이 만들어진다. 이 크로뮴산 소듐에서 Cr-51의 활동도는 1 g 당 765 cpm이다. C-14로 표지된 옥살산의 활동도는 1 g 당 512 cpm이다. Cr-51과 C-14는 핵의 붕괴 과정에서 다른 입자를 방출하기 때문에 이들의 활동도는 독립적으로 측정할 수 있다. 시료 화합물에서 Cr-51은 314 cpm, C-14는 235 cpm의 활동도를 갖는 것으로 나타났다. 한 개의 Cr^{3+} 이온에 몇 개의 옥살산 이온이 결합되어 있는가?

65. 라듐-226은 알파 입자 방출에 의하여 라돈-222로 붕괴된다. 라듐 1 g이 방출하는 에너지 중 25%가 전기 에너지로 변환된다고 가정한다. 표준 상태에서 같은 양의 전기 에너지($\Delta G°$)를 볼타 전지 $Li \mid Li^+ \parallel Cu^{2+} \mid Cu$로 생산하기 위해 필요한 리튬의 최소 질량은 얼마인가?

66. 폴로늄-210은 알파 입자 방출에 의해 납-206으로 붕괴된다. 반감기는 138 d이다. 25.00-g의 Po-210 시료를 75 h 동안 붕괴되도록 방치하여 얻어진 헬륨의 부피는 25°C, 1.20 atm에서 얼마인가?

67. U-235 핵분열에 의해서 세계의 모든 에너지 수요를 몇 년 동안 공급할 수 있는가? 다음 가정을 이용하라.

- 세계에는 U-235 함량 0.75%인 우라늄 광석 1.0×10^7톤이 있다.
- 세계의 에너지 소비량은 약 4.0×10^{15} kJ/y이고, 시간에 따라 변하지 않는다.
- U-235의 핵분열은 U-235 1 g 당 약 8.0×10^7 kJ을 방출한다.

68. 양전자와 전자가 충돌하면 서로 소멸되어 같은 에너지를 갖는 두 개의 감마 광자(gamma photon)가 생성된다. 이 광자들의 파장(nm)을 구하라.

개념 문제

69. 다음의 주어진 문장이 참인지 거짓인지 판단하고, 거짓이면 참이 되도록 수정하라.

(a) 베타 방출에서 질량수는 증가한다.
(b) 속도 상수 k가 큰 방사성 화학종은 매우 천천히 붕괴한다.
(c) 핵융합은 핵분열보다 연료 1 g 당 에너지 방출이 적다.

70. 다음을 설명하라.

(a) 전기장에 의해 알파선과 베타선이 분리되는 현상
(b) 방사성 C-11을 뇌 장애를 연구하는 데 추적자로 사용할 수 있는 이유
(c) 핵분열에서 자동으로 계속되는 연쇄 반응이 일어나는 이유

71. 1000년 전, 식물의 ${}^{14}C/{}^{12}C$의 비가 현재보다 10% 높았다고 가정하자. C-14 방법으로 1000년 된 것이라고 밝혀진 유물의 계산된 나이에 이것이 미치는 영향(만약 영향이 있다면)은 무엇인가?

72. 다음 자료는 어떤 방사성 동위원소에 대한 것이다. 이 자료를 가지고 그래프를 그리고, 이 동위원소의 반감기를 계산하라.

시간(h)	0.00	0.50	1.00	1.50	2.00	2.50
활동도 (원자/h)	14,472	13,095	11,731	10,615	9605	8504

73. 다음의 표를 완성하라.

붕괴 방식	원자 번호의 변화	질량수의 변화
α-붕괴	______	______
β-방출	______	______
양전자 방출	______	______
K-전자 포획	______	______
γ-붕괴	______	______

74. 가정용 화재 경보기의 원리는 그림 18.4에 설명되어 있다. 이 경보기에는 소량의 아메리슘-241이 존재한다. 이 동위원소의 붕괴 상수는 $1.51 \times 10^{-3}\ y^{-1}$ 이다. 최소한 일 년에 한 번은 이 경보기의 배터리를 점검하는 것이 좋다. 그러나 얼마나 많은 아메리슘-241이 붕괴하지 않고 남아 있는지 점검하는 것은 권장되지 않는다. 이유를 설명하라.

75. ATP (adenosine triphosphate)가 ADP (adenosine diphosphate)와 H_3PO_4으로 끊어지는 반응은 다음과 같이 나타낼 수 있다.

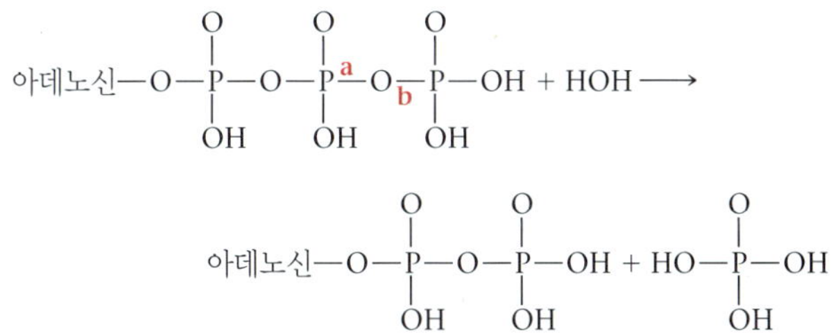

가수분해(물과의 반응)에 의해 어떤 결합(**a**로 표시한 P-O 결합 또는 **b**로 표시한 P-O 결합)이 끊어지는지 결정하는 것은 흥미로운 일이다.

(a) (방사능을 사용하여) 끊어지는 위치를 결정하기 위한 실험의 개요를 기술하라.
(b) **a**의 결합이 끊어진다는 결론을 내릴 수 있는 실험 결과를 설명하라.
(c) **b**의 결합이 끊어진다는 결론을 내릴 수 있는 실험 결과를 설명하라. 실험 결과 **b**의 결합이 끊어진다.

도전 문제

76. 집 안의 공기 1 L 당 라돈-222의 활동도가 20 pCi(20×10^{-12} Ci)이면 이곳에 사는 누구에게나 건강에 해로울 수 있다. 라돈-222의 반감기가 3.82 d일 때, 20 pCi의 활동도 수준에 해당하는 공기 중의 라돈의 농도(mol/L)를 계산하라.

77. 플루토늄-239는 다음 반응에 의하여 붕괴된다.

$${}^{239}_{94}Pu \longrightarrow {}^{235}_{92}U + {}^{4}_{2}He$$

붕괴 속도 상수는 5.5×10^{-11} /min이다. 1 g의 Pu-239에 대하여 다음 물음에 답하라.

(a) 45 min 동안 몇 g의 Pu-239가 붕괴되는가?
(b) 45 min 동안 방출되는 에너지(kJ)는 얼마인가?
(c) 75-kg의 몸무게를 가진 사람이 1 g의 Pu-239에 45 min 동안 노출되면 방사선 조사량(rem)은 얼마인가?

78. 알파 입자를 형성하기 위해 두 개의 중수소를 서로 충분히 가깝게 만드는 데 필요한 에너지를 계산하여 핵융합 반응의 활성화 에너지를 산출할 수 있다. 이 에너지는 다음과 같이 나타내는 쿨롱 법칙으로 계산할 수 있다. $E = 8.99 \times 10^9\ q_1q_2/r$ [q_1, q_2는 중양성자(deuteron)의 전하량으로 그

값은 1.60×10^{-19} C, r은 He 핵의 반지름으로 2×10^{-15} m, E는 에너지(J)]이다.

(a) 알파 입자 한 개 당 E(J)를 구하라.

(b) 식 $E = mv^2/2$을 이용하여 두 중양성자가 충돌하여 핵융합 반응을 일으키기 위한 활성화 에너지를 제공하는 것이라면, 각 중양성자가 가져야 하는 속도(m/s)를 계산하라(m은 kg 단위의 중양성자의 질량이다).

79. 다음 반응을 살펴보자.

$$2\,{}^{2}_{1}\mathrm{H} \longrightarrow {}^{4}_{2}\mathrm{He}$$

(a) 핵융합된 중수소 1 g 당 ΔE(kJ)를 계산하라.

(b) 바닷물에 있는 모든 중수소를 핵융합하여 잠재적으로 얻을 수 있는 에너지는 얼마인가? 물속의 중수소의 백분율은 0.0017%이고, 바다에 있는 물의 전체 질량은 1.3×10^{24} g이다.

(c) 전 세계에 필요한 연간 에너지(2.3×10^{17} kJ)를 공급하기 위해 소비해야 하는 바다에 있는 중수소의 분율은?

80. 반감기가 5730 y인 탄소-14(C-14)는 질소-14(N-14)로 붕괴한다. C-14 형태의 탄소만을 포함하는 이산화 탄소 시료를 1.00 atm 압력으로 용기에 밀봉하였다. 시간이 지남에 따라 방사성 붕괴에 의해서 CO_2는 NO_2로 된다. 다음과 같은 화학 평형이 이루어진다.

$$2\mathrm{NO_2}(g) \rightleftharpoons \mathrm{N_2O_4}(g)$$

이 반응식에 대한 평형 상수가 1×10^{-5}이라면, 20,000 y 후에 N_2O_4의 압력은 얼마인가? CO_2는 어떤 화학 반응에도 참여하지 않는다고 가정한다.

81. 물 속의 우라늄은 핵분열에 의해 붕괴되어 Zn^{2+}와 Sm을 생성한다. 우라늄의 반감기는 7×10^8 y이다. 아연 이온은 다음 반응식에 따라 물과 반응하여 약산으로 작용한다.

$$\mathrm{Zn(H_2O)_4}^{2+}(aq) \rightleftharpoons \mathrm{H}^+(aq) + \mathrm{Zn(H_2O)_3(OH)}^+(aq) \quad K_a = 3.3 \times 10^{-10}$$

이것이 의미있는 유일한 방사성 붕괴이고, Sm이나 U 모두 약산으로 작용하지 않는다고 가정하면, 1.00 M의 U 용액이 pH 6.0에 도달하기 위해 몇 년 걸리겠는가?

82. Hg_2I_2의 K_{sp} 값을 구하기 위해 소량의 방사성 I-131이 존재하는 고체 시료가 이용된다. 시료의 붕괴 속도는 아이오딘 1 mol 당 5.0×10^{11} cpm이다. 과량의 $Hg_2I_2(s)$를 물에 넣고, 고체가 해당 이온들과 평형을 이루도록 한다. 포화 용액 시료 150.0-mL를 취하여 방사능을 측정한 결과 33 cpm이었다. 위의 정보로부터 Hg_2I_2의 K_{sp} 값을 계산하라.

착이온

Complex Ions

제 19 장

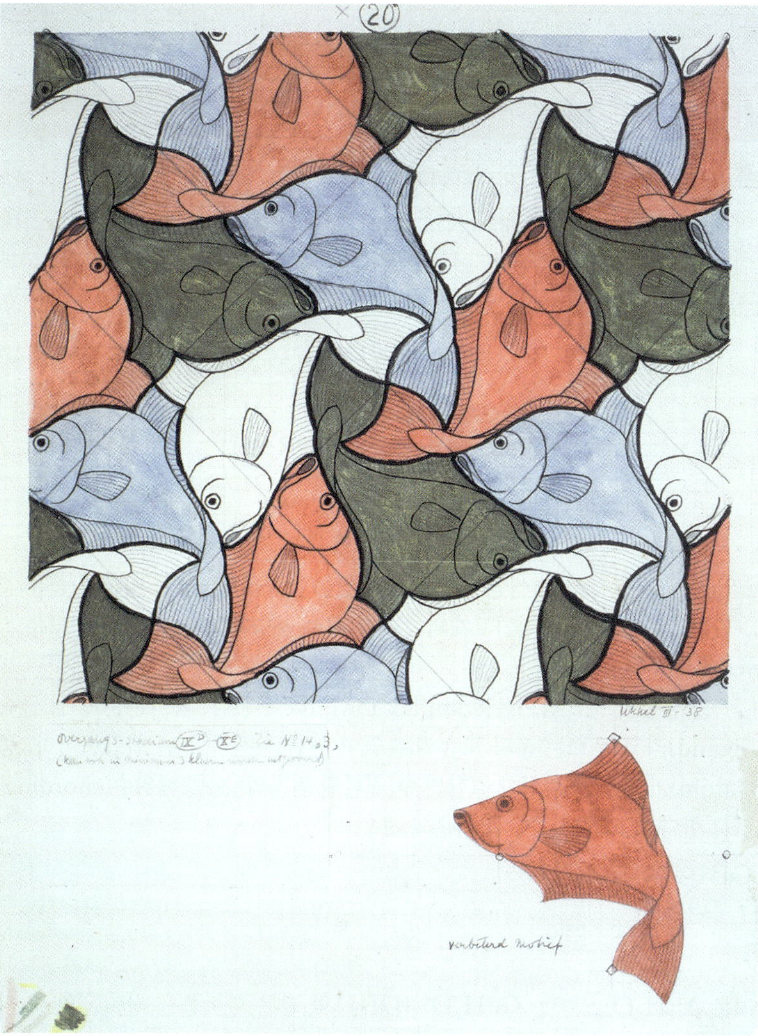

◀ 정사면체를 거울면에 반사시키거나 또는 회전축에 회전시키면, 본래의 구조와 구별할 수 없는 구조가 얻어진다. 화학자들은 정사면체를 대칭적 구조라고 한다. 화가 Escher의 작품 *Symmetry No. 20*에는 반복되는 대칭이 나타난다. 그는 대상을 뒤집거나 이동시켜서 새로운 패턴을 창작하였다.

구리가 붉은 빛을 띠는 것은
d 전자 때문이지.
우선 파란색을 받아
띠 간격 에너지가 흡수되면
화려한 붉은 빛이 되지.
—DR. JAMES D. LIVINGSTON
Physics at Its Best

이 장의 차례 _Chapter Outline

앞의 여러 장에서 때때로 전이 금속(transition metal)의 화합물을 언급하였다. 많은 전이 금속 화합물은 $CuSO_4$, $CrCl_3$, $Fe(NO_3)_3$와 같이 간단한 화학식을 가지고 있으며, 이온성 화합물이다. 이와 같이 전이 금속이 간단한 양이온(Cu^{2+}, Cr^{3+}, Fe^{3+})으로 존재한다는 관점에서 전이 금속 화합물은 $CaSO_4$와 $Al(NO_3)_3$와 같은 주족 금속에 의해 형성된 이온성 화합물과 유사하다.

그러나 한 세기 이상 동안, 전이 금속은 아래와 같이 보다 복잡한 화학식을 갖는 다양한 종류의 이온성 화합물도 형성한다는 것이 밝혀졌다.

$$[Cu(NH_3)_4]SO_4 \qquad [Cr(NH_3)_6]Cl_3 \qquad K_3[Fe(CN)_6]$$

이들 화합물을 *배위 화합물*(coordination compound)이라고 부르며, 전이 금속은 대괄호로 묶은 착이온(complex ion)의 상태로 존재한다. 위에 나열한 세 화합물은 다음과 같은 착이온으로 존재한다.

$$Cu(NH_3)_4{}^{2+} \qquad Cr(NH_3)_6{}^{3+} \qquad Fe(CN)_6{}^{3-}$$

이들 착이온의 전하는 간단한 음이온이나 양이온의 전하(예를 들어, $SO_4{}^{2-}$, $3Cl^-$, $3K^+$)에 의하여 균형이 맞추어진다.

이 장에서는 착이온과 무기 화학에서 착이온이 갖는 중요한 역할에 대해 다음과 같은 순서로 논의하고자 한다.

- 착이온의 조성(composition), 명명법 및 착이온이 형성하는 배위 화합물(19-1, 19-2절).
- 착이온의 기하 구조(19-3절).
- 착이온에서 중심 금속 이온(또는 원자)의 전자 구조(19-4절).

19-1 착이온의 조성

Cu(II) 염의 수용액에 암모니아를 첨가하면 거의 불투명한 짙은 푸른색이 나타난다(그림 19.1). 이러한 색깔 변화는 4개의 NH_3 분자가 중심의 Cu^{2+} 이온에 결합하여 $Cu(NH_3)_4{}^{2+}$ 이온을 형성하기 때문이다. 이 화학종의 형성 과정에 대한 반응식은 다음과 같이 나타낼 수 있다.

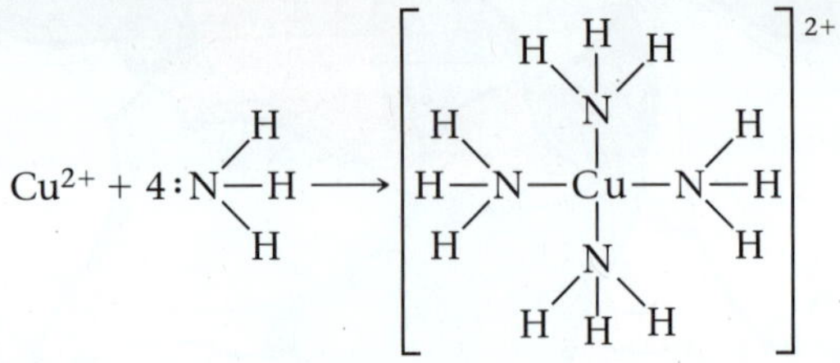

각 NH_3 분자에 있는 질소 원자는 한 쌍의 비공유 전자쌍을 제공하여 Cu^{2+} 이온과 공유 결합을 형성한다. 이 결합과 같이 한 원자가 2개의 전자를 모두 제공하는 결합을 *배위 공유 결합*(coordinate covalent bond)이라고 한다.

$Cu(NH_3)_4{}^{2+}$를 일반적으로 **착이온**(complex ion)이라 부른다. 착이온은 중심 금속 원자에 **리간드**(ligand)라고 부르는 분자 또는 이온들이 결합된 전하를 띤 화학종이다. **중심 원자**(central atom)가 결합을 형성한 결합의 수(결합된 원자의 수)를 **배위수**(coordination number)라고 한다. $Cu(NH_3)_4{}^{2+}$ 착이온의 경우,

- 중심 원자는 Cu^{2+}이다.
- 리간드는 NH_3 분자이다.
- 배위수는 4이다.

그림 19.1 ▸ 구리 착화합물의 색깔.

앞에서 살펴본 $Al(H_2O)_6{}^{3+}$ 및 $Zn(H_2O)_3(OH)^+$와 같은 화학종은 착이온의 또 다른 예이다. 착이온을 형성하려는 가장 큰 경향을 나타내는 금속은 +2가 이상의 전하를 갖고, 크기가 작은 양이온을 형성하는 금속이다. 일반적으로 이와 같은 금속들은 전이 금속 계열의 오른쪽에 있는 금속(첫 번째 전이 금속 계열에서 $_{24}Cr \sim _{30}Zn$)이다. Al, Sn, Pb 등과 같은 전이 금속이 아닌 금속(nontransition metal)들의 안정한 착이온은 많지 않다.

이 금속 양이온은 수용액에서 항상 착이온의 형태로 존재한다. 예를 들어, 아연(II) 양이온의 경우, $Zn(NO_3)_2$의 수용액에서 $Zn(H_2O)_4{}^{2+}$ 이온으로 존재한다. 이 용액에 암모니아를 가하면 $Zn(NH_3)_4{}^{2+}$로 바뀌고 수산화 소듐을 가하면 $Zn(OH)_4{}^{2-}$로 바뀐다.

고체 상태에서 $Cu(NH_3)_4{}^{2+}$와 같은 양이온은 홀로 존재할 수 없다. 착이온이 갖는 +2가의 전하는 음이온에 의해 균형이 맞추어져야 한다. 즉, 전체 −2가의 음이온에 의한 전하 균형을 맞추어야 한다. $Cu(NH_3)_4{}^{2+}$를 포함하는 대표적인 화합물은 다음과 같다.

$[Cu(NH_3)_4{}^{2+}]Cl_2$: 1개의 $Cu(NH_3)_4{}^{2+}$ 이온, 2개의 Cl^- 이온

위와 같이 착이온을 포함하는 화합물을 **배위 화합물**(coordination compound)

표 19.1 ▸ NH_3 및 Cl^-와 결합한 Pt^{2+} 착화합물

착화합물	Pt의 산화수	리간드	리간드 전하의 합	착화합물의 전하
$Pt(NH_3)_4{}^{2+}$	+2	$4NH_3$	0	+2
$Pt(NH_3)_3Cl^+$	+2	$3NH_3$, $1Cl^-$	−1	+1
$Pt(NH_3)_2Cl_2$	+2	$2NH_3$, $2Cl^-$	−2	0
$Pt(NH_3)Cl_3{}^-$	+2	$1NH_3$, $3Cl^-$	−3	−1
$PtCl_4{}^{2-}$	+2	$4Cl^-$	−4	−2

이라고 한다. 착이온을 포함하는 화합물에서 구조를 분명하게 나타내기 위하여 착이온의 화학식은 [ ]로 묶어서 표현한다.

▶ 착화합물의 전하

착화합물의 전하는 다음과 같은 간단한 원리를 적용하여 쉽게 결정할 수 있다(그림 19.2).

착화합물의 전하 = 중심 금속 원자의 O.N. + 리간드 전하의 합

"O.N."은 "산화수(oxidation number)"의 약자이다. 이 원리를 적용한 예를 표 19.1에 나타내었다. 이 표에 백금(II) 이온에 의해 형성되는 몇 가지 착화합물의 화학식을 나타내었으며, 착화합물에서 배위수는 모두 4이다. 이 화학종 중의 하나인 $Pt(NH_3)_2Cl_2$는 착이온이 아닌 중성 착화합물이라는 사실에 주목하라. 이는 2개의 Cl^- 전하와 중심의 Pt^{2+} 이온의 전하가 서로 상쇄되었기 때문이다.

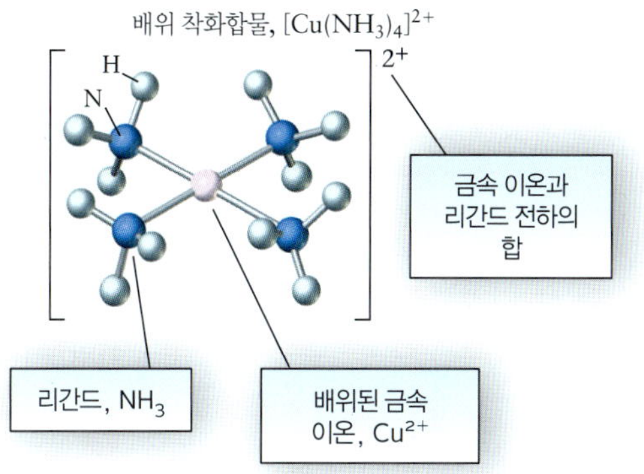

그림 19.2 ▸ $[Cu(NH_3)_4]^{2+}$ 착이온.

예제 19.1

$Co(H_2O)_3Cl_3{}^-$ 착이온을 살펴보자.

a 코발트의 산화수는 얼마인가?

전략

다음 관계식을 적용한다.

착이온의 전하 = 중심 원자의 O.N. + 리간드 전하의 합

풀이

착이온의 전하	−1
리간드의 전하	$H_2O = 0$; Cl: $3(-1) = -3$
금속의 산화수	착이온의 전하 = Co의 O.N. + 리간드 전하의 합
	$-1 = $ O.N. $+ [0 + 3(-1)]$; O.N. = **+2**

b 이 음이온 착화합물과 Na^+ 양이온을 포함하고 있는 배위 화합물의 화학식은 무엇인가? Ca^{2+} 양이온을 갖는 배위 화합물의 화학식은 무엇인가?

전략

1. 착이온의 전하는 (−1)이며, 양이온의 전하는 Na의 경우 +1; Ca의 경우 +2이다. 전기적 중성 원리(principle of electrical neutrality)를 적용하여 배위 화합물의 화학식을 작성한다.
2. 착이온의 화학식은 대괄호로 묶는다.

풀이

Na^+ 양이온을 갖는 화합물	$Na^+\ Co(H_2O)_3Cl_3{}^{-1} \longrightarrow$ **$Na[Co(H_2O)_3Cl_3]$**
Ca^{2+} 양이온을 갖는 화합물	$Ca^{2+}\ Co(H_2O)_3Cl_3{}^{-1} \longrightarrow$ **$Ca[Co(H_2O)_3Cl_3]_2$**

▶ 리간드; 킬레이트 시약

ⓘ 비공유 전자쌍 = 고립 전자쌍.

원리상 비공유 전자쌍ⓘ을 갖는 분자나 음이온은 Lewis 염기(제13장 참조)로 작용할 수 있다. 다시 말해서, 리간드는 금속 양이온에게 고립 전자쌍(lone pair 또는 unshared pair)을 제공하여 배위 공유 결합을 형성할 수 있다. 실제로, 리간드는 전기음성도가 큰 원소(C, N, O, S, F, Cl, Br, I) 중 한 원자를 포함하고 있다. 수백 가지의 다른 리간드들이 알려져 있다. 일반 화학 과정에서 가장 흔히 접하는 리간드는 NH_3 분자, H_2O 분자, CN^-, Cl^-, OH^- 이온들이다.

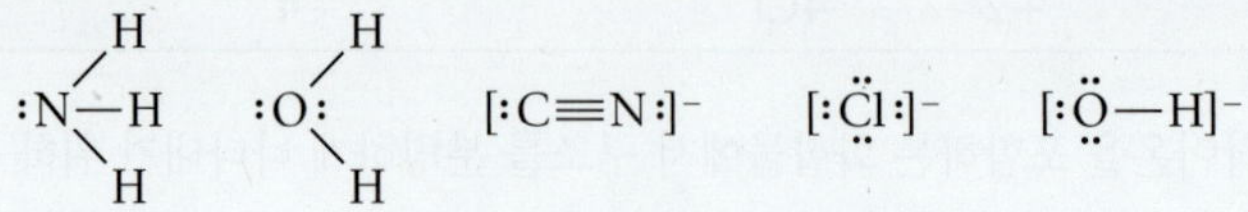

일부 리간드들은 2개 이상의 비공유 전자쌍을 갖는 원자를 포함하며, 이러한 리간드들은 중심 금속 원자와 2개 이상의 결합을 형성할 수 있다. 이러한 종류의 리간드를 *킬레이트 시약*(chelating agent)이라고 하며, 이렇게 형성된 착화합물을 **킬레이트**(chelate, 게의 집게발이라는 뜻의 그리스어인 *chela*에서 유래됨)라고 한다. 가장 일반적인 킬레이트 시약은 옥살산 이온(oxalate; 약자로 *ox*)과 에틸렌다이아민 분자(ethylenediamine; 약자로 *en*)이며, 이들의 Lewis 구조식은 다음과 같다.

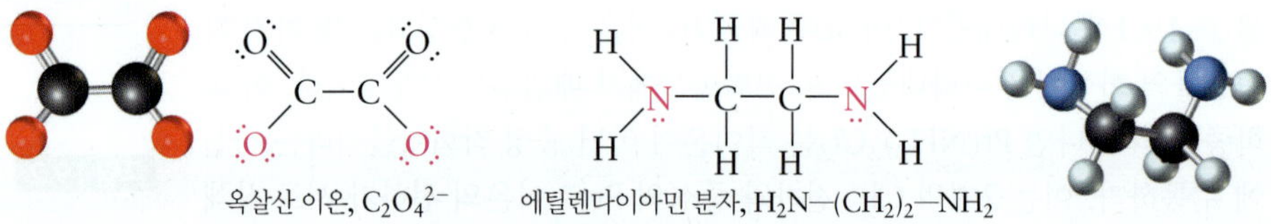

옥살산 이온, $C_2O_4^{2-}$ 에틸렌다이아민 분자, $H_2N—(CH_2)_2—NH_2$

(중심 금속과 결합을 형성하는 원자는 다른 색깔로 표시하였다.)

이 두 리간드와 구리(Ⅱ)가 각각 결합하여 형성한 킬레이트의 구조를 그림 19.3에 나타내었다. 각 착이온에서 구리(II)의 배위수는 4이다. 중심 양이온은 각 리간드에서 2개의 원자와 결합하여 총 4개의 원자와 결합하고 있다.

리간드가 킬레이트 시약으로 작용하기 위해서는, 최소한 2개의 고립 전자쌍을 가져야 한다. 또한 안정한 기하 구조를 갖는 킬레이트 고리를 형성하기 위하여 이 전자쌍들은 서로 충분한 거리로 떨어져 있어야 한다. 그림 19.3에 나타낸 킬레이트는 Cu^{2+} 이온과 4개의 비금속 원자를 포함하는 오각형 고리이다. 대부분의 킬레이트는 오각형 또는 육각형 고리를 이룬다. 이보다 작은 고리나 큰 고리는 안정정이 떨어진다. 예를 들어, 하이드라진 분자는 2개의 고립 전자쌍을 가지고 있지만, 킬레이트를 형성하지 못한다.

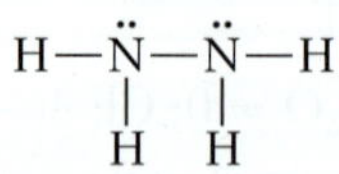

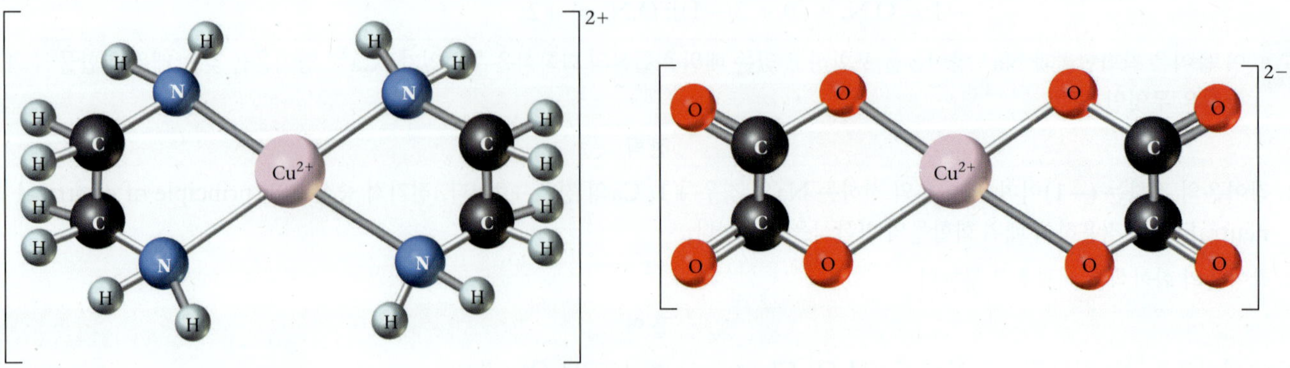

$Cu(en)_2^{2+}$ $Cu(C_2O_4)_2^{2-}$

그림 19.3 ▸ **Cu^{2+} 이온이 에틸렌다이아민 분자(*en*) 및 옥살산 이온($C_2O_4^{2-}$)과 형성한 킬레이트.**

하이드라진 분자가 킬레이트를 형성하기 위해서는 60°의 결합각을 갖는 삼원자 고리를 형성해야하기 때문에 결과적으로 킬레이트를 형성하지 못한다.

배위수

표 19.2에 나타낸 바와 같이, 가장 일반적인 배위수는 6이며, 배위수 4는 배위수 6보다는 흔하지 않다. 배위수 2는 주로 Cu^{2+}, Ag^{+}, Au^{+}의 경우에만 한정되어 있다.

배위수가 홀수인 경우는 드물다.

몇몇 양이온들은 착화합물에서 한 가지 배위수만을 나타낸다. 따라서 Co^{3+}는 아래와 같이 항상 배위수 6을 갖는다.

$$Co(NH_3)_6{}^{3+} \qquad Co(NH_3)_4Cl_2{}^{+} \qquad Co(en)_3{}^{3+}$$

Al^{3+}, Ni^{2+}와 같은 양이온들은 리간드의 성질에 따라 다양한 배위수를 가진다.

표 19.2 ▸ 착이온의 배위수와 기하 구조*

금속 이온	배위수	기하 구조	예
Ag^{+}, Au^{+}, Cu^{+}	2	직선	$Ag(NH_3)_2{}^{+}$
Cu^{2+}, Ni^{2+}, **Pd^{2+}**, **Pt^{2+}**	4	사각 평면	$Pt(NH_3)_4{}^{2+}$
Al^{3+}, Au^{+}, **Cd^{2+}**, Co^{2+}, Cu^{+}, Ni^{2+}, **Zn^{2+}**	4	정사면체	$Zn(NH_3)_4{}^{2+}$
Al^{3+}, Co^{2+}, **Co^{3+}**, **Cr^{3+}**, Cu^{2+}, **Fe^{2+}**, **Fe^{3+}**, Ni^{2+}, **Pt^{4+}**	6	정팔면체	$Co(NH_3)_6{}^{3+}$

*일반적으로 한 가지 배위수만을 갖는 양이온은 굵은 글씨로 나타내었다.

예제 19.2

코발트(III)가 리간드로 수산화 이온과 에틸렌다이아민 분자와 형성할 수 있는 가능한 모든 착이온들의 화학식을 전하를 포함하여 나타내어라.

전략

1. 표 19.2를 참조하여 Co^{3+}의 배위수를 결정한다.
2. 배위수는 중심 (금속) 원자와 리간드 사이에 형성되는 결합의 수이다.
3. 배위수에 의해 결정된 최대 결합의 수를 맞추기 위하여 리간드 *en*과 OH^-의 가능한 모든 조합을 찾는다.
4. 다음 관계식을 이용하여 착이온의 전하를 결정한다.

   착이온의 전하 = 중심 원자의 산화수 + 리간드 전하의 합

풀이

1. 배위수 — 6 = 6개의 결합이 필요하다.
2. 리간드 —
   3 *en* (6개 결합) + 0 OH^- (0개 결합)
   2 *en* (4개 결합) + 2 OH^- (2개 결합)
   1 *en* (2개 결합) + 4 OH^- (4개 결합)
   0 *en* (0개 결합) + 6 OH^- (6개 결합)
3. 착이온의 전하 —
   $Co(en)_3$: 전하 = 3 + 3(0) = 3 ⟶ $Co(en)_3{}^{3+}$
   $Co(en)_2(OH)_2$: 전하=3+2(0)+2(−1)=1 ⟶ $Co(en)_2(OH)_2{}^{+}$
   $Co(en)(OH)_4$: 전하=3+1(0)+4(−1)=−1 ⟶ $Co(en)(OH)_4{}^{-}$
   $Co(OH)_6$: 전하 = 3 + 6(−1) = −3 ⟶ $Co(OH)_6{}^{3-}$

마무리 정리

위쪽에서 아래쪽으로 가면서, 1개의 *en*을 2개의 OH^-가 치환한다. 이것은 1개의 *en* 분자는 금속에 결합할 수 있는 2개의 고립 전자쌍을 가지며, OH^-는 단지 1개의 고립 전자쌍만을 가지기 때문이다.

19-2 착이온과 배위 화합물의 명명법

착이온을 포함하는 화합물의 명명법은 앞에서 배운 간단한 무기 화합물의 명명법보다 더 복잡하다. 우선 착이온의 명명법에 대하여 배운 후에 배위 화합물의 명명법을 살펴볼 것이다.

양이온 착화합물과 중성 착화합물

$Cu(NH_3)_4^{2+}$나 $Zn(H_2O)_2(OH)_2$와 같은 화학종의 이름을 짓기 위하여 우선 아래의 항목을 명확히 파악하여야 한다.

- 중심 금속 원자에 결합되어 있는 리간드 및 리간드의 개수(4개의 NH_3 분자; 2개의 H_2O 분자, 2개의 OH^- 이온)
- 중심 금속 원자의 산화수: 구리(II), 아연(II)

착이온이나 중성 착화합물을 명명하기 위하여 다음과 같은 몇 가지 규칙을 따라야 한다.

1. ***리간드로 작용하는 음이온의 이름은 다음 예에 나타낸 바와 같이 리간드의 이름에서 어미를 -ㅗ(-o)로 바꾸면 된다.***

Cl^-	클로로(chlor*o*)	SO_4^{2-}	설페이토(sulfat*o*)
OH^-	하이드록소(hydrox*o*)	NO_3^-	나이트레이토(nitrat*o*)
CN^-	사이아노(cyan*o*)	CO_3^{2-}	카보네이토(carbonat*o*)

   일반적으로, 분자가 리간드로 될 때 분자의 이름은 바뀌지 않는다. 예를 들어, 에틸렌다이아민의 경우 그대로 에틸렌다이아민을 사용한다. 하지만 3개의 예외가 있는데, H_2O, NH_3, CO는 리간드로 될 때 다음과 같이 이름이 바뀐다.

   H_2O 아쿠아(aqua) NH_3 암민(ammine) CO 카보닐(carbonyl)

2. ***특정한 리간드가 2개 이상 존재할 때, 그 수는 그리스어 접두사 다이(di), 트라이(tri), 테트라(tetra), 펜타(penta), 헥사(hexa) 등으로 나타낸다.*** 다음 2가지 예를 살펴보자.

   $Cu(H_2O)_4^{2+}$ *테트라*아쿠아구리(II) [*tetra*aquacopper(II)]
   $Cr(NH_3)_6^{3+}$ *헥사*암민크로뮴(III) [*hexa*amminechromium(III)]

   예를 들어, 에틸렌다이아민과 같이 리간드의 이름이 복잡하거나 이름에 이미 접두사가 포함되어 있으면, 리간드의 수는 접두사 *비스(bis)*, *트리스(tris)*, *테트라키스(tetrakis)*, *펜타키스(pentakis)*, *헥사키스(hexakis)* 등을 사용하고, 리간드의 이름은 괄호로 묶는다.

   $Cr(en)_3^{3+}$ *트리스*(에틸렌다이아민)크로뮴(III) [*tris*(ethylenediamine)chromium(III)]

3. ***여러 종류의 리간드가 존재할 때, (접두사가 아닌) 리간드 영문 이름의 알파벳 순으로 나열한다.***

   $Cu(NH_3)_2(H_2O)_2^{2+}$ 다이암민다이아쿠아구리(II) [diamminediaquacopper(II)]
   암민이 아쿠아보다 앞에 온다.

   $Cr(NH_3)_5Cl^{2+}$ 펜타암민클로로크로뮴(III) [pentaamminechlorochromium(III)]
   암민이 클로로보다 앞에 온다.

4. 앞의 예에서 추론할 수 있듯이, ***중심 금속 이온의 산화수는 금속 이름의 뒤에 괄호로 묶어 로마 숫자(I, II, III, IV 등)로 나타낸다.***

음이온 착화합물

$Zn(OH)_4^{2-}$와 같이 착이온이 음이온일 때, ***금속의 이름 뒤에 접미사 -산(-ate)을 붙여서 나타낸다.***

$Zn(OH)_4^{2-}$ 테트라하이드록소아연(II)*산* [tetrahydroxozinc*ate*(II)]

몇몇 음이온 착화합물의 경우에는 금속의 영어 이름 대신 고유한 라틴어 이름을 사용한다.

한글 이름에는 한글 원소명에 산화수를 쓰고 접미사 -산을 붙인다.

$Fe(CN)_6^{3-}$ 헥사사이아노*철*(III)*산* [hexacyano*ferrate*(III)]
$Cu(Cl)_4^{2-}$ 테트라클로로*구리*(II)*산* [tetrachloro*cuprate*(II)]

배위 화합물

간단한 이온성 화합물과 마찬가지로 배위 화합물의 명명은 영어 이름에서 화학식의 순서대로 즉, ***양이온을 먼저 명명하고 음이온을 나중에 명명한다.*** (*역자주. 이온성 화합물의 한국어 이름에서는 음이온을 먼저 명명하고 양이온을 나중에 명명한다. 즉, 음이온의 종류에 따라* '음이온화 양이온', 또는 '음이온산 양이온'으로 명명한다.)

$[Cu(NH_3)_4]Cl_2$ 염화 테트라암민구리(II) [tetraamminecopper(II) chloride]
$[Fe(en)_3]PO_4$ 인산 트리스(에틸렌다이아민)철(III) [tris(ethylenediamine) iron(III) phosphate]
$K_3[Fe(CN)_6]$ 헥사사이아노철(III)산 포타슘 [potassium hexacyanoferrate(III)]

$K_3[Fe(CN)_6]$의 관용명은 페리사이안화 포타슘(potassium ferricyanide)이다.

예제 19.3

다음 화합물의 이름을 써라.

$[Cr(NH_3)_4Cl_2]Cl$, $K_2[PtCl_4]$, $[Co(en)_3](NO_3)_3$

전략

1. 대괄호로 묶은 착이온을 확인하고, 착이온의 전하를 결정한다.
2. 금속 원자의 산화수를 구한다.
3. 접두사와 함께 리간드의 이름을 쓰고, 알파벳 순으로 나열한다.
4. 화합물의 양이온과 음이온을 확인하고, 착이온이 음이온의 경우에는 접미사 -산을 추가한다.
5. 각 부분을 조합하여 화합물의 이름을 완성한다.

풀이

$[Cr(NH_3)_4Cl_2]Cl$

1. 착이온과 전하 — 이온: $Cr(NH_3)_4Cl_2$, 전하 = +1
2. Cr의 산화수 — $+1 = O.N. + 4(0) + 2(-1)$; O.N. = +3
3. 접두사를 포함한 리간드 알파벳 순으로 나열 — $(NH_3)_4$ = 테트라암민; Cl_2 = 다이클로로; 테트라암민다이클로로
4. 이온 — 양이온: 착이온; 음이온: 염화 이온
5. 화합물의 이름 — 염화 테트라암민다이클로로크로뮴(III) [tetraamminedichlorochromium(III) chloride]

$K_2[PtCl_4]$

1. 착이온과 전하 — 이온: $PtCl_4$, 2개의 K^+ 이온이 있으므로 전하 = −2
2. Pt의 산화수 — $-2 = O.N. + 4(-1)$; O.N. = +2
3. 접두사를 포함한 리간드 — Cl_4 = 테트라클로로
4. 이온 — 양이온: 포타슘; 음이온: 착이온(접미사 -산)
5. 화합물의 이름 — 테트라클로로백금(II)산 포타슘[potassium tetrachloroplatinate(II)]

$[Co(en)_3](NO_3)_3$

1. 착이온과 전하 — 이온: $Co(en)_3$, 3개의 NO_3^- 이온이 있으므로 전하 = +3
2. Co의 산화수 — $-3 = O.N. + 3(0)$; O.N. = +3
3. 접두사를 포함한 리간드 — $(en)_3$ = 트리스(에틸렌다이아민)
4. 이온 — 양이온: 착이온; 음이온: 질산 이온
5. 화합물의 이름 — 질산 트리스(에틸렌다이아민)코발트(III)[tris(ethylenediamine)cobalt(III) nitrate]

19-3 착이온의 기하 구조

착이온 및 이들이 형성하는 배위 화합물의 물리적 및 화학적 성질은 중심 금속 원자를 둘러싸고 있는 리간드의 공간적인 배향에 따라 달라진다. 이 절에서는 배위수가 2, 4, 6인 착화합물의 기하 구조에 대해 살펴볼 것이다. **기하 이성질현상**(geometric isomerism) 즉, 화학식은 같으나 기하 구조의 차이에 의해 다른 성질을 나타내는 2개 이상의 착이온이 존재하는 현상에 대해서도 살펴보기로 한다.

배위수 = 2

중심 금속이 리간드와 2개의 결합만을 형성하는 착이온은 *선형*(linear)이다. 즉, 두 결합은 180°의 각으로 배향된다. $CuCl_2^-$, $Ag(NH_3)_2^+$, $Au(CN)_2^-$의 구조는 다음과 같이 표현된다.

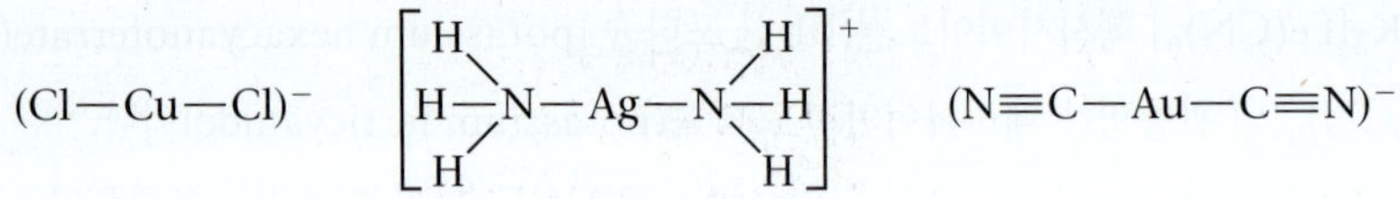

배위수 = 4

4배위 금속 착화합물은 서로 다른 2가지 기하 구조를 가질 수 있다(그림 19.4). 중심 금속으로부터 4개의 결합은 **정사면체**(tetrahedral)의 꼭짓점을 향하고 있다. 이 구조는 VSEPR 모형으로 예상할 수 있는 구조이다(제7장 참조). 흔히 보는 두 개의 정사면체 착화합물은 $Zn(NH_3)_4^{2+}$와 $CoCl_4^{2-}$가 있다.

4개의 결합이 정사각형의 꼭짓점을 향하고 있는 **사각 평면**(square planar) 착화합물이 보다 일반적이다. 구리(II)와 니켈(II)의 착화합물 일부가 이러한 기하 구조를 가지고 있으며, $Pt(NH_3)_4^{2+}$와 같이 이러한 기하 구조를 갖는 것은 Pd^{2+}와 Pt^{2+} 착화합물의 특징이다.

배위수 = 6

제7장에서 중심 원자가 6개의 다른 원자에 의해 둘러싸인 정팔면체 구조가 많은 분자(예, SF_6)의 구조적 특징이라는 것을 배웠다(여기서는 정팔면체가 8개의 면을 갖는다는 것보다 6개의 꼭짓점을 갖는다는 것이 더 중요하다). 배위수가 6인 모든 착이온은 정팔면체 착화합물이다. 금속 이온(또는 원자)은 **정팔면체**(octahedral)의 중심에 있고, 6개의 리간드는 꼭짓점에 놓여 있다. 이 기하 구조를 그림 19.5에 나타내었다.

정팔면체 구조는 간단하게 로 표시하기도 한다.

정사면체 ML_4 착화합물 $[Zn(NH_3)_4]^{2+}$ 　　　 사각 평면 ML_4 착화합물 $[Pt(NH_3)_4]^{2+}$

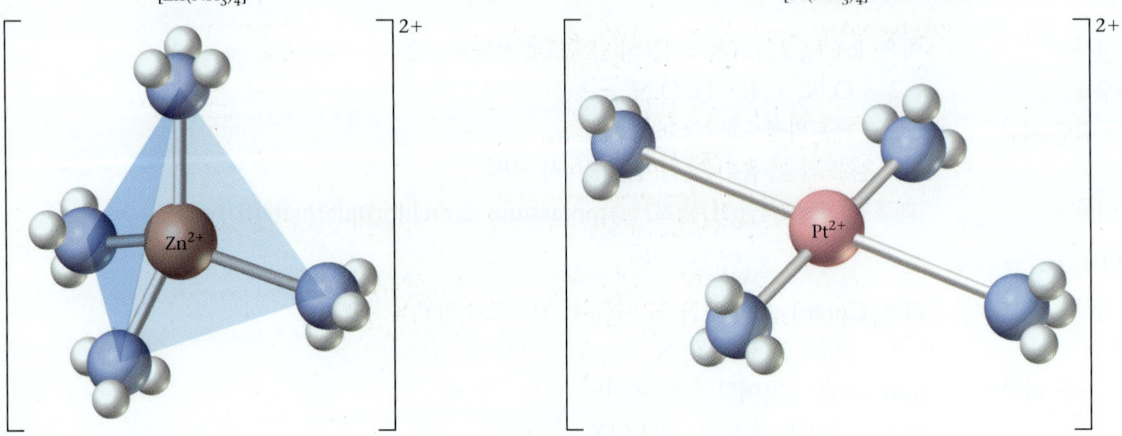

그림 19.4 ▸ **4배위 착화합물의 기하 구조.** 중심 금속이 배위수 4를 갖는 착화합물의 기하 구조는 정사면체 또는 사각 평면이다.

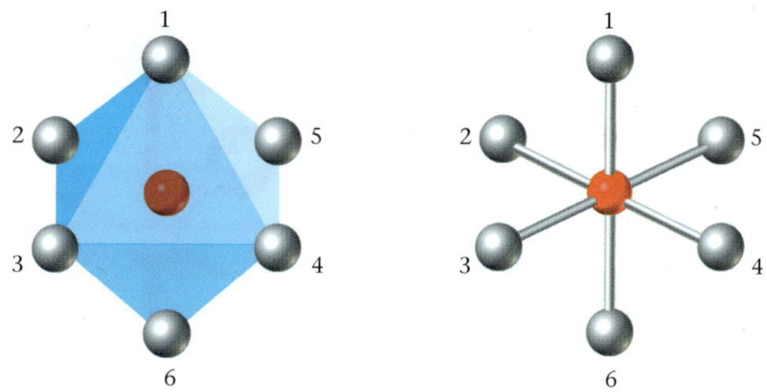

그림 19.5 ▸ **정팔면체, 6배위 착화합물.** 왼쪽 그림은 금속 원자가 중심에 있고 6개의 리간드(구로 표현됨)가 꼭짓점에 있는 정팔면체를 나타내고 있다. 정팔면체 착화합물을 보다 간단하게 표현하는 방법을 오른쪽에 나타내었다.

다음 사항은 매우 중요하다.

- 6개의 리간드는 중심 금속으로부터 같은 거리에 있다.
- 정팔면체 착화합물은 사각 평면 착화합물의 유도체로 간주될 수 있다. 두 개의 여분의 리간드는 사각 평면의 중심을 지나며 평면에 수직인 직선을 따라 사각 평면 위와 아래에 각각 1개씩 리간드가 놓이게 된다.

기하 이성질현상

화학식은 서로 같지만 서로 다른 물리 · 화학적 성질을 나타내는 2개 이상의 화학종을 서로의 **이성질체**(isomer)라고 한다. 착이온은 다양한 종류의 이성질현상을 나타낼 수 있으며, 그 중 한 가지만 살펴보기로 한다. *기하 이성질체*(geometric isomer)는 중심 금속 원자 주위에 있는 리간드의 공간적인 배향이 서로 다른 이성질체이다. 기하 이성질현상은 사각 평면과 정팔면체 착화합물에서 나타난다. 4개의 위치가 모두 동등한 정사면체 착화합물에서는 나타나지 않는다.

1. *사각 평면.* 화학식이 $Pt(NH_3)_2Cl_2$인 착화합물은 2가지의 화합물이 있으며, 이들의 물에 대한 용해도, 녹는점, 화학적 거동, 생물학적 활성*은 서로 다르다. 이들의 구조는 다음과 같다.

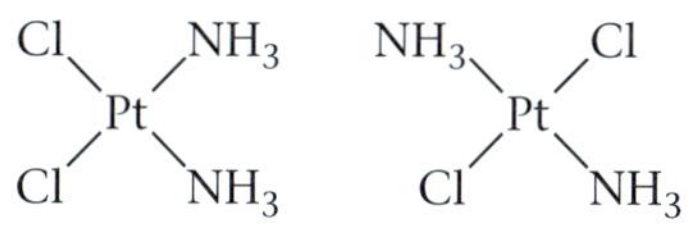

cis *trans*

2개의 염화 이온이 사각형의 인접한 꼭짓점에 위치하여 가능한 한 서로 가까이에 있는 착화합물을 ***cis*** **이성질체**라고 한다. 이 화합물은 $PtCl_4^{2-}$와 암모니아를 반응시키면 얻을 수 있다. $Pt(NH_3)_4^{2+}$와 HCl을 반응시켜 얻는 ***trans*** **이성질체**에는 2개의 염화 이온이 사각형의 반대편 꼭짓점에 위치하여 가능한 한 서로 멀리 떨어져 있다.

ⓘ *cis* = 서로 가까이; *trans* = 멀리 떨어진

기하 이성질현상은 Mabcd, Ma_2bc, Ma_2b_2 형태의 사각 평면 구조에서 일어날 수 있다. 여기서 M은 중심 금속 원자를 나타내며, a, b, c, d는 서로 다른 리간드를 나타낸다. 바꾸어 말하면 Ma_4, Ma_3b 형태의 사각 평면 착화합물에서는 기하 이성질현상이 나타나지 않는다. 그러므로 화학식이 $Pt(NH_3)_2ClBr$을 갖는 화합물은 서로 다른 2개의 사각 평면 착화합물이 존재하는 반면, 화학식 $Pt(NH_3)_3Cl^+$를 갖는 화합물은 하나뿐이다.

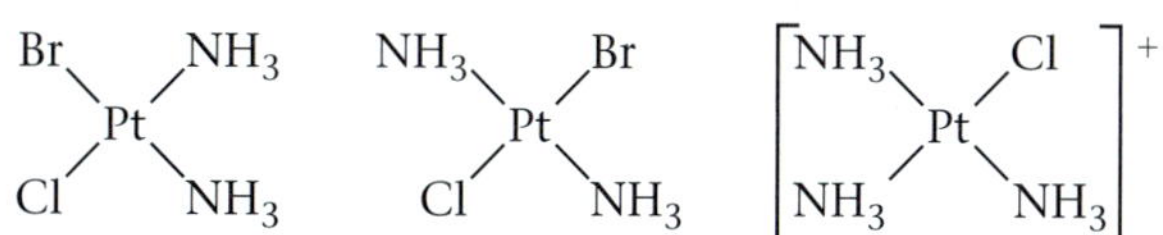

cis *trans*

**cis* 이성질체("cisplatin")는 효과적인 항암제이다. *cis* 이성질체의 활성은 2개의 Cl 원자가 세포의 복제에 관여하는 분자인 DNA의 질소 원자와 상호작용할 수 있는 능력이 있기 때문이다. 반면에 이와 같은 약물 요법에서 *trans* 이성질체는 항암 효과가 없는데, 이는 Cl 원자들이 너무 멀리 떨어져 있어 DNA 분자와 반응할 수 없기 때문으로 여겨진다.

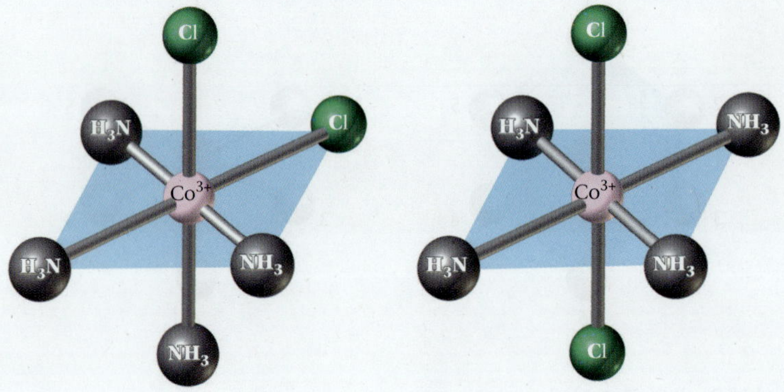

그림 19.6 ▸ $Co(NH_3)_4Cl_2^+$의 *cis*와 *trans* 이성질체.

2. ***정팔면체.*** 정팔면체 착화합물에서 기하 이성질현상이 일어나는지 이해하기 위하여 그림 19.5를 참고하자. 임의의 주어진 1개의 리간드에 대해 4개의 리간드는 같은 거리에 위치하지만 5번째 리간드는 다른 것보다 먼 거리에 위치해 있다.

정팔면체는 대칭적이기 때문에 어느 위치에서 시작하든지 상관없다.

그림 19.5의 위치 1을 기준점으로 할 때 2, 3, 4, 5에 있는 치환기는 위치 1로부터 같은 거리에 있지만 6은 더 먼 거리에 있다. 다시 말해서 위치 1과 2, 1과 3, 1과 4, 1과 5는 서로 *cis*인 반면, 위치 1과 6은 서로 *trans*이다. 따라서, $Co(NH_3)_4Cl_2^+$와 같은 착이온(그림 19.6)은 2가지 이성질체 형태로 존재할 수 있다. *cis* 이성질체에서 2개의 Cl^- 이온은 인접한 꼭짓점에 위치하여 가능한 한 서로 가까이 있다. *trans* 이성질체에서 2개의 Cl^- 이온은 반대편 꼭짓점에 위치하여 가능한 한 서로 멀리 떨어져 있다.

예제 19.4

중성 착화합물 $[Co(NH_3)_3Cl_3]$에 대해 가능한 이성질체는 몇 개인가?

이성질체 I

전략

1. 2개의 NH_3 분자가 서로 *trans* 위치에 놓인 이성질체 I을 그린다.
2. 3번째 NH_3 분자를 정팔면체의 남아 있는 각 꼭짓점에 놓을 때, 몇 개의 다른 구조를 갖는 이성질체가 가능한지를 살펴본다.
3. 나머지 3개의 꼭짓점에 Cl^- 이온을 놓는다.

풀이

1. *trans* NH_3

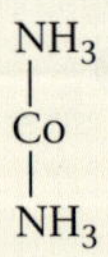

2. 세 번째 NH_3

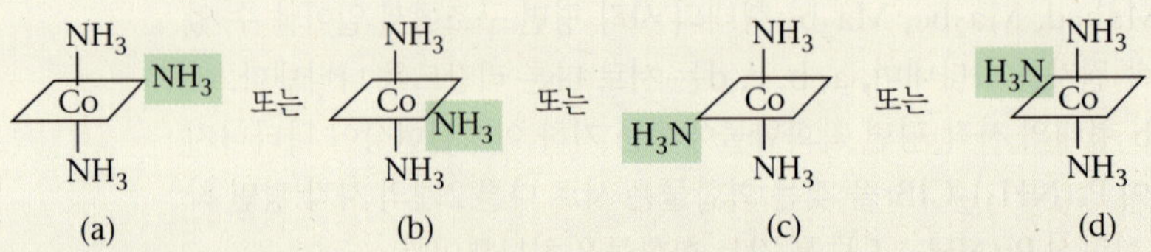

이미 위치한 2개의 NH_3 분자에 대하여 *cis* 위치이기 때문에 3번째 NH_3(초록색으로 나타냄)는 4개의 꼭짓점 중 어느 곳에 위치시켜도 상관없다.

3. Cl 이온

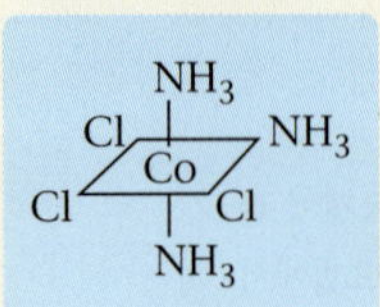

= 이성질체 I

(계속)

이성질체 II

전략 및 풀이

1. 2개의 NH_3 분자가 서로 *cis* 위치에 놓인 이성질체 II를 그린다.

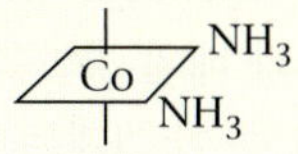

2. 3번째 NH_3 분자를 정팔면체의 남아 있는 각 꼭짓점에 놓을 때, 몇 개의 다른 구조를 갖는 이성질체가 가능한지를 살펴본다(정팔면체의 대칭성으로 인하여 사각형의 대각선의 길이와 정팔면체의 "위 꼭짓점"에서 "아래 꼭짓점"까지의 거리는 같다).

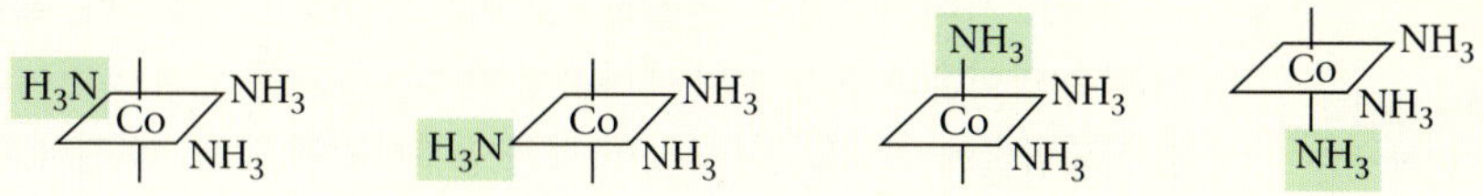

(a) (b) (c) (d)

구조 (a)와 (b)는 첫 번째 이성질체와 동일한 구조이다. 서로 *cis* 위치에 놓인 2개의 NH_3 분자 및 서로 *trans* 위치에 놓인 2개의 NH_3 분자가 있다.

구조 (c)와 (d)는 서로 같은 물질이지만 이성질체 I과는 다른 물질이다. 3개의 NH_3 분자는 서로 *cis* 위치에 놓여 있다.

3. (c)나 (d) 중의 1개를 선택한 후, 비어 있는 꼭짓점에 Cl^- 이온을 놓으면 이성질체 II가 된다.

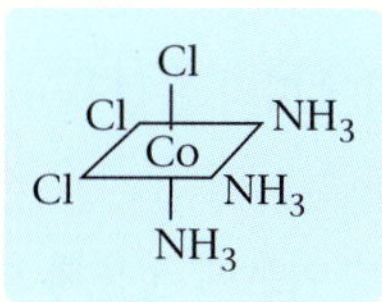
= 이성질체 II

기하 이성질현상은 킬레이트로 이루어진 정팔면체 착화합물에서도 일어날 수 있다(그림 19.7). *에틸렌다이아민 분자*는 사실상 모든 착화합물에서 ***cis* 위치로만 결합**된다. 분자의 길이가 길지 않아 *trans* 위치로는 결합되지 않는다.

그림 19.7 ▸ $[Co(en)_2Cl_2]^+$의 ***cis*와 *trans* 이성질체**. —*en*—으로 나타낸 에틸렌다이아민 분자는 분자 당 2개의 결합을 갖는다. *cis* 이성질체는 붉은 자주색이며, *trans* 이성질체는 짙은 녹색이다.

Marna G. Clarke

그림 19.8 ▸ **선명한 색깔을 갖는 배위 화합물.** 대부분의 배위 화합물은 선명한 색깔을 띠며, 이는 결정장 모형으로 설명된다.

19-4 착이온의 전자 구조

약 20년 전까지만 해도 착이온의 전자 구조와 결합을 설명하기 위하여 제7장에서 논의한 *원자가 결합 모형*(valence bond model)이 많이 사용되었다. 리간드에서 제공되는 고립 전자쌍이 금속 이온과 배위 결합을 형성한다고 가정하였다. 이 모형은 2가지의 주요 결함을 가지고 있었다. 그 중 한 가지는 착이온의 자기적 성질을 쉽게 설명할 수 없었다. 다른 한 가지는 착화합물의 가장 두드러진 특징인 색깔을 설명할 수 없었다(그림 19.8).

여기서는 **결정장 모형**(crystal field model)◂ⓘ을 논의할 것이다. 이 모형은 금속 이온과 리간드 사이의 결합은 본질적으로 이온성이라고 가정한다. 특히, 접근하는 리간드가 전이 금속 양이온의 전자 준위 에너지에 미치는 효과를 고려할 것이다. 또한 이 모형을 정팔면체 착화합물에 적용할 것이다. 이 절을 공부하기에 앞서 제6장에서 다루었던 착화합물을 이루지 않은 전이 금속 양이온의 전자 구조를 복습하는 것이 도움이 될 것이다.

ⓘ "결정장"은 매우 기술적인 용어는 아니지만 일종의 전문 용어이다.

▶ 전이 금속 양이온

간단한 전이 금속 양이온을 다루었던 6-7절을 다시 살펴보자.

- 전이 금속 양이온에서 최외각의 s 전자는(이온화되면서 전자를 잃음) 존재하지 않는다. 바로 앞에 있는 불활성 기체보다 많은 전자는 내부 d 부준위에 위치한다(첫 번째 전이 금속 계열의 3d).◂ⓘ
- 전자들은 Hund 규칙에 따라 홀전자(unpaired electron)가 최대인 상태로 5개의 d 오비탈에 채워진다.

ⓘ 전이 금속 양이온에서, 3d는 4s보다 에너지가 낮다.

이러한 규칙을 Fe^{2+} 이온에 적용해 보자. 철의 원자 번호는 26이므로, Fe^{2+} 이온은 $26 - 2 = 24e^-$개의 전자를 가지게 된다. 이들 전자 중 18개는 Ar의 전자 구조를 가지며, 나머지 6개의 전자는 3d 부준위를 차지한다. 축약 전자 배치(electron configuration)는 다음과 같다.

$$Fe^{2+} \qquad [Ar]3d^6$$

화학자의 삶 속에서 | CHEMISTRY THE HUMAN SIDE

이 장에 제시된 착이온의 구조와 기하 구조에 관한 기본적인 개념은 무기 화학 역사상 가장 뛰어난 재능을 가진 사람들 중의 한 사람인 Alfred Werner에 의하여 정립되었다. Werner는 26세였던 1893년에 배위 화학의 이론을 발표하였다. Werner는 그의 논문에서 Co^{3+}와 같은 금속 이온은 2가지 종류의 원자가를 갖는다는 혁명적인 제안을 하였다. Werner는 화합물 $Co(NH_3)_6Cl_3$에 대하여 중심 Co^{3+} 이온은 "일차 원자가(primary valence)"(이온 결합)에 의하여 3개의 Cl^- 이온에 결합되어 있고, "이차 원자가(secondary valence)"(배위 공유 결합)에 의하여 6개의 NH_3 분자에 결합되어 있다고 가정하였다. 더욱이 놀랍게도 6개의 이차 원자가는 정팔면체의 꼭짓점을 향하고 있다고 추정하였다.

그 후 20년 동안 Werner는 그의 이론을 증명하기 위하여 실험적 증거를 얻고자 노력하였다(Werner와 그의 학생들이 합성한 수천 개의 배위 화합물 시료가 지금도 Zürich 대학교에 남아 있다). 예를 들어, 단순한 염의 수용액에서 전기 전도도가 $ScCl_3 > CaCl_2 > NaCl$ 순으로 감소하는 것과 마찬가지로, 착화합물의 수용액에서 전기 전도도는 $[Co(NH_3)_6]Cl_3 > [Co(NH_3)_5Cl]Cl_2 > [Co(NH_3)_4Cl_2]Cl$의 순으로 감소한다는 사실을 밝혀냈다. 그는 착화합물의 또 다른 특성인 이성질현상도 연구하였다.

Werner는 1907년 그의 이론에 완전하게 부합하는 $[Co(NH_3)_4Cl_2]Cl$의 2번째 기하 이성질체를 분리할 수 있었다. 그로부터 6년 뒤에 Werner는 노벨 화학상을 수상하였다.

SPL/Science Source

Alfred Werner
(1866~1919)

여러모로 판단해 볼 때 Werner의 강의는 매우 훌륭하였다. 때로는 그의 강의를 듣기 위하여 150명밖에 수용할 수 없는 강의실에 300명 이상의 학생들이 몰려들어 붐비기도 하였다. 그의 명성이 매우 높아 신학이나 법학 전공의 학생들도 그의 화학 강의를 듣기도 하였다. 하지만 Werner에게도 몇몇 학생들에게만 알려진 좋지 않은 면이 있었다. 구두시험에서 Werner에게 시달림을 받았던 한 젊은 여학생이 나중에 그를 찾아와 시험의 합격 여부를 물었을 때, 그는 그 여학생에게 의자를 집어 던졌다. Werner는 동맥 경화로 52세에 사망하였는데, 알코올과 독한 검은 시가에 의한 중독이 사망 원인 중의 하나로 여겨졌다.

6개의 3d 전자들은 다음의 오비탈 도표(orbital diagram)와 같이 5개의 오비탈에 퍼져 있게 된다.

3d

Fe^{2+} [Ar] (↑↓)(↑)(↑)(↑)(↑)

Fe^{2+} 이온은 4개의 홀전자를 갖는 *상자기성*(paramagnetic)이다.

예제 19.5

Co^{3+} 이온에 대하여 생각해보자.

a 축약 전자 배치를 써라.

전략 및 풀이

1. 우선 주기율표에서 Co에 대한 양성자수 Z(양성자 수 = 중성 화학종의 전자수)를 구한다.

$Z = 27$

2. 축약 전자 배치를 쓴다.

$[_{18}Ar]4s^23d^7$

3. (+3) 전하를 띤 이온은 원자에서 3개의 전자를 제거한다. 전자는 n 값이 큰 부껍질부터 제거된다는 것에 유념하라.

$[_{18}Ar]3d^6$

b 홀전자수를 구하라.

전략 및 풀이

1. Hund 규칙을 적용하여 축약 오비탈 도표를 얻는다.

$[_{18}Ar]$ (↑↓)(↑)(↑)(↑)(↑)

2. 홀전자의 수를 센다.

4개의 홀전자가 있다.

5개의 d 오비탈의 모양을 그림 19.9에 나타내었으며, 이들은 다음과 같은 기호를 가지고 있다.

d_{z^2} $d_{x^2-y^2}$ d_{xy} d_{yz} d_{xz}

착화합물을 이루지 않은 전이 금속 양이온에서 이 오비탈들은 모두 같은 에너지를 갖는다.

정팔면체 착화합물

6개의 리간드가 중심 금속 이온에 접근하여 정팔면체 착화합물을 형성함에 따라, 이들은 d 오비탈에 있는 전자의 에너지를 변화시킨다. 이러한 효과(그림 19.10)로 인하여 5개의 d 오비탈은 에너지가 다른 두 그룹으로 갈라지게 된다.

1. 높은 에너지를 갖는 $d_{x^2-y^2}$와 d_{z^2} 2개의 오비탈
2. 낮은 에너지를 갖는 d_{xy}, d_{yz}, d_{xz} 3개의 오비탈

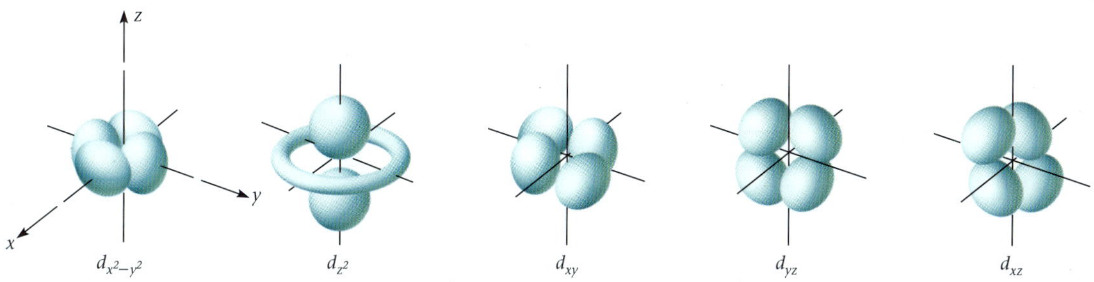

그림 19.9 ▸ 5개의 d 오비탈과 x, y, z축 상의 리간드와의 관계.

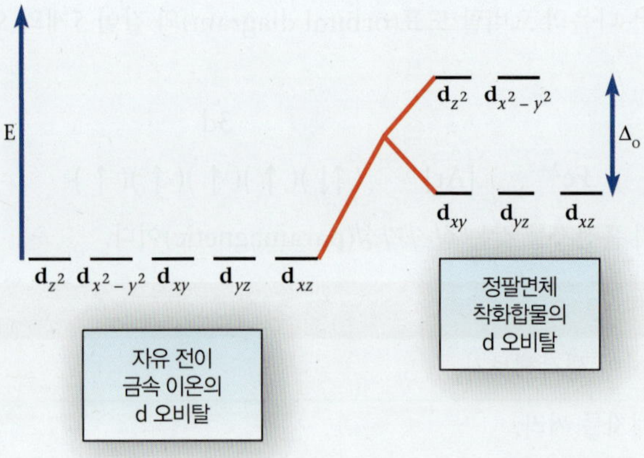

그림 19.10 ▸ **착화합물 형성에 따른 d 오비탈 에너지 준위의 변화.** 자유 전이 금속 이온에 있는 5개의 d 오비탈은 같은 에너지를 갖는다. 이 이온이 정팔면체 착화합물을 형성하면, 두 오비탈(d_{x^2}, $d_{x^2-y^2}$)은 다른 세 오비탈(d_{xy}, d_{yz}, d_{xz})보다 더 높은 에너지를 갖는다. 정팔면체 착화합물에서 두 종류의 d 오비탈 준위 사이의 에너지 차이를 *결정장 갈라짐 에너지*라고 부르며, 기호, Δ_o로 나타낸다.

두 그룹 사이의 에너지 차이를 **결정장 갈라짐 에너지**(crystal field splitting energy)라고 하며, 기호, Δ_o로 나타낸다(아래 첨자 "o"는 "정팔면체"를 나타낸다).

이러한 에너지 준위의 갈라짐이 왜 일어나는지 알아보기 위하여 6개의 리간드(예를 들어, H_2O, CN^-, NH_3)가 x-, y-, z-축을 따라서 중심 금속 양이온에 접근할 때 어떤 일이 일어나는지 생각해 보자(그림 19.9). 리간드에 있는 비공유 전자쌍들이 양이온의 d 오비탈에 있는 전자들을 밀쳐낸다. 오비탈의 전자 밀도가 각각 x-, y-, z-축을 따라 최대가 되는 $d_{x^2-y^2}$과 d_{z^2} 오비탈에서 이러한 반발력은 가장 크다. 다른 세 오비탈(d_{xy}, d_{yz}, d_{xz})에 있는 전자는 축방향보다는 오히려 축과 축 사이에 전자 밀도가 집중되어 있기 때문에 영향을 적게 받는다.

이로 인하여 d_{xy}, d_{yz}, d_{xz} 오비탈의 에너지가 더 낮다.

Δ_o의 크기에 따라, 양이온은 두 가지 종류의 착화합물을 형성한다. 이것은 그림 19.11의 두 개의 도표에 있는 Fe^{2+} 이온에 대하여 설명하기로 한다.

1. 왼쪽에 나타낸 $Fe(CN)_6{}^{4-}$의 경우, Δ_o가 매우 커서 Fe^{2+} 이온에 있는 6개의 3d 전자는 낮은 에너지 준위의 오비탈에 쌍을 이루며 들어간다. 이러한 방식으로 Fe^{2+} 이온은 가장 안정한(최저 에너지) 전자 구조를 이루게 된다. 착이온은 홀전자가 없는 반자기성이다.
2. 오른쪽에 나타낸 $Fe(H_2O)_6{}^{2+}$의 경우, Δ_o가 상대적으로 작기 때문에, Fe^{2+} 이온에 있는 6개의 3d 전자는 Hund 규칙에 의해 예상된 것처럼 모든 오비탈에 퍼져 있다. 다시 말해서, 착화합물의 전자 분포는 Fe^{2+} 이온 자체와 동일하다(여기서 Δ_o는 0이다!). $Fe(H_2O)_6{}^{2+}$ 이온은 4개의 홀전자를 갖는 상자기성이다.

보다 일반적으로, 다음과 같이 저스핀과 고스핀 착화합물로 구별할 수 있다.

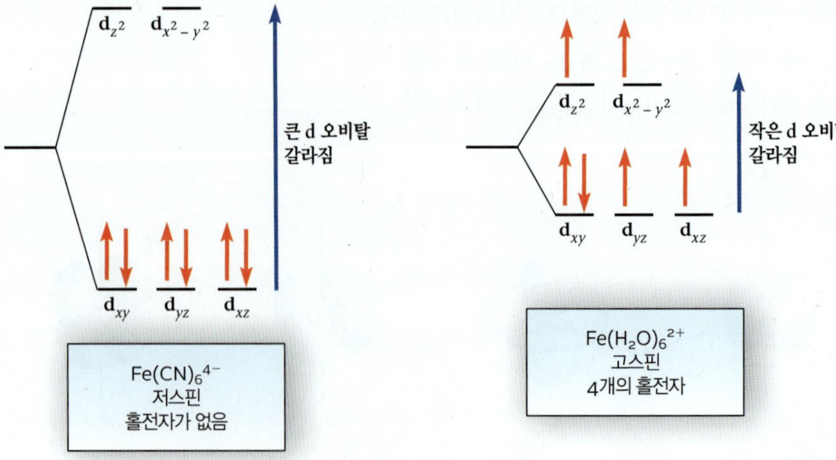

그림 19.11 ▸ **Fe^{2+}의 저스핀과 고스핀 착화합물의 전자 분포.** Δ_o의 크기에 따라 Fe^{2+}는 두 개의 다른 착화합물을 형성할 수 있다.

- **저스핀 착화합물**(low-spin complexes). 최소 개수의 홀전자를 가지고 있으며, Δ_o가 클 때 형성된다. 전자들은 낮은 에너지 오비탈에 집중되어 있다.
- **고스핀 착화합물**(high-spin complexes). 최대 개수의 홀전자를 가지고 있으며, Δ_o가 작을 때 형성된다. 전자는 착화합물을 형성하지 않은 전이 금속 양이온에서와 같이 모든 d 오비탈에 퍼져 있다.

Δ_o가 작을 때 전자 분포는 단순한 양이온에서와 동일하다. Δ_o가 클 때 Hund 규칙을 엄격하게 따르지 않는다.

Δ_o가 작을 때 전자 분포는 단순한 양이온에서와 동일하다. Δ_o가 클 때 Hund 규칙을 엄격하게 따르지 않는다.

주어진 양이온에 대하여,

- 고스핀 착화합물은 저스핀 착화합물보다 항상 홀전자를 더 많이 포함하고 있어서 더 강하게 상자기성을 나타낸다.
- Δ_o의 값은 리간드의 성질에 따라 결정된다. "강한-장(strong-field)" 리간드라고 부르는 리간드(예, CN^-)는 d 오비탈의 전자와 강하게 상호작용하여 큰 Δ_o를 만드는 반면, "약한-장(weak-field)" 리간드(예, H_2O)는 d 오비탈의 전자와 약하게 상호작용하여 작은 Δ_o를 만든다.

다음을 기억하라.
강한-장 리간드 → 큰 Δ_o → 저스핀
약한-장 리간드 → 작은 Δ_o → 고스핀

예제 19.6

저스핀과 고스핀 상태의 정팔면체 착화합물에서 Fe^{3+} 이온의 전자 분포를 구하라.

전략

1. Fe와 Fe^{3+}에 대하여 축약 전자 배치를 쓴다.
2. 고스핀 착화합물에 대하여 Hund 규칙을 적용하여 *모든* 오비탈에 전자를 배치한다.
3. 저스핀 착화합물에 대하여 Hund 규칙을 적용하여 먼저 *낮은* 에너지 준위의 세 오비탈에 배치한다. 전자가 남으면, Hund 규칙을 적용하여 높은 에너지 준위의 두 오비탈에 배치한다.

풀이

1. 축약 전자 배치 Fe: $[_{18}Ar]4s^23d^6$; Fe^{3+}: $[_{18}Ar]3d^5$
2. 고스핀 착화합물
(↑)(↑)
(↑)(↑)(↑)
3. 저스핀 착화합물
( )( )
(↑↓)(↑↓)(↑)

착이온의 전자 구조에 관한 이 모형은 4~7개의 d 전자(d^4, d^5, d^6, d^7)를 갖는 이온에서만 고스핀 착화합물과 저스핀 착화합물이 모두 형성되는 이유를 설명해 준다. 3개 이하의 전자를 갖는 경우(d^1, d^2, d^3)와 8개 이상의 전자를 갖는 경우(d^8, d^9, d^{10})에는 한 가지 전자 분포만이 가능하다.

( )( ) (↑)(↑)
(↑)(↑)(↑) (↑↓)(↑↓)(↑↓)
3개의 전자 8개의 전자

그림 19.12 ▸ **빛의 흡수와 색깔.** 용액의 색깔은 용액에 의해 흡수되지 *않은* 빛의 색깔에 의한 것이다. 여기서 Ni^{2+} 이온 수용액은 빨간색과 파란색 빛을 흡수하여 녹색으로 나타난다.

▶ 색깔

대부분의 배위 화합물은 d 부준위가 완전히 비어 있거나(Sc^{3+} 경우) 완전히 채워져 있는(Zn^{2+} 경우) 양이온을 제외하고는 밝은 색깔을 띠고 있다. 바로 앞에서 논의한 모형을 이용하여 이러한 색깔을 정성적으로 쉽게 설명할 수 있다. 착화합물에서 d 오비탈의 두 준위 사이의 에너지 차이는 대개 가시광선 영역의 광자(photon)의 에너지와 같다. 따라서 가시광선을 흡수하면 전자는 낮은 에너지 준위에서 높은 에너지 준위로 쉽게 이동할 수 있다. 이로 인하여 백색광

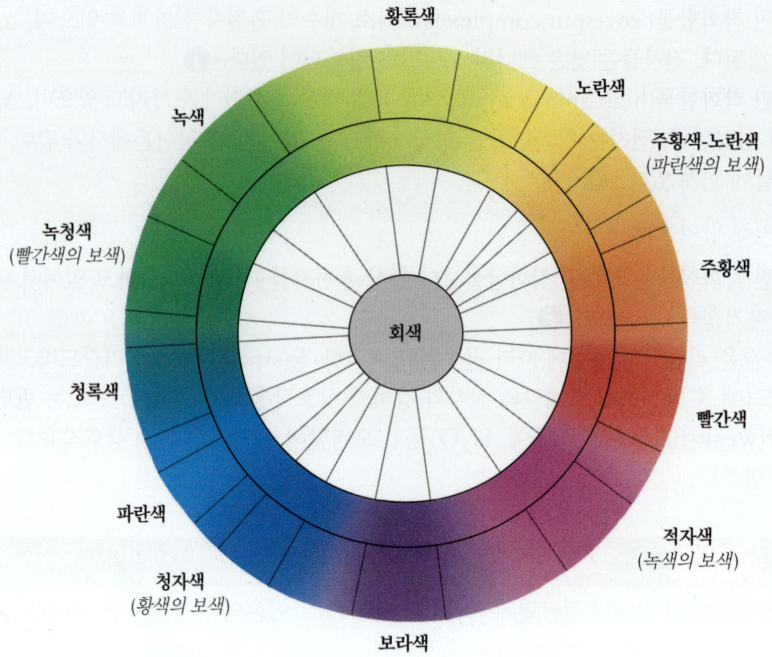

그림 19.13 ▸ **색상환**. 착화합물의 색깔은 흡수된 빛의 색깔에 대한 (180° 위치에 있는) 보색이다.

의 성분 파장 중 일부 파장이 제거되어 착화합물에 의해 반사되거나 투과된 빛이 색깔을 띤다(그림 19.12). 흡수된 빛과 투과된 빛 사이의 상관관계는 그림 19.13에 나타낸 색상환(color wheel)으로부터 유추할 수 있다. 예를 들어, 청록색을 흡수하는 착화합물은 주황색으로 나타나고, 주황색을 흡수하는 착화합물은 청록색으로 나타난다.

우리가 보는 색은 특정한 파장이 흡수된 후에 남은 색이다.

착이온의 색깔(흡수 스펙트럼)로부터 결정장 갈라짐 에너지 Δ_o의 유추가 가능하다. 1개의 3d 전자만을 가지고 있는 $_{22}Ti^{3+}$의 경우는 특히 간단하다. 예를 들어, 짙은 자주색을 띠는 $Ti(H_2O)_6{}^{3+}$ 이온을 살펴보자. 이 이온은 녹색 영역인 510 nm에서 빛을 흡수한다. $Ti(H_2O)_6{}^{3+}$ 용액의 자주색(적자색)은 가시광선 스펙트럼에서 녹색 성분을 뺀 나머지이다. 에너지와 파장 사이의 상관관계를 나타내는 식(제6장)을 사용하면 510 nm의 파장을 갖는 광자의 에너지를 계산할 수 있다.

$$E = \frac{hc}{\lambda} = \frac{(6.626 \times 10^{-34}\ \mathrm{J \cdot s})(2.998 \times 10^{8}\ \mathrm{m/s})}{510 \times 10^{-9}\ \mathrm{m}} = 3.90 \times 10^{-19}\ \mathrm{J}$$

이 에너지를 몰 당 kJ (kJ/mol)로 나타내면 다음과 같다.

$$E = 3.90 \times 10^{-19}\ \mathrm{J} \times \frac{1\ \mathrm{kJ}}{10^{3}\ \mathrm{J}} \times \frac{6.022 \times 10^{23}}{1\ \mathrm{mol}} = 2.35 \times 10^{2}\ \mathrm{kJ/mol}$$

이것은 3d 전자를 낮은 오비탈에서 높은 오비탈로 전이시키는 데 흡수하는 에너지이다. 다시 말해서, $Ti(H_2O)_6{}^{3+}$ 착이온에서 두 그룹의 d 오비탈은 이 에너지만큼 분리되어 있다. 결정장 갈라짐 에너지, Δ_o는 235 kJ/mol이다.

표 19.3 ▸ **Co^{3+} 착이온의 색깔**

착화합물	관찰색	흡수색	대략적인 흡수 파장(nm)
$Co(NH_3)_6{}^{3+}$	노란색	보라색	430
$Co(NH_3)_5NCS^{2+}$	주황색	청록색	470
$Co(NH_3)_5H_2O^{3+}$	빨간색	녹청색	500
$Co(NH_3)_5Cl^{2+}$	자주색	황록색	530
trans-$Co(NH_3)_4Cl^{2+}$	녹색	빨간색	680

Ray Boyington/S. Ruven Smith

그림 19.14 ▸ **분광화학적 계열**. 표 19.3에 수록한 5개 양이온의 색깔은 노란색의 $[Co(NH_3)_6]Cl_3$부터 녹색의 [*trans*-$Co(NH_3)_4Cl_2$]Cl까지 변한다.◂ⓘ

ⓘ 이 계열은 이론에 의한 것이 아니라 실험에 의한 것이다.

Δ_o 값이 작을수록 긴 파장의 빛을 흡수한다. 이 효과는 표 19.3과 그림 19.14에 나타내었다. 만약 NCS^-, H_2O, Cl^-과 같은 약한-장 리간드가 NH_3로 치환하면, 착화합물은 더 긴 파장(더 작은 에너지)의 빛을 흡수한다. 이와 같은 관찰에 기초하여, d 오비탈을 분리하는 경향이 감소하는 순서로 리간드를 배열할 수 있다. 그러한 *분광화학적 계열*(spectrochemical series)을 간단하게 나타내면 다음과 같다.

$$CN^- > NO_2^- > en > NH_3 > NCS^- > H_2O > F^- > Cl^-$$

강한-장 $\xrightarrow{\quad}$ Δ_o 감소 약한-장

생활 속의 화학 이야기 | CHEMISTRY **BEYOND** THE CLASSROOM

천연 킬레이트와 합성 킬레이트

금속 원자에 두 자리 이상 결합할 수 있는 킬레이트 시약은 천연에 많이 존재한다. 콩과 식물 중에서 어떤 식물은 유기 킬레이트 시약을 합성하고 분비하여 토양 속에 있는 불용성 화합물로부터 철을 킬레이트 화합물로 만들어 식물 자신에게 공급하기도 한다. 바위의 표면에서 살고 있는 이끼류 식물도 비슷한 방법으로 성장에 필요한 금속 이온을 공급받는다.

중요한 천연 화합물에는 중심 금속 원자에 커다란 유기 분자가 결합되어 이루어진 킬레이트 화합물이 많이 있다. 식물이 녹색을 띠게 하는 물질인 클로로필에서 중심 원자는 마그네슘이다. 필수 비타민 B_{12}에서 중심 원자는 코발트이다. 피의 붉은 색소인 헴(heme)의 구조를 그림 A에 나타내었다. 이 착화합물의 중심에 Fe^{2+} 이온이 사각형의 각 꼭짓점에 있는 질소 원자에 의해 둘러싸여 있다. 철 주위의 다섯 번째 배위 자리는 글로빈이라고 불리는 유기 분자가 차지하고 있으며, 이러한 유기 분자와 헴이 합쳐진 단백질을 헤모글로빈(hemoglobin)이라 부른다.

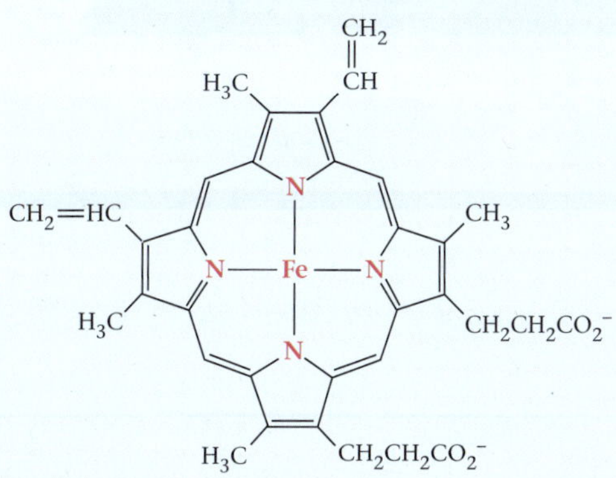

그림 A ▸ **헴의 구조**. 헤모글로빈 분자에서 Fe^{2+} 이온은 정팔면체의 중심에 위치하며, 4개의 질소 원자, 1개의 글로빈(globin) 분자, 1개의 물 분자로 둘러싸여 있다.

헴에 있는 Fe^{2+}의 여섯 번째 배위 자리에는 물 분자가 결합하고 있는데, 산소에 의해 가역적으로 치환될 수 있다. 산소 분자가 결합된 것을 옥시헤모글로빈(oxyhemoglobin)이라 하며, 이는 동맥 혈액이 선홍색을 띠는 이유가 된다.

$$\text{헤모글로빈} + O_2 \rightleftharpoons \text{옥시헤모글로빈} + H_2O$$

위 반응에 대한 평형의 위치는 산소의 압력에 민감하다. 허파에서는 혈액이 공기로 포화되어 있어($P_{O_2} = 0.2$ atm), 헤모글로빈은 거의 대부분 옥시헤모글로빈으로 전환된다. 조직에서는 산소의 부분압이 낮아, 옥시헤모글로빈이 분해되어 신진 대사에 필수적인 산소를 방출한다. 이와 같이 헤모글로빈은 허파에서 산소를 흡수하고 조직에서 산소를 방출하는 방식으로 산소 운반체 역할을 한다.

불행하게도 헤모글로빈은 일산화 탄소(CO)와 결합하여 옥시헤모글로빈보다 훨씬 안정한 착화합물을 형성한다.

$$\text{헤모글로빈} \cdot O_2(aq) + CO(g) \rightleftharpoons \text{헤모글로빈} \cdot CO(aq) + O_2(g)$$

이 화학 반응에 대한 평형 상수는 체온에서 약 200 정도이다. 결과적으로 허파에서 CO 농도가 0.1% 정도로 낮더라도 CO 착화합물이 우선적으로 형성된다. 이러한 현상이 일어날 때 조직으로의 산소 흐름이 중단되어 근육이 마비되고, 심하면 사망하게 된다.

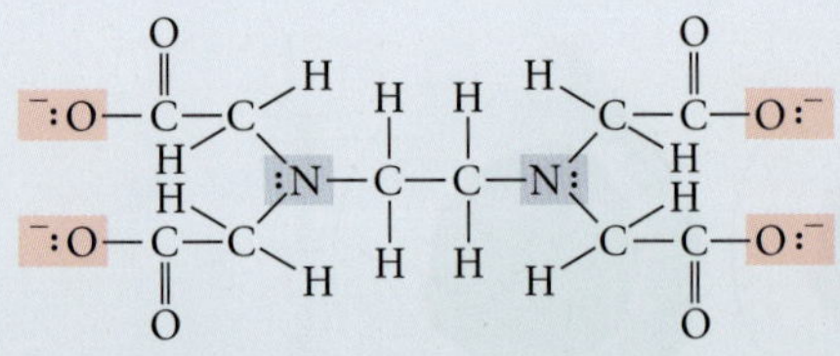

그림 B ▸ **EDTA 이온의 구조; 킬레이트를 형성하는 6개의 원자를 다른 색깔로 표시하였다.**

킬레이트가 금속 양이온을 잘 포집하는 장점을 이용하기 위하여 많은 킬레이트 시약이 실험실에서 합성되고 있다. 아마도 가장 잘 알려진 합성 킬레이트 시약은 그림 B에 나타낸 에틸렌다이아민테트라아세트산(EDTA) 이온이다. EDTA 이온은 최대 6개의 결합이 가능하며, 중심 금속 양이온의 정팔면체 꼭짓점들을 차지하여 결합을 이룰 수 있다.

EDTA는 주족 금속을 포함한 많은 양이온과 1:1 착화합물을 형성한다. 칼슘과 EDTA에 의해서 형성된 착화합물은 납중독을 치료하는데 사용된다. Ca-EDTA 착화합물이 포함된 용액을 주입하면 칼슘은 납으로 치환된다. 더 안정한 Pb-EDTA 착물은 소변으로 제거된다. 또한 EDTA는 생체 조직으로부터 특히 플루토늄과 같은 금속의 방사성 동위 원소를 제거하는 데 사용된다.

여러분은 맥주로부터 마요네즈에 이르기까지 많은 가공 식품의 성분 목록에서 Ca-EDTA를 보아왔을 것이다. 여기서 EDTA는 음식 맛을 떨어뜨리거나 색을 바래게 하거나 또는 악취를 나게 하는 화학 반응을 촉진시키는 금속 이온들을 제거하는 역할을 한다. 일반적으로 Ca-EDTA는 30에서 800 ppm 수준으로 첨가된다.

또 다른 EDTA의 용도는 예술품의 복원이다. 그림 C는 Rodin의 청동 조각상인 "생각하는 사람"의 복원 "전과 후"의 사진을 보여준다. 1992년에 복원하기 전까지 Philadelphia Rodin 박물관 앞에서 약 60년 동안 전시되었다. 그 세월 동안 조각상 표면에는 녹지 않는 $CuSO_4 \cdot 3Cu(OH)_2(s)$의 두꺼운 막이 형성되었다. EDTA를 포함한 세척제를 사용하여 막을 이루는 녹지 않는 물질을 물에 잘 녹는 $Cu(EDTA)^{2-}$ 착화합물로 만들어 제거하였다.

$$CuSO_4 \cdot Cu(OH)_2(s) + 4EDTA^{4-}(aq) \longrightarrow 4Cu(EDTA)^{2-}(aq) + SO_4^{2-}(aq) + 6OH^-(aq)$$

The Thinker, 1880, Auguste Rodin. The Rodin Museum, Philadelphia, Gift of Jules E. Mastbaum, 1929. Photography by Joe Mikuliak

The Thinker, 1880, Auguste Rodin. The Rodin Museum, Philadelphia, Gift of Jules E. Mastbaum, 1929. Photography by Joe Mikuliak

그림 C ▸ Rodin의 *생각하는 사람*의 복원 전(*왼쪽*)과 복원 후(*오른쪽*).

주요 개념

1. 착이온의 조성과 전하, 배위수, 중심 원자의 산화수와의 관계. **(예제 19.1 및 19.2; 문제 1~12)**
2. 착이온과 배위 화합물의 명명법. **(예제 19.3; 문제 17~22)**

3. 착이온의 기하 구조 그리기 및 기하 이성질체의 구별.
   (예제 19.4; 문제 23~30)
4. 전이 금속 양이온의 전자 배치와 오비탈 도표.
   (예제 19.5; 문제 31~34)
5. 고스핀 착화합물과 저스핀 착화합물에 대한 오비탈 도표 작성.
   (예제 19.6; 문제 35~46)

주요 용어

결정장 갈라짐 에너지(splitting energy)
결정장 모형(crystal field model)
고스핀 착화합물(high-spin complex)
기하 이성질현상(geometric isomerism)
리간드(ligand)
배위수(coordination number)
배위 화합물(coordination compound)
사각 평면(square planar)
cis-이성질체
이성질체(isomer)
중심 원자(central atom)
저스핀 착화합물(low-spin complex)
정사면체(tetrahedral)
정팔면체(octahedral)
착이온(complex ion)
킬레이트(chelate)
trans-이성질체

요약 문제

착화합물 $[Pt(NH_3)_2(CN)_4]$에 대한 다음 물음에 답하라.

(a) 리간드와 각 리간드의 전하를 확인하라.

(b) 백금의 산화수는 얼마인가?

(c) 암모니아 분자를 OH^-로 치환한다고 생각하자. 치환 결과의 착화합물에 대한 화학식을 써라.

(d) 화합물에서 백금의 배위수는 얼마인가?

(e) 착화합물의 기하 구조를 설명하라.

(f) 가능한 기하 이성질체의 수는 몇 개인가?

(g) 백금(IV) 이온에 대한 축약 전자 배치를 써라.

(h) CN^- 리간드는 가장 강한 결정장(큰 Δ_o)을 갖는 리간드이다. 이 화합물에서 백금의 전자 분포를 나타내어라. 이것은 고스핀 착화합물인가, 저스핀 착화합물인가?

(i) 착화합물은 상자기성인가, 반자기성인가?

해답

(a) $NH_3 = 0, CN^- = -1$
(b) +4
(c) $[Pt(OH)_2(CN)_4]^{2-}$
(d) 6
(e) 정팔면체
(f) 2개
(g) [Xe] $4f^{14}5d^6$
(i) 저스핀 ( )( )
(↑↓)(↑↓) (↑↓)
(j) 반자기성

연습 문제

짝수 번호의 문제와 도전 문제의 해답은 센게이지 홈페이지 자료실에서 다운로드 받을 수 있다(www.cengage.co.kr).

19-1 착이온의 조성

1. 착이온 $[Fe(C_2O_4)_2(NH_3)Cl]^{3-}$에 대한 다음 물음에 답하라.
   (a) 각 리간드의 전하는 얼마인가?
   (b) 철의 산화수는 얼마인가?
   (c) 착이온의 포타슘 염에 대한 화학식을 써라.
2. 착이온 $[Co(en)(CN)_2(OH)_2]^-$에 대한 다음 물음에 답하라.
   (a) 각 리간드의 전하는 얼마인가?
   (b) 코발트의 산화수는 얼마인가?
   (c) 착이온의 마그네슘 염에 대한 화학식을 써라.
3. 니켈(III)은 다음 리간드들과 다양한 착화합물을 형성한다. 아래에 기술된 각 니켈 착화합물의 화학식과 전하를 써라.
   (a) 4개의 카보닐 분자(CO)와 2개의 염화 이온
   (b) 2개의 에틸렌다이아민 분자
   (c) 2개의 싸이오사이안산 이온(SCN^-), 2개의 수산화 이온 및 2개의 암모니아 분자
4. 백금(II)은 다음 리간드들과 많은 착화합물을 형성한다. 아래에 기술된 각 백금 착화합물의 화학식과 전하를 써라.
   (a) 2개의 암모니아 분자와 1개의 옥살산 이온($C_2O_4^{2-}$)
   (b) 2개의 암모니아 분자, 1개의 싸이오사이안산 이온(SCN^-)과 1개의 브로민화 이온
   (c) 1개의 에틸렌다이아민 분자와 2개의 아질산 이온
5. 다음 착화합물에서 금속의 배위수는 얼마인가?
   (a) $[Co(en)_2(CNS)Cl]^+$ (b) $[Ni(CN)_4]^{2-}$
   (c) $[Zn(C_2O_4)_2]^{2-}$ (d) $[Ag(NH_3)Cl]$
6. 다음 착화합물에서 중심 원자의 배위수는 얼마인가?
   (a) $[Fe(H_2O)_6]^{3+}$ (b) $[Pt(NH_3)Br_3]^-$
   (c) $[V(en)Cl_4]^{2-}$ (d) $[Au(CN)_2]^+$
7. 연습 문제 5의 착화합물에서 금속 원자의 산화수는 얼마인가?
8. 연습 문제 6의 착이온에서 금속 원자의 산화수는 얼마인가?

9. 연습 문제 5의 착이온이 양이온인 경우 탄산염의 화학식을, 음이온인 경우 바륨염의 화학식을 써라.
10. 연습 문제 6의 착이온이 양이온인 경우 연습 문제 9와 같이 답하라.
11. 표 19.2를 참조하여 다음 반응으로 형성되는 착화합물의 화학식을 예상하라.
(a) Cu^+과 NH_3
(b) Pt^{2+}과 옥살산 이온($C_2O_4{}^{2-}$)
(c) Cd^{2+}과 물 분자
(d) Fe^{3+}과 CN^-
12. 표 19.2를 참조하여 다음 반응으로 형성되는 착화합물의 화학식을 예상하라.
(a) Pt^{4+}과 NH_3 (b) Ag^+과 CN^-
(c) Zn^{2+}과 $C_2O_4{}^{2-}$ (d) Cd^{2+}과 CN^-
13. $[Ag(SCN)_2]^-$ 착이온에서 황의 질량 백분율은 얼마인가?
14. $[Ni(H_2O)_4Cl_2]^+$의 황산 염에서 Cl의 질량 백분율은 얼마인가?
15. 각 헤모글로빈 분자에는 4개의 철 이온이 있다. 헤모글로빈 분자 내의 철의 질량 백분율은 0.35%이다. 헤모글로빈 분자의 몰질량을 예상하라.
16. 비타민 B_{12}는 코발트가 중심 원자인 배위 화합물이다. 비타민 B_{12}는 4.4%의 코발트를 포함하며, 몰질량이 1.3×10^3 g/mol이다. 1개의 비타민 B_{12} 분자에는 몇 개의 코발트 원자가 있겠는가?

19-2 착이온과 배위 화합물의 명명법

17. 다음 이온 및 화합물에 대한 화학식을 써라.
(a) 헥사클로로백금(IV)산 아연 [zinc hexachloroplatinate(IV)]
(b) 다이클로로비스(에틸렌다이아민)니켈(II) [dichlorobis(ethylenediamine)nickel(II)]
(c) 질산 다이암민트라이아쿠아하이드록소크로뮴(III) [diamminetriaquahydroxochromium(III) nitrate]
(d) 펜타클로로하이드록소철(III)산 암모늄 [ammonium pentachlorohydroxoferrate(III)]
18. 다음 이온 및 화합물에 대한 화학식을 써라.
(a) 염화 다이암민테트라아쿠아크로뮴(II) [diamminetetraquachromium(II) chloride]
(b) 테트라클로로설페이토카드뮴(II) [tetrachlorosulfatocadmium(III)]
(c) 테트라하이드록소니켈(II)산 소듐 [sodium tetrahydroxonickelate(II)]
(d) 다이브로모*비스*(에틸렌다이아민)철(III) [dibromo*bis*(ethylenediamine)iron(III)]
19. 다음 이온 및 화합물에 대한 이름을 써라.
(a) $[Ru(NH_3)_5Cl]^{2+}$ (b) $[Mn(NH_2CH_2CH_2NH_2)_3]^{2+}$
(c) $K_2[PtCl_4]$ (d) $[Cr(NH_3)_5I]I_2$
20. 다음 이온 및 화합물에 대한 이름을 써라.
(a) $Na[Al(OH)_4]$ (b) $[Co(C_2O_4)_2(H_2O)_2]^-$
(c) $[Ir(NH_3)_3Cl_3]$ (d) $[Cr(en)(NH_3)_2Br_2]_2SO_4$
21. 연습 문제 5의 화합물 및 이온에 대한 이름을 써라.
22. 연습 문제 6의 화합물 및 이온에 대한 이름을 써라.

19-3 착이온의 기하 구조

23. 다음 착화합물의 기하 구조를 그려라.
(a) $[Zn(NH_3)_2Cl_2]$ (정사면체)
(b) *cis*-$[Co(H_2O)_4Cl_2]^+$
(c) *trans*-$[Pt(NH_3)_2Br_2]^{2+}$
(d) *trans*-$[Ni(ox)_2(OH)_2]^{3-}$
(e) $[Au(CN)Br]^+$
24. 다음 착화합물의 기하 구조를 그려라.
(a) *trans*-$[Cu(Br)_2(H_2O)_4]$
(b) $[Zn(OH)_2I_2]^{2-}$ (정사면체)
(c) $[Pt(NH_3)_4]^{2+}$ (사각 평면)
(d) *cis*-$[Ni((H_2O)_2(C_2O_4)_2]^{2-}$
(e) $[Au(CN)(NH_3)]$
25. 화합물 1,2-다이아미노사이클로헥세인(1,2-diaminocyclohexane; 약자 "dech")의 구조는 다음과 같다.

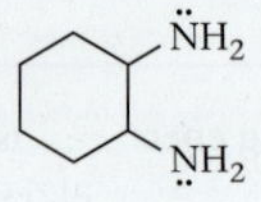

이 리간드는 항암성 착화합물 *cis*-$[Pd(H_2O)_2(dech)]^{2+}$를 형성한다. 이 착화합물의 기하 구조를 그려라.
26. 아세틸아세톤산 이온(acetylacetonate ion)(acac$^-$)은 많은 금속 이온과 착화합물을 형성한다. $Fe(acac)_3$의 기하 구조를 그려라.

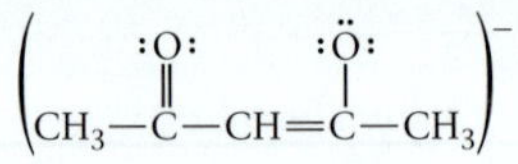

27. 다음의 정팔면체 착화합물 중에서 어느 것이 기하 이성질현상을 보이는가? 가능한 기하 이성질체의 구조를 그려라.
(a) $[Co(en)Cl_4]^-$
(b) $[Ni(C_2O_4)_2ClBr]^{4-}$
(c) $[Cd(NH_3)_2Cl_4]^{2-}$
28. 다음 착이온에 대하여 연습문제 27과 같이 답하라.
(a) $[Mn(H_2O)_2(NO_2)_4]^{2-}$
(b) $[Pt(NH_3)_3(Cl)_3]^+$
(c) $[Al(C_2O_4)(CO)_2(Br)_2]^-$
29. Co^{3+}가 리간드로서 *ox*와 NH_3만을 가질 때 형성할 수 있는 정팔면체 착화합물의 모든 구조식을 그려라.
30. 화학식 $[Ni(H_2O)_3(OH)_2Cl]$을 갖는 정팔면체 착화합물의 모든 구조식을 그려라.

19-4 착이온의 전자 구조

▶ 착이온의 전자 구조

31. 다음 이온에 대한 축약 전자 배치를 써라.
(a) Cr^{3+} (b) Pd^{2+} (c) V^{3+}
(d) Ir^{3+} (e) Ru^{2+}
32. 다음 이온에 대한 전자 배치를 써라.
(a) Cd^{2+} (b) Fe^{2+} (c) Pt^{2+}
(d) Mn^{2+} (e) Ni^{3+}
33. 연습 문제 31의 각 화학종에 대한 축약 오비탈 도표를 그리고, 홀전자 수를 구하라.
34. 연습 문제 32의 각 이온에 대한 축약 오비탈 도표를 그리고, 홀전자수를 구하라.

▶ 전자 분포와 결정장 에너지

35. 저스핀과 고스핀 착화합물에서 다음 이온의 전자 분포를 써라.
(a) Ru^{4+} (b) Pt^{2+}
36. 저스핀과 고스핀 착화합물에서 다음 이온의 전자 분포를 써라.
(a) Zn^{2+} (b) Ni^{3+}
37. V^{3+} 착화합물에서는 한 가지의 전자 분포만이 가능하다. 그 이유를 설명하라.
38. Mn^{3+}는 고스핀과 저스핀의 정팔면체 착화합물을 형성하는 반면, Mn^{4+}는 그렇지 못하다. 그 이유를 설명하라.
39. $[Cr(CN)_6]^{4-}$는 $[Cr(H_2O)_6]^{2+}$보다 상자기성이 약하다. 그 이유를 설명하라.

40. $[CoF_6]^{3-}$는 상자기성인 반면 $[Co(NH_3)_6]^{3+}$는 반자기성이다. 그 이유를 설명하라.

41. 다음 이온과 강한-장 리간드가 결합하여 형성된 정팔면체 착화합물에 존재하는 홀전자 수를 구하라.

(a) Rh^{3+} (b) Mn^{3+} (c) Ag^{+}
(d) Pt^{4+} (e) Au^{3+}

42. 연습 문제 41의 화학종에 대하여 약한-장 리간드가 결합하여 형성된 정팔면체 착화합물에 존재하는 홀전자 수를 구하라.

43. $[Ti(NH_3)_6]^{3+}$는 399 nm에서 d-오비탈 전자 전이를 갖는다. 이 파장에서 Δ_o를 계산하라.

44. MnF_6^{2-}의 결정장 갈라짐 에너지 Δ_o는 2.60×10^2 kJ/mol이다. 이 에너지에 해당하는 파장은 얼마인가?

45. $[Cu(NH_3)_4]^{2+}$의 최대 흡수 파장(λ_{max})은 580 nm(주황색-노란색)이다. $[Cu(NH_3)_4]^{2+}$ 용액의 색깔은 무엇인가?

46. $[Fe(CN)_6]^{3-}$ 용액은 빨간색이다. 그림 9.13을 사용하여 최대 흡수 파장을 예상하라.

종합 문제

47. 어떤 화학자가 2개의 배위 화합물을 합성하였다. 한 화합물은 280°C에서 분해되고, 다른 화합물은 240°C에서 분해된다. 두 화합물을 분석한 결과 다음과 같이 동일한 질량 백분율 자료를 얻었다. 52.6% Pt, 7.6% N, 1.63% H, 38.2% Cl. 두 화합물의 중심 이온의 산화수는 +4이다.

(a) 두 화합물의 실험식은 무엇인가?
(b) 두 착화합물의 구조식을 그려라.

48. 어떤 배위 화합물의 질량 백분율 분석 결과가 다음과 같다. 22.0% Co, 31.4% N, 6.78% H, 39.8% Cl. 수용액에서 1 mol의 화합물이 4 mol의 이온으로 해리된다.

(a) 이 화합물의 실험식은 무엇인가?
(b) 이 화합물이 물에 용해될 때 반응식을 써라.

개념 문제

49. 다음에 대하여 설명하라.

(a) 옥살산은 얼룩진 녹을 제거한다.
(b) 정사면체 착화합물에는 기하 이성질체가 없다.
(c) Co^{2+}와 같은 양이온은 Lewis 산으로 작용한다.
(d) $C_2O_4^{2-}$는 킬레이트 시약이다.
(e) NH_3는 리간드가 될 수 있지만 NH_4^+는 리간드가 될 수 없다.

50. 다음 내용이 각각 참인지 거짓인지를 구별하고, 거짓인 내용은 바르게 고쳐라.

(a) $[Fe(NH_3)_4(en)]^{3+}$에서 철(III)의 배위수는 5이다.
(b) $[Ni(CN)_6]^{4-}$는 $[Ni(NH_3)_6]^{2+}$보다 더 긴 파장의 빛을 흡수할 것으로 예상된다.
(c) Cr^{3+} 착화합물은 고유한 밝은 색을 띠는 반면 Zn^{2+} 착화합물은 무색이다.
(d) 8개 이상의 d 전자를 갖는 이온은 고스핀과 저스핀의 정팔면체 착화합물을 둘 다 형성할 수는 없다.

도전 문제

51. 한 어린이가 5.0%의 Pb를 포함하는 페인트 10.0 g을 먹었다. 이 납을 Pb · EDTA의 형태로 만들어 용액으로 이동시키기 위해서 이 어린이는 몇 그램의 EDTA 소듐염, Na_4(EDTA)을 섭취해야만 하는가?

52. 어떤 배위 화합물의 실험식은 $PtN_2H_6Cl_2$이다. 이 화합물의 몰질량은 약 600 g/mol이며, 화합물 내에 양이온 착화합물과 음이온 착화합물이 모두 존재한다. 이 화합물의 구조를 그려라.

53. 두 배위 화합물은 서로 다른 온도에서 분해되지만 같은 질량 백분율 분석 자료를 갖는다. 20.25% Cu, 15.29% C, 7.07% H, 26.86% N, 10.23% S, 20.39% O. 두 배위 화합물은 모두 Cu^{2+}를 포함한다.

(a) 화합물의 실험식을 구하라.
(b) 각 착이온의 구조식을 그려라.

54. $[Ti(H_2O)_6]^{3+}$ 이온에 대한 d 준위 사이의 갈라짐 에너지, Δ_o가 55 kcal/mol이다. 이 이온은 어떤 색깔을 띠겠는가? d 준위 사이의 전이에 의해서 색깔이 얻어진다고 가정하라. 단, 1 cal = 4.184 J이다.

제 20 장

금속 원소의 화학

Chemistry of the Metals

그림의 안정적인 *균형*은 금속으로 구성되어 있다. 사용한 금속들은 이 장에서 논의된 일부 공정을 사용하여 광석으로부터 제련되었다. ▶

Bruce Gray

자연은 조용히 순환하는 화학 반응을
오랫동안 준비하고 묵혀둔다.
느리고 꾸준하게 시간은 흐르고,
빈 표면은 성숙하고,
풍부한 광석은 그 아래에 형성된다.
—WALT WHITMAN
Song of the Redwood Tree

이 장의 차례 _Chapter Outline

이 책의 표지 안쪽에 있는 주기율표에서 볼 수 있듯이 금속은 대략 88%의 압도적 다수를 차지하는 원소들이다(푸른색으로 표시). 금속의 각론적인 화학을 논의할 때 다음 사항에 집중하기로 한다.

- 주기율표의 가장 왼쪽에 있는 *1족과 2족에 있는 주족의 금속들*. 이들은 일반적으로 *알칼리 금속*(alkali metal, 1족 원소), *알칼리 토금속*(alkaline earth metal, 2족 원소)이라고 부른다. 이러한 족의 명칭은 이들 원소의 산화물(K_2O, CaO, . . .) 또는 수산화물(KOH, $Ca(OH)_2$, . . .)이 센염기인 것을 반영한 것이다.
- 주기율표의 중앙에 위치하고 있는 *전이 금속*(transition metal). 4주기, 5주기, 6주기에 각각 10개의 원소로 구성된 세 가지 계열의 전이금속이 있다. 이 장에서는 몇 가지 중요한 전이 금속 원소들 중, 특히 첫 번째 계열의 오른쪽에 위치한 몇 개의 원소를 중점적으로 다룬다(그림 20.1).

20-1절에서는 주요 광석에서 이러한 금속들을 얻는 과정을 다룬다. 20-2절에서는 알칼리 금속과 알칼리 토금속의 반응들, 특히, 수소, 산소, 물과의 반응들을 설명한다. 20-3절에서는 전이 금속, 전이 금속의 양이온(예, Fe^{2+}, Fe^{3+})과 산소산 음이온 (예, CrO_4^{2-})의 산화-환원 화학을 살펴본다.

20-1 야금

금속 원소들을 **광석**(ore)◂ⓘ에서 추출하는 과정은 **야금학**(science of metallurgy)에 속한다. 예상할 수 있는 것과 같이, 관련된 화학 반응은 광석의 종류에 따라 다르다(그림 20.2). 염화물 광석, 산화물 광석, 황화물 광석 또는 "천연" 광석에서 금속을 얻어내는 전형적인 과정들을 살펴본다.

ⓘ 광석은 금속을 수익성 있게 추출할 수 있는 천연자원이다.

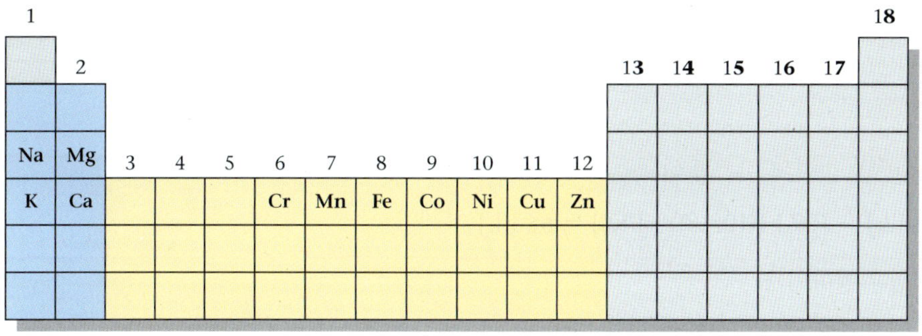

그림 20.1 ▸ **금속과 주기율표.** 이 장에서 논의되는 주기율표 족은 1족과 2족, 즉 알칼리 금속과 알칼리 토금속(푸른색), 전이 금속(노란색)이다. 흔히 접하는 금속들에 대해 원소 기호들을 나타내었다.

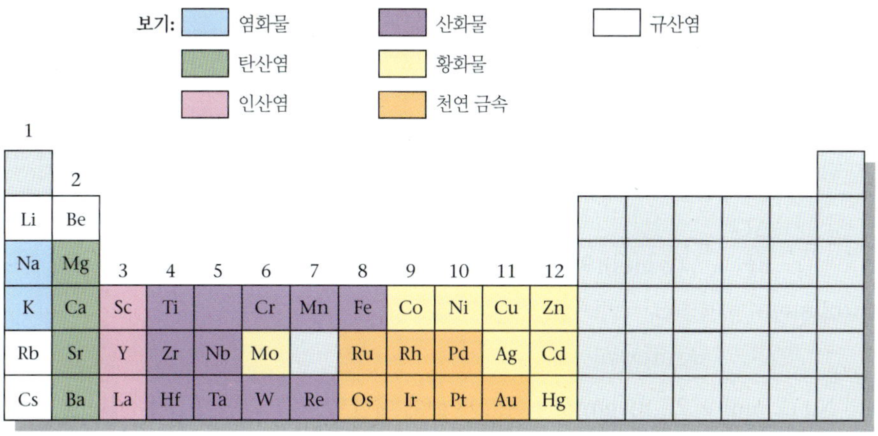

그림 20.2 ▸ **1족 원소, 2족 원소, 전이 금속들의 주요 광물들.**

염화물 광석: NaCl로부터 Na

소듐 금속은 용융된 염화 소듐ⓘ을 전기분해하여 얻는다(그림 20.3). 전극 반응은 아주 간단하다.

ⓘ Na$^+(l)$와 Cl$^-(l)$은 용융된 NaCl에 존재하는 이온들이다.

$$\begin{array}{ll} \text{환원전극:} & 2\text{Na}^+(l) + 2e^- \longrightarrow 2\text{Na}(l) \\ \text{산화전극:} & 2\text{Cl}^-(l) \longrightarrow 2\text{Cl}_2(l) + 2e^- \\ \hline & 2\text{NaCl}(l) \longrightarrow 2\text{Na}(l) + \text{Cl}_2(g) \end{array}$$

전해전지는 염화 소듐이 용융된 전해질ⓘ로 유지되어야 하므로 대략 600°C에서 작동된다. 녹는점을 낮추기 위해 염화 칼슘을 첨가한다. 액체 상태(소듐의 녹는점 98°C)로 배출되는 소듐 1 g을 생산하기 위하여 약 14 kJ의 전기 에너지가 필요하다. 산화전극(anode)에서 생성되는 염소 기체는 유용한 부산물이다.

ⓘ NaCl(*aq*)을 전기분해하는 것이 저렴하지만 그러한 방법으로 소듐 금속을 얻을 수는 없다.

예제 20.1

600°C에서 NaCl(l)의 전기분해를 살펴보자.

$$2\text{NaCl}(l) \longrightarrow 2\text{Na}(l) + \text{Cl}_2(g)$$

여기서 $\Delta H° = 820$ kJ이고 $\Delta S° = 0.180$ kJ/K이다.

a 전기분해 온도인 600°C에서 $\Delta G°$는 얼마인가?

분석

주어진 정보: 반응에 대한 화학 반응식: ($2\text{NaCl}(l) \longrightarrow 2\text{Na}(l) + \text{Cl}_2(g)$)
$\Delta H°$(820 kJ); $\Delta S°$(0.180 kJ/K)
T(600°C = 873 K)

알고자 하는 것: 600°C에서 $\Delta G°$

(계속)

전 략

Gibbs-Helmholtz 식에 대입한다(제16장).

$\Delta G° = \Delta G° - T\Delta S°$

풀 이

$\Delta G°$ $\quad$ $\Delta G° = 820\ \text{kJ} - [873\ \text{K}(0.180\ \text{kJ/K})] = 663\ \text{kJ}$

b 전기분해를 수행하기 위하여 필요한 전압은 얼마인가?

분 석

주어진 정보:	(a)에서 $\Delta G° = 663\ \text{kJ}$
정보가 알려주는 내용:	Faraday 상수, $F(9.648 \times 10^4\ \text{J/mol} \cdot \text{V})$
알고자 하는 것:	필요한 전압($E°$)

전략 및 풀이

$E°$와 $\Delta G°$를 관련시키는 식(제17장)에 대입한다.

$E°$ $\quad$ $$E° = \frac{-\Delta G°}{nF} = \frac{-663 \times 10^3\ \text{J}}{(2\ \text{mol})(9.648 \times 10^4\ \text{J/mol} \cdot \text{V})} = -3.44\ \text{V}$$

전기분해를 수행하기 위해서는 적어도 3.44 V의 전압이 필요하다.

마무리 정리

(a)에서 계산한 $\Delta G°$의 값, 663 kJ은 2 mol의 Na (2 mol × 22.99 g/mol = 45.98 g)에 대한 것이다. 그램 당 자유 에너지 값은 다음과 같다.

663 kJ/45.98 g Na = 14.4 kJ/g Na이다.

이 값은 본문에서 "소듐 1 g을 생산하기 위하여 약 14 kJ의 전기 에너지가 필요하다..."는 내용과 일치한다.

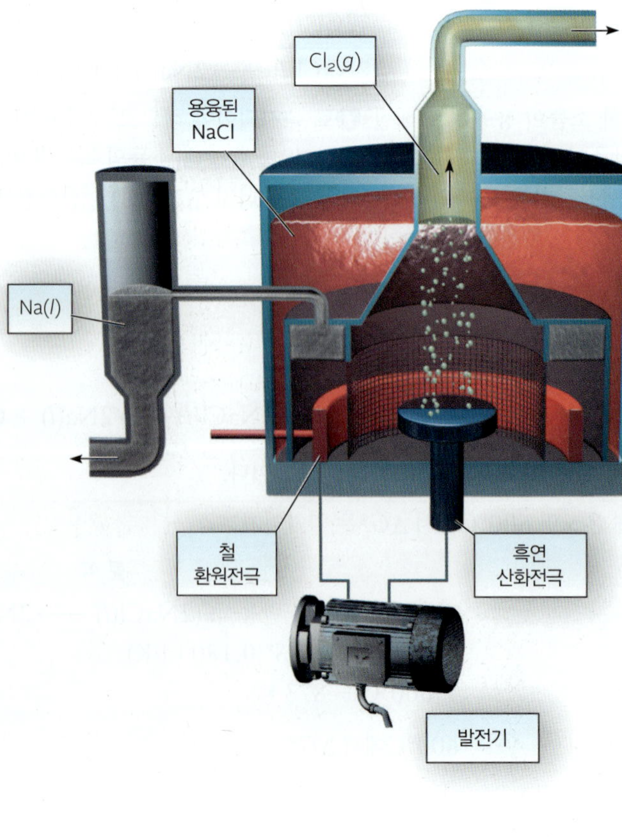

그림 20.3 ▸ **용융된 염화 소듐의 전기분해.** 녹는점을 낮추기 위해서 염화 칼슘을 첨가한다. 철 분리막(iron screen)은 소듐과 염소가 접촉하는 것을 막는다.

산화물 광석: Al_2O_3로부터 Al, Fe_2O_3로부터 Fe

칼슘 또는 알루미늄과 같은 매우 반응성이 큰 금속들의 산화물은 전기분해에 의해서 환원된다. 알루미늄의 경우 보크사이트(bauxite) 광석, Al_2O_3가 사용된다.

$$2Al_2O_3(l) \longrightarrow 4Al(l) + 3O_2(g)$$

약 1000°C에서 녹는 혼합물을 만들기 위해서 Al_2O_3에 빙정석(cryolite), Na_3AlF_6를 첨가한다(빙정석 대신에 AlF_3, NaF, CaF_2의 혼합물을 첨가하기도 한다). 혼합물을 용융된 상태로 유지하기 위해 전지를 전기적으로 가열하여 이온이 전류를 전달하면서 이동할 수 있도록 한다. 생성된 알루미늄의 그램 당 소모된 전기 에너지는 약 30 kJ 정도이다. 이와 같은 비싼 에너지 비용은 알루미늄 캔 재활용의 중요성을 잘 말해 주고 있다.

보크사이트로부터 알루미늄을 얻는 이 과정은 Charles Hall(1863~1914)에 의해 1886년에 시작되었는데, 그가 Oberlin 대학 *i* 을 졸업한 직후였다. Hall이 직면하였던 문제는 녹는점 2000°C 이하에서 Al_2O_3를 전기분해하는 방법을 찾는 것이었다. 그의 일반적인 접근 방법은 적절한 온도에서 Al_2O_3을 용해시킬 수 있는 이온성 화합물을 찾는 것이었다. 몇 번의 실패 후에 Hall은 빙정석이 이상적인 "용매"라는 것을 알아냈다. 흥미롭게도 같은 전해 과정을, 프랑스의 Paul Héroult(1863~1914)도 역시 같은 해인 1886년에 알아냈다.

i 화학 전공자는 매우 영리적일 수 있다.

활성도가 낮은 금속들에 대해서는 화학적 환원제를 사용하여 금속 양이온을 원소로 환원할 수 있다. 야금 과정에서 가장 널리 이용되는 환원제는 코크스(coke) 형태의 탄소, 즉 더 정확하게는 코크스로부터 생성된 일산화 탄소이다.

탄소와 관련된 가장 중요한 야금 과정은, 주성분이 산화 철(III)(Fe_2O_3)인 적철 광석(hematite ore)을 이산화 규소(SiO_2)와 혼합하여 환원시키는 것이다. 환원 반응은 전형적으로 높이 30 m, 지름 10 m 크기의 용광로(blast furnace, 그림 20.4a)에서 일어난다. 용광로는 내화 벽돌로 내벽 처리하여 1800°C까지 올라갈 수는 온도를 견딜 수 있다. 용광로 상단에 투입되는 고체 투입물은 철광석, 코크스, 석회석($CaCO_3$)으로 구성되어 있다. 용광로의 바닥 근처의 노즐을 통해 용광로 속으로 500°C의 압축 공기나 순수한 O_2를 불어넣어

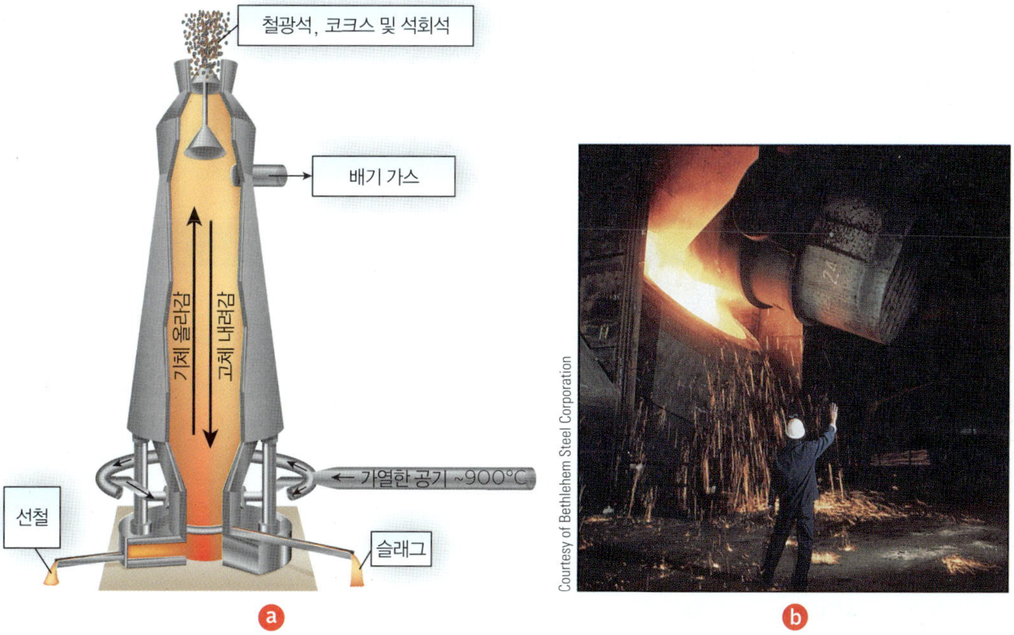

그림 20.4 ▸ **철과 강철의 생산.** (a) 선철을 생산하는 데 이용되는 용광로. (b) 선철을 산소와 함께 가열하여 강철을 형성하여 선철의 탄소 함량을 낮추는 순산소 전로.

과정을 시작한다. 여러 가지 다른 반응들이 일어나는데, 그중에서 다음 세 가지 반응이 가장 중요하다.

1. *탄소를 일산화 탄소로 변환.* 용광로의 하단에서는 코크스가 연소하여 이산화 탄소(CO_2)가 생성된다. CO_2는 고체 혼합물을 통과해 올라오면서 코크스와 반응하여 일산화 탄소(CO)를 생성한다. 전체 반응은 다음과 같다.

$$2C(s) + O_2(g) \longrightarrow 2CO(g) \qquad \Delta H = -221 \text{ kJ}$$

이 반응에서 발생된 열은 용광로 내의 높은 온도를 유지해 준다.

이 반응이 용융철을 생산하는 핵심 반응이다.

2. *Fe^{3+}를 Fe로 환원.* 일산화 탄소는 광석에 있는 산화 철(III)과 반응한다.

$$Fe_2O_3(s) + 3CO(g) \longrightarrow 2Fe(l) + 3CO_2(g)$$

1600°C의 온도에서 생성된 용융된 철은 용광로의 바닥에 모이고, 이를 하루에 4, 5차례 출구를 통해 빼낸다. 한 용광로에서 생산되는 1일 생산량은 약 1500톤이다.

3. *슬래그(slag)의 형성.* 용광로에 투입된 석회석은 약 800°C에서 분해된다.

$$CaCO_3(s) \longrightarrow CaO(s) + CO_2(g)$$

생성된 산화 칼슘은 철광석 용광로 속의 불순물과 반응하여 *슬래그*(slag)라고 부르는 유리질 물질을 생성한다. 주반응은 SiO_2와 반응하여 규산 칼슘($CaSiO_3$)을 생성하는 것이다.

$$CaO(s) + SiO_2(s) \longrightarrow CaSiO_3(l)$$

용융된 철보다 밀도가 작은 슬래그는 금속 표면 위에 층을 형성한다. 이렇게 하면 철을 빼낼 때 사용하는 용광로의 출구 위의 다른 출구를 통해 슬래그를 빼낼 수 있다. 이 슬래그는 시멘트의 제조와 도로를 건설할 때 기초 재료로 사용된다.

"선철(pig iron)"이라고 부르는 용광로에서 빼낸 생성물에는 불순물이 많이 들어 있다. 평균적으로 선철은 4%의 탄소와 이보다 적은 양의 규소, 망가니즈, 인을 포함한다. 선철로 강철을 만들려면 탄소 함량을 2% 이하로 낮추어야 한다. 오늘날 세계에서 생산되는 대부분의 강철은 순산소 공정(basic oxygen process, 그림 20.4b)으로 만든다. "변환기"에 용광로에서 얻은 용융철 약 70%, 고철이나 강철 25%, 석회석 5%인 혼합물을 채운다. 약 10 atm의 압력으로 순수한 O_2를 용융된 금속에 불어넣으면 다음 반응이 빠르게 일어난다.

$$C(s) + O_2(g) \longrightarrow CO_2(g)$$

동시에 규소와 같은 불순물은 산화물로 변환되고, 석회석과 반응하여 슬래그를 형성한다. 탄소 함량이 원하는 수준으로 떨어지면 산소 공급을 중단한다. 이 단계에서 용융된 강철이 얻어지고, 전체의 공정에 걸리는 시간은 30분 내지 1시간 정도이며, 한 번의 "공정"으로 약 200톤의 강철이 생산된다.

예제 20.2

일산화 탄소로 다음의 각 산화물 광석을 환원시킬 때의 균형 맞춘 화학 반응식을 써라.

ZnO, MnO_2, Fe_3O_4 ($FeO \cdot Fe_2O_3$)

전략

금속 산화물은 금속으로 환원되고, CO는 CO_2로 산화된다.

풀이

ZnO	$ZnO(s) + CO(g) \longrightarrow Zn(s) + CO_2(g)$
MnO_2	$MnO_2(s) + 2CO(g) \longrightarrow Mn(s) + 2CO_2(g)$
Fe_3O_4	$Fe_3O_4(s) + 4CO(g) \longrightarrow 3Fe(s) + 4CO_2(g)$

▶ 황화물 광석: Cu_2S로부터 Cu

황화물 광석(sulfide ore)은 전처리 후에 대부분 공기 또는 산소 조건에서 가열하는 **배소**(roasting) 과정을 거친다.◀ⓘ 아연과 같은 비교적 반응성이 큰 전이 금속일 경우에 생성물은 산화물이며, 탄소에 의해 금속 원소로 환원될 수 있다.

$$2ZnS(s) + 3O_2(g) \longrightarrow 2ZnO(s) + 2SO_2(g)$$

구리나 수은처럼 비교적 반응성이 작은 전이 금속은 배소과정으로 유리 금속(free metal)이 직접 생성된다. 수은의 황화물 광석인 진사(cinnabar, HgS)는 다음과 같이 반응한다.

$$HgS(s) + O_2(g) \longrightarrow Hg(g) + SO_2(g)$$

ⓘ 구리는 단순한 "배소과정"으로 만들 수 있기 때문에, 최초로 알려진 금속 중의 하나이다.

여러 가지 구리 광석 중에서 가장 중요한 것 중의 하나는 휘동광(chalcocite)인데 불순물이 많이 섞인 황화 구리(I)(Cu_2S)를 포함하고 있다. 일반적으로 암석질 물질 때문에 광석에 포함된 구리의 함량은 1% 이하이다. *부유선광*(flotation, 그림 20.5)이라는 과정을 거치면 Cu_2S가 농축되어 20~40%까지 구리의 함량이 높아진다. 농축된 광석은 전형적으로 1000°C 이상의 높은 온도에서 공기를 불어 넣어 금속으로 변환된다. (흔히 순수한 O_2를 공기 대신에 사용한다.) 전체 반응은 다음과 같이 간단하다.

$$Cu_2S(s) + O_2(g) \longrightarrow 2Cu(s) + SO_2(g)$$

생성된 고체 덩어리를 "조동(blister copper)"이라고 부르며 구리가 녹아 있는 상태에서 주입된 기포 때문에 겉모습이 불규칙하다. 조동은 소량의 몇 가지 다른 금속을 포함하기 때문에 순수하지 않다.

구리는 전기분해 방법으로 정제된다. 산화전극은 300 kg 정도의 조동으로 이루어진다. 황산으로 pH를 약 0으로 맞춘 0.5~1.0 *M*의 $CuSO_4$ 용액이 전해질로 사용된다. 환원전극은 150 kg 정도 질량의 순수한 구리이다. 반쪽-반응은 다음과 같다.

$$\text{산화:}\quad Cu(s, \text{순수하지 않음}) \longrightarrow Cu^{2+}(aq) + 2e^-$$
$$\text{환원:}\quad Cu^{2+}(aq) + 2e^- \longrightarrow Cu(s, \text{순수함})$$

두 개의 반쪽-반응을 더해서 얻는 전체 반응은 다음과 같다.

$$Cu(s, \text{순수하지 않음}) \longrightarrow Cu(s, \text{순수함})$$

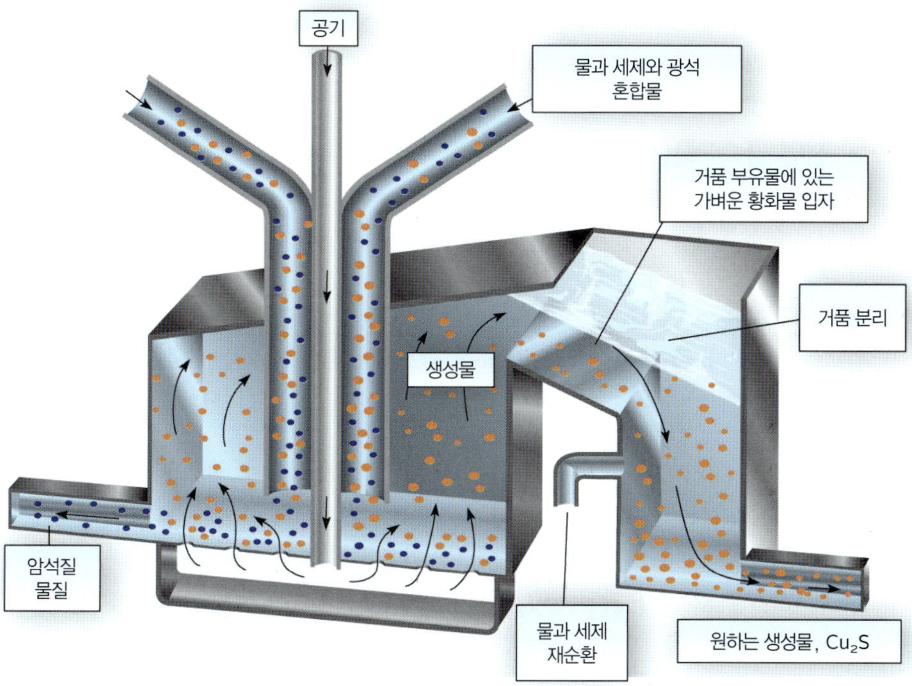

그림 20.5 ▸ **황화물 광석을 농축하는 부유선광 과정.** Cu_2S를 포함하는 품질이 낮은 황화물 광석은 흔히 부유선광을 통해 농축된다. 잘게 쪼개진 황화물 입자는 비누 거품 속에 갇히고, 암석질 폐기물은 바닥으로 가라앉은 후 제거된다.

따라서 전기분해의 알짜 효과는, 불순물이 포함된 조동으로 이루어진 한 전극에서 순수한 구리판으로 이루어진 다른 전극으로 구리 금속이 이동되는 것이다. 전기분해된 구리의 순도는 99.95%이다.

예제 20.3

비스무트의 주요 광석은 황화 비스무트(III), Bi_2S_3이다. 공기 중에서 배소과정을 거치면 Bi_2S_3는 비스무트 산화물로 변환되며, 이산화 황이 부산물이다. 1.25%의 Bi_2S_3가 포함된 1톤(10^6 g)의 광석에서 생성되는 SO_2의 부피는 25°C, 1 atm에서 얼마인가?

분석

주어진 정보:	T(25°C); P(1.00 atm) 광석의 질량(1톤 = 1×10^6 g) 광석의 Bi_2S_3 % 함량(1.25%)
정보가 알려주는 내용:	단위가 L · atm/mol · K인 기체 상수 값, R Bi_2S_3의 몰질량
알고자 하는 것:	생성된 SO_2의 부피

전략

1. 균형 맞춘 화학 반응식을 적는다. 공기 중의 배소과정은 산소 기체와 반응하는 것을 의미한다.
2. 광석에 들어있는 Bi_2S_3의 질량을 계산한다.
3. 생성된 SO_2의 몰수를 계산한다.
   Bi_2S_3의 질량 ⟶ Bi_2S_3의 몰수 ⟶ SO_2의 몰수
4. 이상 기체 법칙을 사용하여 SO_2의 부피를 계산한다.

풀이

1. 반응식 $2Bi_2S_3(s) + 9O_2(g) \longrightarrow 2Bi_2O_3(s) + 6SO_2(g)$
2. Bi_2S_3의 질량 $(1 \times 10^6 \text{ g의 광석})(1.25 \text{ g } Bi_2S_3/100 \text{ g의 광석}) = 1.25 \times 10^4 \text{ g } Bi_2S_3$
3. SO_2의 몰수 $1.25 \times 10^4 \text{ g } Bi_2S_3 \times \dfrac{1 \text{ mol } Bi_2S_3}{514.2 \text{ g}} \times \dfrac{6 \text{ mol } SO_2}{2 \text{ mol } Bi_2S_3} = 72.9 \text{ mol } SO_2$
4. SO_2의 부피 $V = \dfrac{nRT}{P} = \dfrac{(72.9 \text{ mol})(298 \text{ K})(0.0821 \text{ L} \cdot \text{atm/mol} \cdot \text{K})}{1.00 \text{ atm}} = 1.78 \times 10^3 \text{ L}$

마무리 정리

부피(1.78×10^3 L)는 1.78 m^3이다. 황화물 광석의 배소과정은 산성비의 원인이 되는 SO_2 기체 오염물질의 주요 공급원이다.(제14장 참조).

Tiffany & Co.

그림 20.6 ▸ **현대의 금 장식.** 금은 아마도 사이안화물 공정으로 얻어진 것 같다.

▶ 천연 금속: 금(Au)

반응성이 거의 없는, 특히 은이나 금과 같은 금속은 천연에서 많은 양의 암석 물질과 혼합되어 있는 원소 상태로 발견된다. 수세기 동안 사람들은 금의 큰 밀도(19.3 g/mL)를 이용하여 금을 추출하였다. 고대에는 금이 포함된 모래(사금)를 양가죽 위에 놓고 물로 씻어 낸 후에 남겨진 금을 얻었는데, 이는 그리스 신화에 나오는 "황금의 양모(Golden Fleece)"의 근원으로 여겨진다. 금-채집자(forty-niners, 골드 러시때인 1849년 California로 몰려든 사람들)는 냄비에 금이 포함된 모래와 물을 넣고 휘저어 금을 얻었다. 밀도가 작은 불순물은 씻겨나가고 금 덩어리나 금 조각은 냄비 바닥에 남았다.

오늘날에는 광석의 금 함량이 매우 낮아서 이러한 단순한 기계적 분리 방법은 더 이상 효율적이지 않다. 그 대신에 광석에 공기를 불어넣으면서 매우 묽은 사이안화 소듐 용액(0.01 M)(그림 20.6)으로 처리한다. 다음과 같은 산화-환원 반응이 일어난다.

$$4Au(s) + 8CN^-(aq) + O_2(g) + 2H_2O \longrightarrow 4Au(CN)_2^-(aq) + 4OH^-(aq)$$

산화제인 O_2는 금을 +1가 상태로 만든다. 사이안화 이온은 안정한 $Au(CN)_2^-$ 이온을 형

성하는 착물 형성 리간드(complexing ligand)로 작용한다. 아연을 가하면 금속 상태의 금이 용액으로부터 회수된다. 착이온에 있는 금이 금속 상태의 금으로 환원된다.

$$Zn(s) + 2Au(CN)_2^-(aq) \longrightarrow Zn(CN)_4^{2-}(aq) + 2Au(s)$$

20-2 알칼리 금속과 알칼리 토금속의 반응

1족과 2족 금속들은 모든 원소 중에서 가장 반응성이 큰 원소에 속한다(표 20.1). 이 금속들의 이온화 에너지가 작고 $E°_{산화}$ 값이 크기 때문에 이 원소들은 쉽게 산화하여 1족 원소는 +1가 양이온, 2족 원소는 +2가 양이온을 형성한다. 알칼리 금속과 무거운 알칼리 토금속(Ca, Sr, Ba)은 산소 또는 공기 중에 있는 수분과 반응하는 것을 방지하기 위해 물이 제거된 광물유(mineral oil)나 등유(i)에 넣어 보관한다. 마그네슘의 반응성은 낮으며, 리본 형태나 분말 형태로 구입할 수 있다. 베릴륨은 주기율표의 위치로부터 예상할 수 있는 것과 같이 1, 2족 원소 중에서 가장 금속성이 작은 원소이다. 베릴륨은 물, 산소 또는 다른 비금속 원소에 대한 반응성도 가장 작다.

(i) 물속에 보관 못 함!

예제 20.4

소듐과 수소의 반응 및 바륨과 산소의 반응에 대한 균형 맞춘 화학 반응식을 써라.

전략

표 20.1을 이용하면 생성물들의 화학식을 유추할 수 있다. 바륨은 산소와 반응하여 두 종류의 생성물을 형성함에 유의한다.

풀이

Na와 H_2 $\quad 2Na(s) + H_2(g) \longrightarrow 2NaH(s)$

Ba와 O_2 $\quad 2Ba(s) + O_2(g) \longrightarrow 2BaO(s)$

$\quad Ba(s) + O_2(g) \longrightarrow BaO_2(s)$ (i)

(i) BaO_2는 과산화 바륨이다.

표 20.1 ▸ 알칼리 금속과 알칼리 토금속의 반응

반응물	생성물	설명
	알칼리 금속(M)	
$H_2(g)$	$MH(s)$	수소 기체 속에서 가열
$X_2(g)$	$MX(s)$	X = F, Cl, Br, I
$N_2(g)$	$M_3N(s)$	Li만 반응; 생성물은 N^{3-} 이온 포함
$S(s)$	$M_2S(s)$	가열
$O_2(g)$	$M_2O(s)$ $M_2O_2(s)$ $MO_2(s)$	Li; 생성물은 산화물(O^{2-} 이온) Na; 생성물은 과산화물(O_2^{2-} 이온) K, Rb, Cs; 생성물은 초과산화물(O_2^- 이온)
$H_2O(l)$	$H_2(g)$, M^+, OH^-	Na, K와 격렬히 반응
	알칼리 토금속(M)	
$H_2(g)$	$MH_2(s)$	Be을 제외한 모든 원소, 가열이 필요
$X_2(g)$	$MX_2(s)$	모든 할로젠
$N_2(g)$	$M_3N_2(s)$	Be을 제외한 모든 원소, 가열이 필요
$S(s)$	$MS(s)$	가열
$O_2(g)$	$MO(s)$ $MO_2(s)$	모든 원소; 생성물은 O^{2-} 이온 포함 Ba; 생성물은 O_2^{2-} 이온 포함
$H_2O(l)$	$H_2(g)$, M^{2+}, OH^-	Ca, Sr, Ba

▶ 수소와 반응

수소와 알칼리 금속이나 알칼리 토금속의 반응으로 생성되는 화합물들은 H^- 이온을 포함하고 있다. 예를 들면 수소화 소듐(sodium hydride)은 Na^+와 H^- 이온으로 구성된다. 이것은 흰색 결정성 고체로 NaCl과 물리적 성질이 비슷하여 이온성 수소화물(saline hydride)이라 부르기도 한다. 그러나 화학적 성질은 염화 소듐과 전혀 다르다. 예들 들면 물과 반응하여 수소 기체를 생성한다. 전형적인 반응은 다음과 같다.

$$NaH(s) + H_2O(l) \longrightarrow H_2(g) + Na^+(aq) + OH^-(aq)$$
$$CaH_2(s) + 2H_2O(l) \longrightarrow 2H_2(g) + Ca^{2+}(aq) + 2OH^-(aq)$$

이러한 방식으로 이온성 수소화물은 구명 보트와 풍선을 부풀게 하기 위한 소형 휴대용 수소 기체 공급원 역할을 할 수 있다.

▶ 물과 반응

알칼리 금속은 물과 격렬하게 반응하여(그림 20.7) 수소를 발생하고, 알칼리 금속의 수산화물 수용액을 형성한다. 소듐의 반응은 전형적인 예이다.

$$2Na(s) + 2H_2O(l) \longrightarrow 2Na^+(aq) + 2OH^-(aq) + H_2(g) \qquad \Delta H° = -368.6 \text{ kJ}$$

이 반응에서 발생하는 열 때문에 흔히 수소에 불이 붙는다.

2족 금속 중에서 Ca, Sr, Ba는 알칼리 금속과 거의 같은 방식으로 물과 반응한다. 칼슘의 반응은 다음과 같다.

$$Ca(s) + 2H_2O(l) \longrightarrow Ca^{2+}(aq) + 2OH^-(aq) + H_2(g)$$

그림 20.8은 칼슘 화합물인 CaH_2와 물의 반응을 보여준다. 베릴륨은 물과 전혀 반응하지 않는다. 마그네슘은 끓는 물과 매우 느리게 반응하지만, 높은 온도의 수증기와는 더 쉽게 반응한다.

$$Mg(s) + H_2O(g) \longrightarrow MgO(s) + H_2(g)$$

이 반응은 소듐과 물의 반응과 마찬가지로 수소를 점화할 만큼 충분한 열을 발생한다. 물을 뿌려 마그네슘 화재를 진압하려는 소방관들이 이 반응을 발견하였으며, 종종 비극적인 결과를 가져왔다. 타고 있는 마그네슘을 끄는 가장 좋은 방법은 마른 모래로 덮는 것이다.

▶ 산소와 반응

표 20.1을 살펴보면 알칼리 금속과 알칼리 토금속이 산소와 반응할 때 몇 가지 서로 다른 생성물들이 가능하다. 생성물은 보통의 산화 이온(O^{2-} 이온), **과산화 이온**(peroxide, $O_2^{\ 2-}$ 이온), **초과산화 이온**(superoxide, O^{2-} 이온)을 포함할 수 있다. ⓘ

ⓘ 초과산화물은 홀전자를 가지고 있다. KO_2는 상자기성이다.

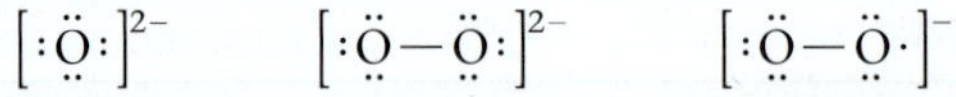

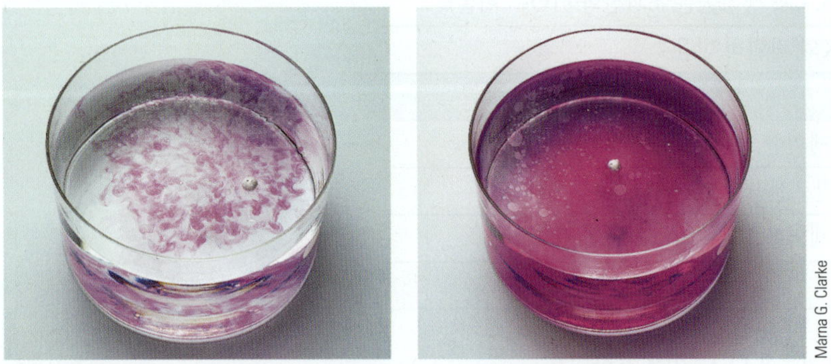

그림 20.7 ▸ **물과 소듐의 반응.** 아주 작은 소듐 조각을 물에 넣으면 격렬하게 물과 반응한다. 반응에 의해 생성되는 OH^- 이온으로 인해 산-염기 지시약인 페놀프탈레인의 색이 무색에서 분홍색으로 바뀐다.

그림 20.8 ▸ **수소화 칼슘(CaH_2)과 물의 반응.**

1족 금속 중에서 리튬만이 산소와 직접 반응하여 좋은 수득률로 산화물을 생성한다. 다른 1족 산화물(Na_2O, K_2O, Rb_2O, Cs_2O)은 다른 방법으로 만들어야 한다. 이와는 달리 2족 금속들은 보통 산소와 반응하여 산화물을 생성한다. 베릴륨과 마그네슘은 강하게 가열해야 BeO와 MgO가 된다(그림 20.9). 칼슘과 스트론튬은 비교적 쉽게 CaO와 SrO를 생성하며, 바륨은 2족 금속 중 가장 반응성이 커서 습한 공기 중에 노출되면 발화된다. 이때, 생성물은 산화물, BaO (Ba^{2+}, O^{2-} 이온)와 과산화물 BaO_2 (Ba^{2+}, O_2^{2-} 이온)의 혼합물이다. 온도가 높을수록, 혼합물 중 BaO의 비율이 커진다.

이 금속들의 산화물이 물과 반응하면 수산화물을 형성한다.

$$Li_2O(s) + H_2O(l) \longrightarrow 2LiOH(s)$$
$$CaO(s) + H_2O(l) \longrightarrow Ca(OH)_2(s)$$

1족과 2족 금속의 산화물은 이와 같은 반응 때문에 때로 "염기성 무수물(물이 제거된 염기)"이라고 한다. 물과 CaO와의 반응은 석회의 "소화"(slaking)라고 한다. 1 mol의 $Ca(OH)_2$가 생성될 때 65 kJ의 열이 발생한다. 비슷하게 MgO와 물이 반응하면 느리게 반응이 일어나서 $Mg(OH)_2$가 형성되는데, 이것은 일반적으로 마그네시아 우유(milk of magnesia)라고 불리는 제산제(antacid)이다.

소듐이 공기 중에서 연소되면, 주생성물은 노란색의 과산화 소듐(Na_2O_2)이다.

$$2Na(s) + O_2(g) \longrightarrow Na_2O_2(s)$$

과산화 소듐에 물을 가하면 과산화 수소(H_2O_2)가 생성된다.

$$Na_2O_2(s) + 2H_2O(l) \longrightarrow 2Na^+(aq) + 2OH^-(aq) + H_2O_2(aq)$$

위 반응을 통해, 과산화 소듐은 펄프나 종이 산업에서 표백제로 사용된다.

무거운 알칼리 금속(K, Rb, Cs)은 공기 중에서 연소할 때 초과산화물을 형성한다.

$$K(s) + O_2(g) \longrightarrow KO_2(s)$$

초과산화 포타슘은 광부나 소방관들의 자급식 호흡 장치에 사용된다. 초과산화 포타슘은 내쉬는 숨에 포함된 물과 반응하여 산소를 생성한다.

$$4KO_2(s) + 2H_2O(g) \longrightarrow 3O_2(g) + 4KOH(s)$$

또한 내쉬는 숨에 포함된 이산화 탄소는 생성된 KOH와 반응하여 제거된다.

$$KOH(s) + CO_2(g) \longrightarrow KHCO_3(s)$$

KO_2가 충전된 마스크를 사용하면 같은 공기를 장시간 호흡할 수 있으므로, 유독 가스나 산소 부족 공기가 있는 지역으로 들어갈 수 있다.

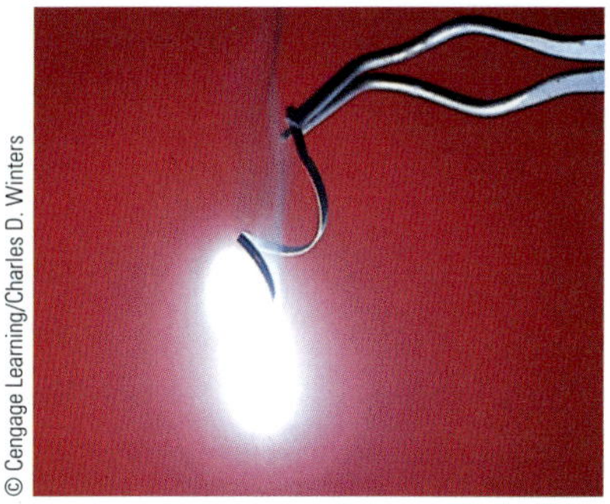

그림 20.9 ▸ **타고 있는 마그네슘.** 마그네슘 리본 조각을 공기 중에서 가열하면 불꽃이 터진다. 반응의 생성물은 MgO(*s*)이다.

예제 20.5

수소화 스트론튬, 과산화 라듐, 초과산화 세슘의 화합물에 대하여 살펴보자.

a 이 화합물들의 화학식을 써라.

전략

화학식은 이온들의 전하로부터 유추할 수 있다. Sr과 Ra는 2족이므로 +2의 전하를 갖는다. Cs는 1족이므로 +1의 전하를 갖는다. 수소화 이온은 H^-, 과산화 이온은 O_2^{2-}, 초과산화 이온은 O_2^-.

풀이

수소화 스트론튬	$Sr^{2+} + H^- = SrH_2$
과산화 라듐	$Ra^{2+} + O_2^{2-} = RaO_2$
초과산화 세슘	$Cs^+ + O_2^- = CsO_2$

(계속)

b 원소로부터 이들 화합물들이 생성되는 화학 반응식을 써라.

전략

(a)에서 얻은 생성물의 화학식을 생성물 쪽에 적고, 이에 포함된 원소들을 반응물 쪽에 물질의 상태와 함께 적고, 균형을 맞춘다.

풀이

수소화 스트론튬	$Sr(s) + H_2(g) \longrightarrow SrH_2(s)$
과산화 라듐	$Ra(s) + O_2(g) \longrightarrow RaO_2(s)$
초과산화 세슘	$Cs(s) + O_2(g) \longrightarrow CsO_2(s)$

c 수소화 스트론튬과 과산화 라듐이 물과 반응할 때의 반응식을 써라.

전략

앞에서 논의한 것에서 다음을 상기하자.

수소화물 + $H_2O \longrightarrow H_2$ + 금속 양이온 + OH^-

과산화물 + $H_2O \longrightarrow H_2O_2$ + 금속 양이온 + OH^-

풀이

물과의 반응

$SrH_2(s) + 2H_2O(l) \longrightarrow 2H_2(g) + Sr^{2+}(aq) + 2OH^-(aq)$

$RaO_2(s) + 2H_2O(l) \longrightarrow H_2O_2(l) + Ra^{2+}(aq) + 2OH^-(aq)$

20-3 전이 금속의 산화-환원 화학

전형적으로 전이 금속은 1족과 2족의 금속과는 달리 화합물에서 여러 가지 다른 산화수를 갖는다. 이러한 경향은 전이 금속의 산화-환원 화학을 더 복잡하고 흥미롭게 해준다. 전이 금속은 낮은 산화 상태(+1, +2, +3)에서만 양이온(예, Ag^+, Zn^{2+}, Fe^{3+})으로 존재한다. 높은 산화 상태(+4 ~ +7)에서 전이 금속은 비금속 원자, 대부분의 경우 산소와 공유 결합을 한다.

전이 금속들의 산소와의 반응

보통 전이 금속들이 산소와 반응할 때 형성하는 산화물들의 화학식들을 정리하여 표 20.2에 나타내었다. 하나의 예외(Cu_2O)를 제외하고 전이 금속이 +2와/또는 +3가 이온으로 존재한다. Co_3O_4나 일반식 M_3O_4의 산화물에는 두 가지 다른 형태, 즉 +2와 +3가 양이온이 존재한다. 보다 더 자세히 보면 +3가 이온의 수가 +2가 이온의 수보다 두 배 더 많다. Co_3O_4의 조성은 다음과 같다.

$$1Co^{2+} : 2Co^{3+} : 4O^{2-}$$

표 20.2 ▸ 전이 금속과 산소의 반응 생성물

금속	생성물
Cr	Cr_2O_3
Mn	Mn_3O_4
Fe	Fe_2O_3, Fe_3O_4
Co	Co_3O_4
Ni	NiO
Cu	Cu_2O, CuO
Zn	ZnO
Ag	—
Cd	CdO
Au	—
Hg	HgO

표 20.2에 수록된 산화물 이외의 많은 전이 금속 산화물들은 간접적으로 합성할 수 있다는 것을 설명하고자 한다. 예를 들면 은(Ag)은 산소와 직접 반응하지 않지만 은의 이온성 화합물 용액을 센 염기와 반응시키면 산화 은(I), Ag_2O을 얻을 수 있다.

$$2Ag^+(aq) + 2OH^-(aq) \longrightarrow Ag_2O(s) + H_2O$$

다른 예로 산화 코발트(II)는 공기가 존재하지 않는 상태에서 탄산염을 가열하여 합성할 수 있다.

$$CoCO_3(s) \longrightarrow CoO(s) + CO_2(g)$$

많은 전이 금속 산화물은 *비화학량론적*(nonstoichiometric)일 수 있어서 원소의 원자비가 정수값과 약간 다를 수 있다. 원자비가 정확히 1:1($Ni_{1.00}O_{1.00}$)로 화학량론적인 산화 니켈(II)은 초록색을 띤 비전도성 고체이다. 이 화합물을 순수한 산소 존재하에 1200°C로

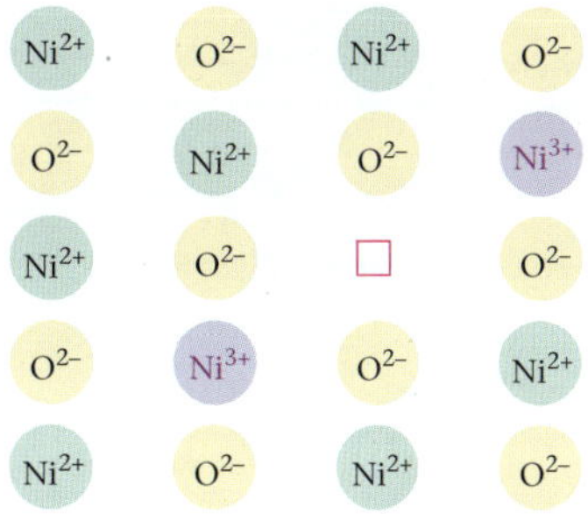

그림 20.10 ▸ **비화학량론적 산화 니켈(II)**. 전하 균형을 유지하기 위하여 빠져나간 Ni^{2+} 이온 한 개 당 다른 두 개가 Ni^{3+}로 전환된다.

Courtesy of Edmund Scientific

그림 20.11 ▸ **초전도체**. 액체 질소로 미리 77 K까지 냉각된 초전도 물질의 작은 조각이 자석 위에 떠 있다.

가열하면 검은색으로 변하고, 조성이 $Ni_{0.97}O_{1.00}$에 가깝게 변한다. 이 비화학양론적 고체는 초기 반도체 중의 하나였고, 그림 20.10에 나타낸 구조를 갖는다. 일부 Ni^{2+} 이온이 결정 격자에서 빠져 나가면, 전기적 중성을 유지하기 위해 빠져나간 Ni^{2+} 이온 한 개 당 두 개의 다른 Ni^{2+} 이온이 Ni^{3+} 이온으로 전환된다.

비화학량론은 두 가지 이상의 금속이 존재하는 "혼합(mixed)" 금속 산화물에서 비교적 흔하다. 1986년에 이런 형태의 화합물이 100 K 정도의 낮은 온도에서 전기적 저항이 0으로 떨어지는 *초전도*(superconductivity) 현상을 나타내는 것을 발견하였다(그림 20.11). 전형적인 화학식은 $YBa_2Cu_3O_x$로, 여기서 x는 고체를 만드는 방법에 따라 6.5에서 7.2까지 다양하다.

▶ 전이 금속들과 산의 반응

표준 산화 전위($E^\circ_{산화}$)가 양의 값인 모든 금속은 센산의 1 M 용액에 존재하는 H^+ 이온에 의해 산화될 수 있다. 표 20.3의 왼쪽 열에 있는 모든 전이 금속은 HCl, HBr, H_2SO_4와 같은 센산의 묽은 용액과 자발적으로 반응한다. 생성물들은 수소 기체와 전이 금속의 양이온이다. 전형적인 반응은 니켈의 반응이다.

$$Ni(s) + 2H^+(aq) \longrightarrow Ni^{2+}(aq) + H_2(g)$$

이 반응의 최종 결과를 그림 20.12에 나타내었다. 철과 같이 한 개 이상의 양이온을 형성할 수 있는 금속이 공기가 없는 상태에서 H^+ 이온과 반응하면 보통 전하가 작은 양이온이 생성된다(예, Fe^{2+}).

표 20.3 ▸ **전이 금속의 산화가 일어나기 쉬운 정도**

금속		양이온	$E^\circ_{산화}$ (V)	금속		양이온	$E^\circ_{산화}$ (V)
Mn	⟶	Mn^{2+}	+1.182	Cu	⟶	Cu^{2+}	−0.339
Cr	⟶	Cr^{2+}	+0.912	Ag	⟶	Ag^+	−0.799
Zn	⟶	Zn^{2+}	+0.762	Hg	⟶	Hg^{2+}	−0.852
Fe	⟶	Fe^{2+}	+0.409	Au	⟶	Au^{3+}	−1.498
Cd	⟶	Cd^{2+}	+0.402				
Co	⟶	Co^{2+}	+0.282				
Ni	⟶	Ni^{2+}	+0.236				

그림 20.12 ▸ **니켈의 산화.** 니켈은 용액 속에서 염산과 느리게 반응하여 $H_2(g)$와 Ni^{2+} 이온을 생성한다. 생성된 용액을 증발시키면 $NiCl_2 \cdot 6H_2O$의 초록색 결정이 얻어진다.

$$Fe(s) + 2H^+(aq) \longrightarrow Fe^{2+}(aq) + H_2(g)$$

표 20.3의 오른쪽에 수록된 $E^\circ_{산화}$가 음의 값인 금속은 활성이 너무 낮아서 염산과 반응하지 않는다. 즉 H^+ 이온은 구리와 같은 금속($E^\circ_{산화} = -0.339$ V)을 양이온으로 산화시킬 만큼 센 산화제가 아니다. 그러나 구리는 질산에 의해 산화될 수 있다. 산화제는 질산 이온인 NO_3^-이고, NO_2 또는 NO로 환원된다.

$$3Cu(s) + 8H^+(aq) + 2NO_3^-(aq) \longrightarrow 3Cu^{2+}(aq) + 2NO(g) + 4H_2O$$
$$E^\circ = E^\circ_{산화}\,Cu + E^\circ_{환원}\,NO_3^- = -0.339\text{ V} + 0.964\text{ V} = +0.625\text{ V}$$

예제 20.6

표준 상태에서 크로뮴과 염산 및 은과 질산의 반응에 대한 균형 맞춘 화학 반응식을 써라.

전략

1. 금속은 단지 산화될 수 있다. 표 20.3을 이용하여 $E^\circ_{산화}$를 구한다.
2. HCl 수용액에는 H^+와 Cl^- 이온만 들어 있다. H^+만 H_2로 환원될 수 있다. 염화 이온은 환원될 수 없다. H^+와 금속 사이의 반응에 대한 E°를 구한다. $E^\circ > 0$이면 반응이 일어날 것이다.
3. HNO_3의 수용액에는 H^+와 NO_3^- 이온만 들어 있다. H^+와 NO_3^- 이온은 환원될 수 있다. H^+는 H_2로, NO_3^- 이온은 NO로 환원된다. H^+와 금속 사이의 반응과 NO_3^- 이온과 금속 사이의 반응에 대한 E°를 구한다. $E^\circ > 0$이면 반응이 일어날 것이다.
4. 반응에 대한 전체 반응식을 구하기 위하여 균형 맞춘 반쪽-반응식을 쓴다.

풀이

Cr과 HCl

1. 금속 $Cr(s) \longrightarrow Cr^{2+}$: $E^\circ_{산화} = 0.912$ V
2. HCl $H^+ \longrightarrow H_2$: $E^\circ_{환원} = 0.000$ V
3. E° $E^\circ = 0.912\text{ V} + 0.000\text{ V} = 0.912\text{ V}$ 반응이 일어남
4. 반응식

$$Cr(s) \longrightarrow Cr^{2+}(aq) + 2e^-$$
$$2H^+(aq) + 2e^- \longrightarrow H_2(g)$$
$$\overline{Cr(s) + 2H^+(aq) \longrightarrow Cr^{2+}(aq) + H_2(g)}$$

Ag와 HNO_3

1. 금속 $Ag \longrightarrow Ag^+$: $E^\circ_{산화} = -0.799$ V
2. HNO_3 $H^+ \longrightarrow H_2$: $E^\circ_{환원} = 0.000$ V
   $NO_3^- \longrightarrow NO$: $E^\circ_{환원} = 0.964$ V

(계속)

3. $E°$ $\quad$ $Ag + NO_3^-$의 반응이 일어남 ($E° = 0.165$ V)
$Ag + H^+$의 반응이 일어나지 않음 ($E° = -0.799$ V)

4. 반응식

$$3(Ag(s) \longrightarrow Ag^+(aq) + e^-)$$
$$NO_3^-(aq) + 4H^+(aq) + 3e^- \longrightarrow NO(g) + 2H_2O$$
$$\overline{3Ag(s) + NO_3^-(aq) + 4H^+(aq) \longrightarrow 3Ag^+(aq) + NO(g) + 2H_2O}$$

금은 질산에 의해 산화되지 않지만, 12 M HCl과 16 M HNO_3를 부피 비 3:1로 만든 혼합 용액인 *왕수*(aqua regia)에서는 산화된다.

"Aqua regia" = 왕수(royal water).

$$Au(s) + 4H^+(aq) + 4Cl^-(aq) + NO_3^-(aq) \longrightarrow AuCl_4^-(aq) + NO(g) + 2H_2O$$

질산의 질산 이온은 산화제로 작용한다. 염산의 역할은 아주 안정한 착이온인 $AuCl_4^-$ 형성에 필요한 Cl^- 이온을 제공하는 것이다.

전이 금속의 서로 다른 양이온 간의 평형

여러 가지 전이 금속은 한 가지 이상의 양이온을 형성한다. 예를 들어 크로뮴은 Cr^{2+} 및 Cr^{3+} 이온들을 형성하고, 구리는 Cu^+ 및 Cu^{2+} 이온들을 형성한다. 표 20.4에 몇몇 이러한 계에 대한 표준 환원 전위($E°_{환원}$)를 수록하였다. 이 표와 표 17.1의 자료를 사용하여 수용액에서 서로 다른 전이 금속 양이온의 상대적인 안정도를 결정할 수 있다.

$E°_{환원}$이 큰 양의 값인 양이온들은 쉽게 환원되기 때문에 수용액에서 불안정한 경향이 있다. 적절한 예는 Mn^{3+} 이온의 경우로, Mn^{3+} 이온은 물과 자발적으로 반응한다.

$$2Mn^{3+}(aq) + H_2O(l) \longrightarrow 2Mn^{2+}(aq) + \tfrac{1}{2}O_2(g) + 2H^+(aq)$$
$$E° = E°_{환원}\,Mn^{3+} + E°_{산화}\,H_2O = +1.559\text{ V} - 1.229\text{ V} = +0.330\text{ V}$$

이 반응의 결과로 Mn^{3+} 양이온은 수용액에 존재할 수 없다. Mn(III)은 Mn_2O_3 및 MnO(OH)와 같은 불용성 산화물과 수산화물에서만 존재할 수 있다.

Co^{3+}도 착화합물을 제외하고는 드물다.

표 20.4의 가운데 열에 있는 양이온(Cr^{2+}, Mn^{2+}, . . .)은 중간 산화 상태를 갖는다. 그들은 큰 전하를 갖는 양이온으로($Cr^{2+} \longrightarrow Cr^{3+}$) 산화되거나 금속($Cr^{2+} \longrightarrow Cr$)으로 환원될 수 있다. 이와 같은 유형의 양이온의 경우, 두 개의 반쪽-반응이 동시에 일어난다. 이러한 반응 유형을 **불균등화반응**(disproportionation)이라 한다. 예를 들어 Cu^+ 이온을 살펴보자. 수용액에서 Cu(I) 염은 구리 금속으로 환원되고, 동시에 Cu^{2+}로 산화되는 *불균등화반응*을 일으킨다.

$$2Cu^+(aq) \longrightarrow Cu(s) + Cu^{2+}(aq); \qquad E° = +0.518\text{ V} - 0.161\text{ V} = +0.357\text{ V}$$

결과적으로 안정한 Cu(I) 화학종은 $Cu(CN)_2^-$와 같은 착이온이거나 CuCN과 같은 불용성 화합물뿐이다.

Cu^+ 이온은 표 20.4의 가운데 열에 있는 화학종 중에서 물에서 불균등화반응을 일으켜 동시에 금속으로 환원되고 큰 전하를 갖는 양이온으로 산화되는 몇 안 되는 화학종 중 하나이다. 그러나 이와 같은 형태의 양이온들은 전혀 다른 이유 때문에 불안정할 수 있다. 일반적으로 물에는 공기가 용해되어 있다. 공기 중의 O_2가 양이온을 산화시킬 수 있다. Cr(II) 염의 파란색 용액이 공기 중에 노출되면 반응에 의해 Cr^{3+} 이온이 형성됨에 따라 색깔이 빠르게 보라색이나 초록색으로 바뀐다.

$$2Cr^{2+}(aq) \longrightarrow 2Cr^{3+}(aq) + 2e^- \qquad E°_{산화} = +0.408\text{ V}$$
$$\tfrac{1}{2}O_2(g) + 2H^+(aq) + 2e^- \longrightarrow H_2O \qquad E°_{환원} = +1.229\text{ V}$$
$$\overline{2Cr^{2+}(aq) + \tfrac{1}{2}O_2(g) + 2H^+(aq) \longrightarrow 2Cr^{3+}(aq) + H_2O \qquad E° = +1.637\text{ V}}$$

이 반응의 결과로, 크로뮴(II) 염은 합성하기도 어렵고, 저장하기는 더욱 어렵다.

표 20.4 ▸ 전이 금속 양이온의 환원되기 쉬운 정도[$E°_{환원}$(V)]

크로뮴	Cr^{3+}	$\xrightarrow{-0.408\text{ V}}$	Cr^{2+}	$\xrightarrow{-0.912\text{ V}}$	Cr
망가니즈	Mn^{3+}	$\xrightarrow{+1.559\text{ V}}$	Mn^{2+}	$\xrightarrow{-1.182\text{ V}}$	Mn
철	Fe^{3+}	$\xrightarrow{+0.769\text{ V}}$	Fe^{2+}	$\xrightarrow{-0.409\text{ V}}$	Fe
코발트	Co^{3+}	$\xrightarrow{+1.953\text{ V}}$	Co^{2+}	$\xrightarrow{-0.282\text{ V}}$	Co
구리	Cu^{2+}	$\xrightarrow{+0.161\text{ V}}$	Cu^{+}	$\xrightarrow{+0.518\text{ V}}$	Cu
금	Au^{3+}	$\xrightarrow{+1.400\text{ V}}$	Au^{+}	$\xrightarrow{+1.695\text{ V}}$	Au
수은	Hg^{2+}	$\xrightarrow{+0.908\text{ V}}$	Hg_2^{2+} ◂ⓘ	$\xrightarrow{+0.796\text{ V}}$	Hg

ⓘ Hg_2^{2+} 이온은 $(Hg—Hg)^{2+}$ 구조를 가진다.

Fe^{2+} 이온($E°_{산화} = -0.769$ V)은 Cr^{2+}보다 훨씬 더 산화에 대해서 안정하다. 그러나 수용액에 있는 철(II) 염은 용존 산소에 의해 느리게 철(III)로 전환된다.◂ⓘ 산성 용액에서 반응은 다음과 같다.

ⓘ 고체 Fe^{2+} 염은 흔히 Fe^{3+}로 오염되어 있다.

$$2Fe^{2+}(aq) + \tfrac{1}{2}O_2(g) + 2H^+(aq) \longrightarrow 2Fe^{3+}(aq) + H_2O$$
$$E° = E°_{산화}\ Fe^{2+} + E°_{환원}\ O_2 = -0.769\text{ V} + 1.229\text{ V} = +0.460\text{ V}$$

유사한 반응이 염기성 용액에서 일어난다. 수산화 철(II)은 처음 침전되었을 때 순수한 흰색이지만 공기가 있으면 O_2에 의해 산화되면서 처음에는 녹색으로 변하다가 갈색으로 변한다.

$$2Fe(OH)_2(s) + \tfrac{1}{2}O_2(g) + H_2O(l) \longrightarrow 2Fe(OH)_3(s)$$

예제 20.7

표 20.4를 이용하여 다음을 구하라.

(a) 물과 반응하여 O_2 기체를 발생하는 Mn^{3+} 이외의 세 가지 다른 양이온($E°_{산화}\ H_2O = -1.229$ V).

(b) Cu^+ 이외에 물에서 불균등화반응이 일어나는 다른 양이온.

(c) Cr^{2+}와 Fe^{2+} 이외에 물에 녹아 있는 $O_2(g)$에 의하여 산화되는 두 가지 다른 양이온($E°_{환원}\ O_2 = +1.229$ V).

전략 및 풀이

표 20.4를 이용하여 $E°_{환원}$과 $E°_{산화}$를 더하면 $E° > 0$ 되는 두 반쪽-반응(하나는 산화반응, 다른 하나는 환원반응)을 찾는다.

(a) $E°_{산화} = -1.229$ V이기 때문에 $E°_{환원}$은 1.229 V보다 더 커야 한다.
이온들은 다음과 같다.

Co^{3+}: $E°_{환원}$= 1.953 V
Au^{3+}: $E°_{환원}$= 1.400 V
Au^{+}: $E°_{환원}$= 1.695 V

(b) 불균등화반응은 같은 이온이나 원소가 환원되고 산화되는 것을 의미함을 기억한다. 가운데 열에 있는 이온들을 살펴보고 이온의 양변에 $E°_{산화}$와 $E°_{환원}$을 더한다. $E°_{산화}$ 값은 부호가 변한다는 것을 잊지 말라.

$Cr^{2+} \longrightarrow Cr$: $E°_{환원} = -0.912V$	$Cr^{2+} \longrightarrow Cr^{3+}$: $E°_{산화} = 0.408V$	$E° < 0$
$Mn^{2+} \longrightarrow Mn$: $E°_{환원} = -1.182V$	$Mn^{2+} \longrightarrow Mn^{3+}$: $E°_{산화} = -1.559V$	$E° < 0$
$Fe^{2+} \longrightarrow Fe$: $E°_{환원} = -0.409V$	$Fe^{2+} \longrightarrow Fe^{3+}$: $E°_{산화} = -0.769V$	$E° < 0$
$Au^{+} \longrightarrow Au$: $E°_{환원} = 1.695V$	$Au^{+} \longrightarrow Au^{3+}$: $E°_{산화} = -1.400V$	$E° > 0$

Au^+ 가 다른 양이온이다.

(계속)

(c) $E^\circ_{산화}$는 반드시 −1.229 V보다 커야 한다.

산화될 반응물로 가운데 열에 있는 화학종을 사용한다.

양이온이 아니기 때문에 오른쪽 열에 있는 화학종을 사용해서는 안된다(질문은 양이온에 대해 묻고 있다.) 왼쪽 열에 있는 양이온은 산화될 수 없기 때문에 사용해서는 안된다.

$$Mn^{2+} \longrightarrow Mn^{3+}: E^\circ_{산화} = -1.559V < -1.229\ V$$
$$Co^{2}+ \longrightarrow Co^{3+}: E^\circ_{산화} = -1.953V < -1.229\ V$$
$$Cu^{+} \longrightarrow Cu^{2+}: E^\circ_{산화} = -0.161V > -1.229\ V$$
$$Au^{+} \longrightarrow Au^{3+}: E^\circ_{산화} = -1.400V < -1.229\ V$$
$$Hg_2^{2+} \longrightarrow Hg^{2+}: E^\circ_{산화} = -0.908V > -1.229\ V$$

Cu^+와 Hg_2^{2+}가 다른 양이온들이다.

전이 금속의 산소산 음이온(CrO_4^{2-}, $Cr_2O_7^{2-}$, MnO_4^-)

+6가 상태의 크로뮴은 두 가지 다른 산소산 음이온, 즉 노란색의 크로뮴산 이온(CrO_4^{2-})과 붉은색의 다이크로뮴산 이온($Cr_2O_7^{2-}$)을 형성한다(그림 20.13). 크로뮴산 이온은 염기성 또는 중성 용액에서 안정하지만, 산성 용액에서는 다이크로뮴산 이온으로 전환된다.

$$\underset{노란색}{2CrO_4^{2-}(aq)} + 2H^+(aq) \rightleftharpoons \underset{붉은색}{Cr_2O_7^{2-}(aq)} + H_2O(l) \qquad K = 3 \times 10^{14}$$

산성 용액에서 다이크로뮴산 이온은 센 산화제이다.

$$Cr_2O_7^{2-}(aq) + 14H^+(aq) + 6e^- \rightleftharpoons 2Cr^{3+}(aq) + 7H_2O(l) \qquad E^\circ_{환원} = +1.33V$$

환원에 대한 반쪽-반응식으로부터 예상할 수 있는 바와 같이 $Cr_2O_7^{2-}$ 이온의 산화력은 H^+의 농도가 감소(pH가 증가)함에 따라 감소한다.

$Cr_2O_7^{2-}$ 이온은 수용액에서뿐만 아니라 고체 상태에서도 산화제 역할을 할 수 있다. 특히 $Cr_2O_7^{2-}$ 이온은 NH_4^+ 이온을 질소 분자로 산화시킬 수 있다. 다이크로뮴산 암모늄 더미(pile)를 발화시키면 (마치 화산이 폭발하는 것과 같은) 볼 만한 반응이 일어난다(그림 20.14).

$$\underset{붉은색}{(NH_4)_2Cr_2O_7(s)} \longrightarrow N_2(g) + 4H_2O(g) + \underset{초록색}{Cr_2O_3(s)}$$

다이크로뮴산 암모늄이 탈 때 뜨거운 기체, 불꽃, 많은 양의 산화 크로뮴(III)의 초록색 먼지를 방출하는 등 작은 화산 폭발을 방불케 한다.

ⓘ 훌륭한 시연 강의로 보여줄 수 있다.

크로뮴산 염과 다이크로뮴산 염은 독성에 대한 우려 때문에 화학 교육 실험실에서 점차 사라져 가고 있다. 산업 근로자들이 크로뮴산 염을 포함하는 먼지에 장기간 노출되면 폐암에 걸리는 경우가 발생할 수 있다. 보다 일반적으로는 크로뮴산 염을 반복적으로 접촉하면 피부 질환이 생긴다. 어떤 사람은 CrO_4^{2-} 및 $Cr_2O_7^{2-}$에 심한 알레르기가 있어 처음 노출 시에도 두드러기가 생긴다.

그림 20.13 ▸ **크로뮴의 산화 상태.** 처음 두 시약병에는 +3가의 크로뮴이 들어 있다. 오른편에 있는 두 시약병에는 +6가의 크로뮴이 들어 있다.

그림 20.14 ▸ **다이크로뮴산 암모늄 화산.**

과망가니즈산 이온(MnO_4^-)은 매우 묽은 용액에서도 쉽게 볼 수 있는 진한 자주색을 띤다.* 고체 과망가니즈산 포타슘($KMnO_4$)의 결정은 거의 검은색에 가까운 진한 자주색이다. 이 화합물은 무좀이나 방울뱀에 물렸을 때와 같은 여러 가지 질병을 치료하는 데 사용된다. MnO_4^- 이온이 매우 강력한 산화제이기 때문에 이와 같은 응용을 할 수 있다. MnO_4^-가 Mn^{2+}로 환원되는 산성 용액에서 특히 산화력이 크다.

$$MnO_4^-(aq) + 8H^+(aq) + 5e^- \longrightarrow Mn^{2+}(aq) + 4H_2O \qquad E^\circ_{환원} = +1.512\ V$$

염기성 용액에서는 MnO_4^-이온이 MnO_2로 환원되며, 상당히 작은 값의 $E^\circ_{환원}$ 값을 갖는다.

$$MnO_4^-(aq) + 2H_2O + 3e^- \longrightarrow MnO_2(s) + 4OH^-(aq) \qquad E^\circ_{환원} = +0.596\ V$$

그러나 MnO_4^-이온은 염기성 용액에서도 물을 산화시킬 수 있다.

$$4MnO_4^-(aq) + 2H_2O \longrightarrow 4MnO_2(s) + 3O_2(g) + 4OH^-(aq)$$
$$E^\circ = E^\circ_{환원}\ MnO_4^- + E^\circ_{산화}\ H_2O = +0.596\ V - 0.401\ V = +0.195\ V$$

이 반응으로 실험실에서 만든 $KMnO_4$ 용액이 서서히 분해하여 갈색을 띠는 고체(MnO_2)와 기포(O_2)를 생성하는 사실을 설명할 수 있다.

*장시간 햇빛에 노출된 오래된 병들이 자주색 빛을 띠는 것은 MnO_4^- 이온 때문이다. 자외선이 유리에 있는 망가니즈 화합물을 산화시키면 이 이온이 형성된다.

생활 속의 화학 이야기 | CHEMISTRY BEYOND THE CLASSROOM

영양 공급에 필수적인 금속들

주족 원소 양이온 중 네 개는 인간의 영양 공급에 필수적이다(표 A). 이들 중 가장 중요한 것은 Ca^{2+}이며, 몸에 있는 칼슘의 90%가 뼈와 치아에서 하이드록시아파타이트(hydroxyapatite), $Ca(OH)_2 \cdot 3Ca_3(PO_4)_2$의 형태로 존재한다. 뼈와 치아에 있는 칼슘 이온은 혈액 속의 칼슘 이온과 쉽게 교환된다. 매일 약 0.6 g의 Ca^{2+}가 뼈에 들어오고 나간다. 정상적인 성인의 경우 이와 같은 교환이 균형을 이루지만, 노인 특히 여성의 경우 뼈에 있는 칼슘이 빠져나가 골다공증(osteoporosis)이라는 병을 유발하기도 한다.

소듐은 필수 금속이지만 통계적으로 고혈압(hypertension)과 관련되어 있다. 고혈압 환자 약 50%(전체 인구의 10%)는 고농

철분이 많이 함유된 식품.

도의 Na^+ 이온에 민감하다. 따라서 Na^+ 이온 하루 소비 권장량을 2.4 g으로 제한하고 있다. Na^+의 양을 줄이는 가장 간단한 방법은 우리가 섭취하는 소듐 양의 75%를 차지하는 가공 식품을 구입하기 전에 영양 성분 표시를 주의 깊게 살펴보는 것이다. 예를 들면 1인분으로 포장된 스캘롭 감자 하나에는 0.5 g의 Na^+ 이온이 들어 있지만 큰 구운 감자에는 단지 0.006 g의 Na^+ 이온이 들어 있다.

인간의 영양에 필수적인 것으로 알려진 10개의 미량 원소 중 7개는 전이 금속이다. 대부분의 경우 생화학적 화합물에 있는 전이 금속은 유기 리간드에 킬레이트된 착이온 상태로 존재한다. 제19장에서 보았듯이 헤모글로빈은 착화합물의 중심 이온이 Fe^{2+}인 구조이다. 비타민 B_{12}에 있는 Co^{3+} 이온은 헤모글로빈에서와 같은 유사한 위치를 차지하고 있으며, 분자들에 의해 팔면체 구조로 배위되어 있다.

표 A에서 알 수 있듯이 전이 금속 양이온은 효소에서 흔하게 볼 수 있다. Zn^{2+} 이온 한 가지만 보더라도 70가지 이상의 효소의 구성 요소로 알려져 있다. 이 중 하나는 알코올 탈수소효소(alcohol dehydrogenase)로, 간에 집중되어 있으며, 알코올을 분해하는 역할을 한다. 아연을 포함하는 다른 효소는 피부에 있는 피지샘의 정상적인 기능에 참여하는데, 여드름 치료에 Zn^{2+} 화합물을 사용하는 것도 이 때문이다.

Zn^{2+} 이온은 인간의 영양에 필수적인 데 비해 주기율표에서 아연 밑에 있는 두 원소(Cd, Hg)의 화합물은 대단한 독성을 갖는다. 이는 Zn^{2+}와 달리 Cd^{2+} 및 Hg^{2+}는 황 원자를 포함하는 리간드와 아주 안정한 착화합물을 형성하기 때문인 것으로 생각된다. 결과적으로 이 두 양이온은 —SH 기를 포함하는 효소와 반응하여 효소를 비활성화시킨다.

표 A ▸ 필수적인 금속 이온

주화학종(주족 양이온)				
이온	**체내 함유량**	**1일 필요량**	**인체에서의 역할**	**주요 공급원***
Na^+	63 g	~2 g	세포액 *외부의* 주요 양이온	식용 소금, 많은 가공 식품, 보존 식품
K^+	150 g	~2 g	세포액 *내부의* 주요 양이온	과일, 견과류, 생선, 커피, 밀기울
Mg^{2+}	21 g	0.35 g	신체 활동 효소를 활성화시킴	초콜릿, 견과류, 커피, 밀기울
Ca^{2+}	1160 g	0.8 g	뼈와 치아를 형성시킴	우유, 치즈, 브로콜리, 연어 통조림(뼈 포함)
미량의 화학종(전이 금속 양이온)				
이온	**체내 함유량**	**1일 필요량**	**인체에서의 역할**	**주요 공급원***
Fe^{2+}, Fe^{3+}	5000 mg	15 mg	헤모글로빈, 마이오글로빈의 성분	간, 고기, 조개, 시금치
Zn^{2+}	3000 mg	15 mg	많은 효소, 호르몬의 성분	굴, 게, 고기, 견과류
Cu^{2+}, Cu^+	100 mg	2 mg	철 대사, 효소의 성분	바다가재, 체리, 초콜릿
Mn^{2+}	15 mg	3 mg	탄수화물, 지방의 대사	근대, 견과류, 블루베리
Mo(IV,V,VI)	10 mg	0.3 mg	철, 질소 대사, 효소의 성분	콩류, 아이스크림
Cr^{3+}	5 mg	0.2 mg	포도당 대사, 인슐린 작용에 영향	옥수수, 조개, 견과류
Co^{2+}, Co^{3+}	1 mg	0.005 mg	비타민 B_{12}의 성분	간, 조개류

*더 많은 다른 자료들은 영양학 관련 책에서 찾을 수 있다.

주요 개념

1. 열역학적 자료로부터 $\Delta G°$ 계산하기.
   (예제 20.1; 문제 5, 6, 35)
2. 다음을 나타내는 균형 맞춘 화학 반응식 완성하기.
   - 야금 과정
     (예제 20.2, 20.3; 문제 1~4, 7, 8)
   - 1족과 2족 금속의 반응
     (예제 20.4, 20.5; 문제 13~16)
   - 전이 금속의 산화-환원 반응
     (예제 20.6; 문제 19~24)
3. $E°$와 표준 전위로부터 반응의 자발성 결정하기.
   (예제 20.7; 문제 25~28)

주요 용어

과산화물(peroxide) 불균등화반응(disproportonation) 초과산화물(superoxide)
광석(ore) 야금(metallurgy)

요약 문제

알칼리 토금속 원소인 스트론튬(Sr)과 전이 금속인 망가니즈(Mn)에 대해 다음 물음에 답하라.

(a) 스트론튬의 산소, 물과의 반응에 대한 균형 맞춘 화학 반응식을 써라.

(b) 수소화 스트론튬, 질소화 스트론튬과 황화 스트론튬의 화학식을 써라.

(c) 염화 스트론튬을 전기분해하면 스트론튬 금속과 염소 기체가 생성된다. 1 kg의 스트론튬과 STP 상태의 $Cl_2(g)$ 1 L를 얻으려면 각각 몇 킬로그램의 염화 스트론튬이 필요한가?

(d) 망가니즈의 산화 상태가 서로 다른 세 가지 망가니즈 화합물의 화학식을 써라.

(e) 망가니즈 금속과 염산이 반응할 때, Mn^{3+}와 물이 반응할 때, Mn과 O_2가 반응할 때 각각의 균형 맞춘 화학 반응식을 써라.

(f) 망가니즈의 주요 광석인 연망가니즈석(pyrolusite, MnO_2)이 CO와 반응할 때의 균형 맞춘 화학 반응식을 써라.

(g) MnO와 H_2의 반응에 대하여 답하라.

$$MnO(s) + H_2(g) \longrightarrow Mn(s) + H_2O(g), \Delta H° = +143 \text{ kJ}, \quad \Delta S° = +0.0297 \text{ kJ/K}$$

MnO를 수소와 함께 가열하면 금속 망가니즈로 환원시키는 것이 가능한가? 반응이 자발적으로 일어나는 온도($T_{계산}$)를 계산하여라.

(h) 다음 물음에 답하라.

$$E°_{환원}\ Mn^{3+} \longrightarrow Mn^{2+} = +1.559 \text{ V}, E°_{환원}\ Mn^{2+} \longrightarrow Mn = -1.182 \text{ V}, E°_{환원}\ O_2(g) \longrightarrow H_2O = +1.229 \text{ V}$$

수용액에서 Mn^{2+}의 불균등화반응이 일어날지를 계산을 통하여 밝혀라. 용존 산소에 의해 Mn^{2+}가 Mn^{3+}로 산화될 것인지를 밝혀라. 수소 기체에 의해 망가니즈 금속으로 환원될 것인지를 밝혀라.

(i) 다음 자료를 사용하여 답하라.

$$MnO_4^-(aq) + 2H_2O + 3e^- \longrightarrow MnO_2(s) + 4OH^-(aq) \quad E°_{환원} = +0.59 \text{ V}$$

염기성 용액에서 MnO_4^-가 Fe^{2+}와 반응하여 $Fe(OH)_3$를 형성하는 반응에 대한 균형 맞춘 화학 반응식을 써라. pH 9.0에서, $[MnO_4^-] = 1\ M$일 때, MnO_4^-의 $E_{환원}$ 값을 계산하라.

해답

(a) $2Sr(s) + O_2(g) \longrightarrow 2SrO(s)$
$Sr(s) + 2H_2O \longrightarrow Sr^{2+}(aq) + 2OH^-(aq) + H_2(g)$

(b) SrH_2 ; Sr_3N_2 ; SrS

(c) 1.809 kg : 7.07 g

(d) $MnCl_2$, Mn_2O_3, $KMnO_4$

(e) $Mn(s) + 2H^+(aq) \longrightarrow Mn^{2+}(aq) + H_2(g)$
$2Mn^{3+}(aq) + H_2O \longrightarrow 2Mn^{2+}(aq) + \frac{1}{2}O_2(g) + 2H^+(aq)$
$3Mn(s) + 2O_2(g) \longrightarrow Mn_3O_4(s)$

(f) $MnO_2(s) + 2CO(g) \longrightarrow Mn(s) + 2CO_2(g)$

(g) 아니오; $T_{계산} \approx 4800$ K

(h) 아니오; 모든 경우에 $E°$는 음의 값을 갖는다.

(i) $MnO_4^-(aq) + 3Fe^{2+}(aq) + 5OH^-(aq) + 2H_2O \longrightarrow MnO_2(s) + 3Fe(OH)_3(s)\ E_{환원} = +0.99$ V

연습 문제

짝수 번호의 문제와 도전 문제의 해답은 센게이지 홈페이지 자료실에서 다운로드 받을 수 있다(www.cengage.co.kr).

20-1 야금

1. 용융 NaCl의 전기분해를 나타내는 균형 맞춘 화학 반응식을 써라. 환원전극에서 소듐이 1.00 g 생성될 때 산화전극에서 생성되는 Cl_2 기체의 부피는 STP에서 얼마인가?

2. 산화 알루미늄의 전기분해를 나타내는 균형 맞춘 화학 반응식을 써라. 산화전극에서 생성된 O_2의 부피가 25°C, 751 mmHg에서 2.00 L라면, 환원전극에서 생성되는 알루미늄의 질량은 얼마인가?

3. 다음 반응의 균형 맞춘 화학 반응식을 써라.
(a) 황화 니켈(II)을 배소시켜 산화 니켈(II)을 만든다.
(b) 산화 니켈(II)을 일산화 탄소로 환원시킨다.

4. 황화 구리(I)를 배소시켜, "조동"을 형성할 때의 균형 맞춘 화학 반응식을 써라.

5. 연습 문제 3(b)의 반응이 25°C, 1 atm에서 자발적인지 계산을 통하여 밝혀라.

6. 연습 문제 4의 반응에 대해 200°C일 때, $\Delta G°$를 계산하라.

7. 다음에 대하여 균형 맞춘 화학 반응식을 써라.
(a) 고운 가루의 금이 산소 존재하에서 $CN^-(aq)$와 반응할 때
(b) 고운 가루의 아연을 (a)에서 생성된 용액에 가할 때

8. 다음에 대하여 균형 맞춘 화학 반응식을 써라.
(a) 산화 철(III)을 일산화 탄소로 환원시킬 때
(b) 순산소 전로에서 선철에 들어 있는 과량의 탄소를 제거할 때

9. 1톤의 적철광 광석(92% Fe_2O_3)을 철로 바꾸는 데 필요한 CO를 생성하기 위하여 25°C, 1 atm에서 코크스와 반응하는 데 필요한 공기는 몇 ft^3인가? (부피비로 공기의 21%를 O_2가 차지한다고 가정한다.)

10. 아연은 전해 정련을 통해 생산된다. 구리의 경우와 비슷한 전해 공정은 두 개의 반쪽-반응으로 나타낼 수 있다.

$$\text{Zn(순수하지 않음}, s) \longrightarrow Zn^{2+} + 2e^-$$
$$Zn^{2+} + 2e^- \longrightarrow \text{Zn (순수함}, s)$$

이 과정에서 3.0 V의 전압이 사용된다. 순수한 아연 1톤을 생산하는 데 몇 kWh가 필요한가?

11. 어떤 금속 황화물 2.876 g을 공기 중에서 배소시키면 2.368 g의 금속 산화물이 생성된다. 금속의 산화수가 +2이면 금속의 몰 질량은 얼마인가?

12. 황동광($CuFeS_2$)은 구리의 중요한 공급원으로 일반적인 황동광은 약 0.75%의 구리를 포함하고 있다. 화차 1개의 적재량인 4.00×10^3 ft^3의 황동광 광석(d = 2.6 g/cm^3)을 배소할 때 25°C, 1.00 atm에서 생성되는 SO_2의 부피는 얼마인가? 단, 광석 속의 S는 모두 SO_2로 바뀌고, 다른 황 공급원은 존재하지 않는다고 가정한다.

20-2 알칼리 금속과 알칼리 토금속의 반응

13. 스트론튬이 다음의 원소와 반응할 때 생성되는 화합물의 이름과 화학식을 써라.

(a) 질소 (b) 브로민
(c) 물 (d) 산소

14. 포타슘이 다음의 원소와 반응할 때 생성되는 화합물의 이름과 화학식을 써라.

(a) 질소 (b) 아이오딘 (c) 물
(d) 수소 (e) 황

15. 다음 반응에 대해 균형 맞춘 화학 반응식과 생성물의 이름을 써라.

(a) 마그네슘과 염소의 반응.
(b) 과산화 바륨과 물의 반응.
(c) 리튬과 황의 반응.
(d) 소듐과 물의 반응.

16. 다음 반응에 대해 균형 맞춘 화학 반응식과 생성물의 이름을 써라.

(a) 과산화 소듐과 물의 반응.
(b) 칼슘과 산소의 반응.
(c) 루비듐과 산소의 반응.
(d) 수소화 스트론튬과 물의 반응.

17. 구명 보트를 부풀리기 위하여 25°C, 1.10 atm에서 25.0 L의 수소가 필요하다. 물과 반응해야 하는 수소화 칼슘의 질량은 얼마인가?

18. 숨을 내쉬는 공기 속에 5.00 mol %의 CO_2가 포함되어 있을 때, 1.00 L의 내쉬는 공기(37°C, 1.00 atm) 시료에서 CO_2의 90.0%를 제거하기 위하여 필요한 KO_2의 질량은 얼마인가?

20-3 전이 금속의 산화-환원 화학

19. 다음 반응의 균형 맞춘 화학 반응식을 써라.

(a) 센산과 크로뮴산 이온의 반응.
(b) 염기성 용액에서 과망가니즈산 이온에 의해 물이 산소 기체로 산화되는 반응.
(c) 염기성 용액에서 크로뮴산 이온이 수산화 크로뮴(III)으로 환원되는 반쪽-반응.

20. 다음 반응의 균형 맞춘 화학 반응식을 써라.

(a) 코발트가 염산과 반응하여 기포를 형성하는 반응.
(b) 질산과 구리의 반응.
(c) 산성 용액에서 다이크로뮴산 이온이 Cr^{3+} 이온으로 환원되는 반쪽-반응.

21. 수은과 *왕수*가 반응하여 $HgCl_4^{2-}$와 $NO_2(g)$를 포함하는 생성물이 얻어진다. 이 반응의 균형 맞춘 산화-환원 반응식을 써라.

22. 카드뮴과 *왕수*가 반응하여 $CdCl_4^{2-}$와 $NO(g)$를 포함하는 생성물이 얻어진다. 이 반응의 균형 맞춘 산화-환원 반응식을 써라.

23. 다음 산화-환원 반응식의 균형을 맞추어라.

(a) $Cu(s) + NO_3^-(aq) \longrightarrow Cu^{2+} + NO_2(g)$ (산성)
(b) $Cr(OH)_3(s) + ClO^-(aq) \longrightarrow CrO_4^{2-}(aq) + Cl_2(aq)$ (염기성)

24. 다음 산화-환원 반응식의 균형을 맞추어라.

(a) $Fe(s) + NO_3^-(aq) \longrightarrow Fe^{3+}(aq) + NO_2(g)$ (산성)
(b) $Cr(OH)_3(s) + O_2(g) \longrightarrow CrO_4^{2-}(aq)$ (염기성)

25. 다음 금속이 염산(표준 농도)과 반응하는지를 계산을 통하여 보여라.

(a) Cd (b) Cr (c) Co
(d) Ag (e) Au

26. 연습 문제 25의 금속이 질산(표준 농도)과 반응하여 NO를 형성하는지를 계산을 통하여 보여라.

27. 표 20.4에 수록된 양이온 중 Cu^+를 제외한 어떤 이온이 표준 상태에서 불균등화반응을 일으키는지를 계산을 통하여 보여라.

28. 표 17.1(제17장)을 이용하여 다음 반응에 대한 $E°$를 계산하라.

(a) $2Co^{3+}(aq) + H_2O \longrightarrow 2Co^{2+}(aq) + \frac{1}{2}O_2(g) + 2H^+(aq)$
(b) $2Cr^{2+}(aq) + I_2(s) \longrightarrow 2Cr^{3+}(aq) + 2I_2(aq)$

29. 표 20.4를 이용하여 Fe^{2+}의 불균등화반응에 대해 다음을 계산하라.

(a) 평형 상수, K.
(b) 0.10 M Fe^{2+}와 평형을 이루고 있는 Fe^{3+}의 농도.

30. 표 20.4를 이용하여 Au^+의 불균등화반응에 대해 다음을 계산하라.

(a) 평형 상수, K.
(b) 0.10 M Au^{3+}와 평형을 이루고 있는 Au^+의 농도.

종합 문제

31. 752 mm Hg, 22°C에서 소듐을 과량의 물에 가하면 2.73 L의 수소가 방출된다. 사용한 소듐의 질량은 얼마인가?

32. 248 g의 초과산화 포타슘이 자급식 호흡 장치에 들어 있다. 소방관은 37°C, 748 mm Hg에서 116 L의 공기를 내쉰다. 내쉬는 공기에 포함된 H_2O의 부피 백분율은 6.2이다. 내쉬는 공기 중의 물과 반응한 후 남은 초과산화 포타슘의 질량은 얼마인가?

33. $PbCl_2$의 $K_{sp} = 1.7 \times 10^{-5}$이고 $[Cl^-] = 0.20$ M일 때 평형에서의 Pb^{2+}의 농도를 계산하라.

34. 다음 반응의 평형 상수는 3×10^{14}이다.

$$2CrO_4^{2-}(aq) + 2H^+(aq) \rightleftharpoons Cr_2O_7^{2-}(aq) + H_2O$$

크로뮴산 이온과 다이크로뮴산 이온의 농도가 모두 0.10 M이 되기 위한 pH는 얼마인가?

35. 부록 1의 자료를 이용하여 수소 기체를 환원제로 사용하여 Fe_2O_3를 Fe로 환원하는 데 필요한 온도를 계산하라($H_2O(g)$가 다른 생성물이다).

36. 0.500-g의 아연-구리 합금 시료를 묽은 염산으로 처리하였다. 27°C, 755 mm Hg에서 발생되는 수소 기체를 수상 치환으로 포집하였다. 기체가 치환한 물의 부피가 105.7 mL이었다. 합금의 질량 조성 백분율은 얼마인가? (27°C에서 물의 증기압은 26.74 mm Hg이다.) Zn만이 반응한다고 가정한다.

37. 어떤 스테인리스강은 22%(질량 백분율)의 Ni를 포함하고 있다. 1 ton의 스테인리스강을 만들려면 황화 니켈 광석, NiS가 얼마나 필요한가?

38. 은은 금과 거의 같은 방식으로 NaCN 용액과 O_2를 사용하여 얻는다. 휘은석 광석, Ag_2S에서 은을 추출하는 과정을 적절한 반응식으로 설명하라. (생성물은 SO_2, $Ag(CN)_2^-$이고 $Ag(CN)_2^-$는 아연에 의해 환원된다.)

39. 철(II) 이온은 산성 용액에서 과망가니즈산 이온에 의해 철(III) 이온으로 산화될 수 있다. 과망가니즈산 이온은 망가니즈(II) 이온으로 환원된다.

(a) 산화 반쪽-반응, 환원 반쪽-반응, 전체 산화-환원 반응식을 써라.
(b) 반응의 $E°$를 구하라.
(c) 0.3500-g의 광석 시료를 녹여 생성되는 Fe^{2+}를 0.0200 M $KMnO_4$ 용액으로 적정하였더니 55.63 mL의 $KMnO_4$가 소모되었다. 광석 속의 철의 백분율은 얼마인가?

40. 표 20.4의 가운데 열의 양이온 중 다음에 해당하는 것을 찾아라.
(a) 가장 센 환원제는?
(b) 가장 센 산화제는?
(c) 가장 약한 환원제는?
(d) 가장 약한 산화제는?

도전 문제

41. 20.00 g의 바륨 시료가 산소와 반응하여 22.38 g의 산화 바륨과 과산화 바륨을 형성한다. 혼합물의 조성을 결정하라.

42. $Fe(OH)_3$라 간주할 수 있는 녹은 옥살산으로 처리하여 녹일 수 있다. 산-염기 반응이 일어나고 착이온이 형성된다.
(a) 이 반응의 균형 맞춘 화학 반응식을 써라.
(b) 1.0 g의 녹 얼룩을 제거하는 데 필요한 0.10 *M* $H_2C_2O_4$의 부피는 얼마인가?

43. 0.500-g의 강철 시료 속의 망가니즈를 분석하고자 한다. 시료는 산에 녹인 다음, 망가니즈는 과망가니즈산 이온으로 산화시킨다. 몰수를 알고 있는 과량의 Fe^{2+}를 가하여 MnO_4^-를 Mn^{2+}로 환원시킨다. 반응하고 남은 과량의 Fe^{2+}는 $K_2Cr_2O_7$으로 적정하여 정량한다. 시료에 0.125 *M* $FeSO_4$ 75.00 mL를 가한 다음 과량의 Fe^{2+}를 산화시키는 데 0.100 *M* $K_2Cr_2O_7$ 13.5 mL가 필요하였다. 시료 속의 Mn의 질량 백분율을 계산하라.

44. 다음 반응의 평형 상수, *K*가 1.00일 때, 온도를 °C의 단위로 계산하라.

$$MnO_2(s) \longrightarrow Mn(s) + O_2(g)$$

45. 다이크로뮴산 포타슘 용액을 수산화 소듐으로 염기성을 만들면, 색깔은 붉은색에서 노란색으로 바뀐다. 노란색 용액에 질산 은을 가하면 침전이 생성된다. 이 침전은 진한 암모니아 용액에서는 녹지만, 질산을 가하면 다시 침전이 생성된다. 위의 모든 화학 반응의 균형 맞춘 알짜 이온 반응식을 써라.

비금속 원소 화학

Chemistry of the Nonmetals

제 21 장

National Gallery, London / Art Resource, NY

◀ 이와 같이 번쩍하는 번개를 일으키는 전하는 공기 중의 산소 일부를 오존으로 바꾸기도 한다.

무엇이 산소처럼 우리를 불타게 하고,
매혹시키고 영감을 주는가?
무엇이 벌컥벌컥 마시고 싶도록 맛있는 것인가?
그것은 매우 자극적이고, 흥을 돋우고
심지어는 회색 수염이 난 노인도 젊어지게 하고 춤을 추게 하고 뛰어다니고 웃게 만드는 것이다.
—JOHN SHIELD
Oxygen Gas

이 장의 차례 _Chapter Outline

대략 18개의 원소가 비금속으로 분류되며, 이것들은 주기율표를 대각선으로 가로지르는 "계단"의 오른쪽 위에 있다(그림 21.1). "비금속(nonmetal)"이란 단어에서 알 수 있듯이, 이 원소들은 금속 성질들을 나타내지 않는다. 고체 상태에서 그들은 펴짐성이 없고 부서지기 쉬우며, 전도체가 아닌 절연체들이다. 대부분의 비금속, 특히 주기율표의 **15**~**17**족 원소들은, 자연에서 분자로 존재한다(예를 들면, N_2, O_2, F_2). **18**족 불활성 기체들은 약한 분산력으로 서로 끌어당기는 개별 원자들로 구성되어 있다. **14**족 탄소는 그물구조 공유성 구조를 갖고 있다.

그림 21.1에 나타낸 바와 같이, 이 장에서는 흔히 볼 수 있고 반응성이 높은 비금속 원소들에 집중할 것이다, 즉,

- **15**족의 질소와 인.
- **16**족의 산소와 황.
- **17**족의 할로젠(F, Cl, Br, I).

다음과 같은 것들을 논의할 것이다.

- 비금속 원소의 성질과 제조 방법(21-1절).
- 비금속 원소의 수소 화합물(21-2절).
- 비금속 원소의 산화물(21-3절).
- 비금속 원소의 산소산과 산소산 음이온(21-4절).

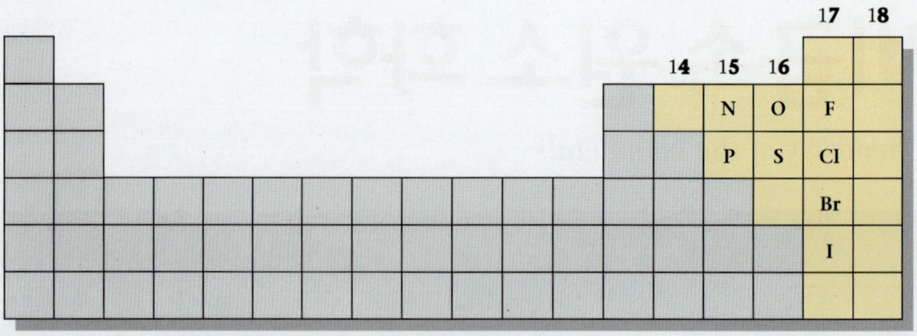

그림 21.1 ▸ **비금속과 주기율표.** 주기율표의 모든 비금속 위치는 노란색으로 나타내었다. 이 장에서 논의되는 비금속 원소에 대한 원소 기호를 나타내었다.

21-1 비금속 원소와 제조 방법

이 장에서 논의할 8개 비금속 원소의 몇 가지 성질을 표 21.1에 나타내었다. 이 원소들은 모두 분자성이라는 것을 주목하라. 몰질량이 작은 원소들(N_2, O_2, F_2)은 실온, 대기압에서 기체이다(그림 21.2). 몰질량이 큰 비금속 원소들은 분산력이 강하기 때문에 액체(Br_2)나 고체(I_2, P_4, S_8)로 존재한다.

▶ 화학 반응성

표 21.1에 수록된 8개의 원소 중에서 *질소*의 반응성이 가장 작다. 이런 불활성은 N_2 분자 내 삼중 결합의 세기 때문이다(N≡N의 결합 엔탈피 = 941 kJ/mol). 사실상 모든 화학 폭발물들이 질소 화합물(예를 들면, 나이트로글리세린, 트라이나이트로톨루엔, 질산 암모늄, 아자이드화 납)이라는 것을 똑같은 맥락으로 설명할 수 있다. 이러한 화합물들은 열을 방출하며 폭발하여 분자성 질소를 형성한다. 질산 암모늄과 아자이드화 납의 반응은 다음과 같다.

$$2NH_4NO_3(s) \longrightarrow 4H_2O(l) + O_2(g) + 2N_2(g) \qquad \Delta H° = -412\ kJ$$
$$Pb(N_3)_2(s) \longrightarrow Pb(s) + 3N_2(g) \qquad \Delta H° = -476\ kJ$$

*플루오린*은 모든 원소 중에서 반응성이 가장 크다. 이런 현상은 약한 F—F 결합이(F—F의 결합 엔탈피 = 153 kJ/mol) 일부 원인일 수 있지만, 더 주요한 원인은 플루오린

표 21.1 ▸ **비금속 원소들의 성질**

	질소	인	산소	황	플루오린	염소	브로민	아이오딘
최외각 전자 배치	$2s^22p^3$	$3s^23p^3$	$2s^22p^4$	$3s^23p^4$	$2s^22p^5$	$3s^23p^5$	$4s^24p^5$	$5s^25p^5$
분자식	N_2	P_4	O_2	S_8	F_2	Cl_2	Br_2	I_2
몰질량(g/mol)	28	124	32	257	38	71	160	254
상태(25°C, 1 atm)	기체	고체	기체	고체	기체	기체	액체	고체
녹는점(°C)	−210	44	−218	119	−220	−101	−7	114
끓는점(°C)	−196	280	−183	444	−188	−34	59	184
결합 엔탈피* (kJ/mol)	941	200	498	226	153	243	193	151
$E°_{환원}$	–	–	–	–	+2.889 V	+1.360 V	+1.077 V	+0.534 V

*원소에서(N_2: 삼중 결합, O_2: 이중 결합).

Marna G. Clarke

그림 21.2 ▸ **염소(Cl_2), 브로민(Br_2), 아이오딘(I_2).** 각 구형 용기(*왼쪽에서 오른쪽 방향으로*)에는 기체 염소, 액체 브로민, 고체 아이오딘과 평형을 이루고 있는 아이오딘 증기가 들어 있다.

이 매우 강력한 산화제($E^\circ_{환원}$ = +2.889 V)이기 때문이다.ⓘ 플루오린은 He와 Ne를 제외한 주기율표 내의 모든 원소와 결합한다. 몇몇 금속과 플루오린은 플루오린화 금속의 표면 막을 형성하며, 이 막은 강하게 달라붙어 있어 더 이상의 반응을 막아준다. 니켈의 경우, 생성물이 NiF_2이다. 플루오린 기체는 보통 스테인리스강(Fe, Cr, Ni)이나 모넬(Ni, Cu)과 같은 니켈 합금으로 만들어진 용기에 저장된다. 플루오린은 물을 포함한 많은 화합물과도 반응하며, 물과 반응하는 경우, 물을 산화시켜 O_2, O_3, H_2O_2, OF_2의 혼합물을 생성한다.

ⓘ 플루오린은 전기음성도가 가장 큰 원소이다.

염소는 플루오린보다 반응성이 다소 작다. 염소는 거의 모든 금속과 반응하지만(그림 21.3), 흔히 가열이 필요하다. 이런 현상은 Cl_2 분자 내 비교적 강한 결합(Cl—Cl의 결합 엔탈피 = 243 kJ/mol)을 반영하고 있다. 염소는 물에서 불균등화반응ⓘ을 하여 Cl^- 이온(Cl의 산화수 = −1)과 HClO 분자(Cl의 산화수 = +1)를 형성한다.

ⓘ 한 화학종이 동시에 산화도 되고 환원도 되는 반응이 불균등화반응이다.

$$Cl_2(g) + H_2O \rightleftharpoons Cl^-(aq) + H^+(aq) + HClO(aq)$$

이 반응으로 생성된 하이포염소산, HClO는 센 산화제($E^\circ_{환원}$ = +1.630 V)이며, 박테리아의 신진대사에 필수적인 효소들을 파괴시켜 박테리아를 죽인다(그림 21.4). "염소 처

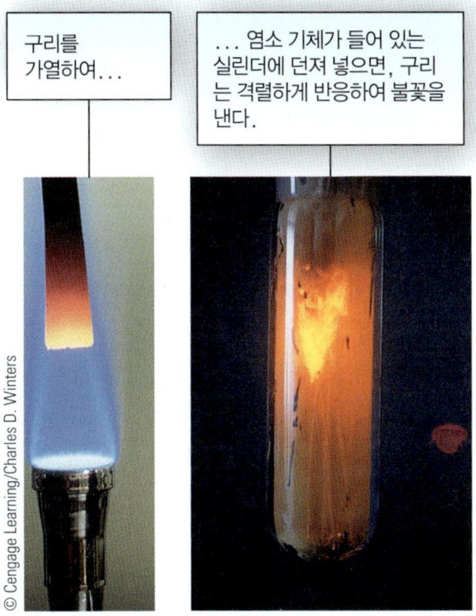

© Cengage Learning/Charles D. Winters

그림 21.3 ▸ **염소와 구리의 반응.** 반응식은 다음과 같다.

$$Cu(s) + Cl_2(g) \longrightarrow CuCl_2(s)$$

© hxdbzxy/Shutterstock.com

그림 21.4 ▸ **염소 처리된 물.** 염소가 포함된 화학 물질의 산화력은 수영장 물에 들어 있는 질병의 원인이 되는 미생물을 살균시켜 미생물이 없는 상태를 유지한다.

리된 물(chlorinated water)"의 맛과 특유한 냄새는 사실은 CH_3NHCl 같은 화합물 때문이며, 하이포염소산이 박테리아에 작용해서 이 화합물이 생성된다.

예제 21.1

염소 기체와 물의 반응을 살펴보자.

$$Cl_2(g) + H_2O \rightleftharpoons Cl^-(aq) + H^+(aq) + HClO(aq)$$

a 평형 상수 K에 대한 식을 써라.

전략

K 식에서 다음 사항들을 상기한다.

- 기체는 atm 단위의 부분압으로 나타낸다.
- 수용액 내의 화학종은 몰 농도로 나타낸다.
- 물은 포함하지 않는다.
- 생성물은 분자에 쓰고, 각 생성물 농도의 지수는 균형 맞춘 반응식의 계수다.
- 반응물은 분모에 쓰고, 각 반응물 농도의 지수는 균형 맞춘 반응식의 계수다.

풀이

K 식 $\quad K = \dfrac{[HClO][Cl^-][H^+]}{P_{Cl_2}}$

b 반응 온도에서 $K = 2.7 \times 10^{-5}$이다. 1.0 atm에서 $Cl_2(g)$와 평형을 이루고 있는 HClO의 농도는 얼마인가?

주어진 정보:	$P_{Cl_2}(1.00\text{ atm})$, $K(2.7 \times 10^{-5})$
정보가 알려주는 내용:	(a)의 K 식
알고자 하는 것:	[HClO]

전략

(a)에서 얻어진 K 식에 각 값들을 대입한다.

x = [HClO]라 하자.

HClO, H^+, Cl^-의 화학량론비가 1:1:1이므로, $[HClO] = [H^+] = [Cl^-] = x$

풀이

[HClO] $\quad 2.7 \times 10^{-5} = \dfrac{(x)(x)(x)}{1.0} \longrightarrow x^3 = 2.7 \times 10^{-5} \longrightarrow x = 0.030\ M$

할로젠의 산화력으로 인해 할로젠을 다루는 일은 위험하다. 플루오린이 가장 위험하지만 학교 실험실에서 플루오린을 접할 가능성은 거의 없다. 염소를 "염소수(chlorine water)"라고 부르는 포화 수용액 형태로 접할 가능성이 가장 높다. (새로 만든 경우) 이 용액 위의 염소 기체 압력이 1 atm이고, 염소 기체가 제1차 세계대전에서 독가스로 사용되었다는 것을 상기하라. 소량의 염소 용액을 사용하도록 하고, 염소 증기를 들이 마시지 않아야 한다. 비록 브로민이 염소만큼 센 산화제는 아니지만, 피부에 닿게 되면(특히, 손톱 밑에 들어가면) 큰 화상을 입는다.

할로젠 원소 4개 중에서 아이오딘이 가장 약한 산화제다. 10% I_2의 알코올 용액인 "아이오딘 팅크(tincture of iodine)"는 때때로 소독제로 이용된다. 대단히 강력한 아이오딘-함유 소독제인 동시에 살균제인 "포비돈-아이오딘(povidone-iodine)"은 병원에서 가장 빈번하게 사용되는 제품이며, 물로 묽혀 원하는 세기를 얻을 수 있다. 이러한 분자성 아이오딘의 응용 분야들 때문에, 고체가 무해하다고 생각해서는 안 된다. 반대로, $I_2(s)$가 피부에 접촉된 상태로 남아 있으면 치유가 느린 고통스러운 긴 화상을 유발할 수도 있다.

자연계 분포와 제조법

우리가 살펴보고 있는 원소 8개 중에서 3개는(질소, 산소, 황) 자연에서 원소 형태로 존재한다. *질소*와 *산소*는 공기에서 얻어지며, 몰분율은 각각 0.7808과 0.2095이다. −200°C (73 K)의 액체 공기가 데워지면 가장 먼저 끓는 물질은 질소이다(N_2의 끓는점 = 77 K). 대부분의 질소가 제거된 후, 액체 공기가 더 데워지면, 산소가 끓어 나온다(O_2의 끓는점 = 90 K). 미국에서는 매년 약 2×10^{10} kg의 O_2와 이보다 약간 적은 양의 N_2가 액체 공기로부터 생산된다.

남북전쟁 말경인 1865년에 Louisiana주 석유 탐사자들은 (혐오스럽게도) 면적이 최대 20 km^2에 달하는 어마어마한 암염 돔(salt dome)의 모자암(caprock)에서 원소 형태의 *황*을 발견하였다. 황은 지하 60~600 m에 있다. 황을 채굴하는 데 이용되는 공정은 이 공정의 발명자인 Frasch(독일 태생 미국의 화학공학자, 1851~1914)의 이름을 따라 명명되었다. **Frasch 공정**(Frasch process)의 모식도를 그림 21.5에 나타내었다. 3개의 동심관 중 하나를 통해 165°C로 과열된 물을 주입하여 황을 녹는점(119°C)까지 가열한다. 압축 공기를 이용하여 황을 지표면으로 밀어 올린다. 공기와 황은 가운데 관을 통해 올라오는 거품 혼합물을 형성한다. 냉각되면서 황은 고체화되고 길이가 0.5 km인 큰 통을 채운다. 이 방법으로 얻어진 황은 99.9%에 가까운 순도를 갖는다.

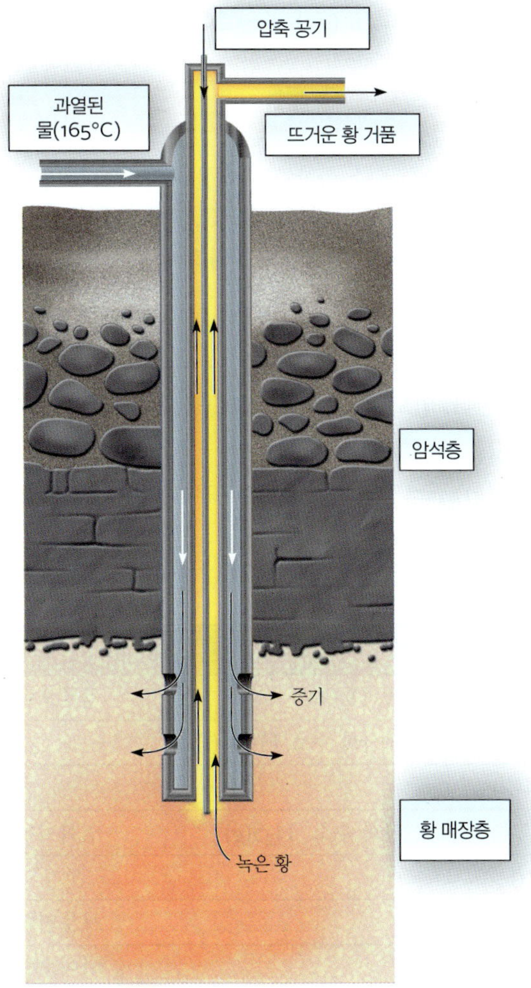

그림 21.5 ▸ **황 채굴을 위한 Frasch 공정.** 165°C의 과열된 물을 바깥쪽 관을 통하여 내려 보내면, 바닥에 용융된 황(mp = 119°C) 웅덩이가 형성된다. 가장 안쪽 관을 통하여 주입된 압축 공기가 황을 지표면으로 밀어 올린다. 황 매장층은 종종 지하 100 m 아래에 있으며, 모래나 암석으로 덮혀 있다.

Br2와 I2는 바닷물에서 얻을 수 있다.

할로겐 원소들은 반응성이 너무 커서 자유 원소 형태로 자연계에서 존재할 수 없다. 그 대신에 할로겐은 할로젠화 음이온(halide anion) 형태로 발견된다.

- 광물 플루오린화 칼슘, CaF_2 (형석)에서 F^-.
- Oklahoma, Texas, Kansas 주의 지하에 매장되어 있는 염화 소듐(NaCl, 암염)에서 Cl^-.
- Arkansas 주에 있는 염수 우물(Br^-의 농도 = 0.05 *M*)에서 $Br^-(aq)$, Michigan 주에 있는 염수 우물(I^-의 농도 = 0.001 *M*)에서 $I^-(aq)$.

플루오린화 이온(F^-)과 염화 이온(Cl^-)은 산화되기 매우 어렵다($E°_{산화}$ $F^- = -2.889$ V; $E°_{산화}$ $Cl^- = -1.360$ V). 따라서 플루오린과 염소 원소들은 보통 높은 전압하에서 전기분해(산화) 방법으로 제조된다. 예를 들면, 염소는 NaCl 수용액의 전기분해로 제조된다.

$$2Cl_2(aq) + 2H_2O \longrightarrow Cl_2(g) + H_2(g) + 2OH^-(aq)$$

플루오린 제조 공정은 1886년 프랑스 파리의 Henry Moissan(1852~1907)에 의해 개발되었다. 그는 이 업적으로 1906년에 노벨 화학상을 수상하였다. 전해질은 2:1 몰비율의 HF와 KF 혼합물이다. 100°C에서 플루오린화 수소가 분해되어 플루오린이 생성된다.

$$2HF(l) \longrightarrow H_2(g) + F_2(g)$$

플루오린화 포타슘은 전류를 운반하기 위해서 필요한 이온들을 공급한다.

브로민화 이온과 아이오딘화 이온은 쉽게 산화되므로($E°_{산화}$ $Br^- = -1.077$ V; $E°_{산화}$ $I^- = -0.534$ V), 브로민과 아이오딘은 화학적 산화 방법으로 제조할 수 있다. 산화제로 흔히 염소 기체($E°_{환원} = +1.360$ V)가 사용된다.

$$Cl_2(g) + 2Br^-(aq) \longrightarrow 2Cl^-(aq) + Br_2(l)$$
$$Cl_2(g) + 2I^-(aq) \longrightarrow 2Cl^-(aq) + I_2(s)$$

21-2 비금속 원소의 수소 화합물

표 21.2에 비금속 원소의 중요한 수소 화합물 몇 개를 나타내었다. (탄소의 수소 화합물은 제22장에서 논의한다.) 나타낸 물리적 상태들은 25°C, 1 atm에서 관찰된 것이다. 이 절의 나머지 부분에서 표에 굵은 글씨로 나타낸 화합물들의 화학적 성질을 논의할 것이다.

암모니아, NH_3

암모니아는 매우 자극적인 냄새를 갖고 있으며, 고농도의 암모니아는 유독하다.

암모니아는 가장 중요한 산업용 화학 물질 중 하나이며, 미국에서 해마다 1000만 톤 이상의 암모니아를 생산한다. 암모니아는 Harber 공정으로 만든다는 것을 기억하라(제12장).

$$N_2(g) + 3H_2(g) \rightleftharpoons 2NH_3(g) \qquad 450°C, 200\sim600 \text{ atm, 고체 촉매}$$

표 21.2 ▸ **비금속 원소의 수소 화합물들**

15족	16족	17족
암모니아, $NH_3(g)$	물, $H_2O(l)$	**플루오린화 수소, $HF(g)$**
하이드라진, $N_2H_4(l)$	**과산화 수소, $H_2O_2(l)$**	
하이드라조산, $HN_3(l)$		
포스핀, $PH_3(g)$	**황화 수소, $H_2S(g)$**	**염화 수소, $HCl(g)$**
다이포스핀, $P_2H_4(l)$		
		브로민화 수소 $HBr(g)$
		아이오딘화 수소 $HI(g)$

암모니아는 비료 및 질산(HNO_3)을 비롯한 다양한 질소 화합물 제조에 사용된다.

NH_3 분자는 물에서 *Brønsted-Lowry 염기*로 작용하며, 물 분자로부터 양성자를 받아들인다.

$$NH_3(aq) + H_2O \rightleftharpoons NH_4^+(aq) + OH^-(aq) \qquad K_b = 1.8 \times 10^{-5}$$

암모니아는 또한 *Lewis 염기*로 작용할 수 있으며, 금속 양이온과 반응하여 착이온을 형성하거나,

NH_3 분자가 Ag^+에 전자쌍을 제공한다.

$$2NH_3(aq) + Ag^+(aq) \longrightarrow Ag(NH_3)_2^+(aq)$$

또는 BF_3 같은 전자-부족 화합물과 반응한다.

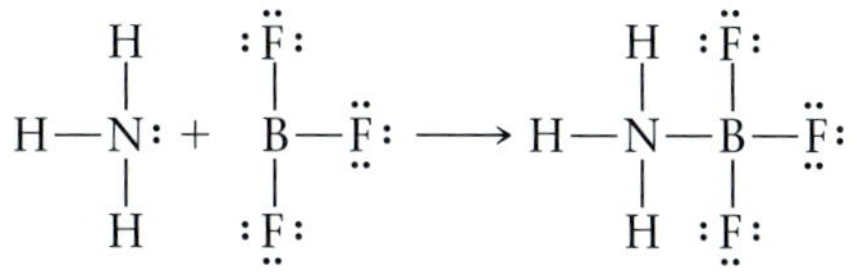

Lewis 염기 Lewis 산

암모니아는 $Al(OH)_3$ 같은 불용성 금속 수산화물을 침전시키는 데 자주 이용된다. 암모니아와 물이 반응할 때 형성된 OH^- 이온이 금속 양이온을 용액에서 수산화물 형태로 침전시킨다. 이 반응의 전체 반응식은 다음과 같다.

$$Al^{3+}(aq) + 3NH_3(aq) + 3H_2O \longrightarrow Al(OH)_3(s) + 3NH_4^+(aq)$$

질소는 -3보다 작은 산화수를 가질 수 없는데, 이것은 NH_3가 산화-환원 반응에 참여할 때, 언제나 *환원제*로 작용한다는 것을 의미한다. 암모니아는 원소 형태의 질소나 질소 화합물로 산화될 수 있다. 암모니아의 중요한 산화-환원 반응은 하이포염소산 이온과의 반응이다.

$$2NH_3(aq) + ClO^-(aq) \longrightarrow N_2H_4(aq) + Cl^-(aq) + H_2O$$

하이드라진(N_2H_4)은 이 공정에 의해 상업적으로 제조된다. NH_2Cl과 $NHCl_2$ 같은 이 반응의 부산물들은 독성도 있고 폭발성도 있기 때문에, 가정용 표백제 용액과 암모니아 용액을 서로 혼합해서는 절대로 안 된다.

황화 수소, H_2S

황화 수소는 물에서 *Brønsted-Lowry 산*으로 작용한다. 즉, 황화 수소는 물 분자에게 양성자를 준다.

$$H_2S(aq) + H_2O \rightleftharpoons HS^-(aq) + H_3O^+(aq) \qquad K_a = 1.0 \times 10^{-7}$$

암모니아처럼, 황화 수소는 금속 양이온에 대해서 침전제로 작용할 수 있다. Cd^{2+} 이온과의 반응이 전형적이다.

$$Cd^{2+}(aq) + H_2S(aq) \longrightarrow CdS(s) + 2H^+(aq)$$

황화 수소(황의 산화수 = -2)는 암모니아처럼 산화-환원 반응에서 환원제로만 작용한다. 다음 반응과 같이, H_2S는 대부분 원소 형태의 황으로 산화된다.

$$2H_2S(aq) + O_2(g) \longrightarrow 2S(s) + 2H_2O$$

형성된 황은 흔히 매우 미세하게 분산되어 있으며, 이것으로 공기와 접촉하고 있는 황화 수소 수용액이 우유빛 외관을 보이는 이유를 설명할 수 있다.

실험실에서 H_2S를 가지고 일을 한다면, 특유의 썩은 달걀 냄새를 잊지 못하게 될 것이다. 어떤 면에서는 황화 수소가 그와 같은 특유한 냄새를 갖고 있다는 것이 다행이다. 이 기체는 HCN만큼 강한 독성을 갖고 있다. 10 ppm 농도의 H_2S가 두통과 메스꺼움을 일으킬 수 있으며, 100 ppm 농도는 치명적일 수 있다.

예제 21.2

Cu^{2+}가 들어 있는 용액을 황화 수소와 반응시키면, 검은색 침전물이 형성된다. 또한 Cu^{2+}가 들어 있는 용액을 암모니아와 반응시키면, 푸른색 침전물이 형성된다. 이 침전물은 과량의 암모니아에서 용해되어 $Cu(NH_3)_4{}^{2+}$ 이온이 들어 있는 진한 푸른색 용액을 형성한다. 균형 맞춘 알짜 이온 반응식들을 써서 이런 관찰들을 설명하라.

전략 및 풀이

1. 검은색 침전물은 CuS다.

$$Cu^{2+}(aq) + H_2S(aq) \longrightarrow CuS(s) + 2H^+(aq)$$

2. 암모니아 수용액은 NH_3와 H_2O로 구성되어 있다. 푸른색 침전물은 틀림없이 $Cu(OH)_2$이므로 물은 반응물이어야 한다.

$$Cu^{2+}(aq) + 2NH_3(aq) + 2H_2O \longrightarrow Cu(OH)_2(s) + 2NH_4{}^+(aq)$$

3. 침전물인 $Cu(OH)_2$가 과량의 암모니아와 반응하여 $Cu(NH_3)_4{}^{2+}$를 형성한다.

$$Cu(OH)_2(s) + 4NH_3(aq) \longrightarrow Cu(NH_3)_4{}^{2+}(aq) + 2OH^-(aq)$$

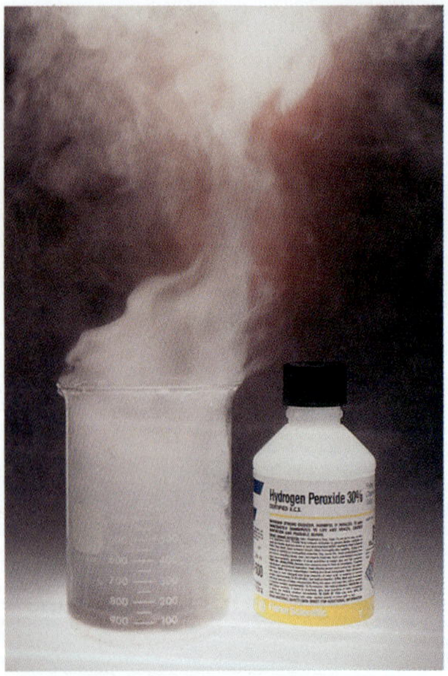

© Cengage Learning/Charles D. Winters

그림 21.6 ▸ MnO_2가 촉매로 작용하는 H_2O_2의 불균등화반응.

과산화 수소, H_2O_2

과산화 수소에서 산소의 산화수는 −1이며, 이 값은 산소 원소가 가지는 산화수 −2와 0의 중간 값이다. H_2O_2가 산화제로 작용하여 H_2O로 환원되거나, 환원제로 작용하여 O_2로 산화될 수 있다는 것을 이 산화수가 말해주고 있다. 실제로 과산화 수소는 대단히 센 산화제이다.

$$H_2O_2(aq) + 2H^+(aq) + 2e^- \longrightarrow 2H_2O \qquad E^\circ_{환원} = +1.763\ V$$

그러나 과산화 수소는 매우 약한 환원제이다.

$$H_2O_2(aq) \longrightarrow O_2(g) + 2H^+(aq) + 2e^- \qquad E^\circ_{산화} = -0.695\ V$$

과산화 수소는 물속에서 분해되는 경향이 있는데, 이러한 경향은 과산화 수소 용액의 산화력이 쉽게 상실되는 이유를 설명해준다. 이 반응은 *불균등화반응*이며, 위에 언급된 두 개의 반쪽-반응을 조합하면 다음과 같은 반응식이 얻어진다.

$$\begin{array}{lr} H_2O_2(aq) + 2H^+(aq) + 2e^- \longrightarrow 2H_2O & E^\circ_{환원} = +1.763\ V \\ H_2O_2(aq) \longrightarrow O_2(g) + 2H^+(aq) + 2e^- & E^\circ_{산화} = -0.695\ V \\ \hline 2H_2O_2(aq) \longrightarrow O_2(g) + 2H_2O & E^\circ = +1.068\ V \end{array}$$

I^- 이온, MnO_2, 금속 표면(Pt, Ag), 심지어 유리로부터 용해되는 미량의 OH^- 이온 등이 이 반응(그림 21.6)의 촉매로 작용한다.

ⓘ H_2O_2 분자들 중에서 절반은 H_2O로 환원되고, 절반은 O_2로 산화된다.

과산화 수소는 대부분 수용액으로 접할 가능성이 가장 높다. 약국에서 구입 가능한 의료용 용액들은 질량 백분율 3~6% H_2O_2를 포함한다. 산업적으로, 86% 정도의 높은 농도의 과산화 수소를 구입할 수 있다. 모든 과산화 수소 수용액은 안정제를 포함하고 있어서 저장하는 동안 일어날 수 있는 불균등화반응을 막는다.

예제 21.3

표 17.1을 이용하여, 과산화 수소가 표준 농도의 산성 용액에서 다음 이온들과 반응하는지(이온을 산화시키는지 또는 환원시키는지) 결정하라.

I^-, Sn^{2+}, Co^{2+}

전략

1. H_2O_2는 불균등화반응을 하므로, 과산화 수소는 환원되거나(이온을 산화시키거나) 또는 산화된다(이온을 환원시킨다).

2. H_2O_2가 환원되는 산화-환원 반응이 일어나기 위해서는 다음 조건이 충족되어야 한다.

$$E^\circ_{환원}\ H_2O_2\ (1.763\ V) + E^\circ_{산화}\ 이온 > 0$$

(계속)

3. H_2O_2가 산화되는 산화-환원 반응이 일어나기 위해서는 다음 조건이 충족되어야 한다.

$$E^\circ_{\text{산화}}\ H_2O_2\ (-0.695\ V) + E^\circ_{\text{환원}}\ \text{이온} > 0$$

풀이

I^-

산화 $(E^\circ_{\text{산화}}\ I^- = -0.534\ V) + (E^\circ_{\text{환원}}\ H_2O_2 = 1.763\ V) > 0$

H_2O_2가 I^-를 I_2로 산화시킬 수 있다.

환원 표 17.1에는 I^-의 환원 전위가 없다.

Sn^{2+}

산화 $(E^\circ_{\text{산화}}\ Sn^{2+} = -0.154\ V) + (E^\circ_{\text{환원}}\ H_2O_2 = 1.763\ V) > 0$

H_2O_2가 Sn^{2+}를 Sn^{4+}로 산화시킬 수 있다.

환원 $(E^\circ_{\text{환원}}\ Sn^{2+} = -0.141\ V) + (E^\circ_{\text{산화}}\ H_2O_2 = -0.695) < 0$

H_2O_2가 Sn^{2+}를 Sn으로 환원시킬 수 없다.

Co^{2+}

산화 $(E^\circ_{\text{산화}}\ Co^{2+} = -1.953\ V) + (E^\circ_{\text{환원}}\ H_2O_2 = 1.763\ V) < 0$

H_2O_2가 Co^{2+}를 Co^{3+}로 산화시킬 수 없다.

환원 $(E^\circ_{\text{환원}}\ Co^{2+} = -0.282\ V) + (E^\circ_{\text{산화}}\ H_2O_2 = -0.695) < 0$

H_2O_2가 Co^{2+}를 Co로 환원시킬 수 없다.

플루오린화 수소와 염화 수소

가장 흔한 할로젠화 수소 화합물은 HF(미국 내 생산량 = 3×10^8 kg/년)와 HCl(3×10^9 kg/년)이다. 이 화합물들은 수용액 형태로 우리에게 친숙하게 알려져 있으며, 각각 플루오린화 수소산과 염산이라 부른다. HF는 약산이고, HCl은 센산이라는 것을 상기하라(제13장 참조).

$$HF(aq) \rightleftharpoons H^+(aq) + F^-(aq) \qquad K_a = 6.9 \times 10^{-4}$$
$$HCl(aq) \longrightarrow H^+(aq) + Cl^-(aq) \qquad K_a = \infty$$

K_a 값의 차이는 주로 결합 세기 차이 때문이다. H—F 결합(결합 엔탈피 = 565 kJ/mol)이 H—Cl 결합(결합 엔탈피 = 431 kJ/mol)보다 훨씬 강하다.

HF와 HCl은 OH^-나 CO_3^{2-} 이온 같은 염기와 비슷한 반응을 한다. 산의 세기 차이 때문에 이 반응에 대한 반응식들이 조금 다르게 보인다. HCl과 NaOH 용액의 반응에 대하여 다음과 같은 간단한 반응식을 쓸 수 있다.

$$H^+(aq) + OH^-(aq) \longrightarrow H_2O$$

HF의 반응에 대한 반응식은 다음과 같다.

$$HF(aq) + OH^-(aq) \longrightarrow H_2O + F^-(aq)$$

> 염산은 H^+와 Cl^- 이온을 포함하고 있다. 플루오린화 수소산은 대부분 HF 분자들이 들어 있다.

약산인 HF는 H^+ 이온보다 HF 분자들을 더 많이 포함하기 때문에, HF가 반응식에 나타난다. 비슷한 맥락으로, 이 두 산과 탄산 소듐의 반응은 다음과 같다.

염산: $2H^+(aq) + CO_3^{2-}(aq) \longrightarrow CO_2(g) + H_2O$

플루오린화 수소산: $2HF(aq) + CO_3^{2-}(aq) \longrightarrow CO_2(g) + H_2O + 2F^-(aq)$

진한 플루오린화 수소산은 유리와 반응하며, 유리는 SiO_2와 $CaSiO_3$ 같은 이온성 규산염(silicate)의 혼합물로 간주될 수 있다.

$$SiO_2(s) + 4HF(aq) \longrightarrow SiF_4(g) + 2H_2O$$
$$CaSiO_3(s) + 6HF(aq) \longrightarrow SiF_4(g) + CaF_2(s) + 3H_2O$$

여러분이 추측하듯이, HF 용액은 절대로 유리병에 저장하지 않고, 대신에 플라스틱 병에 저장한다. HF는 때때로 유리를 식각(etching)하는 데 이용된다. 유리 물체는 먼저 얇은

> 플라스틱이 발명되기 전에는 HF(*aq*)가 어떻게 보관되었는가를 추측해 보라.

그림 21.7 ▸ **석회석에 대한 시험.** 지질학자들은 몇 방울의 염산을 이용하여 탄산 칼슘($CaCO_3$)이 들어 있는 석회석(limestone)을 확인한다.

왁스나 플라스틱 보호 피복(coating)으로 덮여 있다. 그런 다음, 식각할 부분의 피복을 제거하고, 유리를 HF에 노출한다. 온도계나 뷰렛도 식각될 수 있으며, 뿌연 전구도 이와 같은 방법으로 제조한다.

플루오린화 수소는 다루기가 매우 힘든 화학 물질이다. 피부에 닿으면, 조직에서 Ca^{2+}를 제거하여 불용성 CaF_2를 형성한다. 그 결과로 생긴 흰색 반점은 만지면 고통스러울 정도로 아프다. 더욱 문제가 되는 것은, HF가 국소 마취제이므로, 너무 늦을 때까지 사람들은 자신에게 일어난 일을 알지 못할 수도 있다.

여러분이 일반화학 실험실에서 플루오린화 수소산을 사용할 일은 결코 없으니 안심하라. 또한 값비싼 HBr이나 HI와 접할 가능성도 결코 없다. 반면에 염산은 학부 실험실에서 흔히 이용되는 화학 물질이다. 염산은 흔히 "묽은 HCl" (6 *M*) 또는 "진한 HCl" (12 *M*)로 제공된다. 다음과 같은 목적으로 H^+ 공급원으로 HCl을 사용할 것이다.

- 석회석과 같은 불용성 탄산염(그림 21.7)이나 수산화물을 용해시킬 때,

$$CaCO_3(aq) + 2H^+(aq) \longrightarrow Ca^{2+}(aq) + CO_2(g) + H_2O(l)$$
$$Zn(OH)_2(s) + 2H^+(aq) \longrightarrow Zn^{2+}(aq) + 2H_2O$$

- NH_3 같은 약염기를 짝산으로 전환시킬 때,

$$NH_3(aq) + H^+(aq) \longrightarrow NH_4^+(aq)$$

- 금속과 반응시켜 $H_2(g)$를 생성시킬 때,

$$Zn(s) + 2H^+(aq) \longrightarrow Zn^{2+}(aq) + H_2(g)$$

예제 21.4

균형 맞춘 알짜 이온 반응식을 써서 다음 현상들을 설명하라.
(a) 수산화 알루미늄이 염산에 용해된다.
(b) 탄산 칼슘을 염산으로 처리하면 CO_2 기체가 방출된다.
(c) 탄산 칼슘을 플루오린화 수소산으로 처리하면 CO_2 기체가 방출한다.

전략 및 풀이

(a) 침전물의 용해는 고체가 자신의 성분 이온들로 분해된다는 것을 의미한다.

$$Al(OH)_3(s) \longrightarrow Al^{3+}(aq) + 3OH^-(aq)$$

OH^- 이온은 HCl이 제공하는 적절한 이온(이 경우 H^+)과 반응한다.

$$OH^-(aq) + H^+(aq) \longrightarrow H_2O$$

따라서 반응은 다음과 같다.

$$Al(OH)_3(s) + 3H^+(aq) \longrightarrow Al^{3+}(aq) + 3H_2O$$

(b) 탄산 이온(CO_3^{2-})은 산과 반응하여 CO_2와 물을 방출한다는 것을 상기하라. 이 경우 HCl이 센산이므로, 반응하는 화학종은 H^+이다(제4장 참조).

$$CaCO_3(s) + 2H^+(aq) \longrightarrow Ca^{2+}(aq) + CO_2(g) + H_2O$$

(c) 문제 (b)에서 CO_2가 방출된다. 그러나 HF가 약한 산이므로, 반응하는 화학종은 HF이다.

$$CaCO_3(s) + 2HF(aq) \longrightarrow CaF_2(s) + CO_2(g) + H_2O$$

21-3 비금속 원소의 산소 화합물

표 21.3에 보다 친숙한 비금속 산화물 몇 가지를 수록해 놓았다. 흥미롭게도, 나타낸 화합물 21개 중에서 5개(P_4O_{10}, P_4O_6, SO_3, SO_2, I_2O_5)만 25°C, 1 atm에서 열역학적으로 안정하다. 질소와 염소의 모든 산화물들을 포함한 나머지 화합물들은 25°C, 1 atm에서 양의 값의 생성 자유 에너지를 갖는다. 예를 들면, $\Delta G_f°\ NO_2(g) = +51.3$ kJ이며,

표 21.3 ▸ 비금속 원소의 산소 화합물*

15족	16족	17족
$N_2O_5(s)$, $N_2O_4(g)$, $NO_2(g)$		$OF_2(g)$, $O_2F_2(g)$
$N_2O_3(d)$, $NO(g)$, $N_2O(g)$		
$P_4O_{10}(s)$, $P_4O_6(s)$	$SO_3(l)$, $SO_2(g)$	$Cl_2O_7(l)$, $Cl_2O_6(l)$
		$ClO_2(g)$, $Cl_2O(g)$
		$BrO_2(d)$, $Br_2O(d)$
		$I_2O_5(s)$, $I_4O_9(s)$, $I_2O_4(s)$

*수록된 상태들은 25°C, 1 atm에서 관찰된 것들이다. 25°C 이하의 온도에서 분해되는 화합물들은 (*d*)로 표시되어 있다. 굵은 글씨체로 표시된 산화물들은 본문에서 논의한다.

그림 21.8 ▸ 로스앤젤레스 상공의 스모그. 적갈색의 이산화 질소(NO_2)를 포함한 스모그 층을 먼 곳에서도 분명하게 볼 수 있다.

ΔG_f° $ClO_2(g)$ = +120.6 kJ이다. 이 화합물들은 반응 속도론적으로 충분히 오랫동안 존재하여 광범위한 화학 반응을 한다. 적갈색 기체 NO_2는 광화학 스모그 형성의 주요 요인이다(그림 21.8). 노란색 기체 이산화 염소(ClO_2)는 50 mm Hg보다 높은 부분압에서 폭발하는 경향이 있음에도 불구하고, 산업용 표백제와 물 정수제로 널리 이용된다.

비금속 산화물의 분자 구조

질소 산화물들의 Lewis 구조들을 그림 21.9에 나타내었다. 질소 산화물 중에서 홀전자 하나를 갖고 있는 NO와 NO_2는 상자기성이다. NO_2를 냉각하면 이합체화(dimerization) 된다. ⓘ 즉, 홀전자들이 결합하여 두 질소 원자 사이에 단일 결합을 형성한다.

ⓘ 이합체화(dimerization) 반응은 두 개의 동일한 분자가 결합할 때 일어난다.

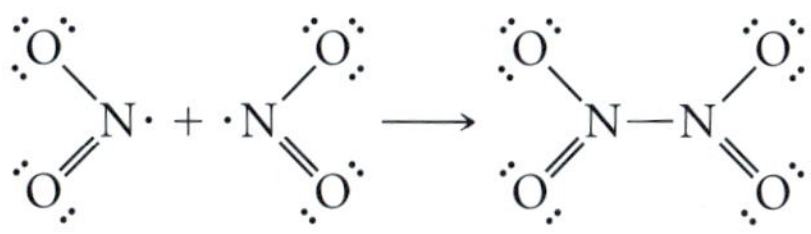

$$2NO_2(g) \rightleftharpoons N_2O_4(g)$$

같은 몰수의 NO와 NO_2 혼합물을 냉각할 때도 비슷한 반응이 일어난다. 각 분자에서 한 개씩, 두 개의 홀전자가 서로 쌍을 이루어 N—N 결합을 형성한다.

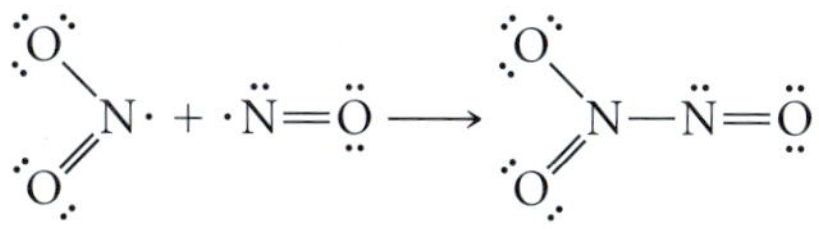

$$NO_2(g) + NO(g) \rightleftharpoons N_2O_3(g)$$

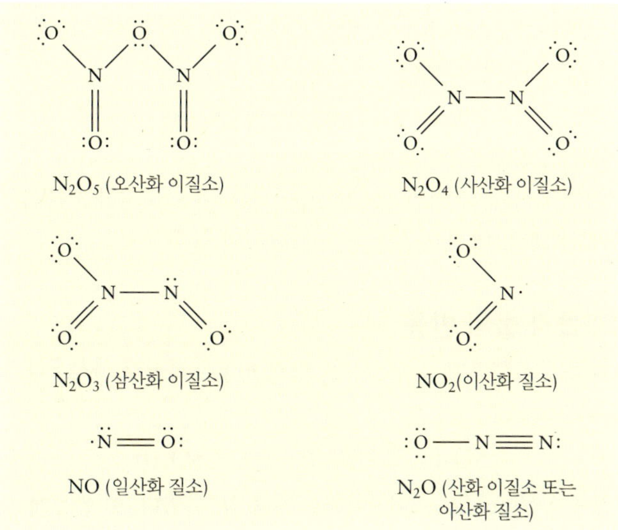

그림 21.9 ▸ 질소 산화물들의 Lewis 구조. 그 밖에 많은 공명 구조들이 가능하다.

−20°C에서 삼산화 이질소(N_2O_3)가 푸른색 액체로 혼합물에서 분리된다.

일산화 질소(NO)는 미량이지만 대기 중의 매우 해로운 성분이다. NO는 스모그(제11장)와 산성비(제14장)의 형성에 모두 관여한다. 소량의 NO가 인체에서도 만들어지고, 인체에 유익한 효과를 나타낸다는 사실을 알면 놀랄 수도 있다. 특히, NO는 혈관을 확장시켜 혈압을 낮추고, 뇌졸중이나 심장 마비의 가능성을 줄여주는 효과가 있다. 그 외에, TV 광고에 나오는 "발기 부전"을 치료하는 데는 NO가 효과적인데, NO는 음경으로 가는 혈류를 증가시킨다.

아마도 가장 알려진 질소 산화물은 흔히 아산화 질소 또는 "웃음 가스(laughing gas)"라 불리는 N_2O일 것이다. N_2O는 특히 치과에서 마취제로 자주 사용된다. 또한, 휘핑 크림 용기에 사용하는 압축 가스이기도 하다. N_2O는 무독성이며, 사실상 맛이 없으며, 식물성 기름에 꽤 잘 녹는다. 그림 21.9에 있는 모든 분자들처럼 N_2O 분자는 공명 혼성으로 나타낼 수 있다.

예제 21.5

그림 21.9의 N_2O 분자를 살펴보자. 다른 공명 형태의 N_2O를 그리고, 결합각과 극성을 결정하라.

전략

공명 원리, 분자 기하 구조, 극성을 논의한 제7장(7.1, 7.2, 7.3절)의 설명을 상기해 보라.

풀이

공명 형태	:Ö=N=N̈: 또는 :O≡N—N̈:
결합각	분자는 선형이며, 결합각은 180° 이다.
극성	분자는 중심 원자인 N에 결합된 두 개의 다른 원자를 갖고 있다. 분자는 극성 이다.

SO_2와 SO_3의 구조를 제7장에서 논의하였다. 이 분자들은 흔히 공명의 예로 인용된다. 예를 들면, SO_3 분자는 동등한 공명 구조 3개를 갖는다.

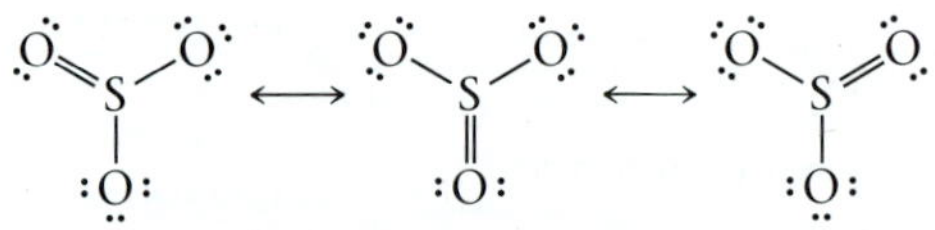

예상대로, SO_3 분자는 비극성이며, 결합각은 120°이다.

두 개의 인 산화물, P_4O_6와 P_4O_{10} 중에서 P_4O_{10}이 더 안정하다. 백린을 공기 중에서 연소시키면 P_4O_{10}이 형성된다.

공기를 제한적으로 공급하면, 약간의 P_4O_6가 형성된다.

$$P_4(s) + 5O_2(g) \longrightarrow P_4O_{10}(s)$$

두 산화물에서 인 원자 4개가 정사면체 꼭짓점에 있는 것을 주목하라(그림 21.10). P_4에서 두 인 원자 사이에 각각 산소를 끼워 넣으면 P_4O_6 분자가 얻어진다고 볼 수 있다. P_4O_{10}에서는 각 인 원자에 한 개씩, 네 개의 산소가 더 결합되어 있다.

비금속 산화물과 물의 반응

많은 비금속 산화물들이 물과 반응하여 산을 형성한다는 점에서 산성이다. 다음 반응을 살펴보자.

$$SO_3(g) + H_2O(l) \longrightarrow H_2SO_4(l)$$

삼산화 황은 *산성 산화물*(acidic oxide)이라는 것을 알 수 있다. 이 반응에서 비금속 원소의

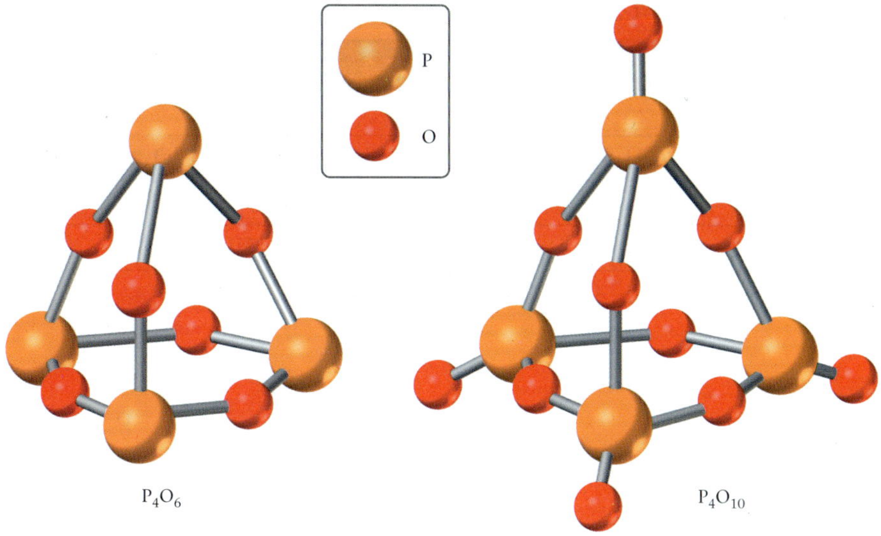

그림 21.10 ▸ 인의 산화물들에 대한 공-막대 모형.

산화수가 바뀌지 않는다는 것을 주목하라. 즉, SO_3와 H_2SO_4에서 황의 산화수는 +6이다. 다른 산성 산화물의 예로 N_2O_5와 N_2O_3를 들 수 있다.

$$\text{N의 산화수 +5:} \quad N_2O_5(s) + H_2O(l) \longrightarrow 2HNO_3(l)$$
$$\text{N의 산화수 +3:} \quad N_2O_3(g) + H_2O(l) \longrightarrow 2HNO_2(aq)$$

생성물들은 질산(HNO_3)과 아질산(HNO_2)의 수용액이다.

이런 유형의 가장 중요한 반응들 중 하나가 산화수 +5인 인을 갖는 P_4O_{10}의 반응이다. 이 반응의 생성물은 인산(H_3PO_4)이다.

$$P_4O_{10}(s) + 6H_2O(l) \longrightarrow 4H_3PO_4(s)$$

식품에 사용하기 위한 고순도 인산과 인산염을 제조하는 데 이 반응을 이용한다(그림 21.11). 인산, H_3PO_4은 청량 음료의 톡 쏘는 맛을 내게 하기 위해 소량을 첨가한다. 콜라에는 질량으로 약 0.05%, 루트 비어에는 0.01% 정도의 인산이 들어 있다.

그림 21.11 ▸ 인산 또는 인산염이 들어 있는 가정용품들.

예제 21.6

물과 반응하여 H_3PO_3, HClO, H_2SO_3를 생성하는 산화물의 화학식을 써라.

전략

표 21.3을 참조하라. 중심 원자가 산과 동일한 산화수를 갖는 산화물을 찾는다.

풀이

H_3PO_3	산화수 +3; 산화수 +3을 가진 산화물: P_4O_6
HClO	산화수 +1; 산화수 +1을 가진 산화물: Cl_2O
H_2SO_3	산화수 +4: 산화수 +4를 가진 산화물: SO_2

21-4 산소산과 산소산 음이온

표 21.4에 비금속 원소의 중요한 산소산(oxoacid) 몇 개를 나타내었다. 이 모든 화합물에서, 이온화될 수 있는 수소 원자들이 중심 원자가 아닌 산소에 결합되어 있다. 산소산으로부터 양성자가 1개 또는 그 이상이 해리되면, 해당 산소산 음이온(oxoanion)이 형성된다(그림 21.12).

표 21.4 ▸ 비금속 원소의 산소산

15족	16족	17족
HNO_3, HNO_2*		
H_3PO_4, H_3PO_3	H_2SO_4, H_2SO_3*	$HClO_4$, $HClO_3$*, $HClO_2$*, $HClO$*
		$HBrO_4$*, $HBrO_3$*, $HBrO$*
		HIO_4, H_5IO_6, HIO_3, HIO*

*이 화합물들은 물에서 분리해낼 수 없다.

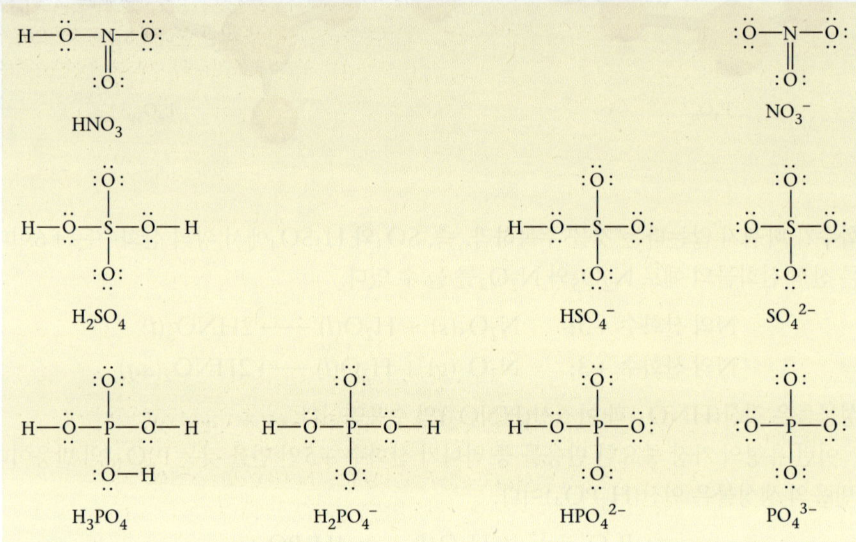

그림 21.12 ▸ 산소산인 HNO_3, H_2SO_4, H_3PO_4 및 이로부터 얻어진 산소산 음이온의 Lewis 구조.

표 21.4에 수록된 것과 같은 산소산들의 상대적 산의 세기를 예측할 수 있는 원리를 이 절에서 논의한다. 그다음에 이것들의 산화제와 환원제로서의 상대적 세기를 살펴볼 것이다. 마지막으로 중요한 산소산 세 개(HNO_3, H_2SO_4, H_3PO_4)의 화학을 자세히 살펴볼 것이다.

▶ 산의 세기

할로젠의 산소산에 대한 평형 상수를 표 21.5에 나타내었다. 다음과 같이 K_a 값이 증가한다는 것에 유의하라.

- *중심 원자의 산화수가 증가할수록*, K_a 값이 증가한다.
  ($HClO < HClO_2 < HClO_3 < HClO_4$)

표 21.5 ▸ 할로젠 산소산들의 평형 상수

산화 상태		K_a		K_a		K_a
+7	$HClO_4$	$\sim 10^7$	$HBrO_4$	$\sim 10^6$	HIO_4*	1.4×10^1
+5	$HClO_3$	$\sim 10^3$	$HBrO_3$	3.0	HIO_3	1.6×10^{-1}
+3	$HClO_2$	1.0×10^{-2}	–	–	–	–
+1	$HClO$	2.8×10^{-8}	$HBrO$	2.6×10^{-9}	HIO	2.4×10^{-11}

*추정치: 수용액에서 안정한 화학종은 H_5IO_6이며, 이것의 K_a 값은 5×10^{-4}다.

- *중심 원자의 전기음성도가 증가할수록*, K_a 값이 증가한다 (HIO < HBrO < HClO)

이러한 경향은 일반적이며, 다른 비금속 산소산들에서도 관찰된다. 예를 들면, HNO_3 (N의 산화수 = +5) 같은 센산은 물에서 완전히 해리된다는 것을 상기하라. 이와 대조적으로, HNO_2(N의 산화수 = +3)는 약산이다($K_a = 6.1 \times 10^{-4}$). 황과 셀레늄의 산소산의 세기에서도 전기음성도 효과가 두드러지게 나타난다.

K_{a1} $H_2SO_3 = 1.7 \times 10^{-2}$ K_{a1} $H_2SeO_3 = 2.7 \times 10^{-3}$

(전기음성도, S = 2.6, Se = 2.5)

산의 세기에 대한 경향을 분자 구조로 설명할 수 있다. 산소산 분자에서, 해리되는 수소 원자는 산소에 결합되어 있고, 이 산소 원자는 비금속 원소 X에 결합되어 있다. 산소산 H—O—X의 수용액에서의 이온화를 다음과 같이 나타낼 수 있다.

$$H{-}O{-}X(aq) \rightleftharpoons H^+(aq) + XO^-(aq)$$

양성자가 +1 전하를 갖고 분자로부터 분리되기 위해서는, 산소 주위의 전자 밀도가 가능한 한 낮아야 한다. 이로 인해 O—H 결합은 약하게 되고 이온화는 잘 일어난다. 산소 주위의 전자 밀도는 다음과 같은 경우에 감소한다.

- ***X가 Cl과 같이 전기음성도가 큰 원자일 때.*** 이런 원자는 산소로부터 전자를 끌어당기기 때문에 하이포염소산(HClO)이 하이포아이오딘산(HIO)보다 더 센산이다.
- ***전기음성도가 큰 원자인 산소 원자가 추가로 X에 결합할 때.*** 산소 원자들은 H에 결합된 산소 원자로부터 전자를 끌어당겨 수소의 해리를 용이하게 만든다. 따라서 K_a 값은 다음 순서와 같이 왼쪽에서 오른쪽으로 갈수록 증가해야 한다고 예측할 수 있다.

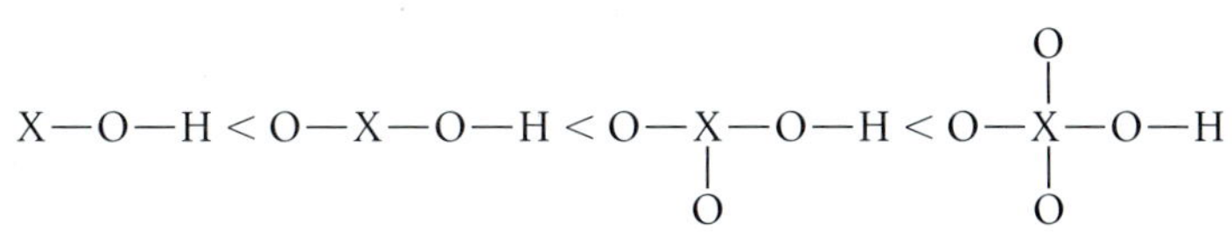

X의 산화수: +1 +3 +5 +7

예제 21.7

아황산, H_2SO_3에 대해 살펴보자.

a H_2SO_3와 HSO_3^-, SO_3^{2-}의 Lewis 구조를 그려라.

전략 및 풀이

제7장에 있는 Lewis 구조를 그리는 방법에 대한 논의를 다시 읽어 본다.

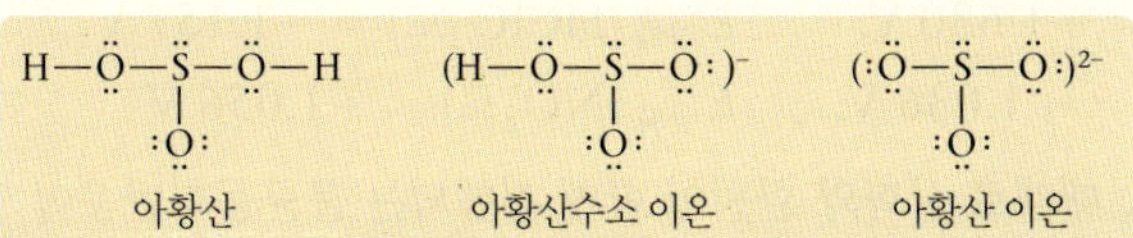

b H_2SO_3의 산의 세기가 H_2SO_4와 H_2TeO_3의 산의 세기보다 더 센가?

전략 및 풀이

1. 비교하는 산들의 중심 원자들이 다른 경우, 산의 세기를 전기음성도를 바탕으로 예상한다.

H_2SO_3 대 H_2TeO_3

S가 Te보다 전기음성도가 크다.

H_2SO_3가 H_2TeO_3보다 센산이다.

(계속)

2. 비교하는 산들의 중심 원자들이 동일한 경우, 산의 세기를 산화수를 바탕으로 예상한다.

H_2SO_3 대 H_2SO_4

S의 산화수: +4　　　S의 산화수: +6

H_2SO_4가 H_2SO_3보다 센산이다.

산화력과 환원력

산소산과 산소산 음이온이 관련된 많은 반응은 산화-환원 반응이다. 관련된 특정 화학종과 무관하게 적용될 수 있는 특정 일반 원리들이 있다.

많은 산소산 음이온은 매우 강력한 산화제다.

1. ***비금속이 가장 높은 산화 상태에 있는 화학종은 산화제로만 작용할 수 있으며, 환원제로는 결코 작용할 수 없다.*** 예를 들어, 염소의 가장 높은 산화 상태인 +7의 산화 상태인 ClO_4^- 이온을 살펴보자. 이 이온이 참여하는 어떠한 산화-환원 반응에서, 염소는 낮은 산화 상태로 환원되어야만 한다. 이 반응이 일어날 때, ClO_4^- 이온은 산화제로 작용하며, 다른 화학종으로부터 전자를 빼앗는다. 똑같은 논의가 다음 예에도 적용된다.

   - SO_4^{2-} 이온(최대 산화수: S = +6)
   - NO_3^- 이온(최대 산화수: N = +5)

   일반적으로, *비금속의 가장 큰 산화수는 족 번호의 1의 자리 숫자다*(Cl은 **17**, S는 **16**, N은 **15**).

2. ***비금속이 중간 산화 상태에 있는 화학종은 산화제 또는 환원제로 작용할 수 있다.*** 예를 들어, 산화수 +5의 ClO_3^- 이온을 살펴보자. 이 이온은 과염소산(ClO_4^-) 이온으로 산화될 수 있는데, ClO_3^- 이온은 환원제로 작용한다.

   $$ClO_3^-(aq) + H_2O \longrightarrow ClO_4^-(aq) + 2H^+(aq) + 2e^- \qquad E^\circ_{산화} = -1.226\ V$$

   또 한편으로는, ClO_3^- 이온은 Cl^- 이온으로 환원될 수 있는데, ClO_3^- 이온은 산화제로 작용한다.

   $$ClO_3^-(aq) + 6H^+(aq) + 6e^- \longrightarrow Cl^-(aq) + 3H_2O \qquad E^\circ_{환원} = +1.442\ V$$

   ClO_3^- 이온은 환원제($E^\circ_{산화} = -1.226$ V)라기보다는 훨씬 더 센 산화제($E^\circ_{환원} = +1.442$ V)라는 점을 유의하라. 적어도 산성 용액에서는, 중간 정도의 산화수를 갖는 산소산이나 산소산 음이온에 대해서 이런 경향이 일반적이다. 예를 들면, 다음을 비교해 보라.

   $HClO$ $E^\circ_{환원}$(Cl_2로) = +1.630 V;　　$E^\circ_{산화}$($HClO_2$로) = −1.157 V

   HNO_2 $E^\circ_{환원}$(NO로) = +1.036 V;　　$E^\circ_{산화}$(NO_2로) = −1.056 V

3. ***ClO_3^- 같은 화학종의 경우, 때때로 산화와 환원이 함께 진행되는 불균등화반응이 일어난다.***

   $$4ClO_3^-(aq) \longrightarrow 3ClO_4^-(aq) + Cl^-(aq) \qquad E^\circ = +0.216\ V$$

   일반적으로, ***$E^\circ_{산화} + E^\circ_{환원}$의 값이 양수면, 중간 정도의 산화 상태에 있는 화학종이 불균등화반응을 할 것이라고 예상할 수 있다.***

4. ***산소산이나 산소산 음이온의 산화력은 높은 $[H^+]$(낮은 pH)에서 가장 크다. 반대로, 환원력은 낮은 $[H^+]$(높은 pH)에서 가장 크다.*** 이 원리를 쉽게 설명할 수 있다. 위에서 설명한 반쪽-반응식을 살펴보면, 다음과 같은 것들을 알 수 있다.

- ClO_3^- 이온이 산화제로 작용할 때, H^+ 이온은 반응물이므로, H^+ 이온의 농도가 증가하면 반응이 더욱 자발적이 된다.
- ClO_3^- 이온이 환원제로 작용할 때, H^+ 이온은 생성물이므로, H^+ 이온의 농도가 감소해야 반응이 자발적이 된다.

예제 21.8

25°C의 중성(pH = 7) 용액에서, ClO_3^- 이온의 $E_{환원}$과 $E_{산화}$ 값을 계산하라($E°_{환원} = +1.442$ V; $E°_{산화} = -1.226$ V). ClO_3^- 이외의 모든 화학종들은 표준 농도를 갖는다고 가정하라. ClO_3^- 이온은 pH = 7에서 불균등화반응을 하는가?

분석

주어진 정보:	ClO_3^-: $E°_{환원}$ (1.442 V); $E°_{산화}$ (−1.226 V)
	pH (7.00); T (25°C)
	ClO_3^- 이외의 모든 화학종의 농도는 1.00 M이다.
알고자 하는 것:	주어진 pH에서 ClO_3^-의 불균등화반응이 일어날 것인가?

전략

1. ClO_3^-의 환원에 대한 반쪽-반응식을 쓴다.
2. 25°C에 대한 Nernst 반응식에 값들을 대입하여 $E_{환원}$ 값을 계산한다.

$$E_{환원} = E°_{환원} - \frac{0.0257}{n} \ln Q$$

3. ClO_3^-의 산화에 대한 반쪽-반응식을 쓴다.
4. 25°C에 대한 Nernst 반응식에 값들을 대입하여 $E_{산화}$ 값을 계산한다.

$$E_{산화} = E°_{산화} - \frac{0.0257}{n} \ln Q$$

5. E 값을 구한다.

$$E = E_{환원} + E_{산화}$$

$E > 0$이면, ClO_3^-의 불균등화반응이 일어날 것이다.

풀이

1. 환원 반쪽-반응 $$ClO_3^-(aq) + 6H^+(aq) + 6e^- \longrightarrow Cl^-(aq) + 3H_2O$$

2. $E_{환원}$ $$E_{환원} = 1.442 - \frac{0.0257}{6} \ln \frac{[Cl^-]}{[ClO_3^-][H^+]^6} = 1.442 - \frac{0.0257}{6} \ln \frac{(1)}{(1)(1.00 \times 10^{-7})^6}$$
$$E_{환원} = 1.028 \text{ V}$$

3. 산화 반쪽-반응 $$ClO_3^-(aq) + H_2O \longrightarrow ClO_4^-(aq) + 2H^+(aq) + 2e^-$$

4. $E_{산화}$ $$E_{산화} = -1.226 - \frac{0.0257}{2} \ln \frac{[ClO_4^-][H^+]^2}{[ClO_3^-]} = -1.226 - \frac{0.0257}{2} \ln \frac{(1)(1 \times 10^{-7})^2}{(1)}$$
$$E_{산화} = -0.812 \text{ V}$$

5. E $$E = E_{환원} + E_{산화} = 1.028 + (-0.812) = 0.216 \text{ V}$$

불균등화반응이 일어난다.

마무리 정리

E 값이 $E°$ 값(+0.216 V)과 동일하다는 것을 주목하라. 다음과 같이 불균등화반응에 대한 전체 반응이 H^+나 OH^-를 포함하고 있지 않기 때문에, 이와 같은 것을 예상할 수 있다. 많은 수고를 줄일 수 있다!

$$4ClO_3^-(aq) \longrightarrow 3ClO_4^-(aq) + Cl^-(aq)$$

▶ 질산, HNO_3

독일의 물리화학자 Ostwald(1853~1932)가 개발한 3단계 공정으로 상업적으로 질산을 제조한다. 백금-로듐 촉매하에서, 출발 물질인 암모니아가 과량의 공기와 함께 900°C에서 연소된다.

$$4NH_3(g) + 5O_2(g) \longrightarrow 4NO(g) + 6H_2O(g)$$

생성된 기체 혼합물을 냉각한 뒤, 더 많은 공기와 혼합하여 NO를 NO_2로 변환한다.

$$2NO(g) + O_2(g) \longrightarrow 2NO_2(g)$$

마지막으로 이산화 질소 기포를 물에 통과시키면 질산이 된다.

$$3NO_2(g) + H_2O(l) \longrightarrow NO(g) + 2HNO_3(aq)$$

질산은 센산이므로, 묽은 수용액에서 H^+와 NO_3^- 이온으로 완전히 이온화된다.

$$HNO_3(aq) \longrightarrow H^+(aq) + NO_3^-(aq)$$

질산의 반응 중 대부분은 모두 센산과 관련된 반응이다. 예를 들면, 6 M 질산은 $Al(OH)_3$를 녹이는 데 사용하거나,

$$Al(OH)_3(s) + 3H^+(aq) \longrightarrow Al^{3+}(aq) + 3H_2O$$

탄산 칼슘으로부터 이산화 탄소 기체를 생성시키는 데 사용할 수 있다.

$$CaCO_3(s) + 2H^+(aq) \longrightarrow Ca^{2+}(aq) + CO_2(g) + H_2O$$

예제 21.4를 다시 살펴보면, 이 반응들이 HCl과 $Al(OH)_3$ 및 HCl과 $CaCO_3$의 반응과 동일하다는 것을 알 수 있다. 두 경우 모두 반응하는 것은 H^+ 이온이다. Cl^-와 NO_3^- 이온들은 반응에 참여하지 않으므로 화학 반응식에 나타나지 않는다.

진한 질산(16 M)은 센 산화제며, 질산 이온은 이산화 질소로 환원된다. 이 산화-환원 반응은 16 M HNO_3가 구리 금속과 반응할 때 일어난다(그림 21.13).

$$Cu(s) + 4H^+(aq) + 2NO_3^-(aq) \longrightarrow Cu^{2+}(aq) + 2NO_2(g) + 2H_2O$$

© Cengage Learning/Charles D. Winters

그림 21.13 ▸ **질산에 용해되는 1센트짜리 구리 동전.** 구리(Cu) 금속은 비교적 불활성이지만 진한 질산과 반응한다. 갈색 연무(fume)는 HNO_3의 환원 생성물 $NO_2(g)$이다. Cu는 Cu^{2+}로 산화되며, 이것 때문에 용액이 색깔을 띠게 된다. (이 동전은 고체 구리로 제작한 구형 동전이다. 신형 동전은 아연에 구리를 코팅하여 제작한다.)

묽은 질산(6 M)은 환원제의 속성에 따라 다양한 환원 생성물을 제공한다. 묽은 질산과 Cu($E°_{산화} = -0.339$ V) 같은 불활성 금속의 반응에서 보통 주 생성물은 NO (N의 산화수 = +2)이다.

$$3Cu(s) + 2NO_3^-(aq) + 8H^+(aq) \longrightarrow 3Cu^{2+}(aq) + 2NO(g) + 4H_2O$$

매우 묽은 질산은 아연($E°_{산화} = +0.762$ V)과 같은 센 환원제와 반응하여 NH_4^+(N의 산화수 = −3) 이온으로 변환될 수 있다.

$$4Zn(s) + NO_3^-(aq) + 10H^+(aq) \longrightarrow 4Zn^{2+}(aq) + NH_4^+(aq) + 3H_2O$$

예상하듯이, NO_3^- 이온의 산화력은 pH가 증가할수록 급격히 떨어진다. 환원 전위(NO로)는 pH = 0에서는 +0.964 V이고, pH = 7에서는 +0.412 V이며, pH = 14에서는 −0.140 V이다.

예제 21.9

질산과 불용성 황화 구리(II)의 반응에 대한 균형 맞춘 알짜 이온 반응식을 써라. 생성물들은 $Cu^{2+}(aq)$, $S(s)$, $NO_2(g)$이다.

전략

1. 제17장에 있는 산화-환원 반응식의 균형 맞추기에 대한 일반적인 과정을 상기하라.
2. HNO_3는 센산이므로 H^+와 NO_3^- 이온으로 나타내야 한다.

(계속)

풀 이

골격 반쪽-반응	산화: $CuS(s) \longrightarrow S(s)$ 환원: $NO_3^-(aq) \longrightarrow NO_2(g)$
균형 맞춘 반쪽-반응들	산화: $CuS(s) \longrightarrow S(s) + Cu^{2+}(aq) + 2e^-$ 환원: $NO_3^-(aq) + 2H^+(aq) + e^- \longrightarrow NO_2(g) + H_2O$
전체 반응	$CuS(s) \longrightarrow S(s) + Cu^{2+}(aq) + 2e^-$ $2(NO_3^-(aq) + 2H^+(aq) + e^-(aq) \longrightarrow NO_2(g) + H_2O)$ $CuS(s) + 2NO_3^-(aq) + 4H^+(aq) \longrightarrow Cu^{2+}(aq) + S(s) + 2NO_2(g) + 2H_2O$

진한 질산(16 M)은 순수할 때 무색이지만, 햇빛에서는 $NO_2(g)$로 분해되기 때문에 노란색으로 변한다(그림 21.14).

$$4HNO_3(aq) \longrightarrow 4NO_2(g) + 2H_2O + O_2(g)$$

질산이 인체의 피부에 닿을 때, 피부가 노랗게 변하는 현상은 아주 다르게 설명한다. 질산은 단백질과 반응하여 잔토프로테인(xanthoprotein)이라 부르는 노란색 물질을 만든다.

16 M HNO_3에서는 언제나 NO_2 냄새를 맡을 수 있다.

황산, H_2SO_4

황산은 공업적으로 3단계 *접촉 공정*(contact process)으로 만들어진다. 먼저, 원소 형태의 황이 공기 중에서 연소되어 SO_2를 형성한다.

$$S(s) + O_2(g) \longrightarrow SO_2(g)$$

이산화 황(SO_2)은 고체 촉매 표면에서 산소와 접촉하여 삼산화 황(SO_3)으로 전환된다.

$$SO_2(g) + \tfrac{1}{2}O_2(g) \longrightarrow SO_3(g)$$

사용되는 촉매는 V_2O_5이며, 반응 온도 범위는 450~600°C이다. 산성 산화물인 삼산화 황(SO_3)은 물과 반응하여 황산을 형성한다.

$$SO_3(g) + H_2O(l) \longrightarrow H_2SO_4(l)$$

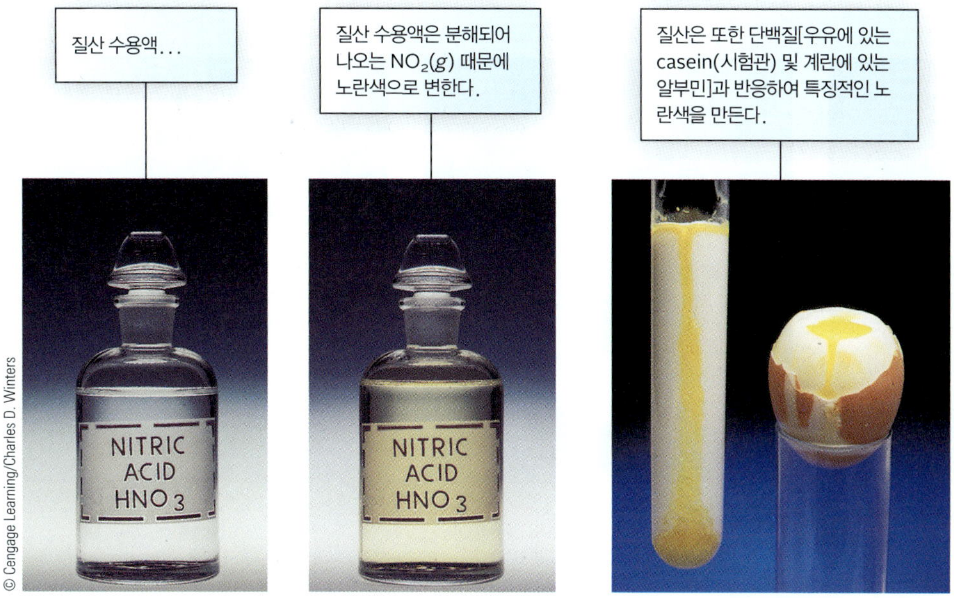

그림 21.14 ▸ **질산**. 질산의 분해와 단백질과의 반응.

황산은 센산이므로, 묽은 수용액에서 H^+와 HSO_4^- 이온으로 완전히 이온화한다. 반면에 HSO_4^- 이온은 일부만 이온화한다.

$$H_2SO_4(aq) \longrightarrow H^+(aq) + HSO_4^-(aq) \qquad K_a = \infty$$
$$HSO_4^-(aq) \rightleftharpoons H^+(aq) + SO_4^{2-}(aq) \qquad K_a = 1.0 \times 10^{-2}$$

H^+ 이온 대부분은 첫 번째 이온화 단계에서 나온다. 예를 들면, 0.10 M H_2SO_4에서, $[H^+] = 0.11\ M$이다.

황산은 비교적 약한 산화제며, 아주 흔히 이산화 황(SO_2)으로 환원된다.

$$SO_4^{2-}(aq) + 4H^+(aq) + 2e^- \longrightarrow SO_2(g) + 2H_2O \qquad E^\circ_{환원} = +0.155\ V$$

구리 금속을 뜨거운 진한 황산으로 산화시킬 때 이와 같은 산화-환원 반응이 일어난다.

$$Cu(s) + 4H^+(aq) + SO_4^{2-}(aq) \longrightarrow Cu^{2+}(aq) + 2H_2O + SO_2(g)$$

묽은(3 M) 황산이 금속과 반응할 때, 환원되는 것은 보통 SO_4^{2-} 이온보다는 H^+ 이온이다. 예를 들면, 아연은 묽은 황산과 반응하여 수소 기체를 형성한다.

$$Zn(s) + 2H^+(aq) \longrightarrow Zn^{2+}(aq) + H_2(g)$$

진한 황산은 산이며 산화제인 동시에 탈수제이기도 하다. 황산 추출로 가솔린과 같은 유기 액체에 들어 있는 소량의 물을 제거할 수 있다. 때때로, 화합물을 18 M H_2SO_4로 처리하여 물을 구성하는 원소들까지도 제거할 수가 있다. 이와 같은 현상은 설탕과의 반응에서 일어나며, 생성물은 탄소가 주성분인 검은색 숯(char)이다(그림 21.15).

$$C_{12}H_{22}O_{11}(s) \longrightarrow 12C(s) + 11H_2O$$

진한 황산이 물에 용해될 때, H_2SO_4 1 mol 당 100 kJ 정도의 대단히 많은 양의 열이 방출된다. 때때로 용액이 끓을 정도로 많은 양의 열이 방생한다. 이를 방지하고 용액의 튀는 현상을 피하기 위해서 계속 저으면서 물에 황산을 천천히 첨가해야 한다. 진한 황산이 피부에 닿으면 고통스러운 화학적 화상을 입는다. 진한 황산에 물을 가하는 것은 절대 안 된다!

그림 21.15 ▸ 설탕에 황산을 가하는 모습.

인산, H_3PO_4

산화수 +5의 인은 수용액에서 다음과 같은 형태로 존재한다.

- (상대적으로 센) 약산, H_3PO_4 분자($K_a = 7.1 \times 10^{-3}$). 0.10 M H_3PO_4 용액의 pH 값은 1.6이다.
- (매우 약한) 약산, $H_2PO_4^-$ 이온($K_a = 6.2 \times 10^{-8}$; $K_b = 1.4 \times 10^{-12}$). 0.10 M NaH_2PO_4 용액의 pH 값은 4이다.
- (매우 약한) 약염기, HPO_4^{2-} 이온($K_a = 4.5 \times 10^{-13}$; $K_b = 1.6 \times 10^{-7}$). 0.10 M Na_2HPO_4 용액의 pH 값은 10이다.
- (상대적으로 센) 약염기, PO_4^{3-} 이온($K_b = 2.2 \times 10^{-2}$). 0.10 M Na_3PO_4 용액의 pH 값은 12.7이다.

NaH_2PO_4, Na_2HPO_4, Na_3PO_4의 세 화합물 중 두 개는 세척제에 사용된다. NaH_2PO_4는 산-유형 세척제로, Na_3PO_4는 강염기 세척제로 이용된다. Na_2HPO_4의 주요 용도는 치즈 제조에 있다. 1915년경에 Kraft(1874~1953)가 이 화합물이 뛰어난 유화제라는 것을 발견하였다. 그러나 왜 이런 현상이 일어나는지를 오늘날까지도 아무도 분명하게 이해하지 못하고 있다.

대단히 많은 인산염이 상업용 비료로 이용된다. 이 중에서 가장 중요한 것은 아마도 $Ca(H_2PO_4)_2$일 것이다. 비교적 순수한 형태에서, 이 화합물은 "석회의 삼중 과인산염(triple superphosphate of lime)"으로 알려져 있다. $Ca(H_2PO_4)_2$와 $CaSO_4 \cdot H_2O$의 1:2 몰 비 혼합물은 흔히 "석회의 과인산염(superphosphate of lime)"이라고 부른다.

생활 속의 화학 이야기 | CHEMISTRY BEYOND THE CLASSROOM

비소와 셀레늄

주기율표에서 인과 황 바로 아래에 있는 비소와 셀레늄은 다양한 이유로 흥미롭다. 비소는 진정한 준금속(metalloid)이다. 회색 비소라 불리는 금속성 비소는 납의 전기 전도도에 가까운 전기 전도도를 갖고 있다. 또 하나의 **동소체**(allotrope)인 노란색 비소는 비금속이며, 백린 P_4와 유사한 분자식 As_4를 갖는다. 비록 셀레늄의 동소체들 중 하나가 다소 금속성 외관을 갖고 반도체이지만, 셀레늄은 비금속으로 분류된다. 또 하나의 셀레늄 동소체는 황과 유사한 분자식 Se_8을 갖는다.

원소 형태 비소는 납과의 합금 제조에 가장 많이 쓰인다. 납 산탄(lead shot)은 용융된 금속 방울을 공기 중에서 낙하시켜 만들며, 0.5~2.0% 비소를 포함하고 있다. 셀레늄은 오랫동안 유리 제조의 첨가물로 사용되어 왔다. 콜로이드 형태로 분산된 셀레늄 입자는 교통 신호등과 스테인드 글래스 창에서 볼 수 있는 빨간 루비 색깔을 낸다(그림 A).

생리학적 성질들

범죄 드라마에서 언급되는 "비소 독약(arsenic poison)"은 실제로는 원소 형태의 비소(As)라기보다는 비소 산화물 As_2O_3이다. 이 흰색 난용성 분말 0.1 g 미만도 치명적일 수 있다. 급성 비소 중독의 고전적인 증상들로 불쾌한 위장 장애, 심각한 복부 통증, 입과 목의 화끈거림(burning) 등이 있다.

© Lebraix LeDoux/Shutterstock.com

그림 A ▸ **스테인드 글래스 색상.** 셀레늄 화합물을 첨가하면 빨간색 유리가, 코발트 화합물을 첨가하면 파란색 유리가 만들어진다.

현대 법의학 실험실(그림 B)에서는 머리카락 시료 분석으로 비소를 검출한다. 만성 비소 중독의 경우, 비소가 머리카락에 농축되는 경향이 있다. 단 한 올의 머리카락만으로도 이 원소의 존재 유무를 알 수 있다. 가장 흔히 사용되는 기술은 18장에 기술되어 있는 중성자 방사화 분석법(neutron activation analysis)이다. 분석 농도가 약 0.0003%보다 높으면 중독된 것으로 판정한다. 정상적인 비소 농도는 이 수준보다 훨씬 낮기 때문이다.

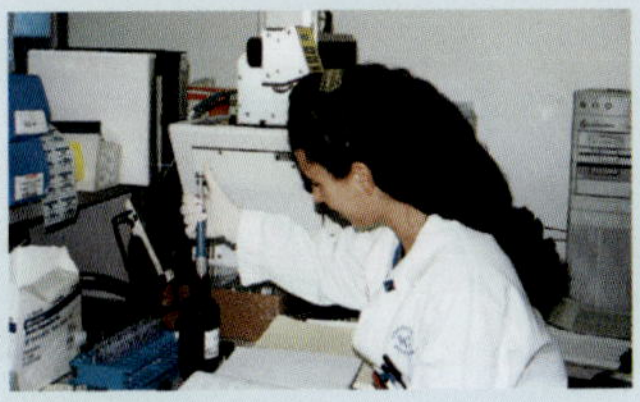

그림 B ▸ 법의독성학 실험실. 젊은 여성 과학자가 Hartford 병원 실험실에서 연구 과제를 수행하고 있다.

1960년대 초반 St. Helena에 있는 나폴레옹(1769~1821) 시신에서 채취된 머리카락에 이 기술을 적용하였다. 비소 수준이 정상보다 50배에 달해 프랑스 왕실의 명령으로 나폴레옹이 독살의 희생자였을 것이라고 추측되었다.

비소는 알려진 발암 물질이며, 세계의 많은 지역의 식수에서 발견된다. 세계보건기구(WHO)는 식수 내 비소의 허용치 상한을 10 ppb로 정하였다. 미국의 법적 허용치는 환경보호청(Environmental Protection Agency, EPA)이 정한 50 ppb이다.

고농도 셀레늄은 독성이 있다고 오랫동안 알려져 왔다. "선회병(blind staggers)"이라 알려진 소의 질병은 소가 고농도 셀레늄이 포함된 토양에서 자란 풀을 먹어서 일어난다. 그러나 셀레늄이 인간의 필수 영양소라는 것 또한 현재 알려져 있다. 셀레늄-함유 효소인 글루타치온 과산화효소(glutathione peroxidase)는 비타민 E와 함께 몸속의 해로운 라디칼들을 파괴한다.

셀레늄 화합물들이 항암제라는 것을 암시해주는 상당한 증거가 있다. 예를 들어 실험용 동물 실험 결과에 의하면, ppm 농도의 Na_2SeO_3 용액을 주사하였을 때, 악성 종양의 발병율과 크기가 감소하는 것으로 나타났다. 이런 증거 이외에도, 통계학적 연구는 토양의 셀레늄 농도와 특정 유형의 암 발생률 사이의 역의 상관관계(inverse correlation)가 있음을 보여주고 있다.

주요 개념

1. 용액 반응의 평형 상수 계산하기.
   (예제 21.1; 문제 43~48)
2. Gibbs-Helmholtz 식 적용하기.
   (예제 21.2; 문제 49~54)
3. 용액 반응의 알짜 이온 반응식의 균형 맞추기.
   (예제 21.3, 21.5, 21.10; 문제 15~26)
4. 비금속 산화물의 Lewis 구조 그리기.
   (예제 21.6, 21.8; 문제 27~34)
5. 산소산을 해당하는 산화물들과 연관시키고 그것들의 산의 세기 비교하기.
   (예제 21.7, 21.8; 문제 7, 8, 63)
6. $E°$, Nernst 식, 전기분해 등을 포함하는 전기화학적 계산을 수행하기.
   (예제 21.4, 21.9; 문제 55~62)

요약 문제

염소와 매우 비슷한 화학적 성질을 갖고 있는 브로민에 대하여 살펴보자.

(a) Br_2와 I^- 이온의 반응에 대한 화학 반응식을 써라. Br_2와 H_2O의 반응에 대한 화학 반응식(불균등화반응)을 써라.

(b) NaBr 수용액의 전기분해로 브로민을 합성할 때의 화학 반응식과 수용액에서 염소와 브로민화 이온의 반응으로 브로민을 합성할 때의 화학 반응식을 써라.

(c) HBr과 OH^- 이온, HBr과 CO_3^{2-} 이온, HBr과 NH_3의 반응 각각에 대해 화학 반응식을 써라.

(d) Br^-, Br_2, BrO^-, BrO_4^- 화학종들에 대하여 답하라. 산화-환원 반응에서 이 화학종들 중 어느 것이 산화제로만 작용하는가? 환원제로만 작용하는 것은? 어느 화학종이 산화제 또는 환원제로 작용하는가?

(e) NaBr 수용액을 진한 황산 용액과 함께 가열되면, 액체 Br_2와 SO_2가 생성된다. 관련된 산화-환원 반응의 균형 맞춘 반응식을 써라.

(f) Br^-, BrO^-, BrO_4^- 화학종들의 Lewis 구조식을 그려라. BrO_4^-에서 결합각은 얼마인가? 이 이온들의 짝산들 중 가장 약한 것은?

(g) HBrO의 산성 산화물의 화학식을 써라. HBrO의 pK_a 값이 2.6×10^{-9}일 때, pH 10.00에서 [HBrO]/[BrO^-] 값은?

(h) HBrO가 Br^-로 환원되는 반응에서, pH가 1만큼 증가할 때 전압의 변화는?

해답

(a) $Br_2(l) + 2I^-(aq) \longrightarrow 2Br^-(aq) + I^-(s)$
$Br_2(l) + H_2O \longrightarrow HBrO(aq) + H^+(aq) + Br^-(aq)$

(b) $2Br^-(aq) + 2H_2O \longrightarrow Br_2(l) + H_2(g) + 2OH^-(aq)$
$2Br^-(aq) + Cl_2(aq) \longrightarrow Br_2(l) + 2Cl^-(aq)$

(c) $H^+(aq) + OH^-(aq) \longrightarrow H_2O$
$2H^+(aq) + CO_3^{2-}(aq) \longrightarrow CO_2(g) + H_2O$
$H^+(aq) + NH_3(aq) \longrightarrow NH_4^+(aq)$

(d) BrO_4^-; Br^-; Br_2 또는 BrO^-

(e) $2Br^-(aq) + SO_4^{2-}(aq) + 4H^+(aq) \longrightarrow Br_2(l) + SO_2(g) + 2H_2O$

(f) 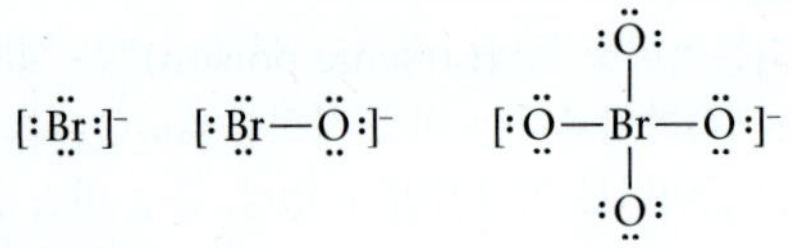 109.5°; BrO^-

(g) Br_2O; 0.038

(h) −0.0296 V

연습 문제

짝수 번호의 문제와 도전 문제의 해답은 센게이지 홈페이지 자료실에서 다운로드 받을 수 있다(www.cengage.co.kr).

21-1 비금속 원소와 제조 방법

21-2 비금속 원소의 수소 화합물

21-3 비금속 원소의 산소 화합물

21-4 산소산과 산소산 음이온

▶ 화학식, 반응식, 반응

1. 다음 화학종의 이름은?
(a) HIO_4 (b) BrO_2^- (c) HIO (d) $NaClO_3$
2. 다음 화학종의 이름은?
(a) $HBrO_3$ (b) $CaBr_2$
(c) $NaClO_2$ (d) $NaBrO_4$
3. 다음 화합물의 화학식은?
(a) 염소산(chloric acid)
(b) 과아이오딘산(periodic acid)
(c) 하이포브로민산(hypobromous acid)
(d) 아이오딘화 수소산(hydriodic acid)
4. 다음 화합물의 화학식은?
(a) 브로민화 포타슘(potassium bromide)
(b) 브로민화 칼슘(calcium bromide)
(c) 과아이오딘산 소듐(sodium periodate)
(d) 하이포염소산 마그네슘(magnesium hypochlorite)
5. 다음 원소를 포함하는 화합물들 중 산화제로 작용할 수 *없는* 화합물의 화학식은?
(a) N (b) S (c) Cl
6. 다음 원소를 포함하는 화합물들 중 환원제로 작용할 수 *없는* 산소산 음이온의 화학식은?
(a) N (b) S (c) Cl
7. 다음 각 화합물의 산성 산화물의 화학식은?
(a) HNO_3 (b) HNO_2 (c) H_2SO_4
8. 다음 각 산성 산화물이 물과 반응할 때 생성되는 산의 화학식은?
(a) SO_2 (b) Cl_2O (c) P_4O_6
9. 다음 화합물의 화학식은?
(a) 암모니아 (b) 웃음 가스
(c) 과산화 수소 (d) 삼산화 황
10. 다음 화합물의 화학식은?
(a) 아자이드화 소듐 (b) 아황산
(c) 하이드라진 (d) 인산이수소 소듐
11. 다음 원소를 포함하고 조건을 만족하는 수소 화합물의 화학식은?
(a) 질소, 25°C, 1 atm에서 기체
(b) 인, 25°C, 1 atm에서 액체
(c) 산소, O—O 결합을 갖고 있음
12. 다음 원소를 포함하고 조건을 만족하는 수소 화합물의 화학식은?
(a) 황
(b) 질소, 25°C, 1 atm에서 액체
(c) 인, 25°C, 1 atm에서 독성이 있는 기체
13. 다음 화합물의 화학식은?
(a) 산화수 −2를 갖는 황의 음이온
(b) 산화수 +4를 갖는 황의 음이온 두 개
(c) 황의 두 개의 다른 산
14. 다음 조건을 만족하는 질소 화합물의 화학식은?
(a) 약염기 (b) 센산
(c) 약산 (d) 구리를 산화시킬 수 있음
15. 다음 반응의 균형 맞춘 알짜 이온 반응식은?
(a) 플루오린화 수소의 전기분해
(b) 산성 용액에서 과산화 수소로 I^-를 I_2로 산화키는 반응. 과산화 수소는 물로 환원된다.
16. 다음 반응의 균형 맞춘 알짜 이온 반응식은?
(a) 산성 용액에서 황산 이온으로 I^-를 I_2로 산화키는 반응. 이산화 황도 생성된다.
(b) I^- 염과 Cl_2 기체로부터 I_2를 합성하는 반응
17. 다음 불균등화반응의 균형 맞춘 알짜 이온 반응식은?
(a) 염기성 용액에서 I_2가 IO_3^-와 I^-로 불균등화되는 반응
(b) 염기성 용액에서 Cl_2가 Cl^-와 ClO_4^-로 불균등화되는 반응
18. 다음 불균등화반응의 균형 맞춘 알짜 이온 반응식은?
(a) 산성 용액에서 HClO가 Cl_2 기체와 $HClO_2$로 불균등화되는 반응
(b) ClO_3^-가 ClO_4^-와 ClO_2^-로 불균등화되는 반응
19. 다음 반응을 완결하고 화학 반응식의 균형을 맞춰라. 반응이 일어나지 않으면 반응 없음이라고 적어라.
(a) $Cl_2(g) + 2I^-(aq) \longrightarrow$ (b) $F_2(g) + Br^-(aq) \longrightarrow$
(c) $I_2(s) + Cl^-(aq) \longrightarrow$ (d) $Br_2(l) + I^-(aq) \longrightarrow$
20. 다음 반응을 완결하고 화학 반응식의 균형을 맞춰라. 반응이 일어나지 않으면 반응 없음이라고 적어라.
(a) $Cl_2(g) + 2Br^-(aq) \longrightarrow$ (b) $I_2(s) + Cl^-(aq) \longrightarrow$
(c) $I_2(s) + Br^-(aq) \longrightarrow$ (d) $Br_2(l) + Cl^-(aq) \longrightarrow$
21. 다음 합성 반응에 대한 균형 맞춘 화학 반응식은?
(a) HF로부터 F_2 합성 (b) NaBr로부터 Br_2 합성
(c) NH_3로부터 NH_4^+ 합성
22. 다음 합성 반응에 대한 균형 맞춘 화학 반응식은?
(a) $Pb(N_3)_2$로부터 N_2 합성 (b) O_3로부터 O_2 합성
(c) H_2S로부터 S 합성
23. 다음 화학종과 NH_3의 반응에 대한 균형 맞춘 화학 반응식은?
(a) Cu^{2+} (b) H^+ (c) Al^{3+}
24. 다음 화학종과 H_2S의 반응에 대한 균형 맞춘 화학 반응식은?
(a) Cd^{2+} (b) OH^- (c) $O_2(g)$
25. 다음 물질과 HNO_3의 반응에 대한 균형 맞춘 화학 반응식은?
(a) $Ca(OH)_2$ 용액
(b) $Ag(s)$; NO_3^- 이온이 $NO_2(g)$로 환원된다고 가정하라.
(c) $Cd(s)$; NO_3^- 이온이 $N_2(g)$로 환원된다고 가정하라.
26. 다음 물질과 H_2SO_4의 반응에 대한 균형 맞춘 화학 반응식은?
(a) $CaCO_3(s)$
(b) NaOH 용액
(c) Cu; SO_4^{2-} 이온이 SO_2로 환원된다고 가정하라.

▶ 분자 구조

27. 다음 각 화학종의 Lewis 구조를 그려라.
(a) NO_2 (b) NO (c) SO_2 (d) SO_3
28. 다음 각 화학종의 Lewis 구조를 그려라.
(a) Cl_2O (b) N_2O (c) P_4 (d) N_2
29. 연습 문제 27에 있는 분자들 중 극성 화합물들은?
30. 연습 문제 28에 있는 분자들 중 극성 화합물들은?
31. 다음 각 분자의 Lewis 구조를 그려라.
(a) HNO_3 (b) H_2SO_4 (c) H_3PO_4
32. 연습 문제 31에 있는 화학종에 대한 짝염기의 Lewis 구조식을 그려라.

33. 다음 각 화학종의 Lewis 구조를 그려라.
(a) 가장 센 브로민의 산소산
(b) —N—N— 결합을 포함하는 질소의 수소 화합물
(c) 콜라 음료에 첨가되는 산

34. 다음 각 화학종의 Lewis 구조를 그려라.
(a) 산화수 +5의 N을 포함하는 산화물
(b) 가장 센 질소의 산소산
(c) 정사면체 구조를 갖는 S의 산소산 음이온

▶ 화학량론

35. 바닷물 속의 브로민(Br^-로 존재)의 평균 농도는 65 ppm이다. 다음을 계산하라.
(a) 액체 Br_2 1 kg를 생산하는 데 필요한 바닷물(d = 64.0 lb/ft^3)의 부피(ft^3)는?
(b) 20°C, 762 mm Hg에서 이 부피의 바닷물과 반응하기 위하여 필요한 염소 기체의 부피(L)는?

36. 425갤런 탱크는 175 g의 NaI가 포함된 물로 채워져 있다. 20°C, 758 mm Hg에서, 모든 I^-를 I_2로 산화시키는 데 필요한 염소 기체의 부피(L)는?

37. HI 수용액과 MnO_2를 반응시켜 I_2를 제조할 수 있다. 반응식은 다음과 같다.

$$2I^-(aq) + 4H^+(aq) + MnO_2(s) \longrightarrow Mn^{2+}(aq) + 2H_2O + I_2(s)$$

과량의 HI를 MnO_2 0.200 g에 첨가할 때, 생성되는 I_2는 몇 g인가? 100% 수득률을 가정하라.

38. 27°C, 0.974 atm에서, HBr 기체 1.283 L를 물 250.0 mL에 통과시켜 HBr 용액을 제조하였다. 모든 HBr이 부피 변화 없이 용해된다고 가정할 때, 생성된 HBr 용액의 몰농도는?

39. NH_4NO_3가 폭발할 때, N_2, 수증기, O_2 기체가 생성된다. 견고한 1 L 통(bomb)에 밀폐된 NH_4NO_3 1 kg이 가열되어 폭발이 일어난다면, 통이 파열되기 전에 (생성된) 기체들의 전체 압력은? 반응은 완결되고, 최종 온도는 500°C(유효 숫자 세 자리)라고 가정한다.

40. 발전소 굴뚝에서 방출되는 SO_2를 H_2S와 반응시켜 제거할 수 있으며, 생성물은 S와 H_2O이다. 질량 백분율 5%의 S를 포함한 석탄 1톤을 연소시키는 발전소에서 나오는 SO_2를 제거하는 데 필요한 H_2S의 부피는 27°C, 755 mm Hg에서 얼마인가? H_2S와 SO_2의 반응으로 생성되는 S는 몇 g인가?

41. $NaNO_3$를 포함하는 시료 1.500-g을 가열하여 $NaNO_2$와 O_2를 생성하였다. 23°C, 752 mm Hg에서, 방출된 O_2를 수상 치환으로 포집하였다. 산소의 부피는 125.0 mL이었다. 시료 내 $NaNO_3$의 질량 백분율은? 23°C에서 물의 증기압은 21.07 mm Hg이다.

42. 염소는 물에서 불쾌한 냄새를 풍기는 H_2S를 제거할 수 있다. 이 반응은 다음과 같다.

$$H_2S(aq) + Cl_2(g) \longrightarrow 2H^+(aq) + 2Cl^-(aq) + S(s)$$

오염된 물이 질량으로 H_2S 5.0 ppm을 포함하고 있다면, 물(d = 1.00 g/mL) 1.00×10^3 갤런에 있는 모든 H_2S를 제거하기 위해 필요한 Cl_2 기체의 부피는 STP에서 얼마인가? Cl_2 기체로 처리한 후 용액의 pH 값은?

▶ 평형

43. 25°C에서 다음 반응의 평형 상수는 1.2×10^{-9}이다.

$$Br_2(l) + H_2O \rightleftharpoons H^+(aq) + Br^-(aq) + HBrO(aq)$$

이것이 "브로민수(bromine water)"의 시약병 안에 존재하는 계이다. HBrO는 거의 이온화하지 않는다고 가정할 때, 이 브로민수의 pH 값은?

44. 0.10 M HClO 용액의 pH 값과 HClO의 평형 농도 값은? K_a(HClO) = 2.8×10^{-8}.

45. 평형에서, 어떤 기체 혼합물에서 HBr의 부분압은 0.7324 atm이고, H_2와 Br_2 기체의 부분압은 둘 다 2.80×10^{-3} atm이다. H_2와 Br_2로부터 HBr 2 mol이 생성되는 반응의 K 값은?

46. 다음 정보가 주어졌을 때,

$$HF(aq) \rightleftharpoons H^+(aq) + F^-(aq) \quad K_a = 6.9 \times 10^{-4}$$
$$HF(aq) + F^-(aq) \rightleftharpoons HF_2^-(aq) \quad K = 2.7$$

아래 반응의 K 값은?

$$2HF(aq) \rightleftharpoons H^+(aq) + HF_2^-(aq)$$

47. 포화 BaF_2 수용액에서 F^- 이온의 농도는? $K_{sp} = 1.8 \times 10^{-7}$

48. 0.10 M $BaCl_2$ 용액에서 BaF_2의 용해도는 BaF_2 100 mL 당 몇 g인가?

▶ 열역학

49. 25°C, 1 atm에서 다음 산화-환원 반응은 자발적인가?

$$2KIO_3(s) + Cl_2(g) \longrightarrow 2KClO_3(s) + I_2(s)$$

부록 1의 자료와 다음 정보를 이용하라: $\Delta H_f°$ $KIO_3(s)$ = −501.4 kJ/mol, $S°$ $KIO_3(s)$ = 151.5 J/mol · K. 반응이 자발적인 가장 낮은 온도는?

50. 다음 반응에 대하여 연습 문제 49와 같이 답하라.

$$2KBrO_3(s) + Cl_2(g) \longrightarrow 2KClO_3(s) + Br_2(l)$$

다음 자료가 유용할 것이다:

$$\Delta H_f° \; KBrO_3 = -360.2 \text{ kJ/mol}; \; S° \; KBrO_3 = 149.2 \text{ J/mol} \cdot \text{K}$$

51. 다음 평형 계를 살펴보자.

$$HF(aq) \rightleftharpoons H^+(aq) + F^-(aq)$$

다음 정보들이 주어져 있다:

$$\Delta H_f° \; HF(aq) = -320.1 \text{ kJ/mol},$$
$$\Delta H_f° \; F^-(aq) = -332.6 \text{ kJ/mol}; \; S° \; F^-(aq) = -13.8 \text{ J/mol} \cdot \text{K};$$
$$K_a \; HF = 6.9 \times 10^{-4} \text{ (25°C에서)}$$

HF(aq)의 $S°$ 값은?

52. 부록 1의 표들을 이용하여 다음 질문에 답하라.

$$4HCl(g) + O_2(g) \longrightarrow 2Cl_2(g) + 2H_2O(l)$$

(a) 25°C, 1 atm에서 이 반응은 자발적인가?
(b) 25°C에서 이 반응의 K 값을 계산하라.

53. 다음 반응을 살펴보자.

$$4NH_3(g) + 5O_2(g) \longrightarrow 4NO(g) + 6H_2O(g)$$

(a) 이 반응의 $\Delta H°$ 값은? 이 반응은 발열 반응인가 흡열 반응인가?
(b) $\Delta S°$ 값이 양수인가 음수인가? $\Delta S°$ 값을 계산하라.
(c) 25°C, 1 atm에서 이 반응은 자발적인가?
(d) 1 atm에서 이 반응이 평형에 있다면 온도는 몇 도인가?

54. 백린 $P_4(s)$에 대한 자료가 부록 1에 있다. $P_4(g)$는 다음과 같은 열역학적 값을 갖는다: $\Delta H_f°$ = 58.9 kJ/mol, $S°$ = 280.0 J/K · mol. 1 atm에서 백린이 승화하는 온도는 몇 도인가?

▶ 전기화학

55. KI 용액을 5.00 V로 전기분해하고 있다. I_2 1 mol이 형성될 때, 소모되는 전기 에너지는(kJ)?

56. 플루오린을 생성하는 전해 전지가 7.00×10^3 A의 전류를 사용한다면(10.0 V에서), 2일 동안 생성할 수 있는 플루오린은 몇 g인가? (이 전지는 95% 효율로 계속 작동한다고 가정하라.)

57. NaClO는 차가운 NaCl 용액의 전기분해로 생성된다. 전지의 전류가 2.00×10^3 A라면, 질량으로 5.00% NaClO 1.500×10^3 L를 생성하는 데 필요한 전지의 가동 시간은? 용액의 밀도는 1.00 g/cm^{3}라고 가정하라.

58. $NaClO_4$는 $NaClO_3$ 용액의 전기분해로 생성된다. 전지의 전류가 1.50×10^3 A라면, 8시간 가동으로 생성되는 $NaClO_4$는 몇 kg인가?

59. $E^\circ_{산화}$ H_2O_2 = −0.695 V라면, 다음 화학종들 중에서 H_2O_2에 의해 환원되는 것은? (표 17.1을 이용하여 $E^\circ_{환원}$ 값들을 찾아라.)

(a) $Cr_2O_7^{2-}$ (b) Fe^{2+} (c) I_2 (d) Br_2

60. $E^\circ_{환원}$ H_2O_2 = +1.763 V라면, 다음 화학종들 중에서 H_2O_2에 의해 산화되는 것은? (표 17.1을 이용하여 $E^\circ_{산화}$ 값들을 찾아라.)

(a) Co^{2+} (b) Cl^- (c) Fe^{2+} (d) Sn^{2+}

61. 산성 용액에서 SO_2로 NO_3^-를 NO ($E^\circ_{환원}$ = 0.964 V)로 환원시키는 반응을 살펴보자. 이때, SO_2는 SO_4^{2-}($E^\circ_{환원}$ = 0.155 V)로 산화된다. 모든 기체의 압력은 1.0 atm이고, 모든 이온 화학종들의 농도는 0.100 *M*이고(H^+는 예외), pH는 4.30이라면, 이 반응과 관련된 전지 전위 값은?

62. 연습 문제 61에서 기체의 압력은 1.0 atm이고, 이온 화학종들의 농도는 0.100 *M*이라면(H^+는 예외), 전지 전위가 1 V가 되는 pH 값은?

종합 문제

63. 각 화합물 그룹에서 가장 센산은?

(a) HClO, HBrO, HIO (b) HIO, HIO_3, HIO_4

(c) HIO, $HBrO_2$, $HBrO_4$

64. 다음 화합물들에 존재하는 분자들 사이의 인력은?

(a) Cl_2 (b) HBr (c) HF

(d) $HClO_4$ (e) MgI_2

65. HF와 SiO_2의 반응에 대한 균형 맞춘 반응식을 써라. SiO_2 1 g과 반응하는 데 필요한 2.0 *M* HF의 부피는?

66. 다음 각 화합물에서 N의 산화수는?

(a) NO_2^- (b) NO_2 (c) HNO_3 (d) NH_4^+

67. 1 atm, 973 K에서 황 증기의 밀도는 0.8012 g/L이다. 이 증기의 분자식은?

68. 아래의 용도로 사용되는 이 장에서 설명한 순물질의 화학식은?

(a) 물 소독 (b) 안전 성냥(safety match)

(c) 하이드라진 합성 (d) 유리 식각(etching)

69. 순수한 HNO_3는 무색인데, 진한 HNO_3 용액은 흔히 노란색인 이유는?

70. 다음 현상을 설명하라.

(a) 중심 비금속 원자의 산화수가 증가할수록 산의 세기가 증가한다.

(b) NO_2는 상자기성이다.

(c) 산소산 음이온의 산화력은 pH에 반비례한다.

(d) 설당을 진한 황산으로 처리하면 검은색으로 변한다.

도전 문제

71. 1.00 km^2 면적의 지하 황 매장층에서 얻을 수 있는 황산의 질량을 계산한다고 가정하자. 이 계산을 위해서 더 필요한 정보는?

72. 열수 기원 특정 석영(SiO_2) 광맥에 분포되어 있는 금을 다음 반응으로 추출할 수 있다.

$$4HF(aq) + SiO_2(aq) \longrightarrow SiF_4(aq) + 2H_2O$$

석영이 질량으로 1.0×10^{-3}% Au를 함유하고, Au의 시장 가격이 트로이 온스(약 31.1 g) 당 $425라면, 공업용 HF(질량으로 50%, *d* = 1.17 g/cm^3)의 가격이 리터 당 75센트일 때, 이 공정은 경제적으로 실현 가능한가?

73. 일정 부피의 표백제로 과량의 I^- 이온을 I_2로 산화시켜, 표백제 용액에 포함된 NaClO 양을 결정할 수 있다. 이때, ClO^-는 Cl^-로 환원된다. $Na_2S_2O_3$ 적정법으로 산화-환원 반응에서 생성된 I_2 양을 결정할 수 있다. 이때 I_2는 I^-로 환원되고, $Na_2S_2O_3$는 $Na_2S_4O_6$로 산화된다. 이 분석 실험에서 과량의 KI를 표백제(*d* = 1.00 g/cm^3) 5.00 mL에 첨가하였다. 표백제에 의해 생성된 모든 I_2를 I^-로 환원시키는 데 0.0700 *M* $Na_2S_2O_3$ 25.00 mL가 필요했다면, 표백제에 포함된 NaClO의 질량 백분율은?

74. 자동차 에어백에 주입되어, 팽창할 때 20.0 L의 $N_2(g)$를 생성하는 데 필요한 NaN_3 최소량은? 해답을 구하기 위해서 어떠한 합리적인 가정들을 해도 좋지만, 이 가정들이 무엇인지 서술하라.

제 22 장 유기 화학

Organic Chemistry

유리잔에 담긴 포도주는 ▶ (그림에 나타낸 모든 과일에 들어 있는) 글루코스를 발효시켜 에틸 알코올로 만든 것이다.

The Philadelphia Museum of Art / Art Resource, NY

생명이란 무엇일까? 생명은 한여름 밤 반딧불이의 반짝임이다.
생명은 한겨울 버팔로의 숨결이다.
생명은 초원을 가로질러 달리는
그리고 해질녘에 사라지는 작은 그림자 이다.
—DYING WORDS OF CROWFOOT (1890)

이 장의 차례 _Chapter Outline

유기 화학은 탄소의 화합물을 다루며, 이들 화합물은 실제로 엄청나게 많다. 모든 알려진 화합물의 90% 이상이 탄소 원자를 가지고 있다. 이 놀라운 사실은 간단히 설명할 수 있다. 탄소 원자는 다른 원소의 원자들이 서로 결합하는 것보다 훨씬 더 많이 결합을 한다. 탄소 원자는 서로 연결되어 사슬이나 고리를 형성한다.

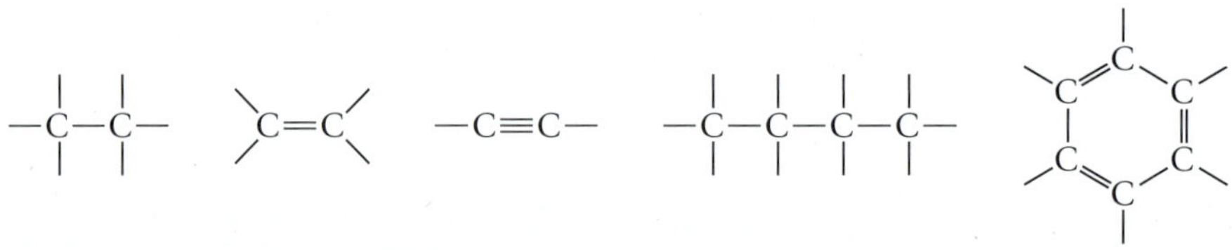

결합은 단일 결합(한 개의 전자쌍), 이중 결합(두 개의 전자쌍), 또는 삼중 결합(세 개의 전자쌍)일 수 있다.

다양한 다른 유기 화합물은 아주 다른 구조와 특성을 가지고 있다. 그러나 모든 이 물질들은 모두 공통적인 특징을 가지고 있다:

1. ***유기 화합물은 대부분 이온성보다는 분자성이다.*** 우리가 다루는 대부분의 화합물은 작고, 불연속적인 분자로 이루어진다. 그들 중 많은 화합물들은 실온에서 기체이거나 또는 액체이다.
2. ***각각의 탄소 원자는 총 네 개의 공유 결합을 형성한다.*** ⓘ 이것은 위의 구조로 설명이 된다. 특정 탄소 원자는 네 개의 단일 결합, 두 개의 단일 결합과 한 개의 이중 결합, 두 개의 이중 결합, 또는 한 개의 단일 결합과 한 개의 삼중 결합을 할 수도 있다. 한 가지 방법 또는 다른 방법으로 결합은 최대 4개까지 한다.
3. ***탄소 원자는 다른 탄소 원자 또는 다른 비금속 원자(대부분이 수소, 할로젠, 산소, 또는 질소)와 결합한다.*** 대부분의 유기 화합물에서:
   - 수소 또는 할로젠 원자(F, Cl, Br, I)는 한 개의 공유 결합을 형성한다, —H, —X
   - 산소 원자는 두 개의 공유 결합을 형성한다, —O— 또는 ═O
   - 질소 원자는 세 개의 공유 결합을 형성한다. —N—, ═N—, 또는 ≡N

ⓘ 안정한 화합물에서 탄소는 항상 팔전자 규칙을 따른다.

이 장에서는 다음과 같은 것들을 다룬다.

- **탄화수소**(hydrocarbon)라고 부르는 가장 간단한 유형의 유기 화합물은 수소와 탄소 두 종류의 원자만 포함하고 있다. 탄화수소는 알케인(22-1절), 알켄과 알카인(22-2절) 및 방향족(22-3절)으로 분류할 수 있다(22-3절).
- 탄소와 수소 이외에 산소 원자 또는 질소 원자를 포함하는 유기 화합물(22-4절).
- 유기 화합물에서는 아주 일반적인 이성질현상. 이 주제는 22-1절에서 소개되지만, 22-5절에서 더 자세히 논의할 것이다.
- 서로 다른 유형의 유기 반응(22-6절).

이 장 전체에서, 분자에 존재하는 모든 결합을 보여주는 *구조식*(structural formula)으로 분자를 나타낸다. 다음에 구조식의 예를 나타내었다.

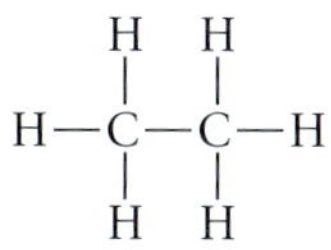
에테인

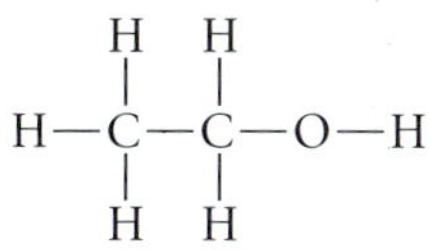
에탄올

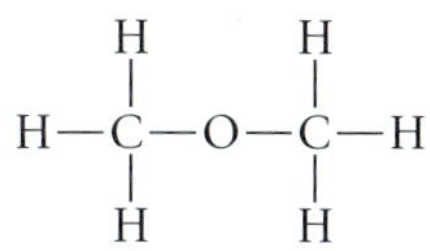
다이메틸 에터

공간을 절약하기 위해서 다음과 같이 축약 구조식을 사용하기도 한다.

CH_3CH_3 또는 C_2H_6 CH_3CH_2OH 또는 C_2H_5OH $CH_3—O—CH_3$ 또는 $(CH_3)_2O$

22-1 포화 탄화수소: 알케인

크고 구조적으로 간단한 탄화수소 종류는 모든 탄소-탄소 결합이 단일 결합을 갖는 물질을 포함한다. 이들을 **포화 탄화수소**(saturated hydrocarbon) 또는 **알케인(alkane)**이라고 한다. 알케인에서 탄소 원자들은 길거나 또는 짧은, 곧은 사슬이거나 또는 가지 달린 사슬로 서로 연결되어 있다.

탄소 원자에 대한 수소의 비는 알케인에서 최대가 된다. 따라서 "포화" 탄화수소라고 한다. n 개의 탄소 원자를 가지는 탄화수소의 일반식은 다음과 같다.

이들 분자의 외부 표면에는 주로 H 원자들이 포함되어 있다.

$$C_nH_{2n+2}$$

가장 간단한 알케인들은 $n = 1$ (CH_4), $n = 2$ (C_2H_6), 또는 $n = 3$ (C_3H_8)이다.

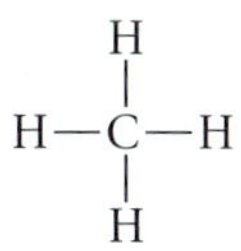
메테인

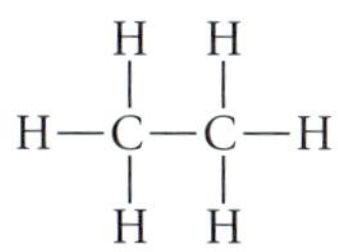
에테인

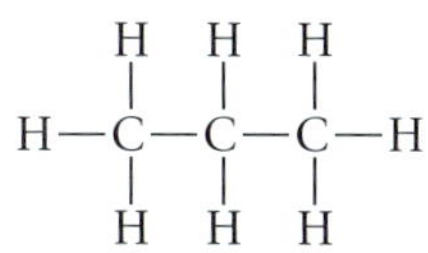
프로페인

이들 분자 및 임의의 포화 탄화수소의 탄소 원자 주위에는, sp^3 혼성 오비탈을 포함하는 네 개의 단일 결합이 있다. VSEPR 모형으로 예상되는 것처럼, 이 결합은 정사면체의 각 꼭짓점을 향하고 있다. 결합각은 거의 109.5°인 정사면체 각이다. 이것은 프로페인(C_3H_8) 및 더 큰 알케인에서 탄소 원자가 "지그재그(zigzag)" 형태로 배열된다는 것을 의미한다(그림 22.1).

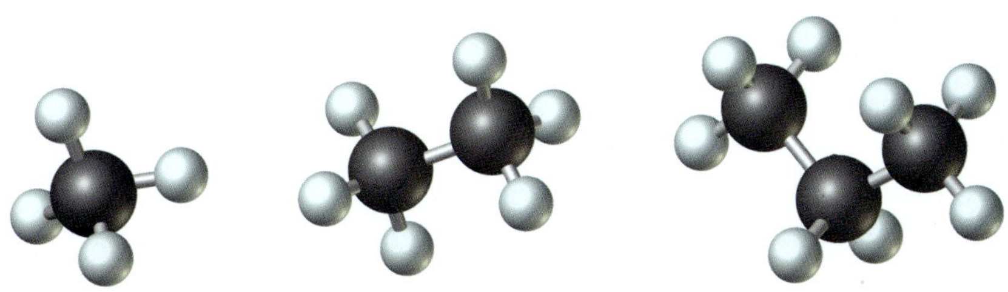
CH_4 메테인 CH_3CH_3 에테인 $CH_3CH_2CH_3$ 프로페인

그림 22.1 ▸ **가장 간단한 세 가지 알케인.** 메테인, 에테인, 프로페인의 모든 결합각은 정사면체 각인 109.5°에 가깝다.

$CH_3CH_2CH_2CH_3$
뷰테인

CH_3CHCH_3
|
CH_3
2-메틸프로페인

그림 22.2 ▸ C_4H_{10}의 이성질체인 뷰테인과 2-메틸프로페인.

분자식 C_4H_{10}인 탄화수소는 두 개의 서로 다른 알케인이 알려져 있다. 이들 중 하나는 뷰테인이라고 부르며, 네 개의 탄소가 "곧은(가지 없는) 사슬"로 연결되어 있다. 다른 하나는 2-메틸프로페인이라고 부르며, "가지 사슬"이다. 2-메틸프로페인 분자의 가장 긴 사슬은 세 개의 탄소 원자로 되어 있으며, 중심 탄소에 CH_3 가지가 있다. 이 두 분자의 기하 구조를 그림 22.2에 나타내었다. 구조는 아래와 같다.

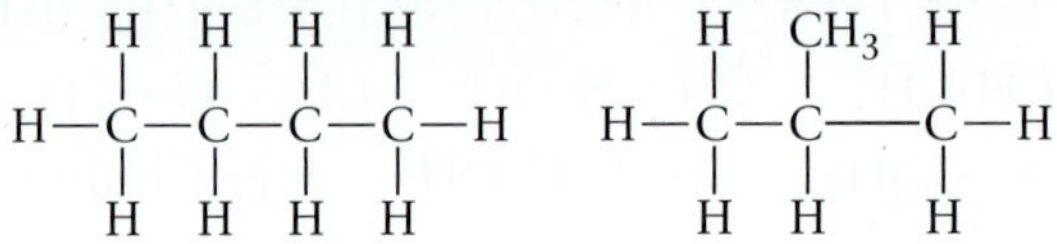

뷰테인　　　　2-메틸프로페인

같은 분자식을 갖지만 다른 분자 구조를 갖는 화합물을 **구조 이성질체**(structural isomer)◂ⓘ라고 한다. 뷰테인과 2-메틸프로페인을 C_4H_{10}의 구조 이성질체라고 한다. 이들은 서로 다른 물리 및 화학적 특성을 갖는 별개의 화합물이다.

ⓘ 구조 이성질체에서, 원자는 다른 방식으로 연결되어 있다. 골격이 서로 다르다.

예제 22.1

C_5H_{12}의 이성질체에 대한 구조를 그려라.

전략

1. 다섯 개의 모든 탄소가 직선이 되도록 그린다. 이 구조를 이성질체(I)이라고 부른다.
2. 다섯 번째 탄소가 곧은 사슬의 한 탄소에 결합된 네 개의 탄소 사슬 구조를 그려라.
   곧은 사슬의 어느 한 끝에 다섯 번째 탄소가 결합된 것은 이성질체(I)과 같다는 것에 유의하라. 탄소 원자를 말단(어느 한 끝) 원자의 다음에 붙인다.
3. 세 개의 탄소로 이루어진 사슬을 그려라. 나머지 두 개의 탄소를 세 탄소 사슬의 어느 끝에도 연결하지 않아야 한다. 그렇게 하면 이성질체(I)이 얻어진다. 즉, 세 탄소 사슬의 양 끝 각각에 한 개의 탄소를 붙이면 역시 이성질체(I)이 된다.

풀이

이성질체(I)　　이성질체(I) 다섯 개-C 사슬:

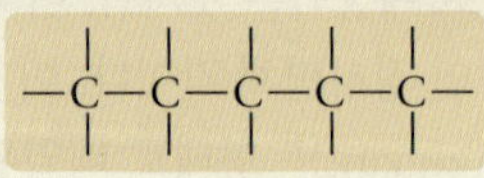

이성질체(II)　　이성질체(II) 네 개-C 사슬:

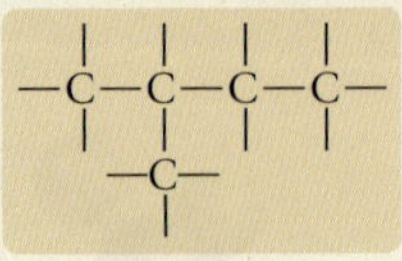

이성질체(III)◂ⓘ　　이성질체(III) 세 개-C 사슬:

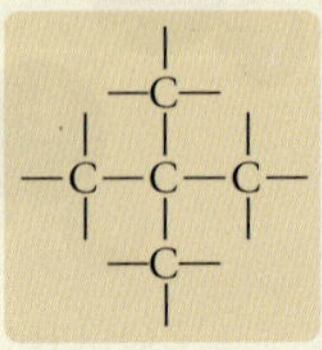

ⓘ 이 분자들은 삼차원으로 존재한다는 것을 기억하라.

구조 이성질체는 서로 다른 특성을 갖는다. 예를 들면, 예제 22.1의 세 가지 C_5H_{12} 이성질체는 서로 다른 온도에서 끓는다.

> 만일 실제로 지루한 일을 하고 싶으면, $C_{20}H_{42}$의 366,319개의 이성질체를 그려 보라.

구조	정상 끓는점
I	36°C
II	28°C
III	10°C

일반적으로, I과 같이 길고 "곧은 사슬" 이성질체는 III과 같이 많은 가지를 갖는 이성질체보다 더 높은 끓는점을 갖는 경향이 있다. 분산력은 사슬의 가지가 많아지면 더 약해진다. 이 원리는 계절에 따라 휘발유의 혼합을 달리하는 것에 적용된다. 겨울에는 휘발성이 큰 가지가 많은 알케인의 비율을 높게 하는데 이렇게 하면 낮은 온도에서 더 쉽게 연소가 일어난다.

명명법

유기 화학이 발전됨에 따라, 화합물을 명명하는 체계적인 방법이 필요하다는 것이 명백해졌다. 대략 80년 전에, 국제 순수 응용 화학 연맹(International Union of Pure and Applied Chemistry, IUPAC)은 모든 유기 화합물에 사용할 수 있는 한 가지 체계를 정하였다. 이 체계가 어떻게 적용되는지 알케인을 이용하여 설명하겠다.

다음과 같은 곧은 사슬 알케인의 IUPAC 이름은 한 단어로 구성된다.

$CH_3-CH_2-CH_3$ (프로페인) $CH_3-CH_2-CH_2-CH_3$ (뷰테인)

탄소 원자 여덟 개까지의 이름을 표 22.1에 수록하였다.

다음과 같이 가지 사슬의 알케인에서는 이름이 더 복잡하다.

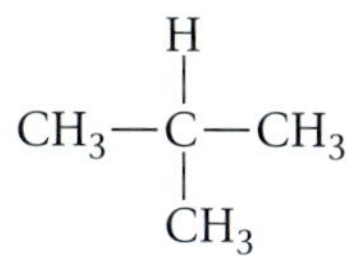

2-메틸프로페인

2-메틸프로페인과 같은 가지 사슬 알케인은 곧은 사슬 알케인의 수소 한 두 개를 알킬기로 치환하여 파생된 것으로 생각할 수 있다. 이름은 두 부분으로 구성된다:

- *접미사*는 곧은 사슬의 모체 알케인을 나타낸다. 접미사를 정하려면, 가장 긴 연속된 사슬에 있는 탄소의 수를 헤아린다. 탄소가 세 개인 사슬인 경우, 접미사는 *프로페인*이다. 네 개의 탄소 사슬은 *뷰테인*이다. 이런 식으로 계속한다.
- *접두사*는 가지 알킬기(표 22.1)와 가지가 놓여 있는 탄소의 번호로 나타낸다. 위에서 예로 든 2-메틸프로페인에서, 메틸기는 사슬의 말단에서 두 번째 탄소에 놓여 있다.

표 22.1 ▸ 알케인의 명명법

곧은 사슬 알케인		알킬기	
메테인	CH_4	메틸	CH_3-
에테인	CH_3CH_3	에틸	CH_3-CH_2-
프로페인	$CH_3CH_2CH_3$	프로필	$CH_3-CH_2-CH_2-$
뷰테인	$CH_3(CH_2)_2CH_3$	아이소프로필	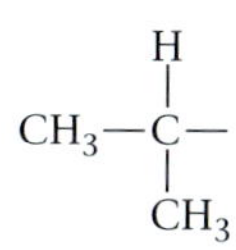
펜테인	$CH_3(CH_2)_3CH_3$		
헥세인	$CH_3(CH_2)_4CH_3$		
헵테인	$CH_3(CH_2)_5CH_3$		
옥테인	$CH_3(CH_2)_6CH_3$	뷰틸	$CH_3-CH_2-CH_2-CH_2-$

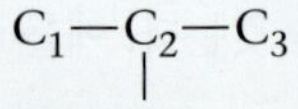

이 체계에 따라, 펜테인의 이성질체에 대한 IUPAC 이름을 명명하면 다음과 같다.

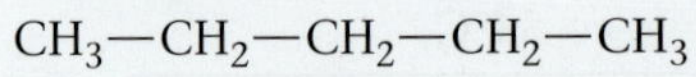

펜테인

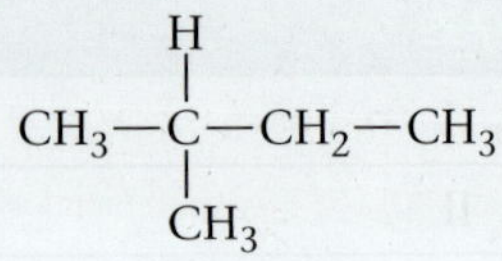

2-메틸뷰테인

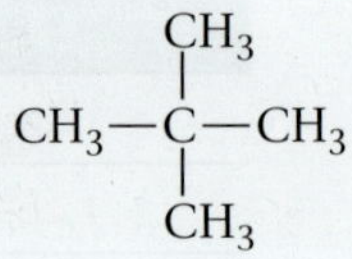

2,2-다이메틸프로페인

다음에 주목하라.

- 동일한 알킬기가 두 개의 가지로 존재하면, 접두사 *다이*-를 사용한다(2,2-다이메틸프로페인). 만일 세 개의 메틸 가지가 있다면, 트라이메틸로 쓰고, 이런 식으로 계속한다.
- 이름에서 번호는 가능하면 작은 값을 갖도록 한다. 따라서 사슬의 오른쪽이 아니라 왼쪽에서부터 번호를 매겨서, 2-메틸뷰테인으로 쓴다.

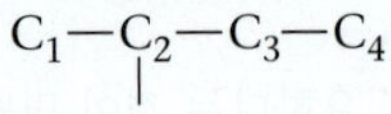

예제 22.2

다음 화합물의 IUPAC 이름을 명명하라.

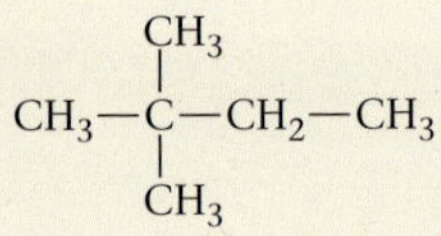

및

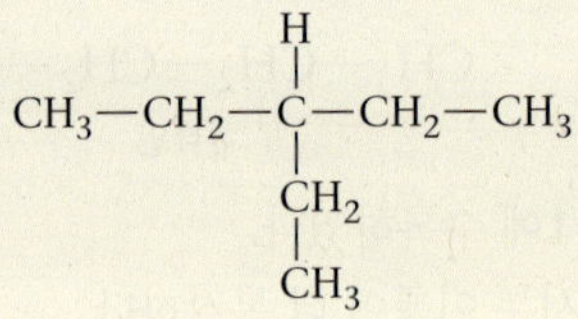

전략

1. 가장 긴 사슬을 찾는다. 이것이 모체 사슬이고, 사슬의 이름은 맨 마지막에 쓴다(표 22.1 참조).
2. 곧은 사슬에 연결된 알킬기를 헤아려서 표 22.1의 오른쪽 열과 같이 이 알킬기를 확인한다. 곧은 사슬의 이름 앞에 이 알킬기의 이름을 쓴다.
3. 알킬기가 결합된 탄소 원자를 나타내기 위해서 왼쪽에서 오른쪽으로 탄소 원자의 번호를 매긴다.

풀이

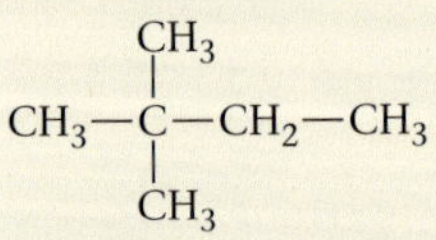

1. 가장 긴 사슬	네 개의 탄소 원자 = 뷰테인
2. 알킬기	한 개의 탄소를 가진 알킬기가 2개 = 메틸 = 다이메틸
3. 연결된 C 원자의 번호	두 개의 알킬기는 모두 C_2에 위치
4. 명명	2,2-다이메틸뷰테인

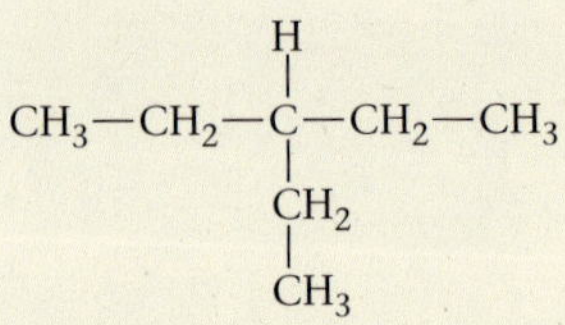

1. 가장 긴 사슬	다섯 개의 탄소 원자 = 펜테인
2. 알킬기	두 개의 탄소를 가진 알킬기가 1개 = 에틸

(계속)

3. 연결된 C 원자의 번호	C_3
4. 명명	3-에틸펜테인

알케인의 공급원과 용도

가스 수송관으로 미국과 캐나다 전역으로 보내지는, 천연가스에는 주로 메테인(80~90%)과 소량의 C_2H_6, C_3H_8 및 C_4H_{10}이 들어 있다. 캠핑용 스토브나 바비큐 그릴 등에 사용되는 "통에 담긴 기체" 통에는 액체 프로페인(C_3H_8)과 뷰테인(C_4H_{10})이 들어 있다. 가스관이 연결되지 않은 가정에서는 때때로 난방을 위해 대형 프로페인 탱크를 사용한다(그림 22.3). 액체가 남아 있는 동안에는 항상 압력이 일정하게 유지되고, 다음 급격히 0으로 떨어지는데 이는 재충전할 때가 되었음을 나타낸다.

그림 22.3 ▸ **이 가스통에는 프로페인 기체가 들어 있으며 가정에서 취사 및 난방에 사용된다.**

탄소 수가 더 많은 알케인은 거의 대부분 다공성 암석 퇴적층에 분산된 흑갈색의 점성 액체인 석유로부터 얻어진다. 석유를 증류하면 끓는점에 따라 일련의 증류물(fraction)이 얻어진다(그림 22.4). 이들 중에서 가장 중요한 것은 휘발유이다. 1 L의 석유를 증류하면, 대략 250 mL의 (화학 첨가물이 없는) "직류" 휘발유가 얻어진다. 끓는점이 더 높거나 낮은 증류물을 휘발유 범위(C_5~C_{12})의 탄화수소로 변환시키면 휘발유를 두 배로 늘리는 것이 가능하다.

휘발유-공기 혼합물은 부드럽게 연소하기보다는 조기 점화되거나 "노킹(knocking)"을 일으키는 경향이 있다. 휘발유의 *옥테인가*(octane number)는 휘발유의 노킹에 저항하는 척도를 나타낸다. 옥테인가는 아이소옥테인(옥테인 이성질체들 중의 한 가지에 대한 관

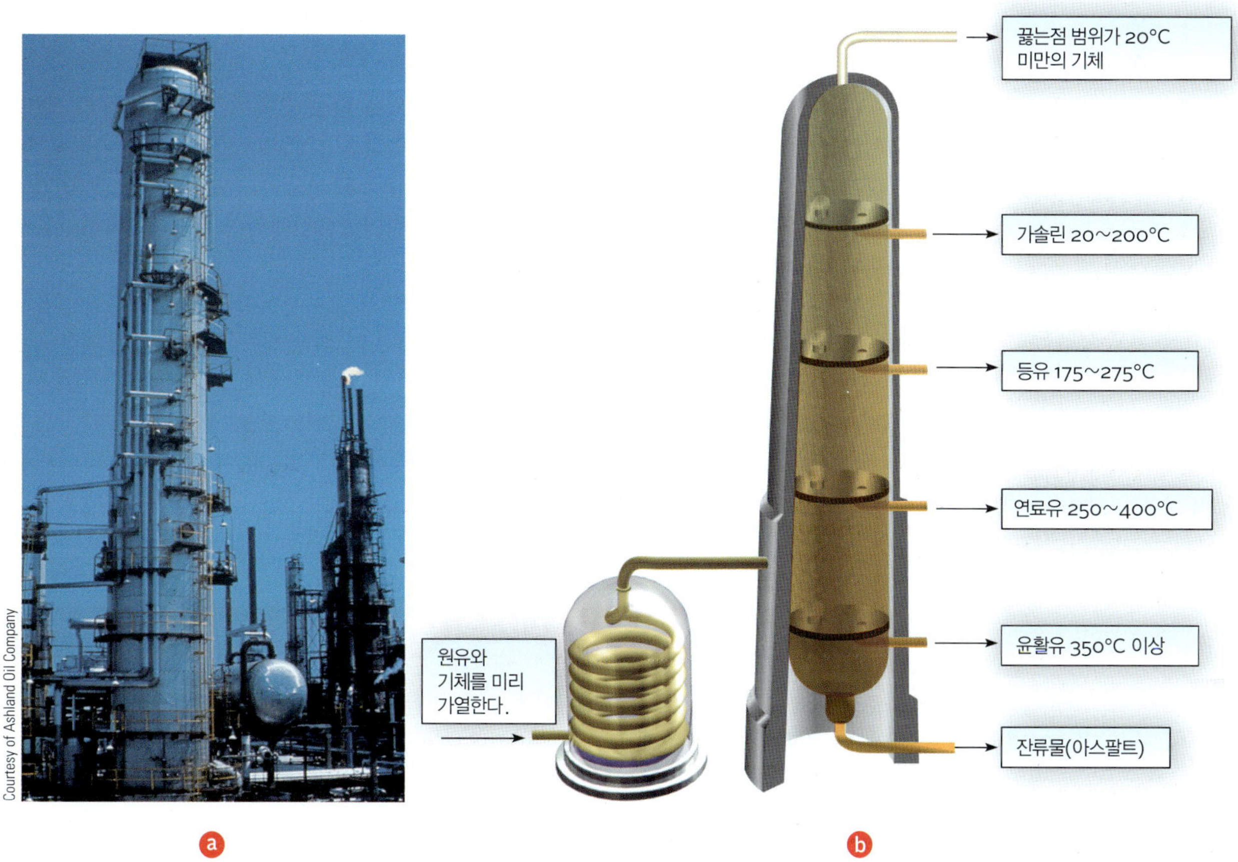

그림 22.4 ▸ **석유 증류.** (a) 정유 공장의 증류탑. (b) 증류로 분리되는 석유 증류물의 끓는점을 보여주는 도표.

C_5H_{10}
사이클로펜테인

C_6H_{12}
사이클로헥세인

그림 22.5 ▸ **사이클로알케인.** 가장 흔한 두 가지 사이클로알케인인 사이클로펜테인과 사이클로헥세인.

용명)과 헵테인의 노킹 특성과 휘발유 시료의 노킹 특성을 비교하여 결정한다.

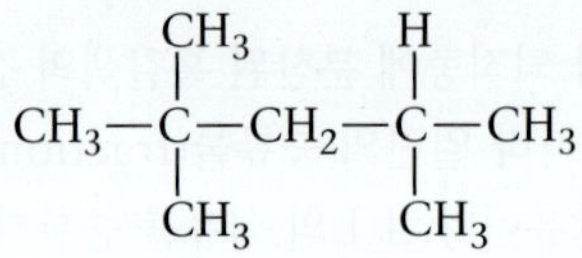

아이소옥테인

$$CH_3-CH_2-CH_2-CH_2-CH_2-CH_2-CH_3$$

헵테인

가지가 많은 아이소옥테인은 노킹이 거의 없이 부드럽게 연소하는데 이것의 옥테인가를 100으로 정한다. 가지가 없는 헵테인은 심하게 노킹이 일어나며 이것의 옥테인가를 0으로 정한다. 90%의 아이소옥테인과 10%의 헵테인 혼합물과 동일한 노킹 특성을 갖는 휘발유는 "90 옥테인"으로 평가된다.

80 이상의 옥테인가를 갖는 고급 휘발유를 얻으려면, 한 가지 이상의 첨가물을 사용할 필요가 있다. 1970년 중반까지 주된 노킹 방지제는 테트라에틸납, $(C_2H_5)_4Pb$이었다. 이 물질은 촉매 변환기의 독으로 작용하고, 생성된 납 화합물이 환경을 오염시키기 때문에, 이 물질은 더 이상 사용하지 않게 되었다. 테트라에틸납을 대체하기 위하여, 산소를 포함하는 유기 화합물인 에탄올(C_2H_5OH)과 같은 물질을 휘발유에 첨가하면 부드럽고 완전한 연소를 촉진시킨다.

석유는 지금까지 공부한 열린 사슬 알케인 이외의 다른 탄화수소들을 포함하고 있다. 여기에는 3~30개의 CH_2 기를 갖는 닫힌 고리 **사이클로알케인**(cycloalkane)이 포함되어 있는데, 이러한 종류의 가장 일반적인 두 가지 탄화수소의 구조를 그림 22.5에 나타내었다. 결합각이 109.5°인 이상적인 정사면체에 가까운 사이클로펜테인과 사이클로헥세인은 끓는점이 각각 49°C 및 81°C인 안정한 액체이다.

알케인과 같이 사이클로알케인 역시 단일 결합만으로 이루어진 포화 탄화수소이다. 고리 형성의 결과로, 각 사이클로알케인 분자는 탄소수가 같은 알케인에 비해 두 개 적은 수소를 포함하고 있는 것을 유의하라.

C 원자의 수	3	4	5	6	n
알케인의 화학식	C_3H_8	C_4H_{10}	C_5H_{12}	C_6H_{14}	C_nH_{2n+2}
사이클로알케인의 화학식	C_3H_6	C_4H_8	C_5H_{10}	C_6H_{12}	C_nH_{2n}

22-2 불포화 탄화수소: 알켄 및 알카인

*불포화 탄화수소*에서, 분자에 있는 탄소-탄소 결합 중 적어도 한 개는 다중 결합이다. 결과적으로, 불포화 탄화수소에는 탄소수가 같은 포화 탄화수소보다 수소 원자가 적다. 다음에 두 종류의 불포화 탄화수소를 생각해보자.

- **알켄**(alkene)은 분자에 한 개의 탄소-탄소 이중 결합이 있다.

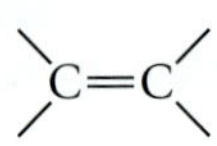

단일 결합을 이중 결합으로 바꾸면 두 개의 수소 원자가 제거된다. 그러므로 알케인의 일반식이 C_nH_{2n+2}에 비하여 알켄의 일반식은 다음과 같이 된다.

$$C_nH_{2n}$$

- **알카인**(alkyne)은 분자에 한 개의 탄소-탄소 삼중 결합이 있다.

$$—C≡C—$$

역시, 이중 결합을 삼중 결합으로 바꾸면 두 개의 수소 원자를 "잃는다". 그러므로 알카인의 일반식은 다음과 같다.

$$C_nH_{2n-2}$$

예제 22.3

여섯 개의 탄소 원자를 갖는 알케인, 알켄, 알카인과 열 개의 수소 원자를 갖는 알케인의 분자식은 무엇인가?

전략

일반식을 적용한다:

알케인의 일반식 C_nH_{2n+2}

알켄의 일반식은 C_nH_{2n}

알카인의 일반식은 C_nH_{2n-2}

풀이

여섯 개의 C 원자	알케인: $n = 6$; H 원자 $= 2n+2 = 2(6) + 2 = 14 \longrightarrow$ C_6H_{14}
	알켄 : $n = 6$; H 원자 $= 2n = 2(6) = 12 \longrightarrow$ C_6H_{12}
	알카인: $n = 6$; H 원자 $= 2n - 2 = 2(6) - 2 = 10 \longrightarrow$ C_6H_{10}
10개의 H 원자를 갖는 알케인	열 개의 H를 갖는 알케인: $2n + 2 = 10$; $n = 4 \longrightarrow$ C_4H_{10}

알켄

가장 간단한 알켄은 에텐, C_2H_4(관용명은 에틸렌)이다. 에텐의 구조식은 다음과 같다.

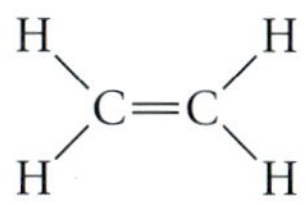

에텐

제7장에서 논의된 에텐의 결합을 상기하라. 에텐과 다른 알켄의 이중 결합은 한 개의 시그마 결합과 한 개의 파이 결합으로 구성된다. 에텐 분자는 평면이다. 이중 결합은 회전이 일어나지 않는데, 이것은 파이 결합의 "끊어짐"이 필요하기 때문이다. 에텐의 결합각은 탄소 원자 주위의 sp^2 혼성화에 해당하는 120°이다. 알켄 계열의 에텐과 그 다음 화합물인 프로펜, C_3H_6의 기하 구조를 그림 22.6에 나타내었다.

에텐은 어떤 다른 유기 화합물보다 많이 생산되며, 미국에서 매년 약 1.7×10^7톤 생산된다. 에텐은 촉매하에서 약 700°C에서 에테인을 가열하여 만든다.

$$C_2H_6(g) \longrightarrow C_2H_4(g) + H_2(g)$$

에텐은 많은 유기 화합물을 만드는 데 사용된다. 또한, 에텐은 폴리에틸렌을 제조하는 출발 물질이기도 하다. 에텐은 식물성 호르몬이기 때문에, 농업에 응용된다. 즉, 운송 과정 동안의 부패를 방지하기 위해 덜 익은 상태로 수확한 과일을 익히는 데 사용된다. 아주 낮은 농도의 에텐에 노출시키면 바나나와 오렌지는 익은 상태의 색깔을 나타낸다.

알켄의 이름은 분자 당 탄소수가 같은 해당 알케인의 이름으로부터 유도된다. 알케인의 명명에는 다음 두 가지의 변경 사항이 있다.

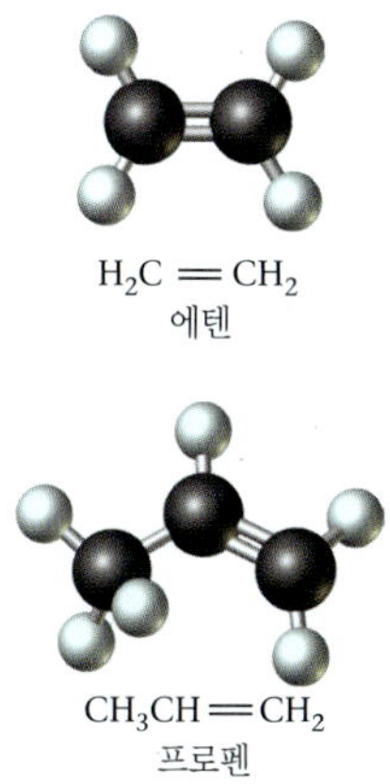

그림 22.6 ▸ **두 가지 가장 간단한 알켄.** 에틸렌은 평면이고, 프로펜의 $—CH=CH_2$ 영역도 평면이다.

- 어미 -에인(*-ane*)을 -엔(*-ene*)으로 바꾼다.

$$CH_3{-}CH_3 \qquad CH_2{=}CH_2$$

에테인 에텐

- 필요하면, 이중 결합을 형성하는 탄소를 표시하기 위해서 번호를 사용한다. 번호는 가능하면 작게 부여한다.

$$CH_2{=}CH{-}CH_2{-}CH_3 \qquad CH_3{-}CH{=}CH{-}CH_3$$

1-뷰텐 2-뷰텐

$$CH_2{=}\underset{\displaystyle CH_3}{\underset{|}{C}}{-}CH_2{-}CH_3 \qquad CH_3{-}\underset{\displaystyle H_3C}{\underset{|}{C}}{=}\underset{\displaystyle H}{\underset{|}{C}}{-}CH_3$$

2-메틸-1-뷰텐 2-메틸-2-뷰텐

예제 22.4

IUPAC 이름이 3-에틸-2-펜텐(3-ethyl-2-pentene)인 알켄의 구조식을 써라.

전략 및 풀이

1. 모체 탄화수소로 시작한다. 펜트(pent)는 5를 의미하므로, 다섯 개의 탄소 사슬을 그린다.

$$-C_1-C_2-C_3-C_4-C_5-$$

2. 접미사 -엔(*-ene*)은 이중 결합을 의미하며, 탄화수소 앞의 번호 2는 이중 결합이 C_2 위치에 있다는 것을 의미한다.

$$-C_1-C_2{=}C_3-C_4-C_5-$$

3. *에틸*(ethyl)의 앞에 있는 번호 3은 에틸기가 C_3에 결합된 것을 의미한다.

$$-C_1-C_2{=}\underset{\displaystyle C_2H_5}{\underset{|}{C_3}}-C_4-C_5-$$

4. 누락된 수소를 추가하면 최종 답이 된다.

$$CH_3{-}CH{=}\underset{\displaystyle C_2H_5}{\underset{|}{C}}{-}CH_2{-}CH_3 \qquad (C_7H_{14})$$

▶ 알카인

알카인의 IUPAC 이름은 해당 알켄의 이름에서 접미사 -엔(*-ene*)을 -아인(*-yne*)으로 바꾸어 얻을 수 있다. 따라서 몇 가지 알카인의 이름을 나타내면 다음과 같다.

$$H{-}C{\equiv}C{-}H \qquad H{-}C{\equiv}C{-}CH_3$$

에타인 프로파인

$$H{-}C{\equiv}C{-}CH_2{-}CH_3 \qquad CH_3{-}C{\equiv}C{-}CH_3$$

1-뷰타인 2-뷰타인

지금까지 가장 중요한 알카인은 보통 아세틸렌이라고 부르는 알카인 계열에서 첫 번째 화합물이다. 제7장에서 배운 바와 같이 C_2H_2 분자는 180°의 결합각을 갖는 선형임을 상기하라. 삼중 결합은 한 개의 시그마 결합과 두 개의 파이 결합으로 이루어진다. 각 탄소 원자는 sp-혼성화 되어 있다. 아세틸렌과 알카인 계열에서 그 다음 화합물인 C_3H_4의 기하 구조를 그림 22.7에 나타내었다.

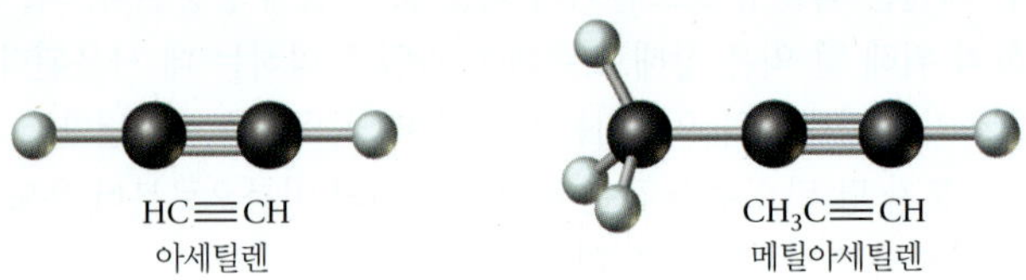

그림 22.7 ▸ **두 가지 가장 간단한 알카인.** 두 분자 모두 네 개의 원자가 직선상에 있다.

열역학적으로 아세틸렌은 불안정하여 원소들로 분해된다.

$$C_2H_2(g) \longrightarrow 2C(s) + H_2(g) \qquad 25°C에서\ \Delta G° = -209.2\ kJ$$

고압에서, 이 반응은 폭발적으로 일어난다. 이러한 이유 때문에, 아세틸렌의 용기에는 순수한 기체를 채우지 않는다. 대신 아세톤에 아세틸렌 기체를 녹인 용액을 불활성의 다공성 물질에 채워서 용기에 충전한다.

여러분은 아마도 금속을 용접하거나 절단하는 데 사용되는 기체 연료로 아세틸렌을 사용하고 있음을 알고 있다(그림 22.8). 불꽃에 순수한 산소를 혼합하면, 아세틸렌은 2000°C 이상에서 연소된다. 이 반응에서 발생되는 열은 다음과 같다.

$$C_2H_2(g) + \tfrac{5}{2}O_2(g) \longrightarrow 2CO_2(g) + H_2O(l) \qquad \Delta H = -1300\ kJ$$

이 반응은 눈부신 백색광을 발산하는데, 이것은 초기 자동차의 전조등의 조명원으로 사용되었다.

그림 22.8 ▸ **아세틸렌 불꽃으로 용접하는 모습.**

22-3 방향족 탄화수소와 유도체

방향족 탄화수소(aromatic hydrocarbon)는 보통 *아렌*(arene)으로 나타내며 벤젠, C_6H_6의 유도체로 생각할 수 있다. 벤젠은 투명한 휘발성 액체(bp = 80°C)로 1825년 Michael Faraday에 의해서 발견되었다. 벤젠의 분자식, C_6H_6는 벤젠이 높은 불포화도를 가지고 있음을 보여주지만, 벤젠의 특성은 불포화된 알켄 또는 알카인의 특성들과는 매우 다르다.

제7장에서 설명하였듯이, 원자 오비탈(원자가 결합) 모형은 벤젠을 두 구조의 공명 혼성으로 간주한다.

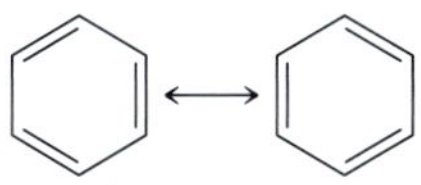

이러한 "결합선-각(line-angle)"으로 나타내는 화학식에서 육각형의 각 꼭짓점에는 탄소 원자가 있다. 이 그림에 수소 원자는 나타내지 않았다. 이 모형은 벤젠의 많은 성질과 일치한다. 벤젠 분자는 평면 육각형이고 결합각이 120°이다. 각 탄소의 혼성은 sp^2이다. 그러나 이 구조는 한 가지 측면에서 오해를 불러일으킨다. 화학적으로 벤젠은 이중 결합이 있는 것처럼 거동하지 않는다.

분자 오비탈 이론(부록 4)에 근거한 벤젠의 가장 타당한 전자 분포 모형은 다음과 같은 가정을 한다.

- 각 탄소는 세 개의 시그마 결합을 하는데, 한 개는 수소 원자와 두 개는 인접한 탄소 원자와 결합하고 있다.
- 남아 있는 세 개의 전자쌍은 분자 전체에 대칭적으로 분포되어 있어서 "비편재된" 파이 결합을 형성한다. ◂ *i*

i 벤젠 분자에는 세 개의 파이 결합이 있다.

이 모형은 흔히 다음 구조로 나타낸다.

위의 구조가 나타내는 의미는 다음과 같다.

- 탄소 원자는 육각형의 각 꼭짓점에 위치한다.
- 수소 원자는 각 탄소에 결합되어 있다.
- 분자의 중심에 있는 원은 여섯 개의 비편재된 전자를 나타낸다.

한때 벤젠은 상업적으로 그리고 연구와 교육 실험에서 용매로 널리 사용되었다. 벤젠의 독성 때문에 이와 같은 용도의 사용은 크게 줄어들었다. 벤젠 증기에 만성적으로 노출되면 다양한 혈액 질환이 발생하고 극단적인 경우 재생불량성빈혈 및 백혈병이 발생한다. 인체에

벤젠이 들어오면 벤젠을 용해시켜 체외로 배출시키기 위하여 방향족 고리의 산화 생성물이 형성되는데 그 물질이 주요 원인으로 보인다.

▶ 벤젠의 유도체

아주 일반적인 단일 치환 벤젠은 다음과 같다:

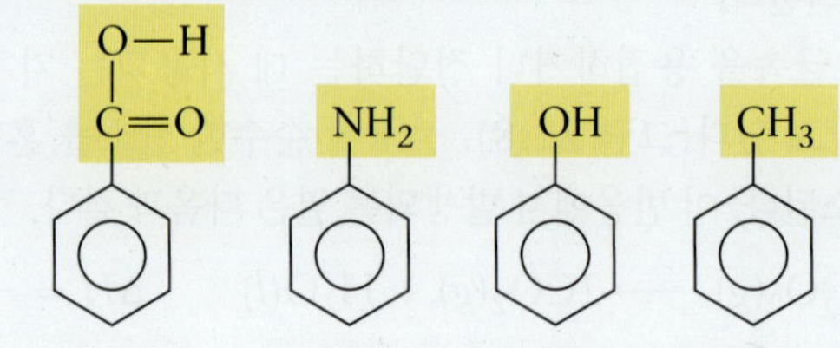

벤조산 아닐린 페놀 톨루엔

페놀은 최초의 상업적 소독제이었다. 1870년대 병원에 페놀이 도입된 이후 수술 후 감염으로 인한 사망자가 극적으로 감소하였다. 페놀이 노출된 조직에 화상을 입히기 때문에 이와 같은 목적으로 사용하는 것은 오랫동안 금지되었다. 그러나 오늘날 사용되는 많은 소독제는 페놀의 유도체들이다. 톨루엔이 벤젠보다 독성이 훨씬 적기 때문에 용매로 대부분 벤젠을 대체하였다. 체내에서 톨루엔은 산화되어 벤조산을 생성한다. 벤조산은 쉽게 제거되고 벤젠 산화 생성물의 독성 특성을 전혀 나타내지 않는다. 실제로 벤조산 또는 벤조산의 소듐염(Na^+, $C_6H_5COO^-$ 이온)은 주스와 청량음료를 포함한 식품 및 음료의 방부제로 널리 사용된다.

벤젠 고리에 두 개의 작용기가 결합될 때, 세 개의 이성질체가 가능하다. 이들은 접두사 *오쏘(ortho)*-, *메타(meta)*-, *파라(para)*-로 나타내며, 흔히 *o*-, *m*-, *p*-로 축약하여 나타낸다.

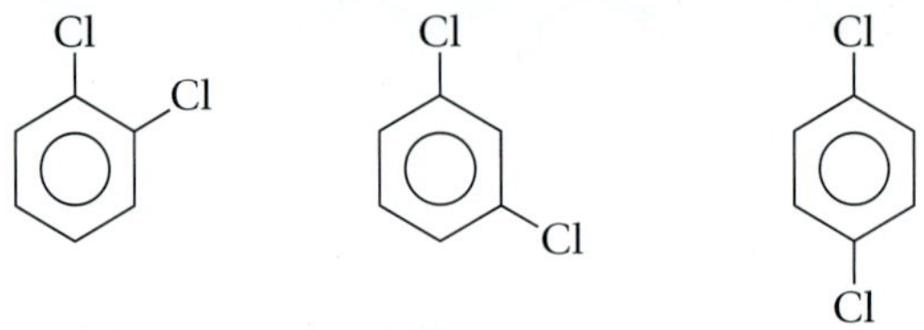

o-다이클로로벤젠 *m*-다이클로로벤젠 *p*-다이클로로벤젠

번호를 사용하여 나타낼 수도 있다. 이 세 화합물은 1,2-다이클로로벤젠, 1,3-다이클로로벤젠, 1,4-다이클로로벤젠으로 각각 명명해도 된다. 세 개 이상의 치환기가 있을 때는 반드시 번호를 붙여야 한다.

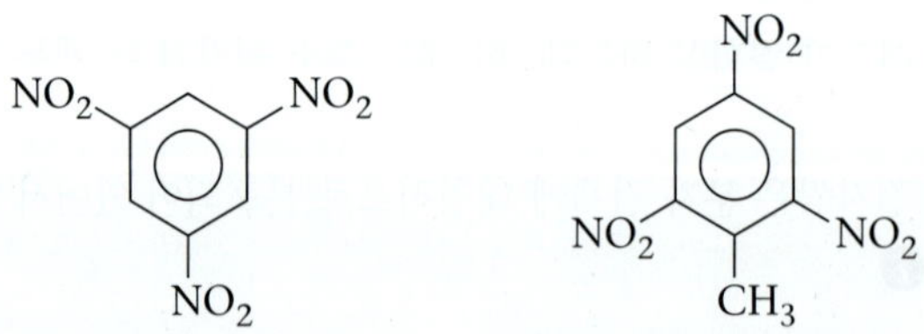

1,3,5-트라이나이트로벤젠 2,4,6-트라이나이트로톨루엔(TNT)

오른쪽에 있는 구조에서 톨루엔의 CH_3 기가 1번 위치에 있다. 사용하는 번호는 가능한 작은 수로 붙여야 함을 주목하라.

예제 22.5

다음 화합물을 페놀의 유도체로 명명하라.

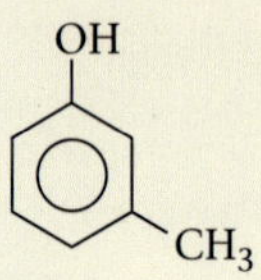

와

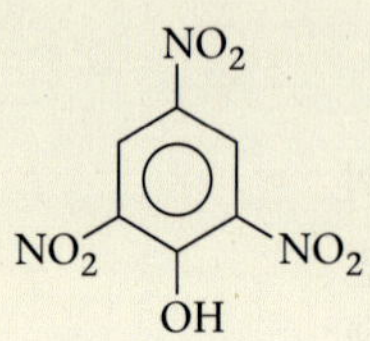

(계속)

풀 이

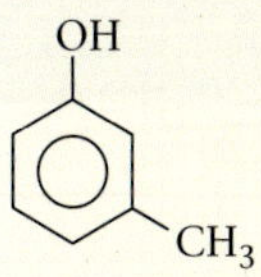

모체 화합물은 페놀(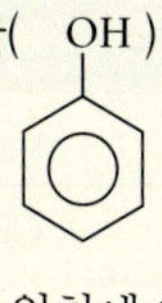)이다.

CH_3(메틸)은 *메타* 위치에 있다.

이름: *메타*-메틸페놀, 관용명: *메타*-크레졸

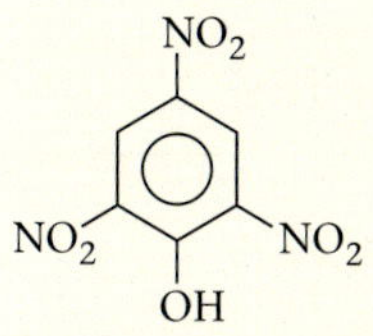

모체 화합물은 페놀이다.

OH 기가 결합된 탄소 원자의 번호는 C_1이다.

NO_2(나이트로) 기는 어느 쪽으로 시작하던지 C_2, C_4, C_6 위치에 있다.

이름: 2,4,6-트라이나이트로페놀, 관용명: 피크르산

접합 고리 구조(condensed ring structure)

다른 형태의 방향족 탄화수소로 두 개 또는 그 이상의 벤젠 고리가 함께 접합된 것이 있다. 나프탈렌은 이런 형태의 가장 간단한 화합물이다. 세 개의 벤젠 고리가 접합되면 안트라센과 페난트렌의 두 가지 이성질체가 생성된다.

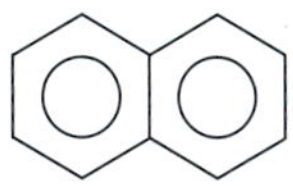

나프탈렌 $C_{10}H_8$

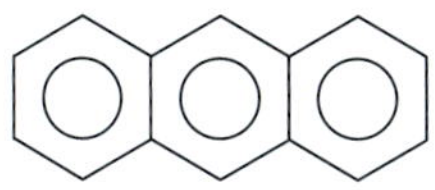

안트라센 $C_{14}H_{10}$

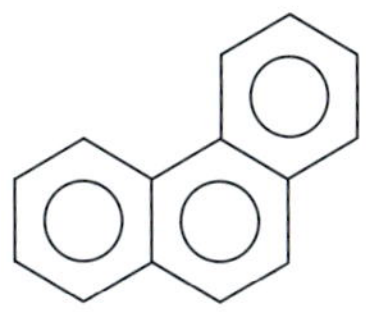

페난트렌 $C_{14}H_{10}$

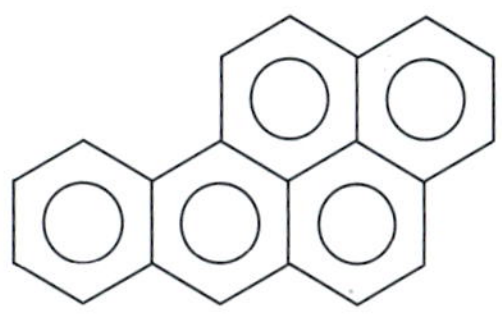

벤조[a]파이렌 $C_{20}H_{12}$

이들 구조에서 두 고리가 접합된 탄소에는 수소 원자가 결합하지 않는다는 것을 아는 것이 중요하다. 나프탈렌의 여덟 개 수소 원자는 아래에 나타낸 것과 같이 위치하고 있다.

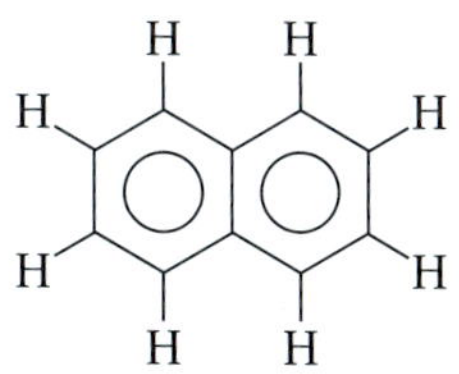

이런 유형의 어떤 화합물은 강력한 발암 물질이다. 가장 위험한 것 중의 하나는 벤조[a]파이렌(benzo[a]pyrene)으로 담배 연기에서 검출된다. 이 물질은 흡연자들이 걸리기 쉬운 폐암을 유발하는 것으로 알려져 있다.

22-4 작용기

탄화수소에서 수소 한 개를 **작용기**(functional group)로 치환하면 많은 유기 화합물이 파생될 수 있다. 작용기는 탄소에 결합하는 한 개의 비금속 원자 또는 작은 원자단이다. 표 22.2에 유기 화합물에서 발견되는 일반적인 작용기의 유형을 수록하였다.

알코올 및 에터

알코올(alcohol)의 일반적인 구조식은 다음과 같다.

$$R—O—H$$

여기서 R은 **알킬기**(alkyl group)이다. 알코올은 해당 알케인의 어미 -*에인*(-*ane*)의 *e*를 어

표 22.2 ▸ 일반적인 작용기

기	종류	예	이름*
$-OH$	알코올	C_2H_5OH	에탄올(에틸 알코올)
$-O-$	에터	CH_3-O-CH_3	다이메틸 에터
$-\overset{\overset{\displaystyle O}{\Vert}}{C}-H$	알데하이드	$CH_3-\overset{\overset{\displaystyle O}{\Vert}}{C}-H$	에탄알(아세트알데하이드)
$-\overset{\overset{\displaystyle O}{\Vert}}{C}-$	케톤	$CH_3-\overset{\overset{\displaystyle O}{\Vert}}{C}-CH_3$	프로판온(아세톤)
$-\overset{\overset{\displaystyle O}{\Vert}}{C}-OH$	카복실산	$CH_3-\overset{\overset{\displaystyle O}{\Vert}}{C}-OH$	에탄산(아세트산)
$-\overset{\overset{\displaystyle O}{\Vert}}{C}-O-$	에스터	$CH_3-\overset{\overset{\displaystyle O}{\Vert}}{C}-OCH_3$	아세트산 메틸
$-\overset{\vert}{N}-$	아민	CH_3NH_2	아미노메테인(메틸아민)

*관용명은 붉은색으로 나타내었다.

미 -올(-*ol*)로 치환하여 명명한다. 처음 네 개의 알코올은 다음과 같다(관용명은 붉은색으로 나타냄).

CH_3OH	CH_3-CH_2OH	$CH_3-CH_2-CH_2OH$	$CH_3-\underset{\underset{\displaystyle OH}{\vert}}{CH}-CH_3$
메탄올 (메틸 알코올)	에탄올 (에틸 알코올)	1-프로판올 (프로필 알코올)	2-프로판올 (아이소프로필 알코올)

에터(ether)의 일반식은 다음과 같다.

$$R-O-R'$$

이 식에서 두 개의 알킬기는 같거나(예, $R = R' = CH_3$) 또는 다를($R = CH_3$; $R' = C_2H_5$) 수 있다. 에터는 보통 두 개의 알킬기를 명시하여 명명한다.

$$\underset{\text{다이메틸 에터}}{CH_3-O-CH_3} \qquad \underset{\text{에틸 메틸 에터}}{CH_3-O-C_2H_5}$$

표 22.3에 몰질량이 비슷한 알코올, 에터, 알케인의 두 가지 물리적 성질, 즉 끓는점과 물에 대한 용해도를 비교해 놓았다. 다음을 주목하라.

- 알코올의 끓는점은 몰질량이 비슷한 알케인보다 높다. 이는 H_2O와 같이 알코올 분자가 다른 분자와 강하게 수소 결합을 형성하기 때문이다. 에터는 OH 기를 갖지 않기 때문에 수소 결합을 할 수 없다. 따라서 비슷한 몰질량을 갖는 알코올보다 끓는점이 낮다.
- 알코올 및 몰질량이 작은 에터는 일반적으로 물에 녹는다. 에터는 알코올처럼 물 분자에 있는 OH 기를 사용하여 물과 수소 결합을 형성할 수 있다.

미국에서는 일산화 탄소와 수소의 혼합물인 *합성 기체*(synthesis gas)로부터 매년 약 3×10^9 kg의 메탄올을 생산한다.

$$CO(g) + 2H_2(g) \xrightarrow[250\text{ atm, }350°C]{ZnO,Cr_2O_3} CH_3OH(g)$$

또한 메탄올은 공기 없이 나무를 가열하여 숯을 만들 때 부생산물로 생성된다. 이로 인해서 메탄올을 흔히 목정(wood alcohol)이라고 부른다. 메탄올은 제트 연료 및 휘발유 첨가제, 용매, 몇 가지 공업적 합성의 출발 물질로 사용된다. 약 25 mL만 마셔도 목숨을 잃을 정도

표 22.3 ▸ 간단한 알케인, 알코올 및 에터의 물리적 성질

이름	구조	몰질량	끓는점	물에 대한 용해도
프로페인	$CH_3CH_2CH_3$	44 g/mol	−42°C	불용성
에탄올	CH_3CH_2OH	46 g/mol	78°C	가용성
다이메틸 에터	CH_3OCH_3	46 g/mol	−23°C	가용성
뷰테인	$CH_3CH_2CH_2CH_3$	58 g/mol	0°C	불용성
1-프로판올	$CH_3CH_2CH_2OH$	60 g/mol	97°C	가용성
에틸 메틸 에터	$CH_3CH_2OCH_3$	60 g/mol	11°C	가용성

로 매우 독성이 크다. 메탄올을 마셨을 때 해독제는 탄산수소 소듐($NaHCO_3$) 수용액이다.

가장 일반적인 알코올인 에탄올은 당이나 곡물을 발효하여 얻을 수 있다(그림 22.9). 따라서 관용명으로 주정(grain alcohol)이라고 부른다. 에탄올은 알코올성 음료의 유효 성분으로 다양한 농도로 존재한다(맥주에는 4~8%, 와인에는 12~15%, 증류주에는 40% 이상). 알코올성 음료의 "도수(proof)"는 에탄올 부피 백분율의 두 배이다; 86도의 버번 위스키는 43%(부피 기준)의 에탄올을 포함한다. 알코올성 음료의 향은 불순물에 의한 것이다. 에탄올 자체는 맛도 없고 색깔도 없다.

공업용 에탄올은 황산 촉매 하에서 에틸렌과 물의 반응으로 얻어진다.

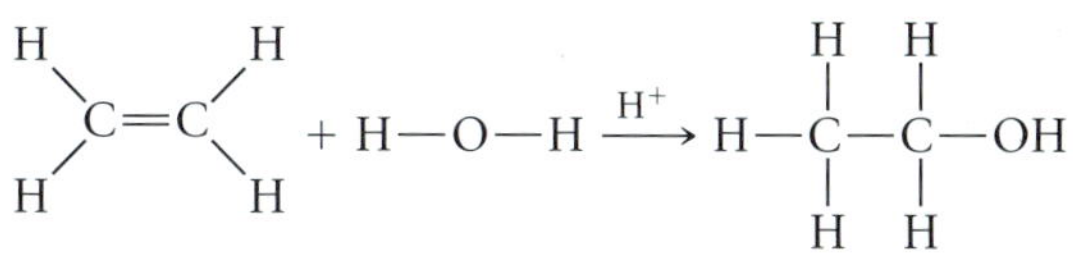

흔히 음료용 목적이 아닌 에탄올은 소량의 메탄올 또는 벤젠을 가하여 "변성"시킨다. 이것은 음료용 알코올에는 높은 세금이 붙지만 변성 알코올에는 세금이 없기 때문이다. 그러나 변성된 알코올은 독성이 있다.

Courtesy of Professor James M. Bobbit, Twenty Mile Vineyard

그림 22.9 ▸ **와인 제조.** 와인(*맨 오른쪽*)은 포도 주스(왼쪽)에 있는 글루코스를 발효시켜 제조한다. 반응은 다음과 같다.

$$C_6H_{12}O_6(aq) \longrightarrow 2C_2H_5OH(aq) + 2CO_2(g)$$

발효 용기(중앙)의 기포 장치의 목적은 이산화 탄소가 빠져나가도록 하고, 산소가 들어가는 것을 막아 에틸 알코올이 아세트산으로 산화되는 것을 방지하기 위한 것이다.

어떤 알코올은 한 분자 당 두 개 이상의 —OH 기를 가지고 있다. 이런 종류의 가장 친숙한 화합물은 에틸렌 글라이콜과 글리세롤이다.

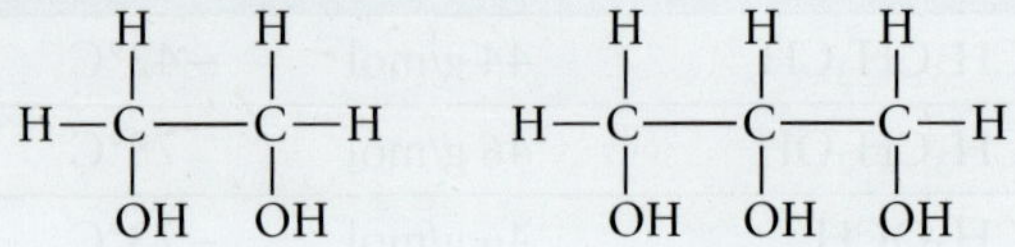

에틸렌 글라이콜 글리세롤

에틸렌 글라이콜은 부동액으로 널리 사용된다. 글리세롤은 비누 제조에서 부산물로 얻어진다. 글리세롤은 점성이 크고 단맛이 나는 액체로 약품, 항생제, 플라스틱 및 폭약(나이트로글리세린)을 만드는 데 사용된다.

실험실에서 볼 수 있는 유일한 에터는 다이에틸 에터이며, 흔히 "에터"로 간단하게 부른다. 에터는 1840년대에 소독제로 사용되었다. 현재는 적어도 두 가지 이유 때문에 이와 같은 목적으로 다른 화합물을 사용한다. 한 가지 이유는 에터 증기의 가연성이 매우 높은 것이고, 다른 이유는 액체 에터가 공기 중에 방치되면 강력한 폭발물인 하이드로과산화물이라는 화합물을 형성하는 경향이 있기 때문이다.

"웃음 기체" N_2O는 치과의사들이 자주 사용한다.

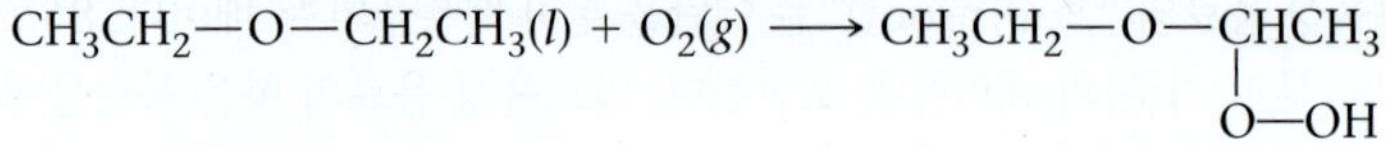

다이에틸 에터 하이드로과산화물

알데하이드 및 케톤

이들 화합물 모두 **카보닐**(carbonyl) 기를 갖는다.

케톤(ketone)에서, 두 탄화수소기(알킬 또는 방향족)는 중심 탄소 원자에 결합되어 다음과 같은 일반식이 된다.

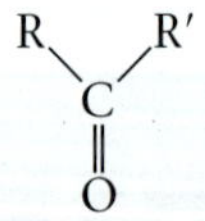

여기서(에터에서와 같이) R과 R′은 같거나 다를 수 있다. 흔히 *아세톤*(acetone)이라고 부르는 가장 간단한 케톤에서 R = R′ = CH_3이다. 아세톤의 구조식은 보통 다음과 같이 나타내며, 중심 탄소 주위의 결합각이 대략 120°이다.

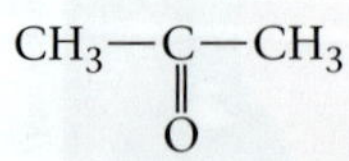

아세톤(IUPAC 이름 = 프로판온)

알데하이드(aldehyde)에서는 탄소에 결합된 두 "기" 중 적어도 한 개는 수소 원자이다.

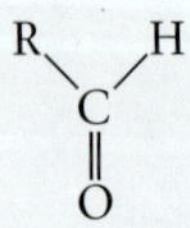

R은 임의의 탄화수소기일 수 있으며, 가장 간단한 경우는 *폼알데하이드*(formaldehyde)로 둘 다 수소 원자이다.

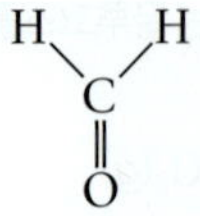

폼알데하이드(IUPAC 이름 = 메탄알)

아세톤 (bp = 56°C)은 완전히 물에 녹으며, 다양한 많은 유기 화합물에도 녹는다. 따

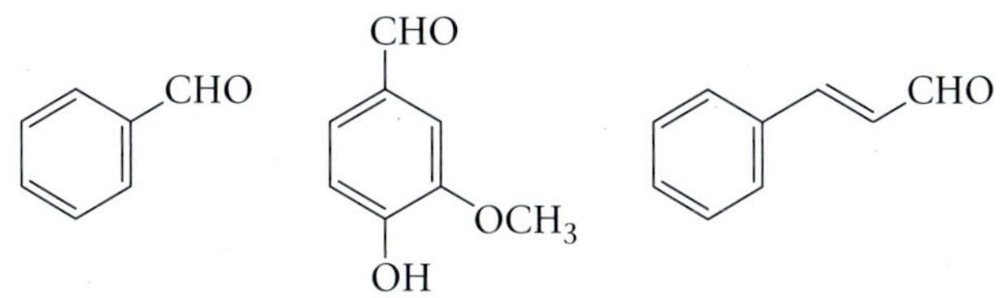

벤즈알데하이드 (아몬드 기름) | 바닐린 (바닐라 콩) | 신남알데하이드 (계피유)

그림 22.10 ▸ **"방향족" 알데하이드.** 벤즈알데하이드, 바닐린, 신남알데하이드는 각각 아몬드, 바닐라 콩, 계피에 들어 있는 기분 좋은 향을 갖는 알데하이드이다.

라서 아세톤은 산업적으로 가장 중요한 용매 중 하나이다. 손톱 매니큐어 제거제의 용매로 사용되는 아세톤이 가장 친숙할 것이다.

보통, 아주 소량의 아세톤이 체내에서 생성된다. 당뇨병 환자는 많은 양을 생성하여 가끔은 호흡할 때 달콤한 냄새를 풍기게 된다.

폼알데하이드(bp = −21°C)는 일반적으로 포르말린으로 알려진 진한 수용액(37% HCHO) 형태로 실험실에서 볼 수 있다. 한때는 생물 표본들을 보존하기 위한 방부제로 널리 사용되었다. 오늘날에는 폼알데하이드가 발암성을 나타내기 때문에 그와 같은 용도로는 사용할 수 없다. 산업적으로, 폼알데하이드는 아직도 합판과 섬유판(fiberboard) 제작에 사용되는 접착제의 성분으로 사용된다.

폼알데하이드 기체나 수용액은 특징적인 불쾌한 냄새가 난다. 그림 22.10에 나타낸 "방향족" 알데하이드를 다루는 것이 훨씬 더 즐겁고, 이들은 향미료 및 향수로 사용된다.

예제 22.6

다음 각 화합물을 알코올, 에터, 알데하이드, 케톤으로 분류하라.

$CH_3—O—CH_2CH_2CH_3$, 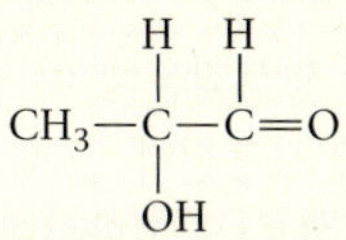 , 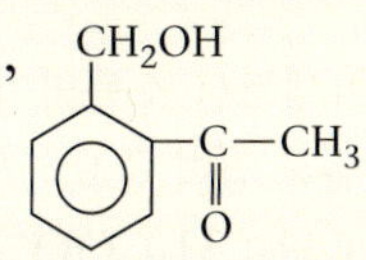

전략

작용기를 구분하고 표 22.2를 사용하라. 한 가지 이상의 작용기가 포함되어 있을 수도 있다.

풀이

$CH_3—O—CH_2—CH_2—CH_3$ 작용기: —O—

이 분자는 에터 이다.

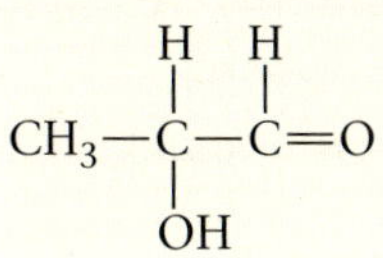

작용기: $\underset{\substack{| \\ H}}{C}{=}O$ 및 —OH

이 분자는 알데하이드 및 알코올 이다.

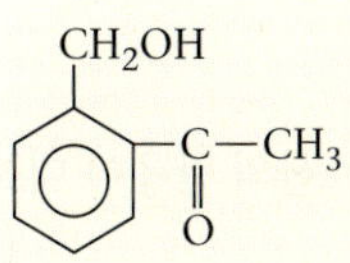

작용기: C=O 및 —OH

이 분자는 케톤 및 알코올 이다.

▶ 카복실산 및 에스터

카복실산(carboxylic acid)의 일반식은 다음과 같다.

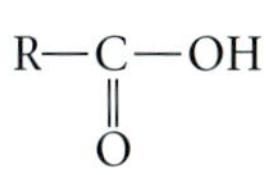

대개는 R은 탄화수소기이거나 가장 간단한 것은 수소 원자이다. 산성의 수소 원자는 산소에 결합된 수소이다. 카복실산의 IUPAC 이름은 해당 알케인의 어미 "e"를 "-oic acid"로 치환하여 명명한다. 실제로 이러한 이름은 잘 사용되지 않는다. 예를 들면, 이 계열의 처음 두 개는 폼산과 아세트산으로 보통 부른다.

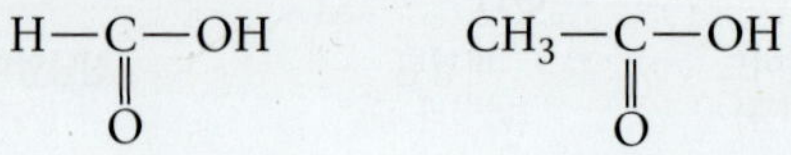

메탄산 / 폼산   에탄산 / 아세트산

전설에 따르면, 폼산은 개미를 증류하여 만들어졌다(라틴어 *formica*). 아세트산은 식초의 유효 성분으로 신맛의 원인이 된다. "백" 식초는 5% 용액으로 물에 순수한 아세트산을 첨가하여 만든다. "갈색" 또는 "사과 사이다" 식초는 사과 주스로 만든다. 즉 발효로 얻어진 에틸 알코올이 산화되면 아세트산으로 된다.

가정에서 제조한 와인은 흔히 약간의 식초가 포함되어 있다.

카복실산의 가장 중요한 성질은 이름에서 암시되고 있듯이, 수용액에서 약산으로 작용한다.

$$RCOOH(aq) \rightleftharpoons H^+(aq) + RCOO^-(aq)$$

카복실산의 세기는 다양하게 변한다. 가장 강한 것 중에 트라이클로로아세트산이 있다 ($K_a = 0.20$). Cl_3C—COOH 0.10 *M* 용액은 약 73%가 이온화된다. 트라이클로로아세트산은 구내염을 치료하거나 사마귀를 제거하는 데 사용되는 일반 의약품의 성분이기도 하다.

센 염기인 NaOH를 카복실산과 반응시키면 카복실산의 소듐 염이 생성된다. 아세트산의 산-염기 반응은 다음과 같다.

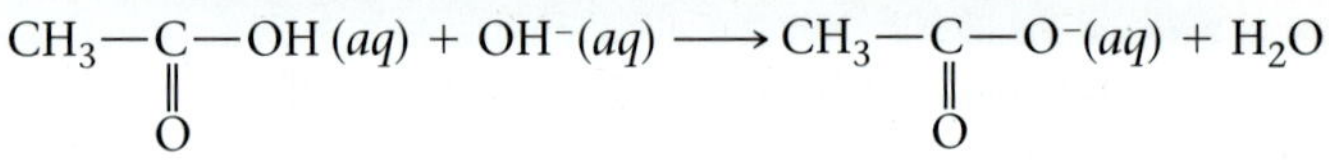

이 용액을 증발시키면 아세트산 소듐염이 생성되는데 이 염은 Na^+와 CH_3COO^- 이온을 포함한다. 많은 카복실산 염이 중요하게 사용된다. 프로피온산 소듐과 프로피온산 칼슘 (Na^+ 또는 Ca^{2+} 이온, $CH_3CH_2COO^-$ 이온)은 곰팡이의 성장을 억제하기 위해서 빵, 케이크, 치즈에 첨가된다.

비누(soap)는 스테아르산과 같은 긴-사슬 카복실산의 소듐 염이다.

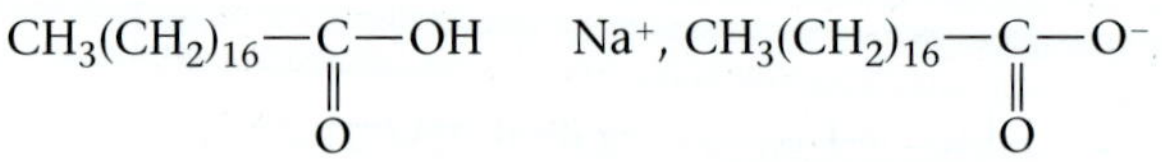

스테아르산   스테아르산 소듐, 비누

비누의 세척 작용은 긴-사슬 카복실산 음이온의 성질 때문이다. 즉, 긴 탄화수소기는 그리스 및 기름에 대한 좋은 용매이고, 이온성 COO^- 기는 물에 대한 용해도를 제공한다.

알코올과 카복실산이 반응하면 다음의 작용기를 갖는 **에스터**(ester)가 형성된다.

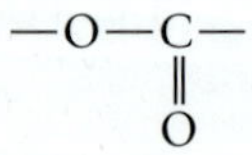

이 작용기는 흔히 —COO—로 축약하여 나타낸다. 메틸 알코올과 아세트산의 반응이 대표적이다.

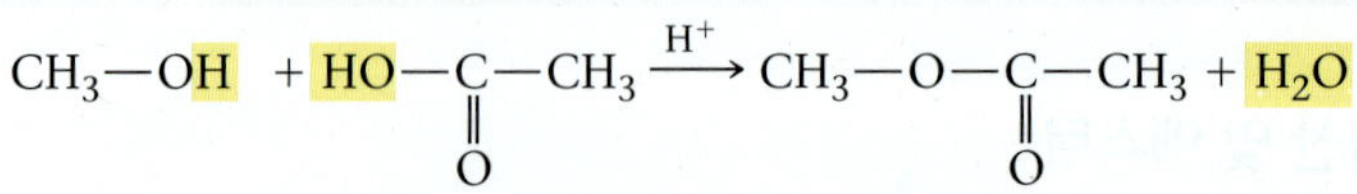

메틸 알코올   아세트산   아세트산 메틸

에스터의 관용명은 두 단어로 구성된다. 두 번째 단어(메틸, 에틸, ...)는 알코올에서 유래된다. 첫 번째 단어(폼산, 아세트산, ...)는 접미사 *-ic*가 *-ate*로 치환된 산의 이름이다. 따라서

표 22.4 ▸ 에스터의 특성

에스터	구조	향기, 맛
폼산 에틸	$CH_3CH_2-O-C(=O)-H$	럼주
폼산 아이소뷰틸	$(CH_3)_2CHCH_2-O-C(=O)-H$	산딸기
뷰티르산 메틸	$CH_3-O-C(=O)-(CH_2)_2CH_3$	사과
뷰티르산 에틸	$CH_3CH_2-O-C(=O)-(CH_2)_2CH_3$	파인애플
아세트산 아이소펜틸	$(CH_3)_2CH(CH_2)_2-O-C(=O)-CH_3$	사과
아세트산 옥틸	$CH_3(CH_2)_7-O-C(=O)-CH_3$	오렌지
프로피온산 펜틸	$CH_3(CH_2)_4-O-C(=O)-CH_2CH_3$	살구

폼산 에틸(표 22.4)은 에틸 알코올과 폼산으로부터 만들어진 것이다.

$$\underset{\text{에틸 알코올}}{CH_3CH_2OH} \qquad \underset{\text{폼산}}{HCOOH}$$

많은 에스터는 향기를 가지고 있다. 이들은 천연 및 합성 향료에서 흔히 볼 수 있다.

예제 22.7

다음의 구조를 보여라.

a 사슬의 끝에 —OH기를 갖는 세 개의 탄소를 갖는 알코올과 세 개의 탄소를 갖는 카복실산.

전략

1. 모체 화합물의 사슬을 쓴다.
2. 특정 위치에 작용기를 붙인다.
3. H 원자로 구조식을 완성한다.

풀이

알코올

1. 모체 화합물 사슬 $C-C-C$
2. 작용기 $C-C-C-OH$
3. 수소 원자 $CH_3-CH_2-CH_2-OH$

카복실산

1. 모체 화합물 사슬 $C-C-C$
2. 작용기 $C-C-C(=O)-OH$
3. 수소 원자 $CH_3CH_2-C(=O)-OH$

(계속)

b 위의 알코올과 카복실산이 반응하여 생성된 에스터.

전략 및 풀이

산의 작용기(COOH)에서 OH와 알코올의 작용기(OH)에서 H를 제거한 다음, 산과 알코올을 연결한다.

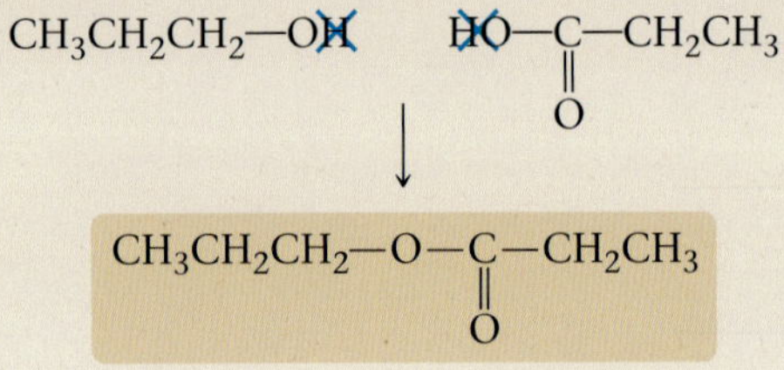

▶ 아민

아민(amine)은 앞에서 논의되었다(제13장). 여기서는 두 개의 수소가 질소 원자에 결합되어 있는 *일차*(primary) 아민에 집중할 것이다. 일차 아민의 일반식은 다음과 같다.

$$R{-}NH_2$$

여기서, R은 알킬기이거나 방향족이다.

CH_3NH_2

메틸아민

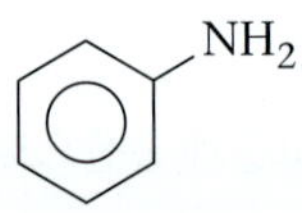

아닐린

이 계열의 첫 번째 물질인 메틸아민은 다음과 같은 성질을 갖는다.

- 25°C, 1 atm에서 가연성 기체이다. 메틸아민의 끓는점과 임계 온도는 각각 −6°C와 157°C이다.
- 다소 불쾌한 생선 비린내를 갖는다. 더 불쾌한 냄새를 갖는 다른 일차 아민은 다음과 같다.

$$H_2N{-}(CH_2)_4{-}NH_2 \qquad H_2N{-}(CH_2)_5{-}NH_2$$

푸트레신 카다베린

- 암모니아(1.8×10^{-5})보다는 20배, 아닐린(4×10^{-10})보다는 백만 배 정도 큰 K_b (4×10^{-4})를 갖는 약염기이다.
- 본질적으로는 센산과는 거의 완전히 반응한다.

$$CH_3NH_2(aq) + H^+(aq) \longrightarrow CH_3NH_3^+(aq)$$

그러나 아세트산과는 평형 혼합물을 생성한다.

$$CH_3NH_2(aq) + CH_3COOH(aq) \rightleftharpoons CH_3NH_3^+(aq) + CH_3COO^-(aq)$$

예제 22.8 주요 문제

메틸아민, CH_3NH_2에 대해 답하라.

a 메틸아민이 H^+와 반응하는 다음 반응의 평형 상수, K를 계산하라.

$$CH_3NH_2(aq) + H^+(aq) \longrightarrow CH_3NH_3^+(aq)$$

분석

주어진 정보:	반응식($CH_3NH_2(aq) + H^+(aq) \longrightarrow CH_3NH_3^+(aq)$)
정보가 알려주는 내용:	$CH_3NH_3^+$의 K_a
알고자 하는 것 :	K

(계속)

전략

1. 주어진 반응식은 약산의 해리의 역반응에 대한 반응식이라는 것에 유의한다.
2. 부록 1에서 $CH_3NH_3^+$의 K_a를 찾은 다음, 역수 규칙(제12장)을 사용한다.

풀이

1. K_a 식 $CH_3NH_3^+(aq) \rightleftharpoons CH_3NH_2(aq) + H^+(aq)$ $K_a = 2.4 \times 10^{-11}$
2. K $CH_3NH_2(aq) + H^+(aq) \rightleftharpoons CH_3NH_3^+(aq)$ $K = 1/K_a = 1/2.4 \times 10^{-11} = 4.2 \times 10^{10}$

b 메틸아민이 아세트산과 반응하는 다음 반응의 평형 상수, K를 계산하라.

$$CH_3NH_2(aq) + CH_3COOH(aq) \rightleftharpoons CH_3NH_3^+(aq) + CH_3COO^-(aq)$$

분석

주어진 정보: 반응$(CH_3NH_2(aq) + CH_3COOH(aq) \longrightarrow CH_3NH_3^+(aq) + CH_3COO^-(aq))$

(a)로부터: 다음 반응의 K (4.2×10^{10})

$$CH_3NH_2(aq) + H^+(aq) \rightleftharpoons CH_3NH_3^+(aq)$$

정보가 알려주는 내용: CH_3COOH의 K_a

알고자 하는 것 : K

전략

1. 주어진 반응식을 두 개로 나눈다.

   $CH_3NH_2(aq) + H^+(aq) \rightleftharpoons CH_3NH_3^+(aq)$ (1)

   $CH_3COOH(aq) \rightleftharpoons CH_3COO^-(aq) + H^+(aq)$ (2)
2. 각 반응의 K를 구한다.
3. 두 반응식을 더하고, 반응식에 대한 K를 곱한다. 다중 평형 규칙(제12장)을 적용한다.

풀이

반응식 (1)의 K (a)에서: $K_1 = 4.2 \times 10^{10}$

반응식 (2)의 K 부록 1에서: $K_2 = K_a = 1.8 \times 10^{-5}$

두 식을 더한다.

$$CH_3NH_2(aq) + H^+(aq) \rightleftharpoons CH_3NH_3^+(aq) \qquad K_1 = 4.2 \times 10^{10}$$

$$CH_3COOH(aq) \rightleftharpoons CH_3COO^-(aq) + H^+(aq) \qquad K_2 = 1.8 \times 10^{-5}$$

$$CH_3NH_2(aq) + CH_3COOH(aq) \rightleftharpoons CH_3NH_3^+(aq) + CH_3COO^-(aq)$$

K $K = K_1 \times K_2 = (4.2 \times 10^{10})(1.8 \times 10^{-5}) = 7.5 \times 10^5$

22-5 유기 화합물의 이성질현상

이성질체는 동일한 분자식을 가지지만 서로 다른 특성을 갖는 분명하게 다른 화합물이다. 22-1절에서 알케인의 구조 이성질체를 공부하였다. 뷰테인과 2-메틸프로페인은 동일한 분자식, C_4H_{10}을 갖지만 다른 구조식을 갖는다는 것을 상기하라. 이들은, 모든 구조 이성질체들처럼, 원자들이 각각 서로 다른 순서로 결합되어 있다.

모든 유형의 유기 화합물들에서 흔히 구조 이성질체가 존재한다. 예를 들면, 다음과 같다:

1. 알켄 C_4H_8의 세 개의 구조 이성질체:

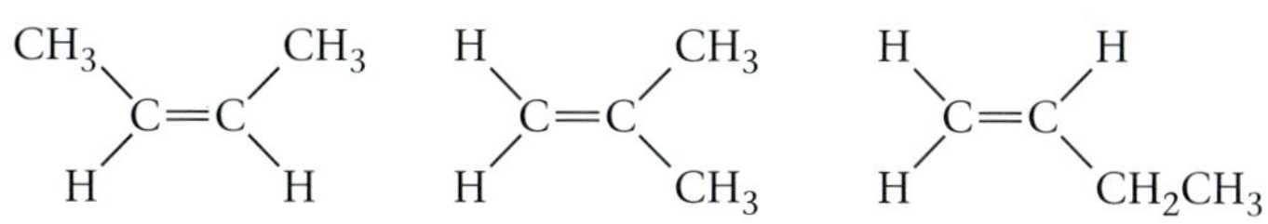

2. 분자식이 C_3H_8O인 세 가지 구조 이성질체. 이들 중 두 개는 알코올이고, 세 번째는 에테이다.

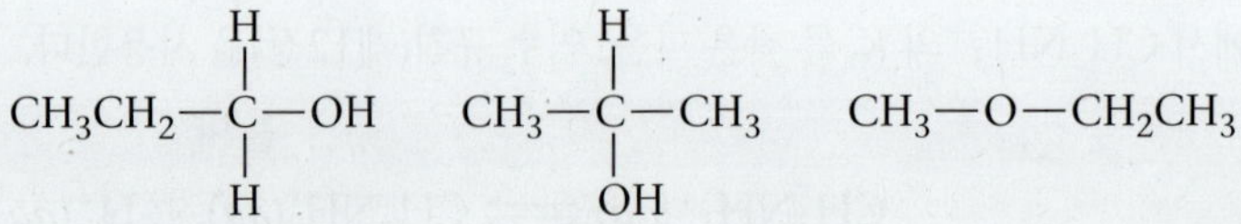

예제 22.9

프로페인, C_3H_8에서 H 원자 두 개를 Cl 원자로 치환하여 얻어진 $C_3H_6Cl_2$ 분자를 살펴보자. $C_3H_6Cl_2$의 구조 이성질체를 그려라.

전략 및 풀이

1. 이들 화합물 모두는 세 개의 탄소 원자를 가지고 있다. 따라서 동일한 골격을 갖는다.

$$C—C—C$$

말단의 C 원자는 동등하다. 중간의 C 원자는 동등하지 않다.

2. 첫 번째 이성질체는 두 개의 Cl 원자를 두 번째 C 원자에 결합하고, 두 번째 이성질체는 두 개의 Cl 원자를 말단의 C 원자에 결합한다.

3. 세 번째 이성질체는 Cl 원자를 각 말단 C 원자에 하나씩 결합한다.

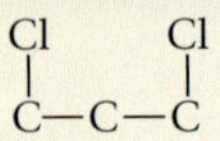

4. 네 번째 이성질체는 말단의 C에 하나의 Cl을 결합하고 중간 C 원자에 하나의 Cl을 결합한다.

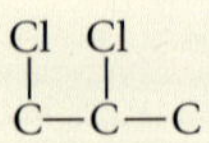

5. 각 탄소 주위에 네 개의 결합이 이루어지도록 적당한 수의 H 원자를 더한다.

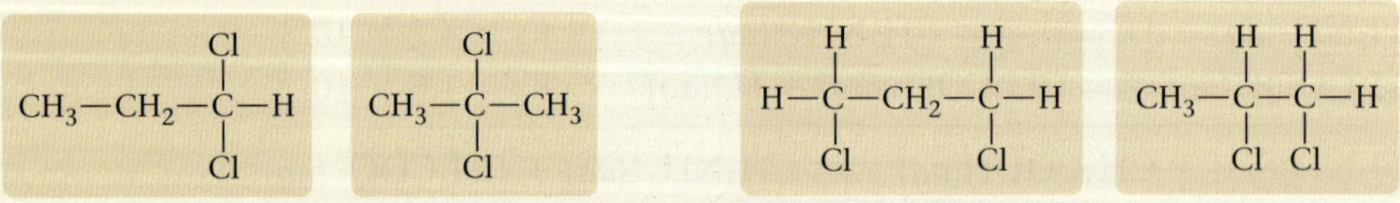

기하 (시스-트랜스) 이성질체

앞에서 본 것처럼, 알켄, C_4H_8에는 세 가지의 구조 이성질체가 있다. 이 분자식을 갖는 알켄은 실제로 *네 개의* 다른 알켄이 있다는 것을 알면 놀랄 것이다. "나머지"한 개의 화합물은 **기하 이성질현상**(geometric isomerism)이라는 현상 때문에 생긴다. 655쪽의 1번 아래 왼쪽에 나타낸 구조에 대해 두 개의 다른 기하이성질체가 있다.

시스 이성질체
bp = 4°C

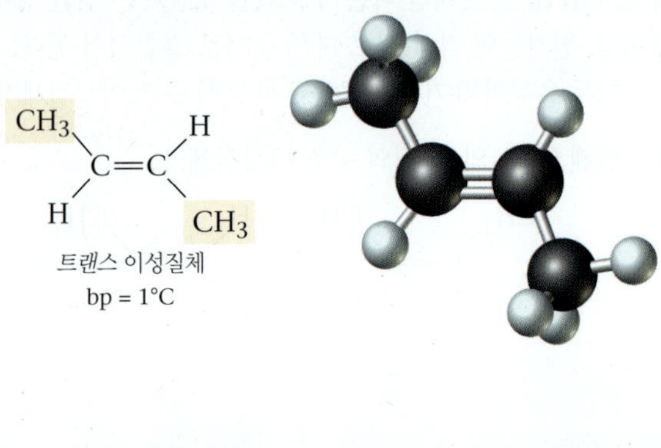

트랜스 이성질체
bp = 1°C

시스 이성질체(*cis* isomer)에서, 두 개의 CH_3 기 (또는 두 개의 H 원자)는 서로 가까이에 있다. **트랜스 이성질체**(*trans* isomer)에서 두 개의 같은 작용기는 멀리 떨어져 있다. 두 개의 형태가 존재하는 이유는 탄소-탄소 이중 결합에 대한 회전이 자유롭지 않기 때문이다. 이 상황은 사각 평면 착화합물(제19장)의 *시스-트랜스* 이성질체의 상황과 유사하다. 두 경우 모두, 기하학적 차이 때문에 이성질현상이 나타나난다. 원자들은 동일한 방식으로 서로 결합되어 있다.

기하 이성질현상 또는 *시스-트랜스* 이성질현상은 알켄에서 흔하다. 이는 이중 결합을 형성하는 두 탄소 원자가 두 개의 서로 다른 원자나 원자단에 결합될 때 일어난다. 655쪽의 1번 아래에 나타낸 다른 두 개의 구조 이성질체는 *시스-트랜스* 이성질현상을 나타내지 않는다. 이 두 경우에 왼쪽의 탄소 원자는 두 개의 동일한 수소 원자와 결합되어 있다.

예제 22.10

에틸렌의 H 원자 두 개를 Cl 원자들로 치환한 분자 $C_2H_2Cl_2$의 모든 이성질체를 그려라.

전략 및 풀이

1. 에틸렌의 구조를 그린다.

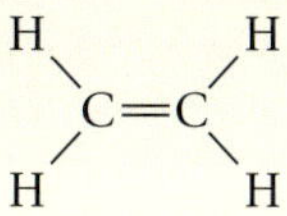

2. 오른쪽의 H 원자 두 개를 Cl 원자로 치환한다.

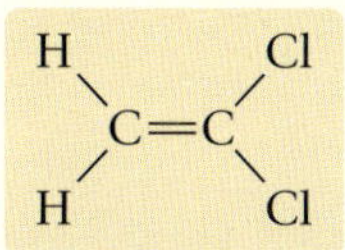

에틸렌에서 왼쪽의 H 원자 두 개를 두 개의 Cl 원자로 치환하면 위의 것과 동일한 구조가 된다.

3. 위에 있는 H 원자 두 개를 두 개의 Cl 원자로 치환한다(C 원자 당 한 개의 H 원자).

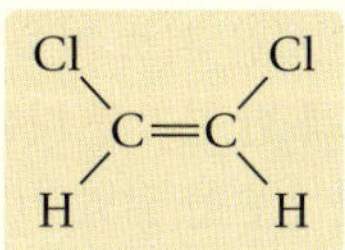

에틸렌에서 아래에 있는 H 원자 두 개를 두 개의 Cl 원자로 치환하면 위의 것과 동일한 구조가 된다.

4. 오른쪽 위에 있는 H 원자를 Cl로 치환하고 왼쪽 아래에 있는 H 원자를 다른 Cl 원자로 치환한다.

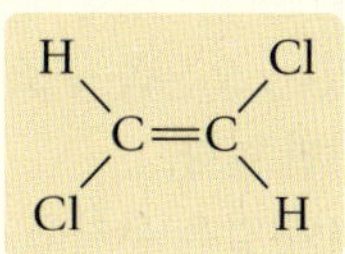

이것이 그릴 수 있는 모든 이성질체들이다.

마무리 정리

1. 처음 구조는 두 개의 Cl 원자가 동일한 C 원자에 결합되어 있기 때문에 *시스-트랜스* 이성질현상을 나타내지 않는다.
2. 두 번째 구조는 *시스*-이성질체이다.
3. 세 번째 구조는 *트랜스*-이성질체이다.

시스-트랜스 이성질체는 물리적 성질이 서로 다르고, 어느 정도 화학적 성질도 다르다. 이들은 또한 생리적 거동도 다를 수 있다. 예를 들면, 다음에 나타낸 *시스*-9-트라이코센(*cis*-9-tricosene) 화합물은 집파리 암컷이 분비하는 성 유인물이다.

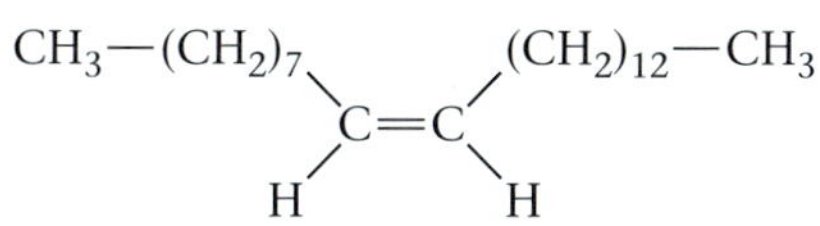

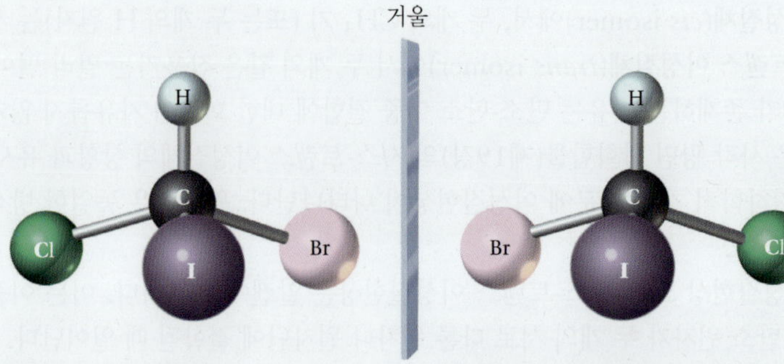

그림 22.11 ▸ **광학 이성질체**. CHClBrI의 이성질체들은 서로 거울상이다.

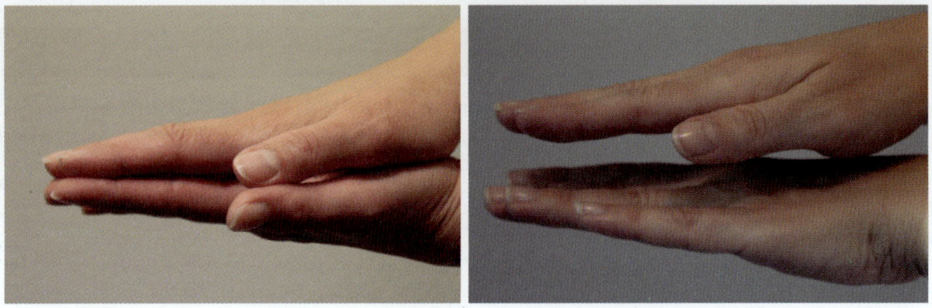

그림 22.12 ▸ **거울상**. 오른손은 왼손에 포개지지 않는다. 이들은 서로 거울상이다.

그러나 *트랜스* 이성질체는 전혀 이런 성질을 갖지 않는다.

광학 이성질체

광학 이성질체(optical isomer)는 적어도 분자내의 탄소 원자 한 개가 네 개의 다른 원자 또는 원자단에 결합할 때 생긴다. 예를 들어, 메테인 유도체 CHClBrI를 살펴보자. 그림 22.11에 나타낸 것과 같이, 이 분자는 두 개의 다른 형태가 있으며, 이들은 서로 거울상이다. 거울상은 서로 포개지지 않는다. 즉, 동일한 치환기들이 겹쳐지도록 한 분자를 다른 분자 위에 올려놓을 수 없다. 이런 의미에서 이 두 이성질체는 오른손과 왼손을 닮았다(그림 22.12).

그림 22.11에 나타낸 구조가 서로 다르다는 것을 스스로에게 확신시킬 수 있는 또 다른 방법이 있다. 수소 원자 바로 위에서 분자의 나머지 원자들을 내려다본다고 상상해보라. 왼쪽의 구조에서 Cl, Br, I의 원자들 순서는 시계 방향으로 배열되어 있다. 오른쪽 구조에서 Cl에서 Br을 거쳐 I로 이동하기 위해서는 시계 반대 방향으로 이동해야만 한다.

포개지지 않는 거울상인 두 개의 다른 형태로 존재하는 CHClBrI와 같은 분자를 *카이랄*(chiral)이라고 한다. 두 개의 다른 형태를 **거울상 이성질체**(enantiomer), 또는 광학이성질체라고 한다. 탄소에 네 개의 다른 기들이 결합된 분자는 어느 것이든 카이랄이다. 탄소 원자는 **카이랄 중심**(chiral center) 역할을 한다. 분자는 두 개 이상의 카이랄 중심을 가질 수 있으며, 이 경우 두 개 이상의 거울상 이성질체가 있을 수 있다.

예제 22.11

다음 각 구조식에서 카이랄 탄소 원자를 찾아라.

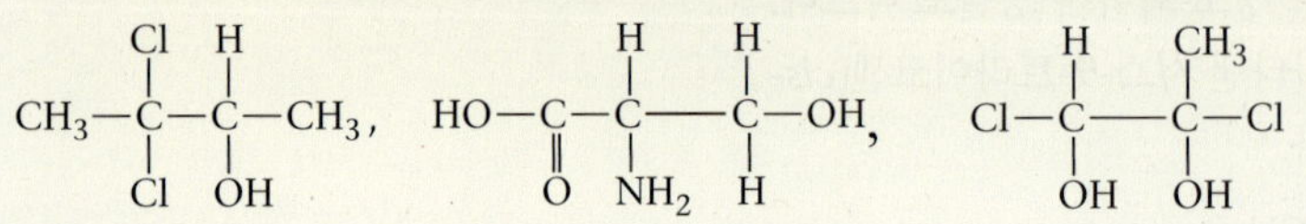

(계속)

전략

네 개의 다른 원자 또는 원자단이 결합된 탄소를 찾는다. 두 개 이상의 동일한 원자 또는 원자단을 보면 세는 것을 중단한다. 그 C 원자는 카이랄이 아니다.

풀이

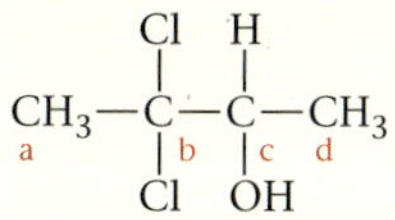

C_a는 세 개의 수소 원자를 갖는다. 카이랄이 아니다.
C_b는 두 개의 염소 원자를 갖는다. 카이랄이 아니다.
C_c 는 네 개의 다른 원자단/원자와 결합되어 있다.

1 H, 1 OH, 1 CH_3, 1 CH_3—CCl_2

카이랄 이다.
C_d는 세 개의 수소 원자를 갖는다. 카이랄이 아니다.

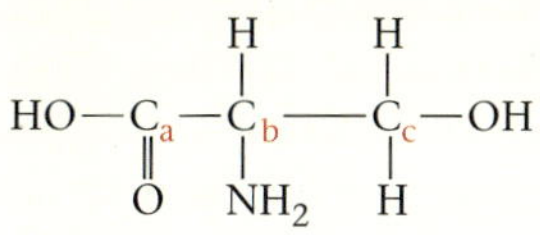

C_a는 단지 세 개의 원자단/원자와 결합한다. 카이랄이 아니다.
C_b 는 네 개의 다른 원자단/원자와 결합되어 있다.

1 H, 1 NH_2, 1 COOH, 1 CH_2OH

카이랄 이다.
C_c는 두 개의 수소 원자를 갖는다. 카이랄이 아니다.

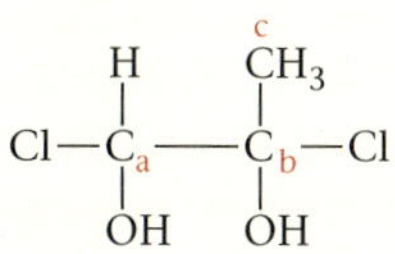

C_a 는 네 개의 다른 원자단/원자와 결합되어 있다.

1 H, 1 OH, 1 Cl, 1 C—Cl

카이랄 이다.
C_b 는 네 개의 다른 원자단/원자와 결합되어 있다.

1 CH_3, 1 OH, 1 Cl, 1 C—Cl

카이랄 이다.
C_c는 세 개의 수소 원자가 결합되어 있다. 카이랄이 아니다.

"광학 이성질현상"이라는 용어는 거울상 이성질체가 편광 렌즈(그림 22.13)에 의해서 생성된 것과 같은 평면 편광에 미치는 영향에서 비롯되었다. 이 평면 편광이 단일 거울상 이성질체가 들어 있는 용액을 통과할 때, 편광면은 원래의 위치에서 회전한다. 한 이성질체는 편광면을 오른쪽(시계 방향)으로 회전시키고, 다른 이성질체는 왼쪽(시계 반대 방향)으로 회전시킨다. 만일 두 이성질체가 같은 양이 들어 있다면, 이 용액을 **라셈 혼합물**(racemic mixture)이라고 부른다. 이 용액은, 두 회전을 서로 상쇄시켜서 평면 편광에 어떤 영향도 미치지 못한다.

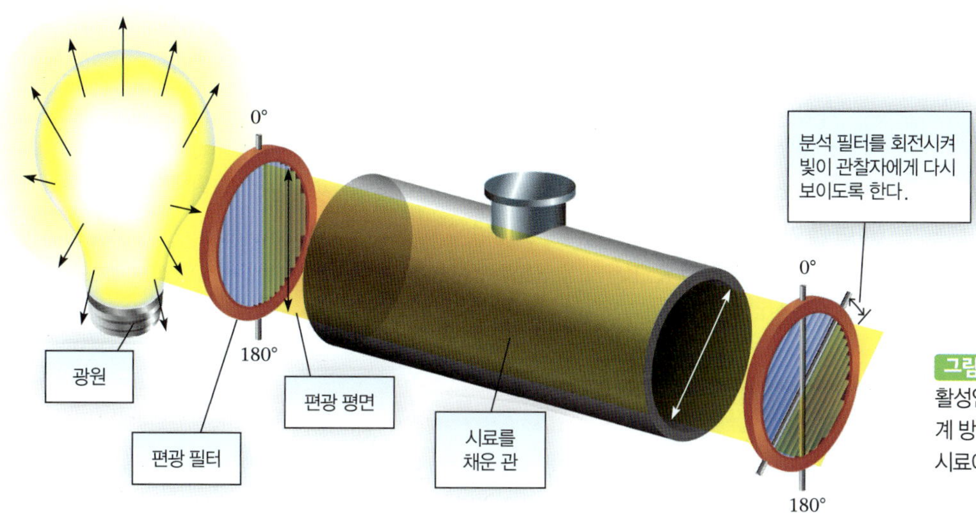

그림 22.13 ▸ **편광계**. 시료 관에는 광학 활성인 화합물이 들어 있다. 분석 필터를 시계 방향으로 회전시켜 빛이 보이도록 한다. 시료에 의한 회전을 측정한다.

카이랄 화합물의 두 거울상 이성질체는 평면 편광의 효과를 제외하고, 같은 물리적 성질을 갖는다. 예를 들면, 아래 나타낸 젖산(lactic acid)의 두 이성질체의 녹는점(52°C)과 밀도(1.25 g/mL)는 같다.

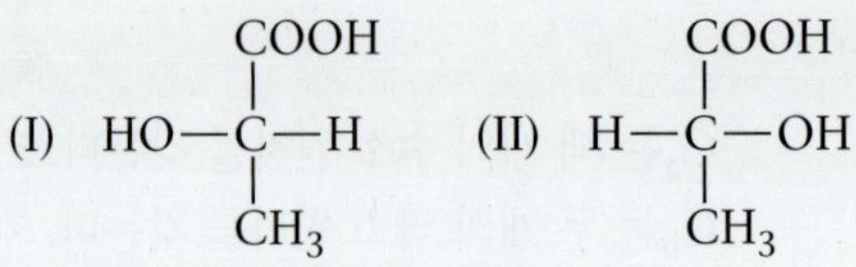

젖산의 거울상 이성질체

반면에, 거울상 이성질체는 삼차원 구조가 다르기 때문에 이들은 흔히 다른 방법으로 생화학적 분자들과 상호작용을 한다. 결과적으로, 이들은 아주 다른 생리적 특성을 나타낼 수 있다. 예를 들어, "각성제(upper 또는 pep pill)"로 불법적으로 흔히 사용되는 암페타민(amphetamine)을 살펴보자.

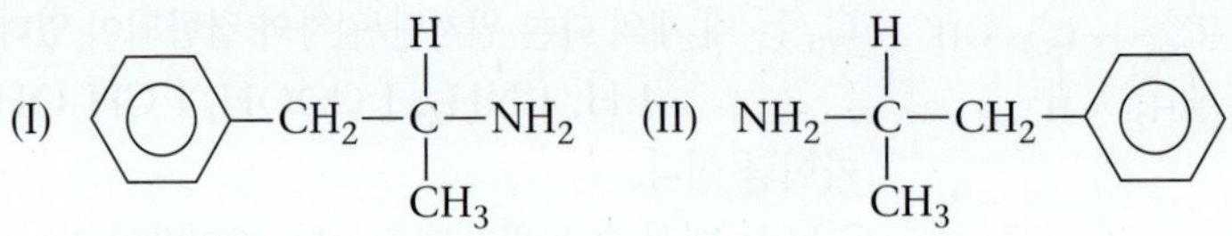

암페타민의 거울상 이성질체

암페타민은 두 개의 거울상 이성질체가 있다. 거울상 이성질체 I은 덱세드린(dexedrine)이라고 부르며 매우 강력한 흥분제이다. 이것은 두 이성질체의 라셈 혼합물인 벤제드린(benzedrine)보다 두 배에서 네 배의 활성이 있다.

1990년대 단일 거울상 이성질체를 포함하는 상당히 많은 소위 카이랄 약품이 상품화되었다. 이들 중 최초의 한 가지는 나프록센[naproxen, 상품명은 알리브(Aleve®)]이다.

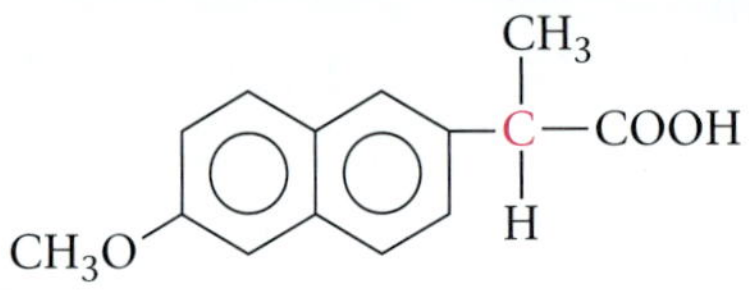

(카이랄 탄소는 붉은색으로 나타내었다.)

동네 약국에서 구입하는 나프록센은 단일 거울상 이성질체로 만들어졌으며, 효과적인 진통제(pain killer)이다. 다른 거울상 이성질체는 진통제가 아니며, 심지어 더 나쁜 경우에는 간 손상을 야기할 수 있다.

현재 시중에서 판매되는 100가지 베스트셀러 약품 중에서 약 절반은 단일 거울상 이성질체로 만들어졌다. 카이랄 약은 관절염에서 천식까지, 속쓰림에서 심장질환에 이르기까지 모든 종류의 질병을 치료하는 데 사용된다. 일반적으로 이러한 약은 두 가지 방법 중에서 하나로 제조된다. 한 가지 방법은 라셈 혼합물을 각각의 성분으로 분리하는 것이다. 이 방법은 19세기 중엽에 Louis Pasteur(1822~1895)에 의해서 처음으로 이루어졌다. 그는 돋보기와 한 쌍의 핀셋을 이용하여 거울상 이성질체의 결정을 분리하였다. 오늘날에는 액체 크로마토그래피(제1장)와 같은 현대적인 분리 기법을 이용하여 분리를 훨씬 더 신속하게 수행할 수 있다.

카이랄 약을 제조하는 다른 접근법은 *비대칭 합성*(asymmetric synthesis)이다. 광학적으로 비활성인 전구체를 특수한 촉매, 대개는 효소(제11장)를 사용하는 반응을 통해 약으로 전환시킨다. 이 모든 것이 순조롭게 진행된다면, 생성물은 원하는 생리적 효과를 갖는 단일 거울상 이성질체가 된다. 2001년에 William S. Knowles(1917~2012), Ryoro Noyori(1938~) 및 K. Berry Sharpless(1941~)는 이 분야에서의 업적으로 노벨 화학상을 수상하였다.

22-6 유기 반응

유기 화학에서 일어나는 반응은 이 책의 앞 부분에서 논의된 반응들과 중요한 면에서 다르다. 특히, 유기 반응에 참여하는 화학종은 대부분 이온이 아닌 분자들이다. 다시 말하지만,

대부분의 유기 반응은 순수한 물질 사이에서 일어나거나 극성인 물과 달리 비극성 용매에서 일어난다. 일반적으로, 유기 반응은 무기 반응보다 느리게 일어난다. 이 절에서는 첨가 반응, 제거 반응, 축합 반응, 치환 반응으로 알려진 네 가지 일반적인 유기 반응을 살펴볼 것이다.

> 이온은 빠르게 반응하는 경향이 있다.

첨가 반응

첨가 반응(addition reaction)은 작은 분자(예, H_2, Cl_2, HCl, H_2O)가 이중 결합이나 삼중 결합에 첨가되는 반응이다. 첨가 반응의 간단한 예는 아래에 나타낸 바와 같이 니켈 촉매하에서 일어나는 에텐에 대한 수소의 첨가 반응이다.

> 이중 결합과 삼중 결합은 단일 결합보다 반응성이 더 크다.

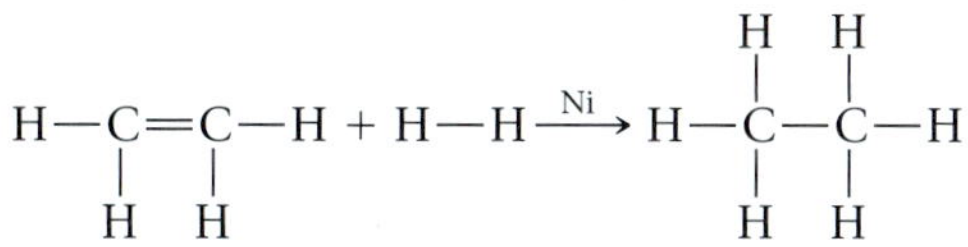

에타인(아세틸렌)과는 촉매 또는 사용되는 조건에 따라, 1 mol 또는 2 mol의 H_2가 첨가된다.

수소화 반응은 액체 지방을 고체 지방으로 변환시키는 데 상업적으로 응용될 수 있다. 식물성 기름은 상대적으로 많은 이중 결합을 가지고 있다. 촉매의 존재하에서 압력을 가하면서 수소로 처리하면 이중 결합은 단일 결합으로 변환되어 마아가린과 같은 고체가 생성된다.

앞에서 본 것처럼(22-4절), 산 촉매하에서 에텐에 물을 "첨가"하면 에탄올이 만들어진다. 이 과정을 **수화**(hydration)라고 한다.

$$C_2H_4(g) + H_2O(l) \xrightarrow{H^+} C_2H_5OH(l)$$

에텐에 쉽게 첨가되는 다른 화학종은 원소 상태 브로민이다(그림 22.14).

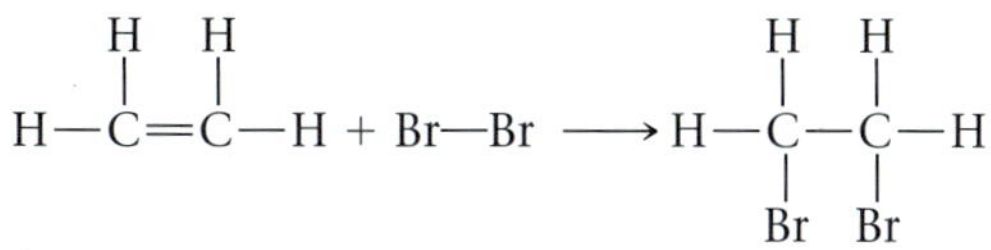

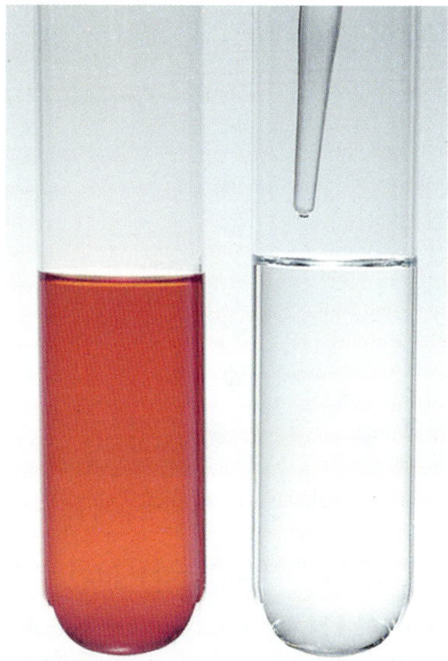

그림 22.14 ▸ **알켄의 확인 시험.** 왼쪽은 사염화 탄소에 녹은 브로민 용액이다. 몇 방울의 알켄을 가하면 알켄이 브로민과 반응함에 따라 붉은색이 사라진다.

제거 반응과 축합 반응

제거 반응(elimination reaction)은 의미상으로 첨가 반응의 역반응이다. 제거 반응은 인접한 탄소 원자에서 두 개의 작용기가 제거되어, 포화 분자가 불포화 분자로 변환된다. 한 가지 예는 황산과 함께 가열할 때 일어나는 에탄올의 탈수 반응이다.

> H_2SO_4는 H_2O를 흡수하여 반응을 오른쪽으로 진행하게 한다.

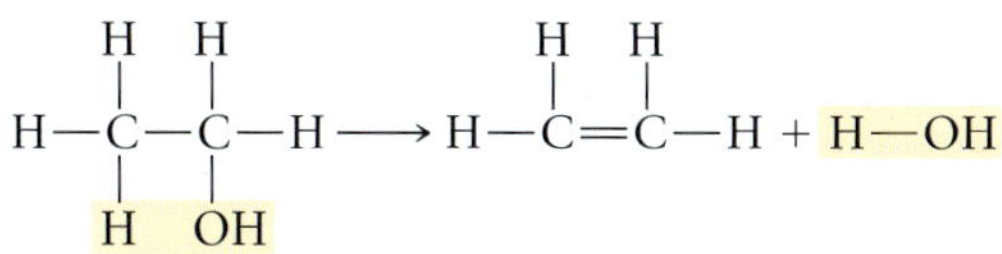

에탄올 에텐

물론 이것은 에탄올이 형성되는 첨가 반응의 역반응이다.

다소 유사한 반응인 **축합 반응**(condensation reaction)은 H_2O와 같은 작은 분자가 빠져나오면서 두 분자가 결합할 때 일어난다. 결합하는 분자는 같거나 다를 수 있다.

$$\underset{\text{메탄올}}{CH_3\text{—}OH} + \underset{\text{메탄올}}{HO\text{—}CH_3} \longrightarrow \underset{\text{다이메틸 에터}}{CH_3\text{—}O\text{—}CH_3} + H\text{—}OH$$

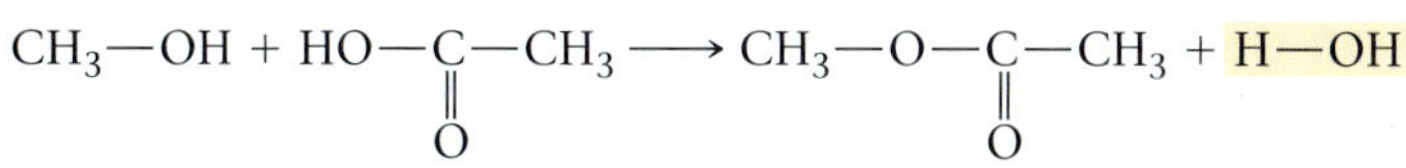

메탄올 아세트산 아세트산 메틸

첫 번째 반응은 알코올에서 에터를 제조하는 일반적인 방법이다. 두 번째 반응은 앞에서 언급했던 에스터화 반응의 일반적인 방법이다.

▶ 치환 반응

치환 반응(substitution reaction)은 분자에 있는 원자나 원자단이 다른 원자나 원자단으로 치환되는 것이다. 치환 반응은 유기 화학에서 아주 흔하다. 예는 다음과 같다.

- 알케인의 염소화 반응. 메테인과 염소 기체의 혼합물에 빛을 쪼여주면, 다음 반응이 일어난다.

$$CH_4(g) + Cl_2(g) \longrightarrow CH_3Cl(g) + HCl(g)$$

- 염소와 벤젠의 매우 유사한 반응.

$$C_6H_6(l) + Cl_2(g) \xrightarrow{FeCl_3} C_6H_5Cl(l) + HCl(g)$$

- 벤젠의 나이트로화 반응.

$$C_6H_6(l) + HNO_3(l) \xrightarrow{H_2SO_4} C_6H_5NO_2(l) + H_2O(l)$$

이 경우에 나이트로기, $—NO_2$는 벤젠 고리에 있는 수소 원자를 치환한다.

- 할로젠화 알킬에서 알코올의 생성.

$$C_2H_5Br(l) + OH^-(aq) \longrightarrow C_2H_5OH(aq) + Br^-(aq)$$

여기서 —OH 기는 브로민 원자를 치환한다.

예제 22.12

다음 각 반응을 첨가 반응, 제거 반응, 축합 반응, 치환 반응으로 분류하라.

(a) $C_2H_5OH(aq) + H^+(aq) + Br^-(aq) \longrightarrow C_2H_5Br(l) + H_2O$

(b) $C_6H_{12}(l) + Cl_2(g) \longrightarrow C_6H_{12}Cl_2(l)$

(c) $C_7H_8(l) + 2Cl_2(g) \longrightarrow C_7H_6Cl_2(l) + 2HCl(g)$

(d) $C_5H_{11}Cl(l) \longrightarrow C_5H_{10}(l) + HCl(g)$

풀 이

(a) 치환 반응 (OH를 Br로 치환) (b) 첨가 반응 (C_6H_{12}는 알켄이다.)

(c) 치환 반응 (H를 Cl로 치환) (d) 제거 반응 (HCl을 잃는다)

생활 속의 화학 이야기 | *CHEMISTRY BEYOND THE CLASSROOM*

콜레스테롤

요즘 자주 듣는 유기 화합물로 콜레스테롤이 있으며, 이 구조는 그림 A에 나타내었다. 사람의 체내에는 약 140 g의 콜레스테롤이 있으며, 간에서 하루에 2~3 g의 속도로 생산된다. 콜레스테롤은 두 가지 이유로 생명에 필수적이다. 콜레스테롤은 모든 세포막의 주성분이고, 성 호르몬, 부신 호르몬, 담즙산, 비타민 D를 만드는 출발물질로 작용한다.

물에 불용성인 콜레스테롤은 지질단백질로 알려진 가용성 단백질의 착물 형태로 혈액을 통해 운반된다. 두 종류의 착물이 있다. 주로 콜레스테롤을 포함하는 저밀도(low-density lipoproteins, LDL)와 상대적으로 적은 양의 콜레스테롤을 포함하는 고밀도(high-density lipoproteins, HDL)가 있다. 보통, 이들 착물은 각각 "LDL 콜레스테롤" 및 "HDL 콜레스테롤"이라고 한다.

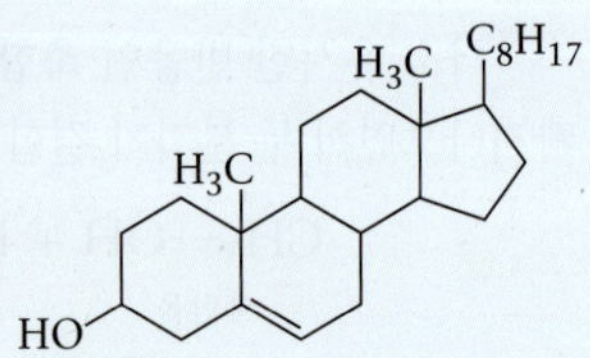

그림 A ▸ 콜레스테롤.

LDL 또는 "나쁜" 콜레스테롤은 동맥의 내벽에 플라크-형태로 축적된다. 이 과정을 동맥 경화라고 한다. 오늘날 이것을 *동맥경화증*(artherosclerosis)이라고 한다. 동맥 경화는 뇌졸중 및 심장마비를 포함한 심혈관 질병을 유발할 수 있다. 반대로 HDL 또는 "좋은" 콜레스테롤은 동맥 침착을 늦추거나 줄이기까지도 한다.

혈류 내 LDL과 HDL 콜레스테롤의 상대적인 양은 적어도 어느 정도 식단에 따라 달라진다. 특히, 이들은 섭취하는 지방의 전체량과 종류에 따라 달라진다. 지방(트라이글리세라이드)은 글리세롤과 긴 사슬 카복실산의 에스터이다. 지방의 일반적인 구조는 다음과 같다.

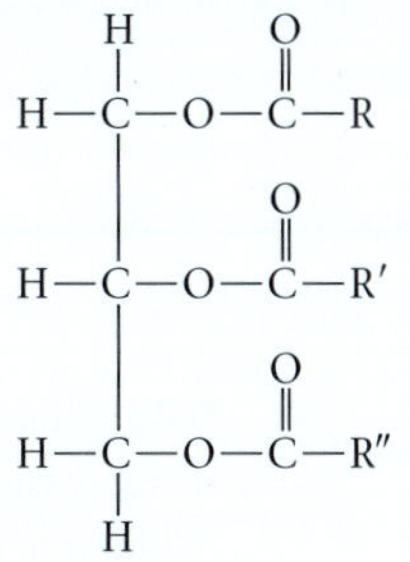

여기서 R, R′, R″은 일반적으로 13개에서 21개의 탄소 원자가 포함된 탄화수소 곁가지이다. 이 곁가지의 성질에 따라서, 다음과 같이 구분할 수 있다.

- *포화 지방*. R, R′, R″에 다중 결합이 없다. 이는 HDL 콜레스테롤에 비해 LDL 수준이 높아진다는 점에서 "나쁜" 것이다.
- *단일불포화 지방*. 각 곁가지는 한 개의 이중 결합을 가지고 있다. 이들은 이중 결합의 반대쪽에 있는 수소 원자들이 서로 트랜스가 아니라면, 포화 지방보다 영양적으로 훨씬 좋다. 소위 *트랜스* 지방은 나쁜 소식이다.
- *다중불포화 지방*. 탄화수소 곁가지는 한 개 이상의 이중 결합을 포함하고 있으며, 특히, 이중 결합이 곁가지의 말단 —CH_3로부터 세 번째 또는 여섯 번째 탄소에 위치한다면 이들은 좋은 것이다. 소위 오메가 지방이 제일 좋다.

그림 B는 다양한 지방(고체)과 기름(액체)의 성분을 보여준다. 이제 여러분은 해바라기 씨가 코코넛보다 왜 좋은지 알 수 있다.

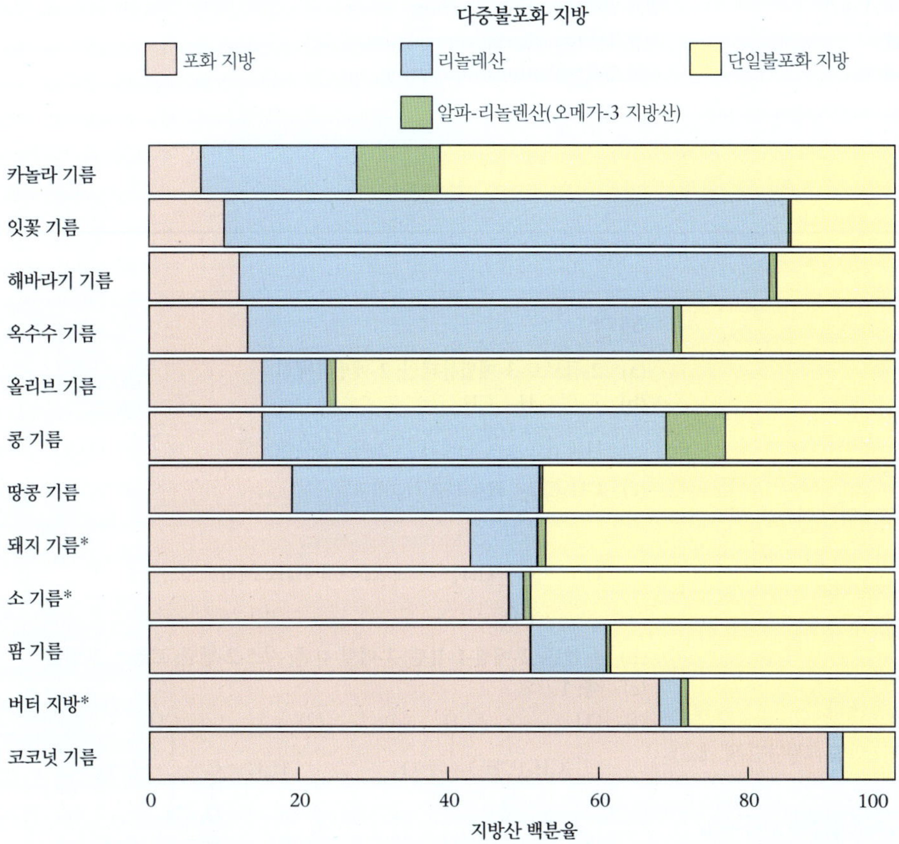

* 콜레스테롤 함량(mg/계량스푼): 돼지 기름 12; 소 기름 14; 버터 지방 33. 식물성 기름에는 콜레스테롤이 없다.

그림 B ▸ 몇 가지 흔한 지방과 기름의 조성. 지방산은 본문에 표시된 지방과 기름의 일반적인 구조에서 R, R′, R″ 탄화수소 곁가지를 제공한다. 지방과 기름은 모두 포화, 단일 불포화 및 다중불포화 지방산의 혼합물을 포함하고 있다.

주요 개념

1. 그리기.
   - 구조 이성질체
   (예제 22.1 및 22.9; 문제 29~38)
   - 기하 이성질체
   (예제 22.10; 문제 39~42)
   - 카이랄 탄소 원자를 포함하는 광학 이성질체
   (예제 22.11; 문제 43~46)
2. 이름.
   - 알케인
   (예제 22.2; 문제 5~10)
   - 불포화 탄화수소
   (예제 22.4; 문제 11,12)
   - 방향족 탄화수소
   (예제 22.5; 문제 13,14)

3. 알케인, 사이클로알케인, 알켄, 알카인의 구별.
(예제 22.3; 문제 1~4)
4. 알코올, 에터, 알데하이드, 케톤, 카복실산, 에스터, 아민의 구별.
(예제 22.6; 문제 15~18)
5. 표 22.2에 수록된 작용기를 갖는 화합물들의 구조식 그리기.
(예제 22.7; 문제 19~22)
6. 센산 또는 약산과 아민의 반응에서 평형 상수 결정.
(예제 22.8; 문제 27, 28)
7. 첨가 반응, 제거 반응, 축합 반응, 치환 반응으로 유기 반응을 분류.
(예제 22.12; 문제 47~50)

주요 용어

구조 이성질체(structural isomer)
거울상 이성질체(enantiomer)
광학 이성질체(optical isomer)
기하 이성질현상(geometric isomerism)
라셈 혼합물(racemic mixture)
방향족 탄화수소(aromatic hydrocarbon)
사이클로알케인(cycloalkane)
시스 이성질체(*cis* isomer)
아민(amine)
알데하이드(aldehyde)
알카인(alkane)
알케인(alkyne)
알켄(alkene)
알코올(alcohol)
알킬기(alkyl group)
에스터(ester)
에터(ether)
작용기(functional group)
제거 반응(elimination reaction)
첨가 반응(addition reaction)
축합 반응(condensation reaction)
치환 반응(substitution reaction)
카복실산(carboxylic acid)
카이랄 중심(chiral center)
케톤(ketone)
탄화수소(hydrocarbon)
트랜스 이성질체(*trans* isomer)

요약 문제

다음 구조를 갖는 할로젠화 알킬에 대하여 답하라.

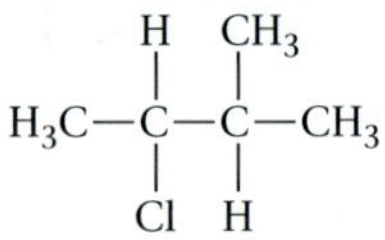

(a) 할로젠화 알킬과 할로젠화 알킬로 유도되기 전 알케인의 이름을 써라.

(b) 할로젠화 알킬에서 염화 수소가 제거된 화합물의 구조를 그려라. 생성물의 이름을 쓰고, 알케인, 알켄, 알카인인지 분류하여라.

(c) (a)와 동등한 알케인의 모든 구조 이성질체에 대하여 구조를 그리고 이름을 써라.

(d) (b)의 알켄의 모든 구조 이성질체에 대하여 이름을 써라.

(e) 이 할로젠화 알킬은 광학 이성질현상을 보이는가? 만일 그렇다면 몇 개의 카이랄 탄소 원자를 가지고 있는가?

(f) (c)에서 이성질체를 취한 후, 작용기를 추가하여 다음 물질을 만들어라.

1. 알데하이드
2. 케톤
3. 아민
4. 에터
5. 카복실산

얻어진 각 화합물의 구조식을 써라.

(g) 이 할로젠화 알킬이 OH^- 이온과 치환 반응을 일으킬 때 형성되는 물질의 구조를 그려라.

(h) 1-펜탄올이 폼산, HCOOH와 반응하여 형성하는 에스터의 축약 구조식을 그리고 이름을 써라.

해답

(a) **2-클로로-3-메틸뷰테인; 2-메틸뷰테인**

(b) 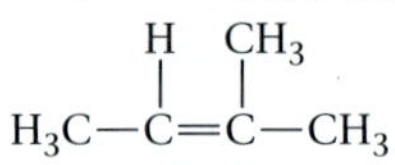 2-메틸-2-뷰텐, 알켄

(c) $CH_3CH_2CH_2CH_2CH_3$ 펜테인

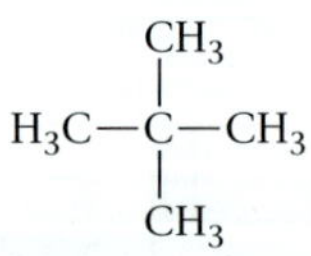 2,2-다이메틸프로페인

(d) **1-펜텐; 2-메틸-1-뷰텐; 3-메틸-뷰텐; *시스*-2-펜텐; *트랜스*-2-펜텐**

(e) **예; 1**

(f) (1) 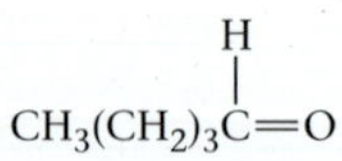

(2) 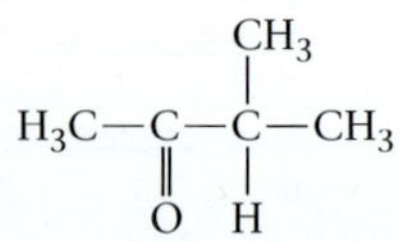

(3) 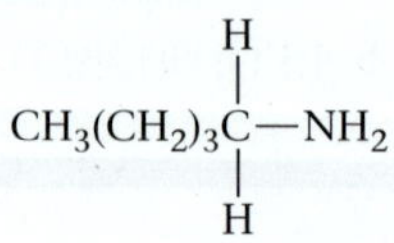

(4) 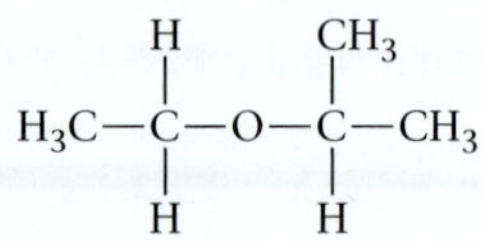

(5) 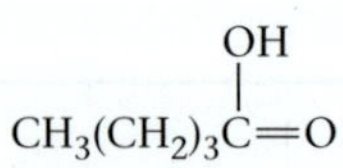

(g) 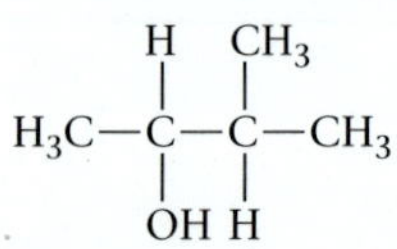

(h) **폼산 펜틸(pentyl formate)**

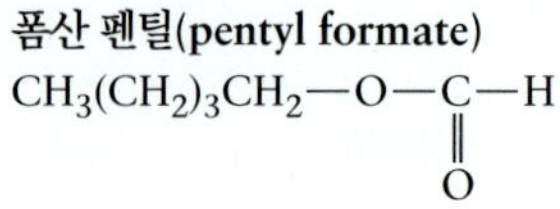

연습 문제

짝수 번호의 문제와 도전 문제의 해답은 센게이지 홈페이지 자료실에서 다운로드 받을 수 있다(www.cengage.co.kr).

22-1 포화 탄화수소: 알케인

22-2 불포화포화 탄화수소: 알켄 및 알카인

22-3 방향족 탄화수소와 유도체

1. 다음 각 탄화수소를 알케인, 알켄, 알카인으로 구분하라.
   (a) C_6H_{14} (b) C_3H_4 (c) C_9H_{18}
2. 다음 각 탄화수소를 알케인, 알켄, 알카인으로 구분하라.
   (a) $C_{12}H_{24}$ (b) C_7H_{12} (c) $C_{13}H_{28}$
3. 다음의 화학식을 써라.
   (a) 두 개의 탄소 원자를 갖는 알켄
   (b) 22개의 수소 원자를 갖는 알케인
   (c) 세 개의 탄소 원자를 갖는 알카인
4. 다음의 화학식을 써라.
   (a) 16개의 수소 원자를 갖는 알카인
   (b) 44개의 수소 원자를 갖는 알켄
   (c) 열 개의 탄소 원자를 갖는 알케인
5. 다음 알케인의 이름을 써라
   (a) 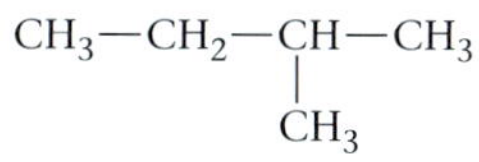
   (b) 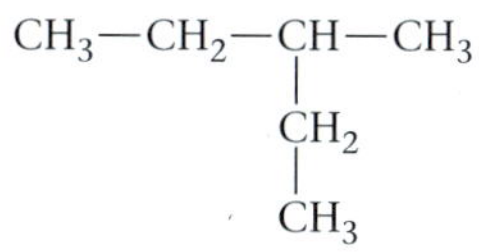
   (c) 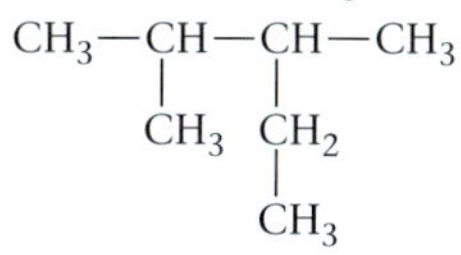
   (d) 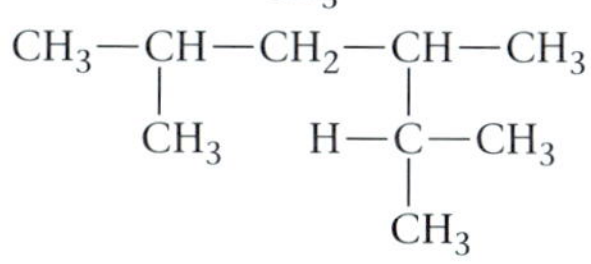
6. 다음 알케인의 이름을 써라.
   (a) 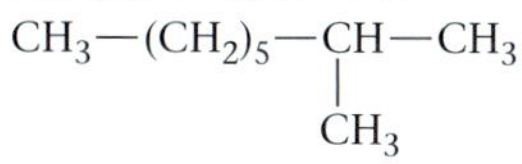
   (b) $(CH_3)_4C$
   (c) 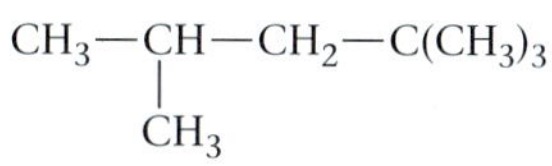
   (d) 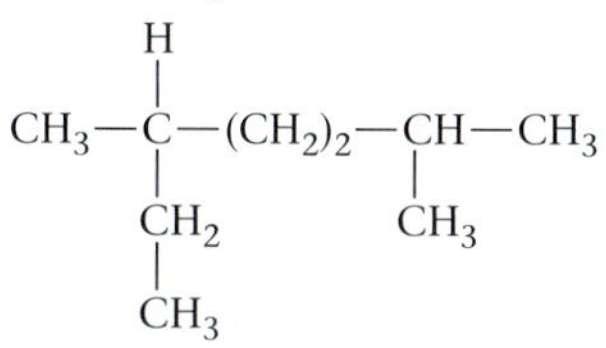
7. 다음 알케인의 구조식을 써라.
   (a) 3-에틸펜테인 (b) 2,2-다이메틸뷰테인
   (c) 2-메틸-3-에틸헵테인 (d) 2,3-다이메틸펜테인
8. 다음 알케인의 구조식을 써라.
   (a) 2,2,4-트라이메틸펜테인 (b) 2,2-다이메틸프로페인
   (c) 4-아이소프로필옥테인 (d) 2,3,4-트라이메틸헵테인
9. 아래의 이름은 틀렸다. 합당한 알케인의 구조를 그리고 알맞은 IUPAC 이름을 써라.
   (a) 5-아이소프로필옥테인 (b) 2-에틸프로페인
   (c) 1,2-다이메틸프로페인
10. 아래의 이름을 연습 문제 9와 같이 답하라.
   (a) 2,2-다이메틸뷰테인 (b) 4-메틸펜테인
   (c) 2-에틸프로페인
11. 다음 알켄의 이름을 써라.
   (a) $CH_2{=}C{-}(CH_3)_2$
   (b) $(CH_3)_2{-}C{=}C{-}(CH_3)_2$
   (c) $CH_3{-}CH{=}CH{-}CH_2CH_3$
   (d) 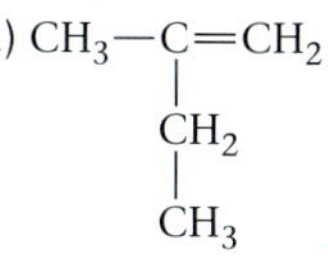
12. 다음 알카인의 구조식을 써라.
   (a) 2-펜타인 (b) 4-메틸-2-펜타인
   (c) 2-메틸-3-헥사인 (d) 3,3-다이메틸-1-뷰타인
13. 다음 화합물을 나이트로벤젠의 유도체로 명명하라.
   (a) 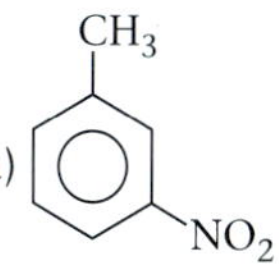
   (b) 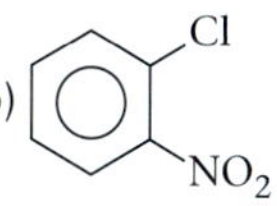
   (c) 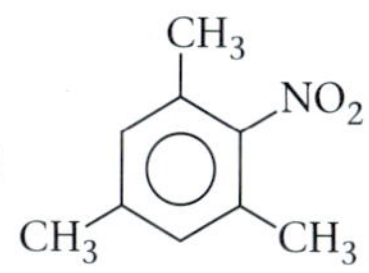
14. 다음 화합물을 톨루엔의 유도체로 명명하라.
   (a) 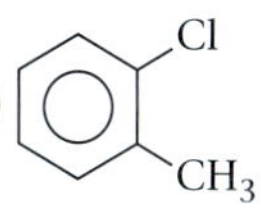
   (b) 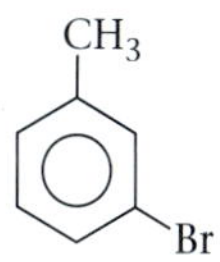
   (c) 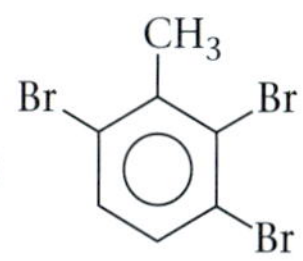

22-4 작용기

15. 다음 각각을 카복실산, 에스터, 및/또는 알코올로 분류하라.
   (a) $HO{-}CH_2{-}CH_2{-}CH_2{-}OH$
   (b) 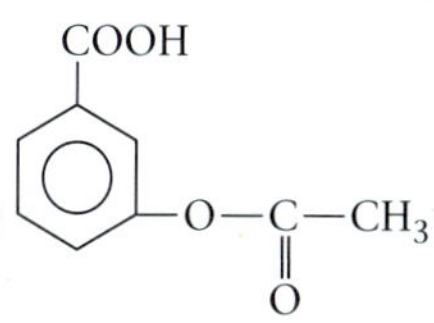
   (c) 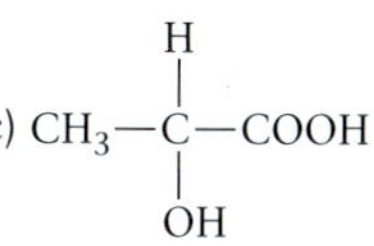
16. 다음 각각을 카복실산, 에스터, 및/또는 알코올로 분류하라.
   (a) $CH_3{-}(CH_2)_3{-}OH$
   (b) 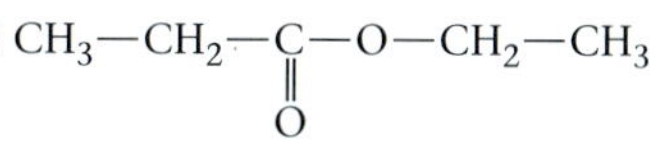
   (c) 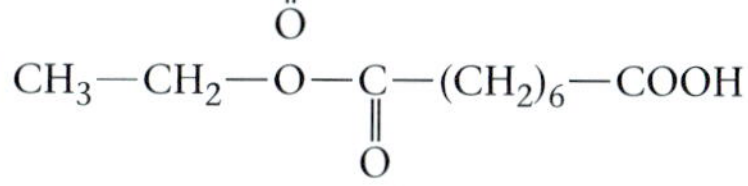
17. 다음 각각에 대하여 작용기의 이름을 써라(예, 에스터, 알데하이드 등).

(a) $CH_3-CH=CH-CH_2-OH$

(b) 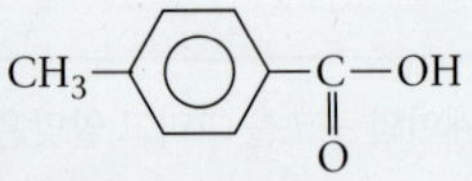

(c) 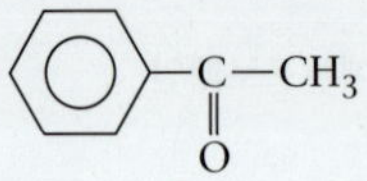

(d) 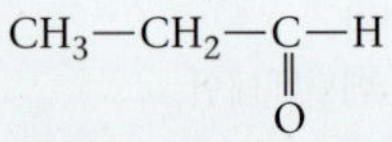

(e) 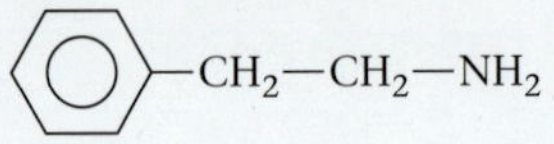

18. 다음 각각에 대하여 작용기의 이름을 써라 (예, 에스터, 알데하이드 등).

(a) $CH_2=CH-O-CH_3$

(b) 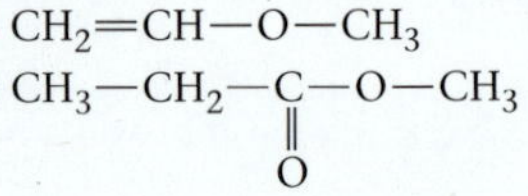

(c) $CH_3-CH_2-CH_2-NH_2$

(d) 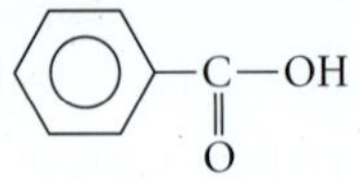

(e) 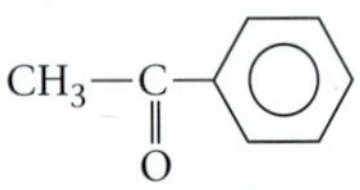

19. 다음의 구조를 그려라.

(a) 사슬의 말단이 아닌 탄소에 —OH 기를 갖는 네 개의 탄소를 갖는 곧은 사슬의 알코올.

(b) 다섯 개의 탄소를 갖는 곧은 사슬의 카복실산.

(c) 이들 두 화합물이 반응하여 생성된 에스터.

20. 다음의 구조를 그려라.

(a) 중심 탄소에 —OH 기를 갖는 세 개의 탄소를 갖는 곧은 사슬의 알코올

(b) 네 개의 탄소를 갖는 가지 사슬의 카복실산

(c) 이들 두 화합물이 반응하여 생성된 에스터

21. 메틸 알코올이 다음 화합물과 반응하였을 때 생성된 에스터의 구조식을 써라.

(a) 폼산 (b) 아세트산

(c) $CH_3-(CH_2)_6-COOH$

22. 에틸렌 글라이콜을 폼산 및 아세트산과 반응시켰을 때 얻어질 수 있는 모든 에스터의 구조식을 써라. (에틸렌 글라이콜에 있는 —OH 기는 한 개 또는 두 개가 반응할 수 있다.)

23. 다음 화합물을 끓는점이 증가하는 순서로 나열하라. 이들 화합물의 끓는점은 0°C, 11°C, 97°C이다.

(a) $CH_3CH_2CH_2OH$

(b) $CH_3CH_2-O-CH_3$

(c) $CH_3CH_2CH_2CH_3$

24. 다음 화합물을 끓는점이 증가하는 순서로 나열하라.

(a) 1-뷰탄올, 뷰테인, 다이에틸 에터

(b) 헥세인, 1-헥산올, 다이프로필 에터

25. 에틸아민($CH_3CH_2NH_2$)의 K_b는 4.3×10^{-4}이다. 0.250 M 에틸아민 용액의 pH는 얼마인가? 0.250 M의 암모니아($K_b = 1.86 \times 10^{-5}$)의 pH와 비교하라.

26. 아닐린, $C_6H_5NH_2$ ($K_b = 7.4 \times 10^{-10}$)이 센산과 반응하면, 아닐린의 짝산, $C_6H_5NH_3^+$가 형성된다. $C_6H_5NH_3^+$ 용액 0.100 M의 pH을 계산하고, 아세트산($K_a = 1.86 \times 10^{-5}$)의 pH와 비교하라.

27. 약염기인 에틸아민($K_b = 4.3 \times 10^{-4}$)이 약산인 폼산(1.8×10^{-4})과 반응할 때, 다음 반응이 일어난다.

$$CH_3CH_2NH_2(aq) + HCOOH(aq) \rightleftharpoons CH_3CH_2NH_3^+(aq) + HCOO^-(aq)$$

이 반응의 K를 계산하라.

28. 아닐린의 짝산인, $C_6H_5NH_3^+$ 이온과 아세트산 이온 사이에는 다음 반응이 일어난다.

$$C_6H_5NH_3^+(aq) + CH_3COO^-(aq) \rightleftharpoons C_6H_5NH_2(aq) + CH_3COOH(aq)$$

$C_6H_5NH_3^+$의 K_a가 1.35×10^{-5}이고 CH_3COOH의 K_a가 1.86×10^{-5}이면, 이 반응의 K는 얼마인가?

22-5 유기 화합물의 이성질현상

29. 알케인 C_6H_{14}의 구조 이성질체를 그려라.

30. 알카인 C_4H_8의 구조 이성질체를 그려라.

31. C_4H_{10} 분자의 수소 원자 한 개를 염소로 치환한 C_4H_9Cl의 구조 이성질체를 그려라.

32. C_3H_8의 수소 원자 두 개를 염소 원자로 치환한 $C_3H_6Cl_2$의 구조 이성질체를 그려라.

33. 벤젠 분자의 수소 원자 두 개를 할로젠 원자로 치환한 화학식 C_6H_4ClBr에는 세 가지 화합물이 있다. 이 화합물의 구조를 그려라.

34. 벤젠 분자의 수소 원자 세 개를 염소 원자로 치환한 화학식 $C_6H_3Cl_3$에는 세 가지 화합물이 있다. 이 화합물의 구조를 그려라.

35. 분자식 C_5H_{10}인 이중 결합을 갖는 화합물의 모든 구조 이성질체를 써라.

36. 분자식이 C_4H_6ClBr이고 Cl과 Br이 이중 결합을 이루는 탄소에 결합된 화합물의 모든 구조 이성질체를 써라.

37. 분자식 $C_5H_{12}O$를 갖는 모든 알코올의 구조를 그려라.

38. 분자 당 네 개의 탄소 원자를 갖는 모든 포화 카복실산의 구조를 그려라.

39. 연습 문제 35의 화합물에서, 어느 것이 기하 이성질현상을 나타내는가? *시스*- 및 *트랜스*-이성질체를 그려라.

40. 연습 문제 36의 화합물에서, 어느 것이 기하 이성질현상을 나타내는가? *시스*- 및 *트랜스*-이성질체를 그려라.

41. 말레산(maleic acid)과 푸마르산(fumaric acid)은 *시스*- 및 *트랜스*-이성질체로 화학식이 $C_2H_2(COOH)_2$인 다이카복실산이다. 각각의 구조를 그려라.

42. 다음 중 어느 것이 기하 이성질현상이 가능한가?

(a) $(CH_3)_2C=CCl_2$ (b) $CH_3ClC=CCH_3Cl$

(c) $CH_3BrC=CCH_3Cl$

43. 다음 중 어느 것이 광학 이성질현상을 나타내는가?

(a) 2-브로모-2-클로로뷰테인

(b) 2-메틸프로페인

(c) 2,2-다이메틸-1-뷰탄올

(d) 2,2,4-트라이메틸펜테인

44. 다음 화합물 중 어느 것이 광학 이성질현상을 나타내는가?

(a) 다이클로로메테인

(b) 1,2-다이클로로에테인

(c) 브로모클로로플루오로메테인

(d) 1-브로모에탄올

45. 다음 분자에서 카이랄 탄소(들)가 있으면 표시하여라.

(a) 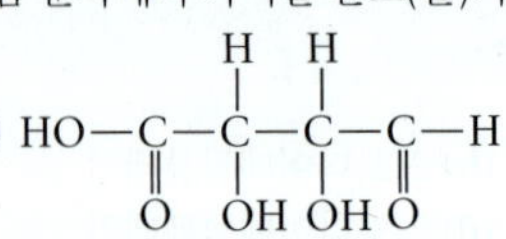

(b) 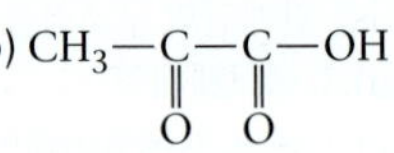

(c) 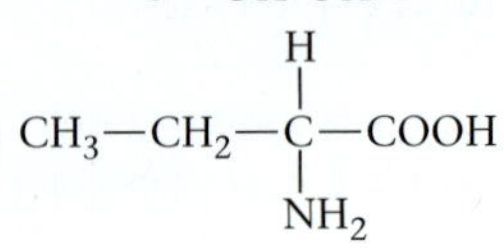

46. 다음 분자에서 카이랄 탄소(들)가 있으면 표시하여라.

(a) 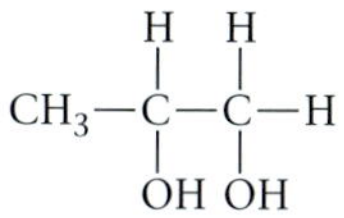

(b) 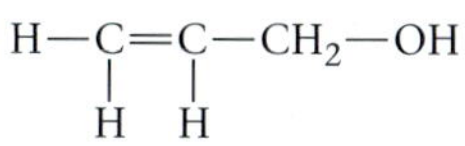

(c) 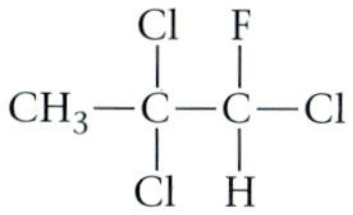

22-6 유기 반응

47. 다음 반응을 첨가 반응, 치환 반응, 제거 반응, 축합 반응으로 분류하라.

(a) $C_2H_2(g) + HBr(g) \longrightarrow C_2H_3Br(l)$

(b) $C_6H_5OH(s) + HNO_3(l) \longrightarrow C_6H_4(OH)(NO_2)(s) + H_2O(l)$

(c) $C_2H_5OH(aq) + HCOOH(aq) \longrightarrow$

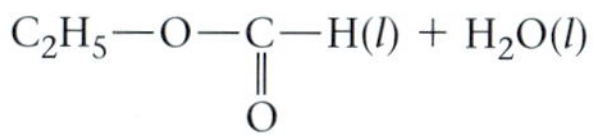

48. 다음 반응을 연습 문제 47에 열거한 반응으로 분류하라.

(a) $PCl_3(g) + Cl_2(g) \longrightarrow PCl_5(g)$

(b) $C_3H_7OH(l) \longrightarrow C_3H_6(g) + H_2O(l)$

(c) $CH_3OH(l) + C_2H_5OH(l) \longrightarrow CH_3{-}O{-}C_2H_5(l) + H_2O(l)$

49. 다음 시약을 1-뷰텐에 첨가할 때 생성되는 화합물의 이름을 써라.

(a) H_2 (b) Br_2

50. 다음 시약을 2-메틸-2-뷰텐에 첨가할 때 생성되는 화합물의 이름을 써라.

(a) Cl_2 (b) I_2

종합 문제

51. 다음 중 어느 것이 109.5°, 120°, 180°의 결합각을 가질 것으로 예상되는가?

(a) $H_3C{-}CH_3$

(b) 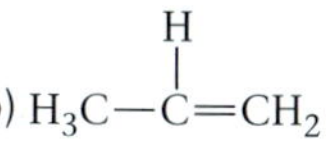

(c) $H_3C{-}C{\equiv}C{-}CH_3$

52. 벤젠의 구조식에서 "원"은 무엇을 나타내는가?

53. 클로로아세트산($K_a = 1.5 \times 10^{-3}$) 0.10 M 용액의 $[H^+]$와 pH를 계산하라.

54. 다음이 의미하는 것을 설명하라.

(a) 포화 지방

(b) 비누

(c) 알코올 음료에서 "도수(proof)"

(d) 변성 알코올

55. C_nH_{2n+2}은 알케인의 일반식이다. 다음의 일반식은 무엇인가?

(a) 알켄 (b) 알카인

(c) 알케인에서 유도된 알코올

56. 다음 반응에 대한 균형 맞춘 알짜 이온 반응식을 써라.

(a) $(CH_3)_2NH$와 염산의 반응.

(b) 아세트산과 수산화 바륨 용액의 반응.

(c) 2-클로로프로페인과 수산화 소듐 용액의 반응.

도전 문제

57. 콜레스테롤의 구조는 본문에 주어졌다(생활 속의 화학 이야기의 그림 A). 분자식은 무엇인가?

58. 분자식 $C_6H_{14}O$인 모든 알코올의 구조를 그려라.

59. 냄비에 들어 있는 1쿼트(0.946 L)의 물을 25°C에서 끓는점까지 도달하게 하기 위하여 연소시켜야 하는 프로페인의 질량은 얼마인가? 부록 1 및 다른 자료를 이용하고 합리적인 가정을 하라.

60. 트라이메틸아민($K_b = 5.9 \times 10^{-5}$)과 클로로아세트산($K_a = 1.5 \times 10^{-3}$)의 반응에 대한 반응식을 써라. 이 반응의 평형 상수를 계산하라. 두 화학종의 0.10 M 용액을 혼합하면, 평형에서 각각의 농도는 얼마인가?

부록 1

단위, 상수, 참고 자료

Units, Constants, and Reference Data

SI 단위

제1장에서 설명했듯이 대부분의 양들은 아주 다양한 다른 단위로 나타낸다. 예를 들어 온도는 °C, °F, K로 나타낼 수 있다. 부피는 경우에 따라서 리터(L) 또는 입방센티미터(cm^3)로 나타내며, 또 다른 경우에는 쿼트(quart), 입방피트(ft^3) 등으로 나타내기도 한다. 1960년에 국제도량형총회에서는 이러한 단위들의 혼동을 막기 위한 협의를 하였다. 국제도량형총회는 미터법에 근거를 둔 서로 일치하는 단위를 받아들일 것을 권고하였다. 소위 국제 단위계(SI)에서 각 양은 단일 단위로 나타내거나 표 1.2에 나열된 접두사를 사용하여 단위의 10의 배수로 나타낸다. 예를 들어 길이의 기본 SI 단위는 미터(m)이다. 어떤 물체의 길이는 미터, 킬로미터(1 km = 10^3 m), 나노미터(1 nm = 10^{-9} m)로 나타낼 수는 있지만 인치(inch)나 옹스트롬(angstrom), 다른 SI 단위가 아닌 단위로는 나타낼 수 *없다*.

표 1에 일반 화학에서 많이 쓰이는 양에 대한 SI 기본 단위와 유도 단위를 내었다. 화학을 막 시작하는 학생들에게 이러한 단위 중에서 가장 익숙하지 않은 단위는 힘, 압력, 에너지를 나타내는 단위들일 것이다.

뉴턴(N)은 1 kg의 질량에 1 m/s^2의 가속도를 가하는 데 필요한 힘으로 정의된다. 뉴턴의 제2법칙을 보면 다음과 같다.

$$\text{힘} = \text{질량} \times \text{가속도}$$

파스칼(Pa)은 1 m^2의 면적에 작용하는 1 N의 힘에 의해 가해지는 압력으로 정의된다(압력 = 힘/면적).

주울(J)은 1 N (kg · m/s^2)의 힘이 1 m의 거리를 통해 작용할 때 행한 일로 정의된다(일 = 힘 × 거리).

지난 40년 동안, 적어도 미국에서는 국제단위계는 확실히 엇갈린 반응을 받아왔다. 한편으로는 과학자들은 J을 에너지의 기본 단위로 받아들여서 cal을 대체하였다. 다른 한편으로는 부피를 거의 m^3로 나타내지 않는다. 간단히 말해서 m^3는 너무 큰 단위이다. 일반 화학에서 쓰이는 중간 크기의 시험관의 부피는 대략 0.00001 m^3이다. 물의 밀도는 흔히 1.00 g/cm^3로 나타내며 다음과 같이 나타내지는 않는다.

표 1 ▸ SI 단위

기본 단위			유도 단위		
양	단위	기호	양	단위	기호
길이	미터	m	부피	입방미터	m^3
질량	킬로그램	kg	힘	뉴턴	N
시간	초	s	압력	파스칼	Pa
온도	켈빈	K	에너지	주울	J
물질의 양	몰	mol	전하량	쿨롱	C
전류	암페어	A	전위	볼트	V

$$\frac{1.00\ g}{cm^3} \times \frac{1\ kg}{10^3\ g} \times \frac{(10^2\ cm)^3}{1\ m^3} = 1.00 \times 10^3\ kg/m^3$$

[1 입방미터(m^3)의 물은 대략 1톤의 질량을 갖는다!]

기본 상수

중력 가속도(표준)	$9.8066\ m/s^2$
원자 질량 단위(amu)	$1.6605 \times 10^{-24}\ g$
Avogadro 상수	$6.0221 \times 10^{23}/mol$
전자 전하	$1.6022 \times 10^{-19}\ C$
전자 질량	$9.1094 \times 10^{-28}\ g$
Faraday 상수	$9.6485 \times 10^4\ C/mol$
기체 상수	$0.082058\ L \cdot atm/mol \cdot K$
	$8.3145\ J/mol \cdot K$
Planck 상수	$6.6261 \times 10^{-34}\ J \cdot s$
Rydberg 상수	$2.1799 \times 10^{-18}\ J$
빛의 속도	$2.9979 \times 10^8\ m/s$
π	3.1416
e	2.7183
$\ln x$	$2.3026 \log_{10}x$

물의 증기압(mm Hg)

T (°C)	증기압	T (°C)	증기압
0	4.58	35	42.2
5	6.54	40	55.3
10	9.21	45	71.9
12	10.52	50	92.5
14	11.99	55	118.0
16	13.63	60	149.4
17	14.53	65	187.5
18	15.48	70	233.7
19	16.48	80	355.1
20	17.54	90	525.8
21	18.65	92	567.0
22	19.83	94	610.9
23	21.07	96	657.6
24	22.38	98	707.3
25	23.76	100	760.0
26	25.21	102	815.9
27	26.74	104	875.1
28	28.35	106	937.9
29	30.04	108	1004.4
30	31.82	110	1074.6

열역학 자료

	ΔH_f° (kJ/mol)	S° (kJ/K · mol)	ΔG_f° (kJ/mol) 25°C에서
$Ag(s)$	0.0	+0.0426	0.0
$Ag^+(aq)$	+105.6	+0.0727	+77.1
$AgBr(s)$	−100.4	+0.1071	−96.9
$AgCl(s)$	−127.1	+0.0962	−109.8
$AgI(s)$	−61.8	+0.1155	−66.2
$AgNO_3(s)$	−124.4	+0.1409	−33.4
$Ag_2O(s)$	−31.0	+0.1213	−11.2
$Al(s)$	0.0	+0.0283	0.0
$Al^{3+}(aq)$	−531.0	−0.3217	−485.0
$Al_2O_3(s)$	−1675.7	+0.0509	−1582.3
$Ba(s)$	0.0	+0.0628	0.0
$Ba^{2+}(aq)$	−537.6	+0.0096	−560.8
$BaCl_2(s)$	−858.6	+0.1237	−810.4
$BaCO_3(s)$	−1216.3	+0.1121	−1137.6
$BaO(s)$	−553.5	+0.0704	−525.1
$BaSO_4(s)$	−1473.2	+0.1322	−1362.3
$Br_2(l)$	0.0	+0.1522	0.0
$Br^-(aq)$	−121.6	+0.0824	−104.0
$C(s)$	0.0	+0.0057	0.0
$CCl_4(l)$	−135.4	+0.2164	−65.3
$CHCl_3(l)$	−134.5	+0.2017	−73.7
$CH_4(g)$	−74.8	+0.1862	−50.7
$C_2H_2(g)$	+226.7	+0.2008	+209.2
$C_2H_4(g)$	+52.3	+0.2195	+68.1
$C_2H_6(g)$	−84.7	+0.2295	−32.9
$C_3H_8(g)$	−103.8	+0.2699	−23.5
$CH_3OH(l)$	−238.7	+0.1268	−166.3
$C_2H_5OH(l)$	−277.7	+0.1607	−174.9
$CO(g)$	−110.5	+0.1976	−137.2
$CO_2(g)$	−393.5	+0.2136	−394.4
$CO_3^{2-}(aq)$	−677.1	−0.0569	−527.8
$Ca(s)$	0.0	+0.0414	0.0
$Ca^{2+}(aq)$	−542.8	−0.0531	−553.6
$CaCl_2(s)$	−795.8	+0.1046	−748.1
$CaCO_3(s)$	−1206.9	+0.0929	−1128.8
$CaO(s)$	−635.1	+0.0398	−604.0
$Ca(OH)_2(s)$	−986.1	+0.0834	−898.5
$CaSO_4(s)$	−1434.1	+0.1067	−1321.8
$Cd(s)$	0.0	+0.0518	0.0
$Cd^{2+}(aq)$	−75.9	−0.0732	−77.6

	ΔH_f° (kJ/mol)	S° (kJ/K · mol)	ΔG_f° (kJ/mol) 25°C에서
$CdCl_2(s)$	−391.5	+0.1153	−344.0
$CdO(s)$	−258.2	+0.0548	−228.4
$Cl_2(g)$	0.0	+0.2230	0.0
$Cl^-(aq)$	−167.2	+0.0565	−131.2
$ClO_3^-(aq)$	−104.0	+0.1623	−8.0
$ClO_4^-(aq)$	−129.3	+0.1820	−8.5
$Cr(s)$	0.0	+0.0238	0.0
$CrO_4^{2-}(aq)$	−881.2	+0.0502	−727.8
$Cr_2O_3(s)$	−1139.7	+0.0812	−1058.1
$Cr_2O_7^{2-}(aq)$	−1490.3	+0.2619	−1301.1
$Cu(s)$	0.0	+0.0332	0.0
$Cu^+(aq)$	+71.7	+0.0406	+50.0
$Cu^{2+}(aq)$	+64.8	−0.0996	+65.5
$CuO(s)$	−157.3	+0.0426	−129.7
$Cu_2O(s)$	−168.6	+0.0931	−146.0
$CuS(s)$	−53.1	+0.0665	−53.6
$Cu_2S(s)$	−79.5	+0.1209	−86.2
$CuSO_4(s)$	−771.4	+0.1076	−661.9
$F_2(g)$	0.0	+0.2027	0.0
$F^-(aq)$	−332.6	−0.0138	−278.8
$Fe(s)$	0.0	+0.0273	0.0
$Fe^{2+}(aq)$	−89.1	−0.1377	−78.9
$Fe^{3+}(aq)$	−48.5	−0.3159	−4.7
$Fe(OH)_3(s)$	−823.0	+0.1067	−696.6
$Fe_2O_3(s)$	−824.2	+0.0874	−742.2
$Fe_3O_4(s)$	−1118.4	+0.1464	−1015.5
$H_2(g)$	0.0	+0.1306	0.0
$H^+(aq)$	0.0	0.0000	0.0
$HBr(g)$	−36.4	+0.1986	−53.4
$HCl(g)$	−92.3	+0.1868	−95.3
$HCO_3^-(aq)$	−692.0	+0.0912	−586.8
$HF(g)$	−271.1	+0.1737	−273.2
$HI(g)$	+26.5	+0.2065	+1.7
$HNO_3(l)$	−174.1	+0.1556	−80.8
$H_2O(g)$	−241.8	+0.1887	−228.6
$H_2O(l)$	−285.8	+0.0699	−237.2
$H_2O_2(l)$	−187.8	+0.1096	−120.4
$H_2PO_4^-(aq)$	−1296.3	+0.0904	−1130.3
$HPO_4^{2-}(aq)$	−1292.1	−0.0335	−1089.2
$H_2S(g)$	−20.6	+0.2057	−33.6

(계속)

열역학 자료 (계속)

	$\Delta H_f°$ (kJ/mol)	$S°$ (kJ/K · mol)	$\Delta G_f°$ (kJ/mol) 25°C에서		$\Delta H_f°$ (kJ/mol)	$S°$ (kJ/K · mol)	$\Delta G_f°$ (kJ/mol) 25°C에서
$H_2SO_4(l)$	−814.0	+0.1569	−690.1	$N_2O_4(g)$	+9.2	+0.3042	+97.9
$HSO_4^-(aq)$	−887.3	+0.1318	−755.9	$Na(s)$	0.0	+0.0512	0.0
$Hg(l)$	0.0	+0.0760	0.0	$Na^+(aq)$	−240.1	+0.0590	−261.9
$Hg^{2+}(aq)$	+171.1	−0.0322	+164.4	$NaCl(s)$	−411.2	+0.0721	−384.2
$HgO(s)$	−90.8	+0.0703	−58.6	$NaF(s)$	−573.6	+0.0515	−543.5
$I_2(s)$	0.0	+0.1161	0.0	$NaOH(s)$	−425.6	+0.0645	−379.5
$I^-(aq)$	−55.2	+0.1113	−51.6	$Ni(s)$	0.0	+0.0299	0.0
$K(s)$	0.0	+0.0642	0.0	$Ni^{2+}(aq)$	−54.0	−0.1289	−45.6
$K^+(aq)$	−252.4	+0.1025	−283.3	$NiO(s)$	−239.7	+0.0380	−211.7
$KBr(s)$	−393.8	+0.0959	−380.7	$O_2(g)$	0.0	+0.2050	0.0
$KCl(s)$	−436.7	+0.0826	−409.1	$OH^-(aq)$	−230.0	−0.0108	−157.2
$KClO_3(s)$	−397.7	+0.1431	−296.3	$P_4(s)$	0.0	+0.1644	0.0
$KClO_4(s)$	−432.8	+0.1510	−303.2	$PCl_3(g)$	−287.0	+0.3117	−267.8
$KNO_3(s)$	−494.6	+0.1330	−394.9	$PCl_5(g)$	−374.9	+0.3645	−305.0
$Mg(s)$	0.0	+0.0327	0.0	$PO_4^{3-}(aq)$	−1277.4	−0.2220	−1018.7
$Mg^{2+}(aq)$	−466.8	−0.1381	−454.8	$Pb(s)$	0.0	+0.0648	0.0
$MgCl_2(s)$	−641.3	+0.0896	−591.8	$Pb^{2+}(aq)$	−1.7	+0.0105	−24.4
$MgCO_3(s)$	−1095.8	+0.0657	−1012.1	$PbBr_2(s)$	−278.7	+0.1615	−261.9
$MgO(s)$	−601.7	+0.0269	−569.4	$PbCl_2(s)$	−359.4	+0.1360	−314.1
$Mg(OH)_2(s)$	−924.5	+0.0632	−833.6	$PbO(s)$	−219.0	+0.0665	−188.9
$MgSO_4(s)$	−1284.9	+0.0916	−1170.7	$PbO_2(s)$	−277.4	+0.0686	−217.4
$Mn(s)$	0.0	+0.0320	0.0	$S(s)$	0.0	+0.0318	0.0
$Mn^{2+}(aq)$	−220.8	−0.0736	−228.1	$S^{2-}(aq)$	+33.1	−0.0146	+85.8
$MnO(s)$	−385.2	+0.0597	−362.9	$SO_2(g)$	−296.8	+0.2481	−300.2
$MnO_2(s)$	−520.0	+0.0530	−465.2	$SO_3(g)$	−395.7	+0.2567	−371.1
$MnO_4^-(aq)$	−541.4	+0.1912	−447.2	$SO_4^{2-}(aq)$	−909.3	+0.0201	−744.5
$N_2(g)$	0.0	+0.1915	0.0	$Si(s)$	0.0	+0.0188	0.0
$NH_3(g)$	−46.1	+0.1923	−16.5	$SiO_2(s)$	−910.9	+0.0418	−856.7
$NH_4^+(aq)$	−132.5	+0.1134	−79.3	$Sn(s)$	0.0	+0.0516	0.0
$NH_4Cl(s)$	−314.4	+0.0946	−203.0	$Sn^{2+}(aq)$	−8.8	−0.0174	−27.2
$NH_4NO_3(s)$	−365.6	+0.1511	−184.0	$SnO_2(s)$	−580.7	+0.0523	−519.6
$N_2H_4(l)$	+50.6	+0.1212	+149.2	$Zn(s)$	0.0	+0.0416	0.0
$NO(g)$	+90.2	+0.2107	+86.6	$Zn^{2+}(aq)$	−153.9	−0.1121	−147.1
$NO_2(g)$	+33.2	+0.2400	+51.3	$ZnI_2(s)$	−208.0	+0.1611	−209.0
$NO_2^-(aq)$	−104.6	+0.1230	−32.2	$ZnO(s)$	−348.3	+0.0436	−318.3
$NO_3^-(aq)$	−205.0	+0.1464	−108.7	$ZnS(s)$	−206.0	+0.0577	−201.3

약산의 평형 상수(K_a)

H_3AsO_4	5.7×10^{-3}	HNO_2	6.0×10^{-4}	$N_2H_5^+$	1.0×10^{-8}
$H_2AsO_4^-$	1.8×10^{-7}	H_3PO_4	7.1×10^{-3}	$Al(H_2O)_6^{3+}$	1.2×10^{-5}
$HAsO_4^{2-}$	2.5×10^{-12}	$H_2PO_4^-$	6.2×10^{-8}	$Ag(H_2O)_2^+$	1.2×10^{-12}
HBrO	2.6×10^{-9}	HPO_4^{2-}	4.5×10^{-13}	$Ca(H_2O)_6^{2+}$	2.2×10^{-13}
$HCHO_2$	1.9×10^{-4}	H_2S	1.0×10^{-7}	$Cd(H_2O)_4^{2+}$	4.0×10^{-10}
$HC_2H_3O_2$	1.8×10^{-5}	H_2SO_3	1.7×10^{-2}	$Fe(H_2O)_6^{3+}$	6.7×10^{-3}
HCN	5.8×10^{-10}	HSO_3^-	6.0×10^{-8}	$Fe(H_2O)_6^{2+}$	1.7×10^{-7}
H_2CO_3	4.4×10^{-7}	HSO_4^-	1.0×10^{-2}	$Mg(H_2O)_6^{2+}$	3.7×10^{-12}
HCO_3^-	4.7×10^{-11}	H_2Se	1.5×10^{-4}	$Mn(H_2O)_6^{2+}$	2.8×10^{-11}
$HClO_2$	1.0×10^{-2}	H_2SeO_3	2.7×10^{-3}	$Ni(H_2O)_6^{2+}$	2.2×10^{-10}
HClO	2.8×10^{-8}	$HSeO_3^-$	5.0×10^{-8}	$Pb(H_2O)_6^{2+}$	6.7×10^{-7}
HF	6.9×10^{-4}	$CH_3NH_3^+$	2.4×10^{-11}	$Sc(H_2O)_6^{3+}$	1.1×10^{-4}
HIO	2.4×10^{-11}	NH_4^+	5.6×10^{-10}	$Zn(H_2O)_4^{2+}$	3.3×10^{-10}
HN_3	2.4×10^{-5}				

약염기의 평형 상수(K_b)

AsO_4^{3-}	4.0×10^{-3}	N_3^-	4.2×10^{-10}	$HSeO_3^-$	3.7×10^{-12}
$HAsO_4^{2-}$	5.6×10^{-8}	NH_3	1.8×10^{-5}	$AlOH^{2+}$	8.3×10^{-10}
$H_2AsO_4^-$	1.8×10^{-12}	N_2H_4	1.0×10^{-6}	AgOH	8.3×10^{-3}
BrO^-	3.8×10^{-6}	NO_2^-	1.7×10^{-11}	$CaOH^+$	4.5×10^{-2}
CH_3NH_2	4.2×10^{-4}	PO_4^{3-}	2.2×10^{-2}	$CdOH^+$	2.5×10^{-5}
CHO_2^-	5.3×10^{-11}	HPO_4^{2-}	1.6×10^{-7}	$FeOH^{2+}$	1.5×10^{-12}
$C_2H_3O_2^-$	5.6×10^{-10}	$H_2PO_4^-$	1.4×10^{-12}	$FeOH^+$	5.9×10^{-8}
CN^-	1.7×10^{-5}	HS^-	1.0×10^{-7}	$MgOH^+$	2.7×10^{-3}
CO_3^{2-}	2.1×10^{-4}	SO_3^{2-}	1.7×10^{-7}	$MnOH^+$	3.6×10^{-4}
HCO_3^-	2.3×10^{-8}	HSO_3^-	5.9×10^{-13}	$NiOH^+$	4.5×10^{-5}
ClO_2^-	1.0×10^{-12}	SO_4^{2-}	1.0×10^{-12}	$PbOH^+$	1.5×10^{-8}
ClO^-	3.6×10^{-7}	HSe^-	6.7×10^{-11}	$ScOH^{2+}$	9.1×10^{-11}
F^-	1.4×10^{-11}	SeO_3^{2-}	2.0×10^{-7}	$ZnOH^+$	3.0×10^{-5}
IO^-	4.2×10^{-4}				

착이온의 생성 상수(K_f)

$AgBr_2^-$	2×10^7	$Cu(CN)_2^-$	1×10^{24}	$PdBr_4^{2-}$	6×10^{13}
$AgCl_2^-$	1.8×10^5	$Cu(NH_3)_4^{2+}$	2×10^{12}	$PtBr_4^{2-}$	6×10^{17}
$Ag(CN)_2^-$	2×10^{20}	$FeSCN^{2+}$	9.2×10^2	$PtCl_4^{2-}$	1×10^{16}
AgI_2^-	5×10^{10}	$Fe(CN)_6^{3-}$	4×10^{52}	$Pt(CN)_4^{2-}$	1×10^{41}
$Ag(NH_3)_2^+$	1.7×10^7	$Fe(CN)_6^{4-}$	4×10^{45}	$c\text{-}Pt(NH_3)_2Cl_2$	3×10^{29}
$Al(OH)_4^-$	1×10^{33}	$HgBr_4^{2-}$	1×10^{21}	$t\text{-}Pt(NH_3)_2Cl_2$	3×10^{28}
$Cd(CN)_4^{2-}$	2×10^{18}	$HgCl_4^{2-}$	1×10^{15}	$c\text{-}Pt(NH_3)_2(H_2O)_2^{2+}$	4×10^{23}
CdI_4^{2-}	4.0×10^5	$Hg(CN)_4^{2-}$	2×10^{41}	$c\text{-}Pt(NH_3)_2I_2$	2×10^{33}
$Cd(NH_3)_4^{2+}$	2.8×10^7	HgI_4^{2-}	1×10^{30}	$t\text{-}Pt(NH_3)_2I_2$	5×10^{32}
$Cd(OH)_4^{2-}$	1.2×10^9	$Hg(NH_3)_4^{2+}$	2×10^{19}	$c\text{-}Pt(NH_3)_2(OH)_2$	1×10^{39}
$Co(NH_3)_6^{2+}$	1×10^5	$Ni(CN)_4^{2-}$	1×10^{30}	$Pt(NH_3)_4^{2+}$	2×10^{35}
$Co(NH_3)_6^{3+}$	1×10^{23}	$Ni(NH_3)_6^{2+}$	9×10^8	$Zn(CN)_4^{2-}$	6×10^{16}
$Co(NH_3)_5Cl^{2+}$	2×10^{28}	PbI_4^{2-}	1.7×10^4	$Zn(NH_3)_4^{2+}$	3.6×10^8
$Co(NH_3)_5NO_2^{2+}$	1×10^{24}	$Pb(OH)_3^-$	8×10^{13}	$Zn(OH)_4^{2-}$	3×10^{14}

용해도곱 상수(K_{sp})

$AgBr$	5×10^{-13}	$Co(OH)_2$	2×10^{-16}	$NiCO_3$	1.4×10^{-7}
$AgC_2H_3O_2$	1.9×10^{-3}	$Co_3(PO_4)_2$	1×10^{-35}	$Ni_3(PO_4)_2$	1×10^{-32}
Ag_2CO_3	8×10^{-12}	$CuCl$	1.7×10^{-7}	NiS	1×10^{-21}
$AgCl$	1.8×10^{-10}	$CuBr$	6.3×10^{-9}	$PbBr_2$	6.6×10^{-6}
Ag_2CrO_4	1×10^{-12}	CuI	1.2×10^{-12}	$PbCO_3$	1×10^{-13}
AgI	1×10^{-16}	$Cu_3(PO_4)_2$	1×10^{-37}	$PbCl_2$	1.7×10^{-5}
Ag_3PO_4	1×10^{-16}	CuS	1×10^{-36}	$PbCrO_4$	2×10^{-14}
Ag_2S	1×10^{-49}	Cu_2S	1×10^{-48}	PbF_2	7.1×10^{-7}
$AgSCN$	1.0×10^{-12}	$FeCO_3$	3.1×10^{-11}	PbI_2	8.4×10^{-9}
AlF_3	1×10^{-18}	$Fe(OH)_2$	5×10^{-17}	$Pb(OH)_2$	1×10^{-20}
$Al(OH)_3$	2×10^{-31}	$Fe(OH)_3$	3×10^{-39}	PbS	1×10^{-28}
$AlPO_4$	1×10^{-20}	FeS	2×10^{-19}	$Pb(SCN)_2$	2.1×10^{-5}
$BaCO_3$	2.6×10^{-9}	GaF_3	2×10^{-16}	$PbSO_4$	1.8×10^{-8}
$BaCrO_4$	1.2×10^{-10}	$Ga(OH)_3$	1×10^{-35}	$Sc(OH)_3$	2×10^{-31}
BaF_2	1.8×10^{-7}	$GaPO_4$	1×10^{-21}	SnS	3×10^{-28}
$BaSO_4$	1.1×10^{-10}	Hg_2Br_2	6×10^{-23}	$SrCO_3$	5.6×10^{-10}
Bi_2S_3	1×10^{-99}	Hg_2Cl_2	1×10^{-18}	$SrCrO_4$	3.6×10^{-5}
$CaCO_3$	4.9×10^{-9}	Hg_2I_2	5×10^{-29}	SrF_2	4.3×10^{-9}
CaF_2	1.5×10^{-10}	HgS	1×10^{-52}	$SrSO_4$	3.4×10^{-7}
$Ca(OH)_2$	4.0×10^{-6}	Li_2CO_3	8.2×10^{-4}	$TlCl$	1.9×10^{-4}
$Ca_3(PO_4)_2$	2.5×10^{-33}	$MgCO_3$	6.8×10^{-6}	$TlBr$	3.7×10^{-6}
$CaSO_4$	7.1×10^{-5}	MgF_2	7×10^{-11}	TlI	5.6×10^{-8}
$CdCO_3$	6×10^{-12}	$Mg(OH)_2$	6×10^{-12}	$Tl(OH)_3$	2×10^{-44}
$Cd(OH)_2$	5×10^{-15}	$Mg_3(PO_4)_2$	1×10^{-24}	Tl_2S	1×10^{-20}
$Cd_3(PO_4)_2$	1×10^{-33}	$Mn(OH)_2$	2×10^{-13}	$ZnCO_3$	1.1×10^{-10}
CdS	1×10^{-29}	MnS	5×10^{-14}	$Zn(OH)_2$	4×10^{-17}

부록 2

원소의 성질

Properties of the Elements

원소	원자 번호	녹는점 (°C)	끓는점 (°C)	전기 음성도	이온화 에너지 (kJ/mol)	원자 반지름 (nm)	이온 반지름 (nm)
H	1	−259	−253	2.2	1312	0.037	(−1)0.208
He	2	−272	−269		2372	0.05	
Li	3	186	1326	1.0	520	0.152	(+1)0.060
Be	4	1283	2970	1.6	900	0.111	(+2)0.031
B	5	2300	2550	2.0	801	0.088	
C	6	3570	subl.	2.5	1086	0.077	
N	7	−210	−196	3.0	1402	0.070	
O	8	−218	−183	3.5	1314	0.066	(−2)0.140
F	9	−220	−188	4.0	1681	0.064	(−1)0.136
Ne	10	−249	−246		2081	0.070	
Na	11	98	889	0.9	496	0.186	(+1)0.095
Mg	12	650	1120	1.3	738	0.160	(+2)0.065
Al	13	660	2327	1.6	578	0.143	(+3)0.050
Si	14	1414	2355	1.9	786	0.117	
P	15	44	280	2.2	1012	0.110	
S	16	119	444	2.6	1000	0.104	(−2)0.184
Cl	17	−101	−34	3.2	1251	0.099	(−1)0.181
Ar	18	−189	−186		1520	0.094	
K	19	64	774	0.8	419	0.231	(+1)0.133
Ca	20	845	1420	1.0	590	0.197	(+2)0.099
Sc	21	1541	2831	1.4	631	0.160	(+3)0.081
Ti	22	1660	3287	1.5	658	0.146	
V	23	1890	3380	1.6	650	0.131	
Cr	24	1857	2672	1.6	653	0.125	(+3)0.064
Mn	25	1244	1962	1.5	717	0.129	(+2)0.080
Fe	26	1535	2750	1.8	759	0.126	(+2)0.075
Co	27	1495	2870	1.9	758	0.125	(+2)0.072
Ni	28	1453	2732	1.9	737	0.124	(+2)0.069
Cu	29	1083	2567	1.9	746	0.128	(+1)0.096
Zn	30	420	907	1.6	906	0.133	(+2)0.074
Ga	31	30	2403	1.6	579	0.122	(+3)0.062
Ge	32	937	2830	2.0	762	0.122	
As	33	814	subl.	2.2	944	0.121	
Se	34	217	685	2.5	941	0.117	(−2)0.198
Br	35	−7	59	3.0	1140	0.114	(−1)0.195
Kr	36	−157	−152	3.3	1351	0.109	
Rb	37	39	688	0.8	403	0.244	(+1)0.148
Sr	38	770	1380	0.9	550	0.215	(+2)0.113
Y	39	1509	2930	1.2	616	0.180	(+3)0.093
Zr	40	1852	3580	1.4	660	0.157	
Nb	41	2468	5127	1.6	664	0.143	
Mo	42	2610	5560	1.8	685	0.136	

(계속)

원소	원자 번호	녹는점 (°C)	끓는점 (°C)	전기 음성도	이온화 에너지 (kJ/mol)	원자 반지름 (nm)	이온 반지름 (nm)
Tc	43	2200	4700	1.9	702	0.136	
Ru	44	2430	3700	2.2	711	0.133	
Rh	45	1966	3700	2.2	720	0.134	
Pd	46	1550	3170	2.2	805	0.138	
Ag	47	961	2210	1.9	731	0.144	(+1)0.126
Cd	48	321	767	1.7	868	0.149	(+2)0.097
In	49	157	2000	1.7	558	0.162	(+3)0.081
Sn	50	232	2270	1.9	709	0.140	
Sb	51	631	1380	2.0	832	0.141	
Te	52	450	990	2.1	869	0.137	(−2)0.221
I	53	114	184	2.7	1009	0.133	(−1)0.216
Xe	54	−112	−107	3.0	1170	0.130	
Cs	55	28	690	0.8	376	0.262	(+1)0.169
Ba	56	725	1640	0.9	503	0.217	(+2)0.135
La	57	920	3469	1.1	538	0.187	(+3)0.115
Ce	58	795	3468	1.1	528	0.182	(+3)0.101
Pr	59	935	3127	1.1	523	0.182	(+3)0.100
Nd	60	1024	3027	1.1	530	0.182	(+3)0.099
Pm	61	1027	2727	1.1	536	0.181	
Sm	62	1072	1900	1.1	543	0.180	
Eu	63	826	1439	1.1	547	0.204	(+2)0.097
Gd	64	1312	3000	1.1	592	0.179	(+3)0.096
Tb	65	1356	2800	1.1	564	0.177	(+3)0.095
Dy	66	1407	2600	1.1	572	0.177	(+3)0.094
Ho	67	1461	2600	1.1	581	0.176	(+3)0.093
Er	68	1497	2900	1.1	589	0.175	(+3)0.092
Tm	69	1356	2800	1.1	597	0.174	(+3)0.091
Yb	70	824	1427	1.1	603	0.193	(+3)0.089
Lu	71	1652	3327	1.1	524	0.174	(+3)0.089
Hf	72	2225	5200	1.3	654	0.157	
Ta	73	2980	5425	1.5	761	0.143	
W	74	3410	5930	1.7	770	0.137	
Re	75	3180	5885	1.9	760	0.137	
Os	76	2727	4100	2.2	840	0.134	
Ir	77	2448	4500	2.2	880	0.135	
Pt	78	1769	4530	2.2	870	0.138	
Au	79	1063	2966	2.4	890	0.144	(+1)0.137
Hg	80	−39	357	1.9	1007	0.155	(+2)0.110
Tl	81	304	1457	1.8	589	0.171	(+3)0.095
Pb	82	328	1750	1.9	716	0.175	
Bi	83	271	1560	1.9	703	0.146	
Po	84	254	962	2.0	812	0.165	
At	85	302	334	2.2			
Rn	86	−71	−62		1037	0.14	
Fr	87	27	677	0.7			
Ra	88	700	1140	0.9	509	0.220	
Ac	89	1050	3200	1.1	490	0.20	
Th	90	1750	4790	1.3	590	0.180	
Pa	91	1600	4200	1.4	570		
U	92	1132	3818	1.4	590	0.14	

부록 3

지수와 로그

Exponents and Logarithms

일반 화학에서 사용하는 수학은 상대적으로 간단하다. 하지만 다음과 같은 수학적 계산을 할 수 있어야 한다.

- 6.022×10^{23}이나 1.6×10^{-10}과 같은 지수를 포함하는 계산.
- pH를 포함하는 문제에서 로그 또는 역로그를 다루는 계산.

$$pH = -\log_{10} (H^+ \text{의 농도})$$

이 부록에서는 이와 같은 주제를 복습한다.

지수 표기법

화학자들은 종종 아주 크거나 아주 작은 숫자를 다루게 된다. 탄소 원소 1 g에는

$$50,140,000,000,000,000,000,000$$

의 탄소 원자가 존재한다. 반면에 원자 하나의 질량은 다음과 같다.

$$0.00000000000000000000001994 \text{ g}$$

이와 같은 숫자는 다루기가 불편하다. 예를 들어 이 수를 직접 계산기에 입력시킬 수 없다. 이와 같이 아주 크거나 아주 작은 수를 포함하는 계산은 *지수* 표기법(exponential notation)을 사용하여 간단하게 나타낼 수 있다. 지수 표기법으로 수를 나타내기 위해서는 다음과 같은 형태로 쓴다.

$$C \times 10^n$$

여기에서 C는 1~10 사이의 수(예, 1, 2.62, 5.8)이며 n은 1, −1, −3과 같은 양과 음의 정수이다. n을 구하기 위해서는 가수 C를 얻기 위해 소수점이 이동하는 자리의 수를 센다. 만약 소수점이 *왼쪽*으로 이동해야 되면 n은 *양의* 정수이고, 소수점이 *오른쪽*으로 이동해야 되면 n은 음의 정수이다. 따라서

$$26.23 = 2.623 \times 10^1 \quad \text{(소수점을 왼쪽으로 한 자리 옮김)}$$
$$5609 = 5.609 \times 10^3 \quad \text{(소수점을 왼쪽으로 세 자리 옮김)}$$
$$0.0918 = 9.18 \times 10^{-2} \quad \text{(소수점을 오른쪽으로 두 자리 옮김)}$$

곱셈과 나눗셈

지수 표기법의 주요 장점은 곱셈과 나눗셈 과정을 간단하게 만든다는 것이다. *곱하는 경우 지수는 더한다.*

$$10^1 \times 10^2 = 10^{1+2} = 10^3 \qquad 10^6 \times 10^{-4} = 10^{6+(-4)} = 10^2$$

나누는 경우 지수는 뺀다

$$10^3/10^2 = 10^{3-2} = 10^1 \qquad 10^{-3}/10^6 = 10^{-3-6} = 10^{-9}$$

곱셈과 나눗셈을 하면 표준 지수 표기법으로 나타내지 않은 답이 나오는 경우가 종종 있다. 예를 들어

$$(5.0 \times 10^4) \times (6.0 \times 10^3) = (5.0 \times 6.0) \times 10^4 \times 10^3 = 30 \times 10^7$$

가수 30이 1~10 사이의 수가 아니기 때문에 표준 지수 표기법이 아니다. 이와 같은 답을 수정하기 위해 가수를 3.0×10^1으로 다시 쓰고 지수를 더하면 된다.

$$30 \times 10^7 = (3.0 \times 10^1) \times 10^7 = 3.0 \times 10^8$$

또 다른 경우,

$$0.526 \times 10^3 = (5.26 \times 10^{-1}) \times 10^3 = 5.26 \times 10^2$$

계산기에서 지수 표기법

모든 공학용 계산기에서 지수 표기법으로 수를 입력하는 것은 가능하지만, 사용하는 방법은 계산기마다 다르다. 대부분 EXP, EE, EEX로 표시된 키를 사용한다. 정확한 사용법은 각 계산기의 사용법을 참고하여라. 확실히 이해하기 위해 다음 수들을 입력시켜보자.

$$2.4 \times 10^6 \qquad 3.16 \times 10^{-8} \qquad 6.2 \times 10^{-16}$$

곱셈, 나눗셈 및 다른 많은 계산들을 계산기에서 직접 수행할 수 있다. 다음 연습 문제를 계산기를 사용하여 시도해 보아라.

(a) $(6.0 \times 10^2) \times (4.2 \times 10^{-4}) = ?$

(b) $\dfrac{6.0 \times 10^2}{4.2 \times 10^{-4}} = ?$

(c) $3.6 \times 10^{-4} + 4 \times 10^{-5} = ?$

(d) $3.6 \times 10^{-4} - 4 \times 10^{-5} = ?$

유효 숫자 규칙에 따라 지수 표기법으로 나타낸 답은 다음과 같다. (a) 2.5×10^{-1} (b) 1.4×10^6 (c) 4.0×10^{-4} (d) 3.2×10^{-4}.

지수 표기법으로 나타낸 수(또는 일반 수)는 계산기를 사용하면 거듭제곱을 쉽게 할 수 있다. 어떤 수를 2제곱하려면 x^2 키를 사용하면 된다. 예를 들어

$$(3 \times 10^4)^2 = 9 \times 10^8$$

다른 거듭제곱은 y^x 키를 사용한다. 어떤 수를 3제곱하려면 y^x 키를 누르고 3을 입력하면 답을 구할 수 있다.

$$(2 \times 10^{-5})^3 = 8 \times 10^{-15}$$

지수 표기법으로 나타낸 수의 제곱근도 비슷한 방법으로 구할 수 있다. 제곱근을 얻으려면 $\sqrt{x}$ 키를 사용한다. 다른 제곱근은 y^x 키를 사용한다. 세제곱근을 얻으려면 숫자를 입력하고 y^x 키를 누른 다음 1/3(0.333333333)을 입력한 후에 답을 읽는다.

$$(2.0 \times 10^{-5})^{1/3} = 2.7 \times 10^{-2}$$

(많은 계산기들은 $\sqrt[x]{y}$ 키를 가지고 있다. 그런 경우에는 $x = 1/3$ 대신에 $x = 3$을 입력한다.)

계산기로 다음 계산을 실행해 보아라.

$(3.12)^5 = ?$	답: 2.96×10^2
$(3.12 \times 10^{-2})^5 = ?$	답: 2.96×10^{-8}
$(3.12)^{1/5} = ?$	답: 1.26
$(3.12 \times 10^{-2})^{1/5} = ?$	답: 0.500

로그와 역로그

밑 m에 대한 수 n의 로그는 m의 몇 제곱이 수 n이 되는가로 정의되므로,

$$m^x = n\text{일 때}, \log_m n = x$$

가 된다. 다시 말해서 로그는 *지수*이다. 지수는 정수일 수 있지만(예, 1, −1), 그렇지 않은 경우가 더 많다(예: 1.500, −0.301).

일반화학에서는 두 가지 종류의 로그와 접하게 된다.

1. *상용 로그*(common logarithm), 여기서 밑은 10이고, 보통 $\log_{10}$으로 나타낸다. $10^x = n$이면 $\log_{10} n = x$이다. 예를 들면 다음과 같다.

$$\log_{10} 100 = 2.00 \qquad (10^2 = 100)$$
$$\log_{10} 1 = 0.000 \qquad (10^0 = 1)$$
$$\log_{10} 0.001 = -3.000 \qquad (10^{-3} = 0.001)$$

2. *자연 로그*(natural logarithm), 여기서 밑은 $e = 2.718\ldots.$ 이다. 일반화학에서 사용되는 많은 식들은 ln으로 나타내는 자연 로그로 가장 간단히 표현된다. $e^x = n$이면 $\ln n = x$이다.

$$\ln 100 = 4.605 \qquad (\text{i.e., } 100 = e^{4.605})$$
$$\ln 1 = 0 \qquad (\text{i.e., } 1 = e^0)$$
$$\ln 0.001 = -6.908 \qquad (\text{i.e., } 0.001 = e^{-6.908})$$

다음을 주목하라.

(a) $\log_{10} 1 = \ln 1 = 0$. 어떤 수든 그것의 0제곱은 1이기 때문에, 어떤 밑에 대해서든 1의 로그값은 0이다. 즉,

$$10^0 = e^0 = 2^0 = \cdots = n^0 = 1$$

(b) 1보다 큰 수는 로그값이 양수이고, 1보다 작은 수는 로그값이 음수이다. 예를 들면

$$\log_{10} 100 = 2 \qquad \ln 100 = 4.605$$
$$\log_{10} 10 = 1 \qquad \ln 10 = 2.303$$
$$\log_{10} 0.1 = -1 \qquad \ln 0.1 = -2.303$$
$$\log_{10} 0.01 = -2 \qquad \ln 0.01 = -4.605$$

(c) 수 n에 대하여 상용 로그값과 자연 로그값은 다음과 같은 관계가 있다.

$$\ln n = 2.303 \log_{10} n$$

즉, 자연 로그값은 밑이 10인 로그값의 2.303 . . . 배가 된다.

(d) 마지막으로 $x \leq 0$이면, $\log x$와 $\ln x$는 정의되지 않는다.

역로그(inverse logarithm)는 주어진 로그에 해당하는 수이다.

$$m^x = n \text{이면 } \text{antilog}_m\, x = n \text{이다.}$$

예를 들면 다음과 같다.

$$10^2 = 100\text{의} \qquad \text{antilog}_{10}\, 2 = 100\text{이다.}$$
$$10^{-3} = 0.001\text{의} \qquad \text{antilog}_{10}\, (-3) = 0.001\text{이다.}$$

다시 말해서 밑이 10인 로그값이 2와 −3인 수는 각각 100과 0.001이다. 이것은 자연 로그에도 똑같이 적용된다.

$$e^{4.606} = 100\text{의} \qquad \text{antiln } 4.606 = 100\text{이다.}$$
$$e^{-6.908} = 0.001\text{의} \qquad \text{antiln } -6.908 = 0.001\text{이다.}$$

자연 로그값이 4.606와 −6.908인 수는 각각 100과 0.001이다. 역로그가 양수이면 해당하는 수는 1보다 크고 역로그가 음수이면 해당하는 수는 1보다 작다.

▶ 계산기에서 로그와 역로그를 구하는 법

계산기에서 밑이 10인 로그를 구하기 위해서는 수를 입력하고 LOG 키를 누르기만 하면 된

다. 이와 같은 방법으로 다음을 구할 수 있다.

$$\log_{10} 2.00 = 0.301\ldots$$
$$\log_{10} 0.526 = -0.279\ldots$$

유사한 방법으로 자연 로그를 구하고자 하면 수를 입력하고 [LN X]키를 누르면 된다.

$$\ln 2.00 = 0.693\ldots$$
$$\ln 0.526 = -0.642\ldots$$

지수 표기법으로 나타낸 수의 로그를 구하고자 하면 지수 표기법으로 나타낸 수를 입력하고, 같은 방법으로 로그를 취하면 된다. 이와 같은 방법으로 다음과 같은 결과를 얻을 수 있다.

$$\log_{10} 2.00 \times 10^3 = 3.301\ldots \qquad \ln 2.00 \times 10^3 = 7.601\ldots$$
$$\log_{10} 5.3 \times 10^{-12} = -11.28\ldots \qquad \ln 5.3 \times 10^{-12} = -25.96\ldots$$

지수 표기법으로 나타낸 수의 밑이 10인 로그는 다음과 같은 관계를 적용함으로써 조금 다른 방법으로 구할 수 있다.

$$\log_{10}(C \times 10^n) = n + \log_{10} C$$

따라서,

$$\log_{10} 2.00 \times 10^3 = 3 + \log_{10} 2.00 = 3 + 0.301 = 3.301$$
$$\log_{10} 5.3 \times 10^{-12} = -12 + \log_{10} 5.3 = -12 + 0.72 = -11.28$$

역로그를 구하는 방법은 계산기의 종류에 따라 다르다. 어떤 계산기에서는 수를 입력한 후 [INV]와 [LOG]나 [LN X] 키를 차례대로 누르는가 하면 다른 계산기에서는 [10^x] 또는 [e^x] 키를 누르게 되어 있다. 둘 중 어느 방법을 쓰든 다음과 같은 값을 얻게 된다.

$$\text{antilog}_{10}\, 1.632 = 42.8\ldots \qquad \text{antiln}\, 1.632 = 5.11\ldots$$
$$\text{antilog}_{10} -8.82 = 1.5 \times 10^{-9} \qquad \text{antiln} -8.82 = 1.5 \times 10^{-4}$$

로그와 역로그의 유효 숫자

밑이 10인 로그에 대한 유효 숫자를 적용하는 규칙은 다음과 같다.

1. ***수의 로그를 취할 때, 그 수의 유효 숫자만큼 소숫점 아래 자릿수를 나타내라.*** [로그의 이 부분을 흔히 *가수*(mantissa)라 하고, 소수점 왼쪽에 있는 수를 로그의 *지수*라고 한다.] 이 규칙의 예를 보면 다음과 같다.

$$\log_{10} 2.00 = 0.301 \qquad \log_{10}(2.00 \times 10^3) = 3.301$$
$$\log_{10} 2.0 = 0.30 \qquad \log_{10}(2.0 \times 10^1) = 1.30$$
$$\log_{10} 2 = 0.3 \qquad \log_{10}(2 \times 10^{-3}) = 0.3 - 3 = -2.7$$

2. ***수의 역로그를 취할 때, 그 수의 소수점 아래 자릿수만큼 유효 숫자를 나타내라.*** 따라서,

$$\text{antilog}_{10}\, 0.301 = 2.00 \qquad \text{antilog}_{10}\, 3.301 = 2.00 \times 10^3$$
$$\text{antilog}_{10}\, 0.30 = 2.0 \qquad \text{antilog}_{10}\, 1.30 = 2.0 \times 10^1$$
$$\text{antilog}_{10}\, 0.3 = 2 \qquad \text{antilog}_{10}(-2.7) = 2 \times 10^{-3}$$

이와 같은 규칙은 앞서 언급한 바와 같이 다음과 같은 사실을 고려한 것이다.

$$\log_{10}(C \times 10^n) = n + \log_{10} C$$

소수점 앞(왼쪽)에 나타나는 숫자는 관계식에서 10의 거듭제곱을 나타내는 n 값을 나타낸다. 이런 의미에서 이들은 실험적으로 유효하지 않다. 반면에 소수점 아래(오른쪽)에 나타나는 숫자는 C의 로그값을 의미한다. 이런 숫자의 개수는 C의 불확실성을 반영한다. 따라서,

$$\log_{10} 209 = 2.320 \qquad \text{(세 개의 유효 숫자)}$$
$$\log_{10} 209.0 = 2.3201 \qquad \text{(네 개의 유효 숫자)}$$

자연 로그 및 역로그와 관련된 유효 숫자에 관한 규칙은 밑이 10인 로그에 대한 규칙보다 좀 더 복잡하다. 그렇지만 단순화하기 위해 열거한 규칙들을 여기서도 그대로 적용한다. 따라서,

$$\ln 209 = 5.342 \qquad \text{(세 개의 유효 숫자)}$$
$$\ln 209.0 = 5.3423 \qquad \text{(네 개의 유효 숫자)}$$

▶ 로그를 포함하는 계산

로그는 지수이므로 지수를 사용하는 데 적용되는 규칙들이 여기서도 적용된다. 밑과 관계없이 모든 종류의 로그에 대해 아래 규칙이 유효하다. 이 책을 가지고 공부를 할 때는 자연 로그를 대부분 사용할 것으로 보이기 때문에 자연 로그에 대한 규칙을 예로 들어 설명하고자 한다.

곱셈: $\ln(xy) = \ln x + \ln y$

예: $\ln(2.50 \times 1.25) = \ln 2.50 + \ln 1.25 = 0.916 + 0.223 = 1.139$

나눗셈: $\ln(x/y) = \ln x - \ln y$

예: $\ln(2.50/1.25) = 0.916 - 0.223 = 0.693$

거듭제곱: $\ln(x^n) = n \ln x$

예: $\ln(2.00)^4 = 4 \ln 2.00 = 4(0.693) = 2.772$

제곱근: $\ln(x^{1/n}) = \dfrac{1}{n} \ln x$

예: $\ln(2.00)^{1/3} = \dfrac{\ln 2.00}{3} = \dfrac{0.693}{3} = 0.231$

역수: $\ln(1/x) = -\ln x$

예: $\ln(1/2.00) = -\ln 2.00 = -0.693$

분자 오비탈

Molecular Orbitals

부록 4

제7장에서 우리는 분자의 결합을 설명하기 위해 원자가 결합 이론을 사용하였다. 이 이론은 정성적으로, 공유 결합의 안정성을 원자 오비탈의 겹침으로 설명한다. 원자가 결합 이론은 혼성화를 적용함으로써 전자쌍 반발에 의해 예측한 분자의 기하 구조를 설명할 수 있다. SO_2에서와 같이 Lewis 구조가 부적당하면 공명의 개념을 통해 관찰된 특성을 설명할 수 있다.

원자가 결합 이론의 가장 큰 약점은 분자의 자기적 성질을 예측할 수 없다는 것이다. 제7장에서 이 문제를 언급하였다. O_2 분자는 짝수(12개 전자)의 원자가 전자가 있음에도 불구하고 상자기성이다. 팔전자 규칙, 또는 원자가 결합 이론은 O_2의 모든 전자가 쌍을 이루어 반자기성일 것이라고 예측한다.

실험과 이론(그리고 다른 많은 것) 사이의 이러한 불일치는 공유 결합의 대안 모형인 분자 오비탈(MO) 접근법의 관점에서 설명할 수 있다. 분자 오비탈 이론은 결합을 분자 전체의 오비탈 특성 측면에서 취급한다. 이러한 접근 방식을 적용하기 위해 세 가지 기본 작업을 수행한다.

1. 원자의 원자 오비탈이 결합되어 분자 전체의 특성인 새로운 분자 오비탈들을 형성한다. *형성된 분자 오비탈의 수는 결합된 원자 오비탈의 수와 같다.* 두 개의 H 원자가 결합하여 H_2 분자를 형성할 때, 각 원자에서 한 개씩 두 개의 s 오비탈이 두 개의 분자 오비탈을 만든다. 다른 경우에, 6개의 p 오비탈(각각의 원자로부터 3개)은 총 6개의 분자 오비탈을 만든다.

2. 분자 오비탈은 에너지가 증가하는 순서로 배열된다. 이 오비탈의 상대적 에너지는 일반적으로 실험으로부터 추론한다. 분자의 스펙트럼과 자기적 특성이 사용된다.

3. 분자 내의 원자가 전자는 이용 가능한 분자 오비탈에 분포된다. 그 다음 진행되는 과정은 원자에 있는 전자를 다루는 과정과 매우 유사하다. 특히, 우리는 다음을 알게 되었다:

(a) *각 분자 오비탈은 최대 두 개의 전자를 보유할 수 있다.* 오비탈이 채워지면 두 전자는 Pauli 배타 원리(제7장)에 따라 반대 스핀을 갖는다.

(b) *전자는 이용 가능한 가장 낮은 에너지의 분자 오비탈에 들어간다.* 더 높은 오비탈은 그 아래에 있는 각 오비탈에 두 개의 전자가 할당되었을 때에만 채워지기 시작한다.

(c) *Hund 규칙이 적용된다.* 두 개의 전자가 같은 에너지를 갖는 두 개의 오비탈을 사용할 수 있을 때, 각 오비탈에 전자가 하나씩 들어가며, 반만 채워진 오비탈 두 개가 생성된다.

원소의 이원자 분자

분자 오비탈 이론을 설명하기 위해, 주기율표의 처음 두 주기에 있는 원소의 이원자 분자에 이를 적용한다.

수소와 헬륨(1s 오비탈의 결합)

분자 오비탈(molecular orbital, MO) 이론은 2개의 1s 오비탈이 결합하여 2개의 분자 오비탈을 생성할 것으로 예측한다. 두 분자 오비탈 중 하나는 그 오비탈을 형성한 원자 오비탈보다 낮은 에너지를 갖는다(그림 1). 전자를 이 오비탈에 배치하면 고립된 원자보다 더 안정한 화학종이 얻어진다. 그 이유 때문에 그림 1에서 낮은 분자 오비탈을 *결합 오비탈*(bonding orbital)이라고 부른다. 다른 분자 오비탈은 해당 원자 오비탈보다 더 높은 에너지를 갖

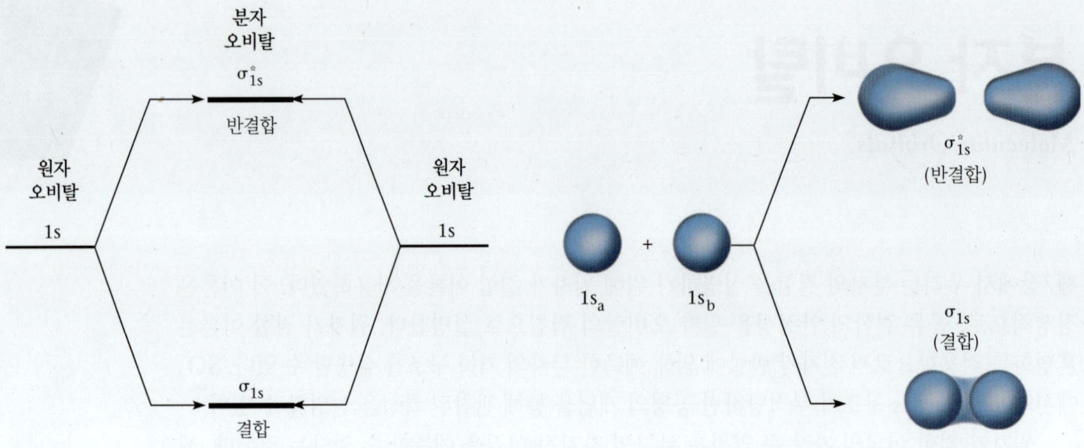

그림 1 ▸ **분자 오비탈의 형성.** 두 개의 1s 원자 오비탈이 결합하여 두 개의 분자 오비탈이 형성된다.

는다. 이 오비탈에 들어가는 전자는 불안정하고 더 높은 에너지 상태에 있다. 이것을 *반결합 오비탈*(antibonding orbital)이라고 한다.

이러한 분자 오비탈의 전자 밀도를 그림 1의 오른쪽에 나타내었다. 결합 오비탈은 핵 사이의 밀도가 더 높다는 것을 주목하라. 이것은 안정성을 설명해준다. 반결합 오비탈에서 핵 사이에서 전자를 발견할 확률은 매우 작다. 전자 밀도는 “분자”의 양쪽 말단에 집중되어 있다. 이것은 고립된 원자로 있을 때보다 핵이 서로 덜 가려진다는 것을 의미한다.

두 분자 오비탈의 전자 밀도는 두 핵 사이의 축에 대해 대칭이다. 이것은 둘 다 시그마 오비탈임을 의미한다. MO 표기법에서, 1s 결합 오비탈은 σ_{1s}로 나타낸다. 반결합 오비탈은 기호 σ^*_{1s}로 나타낸다. 별표는 반결합 오비탈을 나타낸다.

H_2 분자에는 두 개의 1s 전자가 있다. 두 전자들은 σ_{1s} 오비탈을 채우고 단일 결합을 형성한다. He_2 분자에는 각 원자에서 두 개씩 모두 4 개의 전자가 있다. 이들 4개의 전자는 결합 오비탈과 반결합 오비탈을 채운다. 결과적으로, He_2의 결합의 수(*결합 차수*, bond order)는 0이다. 일반적인 관계식은 다음과 같다.

$$\text{결합의 수} = \text{결합 차수} = \frac{B - AB}{2}$$

여기서 B는 결합 오비탈에 있는 전자의 수이고, AB는 반결합 오비탈에 있는 전자의 수이다. H_2 분자에서 $B = 2$이고, $AB = 0$이어서 한 개의 결합을 형성한다. He_2 분자에서는 $B = AB = 2$이므로 결합의 수는 0이다. He_2 분자는 존재할 수도 없고 존재하지도 않는다.

2주기 원소(2s와 2p 오비탈의 결합)

두 번째 주기 원소의 이원자 분자 중에는 세 개의 친숙한 원소인 N_2, O_2, F_2가 있다. 덜 알려진 Li_2, B_2, C_2 분자들은 기체상에서 관찰되고 연구되었다. 이와는 대조적으로, Be_2 및 Ne_2 분자들은 매우 불안정하거나 존재하지 않는다.

분자 오비탈 이론이 이들 분자의 구조와 안정성에 대해 예측하는 것이 무엇인지 살펴보자. 우선 원자가 전자(2s와 2p)를 포함하고 있는 원자 오비탈을 사용하여 어떻게 분자 오비탈을 형성하는지 살펴보자. 각 원자로부터 한 개씩 두 개의 2s 원자 오비탈이 결합하면 두 개의 분자 오비탈이 만들어진다. 이 오비탈들은 위의 그림에 나타낸 것과 매우 비슷하다. 이 오비탈들은 σ_{2s}(시그마, 결합, 2s)와 σ^*_{2s}(시그마, 반결합, 2s)로 나타낸다.

이제 2p 오비탈에서 일어나는 일을 살펴보자. 고립된 원자에서, 서로 직각을 이룬 세 개의 오비탈이 있다. 이 원자 오비탈을 p_x, p_y, p_z라고 부른다(그림 2의 맨 위). 두 개의 p_x 원자 오비탈(각 원자에서 하나씩)이 서로 정면으로 겹치면 두 개의 시그마 오비탈을 형성한다. 이 오비탈들은 결합 오비탈, σ_{2p} 및 반결합 오비탈, σ^*_{2p}이다. p_z 오비탈이 겹칠 때 상황

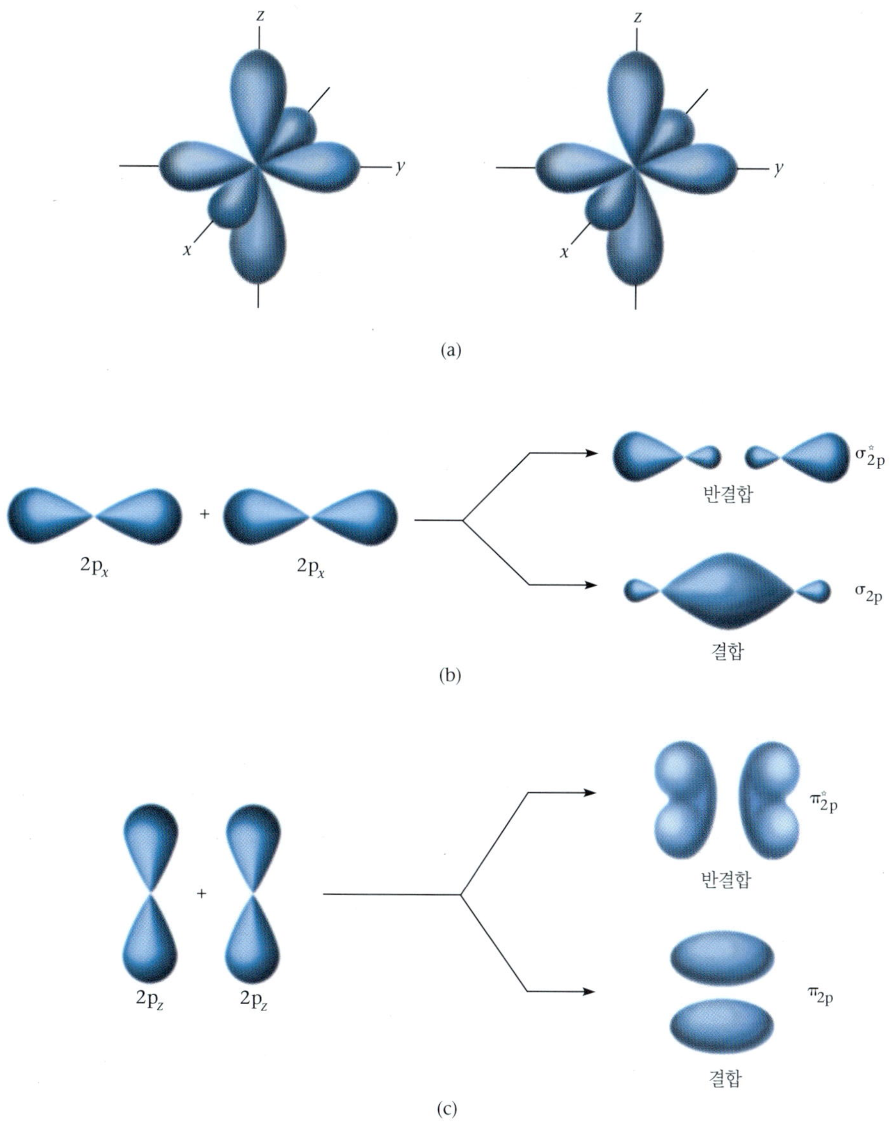

그림 2 ▸ 두 개의 서로 다른 원자의 p 오비탈들(a)이 겹칠 때, 매우 다른 두 가지 가능성이 있다. 오비탈들이 정면으로 겹치면 (b) 두 개의 시그마 분자 오비탈이 생성된다. 반면에, 옆으로 겹치면(c), 두 개의 파이 분자 오비탈이 생성된다.

은 p_x의 경우와 아주 다르다. p_z 오비탈들은 서로 평행하게 배향되기 때문에, 옆으로 겹친다.(그림 2c). 이 경우에 형성된 두 개의 분자 오비탈은 파이 오비탈로, 하나는 결합 오비탈인 π_{2p}, 다른 하나는 반결합 오비탈인 π^*_{2p}이다. 완전히 비슷한 방식으로, 두 원자의 p_y 오비탈이 상호 작용하여 다른 파이 분자 오비탈 쌍(π_{2p}와 π^*_{2p})을 형성한다(이들 오비탈은 그림 2에 나타내지 않았다).

두 번째 주기 원소의 원자가 전자가 점유할 수 있는 분자 오비탈의 상대적인 에너지를 그림 3에 나타내었다. 이 순서는 N_2 분자까지만 적용된다.*

두 번째 주기에서 이원자 분자를 이루는 원소의 MO 구조를 얻기 위해, 에너지가 증가하는 순서로 이용 가능한 분자 오비탈을 채운다. 그 결과를 표 1에 나타내었다. MO 이론과 이들 분자의 성질이 잘 일치하는 것에 주목하라. 특히, 예측된 홀전자의 수는 실험과 일치한다. 또한 예측된 결합 차수와 결합 에너지 사이에 일반적인 상관 관계도 있다.

$$\text{결합 차수} = \frac{\text{B} - \text{AB}}{2}$$

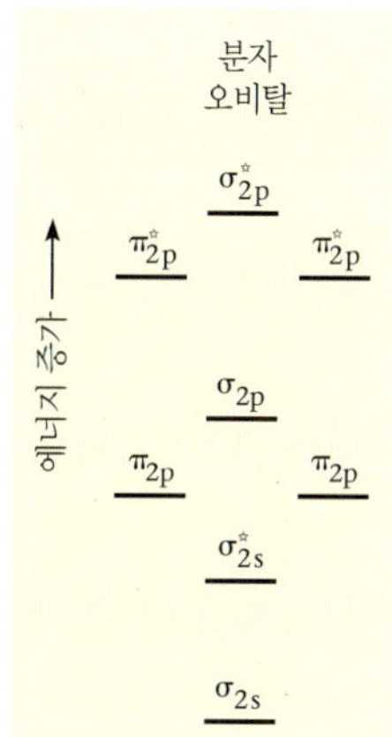

그림 3 ▸ 2s와 2p 원자 오비탈이 결합하여 형성된 분자 오비탈의 상대적인 에너지. 전자가 채워지는 순서와 관련이 있다.

* N_2 이상의 원소에서는 σ_{2p} 오비탈이 두 개의 π_{2p} 오비탈 아래에 놓이게 된다. O_2 분자에서는 이 오비탈들이 모두 채워지기 때문에 채우는 순서에 영향을 주지 않는다.

이중 결합(C_2 또는 O_2)이 단일 결합(Li_2, B_2, F_2)보다 강할 것으로 예상한다. N_2에서와 같이 삼중 결합은 더 강해야 한다.

MO 이론의 주요 성공은 O_2의 성질을 잘 설명할 수 있다는 것이다. 이 이론은 분자가 이중 결합을 갖고 동시에 두 개의 홀전자를 가질 수 있는 방법을 설명해준다.

예를 들어, MO 이론을 사용하면 과산화 이온의 전자 구조, 결합 차수, 홀전자 수를 예측할 수 있다.

산소가 주기율표의 16족에 있다는 것을 상기하면, 과산화 이온의 원자가 전자의 수는 14개($2 \times 6 + 2$)이며 오비탈 도표는 다음과 같다:

	σ_{2s}	σ^*_{2s}	π_{2p}	π_{2p}	σ_{2p}	π^*_{2p}	π^*_{2p}	σ^*_{2p}
O_2^{2-}	(↑↓)	(↑↓)	(↑↓)	(↑↓)	(↑↓)	(↑↓)	(↑↓)	( )

따라서 결합 오비탈에 8개의 전자, 반결합 오비탈에 6개의 전자가 있다. 결합 차수는 $\frac{8-6}{2} = 1$이다. 홀전자는 없다. 이 결론은 과산화 이온의 Lewis 구조, $(:\ddot{\underset{..}{O}}-\ddot{\underset{..}{O}}:)^{2-}$와 일치한다.

표 1 ▸ **2주기 원소의 이원자 분자에 대한 예측한 성질과 실제 관찰된 성질**

	오비탈의 점유(occupancy)							
	σ_{2s}	σ^*_{2s}	π_{2p}	π_{2p}	σ_{2p}	π^*_{2p}	π^*_{2p}	σ^*_{2p}
Li_2	(↑↓)	( )	( )	( )	( )	( )	( )	( )
Be_2	(↑↓)	(↑↓)	( )	( )	( )	( )	( )	( )
B_2	(↑↓)	(↑↓)	(↑)	(↑)	( )	( )	( )	( )
C_2	(↑↓)	(↑↓)	(↑↓)	(↑↓)	( )	( )	( )	( )
N_2	(↑↓)	(↑↓)	(↑↓)	(↑↓)	(↑↓)	( )	( )	( )
O_2	(↑↓)	(↑↓)	(↑↓)	(↑↓)	(↑↓)	(↑)	(↑)	( )
F_2	(↑↓)	(↑↓)	(↑↓)	(↑↓)	(↑↓)	(↑↓)	(↑↓)	( )
Ne_2	(↑↓)	(↑↓)	(↑↓)	(↑↓)	(↑↓)	(↑↓)	(↑↓)	(↑↓)

	예측한 성질		실제 관찰된 성질	
	홀전자 수	결합 차수	홀전자 수	결합 에너지 (kJ/mol)
Li_2	0	1	0	105
Be_2	0	0	0	불안정
B_2	2	1	2	289
C_2	0	2	0	628
N_2	0	3	0	941
O_2	2	2	2	494
F_2	0	1	0	153
Ne_2	0	0	0	존재하지 않음

다원자 분자: 비편재된 π 전자

두 개 이상의 원자를 포함하는 분자의 결합 역시 분자 오비탈의 관점에서 설명할 수 있다. 이것을 시도하지 않을 것이다. 에너지 준위 구조는 이제까지 고려한 것보다 훨씬 더 복잡하다. 그러나 한 가지는 언급할 만한 가치가 있다. 다원자 화학종에서 파이 분자 오비탈은 두 개의 원자 사이에 집중되는 것이 아니라 *분자 전체에 퍼질 수 있다*.

이 원리를 질산 이온과 같은 화학종에 적용해 보기로 한다. 질산 이온의 Lewis 구조는 다음과 같다.

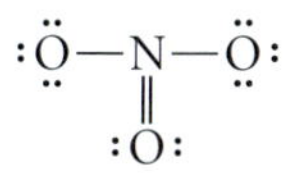

원자가 결합 이론(7장)에서는 공명 개념을 적용하여 세 가지 기여 구조를 통해 세 개의 N—O 결합이 동일하다는 사실을 설명한다. 한편, MO 이론은 질산 이온의 골격은 3개의 시그마 결합으로 이루어지는 반면에, 파이 오비탈의 전자쌍은 *비편재되어* 있으며, 분자 내의 모든 원자에 의해 공유된다고 생각한다. MO 이론에 따르면, SO_2, SO_3, CO_3^{2-}를 포함하여 제7장에서 설명한 모든 "공명 혼성체"에 대해서도 비슷한 해석이 적용된다.

비편재된 파이 오비탈이 중요한 역할을 하는 또 다른 화학종은 벤젠, C_6H_6이다. 분자 내에 30개의 원자가 전자가 있으며 그중 24개는 시그마 결합 골격을 형성하는 데 필요하다.

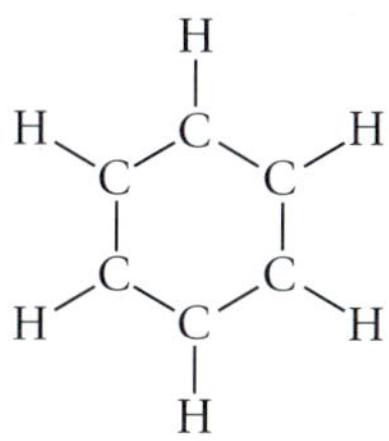

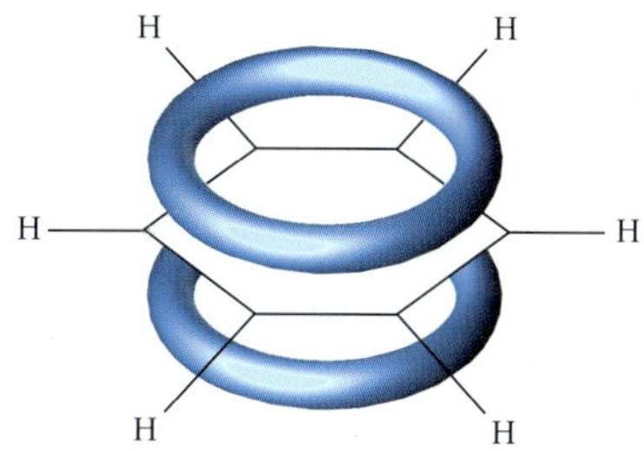

그림 4 ▸ 벤젠에서 세 개의 전자쌍은 특정 탄소 원자에 편재되지 않는다. 대신, 그들은 벤젠 고리의 평면 위의 하나와 그 아래의 다른 하나의 두 개의 로브(lobe)에 걸쳐 퍼져있다.

나머지 6개의 전자는 3개의 파이 오비탈에 위치하며, MO 이론에 따르면 이 전자들은 전체 분자에 걸쳐 확장된다. 그림 4는 이 구조를 나타내는 한 방법이다. 더 일반적으로 다음과 같이 간단하게 나타낸다.

금속: 띠 이론

제9장에서 금속 결합에 대한 간단한 묘사인 전자-바다 모형을 살펴보았다. 분자 오비탈 이론을 도입하여 *띠 이론*(band theory)으로 알려진 금속 결합에 대한 개선된 모형이 이루어졌다. 이 이론에서 금속의 결정은 하나의 거대한 분자로 간주된다. 금속의 원자가 전자는 원자 오비탈로부터 일반적인 방식으로 형성된 비편재된 분자 오비탈에 공급된다. 엄청난 수의 MO들은 에너지 띠를 형성한다. 인접한 MO들 사이의 에너지 분리는 대단히 작다.

설명을 위해 약 10^{23}개의 원자를 포함하는 1그램의 리튬 결정을 생각해 보자. 각 Li 원자는 절반이 채워진 2s 원자 오비탈을 가진다(전자 배치 Li = $1s^2 2s^1$). 이 원자 오비탈이 결합하면 같은 수, 즉 10^{23}개의 분자 오비탈이 형성된다. 이들 오비탈은 약 100 kJ/mol에 걸친 에너지 띠에 퍼져 있다. 인접한 MO 사이에 간격은 다음과 같다.

$$\frac{100\ \text{kJ/mol}}{10^{23}} = 10^{-21}\ \text{kJ/mol}$$

각 리튬 원자가 하나의 원자가 전자를 갖고, 각 분자 오비탈이 두 개의 전자를 보유할 수 있기 때문에 원자가 띠의 아래쪽 절반(그림 5의 색으로 표시)은 전자로 채워진다. 띠의 위쪽 절반은 비어 있다. 채워진 MO의 상단 근처에 있는 전자는 그 위에 아주 작은 거리에 있는 빈 MO로 쉽게 올라갈 수 있다. 이것은 결정에 전기장이 가해질 때 일어나는 일이다. 비편재된 MO를 통한 전자의 이동으로 리튬 금속의 전기 전도성을 설명할 수 있다.

베릴륨 금속의 상황은 더 복잡하다. 베릴륨은 $1s^22s^2$의 전자 배치를 가지고 있기 때문에 모든 2s 분자 오비탈이 채워질 것으로 예상할 수 있다. 그러나 베릴륨 결정에서 2p MO 띠는 2s와 겹친다(그림 5). 다시 한 번 말하지만, 이는 그 아래에 채워진 MO와 에너지가 극소량만 다른 빈 MO가 있음을 의미한다. 이것이 실제로 전자 전도성의 기본 요건이다. 이는 리튬과 베릴륨을 포함한 모든 금속의 특성이다.

채워진 MO와 비어 있는 MO 사이에 상당한 에너지 차이가 있는 물질은 좋지 못한 전자 전도체이다. 채워진 원자가 띠와 비어 있는 전도 띠 사이의 간격이 500 kJ/mol인 다이아몬드는 절연체이다. 간격이 각각 100 kJ/mol 및 60 kJ/mol인 규소 및 저마늄은 반도체이다.

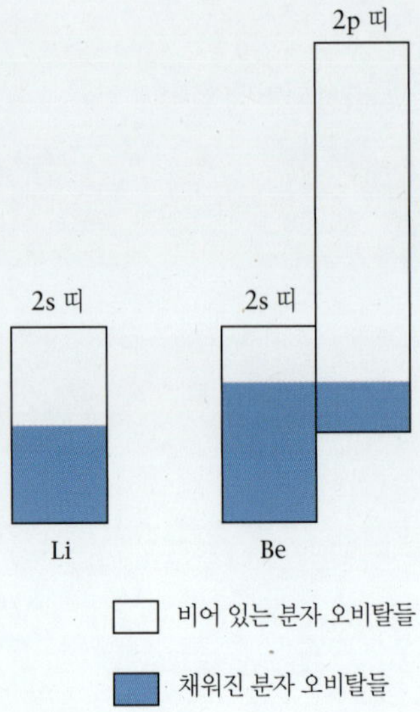

그림 5 ▸ 리튬 및 베릴륨 금속 모두에서, 채워진 MO보다 에너지가 약간 더 높은 비어 있는 MO가 있다. 이는 금속 전도성의 기본 요구 사항이다.

찾아보기

ㅅ

ㅇ

ㅈ

C

D

F

G

H

K

L

M

N

P

R

T

V

기타

변환 인자

전기 단위

1 C	=	1 A · s
1 V	=	1 J/C
1 W	=	1 J/s
1 mol e^-	=	9.648×10^4 C

에너지

1 cal	=	4.184 J
1 L · atm	=	0.103 kJ
1 kWh	=	3.600×10^6 J
1 BTU	=	1.055×10^3 J

길이

1 nm	=	10^{-9} m = 10 Å
1 in	=	2.54 cm
1 m	=	39.37 in
1 mile	=	1.609 km

질량

1 metric ton	=	10^3 kg
1 lb	=	453.6 g

압력

1 atm	=	760 mm Hg = 14.70 lb/in^2
1 atm	=	1.01325×10^5 Pa = 1.01325 bar
1 torr	=	1 mm Hg

부피

1 m^3	=	10^3 L
1 cm^3	=	1 mL
1 ft^3	=	28.32 L
1 L	=	1.057 qt

원자 질량 표

대괄호 안의 값은 가장 긴 반감기를 갖는 동위원소의 질량을 나타낸다.

	기호	Z	원자 질량
Actinium	Ac	89	[227.0277]
Aluminum	Al	13	26.981538
Americium	Am	95	[243]
Antimony	Sb	51	121.760
Argon	Ar	18	39.948
Arsenic	As	33	74.92160
Astatine	At	85	[209.9871]
Barium	Ba	56	137.327
Berkelium	Bk	97	[247]
Beryllium	Be	4	9.012182
Bismuth	Bi	83	208.98038
Bohrium	Bh	107	[270]
Boron	B	5	10.811
Bromine	Br	35	79.904
Cadmium	Cd	48	112.411
Calcium	Ca	20	40.078
Californium	Cf	98	[251]
Carbon	C	6	12.0107
Cerium	Ce	58	140.116
Cesium	Cs	55	132.90545
Chlorine	Cl	17	35.4527
Chromium	Cr	24	51.9961
Cobalt	Co	27	58.933200
Copernicum	Cn	112	[285]
Copper	Cu	29	63.546
Curium	Cm	96	[247]
Darmstadtium	Ds	110	[281]
Dubnium	Db	105	[268]
Dysprosium	Dy	66	162.50
Einsteinium	Es	99	[252]
Erbium	Er	68	167.26
Europium	Eu	63	151.964
Fermium	Fm	100	[257]
Flerovium	Fl	114	[289]
Fluorine	F	9	18.9984032
Francium	Fr	87	[223.0197]
Gadolinium	Gd	64	157.25
Gallium	Ga	31	69.723
Germanium	Ge	32	72.61
Gold	Au	79	196.96655
Hafnium	Hf	72	178.49
Hassium	Hs	108	[277]
Helium	He	2	4.002602
Holmium	Ho	67	164.93032
Hydrogen	H	1	1.00794
Indium	In	49	114.818
Iodine	I	53	126.90447
Iridium	Ir	77	192.217
Iron	Fe	26	55.845
Krypton	Kr	36	83.80
Lanthanum	La	57	138.9055
Lawrencium	Lr	103	[262]
Lead	Pb	82	207.2
Lithium	Li	3	6.941
Livermorium	Lv	116	[293]
Lutetium	Lu	71	174.967
Magnesium	Mg	12	24.3050
Manganese	Mn	25	54.938049
Meitnerium	Mt	109	[276]

	기호	Z	원자 질량
Mendelevium	Md	101	[258]
Mercury	Hg	80	200.59
Molybdenum	Mo	42	95.94
Moscovium	Mc	115	[288]
Neodymium	Nd	60	144.24
Neon	Ne	10	20.1797
Neptunium	Np	93	[237.0482]
Nickel	Ni	28	58.6934
Nihonium	Nh	113	[284]
Niobium	Nb	41	92.90638
Nitrogen	N	7	14.00674
Nobelium	No	102	[259]
Oganesson	Og	118	[294]
Osmium	Os	76	190.23
Oxygen	O	8	15.9994
Palladium	Pd	46	106.42
Phosphorus	P	15	30.973761
Platinum	Pt	78	195.078
Plutonium	Pu	94	[244]
Polonium	Po	84	[208.9824]
Potassium	K	19	39.0983
Praseodymium	Pr	59	140.90765
Promethium	Pm	61	[145]
Protactinium	Pa	91	231.03588
Radium	Ra	88	[226.0254]
Radon	Rn	86	[222.0176]
Rhenium	Re	75	186.207
Rhodium	Rh	45	102.90550
Roentgenium	Rg	111	[280]
Rubidium	Rb	37	85.4678
Ruthenium	Ru	44	101.07
Rutherfordium	Rf	104	[265]
Samarium	Sm	62	150.36
Scandium	Sc	21	44.955910
Seaborgium	Sg	106	[271]
Selenium	Se	34	78.96
Silicon	Si	14	28.0855
Silver	Ag	47	107.8682
Sodium	Na	11	22.989770
Strontium	Sr	38	87.62
Sulfur	S	16	32.066
Tantalum	Ta	73	180.9479
Technetium	Tc	43	[98]
Tellurium	Te	52	127.60
Tenessine	Ts	117	[294]
Terbium	Tb	65	158.92534
Thallium	Tl	81	204.3833
Thorium	Th	90	232.0381
Thulium	Tm	69	168.93421
Tin	Sn	50	118.710
Titanium	Ti	22	47.867
Tungsten	W	74	183.84
Uranium	U	92	238.0289
Vanadium	V	23	50.9415
Xenon	Xe	54	131.29
Ytterbium	Yb	70	173.04
Yttrium	Y	39	88.90585
Zinc	Zn	30	65.39
Zirconium	Zr	40	91.224